Esta literatura ha determinado al mismo tiempo los límites del dominio á tratar. Hemos utilizado de la misma manera la literatura de los elementos de máquinas, la química industrial, el análisis de los gases y la teoría del calor.

Una de nuestras fuentes, la más apreciable, han sido los catálogos de los más importantes talleres de construcción que dan, por regla general, descripciones muy detalladas de sus motores y gasógenos, así como utilisimas instrucciones sobre su manejo.

Al componer el vocabulario, hemos guardado fidelidad á los principios de los Diccionarios Técnicos Ilustrados, que son: de no solo dar unicamente palabras aisladas, sino igualmente, dar combinaciones de palabras de uso corriente, de lo que resulta una gran facilidad en su empleo y un alto grado de perfección.

El que utilice este tomo «Motores de Gas» encontrará una gran ventaja adquiriendo tambien el tomo 1o. «Elementos de Máquinas» que debe considerarse como el complemento de todos los otros tomos de los Diccionarios Técnicos Ilustrados.

Hemos de elogiar el concurso que nos ha prestado el mundo técnico de todos los paises en la elaboración del presente tomo. En vista del gran número de nuestros colaboradores, los reseñamos en una lista separada. A todos les enviamos la expresión de nuestro agradecimiento por su amable y útil colaboración.

Debemos agradecer particularmente á M. Schikore, Ingeniero en Munich, que ha dirigido la confección de este tomo, así como á nuestros ingenieros traductores Ms. Edgard Charlier, Charles Kinzbrunner, Benvenuto Tavolato, Alexandre Tretler y Wilhelm Wagner que merecen una mención especial por su exquisito celo.

Como los tomos ya publicados podrá este igualmente prestar grandes servicios á la técnica internacional y esto es lo que nos hace esperar que este contribuirá á agrandar más todavia el círculo de nuestros eminentes colaboradores.

La casa R. Oldenbourg que ha hecho todos los sacrificios que imponen los trabajos lexicográficos en gran escala, merece por su decisión nuestra gratitud más sincera.

Durante el curso de la elaboración de este tomo Mr. Kurt Deinhardt se ha separado de la redacción. Sin embargo el programa D. T. I. y su ejecución no será modificado.

El redactor en jefe
Alfredo Schlomann
Ingeniero.

Munich, Octubre 1908.

Lista de Colaboradores del Tomo IV de los Diccionarios Técnicos Ilustrados.

I.

Revisores responsables.

Don José Mª Samaniego, ingeniero, Madrid.
Hammond B. Jenkins, St. John's College, Cambridge.
J. Izart, Ingénieur-Conseil, Paris.
Prof. N. K. Pafnutjew Moskova.
Egidio Garuffa, ingeniero, Milano.

Del punto de vista filológico, las expresiones alemanas han sido examinadas por el Señor Hölscher, Karlsruhe.

II.

Los otros colaboradores.

1. España.

Cyril Alexander, ingeniero, Barcelona.
Paul Bürger, corresponsal, Barcelona.
Enrique Campderá, ingeniero industrial, Barcelona.
Eduardo Kirchner, ingeniero, Barcelona.
Guillermo Ortega, ingeniero, Madrid.
Ubach H$^{\underline{os}}$ y Campderá, ingenieros, Barcelona.

2. Francia y Bélgica.

MM. L. Marchis, lauréat de l'Institut, professeur de physique générale à la Faculté des Sciences de l'Université de Bordeaux, Bordeaux.
G. Richard, ingénieur civil des mines, agent général de la Société d'Encouragement pour l'Industrie Nationale, Paris.
Aimé Witz, docteur ès sciences, ingénieur des arts et manufactures, doyen de la Faculté libre des Sciences de Lille, Lille (Nord).
Ateliers de Construction H. Bollinckx, Chausée de Mons, Bruxelles.
Biétrix, Leflaive et Cie., St. Etienne.
Société Anonyme John Cockerill, Seraing.
E. Garnier et Faure Beaulieu, Paris.
Les Fils de A. Piat et Cie., Paris.

3. Inglaterra y Estados Unidos de America del Norte.

H. Milne Atkinson, Engineer, 40, Brazennose Street, Manchester.
Jos. Hubers, Engineer, 53, Chancery Lane, London.
Prof. Bertram Hopkinson, Engineering Laboratory, Cambridge.

E. W. Hulme, Chief Librarian, Patent Office Library, 25, Southampton Buildings, Chancery Lane, London.
The Institution of Mechanical Engineers, Storey's Gate, St. James's Park, Westminster, London.
E. E. Keller, 201, Murtland Avenue, Pittsburg, Pa.
John B. C. Kershaw, West Lancashire Laboratory, Waterloo near Liverpool.
Capt. Riall Sankey, R. C. (ret.) M. Inst. C. E., 25, Victoria Street, Westminster, London S. W.
Geo F. Simpson, 24, Howe Street, Higher Broughton, Manchester.
L. H. Walter, M. A., A. M. J. E. E., Editor of »Science Abstracts«, London S. W.
Anthony R. Welsh, 107, Cecil Street, Manchester.
H. E. Wimperis, 4, Whitehall Gardens, London S. W.
American Diesel Engine-Co., 11, Broadway, New-York.
The Campbell Gas-Engine Co., Ltd., Halifax.
Messrs. Crossley Bros., Ltd., Openshaw, Manchester.
Messrs. Fairbanks, Morse & Co., Cor. Franklin & Monroe Streets, Chicago.
Fielding and Platt, Ltd., Atlas Iron Works, Gloucester.
Masons Gas Power Co., Ltd., AlmaWorks, Levenshulme, Manchester.
August Mietz, Iron Foundry and Machine Works, New-York.
Olds Gas Power Co., Lansing, Mich. U. S. A.
The Otto Gas-Engine Works, 33 and Walnut Streets, Philadelphia.
The Parsons Motor Co., Town Quay, Southampton.
Messrs. Robey & Co., Ltd., Globe Works Lincoln.
Messrs. Ruston, Proctor & Co., Ltd., Sheaf Iron Works, Lincoln.
Messrs. Tangyes, Ltd., Cornwall Works, Birmingham.

4. Alemania.

Automobiltechnische Gesellschaft e. V., Berlin.
Direktor Hugo Güldner, i. F. Güldnersche Motorengesellschaft m. b. H., Aschaffenburg.
Zivilingenieur G Lieckfeld, Hannover.
R. Schöttler, Professor an der Herzogl. Techn. Hochschule, Braunschweig.
Dr. Moritz Schröter, Professor an der Kgl. Techn. Hochschule, München.
Ingenieur Ernst Valentin, Berlin.
Aachener Stahlwarenfabrik, A.-G., Aachen.
Benz & Co., Rhein. Gasmotorenfabrik, A.-G., Mannheim.
Bieberstein & Goedicke, Hamburg.
Daimler Motorengesellschaft, Untertürkheim-Stuttgart.
Deutsche Kraftgasgesellschaft m. b. H., Berlin.
Gasmotorenfabrik Deutz, Köln-Deutz.
Haniel & Lueg, Düsseldorf-Grafenberg.
Kölnische Maschinenbau-Aktiengesellschaft, Köln-Bayenthal.
Maschinenbau-Aktiengesellschaft vorm. Ph. Swiderski, Leipzig.
Vereinigte Maschinenfabrik Augsburg und Maschinenbaugesellschaft Nürnberg, A.-G., Nürnberg.

5. Italia.

Ing. Ugo Baldini, Capo Sezione Trazione e Materiale Ferrovie di Stato, Taranto.
Comm. Prof. G. Colombo, Direttore del R. Istituto Tecnico Superiore, Milano.
Ing. E Ferragutti, ingegnere della Fabbrica Automobili »Isotta Fraschini«, Milano.
Ing. Celeste Malavasi, Milano.
Ing. Enrico Marchesi, Direttore della Stà. F. I. A. T., Torino.
Ing. Dott. F. Pedretti, Milano.

Ing. Guido Perelli, Direttore dell' Associazione fra gli Utenti di Caldaie a vapore, Milano.
Ing. Vieweg, Direttore della Fabbrica di Automobili »Florenzia«, Firenze.
Società »Fiat«, Fabbrica Italiana Automobili, Torino.
Società »Florenzia«, Fabbrica di Automobili, Firenze.
Società »Isotta Fraschini«, Fabbrica Automobili, Milano.
Società Italiana Langen & Wolf, Milano.
Ing[i]. Mariotti, Montanari & Co., Milano.
Società Svizzera delle Macchine »Lentz«, Giubiasco.

6. Rusia.

A. Gerlitz, San Petersburgo.
H. Gertz, Ingeniero, Pskow.
C. Mette, Ingeniero en jefe, Director de la casa »Bratja Körting«, San Petersburgo.
D. M. Löwenstein, Ingeniero, San Petersburgo.
A. K. Spandikoff, Ingeniero, Jaross̈lawl.
N. M. Tager, Ingeniero, San Petersburgo.
R. Wahlberg, Director del Instituto Técnico Superior del Principe P. de Oldenburg, San Petersburgo.
S. M. Zirul, Ingeniero, Moscova.
Allgemeine Motorenfabrik, San Petersburgo.
Russische Maschinenbaugesellschaft Bratja Körting, San Petersburgo.
Russische Gesellschaft Schuckert & Cie., San Petersburgo.

ÍNDICE.

I. **Gases y Aceites** 1
Nociones fundamentales de Química 1
Combustibles 22
Gas de alumbrado y Gas de aceite 30
Gas de Generador 33
Gases industriales 63
Depuración del Gas 66
Movimiento de los Gases 79
Análisis del Gas 87
Aceites para fuerza motriz 99

II. **Teoría de los Motores de Combustión** 109
Teoría general 109
Tiempos del motor 118

III. **Materiales y su Trabajo** 131
Materiales 131
Fabricación 142

IV. **Construcción de los Motores de Gas** 151
Pedestal y Bastidor 151
Cilindro 157
Émbolo 168
Mecanismo de Transmisión 183
Teoría de los Mecanismos transmisores 191
Distribución por válvulas 198
Regulación de las Máquinas á cuatro fases 227
Distribución y Regulación de las Máquinas á dos fases . 240
Piezas especiales para los Motores de Combustibles líquidos 247

V. **Equipo de las Máquinas de Combustión** 267
Regulador centrífugo 267
Lubrificación 273
Encendido 279
Aparato para el arranque 291

VI. **Montaje** 300
Cimentación del Motor 304
Tuberías 309

VII. **Instalaciones completas** 323
Instalaciones fijas 323
Instalaciones portátiles 337

VIII. **Servicio y Prueba** 341
Servicio 341
Ensayo 350

IX. **Economía** 368
Suministro y Gastos 368
Patrono y Empleado 379

Órden alfabético con páginas y columnas donde se encuentran los términos con sus traducciones correspondientes:
a) Español, francés, inglés, alemán é italiano en un solo órden alfabético 387
b) Ruso 545

I.

Gase und Öle
Gases and Oils
Gaz et Huiles

Газы и Масла
Gas e Petroli
Gases y Aceites

Chemische Grundbegriffe **Fundamental Chemical Notions** **Notions fondamentales de Chimie**	**Основныя понятія химіи** **Principi fondamentali di Chimica** **Nociones fundamentales de Química**	*1*
Atom (n) atom atome (m)	атомъ (m) atomo (m) átomo (m)	*2*
Molekül (n), Atomgruppe (f) molecule, group of atoms molécule (f), groupe (m) d'atomes	молекула (f); группа (f) атомовъ molecola (f), gruppo (m) di atomi molécula (f), agrupación (f) de átomos	*3*
zweiatomiges Molekül (n) diatomic molecule molécule (f) biatomique	двухатомная молекула (f) molecola (f) biatomica molécula (f) biatómica	*4*
dreiatomiges Molekül (n) triatomic molecule molécule (f) triatomique	трёхатомная молекула (f) molecola (f) triatomica molécula (f) triatómica	*5*
Atomgewicht (n) atomic weight poids (m) atomique	атомный вѣсъ (m) peso (m) atomico peso (m) atómico	*6*
Molekulargewicht (n) molecular weight poids (m) moléculaire	молекулярный вѣсъ (m) peso (m) molecolare peso (m) molecular	*7*
Gramm-Molekül (n) gram-molecule gramme-molécule (m)	граммъ-молекула (f); моль (m) molecola-grammo (m) molécula-gramo (f)	*8*

1	Gramm-Molekülgewicht (n) gram-molecular weigth poids (m) en grammes molécules		вѣсъ (m) граммъ-молекулы peso (m) in grammomolecole peso (m) en molécula-gramos
2	Gramm-Molekülvolumen (n) gram-molecular volume volume (m) d'un gramme-molécule	22412 cdm	объёмъ (m) граммъ-молекулы volume (m) di un grammo-molecola volumen (m) de una molécula-gramo
3	Element (n) element élément (n)		элементъ (m) elemento (m) elemento (m)
4	chemische Zusammensetzung (f) chemical composition composition (f) chimique		химическій составъ (m) composizione (f) chimica composición (f) química
5	chemischer Aufbau (m), chemische Konstitution (f) chemical constitution constitution (f) chimique		химическое строеніе (n) costituzione (f) chimica constitución (f) química
6	chemische Verwandtschaft (f) *oder* Affinität (f) chemical affinity affinité (f) chimique		химическое сродство (n) affinità (f) chimica afinidad (f) química
7	chemische Verbindung (f) chemical combination combinaison (f) chimique, composé (m) chimique		химическое соединеніе (n) combinazione (f) chimica combinación (f) química, compuesto (m) químico
8	Komponente (f) einer Verbindung constituent of a chemical combination constituant (m) d'une combinaison		слагающая (f) *или* составляющая (f) соединенія componente (f) di una combinazione componente (f) de una combinación
9	Verbindungsgleichung (f) equation of combination, chemical equation équation (f) d'une combinaison		уравненіе (n) соединенія formula (f) di una combinazione; equazione (f) chimica ecuación (f) de combinación, fórmula (f) química
10	chemisches Zeichen (n) *oder* Symbol (n) chemical symbol symbole (m) chimique		химическій символъ (m) *или* знакъ (m) simbolo (m) chimico símbolo (m) químico, notación (f) química

Atomziffer (f) atomic number nombre (m) atomique	атомная цифра (f) esponente (m) dell' atomo número (m) atómico	*1*
Verbindungsgewicht (n) combining weight poids(m)de combinaison	вѣсъ (m) соединенія peso (m) di combinazione peso (m) de combinación	*2*
Verbindungsvolumen (n) combining volume volume (m) de combinaison	объёмъ (m) соединенія volume (m) di combinazione volumen (m) de combinación	*3*
Diffusion (f) diffusion diffusion (f)	диффузія (f) diffusione (f) difusión (f)	*4*
Diffusionskoeffizient(m) coefficient of diffusion coefficient (m) de diffusion	диффузіонный коэффиціентъ (m); коэффиціентъ диффузіи coefficiente (m) di diffusione coeficiente (m) de difusión	*5*
Diffusionsvermögen (n) diffusibility diffusibilité (f)	способность (f) диффундировать *или* къ диффузіи diffusibilità (f) potencia (f) de difusión	*6*
chemische Reaktion (f) chemical reaction réaction (f) chimique	химическая реакція (f) reazione (f) chimica reacciones (f pl) quimicas	*7*
reagieren (v) to react réagir (v)	реагировать reagire (v) reaccionar (v)	*8*
Wärmetönung (f) der Reaktion heat change due to reaction effet (m) calorifique *ou* thermique de la réaction	тепловой эффектъ (m) химической реакціи effetto (m) calorifico *o* termico della reazione efecto (m) calórico de la reacción	*9*
Reaktionswärme (f) heat of reaction chaleur (f) de réaction	теплота (f) реакціи calore (m) di reazione calor (m) de reacción	*10*
Reaktionstemperatur (f) temperature of reaction température (f) de réaction	температура (f) реакціи temperatura (f) della reazione temperatura (f) de reacción	*11*
wärmegebende Reaktion (f) exothermal reaction réaction (f) exothermique	экзотермическая реакція (f); реакція (f) съ выдѣленіемъ тепла reazione (f) esotermica reacción (f) exotérmica	*12*

1	Verbindungswärme (f) heat of combination chaleur (f) de combinaison	теплота (f) соединенія calore (m) di combinazione calor (m) de combinación
2	wärmeverzehrende Reaktion (f) endothermic reaction réaction (f) endothermique	эндотермическая реакція (f); реакція (f) съ поглощеніемъ тепла reazione (f) endotermica reacción (f) endotérmica
3	Trennungswärme (f) heat of decomposition chaleur (f) de décomposition	теплота (f) разложенія calore (m) di decomposizione calor (m) de descomposición
4	Fällung (f), Ausfällung (f) precipitation précipitation (f)	осажденіе (n) precipitazione (f) precipitación (f)
5	ausfällen (v) to precipitate précipiter (v)	осаждать precipitare (v) precipitar (v)
6	Spaltungsprodukt (n) product of disunion *or* separation produit (m) de dédoublement	продуктъ (m) расщепленія prodotto (m) di decomposizione producto (m) de desdoblamiento
7	Absorption (f) absorption absorption (f)	поглощеніе (n) assorbimento (m) absorción (f)
8	absorbieren (v) to absorb absorber (v)	поглощать assorbire (v) absorber (v)
9	oxydieren (v) to oxidize oxyder (v)	окисляться; окислять ossidare (v) oxidar (v)
10	Oxydation (f), Oxydierung (f) oxidation oxydation (f)	окисленіе (n) ossidazione (f) oxidación (f)
11	Oxyd (n) oxide oxyde (m)	окиселъ (m) ossido (m) óxido (m)
12	Oxydationsstufen (f pl) [des Kohlenstoffs] degrees of oxidation [of carbon] degrés (m pl) d'oxydation [du carbone]	степени (f pl) окисленія [углерода] gradi (m pl) di ossidazione [del carbonio] grados (m pl) de oxidación [del carbono]

höchste Oxydationsstufe (f) des Kohlenstoffs **highest degree of oxidation of carbon** **degré (m) d'oxydation maximum du carbone**	CO_2	**высшая степень (f) окисленія углерода** **grado (m) massimo di ossidazione del carbonio** **grado (m) máximo de oxidación del carbono**	*1*
Reduktion (f) **reduction** **réduction (f); désoxydation (f)**		**возстановленіе (n); раскисленіе (n)** **riduzione (f)** **reducción (f)**	*2*
reduzieren (v) **to reduce** **réduire (v); désoxyder (v)**		**возстановлять; раскислять** **ridurre (v)** **reducir (v)**	*3*
Reduktionsmittel (n) **reducing agent** **agent (m) de réduction, agent (m) réducteur, réducteur (m)**		**возстановитель (m); средство (n) для возстановленія *или* раскисленія** **mezzo (m) di riduzione, agente (m) riduttivo** **medio (m) *ó* agente (m) de reducción, agente (m) reductivo**	*4*
Verbrennung (f) **combustion** **combustion (f)**		**горѣніе (n); сгораніе (n)** **combustione (f)** **combustión (f)**	*5*
Verbrennungsvorgang (m), Verbrennungsprozeß (m) **process of combustion** **processus (m) de [la] combustion, marche (f) de la combustion; réactions (f pl) de [la] combustion**		**процессъ (m) горѣнія** **processo (m) di combustione** **proceso (m) *ó* marcha (f) *ó* reacciones (f pl) de la combustión**	*6*
vollkommene Verbrennung (f) **perfect *or* complete combustion** **combustion (f) complète**		**полное горѣніе (n); совершенное сгораніе (n)** **combustione (f) completa** **combustión (f) completa**	*7*
unvollkommene Verbrennung (f) **inperfect *or* incomplete combustion** **combustion (f) incomplète**		**неполное горѣніе (n); несовершенное сгораніе (n)** **combustione (f) incompleta** **combustión (f) incompleta**	*8*
Verbrennungsprodukt (n) **product of combustion** **produit (m) de [la] combustion**		**продуктъ (m) горѣнія** **prodotto (m) di combustione** **producto (m) de combustión**	*9*
brennbares Gas (n) **combustible *or* inflammable gas** **gaz (m) combustible**		**горючій газъ (m)** **gas (m) combustibile** **gas (m) combustible**	*10*

1	verbranntes Gas (n) burnt gas gaz (m) brûlé	сгорѣвшій газъ (m) gas (m) combusto gas (m) quemado
2	unverbrennbares Gas (n) incombustible gas gaz (m) incombustible	несжигаемый газъ (m) gas (m) incombustibile gas (m) incombustible
3	inaktives Gas (n) inactive gas, inert gas gaz (m) inerte *ou* inactif	недѣятельный *или* индифферентный газъ (m) gas (m) inattivo gas (m) inactivo
4	Entzündungstemperatur (f) ignition temperature, temperature of ignition température (f) d'inflammation *ou* d'allumage	температура (f) воспламененія temperatura (f) di accensione temperatura (f) de inflamación
5	Verbrennungstemperatur (f) temperature of combustion température (f) de [la] combustion	температура (f) горѣнія temperatura (f) di combustione temperatura (f) de combustión
6	theoretische Verbrennungstemperatur (f) theoretical temperature of combustion température (f) théorique de [la] combustion	теоретическая температура (f) горѣнія temperatura (f) teorica di combustione temperatura (f) de combustión teórica
7	wirkliche Verbrennungstemperatur (f), praktische Verbrennungstemperatur (f) actual temperature of combustion température (f) réelle de [la] combustion	дѣйствительная *или* практическая температура (f) горѣнія temperatura (f) effettiva (*o* pratica) di combustione temperatura (f) de combustión práctica
8	Verbrennungswärme (f) heat of combustion chaleur (f) de combustion	теплота (f) горѣнія calore (m) di combustione calor (m) de combustión
9	Verbrennungsgleichung (f) equation of combustion équation (f) de combustion	уравненіе (n) горѣнія equazione (f) di combustione ecuación (f) de combustión
10	theoretischer Luftbedarf (m) theoretical quantity of air required quantité (f) d'air théoriquement nécessaire	теоретически необходимое количество (n) воздуха quantità (f) d'aria teoricamente necessaria cantidad (f) de aire teóricamente necesaria

wirklicher *oder* praktischer Luftbedarf (m) actual quantity of air required quantité (f) d'air réellement *ou* pratiquement nécessaire	въ дѣйствительности *или* практически необходимое количество (n) воздуха quantità (f) d'aria effettivamente necessaria cantidad (f) de aire prácticamente necesaria	*1*
Luftüberschuß (m) excess of air excédant (m) *ou* excès (m) d'air, air (m) en excès	избытокъ (m) воздуха eccesso (m) di aria exceso (m) de aire	*2*
Volum[en]kontraktion (f), Volum[en]verminderung (f), Raumverminderung (f) volume contraction diminution (f) de volume, contraction (f) de volume	сокращеніе (n) объёма diminuzione (f) *o* contrazione (f) di volume disminución (f) *ó* contracción (f) de volumen	*3*
Volumkontraktion (f) infolge Verringerung der Molekülzahl volume contraction due to decrease of number of molecules contraction (f) de volume par diminution du nombre de molécules	сокращеніе (n) объёма вслѣдствіе уменьшенія числа молекулъ contrazione (f) di volume per diminuzione del numero delle molecole contracción (f) de volumen por disminución de las moléculas	*4*
Volumkontraktion (f) infolge Niederschlagens des Dampfes volume contraction due to condensation of steam contraction (f) de volume par condensation de la vapeur d'eau	сокращеніе (n) объёма вслѣдствіе конденсаціи *или* осажденія пара contrazione (f) di volume per condensazione di vapore contracción (f) de volumen por condensación de vapor	*5*
Zerfall (m), Dissoziation (f) dissociation dissociation (f)	распаденіе (n); диссоціація (f) dissociazione (f) disociación (f)	*6*
Dissoziationsgrad (m) degree of dissociation degré (m) de dissociation	степень (f) диссоціаціи grado (m) di dissociazione grado (m) de disociación	*7*
Dissoziationstemperatur (f) dissociation temperature température (f) de dissociation	температура (f) диссоціаціи temperatura (f) di dissociazione temperatura (f) de disociación	*8*

1 Zerfallgrenze (f), Dissoziationsgrenze (f)
dissociation limit
limite (f) de dissociation
предѣлъ (m) диссоціаціи
limite (m) di dissociazione
límite (m) de disociación

2 Vergasung (f)
gasification
gazéification (f)
газообразованіе (n)
gaseificazione (f)
gasificación (f)

3 vergasen (v)
to gasify
gazéifier (v)
образовать газъ; превращать въ газъ
gaseificare (v)
gasificar (v)

4 entgasen (v), [trocken] destillieren (v)
to distil
distiller (v) à sec *ou* par voie sèche
выдѣл-ить (-ять) газъ; подверг-нуть (-ать) сухой перегонкѣ
distillare (v) [a secco], trasformare (v) in gas
destilar (v)

5 Entgasung (f), trockne Destillation (f)
dry distillation
distillation (f) sèche
газовыдѣленіе (n); отгонка (f) газа; сухая перегонка (f)
distillazione (f) secca
destilación (f) seca

6 Entgasungserzeugnis (n), Destillationsprodukt (n), Destillat (n)
product of distillation
produit (m) de distillation, distillé (m)
продуктъ (m) сухой перегонки; продуктъ перегонки; дестиллятъ (m)
prodotto (m) di distillazione
producto (m) de destilación

7 Destillation (f) mit Wasserdampf
steam distillation
distillation (f) à la vapeur d'eau
перегонка (f) съ водянымъ паромъ
distillazione (f) con vapore acqueo
destilación (f) con vapor de agua

8 Vakuumdestillation (f)
vacuum distillation
distillation (f) par le vide
перегонка (f) въ разрѣжённомъ пространствѣ
distillazione (f) nel vuoto
destilación (f) por el vacío

9 absatzweise Destillation (f), fraktionierte Destillation (f)
fractional distillation
distillation (f) fractionnée
частичная перегонка (f); фракціонированная перегонка (f) *или* дестилляція (f)
distillazione (f) frazionata
destilación (f) fraccionada

10 Fraktion (f)
fraction
fraction (f)
фракція (f); частичный продуктъ (m) дестилляціи
frazione (f)
fracción (f)

stetige Destillation (f) continuous distillation distillation (f) continue		непрерывная перегонка *или* дестилляція (f) distillazione (f) continua destilación (f) continua	*1*
Destillierapparat (m) distilling apparatus appareil (m) distillatoire	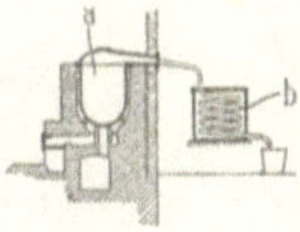	перегонный аппаратъ (m); дестилляціонный приборъ (m) apparecchio (m) di distillazione, distillatore (m) aparato (m) de destilación	*2*
Destillierblase (f) still alambic (m) distillatoire		перегонный кубъ (m) storta (f) di distillazione, lambicco (m) retorta (f) de destilación, alambique (m)	*3*
Kühlschlange (f) condenser coil serpentin (m) refroidisseur		змѣевикъ (m) [холодильника] serpentino (m) di raffreddamento *o* di condensazione serpentín (m) de refrigeración	*4*
Verdampfung (f) evaporation vaporisation (f)		испареніе (n) vaporizzazione (f) vaporización (f)	*5*
verdampfen (v) to evaporate vaporiser (v)		испар-ить (-ять); превращать въ паръ vaporizzare (v) vaporizar (v)	*6*
verdunsten (v), verdampfen (v) bei Lufttemperatur to evaporate évaporer (v)		испар-иться (-яться) evaporare (v) evaporar (v)	*7*
sich verflüchtigen (v) to volatilise se volatiliser (v)		улетучиться, улетучиваться volatilizzarsi (v) volatilizarse (v)	*8*
Kondensation (f) condensation condensation (f)		конденсація (f) condensazione (f) condensación (f)	*9*
kondensieren (v) to condense condenser (v)		конденсировать; сгущать condensare (v) condensar (v)	*10*
Niederschlagen (n) *oder* Kondensieren (n) des Dampfes condensation of steam condensation (f) de la vapeur		конденсированіе (n) *или* осажденіе (n) *или* сгущеніе (n) пара condensazione (f) del vapore condensación (f) del vapor	*11*

1	Sublimation (f) des Kohlenstoffs zu Ruß deposition of carbon as soot sublimation (f) du carbone en suie		возгонка (f) *или* сублимація (f) углерода въ сажу sublimazione (f) del carbonio in fuliggine sublimación (f) del carbono en hollin
2	Sauerstoff (m) oxygen oxygène (m)	O	кислородъ (m) ossigeno (m) oxigeno (m)
3	atmosphärischer Sauerstoff (m) atmospheric oxygen oxygène (m) atmosphérique		кислородъ (m) воздуха; атмосферный кислородъ ossigeno (m) atmosferico oxigeno (m) atmosférico
4	chemisch gebundener Sauerstoff (m) fixed oxygen, chemically combined oxygen oxygène (m) chimiquement combiné		химически связанный кислородъ (m) ossigeno (m) combinato chimicamente oxigeno (m) quimicamente fijo
5	Stickstoff (m) nitrogen azote (m) [Az]	N	азотъ (m) azoto (m), nitrogeno (m) ázoe (m), nitrógeno (m)
6	Wasserstoff (m) hydrogen hydrogène (m)	H	водородъ (m) idrogeno (m) hidrógeno (m)
7	Luft (f) air air (m)		воздухъ (m) aria (f) aire (m)
8	trockene Luft (f) dry air air (m) sec		сухой воздухъ (m) aria (f) secca aire (m) seco
9	feuchte Luft (f) humid *or* moist air air (m) humide		влажный воздухъ (m) aria (f) umida aire (m) húmedo
10	Luftfeuchtigkeit (f) humidity of the air, hygrometric condition humidité (f) de l'air		влажность (f) воздуха umidità (f) dell'aria humedad (f) del aire
11	Feuchtigkeitsmesser (m), Hygrometer (n) hygrometer hygromètre (m)		гигрометръ (m) igrometro (m) higrómetro (m)
12	Luftdruck (m), atmosphärischer Druck (m) atmospheric pressure pression (f) de l'air, pression (f) atmosphérique		давленіе (n) воздуха; атмосферное давленіе pressione (f) dell'aria, pressione (f) atmosferica presión (f) del aire, presión atmosférica

Barometer (n) barometer baromètre (m)		барометръ (m) barometro (m) barómetro (m)	*1*
Barometerstand (m) state of barometer état (m) barométrique		показанiе (n) барометра stato (m) barometrico estado (m) barométrico	*2*
registrierendes *oder* aufzeichnendes Barometer (n) recording barometer barographe (m), baromètre (m) enregistreur		регистрирующiй *или* самопишущiй барометръ (m) barometro (m) registratore barómetro (m) registrador	*3*
Wasser (n) water eau (f)	H_2O	вода (f) acqua (f) agua (f)	*4*
Wasserdampf (m) steam vapeur (f) [d'eau]		водяной паръ (m) vapore (m) d'acqua, vapore (m) acqueo vapor (m) de agua	*5*
Sattdampf (m), gesättigter Dampf (m) saturated steam vapeur (f) saturée		насыщенный паръ (m) vapore (m) saturo, vapore (m) saturo vapor (m) saturado	*6*
trockener Dampf (m), getrockneter Dampf (m) dry steam vapeur (f) sèche		сухой паръ (m) vapore (m) secco vapor (m) seco	*7*
Naßdampf (m), nasser Dampf (m), feuchter Dampf (m) wet steam vapeur (f) humide		сырой паръ (m) vapore (m) umido vapor (m) húmedo	*8*
Heißdampf (m), überhitzter Dampf (m) superheated steam vapeur (f) surchauffée		перегрѣтый паръ (m) vapore (m) surriscaldato vapor (m) recalentado	*9*
Kohlenstoff (m) carbon carbone (m)	C	углеродъ (m) carbonio (m) carbono (m)	*10*
Graphit (m) graphite, plumbago graphite (m), plombagine (f)		графитъ (m) grafite (m) grafito (m)	*11*
Kohlenoxyd (n) carbon monoxide, carbonic oxide [prot]oxyde (m) de carbone	CO	окись (f) углерода ossido (m) di carbonio óxido (m) de carbono	*12*
Kohlensäure (f), Kohlendioxyd (n) carbon dioxide, carbonic acid gas acide (m) carbonique, [bioxyde (m) de carbone]	CO_2	углекислота (f); двуокись (f) углерода acido (m) carbonico, biossido (m) di carbonio, anidride (f) carbonica ácido (m) carbónico, anhidrido (m) carbónico	*13*

No.	Deutsch / English / Français	Formel	Русский / Italiano / Español
1	Teer (m) tar goudron (m)		дёготь (m); смола (f) catrame (m) alquitrán (m)
2	Teerdampf (m), Teernebel (m) tar vapour vapeur (f) de goudron		паръ (m) дёгтя *или* смолы vapore (m) di catrame vapor (m) de alquitrán
3	Steinkohlenteer (m) coal-tar goudron (m) de houille		каменноугольный дёготь (m) catrame (m) di litantrace alquitrán (m) de hulla
4	Braunkohlenteer (m) tar from lignite goudron (m) de lignite		дёготь (m) бураго угля catrame (m) di lignite alquitrán (m) de lignito
5	Torfteer (m) peat tar goudron (m) de tourbe		торфяной дёготь (m) catrame (m) di torba alquitrán (m) de turba
6	Schieferteer (m) tar from shale goudron (m) de schiste		сланцовый дёготь (m) catrame (m) di schisto alquitrán (m) de esquisto
7	Holzteer (m) wood-tar goudron (m) de bois		древесный дёготь (m) catrame (m) di legno alquitrán (m) de madera
8	Kohlenwasserstoff (m) hydrocarbon hydrocarbure (m); carbure (m) d'hydrogène		углеводородъ (m) idrocarburo (m) hidrocarburo (m)
9	leichter Kohlenwasserstoff (m) light hydrocarbon hydrocarbure (m) léger		лёгкій углеводородъ (m) idrocarburo (m) leggiero hidrógeno (m) carburado ó hidrocarburo (m) ligero
10	schwerer Kohlenwasserstoff (m) heavy hydrocarbon hydrocarbure (m) lourd		тяжёлый углеводородъ (m) idrocarburo (m) pesante hidrógeno (m) carburado ó hidrocarburo (m) pesado
11	teerartige Kohlenwasserstoffe (m pl) tarry hydrocarbons (pl) hydrocarbures (m pl) goudronneux	$C_m H_n$	дегтевидные углеводороды (m pl); углеводороды (m pl), содержащіе дёготь *или* смолу idrocarburi (m pl) contenenti catrame hidrocarburos (m pl) alquitranosos
12	Grubengas (n), Methan (n), Methylwasserstoff (m), Sumpfgas (n) methane, marsh gas méthane (m), grisou (m), gaz (m) des marais	$C H_4$	болотный газъ (m); метанъ (m); метиловый водородъ (m); водородистый метилъ (m); форментъ (m); рудничный газъ metano (m), gas (m) delle paludi [gas]grisú(m), metano(m)

Äthan (n), [Di-] Methyl (n) ethane éthane (m)	C_2H_6	этанъ (m) etano (m), dimetile (m) etano (m)	1
Paraffin (n) paraffin paraffine (f)	$C_nH_{2n}+2$	парафинъ (m) paraffina (f) parafina (f)	2
Äthylen (n) ethylene (olefiant-gas) éthylène (m), gaz (m) oléifiant	C_2H_4	этиленъ (m) etilene (m) etileno (m)	3
Propylen (n) propylene propylène (m)	C_3H_6	пропиленъ (m) propilene (m) propileno (m)	4
Butylen (n) butylene butylène (m)	C_4H_8	бутиленъ (m) butilene (m) butileno (m)	5
Azetylen (n) acetylene acétylène (m)	C_2H_2	ацетиленъ (m) acetilene (m) acetileno (m)	6
aromatische Kohlenwasserstoffe (m pl) aromatic hydrocarbons (pl) hydrocarbures (m pl) aromatiques		ароматическіе углеводороды (m pl) idrocarburi (m pl) aromatici hidrocarburos (m pl) aromáticos	7
Benzol (n) benzene, benzole benzol (m)	C_6H_6	бензолъ (m) benzolo (m) benzol (m)	8
Toluol (n) toluene toluol (m)	C_7H_8	толуолъ (m) toluolo (m) toluol (m)	9
Naphthalin (n) naphthalene naphtaline (f)	$C_{10}H_8$	нафталинъ (m) naftalina (f) naftalina (f)	10
Methylalkohol (m), Holzgeist (m) methyl-alcohol, wood spirit alcool (m) méthylique, alcool (m) de bois, esprit (m) de bois; (chimie:) hydrate (m) de méthyle, méthanol (m)	CH_4O	метиловый *или* древесный спиртъ (m) alcool (m) metilieo alcohol (m) metílico, espíritu (m) piroacético	11
Phenol (n) phenol, (carbonic acid) phénol (m)	C_6H_6O	фенолъ (m) fenolo (m) fenol (m)	12
Ammoniak (n) ammonia ammoniac (m), gaz (m) ammoniac [Az H_3]	NH_3	аммiакъ (m) idrato (m) d'ammonio, ammoniaca (f) amoníaco (m), hidrato (m) de amonio	13

1	Ammoniaklösung (f) ammonia solution solution (f) d'ammoniac, ammoniaque (f)	$NH_3 + aq$	растворъ (m) амміака; амміачный растворъ soluzione (f) ammoniacale disolución (f) de amoníaco
2	Ammoniakwasser (n) ammonia water, ammoniacal liquor, gas liquor eau (f) ammoniacale		амміачная вода (f); нашатырный спиртъ (m) acqua (f) ammoniacale agua (f) amoniacal
3	Cyanwasserstoff (m), Blausäure (f) hydrocyanic acid, prussic acid acide (m) cyanhydrique, cyanure (m) d'hydrogène, acide (m) prussique [C H Az]	CHN	ціанистый *или* синеродистый водородъ (m); синильная кислота (f) acido (m) prussico *o* cianidrico, cianogeno (m) ácido (m) prúsico
4	Schwefelwasserstoff (m) sulphuretted hydrogen, hydrosulphuric acid hydrogène (m) sulfuré, acide (m) sulfhydrique, [sulfure (m) d'hydrogène]	H_2S	сѣроводородъ (m); сѣрнистый водородъ (m) idrogeno (m) solforato, acido (m) solfidrico ácido (m) sulfhídrico
5	schweflige Säure (f) sulphurous acid acide (m) sulfureux	H_2SO_3	сѣрнистая кислота (f) acido (m) solforoso, anidride (f) solforosa ácido (m) sulfuroso
6	Schwefelsäure (f) sulphuric acid, oil of vitriol acide (m) sulfurique	H_2SO_4	сѣрная кислота (f) acido (m) solforico ácido (m) sulfúrico
7	Salzsäure (f) hydrochloric acid, muriatic acid, spirit of salt acide (m) chlorhydrique, esprit (m) de sel	HCl	соляная кислота (f); хлористоводородная кислота; хлористый водородъ (m) acido (m) cloridrico *o* muriatico ácido (m) muriático *ó* clorhídrico, espíritu (m) de sal
8	Wärme (f) heat chaleur (f)		теплота (f) calore (m) calor (m)
9	Wärmeerzeugung (f), Wärmeproduktion (f) heat production production (f) de chaleur		образованіе (n) тепла produzione (f) di calore producción (f) del calor
10	Wärmeausnützung (f) heat utilisation utilisation (f) de la chaleur		использованіе (n) *или* утилизація (f) тепла utilizzazione (f) del calore utilización (f) del calor

gebundene Wärme (f), latente Wärme (f) latent heat chaleur (f) latente	скрытая теплота (f) calore (m) latente calor (m) latente	*1*
Schmelzwärme (f) heat of fusion, melting heat chaleur (f) de fusion	теплота (f) плавленія calore (m) di fusione calor (m) de fusión	*2*
Verdampfungswärme (f) heat of evaporation chaleur (f) de vaporisation	теплота (f) испаренія calore (m) di vaporizzazione calor (m) de vaporización	*3*
fühlbare Wärme (f) sensible heat chaleur (f) sensible	ощущаемое тепло (n) calore (m) sensibile calor (m) sensible	*4*
Strahlungswärme (f) radiant heat chaleur (f) rayonnante	лучистая теплота (f) calore (m) raggiante calor (m) radiante	*5*
Leitungswärme (f) heat of conduction chaleur (f) de conduction, chaleur (f) conductive	теплота (f), передаваемая по проводнику calore (m) di conduzione calor (m) de conducción	*6*
Eigenwärme (f) [eines Körpers] total heat [of a body] chaleur (f) propre (d'un corps]	собственное тепло (n) [тѣла] calore (m) proprio [d'un corpo] calor (m) propio [de un cuerpo]	*7*
Wärmeaustausch (m) interchange of heat échange (m) de chaleur	обмѣнъ (m) тепла scambio (m) di calore cambio (m) de calor	*8*
Wärmeübergang (m) transfer *or* passage of heat passage (m) de chaleur [de . . à . .]	переходъ (m) тепла passaggio (m) di calore paso (m) de calor de . . . á . . .	*9*
Wärmestrahlung (f) heat radiation rayonnement (m) *ou* radiation (f) de chaleur	излученіе (n) тепла [ir]radiazione (f) di calore radiación (f) de calor	*10*
Wärmeleitung (f) heat conduction conduction (f) de la chaleur, conduction (f) thermique	теплопроводность (f) conduzione (f) di calore conducción (f) de calor	*11*
Konvektion (f) der Wärme convection of heat convection (f) thermique *ou* de la chaleur	конвекція (f) тепла; тепловая конвекція convezione (f) di calore convección (f) de calor	*12*

1	Wärmemessung (f), Kalorimetrie (f) measurement of heat, calorimetry calorimétrie (f)		калориметрія (f); измѣреніе (n) тепла calorimetria (f), misura (f) del calore calorimetría (f), medición (f) de calor
2	spezifische Wärme (f), Wärmekapazität (f) specific heat, heat capacity chaleur (f) spécifique, capacité (f) calorifique *ou* thermique		удѣльная теплота (f); теплоёмкость (f) calore (m) specifico, capacità (f) termica calor (m) específico; capacidad (f) térmica
3	Wärmeeinheit (f) thermal unit, unit of heat unité (f) thermique, unité (f) de chaleur		единица (f) теплоты unità (f) di calore unidad (f) de calor
4	Kilogrammkalorie (f), große Kalorie (f), technische Kalorie (f) large calorie, kilogram calorie grande calorie (f), kilogramme-degré (m), calorie (f) kilogramme	kgcal	килограммъ-калорія (f); большая *или* техническая калорія caloria (f) per chilogrammo, grande caloria (f) gran caloría (f), caloría-kilogramo (f)
5	Grammkalorie (f), kleine Kalorie (f) small calorie, gram-calorie petite calorie (f), gramme-degré (m), calorie (f) gramme	gcal	граммъ-калорія (f); малая калорія (f) caloria (f) per grammo, piccola (f) caloria pequeña caloría (f), caloría-gramo (f)
6	thermischer Ausdehnungskoeffizient (m), Wärmeausdehnungszahl (f) coefficient of expansion due to heat coefficient (m) de dilatation thermique		тепловой *или* термическій коэффиціентъ (m) расширенія coefficiente (m) di dilatazione termica coeficiente (m) de dilatación térmica
7	Längenausdehnungszahl (f) coefficient of linear expansion coefficient (m) de dilatation linéaire, coefficient (m) d'allongement		коэффиціентъ (m) линейнаго расширенія тѣлъ; линейный коэффиціентъ расширенія coefficiente (m) di dilatazione lineare coeficiente (m) de dilatación lineal
8	Raumausdehnungszahl (f) coefficient of cubical expansion coefficient (m) de dilatation cubique *ou* volumique		коэффиціентъ (m) объёмнаго расширенія; кубическій коэффиціентъ (m) расширенія coefficiente (m) di dilatazione cubica coeficiente (m) de dilatación cúbico

Britische Wärmeeinheit (f) British thermal Unit unité (f) thermique anglaise	B. Th. U.	британская единица (f) тепла unità (f) inglese del calore unidad (f) de calor inglés	1
Temperatur (f) temperature température (f)		температура (f) temperatura (f) temperatura (f)	2
Temperaturgefälle (n) fall of temperature chute (f) de température		паденіе (n) температуры caduta (f) di temperatura caida (f) de temperatura	3
Temperaturgleichgewicht (n) temperature balance équilibre (m) de température		равновѣсіе (n) *или* постоянство (n) температуры equilibrio (m) di temperatura equilibrio (m) de temperatura	4
Temperaturausgleich (m) equalisation of temperature compensation (f) de température, égalisation (f) de température		выравниваніе (n) температуры compensazione (f) di temperatura compensación (f) de temperatura	5
absolute Temperatur (f) absolute temperature température (f) absolue		абсолютная температура (f) temperatura (f) assoluta temperatura (f) absoluta	6
absoluter Nullpunkt (m) absolute zero zéro (m) absolu	—273° C —460° F	абсолютный нуль (m) zero (m) assoluto cero (m) absoluto	7
absolute Temperaturskala (f) absolute scale of temperature échelle (f) de température absolue		абсолютная шкала (f) температуръ *или* температурная шкала scala (f) della temperatura assoluta escala (f) de temperatura absoluta	8
Thermometer (n) thermometer thermomètre (m)		термометръ (m) termometro (m) termómetro (m)	9
Normalthermometer (n) standard thermometer thermomètre (m) étalon		нормальный термометръ (m) termometro (m) campione *o* normale termómetro (m) patrón *ó* normal	10
aufzeichnendes Thermometer (n), Thermometrograph (m) recording thermometer thermomètre (m) enregistreur, thermo[métro]graphe (m)		самопишущій *или* регистрирующій термометръ (m) termometro (m) registratore termómetro (m) registrador	11

1 Fernthermometer (n)
tele-thermometer
téléthermomètre (m), thermomètre (m) à distance

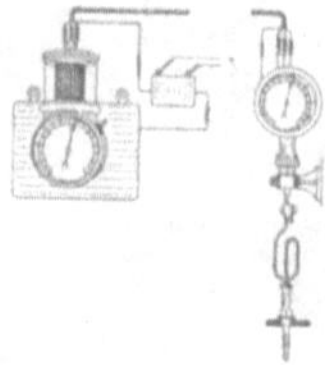

термометръ (m), показывающій на далёкое разстояніе
teletermometro (m)
teletermómetro (m)

---

2 Quecksilberthermometer (n)
mercury thermometer
thermomètre (m) à mercure

ртутный термометръ (m)
termometro (m) a mercurio
termómetro (m) de mercurio

---

3 Quecksilberthermometer (n) mit Kohlensäurefüllung
mercury thermometer filled with carbon dioxide
thermomètre (m) à mercure rempli d'acide carbonique

ртутный термометръ (m), наполненный углекислотой
termometro (m) a mercurio riempito di acido carbonico
termómetro (m) de mercurio lleno de ácido carbónico

---

4 Quecksilberthermometer (n) mit Stickstofffüllung
mercury thermometer filled with nitrogen
thermomètre (m) à mercure rempli d'azote

ртутный термометръ (m), наполненный азотомъ
termometro (m) a mercurio riempito di azoto
termómetro (m) de mercurio lleno de nitrógeno

---

5 Thermometerskala (f)
thermometer scale
échelle (f) thermométrique *ou* de thermomètre

шкала (f) термометра; термометрическая шкала
scala (f) termometrica
escala (f) termométrica

---

6 Celsiusskala (f)
centigrade scale
échelle (f) centigrade *ou* [de] Celsius

a

шкала (f) Цельзія
scala (f) di Celsius *o* centigrada
escala (f) centrígrada *ó* de Celsius

---

7 Réaumurskala (f)
Réaumur scale
échelle (f) [de] Réaumur

b

шкала (f) Реомюра
scala (f) di Réaumur
escala (f) de Reaumur

---

8 Fahrenheitskala (f)
Fahrenheit scale
échelle (f) [de] Fahrenheit

c

шкала (f) Фаренгейта
scala (f) di Fahrenheit
escala (f) de Fahrenheit

---

9 Fixpunkt (m) des Thermometers
fixed point of the thermometer
point (m) fixe du thermomètre

постоянная точка (f) термометра
punto (m) fisso del termometro
punto (m) fijo del termómetro

Nullpunkt (m) des Thermometers
zero *or* freezing point of the thermometer
zéro (m) du thermomètre

a

нуль (m) термометра
punto (m) zero del termometro
cero (m) del termómetro 1

Siedepunkt (m)
boiling point
point (m) d'ébullition

b

точка (f) *или* температура (f) кипѣнія
punto (m) di ebollizione
punto (m) de ebullición 2

Thermometerröhre (f), Thermometerkapillare (f)
capillary tube of thermometer, thermometer tube
tube (m) capillaire de thermomètre

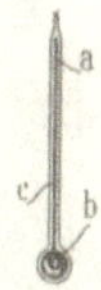

a

термометренная трубка (f); капилярная *или* волосная трубка (f) термометра
tubo (m) capillare del termometro
tubo (m) [capilar] del termómetro 3

Thermometerkugel (f)
thermometer bulb
boule (f) *ou* réservoir (m) de thermomètre

b

шарикъ (m) термометра
bulbo (m) del termometro
bola (f) del termómetro; cubeta (f) 4

Quecksilberfaden (m)
mercury column
colonne (f) [capillaire] de mercure

c

ртутная нить (f); ртутный столбикъ (m)
colonna (f) di mercurio
columna (f) de mercurio 5

Eintauchtiefe (f) des Thermometers
depth of immersion of the thermometer
profondeur (f) d'immersion du thermomètre

a

глубина (f) погруженія термометра
profondità (f) d'immersione del termometro
profundidad (f) de inmersión del termómetro 6

---

herausragender Faden (m)
projecting part of the mercury column
colonne (f) de mercure émergente

b

выступающая наружу нить (f); выступающій наружу столбикъ (m)
colonna (f) di mercurio emergente
columna (f) de mercurio saliente 7

Fadenkorrektion (f) [bei langen Thermometern]
column correction (with long thermometers)
correction (f) de la colonne [dans les longs thermomètres]

поправка (f) на нить *или* столбикъ [у длинныхъ термометровъ]
correzione (f) della colonna [nei termometri lunghi]
corrección (f) de la columna 8

1 Thermometerkorrektion (f) wegen Glasausdehnung
thermometric correction for expansion of glass
correction (f) thermométrique nécessitée par la dilatation du verre
поправка (f) термометра на расширеніе стекла
correzione (f) del termometro dovuta alla dilatazione del vetro
corrección (f) del termómetro motivada por la dilatación del cristal

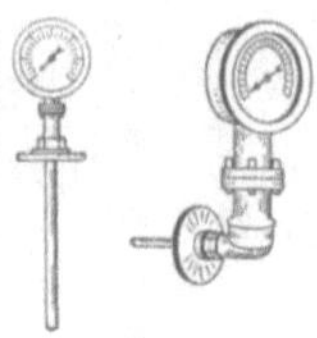

2 Pyrometer (n)
pyrometer
pyromètre (m)
пирометръ (m)
pirometro (m)
pirómetro (m)

3 Graphitpyrometer (n), Graphitthermometer (n)
graphite pyrometer
pyromètre (m) à graphite
графитный пирометръ (m)
pirometro (m) a grafite
pirómetro (m) de grafito

4 Metallpyrometer (n), Metallthermometer (n)
metal pyrometer
pyromèrte (m) métallique
металлическій пирометръ (m)
pirometro (m) metallico
pirómetro (m) metálico

5 elektrisches Widerstandthermometer (n)
electrical resistance pyrometer
thermomètre (m) à résistance électrique
электрическій термометръ (m) съ сопротивленіемъ
termometro (m) a resistenza elettrica
termómetro (m) con resistencia eléctrica

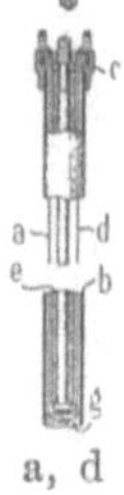

a, d

6 Thermoelement (n)
thermo-electric element
élément (m) thermoélectrique
термоэлементъ (m)
pila (f) termo-elettrica
pila (f) termo-eléctrica

7 thermoelektrisches Paar (n)
thermo-electric couple
couple (m) thermoélectrique
термоэлектрическая пара (f)
coppia (f) termo-elettrica
par (m) termo-eléctrico

8 durch Erhitzung der Lötstelle entstehender Thermostrom (m)
thermo-electric current due to heating the junction
courant (m) thermoélectrique engendré en chauffant la soudure
термоэлектрическій токъ (m), возникающій вслѣдствіе нагрѣванія мѣста спая
corrente (f) termo-elettrica prodotta per il riscaldamento della saldatura
corriente (f) termo-eléctrica producida por el calentamiento de la soldadura

9 Eisenkonstantanelement (n)
iron-constantan element *or* couple
élément (m) *ou* couple (m) fer-constantan
элементъ (m) изъ желѣза и константана
pila (f) a ferro e constantana
pila (f) de hierro y constantana

elektrisches Pyrometer (n) von Le Chatelier
Le Chatelier's electrical pyrometer
électropyromètre (m) *ou* pyromètre (m) électrique [de] Le Chatelier

a

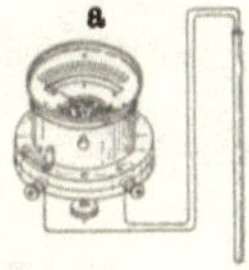

электрическій пирометръ (m) Ле-Шателье
pirometro (m) elettrico di Le Chatelier
pirómetro (m) eléctrico de Le Chatelier *1*

Platin-Platinrhodiumelement (n)
platinum platinum-rhodium element *or* couple
couple (m) platine et platine-rhodium

элементъ (m) изъ платины и сплава платины и родія
pila (f) a platino e platino-rodio
pila (f) *ó* par (m) de platino y platino-rodio *2*

Platindraht (m)
platinum wire
fil (m) de platine

платиновая проволока (f)
filo (m) di platino
alambre (m) de platino *3*

Platinrhodiumdraht (m)
platinum-rhodium wire
fil (m) de platine-rhodium

проволока (f) изъ сплава платины и родія
filo (m) di platino-rodio
alambre (m) de platino-rodio *4*

Galvanometer (n)
galvanometer
galvanomètre (m)

a

гальванометръ (m)
galvanometro (m)
galvanómetro (m) *5*

---

optisches Pyrometer (n)
optical pyrometer, radiation pyrometer
pyromètre (m) optique

оптическій пирометръ (m)
pirometro (m) ottico
pirómetro (m) óptico *6*

Brennkegel (m), Schmelzkegel (m), Segerkegel (m)
melting *or* fusible cones (pl), pyrometric cones (pl), Seger cones (pl)
cône (m) pyrométrique [à silicates d'alumine]

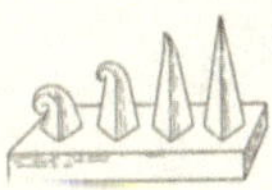

конусъ (m) Зегера; плавкій конусъ (m)
tappo (m) fusibile
tapón (m) fusible *7*

---

die Temperatur eines Körpers aus seiner Strahlung messen (v)
to measure the temperature of a body by its radiation
mesurer (v) la température d'un corps d'après son rayonnement

измѣрять температуру тѣла по его лучеиспусканію
misurare (v) la temperatura di un corpo per mezzo della sua radiazione
medir (v) la temperatura de un cuerpo por medio de su radiación *8*

Férysches Pyrometer (n)
Féry's pyrometer
pyromètre (m) [de] Féry

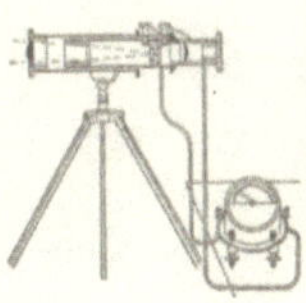

пирометръ (m) Ферри
pirometro (m) Fery
pirómetro (m) [de] Fery *9*

1 Wannersches Pyrometer (n)
Wanner's pyrometer
pyromètre (m) [de] Wanner

пирометръ (m) Ваннера
pirometro (m) Wanner
pirómetro (m) [de] Wanner

2 **Brennstoffe**
Fuels
Combustibles

Топливо
Combustibili
Combustibles

3 Kohle (f)
coal (carbon)
charbon (m)

уголь (m)
carbone (m)
carbón (m)

4 Steinkohle (f), Schwarzkohle (f), fossile Kohle (f)
pit coal
houille (f), charbon (m) de terre

каменный уголь (m)
carbone (m) fossile, litantrace (m)
hulla (f), carbón (m) de piedra

5 Glanzkohle (f)
glance coal, peacock coal (A)
charbon (m) brillant

блестящій уголь (m)
carbone (m) lucente
carbón (m) brillante

6 Mattkohle (f)
dull *or* dead coal
charbon (m) mat

матовый уголь (m)
carbone (m) opaco
carbón (m) mate

7 Gaskohle (f), gasreiche Kohle (f)
gas coal, coal rich in gas
charbon (m) à gaz, charbon (m) riche en gaz

уголь (m), богатый газомъ; газовый уголь (m)
carbone (m) ricco di gas
carbón (m) rico en gases

8 gasarme Kohle (f)
non-gassing coal
charbon (m) pauvre en gaz *ou* distillant peu de gaz

тощій уголь (m); уголь бѣдный газомъ; уголь, выдѣляющій мало газа
carbone (m) povero di gas
carbón (m) pobre en gases

9 Sandkohle, magere Kohle (f), Magerkohle (f), harte Kohle (f)
hard coal
charbon (m) maigre *ou* sec

песчанистый уголь (m); песочный уголь; тощій уголь; тощій неплавкій (неспекающійся) каменный уголь
carbone (m) magro
carbón (m) arenoso *ó* magro *ó* duro *ó* seco

10 Anthrazit (m)
anthracite
anthracite (m)

антрацитъ (m)
antracite (m)
antracita (m)

11 Fettkohle (f), fette Steinkohle (f)
fat coal, rich coal
charbon(m) gras *ou* mou, houille (f) grasse *ou* molle

жирный каменный уголь (m); кузнечный уголь
carbone (m) grasso
hulla (f) grasa

weiche Kohle (f), Backkohle (f), backende Kohle (f), bituminöse Kohle (f)
bituminous coal, caking coal
houille (f) bitum[in]euse *ou* collante, charbon (m) bitum[in]eux *ou* collant

жирный уголь (m); спекающійся уголь; битуминозный уголь
carbone (m) bituminoso *o* agglutinante 1
hulla (f) bituminosa *ó* aglutinante *ó* blanda

Sinterkohle (f)
open burning coal, cherry coal
houille (f) demi-grasse

полужирный слабо-спекающійся уголь (m); полуспекающійся уголь
carbone (m) semigrasso 2
hulla (f) viva *ó* semigrasa

Kannelkohle (f)
cannel coal
cannel coal (m)

каннэльскій уголь (m)
cannel coal (m) (carbone (m) candella)
carbón (m) graso bituminoso 3

---

schottische Bogheadkohle (f)
Scotch Boghead coal
[charbon (m)] boghead (m) écossais

шотландскій богхетскій уголь (m); богхетъ (m)
carbone (m) scozzese, Boghead (m) (argilla (f) ampellita) 4
carbón (m) escocés

Förderkohle (f)
rough coal
tout-venant (m)

ископаемый *или* рудниковый уголь (m)
carbone (m) grezzo di miniera 5
carbón (m) que contiene la mina

Rohkohle (f)
raw coal
charbon (m) brut

сырой уголь (m)
carbone (m) grezzo 6
carbón (m) en bruto

Aufbereitung (f) der Kohle
dressing of the coal
préparation (f) mécanique du charbon

заготовка (f) угля
preparazione (f) meccanica del carbone 7
preparación (f) mecánica del carbón

---

den Schiefer von der Kohle trennen (v)
to separate the shale from the coal
déschister (v) le charbon, débarrasser (v) le charbon des schistes

отдѣлять глинистый сланецъ (m) *или* шиферъ (m) отъ угля
separare (v) gli schisti dal carbone 8
separar (v) los esquistos del carbón

Kohle von Schwefelkies befreien (v)
to free coal from iron pyrites, to dress coal
dépyriter (v) le charbon, débarasser (v) le charbon de la pyrite

очи-стить (-щать) уголь (m) отъ пустой породы и пирита *или* сѣрнаго колчедана 9
levare (v) *o* togliere (v) le piriti al carbone
separar (v) el carbón de las piritas

No.	Deutsch / English / Français		Русский / Italiano / Español
1	die Kohle waschen (v) to wash the coal laver (v) le charbon		промы-ть (-вать) уголь lavare (v) il carbone lavar (v) el carbón
2	Schlammkohle (f), Kohlenschlamm (m) coal mud charbon (m) limoneux		болотный *или* иловый бурый уголь (m) carbone (m) limaccioso fango (m) de carbón; carbón (m) fangoso
3	unsortierte Kohle (f) unscreened coal charbon (m) non assorti *ou* non trié		несортированный уголь (m) carbone (m) non assortito carbón (m) no clasificado
4	gleichmäßige Kohle (f) coal of uniform size charbon (m) uniforme		однородный уголь (m) carbone (m) uniforme carbón (m) uniforme
5	Kohlenzerkleinerung (f) coal breaking broyage (m) du charbon		размельченіе (n) *или* измельченіе (n) *или* дробленіе (n) угля triturazione (f) del carbone trituración (f) del carbón
6	Kohlenbrecher (m) coal breaker broyeur (m) à charbon	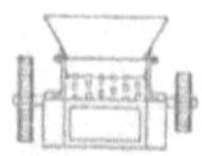	угледробильная машина (f); угледробилка (f) frantoio (m) per carbone quebrantadora (f) de carbón
7	gesiebte Kohle (f) screened coal charbon (m) tamisé *ou* criblé	 a	просѣянный уголь (m) carbone (m) crivellato carbón (m) cribado
8	Kohlensieb (n) screen crible (m) à charbon, tamis (m) à charbon	b	рѣшето (n) *или* грохотъ (m) для угля crivello (m) per carbone criba (f) para carbón
9	Maschenweite (f) size of mesh largeur (f) de maille	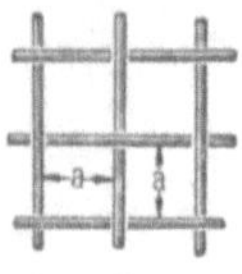 a	величина (f) клѣтки рѣшета *или* грохота dimensione (f) della maglia dimensiones (f pl) *ó* luz (f) de las mallas
10	Korngröße (f), Körnung (f) size of coal grosseur (f)		величина (f) зёренъ grossezza (f) del carbone tamaño (m) del carbón
11	großstückige Kohle (f), Stückkohle (f) best coal, large coal pérat (m), gros (m) [en roche]		крупный *или* отборный уголь (m) carbone (m) in pezzi grossi carbón (m) en grandes pedazos

Würfelkohle (f)
cobbles (pl), lump coal, lumps (pl)
gaillettes (f pl), grélats (m pl), grélassons (m pl)

уголь (m) въ кускахъ величиною въ 5—8 сантиметровъ; уголь въ видѣ кубиковъ; кубовый уголь 1
carbone (m) in pezzi piccoli
galleta (f)

Nußkohle (f)
nut coal, nuts (pl)
gailleteries (f pl), petites gaillettes (f pl)

орѣшковый уголь (m); орѣшникъ (m)
carbone (m) in pezzi della grossezza di una noce 2
carbón (m) tamaño de almendra

Perlkohle (f), Erbskohle (f), Grieskohle (f), Kohlengrus (m)
pea coal, peas (pl)
menu (m), charbon (m) menu

мелкозернистый уголь; горошковый уголь
carbone (m) minuto 3
carbón (m) menudo

Feinkohle (f), feinkörnige Kohle (f), Kohlenklein (n)
slack, slack coal, small coal
charbon (m) fin

мелкій уголь (m); угольная мелочь (f); уголь въ мелкихъ кускахъ; высѣвки (f pl) 4
carbone (m) in pezzetti
carbón (m) granulado

Zermahlen (n) der Kohle
coal grinding
mouture (f) *ou* pulvérisation (f) du charbon, réduction (f) du charbon en poussier

толченіе (n) угля; превращеніе (n) угля въ порошокъ
polverizzazione (f) del carbone 5
pulverización (f) del carbón

Staubkohle (f)
dust-coal, culm
poussier (m) de charbon

пылевидный уголь (m)
carbone (m) in polvere 6
carbón (m) en polvo

Kohlenstaub (m)
coal dust
poussière (f) de charbon

угольная пыль (f)
polvere (f) di carbone 7
polvo (m) de carbón

Kok[s]staub (m)
coke dust
poussière (f) de coke, poussier (m) de coke

коксовая пыль (f)
polvere (f) di coke 8
polvo (m) de cok

---

langflammige Kohle (f)
cannel coal, candle coal, long flaming coal
charbon (m) à longue flamme

длиннопламенный уголь (m); уголь съ длиннымъ пламенемъ
carbone (m) a lunga fiamma 9
carbón (m) de llama larga

---

kurzflammige Kohle (f)
short flaming coal, steam coal
charbon (m) à courte flamme

короткопламенный уголь (m); уголь съ короткимъ пламенемъ
carbone (m) a corta fiamma 10
carbón (m) de llama corta

1	Selbstentzündung (f) der Kohle spontaneous combustion *or* ignition of coal inflammation (f) spontanée du charbon	самовоспламененіе (n) угля accensione (f) spontanea del carbone inflamación (f) espontánea del carbón
2	Wassergehalt (m), Feuchtigkeitsgehalt (m) percentage of moisture teneur (f) en eau, [teneur (f) en] humidité (f)	содержаніе (n) воды; содержаніе влаги contenuto (m) di acqua, tenore (m) in acqua tanto (m) por ciento de agua
3	erdige und teerbildende Bestandteile (m pl) der Kohle ash- and tar-producing constituents of the coal principes (m) terreux et bitumogènes du charbon	минеральныя и дающія деготь *или* смолу составныя части (f pl) угля principi (m pl) terrosi del carbone principios (m pl) terrosos del carbón
4	Aschengehalt (m) percentage of ash teneur (f) en cendres	содержаніе (n) золы contenuto (m) di cenere tanto (m) por ciento de cenizas
5	leichtaschige Kohle (f) coal producing a light ash charbon (m) à cendres légères	уголь (m), содержащій лёгкую золу carbone (m) a cenere leggera carbón (m) de cenizas ligeras
6	stark schlackende Kohle (f) clinkering coal charbon (m) très scorifère	сильно шлакующійся уголь (m) carbone (m) che dà molta scoria carbón (m) con mucha escoria
7	schlackenreine Kohle (f) non-clinkering coal charbon (m) non scorifère	уголь (m), не содержащій шлаковъ carbone (m) senza scorie carbón (m) sin escorias
8	Backen (n) der Kohle caking of coal agglutination (f) du charbon	спеканіе (n) угля agglutinamento (m) del carbone aglutinación (f) del carbón
9	kuchenbildende Kohle (f) caking coal charbon (m) agglutinant *ou* collant	спекающійся уголь (m) carbone (m) agglutinante hulla (f) aglutinante
10	Sintern (n) der Kohle sintering of the coal concrétion (f) du charbon	спеканіе (n) угля concrezione (f) del carbone concreción (f) del carbón

Kok[s] (m) coke (m) coke (m)	коксъ (m) coke (m) cok (m)	1
Gaskok[s] (m) gas coke coke (m) de gaz, coke (m) des usines à gaz	газовый коксъ (m) coke (m) [delle officine] di gas cok (m) de gas	2
Gabelkok[s] (m) coke picked with a fork coke (m) [assorti *ou* trié] à la fourche	коксъ (m), сортированный вилами coke (m) assortito alla forca cok (m) escojido con horquilla	3
Kok[s]gabel (f) coke fork fourche (f) à coke	вилы (p pl) для сортировки кокса forca (f) per assortire il coke horquilla (f) para escojer el cok	4
Nußkok[s] (m) nut coke coke (m) gailleteux	орѣшковый коксъ (m) coke (m) in pezzetti delle dimensioni d'una noce cok (m) en galletas	5
Gruskok[s] (m), Kok[s]-grus (m) coke druss coke (m) menu	коксовыя высѣвки (f pl) coke (m) minuto cok (m) menudo	6
Feinkok[s] (m) fine coke coke (m) fin	коксовая мелочь (f) coke (m) fino cok (m) fino	7
Kok[s]abfall (m) coke waste déchet (m) de coke	коксовые отбросы (m pl) detriti (m pl) di coke desperdicios (mpl) de cok	8
Braunkohle (f) lignite, brown coal lignite (m)	бурый уголь (m); лигнить (m) lignite (f) lignito (m)	9
Moor[braun]kohle (f) bog coal lignite (m) *ou* houille (f) des marais	обыкновенный болотный бурый уголь (m) lignite (f) fangosa lignito (m) trapezoidal	10
Pechkohle (f) bituminous coal charbon (m) poisseux	смолистый уголь (m) giaietto (m), giavazzo (m) azabache (m)	11
faserige Braunkohle (f) fibrous lignite lignite (m) fibreux	волокнистый бурый уголь (m); (ископаемое смолистое дерево (n)) lignite (f) tigliosa lignito (m) fibroso	12
Braunkohle[n]schiefer (m) lignite shale schiste (m) ligniteux	лигнитовый сланецъ (m) schisto (m) lignitoso lignito (m) esquistoso	13

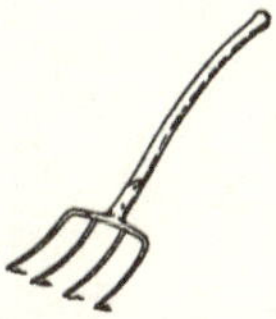

1	Braunkohlenkok[s] (m), Grudekok[s] (m) lignite coke coke (m) de lignite	коксъ (m) изъ бураго угля coke (m) di lignite cok (m) de lignito
2	Torf (m) peat, turf tourbe (f)	торфъ (f) torba (f) turba (f)
3	Stichtorf (m) spade-cut peat tourbe (f) [extraite *ou* piquée] à la bèche	рѣзной торфъ (m) torba (f) scavata turba (f) extraida con la pala
4	Maschinentorf (m) machine-cut peat tourbe (f) [extraite] à la machine	машинный торфъ (m) torba (f) scavata a macchina turba (f) extraida á máquina
5	Fasertorf (m), Wurzeltorf (m) fibrous peat tourbe (f) fibreuse	гниль (f); труха (f); верхній слой (m) торфяника; корневой торфъ (m) torba (f) fibrosa turba (f) fibrosa
6	Moortorf (m) bog peat tourbe (f) fangeuse	болотный торфъ (m) torba (f) fangosa turba (f) fangosa
7	Pechtorf (m) bituminous peat tourbe (f) poisseuse	смолистый торфъ (m) torba (f) nera bituminosa, picea (f) turba (f) compacta *ó* bituminosa
8	Brikett (n), Brennstoffziegel (m), Preßkohle (f) briquette, pressed coal briquette (f) [de combustible], [combustible (m)] aggloméré (m)	брикетъ (m); угольный кирпичъ (m); прессованный уголь (m) mattonella (f) di carbone, briquette (f), carbone(m) compresso briqueta (f), aglomerado (m)
9	Steinkohle[n]brikett (n) coal briquette briquette (f) *ou* aggloméré (m) de houille	каменноугольный брикетъ (m) carbone (m) fossile compresso, mattonella (f) di carbone fossile briqueta (f) de hulla
10	Braunkohle[n]brikett (n) lignite briquette briquette (f) *ou* aggloméré (m) de lignite	лигнитовый брикетъ (m) mattonella (f) di lignite briqueta (f) *ó* aglomerado (m) de lignito
11	Torfbrikett (n) peat briquette briquette (f) *ou* aggloméré (m) de tourbe	торфяной брикетъ (m) mattonella (f) di torba briqueta (f) de turba
12	Würfelbrikett (n), Industriebrikett (n) cube-shaped briquette briquette (f) industrielle, aggloméré (m) industriel	кубикообразный брикетъ (m); брикетъ для промышленности mattonella (f) in forma di cubo, mattonella (f) industriale briqueta (f) en cubos

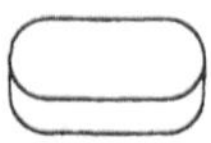

Brikettpresse (f) briquette press presse (f) à briquettes	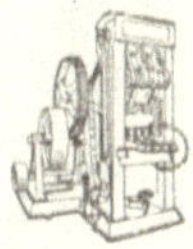	брикетный прессъ (m); прессъ для выдѣлки брикетовъ torchio (m) *o* pressa (f) per mattonelle prensa (f) para briquetas	*1*
Binden (n) von Briketts binding *or* cementing of briquettes agglutination (f) du combustible pour en faire des briquettes		связываніе (n) брикетовъ agglutinamento (m) del combustibile per farne delle mattonelle aglutinación (f) de briquetas	*2*
Brikettbindemittel (n) briquette binding *or* cementing material agglutinant (m) *ou* liant (m) pour [la fabrication de] briquettes *ou* agglomérés		связующее вещество (n) для брикетовъ agglutinante (m) per (la fabricazione delle) mattonelle liga (f) *ó* aglutinante (m) para briquetas	*3*
Holz (n) wood bois (m)		дерево (n); древесное топливо (n) legno (m), legna (f), legname (m) leña (f), madera (f)	*4*
hartes Holz (n), Hartholz (n) hard wood bois (m) dur		твёрдое дерево (n) legno (m) duro leña (f) dura	*5*
weiches Holz (n) soft wood bois (m) tendre		мягкое дерево (n) legno (m) dolce leña (f) blanda	*6*
Holzkohle (f) charcoal charbon (m) de bois	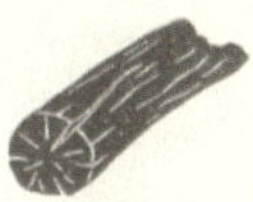	древесный уголь (m) carbone (m) di legno carbón (m) de leña *ó* vegetal	*7*
Kernholz (n) heart, heart wood bois (m) de cœur	a 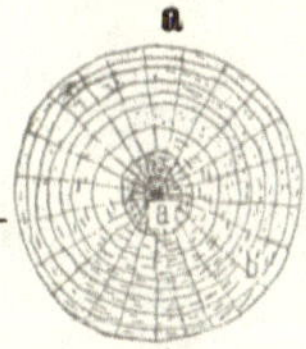	сердцевина (f) дерева legno (m) tolto dal cuore del tronco médula (f), corazón (m) del árbol	*8*
Splintholz (n) sap, sap-wood aubier (m)	b	заболонь (m), оболонь (m) alburno (m) albura (f)	*9*
Brennholz (n) firewood bois (m) à brûler	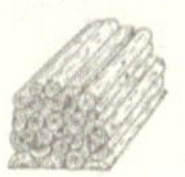	дрова (f pl) legna (f) da ardere leña (f) para quemar	*10*
grünes Holz (n), frisch gefälltes Holz (n), frisches Holz (n) green wood bois (m) vert		свѣжесрубленный *или* свѣжій лѣсъ (m) legna (f) verde leña (f) verde, leña recien cortada	*11*

1 Reisig (n)
loose sticks, dead wood
ramilles (f pl), fagotage (m)

хворостъ (m)
stipa (f), fascina (f), rami (m pl) secchi
ramaje (m) seco, broza (f)

---

2 Holzabfälle (m pl)
wood waste, chips (pl) of wood
débris (m pl) de bois, déchet (m) de bois

обрѣзки (m pl) дерева; древесные отбросы
trucioli (m pl) di legno
desperdicios (m pl) de madera

---

3 Laubholz (n)
leaf wood
bois (m) feuillu, bois (m) à feuilles caduques

лиственный лѣсъ (m)
legno (m) d'alberi a foglia caduca
leña (f) recia

---

4 Nadelholz (n)
pine wood
bois (m) de conifère[s], bois (m) d'arbre[s] à feuilles aciculaires *ou* persistantes

хвойный лѣсъ (m)
legno (m) di conifere
leña (f) *ó* madera (f) de coniferas

Leuchtgas und Fettgas

5 Illuminating Gas and Oil-Gas

Gaz de houille et Gaz à l'huile

Свѣтильный и Масляный Газы

Gas illuminante e Gas di grassi

Gas de alumbrado y Gas de aceite

6 Gas (n)
gas
gaz (m)

газъ (m)
gas (m)
gas (m)

---

7 Naturgas (n), Erdgas (n)
natural gas
gaz (m) naturel

природный *или* натуральный газъ (m)
gas (m) naturale, gas (m) ottenuto dal terreno
gas (m) natural, gas (m) de tierra

---

8 Heizgas (n), Brenngas (n)
heating gas, fuel gas
gaz (m) de [la] combustion, gaz (m) du foyer, gaz (m) chaud

горючій газъ (m)
gas (m) di combustione, gas (m) caldo
gas (m) de combustión

---

9 hochwertiges Gas (n), reiches Gas (n)
rich gas
gaz (m) riche

богатый газъ (m)
gas (m) ricco
gas (m) rico, gas (m) potente

---

10 geringwertiges Gas (n), armes Gas (n)
"poor" gas, lean gas
gaz (m) pauvre

бѣдный *или* слабый газъ (m)
gas (m) povero, gas (m) economico
gas (m) pobre, gas (m) débil

Gasgewinnung (f), Gaserzeugung (f), Gasbereitung (f)
gas production
production (f) *ou* génération (f) de gaz

добыванiе (n) газа; производство (n) газа
produzione (f) del gas 1
producción (f) de gas, generación (f) de gas

Gastechnik (f), Gasfach (n)
gas engineering
technique (f) du gaz

газовая техника (f)
tecnica (f) della fabbricazione del gas 2
técnica (f) del gas

Gastechniker (m), Gasfachmann (m)
gas engineer
gazier (m)

техникъ (m) по газу; спецiалистъ (m) по газу
tecnico (m) specialista per gas 3
técnico (m) gasista

---

gastechnisch (adj)
relating to gas engineering
gazotechnique (adj); de la technique du gaz

газотехническiй; относящiйся къ газовой техникѣ 4
specialista gasista (agg)
gasista (adj)

Gaserzeugungsanlage (f), Gaserzeugungsbetrieb (m)
plant for gas manufacture, gas plant
installation (f) de gazogène, installation (f) productrice *ou* génératrice de gaz

установка (f) для добыванiя газа; газогенераторная установка (f)
impianto (m) per la fabbricazione del gas 5
instalación (f) gasógena ó para la fabricación de gas

Gasanstalt (f), Gaswerk (n)
gas-works (pl)
usine (f) à gaz

газовый заводъ (m)
officina (f) del gas 6
fábrica (f) de gas

---

städtisches Gaswerk (n)
municipal gas works (pl)
usine (f) à gaz communale *ou* municipale

городской газовый заводъ (m)
officina (f) comunale del gas 7
fábrica (f) municipal de gas

Leuchtgas (n)
illuminating town gas
gaz (m) de houille, gaz (m) d'éclairage *ou* de ville

46—48% H_2
6—8% CO
1—1,5% CO_2
3—5% Cm Hn
34—38% CH_4

свѣтильный газъ (m)
gas (m) illuminante 8
gas (m) de alumbrado

Leuchtgasanstalt (f)
illuminating gas works (pl)
usine (f) à gaz d'eclairage

заводъ (m) свѣтильнаго газа
impianto (m) per gas illuminante 9
fábrica (f) de gas de alumbrado

Retortenvergasung (f)
distillation in retorts
distillation (f) dans les cornues, distillation (f) en cornue

газообразованiе (n) въ ретортахъ
gaseificazione (f) in storte, distillazione (f) in storte 10
gasificación (f) en retortas

1	Retorte (f) retort cornue (f)		реторта (f) storta (f) retorta (f)
2	horizontale Retorte (f) horizontal retort cornue (f) horizontale		горизонтальная реторта (f) storta (f) orizzontale retorta (f) horizontal
3	geneigte Retorte (f) inclined retort cornue (f) inclinée		наклонная реторта (f) storta (f) inclinata retorta (f) inclinada
4	stehende Retorte (f) vertical retort cornue (f) verticale	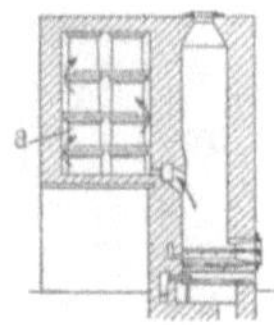	вертикальная реторта (f) storta (f) verticale retorta (f) vertical
5	Retortengraphit (m) retort graphite graphite (m) de cornue		ретортный графитъ (m) grafite (f) di storta grafito (m) de retortas
6	Retortenofen (m) mit Gasfeuerung gas-fired retort-furnace four (m) à cornues [chauffé] au gaz	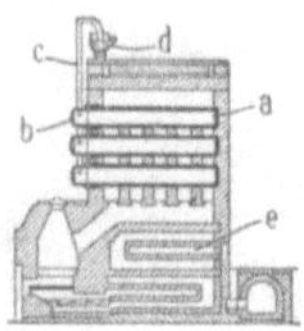	ретортная печь (f) съ газовой топкой forno (m) a storte con focolare a gas horno (m) de retortas con calefacción por gas
7	Schamotteretorte (f) fire-clay retort cornue (f) d'argile réfractaire	a	шамотная реторта (f) storta (f) di terra refrattaria retorta (f) de tierra refractaria
8	gußeisernes Mundstück (n) cast-iron mouthpiece gueulard (m) *ou* embouchure (f) en fonte [de fer]	b	чугунный мундштукъ (m) testa (f) della storta in ghisa cuello (m) de la retorta de hierro fundido
9	Steigrohr (n) ascension pipe tube (m) d'ascension	c	труба (f), ведущая въ гидравликъ colonna (f) montante, tubo (m) ascendente tubo (m) de ascensión
10	Vorlage (f), Hydraulik (f) hydraulic main barillet (m)	d	гидравликъ (m) bariletto (m) barrilete (m), caja (f) hidráulica
11	Kanalsystem (n) der Rekuperativfeuerung regenerator flues (pl) système (m) de canaux du foyer de récupération	e	система (f) каналовъ рекуператорной *или* рекуперативной топки sistema (m) di canali per forno a ricupero sistema (m) de canales del recuperador del calor

Fettgas (n), Ölgas (n)
oil-gas
gaz (m) à l'huile, gas (m) d'huile

масляный газъ (m); газъ, добываемый изъ маселъ
gas (m) ottenuto da sostanze grasse, gas (m) di petrolio, gas (m) d'olio
gas (m) de aceite 1

Fettgasanstalt (f)
oil-gas plant
usine (f) à gaz d'huile

заводъ (m) масляннаго газа
impianto (m) per gas di sostanze grasse
fábrica (f) de gas de aceite 2

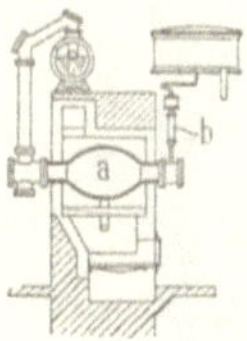

Ölgasretorte (f)
oil-gas retort
cornue (f) à gaz d'huile

реторта (f) для маслянаго газа
storta (f) per gas d'olio
retorta (f) de gas de aceite 3

---

a

Tropfhahn (m)
drip cock
robinet (m) d'égouttement

b

капельный кранъ; капельникъ (m)
robinetto (m) sgocciolatore
llave (f) reguladora de la admisión de aceite 4

Generatorgas
Producer Gas
Gaz de Gazogène

Генераторный *или* силовой газъ
Gas di Generatore
Gas de Generador 5

Gaserzeuger (m), Generator (m), Schachtofen (m)
gas-producer
gazogène (m)

производитель (m) газа; генераторъ (m)
generatore (m) di gas, gasogeno (m)
generador (m) [de gas], gasógeno (m) 6

Kraftgas (n)
power gas
gaz (m) pour moteurs

силовой газъ (m)
gas (m) per forza motrice
gas (m) para fuerza motriz 7

Generatorgasprozeß (m)
process of formation of producer gas
processus (m) de formation du gaz de gazogène

процессъ (m) образованія *или* производства генераторнаго газа
processo (m) di formazione del gas di generatore
proceso (m) químico del gas en el generador 8

1	Luftgas (n) air gas gaz (m) à l'air, gaz (m) d'air	23 — 30% CO 2 — 7% CO_2 2 — 6% H_2 50 — 65% N_2	воздушный газъ (m) gas (m) d'aria gas (m) de aire
2	Luftgasprozeß (m) process of formation of air gas processus (m) de formation du gaz à l'air	$C + O = CO$	процессъ (m) образованія *или* производства воздушнаго газа processo (m) di formazione del gas d'aria proceso (m) para la formación del gas de aire
3	Luft über glühende Kohlen leiten (v) to pass air over incandescent coal faire (v) passer de l'air sur des charbons ardents		проводить воздухъ надъ раскалённымъ углемъ far passare (v) l'aria sopra del carbone incandescente hacer (v) pasar aire atmosférico sobre carbones candentes
4	unvollkommene Verbrennung (f) des Kohlenstoffes incomplete combustion of carbon combustion (f) imparfaite du carbone	$C + O = CO$	несовершенное горѣніе (n) углерода combustione (f) incompleta del carbone combustión (f) imperfecta del carbono
5	Gleichgewichtverhältnis (n) zwischen CO und CO_2 equilibrium ratio between CO and CO_2 rapport (m) d'équilibre entre le CO et le CO_2		отношеніе (n) равновѣсія между окисью углерода (CO) и углекислотой (CO_2) rapporto (m) di equilibrio fra CO e CO_2 proporción (f) de equilibrio entre CO y CO_2
6	hohe Eigenwärme (f) des Luftgases high total heat of air gas chaleur (f) propre élevée du gaz à l'air		значительная собственная теплота (f) воздушнаго газа grado (m) elevato di calore proprio del gas d'aria gran calor (m) especifico del gas de aire
7	Wassergas (n) water gas gaz (m) à l'eau, gaz (m) d'eau	40% CO 3—7% CO_2 50% H_2 3—6% N_2	водяной газъ (m) gas (m) d'acqua gas (m) de agua
8	karburiertes Wassergas (n) carburetted water gas gaz (m) à l'eau carburé		карбурированный водяной газъ (m) gas (m) d'acqua carburato gas (m) de agua carburado
9	Wassergasprozeß (m) process of formation of water gas processus (m) de formation du gaz à l'eau	$C + 2H_2O = CO_2 + 2H_2$ $C + H_2O = CO + H_2$	процессъ (m) образованія *или* производства водяного газа processo (m) di formazione del gas d'acqua proceso (m) quimico para la formación del gas de agua

Wassergasbetrieb (m)
working with water gas
fonctionnement (m) au gaz à l'eau

работа (f) водянымъ газомъ
funzionamento (m) a gas d'acqua 1
funcionamiento (m) con gas de agua

Periode (f) des Warmblasens
blasting-up period, hot blow
période (f) du soufflage du combustible

періодъ (m) горячаго дутья; періодъ (m) продувки (при добываніи водяного газа) 2
periodo (m) di riscaldamento
fase (f) de caldeo del hogar del generador

---

die Kohle auf hohe Glut blasen (v)
to bring the coal to high incandescent heat
porter (v) les charbons à l'incandescence par insufflation d'air

накаливать сильно уголь токомъ воздуха
portare (v) il carbone all' incandescenza col soffiare 3
caldear (v) el carbón hasta la incandescencia

Periode (f) des Gasblasens
gas run, cold blow
période (f) de formation du gaz

періодъ (m) газообразованія
periodo (m) di formazione del gas 4
fase (f) de gasificación

Wasserdampf über glühende Kohlen leiten (v)
to pass steam over incandescent coal
faire passer (v) de la vapeur sur des charbons ardents *ou* incandescents

пропускать водяной паръ черезъ раскалённый уголь
far passare (v) il vapore d'acqua sul carbone incandescente 5
hacer (v) pasar vapor de agua sobre carbones candentes

Wassergasgenerator (m)
water-gas producer
générateur (m) de gaz à l'eau

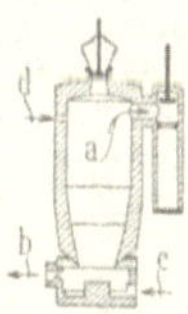

генераторъ (m) водяного газа
generatore (m) di gas d'acqua 6
generador (m) de gas de agua

Luftgasabzug (m)
air-gas outlet
sortie (f) du gaz à l'air

a

отводъ (m) воздушнаго газа
uscita (f) del gas d'aria 7
salida (f) del gas de aire

Wassergasabzug (m)
water-gas outlet
sortie (f) du gaz à l'eau

b

отводъ (m) водяного газа
uscita (f) del gas d'acqua 8
salida (f) del gas de agua

Lufteintritt (m)
air inlet
entrée (f) d'air

c

входъ (m) *или* вступленіе (n) воздуха
entrata (f) d'aria 9
entrada (f) del aire

No.			
1	Dampfeintritt (m) steam inlet entrée (f) de vapeur	d	входъ (m) *или* вступленіе (m) пара entrata (f) di vapore entrada (f) de vapor
2	Wassergasprozeß (m) mit Einführung von Preßluft (Dellwick-Fleischer) water-gas process by introduction of compressed air (Dellwick-Fleischer) processus (m) de formation du gaz à l'eau avec introduction d'air comprimé		процессъ (m) образованія *или* производства водяного газа съ введеніемъ сжатаго воздуха [Дельвикъ-Флейшера] processo (m) di formazione del gas d'acqua con [iniezione d'] aria compressa proceso (m) de formación del gas de agua por inyección de aire comprimido
3	vollkommene Verbrennung (f) beim Warmblasen complete combustion with hot blast combustion (f) parfaite *ou* complète en soufflant le feu		полное горѣніе (n) *или* сгораніе (n) при продувкѣ combustione (f) completa durante il soffiare a caldo combustión (f) perfecta en la fase del caldeo
4	Steigerung (f) der Wärmeaufspeicherung increase of accumulated heat augmentation (f) de la chaleur accumulée		увеличеніе (n) *или* возрастаніе (n) аккумулированія тепла aumento (m) dell'accumulazione di calore aumento (m) de la reserva de calor
5	Mischgas (n), Halbwassergas (n), Dowsongas (n) Dowson-gas, semi-water gas gaz (m) Dowson, gaz (m) mixte, gaz (m) pauvre	23—27% CO 6—7% CO_2 17—18% H_2 0,5—2% CH_4 47—52% N_2	смѣшанный *или* паровоздушный газъ (m); полуводяной газъ; даусоновскій газъ *или* газъ Довсона gas misto (m), gas povero (m), gas Dowson (m) gas (m) pobre, gas (m) Dowson
6	Mischgasprozeß (m) Dowson-gas process processus (m) de formation du gaz mixte		процессъ (m) образованія *или* производства паровоздушнаго газа processo (m) di formazione del gas misto proceso (m) de formación del gas pobre
7	ununterbrochene Vergasung (f) continuous gasification gazéification (f) continue		безпрерывный процессъ (m) газообразованія gaseificazione (f) continua gasificación (f) continua

gemeinsames Einführen (n) von Wasser und Dampf
simultaneous introduction of water and steam
introduction (f) simultanée d'eau et de vapeur
одновременное введеніе (n) воды и пара
introduzione (f) contemporanea di acqua e di gas 1
introducción (f) simultánea de agua y de vapor

Sättigung (f) der Luft mit Dampf
saturation of air with steam (moisture)
saturation (f) de l'air par la vapeur
насыщеніе (n) воздуха паромъ
saturazione (f) dell' aria con vapore 2
saturación (f) del aire con vapor

Luftdampfgemisch (n)
mixture of air and steam
mélange (m) air-vapeur *ou* d'air et de vapeur
смѣсь (f) воздуха и пара
miscela (f) d'aria e di vapore 3
mezcla (f) de aire y de vapor

Generatorbauart (f)
type of producer
mode (m) de construction du gazogène
типъ (m) генератора
sistema (m) di costruzione del generatore 4
tipo (m) del generador

Druckgasanlage (f)
pressure gas plant
installation (f) à gazogène soufflé

газогенераторная установка (f) съ нагнетаніемъ
impianto (m) per gas sotto pressione 5
instalación (f) gasógena á presión

Sauggasanlage (f)
suction gas plant
installation (f) à gazogène aspiré *ou* par aspiration

газогенераторная установка (f) съ всасываніемъ; газовсасывающая установка
impianto (m) per gas ad aspirazione 6
instalación (f) gasógena por aspiración

Anheizventilator (m)
starting fan
ventilateur (m) de mise en marche
вентиляторъ (m) для раздувки *или* растопки
ventilatore (m) d'avviamento 7
ventilador (m) para poner en marcha el generador

Gebläsesauggasanlage (f)
suction plant with exhaust fan
installation (f) à gazogène aspiré et soufflé

газовсасывающая генераторная установка (f) съ вентиляторомъ
impianto (m) per gas aspirato e soffiato 8
instalación (f) gasógena por aspiración con ventilador de régimen

1 ständiger Exhaustorbetrieb (m)
continuous exhausting
fonctionnement (m) continu de l'exhausteur

устройство (n) съ постоянно дѣйствующимъ эксгаусторомъ
funzionamento (m) continuo dell'aspiratore
servicio (m) continuo del ventilador aspirador

---

2 Druckgas (n)
pressure gas
gaz (m) de gazogène soufflé

газъ (m) изъ генератора съ нагнетаніемъ
gas (m) sotto pressione
gas (m) pobre á presión

---

3 Druckgaserzeuger (m), Druckgasgenerator(m)
pressure gas producer
gazogène (m) soufflé

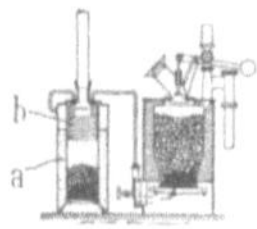

нагнетающій газопроизводитель (m) *или* генераторъ (m)
gasogeno (m) a pressione, generatore (m) di gas sotto pressione
generador (m) de gas pobre á presión

---

4 Dampfkessel (m) (des Druckgaserzeugers)
steam boiler of the pressure gas producer
bouillotte (f) [*ou* petite chaudière (f) à vapeur] du gazogène soufflé

a

паровой котёлъ (m) (нагнетающаго генератора)
caldaia (f) a vapore del gasogeno a pressione
caldera (f) de vapor del generador de gas pobre á presión

---

5 Überhitzerschlange (f), Rohrschlange (f)
superheater coil
serpentin (m) surchauffeur *ou* de surchauffe

b

перегрѣвательный змѣевикъ (m)
serpentino (m) surriscaldatore
serpentín (m) recalentador

---

6 Dampfstrahlgebläse (n)
injector
éjecteur (m) soufflant

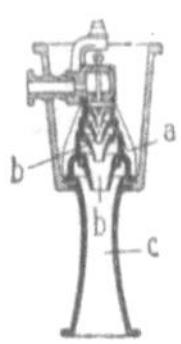

пароструйный воздуходувный приборъ (m) *или* аппаратъ (m)
iniettore (m) a getto di vapore
inyector (m) de vapor

---

7 Dampfdüse (f), Treibdüse (f)
steam nozzle
tuyère (f) aspiratrice à vapeur

a

паровое сопло (n); подающее сопло
ugello (m) aspiratore a vapore
tobera (f) de vapor

---

8 Mischdüse (f), Fangdüse (f)
mixing nozzle
tuyère (f) mélangeuse

b

смѣшивающее сопло (n); смѣсительное сопло
ugello (m) di miscela
tobera (f) de mezcla

---

9 Druckdüse (f)
discharge nozzle
tuyère (f) de refoulement

c

нагнетающее сопло (n)
ugello (m) di pressione
tobera (f) de presión

Druckgaserzeuger (m) von Lencauchez ohne Dampfkessel
Lencauchez gas producer
gazogène (m) soufflé sans bouillotte de Lencauchez

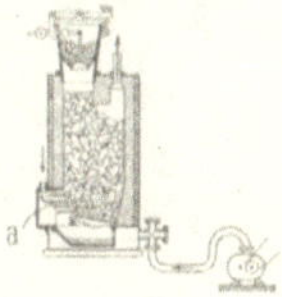

нагнетающій газопроизводитель (m) *или* генераторъ (m) Ленкушэ безъ парового котла
gasogeno (m) a pressione di Lencauchez senza caldaia 1
generador (m) de gas pobre á presión de Lencauchez sin caldera de vapor

---

Feuerplatte (f)
grate
plaque (f) de vaporisation

a

топочная плита (f)
piastra (f) di vaporizzazione 2
placa (f) de fuego *ó* de vaporización

Wassereinspritzung (f) auf die Feuerplatte
sprinkling the grate
injection (f) d'eau sur la plaque de vaporisation

впрыскиваніе (n) воды на топочную плиту
iniezione (f) d'acqua sulla piastra di vaporizzazione 3
inyección (f) de agua sobre la placa de fuego

Sauggas (n)
suction gas
gaz (m) de gazogène aspiré

газъ (m) изъ всасывающаго генератора
gas (m) di generatore ad aspirazione 4
gas (m) pobre por aspiración

Sauggaserzeuger (m), Sauggenerator (m), Unterdruckgaserzeuger (m)
suction gas producer
gazogène (m) aspiré *ou* par aspiration

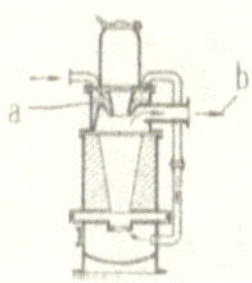

всасывающій *или* самовсасывающій *или* газовсасывающій генераторъ (m); газопроизводитель (m) съ разрѣженіемъ
gasogeno (m) *o* generatore (m) di gas ad aspirazione 5
generador (m) de gas pobre por aspiración

Verdampferschale (f)
vaporiser
cuvette (f) de vaporisation

a

испарительная коробка (f)
vaporizzatore (m), vaschetta (f) di vaporizzazione 6
cubeta (f) vaporizadora

Gasabzug (m)
gas outlet
départ (m) *ou* sortie (f) du gaz

b

газоотводная труба (f)
uscita (f) del gas 7
salida (f) del gas

Verdampfer (m) mit großem Wasserraum
vaporiser with large water space
bouillotte (f) à grand volume d'eau

испаритель (m) съ большимъ объёмомъ воды
vaporizzatore (m) a grande volume d'acqua 8
vaporizador (m) de gran cabida

1	Röhrenverdampfer (m) tubular vaporiser bouillotte (f) tubulaire	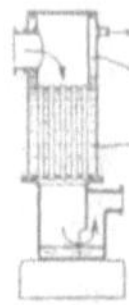	трубчатый испаритель (m) vaporizzatore (m) tubolare vaporizador (m) tubular
2	Dampfraum (m) steam space espace (m) de vapeur	a	паровое пространство (n) camera (f) di vapore cámara (f) de vapor
3	Wasserraum (m) water space espace (m) d'eau	b	водяное пространство (n) camera (f) d'acqua cámara (f) de agua
4	Siederohrverdampfer (m) vaporiser with circulating tubes bouillotte (f) à tubes de fumée	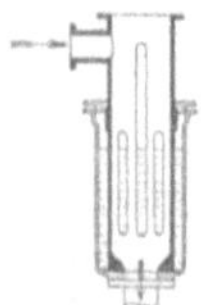	испаритель (m) съ кипятильными трубками vaporizzatore (m) a tubi bollitori vaporizador (m) de tubos hervidores
5	Generator (m) ohne Wasserraum gas producer without water trough gazogène (m) sans chambre d'eau	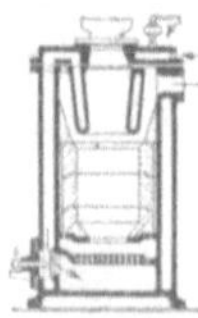	генераторъ (m) безъ водяного пространства generatore (m) senza camera d'acqua generador (m) sin cámara de agua
6	Wasserspeiser (m), Speiseregler (m) feed-water regulator régulateur (m) d'alimentation	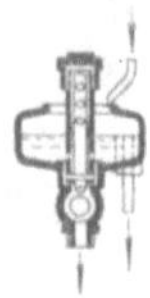	питательный приборъ (m); регуляторъ (m) подачи воды alimentatore (m) d'acqua, regolatore (m) d'alimentazione regulador (m) de la alimentación del agua
7	Wasserspeiseventil (n) feed-water valve soupape (f) d'alimentation	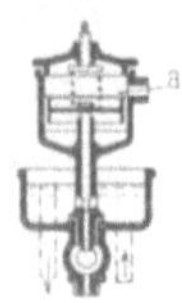	питательный клапанъ (m) для воды valvola (f) di alimentazione d'acqua válvula (f) de alimentación de agua
8	Unterdruckraum (m) vacuum space espace (m) d'aspiration *ou* de dépression	a	камера (f) съ низкимъ давленіемъ; камера разрѣженія camera (f) a bassa pressione *o* d'aspirazione cámara (f) de depresión *ó* de aspiración

Vorwärmer (m)
recuperator, superheater
réchauffeur (m)

подогрѣватель (m)
riscaldatore (m)
recalentador (m) *1*

---

a

Frischluft (f)
fresh air
air (m) frais

свѣжій воздухъ (m)
aria (f) fresca
aire (m) fresco *2*

---

b

vorgewärmte Luft (f)
pre-heated air
air (m) réchauffé

подогрѣтый воздухъ (m)
aria (f) preventivamente riscaldata
aire (m) recalentado *3*

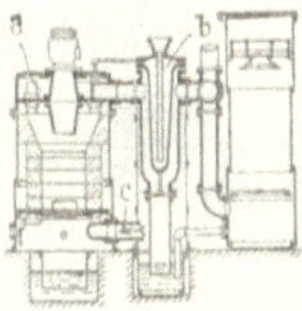

Güldnerscher Generator (m)
Güldner producer
gazogène (m) Guldner

генераторъ (m) Гюльднера
generatore (m) Güldner
generador (m) Gueldner *4*

---

a

Hauptverdampfer (m)
main vaporiser
bouillotte (f) principale

главный испаритель (m)
vaporizzatore (m) principale
vaporizador (m) principal *5*

---

b

Vorverdampfer (m)
auxiliary vaporiser
bouillotte (f) auxiliaire

предваритедьный испаритель (m)
vaporizzatore (m) preparatore
vaporizador (m) preparatorio *6*

---

c

Absaugung (f) der Teerdämpfe des Schlammtopfes durch die Vorwärmerluft
removal of tarry vapours from the sludge pan by the passing of heated air caused by suction
entrainement (m) des vapeurs de goudron du déjecteur par aspiration de l'air réchauffé

отсасываніе (n) паровъ дегтя *или* смолы грязевика воздухомъ подогрѣвателя
aspirazione (f) dei vapori di catrame dal separatore mediante l'aria riscaldata
aspiración (f) *ó* extracción (f) de los vapores de alquitrán del cubo de purga mediante el aire del recalentador *7*

Generator (m) für schlackende Kohle
producer for clinkering coal
gazogène (m) à charbon scorifère

генераторъ (m) для шлакующагося угля
generatore (m) per carbone ricco di scorie
generador (m) para carbón rico en escorias *8*

1 Treppenrostgenerator (m)
step grate producer
gazogène (m) avec grille à gradins

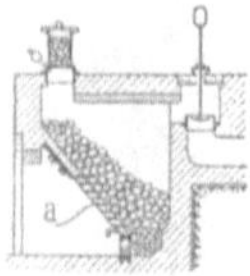

генераторъ (m) со ступенчатой рѣшёткой
generatore (m) con graticola a gradini
generador (m) con emparrillado en escalones

---

2 Generator (m) mit gekühlten Eisenkränzen (Türk)
producer with water-cooled iron body (Türk)
gazogène (m) à couronnes de fer à circulation d'eau

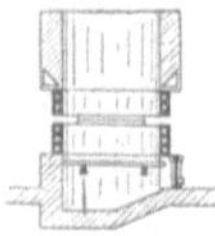

генераторъ (m) Тюрка съ охлаждаемыми желѣзными вѣнцами или кольцами
generatore (m) con corona metallica raffreddata
generador (m) con coronas de hierro para la circulación del agua

---

3 Generator (m) mit Rostwagen
producer with grate carriage
gazogène (m) à grille roulante

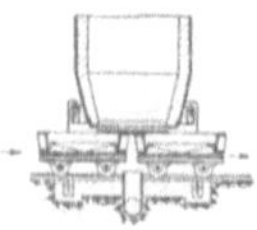

генераторъ (m) съ колосниковой телѣжкой
generatore (m) con graticola a carrello
generador (m) con emparrillado rodante

---

4 Generator (m) mit heb- und senkbarem Rost
producer with rising and falling grate
gazogène (m) à grille montante et descendante *ou* à grille monte et baisse

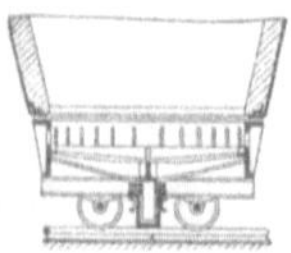

генераторъ (m) съ поднимающимися и опускающимися колосниками
generatore (m) con graticola ascendente e discendente
generador (m) con emparrillado de movimiento vertical

---

5 Mondgas (n)
Mond gas
gaz (m) [de] Mond

газъ (m) Монда
gas (m) [di] Mond
gas (m) [de] Mond

---

6 Mondgasanlage (f) mit Ammoniak- und Sulfatgewinnung
Mond gas-plant with sulphate of ammonia recovery apparatus
installation (f) gazogène Mond avec extraction d'ammoniaque et de sulfate

газовая установка (f) Монда для добыванія амміака и сульфата
impianto (m) per gas Mond con estrazione di ammoniaca e solfati
instalación (f) gasógena Mond con extracción de amoníaco y sulfato

---

7 Mondgasgenerator (m)
Mond gas producer
gazogène (m) Mond, générateur (m) de gaz Mond

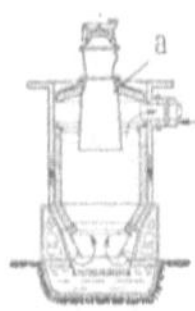

генераторъ (m) для газа Монда
generatore (m) di gas Mond
generador (m) de gas Mond

Glocke (f) zur Destillierung des frischen Brennstoffs
bell *or* hopper for distilling the fresh fuel
cloche (f) pour la distillation du combustible frais

a

колоколъ (m) для дестилляціи свѣжаго горючаго
campana (f) per distillare il combustibile fresco 1
campana (f) para la destilación del combustible recien cargado

---

durchEinführunggroßer Dampfmengen die Generatortemperatur niedrig halten (v)
keeping the producer temperature low by introducing large quantities of steam
maintenir (v) basse la température du gazogène en y introduisant de grandes quantités de vapeur

поддерживать низкую температуру въ генераторѣ введеніемъ большого количества пара
abbassare (v) la temperatura del gasogeno coll' introdurvi grandi quantità di vapore 2
mantener (v) baja la temperatura del generador mediante la introducción de grandes cantidades de vapor

---

Säureturm (m)
acid tower
colonne (f) à acide

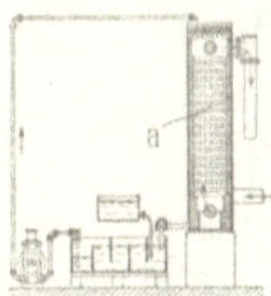

кислотная башня (f)
colonna (f) ad acido 3
torre (f) de ácidos

---

einfacher Generatorbetrieb (m) mit Zurückführung der teerhaltigen Gase in den Verbrennungsraum
simple gas-producer working with return of tarry gases to the combustion space
fonctionnement (m) de gazogène simple avec retour des gaz goudronnés dans la chambre de combustion

работа (f) простымъ генераторомъ съ обратнымъ введеніемъ паровъ дегтя въ поясъ горѣнія
funzionamento (m) semplice del gasogeno con ritorno dei gas contenenti ratrame nella camera di combustione 4
funcionamiento (m) simple del generador con retroceso de los gases de alquitrán á la cámara de combustión

---

Whitfieldscher Generator (m)
Whitfield producer
gazogène (m) Whitfield

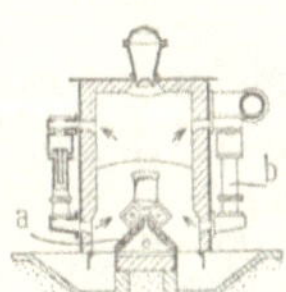

генераторъ (m) Витфильда
generatore (m) Whitfield 5
generador (m) Whitfield

---

dachförmiger Rost (m)
inverted V shape grate
grille (f) en dos d'âne *ou* en [forme de] toit

a

крышеобразная колосниковая рѣшётка (f)
graticola (f) in forma di tetto 6
emparrillado (m) de caballete

1	Rückführung (f) der Schwelgase passing the incompletely burnt gases through the furnace retour (m) des gaz de combustion incomplète	b	обратный подводъ (m) газовъ, получающихся отгонкой ritorno (m) dei gas di combustione incompleta retroceso (m) de los gases de la combustión incompleta
2	Generator (m) von Fielding Fielding producer gazogène(m) de Fielding	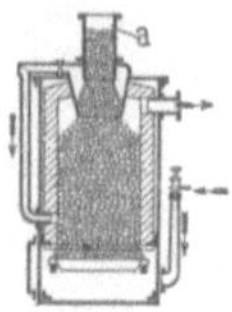	генераторъ (m) Фильдинга generatore (m) Fielding generador (m) de Fielding
3	offener Füllschacht (m) open charging hopper cuve (f) de remplissage ouverte	a	открытая воронка (f) для засыпки *или* загрузки tramoggia (f) di caricamento aperta tolva (f) de carga abierta
4	umgekehrter Generatorbetrieb (m) inverted working of producer fonctionnement (m) renversé du gazogène		обращённый ходъ (m) генераторовъ funzionamento (n) invertito del generatore funcionamiento (m) inverso del generador
5	Generator (m) von Faugé Faugé producer gazogène (m) de Faugé	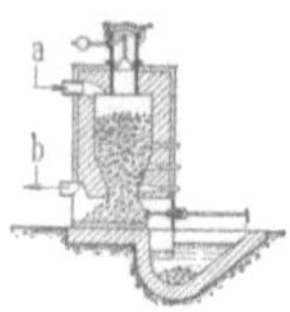	генераторъ (m) Фоже generatore (m) di Faugé generador (m) de Faugé
6	die Luft von oben einführen (v) introducing the air from above introduire (v) l'air par le haut	a	вводить воздухъ сверху introdurre (v) l'aria dall'alto introducir (v) el aire por arriba
7	das Gas unten abziehen (v) drawing off the gas from below soutirer (v) le gaz par le bas	b	отсасывать газъ снизу prendere (v) il gas dal basso extraer (v) el gas por abajo
8	Generator (m) mit eingesetzter Retorte producer with inserted retort gazogène (m) à cornue intérieure		генераторъ (m) со вставной ретортой generatore (m) con storta inserita generador (m) con retorta en su interior

Generator (m) von Boutillier
Boutillier producer
gazogène (m) Boutillier

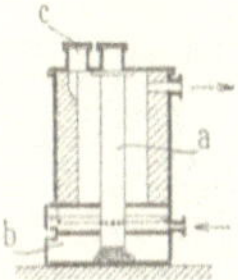

генераторъ (m) Бутилье
generatore (m) Boutillier
generador (m) de Boutillier 1

Verkokungsretorte (f)
coking retort
cornue (f) de carbonisation

a

реторта (f) для коксованія
storta (f) di carbonizzazione
retorta (f) de coquización 2

Sammelraum (m) des Kok[s]es
collecting space for the coke
espace (m) collecteur du coke

b

сборникъ (m) *или* коллекторъ (m) для кокса
collettore (m) del coke
depósito (m) de cok 3

Einschüttöffnung (f)
feed *or* charging hole
ouverture (f) d'introduction

c

отверстіе (n) для засыпки *или* загрузки
apertura (f) pel caricamento
orificio (m) de carga 4

Generator (m) von Crossley
Crossley producer
gazogène (m) Crossley

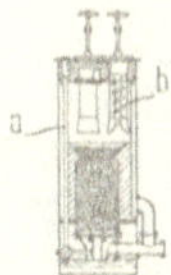

генераторъ (m) Кросслея
generatore (m) Crossley
generador (m) de Crossley 5

Führung (f) der Koksgase unter den Rost
pipe carrying the coke gases below the grate
amenée (f) des gaz du coke sous la grille

a

труба (f) для отвода полученныхъ отгонкой газовъ подъ колосниковую рѣшётку
condotta (f) dei gas di coke sotto la graticola
conducción (f) de los gases de coquización por debajo del emparrillado 6

---

auf und ab bewegliche Schnecke (f)
reversible feed screw
vis (f) d'Archimède montante et descendante

b

поднимающійся и опускающійся червякъ (m) *или* червячный винтъ (m)
coclea (f) ascendente e discendente
tornillo (m) sin fin movible en sentido vertical 7

Generatorbetrieb (m) mit doppelter Verbrennung
producer working with combustion in two stages
fonctionnement (m) de gazogène à double combustion

работа (f) генераторомъ съ двойнымъ сгораніемъ
funzionamento (m) del generatore a doppia combustione
gasificación (f) en el generador de doble combustión 8

1 Ringgenerator (m)
annular *or* ring producer
gazogène (m) annulaire

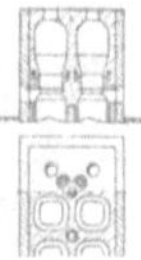

кольцевой генераторъ (m)
generatore (m) anulare
generador (m) anular

---

2 Entteerung (f) in besonderem Generator *oder* Reduktionsschacht (Deutz)
tar separation in a separate producer
dégoudronnage (m) dans un gazogène séparé

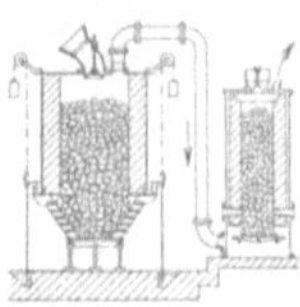

сожиганіе (n) дёгтя въ отдѣльномъ генераторѣ *или* въ возстановительномъ поясѣ шахты (Дейтцъ)
eliminazione (f) di catrame in generatori separati
destilación (n) del alquitrán en un generador separado

---

3 Generator (m) mit doppelter Brennzone, Zweifeuergenerator (m)
producer with two zones of combustion
gazogène (m) à double zone de combustion

генераторъ (m) съ двойнымъ поясомъ горѣнія
generatore (m) a doppia zona di combustione
generador (m) con dos zonas de combustión ó de dos hogares

---

4 Generator (m) von Fichet und Heurty
Fichet and Heurty producer
gazogène (m) de Fichet et Heurty

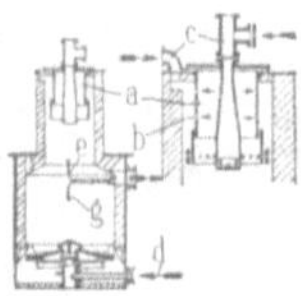

генераторъ (m) Фише и Эрти
generatore (m) Fichet ed Heurty
generador (m) de Fichet y Heurty

---

5 eingehängter Rumpf (m) zur Destillation der frischen Kohle
suspended furnace for the distillation of fresh coal
cuve (f) suspendue dans le gazogène pour distiller les charbons frais

a

подвѣшенный внутри цилиндръ (m) для дестилляціи *или* перегонки свѣжаго угля
cilindro (m) sospeso per la distillazione del carbone fresco
hornillo (m) suspendido para la destilación del carbón recien cargado

---

6 Durchtritt[s]öffnung (f) der Destillationsgase
passage for the distilled gases
ouverture (f) de passage des gaz de distillation

b

отверстіе (n) для прохода дестилляціонныхъ *или* очищенныхъ газовъ
passaggio (m) pei gas di distillazione
orificio (m) de salida de los gases de destilación

---

7 Luftzuführung (f)
admission of air
introduction (f) d'air

c

приводъ (m) *или* подводъ (m) воздуха
ammissione (f) d'aria
introducción (f) de aire

Zuführung (f) des Luftdampfgemisches admission of the steam and air mixture introduction (f) du mélange [d']air et [de] vapeur	d	приводъ (m) *или* подводъ (m) смѣси пара съ воздухомъ introduzione (f) della miscela di aria e di vapore introducción (f) de la mezcla de aire y vapor	1
von oben abziehendes Luftgas (n) upper air gas outlet gaz (m) à l'air partant par le haut	e	сверху отходящій *или* уходящій воздушный газъ gas (m) d'aria uscente dall'alto gas (m) de aire que sale por arriba	2
von unten abziehendes Mischgas (n) lower air gas outlet gaz (m) mixte partant par le bas	g	снизу отходящій *или* уходящій паровоздушный газъ (m) gas (m) misto uscente dal basso gas (m) de mezcla que sale por abajo	3
Doppelgenerator (m) (Deutz) double producer, two fire producer gazogène (m) double	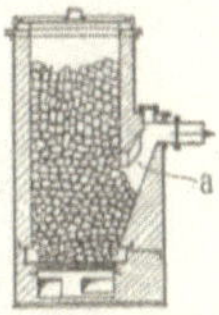	двойной генераторъ (m) (Дейтцъ) generatore (m) a due zone di combustione generador (m) de dos zonas de combustión	4
seitlicher Gasabzug (m) lateral gas outlet départ (m) latéral du gaz, départ (m) du gaz sur le côté	a	газоотводъ (m) сбоку; боковой газоотводъ presa (f) di gas laterale salida (f) lateral del gas	5
zentraler Gasabzug (m) (durch wassergekühltes Gußstück) central gas outlet (through a water-cooled casting) départ (m) central du gaz *ou* départ (m) du gaz par le centre (à travers une pièce de fonte à circulation d'eau)	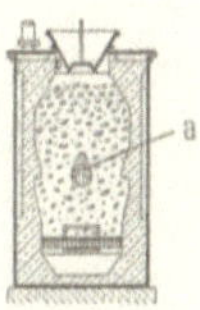 a	центральный газоотводъ (m) посредствомъ чугунной части, охлаждаемой водой presa (f) di gas centrale (con pezzo di ghisa raffreddato con acqua) salida (f) central del gas (á través de una pieza de fundición refrigerada por agua)	6
Generator (m) mit Doppelschacht producer with double body *or* charging gazogène (m) à double cuve	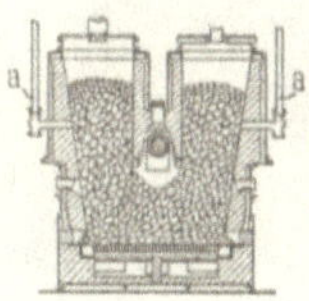	генераторъ (m) съ двойной шахтой generatore (m) a doppia camera generador (m) con horno doble	7

1 Doppelgenerator (m) mit mechanischem Auftrieb der Kohle
underfeed twin producer
gazogène (m) double à refoulement mécanique du charbon vers le haut

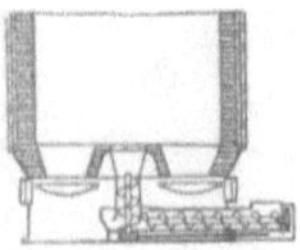

двойной генераторъ (m) съ механической подачей угля
generatore (m) doppio con introduzione meccanica del carbone
generador (m) de dos zonas de combustión con carga mecánica del carbón desde abajo por medio de un tornillo sin fin

---

2 Torfgasgenerator (m) (Körting)
peat-gas producer (Körting)
gazogène (m) à tourbe, générateur (m) à gaz de tourbe (Kœrting)

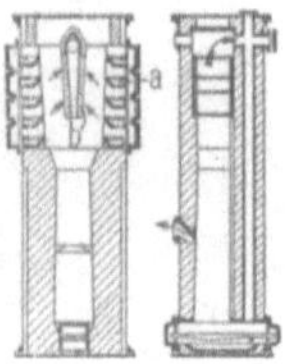

генераторъ (m) для торфяного газа (Кёртингъ)
gasogeno (m) per torba
generador (m) para gas de turba

---

3 Staffelrost (m), Etagenrost (m)
step grate, stepped grate
grille (f) à étages

a

ярусная *или* этажная колосниковая рѣшётка (f)
graticola (f) a piani
emparrillado (m) de gradas

---

4 rostartiges Abzugrohr (n) der Schwelgase
pipe with grating outlet for the partially burnt gas
tuyau (m) de départ en forme de grille pour les gaz de combustion incomplète

b

колосниковообразная отводная труба (f) для газовъ, получающихся отгонкой
tubo (m) di presa dei gas in forma di graticola
tubo (m) rejilla para la salida de los gases de la combustión incompleta

---

5 Holzvergasung (f)
distillation of wood
distillation (f) du bois

сухая перегонка (f) дерева
distillazione (f) del legno
destilación (f) de la madera

---

6 trocken destilliertes Gas (n) aus Holzabfällen (von Riché)
gas obtained by dry distillation of wood refuse (Riché's process)
gaz (m) distillé de déchets de bois, gaz (m) Riché

газъ (m), получаемый сухой перегонкой изъ древесныхъ отбросовъ [по способу Рише]
gas (m) distillato da trucioli *o* cascami di legno (processo Riché)
gas (m) destilado de desperdicios de la madera [de Riché]

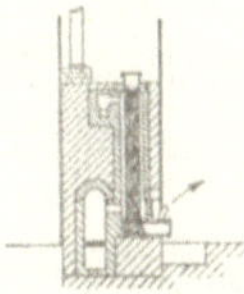

Holzvergaser (m) von Riché
Riché's wood-distilling apparatus
gazogène (m) [à bois de] Riché

приборъ (m) *или* аппаратъ (m) Рише для сухой перегонки дерева
generatore (m) di gas Riché
gasógeno (m) Riché para madera 1

Generatorteile (m pl)
producer parts (pl)
parties (f pl) de gazogène

части (f pl) генераторовъ
parti (f pl) del generatore
piezas (f pl) del generador 2

Generatorschacht (m)
producer body *or* shaft
cuve (f) de gazogène

шахта (f) генератора
pozzo (m) *o* camera (f) del generatore
horno (m) del generador 3

Fassungsraum (m) des Generatorschachtes
capacity of the producer body
contenance (f) *ou* capacité (f) *ou* cube (m) de la cuve du gazogène

рабочая ёмкость (f) генераторной шахты
capacità (f) della camera del generatore
capacidad (f) *ó* cabida (f) del horno del generador 4

Schachtquerschnitt (m)
cross sectional area of the producer body
section (f) transversale de la cuve

поперечное сѣченіе (n) шахты
sezione (f) della camera del generatore
sección (f) del horno 5

Schachterweiterung (f)
widening of body
élargissement (m) de la cuve

расширеніе (n) шахты
allargamento (m) della camera
ensanche (m) del horno 6

Schachteinschnürung (f)
narrowing of body
[r]étrécissement (m) de la cuve

суженіе (n) шахты
restringimento (m) della camera
estrechamiento (m) del horno 7

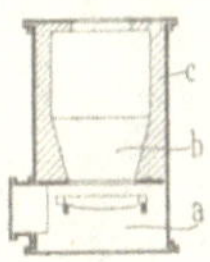

Generatorsockel (m)
producer base *or* sole
socle (m) de gazogène

a

цоколь (m) генератора
zoccolo (m) *o* basamento (m) del generatore
zócalo (m) del generador 8

Rast (f) des Generatorschachtes
boshes of the producer base
étalage (m) de la cuve du gazogène

b

заплечикъ (m) шахты генератора
sacca (f) del generatore
cuba (f) *ó* zona (f) de combustión *ó* atalaje (m) del horno 9

Schachtmauerwerk (n)
firebrick lining of body
maçonnerie (f) de la cuve

c

обмуровка (f) шахты
muratura (f) della camera
revestimiento (m) interior del horno 10

1 Schamotte (f)
fire clay, refractory clay
argile (f) réfractaire

шамотная масса (f); шамота (f); шамоть (m)
argilla (f) refrattaria
tierra (f) refractaria, arcilla (f)

---

2 Schamottestein (m)
firebrick
brique (f) réfractaire

шамотный кирпичъ (m)
mattone (m) d'argilla refrattaria
piedra (f) refractaria

---

3 feuerfester Stein (m)
refractory brick
brique (f) réfractaire

огнеупорный кирпичъ (m)
mattone (m) refrattario
ladrillo (m) refractario

---

4 Schachtfutter (n)
lining of body
revêtement (m) intérieur de la cuve

футеровка (f) шахты
rivestimento (m) interno della camera
revestimiento (m) refractario del horno

---

5 das Schachtfutter reißt
the body lining cracks
le revêtement intérieur de la cuve se déchire

футеровка (f) шахты даётъ трещины
il rivestimento interno si rompe
el revestimiento interior se agrieta

---

6 einstückiges Schachtfutter (n)
body lining in one piece
revêtement (m) de gazogène en une seule pièce

цѣльная футеровка (f) шахты
rivestimento (m) di generatore in un sol pezzo
revestimiento (m) de una sola pieza

---

7 geteiltes Schachtfutter (n)
built-up body lining
revêtement (m) de gazogène en plusieurs pièces

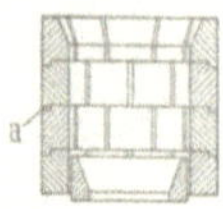

составная футеровка (f) шахты
rivestimento (m) di generatore in più pezzi
revestimiento (m) seccionado

---

8 durch Bund und Nut ineinandergreifende Ringsegmente (n pl)
tongued and grooved interlocked segments
segments (m pl) annulaires réunis par rainure et languette

a

кольцевые сегменты (m pl), захватывающіе другъ друга посредствомъ паза и гребня
segmenti (m pl) inseriti uno nell'altro con incastro e scanalatura
segmentos (m pl) anulares con uniones machihembradas

---

9 Rost (m)
grate
grille (f)

[колосниковая] рѣшётка (f)
graticola (f), griglia (f)
emparrillado (m), parrilla (f)

Rostbelastung (f), Rostanstrengung (f), Rostbeanspruchung (f)
rate of combustion on the grate
charge (f) de la grille, combustible (m) consommé en kg : h

напряженіе (n) *или* нагрузка (f) рѣшётки
carico della graticola, sforzo (m) che sollecita la graticola
carga (f) del emparrillado, combustible (m) cosumido en kg : h 1

Rostfuge (f), Rostspalt (m)
air-space between the fire bars
vide (m) *ou* lumière (f) de grille, intervalle (m) entre barreaux de grille

a

прозоръ (m) *или* зазоръ (m) *или* щель (f) *или* просвѣтъ (m) между колосниками
vano (m) *o* [intervallo di] passaggio (m) fra la sbarre della graticola
luz (f) del emparrillado, espacio (m) entre las barras del emparrillado 2

Spaltweite (f), Weite (f) der Rostspalten, Schlitzweite (f)
width of air-space between the fire bars
écartement (m) *ou* espacement (m) des barreaux, distance (f) entre les barreaux

b

ширина (f) прозора *или* зазора *или* просвѣта *или* щели (рѣшётки)
larghezza (f) dei vani tra le sbarre
distancia (f) entre las barras 3

Feuerbeständigkeit (f)
fireproof, refractory
résistance (f) *ou* insensibilité (f) au feu *ou* à l'action du feu, caractère (m) réfractaire

огнестойкость (f); огнеупорность (f)
resistenza (f) al fuoco
resistencia (f) al fuego 4

Roststab (m)
fire *or* grate bar
barreau (m) de grille

колосникъ (m)
sbarra (f) di graticola
barra (f) de emparrillado 5

Roststabkopf (m)
head of the fire bar
tête (f) de barreau de grille

a

верхъ (m) колосника
testa (f) della sbarra di graticola
cabeza (f) de la barra de emparrillado 6

Trennungszunge (f)
tongue, spacing lug
cloison (f) de séparation

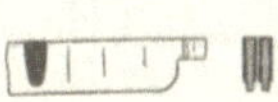

упорка (f); распорный (боковой) приливъ (m) колосника
tramezzo (m) di separazione, risalto (m) di separazione delle sbarre
lengueta (f) de separación 7

Rostträger (m), Rostrahmen (m)
grate bearers (pl)
cadre (m) *ou* châssis (m) de grille

балка (f) *или* рама (f) колосниковой рѣшётки
sostegno (m) *o* telajo (m) della graticola
marco (m) *ó* bastidor (m) del emparrillado 8

1 Rostbauart (f), Rostkonstruktion (f)
type of grate
construction (f) de grille

конструкція (f) колосниковой рѣшётки
costruzione (f) della graticola
tipo (m) ó construcción (f) del emparrillado

---

2 Planrost (m)
horizontal grate
grille (f) horizontale

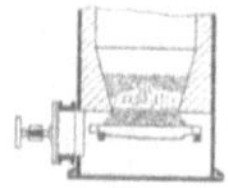

горизонтальная колосниковая рѣшётка (f)
graticola (f) orizzontale *o* piana
emparrillado (m) plano

---

3 Schrägrost (m)
inclined grate
grille (f) inclinée

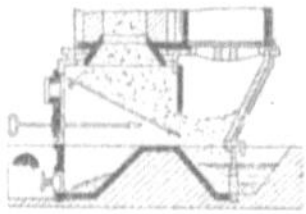

наклонная колосниковая рѣшётка (f)
graticola (f) inclinata
emparrillado (m) inclinado

---

4 Korbrost (m)
basket-shape grate
grille (f) en panier *ou* en corbeille

корзинообразная колосниковая рѣшётка (f)
graticola (f) a paniere
emparrillado (m) en forma de cesta

---

5 Treppenrost (m), Stufenrost (m)
step grate, stepped grate
grille (f) à gradins

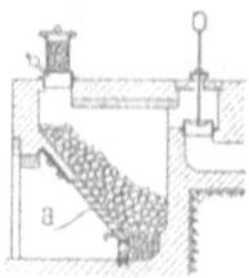

a

ступенчатая колосниковая рѣшётка (f)
graticola (f) a gradini, graticola (f) a ripiani
emparrillado (m) en escalones

---

6 Seitenrost (m), seitlicher Rost (m)
side grate
partie (f) latérale de la grille

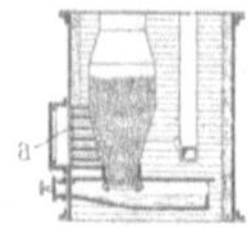

a

боковая колосниковая рѣшётка (f)
parte (f) laterale della graticola
emparrillado (m) lateral

---

7 vertikaler Rost (m)
vertical grate
grille (f) verticale

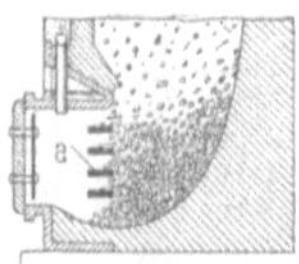

a

вертикальная колосниковая рѣшётка (f)
graticola (f) verticale
emparrillado (m) vertical

---

8 drehbarer Rost (m)
revolving grate
grille (f) rotative *ou* tournante

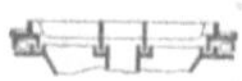

поворотная *или* вращающаяся колосниковая рѣшётка (f)
graticola (f) girevole
emparrillado (m) giratorio

Schüttelrost (m)
shaking grate, oscillating grate
grille (f) à secousses

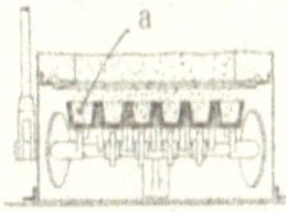

качающаяся *или* сотрясающая колосниковая рѣшётка (f)
graticola (f) a scosse
emparrillado (m) oscilante — 1

---

trogartiger Roststab (m) mit Aschefüllung
trough-shape fire bar filled with ashes
barreau (m) [de grille] augiforme à remplissage en cendres

a

корытообразный *или* лотковый колосникъ (m), заполненный золой
barra (f) [di graticola] a truogolo con riempimento di cenere
barra (f) cóncava de emparrillado con relleno de cenizas — 2

---

drehbarer Zylinderrost (m) (Bénier)
revolving cylindrical grate (system Bénier)
grille (f) cylindrique tournante *ou* rotative

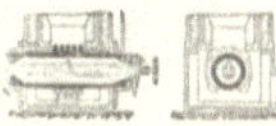

вращающаяся цилиндрическая колосниковая рѣшётка (f) (Бенье)
graticola (f) cilindrica girevole (Bénier)
emparrillado (m) cilíndrico giratorio (Bénier) — 3

---

rostfreier *oder* rostloser Generator (m)
producer without grate, solid bottom producer
gazogène (m) sans grille

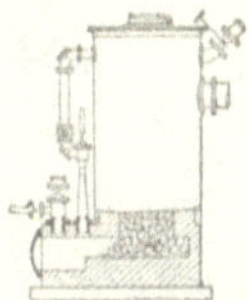

генераторъ (m) безъ колосниковой рѣшётки
generatore (m) senza graticola
generador (m) sin emparrillado — 4

---

verstellbare Stützplatte (f)
adjustable furnace *or* sole plate
sole (f) déplaçable *ou* ajustable

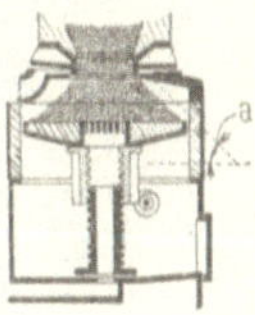

переставная опорная плита (f)
piastra (f) di appoggio registrabile
placa (f) movible de soporte — 5

Neigungswinkel (m), Böschungswinkel (m)
angle of inclination
angle (m) d'inclinaison

a

уголъ (m) наклона
angolo (m) di inclinazione, pendenza (f)
ángulo (m) de inclinación, declive (m) — 6

---

veränderliche Böschung (f) *oder* Neigung (f)
variable inclination
inclinaison (f) variable

перемѣнный *или* мѣняющійся уклонъ (m)
inclinazione (f) *o* pendenza (f) variabile
inclinación (f) variable — 7

---

drehbare Stützplatte (f)
revolving furnace *or* sole plate
sole (f) tournante

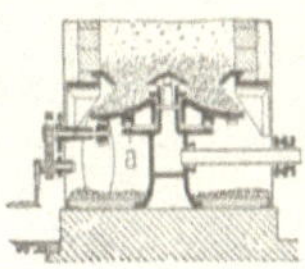

вращающаяся опорная плита (f)
piastra (f) d'appoggio girevole
placa (f) giratoria de soporte — 8

1 Kugellagerung (f) der Stützplatte
ball bearing of the furnace *or* sole plate
montage (m) de la sole à billes

a

подпятникъ (m) на шарикахъ опорной плиты
piastra (f) d'appoggio con sopporto a sfere
cojinete (m) de bolas de la placa de soporte

---

2 dreh-und senkbare Stützplatte (f)
furnace plate capable of being revolved and lowered
sole (f) tournante et descendante

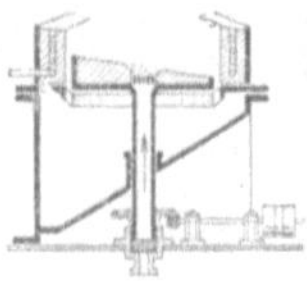

вращающаяся и опускающаяся опорная плита (f)
piastra (f) d'appoggio da potersi girare ed abbassare
placa (f) de soporte giratoria y movible en sentido vertical

---

3 Feuertür (f), Heiztür (f)
fire door
porte (f) du foyer

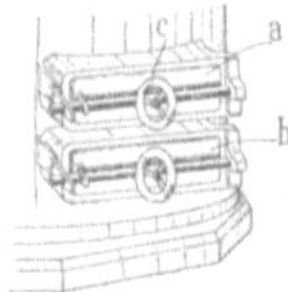

топочныя дверцы (f pl)
porta (f) del focolare
porteruela (f) del hogar

---

4 Aschenraum (m), Aschenfall (m)
ash-pit
cendrier (m)

a

зольникъ (m)
ceneraio (m), cenfratoio (m) (cinerario (m))
cenicero (m)

---

5 Aschenfalltür (f), Aschentür (f)
ash-pit door
porte (f) du cendrier

b

зольниковыя дверцы (f pl)
porta (f) del ceneraio
puerta (f) del cenicero

---

6 Türverschluß (m)
door fastening
fermeture (f) de porte

c

запоръ (m) дверецъ
chiusura (f) di porta
cerradura (f) de la puerta

---

7 wasserverschlossener Aschenfall (m)
water-sealed ash-pit
cendrier (m) à fermeture hydraulique

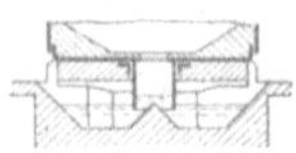

зольникъ (m) съ водянымъ затворомъ
ceneraio (m) a chiusura idraulica
cenicero (m) con cierre hidráulico

---

8 Abzugrohr (n) der Feuerungsgase, Rauchrohr (n)
flue
tuyau (m) d'écoulement des gaz du foyer, tuyau (m) de cheminée

вытяжная труба (f) для отвода топочныхъ *или* дымовыхъ газовъ; дымовая труба
condotto (m) di scarico dei gas di combustione, tubo (m) del fumo
tubo (m) de chimenea para los gases del hogar, salida (f) de humos

Abzugleitung (f), Rauchleitung (f) flue pipes conduite (f) de fumée		вытяжная труба (f); дымовая труба; дымовой трубопроводъ (m) condotto (m) del fumo tubería (f) de salida de humos	1
Gasabzugleitung (f) gas outlet pipe conduite (f) d'écoulement de gaz		газоотводная труба (f) condotto (m) del gas tubería (f) de evacuación de gas	2
Gasabzugschieber (m) gas outlet damper registre (m) d'écoulement de gaz		заслонка (f) газоотводной трубы registro (m) al condotto del gas registro (m) de salida del gas	3
Ventil (n) mit Druckbügel valve with stirrup soupape (f) à étrier de pression	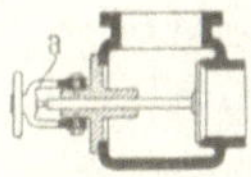	клапанъ (m) съ нажимной скобой valvola (f) con staffa di pressione válvula (f) con estribo de presión	4
Druckbügel (m) pressure stirrup étrier (m) de pression	a	нажимная скоба (f) staffa (f) di pressione estribo (m) de presión	5
doppelsitziges Umschaltventil (n), Wechselventil (n) double seated reversing valve soupape (f) à changement de direction		переключательный клапанъ (m) съ двойнымъ сѣдалищемъ valvola (f) a doppia sede, valvola (f) di inversione válvula (f) de tres pasos *ó* de efecto alternativo	6
Stellung (f) im Betriebe "on" position position (f) en marche	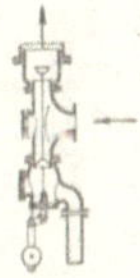	положенiе (m) въ работѣ *или* во время работы posizione (f) durante il funzionamento posición (f) de servicio	7
Stellung (f) in den Betrieb[s]pausen "off" position position (f) au repos	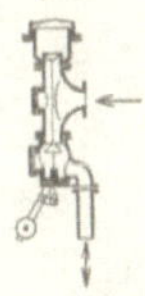	положенiе (n) во время перерывовъ работы posizione (f) di riposo posición (f) de reposo	8
hydraulischer Abschluß (m) der Gasleitung hydraulic seal of the gas main fermeture (f) hydraulique de la conduite de gaz	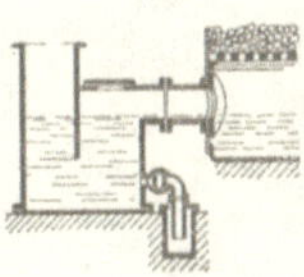	гидравлическiй затворъ (m) газопровода chiusura (f) idraulica del condotto di gas cierre (m) hidráulico de la tubería de gas	9

1 Schleuse (f), Fülltopf (m), Fülltrichter (m)
hopper, charging valve
écluse (f)

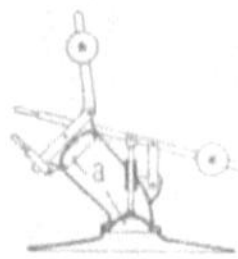

шлюзъ (m); загрузочный горшокъ (m); загрузочная воронка (f)
tramoggia (f) di caricamento
válvula (f) de cierre, cubo (m) ó tolva (f) de carga

---

2 Doppelverschluß (m)
double fastening
fermeture (f) double

a

двойной затворъ (m)
chiusura (f) doppia
doble cierre (m)

---

3 Verschlußkappe (f)
hopper cover
chapeau (m) de fermeture

a

крышка (f)
coperchio (m)
sombrerete (m) de cierre

---

4 Fülltrichter (m) mit Hahn
hopper with rotary valve
trémie (f) de remplissage à valve

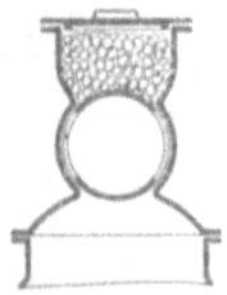

загрузочная воронка (f) съ краномъ
tramoggia (f) di caricamento con robinetto
tolva (f) de carga con llave de paso

---

5 aufklappbarer Fülltopf (m)
hinged hopper
vaisseau (m) de remplissage à rabattement

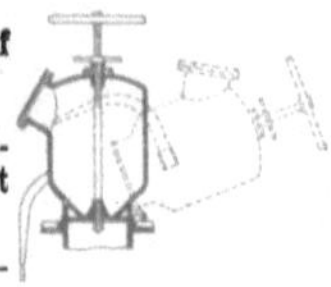

откидной горшокъ (m) для загрузки
tramoggia (f) di caricamento rovesciabile
cubo (m) de carga de báscula

---

6 drehbare Füllvorrichtung (f)
revolving hopper
dispositif (m) de remplissage tournant *ou* rotatif, remplisseur (m) tournant *ou* rotatif

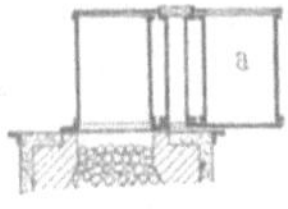

вращающійся барабанъ (m) *или* вращающееся приспособленіе (n) для загрузки
apparecchio (m) di caricamento girevole
alimentador (m) giratorio

---

7 Füllgefäß (n)
hopper
vaisseau (m) remplisseur *ou* de remplissage

a

загрузочный сосудъ (m)
recipiente (m) di caricamento *o* caricatore (m)
cubo (m) de carga

---

8 Generatorbetrieb (m)
producer operation
marche (f) du gazogéne

ходъ (m) генератора
marcia (f) *o* funzionamento (m) del generatore
marcha (f) ó funcionamiento (m) del generador

---

9 den Generator beschicken (v)
to charge the producer
charger (v) *ou* alimenter (v) le gazogène

загружать генераторъ
caricare (v) il generatore
cargar (v) el generador

Beschickung (f) charging chargement (m), alimentation (f)		загрузка (f) caricamento (m), carica (f) carga (f), alimentación (f)	*1*
Beschickungsperiode (f) charging period periode (f) de chargement		періодъ (m) загрузки periodo (m) di caricamento periodo (m) de carga	*2*
Beschickungszwischenzeit (f) interval between charging intervalle (m) de chargement		промежутокъ (m) времени между двумя послѣдующими загрузками intervallo (m) tra le cariche intérvalo (m) entre dos cargas	*3*
Beschickungsvorrichtung (f) charging device appareil (m) alimentateur *ou* chargeur	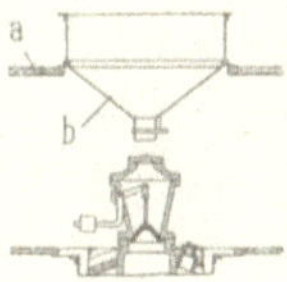	приспособленіе (n) для загрузки; загрузочный приборъ (m) caricatore (m) aparato (m) alimentador *ó* de carga	*4*
Beschickungsbühne (f) charging platform plateforme (f) de chargement	a	площадка (f) *или* помостъ (m) для загрузки piattaforma (f) di caricamento plataforma (f) de carga	*5*
Beschickungstrichter (m), **Einfülltrichter** (m) feed hopper trémie (f) de chargement *ou* d'alimentation	b	загрузочный каналъ (m); загрузочная воронка (f) imbuto (m) caricatore tolva (f) de carga	*6*
Füllungshöhe (f) depth of charge hauteur (f) de remplissage		высота (f) заполненія *или* загрузки altezza (f) di riempimento altura (f) *ó* espesor (m) de la carga	*7*
Brennstoffsäule (f) column of fuel colonne (f) de combustible		столбъ (m) *или* колонна (f) топлива colonna (f) di combustibile columna (f) de combustible	*8*
Kühlhaltung (f) des Rostes keeping cool the grate rafraîchissement (m) de la grille		охлажденіе (n) колосниковой рѣшётки raffreddamento (m) della graticola refrigeración (f) del emparrillado	*9*

1	Schwelzone (f) zone of incomplete combustion, smouldering zone zone (f) de combustion incomplête	поясъ (m) отгонки; поясъ выдѣленія летучихъ составныхъ частей zona (f) di combustione incompleta zona (f) de combustión incompleta
2	schwelen (v) to smoulder brûler (v) incomplètement	горѣть неполно съ сильнымъ выдѣленіемъ сажи; выдѣлять летучія составныя части bruciare (v) incompletamente arder (v) incompletamente *ó* con mucho humo
3	glimmen (v) to glow couver (v), brûler (v) sans flamme	тлѣть bruciare (v) lentamente quemarse (v) lentamente debajo de las cenizas
4	Schwelgase (n pl) gases due to incomplete combustion gaz (m pl) résultant d'une combustion incomplète	газы (m pl), получающіеся отгонкой gas (m pl) di combustione incompleta gases (m pl) de la combustión incompleta
5	Schwelperiode (f) period of incomplete combustion periode (f) de combustion incomplète	періодъ (m) отгонки periodo (m) di combustione incompleta periodo (m) de la combustión incompleta
6	Glühzone (f), Brennzone (f), Glutzone (f) zone of incandescence zone (f) d'incandescence	поясъ (m) горѣнія *или* накаливанія zona (f) di combustione viva región (f) *ó* zona (f) incandescente, región (f) *ó* zona (f) de combustión intensa
7	Schrägbrennen (n) des Generators uneven combustion *or* burning in the producer combustion (f) en couches inclinées	одностороннее горѣніе (n) въ генераторѣ combustione (f) obliqua del generatore combustión (f) en sentido inclinado
8	Verbrennungsstörung (f) disturbance of combustion perturbation (f) *ou* trouble (m) dans la combustion	неисправность (f) въ горѣніи disturbo (m) nella combustione, interruzione (f) della combustione dificultad (f) *ó* perturbación (f) en la combustión

der Generator geht kalt
the producer becomes cold
le gazogène fonctionne à basse température

генераторъ (m) идётъ холодно *или* идётъ при низкой температурѣ
il generatore funziona 1
a temperatura bassa
el generador funciona á temperatura baja

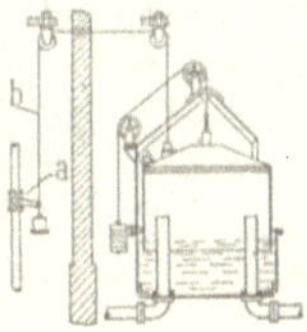

Reglung (f) durch die Gasglockenbewegung
regulation by the movement of the gas-holder
réglage (m) par le déplacement de la cloche de gazométre

регулированіе (n) подъёмомъ и опусканіемъ газоваго колокола
regolazione (f) col movimento della cam-
pana del gasometro 2
regulación (f) por medio de los movimientos de la campana del gasómetro

---

Droßlung (f) der Dampfleitung
throttling the steam-main, steam throttle
étranglement (m) de la conduite de vapeur

a

измѣненіе (n) сѣченія паропровода дроссель-клапаномъ
regolazione (f) per strozzamento nella condot-
ta di vapore 3
estrangulación (f) de la tubería de vapor por la válvula de interrupción

---

Kettenzug (m) mit Rollenführung
chain lift with roller guide
chaîne (f) à galets-guides

b

передающая цѣпь (f) на направляющихъ роликахъ
catena (f) con guida a 4
girelle
cadena (f) con guía-polea

Selbstreglung (f) der Vergasung durch die Saugwirkung des Motors
automatic regulation of the gas production by the suction of the engine
réglage (m) automatique de la production de gaz par l'aspiration du moteur

саморегулированіе (n) газообразованія посредствомъ всасывающаго дѣйствія двигателя
regolazione (f) automa-
tica della produzione 5
di gas coll'aspirazione del motore
regulación (f) automática de la gasificación por el efecto aspirante del motor

---

den Generator anblasen (v)
to start *or* blow up *or* draw up the producer
amorcer (v) le gazogène à l'aide du ventilateur

заду-ть (-вать) *или* разду-ть (-вать) генераторъ
mettere (v) in funzione
il generatore col ven- 6
tilatore
encender (v) el fuego en el generador

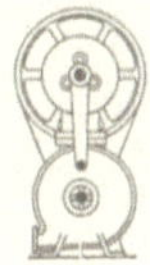

Handgebläse (n)
hand blower *or* fan
ventilateur (m) soufflant à main, soufflerie (f) à main

ручной вентиляторъ (m)
ventilatore (v) [mosso] 7
a mano
ventilador (m) de mano

1 Rauchentwicklung (f) beim Anblasen
formation of smoke whilst starting the producer
dégagement (m) de fumée pendant l'amorçage
образованіе (n) дыма при задувкѣ *или* раздувкѣ
sviluppo (m) di fumo durante l'avviamento
producción (f) de humo al encender

---

2 das Gas probieren (v)
to test the gas
essayer (v) le gaz
пробовать газъ
provare (v) il gas
ensayar (v) el gas

---

3 Probeflamme (f)
test flame
flamme (f) témoin
пробное пламя (n)
fiamma (f) di prova
llama (f) de prueba

---

4 Gasbeschaffenheit (f)
quality of the gas
nature (f) du gaz
качество (n) газа
qualità (f) del gas
calidad (f) del gas

---

5 Ausschlacken (n), Abschlacken (n)
freeing from clinker
décrasser (v), débarrasser (v) des scories
удаленіе (n) шлаковъ; очистка (f) отъ шлаковъ
levare (v) le scorie
extracción (f) de escorias

---

6 Ausschlack- *oder* Abschlacköffnung (f)
clinker *or* stirring hole
orifice (m) de décrassage
отверстіе (n) для удаленія шлаковъ
apertura (f) per levare le scorie
orificio (m) para sacar las escorias

---

7 Schlacke (f)
clinker
scorie (f), scories (f pl), mâchefer (m)
шлакъ (m); шлаки (m pl)
scoria (f), loppa (f)
escoria (f)

---

8 zähe Schlacke (f)
tenacious clinker
scorie (f) tenace
тягучіе шлаки (m pl)
scoria (f) tenace, scoria (f) dura
escoria (f) tenaz

---

9 flüssige *oder* fließende Schlacke (f)
liquid clinker
scorie (f) *ou* mâchefer (m) liquide
жидкіе шлаки (m pl)
scoria (f) liquida
escoria (f) flúida *ó* liquida

---

10 Schlackenbildung (f)
formation of clinker
formation (f) de scorie[s], scorification (f)
образованіе (n) шлаковъ
formazione (f) di scorie
formación (f) de escorias

---

11 Schlackenkuchen (m)
clinker lump, caked clinker
tourteau (m) *ou* masse (f) de scories
спекшаяся масса (f) шлаковъ; наростъ (m) шлаковъ; шлаковый слитокъ (m)
blocco (m) di scorie
torta (f) de escorias

---

12 Verstopfung (f) im Generator
choking of the producer
engorgement (m) *ou* obstruction (f) du gazogène
засореніе (n) генератора
ostruzione (f) nel generatore
obstrucción (f) en el generador

Abspritzen (n) des Rostes
cleaning the grate by sprinkling
arrosage (m) de la grille

спрыскиваніе (n) колосниковой рѣшётки
iniezione (f) sulla graticola
riego (m) del emparrillado 1

Stochloch (n), Schürloch (n)
stirring-hole
trou (m) de ringardage

шуровочное отверстіе (n)
foro (m) per l'attizzatoio 2
orificio (m) para picar el fuego

Schüreisen (n)
poker
ringard (m)

скребокъ (m) для шуровки
attizzatoio 3
hurgón (m)

[Schür-]Spitze (f)
slice, slice bar
pique-feu (m), pic (m), [ringard (m) à] lance (f)

соколъ (m); пика (f); заострённый ломъ (m) 4
spranga (f) a punta
pica-fuegos (m)

Schürhaken (m), Feuerhaken (m)
fire iron, fire hook
fourgon (m); tisonnier (m); [ringard (m) à] crochet (m)

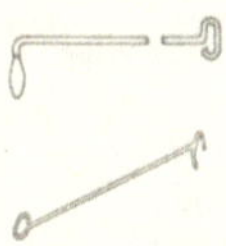

кочерга (f); скребокъ (m); клюка (f)
attizzatoio (m) ad uncino 5
atizador (m), hurgón (m)

Krammeisen (n), Schürkelle (f)
rake
râble (m)

мотыга (f)
riavolo (m) 6
badil (m)

Durchfallen (n) des Brennstoffes
falling of the fuel through the grate
chute (f) du combustible à travers la grille

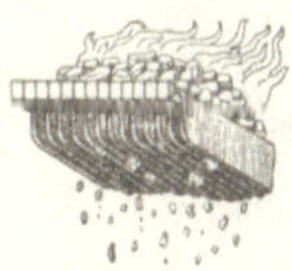

проваливаніе (n) топлива черезъ колосниковую рѣшётку
caduta (f) del combustibile attraverso la graticola 7
caída (f) del combustible á través del emparrillado

Flugasche (f)
light *or* flaky ashes (pl)
cendres (f pl) folles

сажа (f)
cenere (f) volante 8
pavesa (f)

---

die Asche ablöschen (v)
to quench the ashes
éteindre (v) la cendre

зали-ть (-вать) золу
spegnere (v) la cenere 9
apagar (v) las cenizas

Brennstoffverbrauch (m)
fuel consumption
consommation (f) de combustible

расходъ (m) топлива
consumo (m) di combustibile 10
consumo (m) de combustible

1	Brennstoffausnützung (f) utilisation of fuel utilisation (f) du combustible	использованіе (n) топлива effetto (m) utile *o* rendimento del combustibile utilización (f) *ó* aprovechamiento (m) del combustibile
2	Gasmenge (f) in m³ (cbm) für ein (pro) kg Brennstoff quantity of gas produced in cubic meters per kg. of fuel quantité (f) de gaz en m³ par kg de combustible	количество (n) газа въ кубическихъ метрахъ на килограммъ топлива quantità (f) di gas in m³ per kg di combustibile, quantità (f) di gas per 1 kg di combustibile cantidad (f) de gas en m³ por 1 kg de combustible
3	Gasgewicht (n) für ein (pro) kg Brennstoff weight of gas produced per kg. of fuel poids (m) de gaz par kg de combustible	вѣсъ (m) газа на килограммъ топлива peso (m) di gas per 1 kg di combustibile peso (m) de gas por 1 kg de combustible
4	stündliche Gasmenge (f) quantity of gas produced per hour quantité (f) de gaz par heure, débit (m) horaire de gaz	количество (n) газа въ часъ quantità (f) di gas all'ora, quantità (f) oraria di gas cantitad (f) de gas por hora
5	Nutzeffekt (m) der Gaserzeugung efficiency of the gas production rendement (m) du gazogène	полезный эффектъ (m) газообразованія effetto (m) utile della produzione di gas rendimiento (m) del gasógeno
6	Anblaseverlust (m) loss on starting *or* blowing-up the producer perte (f) par amorçage au ventilateur	потеря (f) на задувку *или* на раздувку perdita (f) per la soffiatura *o* per l'avviamento pérdida (f) por el encendido
7	Abbrandverlust (m) stánd-by losses (pl) perte (f) par combustion au repos	потеря (f) на догораніе perdita (f) per combustione in riposo pérdida (f) por la combustión durante las paradas de servicio

Industrielle Abgase **Industrial Waste Gases** **Gaz Industriels Perdus**	**Отходящіе Газы Промышленныхъ Производствъ** **Gas Perduti di Carattere Industriale** **Gases Industriales**	1
Abgase (n pl) der Hüttenbetriebe metallurgical waste gases (pl) gaz (m pl) perdus des usines métallurgiques	отходящіе газы (m pl) металлургическихъ заводовъ gas (m pl) delle officine metallurgiche gases (m pl) metalúrgicos	2
Maschinengas (n) engine gas gaz (m) pour moteurs	машинный газъ (m); газъ для машинъ gas (m) per macchine gas (m) para máquina	3
Kesselgas (n) boiler flue gas gaz (m) pour chaudières	котельный газъ (m); газъ для котловъ gas (m) per caldaie gas (m) para caldera	4
Abhitzkessel (m) boiler for use with waste gas chaudière (f) utilisant la chaleur perdue, chaudière (f) de récupération thermique	котелъ (m), отапливаемый отходящими газами caldaia (f) per utilizzare il calore dei gas perduti caldera (f) calentada por el calor de los gases ó vapores de escape	5
Hochofengas (n), Gichtgas (n) blast-furnace gas, waste gas gaz (m) de haut fourneau	газъ (m) доменныхъ печей; колошниковый газъ gas (m) d'alto forno gas (m) de altos hornos	6
Hochofen (m) blast-furnace haut[-]fourneau (m)	доменная печь (f); домна (f); шахтная печь alto forno (m) alto horno (m)	7
Gasfang (m) gas collector collecteur (m) de gaz	газоуловитель (m) presa (f) del gas colector (m) de los gases	8
Gicht (f) throat gueulard (m) [de haut fourneau]	колошникъ (m) bocca (f) del forno boca (f) del horno	9

a

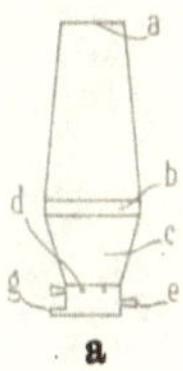

a

1	Kohlensack (m) body ventre (m)	b	распаръ (m) печи camicia (f) vientre (m)
2	Rast (f) boshes étalages (m pl) de haut fourneau	c	заплечикъ (m); заплечико (n) sacca (f) zona (f) de combustión, atalaje (n) del alto horno
3	Windform (f) tuyere [twyere] tuyère (f), buse (f)	d	фурма (f) ugelli (m pl) d'aria toberas (f pl)
4	Schlackenstich (m) slag hole trou (m) de coulée des scories	e	шлакопріемникъ (m) foro (m) di colata delle scorie salida (f) de las escorias
5	Metallstich (m) tap-hole, tapping hole trou (m) de coulée du métal	g	металлопріемникъ (m) foro (m) di colata del metallo salida (f) del metal
6	Hochofenbetrieb (m) blast-furnace operation fonctionnement (m) *ou* marche (f) du haut fourneau		ходъ (m) доменной печи; доменное производство (n) funzionamento (m) dell' alto forno marcha (f) del alto horno
7	Gargang (m) des Hochofens good working of the blast-furnace bonne allure (f), marche (f) régulière		спѣлый ходъ (m) домны *или* доменной печи andamento (m) ordinario dell'alto forno marcha (f) regular del alto horno
8	Rohgang (m) des Hochofens irregular working of the blast-furnace allure (f) irrégulière du haut fourneau		сырой ходъ (m) домны *или* доменной печи andamento (m) irregolare dell'alto forno marcha (f) irregular del alto horno
9	Erwärmung (f) des Gebläsewindes preliminary heating of the blast réchauffement (m) du vent de soufflerie		нагрѣвъ (m) дутья riscaldamento (m) dell'aria di soffieria calentamiento (m) del aire inyectado
10	Winderhitzer (m) hot-air tower, recuperator réchauffeur (m) de vent	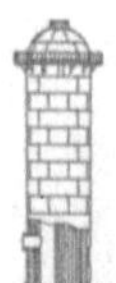	подогрѣватель (m) дутья riscaldatore dell'aria di soffieria recuperador (m)
11	Kok[s]ofengas (n) coke-oven gas gaz (m) des fours à coke	7% CO 22,5% H_2 6% CO_2 19% CH_4 44% N_2	газъ (m) коксовальной *или* коксовой печи gas (m) dei forni a coke gas (m) de los hornos de cok

Kokerei (f) coke plant fabrique (f) de coke	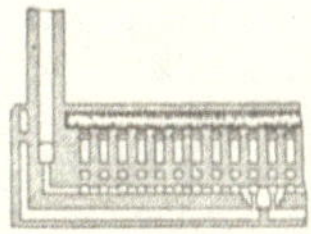	производство (n) кокса; коксовый заводъ (m) fabbrica (f) di coke fábrica (f) de cok	*1*
verkoken (v) to coke carboniser (v) la houille		коксовать ridurre (v) in coke coquificar (v)	*2*
Verkokung (f) coking carbonisation (f) du charbon		коксованіе (n) riduzione (f) in coke. fabbricazione (f) del coke coquificación (f)	*3*
Kok[s]ofen (m) coke oven four (m) à coke	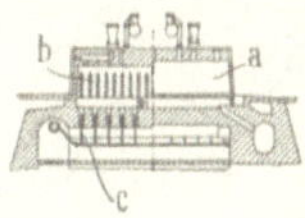	коксовальная *или* коксовая печь (f) forno (m) a coke horno (m) de cok	*4*
Kok[s]ofenbatterie (f) range *or* battery of coke ovens batterie (f) de fours à coke		батарея (f) коксовальныхъ печей batteria (f) di forni da coke batería (f) de hornos de cok	*5*
Kohlenkammer (f) coal chamber chambre (f) à charbon	a	у́гольная камера (f) camera (f) del carbone cámara (f) de carga	*6*
Heizzüge (m pl) heating flues (pl) carneaux (m pl) de chauffe	b	нагрѣвательные *или* топочные ходы (m pl) condotti (m pl) di riscaldamento canales (f pl) conductoras de calor	*7*
Gasbrenner (m) gas burner brûleur (m) à gaz	c	газовая горѣлка (f) becco (m) a gas mechero (m) de gas	*8*
Flammofen (m) reverberatory furnace four (m) à réverbère		пламенная печь (f) forno (m) a riverbero horno (m) de reverbero	*9*
Nebengewinnungsofen (m) auxiliary furnace, furnace for the extraction of bye-products four (m) auxiliaire, four (m) pour l'extraction des sous-produits		печь (f) для добыванія вторичныхъ продуктовъ forno (m) con utilizzazione dei prodotti secondarii horno (m) para extraer productos secundarios	*10*
Regenerativofen (m) regenerative furnace four (m) régénérateur	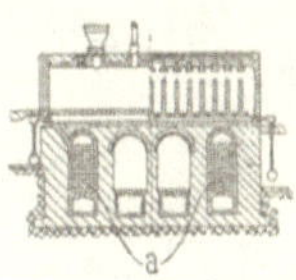	регенеративная печь (f) forno (m) a rigeneratore *o* a ricupero di calore horno (m) de regeneración	*11*

1	Regenerativkammer (f) regenerative chamber chambre (f) de régénération	a	регенеративная камера (f) camera (f) di ricupero cámara (f) regeneradora
2	Kohleneinsatz (m) coal charge charge (f) de charbon		засыпка (f) *или* загрузка (f) угля carica (f) di carbone carga (f) de carbón
3	Kok[s]ausbeute (f) yield of coke débit (m) de coke, rendement (m) de coke, coke (m) produit		выходъ (m) кокса; количество (n), добываемаго кокса produzione (f) di coke producción (f) *ó* rendimiento (m) de cok
4	Garungszeit (f) coking period temps (m) de service, durée (f) d'une cuisson		время (n) спѣлости durata (f) della distillazione duración (f) de una tarea de coquificación

5	**Gasreinigung** **Purification of Gas** **Épuration du Gaz**	**Очистка Газа** **Depurazione del Gas** **Depuración del Gas**
6	Gasreiniger (m) gas purifying apparatus, gas purifier épurateur (m) à gaz, scrubber (m)	газоочиститель (m) depuratore (m) del gas, scrubber (m) depurador (m) de gas
7	unreines Gas (n) impure gas gaz (m) impur	неочищенный газъ (m) gas (m) impuro gas (m) impuro *o* no depurado
8	vorgereinigtes Gas (n) partly purified gas gaz (m) préalablement épuré	газъ (m), предварительно очищенный gas (m) depurato preventivamente gas (m) previamente depurado
9	Reinheitsgrad (m) degree of purity degré (m) de pureté	степень (f) чистоты grado (m) di purezza grado (m) de depuración
10	Reinigungsanlage (f) purifying plant installation (f) d'épuration	установка (f) для очистки газа impianto (m) di depurazione instalación (f) depuradora
11	Vorreinigung (f) preliminary cleaning *or* purification épuration (f) préalable	предварительная очистка (f) depurazione (f) preventiva depuración (f) previa *ó* preliminar

Nachreinigung (f)
final cleaning *or* purification
épuration (f) finale

послѣдующая очистка (f)
depurazione (f) successiva 1
depuración (f) complementaria

Vorreiniger (m)
preliminary purifier
épurateur (m) préalable

предварительный очиститель (m)
depuratore (m) preventivo 2
depurador (m) preparatorio

Schlußreiniger (m)
final purifier
épurateur (m) final

заключительный *или* окончательный очиститель (m)
depuratore (m) finale *o* ultimo 3
depurador (m) final

Kühlen (n) des Gases
cooling of the gas
refroidissement (m) du gaz

охлажданіе газа
raffreddamento (m) del gas 4
enfriamiento (m) *ó* refrigeración (f) del gas

Gaskühler (m)
condenser
refroidisseur (m) de gaz

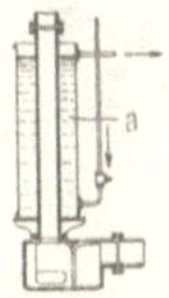

газоохладитель (m)
raffreddatore (m) del gas 5
refrigerador (m) de gas

Gegenstromkühler (m) [der Mondgasanlage]
counter stream condenser
réfrigérant (m) *ou* refroidisseur (m) à contre-courant (système Mond)

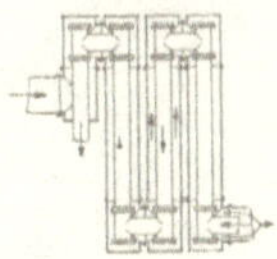

охладитель (m) съ противотокомъ [для установки съ газомъ Монда]
raffreddatore (m) a correnti contrarie (sistema Mond) 6
refrigerador (m) de contra-corriente del gasógeno sistema Mond

---

Naßreinigung (f)
wet purification *or* cleaning
épuration (f) [par voie] humide

мокрая очистка (f)
depurazione (f) per via umida 7
depuración (f) por agua *ó* por la via húmeda

Waschen (n) des Gases
washing the gas
lavage (m) du gaz

промывка (f) газа
lavaggio (m) del gas 8
lavado (m) del gas

Naßreiniger (m)
wet purifier *or* cleaner
laveur (m), épurateur (m) [par voie] humide

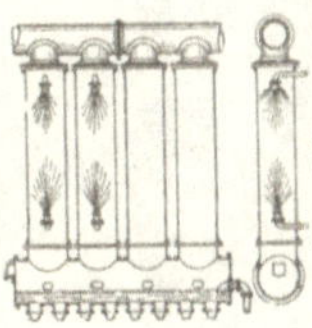

промыватель (m)
depuratore (m) per via umida 9
lavador (m)

1	Wascher (m) mit Schlägerwelle washer with stirrers laveur (m) à agitateur	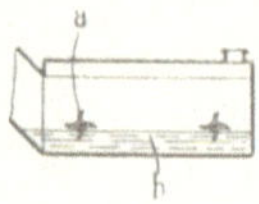	промыватель (m) съ биломъ lavatore (m) con agitatori lavador (m) con agitador
2	Schlägerwelle (f) stirrer shaft, beater shaft arbre (m) de l'agitateur	a	било (n) albero (m) degli agitatori agitador (m), eje (m) batidor
3	Waschwasser (n) [washing]water eau (f) de lavage	b	вода (f) для промывки acqua (f) di lavaggio agua (f) de lavado
4	Skrubber (m) *oder* Rieseler (m) mit Kok[s]-füllung coke scrubber scrubber (m) rempli de coke	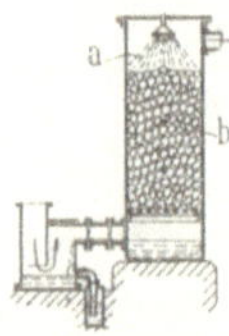	скрубберъ (m) съ коксомъ; скрубберъ, наполненный кусками кокса lavatore (m) *o* scrubber a coke depurador (m) de cok
5	Zerstäubungsreiniger (m) jet purifier, spraying cleaner épurateur (m) à pulvérisation		очиститель (m) съ распыленіемъ depuratore (m) a polverizzazione depurador (m) de pulverización
6	Wassersprühregen (m) water spray pluie (f) d'eau pulvérisée	a	дождь (f) *или* брызги (m pl) распылённой воды pioggia (f) d'acqua polverizzata lluvia (f) de agua pulverizada
7	Kok[s]füllung (f) coke filling remplissage (m) *ou* charge (f) de coke	b	набивка (f) *или* заполненіе (n) коксомъ riempimento (m) di coke carga (f) de cok
8	Skrubber (m) *oder* Rieseler (m) mit Holzfüllung sawdust scrubber scrubber (m) à remplissage de bois	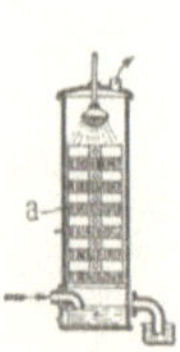	скрубберъ (m), наполненный деревянными стружками *или* опилками lavatore (m) con riempimento di legno depurador (m) con carga de madera
	Holzlatte (f) ·)od laths tte (f) en bois	a	деревянная рейка (f) correntino (m) di legno listón (m) de madera

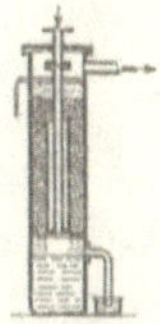

Skrubber (m) mit zentralem Gaszutritt
scrubber with central gas inlet
scrubber (m) avec admission centrale du gaz

скрубберъ (m) съ центральнымъ подводомъ *или* притокомъ газа
lavatore (m) con passaggio centrale del gas
depurador (m) con entrada central para el gas 1

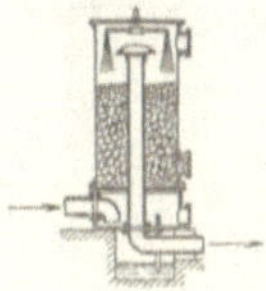

Skrubber (m) mit zentralem Gasabzugrohr
scrubber with central gas outlet
scrubber (m) avec tuyau de départ du gaz au centre

скрубберъ (m) съ центральной газоотводной трубой
lavatore (m) con tubo centrale di presa del gas 2
depurador (m) con salida central para el gas

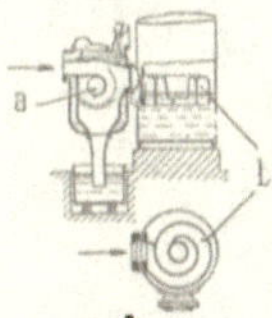

a, b

spiralförmige Gasführung (f)
spiral guiding of the gas
évacuation (f) hélicoïdale du gaz

спиральный ходъ (m) для газа
condotto (m) a spirale pel gas 3
conducción (f) en espiral del gas

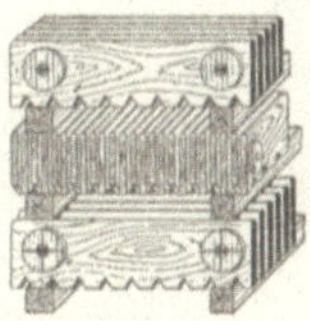

Holzhorde (f)
wood hurdle
claie (f) en bois

плетень (m) изъ тёса; связка (f) деревянныхъ планокъ
graticcio (m) di legno 4
emparrillado (m) de madera

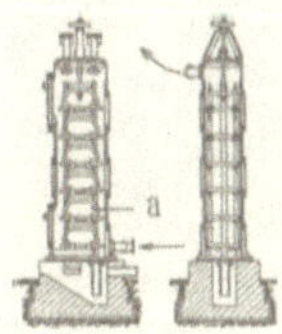

Hordenwascher (m)
hurdle washer, lattice work *or* tray washer
laveur (m) à claies

промыватель (m) съ плетнемъ изъ тёса
lavatore (m) a graticci 5
lavador (m) de parrillas

---

a

auswechselbare Horde (f)
removeable *or* replaceable hurdle
claie (f) remplaçable

смѣнный плетень (m)
graticcio (m) ricambiabile 6
parrilla (f) intercambiable

Wasserzerstäuber (m)
water sprayer *or* diffuser
pulvérisateur (m) d'eau

водораспылитель (m)
polverizzatore (f) d'acqua 7
pulverizador (m) de agua

1	Brause (f) sprinkler pomme (f) d'arrosoir		брызгалка (f) inaffiatore (m) regadera (f)
2	Siebrohr (n) spray-pipe crépine (f)	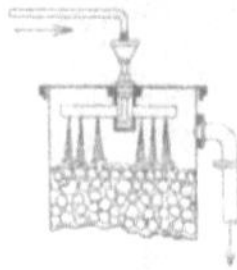	трубчатое сито (n); рѣшетчатая труба (f) tubo (m) bucherellato tubo (m) rociador
3	[Körtingsche] Streudüse (f) [Körting's] spray nozzle tuyère (f) de pulvérisation de Körting	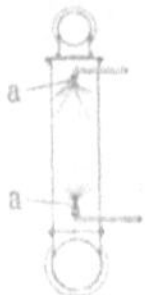 a	распыляющее сопло (n) Кертинга distributore (m) d'acqua (Körting) tobera (f) pulverizadora de Koerting
4	Strahlrohr (n) jet pipe *or* nozzle tube (m) de jet	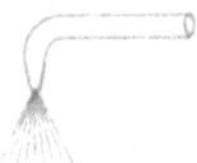	тонкая трубка (f) для впрыскиванія tubo (m) a getto boquilla-lanzadera (m)
5	Tropfplatte (f) drip plate plaque (f) d'égouttement		капельная пластина (f) piastra (m) di sgocciolamento sumidero (m)
6	Reinigungsluke (f) [des Waschers], Putzluke (f) cleaning hole [of the washer] porte (f) de nettoyage du laveur		люкъ (m) для чистки fori (m pl) di pulizia del lavatore registro (m) de limpieza [del lavador]
7	Schlammtopf (m), Syphon (m) mud pan, syphon, seal box siphon (m)	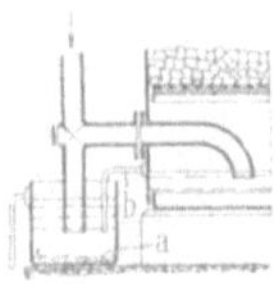	грязевикъ (m); сифонъ (m) cassa (f) di deposito, sifone (m) sifón (m)
8	Schlamm (m) mud boue (f)	a	грязь (f) deposito (m), fango (m) fango (m), lodo (m)
9	Ablauf- *oder* Überlaufrohr (n) des Reinigers drain pipe from scrubber tuyau (m) de trop-plein de l'épurateur	b	спускная труба (f) очистителя tubo (m) di scarico *o* sfioratore (m) del lavatore tubo (m) de salida del agua del depurador
10	verstopfter Schlammtopf (m) clogged up mud pan siphon (m) obstrué *ou* engorgé	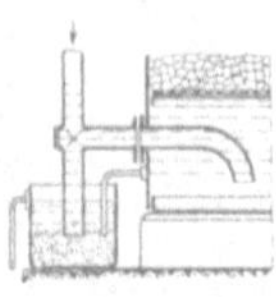	засоренный сифонъ (m) cassa (f) di deposito ostruita sifón (m) obstruido

Schlammentfernung (f) durch Becherwerk
removal of mud by means of a bucket chain
enlèvement (m) des boues par noria

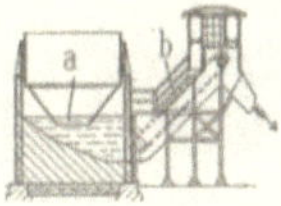

удаленіе (n) грязи посредствомъ норіи
eliminazione (f) dei depositi con apparecchio a tazze
extracción (f) del fango mediante elevador de canjilones
1

Schlammsammler (m)
mud collector
collecteur (m) de boue

a

грязевикъ (m)
raccoglitore (m) dei depositi
colector (m) de fango
2

Becherwerk (n)
bucket chain, chain of buckets
noria (f), élévateur (m) à godets

b

норія (f)
apparecchio (m) a tazze, noria (f)
elevador (m) de canjilones, noria (f)
3

Skrubberabwasser (n)
return water from scrubber
eau (f) vanne du scrubber

отработавшая вода (f) скруббера
acqua (f) di scarico del lavatore
aguas (m pl) sucias del depurador
4

---

syrupartiger Teerrückstand (m)
viscous tarry residue
résidu (m) sirupeux de goudron

сиропообразные дегтярные *или* смолистые остатки (m pl)
residuo (m) siropposo di catrame
residuos (m pl) alquitranados
5

---

seifenschaumartige Ausscheidung (f), Emulsion (f) (des Teers in Wasser)
emulsion (of tar in water)
émulsion (f) d'eau et de goudron

выдѣленіе (n) обмыливаніемъ; эмульсія (f) (дёгтя *или* смолы въ водѣ)
separazione (f) in forma di schiuma grassa (emulsione del catrame nell' acqua)
emulsión (f) del alquitrán
6

Teerkruste (f), Teerüberzug (m)
tar incrustation
croûte (f) de goudron

слой (m) *или* корка (f) дёгтя
incrostazione (f) di catrame
costra (f) de alquitrán
7

---

das Abwasser neutralisieren (v)
to neutralise the waste water
neutraliser (v) l'eau vanne

нейтрализовать грязную воду
neutralizzare (v) le acque di rifiuto
neutralizar (v) las aguas sucias
8

---

das Waschwasser klären (v)
to purify the washing water
clarifier (v) l'eau de lavage

освѣтлять воду для промывки
chiarificare (v) le acque di lavaggio
clarificar (v) las aguas de depuración
9

1 Klärbecken (n)
settling tank
bassin (m) de clarification *ou* de décantation

отстойникъ (m); осадочный бассейнъ (m)
bacino (m) *o* vasca (f) di chiarificazione
pozo (m) de clarificación

---

2 das Reinigerwasser kühlen (v)
to cool the cleaning water
refroidir (v) l'eau de l'épurateur

охладить (охлаждать) воду очистителя
raffreddare (v) l'acqua del depuratore
enfriar (v) el agua de depuración

---

3 Kühlwerk (n)
cooler
réfrigérant (m)

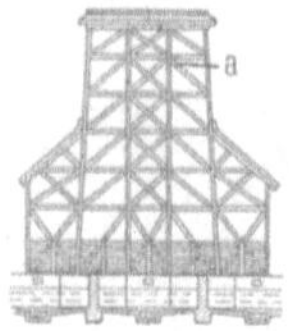

градирня (f)
impianto (f) di refrigerazione
instalación (f) refrigeradora

---

4 Kühlturm (m)
cooling tower
réfrigérant (m) à cheminée

a

градирня (f); охлаждающая башня (f)
torre (f) del refrigerante
torre (f) refrigeradora, refrigerante (m), refrigerador (m)

---

5 Rieselwasser (n) (des Kühlturms)
trickling water (of the cooling tower)
eau (f) de ruissellement du réfrigérant à cheminée

орошающая вода (f) градирни *или* охлаждающей башни
acqua (f) refrigerante della torre
agua (m) del refrigerante

---

6 Trockenreinigung (f)
dry purification
épuration (f) [par voie] sèche

сухая очистка (f)
depurazione (f) a secco
depuración (f) [por la vía] seca

---

7 Trockenreiniger (m)
dry purifier
épurateur (m) sec *ou* par voie sèche

сухой очиститель (m)
depuratore (m) a secco
depurador (m) en seco

---

8 Kastenreiniger (m)
box purifier
épurateur (m)

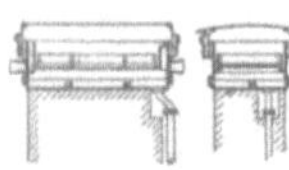

очистительная коробка (f); очистительный ящикъ (m)
depuratore (m) a casse
depurador (m) en caja

---

9 Reinigermasse (f)
purifying material
masse (f) épuratrice

очищающая масса (f)
massa (f) di depurazione
materia (f) depuradora

---

10 Regenerieren (n) der Reinigermasse
regeneration of the purifying material
regeneration (f) de la masse épuratrice

восстановленіе (n) очищающей массы
rigenerazione (f) della massa di depurazione
regeneración (f) de la materia depuradora

Sägespänereiniger (m), Sägemehlreiniger (m)
sawdust purifier
épurateur (m) à sciure

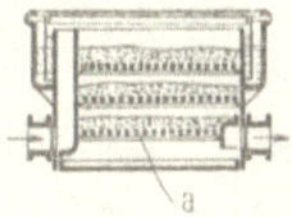

очиститель (m) съ опилками; опилочный очиститель
depuratore (m) a segatura di legno 1
depurador (m) de serrín

Holzgitter (n)
wooden lattice *or* grid
treillis (m) de bois

a

деревянная рѣшётка (f)
strato (m) di legno 2
emparrillado (m) *ó* enrejado (m) de madera

Hobelspäne (m pl)
wood shavings (pl)
copeaux (m pl)

[древесныя] стружки (f pl) 3
trucioli (m pl)
virutas (f pl)

Holzwolle (f)
wood fibre
laine (f) de bois

древесная шерсть (f)
lana (f) di legno 4
fibra (f) de madera

Eisendrehspäne (m pl)
iron turnings (pl)
tournure (f) de fer, copeaux (m pl) de fer

желѣзныя стружки (f pl) съ самоточки
trucioli (m pl) di tornitura del ferro 5
virutas (f pl) de hierro

Schlackenwollfilter (n)
mineral wool filter
filtre (m) à laine de laitier

фильтръ (m) изъ шлаковой шерсти
filtro (m) di lana di scorie 6
filtro (m) de escorias filamentosas

Schlackenwolle (f)
mineral wool
laine (f) de laitier *ou* de scorie

шлаковая шерсть (f)
lana (f) di scorie 7
escoria (f) filamentosa

Rasenerzreiniger (m)
bog-ore purifier
épurateur (m) à limonite

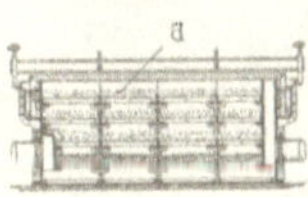

очиститель (m) съ луговымъ лимонитомъ *или* луговымъ бурымъ желѣзнякомъ
depuratore (m) con minerali di ferro (limonite, pirite) 8
depurador (m) de limonita

---

staubförmiges Rasenerz (n)
pulverised bog-ore
limonite (f) pulvérulente

a

порошокъ (m) лимонита (m); пульверизованный луговой бурый желѣзнякъ (m) 9
limonite (f) in polvere
limonita (f) en polvo

Gichtgaskok[s]reiniger (m)
coke cleaner for blast furnace gas
épurateur (m) à coke pour gaz de haut fourneau

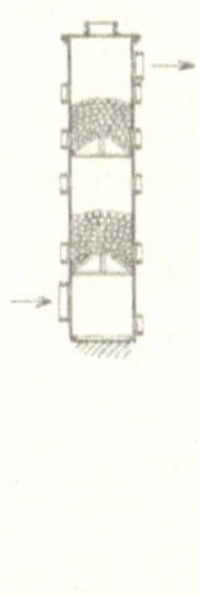

коксовый очиститель (m) для колошниковаго газа
depuratore (m) a coke per gas d'alti forni 10
depurador (m) de cok para los gases de altos hornos

1 Staffelreiniger (m), Etagenreiniger (m)
purifier arranged in stages
épurateur (m) à étages
этажный очиститель (m)
depuratori (m) a ripiani
depurador (m) de gradas ó pisos

---

2 Trocknung (f)
drying
séchage (m)
сушка (f)
essicazione (f)
secado (m)

---

3 das Gas trocknen (v)
drying the gas
sécher (v) le gaz
сушить газъ
essicare (v) il gas
secar (v) el gas

---

4 Gastrockner (m)
gas drying apparatus
sécheur (m) de gaz
газосушитель (m)
essicatore (m) del gas
secador (m) del gas

---

5 Wasserabscheider (m)
water separator
séparateur (m) d'eau

водоотдѣлитель (m)
separatore (m) d'acqua
separador (m) de agua, condensador (m)

---

6 Wasserabscheidungstopf (m), Entwässerungstopf (m)
water separating vessel
séparateur (m) d'eau, vaisseau (m) de séparation d'eau

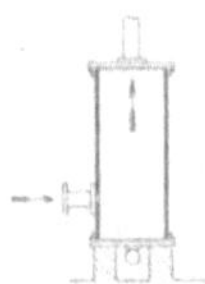

водоотдѣлительный горшокъ (m)
cassa (f) di separazione dell'acqua
cubo (m) ó vaso (m) condensador

---

7 Entteerung (f)
tar-separation
dégoudronnage (m)
выдѣленіе (n) дёгтя
separazione (f) del catrame
separación (f) de breas

---

8 das Gas entteeren (v)
to extract the tar from the gas
dégoudronner (v) le gaz
освободить газъ отъ дёгтя *или* смолы
separare (v) il catrame dal gas
desalquitranar (v) el gas, separar (v) las breas del gas

---

9 teerhaltiges Gas (n)
tarry gas
gaz (m) goudronneux
газъ (m), содержащій дёготь *или* пары дёгтя; газъ, содержащій смолу *или* пары смолы
gas (m) contenente catrame
gas (m) alquitranoso

---

10 teerfreies Gas (n)
gas free from tar
gaz (m) exempt de goudron
газъ (m), свободный отъ примѣси дёгтя *или* смолы
gas (m) esente di catrame
gas (m) libre de alquitrán ó de brea

Teergehalt (m) des Gases
percentage of tar in the gas
teneur (f) en goudron du gaz

содержаніе (n) дёгтя *или* смолы въ газѣ
contenuto (m) percentuale di catrame nel gas, tenore (m) in catrame del gas 1
tanto (m) por ciento de alquitrán en el gas

Teerabscheider (m)
tar separator
séparateur (m) de goudron

дёгтеотдѣлитель (m); отдѣлитель (m) отъ дёгтя *или* смолы
separatore (m) del catrame 2
separador (m) de alquitrán

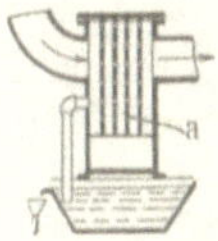

Stoßreiniger (m)
baffle purifier *or* separator
épurateur (m) à chocs *ou* à chicanes

механическій дёгтеотдѣлитель; ударный очиститель 3
depuratore (m) ad urto
condensador (m) de percusión

Prallwand (f) des Teerabscheiders
baffle of the separator
chicane (f) du séparateur de goudron

a

ударная *или* отражательная стѣнка (f) дёгтеотдѣлителя
parete (f) del separatore di catrame 4
tabique (m) de percusión

---

gelochtes Blech (n)
perforated plate
tôle (f) perforée

a

продырявленный желѣзный листъ (m)
lamiera (f) forata 5
chapa (f) perforada

Schwefelreinigung (f)
separation of sulphur
élimination (f) *ou* séparation (f) du soufre

очистка (f) отъ сѣры
separazione (f) del solfo
eliminación (f) *ó* separación (f) del azufre 6

Schwefelreinigungsanlage (f)
sulphur separation plant
installation (f) pour l'élimination du soufre

установка (f) для выдѣленія сѣры
impianto (m) di separazione del solfo 7
instalación (f) para la separación del azufre

Verunreinigung (f) des Gases durch Schwefeldämpfe
contamination of the gas by sulphurous vapours
contamination (f) *ou* impurification (f) du gaz par des vapeurs sulfureuses

загрязненіе (n) газа сѣрными парами
inquinamento (m) del gas con vapori di solfo 8
impurificación (f) del gas por los vapores de azufre

Entstaubung (f) des Gases
freeing the gas from dust
dépoussiérage (m) du gaz

освобожденіе (n) газа отъ пыли
eliminazione (f) della polvere dal gas 9
separación (f) del polvo del gas

1 das Gas entstauben (v)
to free the gas from dust
dépoussiérer (v) le gaz
очистить *или* освободить газъ отъ пыли
togliere (v) la polvere al gas
separar (v) el polvo del gas

2 Staub (m)
dust
poussière (f)
пыль (f)
polvere (f)
polvo (m)

3 durch Richtungswechsel des Gasstromes den Staub ausscheiden (v)
to separate the dust by changing the direction of the gas-current
dépoussiérer (v) le gaz par changement de direction du courant gazeux

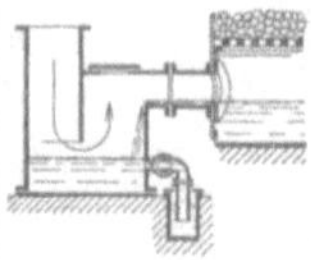

выдѣлить пыль посредствомъ перемѣны направленія газоваго потока
separare (v) la polvere coll'invertire il senso di corrente del gas
separar (v) el polvo del gas por un cambio de dirección de la corriente de gas

4 Staubabscheider (m)
dust separator
séparateur (m) de poussière

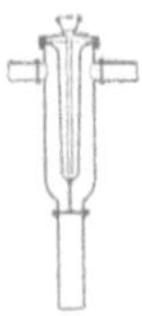

пылеотдѣлитель (m)
separatore (m) della polvere
separador (m) del polvo

5 Staubsack (m)
dust pocket *or* collector
poche (f) à poussière, dépôt (m) de poussière
копёжъ (m) *или* мѣшокъ (m) для пыли
sacca (f) a polvere
depósito (m) para recojer el polvo

6 Gichtstaub (m)
blast furnace dust
cadmies (f pl)
колошниковая пыль (f)
polvere (f) grossa
polvo (m) del gas de altos hornos

7 feiner Staub (m)
fine dust
poussière (f) fine
мелкая пыль (f)
polvere (f) fina
polvo (m) fino

8 Staubgehalt (m) in mg (Milligramm) für ein (pro) cm³ (cbm)
quantity of dust in mg. per cubic meter
teneur (f) en poussière en mg par cm³
содержаніе (n) пыли въ миллиграммахъ на кубическій метръ
contenuto (m) di polvere in gr. per mc.
tanto (m) por ciento de polvo en mg por cm³

9 den Staub ausfällen (v)
to precipitate the dust
précipiter (v) la poussière
выдѣл-ить (-ять) *или* осад-ить (-ждать) пыль
precipitare (v) la polvere
precipitar (v) el polvo

10 den Staub an Wasser binden (v)
to bind the dust by water
incorporer (v) la poussière à de l'eau
увле-чь (-кать) пыль водою
incorporare (v) la polvere all'acqua
fijar (v) el polvo por e agua

Zentrifugalwascher (m), Gaszentrifuge (f)
centrifugal washer
laveur (m) centrifuge à gaz

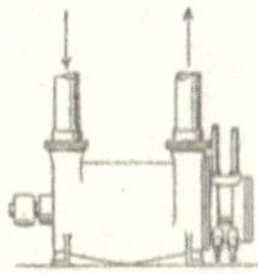

центробѣжный промыватель (m); газовая центрофуга (f)
lavatore (m) centrifugo
lavador (m) centrifugo de gas 1

Gasreinigungsventilator (m)
gas purifier fan
ventilateur (m) épurateur de gaz

газоочистительный вентиляторъ (m)
ventilatore (m) per depurare il gas
ventilador-depurador (m) de gas 2

Ventilator (m) mit Wassereinspritzung
fan with water spray
ventilateur (m) à injection d'eau

вентиляторъ (m) съ впрыскиваніемъ воды
ventilatore (m) con iniezione di acqua
ventilador (m) con inyección de agua 3

---

hintereinandergeschaltete Ventilatoren (mpl)
fans (pl) arranged in series
ventilateurs (m pl) [accouplés] en série

вентиляторы (m pl), присоединённые послѣдовательно
ventilatori (m pl) accoppiati in serie
ventiladores (m pl) acoplados en serie 4

---

nasser Gassauger (m), nasser Exhaustor (m)
wet suction fan
exhausteur (m) à gaz par voie humide

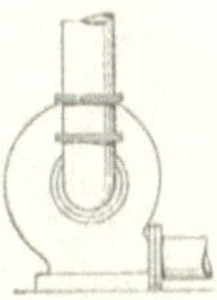

мокрый эксгаусторъ (m); мокрый газососатель (m)
aspiratore (m) di gas per via umida
ventilador-aspirador (m) de gas por agua 5

Trommelwascher (m)
drum washer
laveur (m) à tambour

барабанный промыватель (m)
lavatore (m) a tamburo
lavador (m) de tambor 6

---

nasse Schleudertrommel (f)
wet centrifugal drum
tambour (m) centrifuge par voie humide

мокрый центробѣжный барабанъ (m)
tamburo (m) centrifugatore per via umida
tambor (m) centrifugo de agua 7

Kammtrommel (f)
toothed drum
tambour (m) à peignes

a

гребенчатый барабанъ (m)
tamburo (m) a pettini
tambor (m) dentado 8

---

umlaufender Kugelwascher (m)
revolving ball washer
laveur (m) rotatif à boulets

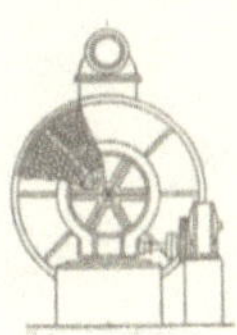

вращающійся промыватель (m) съ шарами *или* шариковый промыватель
lavatore (m) rotativo a pallini
lavador (m) rotativo de bolas 9

No.	Deutsch / English / Français		Русский / Italiano / Español
1	Theisenscher Reiniger (m) Theisen purifier épurateur (m) [de] Theisen		очиститель (m) Тейсена depuratore (m) - Theisen lavador (m) centrifugo Theisen
2	Gegenstrom (m) von Wasser und Gas counter-stream of water and gas eau et gaz circulant en sens inverses		встрѣчный токъ (m) воды и газа correnti (f) contrarie di acqua e gas contra-corriente (f) de agua y gas
3	Kopfstück (n) für den Gaseingang gas-inlet head embouchure (f) d'entrée du gaz	a	газопріёмная *или* газоприводная головка (f) bocca (f) di introduzione del gas entrada (f) del gas
4	Kopfstück (n) für den Gasausgang gas-outlet head embouchure (f) de sortie du gaz	b	газоотводная головка (f) bocca (f) di aspirazione del gas salida (f) del gas
5	spiralförmiger Flügel (m) spiral *or* helical vane ailette (f) *ou* palette (f) en hélice *ou* hélicoïdale	c	спиральное крыло (n) ala (f) a forma spirale aleta (f) helizoidal

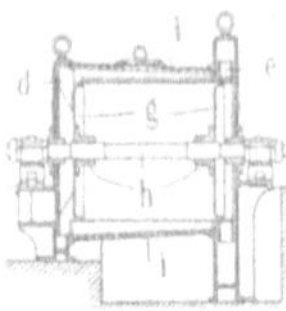

No.	Deutsch / English / Français		Русский / Italiano / Español
6	Saugflügel (m) suction vane ailette (f) d'aspiration	d	всасывающее крыло (n) alette (f pl) aspiranti, aspiratore (m) ad alette aleta (f) aspiradora
7	Druckflügel (m) pressure vane ailette (f) de refoulement	e	нагнетающее крыло (n) alette (f pl) prementi aleta (f) impulsora
8	gewölbter Boden (m) curved *or* rounded head fond (m) bombé	g	выпуклое дно (n) fondo (m) curvo fondo (m) bombeado
9	Welle (f) mit Gußnabe shaft with cast iron boss arbre (m) à moyeu de fonte	h	валъ (m) съ чугунными втулками albero (m) con mozzo fuso eje (m) con cubo de fundición
10	gerauhte Waschfläche (f) aus Drahtgeflecht roughened washing surface of wire-gauze surface (f) détergeante rugueuse en toile métallique	i	шероховатая промывная поверхность (f) изъ проволочной сѣтки superficie (f) di lavaggio in tela metallica scabra superficie (f) lavadora de tela metálica

Bian-Wascher (m) Bian washer laveur (m) [de] Bian	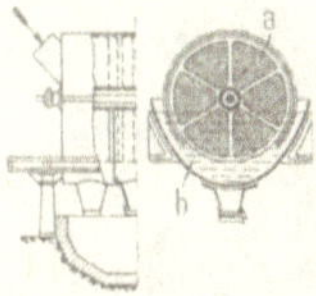	промыватель (m) Біана lavatore (m) Bian lavador (m) Bian	*1*
grobmaschiges Drahtgewebe (n) coarse meshed-wire-gauze toile (f) métallique à grandes mailles	a	проволочная ткань (f) съ крупной клѣткой tela (f) metallica a maglia larga tejido (m) de alambre de malla ancha	*2*
mit Wasser gefüllte Mulde (f) trough filled with water auge (f) remplie d'eau	b	лотокъ (m), наполненный водой; корыто (n), наполненное водой vasca (f) piena d'acqua artesa (f) llena de agua	*3*
Kraft- und Wasserverbrauch (m) der Reinigung power and water consumption for cleaning force (f) motrice et eau (f) consommées par l'épuration		расходъ (m) силы и воды на очистку consumo (m) di forza e di acqua per la depurazione consumo (m) de fuerza y agua en la depuración	*4*
Reinigungskosten (pl) für ein (pro) m^3 (cbm) Gas cost of cleaning per cubic meter of gas frais (m pl) d'épuration par m^3 de gaz		расходы (m pl) на очистку кубическагометра газа costo (m) della depurazione per mc. di gas coste (m) de depuración por m^3 de gas	*5*
Bewegung der Gase **Moving of the Gases** **Mouvement des Gaz**		**Движеніе Газовъ** **Movimento dei Gas** **Movimiento de los Gases**	*6*
rotierendes Gebläse (n), Umlaufgebläse (n) rotary blower, fan soufflerie (f) rotative		вращающаяся воздуходувка (f); вращающійся вентиляторъ (m) ventilatore (m) rotativo ventilador (m) rotativo	*7*
durch Transmission angetriebenes Gebläse (n) belt-driven blower soufflerie (f) commandée par transmission		приводный *или* трансмиссіонный вентиляторъ (m); вентиляторъ, приводимый въ движеніе трансмиссіей ventilatore (m) mosso con trasmissione ventilador (m) accionado por transmisión	*8*

1	elektrisch betriebenes Gebläse (n) electrically driven blower soufflerie (f) actionnée électriquement		вентиляторъ (m) съ электродвигателемъ ventilatore (m) mosso elettricamente ventilador (m) accionado eléctricamente
2	Kapselgebläse (n) Root's blower, positive blower soufflerie (f) *ou* ventilateur (m) Roots	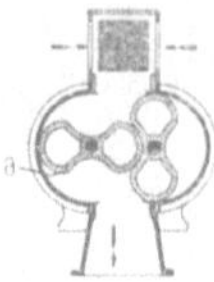	ротаціонный *или* коловратный вентиляторъ (m); вентиляторъ Рута ventilatore (m) rotativo ventilador (m) Roots
3	sich aufeinander abwälzende Flügel (m pl) impellers rolling upon each other ailettes (f pl) s'épousant l'une l'autre en tournant	a	катящіяся другъ по другу лопасти (f pl) ali (f pl) del ventilatore rotolanti una sull'altra aletas (f pl) que girando encajan consecutivamente y alternativamente unas con otras
4	Schleudergebläse (n), Zentrifugalventilator (m) centrifugal blower ventliateur (m) *ou* soufflerie (f) centrifuge	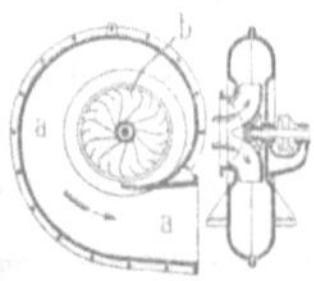	центробѣжный вентиляторъ (m) ventilatore (n) centrifugo ventilador (m) centrífugo
5	Auslaufraum (m), Diffusor (m) delivery space, volute chamber conque (f), diffuseur (m)	a	диффузеръ (m) diffusore (m) salida (f)
6	Flügelrad (n) impeller *or* runner roue (f) à palettes	b	крыльчатое *или* лопастное крыло (n) ruota (f) a palette rueda (f) de paletas
7	Durchmesser (m) des Flügelrades diameter of impeller diamètre (m) de la roue à palettes		діаметръ (m) крыльчатаго *или* лопастнаго колеса diametro (m) della ruota a palette diámetro (m) de la rueda de paletas
8	Schaufelbreite (f), Flügelbreite (f) width of the vanes largeur (f) de palette		ширина (f) лопасти *или* крыла larghezza (f) della paletta ancho (m) de paleta ó aleta
9	Schaufelzahl (f) number of vanes nombre (m) de palettes		число (n) лопастей *или* крыльевъ numero (m) delle palette número (m) de paletas
10	Schaufelform (f) shape of vanes forme (f) de palette *ou* d'aube		форма (f) лопасти *или* крыла forma (f) della paletta forma (f) de las paletas

radiale Schaufel (f)
radial vane
palette (f) radiale

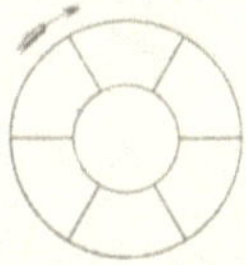

радіальная лопатка (f) *или* лопасть (f); ра-
діальное крыло (n) 1
paletta (f) radiale
paleta (f) radial

---

radial endigende Schaufel (f)
vane with radial end
palette (f) se terminant radialement

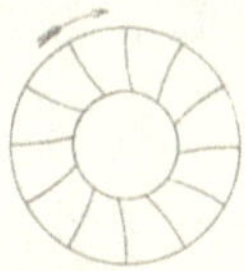

радіально направленная въ концѣ лопатка (f) *или* лопасть (f);
крыло (n) съ радіаль-
нымъ концомъ 2
paletta (f) radiale alla estremità
paleta (f) de extremos radiales

---

vorwärts gekrümmte Schaufel (f)
vane bent forwards
palette (f) courbée en avant

лопатка (f) *или* лопасть (f), загнутая впередъ; загнутое впередъ
крыло (n)
paletta (f) incurvata in 3
avanti
paleta (f) combada hacia delante

---

rückwärts gekrümmte Schaufel (f)
vane bent backwards
palette (f) courbée en arrière

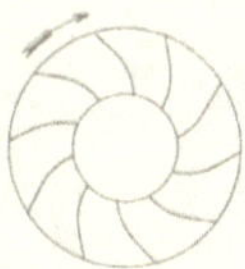

лопасть (f) *или* лопатка (f), загнутая назадъ; загнутое на-
задъ крыло (n) 4
paletta (f) incurvata all'indietro
paleta (f) combada hacia atrás

---

rückwärts gerichtete gerade Schaufel (f)
straight vane inclined backwards
palette (f) droite dirigée en arrière

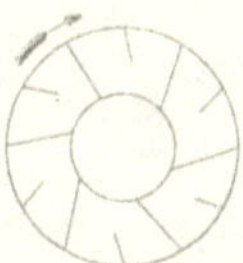

прямая лопатка (f) *или* лопасть (f), направленная назадъ
paletta (f) diritta all'in- 5
dietro
paleta (f) recta inclinada hacia atrás

Ventilatorenanlage (f) für Hüttengase
blowing plant for blast furnace gas
installation (f) de ventilateurs pour gaz d'usine métallurgique

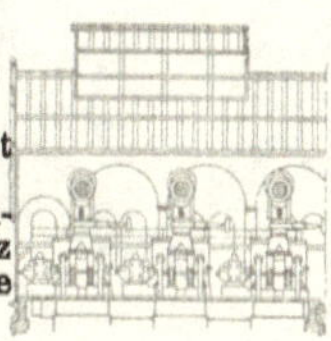

вентиляторная установка (f) для газовъ металлургическихъ заводовъ
impianto (m) di venti- 6
latori per gas metallurgico
instalación (f) de ventiladores para gases de altos hornos

Ventilatorenhaus (n)
blower *or* fan house
bâtiment (m) des ventilateurs

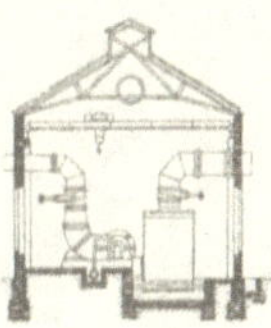

зданіе (n) для вентиляторовъ; вентиляторное помѣщеніе
(n) 7
locale (m) dei ventilatori
edificio (m) para los ventiladores

1 Hochbehälter (m)
elevated tank
réservoir (m) surélevé, château (m) d'eau

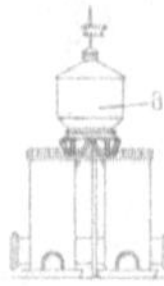

a

возвышенный резервуаръ (m)
serbatoio (m) collocato in alto
depósito (f) ó tanque (m) montado en alto

---

2 saugender Ventilator (m)
suction *or* exhaust blower, exhauster
ventilateur (m) aspirant

всасывающій вентиляторъ (m)
ventilatore (m) aspirante
ventilador (m) aspirante

---

3 blasender *oder* drückender Ventilator (m)
pressure fan, blast fan
ventilateur (m) soufflant, soufflerie (f)

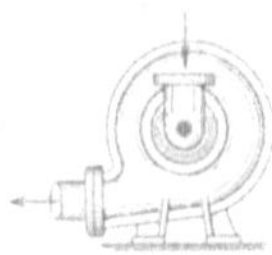

нагнетающій вентиляторъ (m)
ventilatore (m) soffiante *o* premente
ventilador (m) soplante *ó* impelente

---

4 Ventilatorpressung (f)
blower *or* fan pressure, blast pressure
pression (f) de ventilateur

давленіе (n) вентилятора
pressione (f) del ventilatore
presión (f) del ventilador

---

5 Unterdruck (m), Depression (f)
vacuum
dépression (f)

разрѣженіе (n)
depressione (f)
depresión (f)

---

6 Überdruck (m)
pressure
pression (f)

свободное *или* избыточное давленіе (n)
eccesso (m) di pressione
exceso (n) de presión

---

7 die Zugstärke in mm Wassersäule messen (v)
to measure the draught *or* suction in mm of water
mesurer (v) le tirage en mm d'eau

измѣрить силу тяги въ миллиметрахъ водяного столба
misurare (v) la tirata in mm di colonna di acqua
medir (v) la intensidad del tiro en mm de columna de agua

8 Zugmesser (m)
suction *or* draught gauge
indicateur (m) de tirage

тягомѣръ (m); измѣритель (m) тяги
misuratore (m) della tirata
aparato (m) para medir el tiro, indicador (m) de tiro

U-förmiges Glasrohr (n) U-tube tube (m) de verre en U	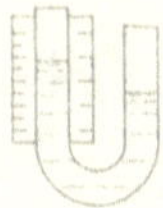	U-образная стеклянная трубка (f) tubo (m) di vetro ad U tubo (m) de cristal en U	*1*
Flüssigkeitsstand (m) level of liquid niveau (m) de liquide		уровень (m) жидкости livello (m) del liquido nivel (m) del liquido	*2*
gefärbtes Wasser (n) coloured water eau (f) colorée		подкрашенная вода (f) acqua (f) colorata agua (f) coloreada *ó* teñida	*3*
Messung (f) schwacher Zugstärken measurement of weak draughts mesurage (m) *ou* mesure (f) de faibles tirages		измѣреніе (n) слабой тяги misura (f) delle tirate deboli medición (f) de corrientes débiles	*4*
schräges U-Rohr (n) inclined U-tube tube (m) en U incliné		наклонная U-образная трубка (f) tubo (m) ad U inclinato tubo (m) en U en posición inclinada	*5*
U-Rohr (n) mit oben stark erweiterten Schenkeln U-tube with enlarged ends tube (m) en U à branches fortement écartées		U-образная трубка (f) съ сильно расширенными вверху колѣнами tubo (m) ad U con estremità allargate tubo (m) en U con vasos en los extremos de los dos brazos	*6*
dunkel gefärbtes Phenol (n) dark-coloured carbolic acid phénol (m) foncé	a	тёмно окрашенный фенолъ (m) fenolo (m) colorato in scuro fenol (m) de color oscuro	*7*
Phenollösung (f) carbolic acid solution solution (f) de phénol	b	растворъ (m) фенола soluzione (f) di fenolo disolución (f) de fenol	*8*
Zeigerinstrument (n) dial gauge instrument (m) à aiguille		указательный приборъ (m) strumento (m) ad indice *o* lancetta instrumento (m) de aguja	*9*
Plattenfederzugmesser (m) von Schubert draught-gauge by Schubert indicateur (m) de tirage de Schubert	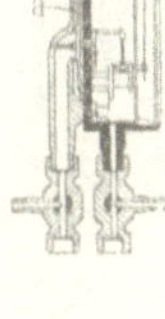	тягомѣръ (m) Шуберта съ пластинчатой пружиной misuratore (m) della tirata di Schubert indicador (m) de tiro de Schubert	*10*

1	federnde Platte (f), Wellenplatte (f) diaphragm diaphragme (m) ondulé	a	пружинящая пластинка (f); волнистая пластинка (f) piastra (f) a molla *od* ondulata diafragma (m), membrana (f)
2	Druckausgleich (m) equalization of pressure compensation (f) de pression		уравниванiе (n) давленiя equilibro (m) di pressione compensación (f) de presión
3	stark schwankender Druck (m) greatly varying pressure pression (f) présentant de fortes fluctuations		сильно колеблющееся давленiе (n) pressione (f) molto variabile presión (f) muy variable
4	unregelmäßig strömendes Gas (n) irregularly flowing gas, irregular flow of gas gaz (m) s'écoulant irrégulièrement		неравномѣрно текущiй газъ (m) gas (m) che arriva irregolarmente gas (m) de salida irregular
5	Gasbeutel (m) gas bag poche (f) à gaz, nourrice (f)		газовый мѣшокъ (m); мѣшокъ для газа polmone (m) a gas pulmón (m)
6	Gummibeutel (m) rubber bag poche (f) en caoutchouc		резиновый мѣшокъ (m) polmone (m) di gomma pulmón (f) de goma
7	Pulsschlag (m) des Gasbeutels pulsation of the gas bag pulsations (f pl) de la poche à gaz		пульсацiя (f) резиноваго мѣшка pulsazione (f) del polmone di gas pulsación (f) del pulmón (m)
8	Diagramm (n) der Pulsschläge diagram of the pulsations diagramme (m) des pulsations	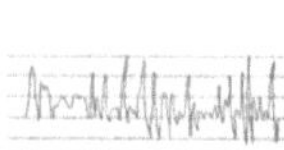	дiаграмма (f) пульсацiй diagramma (m) delle pulsazioni diagrama (m) de las pulsaciones
9	Ausgleichkessel (m) equalization box compensateur (m)	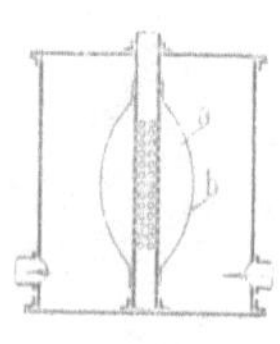	уравнительный горшокъ (m) recipiente (m) di compensazione recipiente (m) de compensación

unter äußerem Luftdruck stehender Raum (m) space in communication with the atmosphere espace (m) dans lequel règne la pression extérieure	a	пространство (n), находящееся подъ давленіемъ наружной атмосферы spazio (m) a pressione atmosferica espacio (m) en comunicación con la atmósfera	1
elastischer Beutel (m) elastic bag poche (f) élastique	b	упругій *или* эластичный мѣшокъ (m) polmone (m) elastico cámara (f) elástica	2
Gasdruckregler (m) gas pressure regulator régulateur (m) de pression du gaz	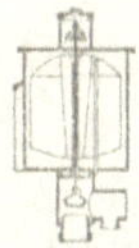	регуляторъ (m) давленія газа regolatore (m) di pressione del gas regulador (m) de la presión del gas	3
Steuerung (f) des Drosselventils durch die Gasglocke governing the throttle valve by the gasholder commande (f) de la soupape d'étranglement par la cloche du gazomètre		управленіе (n) дроссельнымъ клапаномъ посредствомъ колокола газгольдера comando (m) della valvola di strozzamento mediante la campana a gas mando (m) de la válvula de interrupción por medio de la campana del gasómetro	4
Gasdruckregler (m) von Stott Stott's gas governor *or* gas-pressure regulator régulateur (m) de pression de gaz de Stott	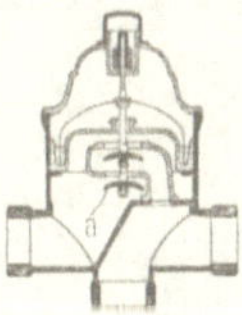	регуляторъ (m) давленія газа Стотта regolatore (m) di gas Stott regulador (m) de la presión del gas de Stott	5
doppelsitziges Drosselventil (n) double-seated throttle valve soupape (f) d'étranglement à double siège	a	двухсѣдельный дроссельный клапанъ (m) valvola (f) di strozzamento a doppia sede válvula (f) de interrupción de doble asiento	6
Gasdruckregler (m) Duplex Duplex gas governor *or* gas-pressure regulator régulateur (m) de pression de gaz Duplex	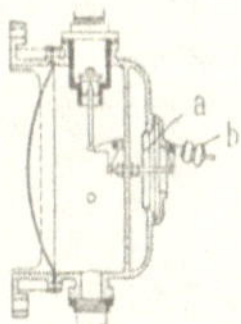	регуляторъ (m) давленія газа Дуплексъ regolatore (m) di pressione del gas Duplex regulador (m) de presión de gas Duplex	7
Harmonika (f) bellows diaphragm accordéon (m), soufflet (m)	a	гармоника (f) armonica (f), mantice (m) fuelle (m)	8

1 Belastungsgewicht (n)
balance weight, counterweight
contrepoids (m)

b

нагрузка (f)
contrappeso (m)
contrapeso (m)

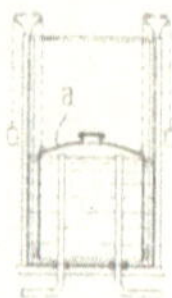

2 Reglerglocke (f) mit Wasserabschluß
governor bell with water seal
cloche (f) de régulateur à fermeture hydraulique

регулирующій колоколъ (m) съ гидравлическимъ затворомъ
campana (f) del regolatore a chiusura idraulica
campana (f) del regulador de presión con cisterna [ó con cierre hidráulico]

---

3 Gasglocke (f)
gasholder, gas bell
cloche (f) à gaz

a

колоколъ (m) газгольдера
campana (f) del gas
campana (f) de gas

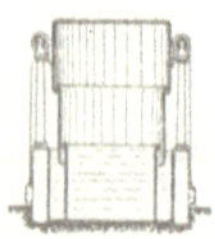

4 Gasbehälter (m), Gassammler (m), Gasometer (n)
gasometer, gasholder
gazomètre (m)

газоёмъ (m); резервуаръ (m) для газа; газгольдеръ (m); газометръ (m)
gasometro (m), serbatoio (m) di gas
gasómetro (m)

---

5 Gassammlerinhalt (m)
gasholder volume
contenance (f) d'un gazomètre

объёмъ (m) *или* ёмкость (f) газгольдера
capacità (f) del gasometro
cabida (f) *ó* capacidad (f) del gasómetro

---

6 den Gassammler aufpumpen (v)
to pump up the gasometer
gonfler (v) le gazomètre (par pompage)

накачать (накачивать) газгольдеръ
sollevare (v) il gasometro col pompare
llenar (v) el gasómetro

---

7 Gasmessung (f)
gas measurement
mesurage (m) *ou* mesure (f) du gaz

измѣреніе (n) газа
misura (f) del gas
medición (f) del gas

---

8 die Gasmenge bei niedergehendem Gassammler messen (v)
to measure the quantity of the gas during the falling gasometer
mesurer (v) le gaz pendant la descente du gazomètre

измѣрить (измѣрять) количество газа при спаданіи газгольдера
misurare (v) la quantità di gas durante l'abbassarsi del gasometro
medir (v) la cantidad de gas cuando baja la campana del gasómetro

---

9 Schiefstellen (n) der Gassammlerglocke
inclining of the gasholder
inclinaison (f) *ou* obliquage (m) de la cloche du gazomètre

косая установка (f) колокола газгольдера
posizione (f) obliqua della campana del gasometro
dar inclinación (f) á la campana

nasser Gasmesser (m), nasse Gasuhr (f)
wet gas-meter
compteur (m) de *ou* à gaz

мокрый газометръ (m) *или* газовый счётчикъ (m) *или* газо[из]мѣритель (m); мокрые газовые часы (m pl)
contatore (m) [del gas] a liquido misuratore (m) del gas
contador (m) de gas con agua — 1

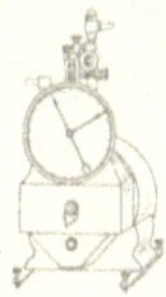

Experimentiergasuhr (f)
experimental gas-meter
compteur (m) de gaz d'expérimentation

газовый счётчикъ (m) для опытовъ
contatore (m) di gas per esperimenti
contador (m) experimental de gas — 2

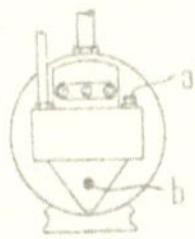

a

b

Einfüllöffnung (f)
water inlet
ouverture (f) *ou* orifice (m) de remplissage

отверстіе (n) для заполненія; впускное отверстіе
apertura (f) di riempimento
espita (f) para llenar — 3

Ablaßöffnung (f)
water outlet
ouverture (f) *ou* orifice (m) de vidange

спускное отверстіе (n)
apertura (f) di scarico
orificio (m) de descarga — 4

---

trockene Gasuhr (f)
dry gas-meter
compteur (m) à gaz sec

сухой газо[из]мѣритель (m); сухіе газовые часы (m pl)
contatore (m) di gas secco
contador (m) de gas seco — 5

Zählerwerk (n)
train of wheels, register, counter
rouage (m)

часовой механизмъ (m)
movimento (m) d'orologeria del contatore
mecanismo (m) del contador — 6

---

fehlerhafte Angabe (f) der Gasuhr
incorrect reading of the gas-meter, fouling (A)
indication (f) erronée du compteur

ошибочное *или* невѣрное показаніе (n) газоваго счётчика
indicazione (f) erronea *o* falsa del contatore
indicación (f) errónea del contador — 7

Gasuntersuchung
Gas Examination
Examen du Gaz

Изслѣдованіе Газа
Esperienza sul Gas
Análisis del Gas — 8

Analyse (f)
analysis
analyse (f)

анализъ (m)
analisi (f)
análisis (m) — 9

---

quantitative Analyse (f)
quantitative analysis
analyse (f) quantitative

количественный анализъ (m)
analisi (f) quantitativa
análisis (m) cuantitativo — 10

1 qualitative Analyse (f)
qualitative analysis
analyse (f) qualitative
качественный анализъ (m)
analisi (f) qualitativa
análisis (m) cualitativo

---

2 technische Gasanalyse (f)
technical analysis of gas
analyse (f) technique du gaz
техническій анализъ (m) газа
analisi (f) tecnica del gas
análisis (m) técnico del gas

---

3 Gaszusammensetzung (f)
composition of the gas
composition (f) du gaz
составъ (m) газа
composizione (f) del gas
composición (f) del gas

---

4 Gasbestandteile (m pl)
constituents (pl) of the gas
constituants (m pl) du gaz
составныя части (f pl) газа
componenti (f pl) *o* elementi del gas, parti (f pl) costitutive del gas
elementos (m pl) constitutivos del gas

---

5 Volumenverhältnis (n) der Gasbestandteile
volume ratio of the constituents of the gas
rapport (m) en volume des constituants du gaz
объёмое соотношеніе (n) составныхъ частей газа
rapporto (m) in volume delle parti costitutive del gas
proporción (f) entre los volumenes de los elementos constitutivos del gas

---

6 Gewichtsverhältnis (n) der Gasbestandteile
weight ratio of the constituents of the gas
rapport (m) en poids des constituants du gaz
вѣсовое соотношеніе (n) составныхъ частей газа
rapporto(m) in peso delle parti costitutive
proporción (f) entre los pesos de los elementos del gas

---

7 die Gasprobe nehmen (v)
to take a sample of gas, to sample the gas
prendre (v) l'échantillon de gaz
взять пробу газа *или* газовую пробу
prendere (v) il campione *o* provino del gas
tomar (v) una muestra del gas

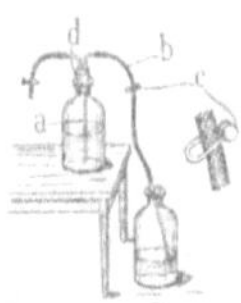

8 Saugflasche (f)
aspirator, suction bottle
flacon (m) aspirateur, flacon (m) d'aspiration
аспираторъ (m)
bottiglia (f) d'aspirazione
frasco (m) aspirador *ó* de absorción, frasco (m) de aspiración

---

9 Gummischlauch (m)
rubber tube
tube (m) en caoutchouc
a — b
резиновая *или* каучуковая трубка (f)
tubo (m) di gomma
tubo (m) de goma

---

10 Quetschhahn (m)
pinch cock
pince (f), robinet-pince (m)
c
зажимъ (m)
robinetto (m) a pinzetta
llave (f) de pinzas

Stopfen (m) stopper bouchon (m)	d	пробка (f) turacciolo (m), tappo (m) tapón (m)	*1*
Woulfsche Flasche (f) Woulf's bottle flacon (m) de Woulf		вульфова с[т]клянка(f); банка (f) Вульфа bottiglia (f) di Woulf frasco (m) de Woulf	*2*
Gummisauger (m), Gummiball (m) rubber suction ball poire (f) d'aspiration en caoutchouc		резиновый шаръ (m) для засасыванія газовъ palla (f) di gomma per l'aspirazione, aspiratore (m) di gomma, pera (f) de caucho	*3*
Wasserstrahlpumpe (f) water-jet injector trompe (f) à eau	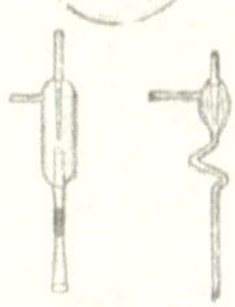	водоструйный насосъ (m) pompa (f) a getto di acqua bomba (f) de chorro de agua	*4*
Sammelgefäß (n) gas sampling tube vaisseau (m) collecteur		собирательная трубка (f) vaso (m) raccoglitore pipeta (f) colectora	*5*
Transportgefäß (n) gas sampling tube for samples taken away from the laboratory vessel vaisseau (m) transporteur		переносная трубка (f) vaso (m) per trasporto pipeta (f) de transporte	*6*
Trocknungsvorlage (f) drying tube *or* bulb dessicateur (m), récipient (m) de dessication		сушильный приборъ (m); пріемникъ (m) для высушиванія recipiente (m) d'essicazione alambique (m) de desecación	*7*
Chlorcalciumvorlage (f) calcium-chloride tube récipient (m) à chlorure de calcium	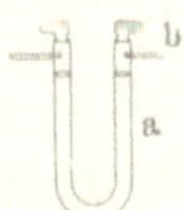	пріемникъ (m) съ хлористымъ кальціемъ recipiente (m) a cloruro di calcio recipiente (m) para carburo de calcio	*8*
Phosphorpentoxyd (n) phosphorus pentoxide pentoxyde (m) de phosphore	$P_2 O_5$	фосфорный ангидридъ (m); пятиокись (f) фосфора; ангидридъ фосфорной кислоты pentossido (m) di fosforo pentaóxido (m) de fósforo	*9*
Wattefilter (n) wadding filter filtre (m) à ouate		ватный фильтръ (m) filtro (m) di ovatta filtro (m) de algodón en rama	*10*

1	Watte (f) cotton wadding ouate (f)		вата (f) ovatta (f) algodón (m) en rama, algodón (m) basto
2	Baumwolle (f) cotton coton (m)		хлопчатая бумага (f) cotone (m) algodón (m)
3	absorptiometrische Methode (f), Absorptionsmethode (f) absorption method méthode (f) absorptiométrique		абсорпціометрическій методъ (m); методъ поглощеній metodo (m) di misura ad assorbimento método (m) absorciométrico
4	Absorptionsflüssigkeit (f) absorbing liquid liquide (m) absorbant		абсорпціонная *или* поглощающая жидкость (f) liquido (m) assorbente líquido (m) absorbente
5	rauchende Schwefelsäure (f) strong *or* fuming sulphuric acid acide (m) sulfurique fumant	$H_2S_2O_7$	дымящаяся сѣрная кислота (f) acido solforico (m) fumante ácido (m) sulfúrico humeante *ó* fumante
6	Kalilauge (f), Ätzkalilösung (f) solution of caustic potash lessive (f) de potasse [caustique], lessive (f) potassique, solution (f) de potasse [caustique]	$KOH + aq$	растворъ (m) ѣдкаго кали (n); калійный щелокъ (m) lisciva (f) di potassa, soluzione (f) di potassa caustica legía (f) cáustica *ó* potásica
7	Kupferchlorür (n) cuprous chloride chlorure (m) cuivreux	Cu_2Cl_2	однохлористая *или* полухлористая мѣдь (f) cloruro (m) di rame cloruro (m) de cobre
8	ammoniakalische Kupferchlorürlösung (f) ammoniacal solution of cuprous chloride solution (f) de chlorure cuivreux dans l'ammoniaque, solution (f) ammoniacale de chlorure cuivreux		аммiачный растворъ (m) однохлористой *или* полухлористой мѣди soluzione (f) ammoniacale di cloruro di rame disolución (f) amoniacal de cloruro de cobre
9	salzsaure Kupferchlorürlösung (f) solution of cuprous chloride in hydrochloric acid solution (f) de chlorure cuivreux dans l'acide chlorhydrique, solution (f) chlorhydrique de chlorure cuivreux		соляный растворъ (m) однохлористой *или* полухлористой мѣди soluzione (f) di cloruro di rame nell'acido muriatico, soluzione acida (f) di cloruro di rame disolución (f) de cloruro de cobre en el ácido clorhídrico, disolución (f) muriática de cloruro de cobre

alkalische Pyrogallollösung (f) *oder* Pyrogallussäure (f)
alkaline solution of pyrogallic acid
solution (f) alcaline de pyrogallol

щелочной растворъ(m) пирогаллола *или* пирогалловой кислоты
soluzione (f) alcalina di acido pirogallico
disolución (f) alcalina de pirogalol, ácido (m) pirogálico alcalino 1

Meßgefäß (n), Bürette (f), kalibriertes Gefäß (n)
burette, calibrated measuring vessel
burette (f)

измѣрительная колба (f); измѣрительный сосудъ (m)
buretta (f) calibrata
frasco (m) graduado, probeta (f) calibrada 2

Pipette (f)
pipette
pipette (f)

пипетка (f)
pipetta (f)
pipeta (f) 3

Kapillarrohr (n)
capillary tube
tube (m) capillaire

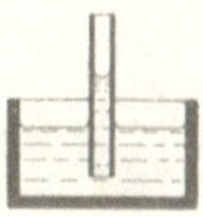

капилярная трубка (f)
tubo (m) capillare
tubo (m) capilar 4

Absorptionsapparat (m)
absorption apparatus
appareil (m) d'absorption

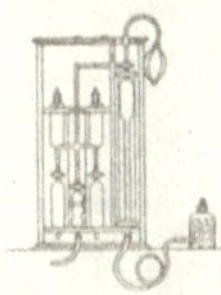

абсорпцiонный *или* поглощательный приборъ (m)
apparecchio (m) di assorbimento
aparato (m) de absorción 5

Buntesche Gasbürette (f)
Bunte's gas burette
burette (f) à gaz de Bunte

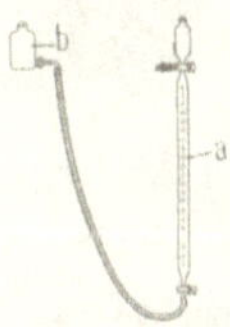

газовая бюретка (f) Бунте
buretta (f) a gas Bunte
probeta (f) de gas de Bunte 6

[graduiertes] Meßrohr(n)
[graduated] measuring tube, burette
tube (m) gradué, mesureur (m)

a

градуированная *или* калибрированная измѣрительная трубка (f)
tubo (m) graduato
probeta (f) graduada, tubo (m) graduado 7

Niveauflasche (f)
levelling bottle
flacon (m) de niveau

b

с[т]клянка (f) для поддержанiя уровня
bottiglia (f) di livello
frasco (m) de nivel 8

---

die Niveauflasche heben (v)
to raise the levelling bottle
élever (v) le flacon de niveau

поднять с[т]клянку уровня
alzare (v) la bottiglia di livello
levantar (v) el frasco de nivel 9

1 die Niveauflasche senken (v)
to lower the levelling bottle
abaisser (v) le flacon de niveau

опустить с[т]клянку уровня
abbassare (v) la bottiglia di livello
bajar (v) el frasco de nivel

---

2 Orsatscher Apparat (m)
Orsat apparatus
appareil (m) Orsat

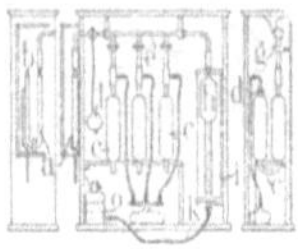

приборъ (m) Орса
apparecchio (m) Orsat
aparato (m) Orsat

---

3 Sperrflüssigkeit (f)
sealing liquid
liquide (m) d'arrêt

жидкость (f) для затвора
liquido (m) di chiusura
liquido (m) separador

---

4 Verteilungsröhre (f)
distributing tube
tube (m) de distribution

распредѣлительная трубка (f)
tubo (m) di distribuzione
tubo (m) de distribución

---

5 Glashahn (m)
glass cock
robinet (m) en verre

стеклянный кранъ (m)
robinetto (m) di vetro
grifo (m) *ó* llave (f) de cristal, grifo (m) de vidrio

---

6 Dreiweghahn (m) mit doppelter Querbohrung
three-way cock with inclined double bore
robinet (m) à trois voies et à double canal transversal

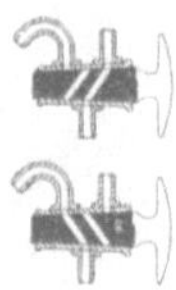

трёхходовый кранъ (m) съ двойнымъ поперечнымъ каналомъ
robinetto (m) a tre vie con doppio foro trasversale
llave (f) de tres pasos con doble perforación transversal en el macho

---

7 Dreiweghahn (m) mit Längs- und Querbohrung
three-way cock with longitudinal and transverse bore
robinet (m) à trois voies et à canaux longitudinal et transversal

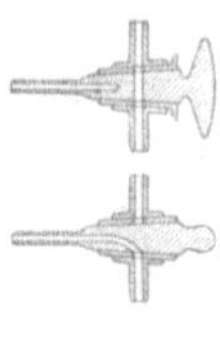

трёхходовый кранъ (m) съ продольнымъ и поперечнымъ каналами
robinetto (m) a tre vie con un foro longitudinale e uno trasversale
llave (f) de tres pasos con perforación longitudinal y transversal en el macho

---

8 Absorptionspipette (f)
absorption pipette
pipette (f) d'absorption

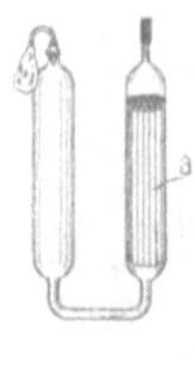

абсорпціонная *или* поглощательная пипетка (f)
pipetta (f) di assorbimento
pipeta (f) de absorción

eingesetzte Kapillarröhren (f pl)
inserted capillary tube
tubos (m pl) capillaires intercalés

a

вставленныя капиллярныя трубки (f pl)
tubi (m pl) capillari intercalati 1
tubos (m pl) capilares intercalados

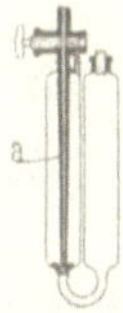

Gaszuführungkapillare (f)
gas inlet capillary tube
capillaire (m) d'arrivée du gaz

газоподводная капиллярная трубка (f)
tubo (m) capillare d'ammissione del gas 2
tubo (m) capilar conductor de gas

a

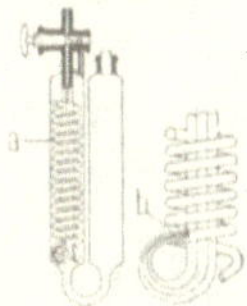

Spiralrohr (n), Schlangenrohr (n), Schraubenrohr (n)
spiral tube
serpentin (m) [hélicoïdal]

змѣевикъ (m); спирально изогнутая трубка (f)
tubo (m) a spirale, serpentino (m) 3
tubo (m) espiral, serpentin (m)

a

Injektorspitze (f)
injector nozzle
bec (m) d'injecteur

b

острый конецъ (m) инжектора 4
becco (f) di iniezione
punta (f) del inyector

---

titrimetrische Bestimmung (f) von Gasbestandteilen
determination of gaseous constituents by titration
détermination (f) titrimétrique des constituants du gaz

титриметрическое опредѣленіе (n) составныхъ частей газа
analisi (f) volumetrica degli elementi del gas 5
con liquidi titolati
análisis (m) volumétrico de los elementos constitutivos del gas

---

titrieren (v)
to titrate
titrer (v)

титровать
fare (v) un analisi volumetrica con liquidi titolati, titolare (v) 6
efectuar (v) un análisis volumétrico

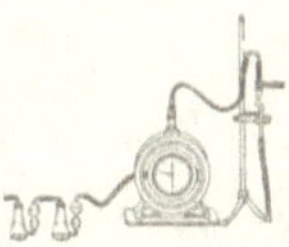

Titrieren (n)
titration
titrage (m)

титрованіе (n)
analisi (f) volùmetrica con liquidi titolati 7
efectuar (m) un análisis volumétrico

Rücktitrieren (n)
backtitration
titrer (v) à nouveau, retitrer (v)

обратное титрованіе (n)
analisi (f) volumetrica 8
ripetuta
rehacer (v) el análisis volumétrico

1 Titerflüssigkeit (f)
titration solution
solution (f) titrée

титровальный растворъ (m)
liquido (m) titolato *o* d'assaggio
liquido (m) para el análisis volumétrico

---

2 Normallösung (f)
normal solution
solution (f) normale

нормальный растворъ (m)
soluzione (f) normale
disolución (f) normal

---

3 Titer (m) einer Flüssigkeit
standard strength of a solution, titration standard
titre (m) d'un liquide

титръ (m) жидкости
titolo (m) *o* composizione (f) di un liquido
grado (m) de proporción de la sustancia que contiene un liquido en el análisis volumétrico

---

4 kegel[förm]ige *oder* konische Absorptionsflasche (f)
conical absorption bottle *or* flask
flacon (m) conique d'absorption

коническая абсорпціонная с[т]клянка (f)
recipiente (m) conico di assorbimento
frasco (m) cónico de absorción

---

5 Verbrennungsmethode (f)
combustion method
méthode (f) de combustion

способъ (m) *или* методъ (m) сжиганія
metodo (m) di combustione
método (m) de combustión

---

6 Verbrennung (f) durch Explosion
combustion by explosion
combustion (f) par explosion

сжиганіе (n) взрывомъ *или* вспышкой
combustione (f) per esplosione
combustión (f) por explosión

---

7 Explosionspipette (f) von Hempel
Hempel's explosion pipette
pipette (f) d'explosion de Hempel

пипетка (f) Гемпеля для взрывовъ
pipetta (f) di esplosione Hempel
pipeta (f) de explosión de Hempel

---

8 Explosionskugel (f)
explosion bulb
bombe (f) d'explosion

a

бомба (f)
bomba (f) di esplosione
globo (m) *ó* bomba (f) de explosión

---

9 Quecksilberfüllung (f)
mercury seal
remplissage (m) de mercure

b

ртутное наполненіе (n)
riempimento (m) di mercurio
el mercurio que contiene el globo

Bestimmung (f) leichtverbrennlicher Gase
analysis of the highly inflammable gases
détermination (f) des gaz facilement inflammables

опредѣленіе (n) легко воспламеняющихся газовъ
determinazione (f) dei gas facilmente combustibili 1
determinación (f) de los gases de fácil combustión

Verbrennung (f) an schwacherhitztem Palladium
combustion by means of gently heated palladium
combustion (f) sur du palladium légèrement chauffé

сжиганіе (n) на слабо нагрѣтомъ палладіи
combustione (f) al palladio poco riscaldato 2
combustión (f) sobre paladio ligeramente calentado

Verbrennungskapillare (f)
capillary combustion tube
capillaire (m) de combustion

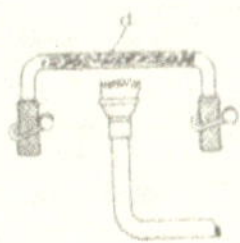

капилярная трубка (f) для сжиганія
tubo (m) capillare di combustione 3
tubo (m) capilar de combustión

Palladiumasbest (m)
palladium-asbestos
amiante (m) palladié, amiante (m) à base de palladium

a

палладіевый азбестъ (m)
amianto (m) al palladio 4
amianto (m) al paladio

Bestimmung (f) schwerverbrennlicher Gase
analysis of slightly inflammable gases
détermination (f) des gaz difficilement combustibles

опредѣленіе (n) трудно воспламеняющихся газовъ
determinazione (f) dei gas difficilmente combustibili 5
determinación (f) de los gases de difícil combustión

Verbrennung (f) an glühendem Platindraht
combustion by means of incandescent platinum wire
combustion (f) sur le fil de platine incandescent

сжиганіе (n) на накалённой платиновой проволокѣ
combustione (f) al filo di platino rovente 6
combustión (f) sobre alambre de platino incandescente

Drehschmidtsche Platinkapillare (f)
Drehschmidt's platinum capillary tube
[tube (m)] capillaire (m) en platine de Drehschmidt

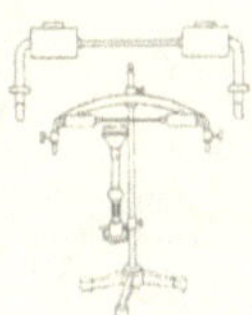

платиновая капилярная трубка (f) Дрешмидта
tubo (m) capillare di platino di Drehschmidt 7
tubo (m) capilar de platino de Drehschmidt

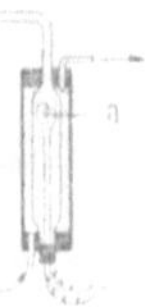

1 Verbrennungspipette (f)
combustion pipette
pipette (f) de combustion

пипетка (f) сжиганія
pipetta (f) di combustione
pipeta (f) de combustión

---

2 Platinspirale (f)
platinum spiral
spirale (f) en platine

a

платиновая спираль (f)
spirale (f) di platino
espiral (f) de platino

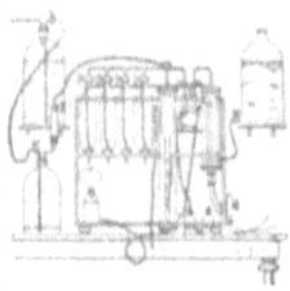

3 erweiterter Orsatapparat (m)
enlarged Orsat apparatus
appareil (m) Orsat amplifié

приборъ (m) Орса большихъ размѣровъ
apparecchio (m) Orsat ampliato
aparato (m) grande de Orsat

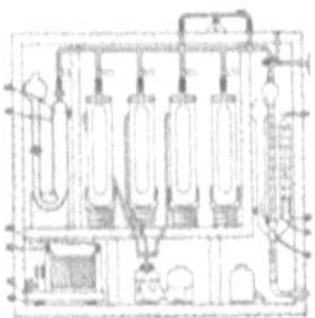

4 Universalapparat (m) (von Thörner)
universal apparatus (by Thörner)
appareil (m) universel de Thörner

универсальный приборъ (m) Тернера
apparecchio (m) universale di Thörner
aparato (m) universal de Thörner

---

5 Dichtebestimmung (f)
determination of density
détermination (f) de la densité

опредѣленіе плотности газа
valutazione (f) della densità
determinación (f) de la densidad

---

6 Gasdichte (f)
density of a gas
densité (f) d'un gaz

плотность (f) газа
densità (f) di un gas
densidad (f) del gas

---

7 spezifisches Gewicht (n) der Gase
specific gravity of gases
poids (m) spécifique des gaz

удѣльный вѣсъ (m) газовъ
peso (m) specifico dei gas
peso (m) especifico de los gases

---

8 Wägevorrichtung (f)
weighing device
dispositif (m) de pesage

вѣсы (m pl); приспособленіе (n) для взвѣшиванія
dispositivo (m) per pesare
disposición (f) para pesar

9 Gaswage (f) von Lux
Lux gas-balance
balance (f) à gaz de Lux

газовые вѣсы (m pl) Люкса
bilancia (f) da gas di Lux
balanza (f) de gas Lux

Heizwertbestimmung (f)
determination of calorific power
détermination (f) de la puissance calorifique

определѣніе (n) теплотворной способности
determinazione (f) del potere calorifico 1
determinación (f) ó análisis (f) calorimétrica

Heizeffekt (m), kalorischer Effekt (m)
calorific effect
effet (m) de chauffe, effet (m) calorifique

тепловой *или* калориметрическій эффектъ (m); калорическое дѣйствіе (n)
effetto (m) calorifico, effetto (m) termico 2
efecto (m) calorífico [ó calorimétrico]

---

oberer Heizwert (m)
gross calorific power
puissance (f) calorifique brute

полная (калориметрическая) теплопроизводительность (f)
potere calorifico superiore, potere (m) calorifico massimo 3
poder (m) calorífico máximo, potencia (f) calorífica máxima

---

unterer Heizwert (m)
net calorific power
puissance (f) calorifique nette

рабочая теплопроизводительность (f) (за вычетомъ тепла водяного пара въ продуктахъ сгоранія)
potere (m) calorifico minimo 4
poder (m) calorífico mínimo, potencia (f) calorífica mínima

Kondensationswärme (f) des Verbrennungswassers
heat given out by the condensed water
chaleur (f) de condensation de l'eau de combustion

скрытая теплота (f) водяного пара, полученнаго при сгораніи
calore (m) di condensazione dell'acqua di combustione 5
calor (m) de condensación del agua de combustión

---

den Heizwert bestimmen (v)
to determine the calorific power
déterminer (v) la puissance calorifique

опредѣлить теплопроизводительность (f) *или* теплотворную способность (f)
determinare (v) il potere calorifico 6
determinar (v) la potencia calorífica

---

chemische Heizwertbestimmung (f)
chemical determination of the calorific power
détermination (f) chimique de la puissance calorifique

опредѣленіе (n) теплотворной способности *или* теплопроизводительности химическимъ путёмъ
determinazione (f) chimica del potere calorifico 7
análisis (m) químico para determinar la potencia calorífica

1 den Heizwert aus der Analyse berechnen (v)
to calculate the calorific power from the analysis
calculer (v) la puissance calorifique d'après l'analyse

вычислить теплопроизводительность (f) *или* теплотворную способность (f) по даннымъ анализа
determinare (v) il potere calorifico in base all'analisi
deducir (v) del análisis la potencia calorifica

---

2 den Heizwert kalorimetrisch ermitteln (v)
to determine the calorific power by the calorimetric method
déterminer (v) la puissance calorifique par voie calorimétrique

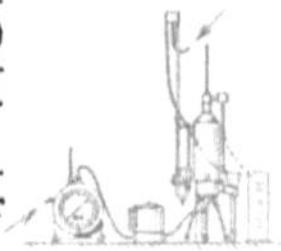

опредѣлить теплопроизводительность (f) *или* теплотворную способность (f) калориметрическимъ путёмъ
determinare (v) il potere calorifico col calorimetro
determinar (v) la potencia calorifica por medio del calorimetro

---

3 Kalorimeter (n)
calorimeter
calorimètre (m)

калориметръ (m)
calorimetro (m)
calorimetro (m)

---

4 Wasserwert (m) des Kalorimeters
water equivalent of the calorimeter
équivalent (m) en eau du calorimètre

водяной эквивалентъ (m) калориметра
valore (m) in acqua del calorimetro
proporción (f) de agua del calorimetro, valor (m) del agua del calorimetro

---

5 Wasserkalorimeter (n)
water calorimeter
calorimètre (m) à eau

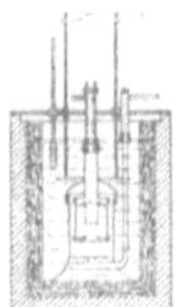

водяной калориметръ (m)
calorimetro(m) ad acqua
calorimetro (m) de agua

---

6 Kalorimeter (n) von Junkers für gasförmige und flüssige Brennstoffe
Junkers' calorimeter for gaseous and liquid fuels
calorimètre (m) [de] Junkers pour combustibles gazeux et liquides

калориметръ (m) Юнкерса для газообразнаго и жидкаго топлива
calorimetro (m) [di] Junkers per combustibili gassosi e liquidi
calorimetro (m) [de] Junkers para combustibles gaseiformes y liquidos

---

7 wärmeundurchlässige *oder* adiathermane Wandung (f)
non-conducting wall, heat-insulating wall
paroi (f) adiathermane

теплонепроницаемая стѣнка (f)
parete (f) adiatermica
pared (f) adiatérmica

---

8 Bunsenbrenner (m)
Bunsen burner
brûleur (m) Bunsen, bec (m) Bunsen

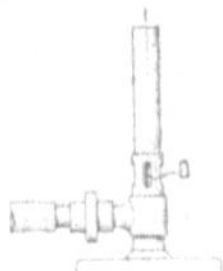

бунзеновская горѣлка (f); горѣлка Бунзена
becco (m) Bunsen
mechero (m) Bunsen

Regulierschlitz (m) des Bunsenbrenners
regulating slot of the Bunsen burner
fente (f) régulatrice du bec Bunsen

a

прорѣзъ (m) для регулированія притока воздуха въ бунзеновской горѣлкѣ
fessura (f) regolatrice del becco Bunsen
regulador (m) del mechero Bunsen 1

Kalorimeterwasser (n)
calorimeter water
eau (f) du calorimètre

вода (f) калориметра
acqua (f) del calorimetro
agua (f) del calorímetro 2

---

den Heizwert der Kohle bestimmen (v)
to determine the calorific power of coal
déterminer (v) la puissance calorifique du charbon

опредѣлить теплопроизводительность *или* теплотворную способность угля
determinare (v) il potere calorifico del carbone
determinar (v) la potencia calorífica del carbón 3

Treiböle

Motor Oils

Huiles pour force motrice

Жидкое Топливо. Горючія Масла

Oli per forza motrice

Aceites para fuerza motriz 4

---

leichtflüssiges Öl (n)
ligth oil
huile (f) très fluide, huile (f) minée

жидкое масло (n)
olio (n) fluidissimo
aceite (m) flúido y ligero, aceite (m) muy flúido 5

---

schwerflüssiges *oder* dickflüssiges Öl (n)
heavy oil
huile (f) peu fluide, huile (f) épaisse

густое масло (n)
olio (m) denso
aceite (m) espeso *ó* pesado 6

Flüssigkeitsgrad (m)
degree of fluidity
fluidité (f), degré (m) de fluidité

текучесть (f); степень (f) текучести
grado (m) di fluidità
grado (m) de fluidez 7

Zähigkeit (f), Viskosität (f)
viscosity
viscosité (f)

вязкость (f); степень (f) вязкости
viscosità (f)
viscosidad (f) 8

[Englersches] Viskosimeter (n)
[Engler's] viscosimeter
viscosimètre (m) [de Engler]

приборъ (m) [Энглера] для опредѣленія вязкости
viscosimetro (m) [Engler]
viscosímetro (m) [de Engler] 9

1 die Viskosität aus der Durchflußzeit bestimmen (v)
to determine the viscosity from the rate of flow through an orifice
déterminer (v) la viscosité d'après le temps d'écoulement

определ-ить (-ять) вязкость по времени протеканія
determinare (v) la viscosità coll'effiusso
determinar (v) el grado de viscosidad por medio de su velocidad de paso por un tubo

---

2 das spezifische Gewicht bestimmen (v)
to determine the specific gravity
déterminer (v) le poids spécifique

определ-ить (-ять) удѣльный вѣсъ
determinare (v) il peso specifico
determinar (v) el peso especifico

---

3 Aräometer (n)
hydrometer
aréomètre (m)

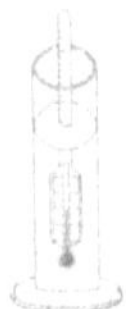

ареометръ (m)
areometro (m)
areómetro (m)

---

4 Pyknometer (n)
pycnometer
picnomètre (m)

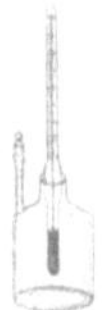

пикнометръ (m); приборъ (m) для опредѣленія плотности
picnometro (m)
picnómetro (m)

---

5 leicht siedendes Öl (n), Öl (n) mit niedrigem Siedepunkt
oil of low boiling point
huile (f) à point d'ébullition bas

масло (n) съ низкой температурой кипѣнія
olio (m) a punto d'ebollizione basso
aceite (m) de un punto de ebullición bajo

---

6 schwer siedendes Öl (n), Öl (n) mit hohem Siedepunkt
oil of high boiling point
huile (f) à point d'ébullition élevé

масло (n) съ высокой температурой кипѣнія
olio (m) a punto d'ebollizione alto
aceite (m) de un punto de ebullición alto

---

7 Verdampfbarkeit (f), Verdampfungsfähigkeit (f)
volatility
vaporisabilité (f)

испаряемость (f)
evaporabilità (f)
facilidad (f) de vaporización

---

8 Siedeanalyse (f)
analysis by boiling, analysis by fractional distillation
analyse (f) par ébullition

анализъ (m) кипяченіемъ
analisi (f) per mezzo dell'ebollizione
análisis (m) por ebullición

Petroleumdestillierapparat (m) petroleum distilling apparatus appareil (m) à distiller le pétrole	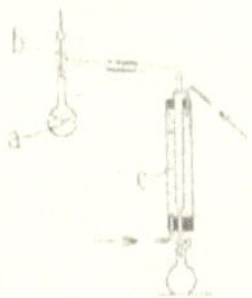	приборъ (m) для перегонки керосина apparecchio (m) per distillare il petrolio aparato (m) para la destilación de petróleo	*1*
Siedekolben (m) boiling bulb, distillation flask matras (m), ballon (m)	a	перегонная колбочка (f) recipiente (m) di ebollizione matraz (m)	*2*
Kühlzylinder (m) condenser réfrigérant (m)	c	охлаждающій цилиндръ (m) cilindro (m) di raffreddamento cilindro (m) refrigerador	*3*
Abelscher Petroleumprüfer (m) Abel's petroleum tester essayeur (m) de pétrole d'Abel		приборъ (m) Абеля для испытанія керосина provino (m) di petrolio Abel aparato (m) de Abel para ensayar el petróleo	*4*
Entzündungstemperatur (f), Entzündungspunkt (m) ignition temperature, ignition point température (f) d'inflammation		температура (f) *или* точка (f) воспламенѣнія temperatura (f) d'accensione temperatura (f) *ó* punto (m) de ignición *ó* de inflamación	*5*
Flammpunkt (m), Entflammungspunkt (m) flash *or* flashing point point (m) d'inflammation		температура (f) вспышки; точка (f) возгоранія punto (m) d'accensione punto (m) de inflamación	*6*
Flammpunktprüfer (m) flash point tester essayeur (m) du point d'inflammation		приборъ (m) для опредѣленія температуры вспышки provino (m) del punto d'accensione aparato (m) para determinar el punto de inflamación	*7*
Entflammbarkeit (f) inflammability inflammabilité (f)		воспламеняемость (f) infiammabilità (f) inflamabilidad (f)	*8*
Entzündlichkeit (f) ignitability inflammabilité (f)		воспламенимость (f) accendibilità (f) inflamabilidad (f)	*9*

1	Feuergefährlichkeit (f) inflammability, liability to catch fire danger (m) d'inflammation		опасность (f) воспламененія; огнеопасность (f) pericolo (m) di incendio peligro (m) *ó* riesgo (m) de inflamación
2	Naphta (n), Erdöl (n) naphtha, earth oil, rock oil, mineral oil naphte (m)		нефть (f); горное масло (n) nafta (f), olio (m) minerale nafta (f)
3	Petroleum (n) petroleum pétrole (m)		керосинъ (m) petrolio (m) petróleo (m)
4	Erdöldestillat (n) distillation product of naphtha produit (m) de la distillation du pétrole		продуктъ (m) перегонки нефти prodotto (m) di distillazione (f) della nafta producto (m) de destilación de nafta
5	Verdampfungskurven (f pl) von Erdölen evaporation curves of mineral oils courbes (f pl) de vaporisation de pétroles	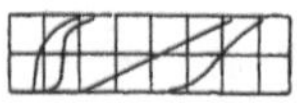	кривыя (f pl) испаренія горныхъ маселъ *или* нефти curva (f) di vaporizzazione degli oli minerali curvas (f pl) de vaporización de aceites minerales
6	Rohöl (n), Rohnaphtha (n) crude naphta pétrole (m) brut		сырая нефть (f) nafta greggia, petrolio (m) greggio aceite (m) mineral en bruto, nafta (f), nafta (f) bruta
7	Masut (n), Naphtharückstand (m) mazout, masut mazout (m)		мазутъ (m); нефтяные остатки (m pl) masut (m), residuo (m) di nafta mazut (m), residuo (m) de la nafta
8	leichtflüchtiges Öl (n) highly volatile oil huile (f) très volatile	$\gamma = 0{,}65 - 0{,}75$	лёгкое, летучее масло (n) olio (m) molto volatile aceite (m) muy volátil
9	Petroläther (m) petroleum ether éther (m) de pétrole		тяжёлый петролейный *или* нефтяной эфиръ (m); петролейная эсенція (f) etere (m) di petrolio eter (m) de petróleo
10	Gasolin (n) gasoline gazoline (f)		газолинъ (m) gasolina (f) gasolina (f)
11	Benzin (n), Petrolbenzin (n) petrol, benzine benzine (f), benzène (m)		бензинъ (m) benzina (f) bencina (f)

Ligroin (n) ligroin ligroïne (f)		лигроинъ (m) ligroina (f) ligroina (f)	1
Putzöl (n) dry-cleaning spirit huile (f) de nettoyage	$\gamma = 100 - 150^0$	масло (n) для чистки olio (m) per pulitura aceite (m) para limpiar	2
Leuchtöl (n) illuminating *or* lamp oil huile (f) d'éclairage	$\gamma = 0{,}78 - 0{,}86$	освѣтительное масло(n) petrolio (m) per illuminazione aceite (m) para alumbrado	3
Kerosin (n) kerosene kérosène (m)		керосинъ (m) kerosina (f) kerosina (f)	4
amerikanisches Leuchtöl (n) American lamp oil huile (f) d'éclairage américaine		американскій керосинъ (m); американское освѣтительное масло (n) olio (m) illuminante americano aceite (m) americano para alumbrado	5
russisches Leuchtöl (n) Russian lamp oil huile(f) d'éclairage russe		русскій керосинъ (m) olio (m) illuminante russo aceite (m) ruso para alumbrado	6
Schweröl (n) heavy oil huile (f) lourde	$\gamma = 0{,}86 - 0{,}96$	тяжёлое масло (n) olio (m) pesante aceite (m) denso [ó pesado]	7
Mischöl (n) mixed oil huile (f) mixte		смѣшанное масло (n) olio (m) misto aceite (m) de mezcla	8
Petroleumraffinerie (f) petroleum refining plant *or* refinery raffinerie (f) de pétrole		керосиновый заводъ (m) raffineria (f) di petrolio refinería (f) de petróleo	9
das Petroleum raffinieren (v) to refine petroleum raffiner (v) le pétrole		очищать керосинъ raffinare (v) il petrolio refinar (v) el petróleo	10
Destillierkessel (m) still, distilling tank chaudière(f) distillatoire		перегонный котёлъ (m); перегонный кубъ (m) caldaia (f) di distillazione caldera (f) de destilación	11
Popelkakessel (m) Popelka still chaudière (f) Popelka	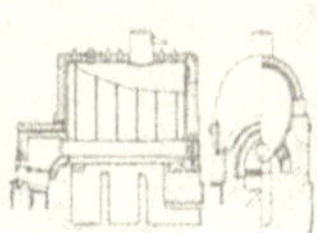	кубъ (m) Попелки caldaia (f) Popelka caldera (f) Popelka	12

1 Rückstandbrenner (m), Forsunka (f)
burner for oil residues
brûleur (m) de mazout

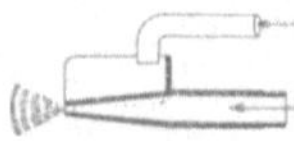

форсунка (f) [для нефтяныхъ остатковъ]
becco (m) a combustione di residui
mechero (m) Forsunka para quemar residuos

---

2 Crackingprozeß (m), Cracken (n)
cracking process
cracking (m)

процессъ (m) разложенія тяжелыхъ углеводородовъ на болѣе легкія (искусственно вызываемый), при перегонкѣ керосина
processo (m) cracken
procedimiento (m) del cracking

---

3 Spiritus (m)
alcohol, spirit
alcool (m)

C_2H_6O

спиртъ (m); алкоголь (m)
alcool (m), spirito (m)
espíritu (m), alcohol (m)

---

4 Aldehyd (n)
aldehyde
aldéhyde (f)

C_2H_4O

альдегидъ (m)
aldeide (f)
aldehido (m)

---

5 Essigsäure (f)
acetic acid
acide (m) acétique

$C_2H_4O_2$

уксусная кислота (f)
acido acetico (m)
ácido (m) acético

---

6 Rohspiritus (m)
crude spirit
alcool (m) brut

неочищенный спиртъ (m) *или* алкоголь (m)
spirito (m) greggio
alcohol (m) en bruto

---

7 Kraftspiritus (m)
motor spirit
alcool (m) pour moteurs

спиртъ (m) для двигателей
spirito (m) per forza motrice
alcohol (m) industrial

---

8 Spiritusbrennerei (f)
distillery, still house
distillerie (f)

винокуренный заводъ; заводъ (m) для изготовленія спирта
distilleria (f) di spirito
destilación (f) ó fábrica (f) de alcoholes

---

9 Wassergehalt (m) des Spiritus
percentage of water in alcohol
teneur (f) en eau de l'alcool

содержание (n) воды въ спиртѣ
contenuto (m) o tenore (m) di acqua dell'alcool
tanto (m) por ciento ó proporción (f) de agua en el alcohol

---

10 Verdünnungsgrad (m) des Spiritus
degree of dilution of alcohol
degré (m) de dilution de l'alcool

степень (f) разбавленія спирта
grado (m) di diluizione dell'alcool
grado (m) de dilución del alcohol

scheinbarer Alkoholgehalt (m)
apparent percentage of alcohol
teneur (f) alcoolique apparente

кажущееся содержаніе (n) спирта
contenuto (m) di alcool apparente 1
proporción (f) aparente de alcohol

---

wahrer [auf 15 C° bezogener] Alkoholgehalt (m)
actual percentage of alcohol [reduced to 15° C.]
teneur (f) alcoolique vraie *ou* réelle [réduite à 15° C.]

дѣйствительное содержаніе (n) спирта [приведённое къ 15° Цельзія]
grado (m) alcoolico effettivo [ridotto a 15°] 2
proporción (f) efectiva de alcohol reducida á 15 grados

Alkoholmesser (m), Alkoholometer (n)
alcoholometer
alcoomètre (m)

спиртомѣръ (m); спиртометръ (m)
alcoolometro (m) 3
alcómetro (m)

Alkoholometerskala (f)
alcoholometric scale
échelle (f) alcoométrique

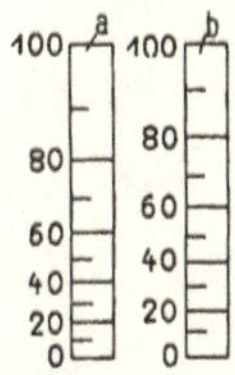

шкала (f) спиртомѣра
scala (f) dell'alcoolometro 4
graduación (f) del alcómetro

Tralles-Skala (f), [Volumprozentskala (f)]
Tralles scale, volume-percentage scale
échelle (f) de Tralles *ou* en pourcents de volume

a

шкала (f) Траллеса въ процентахъ объёма; объёмная шкала (f)
scala (f) centesimale dei volumi 5
graduación (f) de Tralles; graduación proporcional en volumen

---

Gewichtprozentskala (f)
weight percentage scale
échelle (f) en pourcents de poids

b

шкала (f) въ процентахъ вѣса; вѣсовая шкала (f)
scala (f) centesimale dei pesi 6
graduación (f) proporcional en peso

Normaltemperatur (f) der Gewichtprozentskala
normal temperature for the weight-percentage scale
température (f) normale de l'échelle en pourcents de poids

15 C°

нормальная температура (f) для шкалы въ процентахъ вѣса (для вѣсовой шкалы)
temperatura (f) normale per la scala centesimale dei pesi 7
temperatura (f) normal de la graduación proporcional en peso

1	denaturierter Spiritus (m) methylated spirit alcool (m) dénaturé		денатурированный спиртъ (m); денатуратъ (m) alcool (m) denaturato alcohol (m) desnaturalizado
2	Denaturier[ungs]mittel (n) denaturant dénaturant (m)		средство (n) для денатурированія denaturante (m) materia (f) para desnaturalizar, desnaturalizante (m)
3	Pyridin (n) pyridine pyridine (f)	C_5H_5N	пиридинъ (m) piridio (m) piridina (f)
4	den Spiritus mit Benzol karburieren (v) to carburet alcohol with benzole carburer (v) l'alcool au benzol		карбурировать спиртъ бензоломъ carburare (v) l'alcool con benzolo carburar (v) el alcohol con benzol
5	Mischspiritus (m) mixed spirit alcool (m) mélangé		смѣшанный [съ бензоломъ] спиртъ (m) spirito (m) mescolato alcohol (m) mezclado
6	Teeröl (n) tar oil huile (f) de goudron		деготь (m); гудронъ (m) olio (m) di catrame aceite (m) de alquitrán ó de brea
7	Steinkohlenteeröl (n) coal-tar oil huile (f) de goudron de houille		каменноугольный деготь (m); каменноугольная смола (f) olio (m) di catrame del carbon fossile aceite (m) de alquitrán de hulla
8	Rohbenzol (n) crude benzene *or* benzole benzol (m) brut		сырой бензолъ (m) benzolo (m) greggio benzol (m) en bruto
9	Ergin (n) ergine ergine (f)		эргинъ (m) ergin (m) ergina (f)
10	Karbolöl (n) carbolic oil huile (f) de phénol		карболовое масло (n) carbolo (m) carboleïna (f)
11	Kreosotöl (n) creosote oil huile (f) de créosote		креозотовое масло (n) olio (m) di creosoto aceite (m) de creosota
12	Anthrazenöl (n) anthracene oil huile (f) d'anthracène		антраценовое масло (n) olio (m) di antracene aceite (m) de antraceno

Braunkohlenteeröl (n)
lignite tar-oil
huile (f) de goudron de lignite
буроугольный деготь (m); буроугольная смола (f)
olio (m) di catrame di lignite 1
aceite (m) de brea de lignito

Braunkohlenschwelerei (f)
lignite coking plant
usine (f) de distillation de lignite
смолокуренная печь (f); смолокуренный заводъ (m) для бураго угля
officina (f) per la distillazione della lignite 2
fábrica (f) de destilación de lignito, destiladora (f)

Braunkohlenschwelgas (n)
lignite distillation gas
gaz (m) de lignite
газъ (m) смолокуренныхъ печей (изъ бураго угля)
gas (m) di distillazione della lignite 3
gas (m) producido por la combustión incompleta de lignito

Schwelzylinder (m)
coking cylinder
cornue (f) de distillation

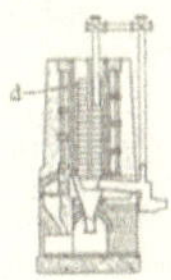

смолокуренный цилиндръ (m)
cilindro (m) di distillazione 4
horno (m) cilíndrico de destilación

Schwelraum (m)
coking space *or* chamber
chambre (f) de distillation

a

камера (f) перегонки
camera (f) di distillazione 5
cámara (f) de destilación

Braunkohlenteerbenzin (n)
lignite tar benzine
benzine (f) de goudron de lignite
бензинъ (m) изъ смолы, добываемой изъ бураго угля
benzina (f) estratta dal catrame di lignite 6
bencina (f) de brea de lignito

Solaröl (n)
solar-oil
huile (f) solaire
соляровое масло (n)
solarolo (m) (olio solare) 7
aceite (m) solar

Gasöl (n)
gas-oil
huile (f) à gaz
газовое масло (n)
olio (m) da gas 8
aceite (m) de gas

Paraffinöl (n)
paraffin-oil
huile (f) de paraffine
парафиновое масло (n); парафинъ (m)
olio (m) di parafina 9
aceite (m) de parafina

Schieferöl (n)
shale-oil
huile (f) de schiste
масло (n), добываемое изъ смолистыхъ сланцовъ 10
olio (m) di schisto
aceite (m) de esquisto

1	Ölversand (m), Öltransport (m) oil transport transport (m) d'huile		перевозка (f) масла trasporto (m) dell'olio transporte (m) de aceite
2	Ballon (m) carboy dame-jeanne (f), tourie (f), bonbonne (f)		баллонъ (m) damigiana (f) bombona (f), damajuana (f)
3	Gebinde (n) cask, barrel barrique (f), fût (m), baril (m), tonneau (m)		бочка (f) botte (f), barile (m) barril (m), tonel (m), cuba (f)
4	Eisengebinde (n) iron drum *or* cask tonneau (m) en fer	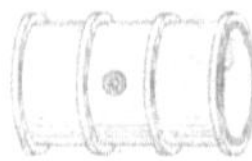	желѣзная бочка (f) botte (f) di ferro barril (m) de chapa de hierro
5	Holzgebinde (n) barrel tonneau (m) en bois	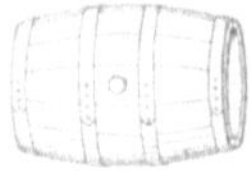	деревянная бочка (f) botte (f) di legno barril (m) de madera
6	Leihgebinde (n) cask to be returned tonneau (m) à retourner		бочка (f) на прокатъ botte (f) circolante (che si da a prestito) barril (m) de alquiler
7	Bassinwagen (m), Zisternenwagen (m) tank car wagon-citerne (m)	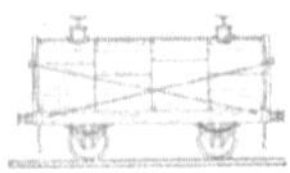	вагонъ-цистерна (f) vagone-serbatoio (m) wagon-cuba (m), wagon-algibe (m)
8	Würgelpumpe (f), Flügelpumpe (f) semi-rotary pump, wing pump pompe (f) à ailettes	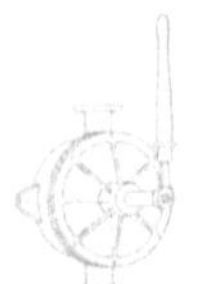	крыльчатый насосъ (m) pompa (f) ad alette bomba (f) de paletas

II.

Theorie der Verbrennungsmaschinen	**Теорія Двигателей Внутренняго Сгоранія**
Theory of Internal Combustion Engines	**Teoria dei Motori a Combustione**
Théorie des Moteurs à Combustion	**Teoría de los Motores de Combustión**

Deutsch / English / Français		Русский / Italiano / Español	
Allgemeine Theorie **General Theory** **Théorie générale**		**Общая Теорія** **Teoria generale** **Teoría (f) general**	*1*
Funktion (f) function fonction (f)	$y = f$[unctio] (x)	функція (f) funzione (f) función (f)	*2*
Veränderliche (f), Variable (f) variable variable (f)	x, y	перемѣнная (f) variabile (f) variable (f)	*3*
unabhängige Veränderliche (f) independently variable variable (f) indépendante	x	независимая перемѣнная (f) variabile (f) indipendente variable (f) independiente	*4*
abhängige Veränderliche (f) dependent variable variable (f) dépendante	y	зависимая перемѣнная (f) variabile (f) dipendente variable (f) dependiente	*5*
Konstante (f) constant constante (f)		постоянная (f) costante (f) constante (f)	*6*
Differentialrechnung (f) differential calculus calcul (m) différentiel		дифференціальное исчисленіе (n) calcolo (m) differenziale cálculo (m) diferencial	*7*
Differential (n) differential différentielle (f)	dx	дифференціалъ (m) differenziale (m) diferencial (f)	*8*

1	unendlich kleine Änderung (f) einer Größe, elementare Änderung (f) infinitesimal change of a variable variation (f) infinitésimale d'une grandeur		безконечно малое измѣненіе (n) величины variazione (f) infinitesima di una grandezza variación(f)infinitesimal de una cantidad, variación (f) elemental
2	Differentiation (f) differentiation différentiation (f)		дифференцированіе(n) differenziazione (f) diferenciación (f)
3	differentiieren (v) to differentiate différentier (v)		дифференцировать differenziare (v) diferenciar (v)
4	Differentialquotient (m) [n^{ter} Ordnung] differential coefficient [of the nth order] quotient (m) différentiel [du n^{me} degré]	$\frac{d^n y}{dx^n}$	производная (f) n-ой степени differenziale (m) di n^{mo} ordine coeficiente (m) diferencial [del órden n^{mo}]
5	partielle Differentiation (f) partial differentiation différentiation (f) partielle	$d(xy) = x dy + y dx$	дифференцированіе(n) по частямъ differenziazione (f) parziale diferenciación (f) parcial
6	Integralrechnung (f) integral calculus calcul (m) intégral		интегральное исчисленіе (n) calcolo (m) integrale cálculo (m) integral
7	Integration (f) integration intégration (f)		интегрированіе (n) integrazione (f) integración (f)
8	integrieren (v) to integrate intégrer (v)		интегрировать integrare (v) integrar (v)
9	Integral (n) integral intégrale (f)	$\int dx$	интегралъ (m) integrale (m) integral (f)
10	Integralzeichen (n) sign of integration signe (m) de l'intégrale	$\int$	знакъ (m) интеграла segno (m) di integrazione signo (m) integral
11	partielle Integration (f) partial integration, integration by parts intégration (f) partielle	$\int x dy = xy - \int y dx$	интегрированіе (n) по частямъ integrazione (f) parziale integración (f) parcial
12	graphische Darstellung (f) graphical representation représentation (f) graphique	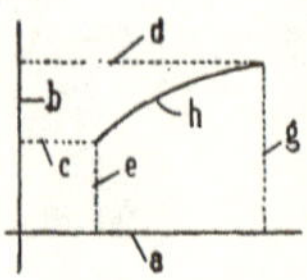	графическое изображеніе (n) *или* представленіе (n) rappresentazione (f) grafica representación (f) gráfica, expresión (f) gráfica

Deutsch / English / Français		Русскій / Italiano / Español	
Achsenkreuz (n), Koordinatensystem (n) co-ordinate system système (m) de coordonnées	*a b*	оси (f pl) координатъ; система (f) координатъ sistema (f) di coordinate sistema (m) de coordenadas (f pl)	1
Abszissenachse (f) axis of abscissae axe (m) des abscisses	*a*	ось (f) абсциссъ asse (m) delle ascisse eje (m) de las abscisas	2
Ordinatenachse (f) axis of ordinates axe (m) des ordonnées	*b*	ось (f) ординатъ asse (m) delle ordinate eje (m) de las ordenadas	3
Abszisse (f) abscissa abscisse (f)	*c, d*	абсцисса (f) ascissa (f) abcisa (f)	4
Ordinate (f) ordinate ordonnée (f)	*e, g*	ордината (f) ordinata (f) ordenada (f)	5
Kurve (f) curve courbe (f)	*h*	кривая (f) curva (f) curva (f)	6
Anfangordinate (f) first *or* initial ordinate ordonnée (f) d'origine	*e*	начальная ордината (f) ordinata (f) iniziale ordenada (f) en el origen	7
Endordinate (f) final ordinate ordonnée (f) finale	*g*	конечная ордината (f) ordinata (f) finale ordenada (f) final, última ordenada (f)	8
Kurvenzug (m) series of curves série (f) de courbes	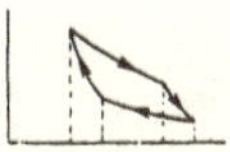	цѣпь (f) кривыхъ serie (f pl) di curve sistema (m) de curvas	9
permanentes Gas (n) permanent gas, fixed gas gaz (m) permanent		постоянный газъ (m) gas (m) permanente gas (m) permanente	10
Zustandgleichung (f) Boyle's Law *or* Law of Charles équation (f) d'état	$PV = RT$	уравненіе (n) состоянія equazione (f) dello stato ecuación (f) del estado	11
Gaskonstante (f) gas-constant, characteristic of a gas constante (f) d'un gaz	R	постоянная (f) для газа costante (f) di un gas constante (f) del gas	12
Normalzustand (m) eines Gases normal state of a gas état (m) normal d'un gaz		нормальное состояніе (n) газа stato (m) normale di un gas estado (m) normal de un gas	13
Normaltemperatur (f) standard temperature température (f) normale	0° C; 15° C	нормальная температура (f) temperatura (f) normale temperatura (f) normal	14

1	Normaldruck (m) standard pressure pression (f) normale	760 mm Hg; 1 at = 737,6 mm Hg	нормальное давленіе (n) pressione (f) normale presión (f) normal
2	spezifisches Volumen (n) specific volume volume (m) spécifique		удѣльный объёмъ (m) volume (f) specifico volumen (m) específico
3	spezifische Wärme (f) bei konstantem (gleichbleibendem) Druck specific heat at constant pressure chaleur (f) spécifique sous pression constante	c_p	удѣльная теплота (f) *или* теплоемкость (f) при постоянномъ давленіи calore (m) specifico a pressione costante calor (m) específico á presión constante
4	spezifische Wärme (f) bei konstantem (gleichbleibendem) Volumen specific heat at constant volume chaleur (f) spécifique sous volume constant	c_v	удѣльная теплота (f) *или* теплоёмкость (f) при постоянномъ объёмѣ calore (m) specifico a volume costante calor (m) específico á volumen constante
5	Verhältnis (n) der spezifischen Wärmen ratio of specific heats rapport (m) des chaleurs spécifiques	$\varkappa = \frac{c_p}{c_v}$	отношеніе (m) теплоёмкостей *или* удѣльныхъ теплотъ rapporto (m) tra i calori specifici relación (f) entre los calores específicos
6	kinetische Gastheorie (f) kinetic theory of gases théorie (f) cinétique des gaz		кинетическая теорія (f) газовъ teoria (f) cinetica dei gas teoría (f) cinética de los gases
7	mechanische Deutung (f) der Temperatur mechanical equivalent *or* indication of temperature interprétation (f) mécanique de la température		механическое объясненіе (n) температуры interpretazione (f) meccanica della temperatura interpretación (f) mecánica de la temperatura
8	Atomwärme (f) atomic heat chaleur (f) atomique		атомная теплота (f) calore (m) atomico calor (m) atómico
9	Molekularwärme (f) molecular heat chaleur (f) moléculaire		молекулярная теплота (f) calore (f) molecolare calor (m) molecular
10	Molekularkräfte (f pl) molecular forces (pl) forces (f pl) moléculaires		молекулярныя силы (f pl) forze (f pl) molecolari fuerzas (f pl) moleculares

Molekülgeschwindigkeit (f) molecular velocity vitesse (f) moléculaire	молекулярная скорость (f); скорость молекулъ velocità (f) molecolare velocidad (f) molecular	1
Maxwells Verteilungsgesetz (n) der Molekulgeschwindigkeiten Maxwell's law of distribution of molecular velocities loi (f) de Maxwell sur la distribution des vitesses moléculaires	законъ (m) Максвелля о распредѣленіи скоростей между молекулами legge (f) di Maxwell per la distribuzione della velocità molecolare ley (f) de Maxwell sobre la distribución de las velocidades moleculares	2
potentielle Energie (f) der Moleküle potential energy of the molecules énergie (f) potentielle des molécules	потенціальная энергія (f) молекулъ energia (f) potenziale delle molecole energía (f) potencial de las moléculas	3
kinetische Energie (f) der Moleküle kinetic energy of the molecules énergie (f) cinétique *ou* actuelle des molécules	кинетическая энергія (f) молекулъ energia (f) cinetica delle molecole energía (f) cinética *ó* actual de las moléculas	4
Virial (n) *oder* mittlere kinetische Energie (f) eines Punktsystems mean kinetic energy of a system of points énergie (f) cinétique moyenne d'un système de points	средняя кинетическая энергія (f) системы точекъ energia (f) cinetica media di un sistema di punti energía (f) cinética media de un sistema de puntos	5
Wärmemechanik (f), Wärmedynamik (f), Thermodynamik (f) thermodynamics thermodynamique (f)	термодинамика (f); механическая теорія (f) тепла meccanica (f) del calore, dinamica (f) del calore, termodinamica (f) termo-dinámica (f)	6
wärmemechanisch (adj), thermodynamisch (adj) thermodynamic (adj) thermodynamique (adj)	термодинамическій termodinamico (agg) termo-dinámico (adj)	7
Umsetzung (f) von Wärme in Arbeit transformation of heat into work transformation (f) de chaleur en travail	превращеніе (n) тепла въ работу trasformazione (f) del calore in lavoro transformación (f) del calor en trabajo mecánico	8

1	die Arbeit im Wärmemaß angeben (v) to express the work in heat units exprimer (v) le travail en unités thermiques		выразить (выражать) работу въ единицахъ тепла indicare (v) il lavoro in unità termiche indicar (v) el trabajo en calorías
2	Wärmekraftmaschine (f) heat engine moteur (m) thermique		тепловой двигатель (m) motrice (f) termica máquina (f) térmica
3	mechanisches Wärmeäquivalent (n), Arbeitswert (m) der Wärme mechanical equivalent of heat équivalent (m) mécanique de la chaleur	$\frac{1}{A}$	механическій эквивалентъ (m) тепла equivalente (m) meccanico del calore equivalente (m) mecánico del calor
4	kalorisches [Arbeits-] Äquivalent (n), Wärmewert (m) der [mechanischen] Arbeit thermal equivalent of work équivalent (m) mécanique de la chaleur	A	термическій эквивалентъ (m) работы equivalente (m) termico del lavoro equivalente (m) térmico del trabajo
5	erster Hauptsatz (m) der Thermodynamik first law of thermodynamics premier principe (m) de la thermodynamique	$dQ = du + Apdv$ $= du + AdL$	первое начало (n) термодинамики prima legge (f) della termodinamica primer principio (m) de la termo-dinámica
6	[dem Gase] zugeführte Wärmemenge (f) quantity of heat [supplied] quantité (f) de chaleur fournie au gaz	Q	количество (n) тепла, сообщённое газу quantità (f) di calore fornita (ad un gas) cantidad (f) de calor suministrada al gas
7	innere Energie (f), innere Arbeit (f) internal work travail (m) interne *ou* intérieur	u	энергія (f) тѣла; внутренняя работа (f) lavoro (m) interno del calore *o* endotermico trabajo (m) interior
8	äußere Arbeit (f) external work travail (m) externe *ou* extérieur	L	внѣшняя работа (f) lavoro (m) esterno trabajo (m) exterior
9	Druckvolumendiagramm (n), p-v-Diagramm (n) pressure-volume diagram diagramme (m) pression-volume	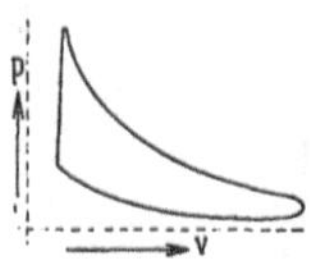	діаграмма (f) объёмовъ и давленій diagramma (m) dei volumi e delle pressioni diagrama (m) de las presiones y de las volumenes
10	Entropie (f), Wärmegewicht (n) entropy entropie (f)	$dS = \frac{dQ}{T}$	энтропія (f); тепловой вѣсъ (m) entropia (f), peso termico (m) entropía (f), peso (m) térmico

nicht umkehrbarer Wärmevorgang (m)
irreversible heat cycle
cycle (m) irréversible de chaleur

необратимый тепловой процессъ (m)
trasformazione (f) termica non invertibile 1
ciclo (m) termico irreversible

---

umkehrbarer Kreisprozeß (m)
reversible cycle
cycle (m) réversible

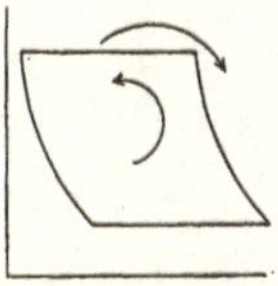

обратимый круговой процессъ (m)
ciclo (m) di trasformazione invertibile 2
ciclo (m) reversible

Wärmediagramm (n), Entropie[temperatur]-diagramm (n), Wärmebild (n), T-S-Diagramm (n)
temperature entropy-diagram
diagramme (m) entropique

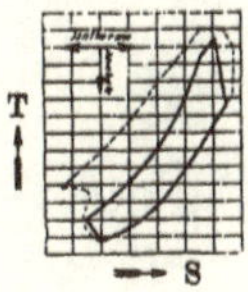

энтропическая *или* тепловая діаграмма (f) температуръ; діаграмма, показывающая соотношеніе
между температурой 3
и энтропіей
diagramma (m) entropico della temperatura
diagrama (m) de la temperatura entrópica

Zustandänderung (f)
change of state
changement (m) d'état

измѣненіе (n) состоянія
variazione (f) di stato 4
cambio (m) de estado

Linie (f) gleichen Rauminhalts, Isoplere (f)
curve of constant volume, constant volume line
isoplère (f), courbe (f) isoplère, courbe (f) de volume constant

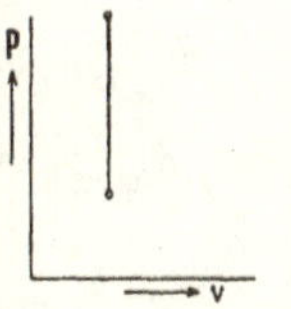

линія (f) постояннаго объёма; изоплера (f)
isotera (f), isoplera (f),
curva (f) di volume costante 5
linea (f) de volumen constante

Gleichdrucklinie (f), Linie (f) gleichen Drukkes, Isobare (f),
isobar, curve of constant pressure, constant pressure line
isobare (f), courbe (f) isobare, courbe (f) de pression constante

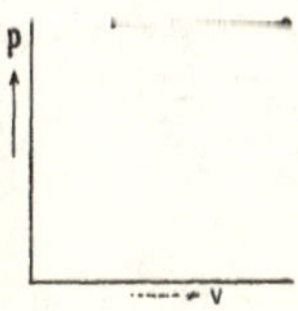

изобара (f); линія (f) равнаго *или* постояннаго давленія
isobara (f), curva (f) di 6
pressione costante
isobara (f), linea (f) de presión constante

Polytrope (f), polytropische Linie (f)
pv curve, polytropic line
polytrope (f), courbe (f) polytrop[iqu]e

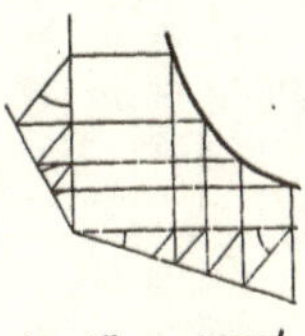

$$p \cdot v^n = const$$

политропа (f); политропическая кривая (f); политропная линія
(f) 7
politropa (f), linea (f) politropica
linea (f) politrópica

1	polytropisch (adj) polytropic (adj) polytrop[iqu]e (adj)		политропическій; политропный politropico (agg) politrópico (adj)
2	polytropischer Exponent (m) index of *v*, polytropic exponent exposant (m) polytropique	n	показатель (m) политропы esponente (m) politropico exponente (m) politrópico
3	die Polytrope konstruieren (v) to plot the *pv* curve *or* polytropic line construire (v) la polytrope		построить(v)политропу costruire (v) la linea politropica construir (v) la politrópica
4	Linie (f) gleicher Temperatur, Isotherme (f), isothermische Linie (f) isothermal isotherme (f), courbe (f) isotherm[iqu]e, courbe (f) de température constante	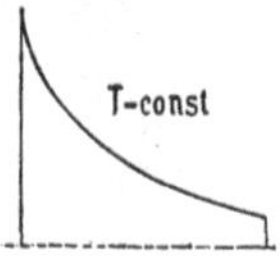	изотерма (f); линія (f) постоянной температуры isoterma (f), curva (f) di temperatura costante isoterma (f), linea (f) de igual temperatura
5	isothermisch (adj) isothermal (adj) isothermique (adj)		изотермическій isotermico (agg) isotérmico (adj)
6	Adiabate (f), Isentrope (f), adiabatische *oder* isentropische Linie (f), Linie(f) gleichbleibender (konstanter) Entropie adiabatic[curve], curve of constant entropy adiabate (f), isentrope (f), courbe (f) adiabatique *ou* isentropique, courbe (f) d'entropie constante	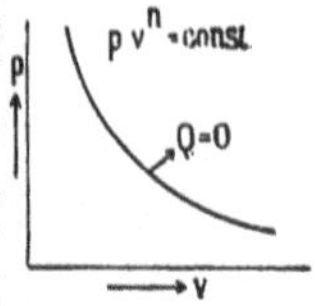	адіабата (f); изентропа (f); адіабатическая *или* изентропическая кривая (f); линія (f) постоянной энтропіи adiabatica (f), isentropica, curva (f) adiabatica *o* isentropica, curva (f) ad entropia costante [curva (f)] adiabática (f); curva (f) de entropia constante
7	adiabatisch (adj) adiabatic (adj) adiabatique (adj)		адіабатическій adiabatico (agg) adiabático (adj)
8	Poissonsches Gesetz (n) law of expansion loi (f) de Poisson	$p_1 v_1^{\varkappa} = p_2 v_2^{\varkappa}$	законъ (m) Пуассона legge (f) di Poisson ley (f) de Poisson
9	thermodynamischer Prozeß (m) thermodynamic process cycle (m) thermodynamique		термодинамическій процессъ (m) processo (m) termodinamico proceso (m) termo-dinámico

theoretisch vollkommener Kreisprozeß (m)
theoretically perfect cycle
cycle (m) théoriquement parfait

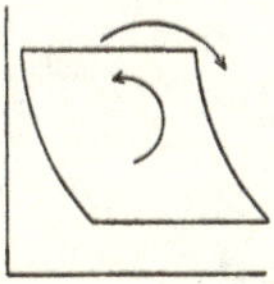

теоретически совершенный круговой процессъ (m) *или* циклъ (m)
ciclo (m) teoricamente perfetto
ciclo (m) teórico perfecto 1

---

günstigster Kreisprozeß (m) bei gegebenem Temperaturgefälle
most favourable cycle for a given fall of temperature
cycle (m) le plus favorable pour une chute de température donnée

наивыгоднѣйшій циклъ (m) *или* круговой процессъ (m) при данномъ паденіи температуръ
ciclo (m) più conveniente per un dato salto di temperatura 2
ciclo (m) más favorable para una caída determinada de temperatura

---

Carnotscher Kreisprozeß (m)
Carnot's cycle
cycle (m) de Carnot

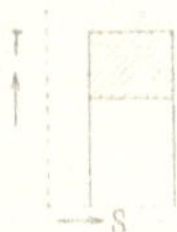

круговой процессъ (m) *или* циклъ (m) Карно 3
ciclo (m) di Carnot
ciclo (m) de Carnot

Verbrennung (f) bei gleichbleibender Temperatur
combustion at constant temperature
combustion (f) à température constante

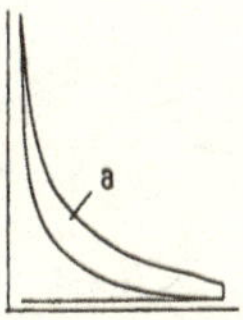

сгораніе (n) при постоянной температурѣ
combustione (f) a temperatura costante 4
combustión (f) á temperatura constante

---

günstigster Kreisprozeß (m) bei gegebenem Druckgefälle
most efficient cycle for a given fall of pressure
cycle (m) le plus favorable pour une chute de pression donnée

наивыгоднѣйшій циклъ (m) *или* круговой процессъ (m) при данномъ паденіи давленія
ciclo (m) più conveniente per un dato salto di pressione 5
ciclo (m) más favorable para una caída de presión dada

Gleichdruckprozeß (m), Dieselprozeß (m)
constant pressure cycle, Diesel cycle
cycle (m) Diesel *ou* à pression constante

процессъ (m) постепеннаго сгоранія (при постоянномъ давленіи); процессъ Дизеля 6
ciclo (m) a pressione costante
ciclo (m) de presión uniforme *ó* de Diesel

1 Gleichdruckverfahren (n)
method of working *or* cycle in which heat is supplied at constant pressure
procédé (m) à pression constante

способъ (m) постепеннаго сгоранія при постоянномъ давленіи
procedimento (m) a pressione costante
proceso (m) de presión constante

---

2 Verbrennung (f) bei gleichbleibendem *oder* konstantem Druck
combustion at constant pressure
combustion (f) sous pression constante

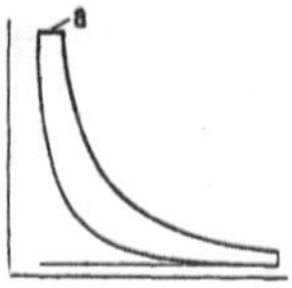

сгораніе (n) при постоянномъ давленіи
combustione (f) a pressione costante
combustión (f) á presión constante

---

3 Kreisprozeß (m) der Gasmaschine
gas engine cycle
cycle (m) d'un moteur à gaz

циклъ (m) *или* круговой процессъ (m) газоваго двигателя
ciclo (m) del motore a gas
ciclo (m) del motor de gas

---

4 Verpuffungsverfahren (n)
explosion method
procédé (m) par explosion

способъ (m) быстраго сгоранія (при постоянномъ объёмѣ)
processo (m) ad esplosione
proceso (m) de explosión

---

5 Verbrennung (f) bei gleichbleibendem *oder* konstantem Volumen
combustion at constant volume
combustion (f) sous volume constant

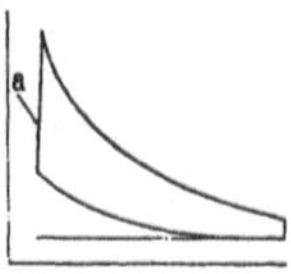

сгораніе (n) при постоянномъ объёмѣ
combustione (f) a volume costante
combustión (f) á volumen constante

---

6 **Arbeitstakte**
Working Cycles
Temps du Moteur

Рабочіе Такты
Fasi di Lavoro
Tiempos del Motor

---

7 Arbeitsspiel (n), Arbeitsperiode (f)
cycle of action
période (f) de travail

рабочій ходъ (m); рабочій періодъ (m)
periodi (m pl) di lavoro
fase (f) *ó* periodo (m) de trabajo

---

8 Viertakt (m)
four stroke cycle
cycle (m) à quatre temps, cycle (m) Beau de Rochas

работа (f) въ четыре такта
ciclo (m) a quattro tempi *o* fasi
ciclo (m) de cuatro tiempos *ó* fases

---

9 Viertaktverfahren (n)
four stroke cycle method
[procédé (m) du] cycle (m) à quatre temps

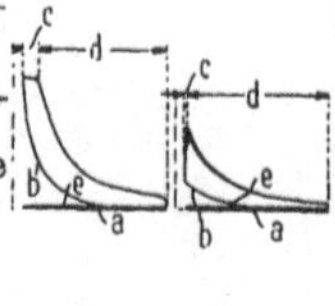

четырёхтактный процессъ (m) *или* циклъ (m)
processo (m) a quattro tempi
proceso (m) del ciclo de cuatro tiempos

Ansaugen (n) suction aspiration (f)	a	всасываніе (n); присасываніе (n) aspirazione (f) aspiración (f)	*1*
Verdichten (n) compression compression (f)	b	сжатіе (n) compressione (f) compresión (f)	*2*
Verbrennen (n) combustion combustion (f)	c	сгораніе (n) combustione (f) combustión (f)	*3*
Expandieren (n), Ausdehnen (n) expansion détente (f)	d	расширеніе (n) espansione (f) expansión (f)	*4*
Auspuffen (n) exhaust échappement (m)	e	выхлопъ (m); выпускъ (m) scarico (f) escape (m), evacuación (f)	*5*
Saughub (m), Einström[ungs]hub (m) suction stroke course (f) aspirante		всасывающій ходъ (m) corsa (f) di aspirazione, corsa (f) di ammissione carrera (f) de aspiración	*6*
ansaugen (v) to draw in aspirer (v)		всасывать aspirare (v) aspirar (v)	*7*
Ansaugeunterdruck (m) vacuum during suction stroke pression (f) à l'aspiration	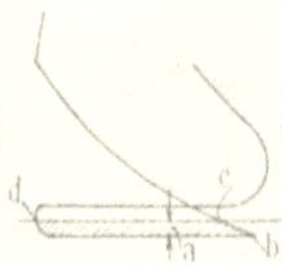 a	давленіе (n) всасыванія pressione (f) di aspirazione presión (f) de aspiración	*8*
Saugwiderstand (m) resistance to suction résistance (f) d'aspiration		сопротивленіе (n) всасыванія resistenza (f) all'aspirazione resistencia (f) á la aspiración	*9*
Ansaugearbeit (f) work absorbed by suction travail (m) d'aspiration	d b c d	работа (f) всасыванія lavoro (m) di aspirazione trabajo (m) de aspiración	*10*
Einström[ungs]geschwindigkeit (f) der Ladung inlet velocity of the charge vitesse (f) d'admission de la cylindrée		входная *или* впускная скорость (f) заряда; скорость всасыванія заряда velocità (f) di introduzione della miscela velocidad (f) de admisión de la carga	*11*

1	Gesamtvolumen (n) total volume volume (m) total	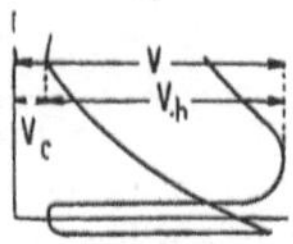 V	полный объёмъ (m) volume (m) totale volumen (m) total
2	[Kolben-]Hubvolumen (n) volume of cylinder swept by piston volume (m) de la cylindrée, cylindrée (f)	V_h	объёмъ (m), описанный поршнемъ; рабочій объёмъ цилиндра volume (m) generato dallo stantuffo (nella corsa) volumen (m) de la cilindrada
3	Ladungsverlust (m) [durch undichten Kolben] loss of charge [due to leaky piston] perte (f) de charge due aux fuites du piston		потеря (f) рабочей смѣси [вслѣдствіе неплотности поршня] perdita (f) di miscela [per fuga allo stantuffo] pérdida (f) de carga [por émbolo defectuoso]
4	volumetrischer Wirkungsgrad (m) volume efficiency rendement (m) volumétrique	η_v	объёмный коэффиціентъ (m) полезнаго дѣйствія effetto (m) utile volumetrico rendimiento (m) volumétrico
5	Lieferungsgrad (m) ratio of volume actually taken to stroke volume, efficiency of supply degré (m) d'admission	η_l	коэффиціентъ (m) подачи grado (m) di ammissione relación (f) entre el volumen efectivamente aspirado y el volumen de la cilindrada
6	wirklich angesaugtes Ladungsvolumen (n) actual volume of charge volume (m) de gaz réellement aspiré, cylindrée (f) effective	$\eta_l \cdot V_h$	объёмъ (m) дѣйствительно всосанной смѣси заряда volume (m) di miscela effettivamente aspirato volumen (m) de la mezcla efectivamente aspirado
7	Ladungsgewicht (n) weight of charge mélange (m) aspiré		вѣсъ (m) заряда рабочей смѣси peso (m) della miscela peso (m) de la mezcla aspirada
8	Verdichtungshub (m) compression stroke course (f) de compression	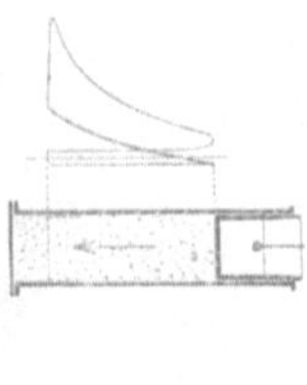	сжимающій ходъ (m) corsa (f) di compressione carrera (f) de compresión
9	verdichten (v), komprimieren (v) to compress comprimer (v)		сжимать comprimere (v) comprimir (v)

Verdichtung (f), Kompression (f) compression compression (f)		сжатіе (n) compressione (f) compresión (f)	1
verdichtete Ladung (f) compressed charge cylindrée (f) comprimée		сжатая смѣсь (f) miscela (f) compressa mezcla (f) comprimida	2
Verdichtungsarbeit (f) work of compression travail (m) de compression	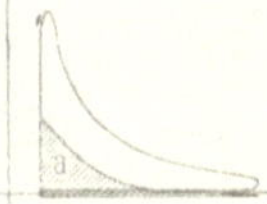 a	работа (f) сжатія lavoro (m) di compressione trabajo (m) de compresión	3
Verdichtungsraum (m), Kompressionsraum (m) compression space chambre (f) de compression		пространство (n) сжатія spazio (m) di compressione cámara (f) de compresión	4
Verdichtungsrauminhalt (m), Volumen (n) des Abgasrückstandes volume of compression space volume (m) de [la chambre de] compression	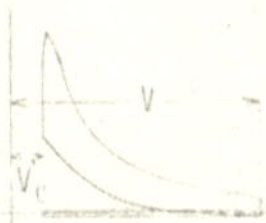 V_c	объёмъ (m) пространства сжатія capacità (f) dello spazio di compressione volumen (m) de la cámara de compresión	5
Verdichtungsverhältnis (n), Kompressionsgrad (m) compression ratio degré (m) de compression	$\varepsilon = \frac{V}{V_c}$	степень (f) сжатія rapporto (m) di compressione, grado (m) di compressione grado (m) de compresión	6
Verdichtungslinie (f), Kompressionslinie (f) compression curve courbe (f) de compression	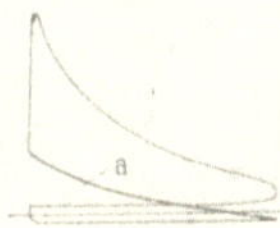 a	кривая (f) сжатія curva (f) di compressione curva (f) de compresión	7
isothermische Verdichtung (f) isothermal compression compression (f) isothermique	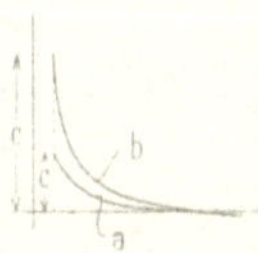 a	изотермическое сжатіе (n) compressione (f) isotermica compresión (f) isotérmica	8
adiabatische Verdichtung (f) adiabatic compression compression (f) adiabatique	b	адіабатическое сжатіе (n) compressione (f) adiabatica compresión (f) adiabática	9
Verdichtungsendspannung (f) pressure at the end of compression pression (f) finale de compression	c	конечное давленіе (n) сжатія pressione (f) finale di compressione presión (f) final de la compresión	10

1 Verdichtungsgrenze (f)
limit of compression
limite (f) de compression

предѣлъ (m) сжатія
limite (m) di compressione
límite (m) de la compresión

---

2 wirtschaftliche Höchstverdichtung (f)
maximum economical compression
compression (f) économique maximum

экономически допустимое наибольшее сжатіе (n)
compressione (f) economica massima
compresión (f) máxima económica

---

3 Verdichtungswärme (f), Kompressionswärme (f)
heat of compression
chaleur (f) de compression

теплота (f) сжатія
calore (m) di compressione
calor (m) de la compresión

---

4 Endtemperatur (f) der Verdichtung
temperature at the end of compression
température (f) finale de la compression

конечная температура (f) сжатія
temperatura (f) finale della compressione
temperatura (f) final de la compresión

---

5 durch Wassereinspritzung hohe Verdichtung erzielen (v)
to produce a high compression by injection of water
réaliser (v) une forte compression par injection d'eau

достигнуть (достигать) высокой степени сжатія помощью впрыскиванія воды
ottenere (v) una compressione elevata con iniezione d'acqua
conseguir (v) *ó* alcanzar (v) una compresión elevada inyectando agua

---

6 Ausdehnungshub (m), Expansionshub (m)
expansion stroke
course (f) de combustion, course (f) de détente

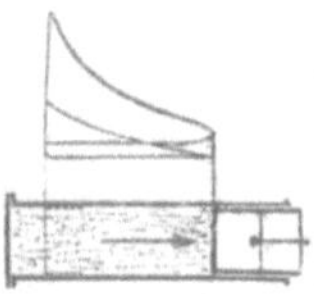

рабочій ходъ (m); (сгораніе (n) и расширеніе (n))
corsa (f) di combustione *o* di espansione
carrera (f) de combustión, *ó* de expansión

---

7 Verbrennung (f)
combustion
combustion (f)

сгораніе (n); сжиганіе (n)
combustione (f)
combustión (f)

---

8 verbrennen (v)
to burn
brûler (v)

сгорать; сгорѣть
bruciare (v)
quemar (v)

---

9 Explosion (f)
explosion
explosion (f)

взрывъ (m)
esplosione (f), scoppio (m)
explosión (f)

---

10 Verpuffung (f)
detonation
explosion (f), deflagration (f), détonation (f)

вспышка (f)
detonazione (f)
detonación (f), deflagración (f)

augenblickliche Verbrennung (f)
instantaneous combustion
combustion (f) instantanée

моментальное *или* мгновенное сгораніе (n)
combustione (f) istantanea 1
combustión (f) instantánea

---

schleichende Verbrennung (f)
slow combustion
combustion (f) lente

медленное сгораніе (n)
combustione (f) lenta 2
combustión (f) lenta

---

beschleunigte Verbrennung (f)
accelerated combustion
combustion (f) accélérée

ускоренное сгораніе (n)
combustione (f) accelerata 3
combustión (f) acelerada

---

verlangsamte *oder* verzögerte Verbrennung (f)
retarded combustion
combustion (f) retardée

замедленное сгораніе (n)
combustione (f) ritardata 4
combustión (f) retardada

Verbrennungsraum (m)
combustion chamber *or* space
chambre (f) de combustion

пространство (n) сгоранія
camera (f) di combustione 5
cámara (f) de combustión

Verbrennungslinie (f)
combustion line
courbe (f) de combustion

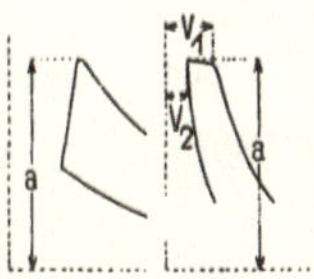

линія (f) *или* кривая (f) сгоранія
linea (f) *o* curva (f) di combustione 6
curva (f) de combustión

Verbrennungsdruck (m), Verbrennungsspannung (f), Verpuffungsspannung (f)
combustion pressure
pression (f) de combustion *ou* d'explosion

a

давленіе (n) сгоранія
pressione (f) di combustione *o* di esplosione 7
presión (f) ó tensión (f) de combustión

Volldruckverhältnis (n), Füllungsverhältnis (n)
proportion of compression space, full pressure ratio
durée (f) d'action de la pleine pression

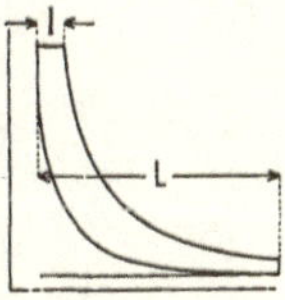

$\frac{l}{L}$

сравнительная продолжительность (f) полнаго давленія
grado (m) di durata della piena pressione 8
duración (f) de la presión máxima

Verbrennungstemperatur (f)
combustion temperature
température (f) de combustion

температура (f) сгоранія
temperatura (f) di combustione 9
temperatura (f) de combustión

1 Verbrennungsgeschwindigkeit (f) der Ladung
rate of combustion of the charge, flame velocity of the charge
vitesse (f) de combustion de la cylindrée
скорость (f) сгоранія заряда
velocità (f) di combustione della miscela
velocidad (f) de combustión de la mezcla

2 Nachbrennen (n) der Ladung
after-burning of the charge
combustion (f) prolongée de la cylindrée
послѣдующее сгораніе (n) *или* догораніе (n) заряда
combustione (f) successiva della miscela
combustión (f) retardada de la mezcla

3 Expansion (f) *oder* Ausdehnung (f) der Verbrennungsgase
expansion of the burnt gases *or* of the products of combustion
détente (f) des gaz brûlés *ou* de la combustion

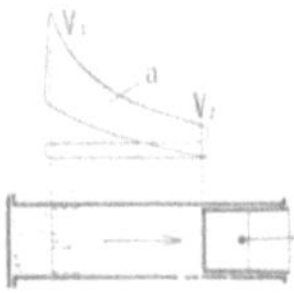

расширеніе (n) продуктовъ сгоранія
espansione (f) dei gas combusti
expansión (f) de los gases de combustión

4 expandieren (v), sich ausdehnen (v)
to expand
se détendre (v)
расширяться
espandersi (v), dilatarsi (r)
dilatarse (v)

5 Expansionslinie (f), Ausdehnungslinie (f)
expansion line
courbe (f) de détente

a

кривая (f) расширенія
curva (f) di espansione
curva (f) de expansión

6 Expansionsverhältnis (n), Ausdehnungsverhältnis (n)
ratio of expansion
rapport (m) de détente

$$\delta = \frac{V_2}{V_1}$$

степень (f) расширенія
rapporto (m) di espansione
proporción (f) ó grado (m) de expansión

7 [bis zum Gegendruck] vollkommene Expansion (f)
prolonged expansion
détente (f) prolongée
расширеніе (n) продолженное [до противодавленія]
espansione (f) prolungata
expansión (f) prolongada

8 Auspuffhub (m), Ausström[ungs]hub (m), Ausschubhub (m)
exhaust stroke
course (f) d'échappement

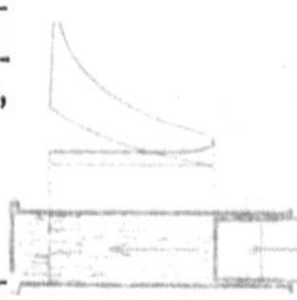

ходъ (m) выталкиванія *или* выпуска газовъ; выталкивающій ходъ
corsa (f) di scarico
carrera (f) de escape

9 verbrannte Gase (n pl), Abgase (n pl), Auspuffgase (n pl)
burnt *or* exhaust gases (pl)
gaz (m pl) brûlés *ou* d'échappement
сторѣвшіе *или* отработавшіе газы (m pl)
gas (m) combusto, gas (m) di scarico
gases (m pl) quemados, gases de escape

Auspuff (m)
exhaust
échappement (m)

выхлопъ (m); выпускъ (m); вытеканіе (n)
scarico (m), scappamento (m) 1
escape (m)

---

auspuffen (v)
to exhaust
s'échapper (v)

выпускать; вытекать
scaricare (v) 2
escaparse (v)

Druckausgleich (m) zwischen Zylinder und Außenluft
equalisation of the pressure in the cylinder to that of the air
égalisation (f) de pression entre le cylindre et l'atmosphère

уравниваніе (n) давленія цилиндра и внѣшняго воздуха
equilibrio (m) di pressione fra il cilindro e l'atmosfera 3
equilibrio (m) entre la presión dentro del cilindro y el aire atmosférico

---

Auspuffspannung (f)
pressure during exhaust stroke
pression (f) d'échappement

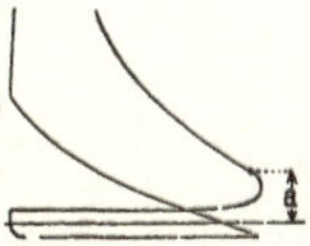

a

давленіе (n) выпуска *или* выхлопа
pressione (f) di scarico 4
presión (f) de escape

Ausschubspannung (f)
pressure at expulsion
pression (f) d'expulsion

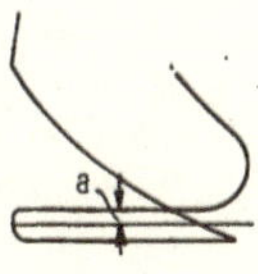

a

давленіе (n) выталкиванія
pressione (f) d'espulsione 5
presión (f) de expulsión

Auspufftemperatur (f)
temperature at exhaust, temperature of the exhaust gases
température (f) d'échappement

температура (f) выпуска; выхлопная температура 6
temperatura (f) di scarico
temperatura (f) de escape

Auspuffwiderstand (m)
resistance of the exhaust, back pressure
résistance (f) à l'échappement

сопротивленіе (n) выпуска *или* выхлопа 7
resistenza (f) allo scarico
resistencia (f) al escape

Auspuffgeschwindigkeit (f)
velocity of exhaust
vitesse (f) d'échappement

скорость (f) при выпускѣ; выхлопная скорость; скорость вытеканія 8
velocità (f) dello scarico
velocidad (f) de escape

Strömungsenergie (f) der Abgase
kinetic energy of the exhaust gases
énergie (f) cinétique des gaz d[e l'] échappement

энергія (f) вытеканія *или* теченія отработавшихъ газовъ
lavoro (m) di scarico 9
energía (f) de la corriente de los gases de escape

1 Schwingen (n) der Abgassäule
oscillation of the exhaust gas column
vibration (f) de la colonne de gaz d'échappement

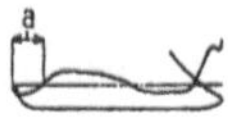

колебанiе (n) столба отработавшихъ газовъ
oscillazioni (f pl) nella colonna di gas allo scarico
oscilación (f) de la columna de los gases de escape

---

2 Atkinsonspülung (f)
Atkinson method of scavenging
balayage (m) d'Atkinson

a

продувка (f) по способу Аткинсона *или* по Аткинсону
evacuazione (f) *o* lavaggio (m) Atkinson
[disposición (f) de] expulsión (f) *ó* barrido (m) sistema Atkinson

---

3 Zweitakt (m)
two stroke cycle
cycle (m) à deux temps

работа (f) въ два такта
ciclo (m) a due tempi
ciclo (m) de dos tiempos

---

4 Zweitaktverfahren (n)
two stroke cycle method
[procédé (m) du] cycle (m) à deux temps

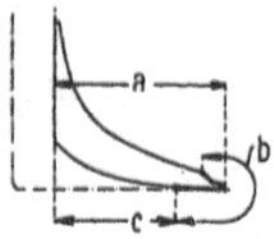

двухтактный процессъ (m) *или* циклъ (m)
processo (m) a due tempi
proceso (m) del ciclo de dos tiempos

---

5 Arbeitshub (m)
working stroke
course (f) motrice

a

рабочiй ходъ (m)
corsa (f) motrice, fase (f) di lavoro
carrera (f) de trabajo

---

6 Spül- und Ladeperiode (f)
scavenging and charging period
période (f) de balayage et d'admission

b

перiодъ (m) продувки и заряда
fase (f) di lavaggio e di ammissione
periodo (m) de expulsión y carga

---

7 laden (v)
to charge
remplir (v) le cylindre, charger (v)

зарядить *или* наполнить рабочей смѣсью
ammettere (v) [la miscela], caricare (v)
cargar (v)

---

8 Verdichtungsperiode (f)
compression period
période (f) de compression

c

перiодъ (m) сжатiя
periodo (m) di compressione
periodo (m) *ó* tiempo (m) *ó* fase (f) de compresión

---

9 Absaugmaschine (f)
suction engine, engine in which the products of combustion are withdrawn from the cylinder
machine (f) aspirante

машина (f) съ отсасыванiемъ [отработавшихъ газовъ]
motore (m) a scarico aspirato
máquina (f) aspirante

die Abgase durch eine Hilfspumpe absaugen (v)
to exhaust by means of an auxiliary pump
aspirer (v) les gaz brûlés par une pompe auxiliaire

отсасывать отработавшіе газы вспомогательнымъ насосомъ
aspirare (v) i gas combusti con una pompa
ausiliare 1
extraer (v) ó aspirar (v) los gases quemados por medio de una bomba auxiliar

---

Ausspülmaschine (f)
scavenging engine
moteur (m) à balayage

машина (f) съ продувкой
motore (m) ad evacua- 2
zione o lavaggio
motor (m) de expulsión

---

die Abgase durch Spülluft oder Ladung austreiben (v)
to expel the exhaust gases by air scavenging or by a fresh charge
chasser (v) *ou* expulser (v) les gaz brûlés par l'air de balayage ou par la cylindrée fraiche

вытѣсн-ить (-ять) отработавшіе газы продувочнымъ воздухомъ *или* смѣсью при зарядѣ
espellere (v) o scacciare 3
(v) i gas residui con aria o con miscela
expulsar (v) los gases quemados por medio de aire ó por medio de la nueva mezcla

---

Entladen (n) des Zylinders
exhausting the cylinder
vidange (f) du cylindre

удаленіе (n) изъ цилиндра отработавшихъ газовъ
vuotatura (f) del cilin- 4
dro
descargar (v) ó vaciar (v) el cilindro

Ausblasen (n) *oder* Auswaschen (n) des Zylinders
scavenging the working cylinder
purge (f) du cylindre

продувка (f) рабочаго цилиндра
lavatura (f) o scarica (f)
del cilindro di com- 5
bustione
purga (f) del cilindro de combustión

Spülung (f)
scavenging
balayage (m)

продувка (f)
lavatura (f), evacuazione (f)
barrido (m), lavado (m), 6
expulsión (f) de los gases quemados

Voreinführung (f) von reiner Luft
introduction of fresh air before the combustible mixture
introduction (f) préalable d'air pur

предварительное введеніе (n) чистаго воздуха
introduzione (f) antici- 7
pata di aria pura
introducción (f) preliminar de aire puro

---

spülen (v)
to scavenge
balayer (v)

проду-ть (вать)
lavare (v)
barrer (v), lavar (v), ex- 8
pulsar (v) los gases quemados

1	Spülmittel (n) scavenging agent agent (m) de balayage	средство (n) для продувки; продувочное средство mezzo (m) di lavatura agente (m) lavador
2	Spülluft (f) scavenging air air (m) de balayage	воздухъ для продувки; продувочный воздухъ (m) aria (f) per lavare aire (m) para barrer
3	mit fertigem Gemisch spülen (v) to scavenge with the prepared mixture balayer (v) avec le mélange tout fait	продувать готовой смѣсью lavare (v) con miscela pronta barrer (v) con la mezcla preparada
4	schichtenweise Verdrängung (f) displacement by layers déplacement (m) par couches *ou* tranches, déplacement (m) stratifié	вытѣсненіе (n) слоями evacuazione (f) a strati salida (f) de la mezcla por capas
5	ungleiche Schichtung (f) irregular stratification stratification (f) irrégulière	неравномѣрное распредѣленіе (n) слоевъ stratificazione (f) irregolare disposición (f) irregular de las capas
6	Zerflattern (n) der Verbrennungsgase dispersion of the burnt gases dispersion (f) des gaz de [la] combustion	расхожденіе (n) *или* растеканіе (n) продуктовъ сгоранія dispersione (f) dei gas combusti dispersión (f) de los gases de combustión
7	Spülzeit (f), Spüldauer (f), Auswaschzeit (f) scavenging period période (f) de balayage	продолжительность (f) продувки durata (f) della lavatura periodo (m) ó duración (f) de la expulsión
8	Spülspannung (f), Auswaschspannung (f) scavenging pressure pression (f) de balayage 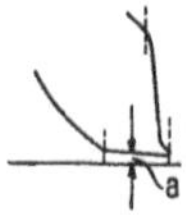 a	давленіе (n) продувки pressione (f) durante la lavatura presión (f) de la expulsión
9	Mindestspannung (f) des Spülmittels minimum pressure of the scavenging agent pression (f) minimum de l'agent de balayage	наименьшее давленіе (n) продувочнаго средства pressione (f) media del gas impiegato per la lavatura presión (f) mínima del agente expulsor

Spannungsabfall (m) zwischen Aufnehmer und Zylinder
fall of pressure between receiver and cylinder
chute (f) de pression entre le réservoir et le cylindre

паденіе (n) давленія между пріемникомъ и цилиндромъ
salto (m) *o* caduta (f) di pressione fra ricevitore e cilindro 1
caida (f) de presión entre el depósito y el cilindro

Ausflußgeschwindigkeit (f) der Spülluft aus den Kanälen
discharge velocity of the scavenging air through the ports
vitesse (f) d'écoulement de l'air de balayage sortant des lumières

выходная скорость (f) *или* скорость истеченія воздуха для продувки изъ каналовъ
velocità (f) di effiusso dell'aria di lavatura dai condotti 2
velocidad (f) de salida del aire de expulsión de las lumbreras

---

Ausflußkoeffizient (m)
coefficient of discharge
coefficient (m) d'écoulement

коеффиціентъ (m) истеченія
coefficiente (m) di efflusso 3
coeficiente (m) de salida

Überströmspannung (f)
overflow pressure
pression (f) de passage

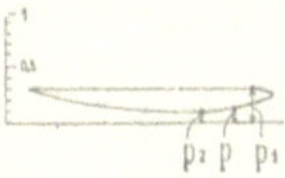

избыточное давленіе (n) продувки; давленіе перетеканія
pressione (f) della corrente 4
presión (f) de paso

Überströmweg (m)
bye-pass
voie (f) de passage

путь (m) *или* направленіе (n) тока продувки; путь перетеканія 5
percorso (m) della corrente d'efflusso
camino (m) de paso

Aufnehmer (m)
receiver
réservoir (m)

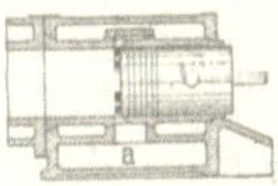

пріемникъ (m)
ricevitore (m), serbatoio (m) 6
depósito (m)

Luftaufnehmer (m)
air receiver
réservoir (m) à air

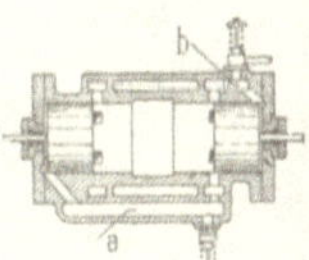

воздушный пріемникъ (m)
serbatoio (m) d'aria 7
depósito (m) de aire

Gasaufnehmer (m)
gas receiver
réservoir (m) à gaz

газовый пріемникъ (m)
serbatoio (m) di gas 8
depósito (m) de gas

Aufnehmerdiagramm (n)
receiver diagram
diagramme (m) du réservoir

діаграмма (f) пріемника
diagramma (m) del serbatoio 9
diagrama (m) del depósito

1 Strömungswiderstand (m) [in der Ladepumpe]
resistance to flow of the gas [in the charging pump]
résistance (f) d'écoulement [dans la pompe de remplissage]
сопротивленіе (n) теченію [въ заряжающемъ насосѣ]
resistenza (f) d'efflusso [nella pompa di miscela]
resistencia (f) de la corriente [en la bomba de carga]

2 Widerstand (m) der Spül- und Ladepumpen
resistance of the scavenging and charging pumps
résistance (f) des pompes de balayage et de remplissage
сопротивленіе (n) въ насосахъ для продувки и зарядки; сопротивленіе продувающихъ и заряжающихъ насосовъ
resistenza (f) nella pompa di lavatura e di miscela
resistencia (f) en las bombas de expulsión y de carga

III.

Materialien und ihre Verarbeitung	**Матеріалы и ихъ Обработка**
Materials and their Manipulation	**Materiali e loro Lavorazione**
Matériaux et Travail des Matériaux	**Materiales y su Trabajo**

Deutsch / English / Français		Русский / Italiano / Español	
Materialien **Materials** **Matériaux**		**Матеріалы** **Materiali** **Materiales**	1
Eisen (n) iron fer (m)	Fe	желѣзо (n) ferro (m) hierro (m)	2
Gußeisen (n) cast-iron fonte (f) [moulée]	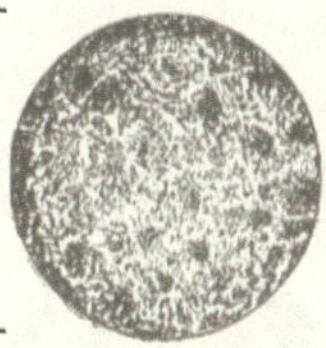	чугунъ (m) ghisa (f) hierro (m) fundido ó colado, fundición (f), arrabio (m)	3
Herdguß (m) open sand-castings (pl) (opération:) coulage (m) *ou* coulée (f) à découvert; (produit:) fonte (f) coulée à découvert	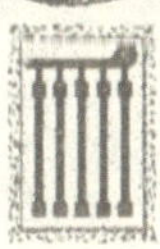	отливка (f) въ открытой песочной формѣ getto (m) in forme scoperte fundición (f) en moldes abiertos	4
Kastenguß (m) box-casting, casting moulded in the flask (produit:) fonte (f) coulée en châssis, (opération:) coulage (m) *ou* coulée (f) en châssis	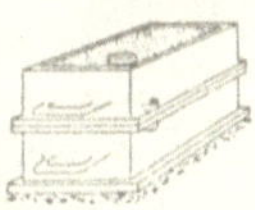	опочное литьё (n); отливка (f) въ опокахъ getto (m) in staffe fundición (f) en cajas	5
Sand[form]guß (m) sand-casting, casting in sand (opération:) coulage (m) *ou* coulée (f) en sable, (produit:) fonte (f) coulée en sable		отливка (f) въ пескѣ getto (m) in forme di sabbia fundición (f) en arena	6

1 Lehm[form]guß (m)
loam casting, loam mulded casting
(opération:) coulage (m) *ou* coulée (f) en argile, (produit:) fonte (f) coulée en argile

отливка (f) въ глинѣ
getto (m) in forme di argilla
fundición (f) en arcilla *ó* en moldes de barro

---

2 Stahlguß (m)
cast steel
acier (m) coulé

стальное литьё (n)
acciaio (m) fuso
acero (m) colado *ó* fundido, fundición (f) de acero

---

3 ausgeglühter Stahlguß (n)
annealed cast steel
acier (m) coulé recuit

отожжённое стальное литьё (n)
acciaio (m) fuso ricotto
fundicón (f) de acero recocida

---

4 Hartguß (m)
case hardened casting
fonte (f) trempée, fonte (f) durcie

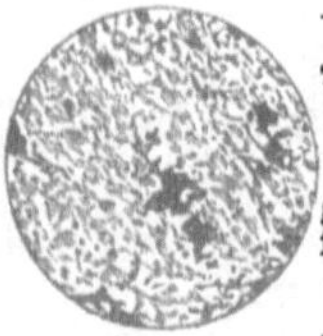

твёрдая *или* закалённая *или* отбѣлённая отливка (f); отливка съ закаленной корою
ghisa (f) indurita
fundición (f) endurecida *ó* dura

---

5 Schalenguß (m), Kokillenguß (m)
chilled casting
fonte (f) en coquille

отливка (f) въ изложницахъ *или* металлическихъ формахъ *или* кокиляхъ; кокильная отливка
getto (m) in conchiglia
fundición (f) en moldes

---

6 schmiedbarer [Eisen-]Guß (m), Temperguß (m)
malleable cast-iron
fonte (f) malléable *ou* forgeable

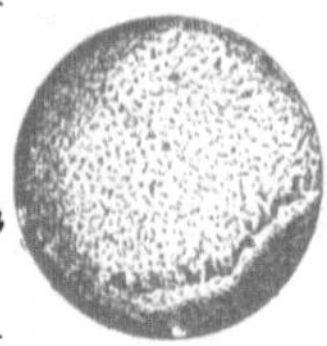

ковкій чугунъ (m)
ghisa (f) maleabile
hierro (m) fundido maleable, fundición (f) maleable

---

7 schmiedbares Eisen (f), Schmiedeeisen (f)
wrought-iron, malleable iron, forge-iron
fer (m) forgeable, fer (m) de forge

желѣзо (n)
ferro (m) fucinabile, ferro (m) di fucina, ferro (m) dolce
hierro (m) forjado, hierro (m) dulce *ó* maleable

---

8 Schweißeisen (n)
wrought-iron
fer (m) soudé [*ou* soudant]

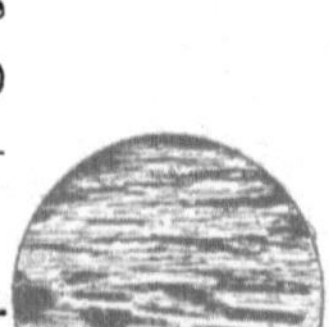

сварочное желѣзо (n)
ferro (m) saldato
hierro (m) dulce *ó* soldado

Puddeleisen (n)
puddled iron
fer (m) puddlé

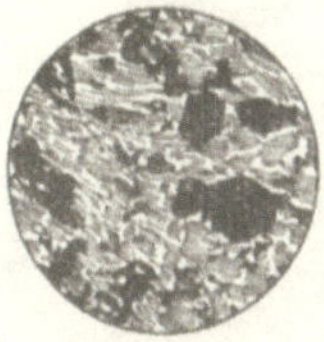

пудлинговое желѣзо (n)
ferro (m) pudellato 1
hierro (m) pudelado

Flußeisen (n)
mild steel
fer (m) homogène, fer (m) fondu [homogène]

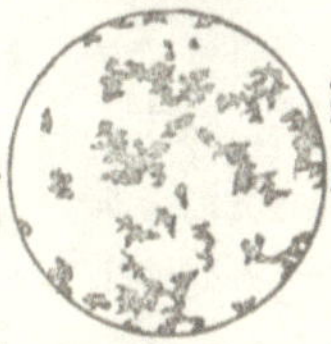

литое желѣзо (n)
ferro (m) fuso *o* omogeneo
hierro (m) dulce *ó* hierro (m) homogéneo de fusión 2

Bessemerflußeisen (n)
Bessemer mild steel
fer (m) [homogène] Bessemer

бессемеровское желѣзо (n)
ferro (m) fuso Bessemer 3
hierro (m) Bessemer

Thomasflußeisen (n), basisches Flußeisen (n)
Thomas mild steel, basic steel
fer (m) [homogène] Thomas

томасовское желѣзо (n)
ferro (m) fuso Thomas, ferro (m) fuso basico 4
hierro (m) Thomas *ó* básico

Siemens-Martin-Flußeisen (n)
Siemens-Martin mild steel, open hearth steel
fer (m) [homogène] Siemens-Martin

сименсъ-мартеновское литое желѣзо (n)
ferro (m) fuso Siemens-Martin 5
hierro (m) Siemens-Martin

Stahl (m)
steel
acier (m)

сталь (f)
acciaio (m)
acero (m) 6

Schweißstahl (m)
welding-steel
acier (m) soudé [*ou* soudant]

сварочная сталь (f)
acciaio (m) saldato 7
acero (m) soldado *ó* batido

1 Flußstahl (m)
hard *or* ingot-steel
acier (m) fondu [homogène], acier (m) homogène, acier (m) de fusion

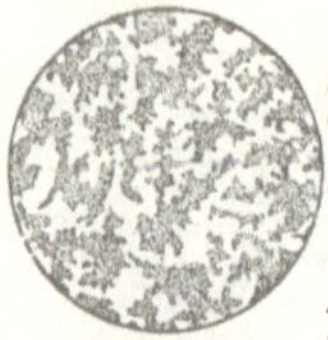

литая сталь (f)
acciaio (m) fuso *o* omogeneo
acero (m) de fusión, acero (m) fundido

---

2 Verbundstahl (m), Compoundstahl (m), weicher Stahl (m) mit harter Außenschicht
compound steel, case hardened soft steel
acier (m) compound, acier (m) doux à couche extérieure dure

сталь (f) компаундъ; сталь съ мягкой сердцевиной и твёрдою корою
acciaio (m) compound, acciaio (m) dolce con strato esterno indurito
acero (m) compound, acero dulce cementado

---

3 Tiegelstahl (m), Tiegelflußstahl (m)
crucible steel
acier (m) [fondu] au creuset

тигельная сталь (f)
acciaio (m) fuso al crogioli, acciaio (m) al crogiolo, getto (m) d'acciaio al crogiolo
acero (m) al crisol

---

4 Nickelstahl (m)
nickel steel
acier (m) au nickel, acier-nickel (m)

никкелевая сталь (f)
acciaio (m) al nichel
acero (m) níquel

---

5 Eisenblech (n)
iron-plate, sheet-iron
tôle (f) [de fer]

листовое желѣзо (n)
lamiera (f) di ferro
palastro (m) de hierro, plancha (f) de hierro, chapa (f) de hierro

---

6 Blechscher[maschin]e(f)
plate shearing-machine
cisailleuse (f) à tôle

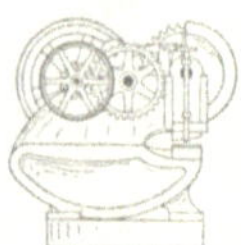

станокъ (m) *или* ножницы (f pl) для рѣзки желѣзныхъ листовъ; листовыя ножницы
cesoia (f) per lamiere
tijeras (f pl) mecánicas para chapa

---

7 Schwarzblech (n)
black sheet-iron, black iron-plate
tôle (f) [noire]

листовое желѣзо (чёрное)
lamiera (f) nera
palastro (m) negro

---

8 Weißblech (n)
tinned sheet-iron, tinplate, galvanised iron
ferblanc (m)

жесть (f)
lamiera (f) bianca *o* zincata (latta (f))
hoja (f) de lata

---

9 Grobblech (n)
thick plate *or* sheet
tôle (f) forte, grosse tôle (f)

толстое *или* кубовое листовое желѣзо (n)
lamiera (f) grossa
chapa (f) gruesa

Feinblech (n), Sturzblech (n)
thin plate, iron sheet
tôle (f) fine, tôle (f) mince

тонкое листовое желѣзо (n)
lamiera (f) fina
chapa (f) fina 1

Mantelschutzblech (n)
sheet lagging
tôle (f) pour enveloppes

желѣзо (n) для обшивки цилиндровъ
lamiere (f) per inviluppo di protezione
chapa (f) para envolturas 2

Formblech (n)
stamped *or* shaped plate
tôle (f) profilée, tôle (f) de forme spéciale

фасонное листовое желѣзо (n)
lamiera (f) stampata
chapa (f) perfilada *ó* de forma especial 3

Wellblech (n)
corrugated sheet-iron
tôle (f) ondulée

волнистое желѣзо (n)
lamiera (f) ondulata
chapa (f) ondulada 4

Bördelblech (n), umgebördeltes Blech (n), Krempblech (n), Kümpelblech (n)
flanged plate
tôle (f) à bord tombé *ou* rabattu, tôle (f) à bride *ou* à collet

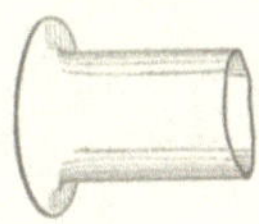

круглое листовое желѣзо (n) для днищъ; днищевое желѣзо (n)
lamiera (f) flangiata
chapa (f) rebordeada *ó* con borde vuelto *ó* con borde doblado 5

Behälterblech (n)
tank plate
tôle (f) pour réservoirs

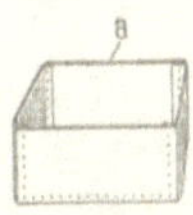

a

резервуарное желѣзо (n)
lamiera (f) per serbatoi
chapa (f) para tanques 6

Formeisen (n), Profileisen (n)
section iron, shaped iron, rolled sections (pl) structural iron
fer (m) profilé, profilé (m) de fer

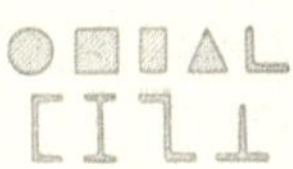

сортовое *или* профильное прокатное желѣзо (n)
ferro (m) profilato *o* sagomato
hierro (m) perfilado 7

Normalprofil (n)
standard section
profil (m) normal

нормальный профиль (m)
profilo (m) normale
pérfil (m) calibre *ó* normal 8

Belageisen (n)
trough iron
fer (m) Zorès

желѣзо (n) Зоресъ
ferro (m) Zorés
hierro (m) Zorés 9

Flacheisen (n)
flat bar-iron, flat bar
fer (m) plat

плоское *или* полосовое желѣзо (n)
ferro (m) piatto
hierro (m) plano 10

1	Bandeisen (n) hoop iron fer (m) feuillard, feuillard (m) de fer		обручное *или* шинное желѣзо (n) reggia (f), ferro (m) a nastro hierro (m) de llanta, llanta (f) de hierro, hierro (m) pasamanos
2	Stabeisen (n), Stangeneisen (n) bar-iron, iron-bar fer (m) en barres	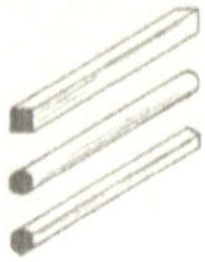	брусковое желѣзо (n) ferro (m) in barre, ferro (m) in verghe barra (f) de hierro, hierro (m) en barras
3	Rundeisen (n) round bar-iron, round iron, round bar fer (m) rond		круглое желѣзо (n) ferro (m) tondo hierro (m) redondo
4	Quadrateisen (n) square iron, square bar fer (m) carré		квадратное желѣзо (n) ferro (m) quadro hierro (m) cuadrado
5	Winkeleisen (n) angle-iron, angle bar cornière (f) de fer, fer (m) cornière		угловое желѣзо (n); угольникъ (m) ferro (m) ad angolo hierro (m) angular *ó* en escuadra, ángulo (m)
6	Trägereisen (n) girder iron fer (m) à poutres	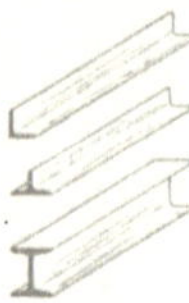	балочное желѣзо (n) ferro (m) per trave hierro (m) para vigas
7	T-Eisen (n) T-iron fer (m) [en] T		тавровое желѣзо (n) ferro (m) a T hierro (m) T *ó* en T
8	Doppel-T-Eisen (n), I-Eisen (n) double T-iron, I-iron fer (m) en I, fer (m) [en] double T		двутавровое желѣзо (n) ferro (m) a doppio T, ferro (m) a I hierro (m) doble T, hierro (m) I *ó* en I
9	U-Eisen (n) U-iron, channel iron fer (m) [en] U		швелерное *или* корытное *или* корытообразное желѣзо (n); U-образное желѣзо ferro (m) ad U hierro (m) U *ó* en U
10	Z-Eisen (n) Z-iron fer (m) [en] Z		Z-образное *или* зетовое желѣзо (n) ferro (m) a Z hierro (m) Z *ó* en Z
11	Kupferblech (n) copper sheet feuille (f) *ou* tôle (f) de cuivre		листовая мѣдь (f); мѣдный листъ (m) lamiera (f) di rame chapa (f) de cobre

Stangenkupfer (n) bar copper cuivre (m) en barres		мѣдь (f) въ штыкахъ; штыковая мѣдь rame (m) in barre barra (f) de cobre	1
Aluminiumlegierung (f) aluminium alloy alliage (m) d'aluminium		сплавъ (m) алюминія lega (f) di alluminio aleación (f) de aluminio	2
Weißmetall (n) white metal, Babbit metal métal (m) blanc *ou* antifriction	$Cu + Sb + Sn$	бѣлый металлъ (m) *или* сплавъ (m); бабитъ (m) metallo (m) bianco metal (m) blanco	3
Messing (n), Gelbguß (m) brass laiton (m), cuivre (m) jaune	$Cu + Zn$	латунь (f); жёлтая мѣдь (f) ottone (m) latón (m)	4
Bronze (f) bronze bronze (m)	$Cu + Sn$	бронза (f) bronzo (m) bronce (m)	5
Rotguß (m) gunmetal, red bronze bronze (m) rouge		бронзовая отливка (f) bronzo (m) rosso bronce (m) rojo	6
Phosphorbronze (f) phosphor bronze bronze (m) phosphoreux	$Cu + Sn + P$	фосфористая бронза (f) bronzo (m) fosforoso bronce (m) fosforoso *ó* fosfórico	7
Nickellegierung (f) nickel alloy alliage (m) de nickel		сплавъ (m) никкеля; никкелевый сплавъ lega (f) di nichel aleación (f) de níquel	8
Deltametall (n) delta metal métal (m) delta, delta (m)	$Cu + Zn + Fe$	дельта-металлъ (m) metallo (m) delta metal (m) delta	9
Draht (m) wire fil (m) [métallique]	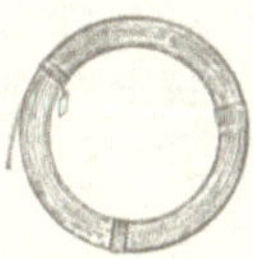	проволока (f) filo (m) metallico alambre (m)	10
Eisendraht (m) iron wire fil (m) de fer		желѣзная проволока (f) filo (m) di ferro alambre (m) de hierro	11
verzinnter Draht (m) tinned wire fil (m) étamé		лужёная проволока (f) filo (m) stagnato alambre (m) estañado	12
verzinkter Draht (m) galvanised wire fil (m) galvanisé, fil (m) zingué		оцинкованная проволока (f) filo (m) zincato alambre (m) galvanizado	13
Stahldraht (m) steel wire fil (m) d'acier		стальная проволока (f) filo (m) di acciaio alambre (m) de acero	14

Kupferdraht (m)
1 copper wire
fil (m) de cuivre

мѣдная проволока (f)
filo (m) di rame
alambre (m) de cobre

Messingdraht (m)
2 brass wire
fil (m) de laiton

латунная проволока (f)
filo (m) di ottone
alambre (m) de latón

Dichtungsmaterial (n)
3 packing material, packing
garniture (f) de joint

прокладочный матеріалъ (m)
materiali (m) di guarnizione *o* di tenuta
material (m) para guarnición *ó* empaquetadura

Gummi (n)
4 rubber
caoutchouc (m)

резина (f); каучукъ (m)
gomma (f), caucciù (m)
goma (f), caucho (m)

Hanf (m)
5 hemp
chanvre (m)

пенька (f)
canape (f)
cáñamo (m)

Asbest (m)
6 asbestos
asbeste (m), (variété blanche:) amiante (m)

азбестъ (m)
asbesto (m), amianto (m)
asbesto (m), amianto (m)

Vulkanasbest (m)
vulcanised asbestos
7 asbeste (m) *ou* amiante (m) vulcanisé, vulcanasbeste (m)

вулканизированный азбестъ (m)
amianto (m) vulcanizzato, vulcanite (f)
asbesto (m) vulcanizado

Vulkanfiber (f)
8 vulcanised fibre
fibre (f) vulcanisée

вулканизированная фибра (f)
fibra (f) vulcanizzata
fibra (f) vulcanizada

Leder (n)
9 leather
cuir (m)

кожа (f)
cuoio (m)
cuero (m)

Kitt (m)
10 putty
mastic (m), lut (m)

замазка (f); мастика (f)
mastice (m)
cemento (m)

[Blei-]Mennige (f)
11 red lead
minium (m) [de plomb]

$Pb_3 O_4$

surикъ (m)
biacca (f)
minio (m)

Talg (m)
12 tallow
suif (m)

сало (n)
sego (m)
sebo (m)

Materialeigenschaft (f)
13 properties of materials
propriété (f) des matériaux

свойство (n) матеріаловъ
proprietà (f) dei materiali
propriedades (f pl) de los materiales

Weichheit (f) softness douceur (f) (métaux)	мягкость (f) dolcezza (f) blandura (f), suavidad (f)	1
Härte (f) hardness dureté (f)	твёрдость (f) durezza (f) dureza (f)	2
Zähigkeit (f) toughness tenacité (f), ténacité (f)	вязкость (f); тягучесть (f) tenacità (f) tenacidad (f)	3
zäh (adj) tough (adj) tenace (adj)	вязкій; тягучій duro (agg) tenaz (adj)	4
Sprödigkeit (f) brittleness fragilité (f)	хрупкость (f) fragilità (f), crudezza (f) fragilidad (f)	5
spröde (adj) friable (adj), brittle (adj) (par propriété naturelle:) cassant (adj), fragile (adj), sec (adj), (par présence de soufre, phosphore, antimoine etc.:) aigre (adj)	хрупкій fragile (agg), crudo (agg) quebradizo (adj), agrio (m)	6
brüchig (adj) brittle (adj) pailleux (adj), cendreux (adj), (cassant à chaud:) rouverin (adj)	ломкій fragile (agg), facile (agg) a rompere frágil (adj)	7
kaltbrüchig (adj) cold short (adj) tendre (adj), cassant (adj) à froid	хладноломкій fragile (agg) a freddo frágil (adj) en frío	8
Materialprüfung (f) testing of materials épreuve (f) *ou* essai (m) des matériaux	испытаніе (n) матеріаловъ prova (f) dei materiali prueba (f) *ó* ensayo (m) de los materiales	9
Abnahme (f) der Materialien acceptance of materials réception (f) [*ou* recette (f)] des matériaux	пріёмка (f) матеріаловъ ricezione (f) dei materiali recepción (f) de los materiales	10
Materialfehler (m) defect in material vice (m) de matière, défaut (m) dans la matière	порокъ (m) матеріала difetto (m) dei materiali defecto (m) del material	11
Prüf[ungs]maschine (f), Probiermaschine (f) testing machine machine (f) à essayer les matériaux, machine (f) d'essai pour les matériaux	машина (f) для испытанія матеріаловъ macchina (f) per provare i materiali máquina (f) para ensayar materiales	12

1 Probe (f), Versuchstück (n)
test-piece, sample
éprouvette (f), échantillon (m)

образецъ (m); пробный кусокъ (m)
provino (m), provetta (f), saggio (m) di prova
muestra (f), pieza (f) de ensayo

---

2 Prüfungszeugnis (n), Befundbericht (m)
test certificate
certificat (m) d'épreuve *ou* d'essai

удостовѣренie въ испытанiи; свидѣтельство (n) *или* отчётъ (m) объ испытанiи
relazione (f) sulla prova
certificado (m) del ensayo

---

3 Zerreißmaschine (f), Zugfestigkeitsprüfmaschine (f)
machine for testing tensile strength
machine (f) d'essai [des matériaux] à la traction

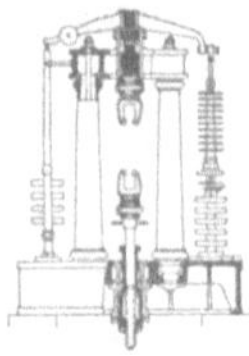

машина (f) для испытанiя матерiаловъ на разрывъ
macchina (f) per provare i corpi allo strappamento *o* alla trazione
máquina (f) para probar los cuerpos á la tracción

---

4 Zugfestigkeit (f), Zerreißfestigkeit (f)
tensile strength, resistance to tensile stress
résistance (f) à la traction

сопротивленie (f) разрыву
resistenza (f) alla trazione
resistencia (f) á la tracción

---

5 Druckfestigkeit (f)
compressive strength, elasticity of compression, resistance to compressive stress
résistance (f) à la compression

сопротивленie (n) сжатiю
resistenza (f) alla compressione
resistencia (f) á la compresión

---

6 Bruchlast (f)
breaking load
charge (f) de rupture

разрушающая *или* ломающая *или* разрывающая нагрузка (f)
carico (m) *o* sforzo (m) di rottura
carga (f) de rotura

---

7 Bruchdehnung (f)
strain of ultimate tenacity, elongation at rupture
allongement (m) de rupture

удлиненie (n) при разрывѣ
allungamento (m) di rottura
alargamiento (m) *ó* dilatación (f) de rotura

---

8 Dehnungszahl (f)
coefficient of elongation
coefficient (m) d'allongement

$$\alpha = \frac{\varepsilon}{\sigma}$$

коеффицiентъ (m) растяженiя
coefficiente (m) di allungamento
coeficiente (m) de dilatación *ó* de alargamiento

---

9 Festigkeit (f)
strength
résistance (f)

прочность (f); крѣпость (f)
resistenza (f)
resistencia (f)

Festigkeitsberechnung (f)
calculation of strength
calcul (m) de résistance

расчётъ (m) на прочность
calcolo (m) della resistenza 1
cálculo (m) de la resistencia

Elastizität (f)
elasticity
élasticité (f)

упругость (f); эластичность (f) 2
elasticità (f)
elasticidad (f)

Form[ver]änderung (f), Deformation (f)
deformation
déformation (f)

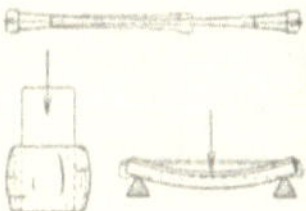

деформація (f); измѣненіе (n) формы 3
deformazione (f)
deformación (f)

Beanspruchung (f), Inanspruchnahme (f)
stress
effort (m) [auquel une pièce est soumise *ou* subi par une pièce], travail (m) [auquel les matériaux sont soumis]; (en considérant la répétition ou la durée des efforts:) fatigue (f) [des matériaux]

напряженіе (n) матеріала
carico (m), sforzo (m) 4
esfuerzo (m), carga (f), trabajo (m) [de un cuerpo]

Spannung (f) in kg : cm²
intensity of stress
tension (f) en kg : cm²

напряженіе (n) въ килограммахъ на квадратный сантиметръ 5
tensione (f) in kg : cm²
tensión (f) en kgs por cm²

Kraft (f)
force (f)
force (f), effort (m)

P

сила (f)
forza (f), sforzo (m) 6
fuerza (f)

Biegebeanspruchung (f), Beanspruchung (f) auf Biegung
bending *or* transverse stress
effort (m) *ou* travail (m) de flexion [auquel les matériaux sont soumis]

изгибающее усиліе (n); подвергнуть изгибу 7
carico (m) di flessione
esfuerzo (m) de flexión

Biegemoment (n), biegendes Moment (n)
bending moment, moment of flexure
moment (m) de flexion, moment (m) fléchissant

$P \cdot a$

изгибающій моментъ (m) 8
momento (m) flettente
momento (m) de flexión

Widerstandmoment (n)
moment of resistance
moment (m) de résistance, moment (m) résistant

W

моментъ (m) сопротивленія
momento (m) di resistenza, momento (m) resistente 9
momento (m) resistente

1 Trägheitsmoment (n)
moment of inertia
moment (m) d'inertie

J

моментъ (m) инерціи
momento (m) d'inerzia
momento (m) de inercia

---

2 Drehbeanspruchung (f), Beanspruchung (f) auf Verdrehen, Torsionsbeanspruchung (f)
torsional stress
effort (m) *ou* travail (m) de torsion [auquel une pièce est soumise]

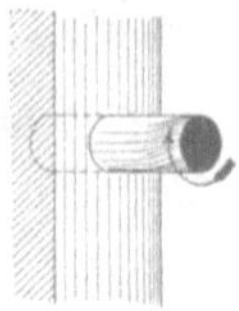

напряженіе (n) крученія; подвергнуть крученію *или* скручиванію
carico (m) di torsione
esfuerzo (m) de torsión

---

3 Drehmoment (n), Torsionsmoment (n)
twisting moment, turning moment, moment of torsion
moment (m) de torsion

крутящій *или* скручивающій моментъ (m); моментъ крученія
momento (m) di torsione
momento (m) de torsión

---

4 Schubbeanspruchung (f), Scherbeanspruchung (f)
shearing stress
effort (m) *ou* travail (m) de cisaillement

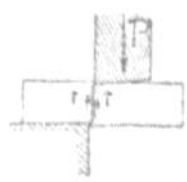

напряженіе (n) срѣзыванія *или* сдвига; напряженіе на срѣзываніе *или* на сдвигъ
carico (m) di scorrimento *o* di recisione
esfuerzo (m) cortante

---

5 Knickfestigkeit (f)
resistance to buckling, resistance to axial compression
résistance (f) au flambage

сопротивленіе (n) продольному изгибу
resistenza (f) dei corpi caricati in punta
resistencia (f) á la rotura por flexión *ó* por compresión axial

---

6 **Fabrikation**
Manufacture
Construction

Изготовленіе
Fabbricazione
Fabricación

---

7 Maschinenfabrik (f), Maschinenbauanstalt (f)
engineering works (pl), machine-shops (pl)
atelier (m) de construction de machines, atelier (m) de construction[s] mécanique[s]

машиностроительный заводъ (m)
fabbrica (f) di macchine, officina (f) per costruzione meccaniche
taller (m) de construcción de máquinas

---

8 Werkstatt (f)
workshop, workroom, shop
atelier (m)

мастерская (f)
officina (f), stabilimento (m)
taller (m)

---

9 Maschineningenieur (m)
mechanical engineer
ingénieur-mécanicien (m)

инженеръ-механикъ (m); инженеръ-машиностроитель (m)
ingegnere (m) meccanico
ingeniero (m) mecánico

Meister (m)
foreman
maître (m), contremaî-
tre (m)

мастеръ (m)
maestro (m), capo-ope-
raio (m) 1
maestro (m), contra-
maestre (m)

Werkführer (m)
foreman, superinten-
dent (A)
chef (m) d'atelier

завѣдующій (m) мастер-
скими
capo-officina (m)
primer (m) oficial, maes- 2
tro (m), jefe (m) de
taller

Maschinenschlosser (m),
Maschinenbauer (m)
fitter
ajusteur (m), mécani-
cien (m)

заводской слесарь (m);
механикъ (m)
meccanico (m) 3
montador (m), ajustador
(m)

Schlosserei (f), Schlosser-
werkstatt (f)
fitter's shop
atelier (m) d'ajustage

слесарня (f); слесарная
мастерская (f)
fucina (f), officina (f) da 4
fabbro
taller (m) mecánico

Schlosser (m)
fitter
mécanicien (m)

слесарь (m)
fabbro-meccanico (m)
mecánico (m), cerrajero 5
(m)

Schlosserwerkzeug (n)
fitter's tools
outil (m) de mécanicien

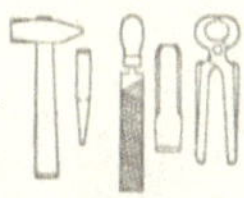

слесарный инстру-
ментъ (m)
utensile (m) da fucina 6
herramienta (f) del me-
cánico

Schraubstock (m)
vice, bench vice, screw
vice
étau (m)

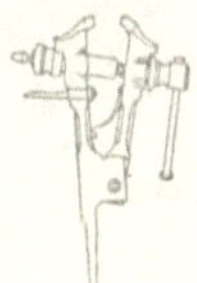

тиски (m pl)
morsa (f) 7
tornillo (m) de banco

Zange (f)
tongs (pl), pliers (pl)
pince (f)

клещи (f pl)
tenaglia (f) 8
tenazas (f pl)

Feilkloben (m), Hand-
kloben (m)
hand-vice
étau (m) à main

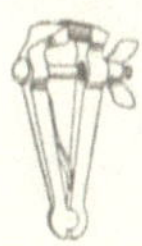

ручные тиски (m pl)
morsetto (m) (a mano) 9
tornillo (m) de mano,
entenallas (f pl)

---

feilen (v)
to file
limer (v)

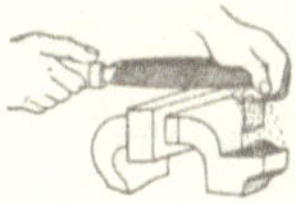

пилить
limare (v) 10
limar (v)

Feile (f)
1 file
lime (f)

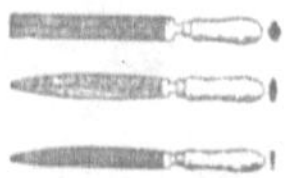

напилокъ (m); слесарная пила (f) напильникъ (m); подпилокъ (m)
lima (f)
lima (f)

---

aufreiben (v)
to enlarge with the reamer, to ream, to broach
2 aléser (v)

развёртывать
alesare (v)
escariar (v)

Reibahle (f)
3 reamer, broach, rymer, rimer
alésoir (m)

развёртка (f); рейбалъ (m)
alesatore (m), allargatoio (m)
escariador (m)

---

hämmern (v)
to hammer
4 marteler (v), malléer (v), travailler (v) au marteau

работать молоткомъ
battere (v) al martello
martillar (v)

Hammer (m)
5 hammer
marteau (m)

молотокъ (m)
martello (m)
martillo (m)

---

meißeln (v)
to chip, to chisel
6 buriner (v), ciseler (v), travailler (v) au burin *ou* ciseau

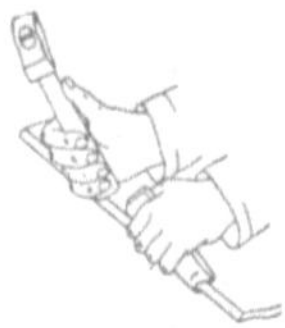

рубить зубиломъ
scalpellare (v)
cincelar (v); escoplear (v) (madera)

Meißel (m)
chisel
7 burin (m), ciseau (m), tranche (f)

зубило (n)
scalpello (m)
cortafrio (m), cincel (m), escoplo (m) (para madera)

---

ankörnen (v)
to mark with the centre punch (centerpunch A), to centrepunch
8 pointer (v), marquer (v) au pointeau, amorcer (v) [un trou] au pointeau

накерн-ить(-ять); отмѣтить (-чать) кернеромъ *или* керномъ
segnare (v) col punteruolo
trazar (v) *ó* marcar (m) con el punzón

[durch]lochen (v)
to pierce, to punch
9 percer (v), perforer (v), (au poinçon:) poinçonner (v)

пробить (-вать) отверстіе
(per)forare (v), bucare (v)
taladrar (v), perforar (v)

Körner (m), Ankörner (m) centre (center A) punch, prick punch (A) pointeau (m)	 a	кернеръ (n); керно (n) punta (f), punteruolo (m) punzón (m)	1
Durchschlag (m), Locher (m), Lochstanze (f) piercer, punch poinçon (m)		пробойникъ (m); б[о]родокъ (m) punzone (m) punzón (m), taladro (m)	2
[gerade] richten (v), ausrichten (v) to dress, to straighten dresser (v), redresser (v)		выправ-ить (-лять); выпрям-ить (-лять) drizzare (v), spianare (v) enderezar (v)	3
Richtplatte (f) surface plate marbre (m) [à dresser]	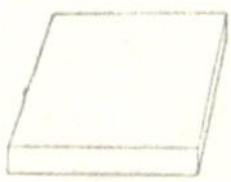	прави́льная плита (f); рихтовальная плита tavola (f) per drizzare, superficie (f) piana plancha (f) ó mármol (m) para enderezar	4
[sich] verziehen (v), [sich] werfen (v) to warp gauchir (v), se déformer (v), se fausser (v), (d'objets plats, tôles, etc. aussi:) se voiler (v)		перекоситься, перекашиваться; покоробиться contorcersi (v), deformarsi (v) ladearse (v), torcerse (v), falsearse (v), alabearse (v)	5
Schmiede (f) forge, smithy, smith's shop forge (f)		кузница (f) fucina (f) herrería (f), forja (f), fragua (f)	6
Schmied (m) smith forgeron (m)		кузнецъ (m) fucinatore (m), fabbro (m) oficial (m) de fragua, herrero (m)	7
schmieden (v) to forge, to hammer out forger (v)	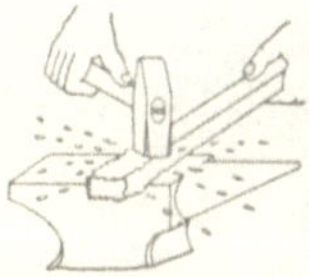	ковать; выковать, выковывать foggiare (v) a martello, fucinare (v) forjar (v)	8
Blasebalg (m) bellows (pl), pair of bellows soufflet (m)		кузнечные мѣха (m pl) mantice (m) da fucina fuelle (m)	9
Amboß (m) anvil enclume (f)	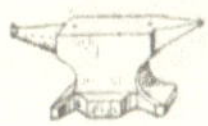	наковальня (f) incudine (f) yunque (m)	10

1	Dampfhammer (m) steam hammer marteau (m) à vapeur (fig:) marteau-pilon (m)		паровой молотъ (m) maglio (m) a vapore martillo (m) ó martinete (m) de vapor, martillo (m) pilón
2	Schmiedepresse (f) forging press presse (f) à forger	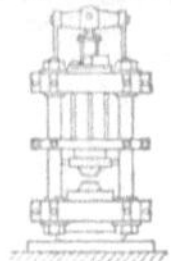	кузнечный прессъ (m) pressoio (f) da fucina prensa (f) de forja
3	strecken (v) to draw out, to stretch out, to lengthen étirer (v)		вытягивать tirare (v), distendere (v) estirar (v)
4	stauchen (v) to upset, to jump up refouler (v), aplatir (v), écraser (v)	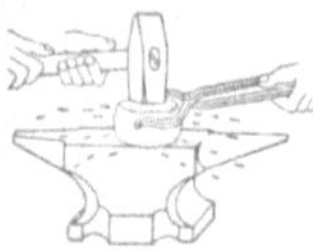	сплющивать; расковать, расковывать; осаживать ricalcare (v) recalcar (v)
5	schweißen (v) to weld souder (v) [au feu], souder (v) [à la chaude soudante]		сварить, сваривать saldare (v), bollire (v) soldar (v)
6	Schweißung (f) welding soudage (m) [au feu], soudage (m) [à la température soudante]		сварка (f) bollitura (f), saldatura (f) soldadura (f)
7	Schweißhitze (f), Schweißtemperatur (f) welding heat chaleur (f) *ou* chaude (f) soudante *ou* suante, température (f) soudante		сварочный жаръ (m); сварочная температура (f) calore (m) di bollitura calor (m) soldante
8	Schweißstelle (f) weld soudure (f), endroit (m) soudé (à la température soudante du métal)	a	мѣсто (n) сварки punto (m) di bollitura soldadura (f), lugar (m) de soldadura
9	Schweißnaht (f) welded joint soudure (f) (effectuée par soudage à la température soudante du métal)		сварочный шовъ (m) linea (f) di bollitura *o* saldatura (f) soldadura (f)
10	Gießerei (f) foundry fonderie (f)		литейная (f) fonderia (f) fundición

Deutsch / English / Français		Русскій / Italiano / Español	
Gießer (m) ironfounder, moulder, molder (A) fondeur (m)		литейщикъ (m) fonditore (m) fundidor (m)	1
gießen (v) to cast couler (v)		лить; отлить, отливать fondere (v) fundir (v)	2
Guß (m) casting fonte (f)		литьё (n); отливка (f) getto (m) fundición (f)	3
Gußmodell (n) pattern modèle (m) de fonderie	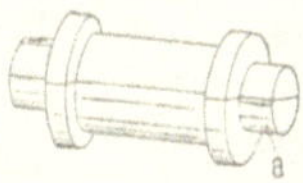	модель (f) [для отливки] modello (m) modelo (m)	4
Kernmarke (f) core mark, core print marque (f) du noyau	a	знакъ (m) для сердечника; стержневой знакъ portata (f) dell'anima marca (f) del macho	5
Putzloch (n), Kernloch (n) core hole trou (m) de dessablage	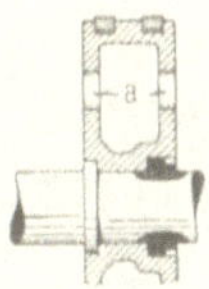 a	отверстіе (n) для прочистки *или* простановки стержня; отверстіе (n) для удаленія шишки *или* формовой земли foro (m) di comunicazione coll' anima (per pulire il getto) agujero (m) para desarenar	6
Schwinden (n) des Gußstückes shrinking of the casting retrait (m) de la pièce de fonte		усадка (f) отливки contrazione (f) e deformazione (f) del getto contracción (f) de la fundición	7
undichter Guß (m), poröser Guß (m) porous casting fonte (f) poreuse	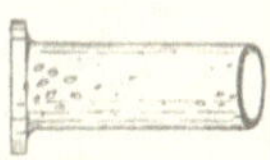	пористая отливка (f) getto (m) non sano *o* poroso fundición (f) porosa	8
blasiger Guß (m) blistered casting, casting with blow holes fonte (f) à soufflures *ou* présentant des soufflures		отливка (f) съ газовыми пузырьками getto (m) soffiato fundición (f) con ampollas *ó* burbujas	9
Lunker (m) pipe, piping, shrinking hole retassure (f), retirure (f); (dans l'acier trempé, etc :) tapure (f)		усадочная раковина (f) утяжина (f) ritiro (m), soffiatura (f) merma (f), oquedad (f) en el acero	10
Gußspannung (f) stresses set up in cooling tension (f) dans la fonte		внутреннее напряженіе (n) въ отливкѣ tensione (f) interna del getto tensión (f) en la fundición	11

1 spannungsfreier Guß (m)
casting without internal stresses due to cooling
fonte (f) sans tensions internes

отливка (f), свободная отъ внутреннихъ напряженій
getto (m) senza tensioni interne
fundición (f) sin tensiones interiores

---

2 Bearbeitungswerkstatt (f)
machine shop
atelier (m) d'usinage

механическая мастерская (f)
officina (f) di lavorazione (dei getti greggi)
taller (m) mecánico

---

3 Bearbeitung (f)
finishing, machining, tooling
usinage (m), façonnage (m), mise (f) en œuvre, travail (m)

обработка (f)
lavorazione (f)
trabajo (m), confección (f)

---

4 Bearbeitungszuschlag (m)
allowance for machining
surépaisseur (f) pour l'usinage

прибавка (f) на обработку
lavorazione (f) addizionale
adición (f) para el trabajo *ó* la confeccion

---

5 bohren (v), durchbohren (v)
to bore, to drill
forer (v) [un trou dans...], perforer (v) [qc.], percer (v) au foret

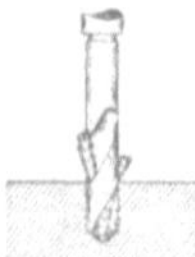

сверлить; просверли-ть (-вать)
trapanare (v), forare (v), bucare (v)
taladrar, (v), barrenar (v), agujerear (v)

---

6 Bohrmaschine (f)
boring-machine, drilling-machine, drill-press
perceuse (f), foreuse (f), machine (f) à forer, machine (f) à percer

сверлильный станокъ (m)
trapanatrice (f), trapano (m), macchina (f) per forare
perforadora (f), máquina (f) de taladrar, máquina (f) de barrenar

---

7 Spitzbohrer (m)
flat drill
foret (m) *ou* mèche (f) à langue d'aspic

перовое сверло (n) *или* перка (f); обыкновенное сверло (n)
punta (f) comune da trapano
broca (f) [ordinaria]

---

8 Spiralbohrer (m)
twist drill
foret (m) hélicoïdal *ou* héliçoïdal *ou* américain, mèche (f) hélicoïdale *ou* héliçoïdale *ou* américaine

спиральное *или* американское сверло (n)
punta (f) a spirale *o* americana
broca (f) salomónica

drehen (v) to turn tourner (v), façonner (v) au tour		точить; обточить, обтачивать tornire (v) tornear (v)	1
Dreher (m) turner, lathe hand tourneur (m)		токарь (m) tornitore (m) tornero (m)	2
Drehbank (f) lathe, turner's lathe tour (m)		токарный станокъ (m) tornio (m) torno (m)	3
Support (m), Werkzeugschlitten (m) slide rest support (m)	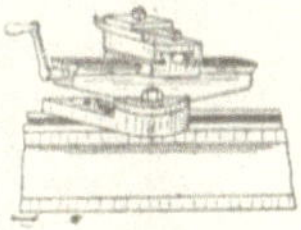	суппортъ (m) sopporto (m), coppaia (f) soporte (m)	4
Planscheibe (f) face plate plateau (m) de tour	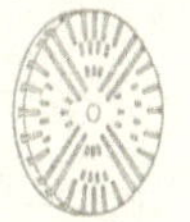	планшайба (f) disco (m) del tornio plato (m) del torno	5
Drehbankfutter (n) chuck, lathe chuck mandrin (m) de tour	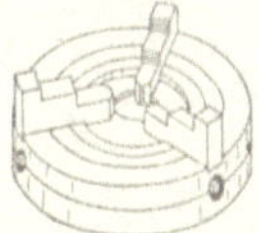	патронъ (m) токарнаго станка mandrino (m) da tornio mandril (m) del torno	6
Reitstock (m) headstock poupée (f) de tour	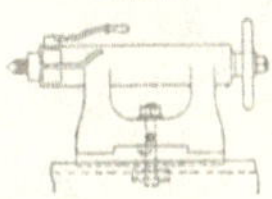	задняя бабка (f) coppaia (f) mobile, contropunta (f) contrapunta (f)	7
Revolver[dreh]bank (f), Form(Fasson)drehbank (f) capstan *or* turret lathe tour (m) [à] revolver	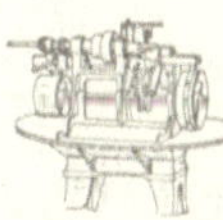	револьверный [токарный] станокъ (m) tornio (m) a revolver torno (m) revolver	8
hobeln (v) to plane raboter (v)	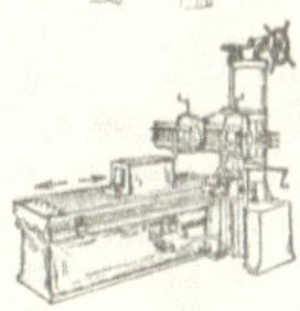	строгать piallare (v) acepillar (v), cepillar (v)	9
Hobelmaschine (f) planing machine, planer (A) raboteuse (f), machine (f) à raboter	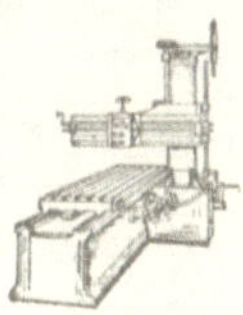	строгальный станокъ (m) piallatrice (f), macchina (f) per piallare cepilladora (f), máquina (f) de cepillar	10

1	Feilmaschine (f), Shapingmaschine (f), Querhobelmaschine (f) shaping machine, shaper (A) étau-limeur (m), [machine (f) à shéper]		шэпингъ (m); поперечно-строгальный станокъ (m); самосуйка (f) limatrice (f), macchina (f) per limare limadora (f)
2	Nutstoßmaschine (f) slotting machine, slotter mortaiseuse-raineuse (f), mortaiseuse (f) à faire les rainures		долбёжный станокъ (m) stozzatrice (f), macchina (f) per fare scanalature máquina (f) de escoplear ranuras
3	fräsen (v) to mill fraiser (v)	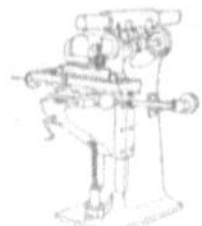	фрезеровать, шарошевать fresare (v) fresar (v)
4	Fräsmaschine (f) milling machine fraiseuse (f), machine (f) à fraiser		фрезерный *или* шарошечный станокъ (m) fresatrice (f), macchina (f) per fresare máquina (f) de fresar, fresadora (f)
5	Fräser (m) milling cutter fraise (f)		фрезеръ (m); шарошка (f) fresa (f) fresa (f)
6	schleifen (v) to grind roder (v); (à la meule:) meuler (v), roder (v) *ou* user (v) à la meule; (un outil:) affûter (v), affiler (v), émoudre (v)		шлифовать; точить arrotare (v) afilar (v), amolar (v)
7	Schleifmaschine (f) grinding machine meuleuse (f), machine (f) à meuler	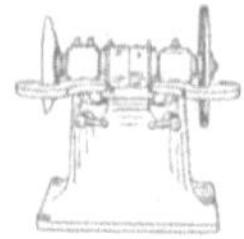	точильный *или* шлифовальный станокъ (m) arrotatrice (f), machina (f) per arrotare máquina (f) de afilar
8	abschmirgeln (v) to grind with emery meuler (v) à l'émeri (c. à d. avec la meule), roder (v) *ou* user (v) à l'émeri (c. à d. avec la poudre)		шлифовать *или* стачивать наждакомъ smerigliare (v), rettificare (v) esmerilar (v)
9	polieren (v) to polish, to buff polir (v)		полировать brunire (v), polire (v) pulir (v)

IV.

Konstruktion der Verbrennungsmaschinen

Construction of Internal Combustion Engines

Construction des Moteurs à Combustion

Конструкція Двигателей Внутренняго Сгоранія

Costruzione dei Motori a Combustione

Construcción de los Motores de Combustión

Ständer und Rahmen
Engine Bed and Frame
Bâti et Châssis
Станины и Рамы
Incastellatura ed Intelaiatura 1
Pedestal y Bastidor

Gestell (n), Ständer (m)
engine bed
bâti (m)
станина (f)
incastellatura (f)
bastidor (m), pedestal (m), soporte (m), armazón (m) 2

Kleinmotorengestell (n)
bed for small engine
bâti (m) de petit moteur
станина (f) для малыхъ *или* мелкихъ двигателей
incastellatura (f) per piccoli motori 3
pedestal (m) para motores pequeños

Bockgestell (n), Gestell (n) für Bockmotor
bed for vertical engine
bâti (m) de moteur vertical à arbre supérieur

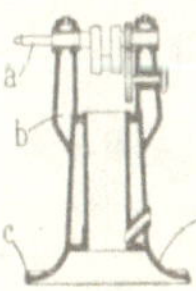

станина (f) для обратныхъ вертикальныхъ двигателей [т. е. двигателей съ кореннымъ валомъ, расположеннымъ выше цилиндра] 4
incastellatura (f) a forcella con albero posto in alto
bastidor (m) vertical para motor de manivela colocada en alto

---

Gabelgestell (n)
forked engine bed
bâti (m) à fourche
вильчатая станина (f)
incastellatura (f) a forcella 5
bastidor (m) en forma de horquilla

---

a

oben gelagerte Kurbelwelle (f)
crank shaft over cylinder
arbre (m) coudé *ou* arbre (m) vilebrequin supérieur
сверху расположенный коренной валъ (m)
albero (m) a manovella posto in alto 6
eje (m) cigüeñal colocado en alto

1	Lagerarm (m) bearing bracket bras (m) de palier	b	стойка (f) *или* ножка (f) подшипника braccio (m) del sopporto brazo (m) de soporte
2	Grundplatte (f) base plate plaque (f) de fondation	c	основная плита (f) piastra (f) di fondazione placa (f) de cimentación
3	parabelförmige Fußkurve (f) parabolic curve of base courbe (f), parabolique de la base	d	параболическая кривая (f) подошвы curva (f) di raccordo parabolica curva (f) de unión parabólica
4	zylindrisches Bockgestell (n) cylindrical engine bed socle (m) cylindrique		цилиндрическая станина (f) для обратныхъ вертикальныхъ двигателей incastellatura (f) a forcella cilindrica bastidor (m) vertical cilíndrico para motor de manivela colocada en alto
5	prismatisches Bockgestell (n) prismatic engine bed socle (m) prismatique		призматическая станина (f) для обратныхъ вертикальныхъ двигателей incastellatura (f) a forcella prismatica bastidor(m) vertical prismático para motor de manivela colocada en alto
6	Kastengestell (n) box-pattern engine bed bâti (m) fermé, bâti (m) [formant] carter	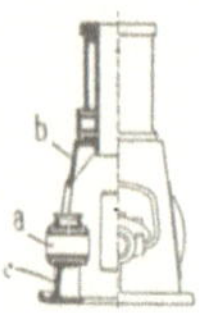	коробчатая станина (f) для вертикальныхъ двигателей прямого типа incastellatura (f) inviluppante bastidor (m) de caja
7	Gestellwand (f) wall of engine bed paroi (f) du bâti	b	стѣнка (f) станины parete (f) dell'incastellatura pared (f) del bastidor
8	Kurbellagerfuß (m) foot of crank shaft bearing pied(m) de palier d'arbre coudé	c	подушка (f) *или* ножка (f) коренного подшипника piede (m) del sopporto di manovella pie (m) del soporte para el cojinete del eje cigüeñal
9	Einkaps[e]lung (f) des Getriebes casing of the running gear boîte (f) *ou* carter (m) du mécanisme		помѣщеніе (n) передаточнаго механизма въ закрытой камерѣ scatola (f) *o* capsula (f) del meccanismo caja (f) *ó* cárter (m) del engranaje

Kurbelkasten (m), Kurbelkammer (f)
crank case *or* chamber
boîte (f) *ou* carter (v) de la manivelle

a

коробка (f) *или* камера (f) кривошипа
cassa (f) *o* camera (f) della manovella 1
caja (f) *ó* cárter (m) del eje cigüeñal

---

doppelbalkiges A-Gestell (n)
double column A shaped engine bed
bâti (m) pilon à deux montants

двуногая A-образная станина (f)
incastellatura (f) a pilone con due montanti 2
armazón (m) en A con dos pies

Gestellbalken (m), Tragbalken (m), Ständer (m)
standard, column
montant (m) du bâti, jambe (f) du bâti

a

нога (f) станины
montante (m) dell'incastellatura 3
pie (m) del armazón

---

einbalkiges Gestell (n)
single column engine bed
bâti (m) à un [seul] montant

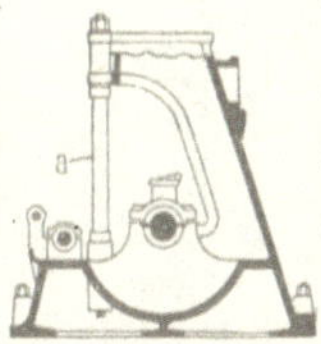

станина (f) съ колонками
incastellatura (f) a un [solo] montante 4
armazón (m) vertical de cuerpo arqueado

Stützsäule (f), Tragsäule (f)
turned supporting column
colonne (f) support, colonne (f) de soutènement

a

подпирающая колонка (f) 5
colonna (f) di sostegno
columna (f) de apoyo

A-[förmiges] Gestell (n) mit Geradführung
A shaped engine bed with crosshead guide
bâti (m) pilon à glissières

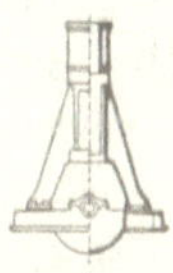

A-образная станина (f) съ направляющими
incastellatura (f) a pilone con guide 6
armazón (m) en A con guía corredera

Rahmen (m), Maschinenbett (n)
engine frame, frame
bâti (m), cadre (m)

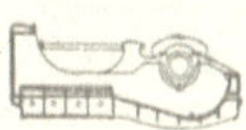

рама (f); фундаментная рама
incastellatura (f), intelaiatura (f) 7
bastidor (m) horizontal, bancada (f)

Hohlgußrahmen (m)
hollow cast frame
bâti (m) creux en fonte

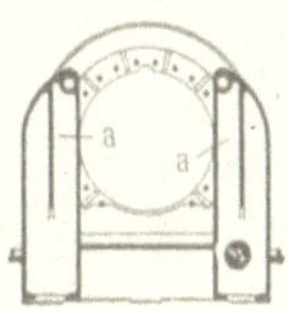

пустотѣлая рама (f)
incastellatura (f) di getto cavo 8
bastidor (m) hueco de fundición

1	Seitenbalken (m), Seitenwange (f) [des Rahmens] side beam of the frame flasque (m) du bâti	a	щека (f) *или* боковая балка (f) рамы trave (f) laterale dell'incastellatura viga (f) lateral *ó* larguero (m) del bastidor
2	Vollrahmen (m) solid frame bâti (m) plein		массивная *или* сплошная рама (f) incastellatura (f) massiccia bancada (f) maciza
3	Rahmenwand (f) frame wall paroi (f) du bâti	 a	стѣнка (f) рамы parete (f) dell'incastellatura costado (m) de la bancada
4	einbalkiger Rahmen (m), Bajonettrahmen (m) bayonet frame bâti (m) à baïonnette, bâti (m) à un [seul] longeron	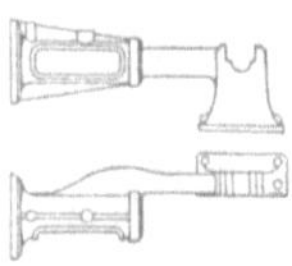	baіонетная *или* одностронняя рама (f) incastellatura (f) a baionetta *o* ad una [sola] trave bastidor (m) de un solo larguero *ó* de bayoneta
5	Doppel[balken]rahmen (m) double beam frame bâti (m) à deux paliers	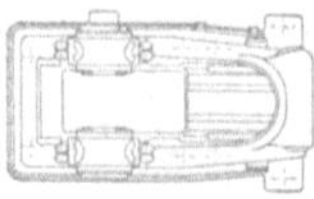	двойная *или* двусторонняя рама (f) incastellatura (f) a due travi bastidor (m) de dos largueros *ó* vigas
6	Flanschenkopf (m) des Rahmens flanged head of the frame extrémité (f) à bride du bâti		фланцевая головка (f) рамы testa (f) dell'incastellatura a flangia cabezal (m) de brida del bastidor
7	Anschlußflansch (m) des Rahmens, Rahmenflansch (m) connecting flange of the frame bride (f) de raccordement du bâti	a	присоединительный фланецъ (m) рамы flangia (f) di raccordo dell'incastellatura brida (f) de unión del bastidor
8	Einpaß (m), Einpaßstelle (f) fitting strip, bearing surface portée (f), évidement (m) du joint	b	стыкъ (m); рабочая часть (f) фланца aggiustaggio (m) asiento (m) de la junta
9	Krone (f) cap, crown couronne (f)	c	вѣнецъ (m) *или* ободокъ (m) corona (f) corona (f) sobre la brida de unión entre el cabezal y el bastidor

Kurbeltrog (m), Kurbelbilge (f)
crank pit, crank race
cuvette (f) de l'arbre coudé

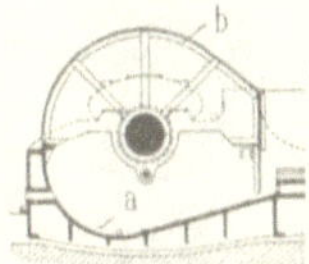

a

дно (n) *или* корытце (n) *или* лотокъ (m) для кривошипа
vasca (f) della manovella
pila (f) del motor debajo del eje cigueñal 1

Kurbelschutzhaube (f)
crank guard
capot (m) de la manivelle, couvre-manivelle (m)

b

предохранительный щитокъ (m) для кривошипа
cappello (m) di protezione della manovella
chapa (f) protectora sobre la manivela del eje cigüeñal 2

Rahmenfuß (m)
foot *or* base of frame
pied (m) de bâti

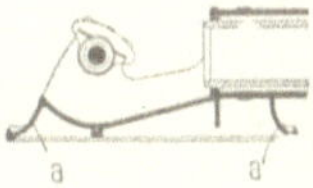

a

подножка (f) рамы
base (f) dell' incastellatura
pedestal (m) del bastidor, pie (m) del bastidor 3

Tragfläche (f) des Rahmenfußes
bearing surface of the bed plate foot
surface (f) d'appui du pied du bâti

опорная площадь (f) подножки рамы
superficie (f) d'appoggio della base dell' incastellatura
superficie (f) de apoyo del pie del bastidor 4

Rahmenuntersatz (m), Maschinensockel (m)
engine pedestal *or* base
socle (m) de machine

a

подставка (f) подъ раму; цоколь (m) машины
zoccolo (m) di macchina
zócalo (m) de la máquina 5

Steifigkeit (f) des Rahmens
rigidity of the frame
rigidité (f) du bâti

жёсткость (f) рамы
rigidità (f) dell' incastellatura
rigidez (f) del bastidor 6

Versteifung (f) des Rahmens durch Spannstangen
stiffening of the frame by means of tie-rods
renforcement (m) du bâti par des tirants

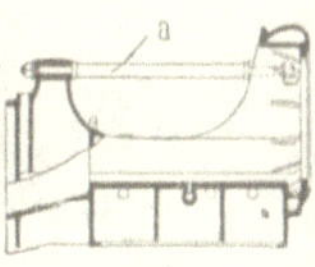

укрѣпленie (n) рамы посредствомъ тягъ *или* штангъ
rinforzo (m) dell' incastellatura con tiranti
refuerzo (m) del bastidor por medio de tirantes 7

Spannstange (f)
tie-rod
tirant (m)

a

тяга (f) *или* штанга (f) рамы
tirante (m)
tirante (m), varilla (f) tensora 8

Durchbiegung (f) des Rahmens
deflection *or* bending of the frame
flexion (f) du bâti

прогибъ (m) рамы
flessione (f) dell' incastellatura
flexarse (v), falsearse (v) (el bastidor) 9

1	durchlaufender Rahmen (m) continuous frame bâti (m) continu	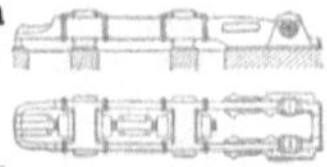	цѣльная рама (f) incastellatura (f) continua bastidor (m) corrido, bancada (f) corrida
2	achsiale Druckaufnahme (f) taking up the axial thrust réception (f) axiale de la pression		центральное воспринятіе (n) нагрузки ricevere (m) una pressione assiale compensación (f) de la presión axial
3	Laterne (f), Zwischenstück (n), Mittelstück (n), Verbindungsstück (n) distance piece lanterne (f), pièce (f) intercalaire à fenêtres	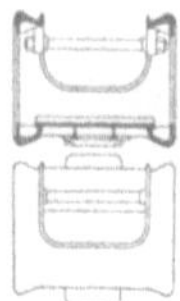	фонарь (f); промежуточная часть (f); соединительная рама (f) lanterna (f), pezzo (m) interposto linterna (f), pieza (f) intermedia
4	hinterer Führungskasten (m) tailrod guide boite-guide (f) postérieure	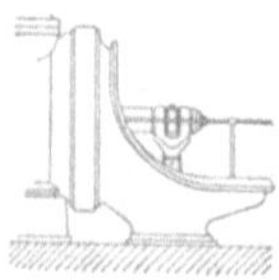	коробка (f) для задняго ползуна scatola-guida (f) posteriore caja (f) de corredera posterior
5	Geradführung (f) guide glissière (f)	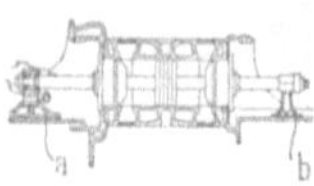	направляющія (f pl) прямолинейнаго движенія; параллели (f pl) guida (f) guia-[corredera] (f)
6	Kreuzkopfführung (f) crosshead guide glissière (f) de crosse	a	параллели (f pl) *или* направляющія (f pl) ползуна *или* крейцкопфа guida (f) della testa a croce guia-corredera (f) de cruceta
7	Tragführung (f) supporting guide *or* slide guide-support (m)	b	направляющая подножка (f) guida-sopporto (f) guia-soporte (f)
8	flache Geradführung (f) flat guide, flat slide glissière (f) plate	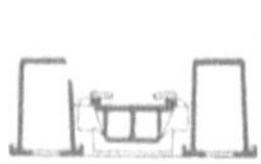	плоскія направляющія (f pl) *или* параллели (f pl) guida (f) piatta guia-corredera (f) plana
9	Rundführung (f) cylindrical guide *or* slide glissière (f) ronde	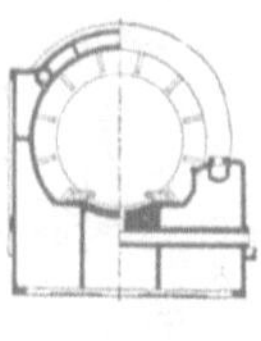	цилиндрическія направляющія (f pl) *или* параллели (f pl) guida (f) tonda guia-[corredera] (f) circular

geschlossene Geradführung (f)
closed guide *or* slide
glissière (f) fermée

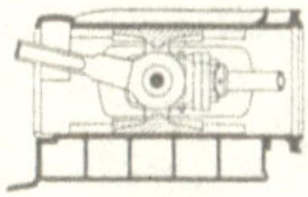

закрытыя направляющія (fpl) *или* параллели (fpl)
guida (f) chiusa
guia-[corredera] (f) cerrada
1

---

gekühlte Kreuzkopfführung (f)
water-cooled crosshead guide
glissière (f) à circulation d'eau

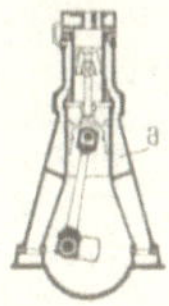

охлаждаемыя направляющія (fpl) *или* параллели (fpl)
guida (f) a circolazione d'acqua
guia-corredera (f) de cruceta con circulación de agua
2

Zylinder — **Цилиндры**
Cylinder — **Cilindro** 3
Cylindre — **Cilindro**

[Arbeits]-Zylinder (m)
[working] cylinder
cylindre (m) [moteur]

[рабочій] цилиндръ (m)
cilindro (m) [motore] 4
cilindro (m) [motor]

---

wassergekühlter Gas[maschinen]zylinder (m)
water-cooled gas engine cylinder
cylindre (m) de moteur à gaz à circulation d'eau *ou* à chemise d'eau

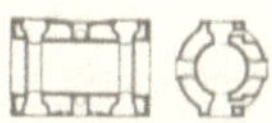

охлаждаемый водою цилиндръ (m) газовой машины
cilindro (m) di motore a gas con circolazione d'acqua 5
cilindro (m) motor con camisa de circulación de agua

---

einfachwirkender Zylinder (m)
single-acting cylinder
cylindre (m) à simple effet

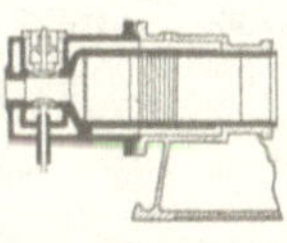

цилиндръ (m) простого дѣйствія
cilindro (m) a semplice effetto 6
cilindro (m) de simple efecto

---

doppeltwirkender Zylinder (m)
double-acting cylinder
cylindre (m) à double effet

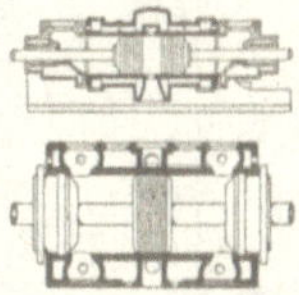

цилиндръ (m) двойного дѣйствія
cilindro (m) a doppio effetto 7
cilindro (m) de doble efecto

---

nach beiden Seiten offener Zylinder (m)
cylinder open at both ends
cylindre (m) ouvert aux deux bouts

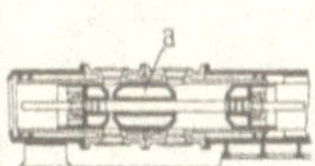

цилиндръ (m), открытый съ обѣихъ сторонъ
cilindro (m) aperto sulle due faccie 8
cilindro (m) abierto por ambos extremos

1 wassergekühltes Zwischenstück (n)
cooled intermediate piston rod guide
pièce (f) intermédiaire à circulation d'eau

a

промежуточная часть (f), охлаждаемая водой
pezzo (m) intermedio a circolazione d'acqua
pieza (f) intermedia *ó* linterna (f) con circulación de agua

---

2 stehender Zylinder (m)
vertical cylinder
cylindre (m) vertical

вертикальный цилиндръ (m)
cilindro (m) verticale
cilindro (m) vertical

---

3 liegender Zylinder (m)
horizontal cylinder
cylindre (m) horizontal

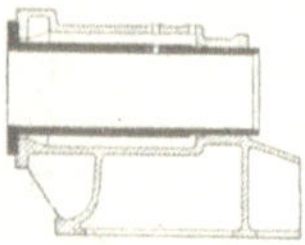

горизонтальный цилиндръ (m)
cilindro (m) orizzontale
cilindro (m) horizontal

---

4 überhängender Zylinder (m)
overhung cylinder
cylindre (m) [monté] en porte-à-faux

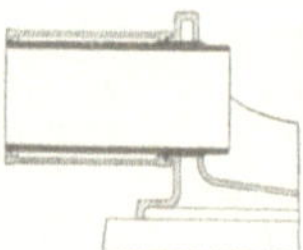

свѣшивающійся цилиндръ (m)
cilindro (m) in falso
cilindro (m) volado *ó* en voladizo *ó* montado en falso

---

5 eingebetteter Zylinder (m)
cylinder fitted into bed plate
cylindre (m) logé dans le bâti

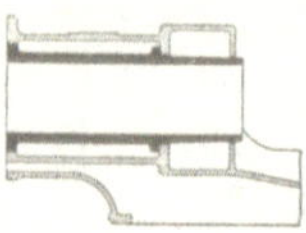

цилиндръ (m), обхватываемый рамой
cilindro (m) inserito nell'intelaiatura
cilindro (m) encajado *ó* empotrado en el bastidor

---

6 freischwebender Zylinder (m)
cylinder supported at ends only
cylindre (m) sans pieds

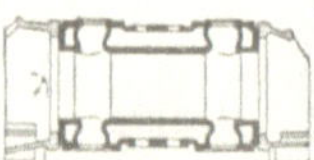

неподпёртый цилиндръ (m)
cilindro (m) a movimento libero
cilindro (m) libremente suspendido

---

7 getragener Zylinder (m)
cylinder with support
cylindre (m) avec pieds

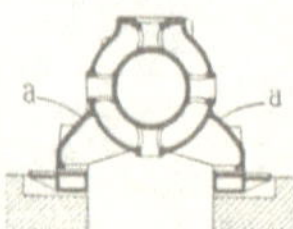

цилиндръ (m) на опорахъ
cilindro (m) sostenuto
cilindro (m) apoyado en soportes

---

8 Zylinderfuß (m)
cylinder foot
pied (m) de cylindre

a

лапа (f) *или* ножка (f) цилиндра
piede (m) del cilindro
soportes (m pl) del cilindro

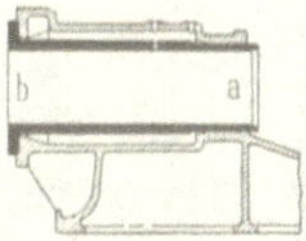

a, b

Zylinderende (n)
cylinder end
extrémité (f) de cylindre

конецъ (m) *или* сторона (f) цилиндра
estremità (f) del cilindro
extremo (m) del cilindro 1

---

a

vorderes Zylinderende (n)
front cylinder end
extrémité (f) antérieure *ou* [d']avant du cylindre

передняя сторона (f) *или* часть (f) цилиндра; передній конецъ (m) цилиндра
estremità (f) anteriore del cilindro
extremo (m) delantero del cilindro 2

---

b

hinteres Zylinderende (n)
rear cylinder end
extrémité (f) postérieure *ou* [d']arrière du cylindre

задняя сторона (f) *или* часть (f) цилиндра; задній конецъ (m) цилиндра
estremità (f) posteriore del cilindro
extremo (m) posterior del cilindro 3

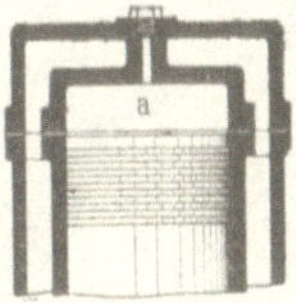

a

glattwandiger Verbrennungsraum (m)
combustion chamber with smooth walls
chambre (f) de combustion à parois lisses

пространство (n) *или* камера (f) сгоранія съ гладкими стѣнками
camera (f) di combustione a pareti liscie
cámara (f) de combustión de paredes lisas 4

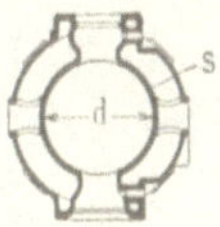

d

Zylinderbohrung (f)
bore of cylinder
alésage (m) du cylindre

діаметръ (m) въ свѣту *или* сверленіе (n) цилиндра
alesatura (f) del cilindro
calibre (m) del cilindro 5

Zylinderwandung (f)
cylinder wall
paroi (f) du cylindre

стѣнки (f pl) цилиндра
superficie (f) della parete del cilindro
pared (f) del cilindro 6

Zylindergleitfläche (f)
working surface of cylinder
surface (f) de glissement du cylindre

рабочая *или* трущаяся поверхность (f) цилиндра
superficie (f) di scorrimento del cilindro
superficie (f) interior del cilindro 7

Belastung (f) der Zylindergleitflächen
pressure *or* load on the working surface of the cylinder
charge (f) des surfaces de glissement du cylindre

нагрузка (f) рабочей поверхности цилиндра
carico (m) sulle superfici di scorrimento del cilindro
presión (f) *ó* carga (f) á que está sometida la superficie interior del cilindro 8

1 Verschleiß (m) der Bohrung
wear of the cylinder
ovalisation (f) du cylindre, usure (f) de l'alésage

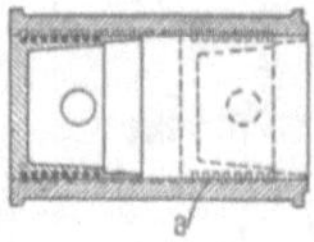

a

износъ (m) рабочей поверхности цилиндра
ovalizzazione (f) del cilindro, usura (f) dell'alesatura
ovalización (f) *ó* desgaste (m) del calibre

---

2 Nachbohren (n) der unrundgelaufenen Bohrung
reboring of the worn cylinder
réalésage (m) du cylindre ovalisé

расточка (f) сработавшагося цилиндра
ripassatura (f) al tornio di un cilindro ovalizzato
repasar (v) en el torno el cilindro ovalizado, centrar (v) de nuevo el cilindro

---

3 Einsatzzylinder (m), Zylinder[lauf]büchse (f), Zylindereinsatz (m), Zylinderfutter (n)
cylinder liner
corps (m) intérieur du cylindre

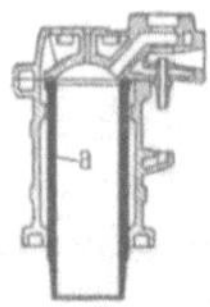

a

вставной цилиндръ (m); рабочая втулка (f) цилиндра; гильза (f) цилиндра
camicia (f) del cilindro
tubo (m) interior desmontable del cilindro

---

4 Laufbüchse (f) aus hartem Guß
liner of hard cast-iron
corps (m) intérieur en fonte dure

вставной цилиндръ (m) изъ твёрдаго чугуна
camicia (f) interna (di scorrimento) in ghisa dura
tubo (m) interior del cilindro de fundición endurecida

---

5 den Einsatzzylinder einbauen (v)
to insert the liner
monter (v) le corps intérieur dans l'enveloppe du cylindre

встав-ить (-лять) цилиндръ
montare (v) *o* introdurre (v) la camicia interna
ajustar (v) el cilindro desmontable

---

6 einstückiger Zylinder (m)
cylinder cast in one piece
cylindre (m) d'une [seule] pièce

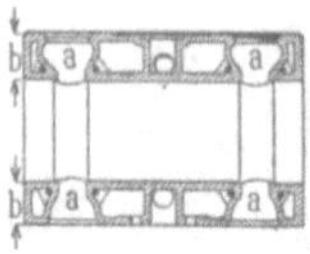

цилиндръ (m), отлитый въ одномъ цѣломъ
cilindro (m) in un sol pezzo
cilindro (m) de una sola pieza

---

7 Durchbrechung (f) des Zylinders
openings in the cylinder
évidement (m) *ou* perforation (f) du cylindre, orifice (m) ménagé *ou* pratiqué dans le cylindre

окно (n) *или* отверстіе (n) для клапана цилиндра
orifici (m pl) *o* aperture (f pl) al cilindro
perforación (f) del cilindro

---

8 Ventiltopf (m)
valve chamber
boite (f) *ou* chapelle (f) de soupape

a

коробка (f) клапана
camera (f) della valvola
caja (f) de la válvula

Zylinder (m) mit weitem Kühlraum
cylinder with wide cooling space
cylindre (m) à large chemise d'eau, cylindre (m) à grande épaisseur d'eau

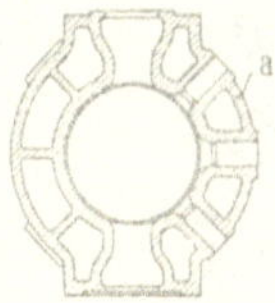

цилиндръ (m) съ широкой охлаждаемой полостью рубашки
cilindro (m) con ampia camera di raffreddamento (*o* di circolazione) 1
cilindro (m) con gran cámara de refrigeración

Wasserdruckprobe (f) [des Kühlraums einstückiger Zylinder]
hydraulic test [of cooling space]
épreuve (f) hydraulique [de la double enveloppe des cylindres d'une pièce]

гидравлическая проба (f) полости рубашки, отлитой въ одномъ цѣломъ съ цилиндромъ
prova (f) idraulica [della camera di raffreddamento per cilindri in un pezzo] 2
prueba (f) hidráulica [de la cámara refrigeradora de un cilindro de una sola pieza]

---

kalter Probedruck (m)
cold test pressure
pression (f) d'épreuve à froid

пробное давленіе (n) холодной водой
pressione (f) di prova a freddo 3
presión (f) de prueba en frío

Zylindermantel (m)
cylinder jacket
enveloppe (f) du cylindre

a

рубашка (f) цилиндра
inviluppo (m) esterno del cilindro 4
camisa (f) exterior del cilindro

Zylinder (m) mit drei getrennten Wasserräumen
cylinder with three separate water jackets
cylindre (m) avec chemise d'eau à trois compartiments

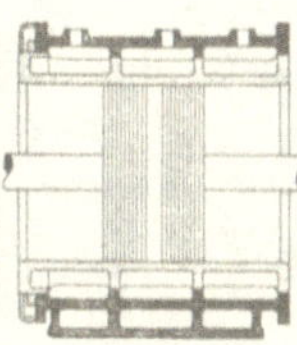

цилиндръ (m) съ тремя отдѣльными водяными камерами *или* камерами охлажденія
cilindro (m) con tre camere d'acqua separate 5
cilindro (m) con tres cámaras de agua separados

Mantelentlastung (f)
jacket relief
soulagement (m) *ou* déchargement (m) de l'enveloppe

разгрузка (f) рубашки
scaricare (v) l'inviluppo da sforzi 6
descarga (f) de la camisa

Unterbrechung (f) des äußeren Mantels
interruption of the continuity of the outer jacket
solution (f) de continuité de l'enveloppe

раздѣленіе (n) рубашки на части
interruzione (f) dell'inviluppo esterno 7
división (f) de la camisa exterior

1 in der Mitte geteilter Mantel (m)

jacket divided in the middle

enveloppe (f) divisée au milieu

рубашка (f), раздѣлённая по срединѣ

inviluppo (m) diviso nel mezzo

camisa (f) partida *ó* dividida en el centro

---

2 den durchbrochenen Mantel durch einen umgreifenden Blechmantel schließen (v)

to enclose the jacket in a sheet-cover

fermer (v) l'enveloppe au moyen d'un revêtement en tôle qui l'entoure

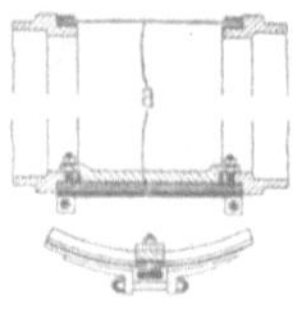

охватить разрѣзную рубашку кольцомъ изъ листового желѣза

chiudere (v) l'inviluppo esterno interrotto con camicia di lamiera

cerrar (v) la camisa partida mediante una chapa protectora de hierro

---

3 Blechmantel (m)

sheet cover, cylinder shell from plate iron

enveloppe (f) en tôle

a

рубашка (f) изъ листового желѣза

camicia (f) di lamiera

chapa (f) protectora, envoltura (f) de chapa

---

4 den Mantel in der Nähe des Endflanschs durchstechen (v)

to drill through the jacket near the end-flange

percer (v) *ou* perforer (v) le corps du cylindre dans le voisinage des brides extrêmes

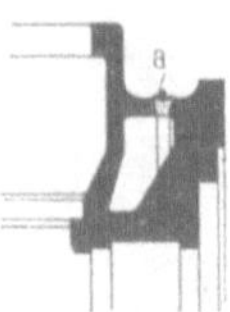

прорѣзать рубашку вблизи концевыхъ фланцевъ

praticare (v) un taglio nell'inviluppo presso la flangia di estremità

perforar (v) la camisa exterior cerca de la brida extrema

---

5 Gummiring (m) und Spanndraht (m)

rubber ring and binding wire

bague (f) en caoutchouc et fil (m) tendeur

a

резиновое кольцо (n) и натяжная проволока (f)

anello (m) di gomma e filo (m) tenditore

aro (m) de goma y alambre (m) tensor

---

6 einseitige Erwärmung (f)

partial *or* irregular heating, one-sided heating

échauffement (m) unilatéral *ou* d'un [seul] côté

нагрѣваніе (n) съ одной стороны; одностороннее нагрѣваніе

riscaldamento (m) unilaterale *o* da un solo lato

calentamiento (m) unilateral *ó* de un solo lado

---

7 Temperaturunterschied (m) zwischen Außen- und Innenwand des Zylinders

difference of temperature between outer and inner wall of the cylinder

différence (f) de température entre les parois extérieure et intérieure du cylindre

разность (f) температуръ между внѣшней и внутренней стѣнками цилиндра

differenza (f) di temperatura fra la parete esterna ed interna del cilindro

diferencia (f) de temperatura entre las paredes exterior é interior del cilindro

Wärmestauung (f),
Wärmestau (m)
accumulation of heat
cantonnement (m) *ou* retenue (f) de chaleur, accumulation (f) de chaleur [en un point déterminé]

скопленіе (n) *или* застой (m) тепла
accumulamento (m) di calore 1
acumulación (f) de calor

Wärmespannung (f) durch ungleichmäßige Materialverteilung
heat *or* temperature stresses due to irregular distribution of material
tension (f) due à la chaleur par suite de la distribution inégale de métal

вредныя напряженія (npl) отъ теплоты вслѣдствіе неравномѣрнаго распредѣленія матеріала
tensione (f) dovuta al calore in seguito di ineguaglianza di spessori 2
tensión (f) térmica á causa de una distribución desigual del material

---

Riß (m) (im Zylinder)
crack (in the cylinder)
fissure (f) *ou* crevasse (f) dans le cylindre

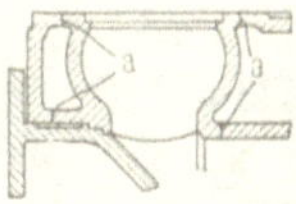

a

трещина (f) *или* плена (f) въ цилиндрѣ
screpolatura (f) nel cilindro 3
grieta (f) en el cilindro

Abschlußstück (n) des Zylinders
cylinder cover
pièce (f) de fermeture du cylindre

концевая часть (f) цилиндра
pezzo (m) di chiusura del cilindro 4
pieza (f) de cierre del cilindro

Zylinderdeckel (m)
cylinder cover
fond (m) *ou* plateau (m) de cylindre

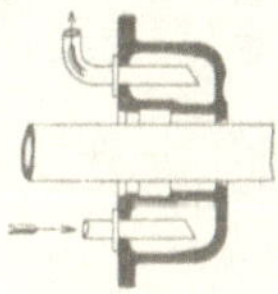

крышка (f) цилиндра; цилиндровая крышка
coperchio (m) del cilindro 5
tapa (f) *ó* platillo (m) del cilindro

Zylinderkopf (m)
cylinder head
culasse (f) de cylindre

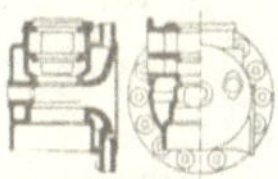

головка (f) цилиндра: цилиндровая головка
testa (f) *o* fondo (m) del cilindro 6
culata (f) del cilindro

Kopf (m) mit Stopfbüchsendurchbrechung
head with opening for stuffing box
culasse (f) avec ouverture pour boîte à bourrage

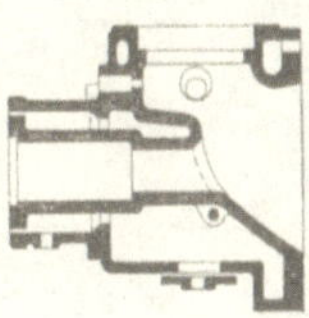

головка (f) съ отверстіемъ сальника
coperchio (m) con passaggio per la scatola a stoppa 7
culata (f) con abertura para el prensa-estopas

1 Kopf (m) mit Kühlzunge
head with cooling tongue
culasse (f) à langue de refroidissement

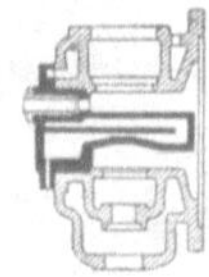

головка (f) съ охлаждающимъ язычкомъ
coperchio (m) con dispositivo di raffréddamento
culata (f) con lengüeta refrigeradora

---

2 Ventilkopf (m) seitlich am Zylinder
valve chamber at the side of the cylinder
chapelle (f) *ou* boîte (f) de soupapes montée latéralement sur le cylindre

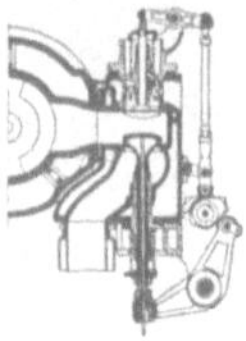

клапанная коробка (f), помѣщённая сбоку цилиндра
camera (f) della valvola applicata lateralmente al cilindro
cámara (f) de válvula en el costado del cilindro

---

3 Wölbung (f) der inneren Flächen
curvature of the inner surfaces
bombement (m) des surfaces intérieures

выпуклость (f) внутреннихъ поверхностей
incurvamento (m) delle superfici interne
bombeo (m) de las paredes interiores

---

4 Bruchsicherheit (f) (des Zylinderkopfes)
safety against fracture [of cylinder head]
inexplosibilité (f) de la culasse

прочность (f) на изломъ (цилиндровой головки)
sicurezza (f) contro rottura (della testa del cilindro
resistencia (f) á la rotura (de la culata del cilindro)

---

5 Zylinderdeckelverschraubung (f)
securing of the cylinder cover by means of bolts
boulonnage (m) du plateau du cylindre

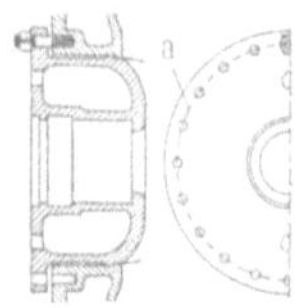

болтовое скрѣпленіе (n) цилиндровой крышки
avvitamento (m) del coperchio del cilindro
atornillado (m) de la tapa del cilindro

---

6 Schraubenlochkreis (m)
pitch-circle, bolt-hole circle
cercle (m) de perçage des trous de boulons

a

окружность (f) центровъ болтовъ
circolo (m) di ripartizione delle viti
circulo (m) [de los agujeros] de los tornillos

---

7 die Deckel durch durchgehende Zugstangen verbinden (v)
to secure the covers by tie-rods passing through the jacket
assembler (v) les plateaux par des tirants

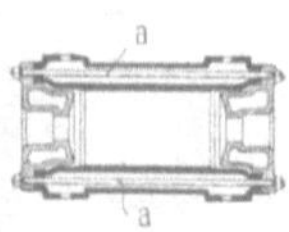

соедин-ить(-ять) крышки распорными тягами
collegare (v) i coperchi con tiranti passanti
unir (v) entre si las tapas del motor, mediante tirantes

---

8 Zugstange (f)
tie-rod
tirant (m)

a

тяга (f)
tirante (f)
tirante (m), riostra (f)

metallische Dichtung (f)
metallic packing
garniture (f) [de joint] métallique, joint (m) métallique, bourrage (m) métallique

металлическая набивка (f)
guarnizione (f) metallica 1
empaquetadura (f) ó junta (f) metálica

Abdichtung (f) durch aufgeschliffene Flächen
metal to metal joint
réalisation (f) de l'étanchéité *ou* étanchage (m) au moyen de portées rodées; formation (f) d'un joint étanche au moyen de portées rodées

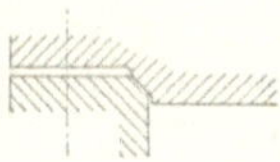

достиженіе (n) герметичности посредствомъ пришлифовки поверхностей стыка
chiusura (f) con superfici smerigliate o levigate 2
hacer (v) el cierre mediante superficies cepilladas y esmeriladas

Liderungsfläche (f)
face of joint
portée (f) du joint

поверхность (f), прилегающая къ прокладкѣ 3
superficie (f) di tenuta
superficie (f) de unión

Liderungsdruck (m)
pressure on the joint
pression (f) du joint

уплотняющее стыкъ давленіе (n)
pressione (f) sulle superfici di tenuta 4
presión (f) en la junta

Nachdrehen (n) der Dichtungsfläche
re-facing the joint
refraîchir (v) au tour la portée du joint

послѣдующая обточка (f) поверхности стыка
ripassare (m) al tornio la superficie di tenuta 5
repasar (v) en el torno la superficie de unión

Klaffen (n) der Dichtungsflächen
gap showing between faces of the joint
baillement (m) du joint, baillement (m) des portées du joint

отставаніе (n) стыковыхъ поверхностей
stare (m) spalancato delle superfici di 6
tenuta
no coincidir (v) las superficies de junta

außen gepaßte Dichtung (f)
joint fitting on the outside
joint (m) à portée extérieure

наружная центрировка (f) стыка
guarnizione (f) adattata 7
dall'esterno
junta (f) colocada exteriormente

innen gepaßte Dichtung (f)
joint fitting on the inside
joint (m) à portée intérieure

внутренняя центрировка (f) стыка
guarnizione (f) adattata
dall'interno 8
junta (f) colocada interiormente

Dichtung (f) durch Feder und Nut
tongue and groove joint
joint (m) à double emboîtement, joint (m) à encastrement, joint (m) à rainure et languette

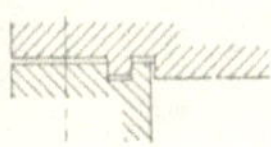

уплотненіе (n) посредствомъ заточки и выступа 9
tenuta (f) con scanalatura ed incastro
junta (f) machihembrada

1	Dichtung (f) durch losen Liderungsring joint by means of a loose joint ring joint (m) à bague de garniture libre		уплотненіе (n) посредствомъ свободнаго проклад[оч]наго кольца tenuta (f) per mezzo di anelli di guarnizione sciolti junta (f) por empaquetadura anular suelta
2	kantig gelegter Liderungsring (m) joint ring placed edgewise bague (f) de joint placée d'angle		проклад[оч]ное кольцо (n), поставленное на ребро anello (m) di guarnizione disposto diagonalmente [junta (f) por] empaquetadura (f) anular colocada de canto
3	Dichtung (f) durch mehrere Liderungsringe joint consisting of several joint rings joint (m) à plusieurs bagues de garniture		уплотненіе (n) посредствомъ нѣсколькихъ проклад[оч]ныхъ колецъ tenuta (f) con più anelli di guarnizione junta (f) por varias empaquetaduras anulares
4	Kühlung (f) des Zylinders cooling of the cylinder refroidissement (m) du cylindre	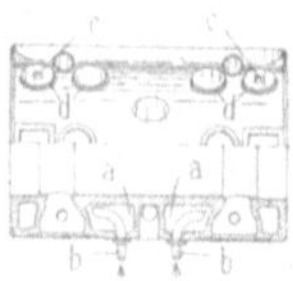	охлажденіе (n) цилиндра raffreddamento (m) del cilindro refrigeración (f) *ó* enfriamiento (m) del cilindro
5	Kühlfläche (f) cooling surface surface (f) refroidissante *ou* de refroidissement		поверхность (f) охлажденія superficie (f) di raffreddamento superficie (f) de enfriamiento
6	Kühlmantel (m), Wassermantel (m) cooling jacket, water jacket chemise (f) d'eau	a	водяная рубашка (f) camicia (f) d'acqua envolvente (f) *ó* cámara (f) de refrigeración *ó* de agua
7	Kühlwasserzuleitung (f) cooling water inlet entrée (f) de l'eau de refroidissement	b	подводъ (m) охлаждающей воды condotta (f) dell'acqua di raffreddamento tubería (f) de entrada del agua refrigerante
8	Kühlwasserableitung (f) cooling water outlet sortie (f) *ou* évacuation (f) de l'eau de refroidissement	c	отводъ (m) охлаждающей воды scarico (m) dell'acqua di raffreddamento tubería (f) de salida del agua refrigerante

Reinigungsöffnung (f) cleaning hole orifice (m) *ou* ouverture (f) de nettoyage	d	отверстіе (n) *или* люкъ (m) для прочистки apertura (m) per la pulizia orificio (m) de purga, registro (m)	*1*
Stauung (f) des Kühlwassers backing up of the cooling water cantonnement (m) *ou* retenue (f) de l'eau de refroidissement		застаиваніе (n) охлаждающей воды; образованіе (n) водяныхъ мѣшковъ ritenuta (f) dell'acqua di raffreddamento acumulación (f) de agua refrigerante	*2*
tote Wasserecke (f), toter Wassersack (m) dead water pocket poche (f) d'eau stagnante, retenue (f) d'eau	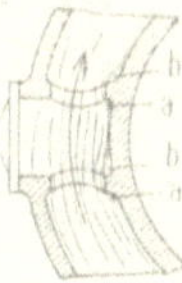	мёртвое мѣсто (n); водяной мѣшокъ (m) punto morto (m) nella circolazione d'acqua saco (m) de aguas muertas	*3*
Luftsack (m) air pocket poche (f) d'air, retenue (f) d'air	a b	скопленіе (n) воздуха; воздушный мѣшокъ (m) sacca (f) d'aria saco (m) de aire	*4*
Warmwerden (n) durch Versagen der Kühlung heating due to stoppage of the cooling water échauffement (m) par interruption du refroidissement		нагрѣваніе (n) вслѣдствіе неисправности охлажденія *или* порчи въ охлажденіи riscaldamento (m) per arresto della circolazione calentamiento (m) por interrupción de la refrigeración	*5*
schlammhaltiges Kühlwasser (n) muddy cooling water eau (f) de refroidissement bourbeuse *ou* boueuse		грязная *или* содержащая примѣси охлаждающая вода (f) acqua (f) di circolazione fangosa agua (f) refrigerante fangosa	*6*
erdiger Niederschlag (m) des Kühlwassers earthy deposit from the cooling water depôt (m) terreux de l'eau de refroidissement		землистый осадокъ (m) охлаждающей воды deposito (m) terroso dell' acqua di circolazione sedimento (m) terroso del agua refrigerante	*7*
den Kühlraum von Schlamm reinigen (v) to clear the cooling space of mud détartrer (v) la chemise d'eau, ébouer (v) la chemise d'eau		очистить камеру *или* пространство охлажденія отъ грязи ripulire (v) la camera di circolazione dal fango purgar (v) del fango la cámara [de agua] refrigeradora	*8*

1 das Kühlwasser ablassen (v)
draining off the cooling water
laisser (v) échapper l'eau de refroidissement, vider (v) [la double enveloppe de] l'eau de refroidissement
спустить охлаждающую воду
scaricare (v) l'acqua di raffreddamento
efectuar (v) el desagüe, vaciar (v) la cámara refrigeradora

2
Kolben — **Поршень**
Piston — **Stantuffo**
Piston — **Émbolo**

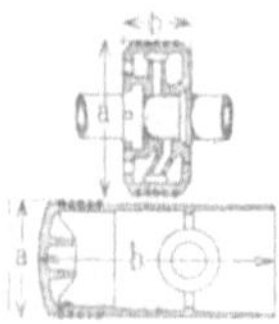

a

b

3 Kolbenhöhe (f)
depth of piston
hauteur (f) du piston
высота (f) поршня
altezza (f) dello stantuffo
altura (f) del émbolo

---

4 Kolbenlänge (f)
length of piston
longueur (f) du piston
длина (f) поршня
lunghezza (f) dello stantuffo
longitud (f) del émbolo

5 den Kolben einbringen (v)
to insert *or* put in the piston
introduire (v) le piston, mettre (v) en place le piston
встав-ить (-лять) *или* монтировать поршень
introdurre (v) lo stantuffo (nel cilindro)
introducir (v) el émbolo

---

6 den Kolben herausziehen (v)
to remove the piston
retirer (v) le piston
вынуть (вытащить, вытаскивать) поршень
levare (v) *o* estrarre (v) lo stantuffo
sacar (v) el émbolo

---

7 offener Kolben (m)
truck piston
piston (m) ouvert
открытый поршень (m)
stantuffo (m) aperto
émbolo (m) abierto

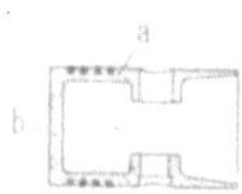

8 Tauchkolben (m)
plunger piston
plongeur (m), piston (m) plongeur
поршень (m) — ныряло (n); скалка (f); ныряло (n); плунжеръ (m)
stantuffo (m) tuffante
émbolo (m) buzo *ó* de sumersión

---

a

9 Kolbenmantel (m)
piston body
corps (m) du piston
цилиндрическая стѣнка (f) поршня
parete (f) dello stantuffo
cuerpo (m) del émbolo

---

b

10 Kolbenboden (m)
piston head
fond (m) du piston
днище (n) поршня; поршневое днище
fondo (m) dello stantuffo
fondo (m) del émbolo

gewölbter Boden (m) curved head fond (m) bombé		выпуклое днище (n) fondo (m) a forma sferica *o* imbottito fondo (m) bombeado *ó* convexo	*1*
berippter *oder* gerippter Boden (m) ribbed bottom fond (m) nerv[ur]é *ou* à nervures		днище (n) съ рёбрами fondo (m) a nervature fondo (m) reforzado con nervios	*2*
Berippung (f) des Kolbens ribbing of the piston nerv[ur]age (m) du piston	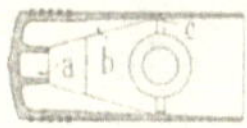	рёбра (n pl) поршня nervatura (f) dello stantuffo sistema (m) de nervios del émbolo	*3*
Rippenanordnung (f) arrangement of ribs disposition (f) des nervures		расположеніе (n) *или* распредѣленіе (n) рёберъ disposizione (f) delle nervature disposición (f) de los nervios [del émbolo]	*4*
Bodenrippe (f) bottom rib nervure (f) du fond	a	ребро (n) днища nervatura (f) di fondo nervio (m) de fondo	*5*
Radialrippe (f) radial rib nervure (f) radiale	b	радіальное ребро (n) nervatura (f) radiale nervio (m) radial	*6*
Stützrippe (f) des Bolzensitzes supporting rib of the piston pin boss nervure (f) de consolidation du siège de l'axe	c	ребро(n), укрѣпляющее втулку поршневого болта nervatura (f) di rinforzo al mozzo del perno nervio (m) de consolidación para el asiento del perno	*7*
Kolbenbolzen (m) piston pin axe (m) *ou* tourillon (m) de piston	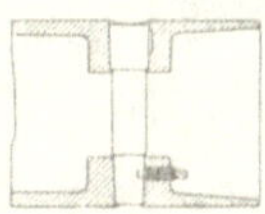	поршневой болтъ (m); поршневой палецъ (m) perno (m) *o* spinotto (m) dello stantuffo perno (m) del émbolo, eje (m) del pie de biela	*8*
die Laufflächen des Kolbenbolzens härten (v) to harden the working surfaces of the piston pin tremper (v) les surfaces frottantes de l'axe du piston		закали-ть (-вать) рабочія *или* трущіяся поверхности поршневого болта *или* поршневого пальца temperare (v) la superficie di scorrimento del perno templar (v) *ó* endurecer (v) la superficie de rozamiento del perno	*9*
Bolzenbefestigung (f) fastening the piston pin fixation (f) de l'axe		укрѣпленіе (n) поршневого болта *или* поршневого пальца fissazione (f) del perno sujeción (f) del perno	*10*

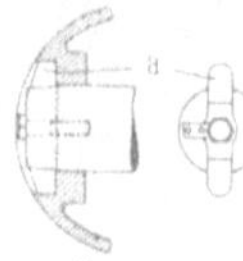

a

1 Riegel (m)
set bar, locking bar
verrou (m)
щеколда (f)
bietta (f)
cerrojo (m), chaveta (f)

2 doppeltwirkender Kolben (m)
double-acting piston
piston (m) à double effet
поршень (m) двойного дѣйствія
stantuffo (m) a doppio effetto
émbolo (m) de doble efecto

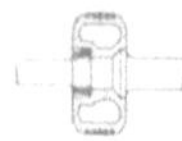

3 doppelwandiger Kolben (m), geschlossener Kolben (m)
closed piston, double walled piston
piston (m) fermé *ou* à double paroi
замкнутый *или* закрытый поршень (m)
stantuffo (m) a doppia parete, stantuffo (m) chiuso
émbolo (m) de doble fondo, émbolo (m) cerrado

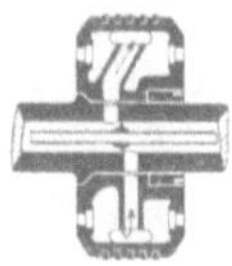

4 flacher Kolben (m), [Scheibenkolben (m)]
flat piston, disc piston
piston (m) plat
плоскій поршень (m); дисковый поршень
stantuffo (m) piano, stantuffo (m) a disco
émbolo (m) plano *ó* de disco

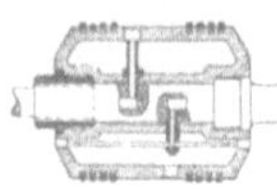

5 langer Kolben (m)
long piston
piston (m) long
длинный поршень (m)
stantuffo (m) lungo
émbolo (m) alargado

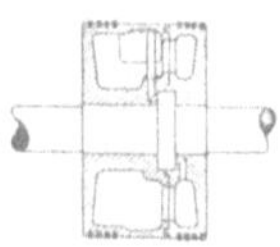

6 geteilter Kolben (m), zweiteiliger Kolben (m)
divided piston, piston in two pieces *or* in halves
piston (m) en deux pièces
составной поршень; поршень (m), состоящій изъ двухъ частей
stantuffo (m) in due pezzi
émbolo (m) de dos piezas

7 Kolbenstirnwand (f)
piston front face
paroi (f) frontale *ou* antérieure *ou* [d']avant du piston
лобовая стѣнка (f) поршня
parete (f) frontale dello stantuffo
frontal (m) *ó* frente (f) del émbolo

---

8 das Putzloch wasserdicht schließen (v)
to make the cleaning hole watertight
fermer (v) étanchement le trou de dessablage
закрыть герметически отверстіе для чистки
chiudere (v) ermeticamente il foro di pulizia
cerrar (v) herméticamente el orificio de purga

Kolbennabe (f)
piston boss
moyeu (m) de piston

втулка (f) поршня
mozzo (m) dello stan-
tuffo 1
cubo (m) del émbolo

---

durchgehende Nabe (f)
continuous *or* solid boss
moyeu (m) traversant

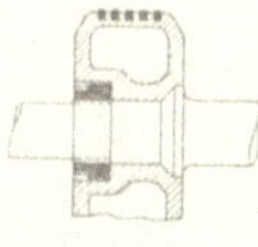

сквозная втулка (f)
mozzo (m) passante *o*
continuo 2
cubo (m) que atraviesa
el émbolo

---

kurze Endnabe (f)
short end boss
moyeu (m) d'extrémité
court

короткая концевая
втулка (f)
mozzo (m) d'estremità
corto 3
cubo (m) corto en el
extremo

Kolbendichtung (f),
Kolbenliderung (f)
piston packing
garniture (f) de piston

герметичность (f) порш-
ней
guarnizione (f) dello
stantuffo (f)
guarniciones (f pl) *ó* em- 4
paquetadura (f) del
émbolo

[Durch] - Lässigkeitsver-
lust (m), Verlust (m)
durch Kolbenundich-
tigkeit
loss due to piston leak-
age
perte (f) par fuites au
piston

потеря (f) отъ неплот-
ности поршня
perdita (f) per tenuta
imperfetta dello stan- 5
tuffo
pérdida (f) por fugas en
el émbolo

Durchblasen (n) der
Liderungsringe
blowing past the piston
packing rings
manque (m) d'étan-
chéité des segments,
fuites (f pl) aux bagues
de garniture *ou* aux
segments

просачиванiе (n) въ
поршневыхъ коль-
цахъ; течь (f) въ
поршневыхъ коль-
цахъ
fuga (f) traverso gli 6
anelli di guarnizione
falta (f) de hermetici-
dad de los aros *ó* seg-
mentos

---

selbstspannender Lide-
rungsring (m) *oder*
Dichtungsring (m),
Selbstspanner (m)
self-expanding piston
ring
bague (f) élastique, seg-
ment (m) élastique,
segment-ressort (m),
bague-ressort (f)

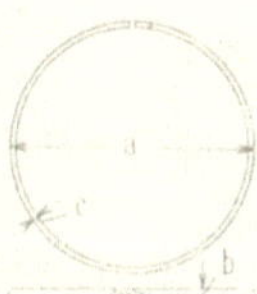

самопружинящее
поршневое кольцо (n)
anello (m) elastico di
stantuffo, anello (m) 7
da stantuffo a tensione
automatica
aro *ó* segmento (m)
autotensor

Ringspannung (f), Spann-
kraft (f) von [selbst-
spannenden] Kolben-
ringen
expanding force of the
piston packing ring
[force (f) de] serrage (m)
du segment

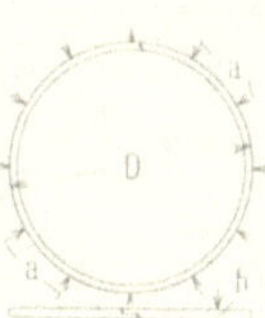

давленiе (n) нажима
отъ [самопружиня-
щаго] кольца
sforzo (m) di tensione 8
degli anelli elastici
tensión (f) anular de los
aros [autotensores]

1 Anlagefläche (f) des Dichtungsrings
working surface of the piston packing ring
[surface (f) de] portée (f) du segment

прилегающая поверхность (f) *или* поверхность касанія поршневого кольца
superficie (f) di appoggio degli anelli elastici
superficie (f) de contacto del aro

---

2 Kolben[ring]nute (f), Nute (f) des Kolbenkörpers
piston packing ring groove
rainure (f) *ou* gorge (f) annulaire du piston

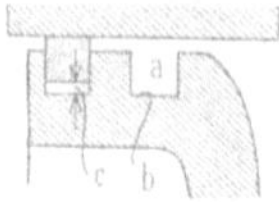

a

кольцевая канавка (f) поршня
scanalatura (f) anulare dello stantuffo
ranura (f) del émbolo

---

3 Nutengrund (m)
bottom of groove
fond (m) de la rainure *ou* de la gorge

b

дно (n) канавки
fondo (m) della scanalatura
fondo (m) de la ranura

---

4 Spielraum (m) zwischen Kolbenring und Nutengrund
play between piston packing-ring and bottom of groove
jeu (m) entre le segment du piston et le fond de la rainure

c

зазоръ (m) между поршневымъ кольцомъ и дномъ канавки
giuoco (m) fra il fondo della scanalatura e l'anello
juego (m) *ó* hueco (m) entre aro y fondo de ranura

---

5 den Ringtopf vordrehen (v)
to rough-turn the ring-cylinder
tourner (v) au préalable le tube à tronçonner [en bagues]

обточить предварительно барабанъ для колецъ
tornire (v) il tubo per anelli
tornear (v) el cilindro del que se van á sacar los segmentos

---

6 den Ring abstechen (v)
to cut off the ring
découper (v) la bague *ou* le segment

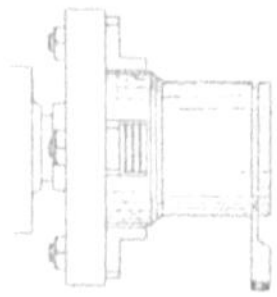

отрѣзать кольцо
tagliare (v) giù l'anello
cortar (v) el segmento

---

7 die Schnittfuge ausschneiden (v)
to cut out the joint
découper (v) le joint à recouvrement

сдѣлать вырѣзы для перекрышъ стыка
ritagliare (v) il giunto a ricoprimento
escoplear (v) las uniones del segmento

---

8 den Liderungsring einschleifen (v)
to grind in the piston packing ring
roder (v) le segment

пришлифовать поршневое кольцо
arrotare (v) *o* rettificare (v) gli anelli di guarnizione
esmerilar (v) el aro *ó* segmento

den Liderungsring nachschaben (v)
to scrape up the piston packing ring
raboter (v) à nouveau le segment

подшабрить поршневое кольцо
raschiare (v) gli anelli
repasar (v) el segmento con la rasqueta 1

Ringstoß (m), Schnittfuge (f), Teilfuge (f), Schlitz (m)
joint
about (m) de segment, joint (m) de segment

стыкъ (m) кольца
taglio (m) dell'anello
junta (f) ó corte (m) del segmento 2

---

schräge Teilfuge (f), schräger Schlitz (m)
inclined joint
joint (m) ou fente (f) oblique

косой стыкъ (m) или разрѣзъ (m)
taglio (m) obliquo dell'anello
junta (f) oblicua 3

---

winkelrechte Teilfuge (f), winkelrechter Schlitz (m)
butt joint
joint (m) vertical, fente (f) verticale

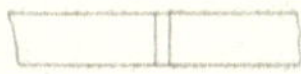

прямой разрѣзъ (m); прямоугольный стыкъ (m)
taglio (m) verticale dell'anello
junta (f) rectangular 4

Treppenstoß (m)
lap joint
joint (m) à recouvrement

ступенчатый стыкъ (m)
taglio (m) a scalino dell'anello
junta (f) con recubrimiento ó rebajada 5

Ausdehnungsspiel (n) des Kolbenringes
play or clearance for expansion of the piston packing-ring
jeu (m) de dilatation du segment

a

зазоръ (m) для расширенія поршневого кольца
giuoco (m) di dilatazione dell'anello elastico
juego (m) de dilatación del segmento 6

Versetzen (n) der Schnittfugen um x Grad
displacing the joints by x degrees
tierçage (m) des joints sous x degrés

сдвигъ (m) стыковъ относительно другъ друга на x градусовъ
spostamento (m) periferico dei giunti di x gradi
dar (v) á los cortes de la junta una inclinación de x grados 7

Kolbenringschloß (n), Kolbenschloß (n)
piston ring lock
serrure (f) de segment

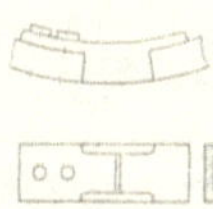

замокъ (m) поршневого кольца
chiusura (f) dell' anello elastico
cierre (m) para el segmento del émbolo 8

Auseinanderziehen (n) oder Spreizen (n) der Kolbenringe
pulling out or expanding the piston rings
décintrer (v) les segments, ouvrir (v) les segments, écarter (v) les abouts des segments

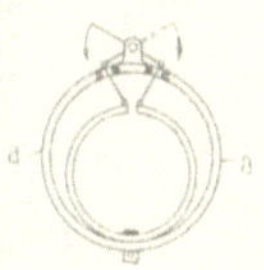

разгибаніе (n) или раздвиганіе (n) поршневыхъ колецъ
allargamento (m) dell'anello
abrir (v) los segmentos 9

1	Spreizring (m) expanding ring bague (f) d'écartement	a	разгибающеекольцо(n) anello (m) per allargare *o* distendere anillo (m) para abrir los segmentos
2	den Kolbenring über den Kolbenkörper streifen (v) to slip the piston ring over the piston passer (v) *ou* glisser (v) le segment par-dessus le corps du piston		надѣ-ть (-вать) поршневое кольцо на тѣло поршня *или* на поршень passare (v) l'anello sul corpo dello stantuffo covrer (v) el segmento en el émbolo
3	die Ringe vom Kolben abstreifen (v) to remove the piston packing rings from the piston enlever (v) *ou* retirer (v) les segments du piston, débarrasser (v) le piston de ses segments		снять (снимать) кольцо съ поршня togliere (v) gli anelli dallo stantuffo sacar (v) los segmentos del émbolo
4	den Kolbenring gegen Verdrehen sichern (v) to secure the piston ring against turning assurer (v) les segments de piston contre le patinage		предотвратить поворачиванiе поршневого кольца assicurare (v) l'anello contro una rotazione asegurar (v) el segmento contra movimientos rotativos
5	Kolbenringstift (m) piston packing ring pin goupille (f) de segments de piston		штифтъ (m) поршневого кольца spina (f) *o* grano (m) avvitato per fissare l'anello pasador (m) del segmento
6	den Stift durch Umbiegen sichern (v) to secure the pin by bending it over bloquer (v) la goupille en la repliant		закрѣпить штифтъ посредствомъ отгибанія assicurare (v) la spina col ripiegarla asegurar (v) el pasador doblandolo
7	Einfeilung (f) filing a nick saignée (f) *ou* coche (f) [faite] à la lime	a	запиленная бороздка (f) intaccatura (f) fatta colla lima entalladura (f) á lima
8	Stift (m) mit Vierkantkopf pin with square head goupille (f) à tête carrée	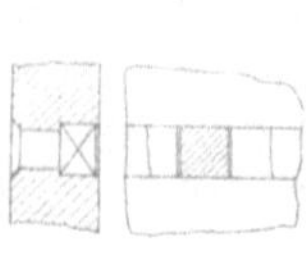	штифтъ (m) съ квадратной головкой spina (f) con testa quadra pasador (m) con cabeza cuadrada

zur Hälfte in der Kolbenwand sitzender Stift (m)
pin fixed partly into the piston wall
goupille (f) à demi implantée dans la paroi du piston

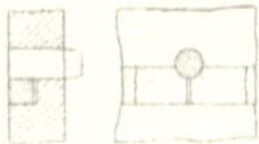

штифтъ (m), сидящій на половину въ стѣнкѣ поршня
spina (m) inserita a metà nella parete dello stantuffo
prisionero (m) 1

Kolbenführung (f)
piston guide
guidage (m) du piston
направленіе (n) поршня
guida (f) dello stantuffo
guia (f) del émbolo 2

Kolbenmotor (m)
piston engine
moteur (m) [avec piston] à fourreau

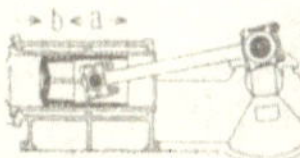

поршневой двигатель (m); двигатель безъ крейцкопфа
motore (m) a stantuffo-guida (senza testa a croce)
motor (m) de combustión sin taco 3

Traglänge (f) des Kolbens
bearing length of the piston
longueur (f) de portage du piston

a

длина (f) поршня, воспринимающая нормальное давленіе
lunghezza (f) di appoggio *o* di sostegno dello stantuffo
longitud (f) de apoyo del émbolo 4

---

verjüngtes Ausdehnungsende (n) des Kolbens
tapered end of the piston for expansion
extrémité (f) rétrécie de dilatation du piston

b

суженный, подверженный расширенію конецъ (m) поршня
estremità (f) dello stantuffo rastremata per la dilatazione
extremo (m) del émbolo estrechado para la dilatación 5

---

tragende [Um-]Fläche (f)
peripheral bearing surface
surface (f) périphérique portante *ou* de portage, portée (f) périphérique
опорная рабочая поверхность (f)
superficie (f) cilindrica portante
superficie (f) [periférica] de apoyo 6

---

den Kolben bei Betrieb[s]temperatur einpassen (v)
to fit in the piston at the working temperature
ajuster (v) le piston à la température de marche
пригнать поршень при рабочей температурѣ
aggiustare (v) lo stantuffo alla temperatura di funzionamento
ajustar (v) el émbolo á temperatura de trabajo 7

Kolbenreibung (f)
piston friction
frottement (m) du piston
треніе (n) въ поршнѣ
attrito (m) dello stantuffo
rozamiento (m) del émbolo 8

Reibung (f) durch Gewichtbelastung
friction due to weight
frottement (m) dû au poids
треніе (n), вызванное вѣсомъ
attrito (m) per effetto del peso
rozamiento (m) debido al peso 9

1 Reibung (f) durch den Führungsdruck des Triebwerks
friction due to the guide-pressure of the driving gear
frottement (m) dû à la pression de guidage du mécanisme de transmission

треніе (n), вызванное нормальнымъ давленіемъ передаточнаго механизма
attrito (m) derivante dagli sforzi trasmessi dal meccanismo motore
rozamiento (m) del émbolo por la presión que ejerce la conducción del mecanismo de transmisión

---

2 Führung (f) des Kolbens durch Tragbacken
supporting the piston by guide cheeks
guidage (m) du piston par flasques porteurs

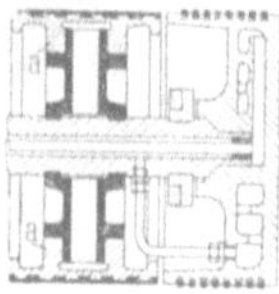

поддерживаніе (n) поршня опорными башмаками
guida (f) dello stantuffo con pezzi di sostegno
guía (f) del émbolo por medio de resbaladeras

---

3 Tragbacke (f)
guide cheek
flasque (m) porteur

a

опорный башмакъ (m); опорная щека (f)
pezzo (m) di sostegno dello stantuffo
resbaladera (f), deslizadera (f)

---

4 Kreuzkopfmotor (m)
engine with outside guide, crosshead engine
moteur (m) à crosse

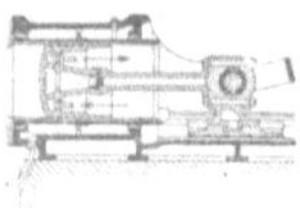

двигатель (m) съ крейцкопфомъ
motore (m) con testa a croce
motor (m) con taco

---

5 [selbst]tragender Kolben (m), von der Zylinderwand getragener Kolben (m)
unsupported piston
piston (m) à portage

поршень (m), неразгружённый отъ нормальныхъ давленій
stantuffo (m) non sostenuto
émbolo (m) guiado por si mismo *ó* apoyado por la pared del cilindro

---

6 Kolbengleitfläche (f)
sliding surface of piston
surface (f) de glissement *ou* surface (f) frottante du piston

трущаяся поверхность (f) поршня
superficie (f) di scorrimento dello stantuffo
superficie (f) de deslizamiento del émbolo

---

7 Überlastung (f) der Gleitflächen
overloading the sliding surfaces
surcharge (f) des surfaces frottantes

перегрузка (f) трущихся поверхностей
sopraccarico (n) delle superfici di scorrimento
exceso (m) de carga en las superficies de deslizamiento

den Kolbenkörper mit Weißmetall auskleiden (v)
to line the piston body with white-metal
chemiser (v) le corps du piston de métal blanc, antifrictionner (v) le piston
залить тѣло поршня бѣлымъ металломъ
rivestire (v) il corpo dello stantuffo con metallo bianco 1
revestir (v) ó forrar (v) el cuerpo del émbolo de metal blanco

---

frei schwebender Kolben (m)
freely supported *or* suspended piston
piston (m) librement soutenu

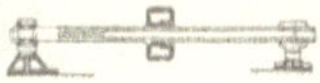

поршень (m) на вѣсу
stantuffo (m) sostenuto liberamente 2
émbolo (m) libremente suspendido ó libre

---

freitragende Kolbenstange (f)
unsupported piston rod
tige (f) de piston non soutenue
поршневой штокъ (m), неразгружённый отъ поперечнаго изгиба
stelo (m) di stantuffo libero 3
vástago (m) de émbolo libre

---

die Kolbenstange nach oben durchbiegen (v)
to bend the piston rod upwards, to camber the piston rod
courber (v) la tige de piston vers le haut
дать поршневому штоку прогибъ вверхъ
incurvare (v) verso l'alto lo stelo dello stantuffo 4
curvar (v) el vástago del émbolo hacia arriba

Kreuzkopf (m)
crosshead
crosse (f)

крейцкопфъ (m); ползунъ (m)
testa (f) a croce 5
taco (m), cruceta (f)

Gleitschuh (m), Kreuzkopfschuh (m)
crosshead slipper
patin (m) de crosse

башмакъ (m) крейцкопфа; подошва (f) ползуна
pattino (m) della testa a croce 6
patin (m)

Querhaupt (n), Traverse (f)
crosshead beam
traverse (f)

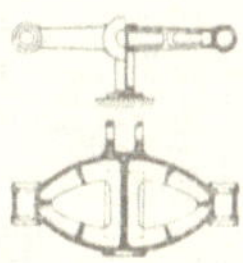

поперечина (f); траверса (f)
traversa (f) 7
traviesa (f)

Kolbenstange (f)
piston rod
tige (f) de piston

поршневой штокъ (m)
stelo (m) *o* gambo (m) dello stantuffo 8
vástago (m) del émbolo

Durchbiegung (f) der Kolbenstange
bending of the piston rod
flexion (f) de la tige de piston
прогибъ (m) поршневого штока
inflessione (f) dello stelo 9
flexión (f) del vástago del émbolo

1 die Kolbenstange auf Knickung berechnen (v)
to calculate the piston rod with regard to buckling stresses
calculer (v) la tige de piston au flambage

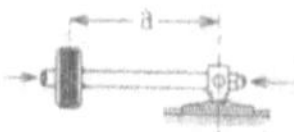

расчитать поршневой штокъ на продольный изгибъ
calcolare (v) lo stelo dello stantuffo come solido caricato in punta
cálcular (v) la resistencia á la flexión del vástago del émbolo

---

2 Abstand (m) von Kolbenmitte zu Kreuzkopfmitte
distance from centre of piston to centre of crosshead
distance (f) d'axe en axe entre le piston et la crosse

a

разстоянie (n) отъ середины поршня до середины крейцкопфа
distanza (f) dalla mezzaria dello stantuffo alla mezzaria della testa a croce
distancia (f) del punto medio del émbolo al centro de la cruceta

---

3 durchlaufende Kolbenstange (f), durchgehende Kolbenstange (f)
continuous piston rod, piston rod with tail rod
tige (f) de piston traversante

сквозной поршневой штокъ (m)
stelo (m) di stantuffo passante
vástago (m) que atraviesa el émbolo

---

4 geteilte Kolbenstange (f)
divided piston rod
tige (f) de piston en plusieurs pièces

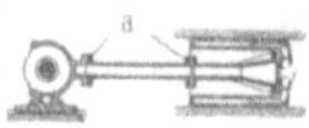

составной поршневой штокъ (m)
stelo (m) di stantuffo in più pezzi
vástago (m) de émbolo de varias piezas

---

5 Kolbenstangenkupplung (f)
piston rod coupling
accouplement (m) de tige de piston

a

муфта (f) поршневого штока
accoppiamento (m) dello stelo
acoplamiento (m) del vástago de émbolo

---

6 Befestigung (f) der Stange am Kolben
attaching the rod to the piston
fixation (f) de la tige de piston dans le piston

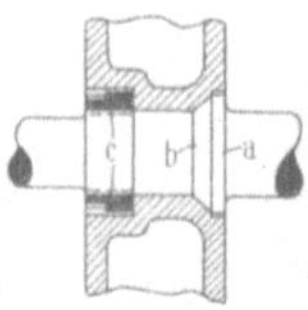

укрѣпленie (n) штока въ поршнѣ
fissazione (f) dello stelo allo stantuffo
unión (f) del vástago al émbolo

---

7 Kolbenstangenbund (m)
piston rod collar
collet (m) de tige de piston

a

заплечико (n) поршневого штока
collare (m) dello stelo
collar (m) del vástago del émbolo

---

8 Stangenkegel (m), Stangenkonus (m)
taper on piston rod
cône (m) de la tige

b

конусъ (m) штока
cono (m) dello stelo
cono (m) del vástago

---

9 Kolben[stangen]mutter (f)
piston rod nut
écrou (m) de tige de piston

c

гайка (f) поршневого штока
dado (m) dello stelo
tuerca (f) [del vástago] del émbolo

Dichtung (f) der Kolbenstange piston rod packing joint (m) de la tige de piston		сальникъ (n) поршневого штока guarnizione (f) dello stelo dello stantuffo guarnición (f) del vástago	*1*
Stopfbüchsendichtung (f) stuffing box packing garniture (f) de boîte à bourrage		набивка (f) сальника guarnizione (f) della scatola a stoppa empaquetadura (f) *ó* guarnición (f) de prensa-estopas	*2*
Gasstopfbüchse (f) gas engine stuffing box boîte (f) à bourrage à gaz	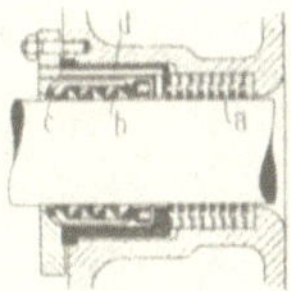	сальникъ (m) для газа *или* для газовыхъ двигателей scatola (f) a stoppa *o* di tenuta prensa-estopas (m) para gas	*3*
Hauptdichtung (f) main packing joint (m) *ou* bourrage (m) principal, garniture (f) principale	a	главная набивка (f) guarnizione (f) principale empaquetadura (f) *ó* junta (f) principal	*4*
nachgiebige Metalldichtung (f) flexible metallic packing bourrage (m) *ou* joint (m) métallique flexible	a	упругая металлическая набивка (f) guarnizione (f) metallica flessibile empaquetadura (f) metálica elástica	*5*
Nachdichtung (f) auxiliary packing bourrage (m) auxiliaire, garniture (f) auxiliaire	b	дополнительная набивка (f) guarnizione (f) ausiliare empaquetadura (f) *ó* junta (f) adicional	*6*
Weich[metall]packung (f) soft metallic packing joint (m) *ou* bourrage (m) souple	b	мягкая набивка (f) guarnizione (f) in materiale dolce empaquetadura (f) blanda	*7*
kugelige Lagerung (f) der Weichpackung spherical bearing of soft metallic packing logement (m) sphérique du bourrage souple	c	шаровая приточка (f) мягкой набивки къ крышкѣ сальника disposizione (f) della guarnizione di materiale dolce a superficie sferica asiento (m) esférico de la empaquetadura blanda	*8*
Druckschmierung (f) der Stopfbüchse mechanical *or* forced lubrication of the stuffing box graissage (m) sous pression de la boîte à bourrage		смазка (f) сальника съ подачей масла подъ давленіемъ lubrificazione (f) sotto pressione della scatola lubrificación (f) á presión del prensa-estopas	*9*

1 durch Kegelfläche nachspannbare Ringe (m pl)
rings adjustable by cone surface
bagues (f pl) à portées coniques pour le resserrage *ou* pour le rattrapage de jeu

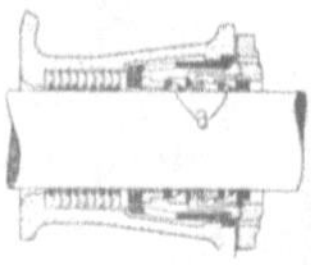

a

кольца (n pl), подтягиваемыя посредствомъ конической приточки
anelli (m pl) registrabili con superfici coniche
aros (m pl) cónicos ajustables

---

2 federnder Kugelring (m)
circular section elastic packing ring
bague (f) sphérique élastique

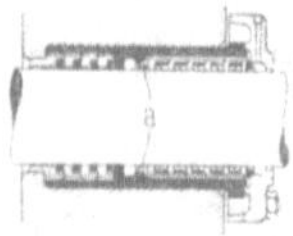

a

пружинящее шаровое *или* сферическое кольцо (n)
anello (m) sferico elastico
aro (m) elástico de sección esférica

---

3 Schwabesche Stopfbüchse (f)
Schwabe stuffing box
boîte (f) à bourrage [de] Schwabe

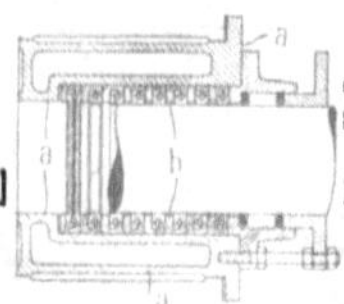

сальникъ (m) Швабе
scatola (f) di tenuta Schwabe
preusa-estopas (m) Schwabe

---

4 Stopfbüchsengehäuse (n)
stuffing box shell
creux (m) de la boîte à bourrage

a

коробка (f) сальника
capsula (f) della scatola a stoppa
caja (f) del prensa-estopas

---

5 Kammerring (m)
loose packing ring
bague (f) de garniture

b

коробчатое кольцо (m)
camera (f) anulare
aro (f) de cámara

---

6 Klopfen (n) des Kolbens
knocking of the piston
cognement (m) du piston

стукъ (m) поршня
battere (m) dello stantuffo
golpeamiento (m) del émbolo

---

7 Ecken (n) des verschlissenen Kolbens
jamming of a worn-out piston
coincement (m) du piston usé

защемленіе (n) изношеннаго поршня
imbiettatura (f) dello stantuffo logorato
atasco (m) del émbolo desgastado

---

8 Warmlaufen (n) des Kolbens
running hot of the piston
échauffement (m) excessif du piston

нагрѣваніе (n) поршня
riscaldamento (m) eccessivo dello stantuffo
calentamiento (m) excesivo del émbolo

---

9 Verkrusten (n) des Kolbens
incrustation of the piston
incrustation (f) *ou* encroûtement (m) du piston

загрязненіе (n) поршня
incrostamento (m) dello stantuffo
formación (f) de incrustaciones en el émbolo

Festfressen (n) des Kolbens seizing of the piston coincement (m) du piston par pression		заѣданіе (n) поршня incastramento (m) dello stantuffo dovuto all'usura atascamiento (m) del émbolo por presión	1
Festbrennen (n) des Kolbens seizing of the piston by fusion blocage (m) du piston par brûlure du métal		пригораніе (n) поршня bruciatura (f) dello stantuffo atascamiento (m) del émbolo por calentamiento	2
die Kolbenringe klatschen the piston rings knock les bagues du piston cliquètent *ou* claquent		поршневыя кольца (n) хлопаютъ *или* стучатъ gli anelli dello stantuffo battono los segmentos golpean	3
Krummwerden (n) der Kolbenstange bending of the piston rod faussage (m) de la tige de piston		искривленіе (n) поршневого штока curvatura (f) dello stelo dello stantuffo flexión (f) *ó* torcedura (f) del vástago del émbolo	4
Kolbenstangenbruch (m) break-down of the piston rod rupture (f) de tige de piston		изломъ (m) поршневого штока; поломка (f) поршневого штока rottura (f) dello stelo dello stantuffo rotura (f) del vástago	5
die Kolbenstange ist riefig the piston rod is scored *or* cut la tige de piston est rayée		поршневой штокъ (m) имѣетъ царапины *или* продольныя бороздки lo stelo è rigato el vástago está rayado	6
Kolbenkühlung (f) piston cooling refroidissement (m) du piston	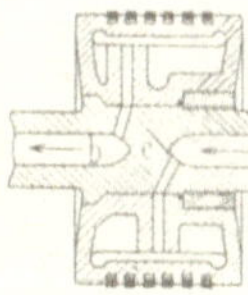	охлажденіе (n) поршня raffreddamento (m) dello stantuffo refrigeración (f) *ó* enfriamiento (m) del émbolo	7
Wasserzufluß (m) supply *or* influx of water arrivée (f) d'eau	a	притокъ (m) воды afflusso (m) *od* entrata (f) dell'acqua entrada (f) del agua	8
Wasserabfluß (m) discharge of water sortie (f) *ou* départ (m) de l'eau	b	спускъ (m) воды scarico (m) *od* uscita (f) dell'acqua salida (f) del agua	9

1 Kühlwasserumlauf (m) durch Stange und Kolben
cooling water circulation through piston rod and piston
circulation (f) de l'eau de refroidissement par le piston et sa tige

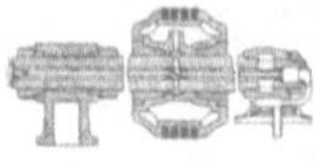

циркуляція (f) воды черезъ поршень и по штоку
circolazione (f) dell'acqua di raffreddamento attraverso lo stelo e lo stantuffo
circulación (f) del agua refrigerante através del vástago y del émbolo

---

2 Wasserschlag (m)
water hammer
coup (m) de bêlier

водяной *или* гидравлическій ударъ (m)
colpo (m) di ariete
golpe (m) de ariete

---

3 tote Wassersäule (f)
dead column of water
colonne (f) d'eau stagnante

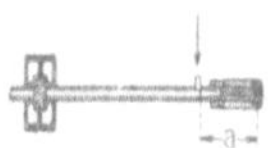

мёртвый столбъ (m) воды
colonna (f) d'acqua inerte
columna (f) de agua muerta

---

4 bewegliches Rohr (n) mit Kniegelenk
movable pipe with elbow joint
tuyau (m) à genouillère

подвижная труба съ угловымъ шарниромъ
tubo (m) mobile con articolazione a ginocchiera
tubo (m) con articulación de rótula

---

5 Posaunenrohr (n)
trombone *or* telescopic pipe
tuyau (m) télescopique *ou* télescopant, tuyau (m) à coulisse

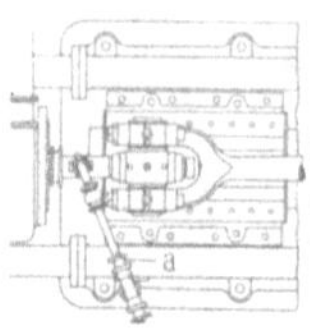

a

выдвижная труба (f); труба съ кулиссою
tubo (m) a telescopio
tubo (m) de telescopio

---

6 schwingende Tauchkolbenpumpe (f)
oscillating plunger pump
pompe (f) oscillante à [piston] plongeur

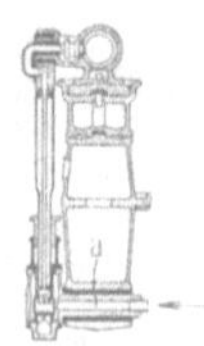

качающійся скальчатый насосъ (m)
pompa (f) a stantuffo tuffante oscillante
bomba (f) oscilante von émbolo buzo

---

7 drehbar gelagerter Pumpenkörper (m)
oscillating pump body
corps (m) de pompe oscillant

a

посаженный на оси корпусъ насоса
corpo (m) di pompa oscillante
cuerpo (m) oscilante de bomba

hohler Tauchkolben (m) mit Druckventil
hollow plunger with delivery valve
[piston (m)] plongeur (m) creux à soupape de refoulement

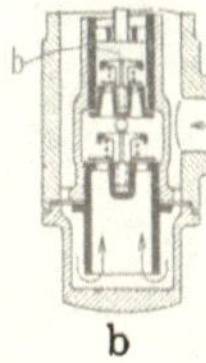

b

пустотѣлая скалка (f) *или* полый плунжеръ съ нагнетательнымъ клапаномъ
stantuffo (m) tuffante cavo con valvola premente 1
émbolo (m) buzo hueco con válvula de impulsión

Triebwerk
Driving Gear, Moving Parts
Mécanisme de Transmission de Mouvement

Передаточный Механизмъ
Meccanismo di Trasmissione 2
Mecanismo de Transmisión

Triebwerkteile (m pl)
parts of the driving gear
organes (m pl) de commande, organes (m pl) de transmission

органы (m pl) передаточнаго механизма
parti (f pl) d'un meccanismo di trasmissione 3
órganos (m pl) de transmisión

Triebwerkausnützung (f)
efficiency of the driving gear
utilisation (f) du mécanisme de transmission

использованіе (n) передаточнаго механизма
utilizzazione (f) del meccanismo di trasmissione 4
utilización (f) del mecanismo de transmisión

Schubstange (f), Treibstange (f), Pleuelstange (f), Kurbelstange (f)
connecting rod
bielle (f)

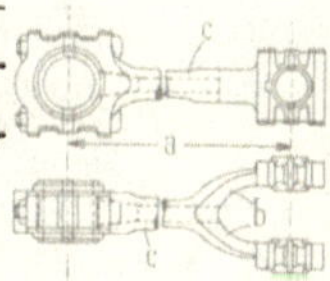

шатунъ (m)
biella (f) 5
biela (f)

Schubstangenlänge (f)
length of connecting rod
longueur (f) de bielle

a

длина (f) шатуна
lunghezza (f) della biella 6
longitud (f) de la biela

Schubstangengabel (f)
fork of the connecting rod
fourche (f) de bielle

b

вилка (f) шатуна
biella (f) a forchetta 7
horquilla (f) de la biela

Schubstangenschaft (m)
body *or* stem *or* shank of the connecting rod
corps (m) de bielle

c

тѣло (n) *или* стержень (m) шатуна
corpo (m) *o* fusto (m) della biella 8
cuerpo (m) de la biela

---

ausgebohrter Schaft (m)
hollow rod
corps (m) de bielle creux

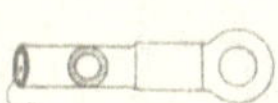

высверленный стержень (m)
corpo (m) di biella cavo 9
cuerpo (m) perforado *ó* hueco

1	flacher Schaft (m) flat rod corps (m) de bielle plat *ou* aplati	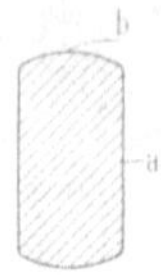	плоскій стержень (m) corpo (m) di biella schiacciato cuerpo (m) de sección rectangular *ó* plana
2	Breitseite (f) broad side côté (m) plat	a	широкая сторона (f) lato (m) maggiore della sezione lado (m) mayor, ancho (m)
3	Schmalseite (f) narrow side côté (m) bombé	b	узкая сторона (f) lato (m) minore della sezione lado (m) menor, grueso (m)
4	in der Schwingungsebene des Schaftes auftretende Massenkräfte (f pl) inertia forces acting in the plane of the oscillation of the stem forces (f pl) d'inertie agissant dans le plan d'oscillation de la bielle		силы (f pl) инерціи, появляющіяся въ плоскости качанія стержня шатуна forze (f pl) d'inerzia delle masse che si muovono nel piano di oscillazione della biella fuerzas (m pl) de inercia que actuan en el plano de oscilación de la biela
5	Biegebeanspruchung (f) durch die Massenwirkung bending strain due to inertia effort (m) de flexion dû à l'inertie des pièces		напряженіе (n) на изгибъ силами инерціи sforzo (m) di flessione prodotto dalla forza d'inerzia esfuerzos (m pl) de flexión por efecto de la inercia
6	Schubstangenkopf (m) end of the connecting rod, connecting rod head tête (f) de bielle	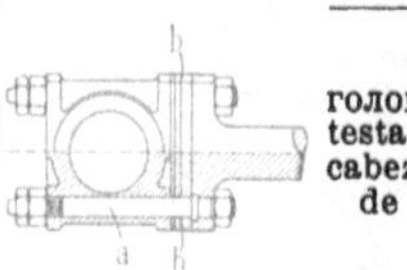	головка (f) шатуна testa (f) di biella cabeza (f) *ó* extremo (m) de la biela
7	Schubstangenbolzen (m) connecting rod bolt, wrist pin bolt boulon (m) de bielle	a	болтъ (m) шатуна bulloni (m pl) della testa di biella perno (m) de la biela
8	offener Schubstangenkopf (m), Schiffkopf (m), zweiteiliger Kopf (m), Marinekopf (m) marine end tête (f) type marine, tête (f) en deux pièces	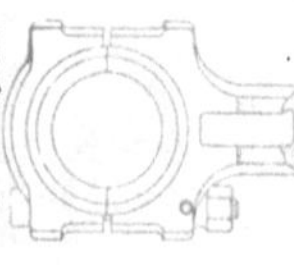	головка (f) пароходнаго типа; разрѣзная головка testa (f) di biella in due pezzi (biella di marina) cabeza (f) de dos piezas *ó* tipo marino

Bügelkopf (m)
solid end *or* head, box end
tête (f) à cage

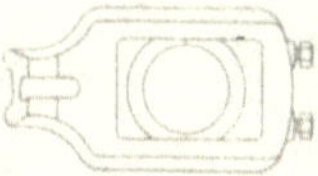

головка (f) со скобой
testa (f) di biella chiusa
cabeza (f) de puente *ó* en estriba 1

---

innerer Schubstangenkopf (m)
small end of the connecting rod
pied (m) de la bielle

a

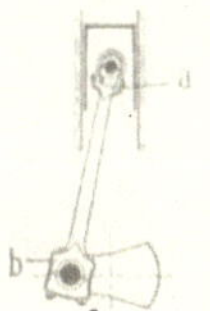

b

внутренняя головка (f) шатуна
testa (f) di biella interna (allo stantuffo)
extremo (m) de taco de la biela 2

äußerer Schubstangenkopf (m)
big end of the connecting rod
tête (f) de la bielle

внѣшняя головка (f) шатуна
testa (f) di biella esterna
extremo (m) de manivela de la biela 3

Nachstellung (f) auf der entlasteten Seite
re-adjustment of the relieved side
réglage (m) du côté déchargé

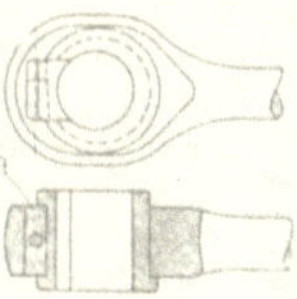

перестановка (f) *или* регулировка (f) съ разгружённой стороны
registrazione (f) dalla parte equilibrata
ajuste (m) *ó* graduación (f) del lado descargado 4

---

die Lagerschale nachstellen (v)
to re-adjust the brasses
régler (v) le coussinet, rattraper (v) l'usure du coussinets

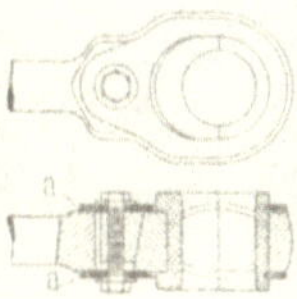

устанавливать *или* переставлять вкладышъ
registrare (v) i cuscinetti
ajustar (v) el cojinete 5

Kurbelwelle (f)
crank shaft
arbre (m) à manivelle

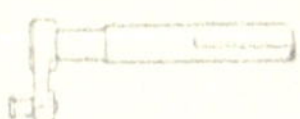

коренной валъ (m)
albero (m) di manovella
árbol (m) manivela *ó* motor 6

---

einfach gekröpfte Kurbelwelle (f)
[one-throw] crank shaft
arbre (m) coudé, coudé (m), arbre (m) vilebrequin, vilebrequin (m)

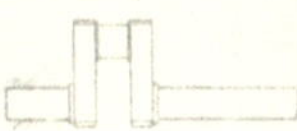

колѣнчатый *или* колѣнный валъ (m)
albero (m) di manovella a gomito
árbol (m) motor cigüeñal *ó* acodado, árbol (m) berbiquí 7

---

doppelt gekröpfte Kurbelwelle (f)
two-throw crank shaft
arbre (m) à deux coudes, [arbre (m)] double coudé (m), [arbre (m)] vilebrequin (m) à deux manetons

двухколѣнчатый *или* двухколѣнный валъ (m)
albero (m) di manovella a doppio gomito
árbol (m) doblemente acodado, árbol (m) cigüeñal de dos codos, árbol (m) de doble codo 8

1	dreifach gekröpfte Kurbelwelle (f) three-throw crank shaft [arbre (m)] triple coudé (m), arbre (m) à trois coudes, [arbre (m)] vilebrequin (m) à trois manetons	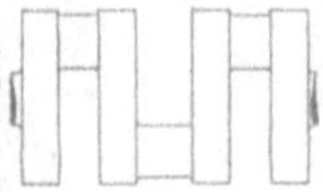	трёхколѣнчатый *или* трёхколѣнный валъ (m) albero (m) di manovella a tre gomiti árbol (m) cigüeñal de tres codos
2	um 120° (hundertzwanzig Grad) versetzte Kurbeln (f pl) cranks at 120° manivelles (f pl) calées à 120°		кривошипы (m pl), расположенные подъ угломъ въ 120 градусовъ manovelle (f pl) spostate di 120° manivelas (f pl) acuñadas á 120 grados
3	Kurbel (f), Maschinenkurbel (f) crank manivelle (f)	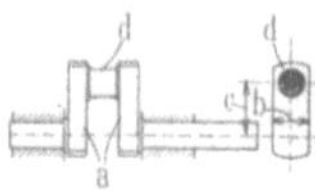	кривошипъ (m); колѣно (n) manovella (f) manivela (f)
4	Kurbelarm (m), Kurbelkörper (m) crank, crank web, crank arm flasque (m) *ou* bras (m) de manivelle	a	щека (f) *или* плечо (n) кривошипа braccio (m) della manovella, corpo (m) della manovella brazo (m) de la manivela
5	Armbreite (f) width of web largeur (f) de flasque	b	ширина (f) плеча *или* щеки larghezza (f) del braccio ancho (m) del brazo
6	Kurbelradius (m), Hebelarm (m) der Kurbel crank throw *or* radius rayon (m) de manivelle	c	радіусъ (m) кривошипа raggio (m) della manovella, corpo (m) della manovella radio (m) de la manivela
7	Kurbelzapfen (m) crank pin maneton (m), bouton (m) de manivelle	d	палецъ (m) *или* цапфа (f) кривошипа; шейка (f) колѣна bottone (m) della manovella muñequilla (f) de la manivela, botón (m) (de una manivela frontal)
8	Stirnkurbel (f), überhängende Kurbel (f) overhung crank manivelle (f) en bout	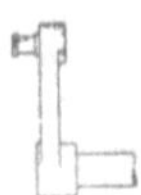	концевой кривошипъ (m) manovella (f) di estremità, manovella (f) posta di sbalzo manivela (f) frontal
9	Wellenlagerung (f) shaft bearings (pl) logement (m) des arbres dans leurs paliers		опоры (f pl) валовъ sopporto (m) dell' albero soporte (m) del eje

Kurbellager (n)
main bearing, crank bearing
palier (m) de manivelle

коренной подшипникъ (m)
sopporto (m) della manovella 1
cojinete (m) del árbol cigüeñal

---

den Verpuffungsdruck aufnehmen (v)
to take up the explosion pressure
recevoir (m) la pression de l'explosion

воспринимать давленіе вспышки
ricevere (v) la pressione dello scoppio 2
recibir (v) la presión de la explosión

---

wagerecht geteiltes Kurbellager (n)
horizontally - divided main bearing
palier (m) de manivelle divisé horizontalement

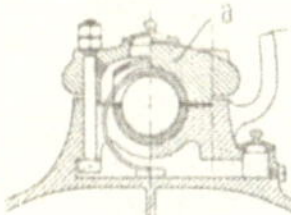

коренной подшипникъ (m) съ разрѣзомъ въ горизонтальной плоскости
sopporto (m) di manovella diviso orizzontalmente 3
cojinete (m) del árbol cigüeñal seccionado horizontalmente

Kurbellagerdeckel (m)
main bearing cap
chapeau (m) de palier de manivelle

a

крышка (f) коренного подшипника
coperchio (m) del sopporto della manovella 4
tapa (f) ó sombrerete (m) del cojinete del árbol cigüeñal

---

nach innen geneigtes Lager (n)
crank bearing inclined towards cylinder
palier (m) de manivelle incliné vers l'intérieur

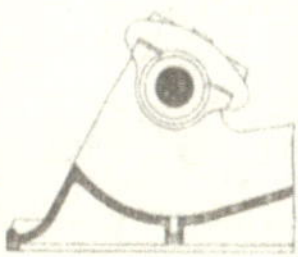

наклонный во внутрь коренной подшипникъ (m)
sopporto (m) dell'albero a manovella inclinato 5
verso l'interno
cojinete (m) del árbol cigüeñal inclinado hacia dentro

---

nach außen geneigtes Lager (n)
crank bearing inclined away from cylinder
palier (m) de manivelle incliné vers l'extérieur

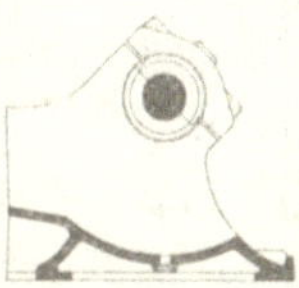

наклонный кнаружи коренной подшипникъ (m)
sopporto (m) di manovella inclinato verso 6
l'esterno
cojinete (m) del árbol cigüeñal inclinado hacia fuera

---

dreifach gelagerte Welle (f)
shaft with three bearings
arbre (m) à trois paliers, arbre (m) logé dans trois paliers, arbre (m) porté par trois paliers

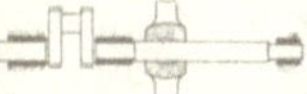

валъ (m) съ тремя подшипниками; трёхопорный валъ
albero (m) montato su 7
tre sopporti
árbol (m) cigüeñal apoyado en tres cojinetes

Durchbiegungslinie (f), elastische Linie (f)
line of deflection, elastic line
ligne (f) de flexion élastique

линія (f) прогиба; упругая линія
linea (f) di flessione, 8
linea (f) elastica
linea (f) de inflexión, linea (f) elástica

1	Außenlager (n) outer bearing, tail bearing palier (m) extérieur	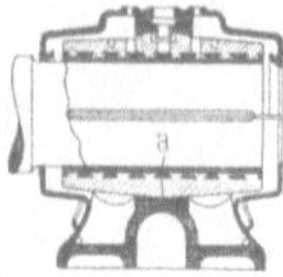	внѣшній подшипникъ (m) sopporto (m) esterno cojinete (m) exterior
2	kugelige Auflagerfläche (f) im Lagerkörper spherical seat of the bearing portée (f) sphérique dans le corps du palier	a	шаровая *или* сферическая опорная поверхность (f) въ тѣлѣ подшипника superficie (f) sferica di appoggio nel sopporto superficie (f) de apoyo esférica del soporte
3	Kurbellagerschale (f) main *or* crank brasses (pl), main steps (pl) *or* box (A) coussinet (m) de manivelle	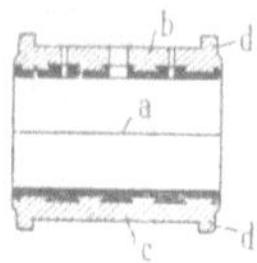	вкладышъ (m) коренного подшипника cuscinetto (m) dell'albero motore casquillo (m) *ó* cojinete (m) del árbol cigüeñal
4	tragende Schalenfläche (f) supporting surface of the brass [surface (f) de] portée (f) du coussinet		рабочая *или* нагружённая поверхность (f) вкладыша superficie (f) portante del cuscino superficie (f) de carga del casquillo
5	Stoßfuge (f) der Lagerschalen joint of the brasses joint (m) des coussinets	a	стыкъ (m) *или* разъёмъ (m) вкладышей giunto (m) delle varie parti del cuscino junta (f) de los dos casquillos
6	Oberschale (f) upper brass coussinet (m) supérieur *ou* du haut	b	верхній вкладышъ (m) cuscinetto (m) superiore casquillo (m) superior
7	Unterschale (f) lower brass coussinet (m) inférieur *ou* du bas	c	нижній вкладышъ (m) cuscinetto (m) inferiore casquillo (m) inferior
8	Schalenrand (m), Bund (m) tip *or* flange of brass bord (m) *ou* bourrelet (m) du coussinet	d	закраина (f) вкладыша orlo (m) del cuscinetto borde (f) del casquillo
9	nachstellbare Lagerschale (f) adjustable brass coussinet (m) à rattrapage de jeu *ou* d'usure, coussinet (m) réglable	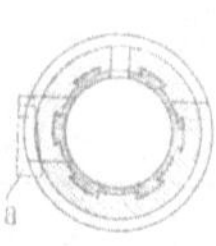	переставной вкладышъ (m) подшипника cuscinetto (f) registrabile casquillo (m) *ó* cojinete (m) graduable

Anzugkeil (m)
adjusting wedge
clavette (f) de resserrage, clavette (f) de rattrapage de jeu

a

подтяжной клинъ (m)
chiavetta (f) per la registrazione 1
cuña (f) de ajuste, chaveta (f) de aprieto

---

die Schalen mit Weißmetall ausgießen (v)
to line the brasses with white-metal
antifrictionner (v) les coussinets [par coulée], couler (v) du métal blanc dans les coussinets, garnir (v) les coussinets de métal blanc [par coulée]

зали-ть (-вать) вкладыши бабитомъ *или* бѣлымъ металломъ
colare (v) del metallo bianco nel cuscinetto 2
forrar (v) *ó* revestir los casquillos de metal blanco

---

den Schalenkörper verzinnen (v)
to tin the brass
étamer (v) le corps des coussinets

вылудить тѣло вкладыша
stagnare (v) il corpo del cuscinetto 3
estañar (v) el cuerpo del casquillo *ó* del cojinete

Weißmetallfutter (n)
white-metal lining
fourrure (f) *ou* garniture (f) en métal blanc, fourrure (f) *ou* garniture (f) antifriction

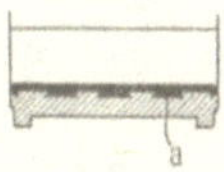

заливка (f) бабитомъ *или* бѣлымъ металломъ
rivestimento (m) *o* guarnizione (f) in metallo bianco 4
forro (m) *ó* revestimiento (m) de metal blanco *ó* de antifricción

---

Schwalbenschwanznute (f)
dovetailed groove
rainure (f) en queue d'aronde

a

канавка *или* дорожка (f) въ видѣ ласточкина хвоста
scanalatura (f) a coda di rondine 5
ranura (f) de cola de milano

Abblättern (n) des Weißmetallfutters
scaling of the white-metal lining
effeuillement (m) *ou* exfoliation (f) de la fourrure antifriction

отслаиванiе (n) бабитовой заливки
sfogliarsi (m) del rivestimento di metallo bianco 6
exfoliación (f) del forro de metal blanco

---

das Lager einschaben (v)
to scrape the bearing
ajuster (v) le coussinet dans le palier par grattage

пришабрить подшипникъ
raschiare (v) il sopporto 7
ajustar (v) los cojinetes

Schwungrad (n)
flywheel
volant (m)

маховикъ (m); маховое колесо (n) 8
volano (m)
volante (m)

1 fliegendes Schwungrad (n)
overhung flywheel
volant (m) [monté] en porte-à-faux

маховикъ (m), помѣщённый на вѣсу
volano (m) montato di sbalzo
volante (m) frontal

---

2 Schwungring (m), Schwungradkranz (m)
rim of flywheel
jante (f) *ou* limbe (m) de volant

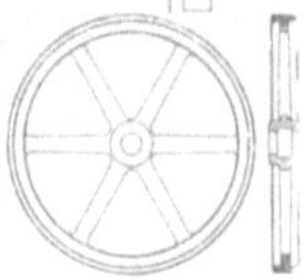

ободъ (m) маховика
corona (f) del volano
lanta (f) *ó* aro (m) del volante

---

3 Kranzquerschnitt (m)
section of rim
section (f) [transversale] de la jante

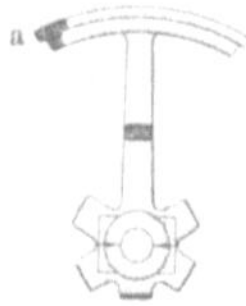

a

поперечное сѣченіе (n) обода
sezione (f) della corona
sección (f) transversal de la llanta

---

4 Kranzbreite (f)
width of rim
largeur (f) de jante

ширина (f) обода
larghezza (f) della corona
anchura (f) de la llanta

---

5 Kranzhöhe (f)
depth of rim
hauteur (f) de jante

высота (f) обода
altezza (f) della corona
altura (f) *ó* espesor (m) de la llanta

---

6 Schwungradarm (m)
flywheel arm, spoke
bras (m) de volant

a

спица (f) маховика
razza (f) del volano
radio (m) del volante

---

7 Profilarm (m)
profile arm
bras (m) profilé

спица (f) съ фасоннымъ поперечнымъ сѣченіемъ
profilo (m) della razza
radio (m) perfilado

---

8 Armstern (m)
spider
étoile (f) des bras, bras (m pl) en étoile

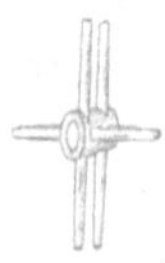

крестовина (f) спицъ
stella (f) delle razze
estrella (f) de radios

---

9 Verjüngung (f) der Arme
tapering of the arms *or* spokes
amincissement (m) des bras

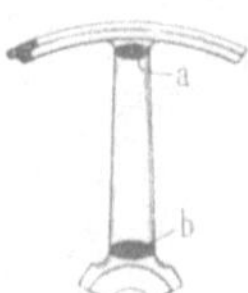

утоненіе (n) *или* утоньшеніе (n) спицъ
assottigliamento (m) della razza
adelgazamiento (m) proporcional de los radios

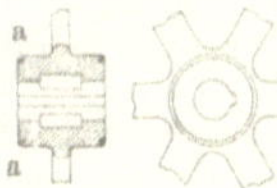

Schwungradnabe (f)
flywheel hub *or* boss
moyeu (m) de volant

втулка (f) маховика
mozzo (m) del volano 1
cubo (m) del volante

---

ausgesparte Nabe (f)
hollow hub *or* boss
moyeu (m) évidé *ou* ajouré

втулка (f) съ выемкой
mozzo (m) incavato 2
cubo (m) hueco

---

dreiteilige Nabe (f)
hub *or* boss in three parts
moyeu (m) en trois pièces

трёхразрѣзная втулка (f); втулка, состоящая изъ трёхъ частей 3
mozzo (m) in tre pezzi
cubo (m) en tres piezas

Schrumpfring (m)
shrunk ring
frette (f) [posée à chaud]

a

кольцо (n), надѣваемое въ горячемъ состояніи
anello (m) di chiusura 4
arandela (f) de sujeción puesta en caliente

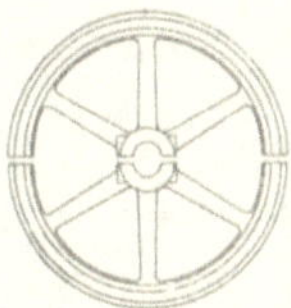

zweiteiliges Schwungrad (n)
split flywheel
volant (m) en deux parties

половинчатый маховикъ (m); маховикъ, состоящій изъ двухъ частей
volano (m) in due pezzi 5
volante (m) en dos mitades

Schwungradhälfte (f)
wheel-half
moitié (f) de volant

половинка (f) маховика
metà (f) di volano
mitad (f) del volante 6

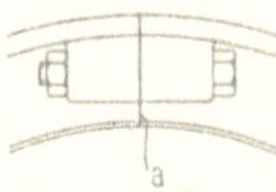

Stoßverband (m)
[abutting] joint
joint (m)

стыкъ (m)
giunto (m)
junta (f), unión (f) 7

Klaffen (n) der Teilfugen
gaping of the joints
baillement (m) des joints d'assemblage

отставаніе (n) стыковъ
stare (m) spalancato della giunzione 8
huecos (m) que quedan entre las juntas

Triebwerktheorie

Theory of Driving Gear

Théorie du Mécanisme de Tansmission

Теорія Передаточнаго Механизма

Teoria dei Meccanismi di Trasmissione 9

Teoría del Mecanismo de Transmisión

Kinematik (f) des Kurbelgetriebes
kinematics of the crank gear
cinématique (f) du mécanisme à manivelle

кинематика (f) кривошипнаго механизма
cinematica (f) del meccanismo a manovella 10
cinemática (f) del mecanismo de manivela

1 Kurbeltrieb (m), Kurbelgetriebe (n), Kurbelmechanismus (m)
crank gear
mécanisme (m) de transmission à manivelle

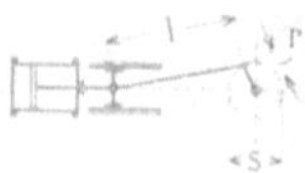

передача (f) кривошипомъ и шатуномъ; кривошипный механизмъ (m)
meccanismo (m) a manovella
mecanismo (m) de manivela

---

2 Stangenverhältnis (n)
ratio of connecting rod to crank
rapport (m) des bielles

$\frac{r}{l}$

отношеніе (n) длинъ кривошипа и шатуна
rapporto (m) delle leve
proporción (f) entre las bielas

---

3 Hub (m)
stroke
course (f)

s

ходъ (m)
corsa (f)
carrera (f), curso (m)

---

4 Kolbenspiel (n), Hin- und Hergang (m) des Kolbens
reciprocating moment of piston, stroke of piston
mouvement (m) alternatif *ou* va-et-vient (m) du piston

ходъ (m) поршня взадъ и впередъ
andata (f) e ritorno (m) dello stantuffo
vaivén (m) del émbolo

---

5 Kolbenhingang (m), Kolbenvorlauf (m)
forward stroke
aller (m) du piston

ходъ (m) поршня впередъ
movimento (m) di andata dello stantuffo
carrera (f) de avance ó salida (f) del émbolo

---

6 Kolbenrückgang (m), Kolbenrücklauf (m)
return stroke
retour (m) du piston

ходъ (m) поршня назадъ
movimento (m) di ritorno dello stantuffo
carrera (f) atrás ó retroceso (m) del émbolo

---

7 Hubwechsel (m), Kolbenumkehr (f)
reversal of stroke
changement (m) de course du piston

перемѣна (f) хода поршня
inversione (f) di moto
cambio (m) de carrera ó inversión (f) del émbolo

---

8 Totpunktstellung (f), Totlage (f)
position at the dead centre (center A)
position (f) du point mort

мёртвое положеніе (n); мёртвая точка (f)
punto (m) morto
posición (f) del punto muerto

---

9 innerer Totpunkt (m)
inner dead centre (center A)
point (m) mort intérieur

внутренняя мёртвая точка (f)
punto (m) morto interno
punto (m) muerto interior

---

10 äußerer Totpunkt (m)
outer dead centre (center A)
point (m) mort extérieur

внѣшняя мёртвая точка (f)
punto (m) morto esterno
punto (m) muerto exterior

Zündtotpunkt (m)
ignition dead centre (center A)
point (m) mort d'allumage

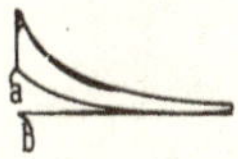

a

мёртвая точка (f), соотвѣтствующая воспламененію
punto (m) di accensione
punto (m) muerto de la ignición 1

Totpunkt (m) zwischen Ein- und Auslaßhub
dead centre (center A) between admission and exhaust stroke
point (m) mort entre les courses d'admission et d'échappement

b

мёртвая точка (f) между ходомъ впуска и выпуска
punto (m) morto fra la corsa di introduzione e di scarico 2
punto (m) muerto entre las carreras de admisión y de escape

Kurbelkreis (m), Kurbelzapfenbahn (f)
crank circle, crank pin path
cercle (m) [décrit par le bouton] de manivelle

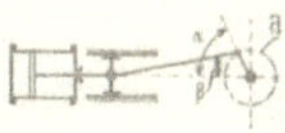

a

окружность (f) пальца кривошипа
circolo (m) della manovella 3
circulo (m) [descrito por el botón] de la manivela

Kurbeldrehung (f)
rotation of crank
rotation (f) de manivelle

вращеніе (n) кривошипа
rotazione (f) della manovella 4
giro (m) *ó* vuelta (f) *ó* rotación (f) de la manivela

Kurbelstellung (f)
position of crank
position (f) de manivelle

положеніе (n) кривошипа
posizione (f) della manovella 5
posición (f) de la manivela

Kurbeldrehwinkel (m)
angle of crank with horizontal
angle (m) de rotation de la manivelle

α

уголъ (m) вращенія кривошипа
angolo (m) di rotazione della manovella 6
ángulo (m) de rotación de la manivela

Schubstangenwinkel (m), Schubstangenausschlag (m)
angle of connecting rod
angle (m) de déviation de la bielle

β

уголъ (m) качанія шатуна
angolo (m) formato dalla biella 7
ángulo (m) de desviación de la biela; inclinación (f) de la biela

---

Bewegungsfeld (n) des Kurbelgetriebes
area of motion of the crank gear
champ (m) de mouvement du mécanisme à manivelle

поле (n) движенія кривошипнаго механизма
campo (m) di moto del meccanismo a manovella 8
campo (m) de movimiento del mecanismo de la manivela

1	Kolbenweg (m) piston path *or* stroke chemin (m) parcouru par le piston	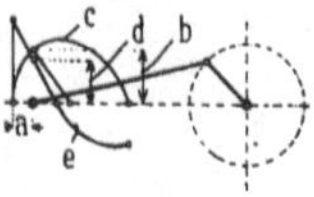 a	путь (m), проходимый поршнемъ strada (f) percorsa dallo stantuffo recorrido (m) del émbolo
2	Veränderlichkeit (f) der Kolbenbewegung variability of the movement of the piston variabilité (f) du mouvement du piston		неравномѣрность (f) хода поршня variabilità (f) nel moto dello stantuffo variabilidad (f) del movimiento del émbolo
3	Kolbengeschwindigkeit (f) piston speed vitesse (f) du piston	b	скорость (f) поршня velocità (f) dello stantuffo velocidad (f) del émbolo
4	Kolbengeschwindigkeitskurve (f) piston speed curve courbe (f) de vitesse du piston	c	кривая (f) скорости поршня curva (f) delle velocità dello stantuffo curva (f) de la velocidad del émbolo
5	Kolbenbeschleunigung (f) piston acceleration accélération (f) du piston	d	ускореніе (n) поршня accelerazione (f) dello stantuffo aceleración (f) del émbolo
6	Beschleunigungskurve (f) acceleration curve courbe (f) d'accélération	e	кривая (f) ускоренія curva (f) delle accelerazioni dello stantuffo curva (f) de aceleración del émbolo
7	Triebwerkkräfte (f pl) forces acting on the driving gear forces (f pl) en jeu dans le mécanisme de transmission	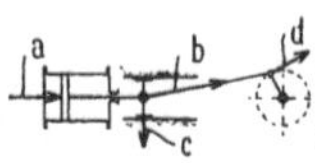	силы (f pl), дѣйствующія въ передаточномъ механизмѣ sforzi (m pl) del meccanismo di trasmissione fuerzas (f pl) que actuan en el mecanismo de transmisión
8	Kolbenkraft (f) piston pressure effort (m) sur le piston	a	усиліе (n) поршня sforzo (m) dello stantuffo fuerza (f) del émbolo
9	Schubstangenkraft (f) connecting rod pressure effort (m) sur la bielle	b	сила (f) по шатуну sforzo (m) sulla biella fuerza (f) de la biela
10	Normaldruck (m) auf die Geradführung, Gleitbahndruck (m) pressure at right angles to the guide pression (f) normale sur la glissière	c	нормальное давленіе (n) въ направляющихъ pressione (f) normale sulle guide presión (f) normal sobre la resbaladera

Drehkraft (f), Tangentialkraft (f), Tangentialdruck (m), tangentialer Kurbelzapfendruck (m)
turning force, tangential force on the crank pin
effort (m) tangentiel sur le bouton de manivelle

d

окружное усилie (n) *или* тангенціальное давленie (n) на цапфу кривошипа
sforzo (m) tangenziale sul bottone della manovella
fuerza (f) de rotación; presión (f) tangencial del botón de la manivela 1

Kurbeldrehmoment (n)
crank turning moment, couple of crank effort
moment (m) de rotation de la manivelle

вращающій моментъ (f) кривошипа
momento (m) di rotazione della manovella
momento (m) de rotación de la manivela 2

Drehkraftlinie (f), Drehkraftdiagramm (n), Tangentialdruckdiagramm (n)
furning force diagram, tangential pressure diagram, crank effort diagram
diagramme (m) des efforts tangentiels

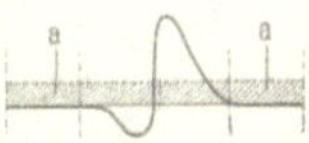

діаграмма (f) тангенціальныхъ *или* касательныхъ усилій
diagramma (m) degli sforzi tangenziali
diagrama (m) de la fuerza de rotación; diagrama (m) de la presión tangencial 3

Widerstand[s]diagramm (n)
resistance diagram
diagramme (m) de résistance

a

діаграмма (f) сопротивленій
diagramma (m) delle resistenze
diagrama (m) de la resistencia 4

Massendruck (m), Massenkraft (f)
pressure exerted by the masses
force (f) des masses

сила (f) инерціи *или* давленie (n) по инерціи движущихся массъ
pressioni (f pl) prodotte dalle masse
fuerza (f) ejercida por [la inercia de] las masas 5

Massendruckdiagramm (n)
inertia diagram
diagramme (m) des masses

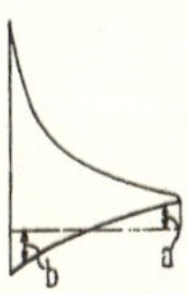

діаграмма (f) давленій движущихся массъ
diagramma (m) delle masse (aventi moto alternato)
diagrama(f) de las masas 6

Beschleunigungsdruck (m)
acceleration pressure
pression (f) d'accélération

a

ускоряющее давленie (n)
pressione (f) d'accelerazione
presión (f) de aceleración 7

b

1 Verzögerungsdruck (m)
retardation *or* deceleration pressure
pression (f) d'accélération négative

замедляющее давленіе (n)
pressione (f) ritardatrice
presión (f) de retardo

---

2 hin- und hergehende Massen [f pl]
reciprocating masses (pl)
masses (f pl) douées d'un mouvement alternatif *ou* de va-et-vient

массы (f pl), двужущіяся взадъ и впередъ
masse (f pl) dotate di moto alternativo
masas (f pl) oscilantes

---

3 elastischer Auslauf (m) der hin- und hergehenden Massen
cushioned movement of the reciprocating masses
terminaison (f) élastique du déplacement des masses à mouvement de va-et-vient

упругое прекращеніе (n) движенія по инерціи при остановкѣ; использованіе (n) запаса живой силы при остановкѣ двигателя на сжатіе воздуха для пуска
moto (m) elastico delle masse alternative in fine di corsa
movimiento (m) amortiguado de las masas oscilantes

---

4 freier Auslauf (m) der hin- und hergehenden Massen
uncushioned (free) movement of the reciprocating masses
terminaison (f) libre du déplacement à va-et-vient

свободное прекращеніе (n) движенія по инерціи при остановкѣ; нестѣснённое сжатіемъ воздуха прекращеніе (n) движенія по инерціи при остановкѣ
moto (m) libero delle masse alternative in fine di corsa
movimiento (m) no amortiguado de las masas oscilantes

---

5 Massenausgleich (m), Massenausgleichung (f), Auswuchtung (f)
balancing of the masses
équilibrage (m) des masses

уравновѣшиваніе (n) массъ
equilibrio (m) delle masse
compensación (f) ó equilibrio (m) de las masas

---

6 auswuchten (v)
to balance
équilibrer (v)

уравновѣ-сить (-шивать)
equilibrare (v)
compensar (v), equilibrar (v)

---

7 die umlaufenden Massen durch kreisende Gegengewichte ausgleichen (v)
to balance the rotating masses by counterweights
équilibrer (v) les masses en rotation par des contrepoids rotatifs

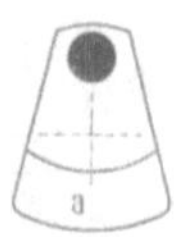

уравновѣшиват вращающіяся массы вращающимися противовѣсами
equilibrare (v) l'effetto delle masse in rotazione con contrappesi ruotanti
equilibrar (v) las masas rotatorias mediante contrapesos centrifugos

Gegengewicht (n) counterweight, balance weight contrepoids (m)	a	противовѣсъ (m) contrappeso (m) contrapeso (m)	1
Druckwechsel (m) im Gestänge reversal of pressure in the piston rod and connecting rod variation (f) des efforts dans la bielle et la tige de piston		перемѣна (f) направленія давленія въ шатунѣ и штокѣ variazione (f) di pressione nelle bielle variación (f) de los esfuerzos en la biela y el vástago del émbolo	2
Richtungswechsel (m) der Zapfendrücke reversal of direction of the pressure on crank pin variation (f) de direction des efforts sur le tourillon		перемѣна (f) направленія давленія на цапфу cambiamento (m) di direzione degli sforzi sul perno variación (f) de dirección de los esfuerzos de los botones	3
Relativverschiebung (f) von Zapfen und Lager relative motion between pin and journal déplacement (m) relatif du tourillon et du coussinet		относительное перемѣщеніе (n) цапфы и вкладышей spostamento (m) relativo del perno e del sopporto desplazamiento (m) relativo del botón y del cojinete	4
Schwungkranzgewicht (n) weight of flywheel rim poids (m) de la jante du volant	G	вѣсъ (m) обода маховика peso (m) della corona del volano peso (m) de la llanta del volante	5
Umfanggeschwindigkeit (f) des Kranzes peripheral speed of the rim vitesse (f) périphérique *ou* tangentielle de la jante	v	окружная скорость (f) обода velocità (f) periferica della corona velocidad (f) periférica *ó* tangencial de la llanta	6
Schwungmoment (n) rotative *or* flywheel moment, moment of gyration moment (m) d'inertie du volant	Gv^2	моментъ (m) маховыхъ массъ momento (m) di rotazione momento (m) del volante	7
Energieaustausch (m) zwischen Kurbelgetriebe und Schwungrad interchange of energy between crank gear and flywheel échange (m) d'énergie entre le mécanisme à manivelle et le volant		обмѣнъ (m) энергіи между кривошипнымъ механизмомъ и маховикомъ scambio (m) di energia tra il meccanismo a manovella ed il volano cambio (m) de energía entre el mecanismo de la manivela y el volante	8

1 Arbeit[s]überschuß (m)
excess of work
excès (m) *ou* excédant (m) de travail

избытокъ (m) работы
eccesso (m) di lavoro
exceso (m) ó sobrante (m) de trabajo

---

2 Überschußfläche (f)
excess area
surface (f) positive

a

избыточная площадь (f)
superficie (f) positiva del diagramma
área (f) de exceso, área superior del diagrama

---

3 Unterschußfläche (f)
deficiency area
surface (f) négative

b

недостающая площадь (f)
superficie (f) negativa del diagramma
área (f) inferior del diagrama

---

4 Schwankung (f) der Kurbelgeschwindigkeit
variation of the crank velocity
variation (f) de la vitesse de la manivelle

колебанія (n pl) скорости кривошипа
variazione (f) della velocità della manovella
variación (f) de la velocidad de la manivela

---

5 tachometrischer Versuch (m)
tachometric test
essai (m) tachymétrique

тахометрическое испытаніе (n)
esperienza (f) tachimetrica
ensayo (m) tacométrico

---

6 Tachograph (m), registrierendes Tachometer (n)
tachograph, recording tachometer
tachygraphe (m), tachymètre (m) enregistreur

тахографъ (m)
tachigrafo (m), tachimetro (m) registratore
tacómetro (m) registrador, taquigrafo (m)

---

7 Stimmgabeltachograph (m)
tuning-fork tachograph
tachygraphe (m) à diapason

тахографъ (m) съ камертономъ
tachigrafo (m) a diapason
taquigrafo (m) de diapason

---

8 Tachogramm (n)
tachogram
tachygramme (m), diagramme (m) inscrit par le tachygraphe

тахограмма (f)
tachigramma (m)
tacograma (m), diagrama (m) del taquigrafo

---

9 **Ventilsteuerung**
Valve Gear
Distribution par soupapes

Клапанное Распредѣленіе
Distribuzione a valvola
Distribución por válvulas

---

10 Steuerungsdiagramm (n)
distribution diagram
diagramme (m) de distribution

діаграмма (f) распредѣленія
diagramma (m) della distribuzione
diagrama (m) de distribución

Betätigungsfolge (f) der Ventile
sequence of operations of the valves
phases (fpl) successives du fonctionnement des soupapcs

последовательность (f) приведенія въ дѣйствія клапановъ
fasi (fpl) successive di funzionamento della 1
valvola
movimientos (mpl) sucesivos de las válvulas

---

a

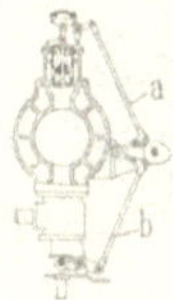

b

Einlaßsteuerung (f)
admission gear
commande (f) de l'admission

распредѣленіе (n) впуска
distribuzione (f) per 2
l'ammissione
distribución (f) de admisión

Auslaßsteuerung (f)
exhaust gear
commande (f) de l'échappement

распредѣленіе (n) выпуска
distribuzione (f) per lo 3
scarico
distribución (f) de escape

Ventil (n)
valve
soupape (f)

клапанъ (m) 4
valvola (f)
válvula (f)

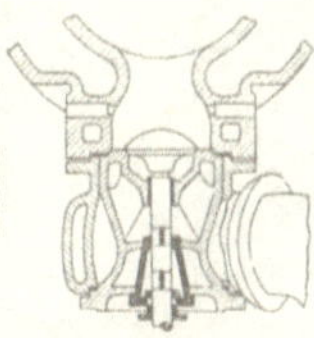

[sich] nach oben öffnendes Ventil (n)
valve opening upwards
soupape (f) s'ouvrant vers le haut *ou* de bas en haut

клапанъ (m), открывающійся кверху
valvola (f) apribile verso 5
l'alto
válvula (f) que abre hacia arriba

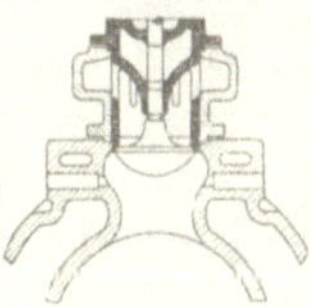

[sich] nach unten öffnendes Ventil (n)
valve opening downwards
soupape (f) s'ouvrant vers le bas *ou* de haut en bas

клапанъ (m), открывающійся книзу
valvola (f) apribile verso 6
il basso
válvula (f) que abre hacia abajo

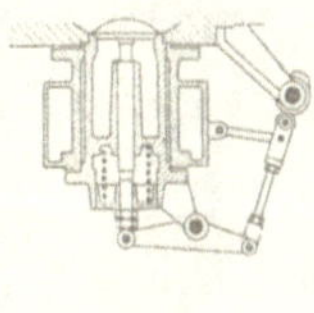

liegendes Ventil (n)
horizontal valve
soupape (f) [à tige] horizontale

горизонтальный клапанъ (m)
valvola (f) a gambo 7
orizzontale
válvula (f) horizontal

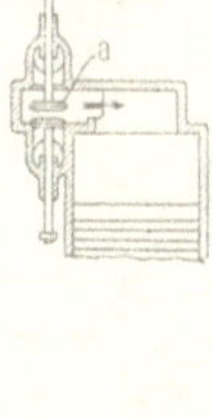

Einlaßventil (n)
admission valve
soupape (f) d'admission

впускной клапанъ (m)
valvola (f) di ammissione 8
válvula (f) de admisión

1 selbsttätiges Einlaßventil (n)
automatic admission valve
soupape (f) d'admission automatique

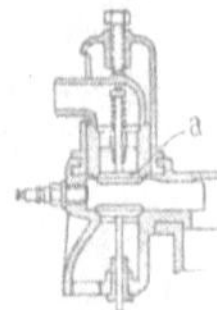

самодѣйствующій *или* автоматическій впускной клапанъ (m)
valvola (f) di ammissione automatica
válvula (f) de admisión automática

---

2 gesteuertes Einlaßventil (n)
mechanically operated admission valve
soupape (f) d'admission commandée

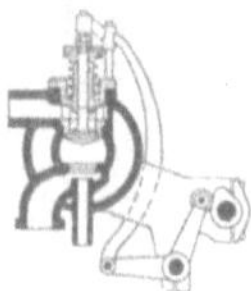

управляемый *или* механически открываемый впускной клапанъ (m)
valvola (f) di ammissione comandata
válvula (f) de admisión mandada *ó* accionada

---

3 Auslaßventil (n)
exhaust valve
soupape (f) d'échappement

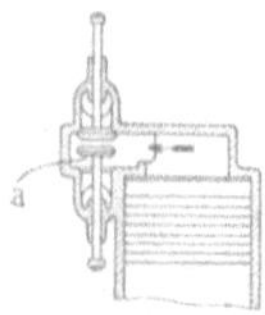

выпускной клапанъ (m)
valvola (f) di scarico *o* di scappamento, valvola (f) di emmissione
válvula (f) de escape

---

4 kombiniertes Ventil (n)
combined admission and exhaust valve
soupape (f) mixte, soupape (f) d'admission et d'échappement

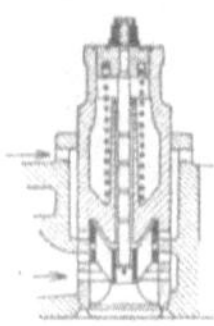

соединённый *или* комбинированный клапанъ (m)
valvola (f) combinata di ammissioni e di scarico
válvula (f) mixta de admisión y de escape

---

5 Ventilkörper (m)
valve body *or* cage
obturateur (m) de soupape

тѣло (n) клапана
corpo (m) della valvola
cuerpo (m) de la válvula, obturador (m)

---

6 Kegelventil (n)
conical valve, mushroom valve
soupape (f) à cône

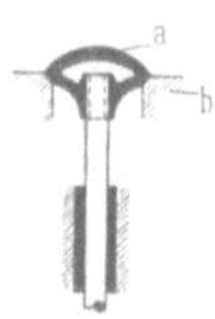

коническій *или* конусный клапанъ (m)
valvola (f) conica
válvula (f) cónica

---

7 Ventilkegel (m)
valve head, mushroom
cône (m) de soupape, obturateur (m) conique de soupape

a

конусъ (m) клапана
cono (m) della valvola
cono (m) *ó* cabeza (f) *ó* obturador (m) de la válvula

---

8 Ventilsitz (m)
valve seat
siège (m) de la soupape

b

сѣдло (n) клапана
sede (f) della valvola
asiento (m) de la válvula

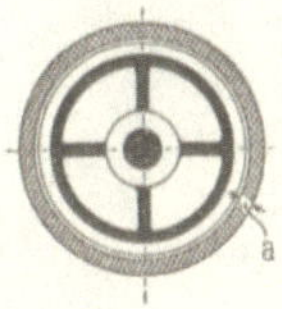

Ringsitz (m)
annular seat
siège (m) annulaire

кольцевое *или* кольце-
образное сѣдло (n) 1
sede (f) anulare
asiento (m) anular

Sitzfläche (f)
valve face
surface (f) de contact, surface (f) d'obturation, surface (f) du siège

опорная поверхность (f)
superficie (f) di contatto, 2
superficie (f) della sede
superficie (f) de contacto *ó* de asiento

---

das Ventil auf den Ventilsitz aufschleifen (v)
to grind in the valve, to grind the valve into its seat
roder (v) la soupape sur son siège

пришлифовать *или* притереть клапанъ къ своему сѣдлу
smerigliare (v) la valvola 3
sulla sua sede
esmerilar (v) y ajustar (v) la válvula sobre el asiento

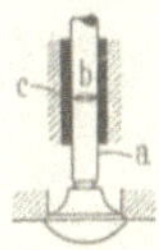

Ventilspindel (f), Ventilschaft (m)
valve spindle, valve stem
tige (f) de soupape, queue (f) de soupape

a

шпиндель (m) клапана; стержень (m) клапана
stelo (m) della valvola 4
vástago (m) *ó* varilla (f) de la válvula

Schaftstärke (f)
diameter of stem
diamètre (m) de la tige de soupape

b

толщина (f) стержня клапана
grossezza (f) dello stelo 5
diámetro (m) del vástago de la válvula

Ventilstangenführung (f), Schaftführung (f)
valve stem guide bush
guide (m) de tige de soupape, guide-tige (m) de soupape

c

направленіе (n) стержня клапана
guida (f) dello stelo 6
della valvola
guía (f) del vástago de la válvula

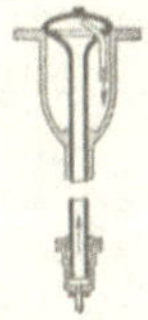

Kegel (m) und Schaft (m) aus einem Stück
valve *or* valve head and stem in one piece
cône (m) et tige (f) de soupape venus d'une seule pièce; cône (m) de s. faisant corps avec la tige

конусъ (m) и стержень (m) изъ одного куска
cono (m) e stelo (m) in 7
un sol pezzo
cono (m) y vástago (m) de una sola pieza

---

einstückig (adj)
in one piece
d'une [seule] pièce

изъ одного куска; цѣльный
in un sol pezzo 8
de una pieza

Ventilkühlung (f)
valve cooling
refroidissement (m) de la soupape

охлажденіе (n) клапана
raffreddamento (m) della valvola 9
refrigeración (f) de la válvula

1 wassergekühlter Ventilkegel (m)
water-cooled valve *or* valve head
cône (m) de soupape à circulation d'eau

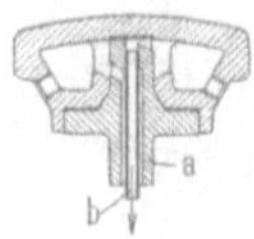

конусъ (m) клапана, охлаждаемый водой
valvola (f) raffreddata
cono (m) *ó* cabeza (f) de la válvula con circulación de agua

---

2 hohle Ventilspindel (f), hohler Ventilschaft (m)
hollow valve stem
tige (f) creuse de soupape

a

пустотѣлый шпиндель (m) клапана; полый стержень (m) клапана
stelo (m) della valvola cavo
vástago (m) hueco de la válvula

---

3 am Schaft befestigtes Rohr (n)
tube fastened in the stem
tube (m) fixé à la tige

b

труба (f) прикрѣпленная къ стержню
tubo (m) fissato allo stelo
tubo (m) fijo al vástago

---

4 Auslaßkühlung (f) (Pawlikowski)
hollow water-cooled exhaust valve (Pawlikowski)
refroidissement (m) de l'échappement [de Pawlikowski]

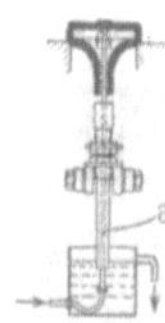

охлажденіе (n) выпуска [Павликовскаго]
raffreddamento (m) della valvola di scarico (tipo Pawlikowski)
refrigeración (f) del escape [de Pawlikowski]

---

5 Wasserzuführung (f) zur Ventilspindel (Tosi)
water supply to the valve stem
introduction (f) d'eau dans la tige de soupape

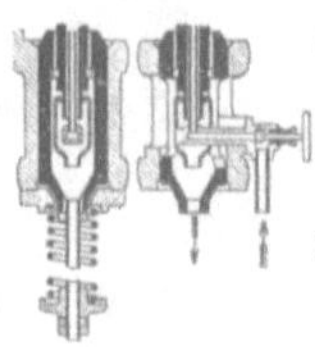

подводъ (m) воды къ шпинделю клапана (Този)
fornitura (f) d'acqua allo stelo della valvola (Tosi)
introducción (f) del agua en el vástago de la válvula

---

6 gekühlte Schaftführung (f)
cooled valve stem guide
guide-tige (m) refroidi *ou* à circulation d'eau

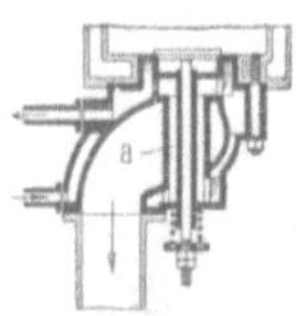

a

охлаждаемыя направляющія (f pl) стержня
guida (f) dello stelo raffreddata
guía (f) del vástago con refrigeración de agua

---

7 Ventilgehäuse (n), Ventilkammer (f)
valve chamber
chapelle (f) de soupape, boîte (f) de soupape

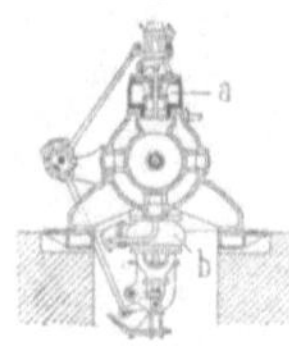

клапанная коробка (f)
camera (f) *o* capsula (f) della valvola
cámara (f) de la válvula, caja (f) de la válvula

a

Einlaßventilgehäuse (n)
admission valve box
chapelle (f) de soupape d'admission

коробка (f) впускного клапана
capsula (f) della valvola di ammisione
caja (f) de la válvula de admisión 1

---

b

Auslaßventilgehäuse (n)
exhaust valve box
chapelle (f) de soupape d'échappement

коробка (f) выпускного клапана
capsula (f) della valvola di scarico
caja (f) de la válvula de escape 2

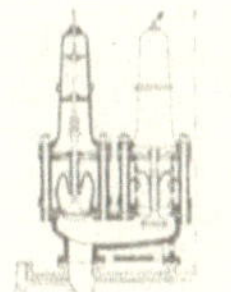

gemeinsamer Ventilkasten (m) für Ein- und Auslaß
valve box common to admission and exhaust
chapelle (f) commune pour l'admission et l'échappement

общая клапанная коробка (f) для впуска и выпуска
capsula (f) comune per le valvole di ammissione e scarico
cámara (f) común para la admisión y el escape 3

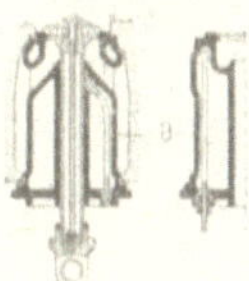

a

Ventileinsatz (m). Ventillaterne (f), Ventilkorb (m)
(inserted) valve cage
lanterne (m) de soupape

клапанная вставка (f); клапанный фонарь (m)
gabbia (f) della valvola
soporte (m) de la válvula 4

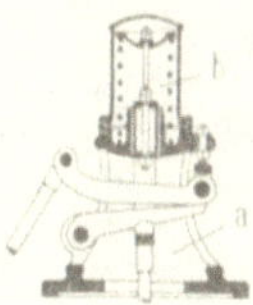

a

Ventilhaube (f), Ventilaufsatz (m)
valve cover, valve cap, valve bonnet
chapeau (m) de soupape

стойка (f) для клапана
cuffia (f) *o* cappello (m) della valvola
sombrerete (m) *ó* casquete (m) de la válvula 5

---

b

Federhaube (f)
spring cover, casing for (valve) closing spring
chapeau (m) à ressort

колпакъ (m) для пружины
cappello (m) a molla della valvola
casquete (m) del muelle 6

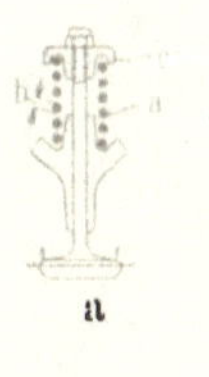

a

Ventilfeder (f)
valve spring
ressort (m) de soupape

пружина (f) клапана
molla (f) della valvola
muelle (m) *ó* resorte (m) de la válvula 7

---

b

Drahtstärke (f)
gauge of wire
grosseur (f) *ou* diamètre (m) du fil

толщина (f) проволоки
spessore (m) del filo
grueso (m) *ó* calibre (m) del muelle 8

1 Länge (f) der entspannten Feder
length of the free *or* unloaded spring
longueur (f) du ressort détendu
длина (f) ненатянутой *или* свободной пружины
lunghezza (f) del filo teso
longitud (f) del muelle en reposo

---

2 Federteller (m)
spring washer, spring cap *or* collar
godet (m) de ressort

c

тарелка (f) для пружины
disco (m) di appoggio della molla
platillo (m) para el muelle

---

3 durch Keil befestigter Federteller (m)
spring cap *or* collar fastened by means of cotter
godet (m) de ressort monté à clavette

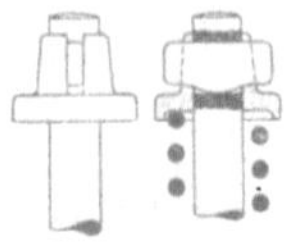

тарелка (f) пружины, укрѣплённая посредствомъ чеки
disco (m) della molla fissato con chiavetta
platillo (m) del muelle acuñado *ó* montado con chavetas

---

4 Federgehänge (n)
suspension of the spring
suspension (f) de ressort

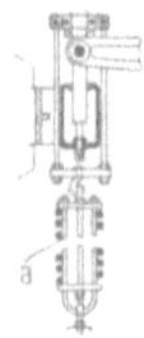

рамка (f) для пружины
sospensione (f) della molla
suspensión (f) del muelle *ó* del resorte

---

5 Belastung (f) der Ventilfeder
load of the valve spring
charge (f) du ressort de soupape
нагрузка (f) *или* натяженіе (n) клапанной пружины
carico (m) della molla della valvola
carga (f) del muelle de la válvula

---

6 die Feder anspannen (v)
to stretch *or* compress the spring
tendre (v) *ou* bander (v) *ou* serrer (v) le ressort
натянуть (натягивать) пружину
tendere (v) la molla
tender (v) *ó* apretar (v) el muelle

---

7 die Feder nachspannen (v)
to increase the tension of the spring
retendre (v) *ou* resserrer (v) *ou* rebander (v) le ressort
подтянуть (подтягивать) пружину
tendere (v) la molla successivamente
apretar (v) de nuevo el muelle

---

8 Ventilwiderstand (m)
valve resistance
résistance (f) de la soupape
сопротивленіе (n) клапана
resistenza (f) della valvola
resistencia (f) de la válvula

---

9 das Ventil entlasten (v)
to unload *or* relieve the valve
équilibrer (v) *ou* soulager (v) *ou* décharger (v) la soupape
разгру-зить (-жать) клапанъ
compensare (v) la valvola
descargar (v) ó aligerar (v) la válvula

Doppelsitzventil (n), doppelsitziges Ventil (n)
double-seated valve
soupape (f) à double siège

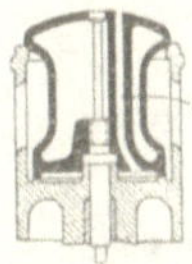

двухопорный клапанъ (m)
valvola (f) a doppia sede 1
válvula (f) de doble asiento

Entlastungskanal (m)
pressure equalizing passage
canal (m) d'équilibrage *ou* de soulagement

a

каналъ (m) для разгрузки
canale (m) di compensazione 2
canal (f) de descarga

Entlastung (f) durch Öffnen eines Hilfskegels
balancing *or* equalizing the pressure by means of an auxiliary valve
soulagement (m) en ouvrant une soupape auxiliaire à cône

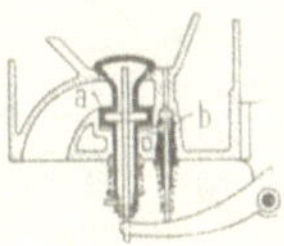

разгрузка (f) посредствомъ открытія вспомогательнаго конуса
compensazione (f) mediante apertura di una valvola a cono ausiliare 3
descarga (f) por apertura de una válvula auxiliar

Hauptkegel (m)
main valve *or* head
cône (m) principal

a

главный конусъ (m)
cono (m) principale 4
cono (m) principal

Hilfskegel (m)
auxiliary valve *or* head
cône (m) auxiliaire

b

вспомогательный конусъ (m)
cono (m) ausiliare 5
cono (m) auxiliar

Druckluftentlastung (f)
balancing by means of compressed air
soulagement (m) par l'air comprimé

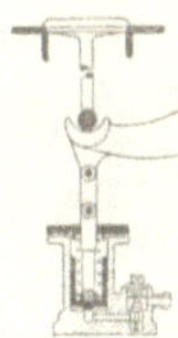

разгрузка (f) помощью сжатаго воздуха
compensazione (f) mediante aria compressa 6
descarga (f) por aire comprimido

Vorauspuff (m)
relieving pressure in cylinder before opening main exhaust valve
échappement (m) anticipé

предвареніе(n)выпуска
scarico (m) anticipato 7
escape (m) preliminar

---

den Auspuff (durch Schlitze und Ventil) steuern (v)
to exhaust both trough ports controlled by the piston and through a valve
commander (v) l'échappement (par fenêtres et soupapes)

регулировать выпускъ посредствомъ оконъ и клапана
comandare (v) lo scarico (con scanalature e valvola) 8
regular (v) *ó* mandar (v) el escape (mediante hendiduras y válvulas)

Vorauspuffkanal (m)
auxiliary *or* primary exhaust port
canal (m) d'échappement anticipé

a

каналъ (m) для предварительнаго выпуска
canale (m) di scarico anticipato 9
canal (f) de escape preliminar

1	Zugänglichkeit (f) der Ventile accessibility of the valves accessibilité (f) des soupapes	доступность (f) клапановъ accessibilità (f) della valvola accesibilidad (f) de las válvulas
2	undichtes Ventil (n) leaky valve soupape (f) non étanche *ou* qui fuit	неплотный клапанъ(m) valvola (f) che non tiene válvula (f) que ajusta mal, válvula (f) no estanca
3	Undichtheit (f) des Ventils valve leakage inétanchéité (f) *ou* nonétanchéité (f) de la soupape	неплотность (f) клапана difetto (m) di tenuta della valvola (fuga (f) alla valvola) fuga (f) *ó* falta (f) de estanqueidad de la válvula
4	Anfressung (f) der Ventilsitzfläche corrosion *or* grooving of the valve seat corrosion (f) du siège de soupape	заѣданіе (n) опорной поверхности клапана corrosione (f) sulla sede della valvola corrosión (f) de la superficie del asiento de la válvula
5	Werfen (n) des Ventilkegels warping of the valve head gauchissement (m) *ou* faussage (m) du cône de soupape	перекашиваніе (n) конуса клапана deformazione (f) del cono della valvola deformación (f) del cono de la válvula
6	das Ventil bleibt hängen the valve hangs up *or* sticks open la soupape se bloque; la soupape ne redescend pas	клапанъ (m) застреваетъ la valvola resta (v) sospesa la válvula se agarra
7	das Ventil klemmt sich the valve binds, the valve jams *or* seizes la soupape coince *ou* se coince	клапанъ (m) защемляется la valvola si ingrana, la valvola si incastra la válvula (f) se atasca
8	Verunreinigung (f) des Ventilsitzes clogging *or* fouling of the valve seat encrassement (m) du siège de soupape	загрязненіе (m) сѣдла клапана insudiciamento (m) della sede della valvola ensuciamiento (m) del asiento de la válvula
9	verschmutztes Ventil (n) foul valve soupape (f) encrassée 	загрязнённый клапанъ (m) valvola (f) sporca válvula (f) sucia

die Ventilspindel reinigen (v)
to clean the valve stem
nettoyer (v) *ou* décrasser (v) la tige de soupape

вычистить шпиндель клапана
pulire (v) lo stelo
limpiar (v) el vástago de la válvula 1

Schlagen (n) der Ventile
hammering of the valves
cognement (m) des soupapes

клапаны (m pl) стучатъ; удары (m pl) въ клапанахъ
battere (m) della valvola
golpeo (m) de las válvulas 2

Ventil[er]öffnung (f)
opening of the valve
ouverture (f) de la soupape

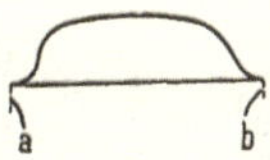

a

открытіе (n) клапана
apertura (f) della valvola
apertura (f) de la válvula 3

Ventilschluß (m)
closing of the valve
fermeture (f) de la soupape

b

закрытіе (n) клапана
chiusura (f) della valvola
cierre (m) de la válvula 4

---

das Ventil öffnen (v)
to open the valve
ouvrir (v) la soupape

откры-ть (-вать) клапанъ
aprire (v) la valvola
abrir (v) la válvula 5

---

das Ventil schließen (v)
to close the valve
fermer (v) la soupape

закры-ть (-вать) клапанъ
chiudere (v) la valvola
cerrar (v) la válvula 6

Aufgang (m) *oder* Hebung (f) des Ventils
lift of the valve
levée (v) de la soupape

подъёмъ (m) клапана
salita (f) della valvola
alzamiento (m) *ó* levantamiento (m) de la válvula 7

Niedergang (m) *oder* Senkung (f) des Ventils
dropping of the valve
descente (f) de la soupape

опусканіе (n) клапана
discesa (f) della valvola
bajada (f) *ó* descenso (m) de la válvula 8

Ventil[er]hebungsdiagramm (n), Ventilhubkurve (f)
valve-lift diagram
diagramme (m) de la levée de la soupape

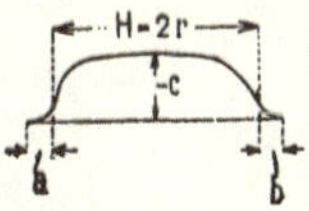

діаграмма (f) подъёма клапана; кривая (f) подъёма клапана
diagramma (m) dell' alzata della valvola, diagramma (m) *o* curva (f) di apertura della valvola
diagrama (m) de la carrera de la válvula 9

Voröffnung (f)
advanced *or* early opening
soulèvement (m) anticipé *ou* levée (f) anticipée de la soupape, avance (f) à la levée

a

предвареніе (n) открытія
apertura (f) anticipata
avance (m) á la apertura 10

1	Nachschluß (m), Nachschließung (f) late *or* retarded closing fermeture (f) retardée, retard (m) à la fermeture de la soupape	b	запаздываніе (n) закрытія chiusura (f) ritardata, ritardo (m) alla chiusura retardo (m) al cierre
2	Hebungsgeschwindigkeit (f) des Ventils speed of valve lifting vitesse (f) de levée de la soupape		скорость (f) подъёма клапана velocità (f) di alzata della valvola velocidad (f) de alzamiento de la válvula
3	größte Hubhöhe (f) des Ventils maximum lift of the valve course (f) maximum *ou* levée (f) maximum de la soupape	c	наибольшая высота (f) подъёма клапана corsa (f) massima della valvola carrera (f) máxima de la válvula
4	Voreilungswinkel (m) angle of advance angle (m) d'avance	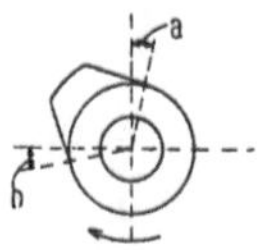 a	уголъ (m) опереженія *или* предваренія angolo (m) di avanzamento *o* di precessione ángulo (m) de avance
5	Nachschlußwinkel (m) angle of retarded closing angle (m) de retard à la fermeture [de la soupape]	b	уголъ (m) запаздыванія при закрытіи angolo (m) di chiusura ritardata ángulo (m) de retardo al cierre
6	Ventilhub (m) lift, valve lift course (f) de soupape	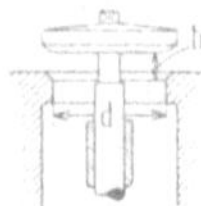 h	высота (f) подъёма клапана alzata (f) della valvola, corsa (f) della valvola carrera (f) *ó* salto (m) de la válvula
7	innerer Sitzdurchmesser (m) inner diameter of seat diamètre (m) intérieur du siège	d	внутренній діаметръ (m) сѣдла diametro (m) interno della sede diámetro (m) interior del asiento
8	freier Ventilquerschnitt (m) clear valve opening section (f) libre de la soupape	$d \pi h$	свободное сѣченіе (n) клапана sezione (f) libera della valvola sección (f) transversal libre de la válvula
9	Durchgangöffnung (f) width of passage largeur (f) du passage, ouverture (f) de passage		проходное *или* пропускное отверстіе (n) apertura (f) di passaggio orificio (m) de paso

Durchgangquerschnitt (m)
area of passage
section (f) de passage

пропускное сѣченіе (n); площадь (f) прохода
area (f) di passaggio, 1
sezione (f) di passaggio
sección (f) transversal del paso

Steuerungsantrieb (m)
valve gear
commande (f) de la distribution

передача (f) движенія распредѣлительному механизму
comando (m) della di- 2
stribuzione
mando (m) de la distribución

---

die Steuerwelle antreiben (v)
to drive the counter *or* cam shaft
commander (v) *ou* actionner (v) l'arbre de distribution

приводить въ движеніе распредѣлительный валъ
comandare (v) l'albero 3
di distribuzione
accionar (v) *ó* mandar (v) el árbol de distribución

---

halbe Übersetzung (f), Übersetzung (f) 1 : 2 (eins zu zwei)
ratio of transmission 1 : 2
multiplication (f) dans le rapport de 1 : 2

половинная передача (f); передача 1 : 2
rapporto (m) di tras- 4
missione 1 : 2
multiplicación (f) de 1 : 2

Steuerungsgetriebe (n)
mechanism for driving the cam shaft
mécanisme (m) de distribution

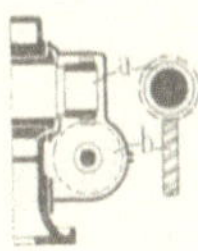

приводъ (m) для распредѣлительнаго механизма (m)
rotismo (m) della distri- 5
buzione
mecanismo (m) de distribución

Schraubenräderpaar (n)
screw gearing
paire (f) de roues hélicoïdales

a b

пара (f) винтовыхъ *или* гелисоидальныхъ колёсъ
coppia (f) di ruote eli- 6
coidali
juego (m) de ruedas helizoidales

---

gefrästes Schraubenrad (n)
machine cut helical gear wheel
roue (f) hélicoïdale fraisée

фрезированное винтовое колесо (n)
ruota (f) elicoidale fre- 7
sata
rueda (f) helizoidal fresada

---

treibendes Rad (n)
driving wheel
roue (f) de commande

a

ведущее колесо (n)
ruota (f) conduttrice 8
rueda (f) motriz *ó* de mando

---

getriebenes Rad (n)
driven wheel
roue (f) commandée

b

ведомое колесо (n)
ruota (f) condotta 9
rueda (f) mandada

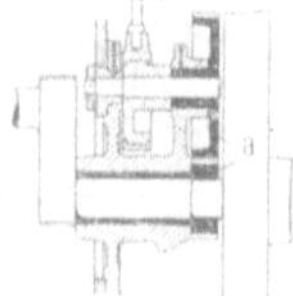

a

1 Stirnräderpaar (n)
spur gearing
paire (f) de roues dentées droites *ou* cylindriques
пара (f) цилиндрическихъ зубчатыхъ колёсъ
coppia (f) di ruote cilindriche
juego (m) de ruedas cilindricas *ó* rectas

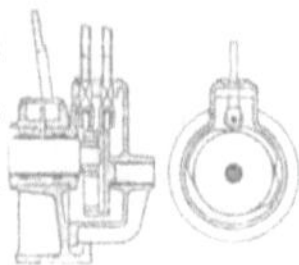

2 Autrieb(m) durch Innenverzahnung
driving by internally toothed gearing
commande (f) par engrenage intérieur
приводъ (m) съ внутреннимъ зацѣпленіемъ
comando (m) con ingranaggio interno
impulsión (f) por engranaje interior

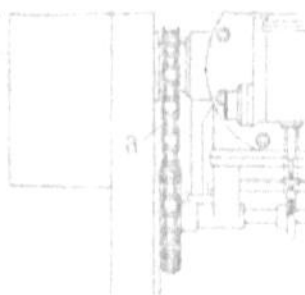

a

3 Kettenübersetzung (f)
chain gearing
transmission (f) par chaîne
цѣпная передача (f)
trasmissione (f) a catena
transmisión (f) por cadena

---

4 ruhiges Arbeiten (n) der Zahnräder
noiseless working of the toothed gearing
marche (f) silencieuse *ou* fonctionnement (m) silencieux des roues d'engrenage
спокойная работа (f) *или* плавный ходъ (m) зубчатыхъ колёсъ
movimento (m) silenzioso delle ruote dentate
funcionamiento (m) silencioso de las ruedas dentadas

---

5 Druckwechsel (m) im Zahneingriff
change of pressure on the teeth
variation (f) de pression dans l'engrenage
перемѣна (f) давленія въ зубчатомъ зацѣпленіи
variazione (f) di pressione nell'ingranaggio delle ruote
variación (f) de presión en el encaje de los dientes

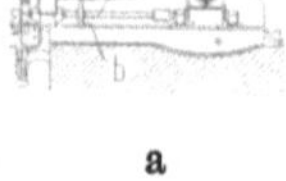

a

6 schnellaufende Zwischenwelle (f)
high-speed intermediate shaft
arbre (m) intermédiaire à grande vitesse, arbre (m) de dédoublement
быстроходный промежуточный валъ (m)
albero (m) intermedio a movimento rapido
árbol (m) intermedio de gran velocidad

---

b

7 Schwungscheibe (f) (auf der Steuerwelle)
flywheel (on the counter shaft)
poulie-volant (m) (sur l'arbre de distribution)
шкивъ (m) - маховикъ (m) на распредѣлительномъ валу
volano (m) sull'albero di distribuzione
polea (f) volante sobre el árbol de distribución

1

Einstellung (f) der Steuerung
setting the valve gear
réglage (m) de la distribution

установка (f) распредѣленія
registrazione (f) della distribuzione
reglaje (m) *ó* arreglo (m) *ó* ajuste (m) de la distribución

---

2

a

Einstellungsriß (m)
mark for correct engagement of wheels, adjustment notch
encoche (f) *ou* cran (m) de réglage

мѣтка (f) для установки
segno (m) di registrazione
marca (f) de reglaje

3

anzeichnen (v)
to mark
repérer (v), marquer (v)

отмѣтить, отмѣчать
segnare (v), marcare (v)
señalar (v), marcar (v)

4

Zwängung (f) des Rades (auf der Steuerwelle)
jamming of the wheel (on the cam-shaft)
emmanchement (m) de la roue sur l'arbre de distribution

защемленіе (n) колеса (на распредѣлительномъ валу)
infilare (v) a forza la ruota (sull'albero di distribuzione)
embutir (v) con la prensa la rueda (sobre el árbol de distribución)

5

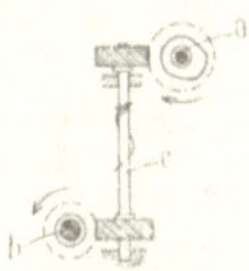

a

Steuer[ungs]welle (f)
cam shaft
arbre (m) de distribution

распредѣлительный валъ (m)
albero (m) di distribuzione
árbol (m) *ó* eje (m) de distribución

6

b

Antriebwelle (f)
driving shaft
arbre (m) de commande

приводный валъ (m)
albero (m) motore
árbol (m) motor

7

c

Zwischenwelle (f), Hilfswelle (f)
auxiliary shaft, intermediate shaft
arbre (m) intermédiaire *ou* de renvoi

промежуточный валъ (m); вспомогательный валъ
albero (m) intermediario *o* ausiliare
árbol (m) intermedio *ó* auxiliar

8

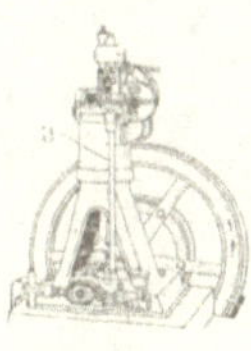

a

stehende *oder* senkrechte Welle (f)
vertical shaft
arbre (m) vertical

вертикальный валъ (m)
albero (m) verticale
árbol (m) vertical

1 liegende *oder* wagerechte Welle (f)
horizontal shaft, side shaft *or* lay shaft
arbre (m) horizontal

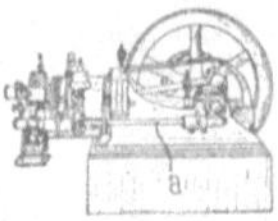

a

горизонтальный валъ (m)
albero (m) orizzontale
árbol (m) horizontal

---

2 durchlaufende Steuerwelle (f)
continuous cam shaft
arbre (m) de distribution continu

непрерывный *или* сквозной распредѣлительный валъ (m)
albero (m) di distribuzione passante
árbol (m) de distribución atravesante

---

3 Steuerwellenanordnung (f)
arrangement of cam shaft
disposition (f) de l'arbre de distribution

расположеніе (n) распредѣлительнаго вала
disposizione (f) dell'albero di distribuzione
disposición (f) del árbol de distribución

---

4 Steuerwelle (f) gleichlaufend mit Kurbelwelle
parallel cam and crank shaft
arbres (m pl) de distribution et de couche parallèles

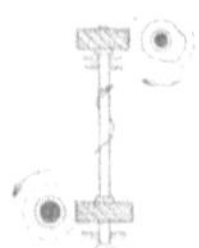

распредѣлительный и коренной валы (m pl) вращаются въ одномъ направленіи
albero (m) motore e di distribuzione con rotazione dello stesso senso
árbol (m) de distribución y árbol cigüeñal paralelos

---

5 Steuerwelle (f) quer zur Kurbelwelle
cam shaft at right angles to the crank shaft
arbres (m pl) de distribution et de couche perpendiculaires l'un à l'autre

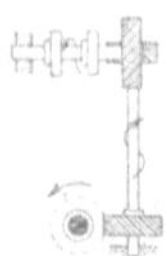

распредѣлительный валъ (m) перпендикуляренъ къ коренному
albero (m) di distribuzione perpendicolare all'albero motore
árbol (m) de distribución perpendicular al árbol cigüeñal

---

6 Viertaktschaltung (f) von Wenzel
Wenzel's tappet gear for a four stroke cycle engine worked directly from the crank shaft
dispositif (m) de Wenzel pour le cycle à quatre temps

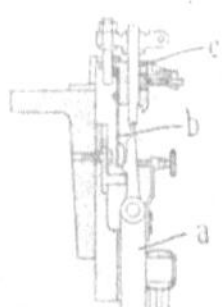

четырёхтактный распредѣлительный механизмъ (m) Венцеля
distribuzione (f) a quattro tempi di Wenzel
distribución (f) de cuatro tiempos de Wenzel

---

7 von der Kurbelwelle angetriebener Schlitten (m)
tappet rod worked directly from the crank shaft
chariot (m) actionné par l'arbre vilebrequin

a

ползушка (f), приводимая въ движеніе кореннымъ валомъ
corsoio (m) comandato dall'albero motore
corredera (f) accionada por el árbol cigüeñal

Deutsch / English / Français		Русскій / Italiano / Español	
Ablenker (m) deflector déflecteur (m)	b	отклонитель (m) apparato (m) deviatore desviador (m)	1
Viertaktschaltung (f) von Capitaine Capitaine's tappet gear for a four stroke cycle engine dispositif (m) de Capitaine pour le cycle à quatre temps	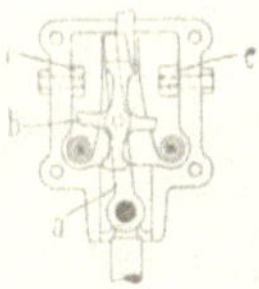	четырёхтактный распредѣлительный механизмъ (m) Капитэна distribuzione (f) a quattro tempi di Capitaine distribución(f) de cuatro tiempos de Capitaine	2
drehbarer Finger (m) pivoted finger doigt (m) rotatif *ou* tournant	a	поворотная палецъ (m) punta (f) girevole uña (f) giratoria	3
drehbares Kreuz (n) revolving cross croix (f) rotative, croisillon (m) rotatif	b	поворотный крестовина (f) croce (f) girevole cruz (f) giratoria	4
Anschlag (m) stop butée (f)	c	упоръ (m) arresto (f) tope (m)	5
Viertaktschaltung (f) Duplex Duplex tappet gear for a four stroke cycle engine dispositif (f) Duplex pour le cycle à quatre temps	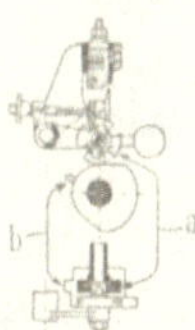	четырёхтактный распредѣлительный механизмъ(m) дуплексъ distribuzione (f) a quattro tempi Duplex distribución(f) de cuatro tiempos Duplex	6
Malteserkreuz (n) Maltese cross croix (f) de Malte	a	крестовина (f) въ видѣ мальтійскаго креста croce (f) di Malta cruz (f) de Malta	7
langlochförmige Aussparung (f) oblong recess boutonnière (f), fenêtre (f) oblongue *ou* allongée, évidement (m) oblong *ou* allongé		продолговатая выемка (f) cavità (f) a foro oblungo ranura (f) longitudinal	8
Zahn (m) zum Drehen des Kreuzes cam for turning the cross dent (f) pour faire tourner la croix	b	зубецъ (m) для поворачиванія крестовины dente (m) per girare la croce gatillo (m) para dar vueltas á la cruz, fiador (m)	9
Viertaktschaltung (f) von Körting Körting's tappet gear for a four stroke cycle engine dispositif (m) Kœrting pour le cycle à quatre temps	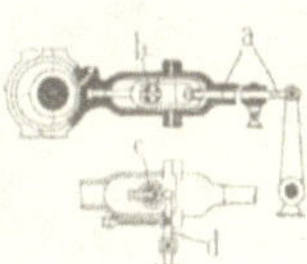	четырёхтактный распредѣлительный механизмъ (m) Кёртинга distribuzione (f) a quattro tempi di Koerting distribución (f) de Koerting	10

1	Ventilsteuerstange (f) rod working valve tige (f) de commande de la soupape	a	распредѣлительная штанга (f) для клапана asta (f) di comando della valvola varilla (f) de distribución de la válvula
2	kreuzweis durchbohrte Trommel (f) drum bored crosswise tambour (m) à fenêtre en croix	b	барабанъ (m) съ крестообразно просверленнымъ отверстіемъ tamburo (m) forato in croce tambor (m) perforado en cruz
3	Sperrad (n) mit acht Zähnen ratchet wheel with eight teeth roue (f) à rochet à huit dents	c	храповое колесо (n) съ восемью зубцами ruota (f) d'arresto con otto denti rueda (f) de trinquete con ocho dientes
4	Sperrhaken (m) pawl cliquet (m)	d	собачка (f) arpione (m) d'arresto gatillo (m)
5	sich kreuzende Rillen (f pl), Rillenweiche (f) cross-grooved cam rainures (f pl) en croix	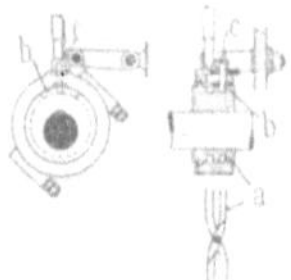	перекрещивающіеся желобки (m pl) scanalature (f pl) che si incrociano estrias (f pl) entrecruzadas
6	gleitendes Bogenstück (n) shuttle pièce (f) arquée coulissante	a b	скользящая дугообразная часть (f); скользящая дуга pezzo (m) arcuato scorrevole pieza (f) curvada deslizable
7	Stoßdaumen (m) actuating cam came (f) de poussée	c	подталкивающій кулачёкъ (m) palmola (f) d'urto leva (f) de empuje
8	Steuerungsgestänge (n) valve gear tiges (f pl) et leviers (f pl) de distribution	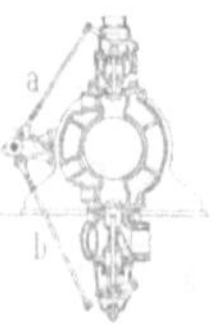	распредѣлительные рычаги (m pl) и штанги (f pl) aste (f pl) di distribuzione varillas (f pl) y palancas (f pl)
9	Einlaßgestänge (n) admission gear tiges (f pl) et leviers (f pl) d'admission	a	впускные рычаги (m pl) и штанги (f pl) aste (f pl) per l'ammissione varillas (f pl) del mecanismo de admisión

b

Auslaßgestänge (n)
exhaust gear
tiges (f pl) et leviers (f pl) d'échappement

выпускные рычаги (m pl) и штанги (f pl)
aste (f pl) per lo scarico 1
varillas (f pl) del mecanismo de escape

Stahlrohrgestänge (n)
steel-tube rods (pl)
tige (f) en tube d'acier

штанга (f) изъ стальной трубки
asta (f) tubolare d'acciaio 2
varilla (f) tubular de acero

Ventilzugstange (f)
valve rod in tension
tige (f) de traction de la soupape

тяга (f) *или* штанга (f) для клапана
tirante (m) alla valvola 3
varilla (f) tirante de la válvula

---

totes Spiel (n) [des Steuerungsgestänges]
backlash [of the valve rod]
jeu (m) de la tige de distribution

мёртвый ходъ (m) распредѣлительной рычажной системы
giuoco (m) nelle aste di distribuzione 4
juego (m) muerto de las varillas de distribución

---

die Trägheitskräfte des Gestänges klein halten (v)
to keep the inertia of the gear low
maintenir (v) faibles les forces d'inertie de la transmission de distribution

дѣлать распредѣлительные рычаги съ небольшими массами
tenere (v) bassi (piccoli) gli sforzi di inerzia delle aste 5
conservar (v) reducidas las fuerzas de inercia de las varillas

---

Hebel (m)
lever
levier (m)

рычагъ (m)
leva (f) 6
palanca (f)

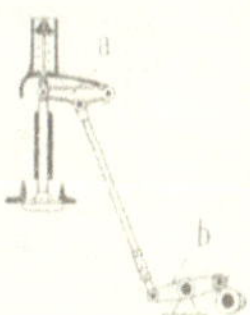

einarmiger Hebel (m)
single-armed lever, lever of the third order
levier (m) du 3me genre

одноплечій рычагъ (m)
leva (f) ad un braccio 7
palanca (f) de un brazo

a

Doppelhebel (m), doppelarmiger Hebel (m)
two-armed lever, lever of the first order
levier (m) du 1r genre

b

двуплечій рычагъ (m)
leva (f) doppia od a due bracci 8
palanca (f) de dos brazos

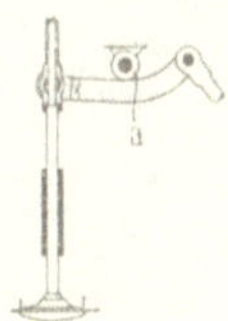

Stützpunkt (m) des Hebels
fulcrum of the lever
point (m) d'appui du levier

точка (f) опоры рычага
punto (m) di appoggio della leva 9
punto (m) de apoyo de la palanca

a

1	fester Drehpunkt (m) fixed fulcrum point (m) d'appui fixe	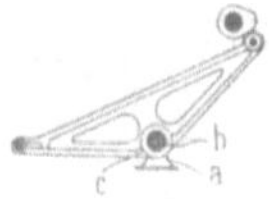 a	неподвижная точка (f) вращенія punto (m) di rotazione fisso eje (m) fijo de rotación
2	Bohrung (f) des Hebels bore of the lever alésage (m) *ou* forage (m) du levier	b	отверстіе (n) въ рычагѣ alesatura (f) della leva taladrado (m) en el eje de rotación de la palanca
3	Auge (n) des Hebels eye *or* boss of the lever œil (m) du levier	c	глазокъ (m) рычага occhio (m) della leva ojo (m) de la palanca
4	Winkelhebel (m) bell-crank lever mouvement (m) de sonnette, levier (m) d'angle	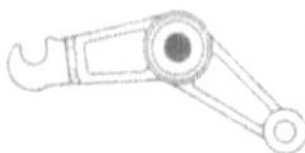	угловой рычагъ (m) leva (f) angolare palanca (f) angular
5	gekröpfter Hebel (m) bent *or* curved lever levier (m) coudé		колѣнчатый рычагъ (m) leva (f) a gomito palanca (f) acodada
6	Kröpfung (f) des Hebels bend of the lever coude (m) du levier	a	колѣно (n) рычага gomito (m) della leva codo (m) de la palanca
7	Gelenk (n) knuckle joint articulation (f)	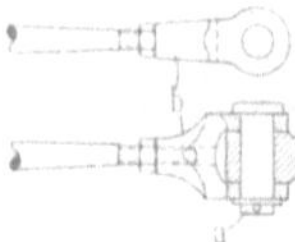	шарниръ (m) articolazione (f) articulación (f)
8	Gelenkbolzen (m) joint pin axe (m) *ou* boulon (m) d'articulation	a	шарнирный болтъ (m) perno (m) d'articolazione perno (m), clavija (f)
9	gegabelter Hebel (m) forked lever, double eye levier (m) fourchu *ou* à fourche *ou* à chape	b	вильчатый *или* вилкообразный рычагъ (m) leva (f) a forchetta palanca (f) ahorquillada
10	Gabelung (f) des Hebels forking of the lever chape (f) *ou* fourche (f) du levier		вилка (f) *или* развилокъ (m) рычага biforcazione (f) della leva bifurcación (f) de la palanca
11	gabelförmig (adj) forked (adj) en forme de fourche, fourchu (adj)		вилкообразный biforcato (agg) ahorquillado (adj); en forma de horquilla

Hängegelenk (n), Gehänge (n)
drag link
articulation (f) de suspension

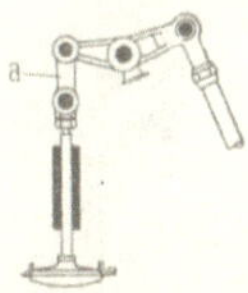

a

шарнирная серьга (f)
articolazione (f) sospesa
eslabón (m), articulación (f) de suspensión 1

---

geschlitztes Hebelende (n)
split lever end
extrémité (f) fendue du levier

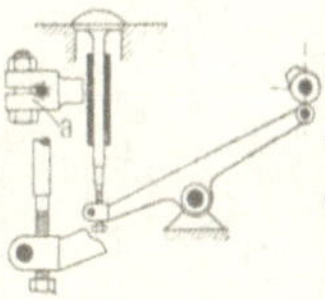

конецъ (m) рычага съ прорѣзомъ
estremità (f) di leva a fenditura 2
extremo (m) acanalado de la palanca

Steuer[ungs]hebel (m)
linkwork
levier (m) de distribution

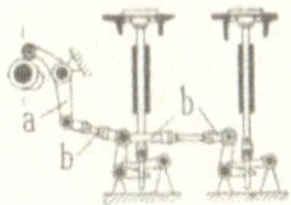

распредѣлительный рычагъ (m)
leva (f) di distribuzione 3
palanca (f) de distribución

Antriebhebel (m)
driving lever
levier (m) de commande

a

приводящій рычагъ (m)
leva (f) di comando 4
palanca (f) de mando

Übertragungshebel (m)
link
levier (m) de transmission, levier (m) transmetteur

b

передаточный рычагъ (m)
leva (f) di trasmissione 5
palanca (f) de transmisión

Schwinge (f)
rocking arm
brimbale (f), bringuebale (f)

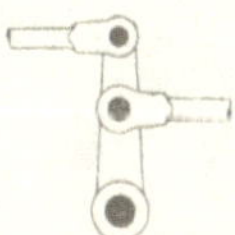

коромысло (n)
leva (f) oscillante 6
palanca (f) oscilante

Ventilhebel (m)
valve lever
levier (m) de la soupape

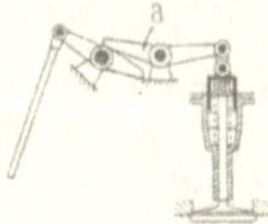

a

рычагъ (m) клапана
leva (f) della valvola 7
palanca (f) de la válvula

Wälz[ungs]hebel (m)
lever with rolling contact
levier (m) roulant *ou* de roulement

катящійся *или* перекатывающійся рычагъ (m)
leva (f) di rotolamento *o* volvente 8
palanca (f) de envolvimiento *ó* de rodadura

1 Wälzhebel (m) mit festem Drehpunkt
lever with rolling contact and fixed fulcrum
levier (m) roulant à point d'appui fixe

a, b

катящійся *или* перекатывающійся рычагъ (m) съ постоянной точкой вращенія
leva (f) di rotolamento a punto di rotazione fisso
palanca (f) de envolvimiento *ó* de rodadura con punto fijo de giro

---

2 antreibender Wälzhebel (m)
driving lever
levier (m) roulant de commande

a

ведущій катящійся *или* перекатывающійся рычагъ (m)
leva (f) motrice di rotolamento
palanca (f) de envolvimiento *ó* de rodadura de impulsión

---

3 angetriebener Wälzhebel (m)
driven lever
levier (m) roulant commandé

b

ведомый катящійся *или* перекатывающійся рычагъ (m)
leva (f) di rotolamento comandata
palanca (f) de envolvimiento *ó* de rodadura mandada *ó* accionada

---

4 Wälzbank (f), Sattel (m), Bett (n)
roller table *or* face, roller saddle
table (f) de roulement

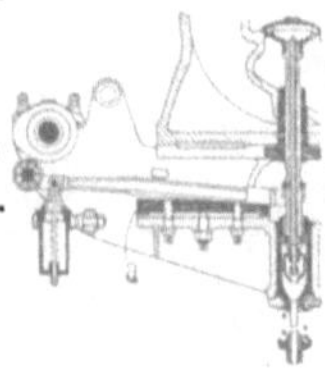

a

подушка (f) *или* постель (f) для перекатыванія
piastra (f) di appoggio della leva
placa (f) de [apoyo (m) de la palanca] de envolvimiento *ó* de rodadura

---

5 die Wälzbank abstützen (v)
to support the roller table
soutenir (v) la table de roulement

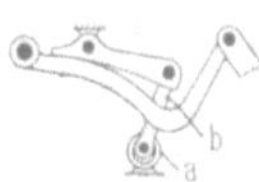

подпирать подушку *или* постель
sostenere (v) la piastra di appoggio
apoyar (v) la placa de envolvimiento *ó* de rodadura

---

6 exzentrisch gelagerter Hebel (m)
lever with eccentric fulcrum
levier (m) [monté] excentrique

a

рычагъ (m) съ эксцентричной опорой
leva (f) montata eccentrica[mente]
palanca (f) [acuñada] excéntrica

---

7 Gegenhalter (m), Stützhebel (m)
strut lever, supporting link
levier (m) [de] soutien

b

подпирающая штанга (f)
contro-leva (f), leva (f) di sostegno
contrapalanca (f) de soporte

1 Winkelhebel (m) mit Wälzflächen
bell crank lever with rolling contact
levier (m) d'angle à surfaces de roulement

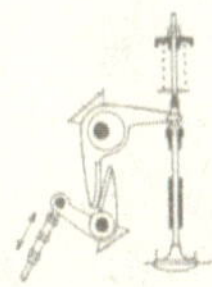

угловой рычагъ (m) съ поверхностями катанія
leva (f) angolare con superficie di rotolamento
palanca (f) angular con superficies de rodadura ó de envolvimiento

---

2 Wälz[ungs]fläche (f)
rolling surface
surface (f) de roulement, surface (f) de contact courbe

поверхность (f) катанія
superficie (f) di rotolamento
superficie (f) de rodadura ó de envolvimiento

---

3 Berührungsfläche (f)
contact surface
surface (f) de contact

поверхность (f) соприкасанія
superficie (f) di contatto
superficie (f) de contacto

---

4 Abwälzung (f)
development
déroulement (m)

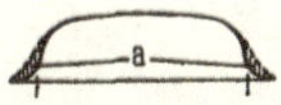

перекатываніе (n)
rotolamento (m), rotazione (f)
envolvimiento (m), rodadura (f)

---

5 veränderliches Übersetzungsverhältnis (n)
varying leverage multiplication (f) variable, rapport (m) de transmission variable

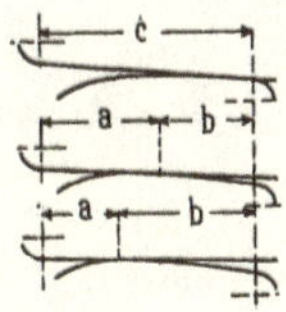

a : b

перемѣнное передаточное число (n)
rapporto (m) di trasmissione variabile
proporción (f) ó relación (f) variable de transmisión

---

6 Übersetzung (f) Null
zero leverage
multiplication (f) nulle

a = c; b = o

передаточное число (n) нуль
rapporto (m) zero
multiplicación (f) nula

---

7 Hubverlust (m) (durch die Abwälzung)
reduction of lift (due to rolling contact between levers)
perte (f) de course (par suite du déroulement)

a

потеря (f) высоты подъёма вслѣдствіе перекатыванія
perdita (f) di corsa (pel comando a rotolamento)
pérdida (f) de carrera á causa del envolvimiento

---

8 Wälz[ungs]kurve (f)
rolling *or* contact curve
courbe (f) de roulement

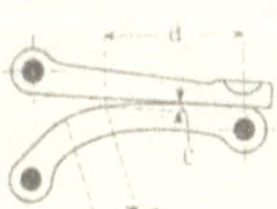

a

кривая (f) катанія
curva (f) di rotolamento
curva (f) de envolvimiento ó de rodadura

---

9 Schlußkurve (f), Endkurve (f)
end curve
courbe (f) finale

b

конечная кривая (f)
curva (f) di estremità
curva (f) final

1	Klaffen (n) gaping bailler (v)	c	зѣвъ (m); неплотное соприкосновеніе (n) (съ зазоромъ) apertura (f) presentar (v) huecos
2	geometrische Form (f) der Wälzkurven geometrical shape of the rolling *or* contact curves forme (f) géométrique des courbes de roulement	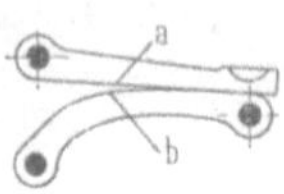	геометрическая форма (f) кривыхъ катанія forma (f) geometrica della curva di rotolamento forma (f) geométrica de las curvas de rodadura
3	geradlinige Begrenzung (f) des Wälzhebels rectilinear contact surface limitation (f) rectiligne du levier de roulement	a	прямолинейное очертаніе (n) катящагося *или* перекатывающагося рычага profilo (m) rettilineo della leva di rotolamento limitación (f) rectilínea de la palanca rodadora
4	kreisbogenförmige Begrenzung (f) des Wälzhebels contact surface terminating in an arc limitation (f) arquée du levier de roulement	b	очертаніе (n) катящагося рычага по дугѣ круга profilo (m) ad arco di circolo della leva di rotolamento limitación (f) circular de la palanca rodadora
5	Anheben (n) des Ventils rising *or* opening of the valve soulèvement (m) *ou* levée (f) de la soupape		приподыманіе (n) клапана alzamento (m) della valvola alzamiento (m) *ó* levantamiento (m) de la válvula
6	Wiederabsetzen (n) des Ventils closing of the valve descente (f) *ou* retombée (f) de la soupape		посадка (f) клапана на сѣдло poggiarsi (m) della valvola bajada (f) *ó* descenso (m) de la válvula
7	Gleiten (n) der Wälzflächen [gegeneinander] sliding of the rolling surfaces (upon each other) glissement (m) des surfaces de roulement l'une sur l'autre		скольженіе (n) поверхностей катанія другъ по другу scorrimento (m) delle superfici di rotolamento l'una sull'altro deslizamiento (m) de las superficies de rodadura
8	Verschleiß (m) der Wälzflächen wear of the rolling surfaces usure (f) des surfaces de roulement		износъ (m) *или* изнашиваніе (n) поверхностей катанія usura (f) delle superfici di rotolamento desgaste (m) de las superficies de rodadura

die Wälzflächen durch Einsetzen härten (v)
to case-harden the rolling surfaces
cémenter (v) la surface de roulement

закаливать поверхности катанія
temperare (v) le superfici rotolanti 1
templar (v) *ó* endurecer (v) la superficie de rodadura

---

einen Kniehebel (in den Ventilantrieb) einschalten (v)
to insert a bent lever (in the valve gear)
intercaler (v) un levier à genou dans la commande de la soupape

включить колѣнчатый рычагъ (въ клапанный приводъ)
inserire (v) una leva a gomito (nel comando 2
della valvola)
intercalar (v) una palanca acodada (en el mecanismo de mando de la válvula)

Steuerung (f) durch unrunde Scheiben
cam gearing
distribution (f) par cames

распредѣленіе (n) кулачными шайбами
distribuzione (f) con 3
camme
distribución (f) por excéntricas

Daumenscheibe (f), unrunde Scheibe (f)
cam disc
came (f)

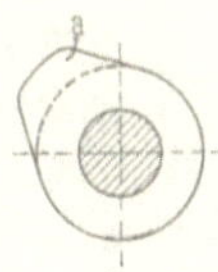

кулачная шайба (f); некруглая шайба; некруглый кулакъ (m) 4
camma (f), bocciolo (m)
leva (f), excéntrica (f)

Steuerungsnocken (m), Steuerungsdaumen (m), Steuerungshöcker (m), Steuerungsknagge (f)
cam
came (f) de distribution

a

распредѣлительный кулакъ (m)
sporto (m) per la distri- 5
buzione
leva (f) de distribución

Einlaßnocken (m), Einlaßdaumen (m)
admission cam
came (f) d'admission

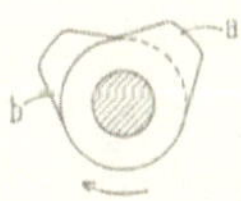

a

кулакъ (m) для впуска; впускной кулакъ
sporto (m) per l'ammis- 6
sione
leva (f) de admisión

Auslaßnocken (m), Auslaßdaumen (m)
exhaust cam
came (f) d'échappement

b

кулакъ (m) для выпуска; выпускной кулакъ 7
sporto (m) per lo scarico
leva (f) de escape

---

gemeinschaftlicher Nocken (m) für Ein- und Auslaß
common cam for admission and exhaust
came (f) commune pour l'admission et l'échappement

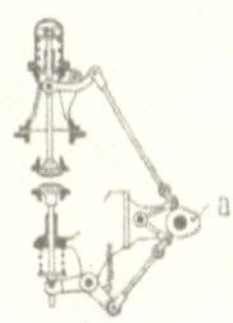

a

общій кулакъ (m) для впуска и выпуска
sporto (m) comune per
l'ammissione e per lo 8
scarico
leva (f) común para la admisión y el escape

1	Daumenform (f) shape of cam forme (f) de came		форма (f) кулака forma (f) degli sporti sulle camme forma (m) de la leva
		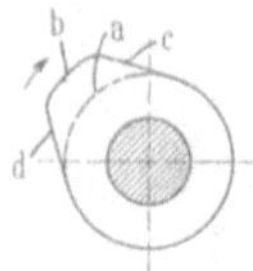	
2	Grundkreis (m) base circle cercle (m) primitif		основной кругъ (m) circolo (m) primitivo della camma circulo (m) primitivo
		a	
3	Rast (f) top of cam, rest repos (m), palier (m)	b	гребень (m) кулака parte (f) concentrica superiore saliente (m) de la leva
4	konzentrische Kreise (m pl) concentric circles (pl) cercles (m pl) concentriques	a, b	концентрическіе круги (m pl) cerchi (m pl) concentrici círculos (m pl) concéntricos
5	Scheibenumfang (m) circumference of cam périphérie (f) de la came		периферія (f) шайбы circonferenza (f) della camma circunferencia (f) de la leva
6	Anlaufkurve (f) contour of the leading *or* lifting surface courbe (f) d'entrée	c	кривая (f) набѣганія curva (f) di apertura *od* iniziale curva (f) de acceso *ó* de entrada
7	Ablaufkurve (f) contour of the rear surface courbe (f) de sortie	d	кривая (f) сбѣганія curva (f) di chiusura *o* finale curva (f) de salida
8	tangentialer Anschluß (m) der Kurven tangential connection of the curves raccordement (m) tangentiel des courbes		касательное *или* тангенціальное сопряженіе (n) кривыхъ raccordo (m) tangenziale delle curve enlace (m) tangencial de las ambas curvas
		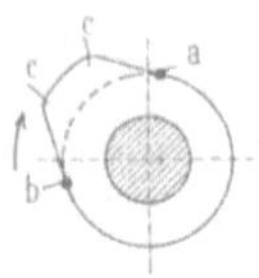	
9	Auflaufpunkt (m) first point of contact point (m) d'entrée		точка (f) набѣганія punto (m) di apertura punto (m) de entrada
		a	
10	Ablaufpunkt (m) last point of contact point (m) de sortie	b	точка (f) сбѣганія punto (m) di chiusura punto (m) de salida
11	Ausrundung (f), Abrundung (f) rounding off arrondi (m)	c	скругленіе (n) arrotondamento (m), raccordo (m) chaflán (m)

Rolle (f), Laufrolle (f) cam bowl *or* roller galet (m)	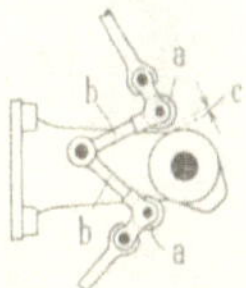	роликъ (m) rotella (f), rullo (m) di scorrimento galete (m), roldana (f)	*1*
Führung (f) der Rolle link for guiding the cam bowl *or* roller guide (m) du galet	a b	направлящая (f) ролика guida (f) della rotella guía (f) de la roldana	*2*
Rollendruck (m) pressure of the cam-bowl *or* roller pression (f) du galet		давленіе (n) ролика pressione (f) della rotella presión (f) de la roldana	*3*
Anlaufdruck (m) lifting pressure pression (f) d'entrée		давленіе (n) при набѣганіи pressione (f) all'entrata presión (f) de acceso	*4*
Spielraum (m) zwischen Rolle und Daumen play *or* lost motion between cam and cam bowl *or* roller jeu (m) entre le galet et la came	c	зазоръ (m) между роликомъ и кулакомъ giuoco (m) fra rullo e camma juego (m) entre roldana y la leva	*5*
die Rolle hämmert auf der Antriebscheibe knocking between the cam and the cam bowl le galet martèle la came		роликъ (m) стучитъ по ведущему кулаку la rotella (f) batte sulla camma la roldana golpea sobre la leva	*6*
stoßfreies Arbeiten (n) der Rolle working of the cam bowl *or* roller without shock marche (f) sans choc du galet		плавный ходъ (m) ролика movimento (m) della rotella senza urto marcha (f) silenciosa de la roldana	*7*
Abspringen (n) der Rolle jumping of the cam bowl off the cam (latéralement:) déraillement (m) du galet, (dans le plan même:) bond (m) *ou* projection (f) du galet		соскакиваніе (n) ролика distacco (m) della rotella desviación (f) de la roldana	*8*
kettenschlüssiger Antrieb (m) closed link drive, articulated link gearing commande (f) à leviers conjugués	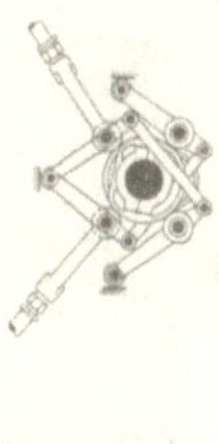	передаточный механизмъ (m) съ принуждённымъ движеніемъ (кинематически замкнутая цѣпь (f)) comando (m) a catena d'articolazione impulsión (f) por palancas combinadas articuladas en serie	*9*

1	Nockenwälzhebelantrieb (m) combined cam and toggle gear commande (f) par levier de roulement et came		передаточный механизмъ (m) съ катящимся *или* перекатывающимся рычагомъ и кулакомъ comando (m) con leve di rotolamento e camme impulsión (f) por palancas de rodadura accionadas por levas
2	Nockenbügelantrieb (m) cams haft and stirrup drive commande (f) par came et étrier	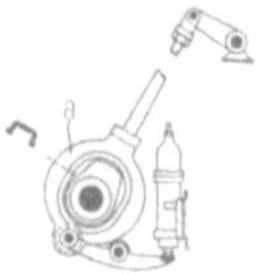	передаточный механизмъ (m) съ кулакомъ и хомутомъ comando (m) con camma e staffa impulsión (f) por estribo y leva
3	den Nocken umfassender Bügel (m) strap *or* stirrup enclosing the cam étrier (m) embrassant la came	a	хомутъ (m), обхватывающій кулакъ staffa (f) abbracciante la camma estribo (m) que abraza la leva
4	Exzenterantrieb (m) eccentric drive commande (f) par excentrique		передача движенія (f) эксцентрикомъ comando (m) con eccentrico impulsión (f) por excéntrica
5	Bewegungsgesetz (n) des Exzenters law of motion of the eccentric loi (f) du mouvement de l'excentrique		законъ (m) движенія эксцентрика legge (f) di movimento dell' eccentrico ley (f) del movimiento de la excéntrica
6	Exzenter (n) eccentric excentrique (n)	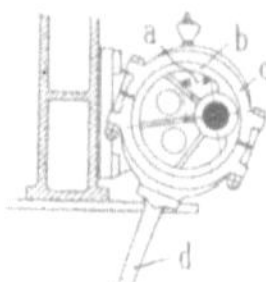	эксцентрикъ (m) eccentrico (m) excéntrica (f)
7	exzentrisch (adj) eccentric (adj) excentrique (adj)		эксцентрическій eccentrico (agg) excéntrico (adj)
8	Exzentrizität (f) throw of eccentric excentricité (f)	a	эксцентриситетъ (m) eccentricità (f) excentricidad (f)
9	Exzenterscheibe (f) eccentric sheave plateau (m) excentrique, disque (m) excentrique	b	эксцентриковый дискъ (m); дискъ эксцентрика disco (m) dell'eccentrico disco (m) *ó* platillo (m) de la excéntrica

Exzenterring (m), Exzenterbügel (m) **eccentric strap, stirrup** **collier (m) d'excentrique**	c	**хомутъ (m) *или* бугель (m) эксцентрика** **collare (m) *o* anello (m) dell' eccentrico** **collar (m) de la excéntrica, estribo (m) de la excéntrica**	*1*
Exzenterstange (f) **eccentric rod** **tige (f) d'excentrique, barre (f) d'excentrique**	d	**эксцентриковая тяга (f)** **stelo (m) dell' eccentrico, asta (f) dell'eccentrico** **vástago (m) de la excéntrica**	*2*
Exzenterreibung (f) **friction in eccentric** **frottement (m) d'excentrique**		**тренiе (n) эксцентрика** **attrito (m) all'eccentrico** **rozamiento (m) de la excéntrica**	*3*
Exzentersteuerung (f) **eccentric valve gear** **distribution (f) par excentrique**		**эксцентриковое распредѣленіе (n)** **distribuzione (f) ad eccentrico** **distribución (f) por excéntrica**	*4*
Exzentersteuerung (f) mit Wälzhebel **valve gearing with eccentric and cam** **distribution (f) par excentrique et levier roulant**	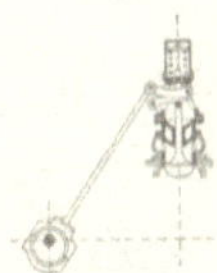	**распредѣленіе (n) эксцентрикомъ и катящимся рычагомъ** **distribuzione (f) con eccentrico e leve di rotolamento** **distribución (f) de palancas de rodadura y por excéntrica**	*5*
Exzentersteuerung (f) mit zwangläufiger Kurvenscheibe **valve gearing by eccentric and positive controlled cam** **distribution (f) par excentrique et came à mouvements connexes**	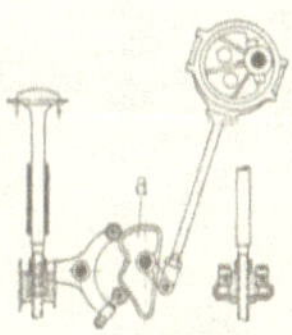	**принужденное эксцентриковое и кулачное распредѣленіе (n)** **distribuzione (f) con eccentrico e camme a movimento comandato** **distribución (f) por leva mandada y por excéntrica**	*6*
schwingende Kurvenscheibe (f) **oscillating cam** **came (f) oscillante**	a	**качающаяся кулачная шайба (f)** **camma (f) oscillante** **leva (f) oscilante**	*7*
Sperrung (f) des Auslaßventils **holding (open *or* closed) the exhaust valve** **blocage (m) de la soupape d'échappement**		**запираніе (n) *или* выключеніе (n) выпускного клапана** **arresto (m) della valvola di scarico** **bloqueo (m) ó inmovilización (f) de la válvula de escape**	*8*

Nr.			
1	das Auslaßventil sperren (v) to hold (open *or* closed) the exhaust valve bloquer (v) *ou* arrêter (v) la soupape d'échappement		запереть выпускной клапанъ arrestare (v) la valvola di scarico bloquear (v) *ó* inmovilizar (v) la válvula de escape
2	Vermeidung (f) des Aufsaugens preventing suction suppression (f) de l'aspiration		устраненіе (n) всасыванія *или* засасыванія evitare (m) l'aspirazione supresión (f) de la aspiración
3	Auslaßsperrung (f) mit Sperrglied und Widerlager holding open the exhaust by means of a detent and abutment [mécanisme (m) de] blocage (m) de l'échappement à organe d'arrêt et butée	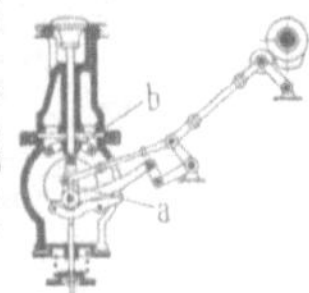	запираніе (n) выпуска посредствомъ прерывающаго органа и упора arresto (m) della valvola di scarico con arpione ed appoggio cierre (m) del escape por medio de gatillo y tope
4	Sperrglied (n) detent organe (m) d'arrêt *ou* de blocage	a	прерывающій органъ (m) arpione (m) gatillo (m)
5	Widerlager (n) abutment butée (f)	b	упоръ (m) appoggio (m) tope
6	den Ventilhebel abstützen (v) to hold up the valve soulever (v) le levier de soupape	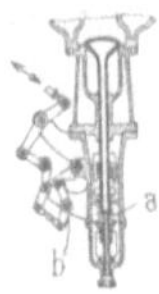	подпирать клапанный рычагъ fissare (v) la leva della valvola sujetar (v) la palanca de la válvula
7	elastisches Zwischenglied (n) elastic intermediate member organe (m) élastique intermédiaire	a	упругая промежуточная часть (f) organo (m) intermedio elastico pieza (f) intermedia elástica
8	Hilfsfeder (f) auxiliary spring ressort (m) auxiliaire *ou* de secours	a	вспомогательная пружина (f) molla (f) ausiliare muelle (m) auxiliar
9	Sperrhebel (m), Abstützhebel (m) holding up lever levier (m) de blocage	b	подпирающій рычагъ (m) leva (f) di arresto palanca (f) inmovilizadora de apoyo

Kniehebelsperrung (f)
holding up by means of a toggle lever
blocage (m) par levier à genou

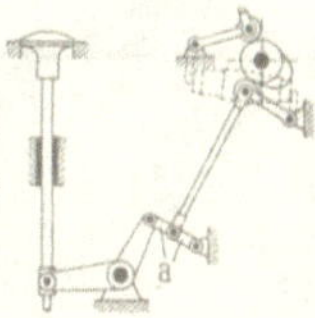

запиранiе (n) колѣнчатымъ рычагомъ
arresto (m) con leva a gomito 1
bloqueo (m) ó cierre (m) por palanca acodada

Reglung der Viertaktmaschinen
Governing of Four Stroke Cycle Engines
Réglage des Moteurs à quatre temps

Регулированiе Четырёхтактныхъ Машинъ
Regolazione dei Motori a quattro tempi 2
Regulación de los Motores de cuatro tiempos

Geschwindigkeitsreglung (f), Geschwindigkeitsregulierung (f)
speed regulation
réglage (m) de la vitesse

регулированiе (n) скорости
regolazione (f) della velocità 3
regulación (f) de la velocidad

Leistungsreglung (f)
power regulation [for small pump]
réglage (m) du débit

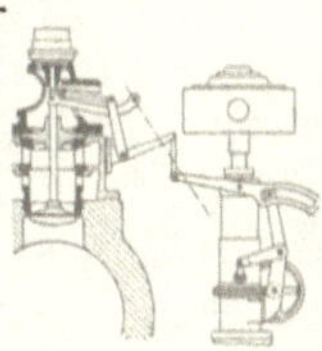

регулированiе (m) мощности
regolazione (f) della potenza 4
regulación (f) de la potencia

Zündungsreglung (f)
governing by means of the ignition
réglage (m) de l'allumage

регулированiе (n) запаломъ
regolazione (f) dell'accensione 5
regulación (f) de la inflamación ó del encendido ó de la ignición

---

Reglung (f) durch Abstellung der Zündung
governing by cutting out the ignition
réglage (m) par suppression de l'allumage

регулированiе (n) посредствомъ выключенiя запала
regolazione (f) per mezzo di soppressione dell'accensione 6
regulación (f) por supresión de la inflamación

Reglung (f) durch Verspätung der Zündung
governing by retarding the ignition
réglage (m) par retard à l'allumage

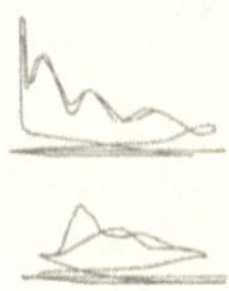

регулированiе (n) запаздыванiемъ запала
regolazione (f) per mezzo di ritardo dell'accensione 7
regulación (f) por retardo á la inflamación

1 Aussetzerreglung (f)
hit-and-miss governing
réglage (m) par tout ou rien

регулированіе (n) пропусками
regolazione (f) per soppressione *od* esclusione
regulación (f) por todo ó nada

---

2 Aussetzer (m)
idle stroke
course (f) morte, passage (m) à vide

a

пропускъ (m)
corsa (f) a vuoto
carrera (f) en vacio

---

3 *x* Leergänge auf *y* Vollgänge
x idle strokes to *y* working strokes
x courses mortes sur *y* courses utiles

x холостыхъ ходовъ на *y* рабочихъ ходовъ
x corse a vuoto su *y* corse utili
x carreras (f pl) en vacio por *y* carreras útiles

---

4 Aussetzen (n) der Brennstoffzufuhr
cutting off the fuel supply
admission (f) coupée, arrêt (m) de l'arrivée du combustible

перерывъ (m) во впускѣ топлива
sospensione (f) dell'ammissione di combustibile
interrupción (f) de la entrada del combustible

---

5 Zuhalten (n) des Brennstoffventils
keeping the fuel valve closed
maintenir (v) fermée la soupape d'admission du combustible

держать закрытымъ клапанъ для подачи топлива
tener[e] (v) chiusa la valvola d'ammisione del combustibile
mantener (v) cerrada la válvula de admisión del combustible

---

6 Aussetzen (n) der Gas- und Luftzufuhr
cutting off the gas and air supply
interruption (f) *ou* interception (f) de l'arrivée de gaz et d'air

перерывъ (m) во впускѣ газа и воздуха
sospensione (f) della ammissione di aria e gas
interrupción (f) de la entrada de gas y de aire

---

7 Zuhalten (n) des Einlaßventils
keeping the admission valve closed
maintenir (v) fermée la soupape d'admission

держать закрытымъ впускной клапанъ; выключеніе (n) впускного клапана
tener[e] (v) chiusa la valvola d'ammissione
mantener (v) cerrada la válvula de admisión

---

8 Offenhalten (n) des Auslaßventils
keeping the exhaust valve open
maintenir (v) ouverte la soupape d'échappement

держать открытымъ выпускной клапанъ
tener[e] (v) aperta la valvola di scarico
mantener (v) abierta la válvula de escape

Abstützen (n) des Auslaßventils
holding the exhaust valve in its open position
maintenir (v) dans sa position la soupape d'échappement

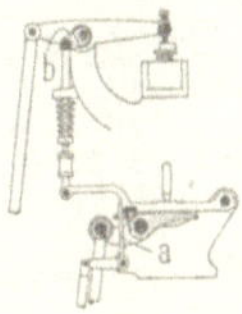

подпереть (подпирать) выпускной клапанъ
tener (v) fissa la valvola di scarico *1*
mantener (v) en su posición la válvula de escape

Abstützzunge (f)
prop
languette (f) d'arrêt *ou* de blocage

a

упорка (f); упорный язычёкъ (m)
arpione (m) d'arresto *2*
lengüeta (f) de retencion

---

exzentrisch gelagerter Einlaßhebel (m)
excentrically mounted admission valve lever
levier (m) d'admission monté excentriquement

b

эксцентрично посаженный впускной рычагъ (m)
leva (f) d'ammissione montata eccentricamente *3*
palanca (f) de admisión montada excéntricamente

Pendelregler (m)
pendulum governor
régulateur (m) à pendule

качающійся регуляторъ (m); маятниковый регуляторъ *4*
regolatore (m) a pendolo
regulador (m) de péndulo

---

hängendes Stoßpendel (n)
vertical pendulum pecker
pendule (m) [de choc *ou* de rencontre] suspendu

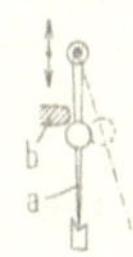

висячій подталкиваемый маятникъ (m)
pendolo (m) [d'urto] sospenso *5*
péndulo (m) suspendido [de botador]

Stecher (m)
pecker, striking blade, push rod
lame (f)

a

язычёкъ (m)
coltello (m) *6*
botador (m), lámina (f) del péndulo

Prallstück (n)
striking piece, pecker block, die
saillie (f), butée (f), taquet (m) de butée

b

упоръ (m); упорка (f)
tacca (f) *ó* pezzo (m) di urto (m) *7*
tope (m)

---

hängendes Winkelstoßpendel (n)
bell crank pendulum pecker
pendule (m) d'équerre suspendu

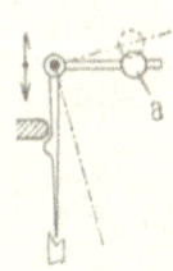

висячій угловой подталкиваемый маятникъ (m)
pendolo (m) [d'urto] angolare sospeso *8*
péndulo (m) en escuadra suspendido

Pendelgewicht (n)
pendulum weight
contrepoids (m) du pendule

a

вѣсъ (m) маятника; грузъ (m) маятника
peso del pendolo (m) *9*
contrapeso (m) del péndulo

1 geführtes Winkelpendel (n)
guided bell crank pendulum pecker
pendule (m) d'équerre guidé

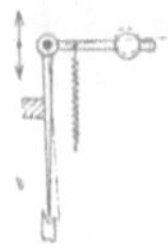

направляемый *или* ведомый угловой маятникъ (m)
pendolo (m) angolare guidato
péndulo (m) acodado guiado

---

2 Winkelstoßpendel (n) mit Hakeneingriff
bell crank pendulum pecker with hook engagement
pendule (m) d'équerre avec accrochage

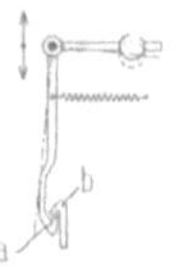

угловой подталкиваемый маятникъ (m) съ крючовымъ зацѣпленіемъ
pendolo (m) [d'urto] angolare con impegno ad uncino
péndulo (m) acodado con enganche

---

3 Haken (m)
hook
crochet (m)

a

крючёкъ (m)
uncino (m), arpione (m)
gancho (f)

---

4 Hakeneingriff (m)
hook engagement
accrochage (m)

b

зацѣпленіе (n) крючкомъ
impegno (m) *o* innesto (m) ad uncini
embrague (m) de gancho

---

5 geführtes Winkelpendel (n) mit wagerechtem Stecher
horizontally guided bell crank pendulum pecker
pendule (m) d'équerre guidé à lame horizontale

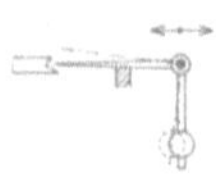

направляемый *или* ведомый угловой маятникъ (m) съ горизонтальнымъ язычкомъ
pendolo (m) angolare guidato con coltello orizzontale
péndulo (m) guiado acodado con botador horizontal

---

6 geführtes Horizontalpendel (n) *oder* wagerechtes Pendel (n)
horizontally guided pendulum pecker
pendule (m) horizontal guidé

направляемый ведомый горизонтальный маятникъ (m)
pendolo (m) orizzontale guidato
péndulo (m) guiado horizontal

---

7 doppelarmiges wagerechtes Stoßpendel (n)
two-armed horizontal pendulum pecker
pendule (m) horizontal à deux bras

двуплечій горизонтальный подталкиваемый маятникъ (m)
pendolo(m) [d'urto] orizzontale a due bracci
péndulo (m) horizontal de dos brazos

---

8 verstellbares Pendelgewicht (n)
adjustable weight on pecker
contrepoids (m) de pendule réglable

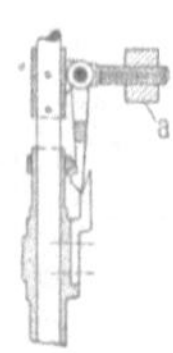

a

переставной грузъ (m) маятника
peso (m) spostabile del pendolo
contrapeso (m) graduable del péndulo

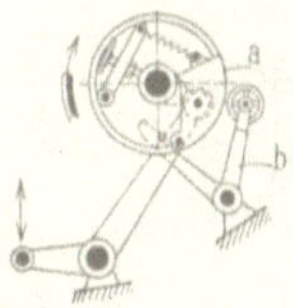

Schwunggewichtregler (m), [Achsenregler (m)]
centrifugal governor, shaft governor
régulateur (m) axial

осевой регуляторъ (m)
regolatore (m) a forza centrifuga, regolatore (m) assiale
regulador (m) de contrapeso centrífugo, regulador (m) axial 1

---

a

streifendes Schwunggewicht (n)
centrifugal weight serving as cam
poids (m) centrifuge formant came

отклоняющій грузъ (m)
peso (m) mobile fungente da camma
contrapeso-leva (m) centrífugo 2

---

b

Abstützhebel (m)
detent, stop
levier (m) de blocage

упорный рычагъ (m)
leva (f) d'arresto
palanca (f) de retención 3

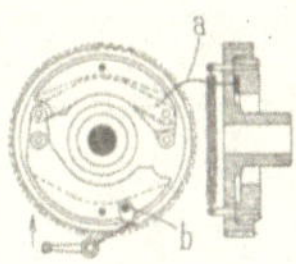

Regler (m) von Banki
Banki's governor
régulateur (m) de Banki

регуляторъ (m) Банки
regolatore (m) Banki
regulador (m) de Banki 4

---

a

Verbindungslasche (f) der Schwungstücke
connecting link of centrifugal weights
éclisse (f) de raccordement des masses

пластина (f), соединяющая грузы
organo (m) di collegamento delle masse
brida (f) de unión de los contrapesos 5

---

b

Nase (f) am Schwungstück
wiper on centrifugal weight
talon (m) de la masse

носокъ (m) *или* выступъ (m) на грузѣ
nasello (m) alla massa
tope (m) del contrapeso 6

Reglung (f) durch Änderung der Brenstoffmenge pro Arbeitsspiel
governing by throttling the source of power, governing by varying the amount of fuel admitted per cycle
réglage (m) *ou* régulation (f) par variation de la quantité de combustible admise par cycle

регулированіе (n) посредствомъ измѣненія количества топлива на рабочій циклъ
regolazione (f) mediante variazione della quantità di combustibile ammessa per ciclo
regulación (f) por variación de la cantidad de combustibile admitido por ciclo 7

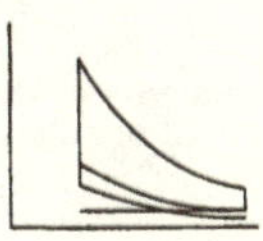

Reglung (f) von Letombe
Letombe's governing method
réglage (m) [de] Letombe

регулированіе (n) Летомба
regolazione (f) Letombe
regulación (f) de Letombe 8

1 Mitnahme (f) des Gasventils durch das Luftventil
gas valve driven by air valve
entraînement (m) de la soupape à gaz par la soupape à air

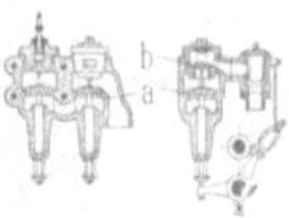

захвать (m) газоваго клапана воздушнымъ
comando (m) della valvola del gas per mezzo della valvola d'aria
mando (m) de la válvula de gas por la válvula de aire

---

2 zweistufiger Nocken (m)
double lift cam
came (f) à deux rampes

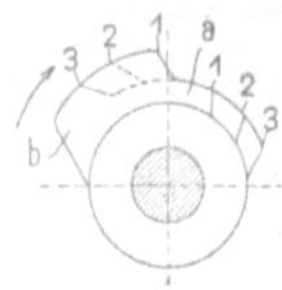

двухступенчатый кулакъ (m)
camma (f) a due gradini
leva (f) de dos pasos

---

3 Stufe (f) für Luftventil
step for air valve
rampe (f) pour la soupape à air

a

ступень (f) для воздушнаго клапана
gradino(m) della camma per la valvola d'aria
resalto (m) para la válvula de aire

---

4 Stufe (f) für Luft- und Gasventil
step for air and gas valve
gradin (m) pour la soupape à air et à gaz

b

ступень (f) для воздушнаго и газоваго клапана
gradino(m) della camma per valvola d'aria e gas
resalto (m) para las válvulas de aire y de gas

---

5 Reglung (f) der Ladungsmenge, Quantitätsregulierung (f)
quantity governing
réglage (m) de la cylindrée, réglage (m) quantitatif

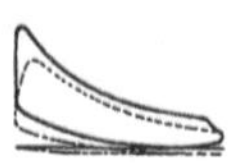

регулированіе (n) заряда; регулированіе измѣненіемъ количества заряда
regolazione (f) della quantità di carica, regolazione (f) quantitativa
regulación (f) de la mezcla admitida, regulación (f) cuantitativa

---

6 geringe Kompression (f) bei niedriger Belastung
low compression at light load
compression (f) réduite quand la charge est faible

слабое сжатіе (n) при малой нагрузкѣ
piccola compressione (f) a carico ridotto
compresión (f) pequeña á carga reducida

---

7 Füllungsreglung (f)
regulation of degree of admission
réglage (m) du degré d'admission

регулированіе (n) наполненіемъ
regolazione (f) del grado d'ammissione
regulación (f) del grado de admisión

---

8 Füllung (f)
degree of admission
[degré (m) d']admission (f)

a

наполненіе (n); степень (f) наполненія
grado (m) d'ammissione
grado (m) de admisión

Deutsch / English / Français		Русский / Italiano / Español	
Füllungsschluß (m) point of cut-off fermeture (f) de l'admission	b	прекращеніе (n) наполненія chiusura (f) dell'ammissione cierre (m) de la [fase de] admisión	1
Ausklinksteuerung (f) des Mischschiebers trip gear for mixing valve distribution (f) à déclanchement du papillon	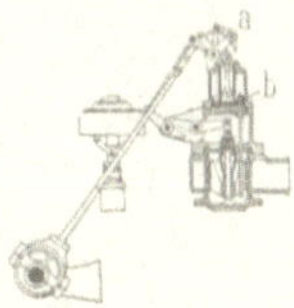	распредѣленіе (n) расцѣпленіемъ; смѣшивающаго золотника; распредѣленіе отсѣчкою смѣшивающимъ золотникомъ distribuzione (f) a scatto della valvola di miscela distribución (f) por desconexión de la válvula de mezcla	2
Ausklinkmechanismus (m) trip gear mécanisme (m) de déclanchement, déclic (m)	a	механизмъ (m) для расцѣпленія *или* отсѣчки meccanismo (m) a scatto mecanismo (m) disparador	3
Luftpuffer (m) dash-pot amortisseur (m) à air, amortisseur (m) pneumatique	b	воздушный буферъ (m); воздушная подушка (f) moderatore (m) ad aria *o* pneumatico amortiguador (m) de aire *ó* neumático	4
Drosselreglung (f), Drosselregulierung (f) governing by throttling réglage (m) par étranglement		регулированіе (n) суженіемъ площади прохода смѣси (мятіёмъ газовой смѣси) regolazione (f) per strozzamento regulación (f) por estrangulación	5
Droßlung (f) des Gemisches throttling the mixture étranglement (m) du mélange		суженіе (n) площади прохода для газовой смѣси (мятіе (n) смѣси) strozzamento (m) della miscela estrangulación (f) de la mezcla	6
Drosselklappe (f) zwischen Misch- und Einlaßventil throttle valve between the mixing and admission valves clapet (m) étrangleur entre les soupapes de mélange et d'admission	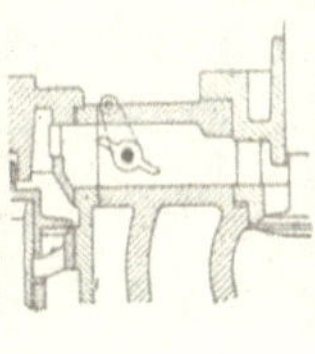	дроссельная заслонка (f) между смѣшивающимъ и впускнымъ клапанами valvola (f) di strozzamento fra le valvole di miscela e quella d'ammissione válvula (f) de estrangulación entre las válvulas de mezcla y de admisión	7

1 Droßlung (f) durch das Einlaßventil (Deutz)
throttling by means of the admission valve (Deutz)
étranglement (m) par la soupape d'admission

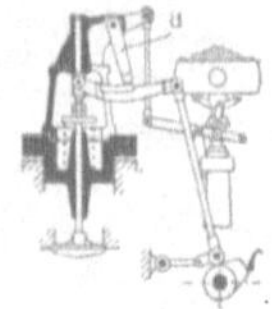

суженіе (n) прохода посредствомъ впускного клапана; мятіе (n) смѣси посредствомъ впускного клапана
strozzamento (m) per mezzo della valvola d'ammissione
estrangulación (f) por la válvula de admisión

---

2 verstellbare Stelze (f)
movable fulcrum arm
béquille (f) réglable *ou* mobile

a

переставная ножка (f)
punta (f) spostabile
apoyo (m) graduable *ó* móvil

---

3 Droßlung (f) durch Mischschieber
throttling by means of the mixing slide valve
étranglement (m) par le registre de mélange

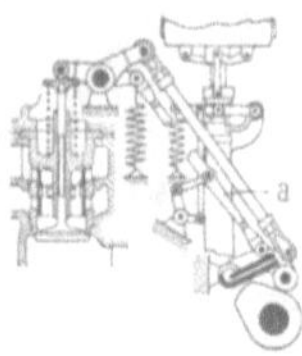

суженіе (n) прохода смѣшивающимъ золотникомъ; мятіе (n) смѣси посредствомъ смѣшивающаго золотника
strozzamento (m) con cassetto di miscela
estrangulación (f) por la válvula corredera de mezcla

---

4 verstellbare Übertragungsstange (f)
adjustable valve rod
bielle (f) réglable

a

переставная передаточная штанга (f)
asta (f) di trasmissione registrabile
biela (f) graduable

---

5 Reglung (f) der Mischung, Qualitätsregulierung (f)
quality governing
réglage (m) qualitatif du mélange

регулированіе (n) состава смѣси; регулированіе составомъ
regolazione (f) della miscela, regolazione (f) qualitativa
regulación (f) de la mezcla, regulación (f) cualitativa

---

6 veränderlicher Gasgehalt (m) der Ladung
variable proportion of gas in the charge
teneur (f) en gaz variable de la cylindrée

перемѣнное содержаніе (n) газа въ зарядѣ
contenuto (m) variabile di gas nella miscela, titolo (m) della miscela
proporción (f) variable de gas en la mezcla

---

7 konstante Kompression (f)
constant compression
compression (f) constante

постоянное сжатіе (n)
compressione (f) costante
compresión (f) constante

---

8 den Gaszufluß drosseln (v)
to throttle the gas supply
étrangler (v) l'arrivée du gaz

уменьшать притокъ газа суженіемъ прохода; мять притекающій газъ
strozzare (v) l'ammissione di gas
estrangular (v) la entrada del gas

Gasventilantrieb (m) durch schrägen Nocken
working the gas valve by a cam of variable lift
commande (f) de la soupape à gaz par cames

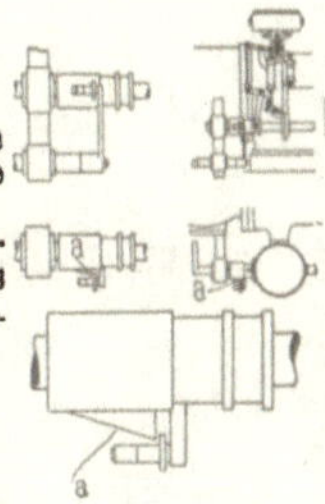

a

передача (f) движенія газовому клапану скошеннымъ кулакомъ
comando (m) della valvola a gas con camme 1
mando (m) de la válvula de gas por medio de una leva oblicua

---

schräger Nocken (m)
cam of variable lift
came (m) inclinée

скошенный кулакъ (m)
camma (f) a sporti variabili 2
leva (f) oblicua

Gasventilantrieb (m) mit veränderlicher [Er-] Öffnung und konstantem Schluß
working the gas valve with a variable point of opening and a constant point of closing
commande (f) de la soupape à gaz avec ouverture variable et fermeture constante

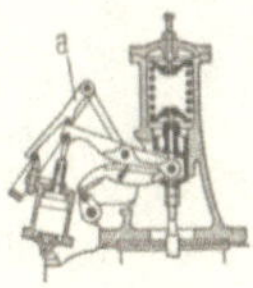

передача (f) движенія газовому клапану съ измѣненіемъ момента открытія при неизмѣняющейся посадкѣ
comando (m) della valvola a gas con apertura variabile e chiusura costante 3
mando (m) de la válvula de gas con apertura variable y cierre constante

---

die Neigung der Wälzbank durch den Regler beeinflussen (v)
to influence the inclination of the roller table by the governor
influencer (v) l'inclinaison de la table de roulement par le régulateur

измѣнять регуляторомъ уклонъ поверхности катанія
modificare (v) col regolatore l' inclinazione del piano di rotolamento 4
modificar (v) por medio del regulador la inclinación de la placa de rodadura

---

konstanter Ausklinkpunkt (m)
constant point of release
point (m) de déclanchement constant

постоянная точка (f) расцѣпленія *или* отсѣчки
punto (m) di scatto costante 5
punto (m) constante de desconexión *ó* de disparo

Klinke (f) mit Abstreichdaumen
trip gear with deflecting cam
cliquet (m) avec came de déclanchement

a

захватка (f) со спускной собачкой
arpione (m) con camma strisciante 6
trinquete (m) con gatillo

Gemischbildung (f)
formation of the mixture, mixing
formation (f) du mélange

образованіе смѣси
formazione (f) della miscela 7
formacion (f) de la mezcla

---

reiches Gemisch (n), reiches Gemenge (n)
rich mixture
mélange (m) riche

богатая смѣсь (f)
miscela (f) ricca 8
mezcla (f) rica

1	armes Gemisch (n), schwaches Gemenge (n) poor (weak) mixture mélange (m) pauvre		бѣдная смѣсь (f) miscela (f) povera mezcla (f) pobre
2	zündfähiges Gemisch (n) explosive *or* inflammable mixture mélange (m) allumable *ou* inflammable *ou* explosible		смѣсь (f), способная воспламеняться miscela (f) infiammabile mezcla (m) inflamable
3	Reinheit (f) des Gemisches purity of the mixture pureté (f) du mélange		чистота (f) смѣси purezza (f) della miscela pureza (f) de la mezcla
4	Gemischfehler (m) mixture of faulty composition mauvais mélange (m)		недостатокъ (m) смѣси; плохой составъ (m) смѣси miscella (f) difettosa, difetto (m) [di composizione] della miscela defectuosa proporción (f) de la mezcla
5	Mischgehäuse (n) mixing chamber chambre (f) de mélange		смѣсительная камера (f) capsula (f) *o* camera (f) di miscela cámara (f) de mezcla
6	Gas und Luft nebeneinander führen (v) to lead the gas and air side by side faire (v) passer le gaz et l'air l'un à côté de l'autre		вести газъ и воздухъ рядомъ condurre (v) gas e aria l'uno accanto all'altro conducir (v) el gas y el aire paralelamente
7	Gas und Luft übereinander führen (v) to lead the gas and air one above the other faire (v) passer le gaz et l'air l'un au-dessus de l'autre	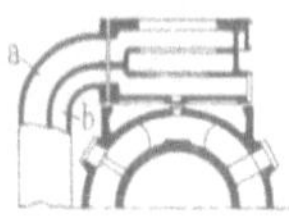	вести газъ и воздухъ другъ надъ другомъ far passare (v) il gas e l'aria uno sopra l'altro conducir (v) el gas y el aire uno encima del otro
8	Luftweg (m) air passage trajet (m) *ou* chemin (m) de l'air	a	каналъ (m) для воздуха condotto (m) d'aria conducto (m) del aire
9	Gasweg (m) gas passage trajet (m) *ou* chemin (m) du gaz	b	каналъ (m) для газа condotto (m) di gas conducto (m) del gas
10	Luftkanal (m) air channel canal (m) d'air	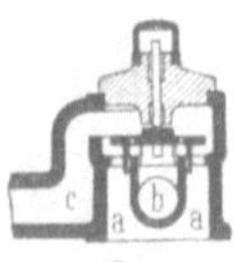 a	воздушный каналъ (m) canale (m) d'aria canal (f) *ó* tubo (m) del aire

Gaskanal (m) gas channel canal (m) de gaz	b	газовый каналъ (m) canale (m) di gas canal (f) del gas	*1*
Mischkanal (m) mixture channel canal (m) de mélange	c	смѣшивающій каналъ (m) canale (m) di miscela canal (f) de mezcla	*2*
Drosselklappe (f) throttle valve papillon (m) d'étranglement, étrangleur (m)	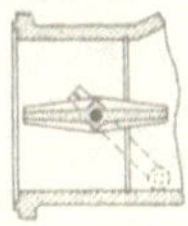 a	дроссельная заслонка (f) valvola (f) a farfalla *o* di strozzamento válvula (f) de estrangulación [en forma de mariposa]	*3*
Luftklappe (f) flap *or* butterfly valve for air papillon (m) à air	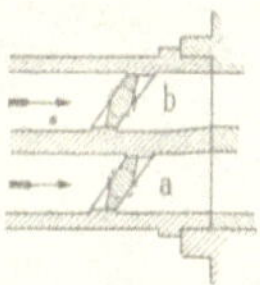	воздушная заслонка (f) registro (m) per aria válvula (f) *ó* registro (m) de aire	*4*
Gasklappe (f) flap *or* butterfly valve for gas papillon (m) à gaz	b	газовая заслонка (f) registro (m) per gas válvula (f) *ó* registro (m) de gas	*5*
drosseln (v) to throttle étrangler (v)		сузить; сдавливать; мять strozzare (v) estrangular (v); interrumpir (v); interceptar (v)	*6*
stark gedrosselt (adj) highly throttled fortement étranglé (adj)	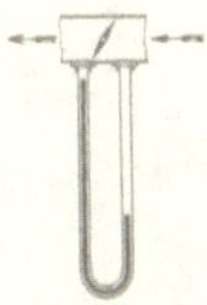	сильно суженный; сильно мятый strozzato (agg) fortemente demasiado estrangulado	*7*
schwach gedrosselt (adj) slightly throttled peu étranglé (adj)	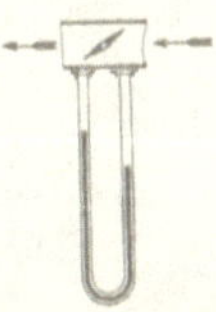	слабо суженный; слабо мятый strozzato (agg) debolmente poco estrangulado	*8*
Rohrschieber (m) cylindrical slide valve tiroir (m) *ou* registre (m) tubulaire	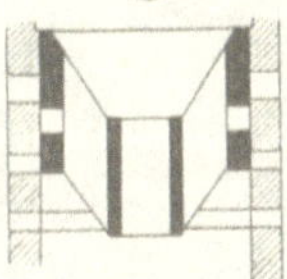	трубчатый золотникъ (m) cassetto (m) tubolare corredera (f) *ó* registro (m) tubular	*9*
Drehschieber (m) rotary slide valve, Corliss type valve tiroir (m) tournant, boisseau (m)	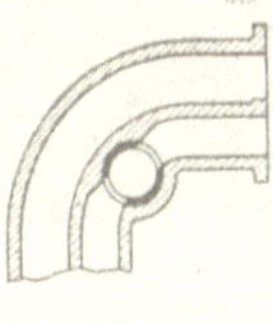	вращающійся золотникъ (m) cassetto (m) a robinetto *o* rotativo válvula (f) giratoria	*10*

1 Kolbenschieber (m)
piston valve
tiroir (m) [à] piston

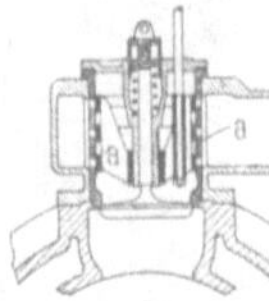

a

поршневой золотникъ (m)
cassetto (m) a stantuffo *o* cilindrico
distribuidor (m) cilíndrico *ó* de émbolo

---

2 Gasschieber (m)
gas slide valve
tiroir (m) à gaz

газовый золотникъ (m)
cassetto (m) per gas
válvula (f) corredera para el gas

a

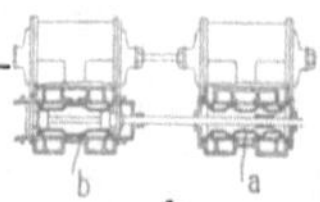

b

---

3 Luftschieber (m)
air slide valve
tiroir (m) à air

воздушный золотникъ (m)
cassetto (m) per l'aria
válvula (f) corredera para el aire

---

4 Mischschieber (m)
mixture slide valve
tiroir (m) à mélange

смѣшивающій золотникъ (m)
cassetto (m) per la miscela
válvula (f) corredera para la mezcla

---

5 Luftventil (n)
air valve
soupape (f) à air

воздушный клапанъ (m)
valvola (f) d'aria
válvula (f) de aire

---

a

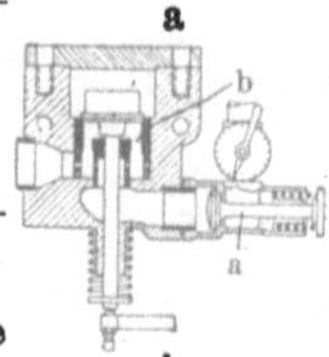

b

6 Gasventil (n)
gas valve
soupape (f) à gaz

газовый клапанъ (m)
valvola (f) del gas
válvula (f) de gas

---

7 Mischventil (n)
mixture valve
soupape (f) de mélange

смѣшивающій клапанъ (m)
valvola (f) di miscela
válvula (f) de mezcla

---

8 selbsttätiges Mischventil (n)
automatic mixture valve
soupape (f) automatique de mélange

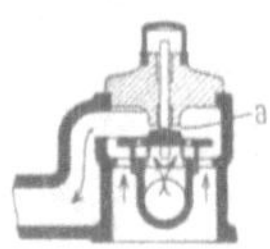

самодѣйствующій *или* автоматическій смѣшивающій клапанъ (m)
valvola (f) di miscela automatica
válvula (f) automática de mezcla

---

9 Hubbegrenzung (f)
lift stop
(abstrait:) limitation (f) de la course; (concret:) limiteur (m) de course

упоръ (m) для ограниченія подъёма
limitazione (f) della corsa
limitación (f) de la carrera

---

a

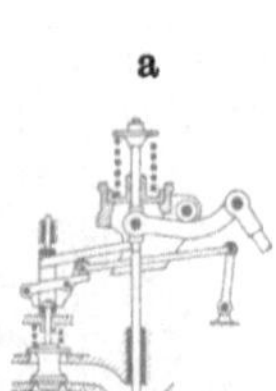

10 gesteuertes Mischventil (n)
governor controlled mixture valve
soupape (f) de mélange commandée *ou* desmodromique

управляемый смѣшивающій клапанъ (m)
valvola (f) di miscela comandata
válvula (f) de mezcla accionada mecánicamente *ó* mandada

Doppelsitzventil (n)
double-beat valve
soupape (f) à double siège

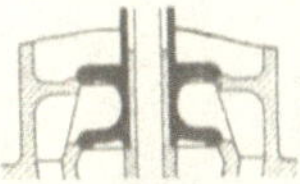

двухопорный клапанъ (m)
valvola (f) a doppia sede
válvula (f) de doble asiento ó de dos asientos 1

Rohrventil (n)
pocketed valve, poppet valve (A)
soupape (f) tubulaire

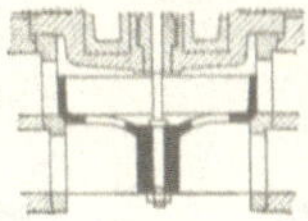

трубчатый клапанъ (m)
valvola (f) tubolare
válvula (f) tubular 2

Stiftführung (f)
stem guide
guide (f) à cheville

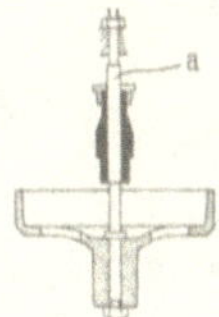

направляющая (f) стержня
guida (f) a caviglia, guida (f) a spina
guia (f) de espiga 3

Führungsstift (m)
guide stem, guide pin
cheville (f) de guidage, cheville-guide (f)

a

направляющій стержень (m)
caviglia (f) di guida, spina (f) di guida
espiga (f) 4

Ventilanordnung (f)
arrangement of valves
disposition (f) de [la] soupape

расположеніе (n) клапана
disposizione (f) della valvola
disposición (f) de las válvulas 5

---

vereinigtes Einlaß- und Gasventil (n)
combined admission and gas valves
soupape (f) mixte d'admission et de gaz

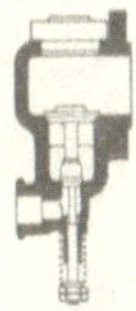

комбинированный впускной и газовый клапанъ (m)
valvole (f pl) di ammissione e di gas riunite
válvulas (f pl) combinadas de admisión y de gas 6

Feder (f) zwischen Einlaß- und Gasventil
spring between admission and gas valve
ressort (m) entre les soupapes d'admission et de gaz

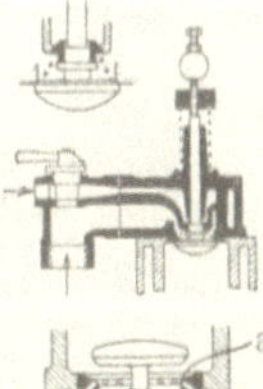

пружина (f) между впускнымъ и газовымъ клапанами
molla (f) fra la valvola di ammissione e quella del gas
muelle (m) entre las válvulas de admisión y de gas 7

Einlaßventil (n) mit Lochsitz
admission valve with perforated seat
soupape (f) d'admission à siège perforé

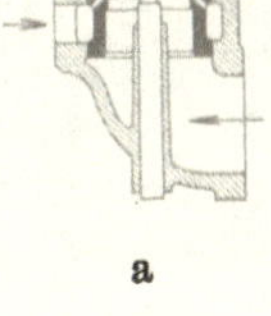

впускной клапанъ (m) со сверленіями въ сѣдлѣ
valvola (f) di ammissione con sede a fori
válvula (f) de admisión con asiento perforado 8

Lochsitz (m)
perforated seat
siège (m) perforé

a

сѣдло (n) со сверленіями
sede (f) a fori
asiento (m) perforado 9

1 Einlaßventil (n) mit Gasabschlußschieber
admission valve with slide for closing gas ports
soupape (f) d'admission avec tiroir d'arrêt du gaz

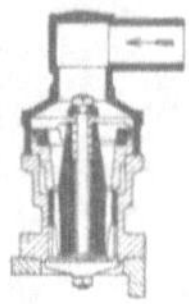

впускной клапанъ (m) съ запорнымъ газовымъ золотникомъ
valvola (f) di ammissione con cassetto di chiusura del gas
válvula (f) de admisión con estrangulador del gas

2 Steuerung und Reglung der Zweitaktmaschinen
Distribution and Governing of Two Stroke Cycle Engines
Distribution et Réglage des Moteurs à deux temps
Распредѣленіе и Регулированіе Двухтактныхъ Двигателей
Distribuzione e Regolazione dei Motori a due tempi
Distribución y Regulación de los Motores de dos tiempos

3 Schlitzsteuerung (f)
distribution by means of ports
distribution (f) par lumières

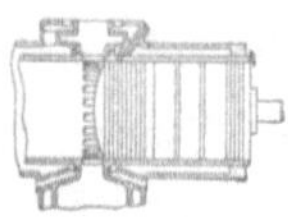

распредѣленіе (n) помощью прорѣзовъ *или* оконъ
distribuzione (f) a feritoie
distribución (f) por lumbreras *ó* por canales

---

4 Schlitzkranz (m), Kanalkranz (m)
ring of ports
couronne (f) de lumières

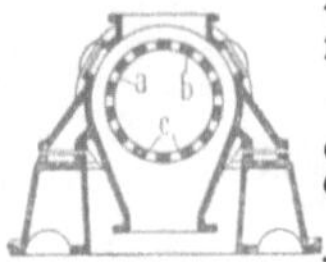

вѣнецъ (m) съ окнами; кольцо (n) съ прорѣзами
corona (f) di feritoie
corona (f) de lumbreras *ó* de canales

---

5 Einström[ungs]kranz (m)
ring of admission ports
couronne (f) d'admission *ou* d'introduction

впускной вѣнецъ (m); впускное кольцо (n)
corona (f) di introduzione
corona (f) de entrada *ó* de admisión

---

6 Ausström[ungs]kranz (m)
ring of exhaust ports
couronne (f) d'échappement

выпускной вѣнецъ (m); выпускное кольцо (n)
corona (f) di scarico
corona (f) de salida *ó* de escape *ó* de evacuación

---

7 Schlitz (m)
port
lumière (f), fenêtre (f)

a

окно (n); прорѣзъ (m)
feritoia (f), finestra (f), luce (f)
lumbrera (f), canal (f)

---

8 Einström[ungs]schlitz (m)
admission port
lumière (f) d'admission

впускное окно (n); впускной прорѣзъ (m)
feritoia (f) di introduzione
lumbrera (f) de admisión

Auspuffschlitz (m)
exhaust port
lumière (f) d'échappement

окно (n) для выпуска газовъ; выхлопной прорѣзъ (m)
feritoia (f) di scarico
lumbrera (f) de escape 1

---

b

Schlitzsteg (m)
bridge between the ports
barrette (f) *ou* cloison (f) entre lumières

перегородка (f) между окнами *или* прорѣзами
intervallo (m) tra feritoie
espacios (m pl) llen entre las lumbrerasos 2

---

c

Stegkante (f)
edge of bridge
arête (f) de barrette

край (m) перегородки
spigolo (m) del pieno tra feritoie
arista (f) de la lumbrera 3

Überschleifen (n) der Schlitze durch den Kolben
overrunning of the ports by the piston
passage (m) du piston sur les lumières

перекрываніе (n) прорѣзовъ *или* оконъ поршнемъ
ricoprimento (m) delle feritoie collo stantuffo
paso (m) del émbolo sobre las lúmbreras 4

---

den Schlitzkranz aufdecken (v)
to uncover the ring of ports *or* the ports
démasquer (v) *ou* découvrir (v) la couronne de lumières

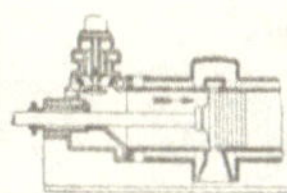

открыть вѣнецъ съ окнами; открыть кольцо съ прорѣзами
scoprire (v) la corona delle feritoie
descubrir (v) la corona de lumbreras 5

---

den Schlitzkranz abdecken (v)
to cover the ring of ports *or* the ports
masquer (v) *ou* couvrir (v) la couronne de lumières

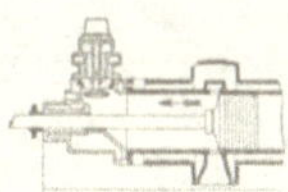

перекрыть вѣнецъ съ окнами; перекрыть кольцо съ прорѣзами
coprire (v) la corona delle feritoie
cubrir (v) la corona de lumbreras 6

Doppelzweitakt (m) (Körting)
double acting two stroke cycle (Körting)
cycle (m) [à] double [effet et] à deux temps (Kœrting)

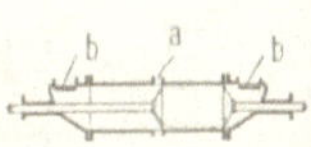

двойной двухтактный двигатель (m) (Кёртинга)
ciclo (m) doppio a due tempi (Kœrting)
ciclo (m) doble de dos tiempos (Kœrting) 7

---

a

für beide Zylinderseiten gemeinsame Auspuffschlitze (m pl)
exhaust ports common to both ends of cylinder
lumières (f pl) d'échappement communes aux deux côtés du cylindre

общія выпускныя окна (m pl) для обѣихъ сторонъ цилиндра
feritoie (f pl) di scarico comuni ai due lati del cilindro
lumbreras (f pl) de escape comúnes á los dos lados de los cilindros 8

1	den Einlaß durch Ventile steuern (v) admission controlled by means of valves contrôler (v) *ou* gouverner (v) l'admission par des soupapes	b	управлять впускомъ посредствомъ клапановъ regolare (v) l'ammissione per mezzo di valvole graduar (v) la admisión por medio de válvulas
2	Zweitakt (m) von Öchelhäuser two stroke cycle [Oechelhäuser] cycle (m) à deux temps de Oechelhäuser	 	двухтактный двигатель (m) Эхельгейзера ciclo (m) a due tempi di Oechelhauser ciclo (m) de dos fases de Oechelhaueser
3	zweiseitige Schlitzsteuerung (f) distribution by ports on both sides of the piston distribution (f) à lumières de chaque côté du piston		распредѣление (n) окнами съ каждой стороны поршня distribuzione con feritoie ai due lati distribución (f) bilateral por lumbreras
4	Gegenläufigkeit (f) der Kolben pistons working in opposite directions déplacement (m) contraire des pistons		передвиженіе (n) поршней по противоположнымъ направленіямъ movimenti (m pl) contrari degli stantuffi carreras (f pl) encontradas de los émbolos
5	Lufteintrittschlitz (m) air admission port lumière (f) d'admission d'air	a	впускное окно (n) для воздуха feritoia (f) di entrata d'aria lumbrera (f) para la entrada del aire
6	Gaseintrittschlitz (m) gas admission port lumière (f) d'admission de gaz	b	впускное окно (n) для газа feritoia (f) di entrata del gas lumbrera (f) para la entrada del gas
7	Ladepumpe (f), Füllpumpe (f) charging pump pompe (f) à mélange, pompe (f) de remplissage	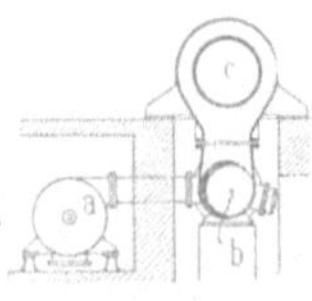 	заряжающій насосъ (m) (для подачи смѣси) pompa (f) di miscela, pompa (f) di riempimento *o* di carica bomba (f) de carga
8	Aufnehmer (m), Zwischengefäß (n) receiver, intermediate tank réservoir (m) intermédiaire	a b	пріемникъ (m); промежуточный резервуаръ (m) ricettore (m), recipiente (m) intermedio recipiente (m) *ó* depósito (m) intermedio

Hauptzylinder (m), Arbeitszylinder (m)
main cylinder, working cylinder
cylindre (m) moteur *ou* principal

главный цилиндръ (m); рабочій цилиндръ (m)
cilindro (m) principale, cilindro (m) motore
cilindro (m) principal *ó* motor 1

c

a

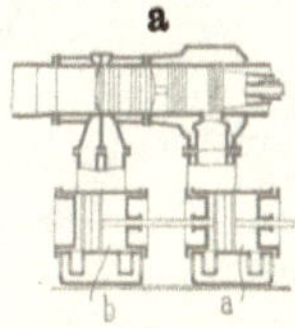

b

Gaspumpe (f)
gas pump
pompe (f) à gaz

газовый насосъ (m)
pompa (f) a gas
bomba (f) de gas 2

Luftpumpe (f)
air pump
pompe (f) à air

воздушный насосъ (m)
pompa (f) d'aria
bomba (f) de aire 3

Spülpumpe (f)
scavenging pump
pompe (f) de balayage

продувочный насосъ (m)
pompa (f) di lavatura
bomba (f) lavadora *ó* de expulsión 4

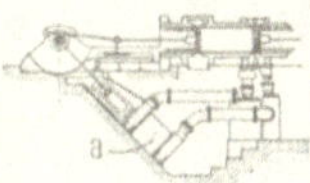

vereinigte Luft- und Gaspumpe (f), Gemengepumpe (f)
combined air and gas pump, mixture pump
pompe (f) à mélange [tonnant], pompe (f) combinée à gaz et à air

комбинированный воздушный и газовый насосъ (m); насосъ для смѣси
pompa (f) di miscela, pompa (f) combinata di gas e aria
bomba (f) combinada para aire y gas, bomba (f) de mezcla 5

Luftverdichtungshub (m)
air compression stroke
course (f) de compression d'air

ходъ (m), сжимающій воздухъ
corsa (f) di compressione dell'aria
carrera (f) de compresión del aire 6

Gasverdichtungshub (m)
gas compression stroke
course (f) de compression de gaz

ходъ (m), сжимающій газъ
corsa (f) di compressione del gas
carrera (f) de compresión del gas 7

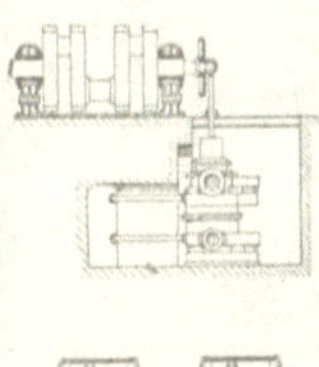

die Ladepumpen unter [dem] Flur anordnen (v)
to arrange the charging pumps under the floor (underground)
disposer (v) les pompes à mèlange sous le sol

расположить заряжающіе насосы подъ поломъ
disporre (v) la pompa di miscela sotto [il] suolo
disponer (v) las bombas de carga debajo del piso *ó* en el sótano 8

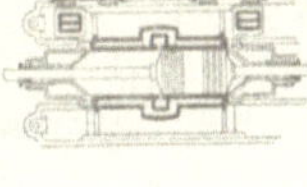

die Ladepumpen seitlich vom Zylinder anordnen (v)
to arrange the pumps alongside the cylinder
disposer (v) les pompes à mélange latéralement au cylindre

расположить заряжающіе насосы сбоку отъ цилиндра
disporre (v) la pompa di miscela lateralmente *o* di fianco al cilindro
disponer (v) las bombas de carga en el costado del cilindro 9

1 Pumpenantrieb (m)
driving of pump
commande (f) *ou* actionnement (m) des pompes *ou* de la pompe
приводъ (m) для насоса
comando (m) della pompa
mando (m) *ó* accionamiento (m) de las bombas

---

2 Pumpenkurbel (f)
pump crank
manivelle (f) de pompe
кривошипъ (m) насоса
manovella (f) della pompa
manivela (f) de la bomba

---

3 voreilende Pumpenkurbel (f)
pump crank in advance (of main crank)
manivelle (f) de pompe [calée] en avance
опережающій кривошипъ (m) насоса
manovella (f) della pompa calettata in avanti
manivela (f) de la bomba montada con avance

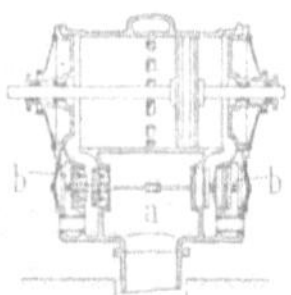

4 Pumpenzylinder (m)
pump cylinder, pump barrel
corps (m) *ou* cylindre (m) de pompe
цилиндръ (m) насоса
cilindro (m) della pompa
cuerpo (m) *ó* cilindro (m) de la bomba

---

5 Saugraum (m)
inlet chamber
chambre (f) d'aspiration
a
пространство (n) *или* камера (f) всасыванія
camera (f) di aspirazione
cámara (f) de aspiración

---

6 Druckraum (m)
delivery *or* discharge chamber
chambre (f) de compression, chambre (f) de refoulement
b
пространство (n) *или* камера (f) сжатія
camera (f) di compressione
cámara (f) de compresión

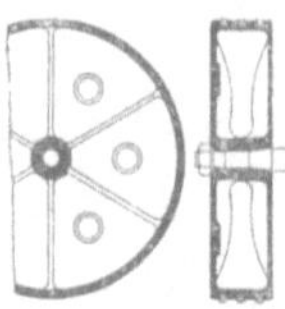

7 Pumpenkolben (m)
pump piston
piston (m) de pompe
поршень (m) насоса
stantuffo (m) della pompa
émbolo (m) de la bomba

---

8 Steuerung (f) der Spül- und Ladepumpen
valve gear of scavenging and charging pumps
distribution (f) de la pompe de balayage et de la pompe à mélange
распредѣленіе (n) продувочнаго и заряжающаго насосовъ
distribuzione (f) per la pompa di lavatura e di miscela
distribución (f) de las bombas lavadoras y de carga

---

9 selbsttätige Klappe (f)
automatic flap valve
clapet (m) automatique
самодѣйствующая *или* автоматическая заслонка (f)
farfalla (f) automatica
registro (m) automático

selbsttätiges Ventil (n) der Ladepumpe
automatic valve of the charging pump
soupape (f) automatique de la pompe à mélange

самодѣйствующій клапанъ (m) заряжающаго насоса
valvola (f) automatica della pompa di miscela 1
válvula (f) automatica

Saugventil (n)
suction valve
soupape (f) d'aspiration

всасывающій клапанъ (m)
valvola (f) aspirante 2
válvula (f) aspiradora ó de aspiración

Druckventil (n)
delivery valve
soupape (f) de refoulement

нагнетательный клапанъ (m)
valvola (f) premente 3
válvula (f) compresora ó de compresión

Ringventil (n)
annular valve
soupape (f) annulaire

кольцевой клапанъ (m)
valvola (f) anulare 4
válvula (f) anular

Ventilring (m)
valve seat
bague (f) *ou* anneau (m) de soupape

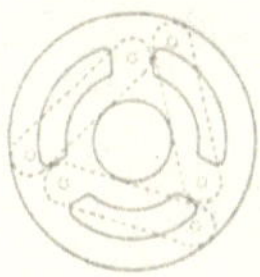

кольцо (n) клапана
anello (m) della valvola 5
anillo (m) de la válvula

Ventilführungsband (n)
valve guide-strap
lame (f) guide-soupape, lame (f) de guidage de la soupape

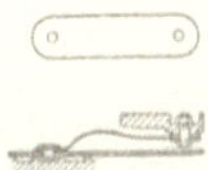

направляющая лента (f) клапана
lama (f) di guida della valvola 6
muelle-guía (m) de la válvula

Rundschieber (m) für Ein- und Austritt
cylindrical slide valve for admission and exhaust
tiroir (m) circulaire pour l'admission et l'échappement

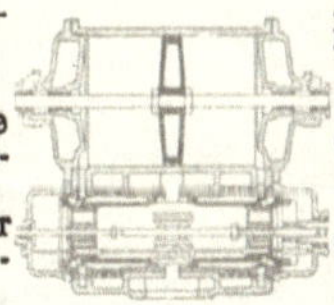

круглый золотникъ (m) для впуска и выпуска
cassetto (m) circolare per ammissione e scarico 7
émbolo (m) distribuidor para la entrada y la salida

Rücklaufreglung (f)
bye-pass governing
réglage (m) à retour

регулированіе (n) обратнымъ потокомъ
regolazione (f) con ritorno 8
regulación (f) con [corriente de] retroceso

Gasrückströmventil (n)
gas bye-pass valve
soupape (f) de retour du gaz

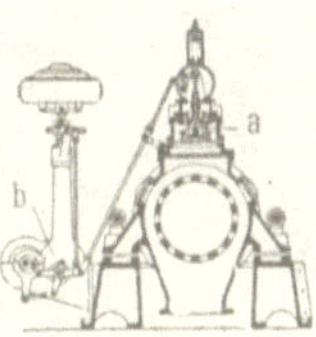

клапанъ (m) для обратнаго потока газа
valvola (f) di ritorno del gas 9
válvula (f) de retroceso del gas

a

1 zwangläufige Steuerung (f) (König)
(König's) governor controlled valve gear
distribution (f) commandée *ou* desmodromique (de Kœnig)

b

принуждённое распредѣленіе (n) [Кенига]
distribuzione (f) comandata [Kœnig]
distribución (f) accionada mecánicamente (Koenig)

---

2 Rücklaufventil (n) für Gas und Luft
bye-pass valve for gas and air
soupape (f) de retour pour le gaz et l'air

a

возвратный клапанъ (m) для газа и воздуха
valvola (f) di ritorno per gas ed aria
válvula (f) de retroceso para gas y aire

---

3 Ringschieber (m)
annular slide valve
tiroir (m) annulaire

b

кольцевой золотникъ (m)
cassetto (m) anulare
válvula (f) cilíndrica, cilindro (m) obturador

---

4 Rücklaufreglung (f) durch die Gaspumpe (Körting)
bye-pass governing by the gas pump (Körting)
réglage (m) à retour par la pompe à gaz (Kœrting)

регулированіе (n) возвратнымъ потокомъ при помощи газоваго насоса (Кёртингъ)
regolazione (f) con ritorno per mezzo della pompa a gas (Kœrting)
regulación (f) con retroceso por medio de la bomba de gas (Koerting)

---

5 Rückströmschlitze (m pl) der Gaspumpe
return ports of gas pump
lumières (f pl) de retour de la pompe à gaz

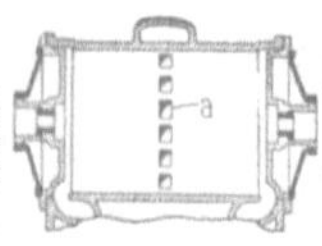

a

возвратные окна (n pl) газоваго насоса
feritoie (f pl) per la corrente di ritorno della pompa a gas
lumbreras (f pl) para los corrientes de retroceso de la bomba de gas

---

6 Doppelschiebersteuerung (f)
double ended piston valve gearing
distribution (f) à tiroir double

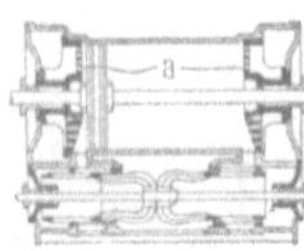

распредѣленіе (n) двойнымъ золотникомъ
distribuzione (f) a doppio cassetto
distribución (f) por cilindro doble

---

7 Grundschieber (m)
main slide
tiroir (m) principal

a

главный золотникъ (m)
cassetto (m) principale
corredera (f) principal de distribución

Überströmschieber (m) zwischen Druck- und Saugraum
bye-pass valve (between inlet and delivery chamber)
tiroir (m) de passage entre les chambres de compression et d'aspiration

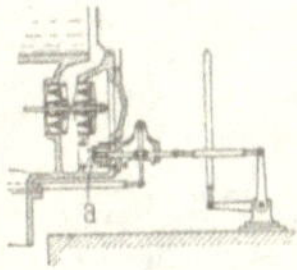

a

перепускной золотникъ (m) между нагнетательнымъ и всасывающимъ пространствами
cassetto (m) di passaggio tra le camere di compressione ed aspirazione
válvula (f) de distribución para el exceso de carga 1

Sonderteile der Ölmotoren

Details of Oil Engines

Pièces Détachées des Moteurs à Pétrole

Спеціальныя Детали Двигателей Жидкаго Топлива

Parti Speciali dei Motori ad Essenza 2

Piezas Especiales para los Motores de Petróleo

Brennstoffbehälter (m)
fuel tank
réservoir (m) à combustible

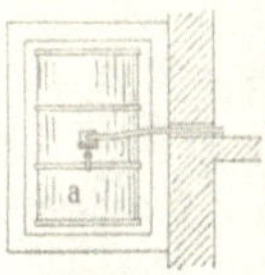

a

резервуаръ (m) для топлива
serbatoio (m) del combustibile 3
depósito (m) de combustible

Petroleumbehälter (m)
paraffin *or* petroleum tank
réservoir (m) à pétrole

резервуаръ (m) для керосина
serbatoio (m) di petrolio 4
depósito (m) de petróleo

Benzinbehälter (m)
petrol tank
réservoir (m) à essence

резервуаръ(m) для бензина
serbatoio (m) di benzina 5
depósito (m) de bencina

Spiritusbehälter (m)
alcohol tank
réservoir (m) à alcool

резервуаръ (m) для спирта 6
serbatoio (m) di alcool
depósito (m) de alcohol

Abfließen (n) durch natürliches Gefälle
gravity feed
écoulement (m) par simple gravité

истеченіе подъ естественнымъ напоромъ; истеченіе (n) подъ дѣйствіемъ напора жидкости 7
efflusso (m) per caduta naturale
salida (f) por la acción de la gravedad

Abfließen (n) durch Druckluft
feed by compressed air
écoulement (m) sous pression d'air

истеченіе (n) подъ дѣйствіемъ сжатаго воздуха
efflusso (m) per effetto di aria compressa 8
evacuación (f) por aire comprimido

1	Handluftpumpe (f) hand air pump pompe (f) d'air à main	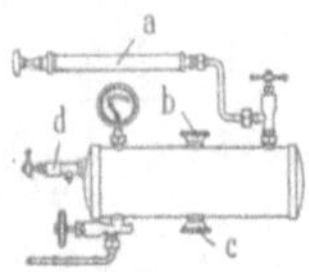 a	ручной воздушный на- сосъ (m) pompa (f) d'aria a mano bomba (f) neumática de mano
2	Füllschraube (f) screw-stopper (for filling) bouchon (m) de remplissage	b	пробка (f) для наполненія tappo (m) a vite, bocchettone (m) di riempimento tapón (m) del orificio de carga
3	Ablaßschraube (f) screw-stopper (for drawing off the liquid), drain plug bouchon (m) de vidange à vis	c	пробка (f) для спуска tappo (m) a vite per lo scarico tapón (m) de evacuación
4	Probierhahn (m) test cock robinet (m) de jauge	d	пробный кранъ (m) robinetto (m) di prova grifo (m) de prueba
5	Schwimmergefäß (n) float chamber récipient (m) *ou* pot (m) de niveau constant, niveau (m) constant	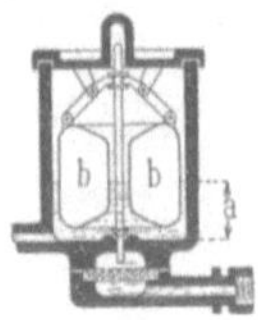	сосудъ (m) съ поплавкомъ recipiente (m) a galleggiante copa (f) del flotador, cámara (f) de nivel constante
6	Spiegelhöhe (f) height of level of liquid hauteur (f) du niveau	a	высота (f) уровня altezza (f) del livello altura (f) de nivel
7	Schwimmerreglung (f) der Flüssigkeitshöhe regulation of the liquid level by means of a float réglage (m) de la hauteur du liquide par flotteur		регулированіе(n) уровня жидкости поплавкомъ regolatore (m) dell'altezza del liquido con galleggiante regulación (f) del nivel del liquido por medio de un flotador
8	Schwimmer (m) float flotteur (m)	b	поплавокъ (m) galleggiante (m) flotador (m)
9	Überfallrohr (n) overflow pipe tuyau (m) de trop-plein		сливная *или* переливная труба (f) stramazzo (m), tubo (m) di troppo pieno *o* sfiaratore tubo (m) de rebase

den Behälter füllen (v)
to fill the tank
remplir (v) le réservoir

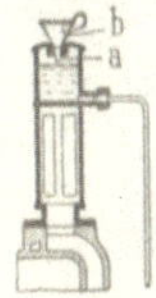

наполн-ить (-ять) сосудъ (m) *или* резервуаръ (m) *1*
riempire (v) il serbatoio
llenar (v) el depósito

Einlauf (m)
inlet
entrée (f)

a

притокъ (m)
entrata (f) *2*
entrada (f)

Fülltrichter (m)
filling funnel
entonnoir (m) de remplissage

b

воронка (f) для наливанія
imbuto (m) di riempimento *3*
embudo (m) de relleno

Schutz (m) vor offenen Flammen
protection against open flames
protection (f) contre les flammes non abritées

предохраненіе (n) отъ открытаго пламени
protezione (f) contro le flamme aperte *4*
defensa (f) ó protección (f) contra llamas abiertas

---

zurückschlagende Flamme (f)
flashing back of flame
retour (m) de flamme en cas de raté d'allumage

отбрасываемое назадъ пламя (f)
flamma (f) di ritorno *5*
retorno (m) de llama

Siebkappe (f)
wire gauze cap
filtre (m) en toile métallique

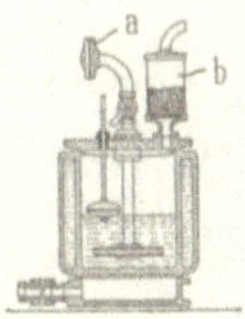

колпакъ (m) съ сѣткой
tappo (m) a staccio
sombrerete (m) de tela metálica *6*

Sieb (n)
strainer
tamis (m), toile (f) métallique

a

сѣтка (f); сито (n)
staccio (m) *7*
tamiz (m), tela (f) metálica

Kiestopf (m)
box filled with gravel
pot (m) à gravier

b

горшокъ (m) съ гравіемъ *или* хрящемъ *8*
cassa (f) a ghiaia
cubo (m) de grava

Kies (m)
gravel
gravier (m)

гравій (m); хрящъ (m)
ghiaia (f) *9*
arena (f) gruesa, grava (f)

Kieselsteinfüllung (f)
filling of small pebbles
remplissage (m) de galets

заполненіе (n) битымъ кремнякомъ (булыжный камень, валуны и т. п.) *10*
riempimento (m) con ciottoli
relleno (m) de gravas

Drahtnetz (n)
wire netting
tissu (m) métallique

металлическая сѣтка (f)
rete (f) metallica *11*
red (f) de tela metálica

1	**Drahtgaze (f)** **wire gauze** **gaze (f) métallique**		**металлическая ткань (f); металлическій газъ (m)** **garza (f) di filo metallico** **gasa (f) metálica**
2	**Drahtgazeschicht (f)** **layer of wire gauze** **couche (f) de gaze métallique**		**слой (m) металлическаго газа *или* металлической ткани** **strato (m) di garza metallica** **capa (f) de gasa metálica**
3	**Rückschlagklappe (f)** **non-return flap *or* clack valve** **clapet (m) de retenue**	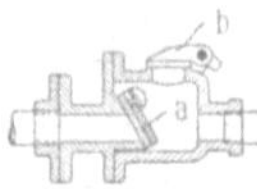 a	**возвратная заслонка (f) *или* захлопка (f)** **valvola (f) ad animella di ritegno** **válvula (f) de retención**
4	**Sicherheitsklappe (f)** **safety flap *or* clack valve** **clapet (m) de sûreté**	b	**предохранительная захлопка (f) *или* заслонка (f)** **animella (f) di sicurezza** **válvula (f) de seguridad**
5	**Petroleumfilter (n)** **petroleum filter** **filtre (m) à pétrole**	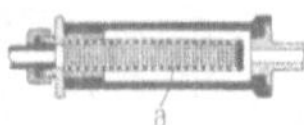	**фильтръ (m) для керосина** **filtro (m) per petrolio** **filtro (m) de petróleo**
6	**Rohr (n) aus Drahtgaze** **tube of wire gauze** **crépine (f) en toile métallique**	a	**трубка (f) изъ металлическаго газа *или* металлической ткани** **tubo (m) di rete metallica** **tubo (m) de gasa metálica**
7	**Filzplattenfilter (n)** **filter of felt discs** **filtre (m) à plaques de feutre**		**фильтръ (m) изъ войлочныхъ пластинъ** **filtro (m) a fogli di feltro** **filtro (m) de discos de fieltro**
8	**Brennstoffpumpe (f)** **fuel pump** **pompe (f) à combustible**	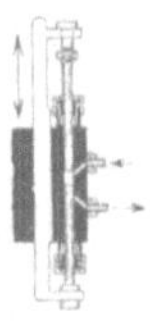	**насосъ (m) для подачи топлива** **pompa (f) del combustibile** **bomba (f) [de trasiego] para el combustible**
9	**Ölpumpe (f)** **oil pump** **pompe (f) à huile**		**насосъ (m) для масла; масляный насосъ (m)** **pompa (f) da olio** **bomba (f) de aceite**
10	**Petroleumpumpe (f)** **petroleum pump** **pompe (f) à pétrole**		**керосиновый насосъ (m); насосъ (m) для керосина** **pompa (f) da petrolio** **bomba (f) de petróleo**
11	**Spirituspumpe (f)** **alcohol pump** **pompe (f) à alcool**		**спиртовый насосъ (m); насосъ (m) для спирта** **pompa (f) da alcool** **bomba (f) de alcohol**

Benzinpumpe (f) petrol pump pompe (f) à essence		бензиновый насосъ (m); насосъ (m) для бензина pompa (f) da benzina bomba (f) de bencina	1
Tauchkolbenpumpe (f) plunger pump pompe (f) à [piston] plongeur	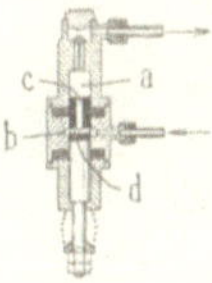	скальчатый насосъ(m); насосъ (m) съ ныряломъ pompa (f) a stantuffo tuffante bomba (f) de émbolo buzo	2
Pumpenkammer (f) clearance space corps (m) de pompe	a	камера (f) насоса camera (f) della pompa cámara (f) ó cilindro (m) de la bomba	3
Ausweitung (f) des Pumpenzylinders enlargement of the bore of the pump barrel élargissement (m) du corps de pompe	b	кольцевая выемка (f) въ насосномъ цилиндрѣ allargamento (m) del cilindro della pompa ensanche (m) del cuerpo de la bomba	4
Längsbohrung (f) des Kolbens hole up centre of plunger forage (m) longitudinal du piston	c	продольное отверстіе (n) въ скалкѣ foro (m) longitudinale dello stantuffo perforación (f) longitudinal del émbolo	5
Querbohrung (f) des Kolbens cross-hole in plunger forage (m) transversal du piston	d	поперечное отверстіе (n) въ скалкѣ foro(m) trasversale dello stantuffo perforación (f) transversal del émbolo	6
Antrieb (m) durch Kurbelschleife slot and crank drive commande (f) par coulisse-manivelle	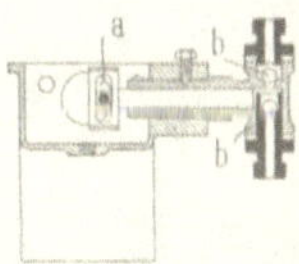a	передача (f) движенія посредствомъ кривошипа съ кулиссою comando (m) per mezzo di glifo-monovella movimiento (m) por guía-bastidor ó corredera	7
Ventilkugel (f) ball valve boulet (m) de la soupape	b	шаръ (m) клапана palla (f) della valvola, sfera (f) della valvola esfera (f) de la válvula	8
ständig bewegter Pumpenstiefel (m) barrel having a constant stroke corps (m) *ou* cylindre (m) de pompe à mouvement continu	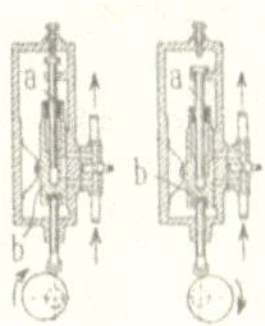b	цилиндръ (m) насоса, находящійся непрерывно въ движеніи corpo (m) di pompa a movimento continuo cuerpo (m) ó cilindro (m) de bomba de movimiento continuo	9

1	absatzweise bewegter Kolben (m) plunger having a variable stroke piston (m) à mouvement intermittent	a	поршень (m), движущійся *или* скалка (f), движущаяся съ перерывами movimento (m) intermittente dello stantuffo émbolo (m) de movimiento intermitente
2	Reglung (f) durch die Brennstoffpumpe governing by controlling the fuel pump réglage (m) par la pompe à combustible		регулированіе (n) посредствомъ насоса для подачи топлива regolazione (f) colla pompa del combustibile regulación (f) por la bomba de combustible
3	die Brennstoffpumpe arbeitet tot the fuel pump is running idle la pompe à combustible fonctionne à vide		насосъ (m) для подачи топлива прогоняетъ масло туда и обратно la pompa del combustibile lavora a vuoto la bomba de combustible trabaja en vacío
4	den Pumpenkolbenhub ändern (v) to vary the stroke of the pump plunger varier (v) *ou* modifier (v) la course du piston	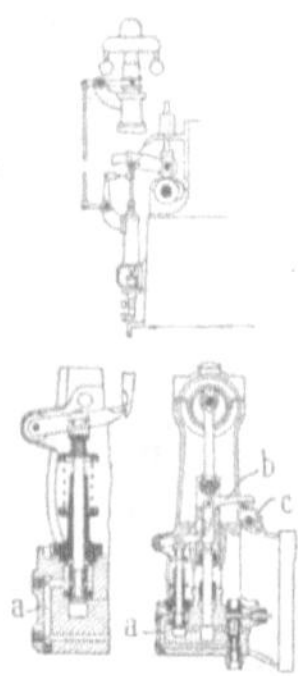 	измѣнить (мѣнять) ходъ насоснаго поршня variare (v) la corsa dello stantuffo modificar (v) la carrera del émbolo
5	Reglung (f) durch Rückströmventil governing by controlling a bye-pass valve between delivery and suction pipe réglage (m) par soupape de retour		регулированіе (n) посредствомъ перепускного клапана regolazione (f) col mezzo della valvola di ritorno regulación (f) por la válvula de retroceso
6	Verbindungsleitung (f) zwischen Saug- und Druckraum connecting pipe between suction and delivery space conduite (f) de raccordement entre les chambres d'aspiration et de refoulement	a	соединительный каналъ (m) между всасывающей и нагнетательной камерами condotta (f) di collegamento fra le camera di aspirazione e di compressione conducto (m) de comunicación entre las cámaras de aspiración y de compresión
7	vom Kolben mitgenommener Winkelhebel (m) bell-crank lever worked by piston levier (m) d'angle entraîné par le piston	b	угловой рычагъ (m), захватываемый поршнемъ leva (f) angolare comandata dallo stantuffo palanca (f) en escuadra accionada por el émbolo

c

vom Regler verdrehte unrunde Scheibe (f)
cam disc ajusted by the governor
came (f) commandée par le régulateur
кулачная *или* некруглая шайба (f), вращаемая регуляторомъ
disco (m) eccentrico fatto girare dal regolatore 1
leva (f) accionada por el regulador

Verdampfapparat (m), Verdunstungsapparat (m), Karburator (m)
carburettor
carburateur (m)
карбураторъ (m); испаритель (m)
carburatore (m), vaporizzatore (m), gaseificatore (m) 2
carburador (m)

Abhängigkeit (f) der Sättigung von der Witterung
dependence of saturation on the state of the atmosphere
action (f) de l'état atmosphérique sur la saturation
зависимость (f) насыщенія отъ погоды
dipendenza (f) della saturazione dallo stato atmosferico 3
influencia (f) de las condiciones climatológicas sobre la saturación

---

Sättigungsvermögen (n) der Luft
capacity of air for being saturated
saturabilité (f) de l'air
способность (f) насыщенія воздуха; способность воздуха насыщаться 4
saturabilità (f) dell' aria
saturabilidad (f) del aire

Benzinverdampfer (m)
petrol carburettor
carburateur (m) à essence
бензиновый испаритель (m)
carburatore (m) di benzina 5
carburador (m) de bencina *ó* de gasolina

Benzindampf (m)
petrol vapour
vapeur (f) d'essence
бензиновые пары (m pl)
vapore (m) di benzina 6
vapor (m) de bencina *ó* de gasolina

---

mit Benzin geschwängerte Luft (f)
air saturated with petrol vapour
air (m) chargé d'essence
воздухъ (m) насыщенный бензиномъ
aria (f) saturata con benzina 7
aire (m) saturado de bencina

Petroleumverdampfer (m), Petroleumvergaser (m)
petrol carburettor
carburateur (m) à pétrole
керосиновый испаритель (m)
carburatore (m) a petrolio 8
carburador (m) de petróleo

Petroleumdampf (m)
petroleum vapour
vapeur (f) de pétrole
керосиновые пары (m pl) 9
vapore (m) di petrolio
vapor (m) de petróleo

Petroleumnebel (m)
petroleum spray
brouillard (m) de pétrole
керосиновый туманъ (m) 10
nebbia (f) di petrolio
niebla (f) de petróleo

1	Petroleumstaub (m) petroleum spray poussière (f) de pétrole		керосиновая пыль (f); распыленный керосинъ (m) pulviscolo (m) di petrolio petróleo (m) pulverizado
2	Spiritusverdampfer (m), Spiritusvergaser (m) alcohol carburettor carburateur (m) à alcool		спиртовый испаритель (m) carburatore (m) ad alcool carburador (m) de alcohol
3	Spiritusdampf (m) alcohol vapour vapeur (f) d'alcool		пары (m pl) спирта vapore (m) di alcool vapor (m) de alcohol
4	überhitzter Spiritusdampf (m) superheated alcohol vapour vapeur (f) d'alcool surchauffée		перегрѣтые пары (m pl) спирта vapore (m) di alcool surriscaldato vapor (m) recalentado de alcohol
5	Verdunstungskarburation (f) carburation by evaporation carburation (f) par évaporation		карбурація (f) испареніемъ carburazione (f) a vaporizzazione carburación (f) por evaporación
6	Verdunstungskarburator (m) surface carburettor carburateur (m) à évaporation		испаряющій карбураторъ (m) carburatore (m) a vaporizzazione carburador (m) evaporador
7	Dochtverdampfer (m) wick carburettor carburateur (m) à mèche	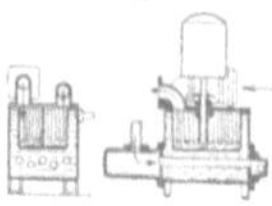	фитильный испаритель (m) carburatore (m) a lucignolo carburador (m) de mechas
8	Tauchrohr (n) immersion *or* dipping tube tube (m) plongeur	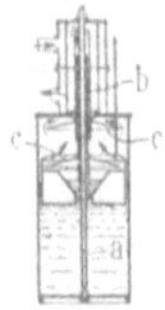	трубка (f), опускаемая въ жидкость tubo (m) di immersione tubo (m) de inmersión
9	Benzineingußrohr (n) petrol inlet tube tube (m) d'introduction d'essence	a	трубка (f), впускающая бензинъ; трубка для вливанія бензина tubo (m) d'introduzione della benzina tubo (m) de entrada para la bencina
10	teleskopisches Rohr (n), Posaunenrohr (n) telescopic-tube tube (m) télescopique *ou* télescopant	b	выдвижная *или* телескопическая труба (f) tubo (m) telescopico tubo (m) de telescopio

Fangschirm (m)
drip plate, collecting diaphragm
diaphragme (m) collecteur

c

уловитель (m)
diaframma (m) collettore 1
diafragma (m) colector

---

das flüssige Benzin an den Fangschirmen abstreifen (v)
to wipe off the liquid petrol from the drip plate
enlever (v) l'essence liquide du diaphragme collecteur

снимать жидкій бензинъ съ уловителей
togliere via (v) la benzina liquida dal diaframma 2
separar (v) la bencina liquida de los diafragmas colectores

Einspritzkarburation (f)
carburetting by spraying
carburation (f) par injection *ou* par pulvérisation

карбурація (f) впрыскиваніемъ
carburazione (f) ad iniezione 3
carburación (f) por inyección *ó* pulverización

Zerstäuber (m)
sprayer *or* atomizer
pulvérisateur (m)

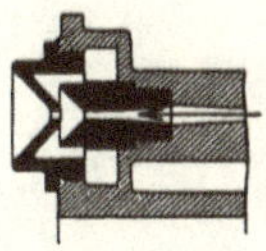

распылитель (m); форсунка (f)
polverizzatore (m) 4
pulverizador (m)

Benzinzerstäuber (m)
sprayer *or* atomizer for petrol
pulvérisateur (m) d'essence

распылитель (m) для бензина
polverizzatore (m) di benzina 5
pulverizador (m) de bencina

Spirituszerstäuber (m)
sprayer *or* atomizer for alcohol
pulvérisateur (m) d'alcool

распылитель (m) для спирта
polverizzatore (m) di alcool 6
pulverizador (m) de alcohol

Petroleumzerstäuber (m)
sprayer *or* atomizer for oil or petroleum
pulvérisateur (m) de pétrole

распылитель (m) для керосина
polverizzatore (m) di petrolio 7
pulverizador (m) de petróleo

Zerstäubungsluft (f)
air for spraying liquid fuel, primary air
air (m) de pulvérisation

распыливающій воздухъ (m); воздухъ для распыленія
aria (f) per la polverizzazione 8
aire (m) [de presión] para la pulverización del combustible

Zusatzluft (f)
supplementary air
air (m) additionnel

добавочный воздухъ (m)
aria (f) addizionale 9
aire (m) adicional

1 Spritzvergaser (m)
spray carburettor
carburateur (m) à giclage *ou* à pulvérisation

впрыскивающій карбураторъ (m)
gaseificatore (m) ad iniezione
carburador (m) de inyección *ó* de pulverización

---

2 Spritzdüse (f)
spraying nozzle
gicleur (m)

a

впрыскивающее сопло (n)
iniettore (m)
surtidor (m)

---

3 hohles Zerstäuberventil (n)
hollow atomizing *or* spraying valve
soupape (f) creuse de pulvérisateur

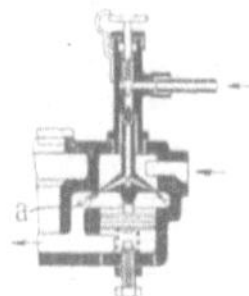

пустотѣлый клапанъ (m) распылителя
valvola (f) cava del polverizzatore
válvula (f) hueca de pulverización

---

4 kegel[förm]iger *oder* konischer Schleier (m) [des austretenden Benzins]
conical film *or* veil [of outflowing petrol]
nappe (f) conique de l'essence qui sort

a

коническая вуаль (f) [выходящаго бензина]
velo (m) conico di benzina uscente
chorro (m) cónico (de la bencina que sale)

---

5 [durch Schraube und Feder] einstellbares Ventil (n)
valve adjustable by screw and spring
soupape (f) réglable par vis et ressort

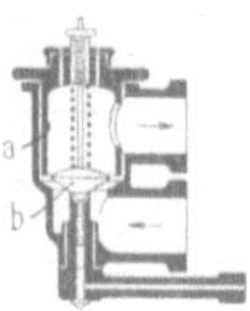

клапанъ (m), устанавливаемый помощью винта и пружины
valvola (f) registrabile con vite e molla
válvula (f) graduable (por tornillo y muelle)

---

6 als Hahnküken ausgebildetes Ventilgehäuse (n)
valve-casing forming plug of cock
chapelle (f) de soupape formant boisseau de robinet

a

клапанная коробка (f), образующая пробку крана
capsula (f) di valvola foggiata a robinetto
caja (f) de válvula en forma de macho de grifo

---

7 Zerstäuberschirm (m)
spraying *or* atomizer cone
champignon (m) de pulvérisation

b

распыляющій зонтъ (m); распыляющая чечевица (f)
diaframma (m) del polverizzatore
platillo (m) cónico de pulverización

---

8 Zerstäuberfläche (f)
atomizing surface
surface (f) de pulvérisation

распыляющая поверхность (f)
superficie (f) del polverizzatore
superficie (f) de pulverización

Verdunsten (n) [in Luftwärme]
evaporation [at atmospheric temperature]
vaporisation (f)

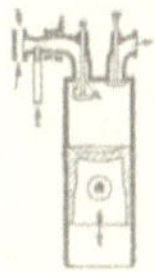

испаренie (n) [отъ теплоты въ воздухѣ]
evaporazione (f) alla
temperatura dell' atmosfera 1
evaporación (f) (á la temperatura atmosférica)

Anwärmung (f) des Brennstoffs
heating of the fuel
réchauffage (m) du combustible

подогрѣванie (n) топлива *или* горючаго
riscaldamento (m) preventivo del combustibile 2
calentamiento (m) previo del combustible

Luftvorwärmung (f) durch die Abgase
regenerative heating of air by the exhaust
réchauffage (m) de l'air par [les gaz de] l'échappement

подогрѣванie (n) воздуха отходящими газами
riscaldamento preventivo (m) dell'aria mediante i gas di scarico 3
calentamiento (m) previo del aire de la mezcla por los gases de escape

---

durch die Abgase geheizter Vergaser (m)
carburettor heated by the exhaust
carburateur (m) réchauffé par l'échappement

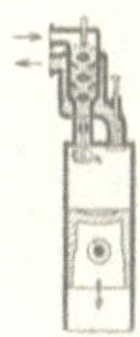

испаритель (m), обогрѣваемый *или* отапливаемый отходящими газами
vaporizzatore (m) riscaldato col gas di scarico 4
carburador (m) calentado por los gases de escape

Verdichtungsraum (m) mit Außenheizung
externally heated combustion chamber
chambre (f) de compression à chauffage extérieur

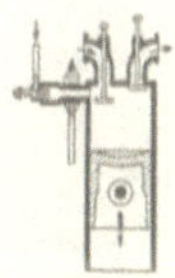

камера (f) сжатія съ внѣшнимъ подогрѣванiемъ
camera (f) di compressione con riscaldamento esterno 5
cámara (f) de compresión con calefacción exterior

Heizung (f) der Vergaserwände
heating the carburettor walls
réchauffage (m) des parois du carburateur

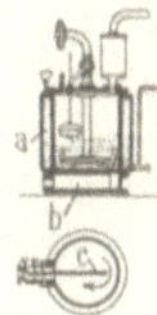

подогрѣванie (n) *или* нагрѣванie (n) стѣнокъ испарителя
riscaldamento (m) della parete del gaseificatore 6
calefacción (f) de las paredes del carburador

1	Mantelheizung (f) (durch das abfließende Kühlwasser) jacket heating (by the discharging cooling water) réchauffage (m) du corps du cylindre (par l'eau de circulation évacuée)	a	подогрѣваніе (n) *или* нагрѣваніе (n) [посредствомъ стекающей охлаждающей воды] riscaldamento (m) della camicia (con acqua di circolazione effluente) calentamiento (m) de la envolvente (con el agua de refrigeración)
2	Doppelwandung (f) double walls (pl), jacketted walls (pl) double paroi (f)		двойная стѣнка (f) parete (f) doppia pared (f) doble
3	Bodenheizung (f) (durch die Abgase) bottom heating (by the exhaust) réchauffage (m) du fond (par [les gaz de] l'échappement)	b	подогрѣваніе (n) *или* нагрѣваніе (n) днища [отходящими газами] riscaldamento (m) del fondo (coi gas di scarico) calentamiento (m) del fondo (con los gases de escape)
4	Doppelboden (m) double bottom double fond (m)		двойное днище (n) doppio fondo (m) doble fondo (m)
5	Zunge (f) baffle plate chicane (f)	c	язычёкъ (m) linguella (f) tabique (m)
6	die Heizung abstellen (v) to stop the heating arrêter (v) le chauffage		выключи-ть (-ать) подогрѣваніе *или* нагрѣваніе interrompere (v) il riscaldamento interrumpir (v) la calefacción
7	Röhrenverdampfer (m) für Petroleum multitubular carburettor *or* vaporiser for petroleum vaporisateur (m) tubulaire de pétrole	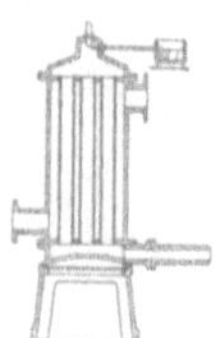	трубчатый керосиновый испаритель (m) vaporizzatore (m) multitubolare per petrolio vaporizador (m) tubular de petróleo
8	mit leicht siedendem Brennstoff anlassen (v) to start with highly volatile fuel démarrer (v) avec un combustible à point d'ébullition peu élevé		пускать въ ходъ легко испаряемымъ топливомъ avviare (v) con combustibile a punto d'ebollizione basso poner (v) en marcha con combustible de baja temperatura de ebullición

von Benzin auf Petroleum umschalten (v)
to change from petrol to oil
passer (v) de l'essence au pétrole, substituer (v) le pétrole à l'essence

перевести *или* переключить съ бензина на керосинъ
passare (v) dalla benzina al petrolio 1
cambiar (v) *ó* pasar (v) de la bencina al petróleo

Umstellvorrichtung (f)
change-over mechanism
appareil (m) de substitution

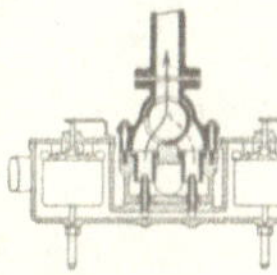

приспособленіе (n) для переключенія
apparato (m) di sostituzione 2
disposición (f) *ó* aparato (m) de cambio

Zerstäubung (f) durch Preßluft
spraying *or* atomizing by compressed air
pulvérisation (f) à l'air comprimé

распыленіе (n) сжатымъ воздухомъ
polverizzazione (f) con aria compressa 3
pulverización (f) por aire comprimido

Brennstoffeinspritzung (f) vor der Kompression
injecting fuel before compression
injection (f) de combustible avant la compression

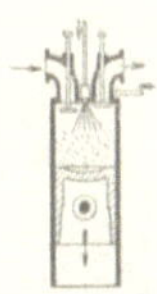

впрыскиваніе (n) топлива *или* горючаго передъ сжатіемъ
iniezione (f) di combustibile prima della 4
compressione
inyección (f) de combustible antes de efectuarse la compresión

---

Brennstoffeinspritzung (f) nach der Kompression (Diesel)
injecting fuel after compression (Diesel)
injection (f) du combustible après la compression (Diesel)

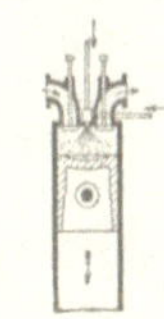

впрыскиваніе (n) топлива *или* горючаго послѣ сжатія (Дизель)
iniezione (f) di combustibile dopo la com- 5
pressione (Diesel)
inyección (f) del combustible después de la compresión (Diesel)

Selbstzündung (f)
spontaneous ignition
autoallumage (m), allumage (m) automatique

самовоспламененіе (n)
accensione (f) automatica, autoaccensione (f) 6
inflamación (f) espontánea

Entzündung (f) durch Verdichtungswärme
ignition by heat of compression
allumage (m) par [la chaleur de] compression

воспламененіе (n) теплотой сжатія
accensione (f) col calore 7
di compressione
inflamación (f) por el calor de la compresión

Preßluft (f), Druckluft (f), komprimierte Luft (f)
compressed air
air (m) comprimé

сжатый воздухъ (m)
aria (f) compressa 8
aire (m) comprimido

1 vorkomprimierte Luft (f)
air previously compressed
air (m) préalablement comprimé *ou* précomprimé

предварительно сжатый воздухъ (m)
aria (f) preventivamente compressa
aire (m) previamente comprimido

---

2 einstufige Verdichtung (f)
single stage compression
compression (f) à un [seul] étage

однократное *или* простое сжатіе (n)
compressione (f) in un sol grado
compresión (f) de simple efecto

---

3 zweistufige Verdichtung (f)
two stage compression
compression (f) à deux étages

двукратное *или* двойное сжатіе (n)
compressione (f) in due gradi *o* a due riprese
compresión (f) de doble efecto

---

4 die Luft dem Zylinder entnehmen (v)
to take the air from the cylinder
puiser (v) l'air dans le cylindre

брать воздухъ изъ цилиндра
prendere (v) l'aria dal cilindro
extraer (v) el aire del cilindro

---

5 Überströmventil (n)
overflow *or* relief valve
soupape (f) de passage

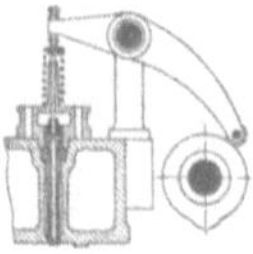

перепускной клапанъ (m)
valvola (f) di passaggio
válvula (f) de compensación

---

6 Überströmleitung (f)
overflow pipe
conduite (f) de passage

перепускной каналъ (m) *или* трубопроводъ (m)
condotta (f) di passaggio
conducto (m) de compensación

---

7 die Luft dem Freien entnehmen (v)
to take the air from the atmosphere
prendre (v) l'air au dehors

брать воздухъ изъ атмосферы
prendere (v) l'aria dall'esterno
tomar (v) el aire de la atmósfera

---

8 einfach wirkende Luftpumpe (f)
single acting air pump
pompe (f) à air à simple effet

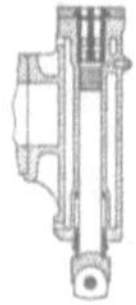

воздушный насосъ (m) простого дѣйствія
pompa (f) d'aria a semplice effetto
bomba (f) neumática de simple efecto

Ventilkopf (m) der Luftpumpe
valve head of air pump
chapelle (f) de la pompe à air

клапанная головка (f) воздушнаго насоса
testa (f) della valvola della pompa d'aria
cabezal (m) de válvulas de la bomba neumática 1

---

zweistufiger Verdichter (m), zweistufiger Kompressor (m)
two stage compressor
compresseur (m) à deux étages

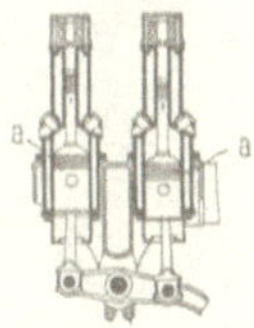

компрессоръ съ двукратнымъ сжатіемъ; двукратный *или* двухступенчатый компрессоръ (m)
compressore (m) in due gradi
compresor (m) de doble efecto 2

Differentialkolben (m)
differential piston
piston (m) différentiel

a

дифференціальный поршень (m)
stantuffo (m) differenziale
émbolo (m) diferencial 3

---

dreistufiger Kompressor (m)
three stage compressor
compresseur (m) à trois étages

компрессоръ съ трёхкратнымъ сжатіемъ; трёхкратный *или* трёхступенчатый компрессоръ (m)
compressore (m) a tre gradi
compresor (m) de triple efecto 4

Aufnehmer (m) mit Röhrenkühlung
receiver with cooling coil
récipient (m) à refroidissement tubulaire

ресиверъ (m) съ трубчатымъ холодильникомъ
ricettore (m) con raffreddamento tubolare
recipiente (m) con refrigerador tubular 5

Einblasegefäß (n)
tank for air supply
réservoir (m) d'injection d'air

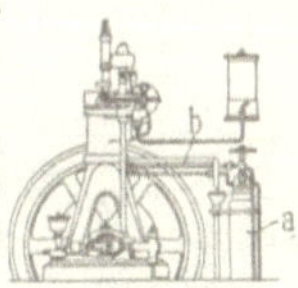

сосудъ (m) съ сжатымъ воздухомъ для вдуванія
recipiente (m) di iniezione d'aria
recipiente (m) para la inyección de aire 6

Reserveeinblasegefäß (n)
spare tank for air supply
réservoir (m) d'injection d'air additionnel

a

запасной сосудъ (m) съ воздухомъ для вдуванія
recipiente (m) d'aria ausiliare
recipiente (m) para la inyección de aire adicional 7

Einblaseleitung (f)
air pipe
conduite (f) d'injection d'air

b

труба (f) для подвода вдувающаго воздуха
condotta (f) di iniezione
tubería (f) de inyección 8

1	Einblasen (n) injection injection (f)		вдуваніе (n) iniezione (f) inyección (f)
2	Brennstoffventil (n) fuel valve soupape (f) à combustible	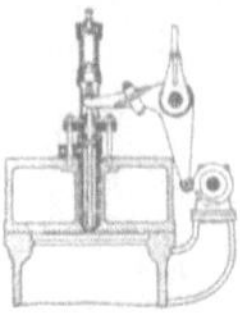	клапанъ (m) для впуска топлива *или* горючаго valvola (f) del combustibile válvula (f) de combustible
3	Nadelventil (n) needle valve soupape (f) à pointeau	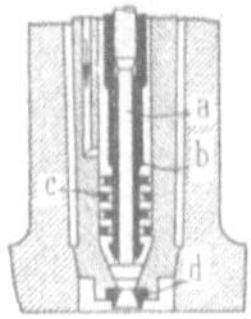 	игольчатый клапанъ (m) valvola (f) ad ago válvula (f) de aguja
4	Ventilnadel (f) valve pointeau (m) de soupape	a	игла (f) клапана ago (m) della valvola aguja (f) de la válvula
5	Nadelhülse (f) guide douille (f) du pointeau	b	гильза (f) *или* втулка (f) иглы astuccio (m) dell'ago forro (m) de la aguja
6	Zerstäuberplatte (f) spraying *or* atomizing disc plaque (f) de pulvérisation	c	распылающая пластина (f) piastra (f) di polverizzazione placa (f) de pulverización
7	Düsenplatte (f) nozzle plate plaque (f) de tuyère	d	пластинка (f) сопла piastra (f) a fori placa (f) de la tobera
8	Petroleumeinspritzung (f) (von Haselwander) Haselwander's system of injecting oil injection (f) de pétrole (de Haselwander)	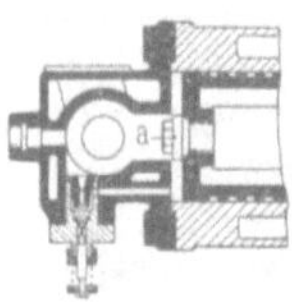 	впрыскиваніе (n) керосина (по Газельвандеру) iniezione (f) di petrolio (di Haselwander) inyección (f) de petróleo (de Haselwander)
9	zusätzliche Verdichtung (f) der Luft durch Kolbenansatz additional compression by lengthening the piston compression (f) additionnelle de l'air par rallonge du piston		добавочное сжатіе (n) воздуха посредствомъ поршневого выступа compressione (f) addizionale di aria coll'appendice allo stantuffo compresión (f) adicional del aire por una pieza suplementaria del émbolo

Kolbenansatz (m) extension of piston rallonge (f) du piston	a	выступъ (m) поршня; поршневой выступъ appendice (m) allo stantuffo pieza (f) suplementaria del émbolo	1
Heizlampe (f) heating lamp brûleur (m)		нагрѣвательная *или* калильная лампа (f) lampada (f) di riscaldamento hornillo (m), mechero (m)	2
Ausström[ungs]geschwindigkeit (f) des Brennstoffdampfes outlet velocity of the fuel vapour vitesse (f) d'écoulement de la vapeur de combustible		скорость (f) истеченія паровъ топлива velocità (f) di uscita del vapore del combustibile velocidad (f) de salida del vapor del combustible	3
Brenngeschwindigkeit (f) velocity of flame propagation vitesse (f) de combustion, vitesse (f) de propagation de la flamme		скорость (f) сгоранія *или* горѣнія velocità (f) di combustione velocidad (f) de combustión	4
Benzinheizlampe (f) petrol heating lamp brûleur (m) de réchauffage à essence	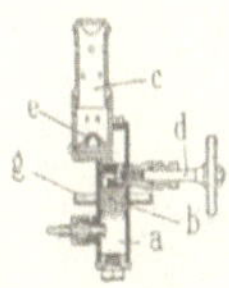	бензиновая нагрѣвательная *или* калильная лампа (f) lampada (f) di riscaldamento a benzina quemador (m) *ó* mechero (m) de bencina	5
Lampenrohr (n), Brennerrohr (n) burner tube tube (m) du brûleur	a	трубка (f) лампы *или* горѣлки tubo (m) di combustione tubo (m) del mechero	6
Docht (m) absorbent mèche (f)	b	фитиль (m) lucignolo (m) torcida (f), mecha (f)	7
Mischrohr (n) mixing tube tube (m) mélangeur *ou* de mélange	c	смѣшивающая труба (f) tubo (m) di miscela tubo (m) de mezcla	8
Reglung (f) der Dampfmenge vapour regulation réglage (m) de la quantité de vapeur	d	регулированіе (n) количества пара regolazione (f) della quantità di vapore regulación (f) de la cantidad de vapor	9
Brennermundstück (n) vapour nozzle bec (m) du brûleur	e	мундштукъ (m) лампы; шейка (f) горѣлки becco (m) di combustione pico (m) del mechero	10

1	Schale (f) für den Anwärmebrennstoff cup *or* tray for the initial heating fuel godet (m) pour le combustible de réchauffage	g	чашка (f) для подогрѣвающаго горючаго piatello (m) per riscaldamento del combustibile vasija (f) para el combustible de calefacción
2	Petroleumheizlampe (f) oil heating lamp brûleur (m) réchauffeur à pétrole	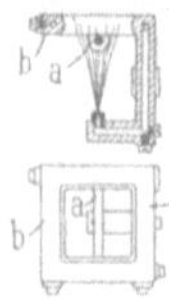	керосиновая нагрѣвательная *или* калильная лампа (f) lampada (f) di riscaldamento a petrolio mechero (m) para petróleo
3	Prallstift (m) zur Ausdehnung der Flamme flame spreader goupille (f) d'épanouissement de la flamme	a	отражающій штифтъ (m) для расширенія пламени spina (f) per allargare la fiamma pivote (m) para reverberar y alargar la llama
4	durch die Abhitze erwärmter Rahmen (m) frame heated by waste heat cadre (m) chauffé par la chaleur perdue	b	рама (f), обогрѣтая тепломъ излученія telaio (m) riscaldato con calore perduto marco (m) calentado por el calor irradiado
5	schraubenförmig gewundenes Anwärmerohr (n) spirally wound heating tube tube (m) hélicoïdal de réchauffage	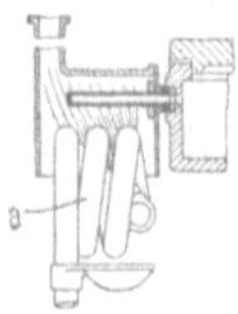 a	витая *или* винтовая подогрѣвательная трубка (f) tubo (m) di riscaldamento elicoidale serpentín (m) de calefacción
6	Handlampe (f) hand lamp lampe (f) à main		ручная лампа (f) lampada (f) a mano lamparilla (f), hornilla (m) de mano
7	den Lampenhahn aufdrehen (v) to turn on the lamp-valve ouvrir (v) le robinet de la lampe		откры-ть (-вать) кранъ горѣлки aprire (v) il robinetto della lampada abrir (v) la llave de la lámpara
8	die Lampe anzünden (v) to light the lamp allumer (v) la lampe		зажечь (зажигать) лампу accendere (v) la lampada encender (v) la lámpara

Stetigkeit (f) der Flamme
steadiness of the flame
fixité (f) de la flamme

постоянство (n) пламени
fissità (f) della fiamma
fijeza (f) de la llama 1

Flackern (n) *oder* Zucken (n) der Flamme
flickering of the flame
vacillement (m) de la flamme

миганіе (n) пламени
vacillare (m) della fiamma
oscilación (f) de la llama 2

Brausen (n) der Flamme
roaring of the flame
bruissement (m) de la flamme

жужжаніе (n) *или* шумъ (m) пламени
rumore (m) della fiamma
zumbido (m) de la llama 3

---

rot leuchtende Flamme (f)
red *or* luminous flame
flamme (f) [à lumière] rouge

красное пламя (n); пламя съ краснымъ свѣтомъ
fiamma (f) a luce rossa
llama (f) de color rojo 4

[entleuchtete,] blaue Flamme (f)
non-luminous blue flame, Bunsen flame
flamme (f) de Bunsen, flamme (f) bleue *ou* non lumineuse

несвѣтящееся, синее пламя (n); бунзеновское пламя
fiamma (f) di Bunsen, fiamma (f) non luminosa bleu
llama (f) de color azul 5

---

nichtrußende Flamme (f)
sootless flame
flamme (f) non fuligineuse *ou* sans suie

некоптящее пламя (n)
fiamma (f) senza fuliggine
llama (f) sin humo *ó* no fuliginosa 6

Stelle (f) höchster Temperatur in der Flamme
point of highest temperature in the flame
endroit (m) de la température maximum dans la flamme

a

мѣсто (n) наивысшей температуры въ пламени
punto (m) di temperatura massima della fiamma
zona (f) de la temperatura más elevada de la llama 7

Prüfung (f) der Flammentemperatur
testing the flame temperature
essai (m) de la température de la flamme

испытаніе (n) температуры пламени
prova (f) della temperatura della fiamma
examen (m) *ó* averiguación (f) de la temperatura de la llama 8

---

einen Draht hineinhalten (v)
to hold a wire in the flame
mettre (v) un fil métallique dans la flamme

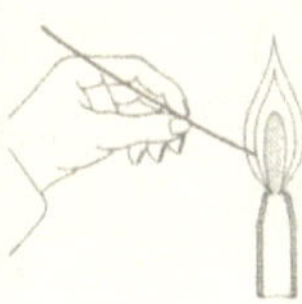

ввести (вводить) проволоку въ пламя
tenere (v) un filo metallico nella fiamma
introducir (v) un alambre 9

Rotglut (f) des Drahtes
1 red heat of wire
chaleur (f) rouge du fil
красное каленіе (n) проволоки
filo (m) riscaldato al calore rosso
calor (m) rojo del alambre

---

helle Weißglut (f) des Drahtes
2 bright white heat (incandescence) of wire
chaleur (f) blanche *ou* incandescence (f) du fil
свѣтлое бѣлое каленіе (n) проволоки
filo riscaldato al calore bianco
calor (m) blanco del alambre

Verrußung (f) der Brennerkanäle
sooting up of the burner holes
3 encrassement (m) des canaux du brûleur par la suie
покрываніе (n) копотью каналовъ горѣлки
deposito (m) di fuliggine nei canali del becco
formación (f) de un depósito de hollín en las canales de combustión

---

die Brenneröffnung reinigen (v)
to clean the burner
4 décrasser (v) *ou* nettoyer (v) l'ouverture du brûleur
прочистить отверстіе горѣлки
pulire (v) l'orifizio del becco
limpiar (v) el orificio del mechero (de la lámpara)

Stocher (m)
5 pricker
aiguille (f) de décrassage

протычка (f); игла (f) для прочистки; протыкалка (f)
punta (f) per pulire
hurgón (m)

V.

Ausrüstung der Verbrennungsmaschinen

Equipment of Internal Combustion Engines

Équipement des Moteurs à Combustion

Арматура для Машинъ Внутренняго Сгоранія

Accessori dei Motori a Combustione

Equipo de los Motores de Combustión

Fliehkraftregler, Zentrifugalregler
Centrifugal Governor
Régulateur Centrifuge
Центробѣжный Регуляторъ
Regolatore Centrifugo
Regulador Centrifugo 1

regeln (v), regulieren (v)
to govern
régler (v)
регулировать
regolare (v), registrare (v)
regular (v) 2

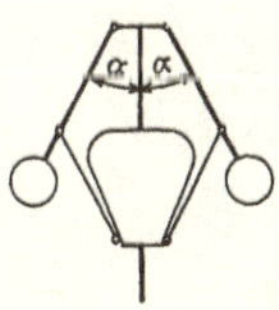

Reglerausschlag (m)
throw of governor
déviation (f) *ou* écart (m) du régulateur
размахъ (m) регулятора
spostamento (m) del regolatore
recorrido (m) del regulador 3

Regulier[ungs]vorgang (m)
mode of governing
processus (m) *ou* marche (f) du réglage
процессъ (m) регулированія
processo (m) di regolazione
marcha (f) de la regulación 4

Reglerkonstruktion (f)
construction of governor
construction (f) de régulateur
конструкція (f) регулятор-а (-овъ)
costruzione (f) del regolatore
construcción (f) del regulador 5

1	Geschwindigkeitsregler (m) speed governor régulateur (m) de vitesse		регуляторъ (m) скорости regolatore (m) di velocità regulador (m) de velocidad
2	Reglerbelastung (f) load on governor charge (f) du régulateur		нагрузка (f) регулятора carico (m) del regolatore carga (f) del regulador
3	Gewicht[s]regler (m) ball governor, weight governor régulateur (m) à poids	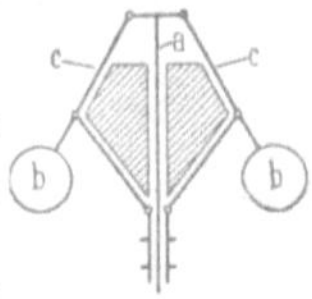	грузовой *или* вѣсовой регуляторъ (m) regolatore (m) a peso regulador (m) de pesos
4	Reglerspindel (f) governor spindle arbre (m) du régulateur	a	шпиндель (m) регулятора albero (m) *o* asse (m) del regolatore árbol (m) del regulador
5	Reglerkugel (f), Schwungkugel (f) governor ball, governor fly-ball boule (f) du régulateur	b	шаръ (m) регулятора; вращающійся шаръ sfera (f) rotante bola (f) del regulador
6	Reglergewicht (n) weight of governor balls contrepoids (m) de régulateur	b	грузъ (m) регулятора peso (m) del regolatore contrapeso (m) del regulador
7	Kugelarm (m) ball *or* fly-ball arm bras (m) de la boule	c	стержень (m), несущій шаръ braccio (m) della sfera brazo (m) de la bola
8	Muffenregler (m), Kegel[pendel]regler (m) governor with sleeve régulateur (m) à manchon, régulateur (m) à pendule conique	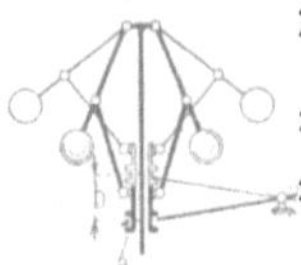	регуляторъ (m) съ муфтой; коническій регуляторъ regolatore (m) a pendolo conico regulador (m) de manguito *ó* de péndulo cónico
9	Reglermuffe (f), Reglerhülse (f) governor sleeve manchon (m) du régulateur	a	муфта (f) регулятора manicotto (m) del regolatore manguito (m) del regulador
10	Muffenhub (m) lift of sleeve course (f) du manchon	b	ходъ (m) муфты corsa (f) del manicotto carrera (f) del manguito
11	reduzierter Muffenhub (m) reduced lift of sleeve course (f) réduite du manchon		приведённый ходъ (m) муфты corsa (f) ridotta del manicotto carrera (f) reducida del manguito

Regler (m) mit Schubkurbelgetriebe
governor with open link gear
régulateur (m) à manchon coulissant

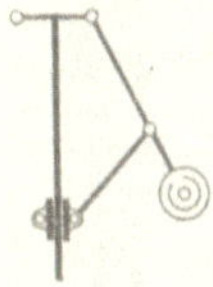

регуляторъ (m) съ рычажнымъ передаточнымъ механизмомъ
regolatore (m) con meccanismo articolato
regulador (m) con mecanismo (m) de transmisión por palanca 1

---

unmittelbare Aufhängung (f)
direct suspension
suspension (f) directe

непосредственное *или* прямое подвѣшенiе (n) *или* подвѣшиванiе (n) 2
sospensione (f) diretta
suspensión (f) directa *ó* libre

---

rhombische Aufhängung (f)
rhombic suspension
suspension (f) en losange

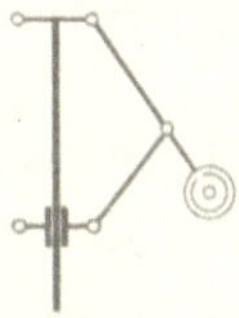

ромбическое подвѣшенiе (n) *или* подвѣшиванiе (n)
sospensione (f) rombica 3
suspensión (f) romboidal *ó* de cuadrilátero articulado

---

umgekehrte Aufhängung (f)
inverted suspension
suspension (f) renversée

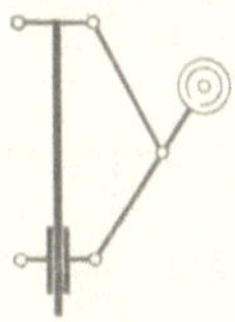

обращённое подвѣшенiе (n) *или* подвѣшиванiе (n)
sospensione (f) invertita 4
suspensión (f) invertida, cuadrilátero (m) invertido

Regler (m) mit geknickten Pendelarmen
governor with bent pendulum arms
regulateur (m) à bras [de pendule] coudés

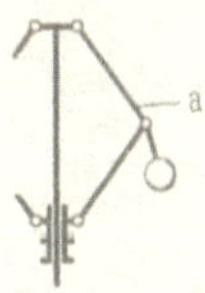

регуляторъ (m) съ согнутыми маятниковыми стержнями *или* тягами
regolatore (m) a bracci inflessi 5
regulador (m) de brazos acodados del péndulo

---

geknickter Pendelarm (m)
bent pendulum arm
bras (m) [de pendule] coudé

a

согнутый маятниковый стержень (m); тяга (f) съ перегибомъ
braccio (m) di pendolo inflesso 6
brazo (m) acodado del péndulo

Regler (m) mit Kreuzschleife
governor with fixed centre of oscillation and linked to an axial sleeve
régulateur (m) à bras croisés et à boules coulissantes

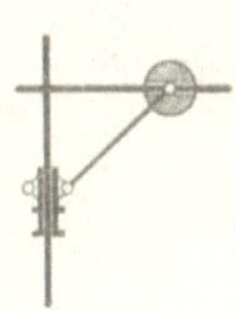

регуляторъ (m) съ поперечной кулиссой
regolatore (m) con meccanismo a corsoio
regulador (m) de mecanismo (m) de transmisión con varillas en cruz 7

1 Federregler (m)
spring loaded governor
régulateur (m) à ressort

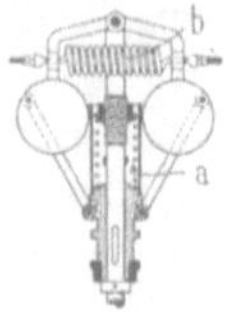

пружинный регуляторъ (m)
regolatore (m) a molla
regulador (m) de muelle ó de resorte

---

2 Reglerfeder (f)
governor spring
ressort (m) du régulateur

a, b

пружина (f) регулятора
molla (f) del regolatore
muelle (m) ó resorte (m) del regulador

---

3 Längsfeder (f)
axial spring
ressort (m) longitudinal

a

продольная пружина (f)
molla (f) longitudinale
resorte (m) vertical

---

4 Querfeder (f)
transverse spring
ressort (m) transversal

b

поперечная пружина (f)
molla (f) trasversale
resorte (m) transversal

---

5 Fliehkraft (f), Zentrifugalkraft (f)
centrifugal force
force (f) centrifuge

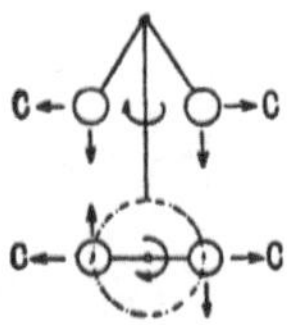

центробѣжная сила (f)
forza (f) centrifuga
fuerza (f) centrifuga

---

6 Charakteristik (f) [des Reglers], C-Kurve (f)
characteristic curve of governor
[courbe (f)] caractéristique (f) [du régulateur], courbe (f) C

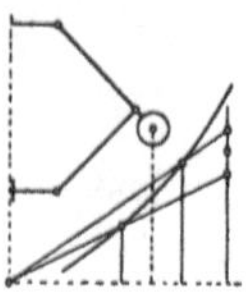

характеристика (f) [регулятора]; кривая (f) C
curva (f) caratteristica del regolatore, curva-C
curva (f) caracteristica del regulador

---

7 stabiler Regler (m)
stable governor
régulateur (m) stable

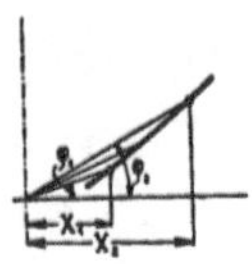

устойчивый регуляторъ (m)
regolatore (m) stabile
regulador (m) estable

---

8 labiler Regler (m)
unstable governor
régulateur (m) instable

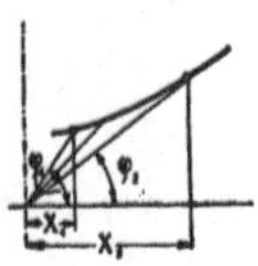

неустойчивый регуляторъ (m)
regolatore (m) labile
regulador (m) inestable

---

9 statischer Regler (m)
static governor
régulateur (m) statique

статическій регуляторъ (m)
regolatore (m) statico
regulador (m) estátic

astatischer Regler (m) astatic governor régulateur (m) astatique *ou* isochrone	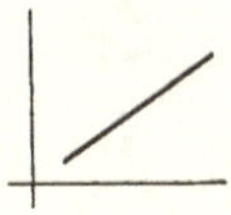	астатическій регуляторъ (m) regolatore (m) astatico regulador (m) astático	*1*
Annäherung (f) an die Astasie approximation to the astatic condition rapprochement (m) de l'astaticité		приближеніе (n) къ астатичности approssimazione (f) all'astaticità aproximación (f) á la astaticidad	*2*
pseudoastatischer Regler (m) pseudo-astatic governor régulateur (m) pseudo-astatique	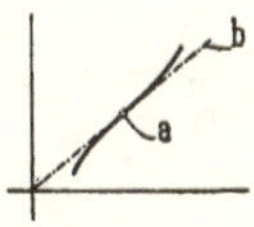	псевдоастатическій регуляторъ (m) regolatore (m) pseudo-astatico regulador (m) seudo-astático	*3*
astatischer Punkt (m), Wendepunkt (m) der C-Kurve astatic point, point of inflection of the characteristic curve point (m) astatique, point (m) d'inflexion de la courbe C	a	астатическая точка (f); точка перегиба кривой C punto (m) astatico, punto (m) d'inflessione punto (m) astático, punto de inflexión de la curva característica	*4*
Wendetangente (f) tangent through the point of inflection tangente (f) menée au point d'inflexion	b	касательная (f) въ точкѣ перегиба tangente (f) al punto d'inflessione tangente (f) de inflexión	*5*
[nützliche] Verstellkraft (f) des Reglers regulating power énergie (f) du régulateur, force (f) de déplacement du régulateur	W	полезная перестановочная *или* переставляющая сила (f) sforzo (m) [utile] necessario allo spostamento del regolatore fuerza (f) de desplazamiento del regulador	*6*
Eigenreibung (f) des Reglers governor friction frottement (m) propre du régulateur	R	собственное треніе (n) регулятора attrito (m) proprio del regolatore resistencia (f) *ó* rozamiento (m) propio del regulador	*7*
Gesamtwiderstand (m) an der Muffe total resistance at the sleeve résistance (f) totale appliquée au manchon	$P=W+R$	полное сопротивленіе (n) муфты; полная перестановочная *или* переставляющая сила (f) регулятора resistenza (f) totale applicata al manicotto resistencia (f) total en el manguito	*8*

1 Muffendruck (m), Energie (f) des Reglers
sleeve force due to centrifugal action
pression (f) du manchon

E

давленіе (n) муфты; энергія (f) регулятора
pressione (f) sul manicotto, energia (f) del regolatore
presión (f) del manguito, energía (f) del regulador

---

2 Unempfindlichkeitsgrad (m)
degree *or* coefficient of insensitiveness
degré (m) *ou* coefficient (m) d'insensibilité

$$\varepsilon = \frac{P}{E} = \frac{\omega_2 - \omega_1}{\omega}$$

степень (f) нечувствительности
grado (m) d'insensibilità
grado (m) de insensibilidad

---

3 Ungleichförmigkeitsgrad (m), Stabilitätsgrad (m)
degree of irregularity
degré (m) *ou* coefficient d'irrégularité, degré (m) d'instabilité

$$\delta = \frac{a}{b} = \frac{\omega_2 - \omega_1}{\omega_m}$$

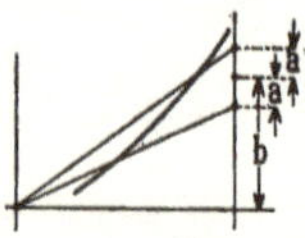

степень (f) неравномѣрности; степень устойчивости
grado (m) d'irregolarità, grado (m) di stabilità
grado (m) ó coeficiente (m) de irregularidad ó de inestabilidad

---

4 Arbeitsvermögen (n) des Reglers
power of the governor
puissance (f) du régulateur

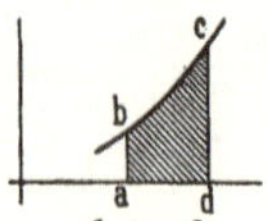

a b c d

работоспособность (f) регулятора
potenza (f) del regolatore
capacidad (f) [potencial] de un regulador

---

5 Leistungsregler (m)
power governor
régulateur (m) de débit

регуляторъ (m) мощности
regolatore (m) di potenza
regulador (m) de capacidad ó de rendimiento

---

6 Flachregler (m)
drum governor
régulateur (m) plan

плоскій регуляторъ (m)
regolatore (m) assiale, regolatore (m) piano
regulador (m) plano ó horizontal

---

7 Momentenkurve (f), M-Kurve (f) für Flachregler
moment curve of drum governor
courbe (f) des moments, courbe (f) M

a

кривая (f) M [моментовъ] для плоскихъ регуляторовъ
curva (f) dei momenti pel regolatore in piano
[curva (f)] caracteristica (f) M para reguladores horizontales

---

8 Moment (n) der Pendelfliehkraft
moment of centrifugal force
moment (m) de la force centrifuge du pendule

b

моментъ (m) центробѣжной силы маятниковъ
momento (m) della forza centrifuga del pendolo
momento (m) de la fuerza centrifuga del péndulo

Achsenregler (m)
shaft governor
régulateur (m) axial, régulateur (m) sur l'axe *ou* sur l'arbre

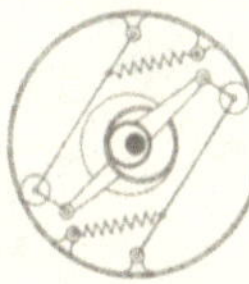

осевой регуляторъ (m)
regolatore (m) assiale 1
regulador (m) axial

Achsenregler (m) mit Beharrungswirkung
inertia shaft governor
régulateur (m) axial à inertie

осевой инерціонный регуляторъ (m); осевой регуляторъ съ инерціоннымъ кольцомъ
regolatore (m) assiale ad energia 2
regulador (m) axial influido por la inercia

Stellzeug (n) des Reglers
adjusting gear of the governor
appareil (m) de réglage du régulateur

перестановочный механизмъ (m) *или* установочное приспособленіе (n) регулятора
meccanismo (m) di regolazione del regolatore 3
mecanismo (m) graduador *ó* de reglaje del regulador

Regleram (m), Reglerhebel (m)
governor-lever
levier (m) *ou* bras (m) du régulateur

a

рычагъ (m) регулятора
leva (f) del regolatore
palanca (f) *ó* brazo (m) del regulador 4

Wippen (n) *oder* Tanzen (n) des Reglers
hunting of the governor
instabilité (f) *ou* danse (f) du régulateur

подёргиваніе (n) *или* прыганіе (n) регулятора
oscillazione (f) *o* giuoco (m) del regolatore 5
oscilación (f) del regulador

Schmierung **Смазка**
Lubrication **Lubrificazione** 6
Lubréfaction **Lubrificación**

Schmiermittel (n), Schmiere (f)
lubricants (pl)
lubrifiant (m)

смазка (f); смазочное вещество (n); смазочный матеріалъ (m)
lubrificante (m), mezzo (m) di lubrificazione 7
lubrificante (m)

Starrschmiere (f)
solid lubricant, grease
lubrifiant (m) solide

мазь (f); густая смазка (f)
lubrificante (m) consistente 8
lubrificante (m) sólido, grasa (f) consistente

1
Schmieröl (n)
lubricating oil
huile (f) lubrifiante, huile (f) de graissage
смазочное масло (n)
olio (m) lubrificante, olio (m) di lubrificazione
aceite (m) de engrase

2
säurefreies Öl (n)
oil free from acid
huile (f) neutre
масло (n), свободное отъ кислотъ
olio (m) privo d'acidi, olio (m) esente da acidi
aceite (m) sin ácidos

3
harzfreies Öl (n)
oil free from rosin
huile (f) privée de résine, huile (f) non résinifère
масло (n), свободное отъ смолы
olio (m) privo di resina, olio (m) esente da resina
aceite (m) sin resina

4
Tieröl (n)
animal oil
huile (f) animale
животное масло (n)
olio (m) animale
aceite (m) animal

5
Pflanzenöl (n)
vegetable oil
huile (f) végétale
растительное масло (n)
olio (m) vegetale
aceite (m) vegetal

6
Mineralöl (n)
mineral oil
huile (f) minérale
минеральное масло (n)
olio (m) minerale
aceite (m) mineral

7
Maschinenöl (n)
machine *or* engine oil
huile (f) de machines
машинное масло (n)
olio (m) per macchine
aceite (m) para máquinas

8
Zylinderöl (n)
cylinder oil
huile (f) pour cylindres
цилиндровое масло (n)
olio (m) per cilindri
aceite (m) para cilindros

9
Schmiervorrichtung (f)
lubricating gear
appareil (m) de graissage
приспособленіе (n) для смазки
dispositivo per la lubrificazione, apparato (m) *o* disposizione (f) di lubrificazione
lubrificador (m), engrasador (m)

10
Staufferbüchse (f)
Stauffer lubricator, grease box
graisseur (m) Stauffer, stauffer (m)

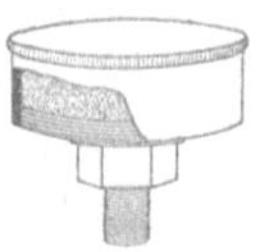

маслёнка (f) Штауффера
ingrassatore (m) *o* lubrificatore (m) Stauffer
engrasador (m) Stauffer

11
Federschmierbüchse (f)
spring lubricator
graisseur (m) à ressort

пружинная маслёнка (f)
ingrassatore (m) con capsula a molla
engrasador (m) de resorte

Deutsch / English / Français		Русский / Italiano / Español	
Ölschmierung (f) oil lubrication huilage (m), lubréfaction (f) *ou* lubrification (m) à huile, graissage (m) à l'huile	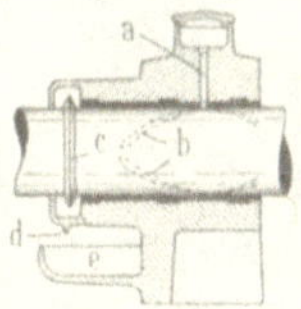	смазка (f) масломъ lubrificazione (f) ad (con) olio engrase (m) con aceite	*1*
Schmierloch (n) oil hole trou (m) *ou* orifice (m) *ou* lumière (f) de graissage *ou* de lubréfaction, trou (m) graisseur	a	смазочное отверстіе (n) foro (m) per la lubrificazione agujero (m) para la lubrificación	*2*
Schmiernut[e] (f), Ölnut[e] (f), Ölrille (f) oil groove patte (f) d'araignée	b	канавка (f) для масла scanalatura (f) di lubrificazione pata (f) de araña, ranura (f) de engrase	*3*
Spritzring (m) oil ring, oiling ring bague (f) de graissage	c	разбрызгивающее кольцо (n) для смазки anello (m) scaccia-olio, anello (m) di ritegno dell'olio anillo (m) de engrase	*4*
Tropfring (m) drip ring larmier (m) annulaire, bague-larmier (f)	d	капельный стокъ (m); слезникъ (m) anello (m) sgocciolatore anillo (m) escurridor	*5*
Ölfang (m), Tropfschale (f) oil *or* drip pan, oil catcher cuvette (f) *ou* godet (m) à huile	e	маслоуловитель (m); чашечка (f) для масла raccoglitore (m) d'olio colector (m) de aceite	*6*
offene Schmierstelle (f), offenes Schmierloch (n) open oil hole trou (m) graisseur ouvert	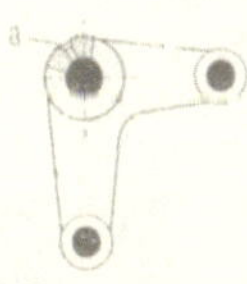	открытое мѣсто (n) смазки foro (m) di lubrificazione libero agujero (m) ó orificio (m) de engrase abierto	*7*
Schmiertopf (m), Schmierbüchse (f) oil *or* grease cup boîte (f) à graisse	 a	маслёнка (f); смазочная коробка (f); коробка для масла scatola (f) di lubrificazione caja (f) para el engrase; engrasador (m)	*8*
Öler (m), Schmiergefäß (n) oiler, lubricator godet (m) graisseur		маслёнка (f) oliatore (m); vaso (m) lubrificatore aceitera (f)	*9*

1	Dochtschmierung (f) wick oiling graissage (m) à mèche		смазка (f) съ помощью фитиля lubrificazione (f) a stoppino engrase (m) por torcida *ó* por mecha capilar
2	Ölerdocht (m) lubricator wick mèche (f) de graissage		фитиль (m) для смазки stoppino (m) di oliatura mecha (f) capilar
3	Tropfschmiergefäß (n), Tropföler (m) sight feed lubricator graisseur (m) compte-gouttes, graisseur (m) à débit visible, compte-gouttes (m)		капельчатая *или* капельная маслёнка (f); маслёнка для смазыванія по каплямъ; маслёнка съ каплеуказателемъ oliatore (m) a goccia visibile, lubrificatore (m) a goccia, oliatore (m) contagoccia engrasador (m) cuentagotas
4	Nadelschmiergefäß (n), Nadelschmierer (m) needle lubricator graisseur (m) à aiguille		маслёнка (f) съ иглой lubrificatore (m) ad ago engrasador (m) de aguja
5	Ringschmierung (f) ring lubrication graissage (m) à bagues	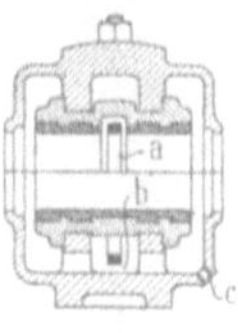	кольцевая смазка (f) lubrificazione (f) ad anello engrase (m) con anillo, engrase (m) continuo
6	Schmierring (m) oiling ring, lubricating ring bague (f) de graissage	a	смазочное кольцо (n) anello (m) lubrificatore, anello (m) di lubrificazione anillo (m) de engrase
7	Ölkammer (f) oil chamber chambre (f) d'huile	b	резервуаръ (m) *или* камера (f) для масла camera (f) d'olio cámara (f) de aceite
8	Ölablaß (m) oil drain, drain hole [orifice (m) *ou* trou (m) d']évacuation (f) *ou* [de] vidange (f) d'huile	c	отверстіе (n) для спуска масла; спускъ (m) для масла scarico (m) dell'olio orificio (m) de purga
9	Schleuderschmierung (f), Zentrifugalschmierung (f) centrifugal lubrication graissage (m) *ou* lubréfaction (f) [par graisseur] centrifuge	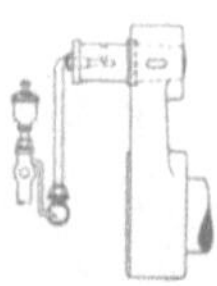	центробѣжная смазка (f) lubrificazione (f) centrifuga, lubrificazione (f) a forza centrifuga engrase (m) centrifugo

Handschmierung (f)
hand lubrication
graissage (m) *ou* lubréfaction (f) à la main

ручная смазка (f)
lubrificazione (f) a mano 1
lubrificación (f) á mano

Ölkanne (f), Schmierkanne (f)
oil-can
burette (f)

ручная маслёнка (f)
buretta (f) *o* pipetta (f) di lubrificazione 2
aceitera (f)

Ventilölkanne (f)
valve oil-can, oil-can with a valve
burette (f) à soupape

ручная маслёнка (f) съ клапаномъ
oliatore (m) a valvola, oliatore (m) a pipetta con valvola 3
aceitera (f) de válvula

Ölspritze (f)
oil syringe
seringue (f) à huile

спринцовка (f) для масла
siringa (f) di lubrificazione 4
jeringa (f) para engrase

---

selbsttätige Schmierung (f)
automatic lubrication
graissage (m) *ou* lubréfaction (f) automatique

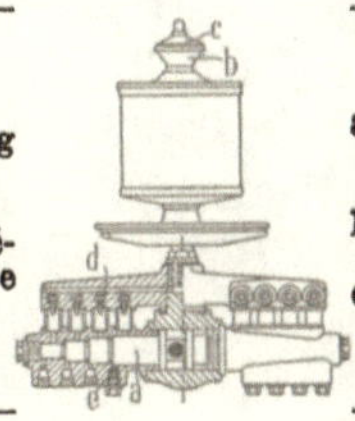

автоматическая *или* самодѣйствующая смазка (f)
lubrificazione (f) automatica 5
engrase (m) automático

Einzelschmierung (f)
separate lubrication
graissage (m) individuel *ou* séparé, lubréfaction (f) *ou* lubrification (f) individuelle *ou* séparée

мѣстная смазка (f)
lubrificazione (f) separata, lubrificazione (f) individuale *o* speciale pei singoli organi 6
engrase (m) individual *ó* separado

Zentralschmierung (f)
central system of lubrication
graissage (m) central, lubréfaction (f) *ou* lubrification (f) centrale

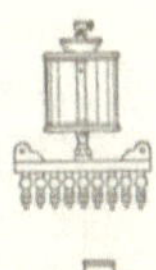

центральная смазка (f)
lubrificazione (f) centrale 7
engrase (m) central

Ölpumpe (f)
oil pump
pompe (f) à huile

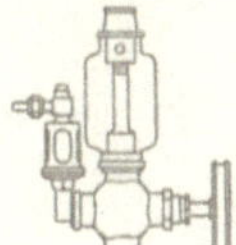

масляный насосъ (m); насосъ для масла
pompa (f) per olio 8
bomba (f) para aceite

1 Ölreiniger (m)
oil purifier *or* filter
épurateur (m) d'huile

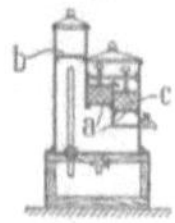

маслоочиститель (m)
filtro (m) d'olio, depuratore (m) d'olio
filtro (m) de aceite

---

2 Triebwerkschmierung (f)
lubrication of the driving gear
graissage (m) *ou* lubréfaction (f) du mécanisme de transmission

смазка (f) передаточнаго механизма
lubrificazione (f) della trasmissione, lubrificazione (f) meccanica
engrase (m) de la transmisión

---

3 Schmierung (f) aus dem geschlossenen Kurbelgehäuse
splash lubrication from the closed crank chamber
graissage (m) *ou* lubréfaction (f) par barbotage dans le carter du vilebrequin formant bain d'huile

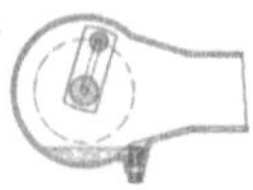

смазка (f) изъ замкнутой коробки кривошипа
lubrificazione (f) nella capsula chiusa di una manovella, lubrificazione (f) a sbattimento
lubrificación (f) por barboteo del aceite contenido en el cárter

---

4 Zylinder- *oder* Kolbenschmierung (f)
cylinder *or* piston lubrication
graissage (m) *ou* lubréfaction (f) du cylindre *ou* du piston

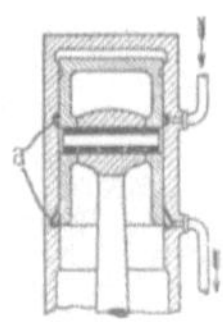

смазка (f) цилиндра *или* поршня
lubrificazione (f) del cilindro *o* dello stantuffo
engrase (m) del cilindro *ó* del émbolo

---

5 Zylinderöler (m)
cylinder oiler
graisseur (m) du cylindre

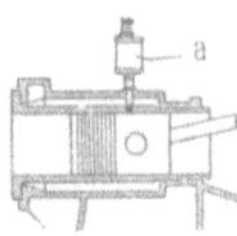

a

маслёнка (f) для цилиндра
oliatore (m) per cilindro
engrasador (m) para cilindro

---

6 Kolbenzapfenschmierung (f)
lubrication of piston pin
lubréfaction (f) *ou* graissage (m) de l'axe du piston

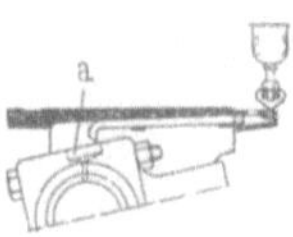

смазка (f) поршневого болта
lubrificazione (f) del perno dello stantuffo
engrase (m) del gorrón de émbolo

---

7 Fangnute (f)
oil groove
rainure (f) collectrice *ou* réceptrice

a

маслоуловительная канавка (f)
scanalatura (f) collettrice; scanalatura (f) per la raccolta dell'olio
ranura (f) colectora

Kurbellagerschmierung (f)
lubrication of crank shaft bearing
graissage (m) *ou* lubréfaction (f) du palier de manivelle

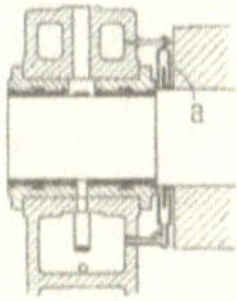

смазка (f) коренного подшипника
lubrificazione (f) del sopporto della manovella *o* dell'albero motore
engrase (m) del soporte de la manivela 1

Abschleudern (n) des Öls
throwing off the oil
projection (f) de l'huile [par action centrifuge]

сбрызгиваніе (n) масла
centrifugazione (f) dell'olio
proyección (f) del aceite por acción centrifuga 2

Ölfänger (m)
oil collector *or* catcher
collecteur (m) d'huile

маслоуловитель (m)
raccoglitore (m) d'olio
colector (m) de aceite 3

Zündung
Ignition
Allumage

Запалъ
Accensione
Encendido 4

Zündwärme (f)
ignition heat *or* temperature
chaleur (f) d'allumage

теплота (f) воспламененія
calore (m) di accensione
calor (m) de la inflamación *ó* del encendido 5

Kraft (f) der Zündung, Zündkraft (f)
igniting power
force (f) d'allumage

сила (f) запала *или* воспламененія
forza (f) di accensione
fuerza (f) de la inflamación *ó* del encendido 6

Augenblick (m) der Zündung, Zündzeitpunkt (m), Zündmoment (m)
time of ignition
moment (m) d'allumage

время (n) запала *или* воспламененія
momento (m) *o* punto (m) di accensione
momento (m) de inflamación *ó* de encendido 7

Zündpunkt (m)
ignition point
point (m) d'allumage

моментъ (m) запала
punto (m) di accensione
punto (m) de inflamación *ó* de encendido 8

Vorzündung (f)
early *or* advanced ignition
avance (f) à l'allumage

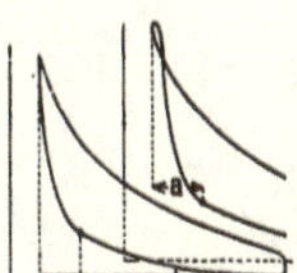

предвареніе (n) запала
accensione (f) anticipata
avance (m) al encendido 9

1 Frühzündung (f)
premature ignition
allumage (m) prématuré

ранній запалъ (m)
accensione (f) prematura
encendido (m) prematuro

---

2 Spätzündung (f), Nachzündung (f)
late *or* retarded ignition
retard (m) à l'allumage

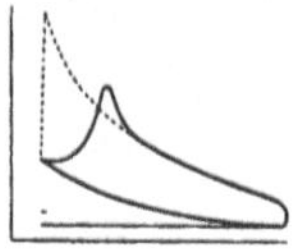

поздній запалъ (m); запаздываніе (n) запала
accensione (f) ritardata
retardo (m) al encendido

---

3 Fehlzündung (f)
misfire
allumage (m) raté, raté (m) d'allumage

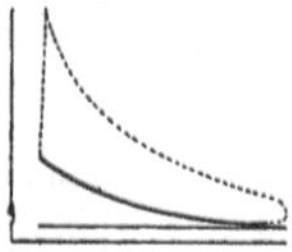

неисправный *или* неудавшійся запалъ (m); пропуски (m pl) въ зажиганіи
accensione (f) difettosa
explosión (f) fallida

---

4 Flammenzündung (f)
ignition by flame
allumage (m) à flamme

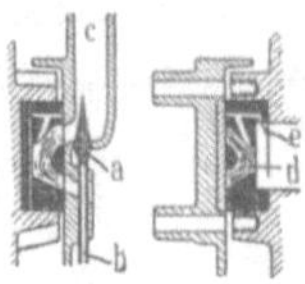

пламенный запалъ (m)
accensione (f) a fiamma
inflamación (f) ó encendido (m) ó ignición (f) por mechero

---

5 Zündflamme (f)
igniting flame
flamme (f) d'allumage

a

запальное пламя (n)
fiamma (f) di accensione
llama (f) de inflamación

---

6 Zündflammenleitung (f)
ignition flame passage
conduite (f) de la flamme d'allumage

b

проводъ (m) запальнаго пламени
condotto (m) della fiamma di accensione
tubo (m) para el mechero de inflamación

---

7 Schornstein (m) der Zündflamme
chimney for the ignition flame
cheminée (f) de la flamme d'allumage

c

каминная труба (f) для запальнаго пламени
caminetto (m) della fiamma di accensione
chimenea (f) de la llama de inflamación

---

8 Vermittlungsflamme (f)
intermediate flame
flamme (f) intermédiaire

d

промежуточное *или* посредствующее пламя (n)
fiamma (f) intermediaria
llama (f) intermedia

---

9 voröffnender Kanal (m)
advanced opening of the port
canal (m) s'ouvrant en avance

e

предварительно открывающійся каналъ (m)
canale (m) che s'apre in anticipo
canal que se abre en avance

Zündventil (n)
igniting valve
soupape (f) d'allumage

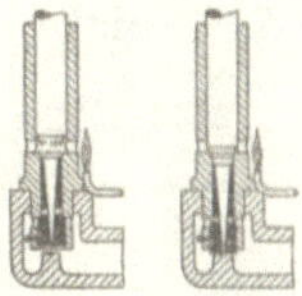

запальный клапанъ (m)
valvola (f) di accensione
válvula (f) de inflamación *ó* de encendido *ó* de ignición 1

Entzündung (f) durch Glühkörper
incandescence method of ignition
allumage (m) par incandescence

запалъ посредствомъ накалённыхъ тѣлъ
accensione (f) ad incandescenza
inflamación (f) *ó* encendido (m) *ó* ignición (f) por boquilla incandescente *ó* por incandescencia 2

Vergaserzündung (f)
vaporiser igniter
allumage (m) à gazéification

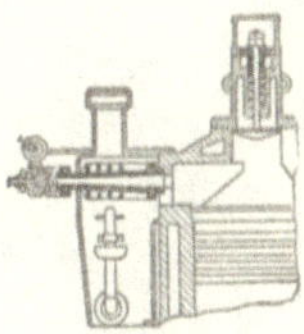

воспламененіе (n) накалившимся испарителемъ *или* карбураторомъ
accensione (f) a gaseificazione 3
encendido (m) *ó* inflamación (f) por gasificador

Zündkugel (f)
ignition chamber
poche (f) *ou* bombe (f) d'allumage

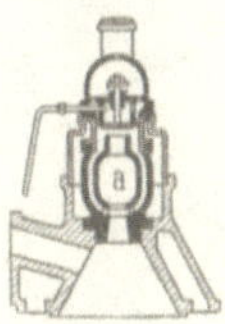

запальный шаръ (m) *или* колпакъ (m)
capsula (f) *o* sfera (f) di accensione 4
esfera (f) de inflamación

Glührohrzündung (f)
hot tube ignition
allumage (m) à tube incandescent

воспламененіе (n) калильной трубкой
accensione (f) a tubo incandescente 5
encendido (m) *ó* inflamación (f) por tubo incandescente

---

gesteuertes Glührohr (n)
timed ignition tube
tube (m) incandescent à robinet

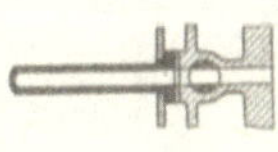

запальная трубка (f) съ краномъ
tubo (m) incandescente a robinetto 6
tubo (m) de incandescencia *ó* inflamador (m) con grifo

---

offenes Glührohr (n)
open ignition tube
tube (m) incandescent ouvert

открытая калильная трубка (f)
tubo (m) di accensione aperto 7
tubo (m) de incandescencia ó inflamador (m) abiertto

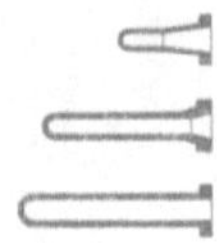

1 Porzellanrohr (n)
porcelain tube
tube (m) en porcelaine

фарфоровая трубка (f)
tubo (m) di porcellana
tubo (m) ó inflamador (m) de porcelana

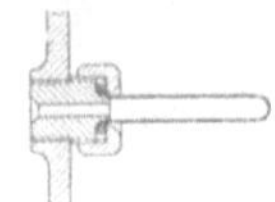

2 Platinröhrchen (n)
platinum tube
tube (m) en platine

платиновая трубка (f)
tubetto (m) di platino
tubito (m) ó inflamador (m) de platino

---

3 Glühzone (f)
zone of incandescence
zone (f) d'incandescence

поясъ (m) накаливанія
zona (f) d'incandescenza
zona (f) de incandescencia

---

4 Hellrotglut (f)
bright red heat of the ignition tube
rouge (m) vif

свѣтлокрасное каленіе (n)
calore (m) rosso-vivo del tubo di accensione
incandescencia (f) al rojo vivo

---

5 Eindringen (n) des Gemisches in das Rohr
flow of the mixture into the tube
entrée (f) du mélange dans le tube

проникновеніе (n) смѣси въ трубку
immissione (f) della miscela nel tubo
penetración (f) de la mezcla en el inflamador

---

6 Heizen (n) des Glührohrs
heating the ignition tube
chauffage (m) du tube d'allumage

подогрѣваніе (n) запальной трубки
riscaldamento (m) del tubo di accensione
calentamiento (m) del inflamador

---

7 geheiztes Glührohr (n)
heated ignition tube
tube (m) d'allumage chauffé

запальная трубка (f) съ нагрѣваніемъ
tubo (m) di accensione riscaldato
inflamador (m) calentado

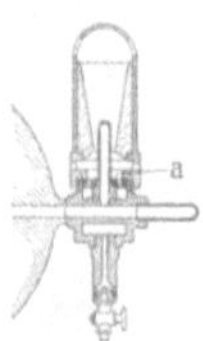

8 Bunsenbrenner (m)
Bunsen burner
brûleur (m) Bunsen, bunsen (m)

бунзеновская горѣлка (f)
becco (m) Bunsen
mechero (m) Bunsen

---

a

9 Brennerscheibe (f)
burner regulator
disque (m) de brûleur

дискъ (m) горѣлки
disco (m) del becco
disco (m) del mechero

---

10 Kanalverlängerung (f)
extension of the passage
prolongement (m) du canal

удлиненіе (n) канала
prolungamento (m) del canale
prolongación (f) de la canal

Glührohr (n) mit verschiebbarer Heizflamme
ignition tube with adjustable heating flame
tube (m) d'allumage à flamme de chauffage mobile *ou* déplaçable

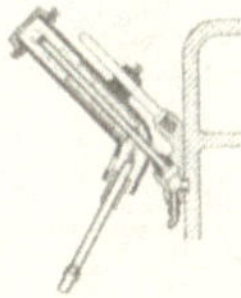

калильная трубка (f) съ передвижнымъ нагрѣвательнымъ пламенемъ
tubo (m) di accensione con fiamma di riscaldamento spostabile 1
inflamador (m) con mechero móvil para su calentamiento

---

elektrische Zündung (f)
electric ignition
allumage (m) électrique

электрическій запалъ (m)
accensione (f) elettrica 2
encendido (m) eléctrico, inflamación (f) *ó* ignición (f) eléctrica

---

Zündapparat (m), Zünder (m)
ignition device *or* apparatus
allumeur (m), appareil (m) d'allumage

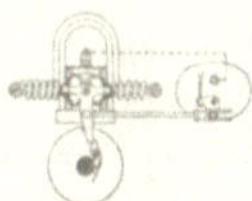

запальный приборъ (m); запальникъ (m)
apparato (m) di accensione 3
aparato (m) de inflamación *ó* de encendido

---

elektrischer Funke[n] (m)
electric spark
étincelle (f) électrique

электрическая искра (f)
scintilla (f) elettrica 4
chispa (f) eléctrica

Unterbrechungsfunke[n] (m), Öffnungsfunke[n] (m), Abreißfunke[n] (m)
contact breaking spark, spark at break
étincelle (f) de rupture

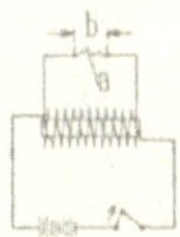

a

искра (f) въ моментъ перерыва тока; искра (f) размыканія 5
scintilla (f) di rottura
chispa (f) de ruptura

Funkenstrecke (f)
spark-gap
distance (f) explosive, zone (f) des étincelles

b

искровой промежутокъ (m); длина (f) искры
intervallo (m) ove scocca la scintilla, distanza (f) esplosiva della scintilla 6
distancia (f) explosiva de las chispas

Zündfunke[n] (m)
ignition spark
étincelle (f) d'allumage

запальная искра (f)
scintilla (f) di accensione 7
chispa (f) de inflamación

Zündstrom (m)
ignition current
courant (m) d'allumage

запальный токъ (m); токъ (m) для запала
corrente (f) di accensione 8
corriente (f) de encendido

Zündstromquelle (f)
source of ignition current
source (f) de courant d'allumage

источникъ (m) тока для запала
sorgente (f) della corrente di accensione 9
manantial (m) de la corriente de encendido

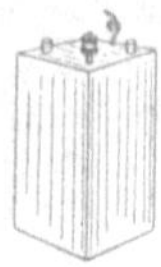

1 Trockenelement (n)
dry cell
pile (f) sèche

сухой элементъ (m)
pila (f) a secco
pila (f) *ó* batería (f) seca

---

2 [Zünd-]Akkumulator(m)
[ignition] accumulator *or* storage battery
accumulateur (m) d'allumage

аккумуляторъ (m) для запала
accumulatore (m) di accensione
acumulador (m)

---

3 Kapazität (f) des Akkumulators
capacity of the accumulator
capacité (f) de l'accumulateur

ёмкость (f) аккумулятора
capacità (f) dell'accumulatore
capacidad (f) del acumulador

4 Batterie (f)
battery
batterie (f)

батарея (f)
batteria (f)
batería (f)

5 Batteriekasten (m)
battery box
caisse (f) renfermant la batterie

ящикъ (m) для батареи
cassetta (f) per la batteria
caja (f) para [guardar] la batería

6 die Batterie auf Spannung prüfen (v)
to measure the voltage of the battery
mesurer (v) la tension de la batterie

испытать напряженіе батареи
misurare (v) la tensione della batteria
medir (v) la tensión de la batería

---

7 die Batterie laden (v)
to charge the battery
charger (v) la batterie

заря-дить (-жать) батарею
caricare (v) la batteria
cargar (v) la batería

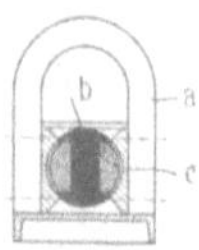

8 magnetelektrischer Stromerzeuger (m), Magnetinduktor (m)
magneto-electric generator, magneto
magnéto (f)

электромагнитный источникъ (m) *или* возбудитель (m) тока; магнитный индукторъ (m)
generatore (m) magnetico della corrente, induttore (m) magnetico
magneto (m)

---

9 Dauermagnet (m), permanenter Magnet (m)
permanent magnet
aimant (m) permanent

a

постоянный магнитъ (m)
magnete (m) permanente
imán (m) permanente

---

10 Doppel-T-Anker (m), I-Anker (m)
Siemens *or* shuttle armature, H armature
induit (m) en double T *ou* en I

b

I-образный якорь (m); якорь двутавровой формы (m); якоръ Сименса
indotto (m) *o* ancora (f) a doppio T
inducido (m) Siemens (ó de I)

Ankereisen (n) armature iron fer (m) d'induit	c	желѣзный стержень (m) якоря ferro (m) dell'indotto hierro (m) del inducido	*1*
Ankerspule (f) armature coil bobine (f) d'induit		катушка (f) обмотки якоря bobina (f) dell'indotto bobina (f) *ó* carrete (m) del inducido	*2*
schwingender *oder* oszillierender Anker (m) oscillating armature induit (m) oscillant		качающiйся якорь (m) indotto (m) oscillante inducido (m) oscilante	*3*
Ruhelage (f) des Ankers position of rest of the armature position (f) de repos de l'induit		положенiе (n) покоя якоря punto (m) di riposo del l'indotto posición (f) de reposo del inducido	*4*
rotierender Anker (m) revolving armature induit (m) tournant		вращающiйся якорь (m) indotto (m) ruotante inducido (m) giratorio	*5*
feststehender Anker (m) fixed armature induit (m) fixe	 a	неподвижный якорь (m) indotto (m) fisso inducido (f) fijo	*6*
schwingendes Polschuhrohr (n) inductor tube (m) polaire oscillant	b	качающаяся полюсная трубка (f) tubo (m) polare oscillante pieza (f) polar oscilante	*7*
Batteriezündung (f) battery ignition allumage (m) par accumulateurs	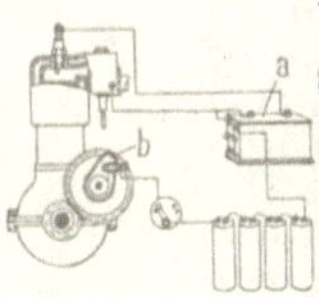	запалъ (m) отъ батареи accensione (f) a batteria encendido (m) *ó* inflamación (f) *ó* ignición (f) por acumuladores	*8*
Induktionsapparat (m) induction coil bobine (f) d'induction	a	индукцiонный приборъ (m); индукцiонная катушка (f) apparato (m) di induzione bobina (f) *ó* carrete (m) de inducción	*9*
Kontaktgeber (m) contact-maker distributeur (m)	b	замыкатель (m) [produttore (m) del] contatto, distributore (m) leva (f) de encendido, distribuidor (m)	*10*

1 magnetelektrische Zündung (f), Magnetzündung (f)
magneto [electric] ignition
allumage (m) par magnéto, allumage (m) magnétoélectrique

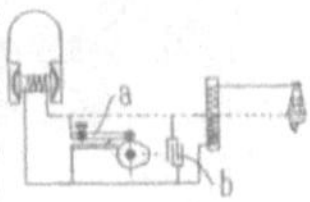

электромагнитный запалъ (m)
accensione (f) magnetoelettrica, accensione (f) a magnete
inflamación (f) magnetoeléctrica, encendido (m) por magneto

---

2 Unterbrecher (m)
contact breaker
interrupteur (m)

a

прерыватель (m)
interruttore (m)
interruptor (m)

---

3 zur Funkenstrecke paralleler Kondensator (m)
condenser parallel with the spark-gap
condensateur (m) monté en parallèle sur la distance explosive

b

конденсаторъ (m), включенный параллельно цѣпи тока высокаго напряженія, дающаго искру
condensatore (n) in parallelo colla distanza esplosiva
condensador (m) paralelo á la distancia explosiva de las chispas

---

4 Kerzenzündung (f)
ignition by sparking plug
allumage (m) par bougie

запалъ (m) помощью свѣчъ; запалъ на свѣчи
accensione (f) a candela
encendido (m) *ó* inflamación (f) por bujías

---

5 Hochspannungszündung (f)
high-tension ignition
allumage (m) à haute tension

запалъ (m) высокаго напряженія
accensione (f) ad alta tensione
encendido (m) *ó* inflamación (f) por corriente de alta tensión

---

6 Zündkerze (f)
sparking plug
bougie (f) d'allumage

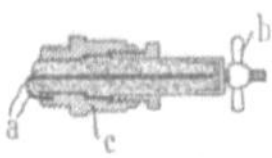

запальная свѣча (f)
candela (f) di accensione
bujía (f) de inflamación *ó* de encendido

---

7 ruhende Spitzen (f pl)
sparking points
pointes (f pl) fixes

a

неподвижныя острія (n pl)
punte (f pl) fisse
puntas (f pl) fijas

---

8 Oxydieren (n) der Platinspitzen
oxidation of the platinum points
oxydation (f) des pointes de platine

окисленіе (n) платиновыхъ остріевъ
ossidazione (f) delle punte di platino
oxidación (f) de las puntas de platino

---

9 Stromzuführungsklemme (f)
terminal
borne (f) de prise de courant

b

зажимъ (m), подводящій токъ: клемма (f), подводящая токъ
morsetto (m) di presa della corrente
terminal (m) de entrada de la corriente

пользованіе (n) для обратнаго провода металлическими частями двигателя

1
Rückleitung (f) durch die Metallteile der Maschine
returning current through the metal parts *or* frame of the engine
retour (m) par la masse
ritorno (m) per le parti metalliche della macchina
retorno (m) por masa, comunicación (f) con masa

2
gekühlte Zündbüchse (f)
cooled sparking plug
tampon (m) d'allumage à refroidissement

охлаждаемая запальная букса (f)
tappo (m) di accensione raffreddato
tapón (m) ó cápsula (f) de encendido con enfriamiento

3
Isolation (f) der Zündbüchse
insulation of the sparking plug
isolement (m) du tampon d'allumage

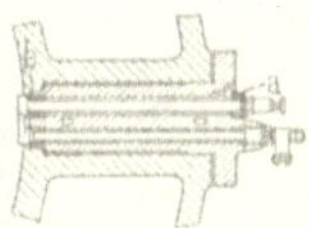

изоляція (f) запальной буксы
isolamento (m) del tappo di accensione
aislamiento (m) del tapón

4
Hartgummiisolierung (f)
ebonite insulation
isolement (m) d'ébonite

a

эбонитовая изоляція (f); изоляція изъ твёрдой *или* роговой резины
isolamento (m) con ebanite
aislamiento (m) de ebonita

5
Porzellanisolierung (f)
porcelain insulation
isolement (m) de porcelaine

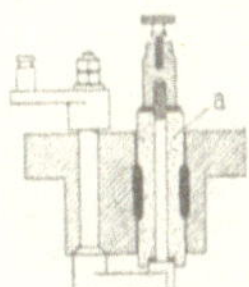

a

фарфоровая изоляція (f)
isolamento (m) con porcellana
aislamiento (m) de porcelana

6
Glimmerscheibe (f)
mica washer
disque (m) en mica

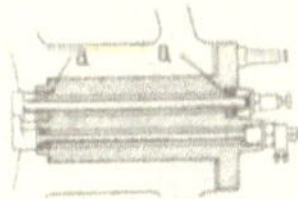

a

слюдяной *или* миканитовый дискъ (m)
disco (m) di mica
arandela (f) de mica

7
Isolationsstörung (f)
fault in the insulation
défaut (m) d'isolement
неисправность (f) въ изоляціи
difetto (m) nell'isolamento
defecto (m) en el aislamiento

8
Schwitzen (n) der Isolierhülse
sweating of the insulating tube, deposition of moisture on the insulating tube
transpiration (f) de la douille isolante
потѣніе (n) изолирующей трубки
traspirazione (f) dell'involucro isolante
depósito (m) húmedo sobre la envuelta aisladora

1	Rußanflug (m) auf der Zündbüchse deposit of carbon on the sparking plug dépôt (m) de suie sur le tampon d'allumage		налётъ (m) сажи на запальной буксѣ deposito (m) di fuliggine sul tappo di accensione capa (f) de hollin sobre el tapón de inflamación
2	Ölkohlenüberzug (m) incrustation of carbonised oil couche (f) d'huile carbonisée		налётъ (m) масла съ сажей strato (m) di olio carbonizzato capa (f) de residuos carbonizados del lubrificante
3	Kurzschluß (m) short-circuit court-circuit (m)		короткое замыканіе (n) corto-circuito (m) circuito (m) corto
4	Abreißzündung (f) ignition by breaking contact allumage (m) par [étincelle d']arrachement		запалъ (m) искрой, даваемой прерывателемъ accensione (f) per rottura encendido (m) ó inflamación (f) por ruptura
5	Niederspannungszündung (f) low-tension ignition allumage (m) à basse tension		запалъ (m) низкаго напряженія accensione (f) a bassa tensione encendido (m) ó inflamación (f) por corriente de baja tensión
6	Zündbüchse (f) make and brake sparking plug tampon (m) d'allumage	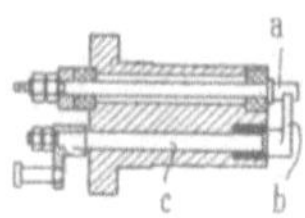	запальная букса (f) tappo (m) di accensione tapón (m) ó cápsula (f) de inflamación ó de encendido
7	feste Elektrode (f), Zündstift (m) fixed electrode électrode (f) fixe	a	неподвижный электродъ (m) elettrodo (m) fisso electrodo (m) fijo, inflamador (m)
8	bewegliche Elektrode (f) movable electrode électrode (f) mobile	b c	подвижной электродъ (m) elettrodo (m) mobile electrodo (m) móvil, paleta (f) de inflamación
9	Kontakthebel (m), Funkenzieher (m), Schlagbolzen (m) contact-lever doigt (m) *ou* levier (m) de contact	b	контактный рычагъ (m) leva (f) di contatto palanca (f) de contacto
10	Kontakthebelwelle (f) contact-lever spindle arbre (m) du doigt de contact	c	ось (f) контактнаго рычага asta della leva di contatto eje (m) de la palanca de contacto

den Funken abreißen (v)
to draw the spark
arracher (v) l'étincelle

вызвать искру отрывомъ
interrompere (v) la scintilla 1
producir (v) ó hacer saltar (v) la chispa

Abschlagen (n) des Kontakthebels vom Stift
jumping of the contact lever from the contact
arrachement (m) du doigt de contact de la goupille

отрываніе (n) контактнаго рычага отъ штифта
distacco (m) della leva di contatto dall' elettrodo fisso 2
arrancamiento (m) de la palanca de contacto

Abreißvorrichtung (f)
contact breaking device
rupteur (m)

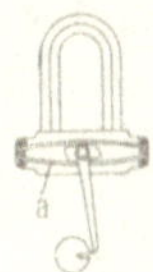

приспособленіе (n) для прерыванія
dispositivo (m) d'interruzione 3
ruptor (m)

Blattfeder (f) zum Rückdrehen
flat spring for turning back the armature
ressort-lame (m) de rappel

a

пластинчатая пружина для поворачиванія назадъ
molla (f) piatta di richiamo 4
ballesta (f) ó resorte (m) de retenida

Abreißstange (f), Stoßstange (f)
contact rod, striking rod
tige (f) de choc

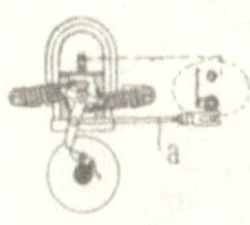

a

тяга (f) прерывателя; ударяющая тяга
asta (f) di urto o di scatto 5
varilla (f) de inflamación

Zündsteuerung (f) für zwei Zünder
distribution of ignition for two cylinders
distribution (f) d'allumage pour deux allumeurs

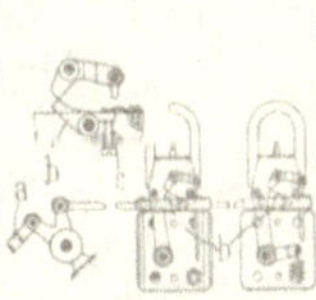

распредѣлительный механизмъ (m) къ запалу съ двумя запальниками
distribuzione (f) per accensione a due accenditori 6
distribución (f) para inflamación con cápsula doble

Kurbelstange (f)
crank rod
tringle (f) de manivelle

a

штанга (f) кривошипа
leva (f) della manovella 7
palanca (f) de la manivela

Mitnehmerklinke (f)
pawl
cliquet (m) d'entrainement

b

захватывающая (f) собачка (f)
arpione (m) di presa 8
gatillo (m), fiador (m)

---

verstellbare Auflageschraube (f)
adjusting screw
vis (f) régulatrice de butée

c

установительный винтъ (m) для регулированія 9
vite (f) di registrazione
tornillo (m) de reglaje

1	Schlagvorrichtung (f) striking device appareil (m) de choc, percuteur (m)	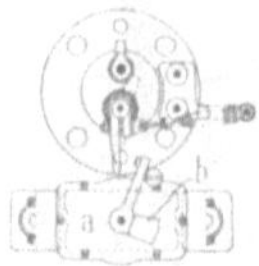	ударникъ (m) apparato (m) di percussione *o* di urto mecanismo (m) del percutor
2	Ankergehäuse (n) armature casing enveloppe (f) d'induit	a	кожухъ (m) якоря capsula (f) dell'indotto envuelta (f) del inducido
3	durch Batteriestrom betätigter Anker (m) armature worked by battery current induit (m) actionné par courant de batterie		якорь (m), приводимый въ дѣйствіе токомъ отъ батареи indotto (m) azionato con corrente di batteria inducido (m) accionado por la corriente de una batería
4	Schlaghebel (m) striking lever levier (m) de percussion	b	ударный рычагъ (m) martelletto (m) martillo (m)
5	die Zündung einstellen (v) to time the ignition régler (v) l'allumage		устанавливать запалъ registrare (v) l'accensione graduar (v) la inflamación *ó* el encendido
6	Verstellung (f) durch exzentrisch gelagerten Bolzen timing by means of an eccentric pin réglage (m) au moyen de boulons excentrés	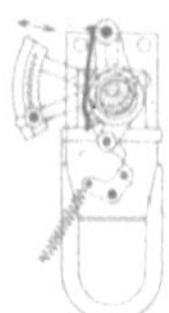	перестановка (f) посредствомъ эксцентрическаго болта spostamento (m) mediante bullone eccentrico graduación (f) por pernos excéntricos
7	auf- und abbewegte Klinke (f) trip pawl cliquet (m) montant et descendant	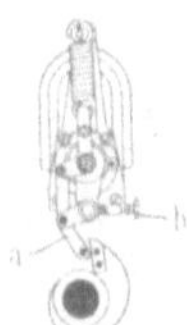 a	зацѣпка (f), движущаяся вверхъ и внизъ arpione (m) ascendente e discende trinquete (m) de movimiento vertical
8	den Führungshebel der Klinke verstellen (v) to adjust the guide lever of the pawl déplacer (v) le levier guide-cliquet	b	переставить направляющій рычагъ зацѣпки spostare (v) la leva di guida dell' arpione graduar (v) la palanquita transmisora del trinquete *ó* del fiador

Anlaßvorrichtung

Starting Gear

Appareil de mise en marche

Приспособленіе для Пуска въ Ходъ

Apparecchio di messa in moto 1

Aparato para el arranque

Anlaufwiderstand (m)
starting resistance
résistance (f) de démarrage

сопротивленіе (n) пуска *или* при пускѣ
resistenza (f) alla messa in moto 2
resistencia (f) al arranque

---

die Maschine andrehen (v)
to turn *or* start the engine
mettre (v) le moteur en marche, démarrer (v) *ou* lancer (v) le moteur

проворачивать машину для пуска
mettere (v) in marcia *o* in moto il motore 3
poner (v) el motor en marcha

Andrehen (n) durch Handkurbel
starting by means of a handle
mise (f) en marche par manivelle, démarrage (m) *ou* lancement (m) par manivelle

проворачиваніе (n) посредствомъ рукоятки
far girare (v) *o* avviare (v) la macchina con manovella a mano 4
arranque (m) *ó* lanzamiento (m) por manivela de mano

Handkurbel (f), [Hand-] Anlaßkurbel (f)
handle
manivelle (f) de mise en marche *ou* de lancement *ou* de démarrage

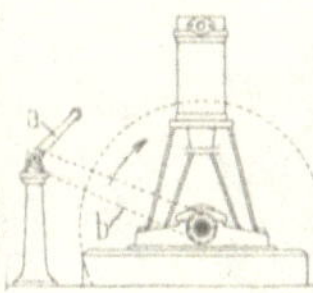

рукоятка (f) [для пуска въ ходъ]
manovella (f), manovella (f) d'avviamento 5
manivela (f) [de lanzamiento] de mano

---

a

b

Kettenübersetzung (f)
chain drive
multiplication (f) *ou* transmission (f) par chaîne

цѣпная передача (f)
trasmissione (f) a catena 6
transmisión (f) por cadena

Anlaßwinde (f) mit Zahnradvorgelege
starting handle with toothed gearing
treuil (m) démarreur avec renvoi à engrenage

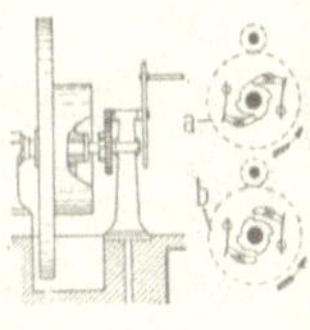

пусковая лебёдка (f) съ зубчатой передачей
argano (m) di messa in moto con trasmissione a ruote dentate 7
juego (m) de engranajes para el arranque

---

selbsttätiges Ausschalten (n) der Handkurbel
automatic release of the handle
déclanchement (m) *ou* débrayage (m) automatique de la manivelle

автоматическое расцѣпленіе (n) рукоятки
disimpegno (m) *o* disinnesto (m) automatico della manovella a mano 8
desembrague (m) automático de la manivela

1	Einschaltstellung (f) der Klinke pawl in gear position (f) d'enclanchement du cliquet	a	рабочее положеніе (n) собачки posizione (f) d'innesto dell'arpione posición (f) de embrague del trinquete
2	Ausschaltstellung (f) der Klinke pawl out of gear position (f) de déclanchement du cliquet	b	холостое положеніе (n) собачки posizione (f) di disinnesto dell'arpione posición (f) de desembrague del trinquete
3	Schaltzahn (m) ratchet tooth dent (f) de loup, griffe (f)	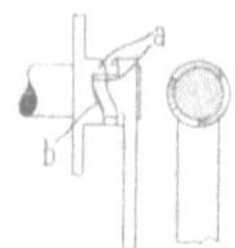 a	сцѣпляющій зубъ (m) dente (m) di arresto gatillo (m)
4	schräge Fläche (f) des Schaltzahns inclined face of the tooth plan (m) incliné de la dent de loup	b	косая поверхность (f) сцѣпляющаго зуба superficie (f) obliqua del dente di arresto superficie (f) oblicua del gatillo
5	Rückstoß (m) auf die Handkurbel return shock on the handle choc (m) en retour sur la manivelle, retour (m) de la manivelle		отдача (f) назадъ *или* возвратный ударъ (m) рукоятки contraccolpo (m) sulla manovella retroceso (m) sobre la manivela de mano
6	Rückstoßsicherung (f) safety device against return shock appareil (m) de sûreté contre le retour de la manivelle		приспособленіе (n), устраняющее *или* не допускающее возвратные удары рукоятки apparecchio (m) di sicurezza contro il colpo indietro sulla manovella aparato (m) de seguridad contra el retroceso sobre la manivela
7	Rückzündung (f) back fire retour (m) d'allumage		вспышка (f), вызывающая обратное движеніе accensione (f) prematura inflamación (f) de reacción
8	Sicherheitskurbel (f) safety starting handle manivelle (f) de sûreté	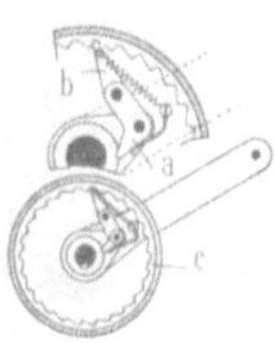	безопасная *или* предохранительная рукоятка (f) manovella (f) di sicurezza manivela (f) de seguridad

federnder Sperrhebel (m) spring pawl levier (m) d'arrêt à ressort	a	пружинящій сцѣпной рычагъ (m) leva (f) di arresto a molla fiador (m) de resorte	*1*
Ausrücker (m), den Sperrhebel ausrückendes Glied (n) disengaging gear débrayeur (m) du levier d'arrêt	b	органъ (m), расцѣпляющій рычагъ; деталь (f), расцѣпляющая рычагъ; разъединитель (m) organo (m) di disimpegno della leva d'arresto órgano (m) de desembrague del fiador	*2*
Sperrkranz (m) ratchet wheel couronne (f) d'arrêt à rochet	c	храповой вѣнецъ (m) corona (f) d'arresto corona (f) dentada	*3*
Andrehen (n) vom Schwungrad aus starting by turning the flywheel lancement (m) du moteur, mise (f) en marche *ou* démarrage (m) du moteur en tournant au volant		приведеніе (n) во вращеніе за маховикъ; пускъ (m) въ ходъ поворачиваніемъ маховика messa (f) in moto col girare il volano puesta (f) en marcha *ó* arranque (m) por el volante	*4*
Anlassen (n) durch Schaltwerk starting by means of a turning gear mise (f) en marche par mécanisme de lancement	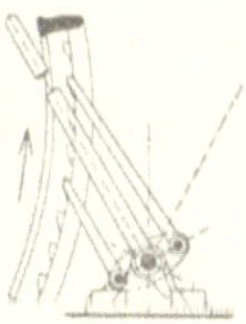	пускъ (m) въ ходъ помощью механизма для поворачиванія маховика mettere (v) in moto per mezzo di arpionismo *od* apparecchio di lanciamento puesta (f) en marcha por medio de aparato de arranque *ó* por mecanismo de lanzamiento	*5*
elektrisch betriebenes Schaltwerk (n) electric turning *or* barring gear mécanisme (m) de lancement actionné électriquement	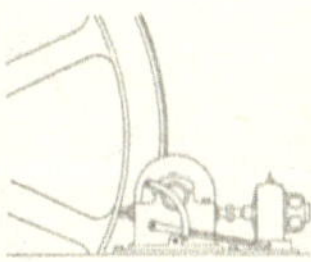	приспособленіе (n) для поворачивавія маховика съ электрическимъ приводомъ arpionismo (m) comandato elettricamente aparato (m) de arranque eléctrico	*6*
Aufhebung (f) der Kompression relieving the compression, putting the engine on half décompression (f), suppression (f) de la compression	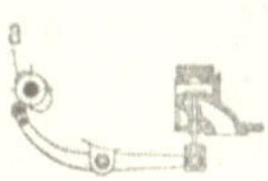	устраненіе (n) сжатія soppressione (f) della compressione, decompressione (f) supresión (f) de la compresión, decompresión (f)	*7*

1	die Auslaßsteuerung auf Zweitakt stellen (v) to adjust the exhaust valve gear to work on a two stroke cycle ajuster (v) la commande d'échappement pour le cycle à deux temps		установить распредѣленіе (n) выпуска на два такта aggiustare (v) il comando dello scarico pel ciclo a due tempi poner (v) la distribución de escape para el ciclo de dos tiempos
2	Nocken (m) zur Kompressionsverminderung cam for relieving compression, half compression cam, relief cam came (f) de décompression	a	кулачёкъ(m) для уменьшенія сжатія camma (f) di decompressione leva (f) de decompresión, decompresor (m)
3	selbsttätig bewirkte Kompressionsverminderung (f) automatically disengaging half compression décompression (f) automatique	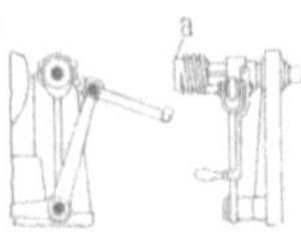	уменьшеніе (n) сжатія, вызываемое автоматически meccanismo (m) automatico di decompressione decompresión (f) de desembrague automático
4	Gewindenocken (m) worm for putting the half compression cam out of gear came (f) filetée	a	кулачёкъ (m) съ нарѣзкой camma (f) a spirale leva (f) roscada
5	Anlassen (n) mittels Druckluft starting by means of compressed air mise (f) en marche à [l']air comprimé		пускъ (m) въ ходъ сжатымъ воздухомъ messa (f) in moto ad aria compressa arranque (m) *o* lanzamiento (m) por aire comprimido
6	Druckluftanlaßvorrichtung (f) compressed air starting device appareil (m) de mise en marche à air comprimé	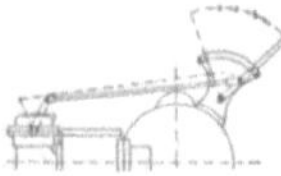	приспособленіе (n) для пуска въ ходъ сжатымъ воздухомъ disposizione (f) di messa in moto ad aria compressa aparato (m) para el arranque por aire comprimido
7	Druckluftanlassung (f) im Zweitakt starting on a two-stroke cycle by means of compressed air mise (f) en marche à air comprimé dans le cycle à deux temps		пускъ (m) въ ходъ сжатымъ воздухомъ въ два такта messa (f) in moto ad aria compressa pel ciclo a due tempi arranque (m) por aire comprimido en el ciclo de dos tiempos

Druckluftanlassung (f) im Viertakt
starting on a four-stroke cycle by means of compressed air
mise (f) en marche à air comprimé dans le cycle à quatre temps

пускъ (m) въ ходъ сжатымъ воздухомъ въ четыре такта
messa (f) in moto ad aria compressa pel ciclo a quattro tempi 1
arranque (m) por aire comprimido en el ciclo de cuatro tiempos

---

die Druckluft im Viertakt zulassen (v)
to admit compressed air in a four stroke cycle
admettre (v) l'air comprimé dans le 4-temps

впускать сжатый воздухъ во время четвёртаго такта
ammettere (v) l'aria compressa in quattro tempi 2
dar (v) aire comprimido en el ciclo de cuatro tiempos

Admissionsdruck (m) (der Anlaßpreßluft)
admission pressure
pression (f) d'admission (de l'air comprimé)

давленіе (n) при впускѣ [сжатаго воздуха]
pressione (f) di ammissione (dell'aria compressa) 3
presión (f) de admisión (del aire comprimido para el arranque)

Anlaßventil (n)
starting valve
soupape (f) de mise en marche, soupape (f) de démarrage

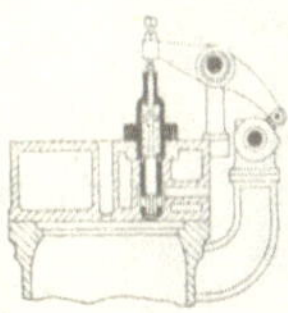

пусковой клапанъ (m)
valvola (f) d'avviamento 4
válvula (f) para el arranque ó el lanzamiento

Antriebvorrichtung (f) für die Anlaßventile
actuating gear for starting valves
appareil (m) de commande pour les soupapes de démarrage

механизмъ (m) для приведенія въ движеніе пусковыхъ клапановъ
meccanismo (m) di comando per la valvola d'avviamento 5
mecanismo (m) para accionar las válvulas de arranque

---

auf die Anlaßstellung einrücken (v)
to set to the starting position
placer (v) dans la position de démarrage

передвинуть въ положеніе для (n) пуска въ ходъ
mettere (v) in posizione di partenza 6
colocar (v) el volante en la posición de arranque

Umschalten (n) von Anlaß- in Betriebstellung
to change over from the starting to the working position
passer (v) de la position de démarrage à celle de marche

передвиженіе (n) съ положенія пуска въ ходъ въ положеніе полнаго хода
passare (v) dalla posizione d'avviamento a quella di marcia 7
pasar (v) de la fase de arranque á la de carga

1 Druckluftanlage (f)
compressed air plant
installation (f) à air comprimé

устройство (n) для сжатія воздуха
impianto (m) d'aria compressa
instalación (f) para la compresión de aire

---

2 hochgespannte Preßluft (f)
highly compressed air
air (m) [comprimé] à haute pressión

сжатый воздухъ (m) высокаго давленія
aria (f) compressa ad alta pressione
aire (m) á gran presión

---

3 Anlaßverdichter (m), Anlaßkompressor (m)
compressor for starting
compresseur (m) de mise en marche *ou* de démarrage

a

пусковой компрессоръ (m)
compressore (m) di messa in moto *o* d'avviamento
compresor (m) para el arranque

---

4 Verdichter (m) *oder* Kompressor (m) mit Handantrieb
hand driven compressor
compresseur (m) [actionné] à la main

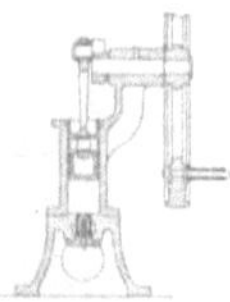

компрессоръ (m) съ рукояткой
compressore (m) [mosso] a mano
compresor (m) de mano

---

5 elektrisch angetriebener Verdichter (m) *oder* Kompressor (m)
electrically driven compressor
compresseur (m) électrique *ou* actionné à l'électricité

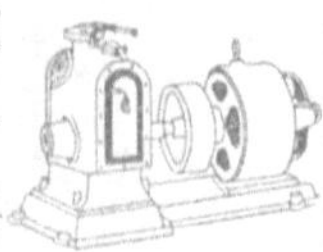

компресссоръ (m) съ электрическимъ приводомъ
compressore (m) mosso elettricamente
compresor (m) accionado eléctricamente

---

6 Auslaufverdichtung (f)
compression while stopping
compression (f) lors de l'arrêt

сжатіе (n) въ періодъ остановки
compressione (f) durante il periodo d'arresto
compresión (f) cuando el motor marcha en vacío al terminar el trabajo

---

7 Auslaufumdrehung (f)
running of the engine under its own momentum
rotation (f) par la vitesse acquise *ou* par la force vive *ou* par l'énergie cinétique

оборотъ (m) подъ вліяніемъ инерціи при остановкѣ
rotazione (f) durante il periodo d'arresto
vueltas (f pl) del motor antes de pararse

---

8 Rückströmventil (n) für Auslaufverdichtung
non-return valve for the air compressed while stopping
soupape (f) de retour pour compression à l'arrêt

перепускной клапанъ (m) для сжатія при остановкѣ
valvola (f) di ritorno per la compressione durante l'arresto
válvula (f) de carga para la compresión utilizando la parada

vereinigtes Rückström- und Anlaßventil (n)
combined non-return and starting valve
soupape (f) mixte de retour et d'échappement

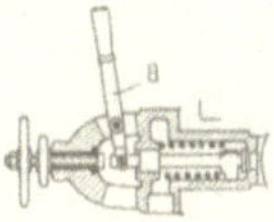

комбинированный *или* соединённый перепускной и пусковой клапанъ (m)
valvola (f) combinata pel ritorno e pell'avviamento
válvula (f) mixta de escape y de arranque 1

Betätigung (f) von Hand beim Anlassen
working (the valve) by hand during starting
mise (f) en marche à la main

обслуживаніе (n) отъ руки при пускѣ въ ходъ
messa (f) in moto a mano 2
arranque (m) á mano

Handhebel (m)
hand lever
levier (m) de manœuvre, (petit:) manette (f)

a

рукоятка (f)
leva (f) a mano 3
palanquita (f) de mano

Auslaufarbeit (f)
work done while slowing down
travail (m) du moteur fonctionnant par la force vive

работа (f) движенія по инерціи въ періодъ остановки
lavoro (m) d'inerzia nel periodo d'arresto 4
trabajo (m) producido por el motor al girar por inercia antes de pararse

---

die Druckluft aufspeichern (v)
to store the compressed air
accumuler (v) l'air comprimé

скоп-ить (-лять) сжатый воздухъ
accumulare (v) l'aria compressa 5
almacenar (v) el aire comprimido

Anlaßgefäß (n)
starting receiver
récipient (m) de démarrage

пусковой резервуаръ (m)
recipiente (m) per messa in moto 6
recipiente (m) de aire comprimido para el arranque

Druckluftgefäß (n)
compressed air receiver
récipient (m) à air comprimé

a

резервуаръ (m) съ сжатымъ воздухомъ
recipiente (m) d'aria compressa 7
recipiente (m) de aire comprimido

Luftbehälterdruck (m)
pressure in air receiver
pression (f) dans le récipient d'air comprimé

давленіе (n) въ воздушномъ резервуарѣ
pressione (f) nel serbatoio d'aria 8
presión (f) en el recipiente de aire comprimido

Druckluftleitung (f)
piping for compressed air
canalisation (f) *ou* conduite (f) d'air comprimé

b

трубопроводъ (m) для сжатаго воздуха
condotta (f) d'aria compressa 9
tubería (f) de aire comprimido

1 elektrische Anlassung (f)
electric starting
mise (f) en marche électrique

пускъ (m) въ ходъ электричествомъ
messa (f) in moto elettrica
arranque (m) ó lanzamiento (m) eléctrico

---

2 die Dynamomaschine als Andrehmotor schalten (v)
to connect up the dynamo as starting motor
coupler (v) la dynamo comme moteur de démarrage

включить динамомашину какъ пусковой электродвигатель
accoppiare (v) la dinamo come motore d'avviamento
utilizar (v) la dinamo como motor para el arranque

---

3 Anlaßstrom (m)
starting current
courant (m) de démarrage

пусковой токъ (m)
corrente (f) per la messa in moto
corriente (f) para la puesta en marcha

---

4 Gemischanlassung (f)
starting with the explosive mixture
mise (f) en marche par mélange tonnant

пускъ (m) въ ходъ при помощи рабочей силы
messa (f) in moto colla miscela di gas
arranque (m) por mezcla detonante

---

5 die Kurbel in die Anlaßstellung einstellen (v)
to turn the crank to the starting position
placer (v) *ou* amener (v) la manivelle dans la position de mise en marche

поставить кривошипъ въ положенie пуска въ ходъ
mettere (v) la manovella al punto di partenza
colocar (v) la manivela en la posición de arranque

---

6 den Zylinder mit Gemisch füllen (v)
to fill the cylinder with explosive mixture
remplir (v) le cylindre de mélange tonnant

наполнить цилиндръ смѣсью
riempire (v) il cilindro con miscela
cargar (v) el cilindro con mezcla detonante

---

7 Gemischpumpe (f), Füllpumpe (f)
charging pump
pompe (f) de remplissage, pompe (f) à mélange tonnant

a

насосъ (m) для подачи смѣси; насосъ для заполненiя
pompa (f) di riempimento
bomba (f) de carga ó de mezcla

---

8 Anlaßgemisch (n)
starting mixture
mélange (m) [tonnant] de mise en marche *ou* de démarrage

смѣсь (f) для пуска въ ходъ
miscela (f) di messa in moto
mezcla (f) para el arranque

durch Zündung den Kolben vortreiben (v)
to drive the piston forwards by ignition
chasser (v) le piston en avant par allumage du mélange
двинуть поршень впередъ посредствомъ вспышки
spingere (v) in avanti lo stantuffo coll'accensione 1
lanzar (v) el émbolo por la explosión de la mezcla

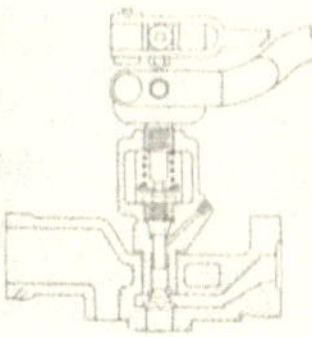

Anlassung (f) durch Abgase
starting by means of exhaust gases
démarrage (m) par les gaz d'échappement
пускъ (m) въ ходъ отходящими газами
messa (f) in moto per gas di scappamento 2
arranque (m) por los gases de escape

VI.

Aufstellung, Montage
Erection
Montage
Сборка и Установка
Montaggio
Montaje

---

1 Zusammenbau (m) in der Werkstatt
assembling in the workshop
montage (m) à l'atelier *ou* à l'usine
сборка (f) въ мастерской
montaggio (m) nella officina
montaje (m) en el taller

---

2 Aufstellung (f) am Betrieb[s]ort
erection at the plant
montage (m) sur place
установка (f) на мѣстѣ службы
montaggio (m) sul posto
montaje (m) en el lugar de emplazamiento

---

3 die Maschine montieren (v) *oder* aufstellen (v)
to erect *or* instal the engine
monter (v) une machine
установить (устанавливать) машину; собрать (собирать) машину; монтировать машину
montare (v) la macchina
montar (v) *ó* ajustar (v) una máquina

---

4 die Maschine demontieren (v) *oder* abbauen (v) *oder* auseinandernehmen (v)
to dismantle an engine
démonter (v) une machine
разобрать (разбирать) машину
smontare (v) la macchina
desmontar (v) una máquina

---

5 Demontage (f), Abbau (m)
dismantling
démontage (m) d'une machine
разборка (f)
smontaggio (m)
desmontaje (m) de una máquina

---

6 Monteur (m), Richtmeister (m)
fitter, erector
monteur (m)
установщикъ (m); монтёръ
montatore (m), operaio (m) montatore
montador (m)

Aufstellungsvorschrift (f), Montagevorschrift (f)
instructions (pl) for erecting
instructions (f pl) pour le montage

правила (n pl) для сборки установки
prescrizioni (f pl) pel montaggio
instrucciones (f pl) para el montaje 1

Aufstellungsmaß (n), Montagemaß (n)
erection dimensions (pl)
dimension (f) de montage

размѣръ (m) для сборки
misura (f) di montaggio, misure (f) relative al montaggio
medida (f) de montaje 2

Montierwerkstatt (f)
erecting shop
atelier (m) de montage

сборочная мастерская (f)
officina (f) di montaggio *o* di montatura
talleres (m pl) de montaje 3

Montagehalle (f)
erecting bay *or* shop
halle (f) *ou* hall (m) de montage

сборочный залъ (m); сборочная
sala (f) di montaggio
sala (f) de montaje 4

Montagewerkzeug (n)
erecting tools (pl)
outil (m) de monteur *ou* de montage

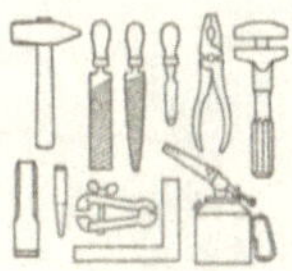

сборочный инструментъ (m)
utensili (m pl) di montaggio
herramientas (f pl) de montaje *ó* de montador 5

Werkzeugkoffer (m)
tool box, tool chest
caisse (f) à outils

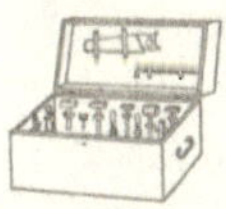

ящикъ (m) съ инструментами
cassetta (f) per utensili, cassa (f) degli utensili
caja (f) de herramientas 6

Hebevorrichtung (f)
lifting tackle
appareil (m) de levage, engin (m) de levage

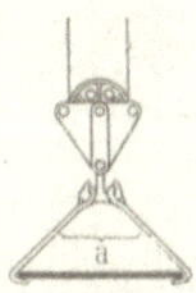

приспособленіе (n) для подъёма
apparecchio (m) di sollevamento
aparato (m) de elevación 7

Winde (f)
winch
treuil (m)

лебёдка (f)
verricello (m)
torno (m) 8

1 Hebebock (m)
lifting jack
vérin (m) hydraulique

домкратъ (m) [фиг.:] гидравлическій домкратъ
martinetto (m) idraulico
cabria (f)

---

2 Flaschenzug (m)
pulley block
palan (m)

сложный блокъ (m); таль (m) [фиг.:] дифференціальный блокъ
paranco (m), taglia (f)
aparejo (m) [diferencial], polea (f) diferencial

---

3 Kran (m)
crane, travelling crane
grue (f)

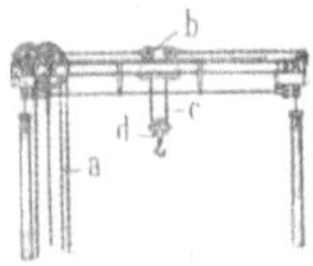

кранъ (m)
gru (f)
grúa (f)

---

4 Handkette (f)
hand chain
chaîne (f) à main, chaîne (f) de manœuvre

a

ручная цѣпь (f)
catena (f) di manovra
cadena (f) de maniobra

---

5 Krankatze (f), Laufkatze (f)
crane crab, crane trolley (A)
chariot (m) de grue

b

телѣжка (f); кошка (f)
carrello (m) della gru
carro (m) de la grúa

---

6 Handkran (m)
hand crane
grue (f) à main

ручной кранъ (m)
gru (f) a mano
grúa (f) de mano

---

7 Aufstellungsort (m) der Maschine
place of erection of the engine
emplacement (m) de la machine

мѣсто (n) установки машины
luogo (m) di montaggio della macchina
emplazamiento (m) de la máquina

---

8 Zugänglichkeit (f) von allen Seiten
accessibility from all sides
accessibilité (f) de tous côtés

доступность (f) со всѣхъ сторонъ
accessibilità (f) da ogni parte
accesibilidad (f) por todos los lados

---

9 Bauhöhe (f)
height over all, total height
hauteur (f) d'encombrement, hauteur (f) totale

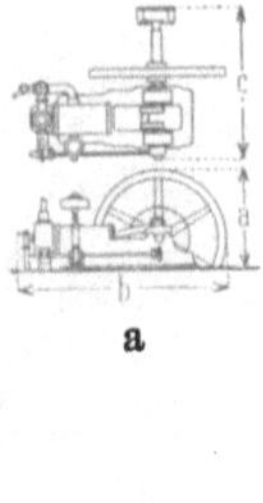

a

строительная *или* полная высота (f)
altezza (f) totale (della macchina)
altura (f) total

Deutsch / English / Français		Русский / Italiano / Español	
Baulänge (f) length over all, total length longueur(f) d'encombrement, longueur (f) totale	b	строительная *или* полная длина (f) lunghezza (f) totale (della macchina) longitud (f) total	*1*
Baubreite (f) width over all, total breadth largeur (f) d'encombrement, largeur (f) totale	c	строительная *или* полная ширина (f) larghezza (f) totale (della macchina) anchura (f) total	*2*
Maschinenhaus (n) engine room, engine house bâtiment (m) des machines; (on dit surtout, en désignant seulement l'intérieur:) salle (f) des machines	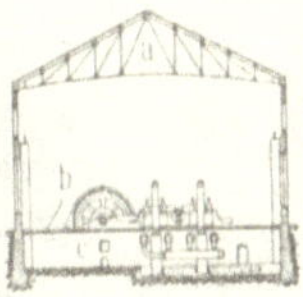	машинное зданіе (n) edifizio (m) delle macchine edificio (m) de máquinas	*3*
Dach (n) roof toit (m)	a	крыша (f) tetto (m) techo (m), cubierta (f)	*4*
Fußboden (m) floor sol (m), parquet (m); (en planches:) plancher (m)!	b	настилъ (m); полъ (m) piano (m) della sala, pavimento (m) suelo (m) ó piso (m) de la sala	*5*
Unterkellerung (f) des Maschinenhauses basement of the engine house sous-sol (m) *ou* souterrain (m) de la salle des machines		устройство (n) подвальнаго помѣщенія машиннаго отдѣленія sotterraneo (m) *o* sottosuolo (m) della sala [delle] macchine subterráneo (m) ó subsuelo (m) ó sotano (m) del edificio de las máquinas	*6*
Keller (m) basement cave (f), sous-sol (m), souterrain (m)	c	подвалъ (m) sottosuolo (m), sotterraneo (m) cueva (f), sótano (m)	*7*
gemauerter Kanal (m) brick channel canal (m) muré *ou* maçonné	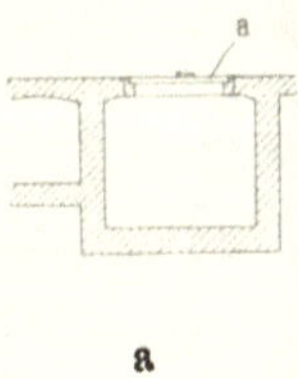	каналъ, (m) выложенный кирпичами canale (m) in muratura canal (f) de obra de fábrica ó de mampostería	*8*
Abdeckplatte (f) cover plate, floor plate plaque (f) de couverture	a	покрышка (f); плита (f) для закрыванія piastra (f) di copertura placa (f) de cubierta	*9*
Beleuchtung (f) lighting éclairage (m)		освѣщеніе (n) illuminazione (f) alumbrado (m)	*10*

1 Tageshelligkeit (f)
daylight
clarté (f) *ou* lumière (f) du jour

дневной свѣтъ (m)
luce (f) del giorno
claridad (f) *ó* luz (f) natural

---

2 Oberlicht (n)
top light, skylight
jour (m) d'en haut *ou* d'aplomb *ou* supérieur

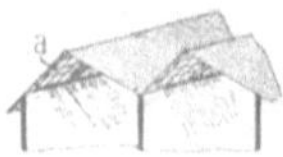

верхній свѣтъ (m)
luce (f) dall'alto
claraboya (f), luz (f) cenital

---

3 Seitenlicht (n)
sidelight
jour (m) de côté, jour (m) latéral

боковой свѣтъ (m); свѣтъ сбоку
luce (f) laterale, luce (f) di fianco
luz (f) lateral

---

4 **Fundamentierung der Maschine**
Foundation of the Engine
Fondation du moteur

Фундаменты для Машинъ
Fondazione del Motore
Cimentación del Motor

---

5 Fundamentanlage (f)
arrangement of foundation
[installation (f) de] fondation (f)

устройство (n) фундамента
impianto (m) della fondazione
instalación (f) de la cimentación

---

6 Fundament (n)
foundation *or* bed
fondation (f)

фундаментъ (m)
fondazione (f), fondamento (m)
cimentación (f), cimiento (m), fundación (f)

---

7 tragende Fläche (f) *oder* Tragfläche (f) des Fundaments
bearing area *or* surface of the foundation
surface (f) d'appui de la fondation

опорная площадь (f) фундамента
superficie (f) di appoggio della fondazione
superficie (f) de apoyo de la cimentación

---

8 Fundamentklotz (m)
foundation block
bloc (m) de fondation

столбъ (m) *или* массивъ (m) фундамента
blocco (m) di fondazione
macizo (m) de la cimentación

---

9 isoliertes Fundament (n)
foundation separate from that of the building
fondation (f) indépendante

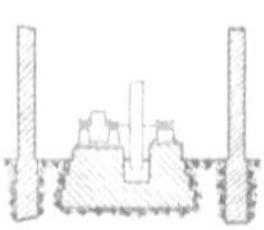

изолированный *или* отдѣльно стоящій фундаментъ (m)
fondazione (f) isolata
cimentación (f) aislada

---

10 mit dem Gebäude zusammenhängendes Fundament (n)
foundation in one with that of the building
fondation (f) reliée au bâtiment

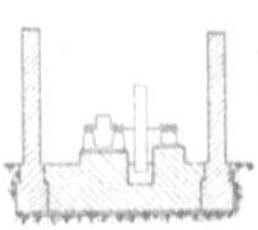

фундаментъ (m), связанный со зданіемъ
fondazione (f) collegata al fabbricato
cimentación (f) unida al edificio

unzusammenhängendes Fundament (n)
detached foundations
fondation (f) divisée

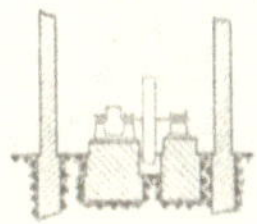

фундаментъ (m), состоящій изъ двухъ отдѣльныхъ частей
fondazione (f) divisa *o* in più parti
cimentación (f) independiente 1

---

in die Gebäudemauer gesetztes Außenlager (n)
outer bearing let into the wall
palier (m) extérieur monté dans le mur du bâtiment

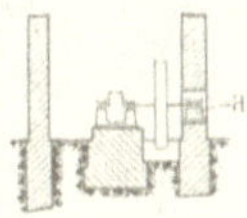

a

внѣшній подшипникъ (m), помѣщённый въ стѣнѣ зданія
sopporto (m) esterno appoggiato sul fabbricato 2
soporte (m) exterior montado en el muro del edificio

Schwungradgrube (f)
flywheel pit *or* race
fosse (f) du volant

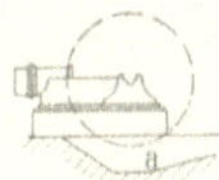

a

яма (f) *или* выемка (f) для махового колеса 3
fossa (f) del volano
foso (m) para el volante

Fundamentsohle (f)
base of the foundation
semelle (f) de fondation

подошва (f) фундамента
suola (m) di fondazione 4
suelo (m) de cimentación

Baugrund (m)
building site
terrain (m) à bâtir

строительный грунтъ; грунтъ (m) для постройки
terreno (m) sul quale si fa la costruzione 5
terreno (m) para la construcción del edificio

---

stark tonhaltiger Boden (m)
clay soil
terrain (m) argileux

сильно глинистый грунтъ (m)
terreno (m) molto argilloso 6
terreno (m) muy arcilloso

---

gewachsener Boden (m)
natural *or* overgrown soil
terrain (m) végétal

материкъ (m); нетронутый грунтъ (m)
terreno (m) naturale *o* vergine 7
terreno (m) vegetal

---

aufgeschütteter Boden (m)
made ground
terrain (m) remblayé

насыпной грунтъ (m)
terreno (m) di riporto 8
terreno (m) terraplenado ó de acarreo

Grundwasser (n)
underground water
eau (f) souterraine

подпочвенная *или* почвенная *или* грунтовая *или* подземная вода (f) 9
acqua (f) sotterranea *o* di sottosuolo
agua (f) subterránea

1 Gründung (f)
footing, bedding
fondation (f)

основаніе (n)
fondazione (f), preparazione (f) della fondazione
preparación (f) de la cimentación

---

2 liegender Rost (m)
horizontal grating
grillage (m) horizontal

лежни (m pl) *или* ростверкъ (m)
zatterone (m) di fondazione
emparrillado (m) horizontal

---

3 Pfahlrost (m)
pile grating, piling
grillage (m) en pilotis

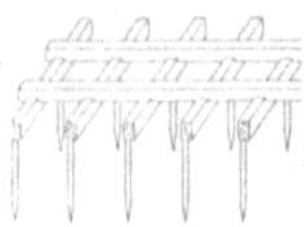

ростверкъ (m) на сваяхъ
palafitte (f), palificazione (f)
emparrillado (m) de pilotes

---

4 Ziegelsteinfundament (n)
brick foundation
fondation (f) en briques

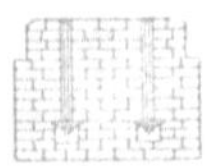

фундаментъ (m) изъ кирпичной кладки; кирпичный фундаментъ
fondazione (f) in [muratura di] mattoni
cimentación (f) de ladrillos

---

5 Bauziegel (m)
[building] brick
brique (f)

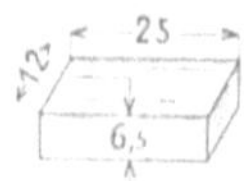

кирпичъ (m)
mattone (m) [da costruzione]
ladrillo (m)

---

6 Klinker (m)
Dutch clinker, clinker brick
brique (f) hollandaise

клинкеръ (m)
mattone (m) olandese, mattone (m) duro ben cotto
ladrillo (m) holandés

---

7 Sandsteinquader (m)
sandstone block
moellon (m) de grès

песчаниковая плита (f)
blocco (m) di arenaria
macizo (m) de asperón

---

8 Granitquader (m)
granite block
moellon (m) de granit

гранитная плита (f)
blocco (m) di granito
macizo (m) de granito

---

9 Tannenholz (n)
deal
[bois (m) de] sapin (m)

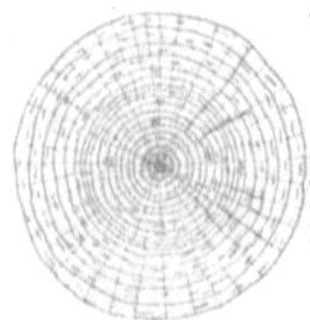

abies pectinata

пихта (f)
legno (m) di quercia
madera (f) de abeto

Kiefernholz (n), Föhrenholz (n) Scotch fir [bois (m) de] pin (m)	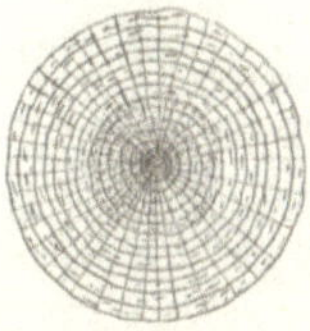 pinus silvestris	сосновое дерево (n); сосна (f) legno (m) di pino madera (f) de pino	*1*
Beton (m) concrete béton (m)		бетонъ (m) calcestruzzo (m) hormigón (m)	*2*
Betonfundament (n) concrete foundation fondation (f) en béton	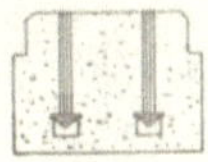	бетонный фундаментъ (m) fondazione (f) in calcestruzzo cimentación (f) de hormigón	*3*
das Fundament aus Beton aufstampfen (v) to stamp *or* form the foundation from concrete jeter (v) *ou* faire (v) une fondation en béton damé		утрамбовать бетонный фундаментъ (m) battere (v) una fondazione in calcestruzzo cimentar (v) con hormigón	*4*
Aussparungen im Fundament freihalten (v) to leave the recesses in the foundation free ménager (v) des évidements dans la fondation	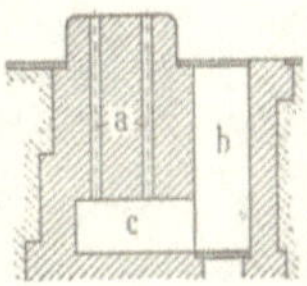 	устроить выемки (f pl) *или* оставлять отверстія въ фундаментѣ lasciar (v) dei vani nella fondazione dejar (v) vacios en la cimentación	*5*
Sparholz (n) (zum Freihalten) wooden boxes bois (m) d'évidement	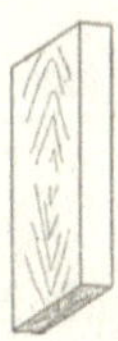	деревянныя кружала (n pl) *или* набивка (f) для отверстій въ фундаментѣ anima (f) di legno pei vani madera (f) para vacios	*6*
hydraulischer Kalk (m) hydraulic cement chaux (f) hydraulique		гидравлическая известь (f) calce (f) idraulica cal (f) hidráulica	*7*
Zementmörtel (m) cement mortar mortier (m) de ciment		цементный растворъ (m) malta (f) di cemento mortero (m) de cemento	*8*
Kalkmörtel (m) lime mortar mortier (m) à la chaux		известковый растворъ (m) malta (f) di calce mortero (m) de cal	*9*

1 tonfreier Quarzsand (m)
quartz sand free from clay
sable (m) quartzeux non argilifère
кварцевый песокъ (m), свободный отъ глины
sabbia (f) quarzosa senza argilla
arena (f) cuarzosa sin arcilla

---

2 Zement (m)
grouting
ciment (m)
цементъ (m)
cemento (m)
cemento (m)

---

3 Zementbrei (m)
cement paste
bouillie (f) de ciment
цементная кашица (f)
poltiglia (f) di cemento
pasta (f) de cemento

---

4 den Rahmen mit Zement untergießen (v)
to grout in the frame
couler (v) du ciment sous le bâti
подлить раму цементомъ
colare (v) del cemento sotto l'incastellatura
rellenar (v) el asiento del bastidor con cemento liquido

---

5 Holzeinfassung (f)
wooden dam for grouting
cuvelage (m) en bois

a

деревянная; закраина (f); закраина изъ дерева
argine (m) di legno
revestimiento (m) de madera

---

6 Lehmeinfassung (f)
clay dam
cuvelage (m) en argile

a

глиняная закраина (f); закраина изъ глины
argine (m) di argilla
revestimiento (m) de arcilla

---

7 Abbinden (n) des Fundaments
setting the foundation
prise (f) de la fondation
связываніе (n) *или* затвердѣваніе (n) фундамента
far presa (m) della fondazione
fraguado (m) de la cimentación

---

8 Fundamentschraube (f), Fundamentanker (m), Fundamentbolzen (m)
foundation-bolt, anchor bolt
boulon (m) de fondation

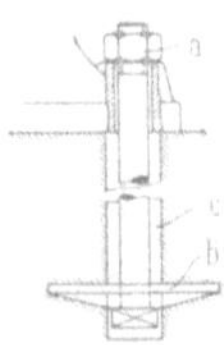
a

фундаментный болтъ (m)
bullone (m) di fondazione, bullone (m) ad ancora, vite (f) di fondazione
perno (m) ó tirafondo (m) para cimentaciones

---

9 Ankerplatte (f)
foundation plate
contreplaque (f)

b

анкерная плита (f); фундаментная шайба (f)
contropiastra (f)
placa (f) de sujeción

---

10 Kanal (m) des Fundamentankers, Ankerloch (n)
hole for the foundation bolts
canal (m) du boulon de fondation

c

каналъ (m) *или* отверстіе (n) для фундаментнаго болта
canale (m) pel bullone di fondazione
orificio (m) para el perno de cimentación

die Anker vergießen (v)
to grout the foundation plate
noyer (v) les boulons de fondation dans [du ciment p. ex.]

зали-ть(-вать) анкерные болты
fissare (v) le viti di fondazione col colare (del cemento, solfo ecc.) 1
empotrar (v) los tornillos con cemento

Rohrleitungen
Piping, Tubing
Tuyauterie

Трубопроводы
Tuberia 2
Tuberias

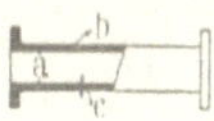

Rohr (n)
pipe, tube
tuyau (m), tube (m)

труба (f)
tubo (m) 3
tubo (m)

---

a

lichte Weite (f) des Rohres, Rohrweite (f)
inside diameter of pipe, bore of pipe
diamètre (m) intérieur du tuyau, calibre (m) du tuyau

внутренній діаметръ (m) трубы; діаметръ въ свѣту
diametro (m) interno del tubo, calibro (m) interno del tubo 4
diámetro (m) interior ó luz (f) del tubo

---

b

Rohrwand (f)
wall of pipe
paroi (f) du tuyau

стѣнка (f) трубы
parete (f) del tubo 5
pared (f) del tubo, casco (m) del tubo

---

c

Wandstärke (f)
thickness of pipe wall
épaisseur (f) de paroi du tuyau

толщина (f) стѣнки
spessore (m) della parete 6
grueso (m) del casco, espesor (m) de la pared

---

gußeisernes Rohr (n)
cast-iron pipe
tuyau (m) en fonte [de fer]

чугунная труба (f)
tubo (m) di (in) ghisa 7
tubo (m) de hierro fundido

---

schmiedeeisernes Rohr (n)
wrought-iron pipe
tuyau (m) en fer forgé

желѣзная заварная труба (f)
tubo (m) di ferro dolce, tubo (m) in ferro 8
tubo (m) de hierro forjado

Gasrohr (n)
gas pipe
tuyau (m) de gaz

газовая труба (f)
tubo (m) da gas 9
tubo (m) de gas

Kupferrohr (n)
copper pipe *or* tube
tuyau (m) en cuivre

мѣдная труба (f)
tubo (m) di rame 10
tubo (m) de cobre

Messingrohr (n)
brass pipe *or* tube
tuyau (m) en laiton

латунная труба (f)
tubo (m) di ottone 11
tubo (m) de latón

Bleirohr (n)
lead pipe
tuyau (m) en plomb

свинцовая труба (f)
tubo (m) di piombo 12
tubo (m) de plomo

1 Rohrverzweigung (f)
branching of the pipe
branchement (m) du tuyau

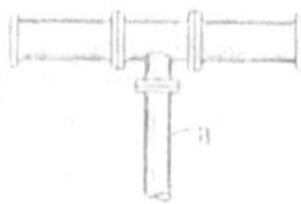

развѣтвленіе (n) трубы *или* трубопровода
biforcazione (f) del tubo
bifurcación (f) del tubo

---

2 Abzweigrohr (n), Zweigrohr (n)
branch pipe
tuyau (m) de branchement

a

трубоотводъ (m)
tubo (m) di diramazione
tubo (m) de bifurcación

---

3 rechtwinklige Abzweigung (f)
branching at right angle
branchement (m) d'équerre *ou* à angle droit

прямоугольное отвѣтвленіе (n)
diramazione (f) ad angolo retto
bifurcación (f) rectangular

---

4 spitzwinklige Abzweigung (f)
branching at an acute angle
branchement (m) à angle aigu

отвѣтвленіе (n) подъ острымъ угломъ
diramazione (f) ad angolo acuto
bifurcación (f) de ángulo agudo

---

5 Formstück (n), Paßrohr (n)
pipe fitting, make-up piece
tuyau (m) d'ajustage

фасонная часть(f)
pezzo (m) sagomato, tubo (m) d'aggiustaggio
casquillo (m) de unión

---

6 Krümmer (m)
bend, quarter bend
coude (m)

колѣно (n); отводъ (m)
gomito
codo (m)

---

7 Bogenrohr (n)
angle pipe, curved piece of pipe
tuyau (m) cintré

дуговое колѣно (n); полуотводъ (m)
tubo (m) curvo
curva (f), tubo (m) curvado

---

8 Knierohr (n), Kniestück (n)
square elbow, round elbow
coude (m)

колѣно (n); отводъ (m)
tubo (m) a gomito
codo (m) rectangular

---

9 T-Stück (n)
T-piece
té (m), tuyau (m) en T

тройникъ; Т-образная часть (f)
pezzo (m) a T
tubo (m) en T

Kreuzstück (n)
cross piece, 4 way piece
croix (f), tuyau (m) en croix

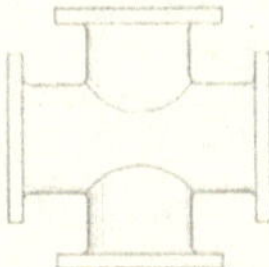

крестовина (f)
pezzo (m) a croce 1
tubo (m) en cruz

Rohrverbindung (f)
pipe joint
raccordement (m) *ou* jonction (f) de tuyaux

соединенiе (n) трубъ
giunto (m) dei tubi 2
unión (f) de tubos

Rohrverschraubung (f)
screwed pipe joint
joint (m) à brides boulonnées [de tuyaux]

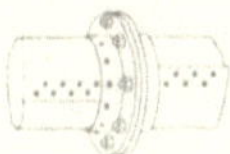

свёртываемое соединенiе (n) трубъ (на рѣзьбѣ)
giunto (m) a vite dei tubi 3
roscado (m) de tubos

Überwurfmutter (f)
screw-cap
écrou (m) à chapeau, écrou (m) de recouvrement, écrou (m) à raccord

сгонная гайка (f) *или* муфта (f)
tappo (m) a vite 4
tuerca (f) tapón, tapón (m) roscado

Muffenverbindung (f)
sleeve joint
joint (m) à manchon, assemblage (m) à manchon

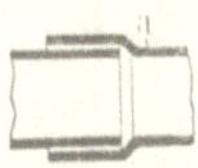

раструбное соединенiе (n) трубъ
giunto (m) a manicotto, giunto (m) a bicchiere 5
junta (f) por manguito ó enchufe

Muffenrohr (n)
socket pipe
tuyau (m) à manchon, tuyau (m) à emboîtement

a

труба (f) съ раструбомъ
tubo (m) a manicotto
tubo (m) de enchufe ó de manguito 6

Gewindemuffe (f)
threaded sleeve
manchon (m) à vis, manchon (m) fileté

муфта (f) съ нарѣзкой
manicotto (m) a vite 7
enchufe (m) ó manguito (m) roscado

a

---

verjüngte Muffe (f), Absatzmuffe (f), Reduktionsmuffe (f)
adaptor, reducing socket
manchon (m) de réduction

переходная муфта (f)
manicotto (m) di riduzione 8
enchufe (m) ó manguito (m) de reducción

Flanschenrohr (n)
flanged pipe
tuyau (m) à brides, tuyau (m) bridé

труба (f) съ фланцемъ; фланцевая труба (f) 9
tubo (m) a flangia
tubo (m) con bridas

1	Flanschenverbindung(f) flanged joint joint (m) à brides	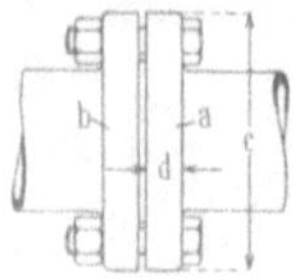	фланцевое соединеніе (n) трубъ unione (f) a flangia, giunto (m) a flangia, collegamento (m) a flangia unión (f) por bridas, junta (f) de bridas
2	Flansch (m), Rohrflansch (m) flange bride (f)	a	фланецъ (m); флянецъ (m) flangia (f) brida (f), pletina (f)
3	Gegenflansch (m) counter-flange contrebride (f)	b	контръ-фланецъ (m) contro-flangia (f) contrabrida (f)
4	Flansch[en]durchmesser (m) diameter of flange diamètre (m) de la bride	c	діаметръ (m) фланца diametro (m) della flangia diámetro (m) de la brida
5	Flansch[en]dicke (f) thickness of flange épaisseur (f) de la bride	d	толщина (f) фланца spessore (m) della flangia espesor (m) de la brida
6	loser Flansch (m) loose flange, slip-on flange bride (f) folle	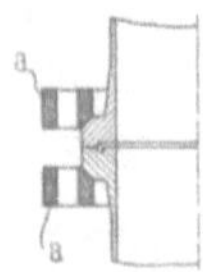	свободный фланецъ (m) flangia (f) sciolta brida (f) ó pletina (f) suelta
7	fester Flansch (m) fixed flange bride (f) fixe	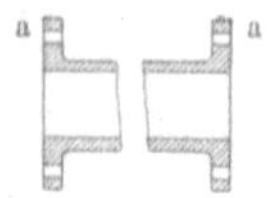 a	закрѣплённый фланецъ (m) flangia (f) fissa brida (f) fija
8	Flansch[en]verschraubung (f) screw-flange coupling, bolted flanges joint (m) à brides et à boulons	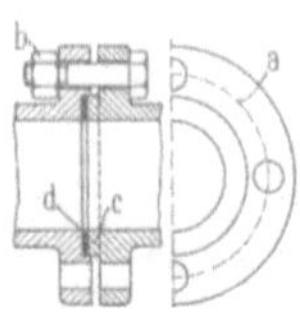	соединеніе (n) фланцевъ болтами giunto (f) a flangie e bulloni unión (f) á tornillo de las bridas, junta (f) de bridas por medio de pernos
9	Lochkreis (m) bolt-hole circle cercle (m) des trous de boulons	a	окружность (f) центровъ отверстій circolo (m) dei fori pei bulloni circulo (m) de los pernos
10	Flansch[en]schraube (f) flange bolt boulon (m) de bride	b	болтъ (m) фланца bullone (m) della flangia perno (m) de brida
11	Dichtungsleiste (f) face of the joint portée (f) du joint	c	рабочій выступъ (m) фланца sporto (m) di tenuta reborde (m) de la junta

Deutsch / English / Français		Русский / Italiano / Español	
Dichtungsring (m) joint ring, grummet rondelle (f) *ou* bague (f) de joint	d	проклад[оч]ное кольцо (n) anello (m) di guarnizione anillo (m) *ó* aro (m) de junta	*1*
Rohrverschluß (m) pipe seal fermeture (f) de tuyau, obturateur (m) de tuyau		заглушеніе (n) трубы chiusura (f) del tubo cierre (m) del tubo	*2*
Verschlußkappe (f) screw cap chapeau (m) de fermeture		колпакъ (m); заглушка (f) piastra (f) di chiusura casquete (m) *ó* sombrerete (m) roscado	*3*
Verschlußpfropfen (m), Verschlußschraube(f), Stopfen (m) screw plug bouchon (m) à vis		пробка (f) tappo (m) di chiusura, vite (f) di chiusura tapón (m) roscado	*4*
Nippel (m) nipple raccord (m) fileté		ниппель (m) raccordo (m) filettato manguito (m) interior	*5*
Doppelnippel (m) double nipple raccord (m) double		двойной ниппель (m) doppio raccordo (m) filattato manguito (m) interior de doble rosca	*6*
Rohrverlegung (f), [Rohrmontage (f)] fitting *or* laying pipes montage (m) de la tuyauterie		прокладка (f) трубъ (m); [сборка (f) трубъ] montaggio (m) del tubo montaje (m) de la tubería	*7*
Rohrhaken (m) pipe clamp *or* cramp crampon (m) pour tuyaux		поддерживающій крюкъ (m) *или* поддержина (f) для трубопровода gancio (m) per tubi alcayata (f) *ó* gancho (m) para tubos	*8*
Rohrschelle (f) pipe clip collier (m) pour tuyaux	 a	хомутикъ (m); хомутъ (m) graffa (f) per tubi abrazadera (f)	*9*
Rohr[schrauben]-schlüssel (m) pipe-wrench, key clé (f) pour tuyaux	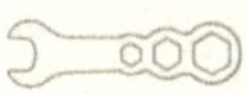	ключъ (m) для трубъ chiave (f) per tubi llave (f) de tubos	*10*
Rohrzange (f) gas tongs (pl) pince (f) à tubes		клещи (m pl) для трубъ tenaglia (f) per tubi tenaza (f) para tubos	*11*

1	Rohrabschneider (m) pipe-cutter coupe-tubes (m)	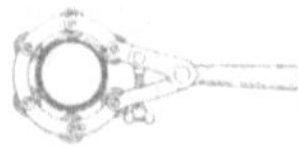	труборѣзъ (m) taglia-tubi (m), tagliatrice (f) di tubi corta-tubos (m)
2	Rohrumhüllung (f), Rohrbekleidung (f) pipe lagging *or* cleading revêtement (m) du tuyau, enveloppe (f) du tuyau	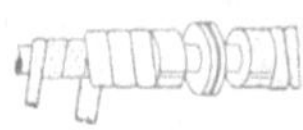	обшивка (f) трубы rivestimento (m) d'un tubo, copertura (f) *o* rivestimento per tubi revestimiento (m) del tubo
3	Rohranstrich (m) pipe-painting peinture (f) du tuyau		окраска (f) трубъ vernice (f) del tubo pintura (f) del tubo
4	Rohrverstopfung (f) pipe choking engorgement (m) *ou* obstruction (f) du tuyau		засоренie (n) трубы ostruzione (f) del tubo atascamiento (m) ú obturación del tubo
5	festgebrannter Staub (m) incrustation, scale poussière (f) incrustée		пригорѣвшая пыль (f) polvere (f) incrostata per calore polvo (m) incrustado por el calor
6	Staubablagerung (f) deposit of dust dépôt (m) de poussière		отложенie (n) пыли deposito (m) di polvere depósito (m) *ó* capa (f) de polvo
7	Rohrbruch (m) pipe fracture rupture (f) de tuyau	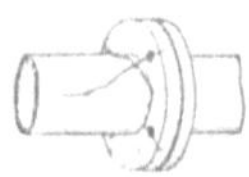	разрывъ (m) *или* поломка (f) трубы rottura (f) del tubo rotura (f) del tubo
8	Absperrorgan (n) shutting-off gear organes (m pl) d'arrêt		запорный органъ (m) organo (m) di arresto órgano (m) de cierre
9	Hahn (m) cock robinet (m)	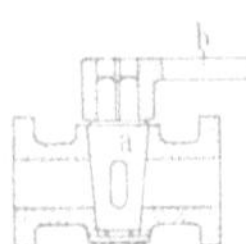	кранъ (m) robinetto (m) grifo (m), espita (f)
10	Hahnküken (n), Hahnkegel (m) plug of cock noix (f) de robinet	a	конусъ (m) *или* пробка (f) крана maschio (m) del robinetto macho (m) del grifo
11	den Hahn einschleifen (v) to grind in a cock roder (v) le robinet		притирать кранъ smerigliare (v) il robinetto esmerilar (v) el macho
12	Hahnschlüssel (m) handle *or* key of cock clé (f) de robinet	b	ключъ (m) для крана chiave (f) per robinetto llave (f) del grifo

Durchganghahn (m)
ordinary two-way cock
robinet (m) droit

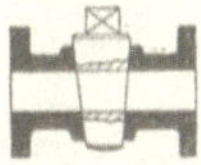

проходной кранъ (m)
robinetto (m) semplice *o* a passaggio trasversale
grifo (m) recto *ó* de paso *1*

Dreiweghahn (m)
three-way cock
robinet (m) à trois voies

трёхходовой кранъ (m)
robinetto (m) a tre vie
grifo (m) de tres pasos *2*

Auslaufhahn (m)
drain cock
robinet (m) de vidange, robinet (m) d'écoulement

спускной кранъ (m)
robinetto (m) di scarico *o* di spurgo
grifo (m) de purga *ó* de desagüe *ó* de evacuación *3*

Ventil (n)
valve
soupape (f), (figure:) vanne (f)

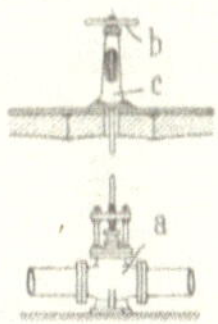

клапанъ (m); вентиль (m)
valvola (f)
válvula (f) *4*

Handrad (n)
hand-wheel
volant (m) à main, volant (m) de manœuvre

a
b

маховичёкъ (m)
volantino (m) di manovra
volante (m) de mano *ó* de maniobra *5*

Handradständer (m)
standard *or* pillar for hand-wheel
support (m) du volant de manœuvre

c

стойка (f) для маховичка
sopporto (m) del volantino
soporte (m) del volante de mano *6*

Absperrventil (n)
shut-off valve, stop-valve
soupape (f) d'arrêt

стопорный *или* запорный клапанъ (m)
valvola (f) d'arresto
válvula (f) de cierre *7*

Durchgangventil (n)
straight-way valve
soupape (f) droite

проходной клапанъ (m)
valvola (f) ordinaria *o* a passaggio trasversale
válvula (f) de paso recto *8*

Eckventil (n)
angle valve
soupape (f) d'équerre

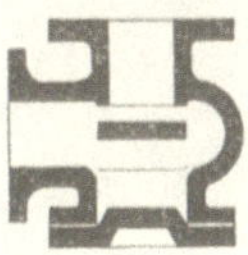

угловой клапанъ (m)
valvola (f) ad angolo, valvola (f) angolare
válvula (f) de paso angular *9*

No.		
1	Rückschlagventil (n) non-return valve, check valve soupape (f) de retenue	возвратный клапанъ (m) valvola (f) di ritegno válvula (f) de retención
2	Rückschlagklappe (f) non-return flap valve clapet (m) de retenue	возвратная заслонка (f) valvola (f) di ritegno ad animella válvula (f) de retención *ó* de retenida
3	Rohrleitung (f) piping canalisation (f)	трубопроводъ (m) conduttura (f), tuberia(f) tuberia (f), canalización (f)
4	Rohrnetz (n) system of pipes réseau (m) de tuyaux	трубопроводная сѣть (f) rete (f) di tubi red (f) de tubos
5	Rohrplan (m) plan of pipes plan (m) de la tuyauterie	планъ (m) расположенія трубъ piano (m) della tuberia plano (m) de la tuberia
6	Sammelleitung (f) collecting main conduite (f) collectrice	главный трубопроводъ (m); магистраль (f) condotta (f) collettrice tuberia (f) colectora
7	Ringleitung (f) ring main conduite (f) annulaire *ou* circulaire	кольцевой трубопроводъ (m) condotta (f) anulare tuberia (f) circular *ó* anular
8	Umgehungsleitung (f) bye-pass pipe conduite (f) de dérivation	обводная труба (f) tuberia (f) periferica tuberia (f) de derivación
9	Entlüftung (f) discharging air from gas mains désaération (f), évacuation (f) de l'air, échappement (m) de l'air	удаленіе (n) воздуха scarico (m) d'aria evacuación (f) *ó* escape (m) del aire
10	Entlüftungshahn (m) snifting valve, air relief *or* air escape valve robinet (m) de désaération, robinet (m) d'évacuation d'air	воздушный *или* вентиляціонный кранъ (m) robinetto (m) per scaricare aria grifo (m) de evacuación del aire
11	Entwässerung (f) drainage drainage (m), évacuation (f) de l'eau	удаленіе (n) воды scarico (m) d'acqua desagüe (m), evacuación (f) del agua
12	Wassertopf (m) water receptacle, drain tank récipient (m) à eau	водяной горшокъ (m) recipiente (m) di raccolta dell' acqua depósito (m) de agua

Entwässerungsventil (n)
drain valve
soupape (f) de purge

водоспускной вентиль (m); клапанъ (m) для спуска воды
valvola (f) di scarico d'acqua
válvula (f) de desagüe — 1

Entwässerungshahn (m)
drain cock
robinet (m) de purge

водоспускной кранъ (m)
robinetto (m) di scarico d'acqua
grifo (m) de desagüe *ó* de purga — 2

Saugleitung (f)
suction piping
conduite (f) d'aspiration

всасывающій трубопроводъ (n)
condotta (f) d'aspirazione
tubería (f) de aspiración — 3

Saugrohr (n)
suction pipe
tuyau (m) d'aspiration

всасывающая труба (f)
tubo (m) d'aspirazione
tubo (m) de aspiración — 4

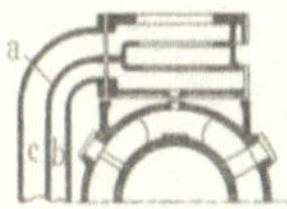

Eintrittkrümmer (m)
inlet bend
coude (m) d'entrée

впускное колѣно (n)
tubo (m) curvo di entrata
codo (m) de entrada — 5

a

---

b

Gasleitung (f)
gas pipe
conduite (f) de gaz

газопроводъ (m)
condotta di gas
tubería (f) de gas — 6

---

c

Luftleitung (f)
air pipe
conduite (f) d'air

воздушный трубопроводъ (m)
condotta (f) di aria
tubería (f) de aire — 7

Sauggeräusch (n)
suction noise
bruit (m) de l'aspiration

шумъ (m), производимый всасываніемъ; шумъ (m), происходящій при всасываніи
rumore (m) prodotto dall'aspirazione
ruido (m) de la aspiración — 8

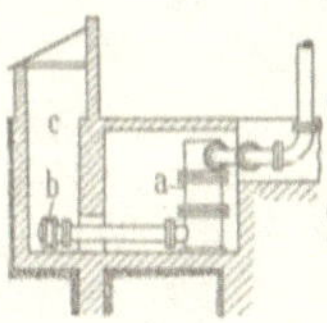

Saugtopf (m)
air suction chamber *or* box
pot (m) d'aspiration

всасывающій горшокъ (m) *или* глушитель (m)
cassa (f) di aspirazione
tanque (m) de aspiración — 9

a

---

b

Ansaugekopf (m)
suction inlet
tête (f) d'aspiration

всасывающая головка (f)
testa (f) *o* presa (f) di aspirazione
cabezal-filtro (m) de aspiración — 10

1	Saugschacht (m) suction shaft *or* flue puits (m) d'aspiration	c	всасывающая шахта (f) pozzo (m) di aspirazione pozo (m) de aspiración
2	Saugtrompete (f) suction funnel *or* cone entonnoir (m) *ou* cône (m) d'aspiration		всасывающій раструбъ (m) tromba (f) di aspirazione trompa (f) de aspiración
3	geschlitztes Rohrstück (n) split tube crépine (f)		труба (f) со щелями pezzo (m) di tubo a scanalature alcachofa (f)
4	Blechsaugtopf (m) sheet-iron suction chamber *or* box pot (m) d'aspiration en tôle		всасывающій горшокъ (m) изъ листового желѣза cassa (f) di aspirazione in lamiera cubo (m) de aspiración de chapa
5	Dröhnen (n) des Blechsaugtopfes vibration *or* drumming of the suction chamber *or* box vibration (f) sonore *ou* bourdonnement (m) du pot d'aspiration		дрожаніе (n) желѣзныхъ листовъ горшка rintronare (m) della cassa aspirante in lamiera zumbido (m) del cubo de aspiración de chapa
6	unterirdische Saugkammer (f) underground suction chamber chambre (f) d'aspiration souterraine		подземная всасывающая камера (f) camera (f) di aspirazione sotterranea cámara (f) de aspiración subterránea
7	Auspuffleitung (f) exhaust pipes conduite (f) d'échappement		выхлопная *или* газоотводящая *или* выпускная труба (f) tubo (m) di scarico tubería (f) de escape
8	gekühltes Auspuffrohr (n) cooled exhaust pipe tuyau (m) d'échappement refroidi	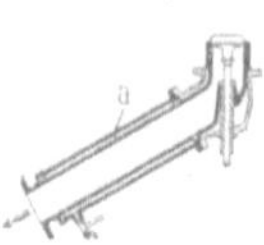	охлаждаемая выхлопная *или* газоотводящая труба (f) tubo (m) di scarico raffreddato tubo (m) de escape refrigerado *ó* con enfriamiento
9	das Auspuffrohr in die freie Luft führen (v) to lead the exhaust pipe into the open air faire (v) déboucher le tuyau d'échappement à l'air libre		вывести выхлопную *или* газоотводящую трубу въ атмосферу far sboccare (v) il tubo di scarico all'aria libera desembocar (v) el tubo de escape al aire libre
10	Rauchverbrennungsapparat (m) smoke consuming apparatus appareil (m) fumivore, fumivore (m)		приборъ (m) для сожиганія дыма apparecchio (m) fumivoro aparato (m) fumivoro

Schwingen (n) *oder* Peitschen (n) der Gassäule
pulsation *or* vibration of the gas column
vibration (f) de la colonne gazeuse

колебанiе (n) газоваго столба
vibrazione (f) della colonna di gas 1
oscilaciones (fpl) de la columna gaseosa

---

durch Schwingungen dünngezogenes Gas (n)
gas rarefied by pulsation
gaz (m) raréfié par les vibrations

газъ (m), разрѣжённый вслѣдствiе колебанiй
gas (m) rarefatto in seguito alle vibrazioni 2
gas (m) rarificado por las oscilaciones

Auspuffkessel (m)
exhaust tank
silencieux (m), pot (m) d'échappement

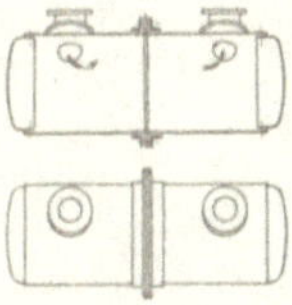

выхлопной *или* выпускной горшокъ (m); глушитель (m)
camera (f) di scarico, (barilotto (m) di scarico) 3
silencioso (m), silenciador (m)

---

gemauerter Auspuffkessel (m)
brickwork exhaust chamber *or* pit
silencieux (m) maçonné, pot (m) d'échappement maçonné

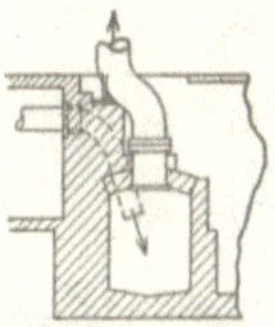

обмурованный выхлопной горшокъ (m); обмурованный глушитель (m)
marmita (f) di scarico murata 4
silenciador (m) de mamposteria

Auspufftopf (m) mit Wasserabschluß
exhaust tank with hydraulic water seal
pot (m) d'échappement *ou* silencieux (m) à fermeture hydraulique

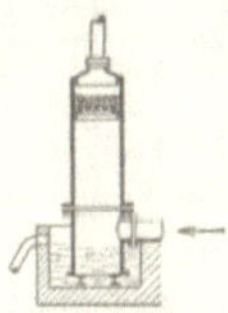

выхлопной горшокъ (m) *или* глушитель (m) съ гидравлическимъ затворомъ
cassa (f) di scarico a chiusura idraulica 5
silenciador (m) con cierre hidráulico

---

schalldämpfende Grube (f)
silencing pit
silencieux (m) à puits

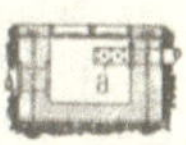

заглущающая яма (f)
fossa (f) smorzatrize, smorzatore (m) a pozzeto 6
pozo (m) silenciador

---

geschlossenes Auspuffrohr (n) mit seitlichen Löchern
closed exhaust pipe with perforations
crépine (f) d'échappement

a

замкнутая выхлопная *или* газоотводящая труба (f) съ боковыми отверстiями
tubo (m) di scarico chiuso con fori laterali 7
tubo (m) de escape cerrado con orificios laterales

1 Patrickscher Schalldämpfer (m)
Patrick's silencer
silencieux (m) Patrick

глушитель (m) Патрика
smorzatore (m) (silenzioso (m)) Patrick
silenciador (m) Patrick

---

2 Einspritzkühlung (f) der Abgase
cooling the exhaust gases by water spray
refroidissement (m) de l'échappement par injection d'eau

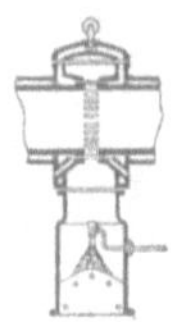

охлажденіе (n) отходящихъ газовъ впрыскиваніемъ воды
raffreddamento (m) ad iniezione dei gas di scarico
enfriamiento (m) de los gases de escape por inyección

---

3 Wasser in den Auspuff spritzen (v)
to inject *or* spray water into the exhaust
injecter (v) de l'eau dans l'échappement

впрыскивать воду въ отходящіе газы
iniettare (v) dell'acqua nello scarico
inyectar (v) agua en el [tubo de] escape

---

4 Kühlwasserleitung (f)
cooling-water pipes
conduite (f) d'eau de refroidissement

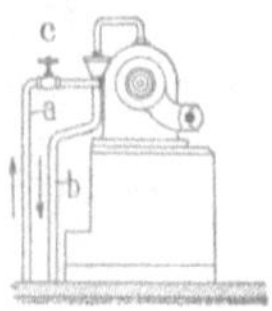

трубопроводъ (m) для охлаждающей воды
condotta (f) dell' aqua di raffreddamento
tubería (f) de agua de refrigeración *ó* de enfriamento

---

5 Zuleitungsrohr (n), Zuflußrohr (n)
inlet pipe, feed pipe
tuyau (m) d'amenée *ou* d'arrivée

a

подводящая труба (f)
tubo (m) di introduzione
tubo (m) de entrada

---

6 Abflußrohr (n)
outlet pipe, overflow pipe
tuyau (m) d'évacuation *ou* de sortie

b

спускная труба (f)
tubo (m) di scarico
tubo (m) de salida

---

7 Kühlwasserhahn (m)
cooling-water cock
robinet (m) d'eau de refroidissement

c

кранъ (m) для охлаждающей воды
robinetto (m) d'acqua refrigerante, robinetto (m) dell'acqua di raffreddamento
grifo (m) de agua de refrigeración *ó* de enfriamiento

---

8 Fangtrichter (m)
collecting funnel
entonnoir (m) collecteur

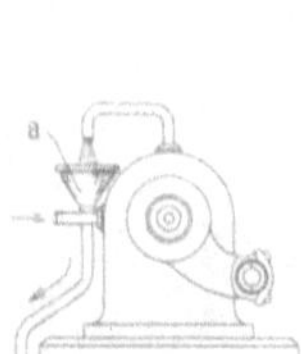

a

воронка (f)
imbuto (m) collettore
embudo (m) colector

Frischwasserkühlung (f)
cooling with fresh water
refroidissement (m) par eau fraîche

охлажденіе (n) свѣжей водой
raffreddamento (m) con acqua fresca 1
refrigeración (f) por agua corriente

---

städtische Wasserleitung (f)
town mains
canalisation (f) d'eau de ville

городской водопроводъ (m)
condotta (f) d'acqua potabile della città 2
tubería (f) pública de agua

Leitungsdruck (m)
pressure in mains
pression (f) de la canalisation

давленіе (n) въ трубопроводѣ
pressione (f) nella condotta 3
presión (f) en la tubería

Wassermesser (m)
water meter
compteur (m) d'eau

водомѣръ (m)
contatore (m) d'acqua 4
contador (m) de agua

Abfluß (m) des Kühlwassers in Sickergruben
running of cooling water into settling pits
écoulement (m) de l'eau de refroidissement dans des puits de filtration

стеканіе (n) охлаждающей воды въ сточныя канавы *или* ямы
scarico (m) dell' acqua di raffreddamento in pozzi filtranti 5
salida (f) *ó* evacuación (f) del agua de refrigeración á pozos de filtración

---

Umlaufkühlung (f)
circulating cooling system
refroidissement (m) par circulation

циркуляціонное охлажденіе (n)
disposizione (m) di raffreddamento a circolazione 6
refrigeración (f) por circulación

Kühlung (f) durch selbsttätigen Umlauf
automatic circulation
refroidissement (m) par thermosiphon

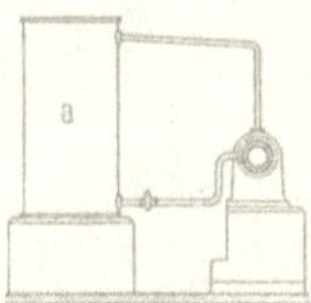

охлажденіе (n) посредствомъ автоматической циркуляціи
raffreddamento (m) per circolazione a termosifone 7
enfriamiento (m) por circulación automática *ó* por termosifón

---

Kühlwassergefäß (n)
cooling water tank
réservoir (m) d'eau froide

a

сосудъ (m) съ охлаждающей водой
recipiente (m) di acqua fredda 8
depósito (m) del agua de refrigeración

Umlaufpumpe (f), Zirkulationspumpe (f)
circulating pump
pompe (f) de circulation

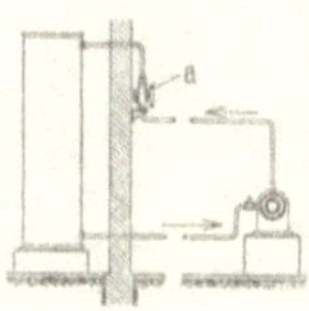

a

циркуляціонный насосъ (m)
pompa (f) di circolazione 9
bomba (f) de circulación

1	Wasserrückkühlung (f) durch Rippenkörper cooling the water by gilled *or* ribbed pipes (radiators) refroidissement (m) d'eau par radiateur à ailettes		обратное охлажденіе (n) воды посредствомъ ребристыхъ холодильниковъ *или* охладителей raffreddamento (m) dell'acqua con radiatore ad alette refrigeración (f) de agua por radiadores de aletas
2	Rippenkühler (m) gilled *or* ribbed cooler, radiator radiateur (m) à ailettes	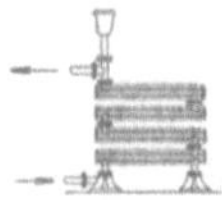	ребристый холодильникъ (m) *или* охладитель (m) radiatore (m) ad alette radiador (m) *ó* refrigerador (m) de aletas
3	Wasserrückkühlung (f) durch Gradierwerk cooling of water by means of a cooling tower refroidissement (m) de l'eau par réfrigérant à fascines		обратное охлажденіе (n) воды посредствомъ градирни raffreddamento (m) d'acqua con apparato a gradini refrigeración (f) del agua por torre refrigeradora
4	Gradierwerk (n) cooling tower réfrigérant (m) à fascines	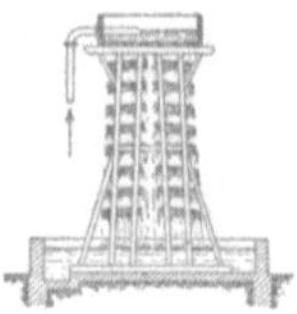	градирня (f) torre (f) di refrigerazione torre (f) refrigeradora
5	natürlicher Luftzug (m) natural air draught tirage (m) naturel		естественная тяга (f) tirata (f) naturale d'aria corriente (f) natural de aire
6	Ventilatorkühler (m) fan cooler réfrigérant (m) à ventilateur	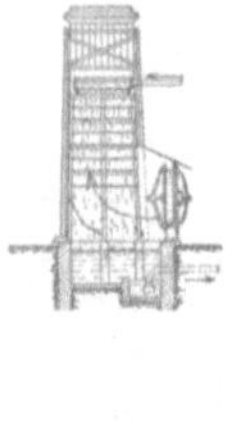	холодильникъ (m) *или* охладитель (m) съ вентиляторомъ refrigeratore (m) a ventilatore refrigerador (m) con ventilador
7	künstlich erzeugter Luftzug (m) artificial draught courant (m) d'air forcé, tirage (m) forcé		искусственная тяга (f) tirata (f) *o* corrente (m) d'aria ottenuta artificialmente corriente (f) de aire forzado
8	Verdampfungskühlung (f) cooling by evaporation refroidissement (m) par évaporation		охлажденіе (n) испареніемъ raffreddamento (m) a vaporizzazione refrigeración (f) por vaporización

VII.

Gesamtanlagen
Complete Plants *or* Installations
Installations complètes

Полныя Установки
Impianti completi
Instalaciones completas

Ortsfeste Anlagen
Stationary Plants
Installations fixes

Неподвижныя *или* Постоянныя Установки
Impianti fissi
Instalaciones fijas 1

Maschinenart (f)
type of engine
genre (m) *ou* type (m) de moteur

типъ (m) машины
tipo (m) *o* genere (m) di macchina
tipo (m) *ó* clase (f) de motor 2

Gasmaschine (f), Gasmotor (m)
gas engine
moteur (m) à gaz

газовый двигатель (m)
motore (m) a gas, motore (m) a stoppio
motor (m) de gas 3

Großgasmaschine (f)
gas engine for high power, large gas engine
gros moteur (m) à gaz, moteur (m) à gaz de grande puissance

газовый двигатель (m) большой мощности
motore (m) a gas di grande potenza
motor (m) de gas de gran potencia 4

Kleingasmaschine (f)
small gas engine
petit moteur (m) à gaz, moteur (m) à gaz de faible puissance

газовый двигатель (m) малой мощности
motore (m) a gas di piccola potenza
motor (m) de gas de pequeña potencia 5

Gichtgasmaschine (f)
waste gas engine, blast furnace gas engine
moteur (m) à gaz de haut fourneau

[газовый] двигатель (m) для колошниковаго газа
motore (m) a gas degli alti forni
motor (m) de gas de altos hornos 6

1 Koksofengasmaschine(f)
coke-oven gas engine
moteur (m) à gaz de four à coke

[газовый] двигатель(m) для газа коксовальныхъ печей
motore (m) a gas di forno da coke
motor (m) de gas de horno de cok

---

2 Kraftgasmaschine (f)
producer-gas engine
moteur (m) à gaz pauvre

[газовый] двигатель(m) для силового газа
motore (m) a gas povero *o* a gas economico
motor (m) de gas pobre

---

3 Wassergasmaschine (f)
water-gas engine
moteur (m) à gaz d'eau

[газовый] двигатель(m) для водяного газа
motore (m) a gas d'acqua
motor (m) de gas de agua

---

4 Leuchtgasmaschine (f)
coal-gas *or* town-gas engine
moteur (m) à gaz d'éclairage

]газовый] двигатель (m) для свѣтильнаго газа
motore (m) a gas illuminante
motor (m) de gas de alumbrado

---

5 Ölmaschine (f)
oil engine
moteur (m) à huile

двигатель (m) для жидкаго топлива
motore (m) ad essenza
motor (m) de aceite

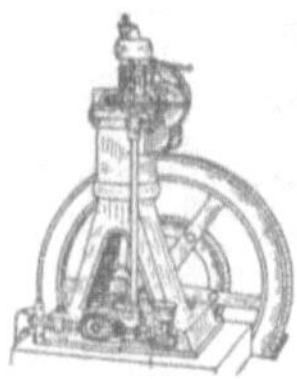

6 Dieselmaschine (f), Dieselmotor (m)
Diesel engine *or* motor
moteur (m) Diesel

двигатель (m) Дизеля
motore (m) Diesel
motor (m) Diesel

---

7 Bankimaschine (f), Bankimotor (m)
Banki engine
moteur (m) Banki

двигатель (m) Банки
motore (m) Banki
motor (m) Banki

---

8 einfachwirkende Viertaktmaschine (f)
single-acting four stroke cycle engine
moteur (m) à quatre temps à simple effet

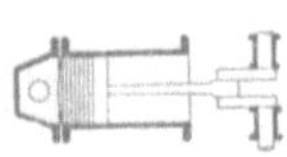

четырёхтактный двигатель (m) простого дѣйствія
motore (m) a quattro tempi a effetto semplice
motor (m) de cuatro tiempos y de simple efecto

---

9 doppeltwirkende Viertaktmaschine (f)
double-acting four stroke cycle engine
moteur (m) à quatre temps à double effet

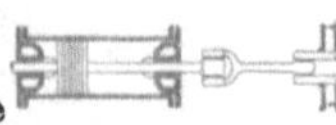

четырёхтактный двигатель (m) двойного дѣйствія
motore (m) a quattro tempi a doppio effetto
motor (m) de cuatro tiempos y de doble efecto

---

10 einfachwirkende Zweitaktmaschine (f)
single-acting two stroke cycle engine
moteur (m) à deux temps à simple effet

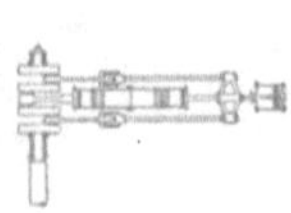

двухтактный двигатель (m) простого дѣйствія
motore (m) a due tempi a semplice effetto
motor (m) de dos tiempos y de simple efecto

doppeltwirkende Zweitaktmaschine (f)
double-acting two stroke cycle engine
moteur (m) à deux temps à double effet

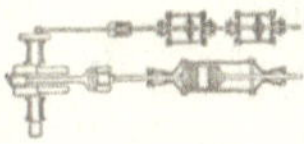

двухтактный двигатель (m) двойного дѣйствія
motore (m) a due tempi 1
a doppio effetto
motor (m) de dos tiempos y de doble efecto

Maschinenanordnung (f)
arrangement of engine
disposition (f) du moteur

расположеніе (n) двигателя; устройство (n) двигателя
disposizione (f) del mo- 2
tore
disposición (f) del motor

---

stehender Motor (m)
vertical engine
moteur (m) vertical

вертикальный двигатель (m)
motore (m) verticale 3
motor (m) vertical

Bockmotor (m)
vertical engine with crank shaft above cylinder
moteur (m) pilon renversé, moteur (m) vertical à arbre supérieur

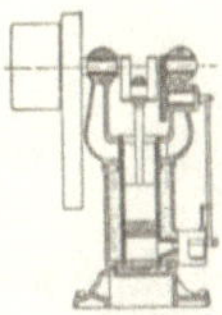

вертикальный обращённый двигатель (m) (съ кореннымъ валомъ надъ цилиндромъ)
motore (m) verticale a 4
manovella in alto
motor (m) vertical con cilindro inferior (tipo pilón)

Standmotor (m)
pedestal engine
moteur (m) pilon

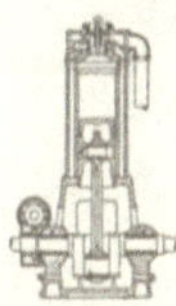

вертикальный прямой двигатель (m) (съ кореннымъ валомъ подъ цилиндромъ)
motore (m) verticale a 5
cilindro in alto
motor (m) vertical sistema marino ó de pilón

---

vertikale Kapselmaschine (f)
enclosed vertical engine
moteur (m) vertical à carter

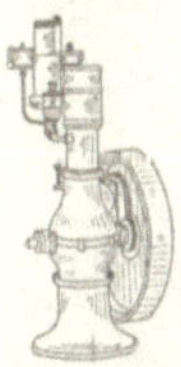

вертикальный закрытый двигатель (m)
motore (m) verticale a
capsula (o carter) 6
chiusa
motor (m) vertical acorazado ó protegido

---

liegender Motor (m)
horizontal engine
moteur (m) horizontal

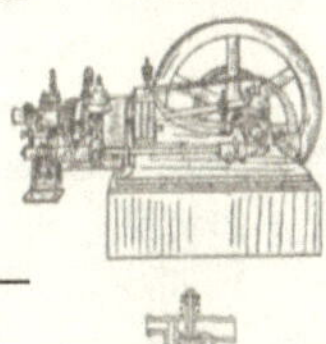

горизонтальный двигатель (m) 7
motore (m) orizzontale
motor (m) horizontal

Balancemaschine (f)
balanced engine
moteur (m) équilibré

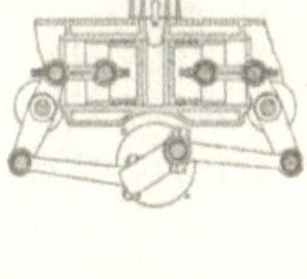

двигатель (m) съ балансирами *или* коромыслами 8
motore (m) a bilanciere
motor (m) de balancines

1	Einzylindermaschine (f) single-cylinder engine moteur (m) monocylindrique *ou* à un [seul] cylindre	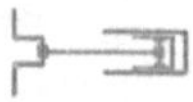	одноцилиндровый двигатель (m) motore (m) manocilindrico *o* ad un cilindro motor (m) de un cilindro
2	Mehrzylindermaschine (f) multi-cylinder engine moteur (m) polycylindrique *ou* à plusieurs cylindres		многоцилиндровый двигатель (m) motore (m) a più cilindri motor (m) de varios cilindros *ó* policilindrico
3	Mehrzylinderanordnung (f) multi-cylinder arrangement disposition (f) polycylindrique		расположенiе (n) цилиндровъ disposizione (f) a più cilindri *o* policilindrica disposición (f) de varios cilindros
4	Zwillingmaschine (f), Zwilling (m) twin-cylinder engine moteur (m) jumelé		сдвоенный двигатель (m) motore (m) gemello motor (m) jemelo
5	gleichläufige Kolben (m pl) pistons working in the same direction pistons (m pl) de même sens	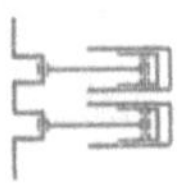	поршни (m pl), идущiе въ одномъ направленiи; согласно движущiеся поршни stantuffi con manovelle a 0° émbolos (m pl) en el mismo sentido *ó* de carrera simultánea
6	gegenläufige Kolben (m pl) pistons working in opposite directions pistons (m pl) de sens contraire	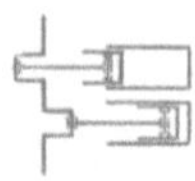	поршни (m pl), идущiе въ противоположныхъ направленiяхъ stantuffi (m pl) con manovelle a 180° émbolos (m pl) de carreras opuestas
7	Gegenzwilling (m) two-cylinder engine with opposed cylinders moteur (m) à cylindres opposés	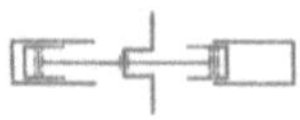	сдвоенный двигатель (m) съ противолежащими цилиндрами motore (m) gemello a cilindri contrapposti motor (n) gemelo con cilindros opuestos
8	Doppelzwilling (m) double twin-cylinder engine with opposed cylinders moteur (m) double jumelé	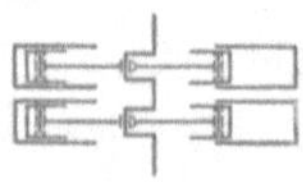	двойной сдвоенный двигатель (m) motore (m) gemello doppio (a cilindri contrapposti) motor (m) gemelo doble
9	Tandemmaschine (f), Reihenmaschine (f) tandem-cylinder engine moteur (m) tandem	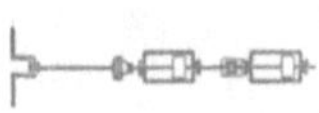	двигатель (m) тэндемъ motore (m) tandem, motore (m) con cilindri accodati *o* in tandem motor (m) tandem

Zwillingreihenmaschine (f), Doppelreihenmaschine (f)
twin-cylinder tandem engine
moteur (m) double tandem

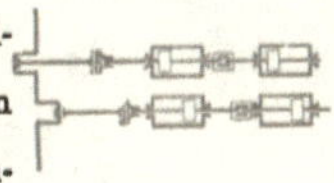

двойной двигатель (m) тэндемъ; сдвоенный тандэмъ (m)
motore (m) tandem doppio, motore (m) gemello a cilindri accodati *o* in tandem 1
motor (m) en doble tandem

Drilling (m), Drillingmaschine (f), Drillingmotor (m)
three-cylinder engine
moteur (m) triple

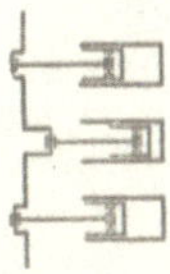

строенный двигатель (m); трехцилиндровый двигатель 2
motore (m) triplice, motore (m) a tre cilindri
motor (m) triple

Transmissionsantrieb (m)
driving of shafting
commande (f) de transmission

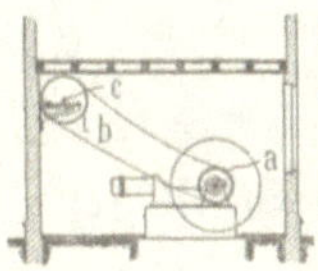

приводъ (m); трансмиссія (f)
comando (m) di trasmissione, trasmissione (f) del motore 3
impulsión (f) *ó* mando (m) de la transmisión

Treibscheibe (f), Antriebscheibe (f)
driving pulley
poulie (f) menante *ou* motrice *ou* de commande

a

ведущій шкивъ (m)
puleggia (f) motrice 4
polea (f) motriz *ó* de mando

Gegenscheibe (f), getriebene Scheibe (f)
following *or* driven pulley
poulie (f) menée *ou* commandée

b

ведомый шкивъ (m)
puleggia (f) condotta *o* comandata 5
polea (f) mandada *ó* impulsada *ó* dirigida

Vorgelegewelle (f)
countershaft
arbre (m) de renvoi

c

передаточный валъ (m)
albero (m) di trasmissione, contralbero (m) 6
árbol (m) de transmisión

Riemenantrieb (m)
belt drive, belt gearing
commande (f) par courroie

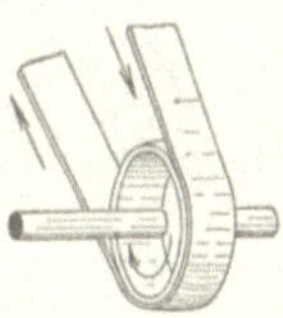

ременная передача (f)
trasmissione (f) a cigna 7
impulsión (f) por correa

Riemenspannung (f)
tension of belt
tension (f) de courroie

натяженіе (n) ремня
tensione (f) della cigna 8
tensión (f) de la correa

Auflegespannung (f)
mounting tension
tension (f) de montage

предварительное натяженіе (n) при накладываніи ремня
tensione (f) di montaggio, tensione (f) di montatura *ó* a vuoto 9
tensión (f) de montaje

1 Schlagen (n) des Riemens
flapping of the belt
flottement (m) de la courroie

ремень (m) хлопаетъ *или* бьётъ
sbattere (m) della cinghia, oscillazione (f) della cigna
saltos (m pl) de la correa

---

2 Gleiten (n) *oder* Rutschen (n) des Riemens
slipping of the belt
glissement (m) *ou* patinage (m) de la courroie

скольженіе (n) ремня
scorrimento (m) *o* slittamento (m) della cigna
resbalamiento (m) de la correa

---

3 Riemen (m)
belt
courroie (f)

ремень (m)
cigna (f), cinghia (f)
correa (f)

---

4 Riemenbreite (f)
width of belt
largeur (f) de courroie

a

b

ширина (f) ремня
larghezza (f) di cigna
ancho (m) de correa

---

5 Riemendicke (f), Riemenstärke (f)
thickness of belt
épaisseur (f) de courroie

толщина (f) ремня
grossezza (f) *o* spessore (m) di cigna
grueso (m) de correa

---

6 Fleischseite (f) des Riemens
rough *or* flesh side of belt
côté (m) chair de la courroie

a

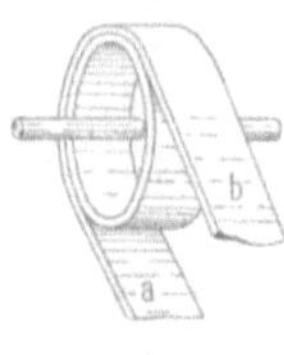

b

шероховатая *или* мяситая сторона (f) ремня
parte (f) naturale di cigna, superficie (f) della cigna verso il corpo dell' animale
cara (f) brillante de la correa

---

7 Haarseite (f) des Riemens
smooth *or* hair side of belt
côté (m) poil de la courroie

лицевая *или* волосистая гладкая сторона (f) ремня
parte (f) conciata di cigna, superficie (f) della cigna dalle parte del pelo
cara (f) rugosa de correa

---

8 Riemenschraube (f)
belt screw, belt jack
vis (f) à courroie

винтъ (m) для соединенія концовъ ремня; винтовая сцѣпка (f) для ремней
vite (f) per collegare cigne
tornillo (m) *ó* broche (m) para correa

Riem[en]scheibe (f)
belt pulley
poulie (f)

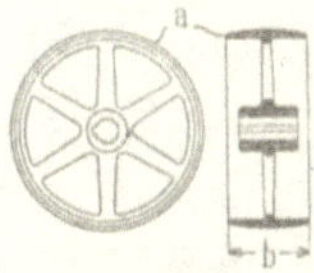

ременный шкивъ (m)
puleggia (f) per cigna 1
polea (f)

Seiltrieb (m)
rope drive *or* rope gearing
transmission (f) par câble

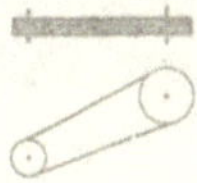

канатная передача (f)
trasmissione (f) a fune *od* a corda 2
transmisión (f) por cable *ó* por cuerda

Seilspannung (f)
rope tension
tension (f) de câble

натяженіе (n) каната
tensione (f) di fune 3
tensión (f) de cable

Seil (n)
rope
câble (m), corde (f)

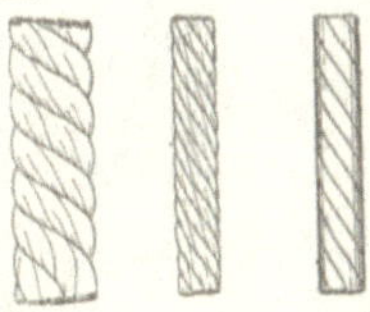

канатъ (m)
fune (f), corda (f) 4
cable (m), cuerda (f)

Hanfseil (n)
hemp rope
câble (m) de chanvre

пеньковый канатъ (m)
corda (f) di canapa 5
cuerda (f) de cáñamo

Stahldrahtseil (n)
steel-wire rope
câble (m) en acier

канатъ (m) изъ стальной проволоки; тросъ (m)
fune (f) *o* corda (f) d'acciaio 6
cable (m) de acero

Seilscheibe (f), Seilrolle (f)
rope pulley
poulie (f) à gorge

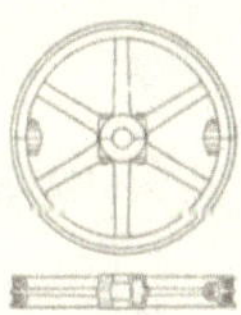

канатный шкивъ (m)
puleggia (f) per fune 7
polea (f) para cable *ó* de garganta

Seilsteifigkeit (f)
stiffness of rope
raideur (f) *ou* rigidité (f) du câble

жёсткость (f) каната
rigidezza (f) della fune 8
rigidez (f) del cable

---

unmittelbare *oder* direkte Kupplung (f) von Verbrennungs- und Arbeitsmaschine
direct coupling an internal combustion engine to the working machine
accouplement (m) direct du moteur à combustion avec la machine opératrice

непосредственное соединеніе двигателя внутренняго сгоранія съ рабочей машиной
accoppiamento (m) diretto del motore a combustione colla macchina operatrice 9
acoplamiento (m) directo del motor de combustión con la máquina operadora

1 Maschinenaggregat (n)
set
groupe (m) de machines

комплектъ (m) *или* аггрегатъ (m) *или* группа машинъ
gruppo (m) di macchine
grupo (m) de máquinas

---

2 Gasdynamo (f)
gas-driven dynamo
dynamo (f) à gaz

газодинамо (f)
dinamo (f) a gas, motore (m) a gas direttamento accoppiato con dinamo
dinamo (m) por gas

---

3 Gasgebläse (n)
gas-driven blowing engine
[machine (f)] soufflante (f) à gaz, soufflerie (f) à gaz

воздуходувная машина (f) въ прямомъ соединенiи съ газовымъ двигателемъ
ventilatore (m) a gas, motore (m) a gas direttamento accoppiato con ventilatore
fuelle (m) ó soplador (m) mecánico por gas

---

4 doppeltwirkende Zweitaktmaschine (f) mit Kanalisationspumpe
double acting two stroke cycle engine driving sewage pump
moteur (m) à deux temps à double effet avec pompe de circulation

двухтактный двигатель (m) двойного дѣйствiя съ канализацiоннымъ насосомъ
motore (m) a gas a due fasi a doppio effetto direttamento unito con pompa che alimenta una conduttura
motor (m) de dos tiempos de doble efecto con bomba de circulación

---

5 Kleinmotor (m) mit Frischwasserpumpe
small gas engine driving fresh-water pump
petit (m) moteur avec pompe de circulation

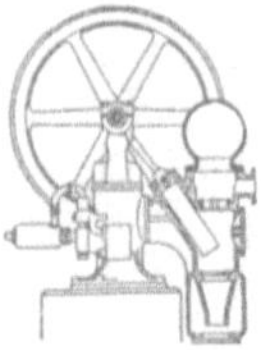

двигатель (m) малой мощности *или* мелкiй двигатель съ насосомъ для подачи охлаждающей воды
piccolo motore (m) accoppiato con pompa
pequeño motor (m) con bomba de circulación

---

6 Kolbenpumpe (f) mit Stirnradantrieb
piston pump with spur gearing
pompe (f) à piston à commande par engrenage droit

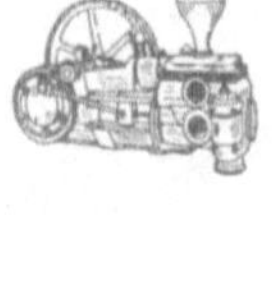

поршневой насосъ (m) съ приводомъ цилиндрическими зубчатыми колесами *или* съ цилиндрической зубчатой передачей
pompa (f) a stantuffo con trasmissione a ruote dentate (cilindriche)
bomba (f) de émbolo con transmisión por engranajes

Zentrifugalpumpe (f) mit Ölantrieb
centrifugal pump driven by oil engine
pompe (f) centrifuge avec moteur à huile

центробѣжный насосъ въ соединенiи (m) съ двигателемъ жидкаго топлива
pompa (f) centrifuga 1
comandata da motore ad essenza
bomba (f) centrífuga con motor de aceite

Brunnenpumpe (f) mit Ölantrieb
well pump driven by oil engine
pompe (f) de puits avec moteur à huile

колодезный насосъ (m) въ соединенiи съ двигателемъ жидкаго топлива
pompa (f) da pozzo comandata da motore ad 2
essenza
bomba (f) para pozo acoplada á un motor de petróleo

Gashammer (m)
hammer driven by gas engine, gas hammer
marteau (m) pilon à gaz

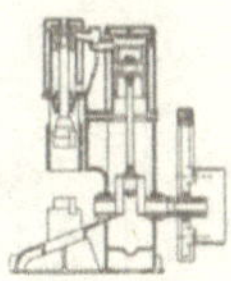

газовый молотъ (m)
maglio (m) a gas 3
martillo (m) de gas

---

elektrische Zentrale (f), Elektrizitätswerk (n)
electric central station
centrale (f) électrique

центральная электрическая станцiя (f)
centrale (f) *o* stazione (f)
elettrica 4
central (f) de electricidad, central (f) eléctrica

Hauszentrale (f)
isolated *or* individual electric plant
centrale (f) domestique *ou* privée

частная *или* домовая станцiя (f)
centrale (f) domestica,
centrale (f) per uso 5
di casa
central (f) doméstica

[Häuser-] Blockzentrale (f)
local generating station
centrale (f) d'ilôt de maisons *ou* de pâté de maisons

блокстанцiя (f): центральная станцiя (f) для цѣлаго ряда домовъ
centrale (f) per un com-
plesso di edifizi, cen- 6
trale (f) per un gruppo di case
central (f) para un grupo ó conjunto de edificios

Stadtzentrale (f)
municipal central station
centrale (f) urbaine

городская (центральная) станцiя (f)
centrale (f) urbana, cen- 7
trale (f) di una città
central (f) urbana

1 Überlandzentrale (f)
long-distance central station
centrale (f) interurbaine

междугородняя центральная станція (f); центральная станція для передачи на далёкое разстояніе
centrale (f) intercomunale, centrale (f) di una regione
central (f) interurbana

---

2 Gasantrieb (m)
driving by gas power
commande (f) à gaz

работа (f) газомъ
comando (m) a gas, movimento (m) a gas
impulsión (f) por gas

---

3 Dynamo (f)
dynamo, generator
dynamo (f), génératrice (f)

динамо (f); динамомашина (f)
dinamo (f), generatrice (f)
dinamo (f), generadora (f)

---

4 Gleichstromdynamo (f), Gleichstromerzeuger (m), Gleichstromgenerator (m)
continuous *or* direct current generator, continuous current dynamo
génératrice (f) à courant continu, dynamo (f) à courant continu

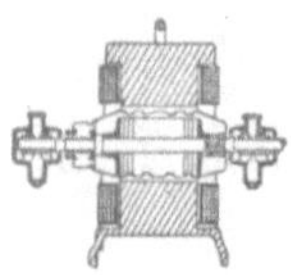

динамомашина (f) *или* генераторъ (m) постояннаго тока
dinamo (m) a corrente continua
dinamo (m) de corriente continua

---

5 Hauptschlußdynamo (f), Hauptschlußerzeuger (m), Seriendynamo (f)
series dynamo, series generator, series wound dynamo
dynamo (f) [excitée] en série

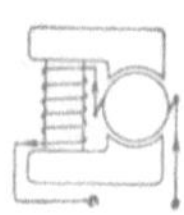

динамомашина (f) съ послѣдовательнымъ возбужденіемъ
dinamo (m) in serie
dinamo (f) en serie

---

6 Nebenschlußdynamo (f), Nebenschlußerzeuger (m)
shunt dynamo, shunt generator, shunt-wound dynamo
génératrice (f) *ou* dynamo (f), shunt, génératrice (f) *ou* dynamo (f) [excitée] en dérivation

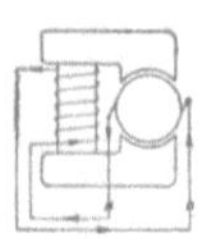

шунтовая динамомашина (f); динамомашина съ отвѣтвлённымъ *или* параллельнымъ возбужденіемъ
dinamo (m) in derivazione
dinamo (f) en derivación; dinamo (f) shunt

---

7 Compounddynamo (f), Doppelschlußdynamo (f), Doppelschlußerzeuger (m), Verbunddynamo (f)
compound dynamo
dynamo (f) compound

динамо (f) компаундъ
dinamo (f) compound
dinamo (f) compound

Wechselstromdynamo (f), Wechselstromerzeuger (m), Wechselstromgenerator (m), Alternator (m)
alternating current generator, alternate current generator, alternating current dynamo, alternator
alternateur (m), génératrice (f) à courant alternatif, dynamo (f) à courant alternatif

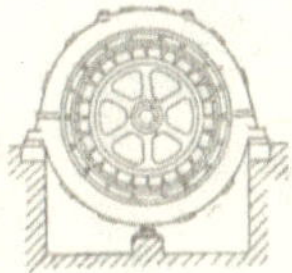

генераторъ (m) *или* динамомашина (f) перемѣннаго тока; альтернаторъ (m)
dinamo (f) a corrente alternata, alternatore (m) 1
dinamo (f) de corriente alterna, alternador (m)

Drehstromdynamo (f), Dreiphasenstromerzeuger (m), Dreiphasendynamo (f)
three-phase generator, triphaser
alternateur (m) triphasé, dynamo (f) *ou* génératrice (f) triphasée

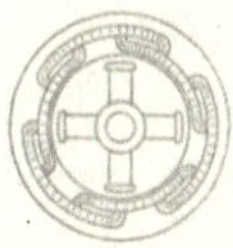

генераторъ (m) *или* динамомашина (f) *или* альтернаторъ (m) трёхфазнаго тока
dinamo (f) a corrente trifase; dinamo (f) a campo ruotante 2
dinamo (f) de corriente trifásica, alternador (m) trifásico

Magnetgestell (n)
magnet frame, field frame
bâti (m) *ou* carcasse (f) magnétique

магнитный *или* индукторный остовъ (m); станина (f) съ магнитами
carcassa (f) magnetica, intelaiatura (f) dei magneti 3
armazón (m) magnético

Feldmagnet (m)
field magnet
aimant (m) de champ

магнитный индукторъ (m); электромагнитъ (m)
magnete (m) di campo, campo (m) magnetico 4
imán (m) de campo

Magnetwicklung (f)
field coil
enroulement (m) d'aimant *ou* d'inducteur

обмотка (f) электромагнита
avvolgimento (m) del magnete 5
arrollamiento (m) de imán

Anker (m), Läufer (m), Rotor (m)
armature, rotor
induit (m), rotor (m)

якорь (m); роторъ (m)
indotto (m), rotore (m), ancora (f), armatura (f) 6
inducido (m), rotor (m)

Anker[be]wicklung (f)
armature winding
enroulement (m) *ou* bobinage (m) d'induit

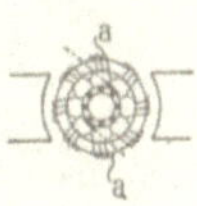

a, a

обмотка (f) якоря
avvolgimento (m) d'indotto *o* dell'armatura 7
arrollamiento (m) del inducido

1 Kollektor (m), Stromsammler (m), Stromwender (m), Kommutator (m)
commutator
collecteur (m); (dans machines à courant continu, parfois:) commutateur (m)

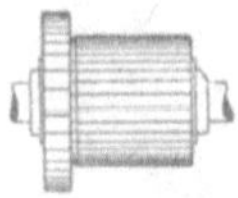

коллекторъ (m)
collettore (m), commutatore (m)
colector (m)

---

2 Stromabnehmer (m), Bürste (f)
brush
balai (m)

щётка (f)
spazzola (f)
escobilla (f)

---

3 Verstellung (f) der Bürsten
displacement of brushes, brush displacement, brush shifting
déplacement (m) *ou* décalage (m) des balais

перестановка (f) *или* сдвигъ (m) щётокъ
spostamento (m) delle spazzole
desplazamiento (m) de las escobillas

---

4 Schalttafel (f), Schaltbrett (n)
switchboard
tableau (m) de distribution

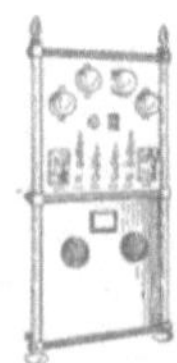

распредѣлительная *или* коммутаціонная доска (f)
quadro (m) di distribuzione
cuadro (m) de distribución

---

5 Voltmeter (n), Spannungsmesser (m), Spannungs[an]zeiger (m), Voltmesser (m)
voltmeter
voltmètre (m)

вольтметръ (m)
volt[o]metro (m)
voltímetro (m)

---

6 Spannung (f)
voltage
tension (f), voltage (m)

напряженіе (n)
tensione (f), voltaggio (m)
tensión (f), voltaje (m)

---

7 Phasenspannung (f)
phase voltage
voltage (m) de phase, tension (f) de phase, tension (f) simple

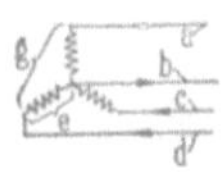

e

фазное *или* фазовое напряженіе (n)
tensione (f) di fase
tensión (f) de fase

---

8 verkettete Spannung (f)
interlinked voltage
tension (f) composée, tension (f) entre phases reliées

g

главное *или* сопряжённое напряженіе (n)
tensione (f) tra fasi concatenate
tensión (f) entre fases unidas

---

9 Amperemeter (n), Strommesser (m), Strom[an]zeiger (m)
amperemeter, ammeter
ampèremètre (m), ammètre (m)

амперметеръ (m); амметръ (m)
amperometro (m)
amperómetro (m)

Stromstärke (f), Stromintensität (f) current, strength of current intensité (f) *ou* ampérage (m) du courant		сила (f) *или* интенсивность (f) тока intensità (f) di corrente intensidad (f) de corriente	*1*
Wattmeter (n) wattmeter wattmètre (m)	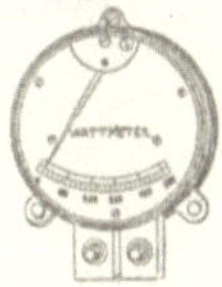	ваттметръ (m); уаттметръ (m) wattmetro (m) vatímetro (m)	*2*
Watt (n) watt watt (m)	w	ваттъ (m); уаттъ (m) watt (m) vatio (m)	*3*
Kilowatt (n) kilowatt kilowatt (m)	kw	киловаттъ (m) chilowatt (m) kilovatio (m)	*4*
Kilowattstunde (f) kilowatt-hour kilowatt-heure (m)	kw--h	киловаттъ-часъ (m) chilowatt-ora (m) kilovatio-hora (m)	*5*
Schalter (m) switch interrupteur (m)		выключатель (m) interruttore (m) interruptor (m)	*6*
Maximalausschalter (n) maximum cut-out, overload cut-out *or* circuit-breaker disjoncteur (m) *ou* interrupteur (m) à maxima *ou* à maximum	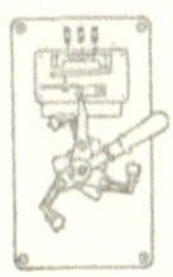	максимальный выключатель (m) interruttore (m) a massimo interruptor (m) de máxima	*7*
Zeitausschalter (m) time switch interrupteur (m) horaire *ou* à temps		выключатель (m) съ часовымъ механизмомъ interruttore (m) orario interruptor (m) horario	*8*
Sicherung (f) fuse coupe-circuit (m), fusible (m)		предохранитель (m) sicurezza (f), valvola (f) di sicurezza cortacircuito (m), fusible (m)	*9*
Gaskraftanlage (f) für Berg- und Hüttenwesen gas engine plant for mines and metallurgical works installation (f) motrice à gaz pour mines et métallurgie		установка (f) газовыхъ двигателей въ горной и горнозаводской промышленности impianto (m) di motrici a gas per miniere e ferriere instalación (f) motriz de gas para minas y metalurgia	*10*

1 Gebläsemaschine (f)
blowing engine
machine (f) soufflante, soufflante (f), soufflerie (f)

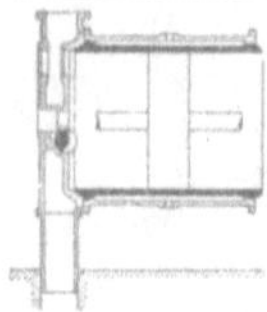

возвуходувная машина (f); воздуходувка (f)
macchina (f) soffiante, soffieria (f)
[máquina (f)] soplante (f)

---

2 Hochofengebläse (n)
blast furnace blowing engine
soufflerie (f) de haut fourneau

воздуходувная машина (f) для доменныхъ печей; доменная воздуходувка (f)
soffiante (f) per alto forno
soplante (f) para alto horno

---

3 Bessemergebläse (n)
blast for Bessemer convertor
soufflerie (f) Bessemer

воздуходувная машина (f) для бессемеровскихъ печей; бессемеровская воздуходувка (f)
soffiante (f) Bessemer
soplante (f) Bessemer

---

4 Gebläsedruck (m)
blast pressure
pression (f) du vent de la soufflerie

давленіе (n) воздуходувки *или* воздуходувной машины
pressione (f) del vento della soffiante
presión (f) del viento de la [máquina] soplante

---

5 Gebläsezylinder (m)
blowing cylinder
cylindre (m) de soufflerie

цилиндръ (m) воздуходувки *или* воздуходувной машины
cilindro (m) della soffiante
cilindro (m) de la máquina soplante

---

6 Lenkerventil (n) (von Lang-Hörbiger)
guided valve
soupape (f) commandée

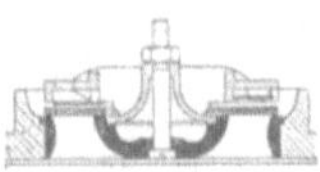

клапанъ (m) съ подвѣшенной на пружинахъ тарелкой (Лангъ-Гёрбигеръ)
valvola (f) comandata
válvula (f) accionada

---

7 rückläufiges Druckventil (n) (von Stumpf)
return pressure valve
soupape (f) de refoulement à retour (de Stumpf)

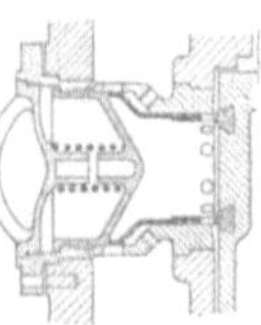

нагнетательный клапанъ (m) съ обратнымъ ходомъ Штумпфа
valvola (f) di pressione a ritorno (di Stumpf)
válvula (f) de contrapresión (de Stumpf)

---

8 Plattenventil (n) von Lindemann
Lindemann's plate valve
soupape (f) à plaques de Lindemann

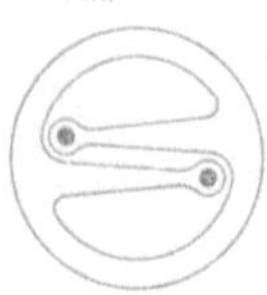

пластинчатый клапанъ (m) Линдемана
valvola (f) a piastra di Lindemann
válvula (f) de placa de Lindemann

Walzwerk (n)
rolling mill
laminoir (m)

прокатный стан[ок]ъ (m)
laminatoio (m)
[instalación (f) de] laminador (m) 1

Walzenstraße (f)
train of rolls
train (m) de laminoirs

подающіе *или* направляющіе валки (m pl); путь (m) на валкахъ 2
treno (m) di laminatoi
tren (m) de laminación

Walzenzugmaschine (f)
rolling mill engine
machine (f) de [train de] laminoir

прокатная машина (f)
macchina (f) per [treni di] laminatoi 3
máquina (f) de [tren de] laminar

Kanalisationspumpwerk (n) mit Gasantrieb
gas engine driven sewage pump
pompe (f) de canalisation avec commande à gaz

канализаціонная насосная станція (f), приводимая въ движеніе газомъ
impianto (m) di pompe per canalizzazione con motore a gas 4
instalación (f) de bombas para circulación de agua, por gas

Abwässerpumpe (f), Kanalisationspumpe (f)
sewage pump
pompe (f) de canalisation

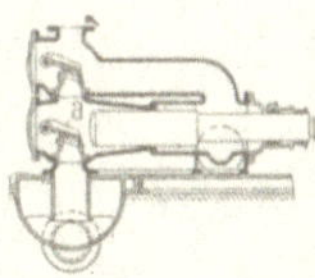

канализаціонный насосъ (m)
pompa (f) di bonifica o di prosciugamento 5
bomba (f) para servicios de agua

---

gesteuerte Klappe (f)
flap valve
clapet (m) commandé

a

управляемый клапанъ (m)
valvola (f) [a cerniera] comandata 6
válvula (f) accionada

Förderdruck (m) in m (Meter) Wassersäule
discharge pressure in m. of water
pression (f) de refoulement en m d'eau

подъёмное давленіе (n) въ м (метрахъ) водяного столба
pressione (f) di prevalenza in m di colonna d'acqua 7
presión (f) de elevación en m de agua

Fahrbare Anlagen
Portable Engine Plants
Installations transportables

Передвижныя Установки. Портативныя Установки
Impianti Locomobili 8
Instalaciones Portátiles

Lokomobile (f)
portable gas engine
locomobile (f)

локомобиль (m)
locomobile (f) a gas 9
locomóvil (f)

1	Öllokomobile (f) portable oil engine locomobile (f) à huile		локомобиль (m) съ двигателемъ для жидкаго топлива locomobile (f) a petrolio locomóvil (f) para combustibles líquidos
2	Spirituslokomobile (f) portable alcohol engine locomobile (f) à alcool		спиртовый локомобиль (m) locomobile (f) ad alcool locomóvil (f) para alcohol
3	selbstfahrende Lokomobile (f) automobile portable engine autolocomobile (f), locomobile (f) automobile		самопередвигающійся локомобиль (m); локомобиль (m) - самоходъ (m) locomobile (f) automobile locomóvil (f) automóvil
4	Ausbalancierung (f) der Lokomobilmaschine balancing of the portable engine équilibrage (m) du moteur de la locomobile		уравновѣшеніе (n) локомобильнаго двигателя equilibrio (m) del motore della locomobile equilibrado (m) del motor locomóvil
5	Spurweite (f) zwischen den Rädern track voie (f) de la locomobile	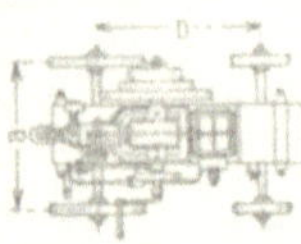 a	ширина (f) колеи distanza (f) fra le ruote, scartamento (m) distancia (f) entre las ruedas, batalla (f)
6	Radstand (m) wheel base empattement (m)	b	разстояніе (n) между осями колёсъ distanza (f) delle ruota, interasse (m) distancia (f) entre ejes
7	die Lokomobile abstützen (v) to stay the portable engine étayer (v) la locomobile		подпирать колёса локомобиля fissare (v) la locomobile acuñar (v) *ó* afianzar (v) la locomóvil
8	Radbremse (f) wheel brake frein (m) sur roue		тормазъ (m) на колесѣ; колёсный тормазъ freno (m) sulla ruota freno (m) sobre la rueda
9	Benzinmotorfeuerspritze (f) petrol engine driving fire engine pompe (f) à incendie avec moteur à essence		пожарный насосъ (m) съ бензиновымъ двигателемъ pompa (f) da incendio con motore a benzina bomba (f) de incendios con motor de bencina
10	Motorpflug (m), Pfluglokomotive (f) motor plough charrue (f) automobile		плугъ (m) съ двигателемъ; моторный плугъ aratro (m) a motore *o* automobile arado (m) automóvil, locomotora (f) *ó* tractor (m) para arar

Lokomotive (f)
locomotive
locomotive (f)

локомотивъ (m)
locomotiva (f)
locomotora (f) 1

Zugkraft (f) der Lokomotive
tractive force of locomotive
effort (m) *ou* force (f) de traction de la locomotive

сила (f) тяги локомотива
forza (f) di trazione della locomotiva
fuerza (f) de tracción de la locomotora 2

Dienstgewicht (n)
gross weight, weight in working order
poids (m) en ordre de service *ou* de marche

рабочій вѣсъ (m)
peso (m) in ordine di servizio
peso (m) [en orden] de servicio 3

Straßenlokomotive (f)
traction engine
locomotive (f) routière, tracteur (m)

локомотивъ (m) для грунтовыхъ дорогъ
locomotiva (f) stradale
locomotora (f) *ó* tractor (m) para carreteras 4

Gleislokomotive (f)
railroad *or* tramway locomotive
locomotive (f) sur rails

рельсовый локомотивъ (m)
locomotiva (f) su rotaie 5
locomotora (f) para vías férreas

Kleinbahnlokomotive(f)
narrow gauge locomotive
locomotive (f) à voie étroite

локомотивъ (m) для подъѣздныхъ путей
locomotiva (f) per ferrovia a scartamento ridotto 6
locomotora (f) para vía estrecha

Feldbahnlokomotive (f)
locomotive for military railway
locomotive (f) de campagne

локомотивъ (m) для полевыхъ путей
locomotiva (f) da campagna 7
locomotora (f) para vía portátil

Grubenlokomotive (f)
mine locomotive
locomotive (f) de mine

шахтный локомотивъ (m)
locomotiva (f) da miniera 8
locomotora (f) minera *ó* para minas

Gasbahn (f)
railway with gas-driven locomotives
chemin (m) de fer à gaz

газовая желѣзная дорога (f)
ferrovia (f) a gas 9
ferro-carril (m) con locomotoras de gas

1 Gaslokomotive (f)
gas engine locomotive
locomotive (f) à gaz

газовый локомотивъ (m)
locomotiva (f) a gas
locomotora (f) de gas

---

2 Betrieb (m) mit stark verdichtetem Leuchtgas
working with highly compressed lighting gas
exploitation (f) au gaz d'éclairage fortement comprimé

работа (f) сильно сжатымъ свѣтильнымъ газомъ
esercizio (m) a gas illuminante compresso
explotación (f) con gas de alumbrado de elevada presión

VIII.

Betrieb und Untersuchung
Working and Testing
Fonctionnement et Épreuve
Работа Двигателей и Ихъ Испытанiе
Esercizio e Prova
Servicio y Prueba

Betrieb
Working, Running
Fonctionnement, Marche, Service
Работа. Дѣйствiе
Esercizio 1
Servicio

Großbetrieb (m)
working of large plants
exploitation (f) sur grande échelle, grande usine (f)
работа (f) *или* дѣйствiе (n) крупныхъ установокъ
esercizio (m) in grande (grande industria (f)) 2
explotación (f) en gran escala

Kleinbetrieb (m)
working of small plants
exploitation (f) sur petite échelle, petite usine (f)
работа (f) *или* дѣйствiе (n) небольшихъ установокъ
esercizio (m) in piccolo, (piccola industria (f)) 3
explotación (f) en pequeña escala

Dauerbetrieb (m)
continuous working
fonctionnement (m) continu, marche (f) continue
продолжительная работа (f); непрерывное дѣйствiе (n)
esercizio (m) permanente 4
servicio (m) permanente

unterbrochener *oder* intermittierender Betrieb (m)
intermittent working
fonctionnement (m) intermittent, marche (f) intermittente
дѣйствiе (n) съ перерывами
esercizio (m) interrotto *o* intermittente 5
servicio(m) intermitente

Betrieb[s]bereitschaft (f)
(state of) being ready for working
ordre (m) de marche
готовность (f) къ работѣ *или* къ дѣйствiю
essere (m) pronto ad entrare in servizio 6
disponibilidad (f) de servicio

1 Handlichkeit (f) der Betriebteile
accessibility of the parts
maniabilité (f) des organes
удобство (n) пользованія принадлежностями для работы
maneggiabilità (f) degli organi
manuabilidad (f) de las piezas de servicio

---

2 Betrieb[s]sicherheit (f)
reliability
sécurité (f) de service
безопасность (f) работы *или* дѣйствія
sicurezza (f) del lavoro
seguridad (f) de funcionamiento

---

3 betrieb[s]sicher (adj)
in good working order, reliable
d'un service sûr
надежный въ работѣ *или* въ дѣйствіи
di funzionamento sicuro
de funcionamiento seguro

---

4 betrieb[s]gefährlich (adj)
not in good working order, unreliable, liable to break down
d'un service dangereux
ненадёжный въ работѣ *или* въ дѣйствіи
di funzionamento pericoloso
de funcionamiento peligroso

---

5 betrieb[s]fähig (adj)
in working order
en ordre de service *ou* de marche
готовый къ дѣйствію *или* къ работѣ
in ordine di servizio
en disposición de funcionar, en orden de servicio

---

6 den Betrieb aufnehmen (v)
to start work
mettre (v) en train *ou* entamer (v) l'exploitation
пустить машину работать; начать эксплоатацію
mettere (v) in servizio
empezar (v) el servicio *ó* la explotación

---

7 Maschinenbetrieb (m)
working of engines
marche (f) de machines
дѣйствіе (n) *или* работа (f) машинъ
servizio (m) a macchina
trabajo (m) mecánico *ó* de las máquinas

---

8 die Maschine in Betrieb nehmen (v)
to start the engine
mettre (v) la machine en activité *ou* en train *ou* en service
принять машину въ работу
mettere (v) la macchina in servizio *o* in lavoro
poner (v) una máquina en marcha

---

9 die Ausführung der Maschine prüfen (v)
to inspect the engine construction
vérifier (v) *ou* éprouver (v) l'exécution de la machine
испытать *или* изслѣдовать выполненіе машины
esaminare (v) l'esecuzione della macchina
examinar (v) la construcción *ó* la ejecución de una máquina

den Kolben auf Dichtheit prüfen (v)
to examine the piston for leakage
vérifier (v) *ou* éprouver (v) l'étanchéité du piston

испытать плотность поршня
provare (v) la tenuta dello stantuffo 1
examinar (v) el buen ajuste del émbolo

Porosität (f) der Zylinderwandung
porosity of the cylinder wall
porosité (f) de la paroi du cylindre

пористость (f) *или* скважность (f) стѣнокъ цилиндра
porosità (f) della parete del cilindro 2
porosidad (f) de la pared del cilindro

---

die Poren durch Dichthämmern schließen (v)
to close the pores by hammering, paning *or* peening
fermer (v) les pores par martelage

подчеканить пористыя мѣста
chiudere (v) i pori con presellatura 3
cerrar (v) los poros martillandolos

Formsandreste (m pl) [im Ventilgehäuse]
grit *or* moulding sand (left in the valve chest)
restes (m pl) de sable de moulage [dans la chapelle des soupapes]

остатки (m pl) формовочнаго песка [въ коробкѣ клапана]
residui (m pl) di sabbia (nelle capsule delle valvole) 4
restos (m pl) de arenilla del molde (en la caja de la válvula)

---

eingeschliffene Riefen (f pl) im Zylinder
grooves (pl) cut *or* scored in the cylinder
rayures (f pl) *ou* stries (f pl) dans le cylindre

бороздки (f pl) въ цилиндрѣ
rigature (f pl) nel cilindro 5
estrías (f pl) *ó* rajas (f pl) en el cilindro

---

festgeschlagene Sandkörner (n pl)
grit embedded in the cylinder surface
grains (m pl) de sable encastrés [dans .....]

вкрапины (f pl) песку
granelli (m pl) di sabbia incastrati nelle pareti 6
granos (m pl) de arena incrustados en . . .

---

weicher Gang (m) der Gelenke
smooth working of the bearings (crank pin and gudgeon pin)
marche (f) douce *ou* silencieuse des articulations

легкій ходъ (m) въ шарнирахъ
andamento (m) dolce delle articolazioni 7
marcha (f) dulce *ó* suave de las articulaciones

---

die Maschine in Betrieb setzen (v)
to start the engine
mettre (v) la machine en marche

пустить машину въ ходъ
mettere (v) la macchina in moto 8
poner (v) en marcha la máquina

1	die Schmierapparate einstellen (v) to adjust the lubricating gear mettre (v) en marche les graisseurs	установить смазочные приборы aprire (v) *o* mettere (v) a posto i lubrificatori preparar (v) *ó* graduar los engrasadores
2	die Luft aus der Gasleitung ausblasen (v) to blow the air out of the gas pipes éjecter (v) *ou* expulser (v) l'air de la conduite de gaz	удалить воздухъ изъ газопровода espellere (v) l'aria dalle condutture di gas expulsar (v) el aire de la tubería de gas por medio del ventilador
3	die Zündung zurückstellen (v) to retard the ignition retarder (v) l'allumage	замедлить запалъ ritardare (v) l'accensione atrasar (v) la inflamación *ó* el encendido
4	den Gashahn auf Anlaßstellung bringen (v) to adjust the gas cock for starting placer (v) le robinet de gaz au point de mise en marche	установить газовый кранъ въ положеніе пуска въ ходъ portare (v) il robinetto di gas al punto di messa in moto colocar (v) la llave de gas en posición de admisión
5	die Maschine springt schwer an the engine starts with difficulty la machine démarre difficilement	машина (f) приходитъ въ движеніе тяжело la macchina (f) parte difficilmente la máquina arranca con dificultad
6	eine Zylinderseite ausschalten (v) to put one end of the cylinder out of action mettre (v) hors de service un côté du cylindre	выключить одну сторону цилиндра mettere (v) fuori di servizio un lato del cilindro desconectar (v) un cilindro
7	Parallelschaltung (f) der Maschine paralleling the engine mise (f) en parallèle de la machine	параллельное включеніе (n) машины messa (f) in parallelo della macchina acoplamiento (m) en paralelo de la máquina
8	die Maschine belasten (v) to load the engine charger (v) la machine	нагру-зить (-жать) машину caricare (v) la macchina cargar (v) la máquina
9	Belastung (f) der Maschine loading the engine charge (f) de la machine	нагрузка (f) машины carico (m) della macchina carga (f) de la máquina
10	Belastungsschwankung (f) load variation fluctuation (f) de charge	колебаніе (n) нагрузки variazione (f) di carico variación (f) en la carga

Leerlauf (m), Leergang (m) running light marche (f) à vide	холостой ходъ (m) marcia (f) a vuoto marcha (f) ó trabajo (m) sin carga ó en vacio	*1*
halbe Belastung (f) half load [de]mi-charge (f)	половинная нагрузка (f) metà carico (m) á media carga	*2*
volle Belastung (f) full load pleine charge (f) du moteur	полная нагрузка (f) pieno (m) carico plena carga (f)	*3*
Leistungsgrenze (f) limit of capacity charge (f) limite, limite (f) de charge	предѣлъ (m) мощности limite (m) di carico limite (m) de carga	*4*
leichter Gang (m) des Motors easy *or* smooth running of the engine marche (f) facile du moteur	лёгкій ходъ (m) двигателя andamento (m) dolce del motore trabajo (m) ó marcha (f) suave del motor	*5*
geräuschloser Gang (m) noiseless running marche (f) silencieuse	безумный ходъ (m) andamento (m) silenzioso marcha (f) silenciosa	*6*
langer Auslauf (m) der Maschine long interval between cutting off the fuel supply and stopping of the engine longue marche (f) par inertie de la machine [après interception de l'agent moteur]	продолжительное движеніе (n) по инерціи до полной остановки двигателя periodo (m) d'arresto lungo della macchina tardanza (f) prolongada en quedarse parada la máquina por inercia	*7*
Pendeln (n) des Schwungrades beim Stillsetzen oscillating movement of the flywheel when stopping mouvement (m) pendulaire *ou* oscillatoire du volant lors de l'arrêt	качаніе (n) маховика при остановкѣ oscillazioni (f pl) del volano nel fermarsi oscilación (f) del volante al parar el motor	*8*
unregelmäſsiger Gang (m) *oder* Lauf (m) irregular running boitement (m), marche (f) irrégulière	неравномѣрный ходъ (m) andamento (m) irregolare marcha (f) ó trabajo (m) irregular	*9*
geräuschvoller Gang (m) noisy running marche (f) bruyante	шумный ходъ (m) andamento (m) affatto silenzioso trabajo (m) estrepitoso ó ruidoso	*10*

1	Knaller (m) im Einlafs back-firing détonation (f) dans la conduite d'aspiration	стукъ (m) во впускѣ scoppio (m) all'ammissione explosión (f) *ó* detonación (f) en la admisión
2	die Verbrennung schlägt in das Saugrohr zurück the flame strikes back into the suction pipe il y a retour de flamme dans le tuyau d'aspiration	пламя (n) отбрасывается назадъ въ всасывающую трубу; горѣніе (n) проникаетъ во всасывающую трубу ritorno (m) di fiamma nel tubo d'aspirazione la combustión retrocede al tubo de aspiración
3	Auspuffknaller (m) explosion in the exhaust détonation (f) d'échappement	стукъ (m) при выпускѣ въ атмосферу scoppio (m) allo scarico explosión (f) perdida en el escape
4	vernehmbarer Schlag (m) des Auslaßdaumens hammer of the exhaust cam choc (m) perceptible de la came d'échappement	слышный ударъ (m) выпускного кулака urto (m) percettibile della camma di scarico golpe (m) perceptible de la leva de escape
5	Erschütterung (f) *oder* Erzitterung (f) des Fußbodens vibration of the floor trépidation (f) *ou* vibration (f) du sol	сотрясеніе (n) пола scossa (f) *o* vibrazione (f) del pavimento trepidación (f) del suelo
6	die Maschine stillsetzen (v) to stop the engine arrêter (v) la machine	остановить машину fermare (v) la macchina parar (v) la máquina
7	Betrieb[s]pause (f) interval, stoppage repos (m) de service	остановка (f) работы pausa (f) nel lavoro, riposo (m) nel esercizio descanso (m) en el servicio
8	den Gashahn schließen (v) to close the gas cock fermer (v) le robinet de gaz	закрыть газовый кранъ chiudere (v) il robinetto del gas cerrar (v) la llave de gas
9	die Heizflamme auslöschen (v) to extinguish the heating flame éteindre (v) la flamme de réchauffage *ou* le brûleur	погасить нагрѣвающее пламя *или* горѣлку spegnere (v) la fiamma di accensione apagar (v) la llama del mechero

die Zündung ausrücken (v) to put the ignition out of action couper (v) *ou* supprimer (v) l'allumage	выключить запалъ sopprimere (v) l'accensione interrumpir (v) la inflamación, suprimir (v) el encendido	*1*
die Schmierapparate abstellen (v) to stop the oil feed arrêter (v) les graisseurs	остановить смазочные приборы chiudere (v) *o* sospendere la lubrificazione cerrar (v) los engrasadores	*2*
das Öl durch Sägespäne aufsaugen (v) to soak up the oil by sawdust absorber (v) l'huile au moyen de sciure	поглащать *или* всасывать масло древесными опилками assorbire (v) l'olio con segatura di legno absorber (v) el aceite con serrín	*3*
das Kühlwasser abschließen (v) to shut off the cooling water couper (v) l'eau de refroidissement	запереть притокъ охлаждающей воды; закрыть охлаждающую воду chiudere (v) il robinetto dell'acqua di circolazione cerrar (v) el paso del agua de refrigeración	*4*
das Wasser bei Frostwetter ablassen (v) to draw off the water during frost évacuer (v) l'eau en temps de gelée	спус-тить (-кать) воду въ морозъ *или* въ морозную погоду scaricare (v) l'acqua durante il gelo vaciar (v) el agua en tiempo de heladas	*5*
Betrieb[s]führung (f) management of service direction (f)	обслуживаніе машины въ работѣ condotta (f) dell'esercizio dirección (f) del servicio, conducción (f) del trabajo	*6*
Betrieb[s]erfahrung (f) practical experience expérience (f) de service	служебный опытъ (m) esperienza (f) d'esercizio experiencias (f pl) en el servicio	*7*
Betrieb[s]kontrolle (f) control of working contrôle (m) de service	контроль (f) за работой машины controllo (m) dell'esercizio vigilancia (f) del servicio	*8*
Brennstoffverbrauch (m) fuel consumption consommation (f) de combustible	расходъ (m) топлива consumo (m) di combustibile consumo (m) de combustible	*9*

1 spezifischer Wärmepreis (m) (eines Brennstoffes)
cost per unit of heat (produced by a fuel)
prix (m) spécifique de la chaleur (produite par un combustible)

относительная стоимость (f) теплоты (топлива)
costo (m) specifico del calore (dato di un combustibile)
coste (m) especifico del calor (producido por un combustible)

---

2 Wärmedichte (f), Wärmemenge (f) für die Raumeinheit
quantity of heat per unit of volume
densité (f) thermique, quantité (f) de chaleur par unité de volume

тепловая плотность (f); количество (n) тепла въ единицѣ объёма
quantità (f) di calore per unità di volume
densidad (f) *ó* cantidad (f) de calor por unidad de volumen, densidad térmica

---

3 Preisunterschied (m) (zweier Brennstoffe)
difference in price between two fuels
différence (f) de prix entre deux combustibles

разность (f) въ цѣнѣ (двухъ родовъ топлива)
differenza (f) di prezzo (fra due combustibili)
diferencia (f) de precio (entre dos combustibles)

---

4 Kühlwasserverbrauch (m)
consumption of cooling water
consommation (f) d'eau de refroidissement

расходъ (m) охлаждающей воды
consumo (m) di acqua refrigerante
consumo (m) de agua refrigerante

---

5 Zulauftemperatur (f)
inlet temperature
température (f) d'admission *ou* d'entrée

температура (f) притока
temperatura (f) di introduzione
temperatura (f) de entrada

---

6 Ablauftemperatur (f)
outlet temperature
température (f) d'échappement *ou* de sortie

температура (f) стока
temperatura (f) di scarico
temperatura (f) de salida

---

7 Schmierölverbrauch (m)
consumption of lubricating oil
consommation (f) d'huile de graissage

расходъ (m) смазочнаго масла
consumo (m) di olio lubrificante
consumo (m) de aceite lubrificante

---

8 Wartung (f)
attendance
surveillance (f), service (m)

уходъ (m)
condotta (f), governo (m)
vigilancia (f), servicio (m), cuidado (m)

---

9 Maschinenwärter (m)
engine driver
machiniste (m)

машинистъ (m)
macchinista (m)
maquinista (m)

Bedienungsvorschrift (f) working instructions (pl) instruction (f) de service	правила (n pl) ухода за . . . . istruzione (f) di servizio instrucciones (f pl) para el manejo	1
Instandhaltung (f) upkeep entretien (m)	содержаніе (n) въ исправности; содержаніе въ надлежащемъ видѣ manutenzione (f) entretenimiento (m)	2
Reinigung (f) der Maschine cleaning of the engine nettoyage (m) de la machine	чистка (f) машины pulitura (f) della macchina limpieza (f) de la máquina	3
innere Reinigung (f) cleaning of the interior nettoyage (m) intérieur	внутренняя чистка (f) pulitura (f) interna limpieza (f) interior	4
äußere Reinigung (f) cleaning of the exterior nettoyage (m) extérieur	внѣшняя чистка (f) pulitura (f) esterna limpieza (f) exterior	5
die Maschine nachsehen (v) to inspect *or* overhaul the engine visiter (v) la machine	осмотрѣть машину visitare (v) la macchina visitar (v) la máquina	6
Handlampe (f) hand-lamp lampe (f) à main	ручная лампа (f) lampada (f) a mano lámpara (f) de mano	7
Unterhaltung (f) maintenance entretien (m)	содержаніе (n) manutenzione (f) entretenimiento (m), conservación (f)	8
Ausbesserung (f), Reparatur (f) repair réparation (f)	ремонтъ (m); починка (f) riparazione (f) reparación (f)	9
Betrieb[s]störung (f) breakdown. shut-down perturbation (f) *ou* dérangement (m) dans le service	неисправность (f) въ работѣ perturbazione (f) nel lavoro interrupción (f) ó trastorno (m) en el servicio	10
Betrieb[s]unterbrechung (f) interruption of the working interruption (f) de service	остановка (f) *или* перерывъ (m) въ работѣ interruzione (f) del lavoro interrupcion (f) en el servicio	11
Auswechseln (n) von Maschinenteilen replacement *or* interchanging of engine parts remplacement (m) d'organes de machine	замѣна (f) машинныхъ частей ricambio (m) di parti della macchina sustitución (f) de piezas de la máquina	12

1	Vergiftungsgefahr (f) in Kraftgasanlagen danger *or* risk of poisoning in power gas plants danger (m) d'empoisonnement *ou* d'intoxication dans les installations gazogènes	опасность (f) отравленія при установкахъ съ силовымъ газомъ pericolo (m) di avvelenamento negli impianti a gas peligro (m) de intoxicación en instalaciones de gas pobre
2	Feuergefahr (f) danger *or* risk of fire danger (m) d'incendie	опасность (f) въ пожарномъ отношеніи pericolo (m) di incendio peligro (m) de incendio
3	Explosionsgefahr (f) danger *or* risk of explosion danger (m) d'explosion	опасность (f) взрыва pericolo(m) di esplosione peligro (m) de explosión
4	Gasgeruch (m) smell of gas odeur (f) de gaz	запахъ (m) газа odore (m) di gas odor (m) á gas
5	Gasansammlung (f) accumulation of gas accumulation (f) de gaz	скопленіе (n) газа accumulamento (m) di gas acumulación (f) de gases
6	**Untersuchung** **Testing** **Épreuve**	**Изслѣдованіе** **Prova** **Ensayo**
7	Versuch (m) experiment, test, trial essai (m)	испытаніе (n); опытъ (m) prova (f), esperienza (f) ensayo (m), experimento (m), prueba (f)
8	Maschinenlaboratorium (n) engine testing room laboratoire (m) d'essais de machines	механическая лабораторія (f) laboratorio (m) per macchine laboratorio (m) para máquinas
9	Versuchstand (m) testing stand *or* bed banc (m) d'épreuve *ou* d'essai	мѣсто (n) для испытаній posto (m) di prova central (m) de pruebas
10	Versucheinrichtung (f) testing installation installation (f) d'essai	устройство (n) *или* приспособленіе (n) для испытаній impianto (m) di prova instalación (f) de ensao
11	Versuchmotor (m) standard engine moteur (m) d'épreuve *ou* d'essai	двигатель (m) для производства испытаній motore (m) di prova motor (m) de prueba
12	Abnahmeversuch (m) acceptance test essai (m) de réception, épreuve (m) de réception	пріёмное испытаніе (n) prova (f) di collaudo prueba (f) para la recepción

einwandfreier Versuch (m) unexceptionable test essai (m) normal, essai (m) fait suivant les règles	безупрёчное испытанiе (n) prova (f) inappuntabile ensayo (m) bien practicado	*1*
Vorversuch (m) preliminary test *or* trial essai (m) préalable	предварительное испытанiе (n) prova (f) preliminare ensayo (m) *ó* prueba (f) preliminar	*2*
Zusatzversuch (m), Hilfsversuch (m) supplementary test *or* trial essai (m) auxiliaire	дополнительное *или* добавочное испытанiе (n); вспомогательное испытанiе prova (f) ausiliare ensayo (m) *ó* prueba (f) auxiliar	*3*
Versuchergebnis (n) test result, result of trial résultat (m) d'essai	результатъ (m) испытанiй risultato (m) della prova resultado (m) de la prueba *ó* del ensayo	*4*
Versuchnummer (f) test number numéro (m) d'essai	номеръ (m) испытанiя numero (m) della prova número (m) de la prueba *ó* del ensayo	*5*
Ablesung (f) reading lecture (f)	отсчётъ (m) lettura (f) lectura (f)	*6*
Versuchfehler (m) error of test erreur (f) d'essai	ошибка (f) при испытанiи; погрѣшность (f) опыта errore (f) di prova error (m) de prueba	*7*
Beobachtungsfehler (m) error of observation erreur (f) d'observation	ошибка (f) при наблюденiи; погрѣшность (f) наблюденiя errore (f) d'osservazione error (m) de observación	*8*
Ablesefehler (m) error of reading erreur (f) de lecture	ошибка (f) *или* погрѣшность (f) при отсчётѣ errore (f) di lettura error (m) de lectura	*9*
Fehlerquelle (f) source of error source (f) d[e l]'erreur	источникъ (m) ошибки *или* погрѣшности causa (f) d'errore origen (m) de error	*10*
Genauigkeitsgrad (m) degree of accuracy degré (m) d'exactitude	степень (f) точности grado (m) d'esattezza grado (m) de exactitud	*11*
Fehlergrenze (f) limit of error limite (f) d'erreur	предѣлъ (m) ошибки *или* погрѣшности limite (m) d'errore limite (m) del error	*12*

1	Indikator (m) indicator indicateur (m)	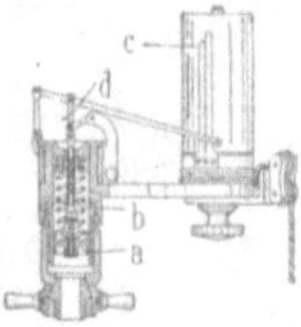	индикаторъ (m) indicatore (m) indicador (m)
2	Indikatorkolben (m) indicator piston piston (m) d'indicateur	a	поршень (m) индикатора stantuffo (m) dell'indicatore émbolo (m) del indicador
3	Indikatorfeder (f) indicator spring ressort (m) d'indicateur	b	пружина (f) индикатора; индикаторная пружина molla (f) dell'indicatore muelle (m) *ó* resorte (m) del indicador
4	Indikatortrommel (f) indicator drum tambour (m) d'indicateur	c	барабанъ (m) индикатора tamburo (m) dell'indicatore tambor (m) del indicador
5	doppeltgewundene Indikatorfeder (f) double wound indicator spring, differential spring ressort (m) d'indicateur à double enroulement		двойная витая индикаторная пружина (f); двухходная индикаторная пружина (f) molla (f) da indicatore a doppio avvolgimento muelle (m) de indicador de doble arrollamiento
6	Befestigung (f) der Doppelfeder (Crosby) fastening of the double *or* differential spring fixation (f) du ressort à double enroulemen	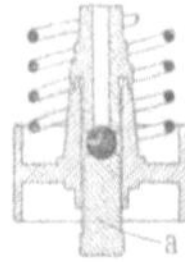	укрѣпленіе (n) двойной пружины (Кросби) attacco (m) della molla a doppio avvolgimento sujeción (f) del muelle de doble arrollamiento
7	Pfannenschraube (f) adjusting screw vis (f) de réglage	a	винтъ (m) съ шаровымъ углубленіемъ *или* гнѣздомъ vite (f) a scodellina tornillo (m) de copa
8	Schreibzeug (n) recording mechanism appareil (m) d'inscription	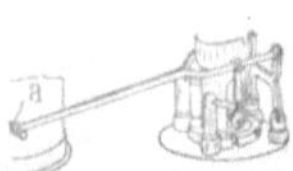	пишущій механизмъ (m) apparecchio (m) scrivente aparato (m) registrador
9	Schreibstift (m) pencil *or* style style (m), crayon (m), plume (f)	a	пишущій штифтъ (m) matita (f), punta (f) estilete (m), lapiz (m), pluma (f)

Schreibstiftgeradführung (f)
rectilinear pencil guide
guide (m) du style

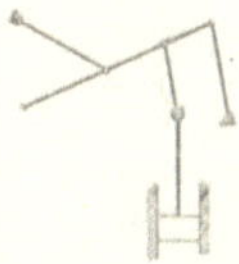

механизмъ (m) для прямолинейнаго направленія пишущаго штифта *или* карандаша *или* пера
guida (f) della matita
guia (f) del estilete 1

Indikatorpapier (n)
indicator paper, indicator card
papier (m) d'indicateur

бумага (f) для индикаторныхъ діаграммъ; индикаторная бумага (f)
carta (f) dell'indicatore
papel (m) del indicador 2

Indikatorhahn (m)
indicator cock
robinet (m) d'indicateur

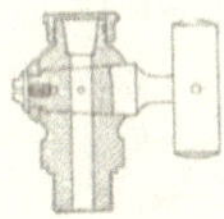

индикаторный кранъ (m); кранъ индикатора
robinetto (m) dell'indicatore
llave (f) del indicador 3

---

doppelter Indikatorhahn (m)
double indicator-cock
robinet (m) double d'indicateur

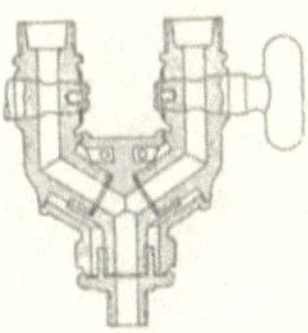

двойной индикаторный кранъ (m)
robinetto (m) doppio da indicatore
llave (f) doble del indicador 4

Indikatorhahn (m) mit Wasserkühlung
water cooled indicator cock
robinet (m) d'indicateur à circulation d'eau

индикаторный кранъ (m) съ водянымъ охлажденіемъ
robinetto (m) da indicatore a circolazione d'acqua
llave (f) del indicador de circulación de agua 5

Indikatorantrieb (m) mit Hebelübersetzung
indicator reducing gear with lever transmission
commande (f) d'indicateur avec transmission à leviers

рычажная передача (f) къ индикатору
comando (m) dell'indicatore con trasmissione a leve
mando (m) del indicador por transmisión de palancas 6

Indikatorantrieb (m) durch Stirnkurbel
indicator reducing gear with small crank on end of main shaft
commande (f) d'indicateur par manivelle frontale

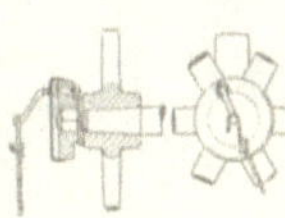

передача (f) къ индикатору лобовымъ *или* концевымъ кривошипомъ
comando (m) dell' indicatore dalla manovella frontale
mando (m) del indicador por manivela frontal 7

Indikatorschnur (f)
indicator cord
cordon (m) *ou* ficelle (f) d'indicateur

шнуръ (m) индикатора; индикаторный шнуръ
corda (f) dell'indicatore
cordón (m) para el indicador 8

1	die Schnurlänge einstellen (v) to adjust the length of the cord régler (v) la longeur de la ficelle		установить длину шнура regolare (n) la lunghezza della corda reglar (v) *ó* graduar (v) la longitud del cordón
2	Schnurspanner (m) cord adjuster tendeur (m) de ficelle		крючёкъ (m) *или* крюкъ (m) для натяженія шнура tenditore (m) della corda tensor (m) del cordón
3	Hubverminderer (m) reducing gear réducteur (m) de course	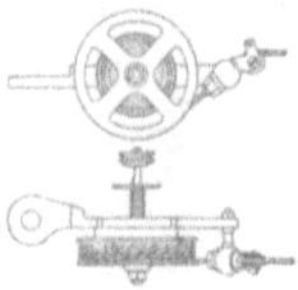	уменьшитель (m) хода; ходоуменьшитель (m) riduttore (m) di corsa reductor (m) de carrera
4	Indikatorkasten (m) case for indicator boîte (f) d'indicateur		ящикъ (m) индикатора cassetta (f) dell'indicatore caja (f) del indicador
5	Indikatordiagramm (n) indicator diagram diagramme (m) d'indicateur		индикаторная діаграмма (f) diagramma (m) dell'indicatore diagrama (m) del indicador
6	ein Indikatordiagramm abnehmen (v) to take an indicator diagram prendre (v) *ou* relever (v) un diagramme		снять (снимать) индикаторную діаграмму prendere (v) un diagramma tomar (v) *ó* obtener (v) un diagrama
7	Kolbenwegdiagramm (n) diagram to a distance base diagramme (m) en fonction de la course du piston		діаграмма (f) хода поршня diagramma (m) delle corse dello stantuffo diagrama (m) de las carreras del émbolo
8	Zeitdiagramm (n) diagram to a time base diagramme (m) en fonction du temps		діаграмма (f) по времени diagramma (m) dei tempi diagrama (m) de los tiempos
9	Diagrammbündel (n) set of diagrams faisceau (m) de diagrammes		пучёкъ (m) діаграммъ; рядъ (m) діаграммъ снятыхъ одновременно serie (f) di diagrammi haz (m) de diagramas

gestreutes Diagramm (n)
diagram taken during variation of load
diagrammes (m pl) dispersés

сильно расходящіяся діаграммы (f pl)
diagrammi (m pl) dispersi 1
diagramas (m pl) dispersados

Spitze (f) des Diagramms
peak of diagram
sommet (m) du diagramme

a

вершина (f) діаграммы
sommità (f) del diagramma 2
vértice (m) del diagrama

Diagramm (n) mit schwacher Feder, [Schwachfederdiagramm (n)]
light spring diagram
diagramme (m) à ressort faible

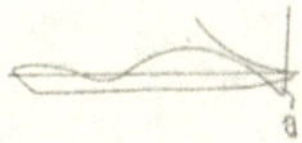

діаграмма (f), снятая при слабой пружинѣ
diagramma (m) preso con molla debole 3
diagrama (m) obtenido con un muelle débil

Schleife (f) des Diagramms
loop of diagram
boucle (f) du diagramme

a

петля (f) діаграммы
laccio (m) del diagramma 4
lazo (m) del diagrama

Federmaßstab (m)
scale of spring
échelle (f) d'élasticité

масштабъ (m) пружины
scala (f) della molla 5
escala (f) de elasticidad

---

geeichter Federmaßstab (m)
calibrated scale of spring
échelle d'élasticité étalonnée

калиб[ри]рованный масштабъ (m) пружины
scala (f) verificata della molla 6
escala (f) de elasticidad contrastada *ó* patrón

Schreibstiftweg (m)
path of pencil
trajet (m) du style

путь (m) пишущаго штифта *или* карандаша *или* пера 7
tragitto (m) della matita
trayecto (m) del estilete

Eichung (f) der Indikatorfeder
calibration of the indicator spring
tarage (m) *ou* étalonnage (m) du ressort d'indicateur

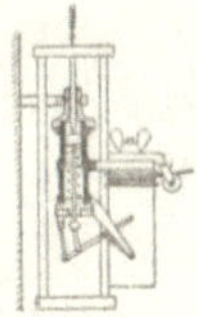

калиб[ри]рованіе (n) индикаторной пружины
verifica (f) della molla dell'indicatore 8
contraste (m) *ó* comprobación (f) del muelle del indicador

Eichverfahren (n)
method of calibration
procédé (m) de tarage *ou* d'étalonnage

способъ (m) калиб[ри]рованія
procedimento (m) di verifica 9
procedimiento (m) del contraste

1 Schwingungsverfahren (n)
oscillation method
procédé (m) par oscillation
способъ (m) колебаній
procedimento (m) per oscillazioni
procedimiento (m) por oscilaciones

2 Eich[ungs]versuch (m)
calibration test
essai (m) de tarage *ou* d'étalonnage
испытаніе (n) калибровки
prova (m) di verifica
prueba (f) de contraste

3 Eichung (f) bei abnehmender Belastung
calibrating with decreasing load
tarage (m) *ou* étalonnage (m) sous charge décroissante
калиб[ри]рованіе (n) при уменьшающейся нагрузкѣ
verifica (f) sotto carico decrescente
contraste (m) con carga decreciente

4 Eichung (f) bei zunehmender Belastung
calibrating with increasing load
tarage (m) *ou* étalonnage (m) sous charge croissante
калиб[ри]рованіе (n) при возрастающей нагрузкѣ
verifica (f) sotto carico crescente
contraste (m) con carga creciente

5 toter Gang (m) in den Gelenken
play *or* lost motion in the joints
mouvement (m) perdu *ou* jeu (m) dans les articulations
мёртвый ходъ (m) въ шарнирахъ
movimento (m) perduto nelle articolazioni
movimiento (m) perdido en las articulaciones

6 Indikatorschwingung (f)
oscillation of indicator
oscillation (f) d'indicateur

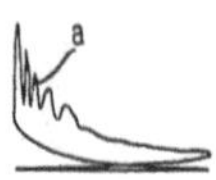

a

колебаніе (n) движущихся массъ индикатора
oscillazione (f) dell'indicatore
oscilación (f) del indicador

7 Berichtigung (f) *oder* Korrektion (f) der Massenwirkung des Indikators
correction for the inertia of the indicator
correction (f) de l'inertie de l'indicateur
поправка (f) на дѣйствіе *или* вліяніе массъ индикатора
correzione (f) dell'inerzia dell'indicatore
corrección (f) de la inercia del indicador

8 Klemmung (f) des Indikatorkolbens
jamming of the indicator piston
calage (m) du piston de l'indicateur
защемленіе (n) поршня индикатора
imbiettamento (m) dello stantuffo dell'indicatore
atascamiento (m) *ó* detención (f) *ó* atranco (m) del émbolo del indicador

9 Bremsung (f)
testing the brake power
freinage (m)
тормазное испытаніе (n)
prova (f) al freno
frenar (v), frenado (m)

Kraftbremse (f)
power brake
frein (m) pour moteurs

динамометрическій тормазъ (m)
freno (m) per motori
freno (m) para motores 1

Bremsbelastung (f)
brake load
charge (f) du frein

нагрузка (f) тормаза
carico (m) del freno
carga (f) del freno 2

Pronyscher Zaum (m)
Prony brake
frein (m) de Prony

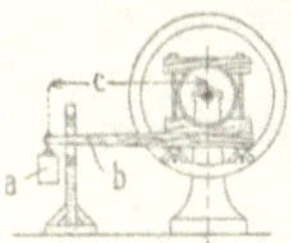

тормазный нажимъ (m) Прони
freno (m) di Prony
freno (m) de Prony 3

Pendelbremse (f)
pendulum brake
frein (m) à pendule

колеблющійся нажимъ (m) *или* тормазъ (m)
freno (m) a pendolo
freno (m) de péndulo 4

---

die Bremsbacken anziehen (v)
to tighten the brake blocks
serrer (v) les mâchoires du frein

подтя-нуть (-гивать) тормазныя колодки
stringere (v) i ceppi del freno
apretar (v) las zapatas ó mordazas del freno 5

Bremsgewicht (n)
load on brake
poids (m) du frein

a

тормазной грузъ (m)
peso (m) del freno
peso (m) del freno 6

Bremshebel (m)
brake lever *or* arm
levier (m) du frein

b

тормазной рычагъ (m)
leva (f) del freno
palanca (f) del freno 7

Bremshebellänge (f)
length of brake lever *or* arm
longueur (f) du bras de levier du frein

c

длина (f) тормазного рычага
lunghezza (f) della leva del freno
longitud (f) de la palanca del freno 8

---

das Eigengewicht des Hebels berücksichtigen (v)
to take into account the weight of the lever
tenir (v) compte du poids propre du levier

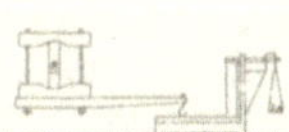

прин-ять (-имать) во вниманіе собственный вѣсъ рычага
tener (v) conto del peso proprio della leva
tener (v) en cuenta el peso propio de la palanca 9

Seilbremse (f)
rope brake
frein (m) à corde

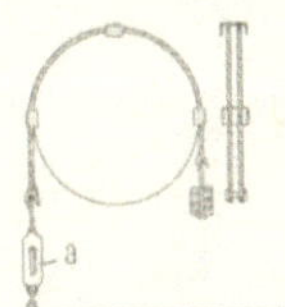

канатный *или* верёвочный тормазъ (m)
freno (m) a corda
freno (m) de cable 10

Federwage (f), Zugwage (f)
spring balance
peson (m), dynamomètre (m)

a

пружинные вѣсы (m pl); пружинный динамометръ (m)
bilancia (f) a molla
romana (f), pesón (m) 11

1	Bandbremse (f) baud brake frein (m) à ruban *ou* à collier	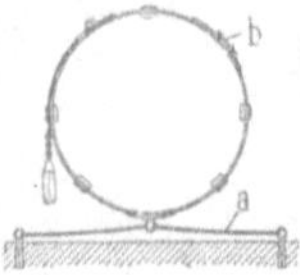	ленточный тормазъ (m) freno (m) a nastro freno (m) de cinta
2	Haltseil (n) holding cord, anchor rope câble (m) de retenue	a	удерживающій канатъ (m) corda (m) di ritegno cable (m) de retención
3	Spannmutter (f) adjusting *or* tightening nut écrou (m) tendeur	b	натяжная гайка (f) madrevite (m) tenditrice tuerca (f) tensora
4	Wirbelstrombremse (f) eddy current brake frein (m) [à courants] de Foucault		тормазъ (m), дѣйствующій токами Фуко freno (m) a correnti di Foucault freno (m) de corrientes de Foucault
5	auf Wasserwiderstand arbeiten (v) to work on water resistance travailler (v) sur une résistance hydraulique		работать на водяное сопротивленіе lavorare (v) su una resistenza ad acqua trabajar (v) sobre una resistencia hidráulica
6	Messung (f) der Umdrehungszahl, Tourenmessung (f) measurement of speed mesurage (m) du nombre de tours		измѣреніе (n) числа оборотовъ misura (f) del numero di giri medida (f) del número de vueltas
7	Stoppuhr (f) stop-watch montre (f) à déclic		хронометръ (m) съ зацѣпленіемъ; секундомѣръ (m) orologio (m) a scatto reloj (m) de trinquete
8	Umdrehungszähler (m), Tourenzähler (m) revolution counter compte-tours (m), compteur (m) de tours		счётчикъ (m) [числа] оборотовъ contagiri (m) contador (m) de revoluciones *ó* de vueltas
9	scharfkantige Spitze (f) sharp point pointe (f) tranchante		гранёное остріе (n) punta (f) tagliente punta (f) cortente
10	Einkernung (f) der Welle centre-pop *or* hole trou (m) central de l'arbre		накерниваніе (n) вала foro (m) centrale dell'albero marca (f) central del árbol
11	Zählwerk (n) mit springenden Zahlen counter with jumping figures mécanisme (m) compteur à chiffres sautants		счётчикъ (m) съ выскакивающими цифрами meccanismo (m) contatore a cifre scattanti contador (m) totalizador

Leistungsberechnung (f) calculation of output calcul (m) de la puissance		подсчетъ (m) мощности calcolazione (f) di potenza cálculo (m) de la potencia	*1*
Berechnung (f) des Diagramms measuring a diagram calcul (m) du diagramme		вычисленіе (n) діаграммы calcolazione (f) del diagramma cálculo (m) del diagrama	*2*
Planimetrierung (f) des Diagramms planimetering a diagram planimétrage (m) du diagramme	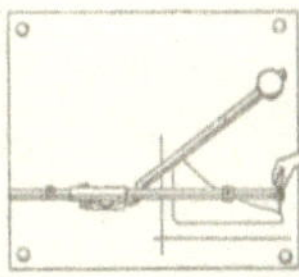	планиметрированіе (n) діаграммы misura (f) del diagramma col planimetro planimetrar (v) *ó* integrar (v) el diagrama	*3*
Planimeter (n) planimeter planimètre (m)		планиметръ (m) planimetro (m) planimetro (m)	*4*
Diagrammfläche (f) area of diagram aire (f) du diagramme		площадь (f) діаграммы area (f) del diagramma área (f) del diagrama	*5*
Diagrammfehler (m) error of the diagram erreur (f) du diagramme		ошибка (f) *или* погрѣшность (f) діаграммы errore (m) del diagramma error (m) del diagrama	*6*
mittlerer indizierter Kolbendruck (m) mean indicated *or* effective pressure pression (f) moyenne indiquée sur le piston		среднее индикаторное давленіе (n) поршня pressione (f) media indicata sullo stantuffo presión (f) media indicada sobre el émbolo	*7*
Leistungskonstante (f) coefficient for converting mean effective pressure into indicated horse-power constante (f) de puissance		постоянная (f) мощности; постоянный коеффиціентъ (m) мощности costante (f) di potenza constante (f) de potencia	*8*
indizierte Leistung (f) indicated work *or* horse-power puissance (f) indiquée	N_i	индикаторная мощность (f) *или* работа (f) potenza (f) indicata potencia (f) indicada	*9*
nutzbare Leistung (f), effektive Leistung (f), Nutzleistung (f) useful work *or* brake horse-power puissance (f) effective	N_e	полезная *или* дѣйствительная мощность (f) *или* работа (f) potenza (f) effettiva potencia (f) efectiva	*10*

1	mechanischer Wirkungsgrad (m) mechanical efficiency rendement (m) mécanique *ou* organique	$\eta = \frac{N_e}{N_i}$	механическій коэффиціентъ (m) полезнаго дѣйствія *или* работы rendimento (m) meccanico rendimiento (m) mecánico
2	Nennleistung (f) nominal horse-power puissance (f) nominale		номинальная мощность (f) *или* работа (f) potenza (f) nominale potencia (f) nominal
3	Reibungsarbeit (f), für die Reibung verbrauchte Leistung (f), mechanischer Leistungsverlust (m) work absorbed by friction, work lost in friction travail (m) de frottement, énergie (f) absorbée par le frottement, perte (f) mécanique de puissance		работа (f) тренія; работа, затрачиваемая на треніе; механическая потеря (f) работы lavoro (m) d'attrito *o* passivo, energia (f) assorbita per attrito, perdita (f) meccanica d'energia trabajo (m) de rozamiento, energía (f) absorbida por el rozamiento
4	Maschinenwiderstand (m) resistance of engine résistance (f) du moteur		сопротивленіе (n) машины resistenza (f) del motore resistencia (f) del motor
5	Eigenwiderstand (m) internal resistance résistance (f) propre		собственное сопротивленіе (n) resistenza (f) propria resistencia (f) propia
6	Pumpenwiderstand (m) pump resistance résistance (f) de la pompe		сопротивленіе (n) насоса resistenza (f) della pompa resistencia (f) de la bomba
7	Wärmebewegung (f) heat transfer mouvement (m) de la chaleur		движеніе (n) тепла movimento (m) di calore movimiento (m) del calor
8	Wärmebilanz (f) balance of heat bilan (m) thermique		тепловой балансъ (m) bilancio (m) termico balance (m) térmico
9	in den Kreisprozess eingeführte Wärmemenge (f) quantity of heat taken in during the cycle quantité (f) de chaleur introduite dans le cycle	Q_o	количество (n) тепла, введённое въ круговой процессъ (m) *или* циклъ quantità (f) di calore introdotta nel ciclo cantidad (f) de calor introducida en el ciclo

Wärmegehalt (m) des Gemisches
heat contained in the mixture
contenance (f) *ou* capacité (f) thermique du mélange

содержаніе (n) тепла въ смѣси
capacità (f) termica della miscela
capacidad (f) térmica de la mezcla 1

Arbeit (f) des idealen Kreisprozesses, Arbeit (f) der verlustlosen Maschine
work of the ideal cycle
travail (m) de cycle idéal, travail (m) du moteur sans pertes

$$Q_{th} = AL_{th}$$

работа (f) идеальнаго кругового процесса; работа машины безъ потерь; работа идеальной машины
lavoro (m) del ciclo ideale, lavoro (m) del motore senza perdite 2
trabajo (m) del ciclo ideal, trabajo (m) del motor sin pérdidas

---

in indizierte Arbeit umgesetzte Wärmemenge (f)
quantity of heat transformed into indicated work
quantité (f) de chaleur transformée en travail indiqué

$$Q_{ind} = AL_{ind}$$

количество (n) тепла, обращённое въ индикаторную работу
quantità (f) di calore trasformata in lavoro indicato 3
cantidad (f) de calor transformada en trabajo indicado

Gütegrad (m) der Maschine
relative efficiency of the engine (compared with ideal cycle)
coefficient (m) qualitatif *ou* de qualité du moteur

$$\eta = \frac{Q_{ind}}{Q_{th}}$$

относительный коэффиціентъ (m) машины
coefficiente (m) qualitativo del motore 4
coeficiente (m) de calidad del motor

Völligkeitsgrad (m) des Diagramms
relative efficiency of the diagram (compared with ideal cycle)
degré (m) de plein *ou* de plénitude du diagramme

степень (f) полноты діаграммы
coefficiente (m) di utilizzazione del diagramma 5
coeficiente (m) de utilización del diagrama

---

wirtschaftlicher Wirkungsgrad (m), Gesamtwirkungsgrad (m)
commercial efficiency
rendement (m) économique

$$\eta_{tot} = \frac{Q_{eff}}{Q_o}$$

экономическій коэффиціентъ (m) полезнаго дѣйствія; общій коэффиціентъ полезнаго дѣйствія 6
rendimento (m) economico
rendimiento (m) económico

---

thermische Ausnützung (f)
utilisation of heat
utilisation (f) de la chaleur, utilisation (f) thermique

использованіе (n) тепла
utilizzazione (f) del calore 7
utilización (f) del calor

1 Arbeitsverlust (m) durch Vorausströmung
loss of work due to early exhaust
perte (f) de travail par avance à l'échappement

потеря (f) работы вслѣдствіе опереженія выпуска
perdita (f) di lavoro per scarico anticipato
pérdida (f) de trabajo por avance al escape

---

2 Arbeitsverlust (m) durch verspätete Verbrennung
loss of work due to retarded combustion
perte (f) de travail par combustion retardée

потеря (f) работы вслѣдствіе запоздалаго сгоранія
perdita (f) di lavoro per combustione ritardata
pérdida (f) de trabajo por combustión retardada

---

3 Arbeitsverlust (m) durch unvollständige Verbrennung
loss of work due to incomplete combustion
perte (f) de travail par combustion incomplète

потеря (f) работы вслѣдствіе неполнаго сгоранія
perdita (f) di lavoro per combustione incompleta
pérdida (f) de trabajo por combustión incompleta

---

4 unverbrannt durch die Maschine gehendes Gas (n)
gas passing unburnt through the engine
gaz (m) traversant le moteur sans être brûlé

газъ (m), проходящій черезъ машину не сгорая
gas (m) attraversante il motore senza bruciare
gas (m) que atraviesa el motor sin quemarse

---

5 Arbeitsverlust (m) durch die Wärmeabfuhr an die Wandung
loss of work due to conduction through the walls of the cylinder
perte (f) de travail par cession de chaleur à la paroi

потеря (f) работы вслѣдствіе отдачи тепла стѣнкамъ
perdita (f) di lavoro per trasmissione di calore alle pareti
pérdida (f) de trabajo por absorción de calor por la pared

---

6 Wärmefassungsvermögen (n) der Wandung
conductive capacity of the cylinder wall
capacité (f) thermique de la paroi

теплоёмкость (f) стѣнки
capacità (f) termica delle pareti
capacidad (f) térmica de la pared

---

7 Wärmeverbrauch (m)
consumption of heat
dépense (f) de chaleur

расходъ (m) тепла
consumo (m) di calore
consumo (m) de calor

stündlicher Wärmeverbrauch (m)
heat consumption per hour
dépense (f) horaire de chaleur; dépense (f) de chaleur par heure

расходъ (m) тепла въ часъ
consumo (m) orario di calore 1
consumo (m) de calor por hora

---

verbrauchte Wärmeeinheiten (f pl)
heat units (pl) consumed
calories (f p.) dépensées

израсходованныя единицы (f pl) тепла
calorie (f pl) consumate 2
calorías (f pl) consumidas

Verbrennungsmaschine (f) ohne Gemengeverdichtung
non-compression internal combustion engines
moteur (m) à gaz sans compression

двигатель (m) внутренняго сгоранія, работающій безъ сжатія смѣси
motore (m) a gas zenza compressione di miscela 3
motor (m) de gas sin compresión

Gasmaschine (f) von Lenoir
Lenoir gas engine
moteur (m) à gaz de Lenoir

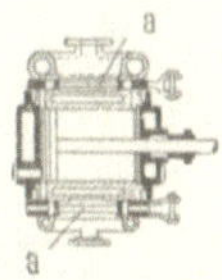

газовый двигатель (m) Ленуара
macchina (f) a gas di Lenoir 4
motor (m) de gas de Lenoir

Schiebersteuerung (f)
slide valve gear
distribution (f) à tiroir

a

золотниковое распредѣленіе (n)
distribuzione (f) a cassetto 5
distribución (f) de corredera

Flachschieber (m)
slide valve
tiroir (m) plan

плоскій золотникъ (m)
distributore (m) a cassetto piano 6
corredera (f) plana

Zündung (f) in der Hubmitte
ignition in the middle of stroke
allumage (m) à mi-course *ou* au milieu de la course

воспламененіе (n) въ серединѣ хода
accensione (f) a metà corsa 7
encendido (m) á mitad de la correra

---

atmosphärische Flugkolbenmaschine (f)
atmospheric piston engine
moteur (m) atmosphérique

атмосферный двигатель (m) съ свободнымъ поршнемъ
motore (m) a gas »atmosferico« 8
motor (m) de gas atmosférico

1 Diagramm (n) der atmosphärischen Maschine
diagram of the atmospheric engine
diagramme (m) du moteur atmosphérique

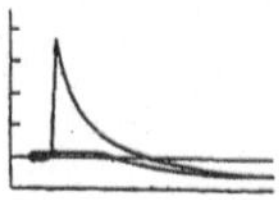

діаграмма (f) атмосфернаго двигателя
diagramma (m) del motore atmosferico
diagrama (m) del motor atmosférico

---

2 Aufflug (m) des Kolbens
upstroke of the piston
montée (f) du piston

взлетаніе (n) поршня
salita (f) dello stantuffo
ascensión (f) ó subida (f) del émbolo

---

3 Flugzeit (f)
duration of upstroke
temps (m) de montée

время (n) взлетанія поршня
tempo (m) o durata (f) della salita
tiempo (m) de ascensión ó de subida

---

4 Expansion (f) während des ganzen Hubes
expansion during the whole stroke
détente (f) pendant la course entière

расширеніе (n) во время полнаго хода *или* подъёма
espansione (f) per tutta la corsa
expansión (f) durante la carrera entera

---

5 die Zeitdauer der Kolbenflüge regeln (v)
to regulate the duration of upstrokes
régler (v) la durée des coups de piston

регулировать прожительность взлетаній поршня
regolare (v) la durata della salita dello stantuffo
regular (v) la duración de las emboladas

---

6 die Anzahl der Kolbenflüge regeln (v)
to regulate the number of upstrokes
régler (v) le nombre de coups de piston

регулировать число взлетаній поршня
regolare (v) il numero delle salite
regular (v) el número de las emboladas

---

7 Schaltwerk (n) (von Langen)
Langen's control mechanism
mécanisme (m) de commande [de Langen]

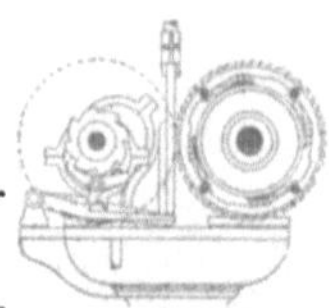

зажимная муфта (f) [Лангена]
meccanismo (m) di comando [di Langen]
mecanismo (m) de impulsión [de Langen]

---

8 Gasturbine (f)
gas turbine
turbine (f) à gaz

газовая турбина (f)
turbina (f) a gas
turbina (f) de gas

---

9 ideale Gasturbine (f)
ideal gas turbine
turbine (f) à gaz idéale

идеальная *или* теоретическая газовая турбина (f)
turbina (f) ideale a gas
turbina (f) de gas ideal

Gleichdruckgasturbine (f)
constant-pressure gas turbine
turbine (f) à gaz à pression constante

газовая турбина (f) постояннаго давленія; газовая турбина съ сгораніемъ при постоянномъ давленіи
turbina (f) a gas a pressione costante
turbina (f) de gas á presión constante 1

---

das Gas unter gleichbleibendem *oder* konstantem Druck verbrennen (v)
to burn the gas in a chamber under constant pressure
brûler (v) le gaz sous pression constante

сжигать газъ при постоянномъ давленіи
bruciare (v) il gas sotto pressione costante
quemar (v) el gas en una cámara bajo presion constante 2

Verbrennungskammer (f)
combustion chamber
chambre (f) de combustion

камера (f) сгоранія
camera (f) di combustione
cámara (f) de combustión 3

Turbinenkompressor(m)
compressor for gas turbine
compresseur (m) de turbine

турбинный компрессоръ (m)
compressore (m) per turbina
compresor (m) para turbinas 4

Gasturbine (f) mit Wassereinspritzung
gas turbine with water injection
turbine (f) à gaz avec injection d'eau

газовая турбина (f) съ впрыскиваніемъ воды
turbina (f) a gas con getto d'acqua
turbina (f) de gas con inyección de agua 5

Turbine (f) mit einer Druckstufe, Düsenturbine (f)
turbine with single pressure stage
turbine (f) à un seul étage de pression

турбина (f) съ одной ступенью давленія; турбина съ соплами
turbina (f) a camera unica, turbina (f) ad ugelli
turbina (f) con un solo grado de presión 6

---

ununterbrochener *oder* kontinuierlicher Treibmittelstrom (m)
continuous flow of motive fluid
écoulement (m) continu de l'agent moteur

непрерывный потокъ (m) движущей газовой смѣси *или* движущаго вещества
corrente (m) continua di miscela attiva
corriente (f) continua de la mezcla activa *ó* del agente motor 7

---

ununterbrochene Entwicklung (f) des gespannten Treibmittels
continuous generation of the motive fluid
production (f) continue de l'agent moteur sous pression

непрерывное образованіе (n) движущей смѣси подъ давленіемъ
produzione (f) continua di miscela attiva sotto pressione
producción (f) continua de la mezcla activa bajo presión 8

1 absatzweise Entwicklung (f) des gespannten Treibmittels
intermittent generation of motive fluid
production (f) intermittente de l'agent moteur sous pression

періодическое образованіе (n) сжатой движущей смѣси; прерываемое образованіе движущаго вещества подъ давленіемъ
produzione (f) intermittente di miscela attiva sotto pressione
producción (f) intermitente de la mezcla activa bajo presión

---

2 Leitvorrichtung (f)
guide
appareil (m) directeur, distributeur (m)

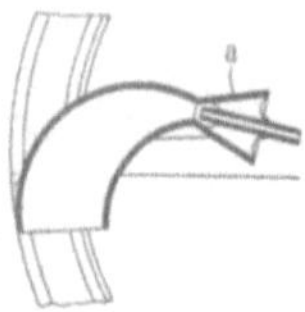

направляющее приспособленіе (n)
apparecchio (m) direttore, distributore (m)
aparato (m) director

---

3 Düse (f)
nozzle
tuyère (f), ajutage (m)

a

сопло (n)
ugello (m)
tobera (f)

---

4 Düsenreibung (f)
nozzle friction
frottement (m) dans la tuyère

треніе (n) въ соплѣ
attrito (m) nell'ugello
rozamiento (m) de la tobera

---

5 Düseneintritt (m)
nozzle inlet
entrée (f) de la turbine

устье (n) сопла со стороны впуска; впускное отверстіе (n) сопла
entrata (f) nell' ugello
entrada (f) en la tobera

---

6 Düsenaustritt (m)
nozzle outlet
sortie (f) de la tuyère

устье (n) сопла со стороны выпуска; выпускное отверстіе (n) сопла
uscita (f) dall' ugello
salida (f) de la tobera

---

7 Turbinenkammer (f)
turbine chamber
chambre (f) de la turbine

турбинная камера (f)
camera (f) della turbina
cámara (f) de la turbina

---

8 Turbinenrad (n)
turbine wheel
roue (f) de turbine

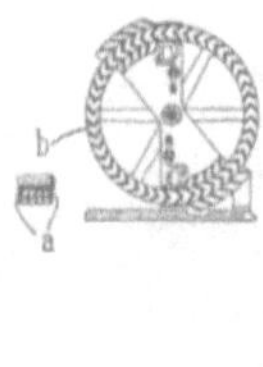

турбинное *или* рабочее колесо (n)
ruota (f) da turbina
rueda (f) de turbina

---

9 Radumfang (m)
circumference of wheel
circonférence (f) *ou* périphérie (f) de la roue

окружность (f) колеса
circonferenza (f) della ruota
circunferencia (f) de la rueda

Radkranz (m) rim of wheel jante (f) de la roue	a	ободъ (m) колеса cerchione (f) della ruota llanta (f) de la rueda	*1*
Radschaufel (f) wheel blade aube (f) de la roue	b	лопатка (f) колеса paletta (f) della ruota aleta (f) de la rueda	*2*
Radreibung (f) wheel friction frottement (m) de la roue		тренie (n) въ колесѣ attrito (f) nella ruota rozamiento (m) de la rueda	*3*

IX.

Wirtschaftliches
Economics
Économie
Экономическій Отдѣлъ
Economia
Economía

1 **Lieferung und Kosten**
Supply and Cost
Fourniture et Frais
Поставка и Стоимость
Consegna e Spese
Suministro y Gastos

2 Herstellung (f), Fabrikation (f)
manufacture, production
fabrication (f), (de machines, surtout:) construction (f)
производство (n); изготовленіе (n); фабрикація (f)
fabbricazione (f), costruzione (f)
fabricación (f); producción (f)

3 Massenherstellung (f), Massenfabrikation (f)
wholesale manufacture
fabrication (f) en masse; (de machines, surtout:) construction (f) en série
массовое производство (n)
fabbricazione (f) in massa *o* in serie
fabricación (f) en gran escala *ó* en serie

4 Fabrikat (n)
manufacture
produit (m), article (m) de fabrication
издѣліе (n)
articolo (m) di fabbricazione, prodotto (m)
producto (m); artículo (m) de fabricación

5 herstellen (v), fabrizieren (v)
to manufacture, to build
fabriquer (v), (de machines, surtout:) construire (v)
изготов-ить (-лять)
fabbricare (v), costruire (v)
fabricar (v)

6 Fabrik (f)
factory, manufacturing works (pl)
fabrique (f), usine (f); (de machines, etc.:) atelier (m) de construction
заводъ (m)
fabbrica (f), officina (f), opificio (f)
fábrica (f); manufactura (f), taller (m) mecánico

Geschäftsgang (m) course of business marche (f) des affaires	ходъ (m) дѣлъ andamento (m) degli affari marcha (f) del negocio	1
Lieferung(f), Ablieferung (f) delivery *or* supply livraison (f), fourniture (f)	поставка (f) fornitura (f), consegna (f) entrega (f)	2
liefern (v) to deliver, to supply livrer (v), fournir (v)	достав-ить (-лять); по-став-ить (-лять) fornire (v), consegnare (v) suministrar (v), proporcionar (v), entregar (v)	3
Lieferer (m), Lieferant (m) contractor fournisseur (m)	поставщикъ (m) fornitore (m) proveedor (m), contratista (m)	4
Lieferungsbedingungen (f pl) conditions of supply, specifications (pl) for delivery conditions (f pl) de livraison *ou* de fourniture	условія (n pl) поставки condizioni (f pl) di consegna, condizioni (f pl) della fornitura condiciones (f pl) de entrega	5
Lieferzeit (f) time of delivery délai (m) de livraison *ou* de fourniture	срокъ (m) поставки data (f) della consegna periodo (m) ó plazo (m) de entrega	6
Angebot (n), Offerte (f) tender, bid (A) offre (f)	предложеніе (n) offerta (f) proposición (f); oferta (f)	7
veranschlagen (v) to estimate, to tender, to bid (A) évaluer (v), estimer (v)	состав-ить (-лять) смѣту; предл-ожить (-агать) stimare (v), preventivare (v), valutare (v) valuar (v), calcular (v) tasar (v)	8
Voranschlag (m) estimate devis (m) estimatif	смѣта (f); предварительная смѣта calcolo (m), preventivo (m) di costo cálculo (m), presupuesto (m)	9
Katalog (m) catalogue catalogue (m)	каталогъ (m) catalogo (m) catálogo (m)	10
Preisverzeichnis (n), Preisliste (f) price list prix-courant (m)	прейскурантъ (m); списокъ (m) цѣнъ lista (f) dei prezzi, distinta (f) dei prezzi, prezzo-corrente (m) lista (f) de precios	11

1	Preis (m), Kostenpreis (m), Kosten (pl) price prix (m)	цѣна (f); стоимость (f) prezzo (m), costo (m) precio (m)
2	Selbstkostenpreis (m) cost to manufacture prix (m) coûtant, prix (m) de revient	стоимость (f) производства; себѣстоимость (f); собственная стоимость prezzo (m) di costo coste (m) de fabricación
3	Einkaufpreis (m) purchase price prix (m) d'achat	покупная цѣна (f) prezzo (m) di acquisto precio (m) de compra
4	Fabrikpreis (m) price at works, factory price *or* cost prix (m) de fabrique	фабричная цѣна (f) prezzo (m) di fabbrica precio (m) *ó* coste (m) de fábrica
5	Engrospreis (m) wholesale price prix (m) de gros	оптовая цѣна (f) prezzo (m) della vendita all' ingrosso precio (m) por mayor
6	Grundpreis (m) prime cost, net cost, base price prix (m) fondamental, prix (m) de base	основная цѣна (f) prezzo (m) fondamentale *od* unitario precio (m) original
7	Überpreis (m), Preisaufschlag (m) Preiszuschlag (m) (für besonderes Maß und Gewicht) supplemental cost majoration (f) de prix, supplément (m) de prix	повышеніе (n) цѣны *или* надбавка (f) на цѣну при отступленій отъ нормальныхъ вѣса и размѣровъ supplemento (m) di prezzo, sopraprezzo (m) aumento (m) de precio
8	[Preis-]Abzug (m) price reduction, rebate, discount déduction (f), retenue (f), rabais (m), escompte (m)	скидка (f) sconto (m), ribasso (m) del prezzo descuento (m), rebaja (f)
9	Kaufsumme (f) purchase price prix (m) d'achat	покупная сумма (f) somma (f) d'acquisto precio (m) de compra
10	Kaufvertrag (m) contract contrat (m) d'achat	договоръ (m) о покупкѣ contratto (m) d'acquisto contrato (m)
11	Geschäftsabschluß (m) conclusion (f) of business, bargain conclusion (f) d'une affaire *ou* d'un marché, passation (f) d'un contrat d'affaires	заключеніе (n) сдѣлки conclusione (f) d'un affare, intesa (f) terminar (m) un negocio, cerrar (v) el trato

Rechnung (f), Nota (f), Faktura (f) account, bill, invoice compte (m), note (f), facture (f)	счётъ (m) fattura (f). conto (m), nota (f) cuenta (f), factura (f)	*1*
Quittung (f) receipt quittance (f), reçu (m)	росписка (f); квитанція (f) ricevuta (f), quitanza (f) finiquito (m), recibo (m)	*2*
quittieren (v) to acknowledge, to receipt (a bill) acquitter (v), donner (v) reçu, donner (v) quittance	росписаться / росписываться } въ полученіи saldare (v), dar (v) la ricevuta *o* il saldo dar (v) finiquito *ó* recibo	*3*
Guthaben (n) credit crédit (m), avoir (m)	кредитъ (m) credito (m) haber (m); crédito (m)	*4*
Zahlung (f) payment, pay paiement (m)	платёжъ (m); уплата (f) pagamento (m) pago (m)	*5*
Zahlungsbedingungen (f pl) terms (pl), conditions (pl) *or* stipulations (pl) of payment conditions (f pl) de paiement	условія (n pl) платежа condizioni (f pl) di pagamento condiciones (f pl) de pago	*6*
Barzahlung (f) payment in cash paiement (m) en espèces *ou* en numéraire	уплата (f) наличными деньгами pagamento (m) per *o* a pronta cassa, pagamento (m) in contanti pago (m) al contado	*7*
Anzahlung (f) payment down, first payment, payment in advance acompte (m), (pour s'assurer la livraison :) arrhes (f pl)	задатокъ (m) acconto (m), caparra (f) pago (m) parcial, garantia (f)	*8*
Reugeld (n) deposit dédit (m)	неустойка (f) storno (m), disdetta (f) arras (f pl)	*9*
Ab[schlag]zahlung (f) payment on account paiement (m) à compte	частичный платежъ (m); уплата (f) по частямъ pagamento (m) di tacitamento pago (m) á cuenta	*10*
Zahlungstermin (m) time of payment échéance (f), terme (m) de paiement	срокъ (m) платежа data (f) *o* termine (m) di pagamento fecha (f) del pago	*11*

1	Ratenzahlung (f) payment in instalments paiement (m) à termes *ou* par versements partiels	плата (f) въ разсрочку pagamento (m) a rate *o* rateale pago (m) á plazos
2	Anlagekosten (pl) cost of installation frais (m pl) d'établissement *ou* d'installation	затраты (f pl) на сооруженіе *или* на устройство; расходы (m pl) по сооруженію spese (f pl) d'impianto primeros gastos (m pl)
3	Anschaffungskosten (pl) first cost, prime cost prix (m) de premier établissement, prix (m) d'achat	затраты (f pl) на пріобрѣтеніе *или* на обзаведеніе spese (f pl) di primo impianto coste (m) de lo que se compra
4	Herstellungskosten (pl), Produktionskosten (pl) costs of production frais (m pl) de production	стоимость (f) производства; расходы (m pl) по изготовленію; затраты (f pl) на изготовленіе spese (f pl) di produzione *o* di fabbricazione coste (m) de producción
5	Baukosten (pl) building expenses (en général:) frais (m pl) de construction	стоимость (f) постройки spese (f pl) di costruzione gastos (m pl) de construcción
6	Aufstellungskosten (pl), Installationskosten (pl), Montagekosten (pl) cost of erection frais (m pl) de montage, frais (m pl) d'installation	стоимость (f) сборки *или* установки; затраты (f pl) на установку *или* монтажъ spese (f pl) di montaggio gastos (m pl) de montaje
7	Betrieb[s]kosten (pl), Unterhaltungskosten (pl) working expenses frais (m pl) d'exploitation, dépenses (f pl) courantes, frais (m pl) d'entretien	эксплоатаціонные расходы (m pl); стоимость (f) содержанія spese (f pl) d'esercizio gastos (m pl) de entretenimiento *ó* de explotación
8	Reparaturkosten (pl), Ausbesserungskosten (pl) cost of repairs frais (m pl) de réparation	затраты (f pl) по ремонту; стоимость (f) ремонта spese (f pl) di riparazione gastos (m pl) de reparación
9	Werkstattkosten (pl) workshop cost frais (m pl) d'atelier	стоимость (f) содержанія мастерской; расходы (m pl) по мастерской spese (f pl) d' officina gastos (m pl) de taller

Arbeitskosten (pl) working cost frais (m pl) de main-d'œuvre	стоимость (f) работы spese (f pl) di mano d'opera gastos (m pl) de trabajo	*1*
Versandkosten (pl), Transportkosten (pl) transport expenses (pl), expenses (pl) of freight port (m), frais (m) d'expédition, frais (m pl) de transport	стоимость (f) перевозки spese (f pl) di trasporto gastos (m pl) de transporte	*2*
Rentabilität (f) earning capacity, productiveness rapport (m) [financier], productivité (f) financière	доходность (f) produttività (f) finanziaria producto (m) *o* beneficio (m) financiero	*3*
Kapital (n) capital capital (m)	капиталъ (m) capitale (m), fondo (m) capital (m)	*4*
Anlagekapital (n) capital invested fonds (m pl) engagés, capital (m) engagé	капиталъ (m), затраченный на устройство установки *или* сооруженія capitale (m) *o* fondo (m) impiegato capital (m) de instalación	*5*
Grundkapital (n) stock capital (m) primitif	основной капиталъ (m) capitale (m) fondiario capital (m) primitivo	*6*
Verzinsung (f) paying interests production (f) d'intérêts	прибыль (f) на капиталъ въ процентахъ messa (f) all'interesse, mettere (m) a frutto paga (f) *ó* producción (f) de interés	*7*
Zins (m) interest intérêt (m), intérêts (m pl)	процентныя деньги (f pl) interesse (m) renta (f), interés (m)	*8*
Prozent (n) per cent pourcent (m)	процентъ (m) percento (m) tanto (m) por ciento	*9*
Abschreibung (f) amortisation amortissement (m)	амортизація (f); погашеніе (n) ammortizzazione (f), ammortamento (m) amortización (f)	*10*
Versand (m) dispatch expédition (f)	отправка (f) spedizione (f) expedición (f)	*11*
versenden (v), verfrachten (v) to dispatch expédier (v)	отправ-ить (-лять) spedire (v) expedir (v)	*12*

1	Beförderung (f), Transport (m) carriage expédition (f)	перевозка (f); транспортъ (m) trasporto (m) expedición (f)
2	befördern (v), transportieren (v) to carry expédier (v)	перевозить; транспортировать trasportare (v) enviar (v), despachar (v), expedir (v)
3	verladen (v) to load charger (f)	нагрузить, нагружать trasbordare (v), caricare (v) da . . . su . . . cargar (v)
4	Fracht (f) freight frêt (m), charge (f)	фрахтъ (m); плата (f) за перевозку грузовъ porto (m), nolo (m) flete (m)
5	Frachtgut (n) slow goods (pl) marchandises (f pl) en petite vitesse	грузъ (m) малой скорости merce (f) a piccola velocità mercancías (f pl) de pequeña velocidad
6	Eilfracht (f) fast goods (pl) grande vitesse (f)	грузъ (m) большой скорости grande velocità (f) transporte (m) de gran velocidad
7	Eilgut (n) express goods (pl) marchandises (f pl) en grande vitesse	товаръ (m) большой скорости merce (f) a grande velocità mercancías (f pl) de gran velocidad
8	Frachtbrief (m) bill of lading lettre (f) de voiture	накладная (f) lettera (f) di porto carta (f) de porte, talón (m)
9	Güterwagen (m) goods truck *or* van voiture (f) de livraison, camion (m) de livraison	товарный вагонъ (m) carro (m) merci carro (m) de repartir, camión (m)
10	Spedition (f), [Ver-]Frachterei (f), Bestätterei (f) forwarding of goods [maison (f) d']expédition (f)	экспедиція (f) spedizione (f), invio (m) expedición (m)
11	Spediteur (m), [Ver-]Frachter (m), Bestätter (m) forwarding agent, carrier expéditeur (m)	экспедиторъ (m) speditore (m), spedizionere (m) expedidor (m), comisionista (m)

Verzollung (f)
payment of duty
dédouanement (m), paiement (m) des droits de douane
уплата (f) пошлины; обложенie (n) пошлиной
pagamento (m) dei diritti di dogana, sdoganamento (m) 1
pago (m) de los derechos de aduana

---

verzollen (v)
to pay duty
payer (v) la douane pour une marchandise, dédouaner (v) une marchandise
уплатить пошлину; обложить пошлиной
pagare (v) la dogana, sdoganare (v) una merce 2
pagar (v) los derechos de aduana

Zoll (m)
duty, customs
droits (m pl) de douane, douane (f)
пошлина (f)
diritto (m) di dogana, dogana (f) 3
derechos (m pl) de aduana (f)

Zollkosten (pl), Zollspesen (pl)
duties, taxes
frais (m pl) de douane
таможенные расходы (m pl); стоимость (f) пошлины
spese (f pl) doganali *o* di dogana 4
gastos (m pl) de aduana

Einfuhrzoll (m), Eingangzoll (m)
import duty, import taxes
droits (m pl) d'entrée, droits (m pl) d'importation
ввозная пошлина (f)
diritto (m) d'entrata, dazio (m) d'importazione 5
derechos (m pl) de entrada

Einfuhr (f), Import (m)
import
importation (f)
ввозъ (m); импортъ (m)
importazione (f) 6
importación (f)

Ausfuhrzoll (m), Ausgangzoll (m)
export duty
droits (m pl) d'exportation, droits (m pl) de sortie
вывозная пошлина (f)
dazio (m) d'esportazione
derechos (m pl) de exportación 7

Ausfuhr (f), Export (m)
export
exportation (f)
вывозъ (m); экспортъ (m)
esportazione (f) 8
exportación (f)

Durchfuhrzoll (m), Durchgangzoll (m)
transit duty
droits (m pl) de transit
транзитная пошлина (f)
dazio (m) di transito
derechos (m pl) de tránsito 9

Rückzoll (m)
rebate of duty, drawback
restitution (f) *ou* remboursement (m) des droits d'entrée à la sortie
возвратъ (m) пошлины
dazio (m) rimborsato *o* di ritorno
reembolso (m) de los derechos de aduana 10

1	Zolltarif (m), Zollsatz (m) customs of tariff tarif (f) de douane	таможенный тарифъ (m) tariffa (m) doganale aranceles (m pl) de aduana
2	Zollermäßigung (f) reduction of duty réduction (f) des droits de douane	пониженіе (n) пошлины riduzione (f) di dazio reducción (f) de los derechos de aduana
3	verpacken (v) to pack emballer (v)	упаков-ать (-ывать) imballare (v) embalar (v)
4	Verpackung (f) packing emballage (m)	упаковка (f) imballaggio (m) embalaje (m)
5	Verpackungsstoff (m), Verpackungsmaterial (n) packing material [matériaux (m pl) d'] emballage (m) (c. à d. tout ce qui sert à emballer)	упаковочный матеріалъ (m) materiale (m) d'imballaggio material (m) de embalaje
6	Lattenverschlag (m) lathe crate emballage (m) en lattes	рѣшетникъ (m) imballaggio (m) a correntini *o* in gabbia embalaje (m) de jaula
7	Latte (f) batten latte (f)	планка (f) correntino (m) listón (m)
8	unverpackt (adj) in bulk, unpacked non emballé (adj), en vrac (loc adv)	безъ упаковки; неупакованный non imballato (agg) sin embalaje
9	Garantie (f), Bürgschaft (f) guarantee garantie (f), caution (f)	гарантія (f) garanzia (f), cauzione (f) garantia (f)
10	Risiko (n), Gefahr (f) risk risque (m)	рискъ (m) rischio (m), pericolo (m) riesgo (m), peligro (m)
11	Versicherung (f) der Anlage insurance of the plant assurance (f) de l'installation	страхованіе (n) установки assicurazione (f) dell'impianto seguro (m) de la instalación
12	versichern (v) to insure assurer (v)	страховать assicurare (v) asegurar (v)

Versicherungsgesellschaft (f) insurance company compagnie (f) d'assurances	страховое общество (n) società (f) d'assicurazione compañía (f) de seguros	1
Feuerversicherung (f) fire-insurance assurance (f) contre l'incendie	страхованіе (n) отъ огня assicurazione (f) contro gl' incendi seguros (m pl) contra incendios	2
Feuermelder (m) fire alarm avertisseur (m) d'incendie	пожарный сигналъ (m) segnalatore (m) d'incendi avisador (m) de incendios	3
unversichert (adj) uninsured non assuré (adj)	незастрахованный non assicurato (agg) no asegurado (adj)	4
Rechtstreitigkeit (f) legal contest litige (m)	оспариваніе (n) правъ lite (f), causa (f) litigio (m)	5
Prozeß (m) lawsuit procès (m)	[судебный] процессъ (m) processo (m) pleito (m), proceso (m)	6
Gericht (n) law court tribunal (m)	судъ (m) tribunale (m) tribunal (m)	7
Handelsrecht (n) commercial law droit (m) commercial	торговое право (n) diritto (m) commerciale código (m) de comercio, derecho (m) mercantil	8
Gericht[s]kosten (pl) legal expenses (pl) frais (m pl) de procédure	судебныя издержки (f pl) spese (f pl) processuali gastos (m pl) del pleito	9
Schied[s]gericht (n) court of arbitration tribunal (m) arbitral, conseil (m) d'arbitres	третейскій судъ (m) tribunale (m) arbitrale, consiglio (m) d'arbitri tribunal (m) de arbitraje	10
Partei (f) party partie (f)	сторона (f) parte (f) parte (f)	11
Schiedspruch (m) arbitration judgment arbitrage (m), sentence (f) arbitrale *ou* des arbitres	приговоръ (m) *или* резолюція (f) третейскаго суда arbitrato (m), sentenza (f) degli arbitri, giudizio (m) arbitrale sentencia (f) arbitral, laudo (m)	12

1	die Entscheidung fällen (v) to give judgment prononcer (v) la sentence	вынести приговоръ *или* резолюцію pronunciare (v) la sentenza pronunciar (v) la sentencia, fallar (v)
2	Einigung (f) agreement, settement accord (m), conciliation (f)	соглашеніе (n) accordo (m), conciliazione (f) acuerdo (m), conciliación (f)
3	den Streit schlichten (v) to settle the dispute vider (v) le différend *ou* la contestation	уладить недоразумѣніе *или* споръ appianare (v) le differenze solventar (v) una diferencia
4	Fabrikzeichen (n), Warenzeichen (n) trade-mark marque (f) de fabrique	фабричное клеймо (n); фабричный знакъ (m) marca (f) *o* marchio (m) di fabbrica márca (f) de fábrica
5	Patent (n) patent, letters patent brevet (m)	патентъ (m); привилегія (f) brevetto (m), privativa (f) patente (f), privilegio (m)
6	patentieren (v) to patent breveter (v)	выда-ть (-вать) патентъ *или* привилегію; патентовать brevettare (v), domandare (v) la privativa conceder (v) una patente
7	sich etwas patentieren lassen (v), ein Patent nehmen (v) to take out a patent se faire (v) breveter, prendre (v) en brevet	взять патентъ *или* привилегію prendere (v) un brevetto recibir (v) una patente
8	Patentgesetz (n) patent law loi (f) sur les brevets d'invention	законъ (m) о выдачѣ патентовъ *или* привилегій legge (f) delle privative *o* dei brevetti ley (f) de patentes
9	Patentverletzung (f) infringement of a patent violation (f) de brevet	нарушеніе (n) патента *или* привилегіи *или* патентнаго права violazione (f) di brevetto violación (f) de una patente
10	Patentbureau (n) patent office bureau (m) de brevets	бюро (n) по исходатайствованію привилегій ufficio (m) di brevetti oficina (f) de patentes

Patentanwalt (m) patent agent agent (m) en *ou* de brevets	ходатай (m) по привилегіямъ *или* патентамъ agente (m) di brevetti agente (m) de patentes	1
Lizenz (f) license licence (f), concession (f)	разрѣшеніе (n) эксплоатировать изобрѣтеніе licenza (f), concessione (f) licencia (f); concesión (f)	2
Lizenzinhaber (m) licensee concessionnaire (m)	обладатель (m) разрѣшенія эксплотировать изобрѣтеніе; правопреемникъ (m); лиценціатъ (m) concessionario (m) concesionario (m)	3
Gewerbeordnung (f) industrial legislation ordonnance (f) industrielle	промышленное законодательство (n) legge (m) industriale reglamento (m) industrial	4
Arbeitgeber und Arbeitnehmer **Employer and Employee** **Employeur et Employé**	**Работодатели и Работоприниматели** **Padrone ed Impiegato** **Patrono y Empleado**	5
Besteller (m), Auftraggeber (m) customer, purchaser commettant (m)	заказчикъ (m) committente (m) comitente (m)	6
Unternehmer (m) contractor entrepreneur (m)	предприниматель (m) imprenditore (m) emprendedor (m), contratista (m), patrono (m)	7
Fabrikant (m) manufacturer fabricant (m)	фабрикантъ (m); заводчикъ (m) fabbricante (m) fabricante (m)	8
Firma (f) firm firme (f), maison (f), raison (f) sociale	фирма (f) ditta (f), casa (f), ragione (f) sociale, firma (f) firma (f), casa (f), razón (f) social	9
Inhaber (m) proprietor propriétaire (m)	владѣлецъ (m) proprietario (m) proprietario (m)	10
Handelsgesellschaft (f) trading company société (f) commerciale	торговое общество (n) società (f) commercial sociedad (f) mercantil	11

1	Kommanditgesellschaft (f) joint stock company société (f) en commandite	товарищесво (n) на вѣрѣ società (f) in accomandita sociedad (f) en comandita
2	Aktiengesellschaft (f) limited liability company société (f) anonyme, société (f) par actions	акціонерное общество (n) società (f) anonima, società (f) per azioni sociedad (f) anónima [por acciones]
3	Vertreter (m) representative, agent représentant (m)	представитель (m) rappresentante (m) representante (m)
4	Vertretung (f) representation, agency représentation (f)	представительство (n) rappresentanza (f) representación (f)
5	Generalvertretung (f) chief agency représentation (f) générale	генеральное представительство (n) rappresentanza (f) generale representación (f) general
6	Agent (m) agent agent (m)	агентъ (m) agente (m) agente (m)
7	Wiederverkäufer (m) middle-man, retailer revendeur (m)	перепродавецъ (m) rivenditore (m) revendedor (m)
8	Selbstverkäufer (m) manufacturer and retailer producteur-vendeur (m)	продавецъ (m) venditore produttore (m), ventitore (m) del propio prodotto vendedor (m), productor (m)
9	Arbeitgeber (m) employer employeur (m), patron (m)	работодатель (m); хозяинъ (m) padrone (m), imprenditore (m) patrono (m), empresario (m)
10	Arbeitnehmer (m) employee employé (m) (c. à d. tout homme qui se charge d'un travail)	работоприниматель (m) impiegato (m), addetto (m) empleado (m)
11	Chef (m) head, chief, principal chef (m)	начальникъ (m); шефъ (m) capo (m), principale (m) jefe (m)
12	Geschäft[s]führer (m) secretary gérant (m)	завѣдующій (m); управляющій gerente (m) gerente (m)

Vorgesetzter (m) principal, chief supérieur (m), chef (m)	начальникъ (m) superiore (m), capo (m) superior (m)	1
Direktion (f) director's office, manager's office direction (f)	дирекція (f) ; правленіе (n) direzione (f) dirección (f)	2
Direktor (m) director directeur (m)	директоръ (m) direttore (m) director (m)	3
Generaldirektor (m) managing-director directeur (m) général	главный директоръ(m) direttore (m) generale director (m) general	4
Disponent (m) manager mandataire (m)	распорядитель (m) mandatario (m) gerente (m); administrador (m) apoderado	5
disponieren (v) to manage disposer (v)	распорядиться; распоряжаться disporre (v) disponer (v)	6
Kassierer (m) cashier caissier (m)	кассиръ (m) cassiere (m) cajero (m)	7
Kasse (f) cashier's office caisse (f)	касса (f) cassa (f) caja (f)	8
Buchhalter (m) book-keeper comptable (m), teneur (m) de livres	бухгалтеръ (m) ragioniere (m), contabile (m) tenedor (m) de libros	9
Kontor (n), Bureau (n), Geschäft[s]zimmer (n) office bureau (m), comptoir (m)	контора (f); бюро (n) ufficio (m), scrittoio (m) oficina (f), escritorio (m), despacho (m)	10
Hauptbureau (n), Zentralbureau (n) head office bureau (m) central *ou* principal	главная контора (f); центральное бюро (n) ufficio (m) centrale *o* principale oficina (f) central	11
technisches Bureau (n) technical office bureau (m) technique	техническая контора (f); техническое бюро (n) ufficio (m) tecnico oficina (f) técnica	12
Erbauer (m), Konstrukteur (m) designer, builder constructeur (m)	строитель (m) costruttore (m) constructor (m)	13

1	Konstruktionsbureau (n), Berechnungsbureau (n) designing *or* engineering department bureau (m) de construction	конструкціонное бюро (n) ufficio (m) di costruzione oficina (f) de construcción
2	Zeichensaal (m) drawing office salle (f) de dessin	чертёжная (f); чертёжный залъ (m) sala (f) da disegno sala (f) de dibujo
3	Betrieb[s]leiter (m) works manager directeur (m) *ou* chef (m) d'exploitation, directeur (m) technique	завѣдующій (m) ходомъ производства *или* технической частью capo (m) d'esercizio, direttore (m) tecnico director (m) técnico
4	Betrieb[s]leitung (f) technical department direction (f) technique	завѣдываніе (n) ходомъ производства *или* технической частью direzione (f) tecnica dirección (f) técnica
5	Betrieb[s]ingenieur (m) managing engineer ingénieur (m) du service technique, ingénieur (m) d'exploitation	заводскій (m) инженеръ; инженеръ по заводу ingegnere (m) dell'esercizio ingeniero (m) del servicio técnico
6	Ingenieur (m) engineer in-chief ingénieur (m)	инженеръ (m) ingegnere (m) ingeniero (m)
7	Oberingenieur (m) chief engineer ingénieur (m) en chef	главный инженеръ (m) ingegnere (m) capo ingeniero jefe (m)
8	Gewerbeingenieur (m) (industrial) engineer ingénieur (m) des arts et métiers	инженеръ (m), служащій по фабричной инспекціи ingegnere (m) ispettore industriale ingeniero (m) industrial
9	Zivilingenieur (m) civil engineer ingénieur (m) civil	вольнопрактикующій инженеръ (m) [не: гражданскій инженеръ] ingegnere (m) libero esercente ingeniero (m) particular (no empleado)
10	beratender *oder* konsultierender Ingenieur (m) consulting engineer ingénieur (m) conseil	инженеръ(m)-экспертъ (m); инженеръ-консультантъ (m) ingegnere (m) consulente ingeniero (m) consultor

Verwaltungsingenieur (m) administrative engineer ingénieur (m) d'administration	инженеръ (m) - администраторъ (m) ingegnere (m) amministrativo ingeniero (m) de administración	1
Arbeiter (m) workman, artisan ouvrier (m)	рабочій (m) operaio (m) obrero (m)	2
Fabrikarbeiter (m) factory hand ouvrier (m) de fabrique	фабричный рабочій (m) operaio (m) di fabbrica obrero (m) de fábrica, peón (m)	3
Lohnarbeiter (m) labourer [ouvrier (m)] salarié (m); manœuvre (m)	наёмный рабочій (m); чернорабочій (m) salariato (m), mercenario (m) trabajador (m) mercenario, asalariado (m)	4
Tag[e]löhner (m) day labourer (unskilled) journalier (m)	подёнщикъ (m) giornaliere (m) jornalero (m)	5
Lohnarbeit (f) wage work, day work travail (m) salarié *ou* mercenaire	подённая работа (f) lavoro (m) salariato *o* mercenario trabajo (m) mercenario *ó* á jornal	6
Akkordarbeiter (m), Gedingarbeiter (m) man on piece work ouvrier (m) à la pièce *ou* aux pièces *ou* à la tâche, tâcheron (m)	рабочій (m), получающій плату сдѣльно lavorante (m) a cottimo obrero (m) á tanto alzado *ó* á destajo	7
Akkordarbeit (f), Gedingarbeit (f) piece work travail (m) à la tâche, travail (m) à la pièce *ou* aux pièces	сдѣльная работа (f) lavoro (m) a cottino trabajo (m) á tanto alzado	8
Arbeitstag (m) working day journée (f) de travail	рабочій день (m) giornata (f) di lavoro día (m) de trabajo, jornada (f)	9
24 (vierundzwanzig) Stunden-Arbeitstag (m) working day of 24 hours journée (f) de 24 h	сутки (m pl) giornata (f) di lavoro di 24 ore jornada (f) de 24 horas	10
Arbeit[s]zeit (f) working time temps (m) de travail	рабочее время (n) orario (m) di lavoro tiempo (m) de trabajo	11

1	Arbeit[s]stunden (f pl) working hours (pl) heures (f pl) de travail	рабочіе часы (m pl) ore (f pl) di lavoro horas (f pl) de trabajo
2	Überstunden (f pl) overtime heures (f pl) supplémentaires	сверхурочные часы (m pl) ore (m) straordinarie horas (f pl) suplementarias ó extraordinarias
3	Lohn (m), Löhnung (f) wages (pl) salaire (m)	плата (f) salario (m), paga (f) jornal (m)
4	Lohneinheit (f) unit of wages unité (f) de salaire	расцѣнокъ (m) unità (f) di paga unidad (f) de jornal
5	Tag[e]lohn (m) daily wages [salaire (m) d'une] journée (f)	подённая плата (f) paga (f) d'una giornata jornal (m), salario (m)
6	Gehalt (n), Besoldung (f) salary traitement (m), appointement (m), (des haut placés:) honoraires (f pl)	жалованье (n) paga (f), stipendio (m), onorario (m) honorario (m), sueldo (m)
7	Wochenlohn (m) weekly wages (pl) [salaire (m) d'une] semaine (f)	недѣльная плата (f) paga (f) d'una settimana, paga settimanale paga (f) semanal
8	Gewinnanteil (m) dividend, bonus part (f) de bénéfices	часть (f) изъ прибыли dividendo (m) dividendo (m)
9	Provision (f), Vermittlungsgebühr (f) commission commission (f)	комиссіонная плата (f); коммиссіонныя (f pl) provvigione (f) comisión (f)
10	Arbeitseinstellung (f) strike chômage (m)	прекращеніе (n) работъ sospensione (f) del lavoro suspensión (f) del trabajo
11	Aussperrung (f) lock-out lock-out (m)	локаутъ (m); забастовка (f) справа serrata (f) cierre (m)
12	Arbeiterausstand (m), Streik (m) strike grève (f)	стачка (f); забастовка (f) sciopero (m) huelga (f)

Arbeiterwohlfahrtseinrichtungen (f pl) beneficient institutions for workmen institutions (f pl) pour le bien-être des ouvriers	учрежденія (n pl) по охранѣ здоровья рабочихъ istituzioni (f pl) per il benessere degli operai instituciones (f pl) benéficas para los obreros	1
Arbeiterwohnung (f) workmen's dwelling habitation (f) ouvrière	рабочая квартира (f) abitazione (f) operaia, casa (f) operaia habitación (f) de obreros	2
Arbeiterversicherung (f) workmen's insurance assurance (f) des ouvriers	страхованіе (n) рабочихъ assicurazione (f) degli operai seguro (m) de los obreros	3
Krankenversicherung (f) insurance against illness assurance (f) contre la maladie	страхованіе (n) отъ болѣзни assicurazione (f) contro malattie seguro (m) contra las enfermedades	4
Krankenkasse (f) sick benefit club caisse (f) d'assurance contre la maladie	больничная касса (f) cassa (f) per gli ammalati caja (f) de socorro para los obreros enfermos	5
Unfallversicherung (f) accident insurance assurance (f) contre les accidents	страхованіе (n) отъ несчастныхъ случаевъ assicurazione (f) contro le disgrazie accidentali *o* contro gli infortuni seguro (m) contra los accidentes	6
Unfall (m), Unglücksfall (m) accident accident (m)	несчастный случай (m) accidente (m), infortunio (m) accidente (m)	7
Unfallverhütungsvorschriften (f pl) rules for the prevention of accidents instructions (f pl) préventives contre les accidents	предписанія (n pl) для предотвращенія несчастныхъ случаевъ norme (f pl) preventive contro le disgrazie accidentali instrucciones (f pl) para impedir los accidentes	8
Haftpflicht (f) liability (for injuries by accident) responsabilité (f)	уголовная отвѣтственность (f) responsabilità (f) responsabilidad (f)	9
Invaliditätsversicherung (f) insurance against disablement assurance (f) contre l'invalidité	страхованіе (n) на случай инвалидности assicurazione (f) contro l'invalidità seguro (m) contra la invalidez	10

1 Invaliditätsrente (f)
disablement annuity
pension (f) d'invalidité

инвалидная рента (f)
pensione (f) d'invalidità
renta (f) de invalidez

---

2 Altersversicherung (f)
old age insurance
assurance(f) de vieillesse

страхованіе (n) на случай старости
assicurazione (f) per la vecchiaia
seguro (m) para la vejez

---

3 Pensionskasse (f)
pension fund
caisse (f) de retraite

пенсіонная касса (f)
cassa (f) pensioni
caja (f) de pensiones

---

4 Berufsgenossenschaft (f)
trade union
association (f) *ou* corporation (f) professionnelle; (en Allemagne:) association (f) *ou* corporation(f) professionnelle des patrons pour l'assurance de leurs ouvriers contre les accidents

профессіональный союзъ (m); [въ Германіи:] профессіональный союзъ работодателей для страхованія рабочихъ
associazione (f) professionale
gremio (m), asociación (f) patronal

A.

A-förmiges Gestell mit Geradführung 153.6
- Gestell, doppelbalkiges 153.2
- shaped engine bed with crosshead guide 153.6
Abaisser le flacon de niveau 92.1
Abbassare la bottiglia di livello 92.1
-si del gasometro 86.8
-e la temperatura del gasogeno 43.2
Abbau 300.5
Abbauen, die Maschine 300.4
Abbinden des Fundaments 308.7
Abblättern des Weißmetallfutters 189.6
Abbrandverlust 62.7
Abcisa 111.4
Abdeckplatte . 303.9
Abdecken, den Schlitzkranz 241.6
Abdichtung durch aufgeschliffene Flächen 165.2
Abelscher Petroleumprüfer 101.4
Abel's petroleum tester 101.4
Abeto, madera de 306.9
Abfließen durch Druckluft 247.8
- durch natürliches Gefälle 247.7
Abfluß des Kühlwassers in Sickergruben 321.5
-rohr 320.6
-, Wasser- . . . 181.9
Abgase 124.9
-, Anlassung durch 299.2
-, durch die - geheizter Vergaser 257.4
-, die - durch eine Hilfspumpe absaugen 127.1
- der Hüttenbetriebe 63.2
-, industrielle . 63.1
-, die - durch Spülluft oder Ladung austreiben 127.3
Abhängige Veränderliche 109.5
Abhängigkeit der Sättigung von der Witterung 253.3
Abhitzkessel . 63.5
Abhitze, durch die - erwärmter Rahmen 264.4
Abies pectinata 306.9
Abitazione operaia 385.2
Ablagerung, Staub- 314.6
Ablaßöffnung . 87.4
-, Öl- 276.8
-schraube . . . 248.3
Ablassen, das Kühlwasser 168.1
-, das Wasser bei Frostwetter 347.5
Ablaufkurve . 222.7
-punkt 222.10
-rohr des Reinigers 70.9
-temperatur . . 348.6
Ablenker . . . 213.1
Ablesefehler . . 351.9
Ablesung . . . 351.6
Ablieferung . . 369.2
Ablöschen, die Asche 61.9
Abnahme der Materialien 139.10
-versuch . . . 350.12
Abnehmen, ein Indikatordiagramm 354.6
Abnehmer, Strom- 334.2
About de segment 173.2
Abrazadera . . 313.9
Abrazar, estribo que abraza la leva 224.3
Abreißfunke . 283.5
-stange 289.5
-vorrichtung . 289.3
-zündung . . . 288.4
Abreißen, den Funken 289.1
Abrir la llave de la lámpara 264.7
- los segmentos 173.9
- la válvula . . 207.5
Abrundung . 222.11
Absatzmuffe . . 311.8
-weise bewegter Kolben 252.1
- - Destillation . 8.9
Absatzweise Entwicklung des gespannten Treibmittels . . . 366.1
Absaugmaschine 126.9
Absaugen, die Abgase durch eine Hilfspumpe 127.1
Absaugung der Teerdämpfe des Schlammtopfes durch die Vorwärmerluft 41.7
Abscheider, Staub- 76.4
-, Teer- 75.2
-, Wasser- . . . 74.5
Abschlacköffnung 60.6
Abschlacken . 60.5
Abschlagzahlung 371.10
Abschlagen des Kontakthebels vom Stift 289.2
Abschleudern des Öls 279.2
Abschließen, das Kühlwasser 347.4
Abschluß, Geschäfts- 370.11
-, hydraulischer - der Gasleitung 55.9
-stück des Zylinders 163.4
Abschmirgeln . 150.8
Abschneider, Rohr- 314.1
Abschreibung 373.10
Abscissa 111.4
Abscissae, axis of 111.2
Abscisse 111.4
-s, axe des . . 111.2
Absoluter Nullpunkt 17.7
-e Temperatur 17.6
-e -skala . . . 17.8
Absolute scale of temperature 17.8
- temperature . 17.6
- zero 17.7
Absoluto, cero 17.7
Absorb, to . . 4.8
Absorbent . . 263.7
Absorbente, liquido 90.4
Absorber . . . 4.8
- l'huile au moyen de sciure . . 347.3
Absorber el aceite con serrín . 347.3
Absorbieren . . 4.8
Absorbing liquid 90.4
Absorciométrico, método . . . 90.3
Absorción . . . 4.7
-, aparato de . 91.5
- de calor por la pared, pérdida de trabajo por 362.5
-, pipeta de . . 92.8
Absorptiometrische Methode . . 90.3
Absorption . . 4.7
-sapparat . . . 91.5
-sflasche, kegelförmige 94.4
- -, konische . . 94.4
-sflüssigkeit . . 90.4
-smethode . . . 90.3
-spipette 92.8
Absorption . . 4.7
- apparatus . . 91.5
- bottle, conical 94.4
- flask, conical . 94.4
- method . . . 90.3
- pipette . . . 92.8
Absorption . . 4.7
-, appareil d' . 91.5
-, flacon conique d' 94.4
-, pipette d' . . 92.8
Absperrorgan . 314.8
-ventil 315.7
Abspringen der Rolle 223.8
Abspritzen des Rostes 61.1
Abstand von Kolbenmitte zu Kreuzkopfmitte 178.2
Abstechen, den Ring 172.6
Abstellen, die Heizung 258.6
Abstellen, die Schmierapparate 347.2
Abstellung der Zündung, Reglung durch 227.6
Abstreichdaumen, Klinke mit 235.6
Abstreifen, das flüssige Benzin an den Fangschirmen 255.2
-, die Ringe vom Kolben 174.3

Abstützhebel . 226.9, 231.3
-zunge 229.2
Abstützen des Auslaßventils 229.1
-, die Lokomobile 338.7
-, den Ventilhebel 226.6
-, die Wälzbank 218.5
Abszisse 111.4
-nachse 111.2
Abutment . . . 226.5
-, holding open the exhaust by means of a detent and 226.3
Abutting joint 191.7
Abwälzende, sich aufeinander - Flügel 80.3
Abwälzung . . 219.4
Abwasser, das - neutralisieren 71.8
-pumpe 337.5
-, Skrubber- . . 71.4
Abzugleitung . 55.1
-, Preis- 370.8
-rohr der Feuerungsgase 54.8
Abzweigrohr . 310.2
Abzweigung, rechtwinklige 310.3
-, spitzwinklige 310.4
Acanalado, extremo - de la palanca 217.2
Acarreo, terreno de 305.8
Accelerated combustion 123.3
Acceleration curve 194.6
-, piston 194.5
- pressure . . . 195.7
Accélération, courbe d' 194.6
- du piston . . 194.5
-, pression d' . 195.7
-, - d'- négative 196.1
Accelerato, combustione -a 123.3
Accelerazione, curva delle -i dello stantuffo 194.6
-e, pressione d' 195.7
- dello stantuffo 194.5
Accélérée, combustion 123.3
Accendere la lampada 264.8
Accendibilità . 101.9
Accensione . . 279.4
-, accumulatore di 284.2
- ad alta tensione 286.5
- anticipata . . 279.9
-, apparato di . 283.3
- automatica . 259.6
- a bassa tensione 288.5
- a batteria . . 285.8
-, calore di . . 279.5
- col calore di compressione 259.7
- a candela . . 286.4
-, candela di . 285.6
Accensione, corrente di 283.8
- difettosa . . . 280.3
- elettrica . . . 283.2
- a fiamma . . 280.4
-, fiamma di . . 280.5
-, forza di . . . 279.6
- a gaseificazione 281.3
- ad incandescenza 281.2
- a magnete . . 286.1
- magnetoelettrica 286.1
- a metà corsa 363.7
-, momento di . 279.7
- prematura . 292.7, 280.1
-, punto di 101.6, 193.1, 279.7, 279.8
- registrare l' . 290.5
-, regolazione dell' 227.5
-, ritardare l' . . 344.3
- ritardata . . 280.2
- per rottura . . 288.4
-, scintilla di . . 283.7
-, spingere in avanti lo stantuffo coll' 299.1
- spontanea del carbone 26.1
-, temperatura di 6.4, 101.5
- a tubo incandescente 281.5
-, valvola di . . 281.1
Acceptance of materials 139.10
- test 350.12
Accesibilidad por todos los lados 302.8
- de las válvulas 206.1
Acceso, curva de 222.6
Accessibilità da ogni parte 302.8
- della valvola 206.1
Accessibilité des soupapes 206.1
- de tous côtés 302.8
Accessibility from all sides 302.8
- of the parts . 342.1
- - - valves . . 206.1
Accessori dei motori a combustione 267
Acciaio 133.6
- compound . . 134.2
-, corda d' . . . 329.6
- al crogiolo . 134.3
- dolce 134.2
-, filo di . . . 137.14
-, fune d' . . . 329.6
- fuso . . 132.2, 134.1
- - al crogiolo 134.3
- - ricotto . . . 132.3
- al nichel . . . 134.4
- omogeneo . . 134.1
- saldato . . . 133.7
Accident . . . 385.7
- insurance . . 385.6
-s, rules for the prevention of 385.8
Accident 385.7
-s, assurance contre les 385.6
Accidents, instructions préventives contre les 385.8
Accidente . . . 385.7
-s, instrucciones para impedir los 385.8
Accionado eléctricamente, ventilador 80.1
- por transmisión, ventilador 79.8
-, válvula de admisión -a 200.2
Accionamiento de las bombas 244.1
Accionar el árbol de distribución 209.3
Accomandita, società in 380.1
Acconto 371.8
Accoppiamento diretto del motore a combustione 329.9
- dello stelo . . 178.5
Accoppiare la dinamo come motore d'avviamento 298.2
Accord 378.2
Accordeón . . . 85.8
Accordo 378.2
Account 371.1
-, payment on 371.10
Accouplement direct du moteur à combustion avec la machine opératrice 329.9
- de tige de piston 178.5
Accrochage . . 230.4
Accumulamento di calore 163.1
- di gas 350.5
Accumulare l'aria compressa 297.5
Accumulated heat, increase of 36.4
Accumulateur d'allumage 284.2
-s, allumage par 285.8
-, capacité de l' 284.3
Accumulation of gas 350.5
- of heat 163.1
Accumulation de chaleur en un point déterminé 163.1
- de gaz 350.5
Accumulator, capacity of the 284.3
Accumulatore di accensione 284.2
-, capacità dell' 284.3
Accumulazione di calore, aumento dell' 36.4
Accumuler l'air comprimé 297.5
Accuracy, degree of 351.11
Aceite sin ácidos 274.2
- de alquitrán . 106.6
- - - de hulla . 106.7
Aceite para alumbrado 108.3
- americano para alumbrado 108.5
- animal 274.4
- de antraceno 106.12
- de brea . . . 106.6
- - - de lignito 107.1
- para cilindros 274.8
- de creosota . 106.11
- denso 108.7
- de engrase . 274.1
- espeso 99.6
- de esquisto 107.10
- flúido y ligero 99.5
-s para fuerza motriz 99.4
- de gas 107.8
-, gas de 33.1
- para limpiar 108.2
- lubrificante, consumo de 348.7
- para máquinas 274.7
- de mezcla . . 108.8
- mineral . . . 274.6
- - en bruto . . 102.6
- muy flúido . 99.5
- muy volátil . 102.8
- de parafina . 107.9
- pesado . 99.6, 108.7
-, proyección del - por acción centrífuga 279.2
- de punto de ebullición alto 100.6
- - - de ebullición bajo 100.5
- ruso para alumbrado 108.6
- sin resina . . 274.3
- solar 107.7
- vegetal . . . 274.5
Aceitera . 275.9, 277.2
- de válvula . 277.3
Aceleración del émbolo 194.5
- - -, curva de 194.6
-, presión de . . 195.7
Acepillar . . . 149.9
Acero 133.6
- batido 133.7
- colado 132.2
- compound . . 134.2
- al crisol . . . 134.3
- dulce cementado 134.2
- fundido 132.2, 134.1
- de fusión . . 134.1
- níquel 134.4
- soldado . . . 133.7
Acetic acid . . 104.5
Acetico, acido . 104.5
Acetilene . . . 13.6
Acetileno . . . 13.6
Acetylene . . . 13.6
Acétylène . . . 13.6
Achat, contrat d' 370.10
-, prix d' . 370.3, 372.3
Achse, Abszissen- 111.2
-nkreuz 111.1
-, Ordinaten- . 111.3
-nregler . 231.1, 278.1
- - mit Beharrungswirkung 278.2
Achsiale Druckaufnahme 156.2

Acid, acetic . . 104.5
-, carbonic . . . 18.12
- gas, carbonic 11.13
-, hydrochloric 14.7
-, hydrocyanic . 14.3
-, hydrosulphuric 14.4
-, muriatic . . 14.7
-, oil free from 274.2
-, prussic . . . 14.3
-, sulphuric . . 14.6
-, sulphurous . 14.5
- tower 43.3
Acide acétique 104.5
- carbonique . 11.13
- chlorhydrique 14.7
-, colonne à . . 43.3
- cyanhydrique 14.3
- prussique . . 14.3
- sulfhydrique 14.4
- sulfureux . . 14.5
- sulfurique . . 14.6
- - fumant . . 90.5
-, thermomètre à mercure rempli d'- carbonique 18.3
Acido acetico . 104.5
- carbonico . . 11.13
- cianidrico . . 14.3
- cloridrico . . 14.7
-, colonna ad . 43.3
- muriatico . . 14.7
- -, soluzione di cloruro di rame nell' 90.9
-i, olio esente da 274.2
-, olio privo di 274.2
-o pirogallico, soluzione alcalina di 91.1
- prussico . . . 14.3
- solfidrico . . 14.4
- solforico . . . 14.6
- - fumante . . 90.5
- solforoso . . 14.5
Ácido, aceite sin 274.2
- acético . . . 104.5
- carbónico . . 11.13
- -, termómetro de mercurio lleno de 18.3
- clorhídrico . 14.7
- -, disolución de cloruro de cobre en el 90.9
- muriático . . 14.7
- pirogálico alcalino 91.1
- prúsico . . . 14.3
- sulfhídrico . 14.4
- sulfúrico . . 14.6
- - fumante . . 90.5
- - humeante . 90.5
- sulfuroso . . 14.5
Acier 133.6
- compound . . 134.2
- coulé 132.2
- - recuit . . . 132.3
- doux à couche extérieure dure 134.2
- fondu au creuset 134.3
- - homogène . 134.1
- de fusion . . 134.1
- homogène . . 134.1
- nickel 134.4
- au nickel . . 134.4
- soudant . . . 133.7
- soudé 133.7
Acknowledge, to 171.3
Acodado, árbol motor 185.7
-, palanca - a . 216.5
Acompte 371.8
Acoplados en serie, ventiladores 77.4
Acoplamiento directo del motor de combustion con la máquina operadora 329.9
- en paralelo de la máquina 347.7
- del vástago de émbolo 178.5
Acorazado, motor vertical 325.6
Acqua 11.4
- ammoniacale . 14.2
- del calorimetro 99.2
- camicia d' . . 166.6
- di circolazione, deposito terroso dell' 167.7
- - - fangosa . 167.6
- colorata . . . 83.3
-, contatore d' . 321.4
-, contenuto di . 26.2
- del depuratore, raffreddare l' 72.2
- fresca, raffreddamento con 321.1
- di lavaggio . 68.3
-e - -, chiarificare le 71.9
-a polverizzata, pioggia d' 68.6
- potabile, condotta d'- della città 321.2
- di raffreddamento, condotta dell' 166.7
- - -, ritenuta dell' 167.2
- - -, scarico dell' 166.8
- refrigerante, consumo di 348.4
- - della torre . 72.5
-, e di rifiuto, neutralizzare le 71.9
- di scarico del lavatore 71.4
- sotterranea . 305.9
- di sottosuolo 305.9
-, tenore in . . 26.2
Acquisto, contratto d' 370.10
-, somma d' . . 370.9
Acquitter . . . 371.3
Acting, single - air pump 260.8
Action, cycle of 118.7
-, to put the ignition out of 347.1
-, - - one end of the cylinder out of 344.6
-, sleeve force due to centrifugal 272.1
Action de l'état atmosphérique sur la saturation 253.3
-s, société par . 380.2
Actionnement de la pompe 244.1
Actionner l'arbre de distribution 209.3
Activité, mettre la machine en 342.8
Actual percentage of alcohol reduced to 15° C 105.2
- quantity of air required 7,1
- temperature of combustion 6,7
- volume of charge 120.6
Actuating cam 214.7
- gear for starting valves 295.5
Acuerdo 378.2
Acumulación de agua refrigerante 167.2
- de calor . . . 163.1
- de gases . . . 350.5
Acumulador . . 284.2
Acuñado con chavetas, platillo del muelle 204.3
-, manivelas -as á 120 grados 186.2
Acuñar la locomóvil 338.7
Acute angle, branching at an 310.4
Adaptor 311.8
Addetto . . . 380.10
Additional compression by lengthening the piston 262.9
Additionnel, air 255.9
Adelgazamiento proporcional de los radios 190.9
Adiabate . . . 116.6
Adiabatic . . . 116.7
- compression . 121.9
- curve 116.6
Adiabatica . . 116.9
-, compressione 121.9
Adiabatico . . 116.7
Adiabatique . . 116.7
-, compression . 121.9
Adiabatisch . . 116.7
-e Linie 116.6
-e Verdichtung 121.9
Adiatermico, parete -a 98.7
Adiatérmico, pared -a 98.7
Adiathermane Wandung 98.7
Adiathermane, paroi 98.7
Adición para la confección 148.4
- para el trabajo 148.4
Adjust, to - the exhaust valve gear to work on a two stroke cycle 294.1
-, to - the gas cock for starting 344.4
-, to - the guide lever of the pawl 290.8
-, to - the length of the cord 354.1
-, to - the lubricating gear 344.1
Adjustable brass 188.9
Adjustable furnace 58.5
- heating flame, ignition tube with 283.1
- sole plate . . 53.5
- valve rod . . 234.4
- weight on pecker 230.8
Adjuster, cord . 354.2
Adjusting gear of the governor 273.3
- nut 358.3
- screw . . 289.9, 352.7
- wedge 189.1
Adjustment notch 211.2
Admettre l'air comprimé dans le quatre temps 295.2
Administrador apoderado 381.5
Administration, ingénieur d' 383.1
Administrative engineer 383.1
Admisión de aceite, llave reguladora de la 33.4
-, cierre de la fase de 233.1
-, distribución de 199.2
-, grado de . . 232.8
-, graduar la - por medio de válvulas 242.1
-, leva de . . . 221.6
-, válvula de . . 199.8
-, velocidad de - de la carga 119.11
Admissionsdruck 295.3
Admission of air 46.7
- cam 221.6
-, combined - and exhaust valve 200.4
-, - - and gas valves 239.6
-, common cam for - and exhaust 221.8
- controlled by means of valves 242.1
-, dead center (centre) between - and exhaust stroke 193.2
-, degree of . . 232.8
- and exhaust, cylindrical slide valve for 245.7
- gear . . 199.2, 214.9
- port 240.8
- -, air 242.5
- -, gas 242.6
- -, ring of . . . 240.5
- pressure . . . 295.3
-, regulation of degree of 232.7
-, spring between - and gas valve 239.7
- of the steam and air mixture 47.1
-, throttle valve between the mixing and - valves 233.7
- valve 199.8

Admission valve, automatic 200.1
- - box 203.1
- - closed, keeping the 228.7
- - lever, excentrically mounted 229.3
- -, mechanically operated 200.2
- - with perforated seat 239.8
- - with slide for closing gas ports 240.1
- -, throttling by means of the 234.1
-, valve box common to - and exhaust 203.2
Admission, came d' 221.6
-, - commune pour l' - et l'échappement 221.8
-, commande de l' 199.2
-, contrôler l' - par des soupapes 242.1
- coupée 228.4
-, couronne d' . 240.5
-, degré d' 120.5, 232.8
-, fermeture de l' 233.1
-, gouverner l'- par des soupapes 242.1
-, levier d' - monté excentriquement 229.3
-, lumière d' . . 240.8
-, - d' - d'air . 242.5
-, - d' - de gaz 242.6
-, période de balayage et d' 126.6
-, point mort entre les courses d'- et d'échappement 193.2
-, pression d' . . 295.3
-, réglage du degré d' 232.7
-, soupape d' . 199.8
-, - d'- automatique 200.1
-, - d'- commandée 200.2
-, - d'- et d'échappement 200.4
-, - mixte d'- et de gaz 239.6
-, - d'- avec tiroir d'arrêt du gaz 240.1
-, température d'348.5
-, tiges et leviers d' 214.9
-, vitesse d'- de la cylindrée 119.11
Admit, to - compressed air in a four-stroke cycle 295.2
Aduana, aranceles de 376.1
-, gastos de . . 375.4
Advance, angle of 208.4
-, payment in . 371.9
-, pump crank in 244.2
Advanced ignition 279.9
- opening . . 207.10
- - of the port 280.9
Affaire, conclusion d'une 370.11
-s, marche des 369.1
Affari, andamento degli 369.1
Affiler 150.6
Affinità chimica 2.6
Affinität, chemische 2.6
Affinité chimique 2.6
Affinity, chemical 2.6
Afflusso dell'acqua 181.8
Affûter 150.6
Afianzar la locomóvil 338.7
Afilar 150.6
Afinidad química 2.6
After-burning of the charge 124.2
Agarrarse, la válvula se agarra 206.6
Age insurance, old 386.2
Agency 380.4
-, chief 380.5
Agent 380.6
Agent . . 380.3, 380.6
-, forwarding 374.11
-, reducing . . 5.4
-, scavenging . 128.1
Agent 380.6
- de balayage . 128.1
- de brevets . . 379.1
- en brevets . . 379.1
- moteur, écoulement continu de l' 365.7
- -, production continue de l'- - sous pression 365.8
- -, - intermittente de l'- sous pression 366.1
-, patent 379.1
- réducteur . . 5.4
- de réduction 5.4
Agente 380.6
- di brevetti . . 379.1
- riduttivo . . 5.4
Agente lavador 128.1
- motor, corriente continua del 365.7
- de patentes . 379.1
- de reducción 5.4
- reductivo . . 5.4
Aggloméré de houille 28.9
- industriel . . 28.12
- de lignite . . 28.10
- de tourbe . . 28.11
Agglutinant, charbon 26.9
- pour la fabrication d'agglomérés 29.3
- - - - de briquettes 29.3
Agglutination du charbon 26.8
- du combustible pour en faire des briquettes 29.2
Aggiustaggio . 154.8
Aggiustare il comando dello scarico pel ciclo a due tempi 294.1
- lo stantuffo alla temperatura di funzionamento 175.7
Agglutinamento del carbone 26.8
- del combustibile per farne delle mattonelle 29.2
Agglutinante, carbone 23.1, 26.9
- per mattonelle 29.3
Aggregat, Maschinen- 330.1
Agitador . . . 68.2
Agitateur, arbre de l' 68.2
-, laveur à . . . 68.1
Agitatore, albero degli -i 68.2
Aglomerado . 28.8
- de lignito . . 28.10
Aglutinación de briquetas 29.2
- del carbón . 26.8
Aglutinante para briquetas 29.3
Ago, astuccio dell' 262.5
-, lubrificatore ad 276.4
-, valvola ad . . 262.3
- della valvola 262.4
Agreement . . 378.2
Agrietarse, el revestimiento interior se agrieta 50.5
Agrio 139.6
Agrupación de átomos 1.3
Agua 11.4
- amoniacal . . 14.2
- del calorímetro 99.2
- coloreada . . 83.3
- de combustión, calor de condensación del 97.5
- corriente, refrigeración por 321.1
-s de depuración, clarificar las 71.9
- - -, enfriar el 72.2
- de lavado . . 68.3
-s muertas, saco de 167.3
- pulverizada, lluvia de 68.6
- de refrigeración, depósito del 321.8
- del refrigerante 72.5
- refrigerante, circulación del 182.1
- -, consumo de 348.4
- - fangosa . . 167.6
- -, tubería de entrada del 166.7
-, separador de 74.5
- subterránea . 305.9
-s sucias del depurador 71.4
- -, neutralizar las 71.8
-, tanto por ciento de 26.2
Agua teñida . . 83.3
Aguja, instrumento de 83.9
- de la válvula 262.4
Agujerear . . . 148.5
Agujero para desarenar 147.6
- de engrase abierto 275.7
- para la lubrificación 275.2
- de los tornillos 164.6
Ahorquillado 216.11
Aigre 139.6
Aiguille de décrassage 266.5
-, instrument à 83.9
Ailette d'aspiration 78.6
-s s'épousant l'une l'autre en tournant 80.3
- en hélice . . 78.5
- hélicoïdale . 78.5
-s, radiateur à 322.2
- de refoulement 78.7
Aimant de champ 333.4
-, enroulement d' 333.5
- permanent . 284.9
Air 10.7
-, admission of 46.7
- admission port 242.5
-, to admit compressed - in a four-stroke cycle 295.2
-, atomizing by compressed 259.3
-, balancing by means of compressed 205.6
-, to blow the - out of the gas pipes 344.2
-, bye-pass valve for gas and 246.2
-, capacity of - for being saturated 258.4
- channel . . . 236.10
-, combined - and gas pump 243.5
- compressed, non-return valve for the - while stopping 296.8
-, compressed . 259.8
-, - - starting device 294.6
- compression stroke 243.6
-, discharging - from gas mains 316.9
- draught, natural 322.5
-, dry 10.8
- escape valve 316.10
-, excess of . . 7.2
-, feed by compressed 247.8
-, fresh 41.2
- gas 34.1
- -, high total heat of 34.6
- - outlet . . . 35.7
- - -, lower . . 47.3

Air gas outlet, upper 47.2
- -, process of formation of 34.2
-, highly compressed 296.2
-, humid 10.9
-, humidity of the 10.10
- inlet 35.9
-, introducing the - from above 44.6
-, to lead the gas and - one above the other 236.7
-, - - - gas-and - side by side 236.6
- mixture, admission of the steam and 47.1
-, mixture of - and steam 37.3
-, moist 10.9
- passage . . . 236.8
- pipe 261.8, 317.7
-, piping for compressed 297.9
- plant, compressed 296.1
- pocket 167.4
-, pre-heated . . 41.3
- previously compressed 260.1
-, primary . . . 255.8
- pump 243.3
- -, hand 248.1
- -, valve head of 261.1
- receiver . . . 129.7
- -, compressed 297.7
- -, pressure in 297.8
-, regenerative heating of - by the exhaust 257.3
- relief valve 316.10
- required, actual quantity of 7.1
- -, theoretical quantity of 6.10
- saturated with petrol vapour 253.7
-, scavenging . 128.2
- scavenging, to expel the exhaust gases by 127.3
- slide valve . 238.3
- space between the fire bars 51.2
- -, width of - between the fire bars 51.3
-, spraying by compressed 259.3
- for spraying liquid fuel 255.8
-, starting by means of compressed 294.5
-, starting on a four-stroke cycle by means of compressed 295.1
-, - - a two-stroke cycle by means of compressed 294.7
-, step for - and gas valve 232.4
-, to store the compressed 297.5
Air suction box 317.9
- - chamber . . 317.9
-, supplementary 255.9
- supply, cutting off the gas and 228.6
- -, spare tank for 261.7
- -, tank for . . 261.6
-, - - the - from
-, to take the - from the atmosphere 260.7
the cylinder 260.4
- valve 238.5
- -, gas valve driven by 232.1
- -, step for . . 232.3
Air 10.7
- additionel . . 255.9
- de balayage . 128.2
- chargé d'essence 253.7
- comprimé . . 259.8
- - à haute pression 296.2
- du diagramme 359.5
-, excédant d' . . 7.2
-, excès d' 7.2
- en excès 7.2
- frais 41.2
-, gaz à l' . . . 34.1
-, gaz d' 34.1
- humide . . . 10.9
-, introduire l' - par le haut 44.6
- préalablement comprimé 260.1
- précomprimé 260.1
- de pulvérisation 255.8
- réchauffé . . 41.3
- sec 10.8
Aire 10.7
- adicional . . 255.9
- atmosférico, hacer pasar - sobre carbones candentes 34.3
- para barrer . 128.2
-, cantidad de - teóricamente necesaria 6.10
- comprimido . 259.8
- -, dar - en el ciclo de cuatro tiempos 295.2
- -, evacuación por 247.8
- -, recipiente de 297.7
- fresco 41.2
- á gran presión 296.2
-, humedad del 10.10
- húmedo . . . 10.9
-, introducir el - por arriba 44.6
- inyectado, calentamiento del 64.9
- libre, desembocar el tubo de escape al 318.9
- de la mezcla, calentamiento previo del 257.3
- de presión para la pulverización del combustible 255.8
- previamente comprimido 260.1
- recalentado . 41,3
Aire, saco de . 167.4
-, saturación del - con vapor 37.2
- saturado de bencina 253.7
- seco 10.8
Aislamiento, defecto en el 287.7
- de ebonita . 287.4
- de porcelana 287.5
- del tapón . . 287.3
Ajouré, moyeu 191.2
Ajustador . . . 143.3
Ajustage, atelier d' 143.4
-, tuyau d' . . . 310.5
Ajustar el cilindro desmontable 160.5
- el cojinete . . 185.5
- los cojinetes . 189.7
- el émbolo á temperatura de trabajo 175.7
- una máquina 300.3
Ajuste de la distribución 211.1
- del lado descargado 185.4
- del émbolo, examinar el buen 343.1
Ajuster la commande d'échappement pour le cycle à deux temps 294.1
- le coussinet dans le palier par grattage 189.7
- le piston à la température de marche 175.7
Ajusteur 143.3
Ajutage 366.3
Akkordarbeit . 383.8
-arbeiter 383.7
Akkumulator, Zünd- 284.2
Aktiengesellschaft 380.2
Ala a forma spirale 78.5
i del ventilatore 80.8
Alabearse . . . 145.5
Alambic distillatoire 9.3
Alambique . . . 9.3
- de desecación 89.7
Alambre . . . 137.10
- de acero . . 137.14
- de cobre . . . 138.1
- estañado . . 137.12
- galvanizado 137.13
- de hierro . 137.11
- de latón . . . 138.2
- de platino . . 21.3
- - -, combustión sobre - incandescente 95.6
- - - -rodio . . 21.4
- tensor 162.5
Alargamiento, coeficiente de 140.8
- de rotura . . 140.7
Alarm, fire . . 377.3
Albero degli agitatori 68.2
- ausiliare . . . 211.7
- di distribuzione 211.5
Albero di distribuzione, comandare l' 209.3
- - -, disposizione dell' 212.3
- - - perpendicolare all'albero motore 212.5
- - -, volano sull' 210.7
-, foro centrale dell' 358.10
- intermediario 211.7
- intermedio a movimento rapido 210.6
- di manovella 185.6
- - - a doppio gomito 185.8
- - - a gomito 185.7
- - - posto in alto 151.6
- - - a tre gomiti 186.1
- montato su tre sopporti 187.7
- motore 211.6
- -, corsoio comandato dall' 212.7
- - e di distribuzione con rotazione dello stesso senso 212.4
- con mozzo fuso 78.9
- orizzontale . 212.1
- passante di distribuzione 212.2
- del regolatore 268.4
- di trasmissione 327.6
- verticale . . . 211.8
Albura 28.9
Alburno 29.9
Alcachofa . . . 318.3
Alcalino, soluzione -a di acido pirogallico 91.1
Alcalino, disolución -a de pirogalol 91.1
Alcanzar una compresión elevada inyectando agua 122.5
Alcayata para tubos 313.8
Alcohol 104.3
-, actual percentage of - reduced to 15° C 105.2
-, apparent percentage of 105.1
-, atomizer for . 255.6
-, to carburet - with benzole 106.4
- carburettor . 254.2
-, degree of dilution of 104.10
- engine, portable 338.2
-, methyl- . . . 13.11
-, percentage of water in 104.9
- pump . . . 250.11
-, sprayer for . 255.6
- tank 247.6
- vapour . . . 254.3
- -, superheated 254.4
Alcohol 104.3
- en bruto . . . 104.6

Alcohol desnaturalizado 106.1
-, destilación de -es 104.8
-, fábrica de -es 104.8
- industrial . . 104.7
- metilico . . . 13.11
- mezclado . . 106.5
Alcoholometer 105.3
Alcoholometric scale 105.4
Alcómetro . . . 105.3
-, graduación del 105.4
Alcool 104.3
- de bois . . . 13.11
- brut 104.6
- dénaturé . . . 106.1
- mélangé . . . 106.5
- méthylique . 13.11
- pour moteurs 104.7
Alcool 104.3
-, carburare l' - con benzolo 106.4
-, carburatore ad 254.2
-, contenuto di acqua dell' 104.9
- denaturato . 106.1
-, grado di diluizione dell' 104.10
-, locomobile ad 338.2
- metilico . . . 13.11
-, polverizatore di 255.6
-, pompa da . 250.11
- surriscaldato, vapore di 254.4
-, tenore di acqua dell' 104.9
-, vapore di . . 254.3
Alcoolometro . 105.3
Alcoomètre . . 105.3
Aldehido . . . 104.4
Aldehyd 104.4
Aldehyde . . . 104.4
Aldéhyde . . . 104.4
Aldeide 104.4
Aleación de aluminio 137.2
- de niquel . . 137.8
Alésage du cylindre 159.5
- du levier . . 216.2
-, usure de l' . 160.1
Alesare 144.2
Alesatore . . . 144.3
Alesatura del cilindro 159.5
- della leva . . 216.2
-, usura del . . 160.1
Aléser 144.2
Alésoir 144.3
Aleta, ancho de 80.8
- aspiradora . . 78.6
-s que girando encajan consecutivamente y alternativamente unas con otras 80.3
- helizoidal . . 78.5
- impulsora . . 78.7
- de la rueda . 367.2
Alette aspiranti 78.6
-, pompa ad . . 108.8
- prementi . . 78.7
-, radiatore ad . 322.2
Algodón 90.2
Algodón basto 90.1
- en rama . . . 90.1
- - -, filtro de . 89.10
Aligerar la válvula 204.9
Alimentación . 57.1
-, regulador de la - del agua 40.6
Alimentador giratorio 56.6
Alimentation . 57.1
-, régulateur d' . 40.6
-, soupape d' . . 40.7
-, trémie d' . . . 57.6
Alimentatore d'acqua 40.6
Alimenter le gazogène 56.9
Alkaline solution of pyrogallic acid 91.1
Alkalische Pyrogallollösung 91.1
Alkoholgehalt, scheinbarer . 105.1
- -, wahrer . . 105.2
-messer 105.3
Alkoholometerskala 105.4
Allargamento dell'anello 173.9
- della camera . 49.6
- del cilindro della pompa 251.4
Allargare, anillo per 174.1
Allargatoio . . 144.3
Aller du piston 192.5
Allgemeine Theorie 109.1
Alliage d'aluminium 137.2
- de nickel . . 137.8
Allongement, coefficient d' 16.7, 140.8
- de rupture . 140.7
Allowance for machining 148.4
Alloy, aluminium 137.2
-, nickel 137.8
Allumable, mélange 236.2
Allumage . . . 279.4
-, accumulateur d' 284.2
- par accumulateurs 285.8
-, appareil d' . . 283.3
- automatique 259.6
-, avance à l' . . 279.9
- à basse tension 288.5
-, bombe d' . . 281.4
-, bougie d' . . 286.6
- par bougie . 286.4
-, chaleur d' . . 279.5
- par la chaleur de compression 259.7
-, chauffage du tube d' 282.6
-, cheminée de la flamme d' 280.7
-, conduite de la flamme d' 280.6
-, couper l' . . . 347.1
-, courant d' . . 283.8
-, distribution d'- pour deux allumeurs 289.6
Allumage électrique 283.2
-, étincelle d' . . 283.7
- par étincelle d'arrachement 288.4
-, flamme d' . . 280.5
- à flamme . . 280.4
-, force d' . . . 279.6
- à gazéification 281.3
- à haute tension 286.5
- par incandescence 281.2
- par magnéto 286.1
- magnéto électrique 286.1
- à micourse de la course 363.7
- au milieu de la course 363.7
-, moment d' . 279.7
-, poche d' . . . 281.4
-, point d' . . . 279.8
-, - mort d' . . 193.1
- prématuré . . 280.1
- raté 280.3
-, raté d' 280.3
-, réglage de l' . 227.1
-, - par suppression de l' 227.6
-, régler l' . . . 290.5
-, retard à l' . . 280.2
-, retarder l' . . 344.3
-, retour d' . . . 292.7
-, soupape d' . . 281.1
-, supprimer l' . 347.1
-, tampon d' . . 288.6
-, - d'- à refroidissement 287.2
-, température d' 6.4
-, tube d'- chauffé 282.7
- à tube incandescent 281.5
Allumer la lampe 264.8
Allumeur . . . 288.3
Alluminio, lega di 137.2
Allungamento, coefficiente di 140.8
- di rottura . . 140.7
Allure, bonne . 64.7
- irrégulière du haut fourneau 64.8
Almacenar el aire comprimido 297.5
Almendra, carbón tamaño de 25.2
Alquiler, barril de 108.6
Alquitrán . . . 12.1
-, aceite de . . 106.6
-, costra de . . 71.7
-, emulsión del 71.6
- de esquisto . 12.6
- de hulla . . . 12.3
- - -, aceite de 106.7
- de lignito . . 12.4
- de madera . . 12.7
-, separador de 75.2
-, tanto por ciento de 75.1
- de turba . . . 12.5
-, vapor de . . 12.2
Alquitranoso, gas 74.9
-, hidrocarburos -s 12.11
Alternador . . 333.1
- trifásico . . . 333.2
Alternate current generator 333.1
Alternateur . . 333.1
- triphasé . . . 333.2
Alternating current dynamo 333.1
- - generator . 333.1
Alternator . . . 333.1
Altersversicherung 386.2
Altezza della corona 190.5
- del livello . . 248.6
- di riempimento 57.7
- dello stantuffo 168.3
- totale 302.9
Alto forno . . . 63.7
-i -i, motore a gas degli 323.6
- -, soffiante per 336.2
Alto horno . . 63.7
-s -s, gas de . . 63.6
- -, marcha del 64.6
- -, marcha irregular del 64.8
- -, marcha regular del 64.7
Altura de la carga 57.7
- del émbolo . 168.3
- de la llanta . 190.5
- de nivel . . . 248.6
- total 302.9
Alumbrado . . 303.10
-, gas de 31.8
Aluminiumlegierung 137.2
Aluminium alloy 137.2
Aluminium, alliage d' 137.2
Alzamento della valvola 220.5
Alzamiento de la válvula 207.7, 220.5
- - - -, velocidad de 208.2
Alzare la bottiglia di livello 91.9
Alzata della valvola 208.6
Amboß . . . 145.10
Amenée des gaz du coke sous la grille 45.6
Amenée, tuyau d' 320.5
Amener la manivelle dans la position de mise en marche 298.5
American lamp oil 103.5
Americana, punta 148.8
Amerikanisches Leuchtöl 103.5
Amiante 138.6
- à base de palladium 95.4
- palladié . . . 95.4
- vulcanisé . . 138.7
Amianto 138.6
- al palladio . 95.4
- vulcanizzato 138.7

Amianto al paladio 95.4
Amincissement des bras 190.9
Ammalati, cassa per gli 385.5
Ammètre . . . 334.9
Ammetere l'aria compressa in quattro tempi 295.2
- la miscela . . 126.7
Amministrativo, ingegnere 383.1
Ammissione d'aria 46.7
-, aste per l' . . 214.9
- automatica, valvola di 200.1
-, capsula della valvola di 203.1
-, chiusura dell' 233.1
- di combustibile, sospensione dell' 228.4
- comandata, valvola di 200.2
-, distribuzione per l' 199.2
-, regolare l' - per mezzo di valvole 242.1
-, scoppio all' . 346.1
-, sporto per l' . 221.6
Ammonia . . . 13.13
- solution . . 14.1
- water 14.2
Ammoniac . . 13.13
-, gaz 13.13
Ammoniaca . . 13.13
-, impianto per gas Mond con estrazione di - e solfati 42.6
Ammoniacal liquor 14.2
- solution of cuprous chloride 90.8
Ammoniacale, eau 14.2
Ammoniacale, soluzione 14.1
Ammoniak . . 13.13
-lösung 14.1
-wasser 14.2
Ammoniakalische Kupferchlorürlösung 90.8
Ammoniaque . 14.1
Ammonio, idrato d' 13.13
Ammortamento 373.10
Ammortizzazione 373.10
Amolar 150.6
Amoniacal, agua 14.2
-, disolución - de cloruro de cobre 90.8
Amoníaco . . . 13.13
-, disolución de 14.1
Amonio, hidrato de 13.13
Amorçage, dégagement de fumée pendant l' 60.1
-, perte par - au ventilateur 62.6
Amorcer le gazogène à l'aide du ventilateur 59.6
- un trou au pointeau 144.8
Amortiguador de aire 233.4
- neumático . . 233.4
Amortisation 373.10
Amortissement 373.10
Amortisseur à air 233.4
- pneumatique 233.4
Amortización 373.10
Ampérage du courant 335.1
Amperemeter . 334.9
Ampèremètre . 334.9
Amperometro . 334.9
Amperómetro . 334.9
Ampolla. fundición con -s 147.9
Analisi 87.9
- per mezzo dell'ebollizione 100.8
- qualitativa . 88.1
- quantitativa 87.10
- tecnica del gas 88.2
- volumetrica degli elementi del gas 93.5
- -, fare un - con liquidi titolati 93.6
- - con liquidi titolati 93.7
- - ripetuta . . 93.8
Análisis 87.9
- calorimétrico 97.1
- cualitativo . 88.1
- cuantitativo 87.10
-, deducir del - la potencia calorífica 98.1
- por ebullición 100.8
- del gas . . . 87.8
- químico para determinar la potencia calorífica 97.7
- técnico del gas 88.2
- volumétrico, efectuar un 93.6
- - de los elementos constitutivos del gas 93.5
- -, grado de proporción de la sustancia que contiene un liquido en el 94.3
- -, liquido para el 94.1
- -, rehacer el . 93.8
Analyse 87.9
-, qualitative . 88.1
-, quantitative . 87.10
-, Siede- 100.8
Analyse 87.9
- par ébullition 100.8
- qualitative . 88.1
- quantitative . 87.10
- technique du gaz 88.2
Analysis . . . 87.9
- by boiling . 100.8
-, to calculate the calorific power from the 98.1
Analysis by fractional distillation 100.8
- of gas, technical 88.2
- of the highly inflammable gases 95.1
-, qualitative . 88.1
-, quantitative . 87.10
- of slightly inflammable gases 95.5
Anblaseverlust 62.6
Anblasen, den Generator 59.6
Ancho 184.2
- del brazo . . 186.5
- de correa . . 328.4
- de paleta . . 80.8
Anchor bolt . . 308.8
- rope 358.2
Anchura total . 303.2
Ancora 333.6
- a doppio T 284.10
Andamento degli affari 369.1
- affato silenzioso 345.10
- dolce della articolazione 343.7
- - del motore 345.5
- irregolare . . 345.9
- - dell' alto forno 64.8
- ordinario dell' alto forno 64.7
- silenzioso . . 345.6
Andata e ritorno dello stantuffo 192.4
Änderung der Brennstoffmenge pro Arbeitsspiel, Reglung durch 231.7
-, elementare . 110.1
-, unendlich kleine - einer Größe 110.1
Andrehmotor, die Dynamomaschine als - schalten 308.9
Andrehen durch Handkurbel 291.4
-, die Maschine 291.3
- vom Schwungrad aus 293.4
Anello, allargamento dell' 173.9
- per allargare 174.1
- di chiusura . 191.4
- per distendere 174.1
- dell' eccentrico 225.1
- elastico, giuoco di dilatazione dell' 173.6
-i -i, sforzo di tensione degli 171.8
- -, superficie di appoggio degli 172.1
-o -o di stantuffo 171.7
-, giuoco fra il fondo della scanalatura e l' 172.4
- di gomma e filo tenditore 162.5
- di guarnizione 313.1
Anello -i - -, arrotare gli 172.8
- di guarnizione disposto diagonalmente 166.2
-i - -, fuga traversa gli 171.6
- - -, rettificare gli 172.8
- - -, tenuta per mezzo di - sciolti 166.1
- - -, tenuta con più 166.3
-o lubrificatore 276.6
-, lubrificazione ad 276.5
- di lubrificazione 276.6
-i, raschiare gli 173.1
- registrabili con superfici coniche 180.1
- di ritegno dell'olio 275.4
-o scaccia-olio 275.4
- sferico elastico 180.2
- sgocciolatore 275.5
-i, gli - dello stantuffo battono 181.3
-o da stantuffo a tensione automatica 171.7
-, tagliare giù l' 172.6
-, taglio dell' . 173.2
-, - obliquo dell' 173.3
-, -verticale dell' 173.4
- della valvola 245.5
Anfangordinate 111.7
Anfressung der Ventilsitzfläche 206.4
Angabe, fehlerhafte - der Gasuhr 87.7
Angebot 369.7
Angetriebener Wälzhebel 218.3
Angle of advance 208.4
- bar 136.5
-, branching at an acute 310.4
-, - - right . . . 310.3
- of connecting rod 193.7
- of crank with horizontal 193.6
- of inclination 58.6
- -iron 136.5
- pipe 310.7
- of retarded closing 208.5
- valve 315.9
Angle d'avance 208.4
- de déviation de la bielle 193.7
- d'inclinaison 58.6
-, levier d' . . . 216.4
- de retard à la fermeture de la soupape 208.5
- de soulèvement de la manivelle 193.6
Angolo acuto, diramazione ad 310.4
- di avanzamento 208.4

Angolo di chiusura ritardata 208.5
-, ferro ad . . . 136.5
- formato dalla biella 193.7
- di inclinazione 53.6
- di precessione 208.4
- retto, diramazione ad 310.3
- di rotazione della manovella 193.6
Ángulo 136.5
- agudo, bifurcación de 310.4
- de avance . . 208.4
- de desviación de la biela 193.7
- de inclinación 53.6
- de retardo al cierre 208.5
- de rotación de la manivela 193.6
Anheben des Ventils 220.5
Anheizventilator 37.7
Anhidrido carbónico 11.13
Anidride carbonica 11.13
- solforosa . . 14.5
Anillo para abrir los segmentos 174.1
- de engrase 275.4 276.6
- escurridor . . 275.5
- de junta . . . 318.1
- de la válvula 245.5
Anima di legno pei vani 307.6
-, portata dell' . 147.5
Animal oil . 274.4
Animal, aceite . 274.4
Animale, olio . 274.4
Animella di ritegno, valvola ad 250.3
- di sicurezza . 250.4
Anker 333.6
-, durch Batteriestrom betätigter 290.3
-bewicklung . 333.7
-, Doppel-T- . 284.10
-eisen 285.1
-, feststehender 285.6
-, Fundament- . 308.8
-gehäuse . . . 290.2
-, I- 284.10
-loch 308.10
-, oszillierender 285.3
-platte 308.9
-, rotierender . 285.5
-, schwingender 285.3
-spule 285.2
-, die - vergießen 309.1
Ankörnen . . . 144.8
Ankörner . . . 145.1
Anlage, fahrbare 337.8
-fläche des Dichtungsrings 172.1
-kapital 373.5
-kosten 372.2
-n, ortsfeste . . 323.1
Anlaßgefäß . . 297.6
-gemisch . . . 298.8
-kompressor . . 296.3
-kurbel, Hand- 291.5
Anlaßstellung, auf die - einrücken 295.6
- -, den Gashahn auf - bringen 344.4
- -, die Kurbel in die - einstellen 298.5
- -, Umschalten von - in Betriebstellung 295.7
-strom 298.3
-ventil 295.4
- -, vereinigtes Rückström- und - 297.1
-verdichter . . 296.3
-vorrichtung . 291.1
- -, Druckluft- . 294.6
-winde mit Zahnradvorgelege 291.7
Anlassen mittels Druckluft 294.5
-, mit leicht siedendem Brennstoff 258.8
- durch Schaltwerk 293.5
Anlassung durch Abgase 299.2
-, Druckluft - im Viertakt 295.1
-, - - im Zweitakt 294.7
-, elektrische . 298.1
-, Gemisch- . . 298.4
Anlaufdruck . 223.4
-kurve 222.6
-widerstand . . 291.2
Annäherung an die Astasie 271.2
Annealed cast steel 132.3
Anneau de soupape 245.5
Annuity, disablement 386.1
Annular producer 46.1
- seat 201.1
- slide valve . 246.3
- valve 245.4
Anonima, società 380.2
Anonyme, société 380.2
Ansammlung, Gas- 350.5
Ansaugearbeit 119.10
-kopf 317.10
-unterdruck . . 119.8
Ansaugen . . . 119.1
Ansaugen (v) . 119.7
Anschaffungskosten 372.3
Anschlag . . . 213.5
-, Vor- 369.9
Anschlußflansch des Rahmens 154.7
Anspannen, die Feder 204.6
Anspringen, die Maschine springt schwer an . 344.5
Anstrich, Rohr- 314.3
Anteil, Gewinn- 384.8
Anthracene oil 106.12
Anthracène, huile d' 106.12
Anthracite . . . 22.10
Anthrazenöl . 106.12
Anthrazit . . . 22.10
Anticipata, apertura 207.10
-o, scarico . . . 205.7
Antifricción, forro de 189.4
Antifriction, fourrure 189.4
-, garniture . . 189.4
Antifrictionner les coussinets par coulée 189.2
- le piston . . . 177.1
Antracene, olio di 106.12
Antraceno, aceite de 106.12
Antracita . . . 22.10
Antracite . . . 22.10
Antreiben, die Steuerwelle 209.3
Antreibender Wälzhebel 218.2
Antrieb, Exzenter- 224.4
-, Gas- 332.2
-, Gasventil- durch schrägen Nocken 235.1
-, - - mit veränderlicher Eröffnung und konstantem Schluß 235.3
-hebel 217.4
-, Indikator - mit Hebelübersetzung 353.6
-, - - durch Stirnkurbel 353.7
- durch Innenverzahnung 210.2
-, kettenschlüssiger 223.9
- durch Kurbelschleife 251.7
-, Nockenbügel- 224.2
-, Nockenwälzhebel- 224.1
-, Pumpen- . . 244.1
-, Riemen- . . . 327.7
-scheibe 327.4
-, Steuerungs- . 209.2
-, Transmissions- 327.3
-vorrichtung für die Anlaßventile 295.5
-welle 211.6
Anular, generador 46.1
-, válvula . . . 245.4
Anulare, cassetto 246.3
-, valvola . . . 245.4
Anvil 145.10
Anwalt, Patent- 379.1
Anwärmerohr, schraubenförmig gewundenes 264.5
Anwärmung des Brennstoffs 257.2
Anzahl, die - der Kolbenflüge regeln 364.6
Anzahlung . . 371.8
Anzeichnen . . 211.3
Anzeiger, Spannungs- 334.5
-, Strom- 334.9
Anziehen, die Bremsbacken 357.5
Anzugkeil 189.1
Anzünden, die Lampe 264.8
Apagar los cenizas 61.9
- la llama del mechero 346.9
Aparato de Abel para ensayar el petróleo 101.4
- de absorción 91.5
- alimentador . 57.4
- para el arranque 291.1
- de arranque eléctrico 293.6
- - -, puesta en marcha por medio de 293.5
- de cambio . . 259.2
- de carga . . 57.4
- de destilación . 9.2
- para la destilación de petróleo 101.1
- para determinar el punto de inflamación 101.7
- director . . . 366.2
- de elevación . 301.7
- de encendido 283.3
- grande de Orsat 96.3
- de inflamación 283.3
- para medir el tiro 82.8
- Orsat 92.2
- registrador . 352.8
- de seguridad contra el retroceso sobre la manivela 292.6
- universal de Thörner 96.4
Aparejo diferencial 302.2
Apertura . . . 220.1
- anticipata . . 207.10
- pel caricamento 45.4
-e, al cilindro . 160.7
- -a per levare le scorie 60.6
- di passaggio 208.9
- per la pulizia 167.1
-, punto di . . . 222.9
- di riempimento 87.3
- di scarico . . 87.4
- della valvola 207.3
Apertura, avance á la 207.10
- de la válvula 207.3
- variable, mando de la válvula de gas con 235.3
Aplatir 146.4
Apoyar la placa de envolvimiento 218.5
Apoyo graduable 234.2
- móvil 234.2
-, punto de - de la palanca 215.9

Apparato di accensione 283.3
- deviatore . . 213.1
- di induzione 285.9
- di lubrificazione 274.9
- di percussione 290.1
- di sostituzione 259.2
- di urto . . . 290.1
Apparatus, absorption 91.5
-, distilling . . . 9.2
-, gas drying . 74.4
-, - purifying . 66.6
-, ignition . . . 283.3
-, Orsat 92.2
-, smoke consuming 318.10
-, universal . . 96.4
Apparecchio di assorbimento 91.5
- di caricamento girevole 56.6
- direttore . . . 366.2
- per distillare il petrolio 101.1
- di distillazione 9.2
- fumivoro . 318.10
- di lanciamento, mettere in moto per mezzo di 293.5
- di messa in moto 291.1
- Orsat 92.2
- - ampliato . . 96.3
- scrivente . . 352.8
- di sicurezza contro il colpo indietro sulla manovella 292.6
- di sollevamento 301.7
- a tazze . . . 71.3
- universale di Thörner 96.4
Appareil d'absorption 91.5
- alimentateur 57.4
- d'allumage . 283.3
- chargeur . . 57.4
- de choc . . . 290.1
- de commande pour les soupapes de démarrage 295.5
- directeur . . 366.2
- distillatoire . . 9.2
- à distiller le pétrole 101.1
- fumivore . 318.10
- de graissage . 274.9
- d'inscription 352.8
- de levage . . 301.7
- de mise en marche 291.1
- - - - - à air comprimé 294.6
- Orsat 92.2
- - amplifié . . 96.3
- de réglage du régulateur 278.3
- de substitution 259.2
- de sûreté contre le retour de la manivelle 292.6
- universel de Thörner 96.4
Apparent percentage of alcohol 105.1
Appendice allo stantuffo 62.9, 263.1
Appianare le differenze 378.8
Appoggio . . . 226.5
- della fondazione, superficie di 304.7
- delle leva, piastra di 218.4
- - - punto di 215.9
- nel sopporto, superficie sferica di 188.2
Appointement . 384.6
Approssimazione all'astaticità 271.2
Approximation to the astatic condition 271.2
Appui, point d' - fixe 216.1
-, - d' - du levier 215.9
Apretar el muelle 204.6
- - - de nuevo 204.7
- las zapatas del freno 357.5
Aprieto, chaveta de 189.1
Aprire i lubrificatori 344.1
- il robinetto della lampada 264.7
- la valvola . . 207.5
Aprovechamiento del combustible 62.1
Aproximación á la astaticidad 271.2
Äquivalent, kalorisches Arbeits- 114.4
Arado automóvil 338.10
Araignée, patte d' 275.3
Aranceles de aduana 376.1
Arandela de mica 287.6
- de sujeción puesta en caliente 191.4
Aräometer . . . 100.3
Arar, locomotora para 338.10
Aratro automobile 338.10
- a motore . . 338.10
Arbeit, Akkord- 383.8
-, Ansauge- . . 119.10
-, Auslauf- . . . 297.4
-, äußere 114.8
-seinstellung . 384.10
-geber 380.9
- - und Arbeitnehmer 379.5
-, Geding- . . . 383.8
-shub 126.5
- des idealen Kreisprozesses 361.2
-, in indizierte - umgesetzte Wärmemenge 361.3
-, innere 114.7
-skosten 373.1
Arbeit, Lohn- . 383.6
-nehmer . . . 380.10
- - Arbeitgeber und 379.5
-speriode . . . 118.7
-, Reibungs- . . 360.3
-spiel 118.7
-stunden . . . 384.1
-stag 383.9
- -, vierundzwanzig Stunden 383.10
-stakte 118.6
-süberschuß . . 198.1
-, Verdichtungs- 121.3
-sverlust durch unvollständige Verbrennung 362.3
- - - verspätete Verbrennung 362.2
- - - Vorausströmung 362.1
- - - die Wärmeabfuhr an die Wandung 362.5
- der verlustlosen Maschine 361.2
-svermögen des Reglers 272.4
-, die - im Wärmemaß angeben 114.1
-swert der Wärme 114.3
-zeit 383.11
-zylinder 157.4, 243.1
Arbeiten, ruhiges - der Zahnräder 210.4
-, stoßfreies - der Rolle 223.7
Arbeiter 383.2
-, Akkord- . . . 383.7
-ausstand . . . 384.12
-, Fabrik- . . . 383.3
-, Geding- . . . 383.7
-, Lohn- 383.4
-wohlfahrtseinrichtungen 385.1
-wohnung . . . 385.2
-versicherung . 385.3
Arbitrage . . . 377.12
Arbitraje, tribunal de 377.10
Arbitral, sentence 377.12
-, tribunal . . 377.10
Arbitrale, tribunale 377.10
Arbitration, court of 377.10
- judgment . . 377.12
Arbitrato . . . 377.12
Arbitres, conseil d' 377.10
-, sentence des 377.12
Arbitri, consiglio d' 377.10
Árbol auxiliar 211.7
- berbiquí . . . 185.7
- cigüeñal apoyado en tres cojinetes 187.7
- -, árbol de distribución y - paralelos 212.4
- -, cojinete del 187.1
- - de dos codos 185.8
- -, sombrerete de cojinete del 187.4
Árbol cigüeñal, tapa del cojinete del 187.4
- - de tres codos 186.1
-, corazón del . 29.8
-, disposición del 212.3
- de distribución 211.5
- - - y árbol cigüeñal paralelos 212.4
- - - atravesante 212.2
- - - perpendicular al árbol cigüeñal 212.5
- de doble codo 185.8
- doblemente acodado 185.8
- horizontal . . 212.1
- intermedio . 211.7
- - de gran velocidad 210.6
- manivela . . 185.6
- motor . 185.6, 211.6
- - acodado . . 185.7
- - cigüeñal . . 185.7
- del regulador 268.4
- de transmisión 327.6
- vertical . . . 211.8
Arbre de l'agitateur 68.2
- de commande 211.6
- coudé 185.7
- -, cuvette de l' 155.1
- - supérieur . 151.6
- de dédoublement 210.6
- à deux coudes 185.8
- de distribution 211.5
- - - continu . 212.2
-s - - et de couche parallèles 212.4
- - - et de couche perpendiculaires l'un à l'autre 212.5
- du doigt de contact 288.10
- double coudé 185.8
- horizontal . . 212.1
- intermédiaire 211.7
- - à grande vitesse 210.6
- logé dans trois paliers 187.7
- à manivelle . 185.6
- à moyeu de fonte 78.9
-, pied de palier d'- coudé 152.8
- porté par trois paliers 187.7
- du régulateur 268.4
- de renvoi 211.7, 327.6
- triple coudé . 186.1
- à trois coudes 186.1
- - - paliers . . 187.7
- vertical . . . 211.8
- vilebrequin . 185.7
- - à deux manetons 185.8
- - supérieur . 151.6
- - à trois manetons 186.1
Arc, contact surface terminating in an 220.4

Arcilla 50.1
-, fundición en 132.1
-, revestimiento de 308.6
Arcilloso, terreno muy 305.6
Arder incompletamente 58.2
- con mucho humo 58.2
Area, bearing - of the foundation 304.7
-, deficiency . . 198.3
- of diagram . 359.5
-, excess 198.2
- of motion of the crank gear 193.8
- of passage . . 209.1
Area del diagramma 359.5
- di passaggio 209.1
Área del diagrama 359.5
- de exceso . . 198.2
- inferior del diagrama 198.3
- superior del diagrama 198.2
Arena cuarzosa sin arcilla 308.1
- gruesa 249.9
Arenaria, blocco di 306.7
Arenilla del molde, restos de 343.4
Aréomètre . . . 100.3
Areometro . . . 100.3
Areómetro . . . 100.3
Arête de barrette 241.3
Argano di messa in moto 291.7
Argile, cornue d'- réfractaire 32.7
- réfractaire . . 50.1
Argileux, terrain 305.6
Argilla, getto in forme di 132.1
- refrattaria . . 50.1
Argilloso, terreno molto 305.6
Argine . . 308.5, 308.6
Aria 10.7
- addizionale . 255.9
-, canale d' . 236.10
-, cassetto per l' 238.3
- compressa . . 259.8
- - ad alta pressione 296.2
- - disposizione di messa in moto ad 294.6
- -, efflusso per effetto di 247.8
- -, messa in moto ad 294.5
- -, processo di formazione del gas d'acqua con iniezione d' 36.2
- -, recipiente d' 297.7
-, condotto d' . 236.8
- effettivamente necessaria, quantità di 7.1
- fresca 41.2
- per lavare . . 128.2
Aria per la polverizzazione 255.8
-, pompa d' . . 243.3
- preventivamente compressa 260.1
- - riscaldata . 41.3
- pura, introduzione anticapita di 127.7
-, registro per . 237.4
-, sacca d' . . . 167.4
-, saturabilità dell' 253.4
- saturata con benzina 253.7
- secca 10.8
- serbatoio d' . 129.7
- umida 10.9
-, valvola d' . . 238.5
Ariete, colpo di 182.2
Armbreite . . . 186.5
-, Kurbel- . . . 186.4
-, Profil- 190.7
-, Schwungrad- 190.6
-stern 190.8
Arm, ball . . . 268.7
-, bent pendulum 269.6
-, brake 357.7
-, crank 186.4
-, fly-ball 268.7
-, flywheel . . . 190.6
-s, governor with bent pendulum 269.5
-, length of brake 357.8
-, movable fulcrum 234.2
-, profile 190.7
-, rocking . . . 217.6
-s, tapering of the 190.9
Armatura . . . 333.6
-, avvolgimento dell' 333.7
Armature . . . 333.6
- casing 290.2
- coil 285.2
-, fixed 285.6
-, flat spring for turning back the 289.4
-, H 284.10
- iron 285.1
-, oscillating . . 285.3
-, position of rest of the 285.4
-, revolving . . 285.5
-, shuttle . . . 284.10
-, Siemens . . 284.10
- winding . . . 333.7
- worked by battery current 290.3
Armazón = bastidor
Armazón . . . 151.2
- en A con dos pies 153.2
- en A con guía corredera 153.6
- magnético . . 333.3
- vertical de cuerpo arqueado 153.4
Armes Gas . . 30.10
- Gemisch . . . 236.1
Armonica . . . 85.8
Aro autotensor 171.7
- de cámara . . 180.5
-s cónicos ajustables 180.1
- elástico de sección esférica 180.2
- de goma . . . 162.5
- de junta . . . 313.1
- del volante . 190.2
Aromatic hydrocarbons 13.7
Aromatici, idrocarburi 13.7
Aromatiques, hydrocarbures 13.7
Aromatische Kohlenwasserstoffe 13.7
Arpione . 226.4, 230.3
- d'arresto 214.4, 229.2
- ascendente e discendente 290.7
- con camma strisciante 235.6
- di presa . . . 289.8
Arpionismo comandato elettricamente 293.6
-, mettere in moto per mezzo d' 293.5
Arrabio 131.3
Arrachement du doigt de contact de la goupille 289.2
Arracher l'étincelle 289.1
Arrancamiento de la palanca de contacto 289.2
Arrange, to - the charging pumps under the floor 243.8
-, to - the pumps alongside the cylinder 243.9
Arrangement of cam shaft 212.3
- of engine . . 325.2
- of foundation 304.5
-, multi-cylinder 326.3
- of ribs 169.4
- of valves . . 289.5
Arranque = lanzamiento = fuesta en marcha
Arranque, aparato para el 291.1
- por aire comprimido 294.5
- - - -, aparato para el 294.6
- - - - en el ciclo de cuatro tiempos 295.1
- - - - en el ciclo de dos tiempos 294.7
- eléctrico . . . 298.1
- por los gases de escape 299.2
- por manivela de mano 291.4
- á mano . . . 297.2
- por mezcla detonante 298.4
-, resistencia al 291.2
- por el volante 293.4
-, válvula para el 295.4
Arras 371.9
Arreglo de la distribución 211.1
Arrestare la vavola di scarico 226.1
Arresto 218.5
-, arpione d' . . 229.2
-, carona d' . . 293.3
-, dente d' . . . 292.3
-, leva d' 226.9
- con leva a gomito 227.1
- a molla, leva di 293.1
-, riscaldamento per - della circolazione 167.5
-, valvola d' . . 315.7
- della valvola di scarico 225.8
- - - di scarico con arpione ed appoggio 226.3
Arrêt de l'arrivée du combustible 228.4
-, compression lors de l' 296.6
-, couronne d'- à rochet 293.3
-, levier d'- à ressort 293.1
-, liquide d' . . 92.3
-, organes d' . . 314.8
-, soupape d' . . 315.7
Arrêter le chauffage 258.6
- les graisseurs 347.2
- la machine . . 346.6
- la soupape d'échappement 226.1
Arrhes 371.8
Arrivée, arrêt de l'- du combustible 228.4
-, capillaire d'- du gaz 93.2
- d'eau 181.8
-, étrangler l'- du gaz 234.8
-, interception de l'- de gaz et d'air 228.6
-, interruption de l'- de gaz et d'air 228.6
-, tuyau d'- . . 320.5
Arrollamiento de imán 333.5
- del inducido . 333.7
Arrondi . . . 222.11
Arrosage de la grille 61.1
Arrosoir, pomme d' 70.1
Arrotare . . . 150.6
- gli anelli di guarnizione 172.8
-, macchina per 150.7
Arrotatrice . . 150.7
Arrotondamento 222.11
Artesa llena de agua 79.3
Article de fabrication 368.4
Articolazione . 216.7
-, andamento dolce dell' 348.7
-, comando a catena d' 223.9

Articolazione a ginocchiera, tubo mobile con 182.4
-i, movimento perduto nelle 356.5
-e, perno d' . . 216.8
- sospesa . . . 217.1
Articolo di fabbricazione 368.4
Articulación . . 216.7
- de rótula, tubo con 182.4
- de suspensión 217.1
Articulated link gearing 223.9
Articulation . . 216.7
-, axe d' 216.8
-, boulon d' . . 216.8
-s, jeu dans les 356.5
-s, marche douce des 343.7
-, - silencieuse des 343.7
-, mouvement perdu dans les 356.5
- de suspension 217.1
Artículo de fabricación 368.4
Artificial draught 322.7
Artisan 383.2
Asalariado . . . 383.4
Asbest 138.6
-, Palladium- . 95.4
-, Vulkan- . . . 138.7
Asbeste 138.6
- vulcanisé . . 138.7
Asbesto 138.6
- vulcanizado . 138.7
Asbestos . . . 138.6
-, palladium- . . 95.4
-, vulcanised . . 138.7
Ascendente, tubo 32.9
Ascension pipe 32.9
Ascension, tube d' 32.9
Ascensión del émbolo 364.2
-, tubo de . . . 32.9
Ascissa 111.4
-e, asse delle . 111.2
Asche, die - ablöschen 61.9
-nfall 54.4
- -tür 54.5
- -, wasserverschlossener 54.7
-, Flug- 61.8
-ngehalt 26.4
-nraum 54.4
-tür 54.5
Asegurado, no . 377.4
Asegurar . . 376.12
- el pasador doblandolo 174.6
- el segmento contra movimientos rotativos 174.4
Ash, coal producing a light 26.5
-es, flaky . . . 61.8
-es, light 61.8
-, percentage of 26.4
- - pit 54.4
- - door 54.5
-es, to quench the 61.9
- and tar-producing constituents of the coal 26.3
Asiento anular 201.1
- esférico de la empaquetadura blanda 179.8
- de la junta . 154.8
- perforado . . 239.9
- del perno, nervio de consolidación para el 169.7
- de la válvula 200.8
- - - -, corrosión de la superficie del 206.4
Asociación patronal 386.4
Asperón, macizo de 306.7
Aspic, foret à langue d' 148.7
-, mèche à langue d' 148.7
Aspiración . . 119.1
-, cámara de . . 40.8, 244.5
-, carrera de . . 119.6
-, instalación gasógena por 37.6
-, presión de . . 119.8
-, resistencia á la 119.9
-, supresión de la 226.2
-, tanque de . . 317.9
-, tubo de . . . 317.4
-, válvula de . . 245.2
- de los vapores de alquitrán del cubo de purga mediante el aire del recalentador 41.7
Aspirador, ventilador- - de gas por agua 77.5
Aspiradora, aleta 78.6
-, válvula . . . 245.2
Aspirant, ventilateur 82.2
Aspirante, alette -i 78.6
-, valvola . . . 245.2
-, ventilatore . 82.2
Aspirante, ventilador 82.2
Aspirar 119.7
- los gases quemados 127.1
Aspirare 119.7
- i gas combusti con una pompa ausiliare 127.1
Aspiration . . . 119.1
-, ailette d' . . 78.6
-, bruit de l' . . 317.8
-, chambre d' . 244.5
-, - d'- souterraine 318.6
-, conduite d' . 317.3
-, cône d' . . . 318.2
-, entonnoir d' . 318.2
-, espace d' . . 40.8
-, flacon d' . . . 88.8
-, gazogène par 39.5
-, poire d'- en caoutchouc 89.3
-, pot d' 317.9
-, - d'- en tôle 318.4
Aspiration, pression à l' 119.8
-, puits d' . . . 318.1
-, résistance d' . 119.9
-, soupape d' . . 245.2
-, suppression de l' 226.2
-, tête d' . . . 317.10
-, travail d' . 119.10
-, tuyau d' . . . 317.4
Aspirator . . . 88.8
Aspiratore ad alette 78.6
-, funzionamento continuo dell' 88.1
- di gas per via umida 77.5
- di gomma . . 89.3
- a vapore, ugello 38.7
Aspiratrice, tuyère - à vapeur 38.7
Aspirazione . . 119.1
-, bottiglia d' . . 88.8
-, camera di . . 244.5
-, cassa di . . . 317.9
-, evitare l' . . . 226.2
- del gas, bocca di 78.4
-, lavoro di . 119.10
-, pozzo di . . . 318.1
-, pressione di . 119.8
-, resistenza all' 119.9
-, ritorno di fiamma al tubo d' 346.2
-, rumore prodotto dall' 317.8
- dei vapori di catrame 41.7
Aspiré, gazogène 39.5
Aspirer 119.7
- les gaz brûlés par une pompe auxiliaire . 127.1
Assaggio, liquido d' 94.1
Asse delle ascisse 111.2
- delle ordinate 111.3
- del regolatore 268.4
Assemblage à manchon 311.5
Assembler les plateaux par les tirants 164.7
Assembling in the workshop 300.1
Assiale, regolatore 231.1, 272.6, 273.1
Assicurare . . 376.12
- l'anello contro una rotazione 174.4
- la spina col ripiegarla 174.6
Assicurazione contro le disgrazie accidentali 385.6
- - gl'incendi . 377.2
- - gli infortuni 385.6
- - l'invalidità 385.10
- - malattie . . 385.4
- dell' impianto 376.11
- degli operai . 385.3
- per la vecchiaia 386.2
Association professionelle (des patrons pour l'assurance de leurs ouvriers contre les accidents) 386.4
Associazione professionale 386.4
Assoluto, zero . 17.1
Assorbente, liquido 90.4
Assorbimento . . 4.7
-, apparecchio di 91.5
-, metodo di misura ad 90.3
-, pipetta di . . 92.8
-, recipiente conico di 94.4
Assorbire 4.8
- l'olio con segatura di legno 347.3
Assortito, carbone non 24.3
Assottigliamento della razza 190.9
Assurance contre les accidents 385.6
-, association professionnelle des patrons pour l'- de leurs ouvriers contre les accidents 386.4
-, caisse d'- contre la maladie 385.5
-s, compagnie d' 377.1
-, corporation professionnelle des patrons pour l'- de leurs ouvriers contre les accidents 386.4
- contre l'incendie 377.2
- de l'installation 376.11
- contre l'invalidité 385.10
- - la maladie . 385.4
- des ouvriers . 385.3
- de vieillesse . 386.2
Assuré, non . . 377.4
Assurer . . . 376.12
- les segments de piston contre le patinage 174.4
Asta per l'ammissione 214.9
- di comando della valvola 214.1
-e di distribuzione 214.8
- - -, giuoco nelle 215.4
-a dell' eccentrico 225.2
- della leva di contatto 288.10
-e per lo scarico 215.1
-a di scatto . . 289.5
- di trasmissione registrabile 234.4
- tubolare d'acciaio 215.2
- di urto . . . 289.5

Astatic condition, approximation to the 271.2
- governor . . 271.1
- point 271.4
Astaticidad, aproximación á la 271.2
Astaticità, approssimazione all' 271.2
Astatico, regolatore 271.1
Astático, regulador 271.1
Astatischer Punkt 271.4
- Regler 271.1
Astuccio dell'ago 262.5
Atalaje del alto horno 64.2
- del horno . . 49.9
Atascamiento del émbolo por calentamiento 181.2
- - - del indicador 356.8
- - - por presión 181.1
- del tubo . . . 314.4
Atascarse, la válvula se atasca 206.7
Atasco del émbolo desgastado 180.7
Atelier 142.8
- d'ajustage . . 143.4
- de construction 368.6
- - - de machines 142.7
- - - mécanique 142.7
-, frais d' 372.9
-, montage à l' . 300.1
- de montage . 301.3
- d'usinage . . 148.2
Äthan 13.1
Äther, Petrol- . 102.9
Äthylen 13.3
Atizador 61.5
Atkinson method of scavenging 126.3
Atkinsonspülung 126.2
Atmosfera, evaporazione alla temperatura dell' 257.1
Atmósfera, tomar el aire de la 260.7
Atmosferico, ossigeno 10.3
Atmosférico, motor de gas 363.8
-, oxígeno . . . 10.3
Atmosphärischer Druck 10.12
-e Flugkolbenmaschine 363.8
-e Maschine, Diagramm der -n Maschine 364.1
-er Sauerstoff . 10.3
Atmosphere, dependence of saturation on the state of the 253.3
-, space in communication with the 85.1
-, to take the air from the 260.7
Atmospheric engine, diagram of the 364.1
- oxygen 10.3
- piston-engine 363.8
- pressure . . . 10.12
Atom 1.2
-gewicht 1.6
-gruppe 1.3
-wärme 112.8
-ziffer 3.1
Atom 1.2
-s, group of . . . 1.3
Atome 1.2
-s, groupe d' . . 1.3
Atomic heat . . 112.8
- number 3.1
- weight 1.6
Atomico, calore 117.8
-, peso 1.6
Atómico, calor . 112.8
-, peso 1.6
Atomique, nombre 3.1
-, poids 1.6
Atomizer 255.4
- for alcohol . . 255.6
- cone 256.7
- for oil or petroleum 255.7
- for petrol . . 255.5
Atomizing by compressed air 259.3
- disc 262.6
- surface . . . 256.8
- valve, hollow 256.3
Atomo 1.2
-, esponente dell' 3.1
Átomo 1.2
-s, agrupación de 1.3
Atornillado de la tapa del cilindro 164.5
Atranco del émbolo del indicador 356.8
Atrasar el encendido 344.3
Atravesar el motor gas 362.4
Attacco della molla a doppio avvolgimento 352.6
Attaching the rod to the piston 178.6
Attendance . . 348.8
Attizzatoio . . 61.3
-, foro per l' . . 61.2
- ad uncino . . 61.5
Attrito derivante dagli sforzi trasmessi dal meccanismo motore 176.1
- all' eccentrico 225.3
- per effetto del peso 175.9
-, energia assorbita per 360.3
- proprio del regolatore 271.7
- nella ruota . 367.3
- dello stantuffo 175.8
- nell' ugello . 366.4
Ätzkalilösung . 90.6
Aube, forme d' 80.10
- de la roue . . 367.2
Aubier 29.9
Auf- und abbewegliche Schnecke 45.7
Auf- und abbewegte Klinke 290.7
Aufbau, chemischer 2.5
Aufbereitung der Kohle 23.7
Aufdecken, den Schlitzkranz 241.5
Aufdrehen, den Lampenhahn 264.7
Aufflug des Kolbens 364.2
Aufgang des Ventils 207.7
Aufgeschütteter Boden 305.8
Aufhängung, rhombische 269.3
-, umgekehrte . 269.4
-, unmittelbare 269.2
Aufhebung der Kompression 293.7
Aufklappbarer Fülltopf 56.5
Auflagerfläche, kugelige - im Lagerkörper 188.2
Auflageschraube, verstellbare 289.9
Auflaufpunkt . 222.9
Auflegespannung 327.9
Aufnehmen, den Betrieb 342.6
Aufnehmer . . 129.6, 242.8
-diagramm . . 129.9
-, Gas- 129.8
-, Luft- 129.7
- mit Röhrenkühlung 261.5
Aufpumpen, den Gassammler 86.6
Aufreiben . . . 144.2
Aufsatz, Ventil- 208.5
Aufsaugen, das Öl durch Sägespäne 347.3
Aufschlag, Preis- 370.7
Aufschleifen, das Ventil auf den Ventilsitz 201.3
Aufspeichern, die Druckluft 297.5
Aufstampfen, das Fundament aus Beton 307.4
Aufstellen, die Maschine 300.3
Aufstellung . . 300
- am Betriebsort 300.2
-skosten 372.6
-smaß 301.2
-sort der Maschine 302.7
-svorschrift . . 301.1
Auftraggeber . 379.6
Aufzeichnendes Barometer 11.3
- Thermometer 17.11
Auge des Hebels 216.3
Augenblick der Zündung 279.7
Augenblickliche Verbrennung 123.1
Auge remplie d'eau 79.3
Augmentation de la chaleur accumulée 36.4
Aumento dell' accumulazione di calore 36.4
- de precio . . 370.7
- de la reserva de calor 36.4
Ausbalancierung der Lokomobilmaschine 338.4
Ausbesserung . 349.9
-skosten 372.8
Ausblasen, die Luft aus der Gasleitung 344.2
- des Zylinders 127.5
Ausdehnen . . 119.4
-, sich 124.4
Ausdehnungsende, verjüngtes - des Kolbens 175.5
-shub 122.6
-skoeffizient, thermischer 16.6
-slinie 124.5
-sspiel des Kolbenringes 173.6
- der Verbrennungsgase 124.3
-sverhältnis . . 124.6
-szahl, Längen- 16.7
- -, Raum- . . . 16.8
- -, Wärme- . . 16.6
Auseinandernehmen, die Maschine 300.4
Auseinanderziehen der Kolbenringe 178.9
Ausfällen . . . 4.5
-, den Staub . . 76.9
Ausfällung . . 4.4
Ausflußgeschwindigkeit der Spülluft aus den Kanälen 129.2
-koeffizient . . 129.3
Ausfuhr 375.8
-zoll 375.7
Ausführung, die - der Maschine prüfen 342.9
Ausgangzoll . 375.7
Ausgebohrter Schaft 183.9
Ausgeglühter Stahlguß 182.3
Ausgesparte Nabe 191.2
Ausgießen, die Schalen mit Weißmetall 189.2
Ausgleich, Druck- - zwischen Zylinder und Außenluft 125.8
-kessel 84.9
-, Massen- . . . 196.5
Ausgleichen, die umlaufenden Massen durch kreisende Gegengewichte 196.7

Ausgleichung, Massen- 196.5
Ausiliare, cono 205.5
-, guarnizione . 179.6
-, molla 226.8
-, prova 351.3
Auskleiden, den Kolbenkörper mit Weißmetall 177.1
Ausklinkmechanismus 233.3
-punkt, konstanter 235.5
-steuerung des Mischschiebers 233.2
Auslaßdaumen 221.7
-gestänge . . . 215.1
-kühlung . . . 202.4
-nocken 221.7
-sperrung mit Sperrglied und Widerlager 226.3
-steuerung . . 199.3
- -, die - auf Zweitakt stellen 294.1
-ventil 200.3
- -s, Abstützen des 229.1
- -gehäuse . . 203.2
- -s, Offenhalten des 228.8
- -, das- sperren 226.1
Auslaufarbeit . 297.4
-, elastischer - der hin- und hergehenden Massen 196.3
-, freier - der hin- und hergehenden Massen 196.4
-hahn 315.3
-, langer - der Maschine 345.7
-raum 80.5
-umdrehung . 296.7
-verdichtung . 296.6
Auslöschen, die Heizflamme 346.9
Ausnutzung, thermische 361.7
Auspuff 125.1
-gase 124.9
-geschwindigkeit 125.8
-hub 124.8
-kessel 319.3
- -, gemauerter 319.4
-knaller 346.3
-leitung 318.7
-rohr, das - in die freie Luft führen 318.8
- -, gekühltes . 318.8
- -, geschlossenes - mit seitlichen Löchern 319.7
-schlitz 241.1
- -e, für beide Zylinderseiten gemeinsame 241.8
-spannung . . . 125.4
-, den - steuern 205.8
-temperatur . . 125.6
-topf mit Wasserabschluß 319.5
-, Vor- 205.7
Auspuff, Wasser in den - spritzen 320.3
-widerstand . . 125.7
Auspuffen . . . 119.5
- (v) 125.2
Ausrichten . . 145.3
Ausrücken, die Zündung 347.1
Ausrückendes Glied, den Sperrhebel 293.2
Ausrücker . . . 293.2
Ausrundung . 222.11
Ausrüstung der Verbrennungsmaschinen 267
Ausschaltstellung der Klinke 292.2
Ausschalten, selbsttätiges - der Handkurbel 291.8
-, eine Zylinderseite 344.6
Ausschalter, Maximal- 335.7
-, Zeit- 335.8
Ausscheiden, durch Richtungswechsel des Gasstromes den Staub 76.3
Ausscheidung, seifenschaumartige 71.6
Ausschlacköffnung 60.6
Ausschlacken 60.5
Ausschlag, Regler- 267.3
-, Schubstangen- 193.7
Ausschneiden, die Schnittfuge 172.7
Ausschubhub . 124.8
-spannung . . . 125.5
Außenheizung, Verdichtungsraum mit 257.5
Außenlager . . 188.1
-, in die Gebäudemauer gesetztes 305.2
Äußere Arbeit 114.8
-e Reinigung . 349.5
-er Schubstangenkopf 185.3
-er Totpunkt 192.10
Aussetzen der Brennstoffzufuhr 228.4
- - Gas- und Luftzufuhr 228.6
Aussetzer . . . 228.2
- reglung . . . 223.1
Aussparung, langlochförmige 213.8
-en im Fundament freihalten 307.5
Aussperrung . 384.11
Ausspülmaschine 127.2
Ausstand, Arbeiter- 384.12
Ausströmungsgeschwindigkeit des Brennstoffdampfes 263.3
Ausströmungshub 124.8
-skranz 240.6
Austreiben, die Abgase durch Spülluft oder Ladung 127.3
Auswaschspannung 128.8
-zeit 128.7
Auswaschen des Zylinders . . 127.5
Auswechselbare Horde 69.6
Auswechseln von Maschinenteilen 349.12
Ausweitung des Pumpenzylinders 251.4
Auswuchten . . 196.6
Auswuchtung . 196.5
Autoaccensione 259.6
Autoallumage . 259.6
Automatic admission valve 200.1
- circulation . 321.7
- flap valve . . 244.9
- lubrication . 277.5
- mixture valve 238.8
- regulation of the gas production by the suction of the engine 59.5
- release of the handle 291.8
- valve of the charging pumpe 245.1
Automatica, accensione 259.6
-, farfalla . . . 244.9
-, lubrificazione 277.5
Automatically disengaging half compression 294.3
Automobile portable engine 338.3
Automobile, locomobile 338.3
Automóvil, locomóvil 338.3
Autotensor, segmento 171.7
Auxiliaire, essai 351.3
Auxiliar, cono 205.5
Auxiliary exhaust port 205.9
- furnace . . . 65.10
- head 205.5
- packing . . . 179.6
- pump, to exhaust by means of an 127.1
- shaft 211.7
- spring 226.8
- valve 205.5
- vaporiser . . 41.6
Avance à l'allumage 279.9
-, angle d' . . . 208.4
-, canal s'ouvrant en 280.9
- à l'échappement, perte de travail par 362.1
Avance à la levée 207.10
-, manivelle de pompe calée en 244.3
Avance, ángulo de 208.4
- á la apertura 207.10
- al encendido 279.9
Avanzamento, angolo di 208.4
Averiguación de la temperatura de la llama 265.8
Avertisseur d'incendie 377.3
Avisador de incendios 377.3
Avoir 371.4
Avviamento, manovella d' 291.5
-, perdita per l' 62.6
-, valvola d' . . 295.4
-, ventilatore d' 37.7
Avviare con combustibile a punto d'ebollizione basso 258.8
- la macchina con manovella a mano 291.4
Avvitamento del coperchio del cilindro 164.5
Avvolgimento dell'armatura 333.7
- d'indotto . . 333.7
- del magnete . 333.5
Axe des abscisses 111.2
- d'articulation 216.8
-, fixation de l' 169.10
- des ordonnées 111.3
- de piston . . 169.8
-, tremper les surfaces frottantes de l'- du piston 169.9
Axial sleeve, governor with fixed centre of oscillation and linked to an 269.7
- spring 270.3
- thrust, taking up the 156.2
Axis of abscissae 111.2
- of ordinates . 111.3
Azabache . . . 27.11
Azetylen . . . 13.6
Azioni, società per 380.2
Ázoe 10.5
Azote 10.5
-, thermomètre à mercure rempli d' 18.4
Azoto 10.5
-, termometro a mercurio riempito di 18.4
Azufre, eliminación del 75.6
-, separación del 75.6

B.

Babbit metal . 187.3
Bacino di chiarificazione 72.1
Backkohle . . . 23.1
Back, draw- . 375.10
- fire 292.7
- -firing 346.1
-, the flame strikes - into the suction pipe 346.2
-lash of the valve rod 215.4
- pressure . . . 125.7
- -titration . . . 93.8
Backen der Kohle 26.8
Backende Kohle 23.1
Backing up of the cooling water 167.2
Badil 61.6
Baffle plate . . 258.5
- purifier . . . 75.3
- separator . . 75.3
- of the separator 75.4
Bag, elastic . . 85.2
-, gas 84.5
-, rubber 84.6
Bague en caoutchouc et fil tendeur 162.5
- d'écartement 174.1
- élastique . . 171.7
- de garniture 180.5
- de graissage 275.4 276,6
- de joint . . . 318.1
- - - placée d'angle 166.2
-, joint à - de garniture libre 166.1
-s, joint à plusieurs - de garniture 166.3
- -larmier . . . 275.5
-s, les - du piston claquent 181.3
-, les - du piston cliquètent 181.3
- à portées coniques pour le rattrapage de jeu 180.1
- - - - pour le resserrage 180.1
- -ressort . . . 171.7
- de soupape . 245.5
- sphérique élastique 180.2
Bahn, Gas- . . 339.9
-, Kurbelzapfen-193.3
Baillement du joint 165.6
- des joints d'assemblage 191.8
- des portées du joint 165.6
Bailler 220.1
Baionetta, incastellatura a 154.4
Baïonnette, bâti à 154.4
Bajada de la válvula 207.8, 220.6
Bajar el frasco de nivel 92.1
Bajonettrahmen 154.4
Balai 334.2
-s, décalage des 334.3
-s, déplacement des 334.3
Balancemaschine 325.8
Balance, to . . 196.6
- of heat . . . 360.8
-, to - the rotating masses by counterweights 196.7
-, spring . . . 357.11
- weight . 86.1, 197.1
Balance à gaz de Lux 96.9
Balance térmico 360.8
Balanced engine 325.8
Balancines, motor de 325.8
Balancing of the masses 196.5
- by means of compressed air 205.6
- of the portable engine 338.4
- the pressure by means of an auxiliary valve 205.3
Balanza de gas Lux 96.9
Balayage . . . 127.6
- d'Atkinson . 126.2
-, moteur à . . 127.2
-, période de . 128.7
-, - - - et d'admission 126.6
-, pompe de . . 248.4
-, pression de . 128.8
-, - minimum de l'agent de 128.9
Balayer 127.8
- avec le mélange tout fait 128.3
Balg, Blase- . . 145.9
Balken, Gestell- 153.3
-, Seiten- 154.1
-, Trag- 153.3
Ball, Gummi- . 89.3
Ball arm . . . 268.7
- bearing of the furnace 54.1
- - of the sole plate 54.1
- governor . . 268.3
-, governor . . 268.5
-, - fly- 268.5
-, rubber suction 89.3
- valve 251.8
- washer, revolving 77,9
-s, weight of governor 268.6
Ballesta de retenida 289.4
Ballon 108.2
Ballon 101.2
Banc d'épreuve 350.9
- d'essai 350.9
Bancada 153.7
- corrida . . . 156.1
- maciza . . . 154.2
Bandbremse . . 358.1
-eisen 136.1
-, Ventilführungs- 245.6
Band brake . . 358.1
Bander le ressort 204.6
Bank, Wälz- . . 218.4
Bankimaschine 324.7
Bankimotor . . 324.7
Banki engine . 324.7
Banki's governor 231.4
Bar, angle . . . 136.5
- copper 137.1
-, fire 51.5
-, flat 135.10
-, grate 51.5
-, iron- 136.2
- -iron 136.2
- -, flat 135.10
- -, round . . . 136.3
-, locking . . . 170.1
-, round 136.3
-, set 170.1
-, slice 61.4
-, square 136.4
Barbotage, graissage par - dans le carter du vilebrequin formant bain d'huile 278.3
-, lubréfaction par - dans le carter du vilebrequin formant bain d'huile 278.3
Barboteo, lubrificación por - del aceite contenido en el cárter 278.3
Bargain . . . 370.11
Baril 108.3
Barile 108.3
Bariletto . . . 32.10
Barillet 32.10
Barographe . . 11.3
Barometer . . . 11.1
-, aufzeichnendes 11.3
-, registrierendes 11.3
-stand 11.2
Barometer . . . 11.1
-, recording . . 11.3
-, state of . . . 11.2
Baromètre . . . 11.1
- enregistreur . 11.3
Barometrico, stato 11.2
Barométrico, estado 11.2
Barométrique, état 11.2
Barometro . . . 11.1
- registratore . 11.3
Barómetro . . . 11.1
- registrador . 11.3
Barra, rame in -e 137.1
- a truogolo con riempimento di cenere 53.2
Barra de cobre 137.1
- cóncava de emparrillado con relleno de cenizas 53.2
-, distancia entre las -s 51.3
-de emparrillado 51.5
- - -, cabeza de la 51.6
- de hierro . . 136.2
Barre d'excentrique 225.2
Barreau, distance entre les -x 51.3
-, écartement des -x 51.3
-, espacement des -x 51.3
- de grille . . . 51.5
- - - augiforme à remplissage en cendres 53.2
-x, intervalle entre - de grille 51.2
-, tête de - de grille 51.6
Barrel . . 108.3, 108.5
-, enlargement of the bore of the pump 251.4
- having a constant stroke 251.9
-, pump 244.4
Barrenar . . . 148.5
Barrer 127.8
-, aire para . . 128.2
- con la mezcla preparada 128.3
Barrette, arête de 241.3
- entre lumières 241.2
Barrido 127.6
- sistema Atkinson 126.2
Barril 108.3
- de alquiler . 108.6
- de chapa de hierro 108.4
- de madera . . 108.5
Barrilete . . . 32.10
Barring gear, electric 293.6
Barrique . . . 108.3
Barzahlung . . 371.7
Basamento del generatore 49.8
Báscula, cubo de carga de 56.5
Base circle . . 222.2
-, diagram to a distance 354.7
-, - to a time . 354.8
-, engine 155.5
- of the foundation 305.4
- of frame . . 155.3
-, parabolic curve of 152.3
- plate 152.2
- price 370.6
-, producer . . 49.8
-, wheel 338.6
Base, courbe parabolique de la 152.3
-, prix de . . . 370.6

Base dell' incastellatura 155.3
Basement . . . 303.7
- of the engine house 303.6
Basic steel . . . 133.4
Básico, hierro . 133.4
Basisches Flußeisen 133.4
Basket-shape grate 52.4
Bassinwagen . 108.7
Bassin de clarification 72.1
- de décantation 72.1
Bastidor = pedestal = armazón 151.2
- de bayoneta . 154.4
- de caja . . . 152.6
- corrido . . . 156.1
- de dos largueros 154.5
- de dos vigas . 154.5
- del emparrillado 51.8
- en forma de horquilla 151.5
- horizontal . . 150.7
- hueco de fundición 153.8
- de un solo larguero 154.4
- vertical para motor de manivela colocada en alto 151.4
- - cilíndrico para mot. de man. col. en alto 152.4
- - prismático para mot. de man. col. en alto 152.5
Batalla 333.5
Batería 284.4
- de hornos de cok 65.5
- seca 284.1
Batido, acero . 133.7
Bâti . . . 151.2, 153.7
- à baïonnette 154.4
- et châssis . . 151.1
- continu . . . 156.1
- creux en fonte 153.8
- à deux paliers 154.5
-, extrémité à bride du 154.6
- fermé 152.6
-, flasque du . . 154.1
- flexion du . . 155.9
- formant carter 152.6
- à fourche . . 151.5
-, jambe du . . 153.3
- magnétique . 333.3
-, montant du . 153.3
- de moteur vertical à arbre supérieur 151.4
-, paroi du 152.7, 154.3
- de petit moteur 151.3
-, pied de . . . 155.3
- pilon à deux montants 153.2
- - à glissières 153.6
- plein 154.2
-, renforcement du - par des tirants 155.7
-, rigidité du . 155.6
Bâti à un seul longeron 154.4
- - - - montant 153.4
Bâtiment des machines 303.3
- des ventilateurs 81.7
Bâtir, terrain à 305.5
Batten 376.7
Battere una fondazione in calcestruzzo 307.4
- al martello . 144.4
- dello stantuffo 180.6
- della valvola 207.2
Batteria 284.4
-, accensione a 285.8
-, caricare la . . 284.7
-, cassetta per la 284.5
- di forni da coke 65.5
-, misurare la tensione della 284.6
Batterie 284.4
-kasten 284.5
-, Koksofen- . . 65.5
-, die - laden . 284.7
-, die - auf Spannung prüfen 284.6
-strom, durch - betätigter Anker 290.3
-zündung . . . 285.8
Batterie 284.4
-, caisse renfermant la 284.5
-, charger la . . 284.7
- de fours à coke 65.5
Battery 284.4
- box 284.5
-, to charge the 284.7
- of coke ovens 65.5
- current, armature worked by 290.3
- ignition . . . 285.8
-, - storage . . 284.2
-, to measure the voltage of the 284.6
Baubreite . . . 303.2
-grund 305.5
-höhe 302.9
-kosten 372.5
-länge 303.1
-ziegel 306.5
Baumwolle . . 90.2
Bay, erecting . 301.4
Bayonet frame 154.4
Bayoneta, bastidor de 154.4
Beam, crosshead 177.7
Beanspruchung 141.4
-, Biege- 141.7
-, - - durch die Massenwirkung 184.5
- auf Biegung . 141.7
-, Dreh- 142.2
-, Rost- 51.1
-, Scher- 142.4
-, Schub- 142.4
-, Torsions- . . . 142.2
- auf Verdrehen 142.2
Bearbeitung . . 148.3
-swerkstatt . . 148.2
-szuschlag . . . 148.4
Bearers, grate . 51.8
Bearing area of the foundation 304.7
-, ball - of the furnace 54.1
-, - - of the sole plate 54.1
- bracket . . . 152.1
-, crank 187.1
-, - - inclined away from cylinder 187.6
-, - - - towards cylinder 187.5
-, foot of crankshaft 152.8
- length of the piston 175.4
-, lubrication of crank shaft 279.1
-, main 187.1
-, outer 188.1
-, - - let into the wall 305.2
-, to scrape the 189.7
-, shaft 186.9
-, - with three -s 187.7
-, smooth working of the 343.7
-, spherical seat of the 188.2
- surface . . . 154.8
- - of the bed plate foot 155.4
- - of the foundation 304.7
- -, peripheral . 175.6
-, tail 188.1
Beater shaft . . 68.2
Bec du brûleur 263.10
- Bunsen . . . 98.8
- d'injecteur . 93.4
Becco Bunsen . 98.8 282.8
- -, fessura regolatrice del 99.1
- di combustione 263.10
- a combustione di residui 104.1
-, disco del . . 282.9
- a gas 65.8
- di iniezione . 93.4
Bêche, tourbe extraite à la 28.3
-, - piquée à la 28.3
Becherwerk . . 71.3
Becken, Klär- . 72.1
Bed 304.6
-, box-pattern engine 152.6
-, cylindrical engine 152.4
-, double column A shaped engine 153.2
-, forked engine 151.5
- plate, cylinder fitted into 158.5
- - foot, bearing surface of the 155.4
-, prismatic engine 152.5
-, single column engine 153.4
- for small engine 151.3
-, testing 350.9
- for vertical engine 151.4
-, wall of engine 152.7
Bedding 306.1
Bedienungsvorschrift 349.1
Bedingungen, Lieferungs- 369.5
-, Zahlungs- . . 371.6
Befestigung der Doppelfeder 352.6
- der Stange am Kolben 178.6
Befördern . . . 374.2
Beförderung . 374.1
Befundbericht . 140.2
Begrenzung, Hub- 238.9
Behälter, Benzin- 247.5
-blech 135.6
-, Brennstoff- . 247.3
-, den - füllen . 249.1
-, Gas- 86.4
-, Hoch- 82.1
-, Petroleum- . 247.4
-, Spiritus- . . . 247.6
Being ready for working 341.6
Bekleidung, Rohr- 314.2
Belageisen . . . 135.9
Belasten, die Maschine 344.8
Belastung, Brems- 357.2
-sgewicht . . . 86.1
-, halbe 345.2
- der Maschine 344.9
-, Regler- . . . 268.2
-sschwankung 344.10
- der Ventilfeder 204.5
-, volle 345.3
- der Zylindergleitflächen 159.8
Beleuchtung . 303.10
Bêlier, coup de 182.2
Bell-crank lever 216.4
- - - with rolling contact 219.1
- - - worked by piston 252.7
- - pendulum pecker 229.8
- - - - with hook engagement 230.2
- - - -, horizontally guided 230.5
- for distilling the fresh fuel 43.1
-, gas 86.3
-, governor - with water seal 86.2
Bellows 145.9
- diaphragm . 85.8
-, pair of 145.9
Belt 328.3
- drive 327.7
- driven blower 79.8
-, flapping of the 328.1
-, flesh side of . 328.6
- gearing . . . 327.7
-, hair side of . 328.7
- jack 328.8
- pulley 329.1
-, rough side of 328.6
- screw 328.8
-, slipping of the 328.2
-, smooth side of 328.7

Belt, tension of 327.8
-, thickness of . 328.5
-, width of . . . 328.4
Bench vice . . 143.7
Bencina . . . 102.11
- de brea de lignito 107.6
-, cambiar de la - al petróleo 259.1
-, carburador de 253.5
- líquida, separar la - de los diafragmas colectores 255.2
-, pasar de la - al petróleo 259.1
-, vapor de . . 253.6
Bend 310.6
-, inlet 317.5
- of the lever . 216.6
-, to - the piston rod upwards 177.4
-, quarter . . . 310.6
Bending of the frame 155.9
- moment . . . 141.8
- of the piston rod 177.9, 181.4
- strain due to inertia 184.5
- stress 141.7
Beneficient institutions for workmen 385.1
Bénéfices, part de 384.8
Beneficio financiero 373.3
Benefit club, sick 385.5
Bénier, revolving cylindrical grate system 53.3
Bent lever . . . 216.5
- -, to insert a . 221.2
- pendulum arm 269.6
- - -s, governor with 269.5
Benzene 13.8
-, crude 106.8
Benzène . . . 102.11
Benzin 102.11
-behälter . . . 247.5
-, Braunkohlenteer- 107.6
-dampf 253.6
-eingußrohr . . 254.9
-, das flüssige - an den Fangschirmen abstreifen 255.2
-, mit - geschwängerte Luft 253.7
-heizlampe . . 263.5
-motorfeuerspritze 338.9
-, Petrol- . . . 102.11
-, von - auf Petroleum umschalten 259.1
-pumpe 251.1
-verdampfer . . 253.5
-zerstäuber . . 255.5
Benzina . . . 102.11
-, aria saturata con 253.7
Benzina, carburatore di 253.5
- estratta dal catrame di legnite 107.6
-, polverizzatore di 255.5
-, pompa da . . 251.1
-, serbatoio di . 247.5
-, tubo d'introduzione della 254.9
-, vapore di . . 253.6
Benzine . . . 102.11
-, legnite tar . . 107.6
Benzine . . . 102.11
- de goudron de lignite 107.6
Benzol 13.8
-, Roh- 106.8
Benzol brut . . 106.8
Benzol en bruto 106.8
-, carburar el alcohol con 106.4
Benzole 13.8
-, to carburet alcohol with 106.4
-, crude 106.8
Benzolo 13.8
-, carburare l'alcool con 106.4
- greggio . . . 106.8
Beobachtungsfehler 351.8
Béquille mobile 234.2
- réglable . . . 234.2
Beratender Ingenieur 382.10
Berechnungsbureau 382.1
- des Diagramms 359.2
-, Festigkeits- . 141.1
-, Leistungs- . . 359.1
Bericht, Befund- 140.2
Berichtigung der Massenwirkung des Indikators 356.7
Berippter Boden 169.2
Berippung des Kolbens 169.3
Berufsgenossenschaft 386.4
Berührungsfläche 219.3
Beschicken, den Generator 56.9
Beschickung . . 57.1
-sbühne 57.5
-speriode . . . 57.2
-strichter . . . 57.6
-svorrichtung . 57.4
-szwischenzeit 57.3
Beschleunigte Verbrennung 123.3
Beschleunigungsdruck 195.7
-, Kolben- . . . 194.5
-skurve 194.6
Besoldung . . . 384.6
Bessemerflußeisen 133.3
-gebläse 336.3
Bessemer convertor, blast for 336.3
- mild steel . . 133.3
Best coal . . . 24.11
Bestätter . . 374.11
Bestätterei . . 374.10
Besteller 379.6
Bestimmung leichtverbrennlicher Gase 95.1
- schwerverbrennlicher Gase 95.5
Betätigungsfolge der Ventile 199.1
- von Hand beim Anlassen 297.2
Beton 307.2
-fundament . . 307.3
Béton 307.2
-, fondation en 307.3
Betrieb 341.1
-, den - aufnehmen 342.6
- bereitschaft . 341.6
-, Dauer- 341.4
- erfahrung . . 347.7
-fähig 342.5
-führung . . . 347.6
-gefährlich . . 342.4
-, Groß- 341.2
-ingenieur . . . 382.5
-, intermittierender 341.5
-, Klein- 341.3
-kontrolle . . . 347.8
-kosten 372.7
-leiter 382.3
-leitung 382.4
-, Maschinen- . 342.7
-, die Maschine in - nehmen 342.8
-, - - in - setzen 343.8
-pause 346.7
-sicher 342.3
-sicherheit . . . 342.2
- mit stark verdichtetem Leuchtgas 340.2
-stellung, Umschalten von Anlaßin 295.7
-störung . . . 349.10
-unterbrechung 349.11
-, unterbrochener 341.5
Bett 218.4
-, Maschinen- . 153.7
Beutel, elastischer 85.2
-, Gas- 84.5
-, Gummi- . . . 84.6
Bewegliche Elektrode 288.8
-es Rohr mit Kniegelenk 182.4
Bewegungsfeld des Kurbelgetriebes 193.8
- der Gase . . . 79.6
-sgesetz des Exzenters 224.5
-, Wärme- . . . 360.7
Biacca 138.11
Bian-Wascher . 79.1
Bian washer . 79.1
Biatomica, molecola 1.4
Biatomique, molécule 1.4
Bicchiere, giunto a 311.5
Bid 369.7
-, to 369.8
Biegebeanspruchung 141.7
- - durch die Massenwirkung 184.5
-moment . . . 141.8
Biegendes Moment 141.8
Biela 183.5
-, cabeza de la 184.6
-, cuerpo de la 183.8
-, extremo de la 184.6
-, extremo de manivela de la 185.3
-, - - taco de la 185.2
-, fuerza de la . 194.9
- graduable . . 234.4
-, horquilla de la 183.7
-, inclinación de la 193.7
-, longitud de la 183.6
-, proporción entre las -s 192.2
Biella 183.5
-, angolo formato della 193.7
-, corpo della . 183.8
-, corpo di - cavo 183.9
-, - - - schiacciato 184.1
- a forchetta . 183.7
-, fusto della . . 183.8
-, lunghezza della 183.6
Bielle 183.5
-, angle de déviation de la 193.7
-, boulon de . . 184.7
-, corps de . . . 183.8
-, - - - creux . 183.9
-, effort sur la . 194.9
-, forces d'inertie agissant dans le plan d'oscillation de la 184.4
-, fourche de . 183.7
-, longueur de . 183.6
-, pied de la . . 185.2
-s, rapport des 192.2
- réglable . . . 234.4
-, tête de la 184.6, 185.3
Bien-être, institutions pour le - des ouvriers 385.1
Bietta 170.1
Biforcato . . 216.11
Biforcazione della leva 216.10
- del tubo . . . 310.1
Bifurcación de ángulo agudo 310.4
- de la palanca 216.10
- rectangular . 310.3
- del tubo . . . 310.1
Big end of the connecting rod 185.3
Bilan thermique 360.8
Bilancia da gas di Lux 96.9
- a molla . . 357.11
Bilanciere, motore a 325.8
Bilancio termico 360.8
Bilanz, Wärme- 360.8
Bild, Wärme- . 115.3

Bill 371.1
- of lading . . 374.8
Bilge, Kurbel- . 155.1
Bind, to - the dust by water 76.10
-, the valve -s . 206.7
Binden von Briketts 29.2
-, den Staub an Wasser 76.10
Binding of briquettes 29.2
-, briquette - material 29.3
- wire, rubber ring and 162.5
Biossido di carbonio 11.13
Bioxyde de carbone 11.13
Bitumineux, charbon 23.1
-, houille -se . 23.1
Bituminoso, carbone 23.1
Bituminöse Kohle 23.1
Bituminous coal 23.1, 27.11
- peat 28.7
Black iron-plate 134.7
- sheet-iron . . 134.7
Blade, striking 229.6
-, wheel 367.2
Blando, leña -a 29.6
Blandura . . . 139.1
Blasebalg . . . 145.9
Blasender Ventilator 82.3
Blasiger Guß . 147.9
Blast for Bessemer convertor 336.3
- fan 83.3
- furnace . . . 63.7
- - blowing engine 336.2
- - dust 76.6
- - gas 63.6
- - -, blowing plant for 81.6
- - - engine . . 323.6
- -, good working of the 64.7
- -, irregular working of the 64.8
- - operation . 64.6
-, preliminary heating of the 64.9
- pressure 82.4, 336.4
Blasting-up period 35.2
Blattfeder zum Rückdrehen 289.4
Blausäure . . . 14.3
Blaue Flamme 265.5
Blech, Behälter- 135.6
-, Bördel- . . . 135.5
-, Eisen- 134.5
-, Fein- 135.1
-, Form- 135.3
-, gelochtes . . 75.5
-, Grob- 134.9
-, Kremp- . . . 135.5
-, Kümpel- . . . 135.5
-, Kupfer- . . 136.11
-mantel 162.3
-, Mantelschutz- 135.2
-saugtopf . . . 318.4
-schermaschine 134.6
Blech, Schwarz- 134.7
-, Sturz- 135.1
-, umgebördeltes 135.5
-, Weiß- 134.8
-, Well- 135.4
Bleimennige . 138.11
-rohr 309.12
Blistered casting 147.9
Bloc de fondation 304.8
Blocage, languette de 229.2
-, levier de 226.9, 231.3
- par levier à genou 227.1
-, mécanisme de - de l'échappement à organe d'arrêt et butée 226.3
-, organe de . . 226.4
- du piston par brûlure du métal 181.2
- de la soupape d'échappement 225.8
Blocco di arenaria 306.7
- di fondazione 304.8
- di granito . . 306.8
- di scorie . . 60.11
Blockzentrale, Häuser- 331.6
Block, foundation 304.8
-, granite . . . 306.8
-, pecker 229.7
-, pulley 302.2
-, sandstone . . 306.7
-s, to tighten the brake 357.5
Bloquear la válvula de escape 226.1
Bloqueo por palanca acodada 227.1
- de la válvula de escape 225.8
Bloquer la goupille en la repliant 174.6
- la soupape d'échappement 226.1
Blow, to - the air out of the gas pipes 344.2
- holes, casting with 147.9
-, hot 35.2
- up, to - the producer 59.6
Blower, belt-driven 79.8
-, centrifugal . 80.4
-, electrically driven 80.1
-, exhaust . . . 82.2
-, hand 59.7
- house 81.7
-, positive . . . 80.2
- pressure . . . 82.4
-, Root's 80.2
-, rotary 79.7
-, suction . . . 82.2
Blowing cylinder 336.5
- engine 336.1
Blowing engine, blast furnace 336.2
- -, gas-driven . 330.3
- past the piston packing rings 171.6
- plant for blast furnace gas 81.6
- -up, loss on - the producer 62.6
Blue flame, non-luminous 265.5
Bobina dell'indotto 285.2
- de inducción 285.9
- del inducido 285.2
Bobinage d'induit 333.7
Bobine d'induction 285.9
- d'induit . . . 285.2
Boca del horno 63.9
Bocca di aspirazione del gas 78.4
- del forno . . 63.9
- di introduzione del gas 78.3
Bocchettone di riempimento 248.2
Bocciolo 221.4
Bockgestell . . 151.4
- -, prismatisches 152.5
- -, zylindrisches 152.4
-, Hebe- 302.1
-motor 325.4
Boden, aufgeschütteter 305.8
-, beripptor . . 169.2
-, Doppel- . . . 258.4
-, Fuß- 303.5
-, gerippter . . 169.2
-, gewachsener 305.7
-, gewölbter 78.8, 169.1
-heizung 258.3
-, Kolben- . . 168.10
-rippe 169.5
-, stark tonhaltiger 305.6
Body 64.1
- of the connecting rod 183.8
-, firebrick lining of 49.10
-, lining of . . 50.4
- -lining, built-up 50.7
- -, the - cracks 50.5
- - in one piece 50.6
-, narrowing of 49.7
-, oscillating pump 182.7
-, piston 168.9
-, producer . . 49.3
-, - with double 47.7
-, widening of . 49.6
Bog coal . . . 27.10
- ore, pulverised 73.9
- - purifier . . 73.8
- peat 28.6
Bogenrohr . . 310.7
-stück, gleitendes 214.6
Bogheadkohle, schottische 23.4
Bohrmaschine . 148.6
Bohren 148.5
Bohrer, Spiral- 148.8
-, Spitz- 148.7
Bohrung des Hebels 216.2
-, Längs- - des Kolbens 251.5
-, Quer- - des Kolbens 251.6
-, Zylinder- . . 159.5
Boiler flue gas 63.4
-, steam - of the pressure gas producer 38.4
- for use with waste gas 63.5
Boiling, analysis by 100.8
- bulb 101.2
- point 19.2
- -, oil of high 100.6
- -, oil of low . 100.5
Bois 29.4
-, alcool de . . 13.11
- d'arbres à feuilles aciculaires 30.4
- - - - persistantes 30.4
- à brûler . . . 29.10
- de coeur . . 29.8
- de conifères . 30.4
- dur 29.5
-, esprit de . . 13.11
- d'évidement . 307.6
- à feuilles caduques 30.3
- feuillu 30.3
-, goudron de . 12.7
- de pin 307.1
- de sapin . . . 306.9
- tendre 29.6
- vert 29.11
Boisseau . . . 237.10
-, chapelle de soupape formant - de robinet 256.6
Boite à bourrage, creux de la 180.4
- - -, culasse avec ouverture pour 163.7
- - -, garniture de 179.2
- - - à gaz . . 179.3
- - -, graissage sous pression de la 179.9
- - - de Schwabe 180.3
- à graisse . . 275.8
- -guide postérieure 156.4
- d'indicateur . 354.4
- de la manivelle 153.1
- du mécanisme 152.9
- de soupape 160.8 202.7
- - -s montée latéralement sur le cylindre 164.2
Boitement . . . 345.9
Bola del regulador 268.5
- del termómetro 19.4
Bollire 146.5
Bollitura . . . 146.6
-, calore di . . . 146.7
-, linea di . . . 146.9
-, punto di . . . 146.8
Bolt, anchor . . 308.8
-, connecting rod 184.7
-, flange . . . 312.10

Bolt, foundation 308.8
- -hole circle . 164.6
312.9
-s, hole for the foundation 308.10
-, wrist pin . . 184.7
Bolted flanges . 312.8
Bolzenbefestigung 169.10
-, Fundament- . 308.8
-, Gelenk- . . . 216.8
-, Kolben- . . . 169.8
-, Schlag- . . . 288.9
-, Schubstangen- 184.7
Bomba di esplosione 94.8
Bomba de aceite 250.9
277.8
- de aire 243.3
- de alcohol . 250.11
- de bencina . 251.1
- de carga 242.7, 298.7
-s - -, disponer las - en el costado del cilindro 243.9
- centrífuga con motor de aceite 331.1
- de chorro de agua 89.4
- de circulación 321.9
-s para circulación de agua por gas 337.4
- combinada para aire y gas 243.5
- de combustible, la - trabaja en vacío 252.3
- de émbolo buzo 251.2
- - - con transmisión por engranajes 330.6
- de explosión 94.8
- de expulsión 243.4
- de gas 243.2
- de incendios con motor de bencina 338.9
- lavadora . . 243.4
- de mezcla 243.5, 298.7
- neumática de mano 248.1
- - de simple efecto 260.8
- oscilante con émbolo buzo 182.6
- de paletas . . 108.8
- de petróleo 250.10
- para pozo acoplada á un motor de petróleo 331.2
- para servicios de agua 337.5
- de trasiego para el combustible 250.8
Bombe d'allumage 281.4
- d'explosion . 94.8
Bombé, fond . . 169.1
Bombeado, fondo 78.8
Bombement des surfaces intérieures 164.3
Bombeo de las paredes interiores 164.3
Bombona . . . 108.2
Bonbonne . . . 108.2
Bond du galet 223.8
Bonifica, pompa di 337.5
Bonnet, valve . 203.5
Bonus 384.8
Book-keeper . . 381.9
Boquilla incandescente, encendido por 281.2
- -lanzadera . . 70.4
Bord du coussinet 188.8
Borde del casquillo 188.8
- doblado, chapa con 135.5
- vuelto, capa con 135.5
Bördelblech . . 135.5
Bore of cylinder 159.5
-, enlargement of the - of the pump barrel 251.4
- of the lever . 216.2
- of pipe . . . 309.4
Bore, to 148.5
Bored crosswise, drum 214.2
Boring-machine 148.6
Borne de prise de courant 286.9
Böschung, veränderliche 53.7
-swinkel 53.6
Boshes 64.2
- of the producer base 49.9
Boss, continuous 171.2
-, flywheel . . . 191.1
-, hollow 191.2
- of the lever . 216.3
-, piston 171.1
-, short end . . 171.3
-, solid 171.2
- in three parts 191.3
Botador 229.6
Botón 186.7
Botte 108.3
- circolante . . 108.6
- di ferro . . . 108.4
- di legno . . . 108.5
Bottiglia d'aspirazione 88.8
- di livello . . 91.8
- di Woulf . . 89.2
Bottle, conical absorption . . 94.4
-, levelling . . 91.8
-, to lower the levelling 92.1
-, to raise the levelling 91.9
-, suction . . . 88.8
-, Woulf's . . . 89.2
Bottom, double 258.4
- of groove . . 172.3
- heating . . . 258.3
- rib 169.5
-, ribbed 169.2
Bottone della manovella 186.7
- - -, sforzo tangenziale sul 195.1
Bouchon 89.1
- de remplissage 248.2
- de vidange à vis 248.3
- à vis 318.4
Boucle du diagramme 355.4
Boue 70.8
-, collecteur de 71.2
-s, enlèvement des - par noria 71.1
Bougie d'allumage 286.6
-, allumage par 286.4
Bouillie de ciment 308.3
Bouillotte auxiliaire 41.6
- du gazogène soufflé 38.4
- à grand volume d'eau 39.8
- principale . . 41.5
- à tubes de fumée 40.4
- tubulaire . . 40.1
Boule du régulateur 268.5
- de thermomètre 19.4
Boulet, laveur rotatif à -s . 77.9
- de la soupape 251.8
Boulon d'articulation 216.8
- de bielle . . . 184.7
- de bride . . 312.10
-, canal du - de fondation 308.10
- de fondation 308.8
- - -, noyer les 309.1
-s, réglage au moyen de - excentrés 290.6
Boulonnage du plateau du cylindre 164.5
Bourdonnement du pot d'aspiration 318.5
Bourrage auxiliaire 179.6
-, logement sphérique du - souple 179.8
- métallique . . 165.1
- - flexible . . 179.5
- principal . . 179.4
- souple 179.7
Bourrelet du coussinet 188.8
Bout, manivelle en 186.8
Boutillier producer 45.1
Bouton de manivelle 186.7
- - -, effort tangentiel sur le 195.1
Boutonnière . . 213.8
Bowl, cam . . . 223.1
-, knocking between the cam and the cam 223.6
-, link for guiding the cam 223.2
-, pressure of the cam 223.3
Box, admission valve 203.1
-, air suction . 317.9
-, battery . . . 284.5
- -casting . . . 131.5
-, drumming of the suction 318.5
- end 185.1
-, equalization . 84.9
Box, exhaust valve 203.2
- filled with gravel 249.8
-, grease . . . 274.10
-, main 88.3
- -pattern engine bed 152.6
- purifier . . . 72.8
-, seal 70.7
-, sheet-iron suction 318.4
-, tool 301.6
-, valve - common to admission and exhaust 203.3
-, vibration of the suction 318.5
-es, wooden . . 307.6
Boyle's Law . 111.11
Braccio inflesso, regolatore a 269.5
-, larghezza del 186.5
-, leva ad un . 215.7
- della manovella 186.4
- di pendolo inflesso 269.6
- della sfera . . 268.7
- del sopporto . 152.1
Bracket, bearing 152.1
Brake arm . . 357.7
- -, length of . 357.8
-, band 358.1
- blocks, to tighten the 357.5
-, eddy current 358.4
- horse-power, useful 359.10
- lever 357.7
- -, length of . 357.8
- load 357.2
-, load on . . . 357.6
-, make and - sparking plug 288.6
-, pendulum . . 357.4
-, power 357.1
- power, testing the 356.9
-, Prony 357.3
-, rope 357.10
-, wheel 338.8
Branch pipe . 310.2
Branchement à angle aigu 310.4
- à angle droit 310.3
- d'équerre . . 310.3
- du tuyau . . 310.1
Branching at an acute angle 310.4
- of the pipe . 310.1
- at right angle 310.3
Bras, amincissement des 190.9
- de la boule . 268.7
- en étoile . . . 190.8
-, étoile des . . 190.8
- de manivelle 186.4
- de palier . . 152.1
- de pendule coudé 269.6
- profilé 190.7
- du régulateur 278.4
- de volant . . 190.6
Brass 137.4
-, adjustable . . 188.9
-es, crank . . . 188.3
-, flange of . . 188.8

Brasses, joint of the 188.5
-es, to line the - with white-metal 189.2
-, lower 188.7
-es, main 188.3
- pipe 309.11
-es, to re-adjust the 185.5
-, supporting surface of the 188.4
-, to tin the 189.3
-, tip of 188.8
- -tube 309.11
-, upper 188.6
- wire 188.2
Braunkohle 27.9
-nbrikett 28.10
-, faserige 27.12
-nkoks 28.1
-, Moor- 27.10
-nschiefer 27.13
-nschwelerei 107.2
-nschwelgas 107.3
-nteer 12.4
- -benzin 107.6
- -öl 107.1
Brause 70.1
Brausen der Flamme 265.3
Brazo acodado del péndulo 269.6
-, ancho del 186.5
- de la bola 268.7
- de la manivela 186.4
-, palanca de un 215.7
- del regulador 278.4
- de soporte 152.1
Brea, aceite de 106.6
- de lignito, aceite de 107.1
- - -, bencina de 107.6
-, separación de 74.7
Breadth, total 303.2
Breakdown 349.10
- -, liable to 342.4
- - of the piston rod 181.5
-, spark at 283.5
Breaker, coal 24.6
-, contact 286.2
-, overload circuit 335.7
Breaking, coal 24.5
- contact, ignition by 288.4
- device, contact 289.3
- load 140.6
- spark, contact 282.5
Breitseite 184.2
Breite, Bau- 303.2
-, Riemen- 328.4
Bremsbacken, die - anziehen 357.5
-belastung 357.2
-gewicht 357.6
-hebel 357.7
- -länge 357.8
Bremse, Band- 358.1
-, Kraft- 357.1
-, Pendel- 357.4
-, Rad- 338.8
-, Seil- 357.10
-, Wirbelstrom- 358.4
Bremsung 356.9
Brenngas 30.8
-geschwindigkeit 263.4
Brennholz 29.10
-kegel 21.7
-stoff 22.2
- -ausnützung 62.1
- -behälter 247.3
- -einspritzung nach der Kompression 259.5
- - - vor der Kompression 259.4
- -, mit leicht siedendem - anlassen 258.8
- -pumpe 250.8
- - -, die - arbeitet tot 252.3
- - -, Reglung durch die 252.2
- -säule 57.8
- -ventil 262.2
- - -s, Zuhalten des 228.5
- -verbrauch 61.10, 347.9
- -ziegel 28.8
- -zufuhr, Aussetzen der 228.4
-zone 58.6
Brennbares Gas 5.10
Brenner, Bunsen- 98.8, 282.8
-, Gas- 65.8
-mundstück 263.10
-öffnung, die - reinigen 266.4
-rohr 263.6
-, Rückstand- 104.1
-scheibe 282.9
Brennerei, Spiritus- 104.8
Brett, Schalt- 334.4
Brevet 378.5
-s, agent de 379.1
-s, agent en 379.1
-s, bureau de 378.10
-s, loi sur les - d'invention 378.8
-, prendre en 378.7
-, violation de 378.9
Breveter 378.6
-, se faire 378.7
Brevettare 378.6
Brevetto 378.5
-i, agente di 379.1
-, legge dei 378.8
-o, prendere un 378.7
-i, ufficio di 378.10
Brick, building 306.5
- channel 303.8
-, clinker 306.6
- foundation 306.4
-, refractory 50.3
-work exhaust chamber 319.4
- - - pit 319.4
Brida = pletina 312.2
- fija 312.7
- suelta 312.6
- de unión del bastidor 154.7
- - - de los contrapesos 231.5
Bride 312.2
-, boulon de 312.10
-, diamètre de la 312.4
-, épaisseur de la 312.5
- fixe 312.7
- folle 312.6
-s, joint à 312.1
Bride, joint à - et à boulons 312.8
- de raccordement du bâti 154.7
-s, tuyau à 311.9
Bridge between the ports 241.2
-, edge of 241.3
Brief, Fracht- 374.8
Bright white heat of wire 266.2
- red 282.4
Brikett 28.8
-bindemittel 29.3
-, Braunkohlen- 28.10
-, Industrie- 28.12
-presse 29.1
-, Steinkohlen- 28.9
-, Torf- 28.11
-, Würfel- 28.12
Brillant, charbon 22.5
Brimbale 217.6
Bring, to - the coal to high incandescent heat 35.3
Bringuebale 217.6
Brique 306.5
-s, fondation en 306.4
- hollandaise 306.6
- réfractaire 50.2, 50.3
Briqueta 28.8
-, aglutinación de -s 29.2
-, aglutinante para -s 29.3
- en cubos 28.12
- de hulla 28.9
-, liga para 29.3
- de lignito 28.10
-, prensa para 29.1
- de turba 28.11
Briquette 28.8
-s, binding of 29.2
- binding material 29.3
-s, cementing of 29.2
- cementing material 29.3
-, coal 28.9
-, cube shaped 28.12
-, lignite 28.10
-, peat 28.11
- press 29.1
Briquette 28.8
-s, agglutinant pour la fabrication de 29.3
-s, agglutination du combustible pour en faire des 29.2
- de combustible 28.8
- de houille 28.9
- industrielle 28.12
-s, liant pour la fabrication de 29.3
- de lignite 28.10
-s, presse à 29.1
- de tourbe 28.11
Britische Wärmeeinheit 17.1
British thermal Unit 17.1
Brittle 139.6, 139.7
Brittleness 139.5
Broach 144.3
-, to 144.2
Broad side 184.2
Broca ordinaria 148.7
- salomónica 148.8
Broche para correa 328.8
Bronce 137.5
- fosfórico 137.7
- fosforoso 137.7
Bronze 137.5
-, Phosphor- 137.7
Bronze 137.5
-, phosphor- 137.7
-, red 137.6
Bronze 137.5
- phosphoreux 137.7
- rouge 137.6
Bronzo 137.5
- fosforoso 137.7
- rosso 137.6
Brouillard de pétrole 258.10
Brown coal 27.9
Broyage du charbon 24.5
Broyeur à charbon 24.6
Broza 30.1
Bruchdehnung 140.7
-, Kolbenstangen- 181.5
-last 140.6
-, Rohr- 314.7
-sicherheit 164.4
Brüchig 139.7
-, kalt- 139.8
Bruciare 122.8
- il gas sotto pressione costante 365.2
- incompletamente 58.2
- lentamente 58.3
Bruciatura dello stantuffo 181.2
Bruissement de la flamme 265.3
Bruit de l'aspiration 317.8
Brulé, gaz 6.1
Brûler 122.8
- sans flamme 58.3
- le gaz sous pression constante 365.2
- incomplètement 58.2
Brûleur 263.2
-, bec du 263.10
- Bunsen 98.8, 282.8
-, décrasser l'ouverture du 266.4
-, disque de 282.9
-, éteindre le 346.9
- à gaz 65.8
- de mazout 104.1
-, nettoyer l'ouverture du 266.4
- de réchauffage à essence 263.5
- réchauffeur à pétrole 264.2
-, tube du 263.6
Brûlure, blocage du piston par - du métal 181.2
Brunire 150.9
Brunnenpumpe mit Ölantrieb 331.2
Brush 334.2
- displacement 334.3
-es, displacement of 334.3
- shifting 334.3

Bucare . . 144.9, 148.5
Bucherellato, tubo 70.2
Buchhalter . . 381.9
Büchse, Schmier- 275.8
-, Zünd- 288.6
Bucket chain . 71.3
- -, removal of mud by means of a 71.1
s, chain of . . 71.3
Buckling, resistance to 142.5
- stresses, to calculate the piston rod with regard to 178.1
Buff, to 150.9
Bügel, Exzenter- 225.1
-kopf 185.1
-, den Nocken umfassender 224.3
Build, to 368.5
Builder . . . 381.13
Building brick 306.5
- expenses . . . 372.5
-, foundation in one with that of the 304.10
-, - separate from that of the 304.9
- site 305.5
Built-up body lining 50.7
Bujía de encendido 286.6
- de inflamación 286.6
Bulb, drying . 89.7
- explosion . . 94.8
-, thermometer 19.4
Bulbo del termometro 19.4
Bullone ad ancora 308.8
- della flangia 312.10
- di fondazione 308.8
- - -, canale pel 308.10
-i della testa di biella 184.7
Bund 188.8
-, Kolbenstangen- 178.2
Bündel, Diagramm- 354.9
Bunsen 282.8
Bunsenbrenner 98.8 282.8
Bunsen burner 98.8 282.8
- -, regulating slot of the 99.1
- flame 265.5
Buntesche Gasbürette 91.6
Bunte's gas burette 91.6
Burbuja, fundición con -s 147.9
Bureau . . . 381.10
-, Berechnungs- 382.1
-, Haupt- . . . 381.11
-, Konstruktions- 382.1
-, Patent- . . 378.10
-, technisches 381.12
-, Zentral- . . 381.11
Bureau . . . 381.10
- de brevets . 378.10
- central . . 381.11
- de construction 382.1
Bureau principal 381.11
- technique . 381.12
Buretta calibrata 91.2
- a gas Bunte . 91.6
- di lubrificazione 277.2
Burette . . 91.2, 91.7
-, Bunte's gas . 91.6
Burette 91.2
- à gaz de Bunte 91.6
- (pour huile) . 277.2
- à soupape . . 277.3
Bürette 91.2
Bürgschaft . . 376.9
Burin 144.7
-, travailler au 144.6
Buriner 144.6
Burn, to 122.8
-, to - the gas in a chamber under constant pressure 365.2
Burner, Bunsen 98.8, 282.8
-, to clean the . 266.4
-, gas 65.8
- holes, sooting up of the 266.3
- for oil residues 104.1
- regulator . . 282.9
- tube 263.6
Burning, uneven - in the producer 58.7
Burnt gas 6.1
- gases 124.9
- -, dispersion of the 128.6
Burnt gases, expansion of the 124.3
Bürste 334.2
Buse 64.3
Business, conclusion of 370.11
-, course of . . 369.1
Butée 213.5, 226.5, 229.7
-, taquet de . . 229.7
-, vis regulatrice de 289.9
Butilene 13.5
Butileno 13.5
Butt joint . . . 173.4
Butterfly valve for air 237.4
- - for gas . . 237.5
Butylen 13.5
Butylene . . . 13.5
Butylène . . . 13.5
Buzo, émbolo - hueco con válvula de impulsión 183.1
Bye-pass 129.5
- - governing . 245.8
- - - by the gas pump 246.4
- - pipe 316.8
- - valve . . . 247.1
- - -, gas 245.9
- - - for gas and air 246.2
- - -, governing by controlling a - between delivery and suction pipe 252.5
- -products, furnace for the extraction of 65.10

C.

C-Kurve 270.6
Cabeza de la barra de emparrillado 51.6
- de la biela . . 184.6
- cuadrada . . 174.8
- de dos piezas 184.8
- en estriba . . 185.1
- de puente . . 185.1
- tipo marino . 184.8
- de la válvula 200.7
- - - - con circulación de agua 202.1
Cabezal de brida del bastidor 154.6
- -filtro de aspiración 317.10
- de válvulas de la bomba neumática 261.1
Cable 329.4
- de acero . . . 329.6
-, polea para . . 329.7
- de retención . 358.2
Câble 329.4
- en acier . . . 329.6
- de chanvre . 329.5
-, raideur du . . 329.8
- de retenue . . 358.2
-, rigidité du . 329.8
-, tension de . . 329.3
-, transmission par 329.2
Cabida del gasómetro 86.5
- del horno del generador 49.4
Cabria 302.1
Cadena de guía-polea 59.4
- de maniobra 302.4
-, transmisión por 210.3, 291.6
Cadmies 76.6
Cadre 158.7
- chauffé par la chaleur perdue 264.4
- de grille . . . 51.8
Caduta del combustibile attraverso la graticola 61.7
- di pressione fra ricevitore e cilindro 129.1
- di temperatura 17.3
Cage, valve . . 203.4
Cage, tête à . . 185.1
Caída del combustible á través del emparrillado 61.7
- de presión entre el depósito y el cilindro 129.1
- de temperatura 17.3
Caisse 381.8
- d'assurance contre la maladie 385.5
- à outils . . . 301.6
- renfermant la batterie 284.5
- de retraite . . 386.3
Caissier 381.7
Caja 381.8
- de corredera 156.4
- del eje cigüeñal 153.1
- del engranaje 152.9
- para el engrase 275.8
- para guardar la batería 284.5
- de herramientas 301.6
- hidráulica . . 32.10
- del indicador 354.4
- de pensiones 386.3
- del prensa-estopas 180.4
- de socorro para los obreros enfermos 385.5
- de válvula . 160.8, 202.7
- - - de admisión 203.1
Caja de válvula de escape 203.2
- - - en forma de macho de grifo 256.6
Cajero 381.7
Caked clinker . 60.11
Caking coal 23.1, 26.9
- of coal 26.8
Cal hidráulica . 307.7
Calage du piston de l'indicateur 356.8
Calce idraulica 307.7
-, malta di . . . 307.9
Calcestruzzo . 307.2
-, battere una fondazione in 307.4
-, fondazione in 307.3
Calcium-chloride tube 89.8
Calcolare la stelo della stantuffo 178.1
Calcolazione del diagramma 359.2
- di potenza . . 359.1
Calcolo 369.9
-, differenziale . 109.7
- integrale . . . 110.6
- della resistenza 141.1

Calcul du diagramme 359.2
- différentiel . 109.7
- intégral . . . 110.6
- de la puissance 359.1
- de résistance 141.1
Calcular 369.8
- la resistencia á la flexión del vástago del émbolo 178.1
Calculate, to - the calorific power from the analysis 98.1
-, to - the piston rod with regard to buckling stresses 178.1
Calculation of output 359.1
- of strength . 141.1
Calculer la puissance calorifique d'après l'analyse 98.1
- la tige de piston au flambage 178.1
Cálculo 369.9
- del diagrama 359.2
- diferencial . 109.7
- integral . . . 110.6
- de la potencia 359.1
- de la resistencia 141.1
Calculus, differential 109.7
-, integral . . . 110.6
Caldaia di distillazione 103.11
- Popelka . . 103.12
- per utilizzare il calore dei gas perduti 63.5
- a vapore del gasogene a pressione 38.4
Caldear el carbón hasta la incandescencia 35.8
Caldeo, fase de - del hogar del generador 35.2
Caldera calentada por el calor de los gases de escape 63.5
- - por los vapores de escape 63.5
- de destilación 103.11
- Popelka . . 103.12
- de vapor del generador de gas pobre á presión 38.4
Calefacción exterior, cámara de compresión con 257.5
- por gas . . . 82.6
-, interrumpir la 258.6
- de las paredes del carburador 257.6
Calentamiento del aire inyectado 64.9
Calentamiento de la envolvente 258.1
- excesivo del émbolo 180.8
- del fondo . . 258.3
- del inflamador 282.6
- por interrupción de la refrigeración 167.5
- previo del aire de la mezcla por los gases de escape 257.3
- - del combustible 257.2
- de la soldadura 20.8
- de un solo lado 162.6
- unilateral . . 162.6
Calettata, manovella della pompa - in avanti 244.3
Calibrado, probeta -a 91.2
Calibrated measuring vessel 91.2
- scale of spring 355.6
Calibrating with decreasing load 356.3
- - increasing load 356.4
Calibration of the indicator spring 355.8
-, method of . . 355.9
- test 356.2
Calibre du tuyau 309.4
Calibre de cilindro 159.5
- del muelle . . 203.8
Calibro interno del tubo 309.4
Calidad del gas 60.4
Calor 14.8
- atómico . . . 112.8
- blanco del alambre 266.2
-, cambio de . . 15.8
-, canales conductoras de 65.7
- de combinación 4.1
- de combustión 6.8
- de la compresión 122.3
- - - -, inflamación por el 259.7
- de condensación del agua de combustión 97.5
- de conducción 15.6
-, conducción de 15.11
-, convección de 15.12
-, coste específico del 348.1
- de descomposición 4.3
- del encendido 279.5
- específico . . 16.2
- -, gran - del gas de aire 34.6
- - á presión constante 112.3
Calor específico á volumen constante 112.4
- de fusión . . 15.2
- de la inflamación 279.5
- irradiado, marco calentado por el 264.4
- latente 15.1
- molecular . . 112.9
-, paso de - de . . . á . . . 15.9
-, producción del 14.9
- propio de un cuerpo 15.7
-, radiación de . 15.10
- radiante . . . 15.5
- de reacción . 3.10
- rojo del alambre 266.1
- sensible . . . 15.4
- soldante . . . 146.7
-, unidad de . . 16.3
-, utilización del 14.10
- de vaporización 15.3
Calore 14.8
- di accensione 279.5
-, accumulamento di 163.1
- atomico . . . 112.8
- bianco, filo riscaldato al 266.2
- di bollitura . 146.7
- di combinazione 4.1
- di combustione 6.8
- di compressione 122.3
- - -, accensione col 259.7
- di condensazione dell' acqua di combustione 97.5
-, conduzione di 15.11
- di conduzione 15.6
-, consumo di . 362.7
-, - orario di . 363.1
-, convezione di 15.12
- di decomposizione 4.3
-, dinamica del 113.6
-, equivalente meccanico del 114.3
- di fusione . . 15.2
-, irradiazione di 15.10
- latente 15.1
-, meccanica del 103.6
- molecolare . 112.9
-, movimento di 360.7
-, passaggio di 15.9
-, produzione di 14.9
- proprio d'un corpo 15.7
- -, grado elevato di - - del gas d'aria 34.6
-, quantità di - fornita 114.6
- raggiante . . 15.5
- di reazione . 3.10
- rosso, filo riscaldato al 266.1
- -vivo del tubo di accensione 282.4
-, scambio di . 15.8
Calore sensibile 15.4
- specifico . . . 16.2
- - a pressione costante 112.3
- - a volume costante 112.4
-, tensione dovuta al 163.2
-, trasformazione del - in lavoro 113.8
- unità di . . . 16.3
-, utilizzazione del 14.10, 361.7
- di vaporizzazione 15.3
Caloria 16.3
- per chilogrammo 16.4
-e consumate . 363.2
-a per grammo 16.5
-, grande . . . 16.4
-, piccola . . . 16.5
Caloría, -s consumidas 363.2
- -gramo . . . 16.5
-, gran 16.4
- kilogramo . . 16.4
-, pequeña . . . 16.5
Calórico, efecto - de la reacción 3.9
Caloric, gram- . 16.5
-, kilogram . . 16.4
-, large 16.4
-, small 16.5
Calorie, -s dépensées 363.2
- gramme . . . 16.5
-, grande . . . 16.4
- kilogramme . 16.4
-, petite 16.5
Calorific effect 97.2
- power, to calculate the - from the analysis 98.1
- -, chemical determination of the 97.7
- -, determination of 97.1
- -, to determine the 97.6
- -, - - the - by the calorimetric method 98.2
- -, - - the - of coal 99.3
- -, gross . . . 97.3
- -, net 97.4
Calorifico, effetto 97.2
Calorimeter . . 98.3
-, Junkers' - for gaseous and liquid fuels 98.6
- water . . 98.5, 99.2
-, - equivalent of the 98.4
Calorimètre . . 98.3
- à eau 98.5
-, eau du . . . 99.2
- de Junkers pour combustibles gazeux et liquides 98.6
Calorimetria . 16.1
Calorimetric method, to determine the calorific power by the 98.2
Calorimétrie . 16.1

Calorimétrico, análisis -a 97.1
Calorimetro . . 98.3
- ad acqua . . 98.5
-, acqua del . . 99.2
-, determinare il potere calorifico col 98.2
- di Junkers per combustibili gassosi e liquidi 98.6
Calorímetro . . 98.3
- de agua . . . 98.5
-, agua del . . . 99.2
-, determinar la potencia calorifica por medio del 98.2
- de Junkers para combustibles gaseiformes y líquidos 98.6
-, proporción de agua del 98.4
-, valor del agua del 98.4
Calorimetry . . 16.1
Cam 221.5
-, actuating . . 214.7
-, admission . . 221.6
- bowl 223.1
- -, knocking between the cam and the . . . 223.6
- -, jumping of the - off the cam 223.8
- -, link for guiding the 223.2
- -, lost motion between cam and 223.5
- -, play motion between cam and 223.5
- -, pressure of the 223.3
- -, working of the - without shock 223.7
-, centrifugal weight serving as 231.2
-, circumference of 222.5
-, combined - and toggle gear 224.1
-, common - for admission and exhaust 221.8
-, cross-grooved 214.5
- disc 221.4
- - ajusted by the governor 253.1
-, double lift . . 232.2
-, exhaust . . . 221.7
- gearing . . . 221.3
-, half compression 294.2
-, hammer of the exhaust 346.4
-, jumping of the cam bowl off the 223.8
-, knocking between the - and the cam bowl 223.6
-, lost motion between - and cam bowl 223.5
-, - - between - and cam roller 223.5
Cam, parallel - and crank shaft 212.4
-, play motion between - and cam bowl 223.5
-, - - between - and cam roller 223.5
-, relief 294.2
- for relieving compression 294.2
- roller 223.1
- -, link for guiding the 223.2
- -, lost motion between cam and 223.5
- -, play motion between cam and 223.5
- -, pressure of the 223.3
- -, working of the - without shock 223.7
- shaft 211.5
- -, arrangement of 212.3
- -, continuous 212.2
- -, to drive the 209.3
- -, mechanism for driving the 209.5
- - at right angles to the crank shaft 212.5
- - and stirrup drive 224.2
-, shape of . . . 222.1
-, stirrup enclosing the 224.3
-, strap enclosing the 224.3
-, top of 222.3
-, trip gear with deflecting 235.6
- for turning the cross 213.9
-, valve gearing by eccentric and positive controlled 225.6
-, - - with eccentric and 225.5
- of variable lift 235.2
-, working the gas valve by a - of variable lift 235.1
-, worm for putting the half compression - out of gear 294.4
Cámara de aceite 276.7
- de agua 40.3, 166.6
-s - -, cilindro con tres - separados 161.5
- - -, generador sin 40.5
- de aspiración 40.8, 244.5
- - - subterránea 318.6
- de la bomba 251.3
- de carga . . 65.6
- de combustión 123.5, 365.3
- - - de paredes lisas 159.4
Cámara de compresión 121.4, 244.6
- - - con calefacción exterior 257.5
- - -, volumen de la 121.5
- común para la admisión y el escape 203.3
- de depresión 40.8
- de destilación 107.5
- elástica . . . 85.2
- de mezcla . . 236.5
- de nivel constante 248.5
- de refrigeración 166.6
- - -, cilindro con gran 161.1
- refrigeradora de un cilindro de una pieza 161.2
- -, vaciar la . 168.1
- regeneradora 66.1
- de la turbina 366.7
- de válvula . . 202.7
- - - en el costado del cilindro 164.2
- de vapor . . 40.2
Camber, to - the piston-rod 177.4
Cambiamento di direzione degli sforzi sul perno 197.3
Cambiar de la bencina al petróleo 259.1
Cambio de calor 15.8
- de carrera del émbolo 192.7
- de dirección de la corriente de gas 76.3
- de energía entre el mecanismo de la manivela y el volante 197.8
- de estado . . 115.4
Came 221.4
- d'admission . 221.6
-, choc perceptible de la - d'échappement 346.4
-, cliquet avec - de déclanchement 235.6
-, commande par - et étrier 224.2
- commandée par le régulateur 253.1
- commune pour l'admission et l'échappement 221.8
- de décompression 294.2
- à deux rampes 232.2
- de distribution 221.5
-, distribution par 221.3
-, - - excentrique et - à mouvements connexes 225.6
- d'échappement 221.7
Came, étrier embrassant la 224.3
- filetée 294.4
-, forme de . . 222.1
- inclinée . . . 235.2
- oscillante . . 225.7
-, périphérie de 222.5
- de poussée . . 214.7
Camera d'acqua 40.3
- -, generatore senza 40.5
-e - separate, cilindro con tre 161.5
-a, allargamento della 49.6
- anulare . . . 180.5
- d'aspirazione 40.8, 244.5
- - sotterranea 318.6
- a bassa pressione 40.8
- del carbone . 65.6
- di carico . . 319.3
- di circolazione, ripulire la - dal fango 167.8
- di combustione 365.3
- - - a pareti liscie 159.4
- di compressione 244.6
- - - con riscaldamento esterno 257.5
- di distillazione 107.5
- del generatore 49.3
- della manovella 158.1
- di miscela . . 236.5
-, muratura della 49.10
- d'olio 276.7
- della pompa . 251.3
- di raffredamento, cilindro con 161.1
- - -, prova idraulica della - - -, per cilindro in un pezzo 161.2
-, restringimento della 49.7
- di ricupero . 66.1
-, rivestimento interno della 50.4
- della turbina 366.7
- della valvola 160.8 164.2, 202.7
- di vapore . . 40.2
Camicia 64.1
- d'acqua . . . 166.6
- del cilindro . 160.3
- interna in ghisa dura 160.4
- di lamiera . . 102.3
Caminetto della fiamma di accensione 280.7
Camino de paso 129.5
Camion di livraison 374.9
Camión 374.9
Camisa de circulación de agua, cilindro motor con 157.5
-, descarga de la 161.6

Camisa dividida en el centro 162.1
- exterior del cilindro 161.4
- partida . . . 162.1
Camma 221.4
-, circolo primitivo della 222.2
-, circonferenza della 222.5
- di decompressione 294.2
-e, distribuzione con 221.3
-a a due gradini 232.2
- oscillante . . 225.7
-, la rotella batte sulla 223.6
- a spirale . . . 294.4
- a sporti variabili 235.2
Campagna, locomotiva da 339.7
Campagne, locomotive de 339.7
Campana per distillare il combustibile fresco 43.1
- del gas . . . 86.3
- a gas, comando del robinetto di strozzamento mediante la 85.4
- del gasometro, regolazione col movimento della 59.2
- del regolatore a chiusura idraulica 86.2
Campana para la destilación del combustible recien cargado 43.1
- de gas 86.3
- del gasómetro, movimientos de la 59.2
- del regulador de presión con cierre hidráulico 86.2
- - - - - con cisterna 86.2
Campo, magnete di 333.4
- magnetico . . 333.4
- di moto del meccanismo a manovella 193.8
Campo, imán de 333.4
- de movimiento del mecanismo de la manivela 193.8
Can, oil- 277.2
Canal d'air . 236.10
- du boulon de fondation 308.10
- d'échappement anticipé 205.9
- d'équilibrage 205.2
- de gaz 237.1
- maçonné . . 303.8
- de mélange . 237.2
- muré 303.8
- s'ouvrant en avance 280.9
- de soulagement 205.2
Canal 240.7
Canal que se abre en avance 280.9
- del aire . . 236.10
-es de combustión, formación de un depósito de hollín en las 266.3
-es conductoras de calor 65.7
-es, corona de . 240.4
- de descarga . 205.2
- de escape preliminar 205.9
- del gas . . . 237.1
- de mezcla . . 237.2
- de obra de fábrica 303.8
- - - de mampostería 303.8
Canale che s'apre in anticipo 280.9
- d'aria . . . 236.10
- pel bullone di fondazione 308.10
- di compensazione 205.2
- di gas 237.1
- di miscela . . 237.2
- in muratura . 303.8
- di scarico anticipato 205.9
Canalisation . . 316.3
- d'air comprimé 297.9
- d'eau de ville 321.2
-, pompe de . . 337.5
-, - - - avec commande à gaz 337.4
-, pression de la 321.3
Canalización = tubería 316.3
Canalizzazione, impianto di pompe per - con motore a gas 337.4
Cáñamo 138.5
-, cuerda de . . 329.5
Canape 138.5
-, corda di . . . 329.5
Candela, accensione a 286.4
- di accensione 286.6
Candle coal . . 25.9
Cannel coal 23.3, 25.9
Cantidad de aire prácticamente necesaria 7.1
- - - teóricamente necesaria 6.10
- de calor introducida en el ciclo 360.9
- - - suministrada al gas 114.6
- - - transformada en trabajo indicado 361.3
- - - por unidad de volumen 348.2
- de combustible admitido por ciclo 231.7
- de gas por hora 62.4
- - -, medir la . 86.8
- - - en m³ per 1 kg de combustible 62.2
- de vapor, regulación de la 263.9
Canto, empaquetadura anular colocada de 166.2
Cantonnement de chaleur 163.1
- de l'eau de refroidissement 167.2
Caoutchouc . . 138.4
Cap 154.9
-, main bearing 187.4
- screw 311.4, 313.3
-, spring 204.2
-, - - fastened by means of cotter 204.3
-, valve 203.5
-, wire-gauze . 249.6
Capa de gasa metálica 250.2
- de hollín sobre el tapón de inflamación 288.1
- del polvo . . 314.6
- de residuos carbonizados del lubrificante 288.2
-, salida de la mezcla por - s 128.4
Capacidad del acumulador 284.3
- del gasómetro 86.5
- del horno del generador 40.4
- potencial de un regulador 272.4
- térmica . . . 16.2
- - de la mezcla 361.1
- - de la pared 362.6
Capacità dell' accumulatore . 284.3
- della camera del generatore 49.4
- del gasometro 86.5
- dello spazio di compressione 121.5
- termica . . . 16.2
- - della miscela 361.1
- - delle pareti 362.6
Capacité de l'accumulateur 284.3
- calorifique . . 16.2
- de la cuve du gazogène 49.4
- thermique . . 16.2
- - du mélange 361.1
- - de la paroi 362.6
Capacity of the accumulator 284.3
- of air for being saturated 258.4
-, conductive - of the cylinder wall 362.6
-, heat 16.2
-, limit of . . . 345.4
- of the producer body 49.4
Caparra 371.8
Capilar, tubo . 91.4
Capillaire d'arrivée du gaz 93.2
- de combustion 95.3
- , tube 91.4
-, - - de thermomètre 19.3
Capillare, tubo 91.4
Capillary combustion tube 95.3
- tube 91.4
Capillary tube, Drehschmidt's platinum 95.7
- -, gas inlet . . 93.2
- -, inserted . . 93.1
- - of thermometer 19.3
Capitaine's tappet gear for a four stroke cycle engine 213.2
Capital 373.4
- invested . . . 373.5
Capital 373.4
- engagé . . . 373.5
- primitif . . . 373.6
Capital 373.4
- de instalación 373.5
- primitivo . . 373.6
Capitale 373.4
- fondiario . . 373.6
- impiegato . . 373.5
Capo 381.1
- d'esercizio . . 382.3
- -officina . . . 143.2
- -operaio . . . 143.1
Capot de la manivelle 155.2
Cappello a molla della valvola 203.6
- di protezione della manovella 155.2
- dello valvola 203.5
Capstan lathe . 149.8
Capsula di accensione 281.4
- comune . . . 203.3
- dell'indotto . 290.2
- del meccanismo 152.9
- di miscela . . 236.5
- a molla, ingrassatore con 274.11
- della scatola a stoppa 180.4
- della valvola 202.7
- - - di ammissione 203.1
- - - foggiata a robinetto 256.6
- - - di scarico 203.2
Cápsula de encendido 288.6
- - - con enfriamiento 287.2
- de inflamación 288.6
Car, tank . . . 108.7
Cara brillante de la correa 328.6
- rugosa de correa 328.7
Caractère réfractaire 51.4
Característica, curva - del regulador 270.6
-, curva - M para reguladores horizontales 272.7
Caratteristica, curva - del regolatore 270.6
Carboleïna . . 106.8
Carbolic acid, dark-coloured 85.7
- oil 106.10
Carbolo . . . 106.10

Carbon 11.10
-, deposit of - on the sparking plug 288.1
-, deposition of - as soot 10.1
- dioxide . . . 11.13
-, highest degree of oxidation of 5.1
-, incomplete combustion of 34.4
- monoxide . . 11.12
Carbón 22.3
- arenoso . . . 22.9
- brillante . . . 22.5
- en bruto . . . 23.6
-es candentes, hacer pasar vapor de agua sobre 35.5
-, carga de . . . 66.2
- de cenizas ligeras 26.5
- no clasificado 24.3
- que contiene la mina 23.5
-, criba para . . 24.8
- cribado . . . 24.7
- duro 22.9
- escocés . . . 23.4
- sin escorias . 26.7
-, fango de . . . 24.2
- fangoso . . . 24.2
- en grandes pedazos 24.11
- granulado . . 25.4
- graso bituminoso 23.3
-, lavar el . . . 24.1
- de leña . . . 29.7
- de llama corta 25.10
- - - larga . . 25.9
- magro 22.9
- mate 22.6
- menudo . . . 25.3
- con mucha escoria 26.6
- de piedra . . 22.4
- pobre en gases 22.8
- en polvo . . . 25.6
-, preparación mecánica del 23.7
-, pulverización del 25.5
-, quebrantadora de 24.6
- rico en escorias, generador para 41.8
- - en gases . . 22.7
- seco 22.9
- tamaño de almendra 25.2
-, trituración del 24.5
- uniforme . . 24.4
- vegetal . . . 29.7
Carbone . 11.10, 22.3
-, agglutinamento del 26.8
- agglutinante 23.1 26.9
- non assortito 24.3
- bituminoso . 23.1
-, camera del . 65.6
- candella . . . 23.3
-, carica di . . 66.2
- a cenere leggera 26.5
- compresso . . 28.8
Carbone, concrezione del 26.10
- a corta fiamma 25.10
- crivellato . . 24.7
- fossile 22.4
- - compresso . 28.9
- -, mattonella di 28.9
- -, olio di catrame del 106.7
- grasso 22.11
- grezzo 23.6
- - di miniera . 23.5
- incandescente, far passare l'aria sopra del 34.3
- di legno . . . 29.7
- limaccioso . . 24.2
- lucente . . . 22.5
- a lunga fiamma 25.9
- magro 22.9
- minuto . . . 25.3
- che dà molta scoria 26.6
- opaco 22.6
- in pezzetti . . 25.4
- in pezzi della grossezza di una noce 25.2
- - - grossi . . 24.11
- - - piccoli . . 25.1
- in polvere . . 25.6
-, polverizzazione del 25.5
- povero di gas 22.8
-, principi terrosi del 26.3
- ricco di gas . 22.7
- scozzese . . . 23.4
- semigrasso . . 23.2
- senza scorie . 26.7
-, triturazione del 24.5
- uniforme . . 24.4
Carbonic acid . 13.12
- - gas 11.13
- - solution . . 83.8
- oxide 11.12
Carbonico, acido 11.13
Carbónico, anhidrido 11.13
Carbonio . . . 11.10
-, biossido di . . 11.13
-, gradi di ossidazione del 4.12
-, ossido di . . . 11.12
-, sublimazione del - in fuliggine 10.1
Carbonisation du charbon 65.3
-, cornue de . . 45.2
Carbonised oil, incrustation of 288.2
Carboniser la houille 65.2
Carbonizzazione, storta di 45.2
Carbono 11.10
-, óxido de . . . 11.12
-, sublimación del - en hollin 10.1
Carboy 108.2
Carburación por evaporación 254.5
- por inyección 255.3
- por pulverización 255.3
Carburado, gas de agua 34.8
Carburador . . 253.2
- de alcohol . . 254.2
- de bencina . 253.5
- calentado por los gases de escape 257.4
- evaporador . 254.6
- de gasolina . 253.5
- de inyección 256.1
- de petróleo . 253.8
- de pulverización 256.1
Carburar el alcohol con benzol 106.4
Carburare l'alcool con benzolo 106.4
Carburateur . . 253.2
- à alcool . . . 254.2
- à essence . . 253.5
- à évaporation 254.6
- à giclage . . 256.1
- à mèche . . . 254.7
- à pétrole . . 253.8
- à pulvérisation 256.1
- réchauffé par l'échappement 257.4
Carburation by evaporation 254.5
Carburation par évaporation 254.5
- par injection 255.3
- par pulvérisation 255.3
Carburato, gas d'acqua 34.8
Carburatore . 253.2
- di alcool . . . 254.2
- di benzina . . 253.5
- a lucignolo . 254.7
- di petrolio . 253.8
- a vaporizzazione 254.6
Carburazione ad iniezione 255.3
- a vaporizzazione 254.5
Carbure d'hydrogène 12.8
Carburer l'alcool au benzol 106.4
Carburet, to - alcohol with benzole 106.4
Carburetted water gas 34.8
Carburetting by spraying 255.3
Carburettor . . 253.2
-, alcohol . . . 254.2
- heated by the exhaust 257.4
-, multitubular - for petroleum 258.7
-, petrol . 253.5, 253.8
-, spray 256.1
-, surface . . . 254.6
- walls, heating the 257.6
-, wick 254.7
Carcassa magnetica 333.3
Carcasse magnétique 333.3
Card, indicator 353.2
Carga = alimentación 57.1
Carga = esfuerzo 141.4
-, aparato de . 57.4
-, altura de la . 57.7
-, cámara de . . 65.6
- de carbón . . 66.2
- de cok . . . 68.7
- creciente, contraste con 356.4
-, cubo de . . . 56.7
- decreciente, contraste con 356.3
- del emparrillado 51.1
-, espesor de la 57.7
- á que está sometida la superficie interior del cilindro 159.8
- del freno . . 357.2
-, intérvalo entre dos -s 57.3
- de madera, depurador con 68.8
- de la máquina 344.9
- mecánica del carbón desde abajo por medio de un tornillo sin fin 48.1
-, á media . . . 345.2
- del muelle de la válvula 204.5
-, periodo de . 57.2
-, plataforma de 57.5
-, plena 345.3
- del regulador 268.2
- de rotura . . 140.6
-, tolva de . . . 57.6
Cargar . . 126.7. 374.3
- la bateria . . 284.7
- el cilindro con mezcla detonante 298.6
- el generador 56.9
- la máquina . 344.8
Carica 57.1
- di carbone . . 66.2
-, pompa di . . 242.7
Caricamento . . 57.1
-, periodo di . . 57.2
-, piattaforma di 57.5
-, recipiente di 56.7
-, tramoggia di 56.1
Caricare da … su . . 374.3
- la batteria . . 284.7
- il generatore 56.9
- la macchina . 344.8
Caricato in punta, resistenza dei corpi -i 142.5
Caricatore . 56.7. 57.4
-, imbuto . . . 57.6
Carico 141.4
- crescente, verifica sotto 356.4
- decrescente, verifica sotto 356.3
- di flessione . 141.7
- del freno . . 357.2
- della graticola 51.1
-, limite di . . . 345.4
- della macchina 344.9
-, metà 345.2

Carico della molla della valvola 204.6
-, pieno 345.3
- di recisione 142.4
- del regolatore 268.2
- ridotto, piccola compressione a 232.6
- di rottura . . 140.6
- di scorrimento 142.4
- sulle superfici di scorrimento 159.8
- di torsione . 142.2
-, variazione di 344.10
Carneaux de chauffe 65.7
Carnotscher Kreisprozeß 117.3
Carnot's cycle . 117.3
Carrello della gru 302.5
Carrera 192.3
-s de admisión, punto muerto entre las - y de escape 193.2
- de aspiración 119.6
- atrás del émbolo 192.6
- de avance . . 192.5
- de combustión 122.6
- de compresión 120.8
- - - del aire . 243.6
- - - del gas . 243.7
-s del émbolo, diagrama de las 354.7
-s encontradas de los émbolos 242.4
- de escape . . 124.8
- de expansión 122.6
-, limitación de la 238.9
- del manguito 268.10
- máxima de la válvula 208.3
-s opuestas, émbolos de 326.6
- reducida del manguito 268.11
- simultánea, émbolos de 326.5
- de trabajo . . 126.5
-s útiles, x carreras en vació por y 228.3
- en vació . . . 228.2
- - -, x - por y carreras útiles 228.3
- de la válvula 208.6
- - - -, diagrama de la 207.9
Carrete de inducción 285.9
- del inducido . 285.2
Carretera, locomotora para -s 339.4
Carriage 374.1
Carrier . . . 374.11
Carro merci . . 374.9
Carro de la grúa 302.5
- de repartir . 374.9
Carta dell'indicatore 353.2
Carta de porte 374.8
Carter, bâti formant 152.6
- de la manivelle 153.1
- du mécanisme 152.9
Cárter del eje cigüeñal 153.1
- del engranaje 152.9
Carry, to . . . 374.2
Casa 379.9
- operaia . . . 385.2
Casa 379.9
Cascami di legno, gas distillato da 48.6
Casco del tubo 309.5
Case, crank . . 153.1
- -harden, to - the rolling surfaces 221.1
- hardened casting 132.4
- - soft steel . . 134.2
- for indicator 354.4
Cash, payment in 371.7
Cashier 381.7
-'s office 381.8
Casing, armature 290.2
- for closing spring 203.6
- of the running gear 152.9
-, valve- - forming plug of cock 256.6
Cask 108.3
-, iron 108.4
- to be returned 108.6
Casquete del muelle 203.6
- roscado . . . 313.3
- de la válvula 203.5
Casquillo del árbol cigüeñal 188.3
-, borde del . . 188.8
- graduable . . 188.9
- inferior . . . 188.7
- superior . . . 188.6
- de unión . . 310.5
Cassa 381.8
- per gli ammalati 385.5
- di aspirazione 317.9
- - - in lamiera 318.4
- di deposito . 70.7
- - - ostruita . 70.10
- a ghiaia . . . 249.8
- della manovella 153.1
- pensioni . . . 386.3
- di scarico a chiusura idraulica 319.5
- di separazione dell'acqua 74.6
- degli utensili 301.6
Cassant 139.6
- à froid 139.8
Cassetta per la batteria 284.5
- dell'indicatore 354.4
- per utensili . 301.6
Cassetto anulare 246.3
- per l'aria . . 238.3
- cilindrico . . 238.1
- circolare per ammissione e scarico 245.7
Cassetto, distribuzione a 363.5
- per gas . . . 238.2
- per la miscela 238.4
- di miscela, strozzamento con 234.3
- di passaggio tra le camere di compressione ed aspirazione 247.1
- principale . . 246.7
- a robinetto . 237.10
- rotativo . . . 237.10
- a stantuffo . 238.1
- tubolare . . . 237.9
Cassiere 381.7
Cast-iron . . . 131.3
- -, liner of hard 160.4
- -, malleable . 132.6
- - mouthpiece 32.8
- - pipe 309.7
- steel 132.2
- -, annealed . 132.3
Cast, to 147.2
Casting 147.3
-, blistered . . . 147.9
- with blow holes 147.9
-, case hardened 132.4
-, chilled 132.5
- without internal stresses due to cooling 148.1
-, loam 132.1
-, - moulded . . 132.1
- moulded in the flask 131.5
-, porous 147.8
- in sand . . . 131.6
-, shrinking of the 147.7
Catalogo . . . 369.10
Catálogo . . . 369.10
Catalogue . . 369.10
Catcher, oil 275.6, 279.3
Catena con guida a girelle 59.4
- di manovra . 302.4
-, trasmissione a 210.3 291.6
Catrame 12.1
-, eliminazione di - in generatori separati 46.2
-, gas contenente 74.9
-, gas esente di 74.10
-, idrocarburi contenenti 12.11
-, incrostazione di 71.7
- di legno . . . 12.7
- di lignite . . 12.4
- - -, benzina estratta dal 107.6
- - -, olio di . . 107.1
- di litantrace 12.3
-, olio di 106.6
- di schisto . . 12.6
-, separazione del 74.7
- di torba . . . 12.5
-, vapore di . . 12.2
Caucciù 138.4
Caucho 138.4
Causa 377.5
- d'errore . . 351.10
Caustic potash, solution of 90.6
Cáustico, legía -a 90.6
Caution 376.9
Cauzione . . . 376.9
Cave 303.7
Caviglia di guida 239.4
Cavità a foro oblungo 213.8
Cell, dry 284.1
Celsiusskala . . 18.6
Cement, hydraulic 307.7
- mortar 307.8
- paste 308.3
Cementado, acero dulce 134.2
Cémenter la surface de roulement 221.1
Cementing, briquette - mateiral 29.3
- of briquettes 29.2
Cemento 308.2
-, malta di . . . 307.8
-, poltiglia di . 308.3
Cemento 138.10, 308.2
- liquido, rellenar el asiento del bastidor con 308.4
-, pasta de . . . 308.3
Cendre, charbon à -s légères 26.5
-, éteindre la . 61.9
-s folles 61.8
-s, teneur en . 26.4
Cendreux . . . 139.7
Cendrier . . . 54.4
- à fermeture hydraulique 54.7
-, porte du . . . 54.5
Ceneraio . . . 54.4
- a chiusura idraulica 54.7
-, porta del . . 54.5
Ceneratoio . . 54.4
Cenere, contenuto di 26.4
- volante . . . 61.8
Cenicero 54.4
- con cierre hidráulico 54.7
-, puerta del . . 54.5
Ceniza, apagar las -s 61.9
-s ligeras, carbón de 26.5
-, tanto por ciento de -s 26.4
Center, ignition dead 193.1
-, inner dead . 192.9
-, outer dead 192.10
-, position at the dead 192.8
-, punch 145.1
Centigrade scale 18.6
Central gas inlet, scrubber with 69.1
- - outlet, scrubber with 69.2
- - - through a water-cooled casting 47.6
-station, electric 331.4
- -, long-distance 332.1
- -, municipal . 331.7
- system of lubrication 277.7
Central doméstica 331.5
- eléctrica . . . 331.4

Central de electricidad 331.4
- para un grupo de edificios 331.6
- interurbana . 332.1
- de pruebas . 350.9
-, salida - del gas 47.8
- urbana . . . 331.7
Centrale domestique 331.5
- électrique . . 331.4
- d'ilôt de maisons 331.6
- interurbaine . 332.1
- de pâte de maisons 331.6
- privée 331.5
- urbaine . . . 331.7
Centrale di una città 331.7
- per un complesso di idifizi 331.6
- domestica . . 331.5
- elettrica . . . 331.4
- per un gruppo di case 331.6
- intercomunale 332.1
- di una regione 332.1
- urbana 331.7
- per uso di casa 331.5
Centrar de nuevo el cilindro 160.2
Centre of crosshead, distance from centre of piston to 178.2
- hole 358.10
-, hole up - of plunger 251.5
-, ignition dead 193.1
-, inner dead . 192.9
- of oscillation, governor with fixed - and linked to an axial sleeve 269.7
-, outer dead . 192.10
- of piston, distance from - to centre of crosshead 178.2
- pop 358.10
-, position of the dead 192.8
- punch 145.1
- -, to mark with the 144.8
Centrepunch, to 144.8
Centrifugal action, sleeve force due to 272.1
- blower . . . 80.4
- drum, wet . . 77.7
- force 270.5
- -, moment of 272.8
- governor 231.1 267.1
- lubrication . 276.9
- pump driven by oil engine 331.1
- washer 77.1
- weight serving as cam 231.2
- -s, connecting link of 231.5
- -, wiper on . 231.6
Centrifugazione dell' olio 279.2
Centrifugo, regolatore 267.1
-, ventilatore . 80.4
Centrifugo, fuerza -a 270.5
-, lavador - de gas 77.1
-, regulador . . 267.1
-, tambor - de agua 77.7
-, ventilador . . 80.4
Centigrado, escala -a 18.6
Cepilladora . 149.10
Cepillar 149.9
Ceppi del freno, stringere i 357.5
Cerchi concentrici 222.4
Cerchione della ruota 367.1
Cercle, -s concentriques 222.4
- décrit par le bouton de manivelle 193.3
- de perçage des trous de boulons 164.6
- primitif . . . 222.2
- des trous de boulons 312.9
Cero absoluto . 17.7
- del termómetro 19.1
Cerradura de la puerta 54.6
Cerrajero . . . 143.5
Cerrar la camisa partida mediante una chapa protectora de hierro 162.2
- los engrasadores 347.2
- herméticamente el orificio de purga 170.8
- la llave de gas 346.8
- el paso del agua de refrigeración 347.4
- los poros martillandolos 343.3
- el trato . . 370.11
- la válvula . . 207.6
Cerrojo 170.1
Certificado del ensayo 140.2
Certificat d'épreuve 140.2
- d'essai 140.2
Certificate, test 140.2
Cesoia per lamiere 134.6
Cesta, emparrillado en forma de 52.4
Chaflán . . . 222.11
Chain, bucket . 71.3
- of buckets . . 71.3
- drive 291.6
- gearing . . . 210.3
-, hand 302.4
- lift with roller guide 59.4
Chaine à galets-guides 59.4
- à main 302.4
- de manœuvre 302.4
Chaleur 14.8
-, accumulation de - en un point déterminé 163.1
- d'allumage . 279.5
- atomique . . 112.8
- blanche du fil 266.2
-, cantonnement de 163.1
-, chaudières utilisant la - perdue 63.5
- de combinaison 4.1
- de combustion 6.8
- de compression 122.3
- de condensation de l'eau de combustion 97.5
- de conduction 15.6
-, conduction de la 15.11
- conductive . 15.6
-, convection de la 15.12
- de décomposition 4.3
-, dépense de . 362.7
-, échange de . 15.8
- de fusion . . 15.2
- latente . . . 15.1
- moléculaire . 112.9
-, mouvement de la 360.7
-, passage de . 15.9
-, production de 14.9
- propre 15.7
- - élevée du gaz à l'air 34.6
-, radiation de 15.10
-s, rapport des - spécifiques 112.5
- rayonnante . 15.5
-, rayonnement de 15.10
- de réaction . 3.10
-, retenue de . . 163.1
- rouge du fil . 266.1
- sensible . . . 15.4
- soudante . . 146.7
- spécifique . . 16.2
- - sous pression constante 112.3
- - sous volume constant 112.4
- suante 146.7
-, tension due à la - par suite de la distribution inégale de métal 163.2
-, transformation de - en travail 113.8
-, unité de . . . 16.3
-, utilisation de la 14.10, 361.7
- de vaporisation 15.3
Chamber, air suction 317.9
-, brickwork exhaust 319.4
-, to burn the gas in a - under constant pressure 365.2
-, coal 65.6
-, coking 107.5
Chamber, combustion 123.5, 365.3
-, - - with smooth walls 159.4
-, crank 153.1
-, delivery . . . 244.6
-, discharge . . 244.6
-, drumming of the suction 318.5
-, externally heated combustion 257.5
-, float 248.5
-, ignition . . . 281.4
-, inlet 244.5
-, mixing . . . 236.5
-, oil 276.7
-, regenerative 66.1
-, sheet-iron suction 318.4
-, splash lubrication from the closed crank 278.3
-, turbine . . . 366.7
-, underground suction 318.6
-, valve . . 160.8, 202.7
-, - - at the side of the cylinder 164.2
-, vibration of the suction 318.5
-, volute 80.5
Chambre d'aspiration 244.5
- - souterraine 318.6
- à charbon . . 65.6
- de combustion 123.5, 365.3
- - - à parois lisses 159.4
- de compression 121.4, 244.6
- - - à chauffage extérieure 257.5
- de distillation 107.5
- d'huile 276.7
- de mélange . 236.5
- de refoulement 244.6
- de régénération 66.1
- de la turbine 366.7
Champ, aimant de 333.4
- de mouvement du mécanisme à manivelle 193.8
Champignon de pulvérisation 256.7
Change-over mechanism 259.2
- of pressure on the teeth 210.5
- of state . . . 115.4
- of a variable, infinitesimal 110.1
Change, to - from petrol to oil 259.1
- over, to - - from the starting to the working position 295.7
Changement de course du piston 192.7
- d'état 115.4
Channel, air . 236.10
-, brick 303.8

Channel, gas . 237.1
- iron 136.9
-, mixture . . . 237.2
Chapa con borde doblado 135.5
- - - vuelto . . 135.5
- de cobre . 136.11
- para envolturas 135.3
- fina 135.1
- de forma especial 135.3
- gruesa 134.9
- de hierro . . 134.5
- ondulada . . 135.4
- perfilada . . 135.3
- perforada . . 75.5
- protectora . . 162.3
- - sobre la manivela del eje cigüeñal 155.2
- rebordeada . 135.5
- para tanques 135.6
Chape, levier à 216.9
- du levier . 216.10
Chapeau, écrou à 311.4
- de fermeture 56.3 313.3
- de palier manivelle 187.4
- à ressort . . . 203.6
- de soupape . 203.5
Chapelle commune pour l'admission et l'échappement 203.3
- de la pompe à air 261.1
- de soupape 160.8 202.7
- - - d'admission 203.1
- - - d'échappement 203.2
- - - formant boisseau de robinet 256.6
- - -s montée latéralement sur le cylindre 164.2
Characteristic curve of governor 270.6
- -, point of inflection of the 271.4
- of a gas . . 111.12
Charakteristik des Reglers 270.6
Charbon 22.3
- agglutinant . 26.9
-s ardents, faire passer de l'air sur des 34.3
- -, - - de la vapeur sur des 35.5
- bitumineux . 23.1
- boghead écossais 23.4
- de bois 29.7
- brillant . . . 22.5
- brut 23.6
-, carbonisation du 65.3
- à cendres légères 26.5
-, chambre à . . 65.6
-, charge de . . 66.2
- collant . 23.1, 26.9
Charbon à courte flamme 25.10
- criblé 24.7
- distillant peu de gaz 22.8
- fin 25.4
- à gaz 22.7
- gras 22.11
-s incandescents, faire passer de la vapeur sur des 35.5
- limoneux . . 29.2
- à longue flamme 25.9
- maigre 22.9
- mat 22.6
- menu 25.3
- mou 22.11
- non assorti . 24.3
- non scorifère 26.7
- non trié . . . 24.3
- pauvre en gaz 22.8
- poisseux . . . 27.11
- riche en gaz 22.7
- sec 22.9
- tamisé 24.7
- de terre . . . 22.4
- très scorifère 26.6
- uniforme . . 24.4
Charcoal . . . 29.7
Charge, actual volume of 120.6
-, after - burning of the 124.2
-, coal 66.2
-, compressed . 121.2
-, depth of . . . 57.7
-, flame velocity of the 124.1
-, inlet velocity of the 119.11
-, loss of - due to leaky piston 120.3
-, rate of combustion of the 124.1
-, variable proportion of gas in the 234.6
-, weight of . . 120.7
Charge, to . . . 126.7
-, to - the battery 284.7
-, to - the producer 56.9
Charge 374.4
- de charbon . 66.2
- de coke . . . 68.7
-, demi- 345.2
-, étalonnage sous - croissante . 356.4
-, - sous - décroissante 356.3
-, fluctuation de 344.10
- du frein . . . 357.2
- de la grille . 51.1
- limite 345.4
-, limite de . . 345.4
- de la machine 344.9
- du moteur, pleine 345.3
-, perte de - due aux fuites du piston 120.3
- du régulateur 268.2
- du ressort de soupape 204.5
Charge de rupture 140.6
- des surfaces de glissement du cylindre 159.8
-, tarage sous - croissante 356.4
-, - sous - décroissante 356.3
Chargement . . 57.1
-, intervalle de . 57.3
-, periode de . . 57.2
-, plateforme de 57.5
- trémie de . . 57.6
Charger . 126.7, 374.3
- la batterie . . 284.7
- le gazogène . 56.9
- la machine . 344.8
Charging . . . 57.1
- device 57.4
- hole 45.4
-, interval between 57.3
- period 57.2
- -, scavenging and 126.6
- platform . . . 57.5
-, producer with double 47.7
- pump . 242.7, 298.7
- -s, to arrange the - under the floor 243.8
- -, automatic valve of the 245.1
- -s, resistance of the scavenging and 130.2
- -s, valve gear of scavenging and 244.8
- valve 56.1
Chariot actionné par l'arbre vilebrequin 212.7
- de grue . . . 302.5
Charles, Law of 111.11
Charrue automobile 338.10
Chasser les gaz brûlés par l'air de balayage ou par la cylindrée fraîche 127.3
- le piston en avant par allumage du mélange 299.1
Châssis, bâti et 151.1
- de grille . . . 51.8
Château d'eau 82.1
Chaude soudante 146.7
- suante 146.7
Chaudière distillatoire 103.11
-s, gaz pour . . 63.4
- Popelka . . 103.12
- de récupération thermique 63.5
- utilisant la chaleur perdue 63.5
Chauffage, arrêter le 258.6
- du tube d'allumage 282.6
Chauffe, carneaux de 65.7
-, effet de . . . 97.2
Chanvre 188.5
Chaux hydraulique 307.7
Chaveta 170.1
- de aprieto . . 189.1
Check valve . . 316.1
Cheek, guide . 176.3
Chef 380.11
Chef . . 380.11, 381.1
- d'atelier . . . 148.2
- d'exploitation 382.3
Chemical affinity 2,6
- combination . 2.7
- -, constituent of a 2.8
- composition . 2.4
- constitution . 2.5
- determination of the calorific power 97.7
- equation . . . 2.9
- notions, fundamental 1.1
- reaction . . . 3.7
- symbol . . . 2.10
Chemically combined oxygen 10.4
Chemin de l'air 236.8
- de fer à gaz 339.9
- du gaz . . . 236.9
- parcouru par le piston 194.1
Cheminée de la flamme d'allumage 280.7
-, réfrigérant à 72.4
Chemisch gebundener Sauerstoff 10.4
Chemische Affinität 2.6
-er Aufbau . . 2.5
-e Grundbegriffe 1.1
-e Heizwertbestimmung 97.7
-e Konstitution 2,5
-e Reaktion . . 3.7
-es Symbol . . 2.10
-e Verbindung 2.7
-e Verwandtschaft 2.6
-es Zeichen . . 2.10
-e Zusammensetzung 2.4
Chemise d'eau 166.6
- -, cylindre avec - à trois compartiments 161.5
- -, - à large . 161.1
- -, - de moteur à gaz à 157.5
- -, détartrer la 167.8
- -, ébouer la . 167.8
Chemiser le corps du piston de métal blanc 177.1
Cherry coal . 23.2
Chest, tool . . 301.6
Cheville de guidage 239.4
- -guide 239.4
-, guide à . . . 239.3
Chiarificare le acque di lavaggio 71.9
Chiave per robinetto 314.12
- per tubi . . 313.10
Chiavetta per la registrazione 189.1

Chicane 258.5
-s, épurateur à 75.3
- du séparateur de goudron 75.4
Chief . . 380.11, 381.1
- agency . . . 380.5
- engineer . . . 382.7
Chilled casting 132.5
Chilowatt . . . 335.4
- -ora 335.5
Chimenea de la llama de inflamación 280.7
Chimica, affinità 2.6
-, combinazione 2.7
-, composizione 2.4
-, costituzione . 2.5
-, equazione . . 2.9
-, principi fondamentali di 1.1
-, reazione . . . 3.7
-o, simbolo . . 2.10
Chimique, composition 2.4
Chimney for the ignition flame 280.7
Chips of wood . 30.2
Chip, to 144.6
Chisel 144.7
Chisel, to . . . 144.6
Chispa eléctrica 283.4
-, hacer saltar la 289.1
- de inflamación 283.7
-, producir la . 289.1
- de ruptura . 283.5
Chiudere ermeticamente il foro di pulizia 170.8
- la lubrificazione 347.2
- i pori con preselлatura 343.3
- il robinetto dell'acqua di circolazione 347.4
- - - del gas . 346.8
- la valvola . . 207.6
Chiusa, guida . 157.1
Chiusura dell'ammissione 233.1
-, anello di . . 191.4
- dell'anello elastico 173.8
- doppia 56.2
- idraulica, campana del regolatore a 86.2
- -, ceneraio a . 54.7
- - dell condotto di gas 55.9
-, liquido di . . 92.3
-, piastra di . . 313.3
- di porta . . . 54.6
-, punto di . . 222.10
- ritardata . . 208.1
-, ritardo alla . 208.1
- con superfici levigate 165.2
- - - smerigliate 165.2
- del tubo . . . 313.2
- della valvola 207.4
Chlorcalcium-vorlage 89.8
Chloride, cuprous 90.7
Chlorhydrique, acide 14.7
Chlorure cuivreux 90.7
-, récipient à - de calcium 89.8
Choc, appareil de 290.1
-s, épurateur à 75.3
- perceptible de la came d'échappement 346.4
- en retour sur la manivelle 292.5
-, tige de . . . 289.5
Choking, pipe . 314.4
- of the producer 60.12
Chômage . . 384.10
Chorro de agua, bomba de 89.4
- cónico 256.4
Chuck 149.6
- lathe 149.6
Chute du combustible à travers la grille 61.7
- de pression entre le réservoir et le cylindre 129.1
- de température 17.3
Cianidrico, acido 14.3
Cianogeno . . 14.3
Ciclo di Carnot 117.3
- più conveniente 117.2, 117.5
- doppio a due tempi Körting 241.7
- a due fasi . . 116.3
- - - tempi . . 136.3
- - - - di Oechelhäuser 242.2
- del motore a gas 118.3
- a pressione costante 117.6
- a quattro fasi 118.8
- - - tempi . . 118.8
- teoricamente perfetto 117.1
- di trasformazione 115.2
Ciclo, calor introducida en el 360.9
- de Carnot . . . 117.3
- de cuatro fases 118.8
- - - tiempos . 118.8
- - - -, dar aire comprimido en el 295.2
- - - -, proceso del 118.9
- de Diesel . . 117.6
- doble de dos tiempos Koerting 241.7
- de dos fases de Oechelhäuser 242.2
- - - tiempos . 126.3
- - - -, proceso del 126.4
- ideal, trabajo del 361.2
Ciclo más favorable para una caída determinada de temperatura 117.2
- - - para una caída de presión dada 117.5
- del motor de gas 118.3
- de presión uniforme 117.6
- reversible . . 115.2
- teórico perfecto 117.1
- térmico . . . 115.1
Cierre 384.11
-, doble 56.2
- del escape por medio de gatillo y tope 226.3
- de la fase de admisión 233.1
- hidráulico, campana del regulador de presión con 86.2
- -, cenicero con 54.7
- - de la tubería de gas 55.9
- mediante superficies cepilladas y esmeriladas 165.2
- por palanca acodada 227.1
-, retardo al . . 208.1
- para el segmento del émbolo 173.8
- del tubo . . . 313.2
- de la válvula 207.4
Cifre scattanti, meccanismo contatore a 358.11
Cigna 328.3
-, larghezza di 328.4
-, puleggia per 329.1
-, tensione della 327.8
-, trasmissione a 327.7
Cigüeñal, árbol motor 185.7
Cilindrada, volumen de la 120.2
Cilindrico, incastellatura a forcella -a 152.4
-, cassetto . . . 238.1
Cilindro 157.3
-, alesatura del 159.5
- con ampia camera di circolazione 161.1
- - - - di raffreddamento 161.1
- aperto 157.8
-, camicia del . 160.3
-, coperchio del 163.5
- di distillazione 107.4
- a effetto doppio 157.7
- - - semplice . 157.6
-, estremità del 159.1
-, - anteriore del 159.2
-, - posteriore del 159.3
- in falso . . . 158.4
-, fondo del . . 163.6
- inserito nell'intelaiatura 158.5
-, inviluppo esterno del 161.4
Cilindro motore 143.1 157.4
- di motore a gas con circolazione d'acqua 157.5
- a movimento libero 158.6
-, oliatore per . 278.5
- orizzontale . 158.3
-, ovalizzazione del 160.1
-, pezzo di chiusura del 163.4
- della pompa . 244.4
- - -, allargamento del 251.4
- principale . . 143.1
-, raffredamento del 166.4
- di raffredamento 101.3
-, screpolatura nel 163.3
- della soffiante 336.5
- sospeso . . . 46.5
- sostenuto . . 158.7
-, superficie della parete del 159.6
-, - di scorrimento del 159.7
-, testa del . . . 163.6
- con tre camere d'acqua separate 161.5
- in un sol pezzo 160.6
- verticale . . . 158.2
-, vuotatura del 127.4
Cilindro 157.3
- abierto por ambos extremos 157.8
- apoyado en soportes 158.7
- de bomba 244.4 251.3
- - - de movimiento continuo 251.9
- doble, distribución por 246.6
- de doble efecto 157.7
- empotrado en el bastidor 158.5
- encajado . . 158.5
- con gran cámara de refrigeración 161.1
- horizontal . . 158.3
- inferior, motor vertical con 325.4
- libremente suspendido 158.6
- de la máquina soplante 336.5
- montado en falso 158.4
- motor . 157.4, 243.1
- - con camisa de circulación de agua 157.5
- obturador . . 246.3
- principal . . 243.1
- refrigerador . 101.3
- de simple efecto 157.6
- con tres cámaras de agua separadas 161.5

Cilindro de una sola pieza 160.4
- vertical . . . 158.2
- en voladizo . 158.4
- volado 158.4
Ciment 308.2
Cimentación . . 304.6
- aislada 304.9
-, fraguado de la 308.7
- de hormigón 307.3
- independiente 305.1
- de ladrillos . 306.4
- del motor . . 304.4
-, placa de . . . 152.2
-, preparación de la 306.1
-, suelo de . . . 305.4
- unida al edificio 304.10
Cimentar con hormigón 307.4
Cimiento . . . 304.6
Cincel 144.7
Cincelar 144.6
Cinematica del meccanismo a manovella 191.10
Cinemática del mecanismo de manivela 191.10
Cinématique du mécanisme à manivelle 191.10
Cinetica, energia - delle molecole 113.4
-, teoria - dei gas 112.6
Cinético, teoria -a de los gases 112.6
Cinghia 328.3
Cintré, tuyau . 310.7
Ciottoli, riempimento con 249.10
Circle, base . . 222.2
-, bolt-hole 164.6, 312.9
-s, concentric . 222.4
-, crank 193.3
-, pitch- 164.6
Circolare, cassetto - per ammissione e scarico 245.7
Circolazione d'acqua, cilindro di motore a gas con 157.5
- -, guida a . . 157.2
- -, pezzo intermedio a 158.1
- -, punto morto nella 167.3
- - di raffreddamento attraverso lo stelo e lo stantuffo 182.1
Circolo dei fori pei bulloni 312.9
- della manovella 193.3
- primitivo della camma 222.2
- di ripartizione delle viti 164.6
Circonférence de la roue 366.9
Circonferenza della camma 222.5
- della ruota . 366.9
Circular section elastic packing ring 180.2
Circulating cooling system 321.6
- pump 321.9
- tubes, vaporiser with 40.4
Circulation, automatic 321.7
-, cooling water - through piston rod and piston 182.1
Circulation, cône de soupape à - d'eau 202.1
-, cylindre de moteur à gaz à - d'eau 157.5
- de l'eau de refroidissement par le piston et sa tige 182.1
-, glissière à - d'eau 157.2
-, guide-tige à - d'eau 202.6
-, pièce intermédiaire à - d'eau 158.1
-, pompe de . . 321.9
-, refroidissement par 321.6
Circuito corto . 288.3
Circulación de agua, bombas para - por gas 337.4
- - -, cono de la válvula con 202.1
- - -, linterna con 158.1
- - -, pieza intermedia con 158.1
- - - refrigerante através del vástago y del émbolo 182.1
- automática, enfriamiento por 321.7
-, bomba de . . 321.9
-, refrigeración por 321.6
Círculo de los agujeros de los tornillos 164.6
-s concéntricos 222.4
- descrito por el botón de la manivela 193.3
- de los pernos 312.9
- primitivo . . 222.1
Circumference of cam 222.5
- of wheel . . . 366.9
Circunferencia de la leva 222.5
- de la rueda . 366.9
Cisailleuse à tôle 134.6
Ciseau 144.7
-, travailler au 144.6
Ciseler 144.6
Cisterna, campana del regulador de presión con 86.2
Civil engineer . 382.9
Clack valve, non-return 250.3
- -, safety . . . 250.4
Claie en bois . 69.4
-s, laveur à . . 69.5
- remplaçable . 69.6
Clamp, pipe . . 313.8
Clapet automatique 244.9
- commandé . 337.6
- étrangleur entre les soupapes de mélange et d'admission 233.7
- de retenue . 250.3 316.2
- de sûreté . . 250.4
Claraboya . . . 304.2
Claridad natural 304.1
Clarificación, pozo de 72.1
Clarificar las aguas de depuración 71.9
Clarification, bassin de 72.1
Clarifier l'eau de lavage 71.9
Clarté du jour . 304.1
Clase de motor 323.2
Clasificado, carbón no 24.3
Clavette de rattrapage de jeu 189.1
- de resserrage 189.1
Clavija 216.8
Clay dam . . . 308.6
-, fire 50.1
-, quartz sand free from 308.1
-, refractory . . 50.1
- soil 305.6
Clé de robinet 314.12
- pour tuyaux 313.10
Cleading, pipe . 314.2
Clean, to - the burner 266.4
-, to - the valve stem 207.1
Cleaner, coke - for blast furnace gas 73.10
-, spraying . . . 68.5
-, wet 67.9
Cleaning per cubic meter of gas, cost of 79.5
- of the engine 349.3
- of the exterior 349.5
-, final 67.1
- the grate by sprinkling 61.1
- hole 167.1
- - (of the washer) 70.6
- - watertight, to make the 170.8
- of the interior 349.4
-, power and water consumption for 79.4
-, preliminary . 66.11
- water, to cool the 72.2
-, wet 67.7
Clear, to - the cooling space of mud 167.8
- valve opening 208.8
Clearance for expansion of the piston packing ring 173.6
- space 251.3
Climatológico, condiciones -as 253.3
Clinker 60.7
- brick 306.6
-, caked 60.11
-, Dutch 306.6
-, formation of 60.10
-, freeing from . 60.5
- hole 60.6
-, liquid 60.9
- lump 60.11
-, tenacious . . 60.8
Clinkering coal 26.6
- -, producer for 41.8
Clip, pipe . . . 313.9
Cliquet 214.4
- avec came de déclanchement 235.6
- d'entrainement 289.8
- montant et descendant 290.7
Cloche pour la distillation du combustible frais 43.1
- à gaz 86.3
- de régulateur à fermeture hydraulique 86.2
Clogged up mud pan 70.10
Clogging of the valve seat 206.8
Cloison entre lumières 241.2
- de séparation 51.7
Clorhidrico, ácido 14.7
Cloridrico, acido 14.7
Cloruro di calcio, recipiente a . 89.8
- di rame 90.7
- - -, soluzione ammoniacale di 90.8
Cloruro de cobre 90.7
- - -, disolución amoniacal de 90.8
Close, to - the gas cock 346.8
-, to - the pores by hammering 343.3
-, to - the pores by panning 343.3
-, to - the pores by peening 343.3
-, to - the valve 207.6
Closed crank chamber, splash lubrication from the - 278.3
- exhaust pipe with perforations 319.7
- guide 157.1
- link drive . . 223.9
- piston 170.3
- slide 157.1

Closing, angle of retarded 208.5
-, late 208.1
-, retarded 208.1
- spring, casing for 208.6
- of the valve 207.4 220.6
-, working the gas valve with a variable point of opening and a constant point of 235.3
Club, sick benefit 385.5
Coal 22.3
-, ash- and tar-producing constituents of the 26.3
-, best 24.11
-, bituminous 23.1 27.11
-, bog 27.10
- breaker 24.6
- breaking 24.5
- briquette 28.9
-, brown 27.9
-, caking 23.1, 26.9
-, - of 26.8
-, candle 25.9
-, cannel 23.3, 25.9
- chamber 65.6
- charge 66.2
-, cherry 23.2
-, clinkering 26.6
-, dead 22.6
-, to determine the calorific power of 99.3
-, to dress 23.9
-, dressing of the 23.7
-, dull 22.6
- dust 25.7
-, dust- 25.6
-, fat 22.11
-, to free - from iron pyrites 23.9
-, gas 22.7
- -gas engine 324.4
-, glance 22.5
- grinding 25.5
-, hard 22.9
-, large 24.11
-, long flaming 25.9
-, lump 25.1
- mud 24.1
-, non clinkering 26.7
-, non-gassing 22.8
-, nut 25.2
-, open burning 23.2
-, pea 25.4
-, peacock 22.5
-, pit 22.4, 23.5
-, pressed 28.8
- producing a light ash 26.5
-, raw 23.6
-, rich 22.11
- rich in gas 22.7
-, rough 23.5
-, Scotch Boghead 23.4
-, screened 24.7
-, to separate the shale from the 23.8
-, short flaming 25.10
-, sintering of the 26.10
Coal, size of 24.10
-, slack 25.3
-, small 25.3
-, spontaneous combustion of 26.1
-, - ignition of 26.1
-, steam 25.10
- -tar 12.3
- - oil 106.7
- of uniform size 24.4
-, unscreened 24.3
-, to wash the 24.1
Coarse meshed wire-gauze 79.2
Cobbles 25.1
Coche faite à la lime 174.7
Cock 314.9
-, to adjust the gas - for starting 344.4
-, to close the gas 346.8
-, cooling-water 320.7
-, drain 315.3, 317.2
-, drip 33.4
-, double indicator 353.4
-, glass 92.5
-, to grind in a 314.11
-, handle of 314.12
-, indicator 353.3
-, key of 314.12
-, ordinary two-way 315.1
-, pinch 88.10
-, plug of 314.10
-, test 248.4
-, three-way 315.2
-, - - - with inclined double bore 92.6
-, - - - with longitudinal and transverse bore 92.7
-, valve-casing forming plug of 256.6
-, water cooled indicator 353.5
Coclea ascendente e discendente 45.7
Coda di rondine, scanalatura a 189.5
Código de comercio 377.8
Codo 310.6
- de entrada 317.5
- de la palanca 216.6
- rectangular 310.8
Coefficient for converting mean effective pressure into indicated horse-power 359.8
- of cubical expansion 16.8
-, differential - of the nth order 110.4
- of diffusion 3.5
- of discharge 129.3
- of elongation 140.8
- of expansion due to heat 16.6
- of insensitiveness 272.2
- of linear expansion 16.7
Coefficient d'allongement 16.7, 140.8
- de diffusion 3.5
Coefficient de dilatation cubique 16.8
- - - linéaire 16.7
- - - thermique 16.6
- - - volumique 16.8
- d'écoulement 129.3
- d'insensibilité 272.2
- d'irrégularité 272.3
- qualitatif du moteur 361.4
- de qualité du moteur 361.4
Coefficiente di allungamento 140.8
- di diffusione 3.5
- di dilatazione cubica 16.8
- - - lineare 16.7
- - - termica 16.6
- di efflusso 129.3
- qualitativo del motore 361.4
- di utilizzazione del diagramma 361.5
Coeficiente de alargamiento 140.8
- de calidad del motor 361.4
- diferencial del órden n^{mo} 110.4
- de difusión 3.5
- de dilatación 140.8
- de inestabilidad 272.3
- de irregularidad 272.3
- de salida 129.3
- de utilización del diagrama 361.5
Cognement du piston 180.6
- des soupapes 207.2
Coil, armature 285.2
-, condenser 9.4
-, field 333.5
-, induction 285.9
-, receiver with cooling 261.5
-, superheater 38.5
Coincement du piston par pression 181.1
- - - usé 180.7
Coincidir los superficies de junta 165.6
Cojinete, ajustar el 185.5
-s, ajustar los 189.7
- del árbol cigüeñal 187.1, 188.3
- - - - inclinado hacia dentro 187.5
- - - - inclinado hacia fuera 187.6
- - - - seccionado horizontalmente 187.3
- de bolas de la placa de soporte 54.1
- del eje cigüeñal, pie del soporte para el 152.8
- exterior 188.1
- graduable 188.9
Cok 27.1
-, carga de 68.7
Cok, depurador de 68.4
-, desperdicios de 27.8
- escojido con horquilla 27.3
-, fábrica de 65.1
- fino 27.6
- en galletas 27.5
- de gas 27.2
- de lignito 28.1
-, horno de 65.4
- menudo 27.7
-, producción de 66.3
-, rendimiento de 66.3
Coke 27.1
- cleaner for blast furnace gas 73.10
-, collecting space for the 45.3
- druss 27.6
- dust 25.8
- filling 68.7
-, fine 27.7
- fork 27.4
- gas 27.2
- gases, pipe carrying the - below the grate 45.6
-, lignite 28.1
-, nut 27.5
- oven 65.4
-s, battery of 65.5
- - gas 64.11
- - - engine 324.1
- -s, range of 65.5
- picked with a fork 27.3
- plant 65.1
- scrubber 68.4
- waste 27.8
-, yield of 66.3
Coke, to 65.2
Coke 27.1
- assorti à la fourche 27.3
-, débit de 66.3
-, déchet de 27.8
-, fabrique de 65.1
- fin 27.7
-, four à 65.4
- gailleteux 27.5
- de gaz 27.2
- de lignite 28.1
- menu 27.6
- produit 66.3
-, rendement de 66.3
- trié à la fourche 27.3
- des usines à gaz 27.2
Coke 27.1
- assortito alla forca 27.3
-, batteria di forni da 65.5
-, fabbrica di 65.1
- fino 27.7
-, forno a 65.4
- di lignite 28.1
- minuto 27.6
- delle officine di gas 27.2
- in pezzetti delle dimensioni d'una noce 27.5
-, produzione di 66.3
-, ridurre in 65.2
-, riduzione in 65.3
-, riempimento di 68.7
Coking 65.3
- cylinder 107.4

Coking period . 66.4
- plant, lignite 107.2
- retort 45.2
- space 107.5
Cola de milano, ranura de 189.5
Cold blow . . . 35.4
- short 139.8
- test pressure 161.3
Colado, acero . 132.2
-, hierro 131.3
Colare del cemento sotto l'incastellatura 308.4
- del metallo bianco nel cuscinetto 189.2
Colata del metallo, foro di 64.5
- di scorie, foro di 64.4
Colector 334.1
- de aceite 275.6, 279.3
- de fango . . 71.2
- de los gases . 63.8
Collant, charbon 23.1, 26.9
-e, houille . . . 23.1
Collar, piston rod 178.7
-, spring 204.2
-, spring - fastened by means of cotter 204.3
Collar de la excéntrica 225.1
- del vástago del émbolo 178.7
Collare dell' eccentrico 225.1
- dello stelo . . 178.7
Collaudo, prova di 350.12
Collecteur . . . 334.1
- de boue . . . 71.2
-, diaphragme . 255.1
- de gaz 63.8
- d'huile 279.3
-, vaisseau . . . 89.5
Collector, dust 76.5
-, gas 63.8
-, mud 71.2
-, oil 279.3
Collecting diaphragm 255.1
- funnel 320.8
- main 316.6
- space for the coke 45.3
Collegamento a flangia 312.1
- delle masse, organo di 231.5
Collegare i coperchi con tiranti passanti 164.7
Collet de tige de piston 178.7
Collettore . . . 334.1
- del coke . . . 45.7
-, diaframma . 255.1
Collier d'excentrique 225.1
-, frein à 358.1
- pour tuyaux 313.9
Colocar la llave de gas en posición de admisión 344.4
Colocar la manivela en la posición de arranque 298.5
- el volante en la posición de arranque 295.6
Colonna ad acido 43.3
- d'acqua inerte 182.3
- -, pressione di prevalenza in m di 337.7
- di combustibile 57.8
- di mercurio . 19.5
- - - emergente 19.7
- montante . . 32.9
- di sostegno . 158.5
Colonne à acide 43.3
- capillaire de mercure 19.5
- de combustible 57.8
-, correction de la - dans les longs thermomètres 19.8
- d'eau stagnante 182.3
- de mercure émergente 19.7
- de soutènement 158.5
- support . . . 158.5
-, vibration de la - gazeuse 319.1
Color azul, llama de 265.5
- oscuro, fenol de 83.7
- rojo, llama de 265.4
Colorato, acqua -a 83.3
Coloreado, agua -a 83.3
Coloured water 83.3
Colpo di ariete 182.2
Column 158.3
- correction (with long thermometers) . . . 19.8
-, dead - of water 182.3
- of fuel 57.8
-, mercury . . . 19.5
-, pulsation of the gas 319.1
-, turned supporting 158.5
-, vibration of the gas 319.1
Columna de agua muerta 182.3
- de apoyo . . 158.5
- de combustible 57.8
-, corrección de la 19.8
- gaseosa, oscilaciones de la 319.1
- de mercurio . 19.5
- - - saliente . 19.7
Coltello 229.6
-, orizzontale pendolo angolare guidato con 230.5
Comandare l'albero di distribuzione 209.3
- lo scarico . . 205.8
Comandita, sociedad en 380.1
Comando con camma e staffa 224.2
- a catena d'articolazione 223.9
- della distribuzione 209.2
- con eccentrico 224.4
- a gas 332.2
- per mezzo di glifo-manovella 251.7
- dell'indicatore dalla manovella frontale 353.7
- - - con trasmissione a leve 353.6
- con ingranaggio interno 210.2
-, leva di . . . 217.4
- con leve di rotolamento e camme 224.1
- della pompa . 244.1
- del robinetto di strozzamento mediante la campana a gas 85.4
- di trasmissione 327.3
- della valvola, asta di 214.1
- - - a gas con apertura variabile 235.3
- - - - - con camme 235.1
- - - - - per mezzo della valvola d'aria 232.1
Combada, paleta - hacia delante 81.3
Combinación, calor de 4.1
-, ecuación de . . 2.9
-, peso de 3.2
- química 2.7
-, volumen de . . 3.3
Combinaison, chaleur de 4.1
- chimique . . . 2.7
-, constituant d'une 2.8
-, équation d'une 2.9
-, poids de 3.2
-, volume de . . . 3.3
Combination, chemical 2.7
-, equation of . 2.9
-, heat of . . . 4.1
Combinazione, calore di 4.1
- chimica . . . 2.7
-, componente di una 2.8
-, formula di una 2.9
Combined admission and exhaust valve 200.4
- - - gas valves 239.6
- air and gas pump 248.5
- cam and toggle gear 224.1
- non-return and starting valve 297.1
Combining volume 3.3
- weight 3.2
Combustibile, -i 22.2
-, colonna di . 57.8
- fresco, campana per distillare il 43.1
-, gas 5.10
-, pompa del . 250.8
-, regolazione colla pompa del 252.2
-, serbatoio del 247.3
-, sospensione dell'ammissione di 228.4
-, valvola del . 262.2
Combustible gas 5.10
- mixture, introduction of fresh air before the 127.7
Combustible . 22.2
- aggloméré . . 28.8
-, chute du . . 61.7
-, colonne de . 57.8
-, consommation de 61.10, 347.9
- consommé en kg : h 51.1
-s, différence de prix entre deux 348.3
-, gaz 5.10
-, godet pour le - de réchauffage 264.1
-, injection du - après la compression 259.5
-, - - - avant la compression 259.4
-, poids de gaz par kg de 62.3
-, quantité de gaz, en m³ par kg de 62.2
-, réchauffage du 257.2
-, réservoir à . 247.3
-, utilisation du 62.1
Combustible . 22.2
-, aprovechamiento del 62.1
-, caída del - á través del emparrillado 61.7
- de calefacción, vasija para el 264.1
-, cantidad de gas en m³ por 1 kg de 62.2
-, columna de . 57.8
- consumido en kg-h 51.1
-, consumo de 61.10
-, gas 5.10
- inyección de - antes de efectuarse la compresión 259.4
-, peso de gas por 1 kg de 62.3
-, utilización del 62.1
-, válvula de . 262.2
Combustion 5.5, 119.3, 122.7
-, accelerated . 123.3
-, actual temperature of 6.7
- chamber 123.5, 365.3

Combustion chamber, externally heated 257.5
- - with smooth walls 159.4
- of the charge, rate of 124.1
-, complete - with hot blast 36.3
- at constant pressure 118.2
- - - temperature 117.4
- - - volume . 118.5
-, disturbance of 58.8
- engine, direct coupling an internal - to the working machine 329.9
- -s, equipment of internal 267
- -s, non-compression internal 363.3
-, engine in which the products of - are withdrawn from the cylinder 126.9
-, equation of . . 6.9
-, expansion of the products of 124.3
- by explosion 94.6
-, gases due to incomplete 58.4
-, heat of . . . 6.8
-, imperfect . . 5.8
-, incomplete . 5.8
-, - - of carbon 34.4
-, instantaneous 123.1
- line 123.6
-, loss of work due to incomplete 362.3
-, - - - due to retarded 362.2
- by means of gently heated palladium 95.2
- - - - incandescent platinum wire 95.6
- method . . . 94.5
-, period of incomplete 58.5
- pipette . . . 96.1
- pressure . . . 123.7
-, process of . . 5.6
-, producer with two zones of 46.3
-, - working with - in two stages 45.8
-, product of . 5.9
-, rate of - on the grate 51.1
-, retarded . . . 123.4
-, slow 123.2
- space 123.5
-, spontaneous - of coal 26.1
- temperature . 123.9
-, temperature of 6.5
-, theoretical temperature of 6.6
- tube, capillary 95.3
-, uneven - in the producer 58.7
Combustion 5.5, 119.3, 122.7
- accélérée . . 123.3
-, capillaire de . 95.3
-, chaleur de . . . 6.8
Combustion, chambre de 123.5, 365.3
- complète . . . 5.7
- - en soufflant le feu 36.3
- en couches inclinées 58.7
-, courbe de . . 123.6
-, course de . . 122.6
-, détente de la 124.3
-, dispersion des gaz de la 128.6
-, équation de . . 6.9
- par explosion 94.6
- sur le fil de platine incandescent 95.6
-, fonctionnement de gazogène à *double 45.8
-, gaz de la . . 30.8
-, - résultant d'une - incomplète 58.4
-, gazogène à double zone de 46.3
- imparfaite du carbone 34.4
- incomplète . . 5.8
- -, perte de travail par 362.3
- instantanée . 123.1
- lente 123.2
-, marche de la . 5.6
-, methode de . 94.5
- sur du palladium légèrement chauffé 95.2
- parfaite en soufflant le feu 36.3
-, période de - incomplète . . 58.5
-, perte par - au repos 62.7
-, perturbation dans la 58.8
-, pipette de . . 96.1
-, pression de . 123.7
- sous pression constante 118.2
-, processus de . 5.6
-, produit de la . 5.9
- prolongée de la cylindrée 124.2
-, réactions de . . 5.6
- retardée . . . 123.4
- -, perte de travail par 362.2
-, retour des gaz de - incomplète 44.1
-, température de 6.5, 123.9
- à température constante 117.4
-, température réelle de 6.7
-, - théorique de 6.6
-, trouble dans la 58.8
-, tuyau de départ en forme de grille pour les gaz de - incomplète 48.4
-, vitesse de . . 263.4
-, - - - de la cylindrée 124.1
- sous volume constant 118.5
Combustion, zone de - incomplète 58.1
Combustión 5.5, 119.3, 122.7
- acelerada . . 123.3
- sobre alambre de platino incandescente 95.6
- completa . . . 5.7
-, dificultad en la 58.8
- por explosión 94.6
-, gas de 30.8
- imperfecta del carbono 34.4
- incompleta . . 5.8
- -, gases de la 58.4
- -, gas producido por la - de lignito 107.3
- -, pérdida de trabajo por 362.3
- -, periodo de la 58.5
- -, zona de . . 58.1
- instantánea . 123.1
- intensa, región de 58.6
- -, zona de . . 58.6
- lenta 123.2
-, marcha de la . 5.6
-, método de . . 94.5
- de la mezcla, velocidad de 124.1
- sobre paladio ligeramente calentado 95.2
- perfecta en la fase del caldeo 36.3
-, perturbación en la 58.8
- á presión constante 118.2
-, proceso de la . 5.6
-, producto de . . 5.9
-, reacciones de la 5.6
- retardada . . 123.4
- - de la mezcla 124.2
- -, pérdida de trabajo por 362.2
-, la - retrocede al tubo de aspiración 346.2
- en sentido inclinado 58.7
- á temperatura constante 117.4
-, velocidad de 263.4
- á volumen constante 118.5
Combustione 5.5, 119.3, 122.7
- accelerata . . 123.3
-, calore di . . . 6.8
- completa . . . 5.7
- - durante il soffiare a caldo 36.3
-, equazione di . 6.9
- per esplosione 94.6
- al filo di platino rovente 95.6
- incompleta . . 5.8
- - del carbone 34.4
- -, perdita di lavoro per 362.3
- -, periodo di 58.5
- -, ritorno dei gas di 44.1
- istantanea . . 123.1
- lenta 123.2
Combustione, metodo di 94.5
- obliqua del generatore 58.7
- al palladio poco riscaldato 95.2
-, pipetta di . . 96.1
- a pressione costante 118.2
-, prodotto di . 5.9
- ritardata . . 123.4
- successiva della miscela 124.2
-, temperatura di 6.5, 123.9
- a temperatura costante 117.4
-, tubo di . . . 263.6
- - capillare di 95.3
-, velocità di . 263.4
- viva, zona di 58.6
- a volume costante 118.5
Combusto, gas 6.1, 124.9
Comisión . . . 384.9
Comisionista . 374.11
Comitente . . . 379.6
Commande de l'admission 199.2
-, arbre de . . 211.16
- par came et étrier 224.2
- par coulisse-manivelle 251.7
- par courroie 327.7
- de la distribution 209.2
- de l'échappement 199.3
- par engrenage intérieur 210.2
- par excentrique 224.4
- à gaz 332.2
- d'indicateur par manivelle frontale 353.7
- - avec transmission à leviers 353.6
-, levier de . . 207.4
- à leviers conjugués 223.9
- par levier de roulement et came 224.1
-, mécanisme de - de Langen 364.7
-, organes de . 183.3
- de la pompe 244.1
-, poulie de . . 327.4
-, roue de . . . 209.8
- de la soupape d'étranglement par la cloche du gazomètre 85.4
- - - - à gaz par cames 235.1
- - - - à gaz avec ouverture variable et fermeture constante 235.3
-, tige de - de la soupape 214.1
- de transmission 327.3

Commandé, clapet 337.6
-e, poulie . . . 327.5
-e, roue 209.9
-e, soupape . . 336.6
-e, - de melange 238.10
Commander l'arbre de distribution 209.3
- l'échappement 205.8
Commandite, société en 380.1
Commercial efficiency 361.6
- law 377.8
Commercial, droit 377.8
Commerciale, società 379.11
Commettant . . 379.6
Commission . . 384.9
Committente . 379.6
Common cam for admission and exhaust 221.8
Commutateur . 334.1
Commutator . . 334.1
Commutatore . 334.1
Compagnie d'assurances 377.1
Company, insurance 377.1
-, joint stock . 380.1
-, limited liability 380.2
-, trading . . 379.11
Compañia de seguros 377.1
Compensación de las masas 196.5
- de la presión 84.2
- - - - - axial . 156.2
-, recipiente de 84.9
- de temperatura 17.5
Compensar . . 196.6
Compensare la valvola 204.9
Compensateur . 84.9
Compensation de pression 84.2
- de température 17.5
Compensazione, canale di . 205.2
- mediamente aria compressa 205.6
- mediante apertura di una valvola 205.3
- di temperatura 17.5
Complementaria, depuración 67.1
Completa, combustione 5.7
Complete combustion 5.7
- - with hot blast 36.3
- installations . 323
- plants 323
Componente di una combinazione 2.8
-i del gas . . . 88.4
Componente de una combinación 2.8
Composé chimique 2.7
Composición del gas 88.3
- química 2.4
Composition, chemical 2.4
Composition, mixture of faulty 236.4
- of the gas . . 88.3
Composition chimique 2.4
- du gaz 88.3
Composizione chimica 2.4
- del gas . . . 88.3
- di un liquido 94.3
Compounddynamo 332.7
- stahl 134.2
Compound dynamo 332.7
- steel 134.2
Compound, acciaio 134.2
-, dinamo . . . 332.7
Compound, acero 134.2
-, dinamo . . . 332.7
Compra, precio de 370.3, 370.9
Compresión . 119.2, 121.1
- adiabática . . 121.9
- adicional del aire por una pieza suplementaria del émbolo 262.9
- de aire, instalación para la 296.1
- axial, resistencia á la rotura por 142.5
-, cámara de . . 244.6
- constante . . 234.7
- cuando el motor marcha en vacío al terminar el trabajo 296.6
- de doble efecto 260.3
- isotérmica . . 121.8
- máxima económica 122.2
- pequeña á carga reducida 232.6
-, presión final de la 121.10
-, resistencia á la 140.5
- de simple efecto 260.2
-, válvula de . . 245.3
Compresor accionado eléctricamente 296.5
- para el arranque 296.3
- de doble efecto 261.2
- de mano . . . 296.4
- de triple efecto 261.4
- para turbinas 365.4
Compresora, válvula 245.3
Compress, to . . 120.9
-, to - the spring 204.6
Compressa, condotta d'aria 297.9
-, miscela . . . 121.2
Compressed air 259.8
- -, to admit - in a four stroke cycle 295.2
Compressed air, atomizing by 259.3
- -, balancing by means of 205.6
- -, feed by . . 247.8
- -, highly . . . 296.2
- -, piping for . 297.9
- - plant 296.1
- - receiver . . 297.7
- -, spraying by 259.3
- - starting device 294.6
- -, starting by means of 294.5
- -, - on a four stroke cycle by means of 295.1
- -, - on a two stroke cycle by means of 294.7
- -, to store the 297.5
- -, water-gas process by introduction of 36.2
-, air previously 260.1
- charge 121.2
-, non-return valve for the air - while stopping 296.8
Compresseur actionné à l'électricité 296.5
- de démarrage 296.3
- à deux étages 261.2
- électrique . . 296.5
- á la main . . 296.4
- de mise en marche 296.3
- à trois étages 261.4
- de turbine . . 365.4
Compression . 119.2, 121.1
-, additional - by lengthening the piston 262.9
-, adiabatic . . 121.9
-, automatically disengaging half- 294.3
-, cam for relieving 294.2
- cam, worm for putting the half - out of gear 294.4
-, constant . . . 234.7
- curve 121.7
-, elasticity of . 140.5
-, half - cam . . 294.2
-, heat of . . . 122.3
-, ignition by heat of 259.7
-, injecting fuel after 259.5
-, - - before . . 259.4
-, isothermal . . 121.8
-, limit of . . . 122.1
-, low - at light load 232.6
-, maximum economical 122.2
- period 126.8
-, pressure at the end of 121.10
-, to produce a high - by injection of water 122.5
- ratio 121.6
-, relieving the 293.7
-, resistance to axial 142.5
Compression, single stage 260.2
- space 121.4
- -, proportion of 123.8
- -, volume of . 121.5
- stroke 120.8
- -, air 243.6
- -, gas 243.7
-, temperature at the end of 122.4
-, two stage . . 260.3
- while stopping 296.6
-, work of . . . 121.3
Compression . 119.2 121.1
- additionnelle de l'air par rallonge du piston 262.9
- adiabatique . 121.9
-, allumage par la chaleur de 259.7
-, chaleur de . . 122.3
-, chambre de . 121.4 244.6
-, - - - à chauffage extérieur 257.5
- constante . . 234.7
-, courbe de . . 121.7
-, course de . . 120.8
-, - - - d'air . . 243.6
-, - - - de gaz . 243.7
-, degré de . . 121.6
- à deux étages 260.3
- économique maximum 122.2
- isothermique 121.8
-, limite de . . . 122.1
- lors de l'arrêt 296.6
-, moteur à gaz sans 363.3
-, période de . 126.8
-, pression finale de 121.10
-, réaliser une forte - par injection d'eau 122.5
- réduite quand la charge est faible 232.6
-, résistance à la 140.5
- à un seul étage 260.2
-, suppression de la 293.7
-, température finale de la 122.4
-, travail de . . 121.3
-, volume de la chambre de 121.5
Compressione . 119.2 121.1
- addizionale di aria 262.9
- adiabatica . . 121.9
-, calore di . . 122.3
-, camera di . . 244.6
-, corsa di . . . 120.8
- costante . . . 234.7
-, curva di . . . 121.7
- in due gradi 260.3
- a due riprese 260.3
- durante il periodo d'arresto 296.6
- economica massima 122.2
- del gas, corsa di 243.7

Compressione, grado di 121.6
- isotermica . . 121.8
-, lavoro di . . 121.3
-, periodo di . . 126.8
-, piccola - a carico ridotto 232.6
-, pressione finale di 121.10
-, rapporto di . 121.6
-, resistenza alla 140.5
-, soppressione della 293.7
-, spazio di . . 121.4
-, temperatura finale della 122.4
- in un sol grado 260.2
Compressive strength 140.5
- stress, resistance to 140.5
Compresso, carbone 28.8
Compressor, electrically driven 296.5
- for gas turbine 365.4
-, hand driven . 296.4
- for starting . 296.3
-, three stage . 261.4
-, two stage . . 261.2
Compressore d'avviamento 296.3
- in due gradi 261.2
- di messa in moto 296.3
- mosso elettricamento 296.5
- - a mano . . 296.4
- a tre gradi . 261.4
- per turbina . 365.4
Comprimer . . 120.9
Comprimere . . 120.9
Comprimido, aire 259.8
Comprimir . . 120.9
Comprobación del muelle del indicador 355.8
Comptable . . . 381.9
Compte 371.1
- -gouttes . . . 276.3
-, paiement à 371.10
- -tours 358.8
Compteur d'eau 321.4
- à gaz 87.1
- de gaz 87.1
- - - d'expérimentation 87.2
- à gaz sec . . 87.5
-, indication erronée du 87.7
- de tours . . . 358.8
Comptoir . . 381.10
Compuesto químico 2.7
Comunicación con masa 287.1
Conceder una patente 378.6
Concentric circles 222.4
Concentrica, parte - superiore 222.3
Concéntrico, círculo 222.4
Concesión . . . 379.2
Concesionario . 379.3
Concession . . 379.2
Concessionnaire 379.3
Concessionario 379.3
Concessione . . 379.2
Conchiglia, getto in 132.5
Conciliación . . 378.2
Conciliation . . 378.2
Conciliazione . 378.2
Conclusion of business 370.11
Conclusion d'une affaire 370.11
- d'un marché 370.11
Conclusione d'un affare 370.11
Concreción del carbón 26.10
Concrete 307.2
-, to form the foundation from 307.4
- foundation . 307.3
-, to stamp the foundation from 307.4
Concrétion du charbon 26.10
Concrezione del carbone 26.10
Condensación . . 9.9
- del vapor . . 9.11
- de vapor, contracción de volumen por 7.5
Condensador . 74.5
Condensador, cubo 74.6
- paralelo á la distancia explosiva de las chispas 286.3
- de percusión 75.3
-, vaso 74.6
Condensar . . . 9.10
Condensare . . 9.10
Condensateur monté en parallèle sur la distance explosive 286.3
Condensation . . 9.9
- of steam . . . 9.11
- - -, volume contraction due to 7.5
Condensation . . 9.9
-, chaleur de - de l'eau de combustion 97.5
- de la vapeur 9.11
Condensatore in parallelo colla distanza esplosiva 286.3
Condensazione . 9.9
-, calore di - dell'acqua di combustione 97.5
- di vapore . 7.5, 9.11
Condense, to . 9.10
Condensed water 97.5
Condenser 67.5, 101.3
- coil 9.4
-, counter-stream 67.6
- parallel with the spark-gap 286.3
Condenser (v) . 9.10
Condiciones de entrega 369.5
Condiciones de pago 371.6
Condition, approximation to the astatic 271.2
-, hygrometric . 10.10
-s of payment . 371.6
-s of supply . . 369.5
Conditions de fourniture 369.5
- de livraison . 369.5
- de paiement . 371.6
Condizioni di consegna 369.5
- della fornitura 369.5
- di pagamento 371.6
Condotta . . . 348.8
- d'acqua potabile della città 321.2
- - - di raffreddamento 166.7, 320.4
- anulare . . . 316.7
- di aria 317.7
- d'aria compressa 297.8
- d'aspirazione 317.3
- di collegamento fra le camera di aspirazione e di compressione 252.6
- collettrice . . 316.6
- dell' esercizio 347.6
- di gas 317.6
- - - di coke sotto la graticola 45.6
- di iniezione . 261.8
- di passaggio . 260.6
-, pressione nella 321.3
-, ruota 209.9
- spirale pel gas 69.3
- di vapore, regolazione per strozzamento nella 59.3
Condotto d'aria 236.8
- della fiamma di accensione 280.6
- del fumo . . 55.1
- del gas . 55.2, 236.9
-i di riscaldamento 65.7
-o di scarico dei gas di combustione 54.8
Conducción, calor de 15.6
- de calor . . . 15.11
- en espiral del gas 69.3
- de los gases de coquización por debajo del emparrillado 45.6
- del mecanismo de transmisión 176.1
- del trabajo . 347.6
Conducir el gas y el aire paralelamente 236.6
- - - y el aire uno encima del otro 236.7
Conduction, heat 15.11
-, heat of . . . 15.6
Conduction, loss of work due to - through the walls of the cylinder 362.5
Conduction de la chaleur 15.11
-, chaleur de . . 15.6
- thermique . . 15.11
Conductive capacity of the cylinder wall 362.6
Conductive, chaleur 15.6
Conducto del aire 236.8
- de compensación 260.6
- de comunicación entre las cámaras de aspiración y de compresión 252.6
- del gas . . . 236.9
Conductor de gas, tubo capilar 93.2
Conduite d'air . 317.7
- - comprimé . 297.9
- annulaire . . 316.7
- d'aspiration . 317.3
- circulaire . . 316.7
- collectrice . 316.6
- de dérivation 316.8
- d'eau de refroidissement 320.4
- d'échappement 318.7
- d'écoulement de gaz 55.2
-, étranglement de la - de vapeur 59.3
- de la flamme d'allumage 280.6
- de fumée . . 55.1
- de gaz 317.6
- d'injection d'air 261.8
- de passage . 260.6
- de raccordement entre les chambres d'aspiration et de refoulement . 252.6
Condurre gas e aria l'uno accanto all' altro 236.6
Conduttrice, ruota 209.8
Conduttura . . 316.3
-e di gas, espellere l'aria dalle . 344.2
Conduzione di calore 15.11
-, calore di . . . 15.6
Cone, atomizer 256.7
-s, fusible . . . 21.7
-s, melting . . 21.7
-s, pyrometric . 21.7
-s, Seger . . . 21.7
-, spraying . . . 256.7
-, suction . . . 318.2
- surface, rings adjustable by 180.1
Cône d'aspiration 318.2
- auxiliaire . . 205.5
-, faussage du - de soupape 206.5
-, gauchissement du - de soupape 206.5
- principal . . 205.4
- pyrométrique à silicates d'alumine 21.7

Cône, soupape à 200.6
- de soupape . 200.7
- - - à circulation d'eau 202.1
- - - faisant corps avec la tige 201.7
- de la tige . . 178.8
- et tige de soupape venus d'une seule pièce 201.7
Confección . . 148.3
Conical absorption bottle 94.4
- - flask . . . 94.4
- film 256.4
- veil 256.4
- valve 200.6
Cónico, frasco - de absorción 94.4
Conifere, legno di 30.4
Conifères, bois de 30.4
Conífera, leña des 30.4
Conjunto de edificios, central para un 331.6
Connect, to - up the dynamo as starting motor 298.2
Connecting flange of the frame 154.7
- link of centrifugal weights 231.5
- pipe between suction and delivery space 252.6
- rod 183.5
- -, angle of . . 193.7
- -, big end of the 185.3
- -, body of the 183.8
- - bolt 184.7
- -, end of the . 184.6
- -, fork of the 183.7
- - head . . . 184.6
- -, length of . 183.6
- - pressure . . 194.9
- -, ratio of - to crank 192.2
- -, reversal of pressure in the piston rod and 197.2
- -, shank of the 183.8
- -, small end of the 185.2
- -, stem of the 183.8
Connection, tangential - of the curves 222.8
Cono ausiliare 205.5
- principale . . 205.4
- dello stelo . . 178.8
- e stelo in un sol pezzo 201.7
- della valvola 200.7
Cono auxiliar . 205.5
- principal . . 205.4
- de la válvula 200.7
- - - - con circulación de agua 202.1
- del vástago . 178.8
- y vástago de una sola pieza . 201.7
Conque 80.5
Consegna . . . 369.2
-, condizioni di 369.5
-, data della . . 369.6
- e spese . . . 368.1
Consegnare . . 369.3
Conseguir una compresión elevada inyectando agua 122.5
Conseil d'arbitres 377.10
Conservación . 349.8
Conservar reducidas las fuerzas de inercia de las varillas 215.5
Consiglio d'arbitri 377.10
Consistente, lubrificante 273.8
Consolidation, nervure de - du siège de l'axe 169.7
Consommation de combustible 61.10, 347.9
- d'eau de refroidissement 348.4
- d'huile de graissage 348.7
Constant 109.6
- compression . 234.7
-, curve of - entropy 116.6
-, - - - pressure 115.6
-, - - - volume 115.5
-, gas- 111.12
- point of release 235.5
- pressure, to burn the gas in a chamber under 365.2
- -, combustion at 118.2
- - cycle 117.6
- -, cycle in which heat is supplied at 118.1
- - gas turbine 365.1
- - line 115.6
- -, specific heat at 112.3
- stroke, barrel having a 251.9
- temperature, combustion at . 117.4
- volume, combustion at 118.5
- - line 115.5
- -, specific heat at 112.4
Constantana, pila de hierro y 20.9
Constante . . . 109.6
- d'un gaz . . 111.12
- de puissance . 359.8
Constante . . . 109.6
- del gas . . . 111.12
- de potencia . 359.8
Constituant d'une combinaison 2.8
-s du gaz . . . 88.4
Constitución química 2.5
Constituents, ash- and tar-producing - of the coal 26.3
- of a chemical combination 2.8
- of the gas . . 88.4
- - - -, volume ratio of the 88.5
- - - -, weight ratio of the 88.6
Constitution, chemical 2.5
Constitution chimique 2.5
Constitutivo, elementos -s del gas 88.4
Construcción del emparrillado 52.1
-, examinar la - de una máquina 342.9
-, gastos de . . 372.5
- del regulador 267.5
Constructeur . 381.13
Construction of governor 267.5
-, to inspect the engine 342.9
Construction . 142.6 368.2
-, atelier de . . 368.6
-, - - - de machines 142.7
-, bureau de . . 382.1
-, frais de . . . 372.5
- de grille . . . 52.1
-, mode de - du gazogène 37.4
- de régulateur 267.5
- en série . . . 368.3
Constructor . 381.13
Construir la politrópica 116.3
Construire . . 368.5
- la polytrope . 116.3
Consulente, ingegnere 382.10
Consulting engineer 382.10
Consuming apparatus, smoke 318.10
Consumo di acqua refrigerante 348.4
- di calore . . 362.7
- di combustibile 61.10, 347.9
- di forza e di acqua per la depurazione 79.4
- di olio lubrificante 348.7
- orario di calore 363.1
Consumo de aceite lubrificante 348.7
- de agua refrigerante 348.4
- de calor . . . 362.7
- - - por hora . 363.1
- de combustible 61.10, 347.9
- de fuerza y agua en la depuración 79.4
Consumption of cooling water 348.4
-, fuel 61.10
-, heat - per hour 363.1
- of heat 362.7
- of lubricating oil 348.7
Contabile . . . 381.9
Contact, bell crank lever with rolling 219.1
- - breaker . . . 286.2
Contact breaking device 289.3
- - spark . . . 283.5
- curve 219.8
- -s, geometrical shape of the 220.2
-, first point of . 222.9
-, ignition by breaking 288.4
-, jumping of the contact lever from the 289.2
-, last point of 222.10
- - lever 288.9
- -, jumping of the - from the contact 289.2
- - spindle . 288.10
-, lever with rolling 217.8
-, - - - - and fixed fulcrum 218.1
- -maker . . . 285.10
- rod 289.5
- surface . . . 219.3
- -, rectilinear . 220.3
- - terminating in an arc 220.4
Contact, arbre du doigt de 288.10
-, doigt de . . . 288.9
-, levier de . . . 288.9
-, surface de . 201.2 219.3
-, - - - courbe . 219.2
Contador de agua 321.4
- experimental de gas 87.2
- de gas con agua 87.1
- - - seco . . . 87.5
-, mecanismo del 87.6
- de revoluciones 358.8
- totalizador . 358.11
- de vueltas . . 358.8
Contagiri . . . 358.8
Contamination of the gas by sulphurous vapours 75.8
Contamination du gaz par des vapeurs sulfureuses 75.8
Contanti, pagmento in 371.7
Contatore d'acqua 321.4
- di gas per esperimenti 87.2
- - - a liquido 87.1
- - - secco . . 87.5
-, indicazione falsa del 87.7
-, movimento d'orologeria del 87.6
Contatto, leva di 288.9
-, superficie di 201.2, 219.3
Contenance de la cuve du gazogène 49.4
- d'un gazomètre 86.5
- thermique du mélange 361.1

Contenuto di acqua 26.2
- - - dell'alcool 104.9
- di alcool apparente 105.1
- di cenere . . 26.4
- percentuale di catrame nel gas 75.1
- di polvere in gr. per mc. 78.8
- variable di gas nella miscela 234.6
Contest, legal . 377.5
Contestation, vider la 378.3
Continue, distillation 9.1
Continuité, solution de - de l'enveloppe 161.7
Continuity, interruption of the - of the outer jacket 161.7
Continuous boss 171.2
- cam shaft . . 212.2
- current dynamo 332.4
- - generator . 332.4
- distillation . . 9.1
- exhausting . 38.1
- flow of motive fluid 365.7
- frame 156.1
- gasification . 36.7
- generation of the motive fluid 365.8
- piston-rod . . 178.3
- working . . . 341.4
Conto 371.1
Contorcersi . . 145.5
Contour of the leading surface 222.6
- of the lifting surface 222.6
- of the rear surface 222.7
Contrabrida . . 312.3
Contracción de la fundición 147.7
- de volumen . . 7.3
- - - por condensación de vapor 7.5
- - - por disminución de las moléculas 7.4
Contraccolpo sulla manovella 292.5
Contra-corriente de agua y gas 78.2
-, refrigerador de 67.6
Contract . . . 370.10
Contraction volume 7.3
- - due to condensation of steam 7.5
- - - - decrease of number of molecules 7.4
Contraction de volume 7.3
- - - par condensation de la vapeur d'eau 7.5
- - - - diminution du nombre de molécules 7.4
Contractor 369.4, 379.7
Contralbero . . 327.6
Contramaestre 143.1
Contrapalanca de soporte 218.7
Contrapeso 86.1, 197.1
- centrífugo, regulador de 231.1
- graduable del péndulo 230.8
- -leva centrifugo 231.2
- del péndulo . 229.9
- del regulador 268.6
Contrappeso . 86.1, 197.1
-i ruotanti, equilibrare l'effeto delle masse in rotazione con 196.7
Contrapunta . 149.7
Contrastada, escala de elasticidad 355.6
Contraste con carga creciente 356.4
- - - decreciente 356.3
- del muelle del indicador 355.8
-, prueba de . . 356.2
Contratista . 369.4, 379.7
Contrat d'achat 370.10
- d'affaires, passation d'un 370.11
Contrato . . . 370.10
Contratto d'acquisto 370.10
Contrazione e deformazione del getto 147.7
- di volume . . . 7.3
Contrebride . . 312.3
Contrecourant, réfrigérant à 67.6
-, refroidisseur à 67.6
Contremaitre . 143.1
Contreplaque . 308.9
Contrepoids 86.1, 197.1
- du pendule . 229.9
- de pendule réglable 230.8
- de régulateur 268.6
Contro-flangia . 312.3
Contro-leva . . 218.7
Contropiastra . 308.9
Contropunta . 149.7
Control mechanism, Langen's 364.7
- of working . 347.8
Contrôle de service 347.8
Contrôler l'admission par des soupapes 242.1
Controllo dell'esercizio 347.8
Conue de distillation 107.4
Convección de calor 15.12
Convection of heat 15.12
Convection de la chaleur 15.12
- thermique . . 15.12
Convertor, blast for Bessemer 336.3
Convexo, fondo 169.1
Convezione di calore 15.12
Cool, keeping - the grate 57.9
-, to - the cleaning water 72.2
Cooled exhaust pipe 318.8
- intermediate piston rod guide 158.1
- sparking plug 287.2
- valve stem guide 202.6
Cooler 72.3
-, fan 322.6
-, gilled 322.2
-, ribbed 322.2
Cooling, casting without internal stresses due to 148.1
- coil, receiver with 261.5
- of the cylinder 166.4
- by evaporation 322.8
- the exhaust gases by water spray 320.2
- with fresh water 321.1
- of the gas . . 67.4
- jacket 166.6
-, piston 181.7
- space, to clear the - of mud 167.8
- -, cylinder with wide 161.1
-, stresses set up in 147.11
- surface . . . 166.5
- system, circulating 321.6
- tongue, head with 164.1
- tower . . 72.4, 322.4
- -, cooling of water by means of a 322.3
-, valve 201.9
- water, backing up of the 167.2
- - circulation through piston rod and piston 182.1
- - cock 320.7
- -, consumption of 348.4
- -, draining off the 168.1
- -, earthy deposit from the 167.7
- -, heating due to stoppage of the 167.5
- - inlet 166.7
- -, muddy . . 167.6
- - outlet . . . 166.8
- - pipes . . . 320.4
- -, running of - into settling pits 321.5
- -, to shut off the 347.4
- - tank 321.8
Cooling the water by gilled pipes 322.1
- of water by means of a cooling tower 322.3
- the water by ribbed pipes 322.1
Coordenadas, sistema de 111.1
Co-ordinate system 111.1
Coordinate, sistema di 111.1
Coordonnées, système de 111.1
Copa del flotador 248.5
-, tornillo de . . 352.7
Copeaux 73.3
- de fer 73.5
Coperchio . . . 56.3
- del cilindro . 163.5
- con dispositivo di raffreddamento 164.1
- con passaggio per la scatola a stoppa 163.7
- del sopporto della manovella 187.4
Copertura, piastra di 308.9
- per tubi . . . 314.2
Coppaia 149.4
- mobile 149.7
Copper, bar . . 137.1
- pipe 309.10
- sheet 136.11
- tube 309.10
- wire 138.1
Coppia di ruote cilindriche 210.1
- - - elicoidali 209.6
- termo-elettrica 20.7
Coprire la corona delle feritoie 241.6
Coquificación . 65.3
Coquificar . . . 65.2
Coquización, retorta de 45.2
Corazón del árbol 29.8
Corbeille, grille en 52.4
Cord, to adjust the lenght of the 354.1
- adjuster . . . 354.2
-, holding . . . 358.2
-, indicator . . 353.8
Corda 329.4
- d'acciaio . . . 329.6
- di canapa . . 329.5
-, freno a . . 357.10
- dell'indicatore 353.8
- di ritegno . . 358.2
Corde 329.4
-, frein à . . . 357.10
Cordon d'indicateur 353.8
Cordón para el indicador 353.8
-, tensor del . . 354.2
Core hole . . . 147.6
- mark 147.5
- print 147.5
Corliss type valve 237.10
Cornière de fer 136.5

Cornue 32.1
- d'argile réfractaire 32.7
- de carbonisation 45.2
-, distillation en 31.10
-s, four à - chauffé au gaz 32.6
- à gaz d'huile 33.3
-, gazogène à - intérieure 44.8
-, graphite de . 32.5
- horizontale . 32.2
- inclinée . . . 32.3
- verticale . . . 32.4
Corona 154.9
-, altezza della 190.5
- d'arresto . . . 293.3
- di feritoie . . 240.4
- di introduzione 240.5
-, larghezza della 190.4
- di scarico . . 240.6
-, sezione della 190.3
-, velocità periferica della 197.5
- del volano . . 190.2
- - -, peso della 197.6
Corona de admisión 240.5
- de canales . . 240.4
- dentada . . . 293.3
- de entrada . 240.5
- de escape . . 240.6
- de evacuación 240.6
-s de hierro para la circulación del agua 42.2
- de lumbreras 240.4
- de salida . . 240.6
- sobre la brida de unión entre el cabezal y el bastidor 154.9
Corpo della biella 183.8
- - - cavo . . . 183.9
- - - schiacciato 184.1
della manovella 186.4, 186.6
- di pompa oscillante 182.7
- dello stantuffo, passare l'anello sul 174.2
- della valvola 200.5
Corporation professionnelle (des patrons pour l'assurance de leurs ouvriers contre les accidents) 386.4
Corps de bielle 183.8
- - - aplati . . 184.1
- - - creux . . 183.9
- - - plat . . . 184.1
-, élargissement du - de pompe 251.4
- intérieur du cylindre 160.3
- - en fonte dure 160.4
- - monter le - dans l'enveloppe du cylindre 160.5
Corps du piston 168.9
- de pompe . . 244.4 251.3
- - - à mouvement continu 251.9
- - - oscillant . 182.7
Correa 328.3
Corrección de la columna 19.8
- de la inercia del indicador 356.7
- del termómetro motivada por la dilatación del cristal 20.1
Correction, column - (with long thermometers) 19.8
- for the inertia of the indicator 356.7
-, thermometric - for expansion of glass 20.1
Correction de la colonne dans les longs thermomètres 19.8
- de l'inertie de l'indicateur 356.7
- thermométrique nécessitée par la dilatation du verre 20.1
Corredera accionada por el árbol cigüeñal 212.7
-, distribución de 363.5
-, movimiento por 251.7
- plana 363.6
- principal de distribución 246.7
- tubular . . . 237.9
Corrente di accensione 288.8
- - -, sorgente della 288.9
- alternata, dinamo a 333.1
- d'aria ottenuta artificialmente 322.7
- di batteria, indotto azionato con 290.3
- continua, dinamo a 332.4
- - di miscela attiva 365.7
-i contrarie di acqua e gas 78.2
- -, raffreddatore a 67.6
- di Foucault, freno a 358.4
-e, intensità di 335.1
- per la messa in moto 298.3
-, percorso della - d'efflusso 129.5
- termo-elettrica prodotta per il riscaldamento della saldatura 20.8
Corrente trifase, dinamo a 333.2
Correntino . . 376.7
- di legno . . . 68.9
Correr el segmento en el émbolo 174.2
Correzione della colonna nei termometri lunghi 19.8
- dell' inerzia dell'indicatore 356.7
- del termometro dovuta alla dilatazione del vetro 20.1
Corriente de aire forzado 322.7
- de alta tensión, encendido por 286.5
- alterna, dinamo de 333.1
- de baja tensión, encendido por 288.5
- de una batería, inducido accionado por la 290.3
- continua del agente motor 365.7
- -, dinamo de 332.4
- - de la mezcla activo 365.7
-s débiles, medición de 83.4
- de encendido 288.8
-s de Foucault, freno de 358.4
-, intensidad de 335.1
- natural de aire 322.5
- para la puesta en marcha 298.3
-s de retroceso de la bomba de gas 246.5
- termo-eléctrica producida por el calentamiento de la soldadura 20.8
- trifásica, dinamo de 333.2
Corrosion of the valve seat 206.4
Corrosion du siège de soupape 206.4
Corrosión de la superficie del asiento de la válvula 206.4
Corrosione sulla sede della valvola 206.4
Corrugated sheet-iron 135.4
Corsa 192.3
- di ammissione 119.6
- di aspirazioni 119.9
- di combustione 122.6
- di compressione 120.8
- - - dell' aria 243.5
- - - del gas . 243.7
- di espansione 122.6
- di lavoro . . 126.5
Corsa, limitazione della 238.9
- del manicotto del regolatore 268.10
- massima della valvola 208.3
- ridotta del manicotto 268.11
-, riduttore di . 354.3
- di scarico . . 124.8
-e utili, x corse a vuoto su y 228.3
-a della valvola 208.6
- a vuoto . . . 228.2
Corsoio comandato dall' albero motore 212.7
-, regolatore con meccanismo 269.7
Cortacircuito . 335.9
Cortafrío . . . 144.7
Corta-tubos . . 314.1
Cortante, esfuerzo 142.4
Cortar el segmento 172.6
Cortes de la junta, dar á los - una inclinación de x grados 173.7
- del segmento 173.2
Corto-circuito . 288.3
Cost of cleaning per cubic meter of gas 79.5
- of erection . 372.6
-, factory . . . 370.4
-, first 372.3
- of installation 372.2
- to manufacture 370.2
-, net 370.6
-, prime . 370.6, 372.3
-s of production 372.4
- of repairs . . 372.8
-, supplemental 370.7
-, supply and . 368.1
- per unit of heat 348.1
-, working . . . 373.1
-, workshop . . 372.9
Costado de la bancada 154.3
Costante 109.6
- di un gas . 111.12
- di potenza . 359.8
Coste de depuración por m³ de gas 79.5
- específico del calor 348.1
- de fábrica . . 370.4
- de fabricación 370.1
- de lo que se compra 372.3
- de producción 372.4
Costituzione chimica 2.5
Costo 370.1
- della depurazione per mc di gas 79.5
-, preventivo di 369.9
-, prezzo di . . 370.2
- specifico del calore 348.1
Costra de alquitrán 71.7

Costruire . . . 368.5
- la linea politropica 116.3
Costruttore . 381.13
Costruzione . . 368.2
- della graticola 52.1
-i meccaniche, officina per 142.7
-e del regolatore 267.5
-, spese di . . . 372.5
-, ufficio di . . 382.1
Côté bombé . . 184.3
- chair de la courroie 328.6
- plat 184.2
- poil de la courroie 328.7
Cotone 90.2
Cotter, spring cap fastened by means of 204.3
Cotton 90.2
- wadding . . . 90.1
Cotton 90.2
Couches, combustion en - inclinées 58.7
-s, déplacement par 128.4
- de gaze métallique 250.2
- d'huile carbonisée 288.2
Coude . . 310.6. 310.8
- d'entrée . . . 317.5
- du levier . . 216.6
Coudé 185.7
-, levier 216.5
Coulage en argile 132.1
- en châssis . . 131.5
- à découvert . 131.4
- en sable . . . 131.6
Coulée en argile 132.1
- en châssis . . 131.5
- à découvert . 131.4
- en sable . . . 131.6
-, trou de - du métal 64.5
-, - - - des scories 64.4
Couler 147.2
- du ciment sous le bâti 308.4
- du métal blanc dans les coussinets 189.2
Coulisse-manivelle, commande par 251.7
-, tuyau à . . . 182.5
Counter 87.6
-, to drive the -shaft 209.3
--flange 312.3
- with jumping figures 358.11
-, revolution . . 358.8
-shaft 327.6
--stream condenser 67.6
- - of water and gas 78.2
- weight . 86.1. 197.1
- -s, to balance the rotating masses by 196.7
Coup de bélier 182.2
-s, régler la durée des - de piston 364.5
Coup, régler le nombre de -s de piston 364.6
Coupe-circuit . 335.9
--tubes 314.1
Couper l'allumage 347.1
- l'eau de refroidissement 347.4
Couple of crank effort 195.2
-, iron constantan 20.9
-, thermo-electric 20.7
-, platinum platinum-rhodium 21.2
Couple fer-constantan 20.9
- platine et platine-rhodium 21.2
- thermo-électrique 20.7
Coupler la dynamo comme moteur de démarrage 298.2
Coupling, direct - an internal combustion engine to the working machine 329.9
-, piston rod . . 178.5
-, screw-flange . 312.8
Courant d'air forcé 322.7
- d'allumage . 283.8
-, ampérage du 335.1
- de démarrage 298.3
-, induit actionné par - de batterie 290.3
-, intensité du . 335.1
-, source de - d'allumage 283.9
- thermoélectrique engendré en chauffant la soudure 20.8
Courantes, dépenses 372.7
Courbe 111.6
- d'accélération 194.6
- adiabatique . 116.6
- C 270.6
- caractéristique du régulateur 270.6
- de combustion 123.6
- de compression 121.7
- de détente . . 124.5
- d'entrée . . . 222.6
- d'entropie constante 116.6
- finale 219.9
- isentropique . 116.6
- isobare . . . 115.6
- isoplère . . . 115.5
- isothermique 116.4
- M 272.7
- des moments 272.7
- parabolique de la base 152.3
- polytropique 115.7
- de pression constante 115.6
-s, raccordement tangentiel des 222.8
- de roulement 219.8
Courbe de sortie 222.7
- de température constante 116.4
-s de vaporisation de pétroles 102.5
- de vitesse du piston 194.4
- de volume constant 115.5
Courber la tige de piston vers le haut 177.4
Couronne . . . 154.9
- d'admission . 240.5
- d'arrêt à rochet 293.3
- d'échappement 240.6
- d'introduction 240.5
- de lumières . 240.4
Courroie 328.3
-, commande par 327.7
-, côté chair de la 328.6
-, - poil de la . 328.7
-, épaisseur de . 328.5
-, flottement de la 328.1
-, glissement de la 328.2
-, largeur de . . 328.4
-, patinage de la 328.2
-, tension de . . 327.8
-, vis à 328.8
Course of business 369.1
Course 192.3
Course aspirante 119.6
-, changement de - du piston 192.7
- de combustion 122.6
- de compression 120.8
- - - d'air . . . 243.6
- - - de gaz . . 243.7
- de détente . 122.6
-, détente pendant la - entière 364.4
-, diagramme en fonction de la - du piston 354.7
- d'échappement 124.8
-, limiteur de . 238.9
-, limitation de la 238.9
- du manchon 268.10
- maximum de la soupape 208.3
-, modifier la - du piston 252.4
- morte 228.2
-s -s, x - sur y courses utiles 228.3
- motrice . . . 126.5
-, perte de . . . 219.7
-, réducteur de 354.3
- réduite du manchon 268.11
- de la soupape 208.6
-, varier la - du piston 252.4
Court of arbitration 377.10
-, law 377.7
Court-circuit . 288.3
Coussinet, ajuster le - dans le palier par grattage 189.7
- du bas 188.7
-, bord du . . . 188.8
-, bourrelet du 188.8
-s, étamer le corps des 189.3
- du haut . . . 188.6
- inférieur . . . 188.7
-s, joint des . . 188.5
- de manivelle 188.3
- à rattrapage de jeu 188.9
- - - d'usure . 188.9
-, rattraper l'usure du 185.5
- réglable . . . 188.9
-, régler le . . . 185.5
- supérieur . . 188.6
-, surface de portée du 188.4
Coûtant, prix . 370.2
Couver 58.3
Couverture, plaque de 303.9
Couvre-manivelle 155.2
Couvrir la couronne de lumières 241.6
Cover, cylinder 163.4
-, hopper . . . 56.3
- plate 303.9
-s, to secure the - by tie-rods passing through the jacket 164.7
-, securing of the cylinder - by means of bolts 164.5
-, sheet 162.3
-, spring 203.6
-, valve 203.5
-, to - the ports 241.6
-, to - the ring of ports 241.6
Crab, crane . . 302.5
Crack 163.3
Cracken 104.2
Cracking . . . 104.2
-, procedimiento del 104.2
Cracking process 104.2
Crackingprozeß 104.2
Cramp, pipe . . 393.8
Crampon pour tuyaux 313.8
Cran de réglage 211.2
Crane 302.3
- crab 302.5
-, hand 302.6
-, travelling . . 302.3
- trolley 302.5
Crank . . 186.3, 186.4
-, angle of - with horizontal 193.6
- arm 186.4
- bearing . . . 187.1
- - inclined away from cylinder 187.6
- - - towards cylinder 187.5
- brasses . . . 188.3
- case 158.1
- chamber . . . 158
- -, splash lubrication from the closed 278.3

Crank circle . 193.3
- drive, slot and 251.7
- effort, couple of 195.2
- - diagram . . 195.3
- gear 192.1
- -, area of motion of the 193.8
- -, kinematics of the 191.10
- -, interchange of energy between - and flywheel 197.8
- guard 155.2
-s at hundred twenty degres 186.2
-, indicator reducing gear with small - on end of main shaft 353.7
-, overhung . . 186.8
- pin 186.7
- - path 193.3
- -, tangential force on the 195.1
- pit 155.1
-, position of . . 193.5
-, pump 244.2
-, - - in advance 244.3
- race 155.1
- radius 186.6
-, ratio of connecting rod to 192.2
- rod 289.7
-, rotation of . 193.4
- shaft 185.6
- - bearing, foot of 152.8
- - -, lubrication of 279.1
- -, cam shaft at right angles to the 212.5
- -, one throw . 185.7
- - over cylinder 151.6
- -, parallel cam and 212.4
- -, tappet rod worked directly from the 212.7
- -, three-throw 186.1
- -, two-throw . 185.8
- -, vertical engine with - above cylinder 325.4
- -, Wenzel's tappet gear for a four stroke cycle engine worked directly from the 212.6
- throw 186.6
-, to turn the - to the starting position 298.5
- turning moment 195.2
- velocity, variation of the 198.4
- web 186.4
Crate, lathe . . 376.6
Crayon 352.9
Credit 371.4
Crédit 371.4
Credito 371.4
Crédito 371.4
Creosota, aceite de 106.11
Creosote oil . 106.11
Créosote, huile de 106.11
Creosoto, olio di 106.11
Crépine . . 70.2, 318.3
- d'échappement 319.7
- en toile métallique 250.6
Creux de la boite à bourrage 180.4
Crevasse dans le cylindre 163.3
Criba para carbón 24.8
Cribado, carbón 24.7
Crible à charbon 24.8
Criblé, charbon 24.7
Crisol, acero al 134.3
Cristal, grifo de 92.5
-, tubo de - en U 83.1
Crivello per carbone 24.8
Croce girevole 213.4
- di Malta . . . 213.7
-, pezzo a . . . 311.1
-, testa a 177.5
Crochet 230.3
-, ringard à . . 61.5
Croisillon rotatif 213.4
Croix 311.1
- de Malte . . . 213.7
- rotative . . . 213.4
Cross, cam for turning the 213.9
- grooved cam 214.5
- head 177.5
- - beam . . . 177.7
- - engine . . . 176.4
- - guide . . . 156.6
- - -, A shaped engine bed with 153.6
- - -, water-coolod 157.2
- - -slipper . . 177.6
- hole in plunger 251.6
-, Maltese . . . 213.7
- piece 311.1
-, revolving . . 213.4
- sectional area of the producer body 49.5
-wise, drum bored 214.2
Crosse 177.5
-, glissière de . 156.6
-, moteur à . . 176.4
-, patin de . . . 177.6
Crossley producer 45.5
Croûte de goudron 71.7
Crown 154.9
Cruceta 177.5
-, guía-corredera de 156.6
Crucible steel . 134.3
Crude benzene 106.8
- naphtha . . . 102.6
- spirit 104.8
Crudezza . . . 139.5
Crudo 139.6
Cruz giratoria 213.4
- de Malta . . 213.7
Cuadrilátero articulado, suspensión de 269.3
- invertido . . 269.4
Cuadro de distribución 334.4
Cualitativo, análisis 88.1
Cuantitativo, análisis 87.10
Cuarzoso, arena -a sin arcilla 308.1
Cuatro tiempos, ciclo de 118.8
Cuba 108.3
- de combustión del horno 49.9
Cube-shaped briquette 28.12
Cube de la cuve du gazogène 49.4
Cubeta 19.4
- vaporizadora 39.6
Cubical expansion, coefficient of 16.8
Cubierta 303.4
Cubique, coefficient de dilatation 16.8
Cubo de aspiración de chapa 314.4
- que atraviesa el émbolo 171.2
- de carga 56.1, 56.7
- - - de báscula 56.5
- condensador 74.6
- corto en el extremo 171.3
- del émbolo . 171.1
- de fundición, eje con 78.9
- de grava . . 249.8
- hueco 191.2
- de purga, aspiración de los vapores de alquitrán del 41.7
- - -, extracción de los vapores de alquitrán del 41.7
- en tres piezas 191.3
- del volante . 191.1
Cubrir la corona de lumbreras 241.6
Cuello de la retorta de hierro fundido 32.8
Cuenta 371.1
Cuentagatos, engrasador 276.3
Cuerda 329.4
- de cáñamo . 329.5
Cuero 138.9
Cuerpo de la biela 183.8
- de bomba . . 244.4
- - - de movimiento continuo 251.9
- del émbolo . 168.9
- hueco 183.9
- oscilante de bomba 182.7
- perforado . . 183.9
Cuerpo de sección plana 184.1
- - - rectangular 184.1
- de la válvula 200.5
Cueva 308.7
Cuffia della valvola 203.5
Cuidado 348.8
Cuir 138.9
Cuisson, durée d'une 66.4
Cuivre en barres 137.1
- jaune 137.4
Culasse de cylindre 163.6
-, inexplosibilité de la 164.4
- à langue de refroidissement 164.1
- avec ouverture pour boite à bourrage 163.7
Culata con abertura para prensaestopas 163.7
- del cilindro . 163.6
- con lengüeta refrigeradora 164.1
Culm 25.6
Cuña de ajuste 189.1
Cuoio 138.9
Cup, grease . . 275.8
- for the initial heating fuel 264.1
-, oil 275.8
Cuprous chloride 90.7
- -, ammoniacal solution of 90.8
- -, solution of - in hydrochloric acid 90.9
Current 335.1
-, armature worked by battery 290.3
- dynamo, alternating 333.1
- -, continuous 332.4
- generator, alternate 333.1
- -, alternating 333.1
- -, continuous 332.4
- -, direct . . . 332.4
-, ignition . . . 283.8
-, returning - through the metal parts of the engine 287.1
-, source of ignition 283.9
-, starting . . . 298.3
-, strength of . 335.1
-, thermo electric - due to heating the junction 20.8
Curso 192.3
Curva 111.6
- delle accelerazioni dello stantuffo 194.6
- adiabatica . . 116.8
- di apertura . 222.6
- - - della valvola 207.9
- -C 270.6
- caratteristica del regolatore 270.6
- di chiusura . 222.7

Curva di combustione 123.6
- di compressione 121.7
- ad entropia costante 116.6
- di espansione 124.5
- di estremità . 219.9
- finale 222.7
- isentropica . 116.6
- dei momenti del regolatore piano 272.7
- di pressione costante 115.6
- di raccordo parabolica 152.3
- di rotolamento 219.8
- - -, forma geometrica della 220.2
-e, serie di . . 111.9
-a di temperatura costante 116.4
- di vaporizzazione degli oli minerali 102.5
- delle velocità dello stantuffo 194.4
- di volume costante 115.5
Curva = tubo curvado 310.7
Curva 111.6
- de acceso . . 222.6
- de aceleración del émbolo 194.6
- adiabática . . 116.6
- característica M para reguladores horizontales 272.7
- - del regulador 270.6
- de combustión 123.6
- de compresión 121.7
- de entrada . 222.6
- de entropía constante 116.6
- de envolvimiento 219.8
- de expansión 124.5
- final 219.9
- de rodadura 219.8
- de salida . . 222.7
- de unión parabólica 152.3
-s de vaporización de aceites minerales 102.5
- de la velocidad del émbolo 194.4
Curvar el vástago del émbolo hacia arriba 177.4
Curvatura dello stelo 181.4
Curvature of the inner surfaces 164.3
Curve 111.6
-, acceleration . 194.6
-, adiabatic . . 116.6
-, compression . 121.7
- of constant entropy 116.6
- - - pressure . 115.6
Curve of constant volume 115.5
-, contact . . . 219.8
-, end 219.9
-, geometrical shape of the contact 220.2
-, - - of the rolling 220.2
- of governor, characteristic 270.6
-, moment - of drum governor 272.7
-, piston speed 194.4
-, point of inflection of the characteristic 271.4
-, p v 115.7
-, rolling 219.8
-s, series of . . 111.9
-s, tangential connection of the 222.8
Curved head . 78.8 169.1
- lever 216.5
- piece of pipe 310.7
Cuscinetto dell'albero motore 188.3
-, colare del metallo bianco nel 189.2
- inferiore . . . 188.7
- registrabile . 188.9
-i, registrare i 185.5
-o superiore . . 188.6
-, stagnare il corpo del 189.3
Cuscino, superficie portante del 188.4
Cushioned movement of the reciprocating masses 196.3
Customer . . . 379.6
Customs 375.3
-, tariff of . . . 176.1
Cut, grooves - in the cylinder 343.5
- off, point of . 233.1
- -, to - the ring 172.6
- out, maximum 335.7
- -, overload . . 335.7
- -, to - the joint 172.7
Cutter, milling 150.5
-, pipe 314.1
Cutting off the fuel supply 228.4
- - - gas and air supply 228.6
- -, long interval between - the fuel supply and stopping 345.7
- out the ignition, governing by 227.6
Cuve, capacité de la - du gazogène 49.4
-, contenance de la - du gazogène 49.4
-, cube de la - du gazogène 49.4
Cuve, élargissement de la 49.6
-, étalage de la - du gazogène 49.9
- de gazogène . 49.3
-, gazogène à double 47.7
-, maçonnerie de la 49.10
- de remplissage ouverte 44.3
-, rétrécissement de la 49.7
-, revêtement intérieur de la 50.4
-, le revêtement intérieur de la - se déchire 50.5
-, section transversale de la 49.5
- suspendue dans le gazogène pour distiller les charbons frais 46.5
Cuvelage en argile 308.6
- en bois . . . 308.5
Cuvette de l'arbre coudé 155.1
- à huile . . . 275.6
- de vaporisation 39.6
Cyanhydrique, acide 14.3
Cyanure d'hydrogène 14.3
Cyanwasserstoff 14.3
Cycle of action 118.7
-, to adjust the exhaust valve gear to work on a two stroke 294.1
-, to admit compressed air in a four stroke cycle 295.2
-, Carnot's . . . 117.3
-, constant pressure 117.6
-, Diesel 117.6
-, four stroke . 118.8
-, gas engine . 118.3
- in which heat is supplied at constant pressure 118.1
-, irreversible heat 115.1
-, most efficient - for a given fall of pressure 117.5
-, most favourable - for a given fall of temperature 117.2
-, quantity of heat taken in during the 360.9
-, reversible . . 115.2
-, theoretically perfect 117.1
-, two stroke . . 126.3
-, - - - (Oechelhäuser) 242.2
-, work of the ideal 361.2
-s, working . . 118.6
Cycle Beau de Rochas 118.9
- de Carnot . . 117.3
Cycle à deux temps 126.3
- - - - de Oechelhäuser 242.2
- Diesel 117.6
-, dispositif Koerting pour le - à quatre temps 213.10
- à double effet et à deux temps 241.7
- le plus favorable pour une chute de température donnée 117.2
- - - - pour une chute de pression donnée 117.5
- idéal, travail de cycle 361.2
- irréversible de chaleur 115.1
- d'un moteur à gaz 118.3
- à pression constante 117.6
- à quatre temps 118.9
- réversible . . 115.2
- théoriquement parfait 117.1
- thermodynamique 116.9
Cylinder 157.3
-, to arrange the pumps alongside the 243.9
-, blowing . . . 336.5
-, bore of . . . 159.5
- cast in one piece 160.6
-, coking 107.4
-, cooling of the 166.4
- cover . . 163.4, 163.5
- -, securing of the - by means of bolts 164.5
-, crankshaft over 151.6
-s, distribution of ignition for two 289.6
-, double-acting 157.7
-s, double twin-cylinder engine with opposed 326.8
- end 159.1
- -, front 159.2
- -, rear 159.3
-, equalisation of the pressure in the 125.3
-, exhausting the 127.4
-, fall of pressure between receiver and 129.1
-, to fill the - with explosive mixture 298.6
- fitted into bed plate 158.5
- foot 158.8
-, grooves cut in the 343.5
-, - scored in the 343.5
- head 163.6
- horizontal . . 158.3
- jacket 161.4
- liner 160.3

Cylinder, load on the working surface of the 159.8
-, loss of work due to conduction through the walls of the 362.5
- lubrication . 278.4
-, main 243.1
- oil 274.8
- oiler 278.5
- open at both ends 157.8
-, openings in the 160.7
-, overhung . . 158.4
-, pressure on the working surface of the 159.8
-, pump 244.4
-, to put one end of the - out of action 344.6
-, reboring of the 160.2
-, scavenging the working 127.5
- shell from plate iron 162.8
-, single-acting 157.6
- with support 158.7
- supported at ends only 158.6
- surface, grit embedded in the 343.6
-, swept by piston, volume of 120.2
-, to take the air from the 260.4
Cylinder with three separate water jackets 161.5
-, two-cylinder engine with opposed -s 326.7
-, vertical . . . 158.2
- wall 159.6
- -, conductive capacity of the 362.6
- -, porosity of the 343.2
-, water-cooled gas-engine 157.5
-, wear of the . 160.1
- with wide cooling space 161.1
-, working 157.4, 243.1
-, - surface of . 159.7
Cylindre 157.3
-, alésage du . . 159.5
-, charge des surfaces de glissement du 159.8
- avec chemise d'eau à trois compartiments 161.5
-, corps intérieur du 160.3
-, crevasse dans le 163.3
-, culasse de . . 163.6
- à double effet 157.7
-, enveloppe du 161.4
-, évidement du 160.7
-, extrémité de 159.1
-, - antérieure du 159.2
-, - d'arrière du 159.3
-, - d'avant du 159.2
-, - postérieure du 159.3
Cylindre, fissure dans le 163.3
-, fond de . . . 163.5
- à grande épaisseur d'eau 161.1
- horizontal . . 158.3
- à large chemise d'eau 161.1
- logé dans le bâti 158.5
- monté en porte-à-faux 158.4
-, monter le corps intérieur dans l'enveloppe du 160.5
- moteur 157.4, 243.1
- de moteur à gaz à chemise d'eau 157.5
- - - - - à circulation d'eau 157.5
-s, moteur à - opposés 326.7
-, orifice ménagé dans le 160.7
-, - pratiqué dans le 160.7
- ouvert aux deux bouts 157.8
-, ovalisation du 160.1
-, paroi du . . 159.6
-, percer le corps du - dans le voisinage des brides extrêmes 162.4
-, perforation du 160.7
-, perforer le corps du - dans le voisinage des brides extrêmes 162.4
-, pied de . . . 158.8
Cylindre avec pieds 158.7
-, plateau de . . 163.5
- de pompe . . 244.4
- - - à mouvement continu 251.9
- principal . . 243.1
-, purge du . . 127.5
-, réalésage du - ovalisé 160.2
-, refroidissement du 166.4
-, remplir le . . 126.7
- sans pieds . . 158.6
- d'une seule pièce 160.6
- à simple effet 157.6
- de soufflerie . 336.5
-, surface de glissement du 159.7
- vertical . . . 158.2
-, vidange du . 127.4
Cylindrée . . . 120.2
-, combustion prolongée de la 124.2
- comprimée . 121.2
- effective . . . 120.6
- réglage de la 232.5
-, teneur en gaz variable de la 234.6
-, vitesse de combustion de la 124.1
- volume de la 120.2
Cylindrical engine bed 152.4
- grate, revolving - (system Bénier) 53.3
- guide 156.9
- slide 156.9
- - valve . . . 237.9
- - - for admission and exhaust 245.7

D.

Dach 303.4
-förmiger Rost 43.6
Dado dello stelo 178.9
Daily wages . . 384.5
Dam, clay . . . 308.6
Dam, wooden - for grouting 308.5
Damajuana . . 108.2
Dame-jeanne . 108.2
Damigiana . . 108.2
Damper, gas outlet 55.3
Dampf, Benzin- 253.6
-düse 38.7
-eintritt 36.1
-, feuchter . . . 11.3
-, gesättigter . 11.6
-, getrockneter 11.7
-hammer . . . 146.1
-, Heiß- 11.9
-kessel 38.4
-, Naß- 11.3
-, nasser 11.3
-, Petroleum- . 253.9
-raum 40.2
-, Satt- 11.6
-, Spiritus- . . . 254.3
-strahlgebläse . 38.6
-, Teer- 12.2
-, trockener . . 11.7
-, überhitzter . 11.9
-, Wasser- . . . 11.5
Danger of explosion 350.3
- of fire 350.2
- of poisoning in power gas plants 350.1
Danger d'empoisonnement dans les installations gazogènes 350.1
- d'explosion . 350.3
- d'incendie . . 350.2
- d'inflammation 102.1
- d'intoxication dans les installations gazogènes 350.1
Danse du régulateur 273.5
Dar il saldo . . 371.3
Dar finiquito . 371.3
- recibo 371.3
Dark-coloured carbolic acid 83.7
Darstellung, graphische 110.12
Dash-pot 233.4
Data della consegna 369.6
- di pagamento 371.11
Dauerbetrieb . 341.4
-magnet 284.9
Daumen, Auslaß- 221.7
-, Einlaß- . . . 221.6
-form 222.1
-scheibe 221.4
-, Steuerungs- . 221.5
-, Stoß- 214.7
Day labourer . 383.5
- light 304.1
- work 383.6
-, working . . . 383.9
-, working - of 24 hours 383.10
Dazio d'esportazione 375.7
- d'importazione 375.5
-, riduzione di . 376.2
- rimborsato 375.10
- di ritorno . 375.10
- di transito . . 375.9
Dead center between admission and exhaust stroke 193.2
- -, ignition . . 193.1
- -, inner . . . 192.9
- -, outer . . . 192.10
- -, position at the 192.8
Dead centre . . 192.8
- - between admission and exhaust stroke 193.2
- -, ignition . . 193.1
- -, inner . . . 192.9
- -, outer . . 192.10
- coal 22.6
- column of water 182.3
- water pocket 167.3
- wood 30.1
Deal 306.9
Débarasser le charbon de la pyrite 23.9
- - - des schistes 23.8
- le piston de ses segments 174.3
- des scories . . 60.5
Débit de coke . 66.3
- horaire de gaz 62.4
-, réglage du . . 227.4
-, régulateur de 272.5
Debolmente, strozzato 237.8
Débrayage automatique de la manivelle 291.8
Débrayeur du levier d'arrêt 293.2
Débris de bois 30.2

Décalage des balais 334.3
Décantation, bassin de 72.1
Deceleration pressure 196.1
Déchargement de l'enveloppe 161.6
Décharger la soupape 204.9
Déchet de bois . 30.2
- de coke . . . 27.8
-s, gaz distillé de - de bois 48.6
Décintrer les segments 173.9
Deckel, die - durch durchgehende Zugstangen verbinden 164.7
-, Kurbellager- 187.4
-, Zylinder- . . 163.5
Déclanchement automatique de la manivelle 291.8
-, mécanisme de 233.3
-, point de - constant 235.5
-, position de - du cliquet 292.2
Déclic 233.3
-, montre à . . 358.7
Declive 53.6
Decomposition, heat of 4.3
Décomposition, chaleur de 4.3
Decomposizione, calore di 4.3
-, prodotto di . 4.6
Decompressión 293.7
- de desembrague automatico 294.3
Decompresor . 294.2
Décompression 293.7
- automatique . 294.3
-, came de . . . 294.2
Decompressione 293.7
- camma di . . 294.2
-, meccanismo automatico di 294.3
Découper la bague 172.6
- le joint à recouvrement 172.7
- le segment . . 172.6
Découvrir la couronne de lumières 241.5
Décrassage, aiguille de 266.5
-, orifice de . . 60.6
Décrasser . . . 60.5
- l'ouverture du brûleur 266.4
- la tige de soupape 207.1
Decreasing load, calibrating with 356.3
Dédit 371.9
Dédouanement 375.1
Dédouaner une marchandise 375.2
Dédoublement, arbre de 210.6
-, produit de . 4.6
Deducir del análisis la potencia calorífica 98.1
Déduction . . . 370.8
Défaut d'isolement 287.7
- dans la matière 139.11
Defect in material 139.11
Defecto en el aislamiento 287.7
- del material 139.11
Defensa contra llamas abiertas 249.4
Deficiency area 198.3
Deflagración . 122.10
Déflagration . 122.10
Déflecteur . . . 213.1
Deflecting cam, trip gear with 235.6
Deflection of the frame 155.9
-, line of 187.8
Deflector . . . 213.1
Deformación . 141.3
- del cono de la válvula 206.5
Deformarsi . 145.5
Deformation . 141.3
Déformation . 141.3
Deformazione . 141.3
- del cono della valvola 206.5
- del getto, contrazione e 147.7
Déformer, se . 145.5
Dégagement de fumée pendant l'amorçage 60.1
Dégoudronnage 74.7
- dans un gazogène séparé 46.2
Dégoudronner le gaz 74.8
Degré d'admission 120.5, 232.8
- de compression 121.6
- de dilution de l'alcool 104.10
- de dissociation 7.7
- d'exactitude 351.11
- de fluidité . . 99.7
- d'insensibilité 272.2
- d'instabilité . 272.3
- d'irrégularité 272.3
-s d'oxydation (du carbone) 4.12
- - maximum du carbone 5.1
- de plein du diagramme 361.5
- de plénitude du diagramme 361.5
- de pureté . . 66.9
Degree of accuracy 351.11
- of admission 232.8
- of dilution of alcohol 104.10
- of dissociation 7.7
- of fluidity . . 99.7
- of insensitiveness 272.2
- of irregularity 272.3
Degrees of oxidation (of carbon) 4.12
- of purity . . 66.9
-, regulation of - of admission 232.7
Dehnung, Bruch- 140.7
-szahl 140.8
Délai de fourniture 369.6
- de livraison . 369.6
Deliver, to . . . 369.3
Delivery 309.2
- chamber . . . 244.6
-, connecting pipe between suction and - space 252.6
-, governing by controlling a bye-pass valve between - and suction pipe 252.5
- space 80.5
-, specifications for 369.5
-, time of . . . 369.6
- valve 245.3
- -, hollow plunger with 183.1
Delta 137.9
- metal 137.9
Deltametall . . 137.9
Démarrage, compresseur de 296.3
-, courant de . 298.3
- par les gaz d'échappement 299.2
- - manivelle . 291.4
-, manivelle de 291.5
-, mélange de . 298.8
- du moteur en tournant au volant 293.4
-, récipient de . 297.6
-, résistance de 291.2
-, soupape de . 295.4
Démarrer avec un combustible à point d'ébullition peu élevé 258.8
- le moteur . . 291.3
Démasquer la couronne de lumières 241.5
Demi-charge . 345.2
Demi-grasse, houille 23.2
Demontage . . 300.5
Démontage d'une machine 300.5
Démonter une machine 300.4
Demontieren, die Maschine 300.4
Denaturant . . 106.2
Dénaturant . . 106.2
Denaturante . . 106.2
Denaturato, alcool 106.1
Dénaturé, alcool 106.1
Denaturierter Spiritus 106.1
Denaturierungsmittel 106.2
Densidad de calor por unidad de volumen 348.2
Densidad, determinación de la 96.5
- del gas . . . 96.6
- térmica . . . 348.2
Densità di un gas 96.6
-, valutazione della 96.5
Densité 96.5
- d'un gaz . . . 96.6
- thermique . . 348.2
Density, determination of 96.5
- of a gas . . . 96.6
Denso, olio . . 99.6
Dent pour faire tourner la croix 213.9
- de loup . . . 292.3
-, plan incliné de la - de loup 292.4
Dente di arresto 292.3
- - -, superficie obliqua del 292.4
- per girare la croce 213.9
Départ central du gaz 47.6
- de l'eau . . . 181.9
- du gaz 39.7
- - - par le centre à travers une pièce de fonte à circulation d'eau 47.6
- - - sur le côté 47.5
- latéral du gaz 47.5
Department, designing 382.1
-, engineering . 382.1
-, technical . . 382.4
Dependence of saturation on the state of the atmosphere 253.3
Dependent variable 109.5
Dépense de chaleur 362.7
- - - par heure 363.1
-s courantes . . 372.7
- horaire de chaleur 363.1
Déplacement des balais 334.3
- contraire des pistons 242.4
- par couches . 128.4
- relatif du tourillon et du coussinet 197.4
- stratifié . . . 128.4
-, terminaison élastique du - des masses à mouvement de va-et-vient 196.3
-, - libre du - à va-et-vient 196.4
- par tranches 128.4
Déplacer le levier guide-cliquet 290.8
Deposit 371.9
- of carbon on the sparking plug 288.1
- of dust . . . 314.6
Deposition of carbon as soot 10.1

Deposition of moisture on the insulating tube 287.8
Deposito 70.8
- di fuliggine nei canali del becco 266.3
- - - sul tappo di accensione . 288.1
- di polvere . . 314.6
-i, raccoglitore dei 71.2
-o terroso dell'acqua di circolazione 167.7
Depósito de agua 316.12
- - - de refrigeración 321.8
- de aire . . . 129.7
- de alcohol . . 247.6
- de bencina . 247.5
- de cok 45.3
- de combustible 247.3
- de gas 129.8
- de hollín en las canales de combustión 266.3
- húmedo sobre la envuelta aisladora 287.8
- intermedio . 242.8
- montado en alto 82.1
- de petróleo . 247.4
- de polvo . . . 314.6
- para recojer el polvo 76.5
Dépôt de poussière 76.5, 314.6
- de suie sur le tampon d'allumage 288.1
- terreux de l'eau de refroidissement 167.7
Dépoussiérage du gaz 75.9
Dépoussiérer le gaz 76.1
- - - par changement de direction du courant gazeuse 76.3
Depresión . . . 82.5
-, cámara de . . 40.8
Depression . . 82.5
Dépression . . 82.5
-, espace de . . 40.8
Depressione . . 82.5
Depth of charge 57.7
- of immersion of the thermometer 19.6
- of piston . . 168.3
- of rim 190.5
Depuración por agua 67.7
- complementaria 67.1
-, coste de - por m³ de gas 79.5
- del gas . . . 66.5
-, grado de . . 66.9
- preliminar . . 66.11
- previa 66.11
Depuración por la vía húmeda 67.7
- - - - seca . . 72.6
Depurado, gas no 66.7
Depurador, aguas sucias del 71.4
- en caja . . . 72.8
- con carga de madera 68.8
- de cok 68.4
- - - para los gases de altos hornos 73.10
- con entrada central para el gas 69.1
- final 67.3
- de gas 66.6
- de gradas . . 74.1
- de limonita . 73.8
- de pisos . . . 74.1
- preparatorio 67.2
- de pulverización 68.5
- con salida central para el gas 69.2
- en seco . . . 72.7
- de serrín . . 73.1
-, ventilador - de gas 77.2
Depuradora, instalación 66.10
-, materia . . . 72.9
Depurato preventivamente, gas 66.8
Depuratore a casse 72.8
- a coke per gas d'alti forni 73.10
- finale 67.3
- del gas . . . 66.6
- con minerali di ferro 73.8
- d'olio 278.1
- a polverizzazione 68.5
- preventivo . 67.2
- a ripiani . . . 74.1
- a secco . . . 72.7
- a segatura di legno 73.1
-Theisen . . . 78.1
- ultimo 67.3
-, ad urto . . . 75.3
- per via umida 67.9
Depurazione, consumo di forza e di acqua per la 79.4
-, costo della - per mc. di gas 79.5
- del gas . . . 66.5
-, impianto di . 66.10
-, massa di . . 72.9
- preventiva . . 66.11
- a secco . . . 72.6
- successiva . . 67.1
- per via umida 67.7
Dépyriter le charbon 23.9
Déraillement du galet 223.8
Dérangement dans le service 349.10
Derechos de aduana 375.3
- - -, reducción de los 376.2
- - -, reembolso de los 375.10
Derechos de entrada 375.5
s- de exportación 375.7
- mercantil . . 377.8
-s de tránsito . 375.9
Derivación, dinamo en 332.6
Dérivation, conduite de 316.8
Derivazione, dinamo in 332.6
Déroulement . 219.4
Désaération . . 316.9
Desagüe . . . 316.11
-, efectuar el . 168.1
Desalquitranar el gas 74.8
Desarenar, agujero para 147.6
Descanso en el servicio 346.7
Descarga por aire comprimido 205.6
- por apertura de una válvula auxiliar 205.3
- de la camisa 161.6
-, orificio de . . 87.4
Descargar el cilindro 127.4
- la válvula . . 204.9
Descenso de la válvula 207.8, 220.6
Descente de la soupape 207.8 220.6
Déschister le charbon 23.8
Descomposición, calor de 4.3
Desconectar un cilindro 344.6
Desconexión, distribución por - de la válvula de mezcla 233.2
-, punto constante de 235.5
Descubrir la corona de lumbreras 241.5
Descuento . . . 370.6
Desdoblamiento, producto de 4.6
Desecación, alambique de 89.7
Desembocar el tubo de escape al aire libre 318.9
Desembrague automático, decompresión de 294.3
- - de la manivela 291.8
-, posición de - del trinquete 292.2
Desgaste del calibre 160.1
- de las superficies de rodadura 220.8
Designer . . . 381.13
Designing department 382.1
Deslizable, pieza curvada 214.6
Deslizadera . . 176.3
Deslizamiento, superficie de - del émbolo 176.6
Deslizamiento de las superficies de rodadura 220.7
Desmodromique, soupape de mélange 238.10
Desmontaje de una máquina 300.5
Desmontar una máquina 300.4
Desnaturalizante 106.2
Desnaturalizar, materia para 106.2
Désoxydation . . 5.2
Désoxyder 5.3
Despachar . . . 374.2
Despacho . . 381.10
Desperdicios de cok 27.8
- de madera . 30.2
- - -, gas destilado de 48.6
Desplazamiento de las escobillas 334.3
-, fuerza de - del regulador 271.6
- relativo del botón y del cojinete 197.4
Dessablage, fermer étanchement le trou de 170.8
- trou de . . . 147.6
Dessicateur . . 89.7
Dessication, recipient de 89.7
Dessin, salle de 382.2
Destajo, obrero á 383.7
Destilación de alcoholes 104.8
- de alquitrán en un generador seperado 46.2
-, aparato de . . 9.2
-, caldera de . 103.11
-, cámara de . . 107.5
- del carbón recien cargado, hornillo suspendido para la 46.5
- del combustible recien cargado 48.1
- continua 9.1
- fraccionada . . 8.9
-, horno cilíndrico de 107.4
- de la madera 48.5
- de petróleo, aparato para la 101.1
-, retorta de . . . 9.3
- seca 8.5
- por el vacío . . 8.8
- con vapor de agua 8.7
Destiladora . . 107.2
Destilar 8.4
Destillat 8.6
Destillation, absatzweise 8.9
-, fraktionierte . . 8.9
-sprodukt 8.6
-, stetige 9.1
-, trockene 8.5
-, Vakuum 8.8
- mit Wasserdampf 8.7

Destillierapparat 9.2
- -, Petroleum- 101.1
-blase 9.3
-kessel 103.11
Desviación de la roldana 223.8
Desviador . . . 213.1
Detached foundations 305.1
Details of oil engines 247.2
Détartrer la chemise d'eau 167.8
Detención del émbolo del indicador 356.8
Détendre, se . . 124.4
Detent . . 226.4, 231.3
-, holding open the exhaust by means of a - and abutment 226.3
Détente 119.4
- de la combustion 124.3
-, courbe de . . 124.5
-, course de . . 122.6
- des gaz brûlés 124.3
- pendant la course entière 364.4
- prolongée . . 124.7
-, rapport de . 124.6
Détergeante, surface - rugueuse en toile métallique 78.10
Determinación calorimétrica 97.1
- de la densidad 96.5
- de los gases de difícil combustión 95.5
- de los gases de fácil combustión 95.1
Determinar el grado de viscosidad por medio de su velocidad de paso por un tubo 100.1
- el peso espicífico 100.2
- la potencia calorífica 97.6
- - - -, análisis químico para 97.7
- - - - del carbón 99.3
- - - - por medio del calorimetro 98.2
Determinare il peso specifico 100.2
- il potere calorifico 97.6
- - - - in base all'analisi 98.1
- - - - col calorimetro 98.2
- - - - del carbone 99.3
- la viscosità coll'effiusso 100.1
Determination of calorific power 97.1
Determination, chemical - of the calorific power 97.7
- of density . . 96.5
- of gaseous constituents by titration 93.5
Détermination chimique de la puissance calorifique 97.7
- de la densité 96.5
- des gaz difficilement combustibles 95.5
- - - facilement inflammables 95.1
- de la puissance calorifique 97.1
- titrimétrique des constituants du gaz 93.5
Determinazione chimica del potere calorifico 97.7
- dei gas difficilmente combustibili 95.5
- - - facilmente combustibili 95.1
- del potere calorifico 97.1
Determine, to - the calorific power 97.6
-, - - - - power by the calorimetric method 98.2
-, - - - - power of coal 99.3
-, - - the specific gravity 100.2
-, - - the viscosity from the rate of flow through an orifice 100.1
Déterminer le poids spécifique 100.2
- la puissance calorifique 97.6
- - - - du charbon 99.3
- - - - par voie calorimétrique 98.2
- la viscosité d'après le temps d'écoulement 100.1
Detonación . 122.10
- en la admisión 346.1
Detonation . 122.10
Détonation . 122.10
- dans la conduite d'aspiration 346.1
- d'échappement 346.8
Detonazione . 122.10
Detriti di coke . 27.8
Development . 219.4
Deviación de la biela, ángulo de 193.7
Déviation, angle de - de la bielle 193.7
- du régulateur 267.3
Device, charging 57.4
-, compressed air starting 294.6
-, contact breaking 289.3
-, ignition . . . 283.3
-, safety - against return shock 292.6
-, striking . . . 290.1
-, weighing . . 96.8
Devis estimatif 369.9
Día de trabajo 383.9
Diafragma . . . 84.1
- colector . . . 255.1
Diaframma collettore 255.1
- del polverizzatore 256.7
Diagram, area of 359.5
- of the atmospheric engine 364.1
-, crank effort . 195.3
- to a distance base 354.7
-, distribution 198.10
-, error of the . 359.6
-, indicator . . 354.5
-, inertia 195.6
-, light spring . 355.3
-, loop of . . . 355.4
-, measuring a . 359.2
-, peak of . . . 355.2
-, planimetering a 359.3
-, pressure-volume 114.9
- of the pulsations 84.8
-, receiver . . . 129.9
-, relative efficiency of the 361.5
-, resistance . . 195.4
-s, set of 354.9
-, to take an indicator 354.6
- taken during variation of load 355.1
-, tangential pressure 195.3
- to a time base 354.8
-, turning force 195.3
-, valve-lift . . 207.9
Diagrama de las carreras del émbolo 354.7
- de la carrera de la válvula 207.9
- del depósito . 119.9
-s dispersados . 355.1
- de distribución 198.10
- de la fuerza de rotación 195.3
- del indicador 354.5
- de las masas 195.6
- del motor atmosférica 364.1
- obtenido con un muelle débil 355.3
- de la presión tangencial 195.3
- de las presiones y de las volumenes 114.9
- de las pulsaciones 84.8
Diagrama de la resistencia 195.4
- del taquígrafo 198.8
- de la temperatura entrópica 115.3
- de los tiempos 354.8
Diagramm der atmosphärischen Maschine 364.1
-, Aufnehmer- . 129.9
-bündel 354.9
-, Drehkraft- . . 195.3
-, Druckvolumen- 114.9
-, Entropietemperatur- 115.3
-fehler 359.6
-fläche 359.5
-, gestreutes . . 355.1
-, Indikator- . . 354.5
-, Kolbenweg- . 354.7
-, Massendruck- 195.6
-, p- v- 114.9
- der Pulsschläge 84.8
-, Schwachfeder- 355.3
- mit schwacher Feder 355.3
-, Steuerungs- 198.10
-, T- S- 115.3
-, Tangentialdruck- 195.3
-, Ventilerhebungs- 207.9
-, Wärme- . . . 115.3
-, Widerstands- 195.4
-, Zeit- 354.8
Diagramma dell'alzata della valvola 207.9
- di apertura della valvola 207.9
-, area del . . . 359.5
-, calcolazione del 359.2
- delle corse dello stantuffo 354.7
-i dispersi . . . 355.1
-a della distribuzione 198.10
- entropico della temperatura 115.3
-, errore del . . 359.6
- dell' indicatore 354.5
-, laccio del . . 355.4
- delle masse . 195.6
- del motore atmosferico 364.1
-, prendere un . 354.6
- preso con molla debole 355.3
- delle pulsazioni 84.8
- delle resistenze 195.4
- del serbatoio 129.9
- degli sforzi tangenziali 195.3
-, sommità del . 355.2
-, superficie negativa del 198.3
-, - positiva del 198.2
- dei tempi . . 354.8
- dei volumi e delle pressioni 104.9
Diagramme, aire du 359.5

Diagramme, boucle du 355.4
-, calcul du . . 359.2
-, degré de plein du 361.5
-, - - plénitude du 361.5
-s dispersés . . 355.1
- de distribution 198.10
- des efforts tangentiels 195.3
- entropique . 115.3
-, erreur du . . 359.6
-s, faisceau de 354.9
- en fonction de la course du piston 354.7
- - - du temps 354.8
- d'indicateur . 354.5
- inscrit par le tachygraphe 198.8
- de la levée de la soupape 207.9
- des masses . 195.6
- du monteur atmosphérique 364.1
-, planimétrage du 359.3
-, prendre un . 354.6
- pression-volume 114.9
- des pulsations 84.8
-, relever un . . 354.6
- du réservoir . 129.9
- de résistance 195.4
- à ressort faible 355.3
-, sommet du . 355.2
Dial gauge . . 83.9
Diameter of flange 312.4
- of impeller . 80.7
-, inner - of seat 208.7
-, inside - of pipe 309.4
- of stem . . . 201.4
Diamètre de la bride 312.4
- du fil 203.8
- intérieur du siège 208.7
- - du tuyau . 309.4
- de la roue à palettes 80.7
- de la tige de soupape 201.5
Diametro della flangia 312.4
- interno della sede 208.7
- - del tubo . . 309.4
- della ruota a palette 80.7
Diámetro de la brida 312.4
- interior del asiento 208.7
- - del tubo . . 309.4
- de la rueda de paletas 80.7
Diapason, tachygraphe à 198.7
Diaphragm . . 84.1
-, bellows . . . 85.8
-, collecting . . 255.1
Diaphragme collecteur 255.1
- ondulé 84.1
Diatomic molecule 1.4
Dibujo, sala de 382.2
Dichthämmern, die Poren durch - schließen 343.3
Dichtebestimmung 96.5
-, Gas- 96.6
-, Wärme- . . . 348.2
Dichtigkeit, den Kolben auf - prüfen 343.1
Dichtung, außen gepaßte 165.7
- durch Feder und Nut 165.9
-, Haupt- 179.4
-, innen gepaßte 165.8
-, Kolben- . . . 171.4
- der Kolbenstange 179.1
-sleiste . . . 312.11
- durch losen Liderungsring 166.1
-smaterial . . . 188.8
- durch mehrere Liderungsringe 166.3
-, metallische . 165.1
-, Nach- 179.6
-, nachgiebige Metall- 179.5
-sring 313.1
- -, selbstspannender 171.7
-, Stopfbüchsen- 179.2
Dicke, Flanschen- 312.5
-, Riemen- . . . 328.5
Dickflüssiges Öl 99.6
Die 229.7
Dienstgewicht . 339.3
Dieselmotor . . 324.5
-prozeß 117.6
Diesel cycle . . 117.6
Diesel engine . 324.6
-motor 324.6
Diferencia de precio 348.3
-, solventar una 378.3
- de temperatura entre las paredes exterior é interior del cilindro 162.7
Diferenciación 110.2
- parcial 110.5
Diferencial . . 109.8
-, cálculo . . . 109.7
Diferenciar . . 110.3
Difetto nell'isolamento 287.7
- dei materiali 139.11
- di tenuta della valvola 206.3
Difettosa, accensione 280.3
Difference in price between two fuels 348.3
- of temperature between outer and inner wall of the cylinder 162.7
Différence de prix entre deux combustibles 348.3
Différence de température entre les parois extérieure et intérieure du cylindre 162.7
Différend, vider le 378.3
Differential . . 109.8
-kolben 261.3
-quotient n^{ter} Ordnung 110.4
-rechnung . . . 109.7
Differential . . 109.8
- calculus . . . 109.7
- coefficient of the nth order 110.4
- piston 261.3
- spring 352.5
- -, fastening of the 352.6
Differentiate, to 110.3
Differentiation 110.2
-, partielle . . . 110.5
Differentiation 110.2
-, partial 110.5
Différentiation 110.2
- partielle . . . 110.5
Différentielle . 109.8
Différentier . . 110.3
Differentiieren 110.3
Differenza di prezzo 348.3
- di temperatura 162.7
Differenziale . 109.8
-, calcolo . . . 109.7
- di n^{mo} ordine 110.4
Differenziare . 110.3
Differenziazione 110.2
- parziale . . . 110.5
Difficulty, the engine starts with 344.5
Diffuser, water 69.7
Diffuseur . . . 80.5
Diffusibilità . . . 3.6
Diffusibilité . . . 3.6
Diffusibility . . . 3.6
Diffusion 3.4
-skoeffizient . . . 3.5
-svermögen . . . 3.6
Diffusion 3.4
-, coefficient of . 3.5
Diffusion 3.4
-, coefficient de . 3.5
Diffusione 3.4
-, coefficiente di . 3.5
Diffusor 80.5
Diffusore . . . 80.5
Dificultad en la combustión 58.8
Difusión 3.4
-, coeficiente de . 3.5
-, potencia de . . 3.6
Dilatación, coeficiente de . . 140.8
-, - - - cúbico . 16.8
-, - - - lineal . 16.7
- del cristal . . 20.1
- de rotura . . 140.7
Dilatarse . . ·124.4
Dilatarsi 124.4
Dilatation, coefficient de - cubique 16.8
-, - - - linéaire 16.7
-, - - - thermique 16.6
Dilatation, extrémité rétrécie de - du piston 175.5
-, jeu de - du segment 173.6
Dilatazione, correzione del termometro dovuta alla - del vetro 20.1
- cubica, coefficiente di 16.8
-, estremità dello stantuffo rastremata per la 175.5
- lineare, coefficiente di 16.7
- termica, coefficiente di 16.6
Dilución, grado de - del alcohol 104.10
Diluizione, grado di - dell'alcool 104.10
Dilution, degree of - of alcohol 104.10
Dilution, degré de - de l'alcool 104.10
Dimensions, erection 301.2
Dimension de montage 301.2
Dimensione della maglia 24.9
Dimensiones de las mallas 24.9
Dimethyl . . . 13.1
Dimetile 13.1
Diminution de volume 7.3
Diminuzione del numero di molecole 7.4
- di volume . . . 7.3
Dinamica del calore 113.6
Dinamo 332.3
- a campo ruotante 333.2
- compound . . 332.7
- a corrente alternata 333.1
- - - continua . 332.4
- - - trifase . . 333.2
- in derivazione 332.6
- a gas 330.2
- in serie . . . 332.5
Dínamo 332.3
- compound . . 332.7
- de corriente alterna 333.1
- - - continua . 332.4
- - - trifásica . 333.2
- en derivación 332.6
- por gas . . . 330.2
- en serie . . . 332.5
- shunt 332.6
Dioxide, carbon 11.13
Dipendente, variabile 109.5
Dipendenza della saturazione dallo stato atmosferico 258.3
Dipping tube . 254.8
Diramazione ad angolo acuto 310.4
- - - retto . . . 310.3
-, tubo di . . . 310.2

Dirección . . . 381.2
- de los esfuerzos, variación de - de los botones 197.3
- del servicio . 347.6
- técnica . . . 382.4
Direct coupling an internal combustion engine to the working machine 329.9
- current generator 332.4
- suspension . 269.2
Directeur . . . 381.3
- d'exploitation 382.3
- général . . . 381.4
- technique . . 382.3
Direction, pistons working in opposite -s 326.6
-, - - - the same 326.5
-, reversal of - of the pressure on crank pin 197.3
Direction 347.6, 381.2
-, soupape à changement de 55.6
- technique . . 382.4
-, variation de - des efforts sur le tourillon 197.3
Director 381.3
-, managing- . . 381.4
-'s office 381.2
Director 381.3
-, aparato . . . 366.2
- general . . . 381.4
- técnico . . . 382.3
Direkte Kupplung von Verbrennungs- und Arbeitsmaschine 329.9
Direktion . . . 381.2
Direktor 381.3
-, General- . . . 381.4
Diretta, sospensione 269.2
Direttore . . . 381.3
- generale . . . 381.4
- tecnico . . . 382.3
Direzione . . . 381.2
- tecnica . . . 382.4
Dirigido, polea -a 327.5
Diritto commerciale 377.8
- di dogana . . 375.3
- d'entrata . . 375.5
Disablement annuity 386.1
-, insurance against 385.10
Disc, atomizing 262.6
-, cam 221.4
-, - - adjusted by the governor 253.1
-s, filter of felt 250.7
- piston 170.4
-, spraying . . . 262.6
Discesa della valvola 207.8
Discharge chamber 244.6
-, coefficient of 129.3
- nozzle 38.6
- pressure in m. of water 337.7
Discharge velocity of the scavenging air through the ports 129.2
- of water . . . 181.9
Discharging air from gas mains 316.9
Disco di appoggio della molla 204.2
- del becco . . 282.9
- dell'eccentrico 224.9
- - - fatto girare dal regolatore 253.1
- di mica . . . 287.6
- della molla fissato con chiavetta 204.3
-, stantuffo a . 170.4
- del tornio . . 149.5
Disco de la excéntrica 224.9
- del mechero . 282.9
Discount 370.8
Disdetta 371.9
Disegno, sala da 382.2
Disengaging gear 293.2
- half compression, automatically 294.3
Disgrazie accidentali, norme preventive contro le 385.8
Disimpegno automatico della manovella 291.8
Disinnesto automatico della manovella 291.8
Disjoncteur à maxima 335.7
Dismantle, to - an engine 300.4
Dismantling . . 300.5
Disminución de las moléculas, contracción de volumen por 7.4
- de volumen . 7.3
Disociación . . 7.6
-, grado de . . 7.7
- temperatura de 7.8
Disolución alcalina de pirogalol 91.1
- amoniacal de cloruro de cobre 90.8
- de amoniaco 14.1
- de cloruro de cobre en el ácido clorhídrico 90.9
- de fenol . . . 88.8
- muriática de cloruro de cobre 90.9
- normal . . . 94.2
Disparador, mecanismo 233.3
Disparo, punto constante de 235.5
Dispatch 373.11
-, to 373.12
Dispersion of the burnt gases 128.6
Dispersion des gaz de la combustion 128.6
Dispersión de los gases de combustion 128.6
Dispersione dei gas combusti 128.6
Displacement, brush 334.3
- of brushes . . 334.3
- by layers . . 128.4
Displacing the joints by x degrees 178.7
Disponent . . . 381.5
Disponer . . . 381.6
Disponibilidad de servicio 341.6
Disponieren . . 381.6
Disporre 381.6
- la pompa di fianco al cilindro 243.9
- - - di miscela lateralmente al cilindro 243.9
- - - - - sotto il suolo 243.8
Disposer 381.6
- les pompes à mélange latéralement au cylindre 243.9
- - - - - sous le sol 243.8
Disposición de cambio 259.2
- irregular de las capas 128.5
- del motor . . 325.2
- de los nervios del émbolo 169.4
- para pesar . 96.8
- de las válvulas 239.5
- de varios cilindros 326.3
Dispositif de Capitaine pour le cycle à quatre temps 213.2
- Duplex pour le cycle à quatre temps 213.6
- Koerting pour le cycle à quatre temps 213.10
- de pesage . . 96.8
- de remplissage rotatif 56.6
- - - tournant 56.6
- de Wenzel pour le cycle à quatre temps 212.6
Disposition de l'arbre de distribution 212.3
- du moteur . 325.2
- des nervures 169.4
- polycilindrique 326.3
- de la soupape 239.5
Dispositivo d'interruzione 289.3
- per la lubrificazione 274.9
- per pesare . . 96.8
- di raffreddamento, coperchio con 164.1
Disposizione dell'albero di distribuzione 212.3
- della guarnizione di materiale dolce a superficie sferica 178.8
- di lubrificazione 274.9
- di messa in moto ad aria compressa 294.6
- del motore . 325.2
- delle nervature 169.4
- a più cilindri 326.3
- policilindrica 326.3
- di raffreddamento a circolazione 321.6
- della valvola 239.5
Dispute, to settle the 378.3
Disque de brûleur 282.9
- excentrique . 224.9
- en mica . . . 287.6
Dissociation . . 7.6
-, degree of . . 7.7
- limit 8.1
- temperature . 7.8
Dissociation . . 7.6
-, degré de . . 7.7
-, limite de . . 8.1
-, température de 7.8
Dissociazione . 7.6
-, grado di . . . 7.7
-, limite di . . . 8.1
-, temperatura di 7.8
Dissoziation . . 7.6
-sgrad 7.7
-sgrenze 8.1
-stemperatur . 7.8
Distacco della leva di contatto dall'elettrodo fisso 289.3
- della rotella . 223.8
Distance base, diagram to a 354.7
- frome centre of piston to centre of crosshead 178.2
- piece 156.3
Distance d'axe en axe entre le piston et la crosse 178.2
- entre les barreaux 51.3
- explosive . . 283.6
-, thermomètre à 18.1
Distancia entre las barras 51.3
- entre ejes . . 338.6
- explosiva de las chispas 283.6
- del punto medio del émbolo al centro de la cruceta 178.2
- entre las ruedas 338.5
Distanza esplosiva della scintilla 283.6
- dalla mezzaria dello stantuffo alla mezzaria della testa a croce 178.2

Distanza delle ruote 338.6
- fra le ruote . 338.5
Distendere . . 146.3
-, anello per . . 174.1
Distil, to . . . 8.4
Distillare a secco 8.4
Distillation, continuous 9.1
-, dry 8.5
- flask 101.2
-, fractional . . . 8.9
- gas, lignite . 107.3
-, product of . . . 8.6
- product of naphtha 102.4
- in retorts . . 31.10
-, steam 8.7
-, vacuum 8.8
- of wood . . . 48.5
Distillation du bois 48.5
-, chambre de . 107.5
-, conue de . . . 107.4
- continue 9.1
- dans les cornues 31.10
- fractionnée . . 8.9
-, ouverture de passage des gaz de 46.6
-, produit de . . . 8.6
-, - de la - du pétrole 102.4
- sèche 8.5
-, usine de - de lignite 107.2
- à la vapeur d'eau 8.7
- par le vide . . 8.8
Distillatoire, alambic 9.3
-, appareil 9.2
Distillatore . . . 9.2
Distillazione, caldaia di 103.11
-, camera di . . 107.5
-, cilindro di . . 107.4
- continua 9.1
-, durata della . 66.4
- frazionata . . . 8.9
- del legno . . 48.5
- secca 8.5
-, storta di . . . 9.3
- in storte . . . 31.10
- con vapore acqueo 8.7
- nel vuoto . . . 8.8
Distillé 8.6
Distilled gases, passage for the 46.6
Distiller, appareil à - le pétrole 101.1
- à sec 8.4
- par voie sèche 8.4
Distilleria di spirito 104.8
Distillerie . . . 104.8
Distillery . . . 104.8
Distilling apparatus 9.2
- -, petroleum . 101.1
- tank 103.11
Distinta dei prezzi 369.11
Distribución accionada mecánicamente 246.1
- de admisión . 199.2
- bilateral por lumbreras 242.3
Distribución de las bombas lavadoras y de carga 244.8
- por canales . 240.3
- por cilindro doble 246.6
- de corredera 363.5
-, cuadro de . . 334.4
- de cuatro tiempos de Capitaine 213.2
- - - - Duplex 213.6
- - - - de Wenzel 212.6
- por desconexión de la válvula de mezcla 233.2
-, diagrama de 198.10
- de escape . . 199.3
- - -, poner la - para el ciclo de dos tiempos 294.1
- por excéntrica 225.4
- - -s 221.3
- para inflamación con cápsula doble 289.6
- de Koerting 213.10
-, leva de . . . 221.5
- por leva mandada y por excéntrica 225.6
- por lumbreras 240.3
-, mando de la . 209.2
-, mecanismo de 209.5
- de palancas de rodadura y por excéntrica 225.5
- y regulación de los motores de dos tiempos 240.2
-, tubo de . . . 92.4
- por válvulas 198.9
Distribuidor . 285.10
- cilíndrico . . 238.1
- de émbolo . . 238.1
-, émbolo - para la entrada y la salida 245.7
Distributeur 285.10
366.2
Distributing tube 92.4
Distribution diagram 198.10
- and governing of two stroke cycle engines 240.2
- of ignition for two cylinders 289.6
- of material, heat stresses due to irregular 163.2
- - -, temperature stresses due to irregular 163.2
- by means of ports 240.3
- by ports on both sides of the piston 242.3
Distribution actionner l'arbre de 209.3
- d'allumage pour deux allumeurs 289.6
-, arbre de . . . 211.5
-, - - - continu 212.2
-, came de . . . 221.5
- par cames . . 221.3
-, commande de la 209.2
- commandée . 246.1
Distribution, commander l'arbre de 209.3
- à déclanchement du papillon 233.2
- desmodromique 246.1
-, diagramme de 198.10
-, disposition de l'arbre de 212.3
- par excentrique 225.4
- - - et came à mouvements connexes 225.6
- - - et levier roulant 225.5
-, levier de . . 217.3
- par lumières 240.3
- à lumières de chaque côté du piston 242.3
-, mécanisme de 209.5
- de la pompe de balayage et de la pompe à mélange 244.8
-, réglage de la 211.1
- et réglage des moteurs à deux temps 240.2
- par soupapes 198.9
-, tableau de . . 334.4
-, tiges et leviers de 214.8
- à tiroir . . . 363.5
- - - double . . 246.6
-, tube de . . . 92.4
Distributore . 285.10
366.2
- d'acqua . . . 70.3
- a cassetto piano 363.6
Distribuzione per accensione a due accenditori 289.6
-, albero di . . 211.5
- per l'ammissione 199.2
-, aste di 214.8
- con camme . 221.3
- a cassetto . . 363.5
- comandata König 246.1
-, comando della 209.2
- a doppio cassetto 246.6
- ad eccentrico 225.4
- - - e camme a movimento comandato 225.6
- - - e leve di rotolamento 225.5
- a feritoie . . 240.3
- con feritoie ai due lati 242.3
-, leva di . . . 217.3
- per la pompa di lavatura e di miscela 244.8
-, quadro di . . 334.4
- a quattro tempi di Capitaine 213.2
- - - - Duplex 213.6
- - - - di Koerting 213.10
- - - - di Wenzel 212.6
Distribuzione, registrazione della 211.1
- e regolazione dei motori a due tempi 240.2
-, rotismo della 209.5
- per lo scarico 199.3
- a scatto della valvola di miscela 233.2
-, sporto per la 221.5
-, tubo di . . . 92.4
- a volvola . . 198.9
Disturbance of combustion 58.8
Disturbo nella combustione 58.8
Disunion, product of 4.6
Ditta 379.9
Divided piston 170.6
- - rod 178.4
Dividend . . . 384.8
Dividendo . . . 384.8
División de la camisa exterior 161.7
Docht 263.7
-, Öler- 276.7
-schmierung . . 276.1
-verdampfer . . 254.7
Dogana, diritto di 375.3
-, pagare la . . 375.2
Doigt, arrachement du - de contact de la goupille 289.2
- de contact . 288.9
- rotatif 213.3
- tournant . . . 213.3
Dolcezza . . . 139.1
Domandare la privativa 378.6
Domestica, centrale 331.5
Domestique, centrale 331.5
Donner quittance 371.3
- reçu 371.3
Door, ash-pit . 54.5
- fastening . . 54.6
-, fire 54.3
Doppelarmiger Hebel 215.8
-es wagrechtes Stoßpendel 230.7
-balkenrahmen 154.5
-balkiges A-Gestell 153.2
-boden 258.4
-generator . . 47.4
- - mit mechanischem Auftrieb der Kohle . 48.1
-hebel 215.8
-nippel 313.6
-reihenmaschine 327.1
-schiebersteuerung 246.6
-schlußdynamo 332.7
- -erzeuger . . 332.7
-sitzventil 205.1, 239.1
-sitziges Drosselventil 85.6
- -es Umschaltventil 55.6
- -es Ventil . . 205.1

Doppel-T-Anker 284.10
- T-Eisen . . . 136.8
-verschluß . . . 56.2
-wandiger Kolben 170.3
-wandung . . . 258.2
-zweitakt . . . 241.7
-zwilling . . . 326.8
Doppelt gekröpfte Kurbelwelle 185.8
-er Indikatorhahn 353.4
- gewundene Indikatorfeder 352.5
-wirkender Kolben 170.2
- -e Viertaktmaschine 324.9
- -e Zweitaktmaschine 325.1
- - - - mit Kanalisationspumpe 330.4
- -er Zylinder . 157.7
Doppio cassetto, distribuzione a 246.6
- effetto, stantuffo a 170.2
-, fondo 258.4
-a parete, stantuffo a 170.3
-o raccordo filattato 313.6
Douane 375.3
-, droits de . . 375.3
-, frais de . . . 375.4
-, payer la - pour une marchandise 375.2
-, tarif de . . . 376.1
Double-acting cylinder 157.7
- - four stroke cycle engine 324.9
- - piston . . . 170.2
- - two stroke cycle 241.7
- - - - - engine 325.1
- - - - - - driving sewage pump 330.4
- beam frame . 154.5
- -beat valve . 239.1
- body, producer with 47.7
- bottom . . . 258.4
- charging, producer with 47.7
- column A shaped engine bed 153.2
- ended piston valve gearing 246.6
- eye 216.9
- fastening . . 56.2
- indicator-cock 353.4
- lift cam . . . 232.2
- nipple 313.6
- producer . . 47.4
- seated reversing valve 55.6
- - throttle valve 85.6
- - valve . . . 205.1
- spring, fastening of the 352.6
- T-iron 136.8
Double twin-cylinder engine with opposed cylinders 326.8
- walled piston 170.3
- walls 258.2
- wound indicator spring 352.5
Douceur 139.1
Douille du pointeau 262.5
-, transpiration de la - isolante 287.8
Dovetailed groove 189.5
Down, payment 371.8
Dowsongas . . 36.5
Dowson-gas . . 36.5
- - process . . 36.6
Draht 137.10
-, Eisen- . . . 137.11
-gaze 250.1
- -schicht . . . 250.2
-gewebe, grobmaschiges 79.2
-, einen - hineinhalten 265.9
-, Kupfer- . . . 138.1
-, Messing- . . . 138.2
-netz 249.11
-, Stahl- . . . 137.14
-stärke 203.8
-, verzinkter . 137.13
-, verzinnter . 137.12
Drain cock 315.3, 317.2
- hole 276.8
-, oil 276.8
- pipe from scrubber 70.9
- plug 248.3
- tank 316.12
- valve 317.1
Drainage . . 316.11
Draining off the cooling water 168.1
Draught, artificial 322.7
- gauge 82.8
- - by Schubert 83.10
-, to measure the - in mm of water 82.7
-s, measurement of weak 83.4
-, natural air . 322.5
Drawback . . 375.10
Draw, to - the spark 289.1
- in, to 119.7
- off, to - the water during frost 347.5
- out, to 146.3
- up, to - the producer 59.6
Drawing off the gas from below 44.7
- office 382.2
Drag link . . . 217.1
Drehbank . . . 149.3
- -, Form- . . . 149.8
- -futter 149.6
- -, Revolver- . 149.8
-barer Finger . 213.3
- -e Füllvorrichtung 56.6
- - gelagerter Pumpenkörper . 182.7
Drehbares Kreuz 213.4
- -er Rost . . . 52.8
- -e Stützplatte 53.8
- -er Zylinderrost 53.3
-beanspruchung 142.2
-kraft 195.1
- -diagramm . 195.3
- -linie 195.3
-moment . . . 142.3
-punkt, fester . 216.1
-schieber . . 237.10
- und senkbare Stützplatte 54.2
-stromdynamo 333.2
-winkel, Kurbel- 193.6
Drehen 149.1
Dreher 149.2
Drehschmidtsche Platinkapillare 95.7
Drehschmidt's platinum capillary tube 95.7
Drehung, Kurbel- 193.4
Dreiatomiges Molekül 1.5
Dreifach gekröpfte Kurbelwelle 186.1
- gelagerte Welle 187.7
Dreiphasenstromdynamo 333.2
- -erzeuger . . 333.2
Dreistufiger Kompressor 201.4
Dreiteilige Nabe 191.3
Dreiweghahn . 315.2
- - mit doppelter Querbohrung 92.6
- - mit Längs- und Querbohrung 92.7
Dress, to . . . 145.3
-, to - coal . . . 23.9
Dresser 145.3
-, marbre à . . 145.4
Dressing of the coal 23.7
Drill, flat . . . 148.7
- -press 148.6
-, twist 148.8
-, to 148.5
-, to - through the jacket near the end-flange . 162.4
Drilling 327.2
-maschine . . . 327.2
-motor 327.2
Drilling machine 148.6
Drip cock . . . 33.4
- pan 275.6
- plate . . 70.5, 255.1
- -, to wipe off the liquid petrol from the 255.2
- ring 275.5
Drive, belt . . 327.7
-, cam-shaft and stirrup 224.2
-, chain 291.6
-, closed link . 223.9
-, eccentric . . 224.4
-, rope 329.2
-, slot and crank 251.7
Drive, to - the camshaft 209.3
-, to - the counter 209.3
-, to - the piston forwards by ignition 299.1
Driven lever . 218.3
- pulley 327.5
- wheel 209.9
Driver, engine 348.9
Driving by gas power 332.2
- gear 183.2
- -, efficiency of the 183.4
- -, forces acting on the 194.7
- -, friction due to the guide-pressure of the 176.1
- -, lubrication of the 278.2
- -, parts of . . 183.3
- -, theory of . 191.9
- by internally toothed gearing 210.2
- lever . . 217.4, 218.2
-, mechanism for - the cam shaft 209.5
- pulley 327.4
- of pump . . . 244.1
- shaft 211.6
- of shafting . 327.3
- wheel 209.8
Drizzare 145.3
-, tavola per . . 145.4
Dröhnen des Blechsaugtopfes 318.5
Droit commercial 377.8
-s de douane . 375.3
- - -, paiement des 375.1
- - -, réduction des 376.2
-s d'entrée . . 375.5
- -, remboursement des - à la sortie 375.10
- -, restitution des - à la sortie 375.10
- d'exportation 375.7
-s d'importation 375.5
-s de sortie . . 375.7
-s de transit . 375.9
Dropping of the valve 207.8
Drosselklappe . 237.3
- - zwischen Misch- und Einlaßventil 233.7
-reglung 233.5
-regulierung . 233.5
-ventil 85.6
Drosseln 237.6
-, den Gaszufluß 234.8
Droßlung der Dampfleitung 59.3
- durch das Einlaßventil 234.1
- des Gemisches 233.6
- durch Mischschieber 234.3
Druck, Admissions- 295.3
-, Anlauf- . . . 223.4

Druck, atmosphärischer 10.12
-aufnahme, achsiale 156.2
-ausgleich . . . 84.2
- - zwischen Zylinder und Außenluft 125.3
-, Beschleunigungs- 195.7
-bügel 55.5
-düse 38.9
-festigkeit . . . 140.5
-flügel 78.7
-, Förder- - in m Wassersäule 337.7
-gas 38.2
- -anlage . . . 87.5
- -erzeuger . . 38.3
- - - von Lencauchez ohne Dampfkessel 39.1
- -generator . . 38.3
-, Gebläse- . . . 336.4
-, Gleitbahn- . 194.10
-, Leitungs- . . 321.3
-, Liderungs- . 165.4
-luft 259.8
- -, Abfließen durch 247.8
- -anlage . . . 296.1
- -anlaßvorrichtung 294.6
- -anlassung im Zweitakt 294.7
- - - im Viertakt 295.1
- -, die -, aufspeichern 297.5
- -entlastung . 205.6
- -gefäß 297.7
- -leitung . . . 297.9
- -, die - im Viertakt zulassen 295.2
-, Luftbehälter- 297.8
-, Massen- . . . 195.5
-, Muffen- . . . 272.1
-, Normal- . . . 112.1
-, - - auf die Geradführung 194.10
-raum 244.6
-regler, Gas- . 85.3
-schmierung der Stopfbüchse 179.9
-, stark schwankender 84.3
-stufe, Turbine mit einer 365.6
-, Tangential- . 195.1
-, tangentialer Kurbelzapfen- 195.1
-, Über- 82.6
-, Unter- 82.5
-ventil 245.3
- -, rückläufiges 336.7
-, Verbrennungs- 123.7
-, Verzögerungs- 196.1
-volumendiagramm 114.9
Druckwechsel im Gestänge 197.2
- - im Zahneingriff 210.5
Drückender Ventilator 82.3
Drum bored crosswise 214.2
- governor . . 272.6
- - moment curve of 272.7
-, indicator . . 352.4
-, iron 108.4
-, toothed . . . 77.8
- washer 77.6
-, wet centrifugal 77.7
Drumming of the suction box 318.5
- - - - chamber 318.5
Druss, coke . . 27.6
Dry air 10.8
- cell 284.1
- -cleaning spirit 103.2
- distillation . . 8.5
- -, gas obtained by - of wood refuse 48.6
- gas-meter . . 87.5
- purification . 72.6
- purifier . . . 72.7
- steam 11.7
Drying 74.2
- bulb 89.7
- the gas . . . 74.3
- tube 89.7
Due tempi, distribuzione e regolazione dei motori a 240.2
Dulce, hierro . 132.7
132.8
Dull coal . . . 22.6
Dunkel gefärbtes Phenol 83.7
Duplex gas governor 85.7
- - pressure regulator 85.7
- tappet gear for a four stroke cycle engine 213.6
Duración de la expulsion 128.7
- de la presión máxima 123.8
- de una tarea de coquificación 66.4
Durata della distillazione 66.4
- della lavatura 128.7
- della salita . 364.3
Duration of upstroke 364.3
- - -s, to regulate the 364.5
Durchbiegung der Kolbenstange 177.9
-slinie 187.8
- des Rahmens 155.9
Durchblasen der Liderungsringe 171.6
Durchbohren . 148.5
Durchbrechung des Zylinders 160.7
Durchfallen des Brennstoffes 61.7
Durchflußzeit, die Viskosität aus der - bestimmen 100.1
Durchfuhrzoll . 375.9
Durchganghahn 315.1
-öffnung 208.9
-querschnitt . . 209.1
-ventil 315.8
-zoll 375.9
Durchgehende Kolbenstange . 178.3
-e Nabe 171.2
Durchlässigkeitsverlust 171.5
Durchlaufende Kolbenstange . 178.3
-er Rahmen . . 156.1
-e Steuerwelle 212.2
Durchlochen . 144.9
Durchmesser, Flanschen- 312.4
- des Flügelrades 80.7
Durchschlag . 145.2
Durchstechen, den Mantel in der Nähe des Endflansches 162.4
Durchtrittöffnung der Destillationsgase 46.6
Durée d'action de la pleine pression 123.8
- d'une cuisson 66.4
Dureté 139.2
Dureza 139.2
Durezza 139.2
Duro 139.4
-, fundición - a . 132.4
-, leña a 29.5
Düse 366.3
-naustritt . . . 366.6
-, Dampf- . . . 38.7
-, Druck- 38.9
-neintritt . . . 366.5
-, Fang- 38.8
-, Misch- 38.8
-nplatte 262.7
-nreibung . . . 366.4
-, Spritz- 256.2
-, Treib- 38.7
-nturbine . . . 365.6
Dust 76.2
-, to bind the - by water 76.10
-, blast furnace 76.6
-, -coal 25.6
-, coal 25.7
-, coke 25.8
- collector . . . 76.5
-, deposit of . . 314.6
-, fine 76.7
Dust, to free the gas from 76.1
-, freeing the gas from 75.9
- pocket 76.5
-, to precipitate the 76.9
-, quantity of - in mg per cubic meter 76.8
-, to separate the - by changing the direction of the gas-current 76.3
- separator . . 76.4
Dutch clinker . 306.6
Duties 375.4
Duty 375.3
-, export 375.7
-, import 375.5
-, to pay 375.2
-, payment of . 375.1
-, rebate of . 375.10
-, reduction of 376.2
-, transit 375.9
Dwelling, workmen's 385.2
Dynamik, Thermo- 113.6
-, Wärme- . . . 113.6
Dynamo 332.3
-, Compound- . 332.7
-, Doppelschluß- 332.7
-, Drehstrom- . 333.2
-, Dreiphasen- . 333.2
-, Gas- 330.2
-, Gleichstrom- 332.4
-, Hauptschluß- 332.5
-maschine, die - als Andrehmotor schalten 298.2
-, Nebenschluß- 332.6
-, Serien- 332.5
-, Verbund- . . 332.7
-, Wechselstrom- 333.1
Dynamo 332.3
-, alternating current 333.1
-, compound . . 332.7
-, to connect up the - as starting motor 298.2
-, continuous current 332.4
-, gas-driven . . 330.2
-, series 332.5
-, - wound . . . 332.5
-, shunt 332.6
-, - wound . . . 332.6
Dynamo 332.3
- compound . . 332.7
- à courant alternatif 333.1
- - - continu . 332.4
- excitée en dérivation 332.6
- - - série . . . 332.5
- à gaz 330.2
- shunt 332.6
- triphasée . . 333.2
Dynamomètre 357.11

E.

Early exhaust, loss of work due to 362.1
- ignition . . . 279.9
- opening . . 207.10
Earning capacity 378.3
Earth oil . . . 102.2
Earthy deposit from the cooling water 167.7
Easy running of the engine 345.5
Eau 11.4
- ammoniacale 14.2
- du calorimètre 99.2
-, chateau d' . . 82.1
- colorée . . . 83.3
- gaz à l' . . . 34.7
-, gaz d' 34.7
- et gaz circulant en sens inverses 78.2
- de lavage . . 68.3
-, neutraliser l'- vanne 71.8
- de refroidissement boueuse 167.6
- - - bourbeuse 167.6
- de ruissellement du réfrigérant à cheminée 72.5
Eau souterraine 305.9
- stagnante, colonne d' 182.3
-, trompe à . . 89.4
- vanne du scrubber 71.4
Ebollizione, punto di 19.2
-, recipiente di 101.2
Ebonita, aislamiento de 287.4
Ebonite insulation 287.4
Ebonite, isolamento con 287.4
Ébouer la chemise d'eau 167.8
Ebullición, análisis por 100.8
-, punto de . . 19.2
Ébullition, analyse par 100.8
-, point d' . . . 19.2
Écart du régulateur 267.3
Écartement, bague d' 174.1
- des barreaux 51.3
Écarter les abouts des segments 173.9
Eccentric 224.6, 224.7
- drive 224.4
-, friction in . . 225.3
- fulcrum, lever with 218.6
-, law of motion of the 224.5
- pin, timing by means of an 200.6
- rod 225.2
- sheave 224.9
- strap 225.1
-, throw of . . . 224.8
Eccentric valve gear 225.4
-, valve gearing with - and cam 225.5
-, - - by - and positive controlled cam 225.6
Eccentricamente, leva d'ammissione montata 229.3
Eccentricità . . 224.8
Eccentrico . . 224.6 224.7
-, anello dell' . 225.1
-, asta dell' . . 225.2
-, attrito all' . . 225.3
-, collare dell' . 225.1
-, disco dell' . . 224.9
-, distribuzione ad 225.4
-, - con - e leve di rotolamento 225.5
-, stelo dell' . . 225.2
Eccesso di aria . 7.2
- di lavoro . . 148.1
- di pressione . 82.6
Échange de chaleur 15.8
- d'énergie entre le mécanisme à manivelle et le volant 197.8
Échantillon . . 140.1
-, prendre l'- de gaz 88.7
Échappement . 119.5 125.1
- de l'air . . . 316.9
-, ajuster la commande d'- pour le cycle à deux temps 294.1
- anticipé . . . 205.7
-, came d' . . . 221.7
-, - commune pour l'admission et l' 221.8
-, canal d'- anticipé 205.9
-, commande de l' 199.3
-, commander l' 205.8
-, conduite d' . 318.7
-, couronne d' . 240.6
-, course d' . . 124.8
-, crépine d' . . 319.7
-, détonation d' 346.3
-, énergie cinétique des gaz de l' 125.9
-, gaz d' 124.9
-, injecter de l'eau dans l' 320.3
-, lumière d' . . 241.1
-, -s d'- communes aux deux côtés du cylindre 241.8
-, point mort entre les courses d'admission et d' 193.2
-, pot d' 319.3
-, - - maçonné 319.4
-, pression d' . 125.4
-, refroidissement de l'- par injection d'eau 320.2
Échappement, refroidissement de l'- de Pawlikowski 202.4
-, résistance à l' 125.7
- soupape d' . 200.3
- - d'admission et d' 200.4
-, température d' 125.6, 348.6
-, tiges et leviers d' 215.1
-, tuyau d'- refroidi 318.8
-, vibration de la colonne de gaz d' 126.1
-, vitesse d' . . . 125.8
Échapper, s' . . 125.2
Échauffement excessif du piston 180.8
- par interruption du refroidissement 167.5
- d'un seul côté 162.6
- unilatéral . . 162.6
Échéance . . 371.11
Échelle alcoométrique 105.4
- Celsius 18.6
- centigrade . . 18.6
- d'élasticité . . 355.5
- - étalonnée . 355.6
- de Fahrenheit 18.8
- en pourcents de poids 105.6
- - - de volume 105.5
- de Réaumur . 18.7
- de température absolue 17.8
-dethermomètre 18.5
- thermométrique 18.5
- de Tralles . . 105.5
Eckventil . . . 315.9
Ecken des verschlissenen Kolbens 180.7
Éclairage . . 303.10
-, gaz d' 31.8
-, huile d' . . . 103.3
-, - - américaine 103.5
-, - - russe . . . 103.6
Éclisse de raccordement des masses 231.5
Écluse 56.1
Economia . . . 368
Economica, compressione massima 122.2
Economical compression, maximum 122.2
Económico, rendimiento 361.6
Economics . . 368
Economie . . . 368
Économique, rendement 361.6
Écoulement,, coéfficient d' 129.3
-, conduite d'- de gaz 55.2
Écoulement continu de l'agent moteur 365.7
- de l'eau de refroidissement dans des puits de filtration 321.5
- sous pression d'air 247.8
-, registre d'- de gaz 55.3
-, résistance d'- (dans la pompe de remplissage) 130.1
-, robinet d' . . 315.3
- par simple gravité 247.7
-, vitesse d'- de l'air de balayage sortant des lumières 129.2
-, - - de la vapeur de combustible 263.3
Écraser 146.4
Écrou à chapeau . 311.4
- à raccord . . 311.4
- de recouvrement 311.4
- tendeur . . . 358.3
- de tige de piston 178.9
Ecuación de combinación 2.9
- de combustión 6.9
- del estado . 111.11
Eddy current brake 358.4
Edge of bridge 241.3
-wise, joint ring placed 166.2
Edificio de máquinas 303.3
- para los ventiladores 81.7
Edifizio delle macchine 303.3
Efectivo, potencia -a 359.10
Efecto aspirante del motor 59.5
- calórico de la reacción 3.9
- calorífico . . 97.2
- calorimétrico 97.2
-, motor de cuatro tiempos y de doble 324.9
-, - - - - y de simple 324.8
Efectuar un análisis volumétrico 93.6 93.7
Effect, calorific 97.2
Effective pressure, coefficient for converting mean - into indicated horse-power 359.8
- -, mean . . . 359.7
Effective, puissance 359.10

Effekt, Heiz- . . 77.2
-, kalorischer . 97.2
Effektive Leistung 359.10
Effet calorifique 97.2
- - de la réaction 3.9
- de chauffe . . 97.2
-, cylindre à double 157.7
-, - - simple . . 157.6
-, moteur à deux temps à double 325.1
-, - - - - à simple 324.10
-, piston à double 170.2
-, pompe à air à simple 260.8
- thermique de la réaction 3.9
Effettiva, potenza 359.10
-, temperatura - di combustione 6.7
Effetto calorifico 97.2
- - della reazione 3.9
- doppio, cilindro a 157.7
- del peso, attrito per 175.9
- semplice, cilindro a 157.6
- termico . . . 97.2
- - della reazione 3.9
- utile del combustibile 62.1
- - della produzione di gas 62.5
- - volumetrico 120.4
Effeuillement de la fourrure antifriction 189.6
Efficiency, commercial 361.6
- of the driving gear 183.4
- of the gas production 62.5
-, mechanical . 360.1
-, relative - of the diagram 361.5
-, - - of the engine 361.4
- of supply . . 120.5
-, volume . . . 120.4
Efflusso per caduta naturale 247.7
-, coefficiente di 129.3
-, determinare la viscosità coll' 100.1
- per effetto di aria compressa 247.8
-, percorso della corrente d' 129.5
-, pressione d' . 129.4
Effort 141.6
- (auquel une pièce est soumise) 141.4
- sur la bielle 194.9
- de cisaillement 142.4
-s, diagramme des - tangentiels 195.3
- de flexion (auquel les matériaux sont soumis) 141.7
- - - dû à l'inertie des pièces 184.5
Effort, sur le piston 194.8
- tangentiel sur le bouton de manivelle 195.1
- de torsion (auquel une pièce est soumise) 142.2
- de traction de la locomotive 339.2
-s, variation des - dans la bielle et la tige de piston 197.2
Égalisation de pression entre le cylindre et l'atmosphère 125.3
-, de température 17.5
Égouttement, plaque d' 70.5
-, robinet d' . . 33.4
Eichverfahren . 355.9
Eichung bei abnehmender Belastung 356.3
- der Indikatorfeder 355.8
-sversuch . . . 356.2
- bei zunehmender Belastung 356.4
Eigengewicht, das - des Hebels berücksichtigen 357.9
-reibung des Reglers 271.7
-wärme, hohe - des Luftgases 34.6
- - eines Körpers 15.7
-widerstand . . 360.5
Eilfracht . . . 374.6
-gut 374.7
Einarmiger Hebel 215.7
Einbalkiges Gestell 158.4
-er Rahmen . . 154.4
Einbauen, den Einsatzzylinder 160.5
Einblasegefäß . 261.6
- -, Reserve- . . 261.7
-leitung 261.8
Einblasen . . . 262.1
Eindringen des Gemisches in das Rohr 282.5
Einfach gekröpfte Kurbelwelle 185.7
-wirkende Luftpumpe 260.8
- -e Viertaktmaschine 324.8
- -e Zweitaktmaschine 324.10
- -er Zylinder 157.6
Einfassung, Holz- 308.5
-, Lehm- 308.6
Einfeilung . . 174.7
Einfuhr 375.6
-zoll 375.5
Einführen, gemeinsames - von Wasser und Dampf 87.1
Einfüllöffnung 87.3
-trichter 57.6
Eingangzoll . . 375.5
Eingebetteter Zylinder 158.5
Eingehängter Rumpf zur Destillation der frischen Kohle 46.6
Eingeschliffene Riefen im Zylinder 343.5
Eingesetzte Kapillarröhren 93.1
Eingriff, Haken- 230.4
Eingußrohr, Benzin- 254.9
Einheit, Lohn- 384.4
Einigung . . . 378.2
Einkapselung des Getriebes 152.9
Einkaufpreis . 370.3
Einkernung der Welle 358.10
Einlaßdaumen 221.6
- und Gasventil, vereinigtes 239.6
-gestänge . . . 214.9
-hebel, exzentrisch gelagerter 229.3
-nocken 221.6
-steuerung . . 199.2
-, den - durch Ventile steuern 242.1
-ventil 199.8
- -, Droßlung durch das 234.1
- - mit Gasabschlußschieber 240.1
- -gehäuse . . 203.1
- -, gesteuertes 200.2
- - mit Lochsitz 239.8
- -, selbsttätiges 200.1
- -s, Zuhalten des 228.7
Einlauf 249.2
Einpaß 154.8
-stelle 154.8
Einpassen, den Kolben bei Betriebtemperatur 175.7
Einrichtung, Versuch- 350.10
Einrücken, auf die Anlaßstellung 295.6
Einsatzzylinder 160.3
- -, den - einbauen 160.5
Einschaben, das Lager 189.7
Einschaltstellung der Klinke 292.1
Einschalten, einen Kniehebel 221.2
Einschleifen, den Hahn 314.11
-, den Liderungsring 172.8
Einschüttöffnung 45.4
Einseitige Erwärmung 162.6
Einspritzkarburation 255.3
-kühlung der Abgase 320.2
Einspritzung, Brennstoff- - vor der Kompression 259.4
-, - - nach der Kompression 259.5
-, Petroleum- . 262.8
Einstellbares Ventil, durch Schraube und Feder 256.5
Einstellen, die Kurbel in die Anlaßstellung 298.5
-, die Schmierapparate 344.1
-, die Schnurlänge 354.1
- der Steuerung 211.1
-, die Zündung 290.5
Einstellung, Arbeits- 384.10
-sriß 211.2
Einströmungsgeschwindigkeit der Ladung 119.11
-shub 119.6
-skranz 240.5
-sschlitz 240.8
Einstückig . . . 201.8
-es Schachtfutter 50.6
-er Zylinder . . 160.6
Einstufige Verdichtung 260.2
Eintauchtiefe des Thermometers 19.6
Eintrittkrümmer 317.5
Einwandfreier Versuch 351.1
Einzelschmierung 277.6
Einzylindermaschine 326.1
Eisen 131.2
-, Anker- 285.1
-, Band- 136.1
-, basisches Fluß- 133.4
-, Belag- 135.9
-, Bessemerfluß- 133.3
-blech 134.5
-, Doppel T- . . 136.8
-draht 137.11
-drehspäne . . 78.5
-, Flach- 135.10
-, Fluß- 133.2
-, Form- 135.7
-gebinde 108.4
-, Guß- 131.3
-, I- 136.8
-konstantanelement 20.9
-, Kramm- . . . 61.6
-, Profil- 135.7
-, Puddel- . . . 133.1
-, Quadrat- . . . 136.4
-, Rund- 136.3
-, schmiedbares 132.7
-, Schmiede- . . 132.7
-, Schür- 61.3
-, Schweiß- . . 132.8
-, Siemens-Martin-Fluß- 133.5
-, Stab- 136.2
-, Stangen- . . . 136.2
-, T- 136.7
-, Thomasfluß- . 133.4
-, Träger- . . . 136.6
-, U- 136.9
-, Winkel- . . . 136.5
-, Z- 136.10

Eje de las abscisas 111.2
- batidor . . . 68.2
- cigüeñal, caja del 153.1
- -, cárter del . 153.1
- - colocado en alto 151.6
- -, pila del motor debajo del 155.1
- con cubo de fundición 78.9
- de distribución 211.5
- fijo de rotación 216.1
- de las ordenadas 111.3
- de la palanca de contacto 288.10
- del pie de biela 169.8
-, soporte del . 186.9
Éjecter l'air de la conduite de gaz 344.2
Éjecteur soufflant 38.6
Ejecución, examinar la - de una máquina 342.9
Élargissement du corps de pompe 251.4
- de la cuve . 49.6
Elastic bag . . 85.2
- intermediate member 226.7
- line 187.8
Elasticidad . . 141.2
Elasticità . . . 141.2
Élasticité . . . 141.2
Elasticity . . . 141.2
- of compression 140.5
Elastico, linea -a 187.8
Elástico, cámara -a 85.2
-, línea -a . . . 187.8
Elastischer Auslauf der hin- und hergehenden Massen 196.3
-er Beutel . . . 85.2
-e Linie 187.8
-es Zwischenglied 226.7
Elastizität . . . 141.2
Elbow joint, movable pipe with 182.4
-, round 310.8
-, square 310.8
Electric barring gear 293.6
- central station 331.4
- ignition . . . 283.2
- plant, individual 331.5
- -, isolated . . 331.5
- spark 283.4
- starting . . . 298.1
- turning gear 293.6
Electrical pyrometer, Le Chatelier's 21.1
- resistance pyrometer 20.5
Electrically driven blower 80.1
- - compressor 296.5
Electrode, fixed 288.7
-, movable . . . 288.8
Électrode fixe . 288.7
- mobile 288.8
Electrodo fijo . 288.7
- móvil 288.8
Électropyromètre de Le Chatelier 21.1
Element 2.3
-, Eisenkonstantan- 20.9
-, Platin-Platinrhodium- 21.2
-, Thermo- . . . 20.6
-, Trocken- . . . 284.1
Element 2.3
-, iron constantan 20.9
-, platinum platinum-rhodium 21.2
-, thermo-electric 20.6
Élément 2.3
- fer-constantan 20.9
- thermo-électrique 20.6
Elemental, variación 110.1
Elementare Änderung 110.1
Elemento 2.3
-i del gas . . . 88.4
Elemento 2.3
-s constitutivos del gas 88.4
- -, proporción entre los volumenes de los - del gas 88.5
-s del gas, proporción entre los pesos de los 88.6
Elektrisch angetriebener Kompressor 296.5
- -er Verdichter 296.5
-e Anlassung . 298.1
- betriebenes Gebläse 80.1
- -es Schaltwerk 293.6
-er Funke[n] . 283.4
-es Pyrometer von Le Chatelier 21.1
-es Widerstandthermometer 20.5
-e Zentrale . . 331.4
-e Zündung . . 283.2
Elektrizitätswerk 331.4
Elektrode, bewegliche 288.8
-, feste 288.7
Elettrica, accensione 283.2
-, messa in moto 298.1
-, scintilla . . . 283.4
Elettricamente, arpionismo comandato 293.6
Elettrodo fisso 288.7
- mobile 288.8
Elevación, aparato de 301.7
-, presión de - en m de acqua 337.7
Elevador de cangilones 71.3
Elevated tank . 82.1
Élévateur à godets 71.3
Élever le flacon de niveau 91.9
Elicoidale, ruota - fresata 209.7
-, tubo di riscaldamento 264.5
Eliminación del azufre 75.6
Élimination, installation pour l'- du soufre 75.7
- du soufre . . 75.6
Eliminazione di catrame in generatori separati 46.2
- dei depositi con apparecchio a tazze 71.1
- della polvere dal gas 75.9
Elongation, coefficient of 140.8
- at rupture . . 140.7
Embalaje . . . 376.4
- de jaula . . . 376.8
-, sin 376.8
Embalar 376.3
Emballage . . . 376.4
- en lattes . . . 376.6
Emballé, non . 376.8
Emballer . . . 376.3
Emboîtement, joint à double 165.9
-, tuyau à . . . 311.6
Embolada, regular la duración de las -s 364.5
Émbolo 168.2
- abierto . . . 168.7
- alargado . . . 170.5
-, altura del . . 168.3
- apoyado por la pared del cilindro 176.5
- de la bomba . 244.7
- buzo 168.8
- -, bomba de . 251.2
- -, bomba oscilante con 182.6
- - hueco con válvula de impulsión 183.1
-, cambio de carrera del 192.7
-, carrera atrás del 192.6
-s de carreras opuestas 326.6
-s - - simultánea 326.5
- cerrado . . . 170.3
-, cuerpo del . . 168.9
- de disco . . . 170.4
- diferencial . . 261.3
- distribuidor para la entrada y la salida 245.7
- de doble efecto 170.2
- - - fondo . . 170.3
- de dos piezas 170.6
-, fondo del . 168.10
-, frente del . . 170.7
-, frontal del . 170.7
-, fuerza del . . 194.8
-, guía del . . . 175.2
Émbolo guiado por sí mismo 176.5
- del indicador 352.2
- - -, atascamiento del 356.8
-, introducir el . 168.5
-, inversión del 192.7
- libre 177.2
- libremente suspendido 177.2
-, longitud del . 168.4
-s en el mismo sentido 326.5
- de movimiento intermitente 252.1
-, paso del - sobre las lumbreras 241.4
-, perno del . . 169.8
-, pieza suplementaria del 263.1
- plano 170.4
-, recorrido del 194.1
-, retroceso del 192.6
-, sacar el . . . 168.6
-, salida del . . 192.5
- de sumersión 168.8
-, tuerca del vástago del 178.9
-, vaivén del . . 192.4
-, vástago del . 177.8
Embouchure d'entrée du gaz 78.3
- en fonte de fer 82.8
- de sortie du gaz 78.4
Embrague de gancho 280.4
-, posición de - del trinquete 292.1
Embudo colector 320.8
- de relleno . . 249.3
Embutir con la prensa la rueda 211.4
Émergente, colonne de mercure 19.7
Émeri, meuler à l' 150.8
-, roder à l' . . 150.8
-, user à l' . . . 150.8
Emery, to grind with 150.8
Emmanchement de la roue sur l'arbre de distribution 211.4
Emmissione, valvola di 200.3
Émoudre . . . 150.6
Empaquetadura adicional 179.6
-s anulares, junta por varias 166.3
- anular suelta, junta por 166.1
- blanda 179.7
- del émbolo . 171.4
-, junta por - anular colocada de canto 166.2
-, material para 138.3
- metálica . . . 165.1
- - elástica . . 179.5
- de prensa-estopas 179.2
- principal . . 179.4

Emparrillado . 50.9
-, barra de . . . 51.5
-, bastidor del . 51.8
- de caballete . 43.6
-, carga del . . 51.1
- cilíndrico giratorio 53.3
-, construcción del 52.1
- en escalones . 52.5
- - -, generador con 42.1
-, espacio entre las barras del 51.2
- en forma de cesta 52.4
-, generador sin 53.4
- giratorio . . . 52.8
- de gradas . . 48.3
- horizontal . . 306.2
- inclinado . . 52.3
- lateral 52.6
-, luz del 51.2
- de madera 69.4, 73.2
-, marco del . . 51.8
- de movimiento vertical 42.4
- oscilante . . 53.1
- de pilotes . . 306.3
- plano 52.2
-, refrigeración del 57.9
-, riego del . . 61.1
- rodante, generador con 42.3
-, tipo del . . . 52.1
- vertical . . . 52.7
Empattement . 338.6
Empezar la explotación 342.6
- el servicio . . 342.6
Emplacement de la machine 302.7
Emplazamiento de la máquina 302.7
Empleado . . 380.10
Employé . . 380.10
-, employeur et 379.5
Employee . . 380.10
-, employer and 379.5
Employer . . . 380.9
- and employee 379.5
Employeur . . 380.9
- et employé . 379.5
Empoisonnement, danger d'- dans les installations gazogènes 350.1
Empotrado, cilindro - en el bastidor 158.5
Empotrar los tornillos con cemento 309.1
Emprendedor . 379.7
Empresario . . 380.9
Empuje, leva de 214.7
Emulsion . . . 71.6
Émulsion d'eau et de goudron 71.6
Emulsión del alquitrán 71.6
Encajado, cilindro 158.5
Encajar, aletas que encajan unas con otras 80.3
Encaje de los dientes, variación de presión en el 210.5
Encastrement, joint à 165.9
Encender el fuego en el generador 59.6
- la lámpara . . 264.8
-, producción de humo al 60.1
Encendido = inflamación = ignición 279.4
- por acumuladores 285.8
-, avance al . . 279.9
- por boquilla incandescente 281.2
- por bujías . . 286.4
-, calor de . . . 279.5
-, cápsula de - con enfriamiento 287.2
- por corriente de alta tensión 286.5
- - - de baja tensión 288.5
- eléctrico . . . 283.2
-, fuerza del . . 279.6
- por gasificador 281.3
- por incandescencia 281.2
- leva de . . . 285.10
- por magneto 286.1
- por mechero 280.4
- á mitad de la correra 363.4
-, momento de 279.7
-, pérdida por el 62.6
- prematuro . . 281.1
-, punto de . . 279.8
-, regulación del 227.5
-, retardo al . . 280.2
- por ruptura . 288.4
-, tapón de - con enfriamiento 287.2
- por tubo incandescente 281.5
Enchufe, junta por 311.5
- de reducción 311.8
- roscado . . . 311.7
Enclanchement, position d'- du cliquet 292.1
Enclose, to - the jacket in a sheet cover 162.2
Enclosed vertical engine 325.6
Enclume . . . 145.10
Encoche de réglage 211.2
Encombrement, hauteur d' 302.9
-, largeur d' . . 303.2
-, longueur d' . 303.1
Encrassée, soupape 206.9
Encrassement des canaux du brûleur par la suie 266.3
- du siège de soupape 206.8
Encroûtement du piston 180.9
Endkurve . . . 219.9
-nabe, kurze . 171.3
-ordinate . . . 111.8
-spannung, Verdichtungs- 121.10
-temperatur der Verdichtung 122.4
End, big - of the connecting rod 185.3
- boss, short . . 171.3
-, box 185.1
- of compression, pressure at the 121.10
- - -, temperature at the 122.4
- of the connecting rod 184.6
- curve 219.9
-, cylinder . . . 159.1
-s of cylinder, exhaust ports common to both 241.8
- flange, to drill through the jacket near the 162.4
-, front cylinder 159.2
-, marine . . . 84.8
-, rear cylinder 159.3
-, small - of the connecting rod 185.2
-, solid 185.1
-, split lever . . 217.2
Enderezar . . . 145.3
-, mármol para 145.4
-, plancha para 145.4
Endotermico, lavoro 114.6
-, reazione -a . . 4.2
Endotérmico, reacción -a 4.2
Endothermic reaction 4.2
Endothermique, réaction 4.2
Endroit soudé . 146.8
- de la température maximum dans la flamme 265.7
Endurecer la superficie de rodadura 221.1
- - - de rozamiento del perno 169.9
Endurecido, fundición -a 132.4
Energia assorbita per attrito 360.3
- cinetica media di un sistema di punti 113.5
- - delle molecole 113.4
- potenziale delle molecole 113.3
- del regolatore 272.1
-, regolatore assiale ad 273.2
Energía absorbida por el rozamiento 360.3
- actual de las moléculas 113.4
-, cambio de . . 197.8
- cinética media de un sistema de puntos 113.5
Energía cinética de las moléculas 113.4
- de la corriente de los gases de escape 125.9
- potencial de las moléculas 113.3
- del regulador 272.1
Energieaustausch zwischen Kurbelgetriebe und Schwungrad 197.8
-, innere 114.7
-, kinetische - der Moleküle 113.4
-, mittlere kinetische - eines Punktsystems 113.5
-, potentielle - der Moleküle 113.3
- des Reglers . 272.1
-, Strömungs- - der Abgase 125.9
Énergie absorbée par le frottement 360.3
- actuelle des molécules 113.4
- cinétique des gaz de l'échappement 125.9
- - des molécules 113.4
- - moyenne d'un système de points 113.5
-, échange d'- entre le mécanisme á manivelle et le volant 197.8
- potentielle des molécules 113.3
- du régulateur 271.6
Energy, interchange of - between crank gear and flywheel 197.8
-, kinetic - of the exhaust gases 125.9
-, - - of the molecules 113.4
-, mean kinetic - of a system of points 113.5
-, potential - of the molecules 113.3
Enfermedades, seguro contra las 385.5
Enfriamiento = refrigeración
- del cilindro . 166.4
- por circulación automática 321.7
- del émbolo . 181.7
- del gas . . . 67.4
- de los gases de escape por inyección 320.2
-, superficie de 166.5
- por termosifón 321.7
-, tubo de escape con 318.8
Enfriar el agua de depuración 72.2
Engagement, hook 230.4
- of wheels, mark for correct 211.2

Enganche, péndulo acodado con 230.2
Engin de levage 301.7
Engine, arrangement of 325.2
-, automobile portable 338.3
-, balanced . . 325.8
-, balancing of the portable 338.4
-, Banki 324.7
- base 155.5
- bed 151.2
- -, A shaped - with crosshead guide 153.6
- -, box-pattern 152.6
- -, double column A shaped 153.2
- -, forked . . . 151.5
- - and frame . 151.1
- -, prismatic . 152.5
- -, single column 153.4
- -, wall of . . 152.7
- -, zylindrical 152.4
-, bed for small 151.3
-, - - vertical . 151.4
-, blast furnace blowing 336.2
-, - - gas . . . 323.6
-, blowing . . . 336.1
-, centrifugal pump driven by oil 331.1
-, cleaning of the 349.3
-, coal-gas . . . 324.4
-, coke-oven gas 324.1
- construction, to inspect the 342.9
-, crosshead . . 176.4
-, diagram of the atmospheric 364.1
-, Diesel 324.6
-, to dismantle an 300.4
-, double-acting four stroke cycle 324.9
-, - - two stroke cycle 325.1
-, - - - - cycle - driving sewage pump 330.4
-, - twin-cylinder - with opposed cylinders 326.8
- driver 348.9
-, easy running of the 345.5
-, enclosed vertical 325.6
-s, equipment of internal combustion 267
-, to erect the . 300.3
-s, foundation of the 304.4
- frame 153.7
- gas 63.3
-, gas 323.3
-, - -driven blowing 330.3
-, - - driven sewage pump 337.4
-, - - for high power 323.4
-, - - locomotive 340.1
-, - passing unburnt through the 362.4
Engine, hammer driven by gas 331.3
-, heat 114.2
-, horizontal . . 325.7
- house 303.3
- -, basement of the 303.6
-, to inspect the 349.6
-, to instal the . 300.3
-, large gas . . 323.4
-, Lenoir gas . 363.4
-, to load the . 344.8
-, loading the . 344.9
-, multi-cylinder 326.2
- oil . . . 274.7, 324.5
- with outside guide 176.4
-, to overhaul the 349.6
-, paralleling the 344.7
- parts, interchanging of 349.12
- -, replacement of 349.12
- pedestal . . . 155.5
-, pedestal . . . 325.5
-, petrol engine driving fire engine 338.9
-, piston 175.3
-, place of erection of the 302.7
- plants, portable 337.8
-, portable alcohol 338.2
-, - gas 337.9
-, - oil 338.1
-, producer-gas 324.2
- in which the products of combustion are withdrawn from the cylinder 126.9
-, putting the - on half 293.7
-, relative efficiency of the 361.4
-, resistance of 360.4
-, rolling mill . 337.3
- room 303.3
-, running of the - under its own momentum 296.7
-, scavenging . 127.2
-, single-acting four stroke cycle 324.8
-, - - two stroke cycle 324.10
-, - -cylinder . . 326.1
-, small gas . . 323.5
-, smooth running of the 345.5
-, standard . . 350.11
-, to start the 291.3 342.8, 343.8
-, the - starts with difficulty 344.5
-, to stay the portable 338.7
-, to stop the . 346.6
-, suction . . . 126.9
-, tandem-cylinder 326.9
- testing room 350.8
-, three-cylinder 327.2
-, town-gas . . . 324.4
Engine, traction 339.4
-, to turn the . 291.3
-, twin-cylinder 326.4
-, - - tandem . 327.1
-, two-cylinder - with opposed cylinders 326.7
-, type of . . . 323.2
-, vertical . . . 325.3
-, - - with crank shaft above cylinder 325.4
-, waste gas . . 323.6
-, water-gas . . 324.3
-, well pump driven by oil 331.2
-s, working of 342.7
Engineer . . . 382.8
-, administrative 383.1
-, chief 382.7
-, civil 382.9
-, consulting . 382.10
-, gas 31.3
- in chief . . . 382.6
-, managing . . 382.5
-, mechanical . 142.9
Engineering department 382.1
-, gas 31.2
- works 142.7
Englersches Viskosimeter 99.9
Engler's viscosimeter 99.9
Engorgé, siphon 70.10
Engorgement du gazogène 60.12
- du tuyau . . 314.4
Engranaje, caja del 152.9
- interior, impulsión por 210.2
-s, juego de - para el arranque 291.7
Engrasador = lubrificador 274.9, 275.8
- de aguja . . 276.4
- para cilindro 278.5
- cuentagotas . 276.3
- de resorte . 274.11
- Stauffer . . 274.10
Engrase con aceite 275.1
- con anillo . . 276.5
- automático . 277.5
- central . . . 277.7
- centrífugo . . 276.9
- del cilindro . 278.4
- continuo . . . 276.5
- del émbolo . 278.4
- del gorrón de émbolo 278.6
- individual . . 277.6
- por mecha capilar 276.1
- separado . . 277.6
- del soporte de la manivela 279.1
- por torcida . 276.1
- de la transmisión 278.2
Engrenage, commande par - intérieur 210.2
Engrospreis . . 370.5
Enlace tangencial de las ambas curvas 222.8
Enlarge, to - with the reamer 144.2
Enlarged Orsat apparatus 96.3
Enlargement of the bore of the pump barrel 251.4
Enlèvement des boues par noria 71.1
Enlever l'essence liquide du diaphragme collecteur 255.2
- les segments du piston 174.3
Enregistreur, baromètre 11.3
-, thermomètre 17.11
Enrejado de madera 73.2
Enroulement d'aimant 333.5
- d'inducteur . 333.5
- d'induit . . . 333.7
Ensanche del cuerpo de la bomba 251.4
- del horno . . 49.6
Ensayar el gas 60.2
-, máquina para - materiales 139.12
- el petróleo, aparato de Abel para 101.4
Ensayo = prueba 350.7
- auxiliar . . . 351.3
- de los materiales 139.9
- bien practicado 351.1
- preliminar . . 351.2
- tacométrico . 198.5
Ensuciamiento del asiento de la válvula 206.8
Entalladura á lima 174.7
Entamer l'exploitation 342.6
Entenallas . . . 143.9
Entflammbarkeit 101.8
Entflammungspunkt 101.6
Entgasen 8.4
Entgasung . . . 8.5
-serzeugnis . . . 8.6
Entladen des Zylinders 127.4
Entlasten, das Ventil 204.9
Entlastung, Druckluft- 205.6
-skanal 205.2
-, Mantel- . . . 161.6
- durch Öffnen eines Hilfskegels 205.3
Entleuchtete, blaue Flamme 265.5
Entlüftung . . 316.9
-shahn 316.10
Entnehmen, die Luft dem Freien 260.7
-, - - dem Zylinder 260.4
Entonnoir d'aspiration 318.2

Entonnoir collecteur 320.8
- de remplissage 249.3
Entrada 249.2
- del agua . . 181.8
- del aire . . . 35.9
- central para el gas 69.1
- del combustible, interrupción de la 228.4
-, curva de . . 222.6
- del gas . . . 78.3
-, punto de . . 222.9
- en la tobera . 366.5
- de vapor . . 36.1
Entrainement, cliquet d' 289.8
- de la soupape à gaz par la soupape à air 287.1
- des vapeurs de goudron du déjecteur par aspiration de l'air réchauffé 41.7
Entrata 240.2
- dell'acqua . . 181.8
- d'aria 35.9
- -, feritoia di . 242.5
- del gas, feritoia di 242.6
-, pressione all' 223.4
- nell' ugello . 366.5
- di vapore . . 36.1
Entrée 249.2
- d'air 35.9
-, coude d' . . . 317.5
-, courbe d' . . 222.6
-, droits d' . . . 375.5
- de l'eau de refroidissement 166.7
-, embouchure d' - du gaz 78.3
- du mélange dans le tube 282.5
-, point d' . . . 222.9
-, pression d' . 223.4
-, température d' 348.5
- de la turbine 366.5
- de vapeur . . 36.1
Entrega 369.2
-, condiciones de 369.5
-, periodo de . 369.6
-, plazo de . . . 369.6
Entregar . . . 369.3
Entrepreneur . 379.7
Entretenimiento 349.2, 349.8
-, gastos de . . 372.7
Entretien 349.2, 349.8
-, frais d' . . . 372.7
Entropia . . . 114.10
Entropía . . . 114.10
- constante, curva de 116.6
Entrópica, diagrama de la temperatura 115.3
Entropic . . . 114.10
-temperaturdiagramm 115.3
Entropie . . . 114.10
Entropy . . . 114.10
-, curve of constant 116.6
Entropy-diagram, temperature 115.3
Entscheidung, die - fällen 378.1
Entstauben, das Gas 76.1
Entstaubung des Gases 75.9
Entteeren, das Gas 74.8
Entteerung . . 74.7
- in besonderem Generator 46.2
- - - Reduktionsschacht 46.2
Entwässerung 316.11
-shahn 317.2
-stopf 74.6
-sventil 317.1
Entwicklung, absatzweise - des gespanntenTreibmittels 366.1
-, ununterbrochene - des gespannten Treibmittels 365.8
Entzündlichkeit101.9
Entzündung durch Glühkörper 281.2
-spunkt 101.5
-stemperatur 6.4, 101.5
- durch Verdichtungswärme 259.7
Enveloppe du cylindre 161.4
-, déchargement de l' 161.6
- divisée au milieu 162.1
- d'induit . . . 290.2
-, solution de continuité de l' 161.7
-, soulagement de l' 161.6
- en tôle 162.3
- du tuyau . . 314.2
Enviar 374.2
Envoltura de chapa 162.3
Envolvente de agua 166.6
-, calentamiento de la 258.1
- de refrigeración 166.6
Envolvimiento = rodadura 219.4
-, curva de . . . 219.8
-, palanca de . . 217.8
-, superficie de 219.2
Envuelta aisladora, depósito húmedo sobre la 287.8
-, del inducido 290.2
Épaisseur de la bride 312.5
- de courroie . 328.5
- de paroi du tuyau 309.6
Épanouissement, goupille d'- de la flamme 264.3
Épreuve 350.6
-, banc d' . . . 350.9
-, certificat d' . 140.2
- hydraulique (de la double enveloppe des cylindres d'une pièce) 161.2
Épreuve des matériaux 139.9
-, moteur d' . 350.11
-, pression d' . 161.3
- de réception 350.12
Éprouver l'étanchéité du piston 348.1
- l'exécution de la machine 342.9
Éprouvette . . 140.1
Épurateur . . . 72.8
- à chicanes . . 75.3
- à chocs . . . 75.3
- à coke pour gaz de haut fourneau 73.10
- à étages . . . 74.1
- final 67.3
- à gaz 66.6
- d'huile 278.1
- à limonite . . 73.8
- préalable . . 67.2
- à pulvérisation 68.5
- à sciure . . . 73.1
- sec 72.7
- de Theisen . . 78.1
- par voie humide 67.9
- par voie sèche 72.7
Épuration finale 67.1
-, force motrice et eau consommées par l' 79.4
-, frais d' - par m^3 de gas 79.5
- du gaz 66.5
-, installation d' 66.10
- préalable . . 66.11
- par voie humide 67.7
- par voie sèche 72.6
Épuré, gas préalablement 66.8
Equalisation = equalization
Equalization box 84.9
- of pressure . 84.2
- of the pressure in the cylinder 125.3
- of temperature 17.5
Equalizing passage, pressure 205.2
- the pressure by means of an auxiliary valve 205.3
Equation, chemical 2.9
- of combustion 6.9
- of combination 2.9
Équation d'une combinaison 2.9
- de combustion 6.9
- d'état . . . 111.11
Equazione chimica 2.9
- di combustione 6.9
- dello stato . 111.11
Équerre, branchement d' 310.3
-, soupape d' . 315.9
Equilibrado del motor locomóvil 338.4
Équilibrage, canal d' 205.2
- des masses . . 196.5
- du moteur de la locomobile 338.4
Equilibrar . . . 196.6
- las masas rotatorias mediante contrapesos centrífugos 196.7
Equilibrare . . 196.6
- l'effetto delle masse in rotazione 196.7
Équilibre, rapport d'- entre le CO et le CO_2 34.5
- de température 17.4
Équilibré, moteur 325.8
Équilibrer . . . 196.6
- les masses en rotation par des contrepoids rotatifs 196.7
- la soupape . 204.9
Equilibrio delle masse 196.5
- del motore della locomobile 338.4
- di pressione . 84.2
- - - fra il cilindro e l'atmosfera 125.3
- di temperatura 17.4
Equilibrio de las masas 196.5
- entre la presión dentro del cilindro y el aire atmosférico 125.3
-, proporción de - entre CO y CO_2 34.5
- de temperatura 17.4
Equilibrium ratio between CO and CO_2 34.5
Equipment of internal combustion engines 267
Équipement des moteurs à combustion 267
Equipo de los motores de combustion 267
Equivalent, mechanical - of heat 114.3
-, - - of temperature 112.7
-, thermal - of work 114.4
-, water - of the calorimeter 98.4
Équivalent en eau du calorimètre 98.4
- mécanique de la chaleur 114.3, 114.4
Equivalente meccanico del calore 114.3
- termico del lavoro 114.4
Equivalente mecánico del calor 114.3
- térmico del trabajo 114.4
Erbauer . . . 381.13
Erbskohle . . . 25.3
Erdgas 30.7
-öl 102.2
- -destillat . . 102.4

Erdiger Niederschlag des Kühlwassers 167.7
-e und teerbildende Bestandteile der Kohle 26.3
Erect, to - the engine 300.3
Erecting bay . 301.4
-, instructions for 301.1
- shop . . 301.3, 301.4
- tools 301.5
Erection 300
-, cost of 372.6
- dimensions . 301.2
-, place of - of the engine 302.7
- at the plant . 300.2
Erector 300.6
Ergebnis, Versuch- 351.4
Ergin 106.9
Ergina 106.9
Ergine 106.9
Erhitzer, Wind- 64.10
Erhitzung, durch - der Lötstelle entstehender Thermostrom 20.8
Ermäßigung, Zoll- 376.2
Eröffnung, Ventil- 207.3
Erreur d'essai . 351.7
- du diagramme 359.6
- de lecture . . 351.9
-, limite d' . . 351.12
- d'observation 351.8
- source d' . . 351.10
Erróneo, indicación -a del contador 87.7
Error of the diagram 359.6
-, limit of . . . 351.12
- of observation 351.8
- of reading . . 351.9
-, source of . 351.10
- of test 351.7
Error del diagrama 359.6
- de lectura . . 351.9
- de observación 351.8
- de prueba . . 351.7
Errore, causa di 351.10
- del diagramma 359.6
- di lettura . . 351.9
-, limite d' . . 351.12
- d'osservazione 351.8
- di prova . . . 351.7
Erschütterung des Fußbodens . 346.5
Erster Hauptsatz der Thermodynamik 114.5
Erwärmung, einseitige 162.6
- des Gebläsewindes 64.9
Erweiterter Orsatapparat 96.3
Erzeuger, Doppelschluß- 332.7
-, Dreiphasenstrom- 333.2
-, Gleichstrom- 332.4
-, Hauptschluß- 332.5
-, Nebenschluß- 332.6
-, Wechselstrom- 333.1
Erzitterung des Fußbodens 346.5
Esaminare l'esecuzione della macchina 342.9
Esattezza, grado d' 351.11
Escala de Celsius 18.6
- centrigrada . 18.6
- de elasticidad 355.5
- - - contrastada 355.6
- - - patrón . . 355.6
-, explotación en gran 341.2
- de Fahrenheit 18.8
- de Reaumur . 18.7
- de temperatura absoluta 17.8
- termométrica 18.5
Escalones, emparrillado en 52.5
Escaparse . . . 125.2
Escape valve, air 316.10
Escape . 119.5, 125.1
- del aire . . . 316.9
-, distribución de 199.3
-, leva de . . . 221.7
- preliminar . . 205.9
- -, canal de . . 205.9
-, válvula de . 200.3
Escariador . . 144.3
Escariar 144.2
Esclusione, regolazione per 228.1
Escobilla . . . 334.2
Escojer, horquilla para - el cok 27.4
Escojido, cok - con horquilla 27.3
Escompte . . ·370.8
Escoplear . . . 144.6
- las uniónes del segmento 172.7
- ranuras, máquina de 150.2
Escoplo 144.7
Escoria 60.7
-, carbón con mucha 26.6
-s, carbón sin . 26.7
-s, extracción de 60.5
- filamentosa . 78.7
- flúida 60.9
-s, formación de 60.10
- líquida . . . 60.9
-s, salida de las 64.4
- tenaz 60.8
-s, torta de . . 60.11
Escritorio . . 381.10
Escuadra, palanca en - accionada por el émbolo 252.7
Esecuzione della macchina, esaminare l' 342.9
Esente, olio - da acidi 274.2
Esercizio . . . 341.1
- a gas illuminante compresso 340.2
- in grande . . 341.2
- intermittente 341.5
- interrotto . . 341.5
- permanente . 341.4
- in piccolo . . 341.3
- e prova . . . 341
-, riposo nel . . 346.7
-, spese d' . . . 372.7
Esfera de inflamación 281.4
- de la válvula 251.8
Esfuerzo 141.4
-s en la biela, variación de los - y el vástago del émbolo 197.2
- cortante . . . 142.4
- de flexión . . 141.7
-s - - por efecto de la inercia 184.5
- de torsión . . 142.2
Eslabón 217.1
Esmerilar . . . 150.8
- y ajustar la válvula sobre el asiento 201.3
- el aro 172.8
- el macho . 314.11
- el segmento . 172.8
Esotermico, reazione -a . . 3.12
Espace d'aspiration 40.8
- collecteur du coke 45.3
- de dépression 40.8
- d'eau 40.3
- dans lequel règne la pression extérieure 85.1
- de vapeur . . 40.2
Espacement des barreaux 51.3
Espacio en comunicación con la atmósfera 85.1
- entre las barras del emparrillado 51.2
-s llenos entre las lumbreras 241.2
Espandersi . . 124.4
Espansione . . 119.4
- dei gas combusti 124.3
- prolungata . 124.7
- per tutta la corsa 364.4
Espèces, paiement en 371.7
Específico, calor 16.2
-, volumen . . . 112.2
Espellere i gas residui 127.3
- l'aria dalle condotture di gas 344.2
Esperienza . . 350.7
- d'esercizio . . 347.7
- sul gas . . . 87.9
- tachimetrica 198.5
Esperimenti, contatore di gas per 87.2
Espesor de la brida 312.5
- de la carga . 57.7
- de la llanta . 190.5
- de la pared . 300.6
Espiral, conducción en - del gas 69.3
- de platino . . 96.2
-, tubo 98.3
Espíritu 104.3
- piroacético . 13.11
- de sal 14.7
Espiga 239.4
Espita 314.9
- para llenar . 87.3
Esplosione . . . 122.9
- bomba di . . 94.8
-, combustione per 94.6
-, pericolo di . . 350.3
- processo ad . 118.4
Esponente dell'atomo 3.1
- politropico . 116.2
Espontáneo, inflamación -a del carbón 26.1
Esportazione . 375.8
-, dazio d' . . . 375.7
Esprit de bois . 13.11
- de sel 14.7
Espulsione, pressione d' 125.5
Esquisto, aceite de 107.10
-s, separar los - del carbón 23.8
Essai 350.7
- auxiliaire . . 351.3
-, banc d' . . . 350.9
-, certificat d' . 140.2
-, erreur d' . . . 351.7
- d'étalonnage 356.2
- fait suivant les règles 351.1
-, installation d' 350.10
-, laboratoire d'- de machines 350.8
- des matériaux 139.9
-, moteur d' . 350.11
- normal . . . 351.1
-, numéro d' . . 351.5
- préalable . . 351.2
- de réception 350.12
-, résultat d' . . 351.4
- tachymétrique 198.5
- de tarage . . 356.2
- de la température de la flamme 265.8
Essayer le gaz . 60.2
Essayeur de pétrole d'Abel 101.4
- du point d'inflammation 101.7
Essenza, motore ad 324.5
-, parti speciali dei motori ad 247.2
Essere pronto ad entrare in servizio 341.6
Essicare il gas . 74.3
Essicatore del gas 74.4
Essicazione . . 74.2
-, recipiente d' . 89.7
Essigsäure . . . 104.5
Estable, regulador 270.7

Estado barométrico 11.2
–, ecuación del 111.11
- normal de un gas 111.13
Estanco, válvula no -a 206.2
Estanqueidad, falta de - de la válvula 206.3
Estañado, alambre 137.12
Estañar el cuerpo del cojinete 189.3
Estático, regulador 270.9
Estilete 352.9
–, trayecto del . 355.7
Estimate 369.9
Estimate, to . . 369.8
Estimatif, devis 369.9
Estimer 369.8
Estirar 146.3
Estrangulación de la mezcla 233.6
–, regulación por 233.5
- de la tubería de vapor por la válvula de interrupción 59.3
- por la válvula de admisión 234.1
- - - - corredera de mezcla 234.3
Estrangulado, demasiado 237.7
–, poco 237.8
Estrangulador del gas, válvula de admisión con 240.1
Estrangular . . 237.6
- la entrada del gas 234.8
Estrarre lo stantuffo 168.6
Estrechado, extremo del émbolo 175.5
Estrechamiento del horno 49.7
Estrella de radios 190.8
Estremità anteriore del cilindro 159.2
- del cilindro . 159.1
–, curva di . . . 219.9
- di leva a fenditura 217.2
–, manovella di 186.8
–, paletta radiale alla 81.2
- posteriore del cilindro 159.3
- dello stantuffo rastremata per la dilatazione 175.5
Estrepitoso, trabajo 345.10
Estrías en el cilindro 343.5
- entrecruzadas 214.5
Estribo que abraza la leva 224.3
–, cabeza en . . 185.1
- de la excéntrica 225.1
–, impulsión por - y leva 224.2
- de presión . . 55.5
Établissement, frais d' 372.2
–, prix de premier 372.3
Etagenreiniger 74.1
-rost 48.3
Étage, compresseur à deux - s 261.2
-s, compresseur à trois 261.4
-s, compression à deux 260.3
–, compression à un seul 260.2
–, épurateur à . 74.1
Étalage de la cuve du gazogène 49.9
-s des haut fourneau 64.2
Étalon, thermomètre 17.10
Étalonnage sous charge croissante 356.4
- - - décroissante 356.3
–, essai d' . . . 356.2
–, procédé d' . . 355.9
- du ressort d'indicateur 355.8
Étamer le corps des coussinets 189.3
Étanchage au moyen de portées rodées 165.2
Étanchéité, éprouver l'- du piston 343.1
–, manque d'- des segments 171.6
–, réalisation de l'- au moyen de portées rodées 165.2
–, vérifier l'- du piston 343.1
Etano 13.1
Étau 143.7
- limeur 150.1
- à main . . . 143.9
État barométrique 11.2
- normal d'un gaz 111.13
Étayer la locomobile 338.7
Éteindre le brûleur 346.9
- la cendre . . 61.9
- la flamme de réchauffage 346.9
Eter de petróleo 102.9
Etere di petrolio 102.9
Ethane 13.1
Éthane 13.1
Ether, petroleum 102.9
Éther de pétrole 102.9
Ethylene . . . 13.3
Éthylène . . . 13.3
Etilene 13.3
Etileno 13.3
Étincelle d'allumage 283.7
–, allumage par - d'arrachement 288.4
–, arracher l' . . 289.1
Étincelle électrique 283.4
- de rupture . 283.5
-s, zone des . . 283.6
Étirer 146.3
Étoile des bras 190.8
Étranglé, fortement 237.7
–, peu 237.8
Étranglement de la conduite de vapeur 59.3
- du mélange . 233.6
–, papillon d' . 237.3
- par le registre de mélange 234.3
–, réglage par . 233.5
- par la soupape d'admission 234.1
–, soupape d' . 85.6
Étrangler . . . 237.6
- l'arrivée du gaz 234.8
Étrangleur . . 237.3
Étrier embrassant la came 224.3
- de pression . 55.5
Evacuación = escape 119.5
Evacuación del agua 316.11
- - - de refrigeración á pozos de filtración 321.5
- del aire . . . 316.9
- - -, grifo de 316.10
- por aire comprimido 247.8
- de gas, tubería de 55.2
–, tapón de . . 248.3
Evacuare . . . 127.8
Évacuation de l'air 316.9
- - l'eau . . . 316.11
- - - de refroidissement 166.8
- hélicoïdale du gaz dans le séparateur 69.3
–, tuyau d' . . . 320.6
Evacuazione . 127.6
- Atkinson . . 126.2
–, motore ad . . 127.2
- a strati . . . 128.4
Évacuer l'eau en temps de gelée 347.5
Évaluer 369.8
Evaporabilità . 100.7
Evaporación . 257.1
–, carburación por 254.5
Evaporador, carburador 254.6
Evaporar 9.7
Evaporare 9.7
Evaporate, to . . 9.7
Evaporation . . . 9.5
- at atmospheric temperature 257.1
–, carburation by 254.5
–, cooling by . 322.8
- curves of mineral oils 102.5
–, heat of . . . 15.3
Évaporation, carburateur à 254.6
–, carburation par 254.5
–, refroidissement par 322.8
Evaporazione alla temperatura dell'atmosfera 257.1
Évaporer 9.7
Evidé, moyeu . 191.2
Évidement allongé 218.8
–, bois d' 307.6
Évidements, ménager des - dans la fondation 307.6
- du cylindre . 160.7
- du joint . . . 154.8
- oblong 213.8
Evitare l'aspirazione 226.2
Exactitud, grado de 351.11
Exactitude, degré d' 351.11
Examen du gaz 87.8
Examen de la temperatura de la llama 265.8
Examinar el buen ajuste del émbolo 343.1
- la ejecución de una máquina 342.9
Examination, gas 87.8
Examine, to - the piston for leakage 343.1
Excédant d'air 7.2
- de travail . . 198.1
Excéntrica . . 224.6
Excéntrica = leva 221.4
–, collar de la . 225.1
–, estribo de la 225.1
–, rozamiento de la 225.3
Excentrically mounted admission valve lever 220.3
Excentricidad . 224.8
Excentricité . . 224.8
Excéntrico . . 224.7
Excentrique . . 224.6 224.7
–, barre d' . . . 225.2
–, collier d' . . . 225.1
–, commande par 224.4
–, distribution par 225.4
–, - - - et came à mouvements connexes 225.6
–, - - - et levier roulant 225.5
–, frottement d' 225.3
–, loi du mouvement de l' 224.5
–, tige d' 225.2
Excès d'air . . 7.2
- de travail . . 198.1
Exceso de aire 7.2
- de carga en los superficies de deslizamiento 176.7
- de presión . . 82.6
- de trabajo . . 198.1

Excess of air . 7.2
- area 198.2
- of work . . . 198.1
Exécution, éprouver l'- de la machine 342.9
-, vérifier l'- de la machine 342.9
Exfoliación del forro de metal blanco 189.6
Exfoliation de la fourrure antifriction 189.6
Exhaust . 119.5, 125.1
- blower 82.2
-, to - both through ports controlled by the piston and through a valve 205.8
- cam 221.7
- -, hammer of the 346.4
-, carburettor heated by the 257.4
- chamber, brickwork 319.4
-, common cam for admission and 221.8
-, cylindrical slide valve for admission and 245.7
-, explosion in the 346.3
- fan, suction plant with 37.8
- gases 124.9
- gas column, oscillation of the 126.1
- gases, cooling the - by water spray 320.2
- -, kinetic energy of the 125.9
- -, starting by means of 299.2
- -, temperature of the 125.6
- gear . . 199.3, 215.1
-, holding open the - by means of a detent and abutment 226.3
-, to inject water into the 320.3
- pipe 318.7
- -, closed - with perforations 319.7
- -, cooled . . . 318.8
- -, to lead the - into the open air 318.9
- pit, brickwork 319.4
- port 241.1
- -, auxiliary . 205.9
- -s common to both ends of cylinder 241.8
- -, primary . . 205.9
- -s, ring of . . 240.6
-, regenerative heating of air by the 257.3
-, resistance of the 125.7
-, to spray water into the 320.3
Exhaust stroke 124.8
- -, dead center (centre) between admission and 193.2
- -, pressure during 125.4
- tank 319.3
- - with hydraulic water seal 319.5
-, temperature at 125.6
- valve 200.3
- - box 203.2
- -, combined admission and 200.4
- - gear, to adjust the - to work on a two stroke cycle 294.1
- -, to hold the 226.1
- -, holding the 225.8
- -, - the - in its open position 229.1
- -, hollow water-cooled 202.4
- -, keeping the - open 228.8
- -, relieving pressure in cylinder before opening main 205.7
-, valve box common to admission and 203.3
-, velocity of . 125.8
Exhaust, to . . 125.2
-, - - by means of an auxiliary pump 127.1
Exhauster . . . 82.2
Exhausteur, fonctionnement continu de l' 38.1
- à gaz par voie humide 77.5
Exhausting the cylinder 127.4
Exhaustorbetrieb, ständiger 38.1
-, nasser 77.5
Exotérmico, reacción -a 3.12
Exothermal reaction 3.12
Exothermique, réaction 3.12
Expand, to . . 124.4
Expandieren . 119.4
Expandieren (v) 124.4
Expanding force of the piston packing ring 171.8
- the piston rings 173.9
- ring 174.1
Expansion während des ganzen Hubes 364.4
-shub 122.6
-slinie 124.5
- der Verbrennungsgase 124.3
-sverhältnis . . 124.6
-, vollkommene 124.7
Expansion . . . 119.4
- of the burnt gases 124.3
Expansion, coefficient of cubical 16.8
-, - - - - due to heat 16.6
-, - of linear . . 16.7
-, law of 116.8
- line 124.5
- of the products of combustion 124.3
-, prolonged . . 124.7
-, ratio of . . . 124.6
- stroke 122.6
-, tapered end of the piston for 175.5
- during the whole stroke 364.4
Expansión . . . 119.4
- durante la carrera entera 364.4
- de los gases de combustión 124.3
- prolongada . 124.7
Expedición 373.11, 374.1, 374.10
Expedidor . . 374.11
Expédier 373.12, 374.2
Expedir . 373.12, 374.2
Expéditeur . 374.11
Expédition 373.11 374.1
-, frais d' . . . 373.2
Expel, to - the exhaust gases by air scavenging 127.3
-, to - the exhaust gases by a fresh charge 127.3
Expenses, building 372.5
- of freight . . 373.2
-, legal 377.9
-, transport . . 373.2
-, working . . . 372.7
Experience, practical 347.7
Expérience de service 347.7
Experiencias en el servicio 347.7
Experiment . . 350.7
Experimental gasmeter 87.2
Experimentiergasuhr 87.2
Experimento . 350.7
Exploitation, chef d' 382.3
-, directeur d' . 382.3
-, entamer l' . . 342.6
-, frais d' . . . 372.7
- au gaz d'éclairage fortement comprimé 340.2
- sur grande échelle 341.2
-, ingénieur d' . 382.5
-, mettre en train l' 342.6
- sur petite échelle 341.3
Explosible, mélange 236.2
Explosion . . . 122.9
-sgefahr 350.3
-skugel 94.8
-spipette von Hempel 94.7
Explosion . . . 122.9
- bulb 94.8
Explosion, combustion by 94.6
-, danger of . . 350.3
- in the exhaust 346.3
- method . . . 118.4
- pipette, Hempel's 94.7
- pressure, to take up the 187.2
-, risk of 350.3
Explosion 122.9, 122.10
-, combustion par 94.6
-, danger d' . . 350.3
-, pipette d'- de Hempel . . . 94.7
-, pression d' . 123.7
-, recevoir la pression de l' 187.2
Explosión . . . 122.9
- en la admisión 346.1
-, bomba de . . 94.8
-, combustión por 94.6
- fallida 280.3
-, globo de . . 94.8
- de la mezcla, lanzar el émbolo por la 299.1
- peligro de . . 350.3
- perdida en el escape 346.3
-, pipeta de - de Hempel 94.7
-, proceso de . 118.4
-, recibir la presión de la 187.2
Explosive mixture 236.2
- -, to fill the cylinder with 298.6
- -, starting with the 298.4
Explosivo, distancia -a de las chispas 283.6
Explotación con gas de alumbrado de elevada presión 340.2
-, gastos de . . 372.7
- en gran escala 341.2
- en pequeña escala 341.3
Exponent, polytropischer 116.2
Exponent, polytropic 116.2
Exponente politrópico 116.2
Export 375.8
- duty 375.7
Exportación . . 375.8
Exportation . . 375.8
-, droits d' . . . 375.7
Exposant polytropique 116.2
Expresión gráfica 110.12
Express goods 374.7
Express, to - the work in heat units 114.1
Exprimer le travail en unités thermiques 114.1
Expulsar el aire de la tubería de gas per medio del ventilador 344.2

Expulsar los gases quemados 127.8
- - - - por medio de la nueva mezcla 127.3
Expulser l'air de la conduite de gaz 344.2
- les gaz brûlés par l'air de balayage ou par la cylindrée fraiche 127.3
Expulsion, pressure at 125.5
Expulsion, pression d' 125.5
Expulsión, disposición de - sistema Atkinson 126.2
-, duración de la 128.7
- de los gases quemados 127.6
-, periodo de la 128.7
-, presión de . . 125.5
Extension of the passage 282.10
- of piston . . 263.1
Exterior, cleaning of the 349.5
External work 114.8
Externally heated combustion chamber 257.5
Extinguish, to - the heating flame 346.9
Extracción de amoníaco y sulfato 42.6
- de escorias . 60.5
- del fango mediante elevador de canjilones 71.1
- de los vapores de alquitrán 41.7
Extract, to - the tar from the gas 79.8
Extraer el aire del cilindro 260.4
- el gas por abajo 44.7
- los gases quemados por medio de una bomba auxiliar 127.1
Extraido, turba -a á máquina 28.4
Extrémité antérieure du cylindre 159.2
- d'arrière du cylindre 159.3
- d'avant du cylindre 159.2
- à bride du bâti 154.6
- de cylindre . 159.1
- fendue du levier 217.2
- postérieure du cylindre 159.3
- rétrécie de dilatation du piston 175.5
Extremo acanalado de la palanca 217.2
- de la biela . . 148.6
- del cilindro . 159.1
- delantero del cilindro 159.2
- del émbolo estrechado para la dilatación 175.5
Extremo de manivela de la biela 185.3
- posterior del cilindro 159.3
- de taco de la biela 185.2
Exzenter . . . 224.6
-antrieb 224.4
-bügel 225.1
-reibung 225.3
-ring 225.1
-scheibe 224.9
-stange 225.2
-steuerung . . 225.4
- - mit Wälzhebel 225.5
- - mit zwangläufiger Kurvenscheibe 225.6
Exzentrisch . . 224.7
- gelagerter Einlaßhebel 229.3
- -er Hebel . . 218.6
Exzentrizität . 224.8
Eye, double . . 216.9
- of the lever . 216.3

F.

Fabbrica . . . 368.6
- di coke . . . 65.1
- di machine . 142.7
-, prezzo di . . 370.4
Fabbricante . . 379.8
Fabbricare . . 368.5
Fabbricato, fondazione collegata al 304.10
-, sopporto esterno appoggiato sul 305.2
Fabbricazione . 142.6 368.1
- del coke . . . 65.3
- del gas, impianto per la 31.5
- - -, tecnica della 31.2
- in massa . . . 368.3
- in serie . . . 368.3
Fabbro 145.7
- meccanico . . 143.5
-, officina da . . 143.4
Fábrica 368.6
- de alcoholes . 104.8
- de cok 65.1
- de destilación de lignito . . . 107.2
- de gas 31.6
- - - de aceite . 33.2
- - - de alumbrado 31.9
-, márca de . . 378.4
- municipal de gas 31.7
-, obrero de . . 383.3
Fabricación . . 142.6 368.2
- de gas, instalación para la 31.5
- en gran escala 368.3
- en serie . . . 368.3
Fabricant . . . 379.8
Fabricante . . 379.8
Fabricar 368.5
Fabrication . . 368.2
-, article de . . 368.4
- en masse . . 368.3
Fabrik 368.6
-arbeiter 383.3
-, Maschinen- . 142.7
-preis 370.4
-zeichen . . . 378.4
Fabrikant . . . 379.8
Fabrikat . . . 368.4
Fabrikation . . 142.6 368.2
-, Massen- . . . 368.3
Fabrique . . . 368.6
- de coke . . . 65.1
-, marque de . 378.4
-, ouvrier de . 383.3
-, prix de . . . 370.4
Fabriquer . . . 368.5
Fabrizieren . . 368.5
Face, inclined - of the tooth 292.4
- of the joint . 165.3 312.11
- - - -, gap showing between 165.6
- plate 149.5
-, roller 218.4
-, valve 201.2
Facile a rompere 139.7
Facilidad de vaporización 100.7
Façonnage . . 148.3
Façonner au tour 149.1
Factor para arar 338.10
Factory 368.6
- cost 370.4
- hand 383.3
- price 370.4
Factura 371.1
Facture 371.1
Faden, herausragender 19.7
-korrektion bei langen Thermometern 19.8
Fagotage . . . 80.1
Fahrbare Anlagen 337.8
Fahrenheit scale 18.8
Fahrenheitskala 18.8
Faire déboucher le tuyau d'échappement à l'air libre 318.9
- une fondation en béton damé 307.4
- passer de l'air sur des charbons ardents 34.3
- - le gaz et l'air l'un à côté de l'autre 236.6
- - - - et l'air l'un au-dessous de l'autre 236.7
- - de la vapeur sur des charbons ardents 35.5
- - - - - sur des charbons incandescents 35.5
Faisceau de diagrammes 354.9
Faktura 371.1
Fall of pressure, most efficient cycle for a given 117.5
- - - between receiver and cylinder 129.1
- of temperature 17.3
- - -, most favourable cycle for a given 117.2
Fallar 378.1
Falling of the fuel through the grate 61.7
- grate, producer with rising and 42.4
Fällung 4.4
Falseare . 145.5, 155.9
Falta de estanqueidad de la válvula 206.3
- de hermeticidad de los segmentos 171.6
Fan 79.7
-s arranged in series 77.4
-, blast 82.3
- cooler 322.6
-, gas purifier . 77.9
-, hand 59.7
- house 81.7
- pressure . . 82.4, 83.8
-, starting . . . 37.7
- with water spray 77.3
-, wet suction . 77.5
Fangdüse . . . 38.8
-nute 278.7
-schirm 255.1
- -en, das flüssige Benzin an den - abstreifen 255.2
-trichter 320.8
Fänger, Öl- . . 279.3
Fangeuse, tourbe 28.6
Fango 70.8
- de carbón . . 24.2
-, colector de . 71.2
-, purgar del - la cámara de agua refrigeradora 167.3
Fangosa, acqua di circolazione 167.6
-, lignite 27.10
-, torba 28.6
Fangoso, carbón 24.2

Far girare la macchina con manovella a mano 291.4
- passare il gas e l'aria una sopra l'altero 236.7
- presa della fondazione 308.7
- sboccare il tubo di scarico all'aria libera 318.9
Farfalla automatica 244.9
-, valvola a . . 237.3
Fascina 30.1
Fase di lavaggio e di ammissione 126.6
-i di lavoro . . 118.6
- successive di funzionamento dalla valvola 199.1
Fase de arranque, pasar de la - á la de carga 295.7
- del caldeo, combustión perfecta en la 36.3
- - - del hogar del generador 35.2
-, ciclo de cuatro -s 118.8
- de compresión 126.8
- de gasificación 35.4
-, tensión de . . 334.7
-, de trabajo . . 118.7
Fasertorf . . . 28.5
Faserige Braunkohle 27.12
Fassungsraum des Generatorschachtes 49.4
Fast goods . . 374.6
Fastening of the differential spring 352.6
-, door 54.6
-, double 56.2
- of the double spring 352.6
- the piston pin 169.10
Fat coal 22.11
Fatigue des matériaux 141.4
Fattura 371.1
Faugé producer 44.5
Fault in the insulation 287.7
Faulty composition, mixture of 236.4
Faussage du cône de soupape 206.5
- de la tige de piston 181.4
Fausser, se . . 145.5
Fecha del pago 371.11
Feder, die - anspannen 204.6
-, Dichtung durch - und Nut 165.9
-, doppeltgewundene Indikator- 352.5
- zwischen Einlaß- und Gasventil 239.7
-gehänge . . . 204.4
-haube 203.6
-, Hilfs- 226.8
-, Indikator- . . 352.3
-, Längs- 270.3
Federmaßstab . 355.5
- -, geeichter . 355.6
-, die - nachspannen 204.7
-, Quer- 270.4
-regler 270.1
-, Regler- . . . 270.2
-schmierbüchse 274.11
-teller 204.2
- -, durch Keil befestigter 204.3
-, Ventil- 203.7
-wage 357.11
Federnder Kugelring 180.2
-e Platte . . . 84.1
-er Sperrhebel 293.1
Feed by compressed air 247.8
-, gravity . . . 247.7
- hole 45.4
- hopper 57.6
- lubricator, sight 276.3
- pipe 320.5
- screw, reversible 45.7
-, to stop the oil 347.2
-water regulator 40.6
- - valve . . . 40.7
Fehlzündung . 280.3
Fehler, Ablese- 351.9
-, Beobachtungs- 351.8
-, Diagramm- . 359.6
-grenze . . . 351.12
-hafte Angabe der Gasuhr 87.7
-, Material- . 139.11
-quelle 351.10
-, Versuch- . . . 351.7
Feilkloben . . 143.9
-maschine . . . 150.1
Feile 144.1
Feilen 143.10
Feinblech . . . 135.1
-kohle 25.4
-koks 27.7
-körnige Kohle 25.4
-er Staub . . . 76.7
Feldbahnlokomotive 339.7
-magnet 333.4
Felt discs, filter of 250.7
Feltro, filtro a fogli di 250.7
Fenêtre 240.7
- allongée . . . 213.8
- oblongue . . 213.8
-s, pièce intercalaire à 156.3
-, tambour à - en croix 214.2
Fenol 13.12
- de color oscuro 83.7
-, disolución de 83.8
Fenolo 13.12
- colorato in scuro 83.7
-, soluzione di 83.8
Fente oblique . 173.3
- régulatrice du bec Bunsen 99.1
- verticale . . . 173.3
Fer 131.2
- en barres . . 136.2
- blanc 134.8
- carré 136.4
- cornière . . . 136.5
Fer en double T 136.8
- feuillard . . . 136.1
- fondu homogène 133.2
- de forge . . . 132.7
- forgeable . . 132.7
- homogène . . 133.2
- - Bessemer . 133.3
- - Siemens-Martin 133.5
- - Thomas . . 133.4
- en I 136.8
- d'induit . . . 285.1
- plat 135.10
- à poutres . . 136.6
- profilé 135.7
- puddlé 133.1
- rond 136.3
- soudant . . . 132.8
- soudé 132.8
- en T 136.7
- en U 136.9
- en Z 136.10
- Zorès 135.9
Feritoia 240.7
-e, corona di . 240.4
- per la corrente di ritorno 246.5
-, distribuzione a 240.3
-, - con - ai due lati 242.3
-a di entrata d'aria 242.5
- - - del gas . 242.6
-e, intervallo tra 241.2
-a di introduzione 240.8
- di scarico . . 241.1
-e - comuni . . 241.8
Fermare la macchina 346.6
Fermarsi, oscillazioni del volano nel 345.8
Fermer l'enveloppe au moyen d'un revêtement en tôle qui l'entoure 162.2
- étanchement le trou de dessablage 170.8
- les pores par martelage 343.3
- le robinet de gaz 346.8
- la soupape . 207.6
Fermeture de l'admission 233.1
-, cendrier à - hydraulique 54.7
-, chapeau de . 56.3 313.3
-, cloche de régulateur à - hydraulique 86.2
- double 56.2
- hydraulique de la conduite de gas 55.9
-, pièce de - du cylindre 168.4
- de porte . . . 54.6
-, pot d'échappement à - hydraulique 319.5
- retardée . . . 208.1
- de la soupape 207.4
Fermeture de tuyau 313.2
Fernthermometer 18.1
Ferro 131.2
- ad angolo . . 136.5
- in barre . . . 136.2
- dolce 132.7
- -, tubo di . . 309.8
- a doppio T . 136.8
- di fucina . . 132.7
- fucinabile . . 132.7
- fuso 133.2
- - basico . . . 133.4
- - Bessemer . 133.3
- - Siemens-Martin 133.5
- - Thomas . . 133.4
- dell'indotto . 285.1
- a nastro . . . 136.1
- omogeneo . . 133.2
- piatto . . . 135.10
- profilato . . . 135.7
- pudellato . . 133.1
- quadro . . . 136.4
- sagomato . . 135.7
- saldato . . . 132.8
- a T 136.7
- tondo 136.3
- per travi . . . 136.6
- ad U 136.9
- in verghe . . 136.2
- a Z 136.10
- Zorés 135.9
Ferro-carril con locomotoras de gas 339.9
Ferrovia a gas 339.9
Feryssches Pyrometer 21.9
Féry's pyrometer 21.9
Fessura regolatrice del becco Bunsen 99.1
Festbrennen des Kolbens 181.2
-fressen des Kolbens 181.1
-gebrannter Staub 314.5
-geschlagene Sandkörner 343.6
-stehender Anker 285.6
Fester Drehpunkt 216.1
-e Elektrode. . 288.7
-er Flansch . . 312.7
Festigkeit . . . 140.9
-sberechnung . 141.1
-, Druck- 140.5
-, Knick- 142.5
-, Zerreiß- . . . 140.4
-, Zug- 140.4
Fettgas 33.1
- -anstalt . . . 33.2
- -, Leuchtgas und 30.5
-kohle 22.11
FetteSteinkohle 22.11
Feu, insensibilité au 51.4
-, résistance au 51.4
Feuchter Dampf 11.8
-e Luft 10.9
Feuchtigkeitsgehalt 26.2
-smesser 10.11

Feuerbeständigkeit 51.4
-fester Stein . . 50.8
-gefahr 350.2
-gefährlichkeit 102.1
-haken 61.5
-melder 377.3
-platte 39.2
-spritze, Benzinmotor- 338.9
-tür 54.3
-versicherung . 377.2
Feuillard de fer 136.1
Feuilles, bois d'arbres à - aciculaires 30.2
-, - - à - persistantes 30.4
-, - à - caduques 30.3
- de cuivre . 136.11
Feuillu, bois . 30.3
Fiador . . 213.9, 289.8
- de resorte . . 293.1
Fiamma di accensione 280.5
- - -, caminetto della 280.7
- - -, condotto della 280.6
-e aperte, protezione contro le 249.4
-a di Bunsen . 265.5
-, carbone a lunga 25.9
-, fissità della . 265.1
- senza fuliggine 265.6
- intermediaria 280.8
- a luce rossa . 265.4
- non luminosa bleu 265.5
- di ritorno . . 249.5
-, rumore della 265.3
-, vacillare della 265.2
Fianco, luce di 304.3
Fibra vulcanizzata 138.8
- de madera . 73.4
- vulcanizada . 138.8
Fibre, vulcanised 138.8
-, wood 73.4
Fibre vulcanisée 138.8
Fibreux, lignite 27.12
-, tourbe -se . . 28.5
Fibroso, torba -a 28.5
Fibroso, lignito 27.12
-, turba -a . . . 28.5
Fibrous lignite 27.12
- peat 28.5
Ficelle d'indicateur 353.8
-, régler la longeur de la 354.1
-, tendeur de . 354.2
Fichet and Heurty producer 46.4
Field coil . . . 333.5
- frame 333.3
- magnet . . . 333.4
Fielding producer 44.2
Fieltro, filtro de discos de 250.7
Figures, counter with jumping 358.11
Fijar el polvo por el agua 76.10
Fijeza de la llama 265.1
Fijo, oxígeno químicamente 10.4
Fil d'acier . . 137.14
- de cuivre . . 138.1
-, diamètre du . 203.8
- étamé . . . 137.12
- de fer . . . 137.11
- galvanisé . 137.13
-, grosseur du . 203.8
- de laiton . . 138.2
- métallique . 137.10
- de platine . . 21.3
- - - -rhodium . 21.4
- zingué . . . 137.13
Filamentoso, escoria -a 73.7
File 144.1
File, to . . . 143.10
Filettato, raccordo 313.5
Filing a nick . 174.7
Fill, to - the cylinder with explosive mixture 298.6
-, to - the tank 249.1
Filling, coke . 68.7
- funnel 249.3
- of small pebbles 249.10
Film, conical . 256.4
Filo di acciaio 137.14
- di ferro . . 137.11
- metallico . 137.10
- -, garza di . . 250.1
- di ottone . . 138.2
- di platino . . 21.3
- - - rodio . . 21.4
- di rame . . . 138.1
- riscaldato al colore bianco 266.2
- - - - rosso . 266.1
-, spessore del . 203.8
- stagnato . . 137.12
- tenditore, anello di gomma e 162.5
- zincato . . 137.13
Filter, Filzplatten- 250.7
-, Petroleum- . 250.5
-, Schlackenwoll- 73.6
-, Watte- 89.10
Filter of felt discs 250.7
-, mineral wool 73.6
-, oil 278.1
-, petroleum . . 250.5
-, wadding . . 89.10
Filtre à laine de laitier 73.6
- à ouate . . . 89.10
- à pétrole . . 250.5
- à plaques de feutre 250.7
- en toile métallique 249.6
Filtro a fogli di feltro 250.7
- di lana di scorie 73.6
- d'olio 278.1
- di ovatta . . 89.10
- per petrolio . 250.5
Filtro de aceite 278.1
- de algodón en rama 89.10
- cabezal- - de aspiración 317.10
- de discos de fieltro 250.7
- de escorias filamentosas 73.6
- de petróleo . 250.5
Filzplattenfilter 250.7
Final cleaning 67.1
- ordinate . . . 111.8
- purification . 67.1
- purifier . . . 67.3
Final, épurateur 67.3
-e, épuration . 67.1
Finale, ordinata 111.8
Financiero, producto 373.3
Finanziaria, produttività 373.3
Fine coke . . . 27.7
- dust 76.7
Finestra 240.7
Finger, drehbarer 213.3
Finger, pivoted 213.3
Finiquito . . . 371.1
-, dar 371.3
Finishing . . . 148.3
Fir, Scotch . . 307.1
Fire alarm . . 377.3
-, back 292.7
- bar 51.5
- -s, air-space between the 51.2
- -, head of the 51.6
- -, trough-shape - filled with ashes 53.2
- -s, width of air-space between the 51.3
- brick 50.2
- - lining of body 49.10
- clay 50.1
- - retort . . . 32.7
-, danger of . . 350.2
- door 54.3
- engine, petrol engine driving 338.9
- hook 61.5
- insurance . . 377.2
- iron 61.5
-, liability to catch 102.1
- proof 51.4
-, risk of 350.2
-wood 29.10
Firing, back- . 346.1
Firm 379.9
Firma 379.9
Firme 379.9
First cost . . . 372.3
- law of thermodynamics 114.5
- order, lever of the 215.8
- ordinate . . . 111.7
- payment . . . 371.9
- point of contact 222.9
Fissa, flangia . 312.7
-e, punte . . . 286.7
Fissare la leva della valvola 226.6
- la locomobile 338.7
Fissare le viti di fondazione col colare 309.1
Fissazione del perno 169.10
- dello stelo allo stantuffo 178.6
Fissità della fiamma 265.1
Fisso, impianti -i 323.1
-, punto di rotazione 216.1
Fissure dans le cylindre 163.3
Fit in, to - the piston at the working temperature 175.7
Fitter 143.3, 143.5, 300.6
-'s shop 143.4
-'s tools 143.6
Fitting, pipe . . 310.5
- pipes 313.7
- strip 154.8
Fixation de l'axe 169.10
- du ressort à double enroulement 325.6
- de la tige de piston dans le piston 178.6
Fixed armature 285.6
- electrode . . 288.7
- flange 312.7
- fulcrum . . . 216.1
- -, lever with rolling contact and 218.1
- gas 111.10
- oxygen . . . 10.4
- point of the thermometer 18.9
Fixité de la flamme 265.1
Fixpunkt des Thermometers 18.9
Flacheisen . . 135.10
-regler 272.6
-schieber . . . 363.6
Flache Geradführung 150.8
-er Kolben . . 170.4
-er Schaft . . . 184.1
Fläche, tragende Um- 175.6
Flackern der Flamme 265.2
Flacon aspirateur 88.8
- d'aspiration . 88.8
- conique d'absorption 94.4
- de niveau . . 91.8
- - -, abaisser le 92.1
- - -, élever le . 91.9
- de Woulf . . 89.2
Flaky ashes . . 61.8
Flambage, calculer la tige de piston au 178.1
-, résistance au 142.5
Flame, Bunsen- 265.5
-, to extinguish the heating 346.9
-, flashing back of 249.5
-, flickering of the 265.2

Flame, to hold a wire in the 265.9
-, igniting . . . 280.5
-, ignition by . 280.4
-, - tube with adjustable heating 283.1
-, intermediate 280.8
-, luminous . . 265.4
-, non-luminous blue 265.5
- passage, ignition 280.6
-, point of highest temperature in the 265.7
- propagation, velocity of 263.4
-s, protection against open 249.4
-, red 265.4
-, roaring of the 265.3
-, sootless . . . 265.6
- spreader . . . 264.3
-, steadiness of the 265.1
-, the - strikes back into the suction pipe 346.2
-, test 60.3
-, testing the - temperature 265.8
- velocity of the charge 124.1
Flammofen . . 65.9
-punkt 101.6
- -prüfer . . . 101.7
Flamma di prova 60.3
Flamme, entleuchtete, blaue 265.5
-, nichtrußende 265.6
-, Probe- 60.3
-, rot leuchtende 265.4
-, Vermittlungs- 280.8
-, Zünd- 280.5
-nzündung . . 280.4
-, zurückschlagende 249.5
Flamme d'allumage 280.5
- bleue 265.5
-, bruissement de la 265.3
-, brûler sans . 58.3
- de Bunsen . . 265.5
-, charbon à courte 25.10
-, - - longue . . 25.9
-, fixité de la . 265.1
- non fuligineuse 265.6
- intermédiaire 280.8
- à lumière rouge 265.4
- non lumineuse 265.5
-s, protection contre les - non abritées 249.4
-, retour de - en cas de raté d'allumage 249.5
- sans suie . . . 265.6
- témoin 60.3
-, vacillement de la 265.2
Flange 312.2
- bolt 312.10
-s, bolted . . . 312.8
- of brass . . . 188.8
-, counter . . . 312.3
-, diameter of . 312.4
-, fixed 312.7
- of the frame, connecting 154.7
-, loose 312.6
-, slip-on 312.6
-, thickness of . 312.5
Flanged head of the frame 154.6
- joint 312.1
- pipe 311.9
- plate 135.5
Flangia 312.2
-, bullone della 312.10
-, diametro della 312.4
- di estremità, praticare un taglio nell'inviluppo presso la 162.4
- fissa 312.7
- di raccordo dell'incastellatura 154.7
- sciolta 312.6
- spessore della 312.5
-, testa dell'incastellatura a 154.6
-, unione a . . . 312.1
Flangiata, lamiera 135.5
Flansch 312.2
-, Anschluß- - des Rahmens 154.7
-endicke 312.5
-endurchmesser 312.4
-, fester 312.7
-, Gegen- 312.3
-enkopf des Rahmens 154.6
-, loser 312.6
-, Rahmen- . . . 154.7
-, Rohr- 312.2
-enrohr 311.9
-enschraube . 312.10
-enverbindung 312.1
-enverschraubung 312.8
Flap valve . . 337.6
- - for air . . . 237.4
- -, automatic . 244.9
- - for gas . . 237.5
- -, non-return 250.3 316.2
- -, safety . . . 250.4
Flapping of the belt 328.1
Flasche, kegelförmige Absorptions- 94.4
-, konische Absorptions- 94.4
-, Niveau- . . . 91.8
-, Saug- 88.8
-, Woulfsche . . 89.2
-nzug 302.2
Flash point . . 101.6
- - tester . . . 101.7
Flashing back of flame 249.5
- point 101.6
Flask, casting moulded in the 131.5
-, conical absorption 94.4
Flasque du bâti 154.1
-s, guidage du piston par - porteurs 176.2
-, largeur de . . 186.5
- de manivelle . 186.4
- porteur . . . 176.3
Flat bar . . . 135.10
- - -iron . . . 135.10
- drill 148.7
- guide 156.8
- piston 170.4
- rod 184.1
- slide 156.8
- spring for turning back the armature 289.4
Fléchissant, moment 141.8
Fleischseite des Riemens 328.6
Flesh side of belt 328.6
Flessione, carico di 141.7
- dell'incastellatura 155.9
-, linea di . . . 187.8
Flete 374.4
Flettente, momento 141.8
Flexarse 155.9
Flexible metallic packing 179.5
Flexion du bâti 155.9
-, effort de - (auquel les matériaux sont soumis) 141.7
-, - de - dû à l'inertie des pièces 184.5
-, ligne de - élastique 187.8
-, moment de . 141.8
- de la tige de piston 177.9
-, travail de - (auquel les matériaux sont soumis) 141.7
Flexión, esfuerzo de 141.7
-, momento de . 141.8
- del vástago del émbolo 177.9, 181.4
Flexure, moment of 141.8
Flickering of the flame 265.2
Fliegendes Schwungrad 190.1
Fliehkraft . . . 270.5
- -regler 267.1
Fließende Schlacke 60.9
Float 248.8
- chamber . . . 248.5
-, regulation of the liquid level by means of a 248.7
Floor 303.5
-, to arrange the charging pumps under the 248.8
- plate 303.9
-, vibration of the 346.5
Flotador 248.8
-, copa del . . . 248.5
Flottement de la courroie 328.1
Flotteur 248.8
-, réglage de la hauteur du liquide par 248.7
Flow, continuous - of motive fluid 365.7
- of gas, irregular 84.4
- - -, resistance to - in the charging pump 130.1
- of the mixture into the tube 282.5
Fluctuation de charge 344.10
-s, pression présentant de fortes 84.3
Flue 54.8
- gas, boiler . . 63.4
-s, heating . . 65.7
- pipes 55.1
-s, regenerator 32.11
-, suction . . . 318.1
Flugasche . . . 61.8
-kolbenmaschine, atmosphärische 363.8
-zeit 364.3
Flügel, sich aufeinander abwälzende 80.3
-breite 80.8
-, Druck- 78.7
-pumpe 108.8
-rad 80.6
-, Saug- 78.6
-, spiralförmiger 78.5
Fluid, continuous flow of motive 365.7
-, - generation of the motive 365.8
-, intermittent generation of motive 366.1
Fluidez, grado de 99.7
Fluid[issim]o, olio 99.5
Fluidità, grado di 99.7
Fluidité 99.7
-, degré de . . . 97.7
Fluidity, degree of 99.7
Flúido, aceite muy 99.5
-, escoria -a . . 60.9
Flur, die Ladepumpen unter dem - anordnen 248.8
Flußeisen . . . 133.8
- -, basisches . 133.4
- -, Bessemer- . 133.3
- -, Siemens-Martin- 133.5
- -, Thomas- . . 133.4
-stahl 134.1
- -, Tiegel- . . . 134.3
Flüssige Schlacke 60.9
Flüssigkeitsgrad 99.7
-sstand 83.2
Fly-ball arm . . 268.7
-wheel . . 189.8, 210.7
- - arm 190.6
- - boss 191.1
- - hub 191.1

Flywheel, interchange of energy between crank gear and 197.8
- - moment . . 197.7
-, oscillating movement of the - when stopping 345.8
- -, overhung . 190.1
- - pit 305.3
- - race 305.3
- -, rim of . . . 190.2
- -, split 191.5
- -, starting by turning the 293.4
- -, weight of - rim 197.6
Focolare a gas, forno a storte con 32.6
Foggiare a martello 145.8
Fogli di feltro, filtro a 250.7
Föhrenholz . . 307.1
Folles, cendres 61.8
Following pulley 327.5
Fonction . . . 109.2
Fonctionnement 341.1
- continu . . . 341.4
- - de l'exhausteur 38.1
- au gaz à l'eau 35.1
- de gazogène à double combustion 45.8
- - - simple avec retour des gaz goudronnés dans la chambre de combustion 43.4
- du haut fourneau 64.6
- intermittent . 341.5
- renversé du gazogène 44.4
- silencieux des roues d'engrenage 210.4
Fond bombé . 78.8 169.1
- de cylindre . 163.5
-, double 258.4
-s engagés . . 373.5
- de la gorge . 172.3
-, nervure du . 169.5
- à nervures . 169.2
- nervuré . . . 169.2
- du piston . 168.10
- de la rainure 172.3
Fondamental, prix 370.6
Fondamento . . 304.6
Fondation 304.6, 306.1
- en béton . . 307.3
-, bloc de . . . 304.8
-, boulon de . . 308.8
- en briques . 306.4
- divisée . . . 305.1
-, faire une - en béton damé 307.4
- indépendante 304.9
-, installation de 304.5
-, jeter une - en béton damé 307.4
- du moteur . 304.4
-, plaque de . . 152.2
Fondation, prise de la 308.7
- reliée au bâtiment 304.10
-, semelle de . . 305.4
Fondazione 304.6 306.1
-, blocco di . . 304.8
- in calcestruzzo 307.3
- collegata al fabbricato 304.10
- divisa 305.1
-, impianto della 304.5
- isolata 304.9
- del motore . 304.4
- in muratura di mattoni 306.4
- in più parti . 305.1
-, piastra di . . 152.2
-, far presa della 308.7
-, suola di . . . 305.4
-, zatterone di . 306.2
Fondere 147.2
Fonderia . . 146.10
Fonderie . . . 146.10
-, modèle de . . 147.4
Fondeur 147.1
Fondiario, capitale 373.6
Fonditore . . . 147.1
Fondo 373.4
- del cilindro . 163.6
- curvo 78.8
-, doppio 258.4
- a forma sferica 169.1
- imbottito . . 169.1
- impiegato . . 373.5
-, nervatura di 169.5
- a nervature . 169.2
- della scanalatura 172.3
- dello stantuffo 168.10
Fondo bombeado 78.8, 169.1
- convexo . . . 169.1
-, doble 258.4
- del émbolo 168.10
- de la ranura . 172.3
- reforzado con nervios 169.2
Fonte 147.3
- en coquille . 132.5
- coulée en argile 132.1
- - en châssis . 131.5
- - à découvert 131.4
- en sable . . . 131.6
- durcie 132.4
- forgeable . . 132.6
- malléable . . 132.6
- moulée . . . 131.3
- poreuse . . . 147.8
- présentant des soufflures 147.9
- à soufflures . 147.9
-, tension dans la 147.11
- sans tensions internes 148.1
- trempée . . . 132.4
Foot, bearing surface of the bed plate 155.4
- of crankshaft bearing 152.8
-, cylinder . . . 158.8
- of frame . . . 155.3
Footing 306.1
Forage du levier 216.2
- longitudinal du piston 251.5
- transversal du piston 251.6
Forare . . 144.9, 148.5
-, macchina per 146.6
Forca per assortire il coke 27.4
Force 141.6
-s acting on the driving gear 194.7
-, centrifugal . 270.5
- of the connecting rod 183.7
-s, inertia - acting in the plane of the oscillation of the stem 184.4
-s, molecular 112.10
-, moment of centrifugal 272.8
-, sleeve - due to centrifugal action 272.1
-, tangential - on the crank pin 195.1
-, tractive - of locomotive 339.2
-, turning . . . 195.1
Force 141.6
- d'allumage . 279.6
- centrifuge . . 270.5
- de déplacement du régulateur 271.6
-s d'inertie agissant dans le plan d'oscillation de la bielle 184.4
-s en jeu dans le mécanisme de transmission 194.7
- des masses . 195.5
-s moléculaires 112.10
- motrice et eau consommées par l'épuration 79.4
- de serrage du segment 171.8
- de traction de la locomotive 339.2
Forced lubrication of the stuffing box 179.9
Forcella, incastellatura a 151.5
Forchetta, biella a 183.7
-, leva a 216.9
Förderdruck in m Wassersäule 337.7
-kohle 23.5
Foreman 143.2, 145.1
Forer, machine à 148.6
- un trou dans . . . 148.5
Foret américain 148.8
- hélicoïdal . . 148.8
- héliçoïdal . . 148.8
- à langue d'aspic 148.7
-, percer au . . 148.5
Foreuse 148.8
Forge 145.6
- -iron 132.7
Forge, to . . . 145.8
Forge 145.6
Forger 145.8
-, presse à . . . 146.2
Forgeron . . . 145.7
Forging press . 146.2
Forja 145.6
-, prensa de . . 146.2
Forjado, hierro 132.7
Forjar 145.8
Fork, coke . . 27.4
Forked . . . 216.11
- engine bed . 151.5
- lever 216.9
Forking of the lever 216.10
Formblech . . 135.3
-drehbank . . . 149.8
-eisen 135.7
-sandreste im Ventilgehäuse 343.4
-stück 310.5
-veränderung . 141.3
Form, to - the foundation from concrete 307.4
Forma di argilla, getto in 132.1
- geometrica della curva di rotolamento 220.2
- della paletta 80.10
-e di sabbia, getto in 131.6
- scoperte, getto in 131.4
-a sferica, fondo a 169.1
- degli sporti sulle camme 222.1
Forma geométrica de las curvas de rodadura 220.2
- de la leva . . 222.1
- de las paletas 80.10
Formación de un depósito de hollín en las canales de combustión 266.3
- de escorias . . 60.10
- de incrustaciones en el émbolo 180.9
- de la mezcla 235.7
Formation of clinker 60.10
- of the mixture 235.7
- of smoke whilst starting the producer 60.1
Formation d'un joint étanche au moyen de portées rodées 165.2
- du mélange . 235.7
- de scories . . 60.10
Formazione della miscela 235.70
- di scorie . . . 60.10
Forme d'aube . 80.1
- de came . . . 222.1
- géométrique des courbes de roulement 220.2
- de palette . . 80.10
Formula di una combinazione 2.9
Fórmula química 2.9
Fornire 369.3
Fornitore . . . 369.4

Fornitura . . . 369.2
- d'acqua allo stelo della valvola 202.5
-, condizioni della 369.5
Forno, bocca del 63.9
- a coke 65.4
- - -, motore a gas di 324.1
- a ricupero di calore 65.11
- - -, sistema di canali per 32.11
- a rigeneratore 65.11
- a riverbero . 65.9
- a storte con focolare a gas 32.6
- con utilizzazione dei prodotti secondari 65.10
Foro per l'attizzatoio 61.2
- centrale dell' albero 358.10
- di colata del metallo 64.5
- - - di scorie . 64.5
- di comunicazione coll'anima 147.6
- longitudinale dello stantuffo 251.5
- per la lubrificazione 275.2
- - - libero . . 275.7
-i, piastra a . . 262.7
-o di pulizia, chiudere ermeticamente il 170.8
-i - - del lavatore 70.6
-o trasversale dello stantuffo 251.6
Forrar los casquillos de metal blanco 189.2
- el cuerpo del émbolo de metal blanco 177.1
Forro de la aguja 262.5
- de antifricción 189.4
- de metal blanco 189.4
Fc. nka . . . 104.1
Fortemente, strozzato 237.7
Forward stroke 192.5
Forwarding agent 374.11
- of goods . . 374.10
Forza 141.6
- di accensione 279.6
- centrifuga . . 270.5
- -, momento della - del pendolo 272.8
- -, regolatore a 231.1
-e d'inerzia delle masse 184.4
-a -a, sforzo di flessione prodotto dalla 184.5
-e molecolari 112.9
-a motrice, gas per 33.7
- -, olio per . . 99.4
- -, spirito per . 104.7
- di trazione della locomotiva 339.2
Fosforo, pentossido di 89.9
Fosforoso, bronzo 137.7
Fósforo, pentaóxido de 89.9
Foso para el volante 305.3
Fossa smorzatrice 319.6
- del volano . 305.3
Fosse du volant 305.3
Fossile Kohle . 22.4
Fossile, carbone 22.4
Foul valve . . 206.9
Fouling 87.7
- of the valve seat 206.8
Foundation . . 304.6
-, arrangement of 304.5
-, base of the . 305.4
-, bearing area of the 304.7
-, - surface of the 304.7
- block 304.8
—bolt 308.8
- -s, hole for the 308.10
-, brick 306.4
-, concrete . . . 307.3
-s, detached . . 305.1
- of the engines 304.4
-, to form the - from concrete 307.4
-, to leave the recesses in the - free 307.5
- in one with that of the building 304.10
- plate 308.9
- -, to grout the 309.1
- separate from that of the building 304.9
-, setting the . . 308.7
-, to stamp the - from concrete 307.4
Foundry . . . 146.10
Four stroke cycle 118.8
- - -, to admit compressed air in a 295.2
- - - engine, Capitaine's tappet gear for a 213.2
- - - -, double-acting 324.9
- - - -, duplex tappet gear for a 213.6
- - - -s, governing of 297.2
- - - -, Körting's tappet gear for a 213.10
- - - -, single-acting 324.8
- - - -, Wenzel's tappet gear for a - worked directly from the crank shaft 212.6
Four stroke cycle method 118.9
- - -, starting on a - by means of compressed air 295.1
- way piece . . 311.1
Four auxiliaire 65.10
- à coke 65.4
-s - -, batterie de 65.5
- à cornues chauffé au gaz 32.6
- pour l'extraction des sousproduits 65.10
-s, gaz des - à coke 64.11
- régénérateur 65.11
- à réverbère . 65.9
Fourche, bâti à 151.5
- de bielle . . . 183.7
- à coke 27.4
-, coke assorti à la 27.3
-, - trié à la . . 27.3
-, en forme de 216.11
- du levier . 216.10
-, levier à . . . 216.9
Fourchu . . . 216.11
Fourgon 61.5
Fourneau, allure irrégulière du haut 64.8
-, étalages de haut 64.2
-, fonctionnement du haut 64.6
-, gaz de haut . 63.6
-, gueulard de haut 63.9
-, haut 63.7
-, marche du haut 64.6
Fournir 369.3
Fournisseur . . 369.4
Fourniture . . 369.2
-, conditions de 369.5
-, délai de . . . 369.6
- et frais . . . 368.1
Fourreau, moteur à 175.3
Fourrure antifriction 189.4
- -, effeuillement de la 189.6
- -, exfoliation de la 189.6
- en métal blanc 189.4
Foyer, gaz du . 30.8
-, porte du . . . 54.3
-, système de canaux du - de récupération 32.11
Fracción- . . . 8.10
Fracht 374.4
-brief 374.8
-, Eil- 374.6
-gut 374.5
Frachter, Ver- 374.11
Frachterei, Ver- 374.10
Fraction . . . 8.10
Fractional distillation 8.9
- -, analysis by 100.8
Fractionnée, distillation 8.9
Fracture pipe . 314.7
-, safety against - of cylinder head 164.4
Frágil 139.7
- en frío 139.8
Fragile 139.6
Fragile . . 139.6, 139.7
- a freddo . . . 139.8
Fragilidad . . 139.5
Fragilità . . . 139.5
Fragilité 139.5
Fragua 145.6
-, oficial de . . 145.7
Fraguado de la cimentación 308.7
Frais d'atelier . 372.9
- de construction 372.5
- de douane . . 375.4
- d'entretien . 372.7
- d'épuration par m³ de gaz 79.5
- d'établissement 372.2
- d'expédition . 373.2
- d'exploitation 372.7
- d'installation 372.2
372.6
- de main = d'œuvre 273.1
- de montage . 372.6
- de procédure 377.9
- de production 372.4
- de réparation 372.8
- de transport . 373.2
Fraise 150.5
Fraiser 150.3
-, machine à . . 150.4
Fraiseuse . . . 150.4
Fraktion 8.10
Fraktionierte Destillation 8.9
Frame 153.7
-, base of . . . 155.3
-, bayonet . . . 154.4
-, bending of the 155.9
-, connecting flange of the 154.7
-, continuous . 156.1
-, deflection of the 155.9
-, double beam 154.5
-, engine 153.7
-, field 333.3
-, flanged head of the 154.6
-, foot of 155.3
-, to grout in the 308.4
- heated by waste heat 264.4
-, hollow cast . 153.8
-, magnet . . . 333.3
-, returning current through the - of the engine 287.1
-, rigidity of the 155.6
-, side beam of the 154.1
-, solid 154.2
-, stiffening of the - by means of tie-rods 155.7
- wall 154.3
Frantoio per carbone 24.6

Frasco de absorción 88.8
- de aspiración 88.8
- aspirador . . 88.8
- cónico de absorción 94.4
- graduado . . 91.2
- de nivel . . . 91.8
- - -, bajar el . 92.1
- - -, levantar el 91.9
- de Woulf . . 89.2
Fräsmaschine . 150.4
Fräsen 150.3
Fräser 150.5
Frazionata, distillazione 8.9
Frazione 8.10
Free, to - coal from iron pyrites 23.9
-, to - the gas from dust 76.1
-, to leave the recesses in the foundation 307.5
Freeing from clinker 60.5
- the gas from dust 75.9
Freely supported piston 177.2
Freezing point of the thermometer 19.1
Freischwebender Kolben 177.2
-er Zylinder . . 158.6
-tragende Kolbenstange 177.3
Freier Auslauf der hin- und hergehenden Massen 196.4
-er Ventilquerschnitt 208.8
Freight 374.4
-, expenses of . 373.2
Frein à collier 358.1
- à corde . . 357.10
- à courants de Foucault 358.4
-, levier du . . 357.7
-, longueur du bras de levier du 357.8
- pour moteurs 357.1
- à pendule . . 357.4
-, poids du . . . 357.6
- de Prony . . 357.3
- sur roue . . . 338.8
- à ruban . . . 358.1
-, serrer les mâchoires du 357.5
Freinage . . . 356.9
Frenado 356.9
Frenar 356.9
Freno, carico del 357.2
- a corda . . 357.10
- a correnti di Foucault 358.4
-, leva del . . . 357.7
- per motori . 357.1
- a nastro . . . 358.1
- a pendolo . . 357.4
-, peso del . . . 357.6
- di Prony . . . 357.3
-, prova al . . . 356.9
- sulla ruota . 338.8
Freno de cable 357.10
Freno de cinta 358.1
- de corrientes de Foucault . 358.4
- para motores 357.1
- de péndulo . 357.4
- de Prony . . 357.3
- sobre la rueda 338.8
Frente del émbolo 170.7
Fresa 150.5
Fresadora . . . 150.4
Fresar 150.3
Fresare 150.3
-, macchina per 150.4
Fresatrice . . . 150.4
Fresh air . . . 41.2
- -, introduction of - before the combustible mixture 127.7
- charge, to expel the exhaust gases by a 127.3
- water, cooling with 321.1
- - pump, small gas engine driving 330.5
Frêt 374.4
Frette posée à chaud 191.4
Friable 139.6
Friction in eccentric 225.3
-, governor . . 271.7
- due to the guide-pressure of the driving gear 176.1
-, nozzle 366.4
-, piston 175.8
- due to weight 175.9
-, wheel 367.3
-, work absorbed by 360.3
-, - lost in . . . 360.3
Frisch gefälltes Holz 29.11
-luft 41.2
-wasserkühlung 321.1
- - pumpe, Kleinmotor mit 330.5
Frisches Holz . 29.11
Front cylinder end 159.2
- face, piston . 170.7
Frontal del émbolo 170.7
-, volante . . . 190.1
Frost, to draw off the water during 347.5
Frottement, énergie absorbée par le 360.3
- d'excentrique 225.3
- du piston . . 175.8
- dû au poids . 175.9
- dû à la pression de guidage du mécanisme de transmission 176.1
- propre du régulateur 271.7
- de la roue . . 367.3
-, travail de . . 360.3
- dans la tuyère 366.4
Frühzündung . 280.1
Frutto, mettere a 373.7
Fucina . . 143.4, 145.6
-, ferro di . . . 132.7
-, mantice da . 145.9
-, pressoio da . 146.2
-, utensile da . 143.6
Fucinabile, ferro 132.7
Fucinatore . . 145.7
Fuego en el generador, encender el 59.6
-, resistencia al 51.4
Fuel 22.2
-, air for spraying liquid 255.8
-, column of . . 57.8
- consumption 61.10 347.9
-, cup for the initial heating 264.1
-s, difference in price between two 348.3
- gas 30.8
-, governing by varying the amount of - admitted per cycle 231.7
-, heating of the 257.2
-, injecting - after compression 259.5
-, - - before compression 259.4
- pump 250.8
- -, governing by controlling the 252.2
- -, the - is running idle 252.3
-, quantity of gas produced in cubic meters per kg of 62.2
-, to start with highly volatile 258.8
- supply, cutting off the 228.4
- tank 247.3
-, tray for the initial heating 264.1
-, utilisation of 62.1
- valve 262.2
- -, keeping the - closed 228.5
- vapour, outlet velocity of the 263.3
-, weight of gas produced per kg. of 62.3
Fuelle . . 85.8, 145.9
- mecánico por gas 330.3
Fuerza 141.6
-s que actuan en el mecanismo de transmisión 194.7
- de la biela . . 194.9
- centrifuga . . 270.5
- -, momento de la - del péndulo 272.8
- de desplazamiento del regulador 271.6
- del émbolo . 194.8
- ejercida por la inercia de las masas 195.5
- del encendido 279.6
Fuerzas de inercia que actuan en el plano de oscilación de la biela 184.4
-s - -, conservar reducidas las - de las varillas 215.5
- de la inflamación 279.6
-s moleculares 112.10
- motriz, gas para 33.7
- de rotación . 195.1
- - -, diagrama de la 195.3
- de tracción de la locomotora 339.2
Fuga de la válvula 206.3
-s en el émbolo, pérdida por 171.5
- traverso gli anelli di guarnizione 171.6
Fuge, Rost- . . 51.2
-, Schnitt- . . . 178.2
-, Teil- 178.2
Fühlbare Wärme 15.4
Führung, gekühlte Kreuzkopf- 157.2
-, Gerad- 156.5
-shebel, den - der Klinke verstellen 290.8
-skasten, hinterer 156.4
- der Koksgase unter den Rost 45.6
-, Kolben- . . . 175.2
- des Kolbens durch Tragbacken 176.2
-, Kreuzkopf- . 156.6
- der Rolle . . 223.2
-, Rund- 156.9
-, Schaft- 201.6
-sstift 239.5
-, Stift- 239.3
-, Trag- 156.7
-, Ventilstangen- 201.6
Fuites aux bagues de garniture 171.6
-, perte par - au piston 171.5
- aux segments 171.6
Fulcrum arm, movable 234.2
-, fixed 216.1
- of the lever . 215.9
-, lever with eccentric 218.6
-, - - rolling contact and fixed 218.1
Fuliggine, fiamma senza 265.6
-, sublimazione del carbonio in 10.1
Fuligineux, flamme non -se 265.6
Fuliginoso, llama no -a 265.6
Full load . . . 345.3
- pressure ratio 123.8
Füllgefäß . . . 56.7
-pumpe . 242.7, 298.7
-schacht, offener 44.3
-schraube . . . 248.2
-topf 56.1
- -, aufklappbarer 56.5

Fülltrichter 56.1, 249.3
- - mit Hahn . 56.4
-vorrichtung, drehbare 56.6
Füllen, den Behälter 249.1
-, den Zylinder mit Gemisch 298.6
Füllung 282.8
-shöhe 57.7
-sreglung . . . 282.7
-sschluß 288.1
-sverhältnis . . 123.8
Fumante, acido solforico 90.5
Fumante, ácido sulfúrico 20.5
Fumée, conduite de 55.1
Fuming sulphuric acid 90.5
Fumivoro . . 318.10
Fumívoro, apparecchio 318.10
Fumívoro, aparato 318.10
Fumo, condotto del 55.1
-, tubo del . . . 54.8
Función 109.2
Funcionamiento con gas de agua 35.1
- del generador 56.8
- - - de doble combustión 45.8
- inverso del generador 44.4
-, de - peligroso 342.4
-, seguridad de 342.2
-, de - seguro . 342.3
- silencioso de las ruedas dentadas 210.4
- simple del generador con retroceso de los gases de alquitrán 43.4
Funcionar, en disposición de 342.5
Function . . . 109.2
Fund, pension . 386.3
Fundación . . 304.6
Fundament . . 304.6
-anker 308.8
-anlage 304.5
-, Beton- 307.3
-, das - aus Beton aufstampfen 307.4
-bolzen 308.8
-, mit dem Gebäude zusammenhängendes 304.10
-, isoliertes . . 304.9
-klotz 304.8
-schraube . . . 308.8
-sohle 305.4
-, unzusammenhängendes 305.1
-, Ziegelstein- . 306.4
Fundamentierung der Maschine 304.4
Fundamental chemical notions . . 1.1
Fundición 131.3, 146.10 147.3
- de acero . . . 132.2
- de acero recocida 132.3
- con ampollas 147.9
- en arcilla . . 132.1
- en arena . . . 131.6
- con burbujas 147.9
- en cajas . . . 131.5
- dura 132.4
- endurecida . 132.4
- maleable . . 132.6
- en moldes . . 132.5
- - - abiertos . 131.4
- - - de barro . 132.1
- porosa 147.8
- sin tensiones interiores 148.1
Fundido, acero 132.2 134.1
-, hierro 131.3
Fundidor . . . 147.1
Fundir 147.2
Fune 329.4
- d'acciaio . . . 329.6
-, puleggia per 329.7
-, rigidezza della 329.8
-, tensione di . 329.3
Funke = Funken
Funken, Abreiß- 283.5
-, den - abreißen 289.1
-, elektrischer . 283.4
-, Öffnungs- . . 283.5
-strecke 283.6
- -, zur - paralleler Kondensator 286.3
-, Unterbrechungs- 283.5
-zieher 288.9
-, Zünd- 283.7
Funktion . . . 109.2
Funnel, collecting 320.8
-, filling 249.3
-, suction . . . 318.2
Funzionamento dell' alto forno . 64.6
-, continuo dell' aspiratore 38.1
- a gas d'acqua 35.1
- del generatore 56.8
- - - a doppia combustione 45.8
- invertito del generatore 44.4
-, di - pericoloso 342.4
- semplice del gesogeno 43.4
Funzione . . . 109.2
Fuoco, resistenza al 51.4
Furnace, adjustable 53.5
-, auxiliary . . 65.10
-, ball bearing of the 54.1
-, blast 63.7
Furnace, blast - gas engine 323.6
-, blast - blowing engine 336.2
- for the extraction of bye-products 65.10
-, gas fired retort 32.6
-, passing the incompletely burnt gases through the 44.1
- plate capable of being revolved and lowered 54.2
-, regenerative 65.11
-, reverberatory 65.9
-, revolving . . 58.8
-, suspended - for the distillation of fresh coal 46.5
Fuse 335.9
Fusible cones . 21.7
Fusible 335.9
Fusible, tapón . 21.7
Fusibile, tappo 21.7
Fusion, heat of 15.2
-, seizing of the piston by 181.2
Fusion, chaleur de 15.2
Fusión, acero de 134.1
-, calor de . . . 15.2
Fuso, ferro . . 133.2
Fußboden . . . 303.5
-kurve, parabelförmige 152.3
-, Rahmen- . . . 155.3
-, Zylinder- . . 158.8
Fusto della biella 183.9
Fût 108.3
Futter, Drehbank- 149.6
-, Schacht- . . . 50.4
-, Weißmetall- . 189.4
-, Zylinder- . . 160.3

G.

Gabbia della valvola 208.4
Gabelförmig . 216.11
-gestell 151.5
-koks 27.3
-, Koks- 27.4
-, Schubstangen- 183.7
Gabelung des Hebels 216.10
Gailleteries . . 25.2
Gaillettes . . . 25.1
-, petites 25.2
Gailleteux, coke 27.5
Galet 223.1
-, bond du . . . 223.8
-s, chaine à -guides 59.4
-, déraillement du 223.8
-, guide du . . 223.2
-, marche sans chocs du 223.7
-, le - martèle la came 223.6
Galet, pression du 223.3
-, projection du 223.8
Galete 223.1
Galleta 25.1
Galleggiante . 248.8
-, recipiente a . 248.5
Galvanised iron 134.8
- wire 137.13
Galvanizado, alambre 137.13
Galvanometer . 21.5
Galvanomètre . 21.5
Galvanometro . 21.5
Galvanómetro . 21.5
Gambo orizzontale, valvola a 199.7
- dello stantuffo 177.8
Gancho 230.3
- para tubos . 313.8
Gancio per tubi 313.8
Gang, Gar- - des Hochofens 64.7
-, geräuschloser 345.6
Gang, geräuschvoller 345.10
-, Leer- 345.1
-, leichter - des Motors 345.5
-, Roh- - des Hochofens 64.8
-, unregelmäßiger 345.9
-, weicher - der Gelenke 343.7
Gap, condenser parallel with the spark- 286.3
- showing between faces of the joint 165.6
-, spark- 283.6
Gaping 220.1
- of the joints 191.8
Garantía . 371.8, 376.9
Garantie . . . 376.9
Garanzia . . . 376.9
Gargang des Hochofens 64.7
Garganta, polea de 329.7
Garnir les coussinets de métal blanc par coulée 189.2
Garniture antifriction 189.4
- auxiliaire . . 179.6
-, bague de . . 180.5
- de boîte à bourrage 179.2
- de joint . . . 188.3
- - - métallique 165.1
- en métal blanc 189.4
- de piston . . 171.4
- principale . . 179.4
Garungszeit . . 66.4
Garza di filo metallico 250.1
- metallica, strato di 250.2
Gas 30.6
-e, Ab- 124.9

Gasabzug . . . 89.7
- -leitung . . . 55.2
- -schieber . . 55.3
- -, seitlicher . 47.5
- -, zentraler . 47.6
-analyse, technische 88.2
-ansammlung . 350.5
-anstalt 31.6
- -, Fett- 33.2
-antrieb 332.2
-, armes 30.10
-arme Kohle . 22.8
-aufnehmer . . 129.8
-e, Auspuff- . . 124.9
-bahn 339.9
-behälter . . . 86.4
-bereitung . . 31.1
-beschaffenheit 60.4
-bestandteile . 88.4
-beutel 84.5
-blasen 35.4
-, Braunkohlen-schwel- 107.3
-, Brenn- 30.8
-, brennbares . 5.10
-brenner 65.8
-bürette 91.6
-dichte 96.6
-, Dowson- . . . 36.5
-, Druck- 38.2
-druckregler . 85.3
- - - Duplex . 85.7
- - - von Stott 85.5
-dynamo . . . 330.2
-eintrittschlitz 242.6
-, das - entstauben 76.1
-, das - entleeren 74.8
-, Erd- 30.7
-erzeuger . . . 33.6
-erzeugung . . 31.1
- -sanlage . . . 31.5
- -sbetrieb . . 31.5
-fach 31.2
- -mann 31.3
-fang 63.8
-, Fett- 33.1
-führung, spiralförmige 69.3
-gebläse 330.3
-gehalt der Ladung, veränderlicher 234.6
-, Generator- . . 33.5
-, geringwertiges 30.10
-geruch 350.4
-gewicht für ein kg Brennstoff 62.3
-gewinnung . . 31.1
-, Gicht- 63.6
-glocke 86.3
-hahn, den - auf Anlaßstellung bringen 344.4
- -, den - schließen 346.8
-, Halbwasser- . 36.5
-hammer . . . 331.3
-, Heiz- 30.8
-, Hochofen- . . 63.6
-, hochwertiges 30.9
-, inaktives . . 6.3
-kanal 237.1
-, Kessel- 63.4
-klappe 237.5
-kohle 22.7
-koks 27.2
-, Koksofen- . . 64.11

Gaskonstante 111.12
-, Kraft- 33.7
-kraftanlage für Berg- und Hüttenwesen 335.10
-kühler 67.5
-leitung 317.6
- -, die Luft aus der - ausblasen 344.2
-, Leucht- . . . 31.8
-lokomotive . . 340.1
-, Luft- 34.1
- und Luft nebeneinander führen 236.6
- - - übereinander führen 236.7
-maschine . . . 323.3
- -, Gicht- . . . 323.6
- -, Klein- . . . 323.5
- -, Koksofen- . 324.1
- -, Kraft- . . . 324.2
- - von Lenoir 363.4
- -, Wasser- . . 324.3
-, Maschinen- . 63.6
-menge in m3 für ein kg Brennstoff 62.2
- -, die - bei niedergehendem Gassammler messen 86.8
- -, stündliche . 62.4
-messer, nasser 87.1
-messung . . . 86.7
-, Misch- 36.5
-, Mond- 42.5
-motor 323.3
-, Natur- 30.7
-öl 107.8
-, Öl- 33.1
-, permanentes 111.10
-probe, die - nehmen 88.7
-, das - probieren 60.2
-pumpe 243.2
- -, Rücklaufreglung durch die 246.4
- -, vereinigte Luft- und 243.5
-, reiches 30.9
-reiche Kohle . 22.7
-reiniger 66.6
-reinigung . . . 66.5
- -sventilator . 77.2
-rohr 309.9
-rückströmventil 245.9
-sammler . . . 86.4
- -, den - aufpumpen 86.6
- -inhalt 86.5
-, Saug- 39.4
-sauger, nasser 77.5
-schieber . . . 238.2
-e, Schwel- . . 58.4
-, durch Schwingungen dünngezogenes 319.2
-stopfbüchse . 179.3
-technik 31.2
-techniker . . . 31.3
-technisch . . . 31.4
-, teerfreies . . 74.10
-, -haltiges . . . 74.9
-theorie, kinetische 112.6
-, das - trocknen 74.3

Gastrockner . . 74.4
-turbine 364.8
- -, Gleichdruck- 365.1
- -, ideale . . . 364.9
- - mit Wassereinspritzung 365.5
-uhr, Experimentier- 87.2
- -, nasse . . . 87.1
- -, trockene . . 87.5
-, unregelmäßig strömendes 84.4
-, unreines . . . 66.7
-, das - von unten abziehen 44.7
-, das - unter gleichbleibendem (konstantem) Druck verbrennen 365.2
-untersuchung 87.8
-, unverbrannt durch die Maschine gehendes 362.4
-, unverbrennbares 6.2
-ventil 238.6
- -antrieb durch schrägen Nocken 235.1
- - - mit veränderlicher Eröffnung und konstantem Schluß 235.3
- -, vereinigtes Einlaß- und 239.6
-, verbranntes . . 6.1
-e, verbrannte 124.9
-verdichtungshub 243.7
-, vorgereinigtes 66.8
-wage von Lux 96.9
-, Wasser- . . . 34.7
-weg 136.9
-werk 31.6
- - städtisches 31.7
-zentrifuge . . 77.1
-zufluß, den - drosseln 234.8
-zufuhr, Aussetzen der - und Luftzufuhr 228.6
-zuführungskapillare 93.2
-zusammensetzung 88.3
-zylinder, wassergekühlter 157.5
Gas 30.6
-, accumulation of 350.5
- admission port 242.6
-, air 34.1
- and air, bye-pass valve for 246.2
-es, analysis of the highly inflammable 95.1
-es, - - - slightly inflammable 95.5
- bag 84.5
- -, pulsation of the 84.7
-balance, Lux . 96.9
- bell 86.3
-, blast-furnace 63.6

Gas burette, Bunte's 91.6
-, to burn the - in a chamber under constant pressure 365.2
- burner 65.8
-, burnt 6.1
-es, burnt . . . 124.9
- bye-pass valve 245.9
- channel . . . 237.1
-, characteristic of a 111.12
- coal 22.7
-, coal rich in . 22.7
- cock, to adjust the - for starting 344.4
- -, to close the 346.8
- coke 27.2
-, coke-oven . . 64.11
- collector . . 63.8
- olumn, oscillation of the exhaust 126.1
- -, pulsation of the 319.1
- -, vibration of the 319.1
-, combustible . 5.10
-, composition of the 88.3
- compression stroke 243.7
- constant . . 111.12
-, constituents of the 88.4
-, cooling of the 67.4
-es, cooling the exhaust - by water spray 320.2
-, cost of cleaning per cubic meter of 79.5
-, counter-stream of water and 78.2
- -current, to separate the dust by changing the direction of the 76.3
-, cutting off the - and air supply 228.6
-, density of a . 96.6
-, Dowson- . . . 36.5
-, drawing off the - from below 44.7
- -driven blowing engine 330.3
- - dynamo . . 330.2
- - locomotives, railway with 339.9
-, drying the . . 74.3
- drying apparatus 74.4
-, engine 63.3
- engine 323.3
- -, blast furnace 323.6
- -, coal 324.4
- -, coke-oven . 324.1
- - cycle . . . 118.3
- - driven sewage pump 337.4
- -, hammer driven by 331.3
- - for high power 323.4
- -, large . . . 323.4
- -, Lenoir . . . 363.4

Gas engine locomotive 340.1
- - plant for mines and metallurgical works 335.10
- -, portable . . 337.9
- -, producer . 324.2
- -, small . . . 323.5
- -, - - driving fresh-water pump 330.5
- - stuffing box 179.3
- -, town- . . . 324.4
- -, water . . . 324.3
- engineer . . . 31.3
- engineering . 31.2
- -, relating to . 31.4
- examination . 87.8
-es, exhaust . . 124.9
-, to extract the tar from the 74.8
-fired retort furnace 32.6
-, fixed 111.10
-, to free the - from dust 76.1
- free from tar 74.10
-, fuel 30.8
- hammer . . . 331.3
-, heating . . . 30.8
- holder . . 86.3, 86.4
- -, governing the throttle valve by the 85.4
- -, inclining of the 86.9
- -, regulation by the movement of the 59.2
- - volume . . 86.5
-, illuminating - and oil gas 30.5
-, impure . . . 66.7
-, inactive 6.3
-, incombustible . 6.2
-es due to incomplete combustion 58.4
-, inert 6.3
-, inflammable 5.10
- inlet capillary tube 93.2
- - head 78.3
- -, scrubber with central 69.1
-, irregularly flowing 84.4
-es, kinetic theory of 112.6
-, to lead the - and air one above the other 236.7
-, - - the - and air side by side 236.6
-, lean 30.10
-, lignite distillation 107.3
- liquor 14.2
- main, discharging air from 316.9
- -, hydraulic seal of the 55.9
- manufacture, plant for 31.5
-, marsh 12.12
-, to measure the quantity of the - during the falling gasometer 86.8
Gas measurement 86.7
- -meter, dry . 87.5
- -, experimental 86.2
- -, incorrect reading of the 87.7
- -, wet 87.1
-, Mond 42.5
-es, moving of the 79.6
-, natural . . . 30.7
- obtained by dry distillation of wood refuse 48.6
-, oil- 33.1
- -oil 107.8
-es and oils . . . 1.0
- outlet 39.7
- -, central - through a water-cooled casting 47.6
- - damper . . . 55.3
- - head 78.4
- -, lateral . . . 47.5
- - pipe 55.2
- -, scrubber with central 69.2
-, partly purified 66.8
- passage . . . 236.9
-es, passage for the distilled 46.6
-es, passing the incompletely burnt - through the furnace 44.1
- passing unburnt through the engine 362.4
-, percentage of tar in the 75.1
-, permanent 111.10
- pipe . . 309.9, 317.6
- -s, to blow the air out of the 344.2
- plant 31.5
- -, Mond - with sulphate of ammonia recovery apparatus 42.6
- -, pressure . . 37.5
- -, suction . . 37.6
-, poor 30.10
- ports, admission valve with slide for closing 240.1
-, power 33.7
- power, driving by 332.2
-, pressure . . . 38.2
- pressure regulator 85.3
-, producer- . . 33.5
- -producer . . 33.6
- -, Lencauchez- 39.1
- -, simple - working with return of tarry gases to the combustion space 43.4
- -, suction . . 39.5
- - without water trough 40.5
- production . 31.1
- -, automatic regulation of the - by the suction of the engine 59.5
- -, efficiency of the 62.5
Gas pump . . . 243.2
- -, bye-pass governing by the 246.4
- -, combined air and 243.5
- -, return ports of 246.5
- purifier . . . 66.6
- - fan 77.2
- purifying apparatus 66.6
-, quality of the 60.4
-, quantity of - produced in cubic meters per kg. of fuel 62.2
-, quantity of - produced per hour 62.4
- rarefied by pulsation 319.2
- receiver . . . 129.8
-, rich 30.9
- run 35.4
-, to sample the 88.7
- sampling tube 89.5
- - - for samples taken away from the laboratory 89.6
- slide valve . 238.2
-, semi-water . . 36.5
-, smell of . . . 350.4
-es, specific gravity of 96.7
-, spiral guiding of the 69.3
-es, starting by means of exhaust 299.2
-, suction . . . 39.4
- supply, to throttle the 234.8
-, to take a sample of 88.7
-, tarry 74.9
-, technical analysis of 88.2
-, to test the . . 60.2
- tongs . . . 313.11
- turbine . . . 364.8
- -, constant-pressure 365.1
- -, ideal 364.9
- - with water injection 365.5
- valve 238.6
- -s, combined admission 239.6
- - driven by air valve 232.1
- -, spring between admission and 239.7
- -, step for air and 232.4
- -, working the - by a cam of variable lift 235.1
- -, - the - with a variable point of opening and a constant point of closing 235.3
-, variable proportion of - in the charge 234.6
-, volume ratio of the constituents of the 88.5
Gas, washing the 67.8
-, waste 63.6
-, water 34.7
-, weight of - produced per kg. of fuel 62.3
-, - ratio of the constituents of the 88.6
- -works 31.6
- -, illuminating 31.9
- -, municipal . 31.7
Gas 30.6
- d'acqua . . . 34.7
- - carburato . 34.8
- -, generatore di 35.6
- -, motore a . 324.3
- -, uscita del . 35.8
- d'alto forno . 63.6
- -i -i, depuratore a coke per 73.10
- d'aria 34.1
- -, grado elevato di calore proprio del 34.6
- -, processo di formazione del 34.2
- - uscente dall'alto 47.2
- -, uscita del . 35.7
- che arriva irregolarmente 84.4
- aspirato e soffiato, impianto per 37.8
- ad aspirazione, impianto per 37.6
- attraversante il motore senza bruciare 362.4
-, becco a . . . 65.8
- per caldaie . 63.4
- caldo 30.8
-, campana del 86.3
-, canale di . . 237.1
-, cassetto per . 238.2
- combustibile 5.10
- di combustione 30.8
- - - incompleta 58.4
- combusto 6.1, 124.9
- -i, dispersione dei 128.6
- -, espansione dei 124.3
-, componenti del 88.4
-, condotto del 55.2 236.9
-, contatore del - a liquido 87.1
- contenente catrame 74.9
-, costante di un 111.12
- depurato preventivamente 66.8
-, depurazione del 66.5
- difficilmente combustibili, determinazione dei 95.5
- distillato da cascami di legno 48.6
- - da trucioli 48.6
- di distillazione della lignite 107.3
- - -, passaggio pei 46.6
- Dowson . . . 36.5
- economico . 30.10
-, elementi del . 88.4

Gas esente di catrame 74.10
-, essicatore del 74.4
- facilmente combustibili, determinazione dei 95.1
-, ferrovia a . . 339.9
- dei forni a coke 64.11
- per forza motrice 33.7
- di generatore 33.5
- - - ad aspirazione 39.4
- illuminante . 31.8
- - compresso, esercizio a 340.2
- -, impianto per 31.9
- -, motore a . 324.4
- impuro . . . 66.7
- inattivo . . . 6.3
- incombustibile 6.2
-, locomobile a 337.9
- locomotiva a 340.1
- per macchine 63.3
- metallurgico, impianto di ventilatori per 81.6
- misto 36.5
- -, processo di formazione del 36.6
- - uscente dal basso 47.3
-, misuratore del - a liquido 87.1
- di Mond . . . 42.5
-, motore a . . 323.3
-, movimento dei 79.6
- naturale . . . 30.7
-, officina del . 31.6
-, - comunale del 31.7
- delle officine metallurgiche 63.2
- d'olio 33.1
- -, storta per . 33.3
- ottenuto da sostanze grasse 33.1
- - dal terreno 30.7
- delle paludi . 12.12
-, parti costitutive del 88.4
perduti, caldaia per utilizzare il calore dei 63.5
- - di carattere industriale 63.1
- permanente 111.10
-, peso specifico del 96.7
- di petrolio . 33.1
-, polmone a . . 84.5
-, pompa a . . . 243.2
- povero . 30.10, 36.5
- -, motore a . . 324.2
- sotto pressione 38.2
- - -, generatore di 38.3
- - -, impianto per 37.5
-, provino del . 88.7
-, raffreddamento del 67.4
- raffreddatore del 67.5
- rarefatto in seguito alle vibrazioni 319.2
-, registro per . 237.5
- ricco 30.9
Gas di scappamento, messa in moto per 299.2
- di scarico . . 124.9
- - -, vaporizzatore riscaldato col 257.4
-, serbatoio di . 129.8
-, trasformare in 8.4
-, tubo da . . . 309.9
-, turbina a . . 364.8
-, valvola del . 288.6
Gas 30.6
- de aceite . . 33.1
- - -, fábrica de 33.2
- de agua . . . 34.7
- - - carburado 34.8
- - -, funcionamiento con 35.1
- - -, generador de 35.6
- - -, proceso químico para la formación del 34.9
- - -, salida del 35.8
- de aire 34.1
- - -, proceso para la formación del 34.2
- - - que sale por arriba 47.2
- - -, salida de 35.7
- alquitranoso . 74.9
- de altos hornos 63.6
-es - - -, depurador de cok para los 73.10
- - - -, polvo del 76.6
- de alumbrado 31.8
- - - de elevada presión 340.2
- - -, fábrica de 31.9
- que atraviesa el motor sin quemarse 362.4
- para caldera . 63.4
-, campana de . 86.3
-, calidad del . 60.4
-es, colector de los 69.9
- combustible . 5.10
- de combustión 30.8
-es - -, expansión de los 124.3
-es - - incompleta 58.4
-es - - incompleta, tubo rejilla para la salida de los 48.4
-, composición del 88.3
-, constante del 111.12
-es de coquización, conducción de los - por debajo del emparrillado 45.6
- débil 30.10
-, depuración del 66.5
-, depurador de 66.6
-es de destilación, orificio de salida de los 46.6
- destilado de desperdicios de la madera 48.6
Gases de difícil combustión, determinación de los 95.5
- Dowson . . . 36.5
-, ensayar el . . 60.2
-es de escape . 124.9
-es - -, arranque por los 299.2
-es - -, caldera calentada por el calor de los 63.5
-, extraer el - por abajo 44.7
-, fábrica de . . 31.6
-es de fácil combustión, determinación de los 95.1
- para fuerza motriz 33.7
-, generación de 31.1
- de generador 33.5
- grisú 12.12
-es del hogar, tubo de chimenea para los 54.8
- por hora, cantidad de 62.4
- de los hornos de cok 64.11
- impuro . . . 66.7
- inactivo 6.3
- incombustible . 6.2
-es industriales 63.1
- libre de alquitrán 74.10
- - de brea . . 74.10
- para máquina 63.3
-, mechero de . 65.8
-, medición del 86.7
-es metalúrgicos 63.2
- de mezcla que sale por abajo 47.3
- de Mond . . . 42.5
-es, movimiento de los 79.6
- natural . . . 30.7
- no depurado . 66.7
- permanente 111.10
- pobre . . 30.10, 36.5
- - por aspiración 39.4
- - - -, generador de 39.5
- - á presión . . 38.2
- - - -, generador de 38.3
- -, proceso de formación del 36.6
- potente . . . 30.9
- previamente depurado 66.8
-, producción de 31.1
- producido por la combustión incompleta de lignito . . . 107.3
-, proporción variable de - en la mezcla 234.6
- quemado . . 6.1
-es -s 124.9
- rarificado por las oscilaciones 319.2
- refrigerador de 67.15
- rico 30.9
Gas de salida irregular 84.4
-, secador del . 74.4
-, técnica del . 31.2
- de tierra . . 30.7
- de turba, generador para 48.2
Gasa metálica . 250.1
Gaseificare . . 8.3
Gaseificatore . 253.2
- ad iniezione 256.1
Gaseificazione . 8.2
-, accensione a . 281.3
- continua . . 36.7
- in storte . . . 31.10
Gaseous constituents by titration, determination of 93.5
Gasificación . . 8.2
- continua . . 36.7
- por el efecto aspirante del motor 59.5
-, fase de . . . 35.4
- en retortas . 31.10
Gasificador, encendido por 281.3
Gasificar . . . 8.3
Gasification . . 8.2
-, continuous . 36.7
Gasify, to . . . 8.3
Gasista 31.4
-, técnico . . . 31.3
Gasogeno . . . 33.6
- ad aspirazione 39.5
- a pressione . 38.3
- - - senza caldaia di Lencauchez 39.1
- per torba . . 48.2
Gasógeno . . . 33.6
-, rendimiento del 62.5
- Riché para madera 49.1
Gasolin . . . 112.10
Gasolina . . 102.10
-, carburador de 253.5
-, vapor de . . 253.6
Gasoline . . . 102.10
Gasometer . . . 86.4
Gasometro . . 86.4
Gasómetro . . 86.4
-, cabida del . 86.5
-, capacidad del 86.5
-, llenar el . . . 86.6
Gastos de aduana 375.4
- de construcción 372.5
- de entretenimiento 372.7
- de explotación 372.7
- de montaje . 372.6
- del pleito . . 377.9
-, primeros . . 372.2
- de reparación 372.8
- de taller . . . 372.9
- de trabajo . . 373.1
- de transporte 373.2
Gatillo . . 214.4, 226.4, 289.8, 292.3
-, trinquete con 235.6
- para dar vueltas a la cruz 213.9

Gauchir 145.5
Gauchissement du cône de soupape 206.5
Gauge, dial . . 83.9
-, draught . . . 82.8
-, - - by Schubert 83.10
-, narrow - locomotive 339.6
-, suction . . . 82.8
- of wire . . . 203.8
Gauze, coarse meshed wire 79.2
-, layer of wire 250.2
-, tube of wire . 250.6
-, wire 250.1
Gaz 30.6
- d'air 34.1
- à l'air 34.1
- - - partant par le haut 47.2
-, amenée des - du coke sous la grille 45.6
- ammoniac . . 18.13
- brûlé 6.1
- brûlés 124.9
-, brûleur à . . 65.8
-, charbon à . . 22.7
-, - pauvre en . 22.8
- chaud 30.8
- pour chaudières 63.4
-, cloche à . . . 86.3
-, collecteur de 63.8
- combustible . 5.10
- de la combustion 30.8
-, débit horaire de 62.4
-, dégoudronner le 74.8
-, dépoussiérage du 75.9
-, dépoussiérer le 76.1
-, - le - par changement de direction du courant gazeux 76.3
-, détermination des - facilement inflammables 95.1
- distillé de déchets de bois 48.6
- Dowson . . . 36.5
- à l'eau 34.7
- - - carburé . 34.8
- d'eau 34.7
- -, moteur à . 324.3
- d'échappement 124.9
- d'éclairage . 31.8
- -, moteur à . 324.4
- s'écoulant irrégulièrement 84.4
-, épurateur à . 66.6
-, épuration de 66.5
-, essayer le . . 60.2
-, examen du . 87.8
- exempt de goudron 74.10
- des fours à coke 64.11
- du foyer . . . 30.8
- de gazogène 33.5
- - - aspiré . 39.4
- - - soufflé . . 38.2
- goudronneux 74.9
Gaz de haut fourneau 63.6
- de houille . . 31.8
- - - et gaz à l'huile 30.5
-, huile à 107.8
- à l'huile . . . 33.1
- d'huile 33.1
- et huiles . . . 1
- impur 66.7
- inactif 6.3
- incombustible 6.2
- industriels perdus 63.1
- inert 6.3
- de lignite . . 107.3
- de marais . . 12.12
- mixte 36.5
- - partant par le bas 47.3
- de Mond . . . 42.5
- pour moteurs 33.7 63.3
-, mouvement des 79.6
-, nature du . . 60.4
- naturel . . . 30.7
- oléifiant . . . 13.3
-, ouverture de passage des - de distillation 46.6
- pauvre . 30.10, 36.5
- -, moteur à . 324.2
- perdus des usines métallurgiques 63.2
- permanent . 111.10
-, poche à . . . 84.5
-, poids de - par kg de combustible 62.3
- préalablement épuré 66.8
-, processus de formation du - de gazogène 33.8
-, quantité de - par heure 62.4
-, - de - en m³ par kg de combustible 62.2
- raréfié par les vibrations 319.2
-, refroidissement du 67.4
-, refroidisseur de 67.5
- résultant d'une combustion incomplète 58.4
- riche 30.9
- Riché 48.6
-, sécher le . . . 74.3
-, sécheur de . 74.4
-, soutirer le - par le bas 44.7
- traversant le moteur sans être brûlé 362.4
- de ville . . . 31.8
Gaze, Draht- . 250.1
Gaze, couche de - métallique 250.2
- métallique . . 250.1
Gazéification . 8.2
-, allumage à . 281.3
- continue . . . 36.7
Gazéifier 8.3
Gazier 31.3
Gazogène . . . 33.6
-, alimenter le . 56.9
Gazogène, amorcer le - à l'aide du ventilateur 59.6
- annulaire . . 46.1
- par aspiration 39.5
- aspiré 39.5
- à bois de Riché 49.1
-, bouillotte du - soufflé 38.4
- Boutillier . . 45.1
- sans chambre d'eau 40.5
- à charbon scorifère 41.8
-, charger le . . 56.9
- à cornue intérieure 44.8
- à couronnes de fer à circulation d'eau 42.2
- Crossley . . . 45.5
-, cuve de . . . 49.3
-, dégoudronnage dans un - séparé 46.2
- double 47.4
- - à refoulement mécanique du charbon vers le haut 48.1
- à double cuve 47.7
- - - zone de combustion 46.3
-, engorgement du 60.12
- de Faugé . . 44.5
- de Fichet et Heurty 46.4
- de Fielding . 44.2
-, le - fonctionne à basse température 59.1
-, fonctionnement de - à double combustion 45.8
-, - renversé du 44.4
-, - de - simple avec retour des gaz goudronnés dans la chambre de combustion 43.4
-, gaz de 33.5
-, - de - aspiré 39.4
-, - de - soufflé 38.2
- sans grille . . 53.4
- avec grille à gradins 42.1
- à grille montante et descendante 42.4
- - - monte et baisse 42.4
- - - roulante . 42.3
- Guldner . . . 41.4
-, installation de 31.5
-, - à - par aspiration 37.6
-, - à - aspiré . 37.6
-, - à - aspiré et soufflé 37.8
-, - à - soufflé . 37.5
-, maintenir basse la température du - en y introduisant de grandes quantités de vapeur 43.2
-, marche du . . 56.8
-, mode de construction du 37.4
- Mond 42.7
Gazogène, obstruction du 60.12
-, parties de . . 49.2
-, petit chaudière à vapeur du - soufflé 38.4
-, rendement du 62.5
-, socle de . . . 49.8
- soufflé 38.3
- - de Lencauchez sans bouillotte 39.1
- à tourbe . . . 48.2
- Whitfield . . 43.5
Gazoline . . . 102.10
Gazomètre . . . 86.4
-, contenance d'un 86.5
-, gonfler le - (par pompage) 86.6
-, inclinaison de la cloche du 86.9
-, obliquage de la cloche du 86.9
Gazotechnique 81.4
Gear, actuating - for starting valves 295.5
-, to adjust the lubricating 344.1
-, - - the exhaust valve - to work on a two stroke cycle 294.1
-, adjusting - of the governor 273.3
-, admission . . 199.2 214.9
-, Capitaine's tappet - for a four stroke cycle engine 213.2
-, casing of the running 152.9
-, combined cam and toggle 224.1
-, crank 192.1
-, disengaging . 293.2
-, driving . . . 183.2
-, duplex tappet - for a four stroke cycle engine 213.6
-, eccentric valve 225.4
-, efficiency of the driving 183.4
-, electric barring 293.8
-, - turning . . 293.6
-, exhaust 199.3, 215.1
-, governor controlled valve 246.1
-, - with open link 269.1
-, indicator reducing - with lever transmission 358.6
-, - - - with small crank on end of main shaft 358.7
-, to keep the inertia of the - low 215.5
-, kinematics of the crank 191.10
-, Körting's tappet - for a four stroke cycle engine 213.10
-, lubricating . 274.9
-, lubrication of the driving 278.2

Gear, parts of driving . . . 183.3
-, pawl in 292.1
-, - out of . . . 292.2
-, reducing . . 354.3
-, setting the valve 211.1
-, shutting-off . 314.8
-, slide valve . . 363.5
-, starting . . . 291.1
-, - by means of a turning 293.5
-, theory of driving 191.9
-, trip 233.3
-, - - with deflecting cam 235.6
-, - - for mixing valve 233.2
-, valve . 198.9, 209.2 214.8
-, - - of scavenging and charging pumps 244.8
-, Wenzel's tappet - for a four stroke cycle engine worked directly from the crank shaft 212.6
- wheel, machine cut helical 209.7
-, worm for putting the half compression cam out of 294.4
Gearing, articulated link 223.9
-, belt 327.7
-, cam 221.3
-, chain 210.3
-, double ended piston valve 246.6
-, driving by internally toothed 210.2
-, noiseless working of the toothed 210.4
-, piston pump with spur 330.6
-, rope 329.2
-, screw 208.6
-, spur 210.1
-, valve - with eccentric and cam 225.5
-, - - by eccentric and positive controlled cam 225.6
-, starting handle with toothed 291.7
Gebäudemauer, in die - gesetztes Außenlager 305.2
Gebinde 108.3
-, Eisen- 108.4
-, Holz- 108.5
-, Leih- 108.6
Gebläse, Bessemer- 336.3
-, Dampfstrahl- 38.6
-druck 336.4
-, elektrisch betriebenes 80.1
-, Gas- 330.3
-, Hand- 59.7
-, Hochofen- . . . 336.2
-, Kapsel- 80.2
-maschine 336.1
-, rotierendes . 79.7
Gebläsesauggasanlage 37.8
-, Schleuder- . . 80.4
-, durch Transmission angetriebenes 79.8
-, Umlauf- . . . 79.7
-zylinder 336.5
Gebühr, Vermittlungs- 384.9
Gebundene Wärme 15.1
Gedingarbeit . 383.8
-arbeiter 383.7
Gedrosselt, schwach 237.8
-, stark 237.7
Geeichter Federmaßstab 355.6
Gefahr 376.10
-, Explosions- . 350.3
-, Feuer- 350.2
-, Vergiftungs- - in Kraftgasanlagen 350.1
Gefährlich, betrieb- 342.4
Gefärbtes Wasser 83.3
Gefäß, Anlaß- . 297.6
-, Druckluft- . . 297.7
-, kalibriertes . 91.2
-, Kühlwasser- . 321.8
-, Meß- 91.2
-, Sammel- 89.5
-, Schwimmer- . 248.5
-, Transport- . . 89.6
Gefrästes Schraubenrad 209.7
Geführtes Horizontalpendel 230.6
-es wagrechtes Pendel . . . 230.6
-es Winkelpendel 230.1
-es - mit wagrechtem Stecher 230.5
Gegabelter Hebel 216.9
Gegenflansch . 312.3
Gegengewicht . 197.1
Gegenhalter . . 218.7
Gegenläufigkeit der Kolben 242.4
Gegenscheibe . 327.5
Gegenstromkühler der Mondgasanlage 67.6
- von Wasser und Gas 78.2
Gegenzwilling 326.7
Gehalt 384.6
Gehänge 217.1
-, Feder- 204.4
Gehäuse, Anker- 290.2
-, Auslaßventil- 203.2
-, Einlaßventil- 203.1
-, Misch- 236.5
-, Stopfbüchsen- 180.4
-, Ventil- 202.7
Geheiztes Glührohr 282.7
Geknickter Pendelarm 269.6
Gekröpfter Hebel 216.5
-e Kurbelwelle, einfach 185.7
-e -, doppelt . . 185.8
-e -, dreifach . 186.1
Gekühltes Auspuffrohr 318.8
-e Kreuzkopfführung . . 157.2
-e Schaftführung 202.6
-e Zündbüchse 287.2
Gelagerte Kurbelwelle, oben 151.6
-e Welle, dreifach 87.7
Gelbguß 137.4
Geld, Reu- 371.9
Gelée, évacuer l'eau en temps de 347.5
Gelenk 216.7
-bolzen 216.8
-, Hänge- 217.1
Gelo, scaricare l'acqua durante il 347.5
Gelochtes Blech 75.5
Gemauerter Auspuffkessel 319.4
-er Kanal 303.8
Gemeinsamer Ventilkasten für Ein- und Auslaß 203.3
Gemeinschaftlicher Nocken für Ein- und Auslaß 221.8
Gemello, motore 326.3
Gemengepumpe 243.5
-, reiches 235.8
-, schwaches . . 236.1
-verdichtung, Verbrennungsmaschine ohne 363.3
Gemisch, Anlaß- 298.8
-anlassung . . 298.4
-, armes 236.1
-bildung 235.7
-fehler 236.4
-pumpe 298.7
-, reiches 235.8
-, zündfähiges . 236.2
Genauigkeitsgrad 351.11
Gencigtes Lager, nach außen . 187.6
-es -, - innen . 187.5
-e Retorte . . . . [illegible]
Generación de gas 31.1
Generador anular 46.1
- de Boutillier 45.1
- sin cámara de agua 40.5
- para carbón rico en escorias 41.8
-, cargar el . . 56.9
- con coronas de hierro para la circulación del agua 42.2
- de Crossley . 45.5
- de doble combustión, funcionamiento del 45.8
- de dos hogares 46.3
- con dos zonas de combustión 46.3, 47.4, 48.1
- con emparrillado en escalones 42.1
- - - de movimiento vertical 42.4
- - - rodante . 42.3
Generador sin emparrillado 53.4
-, encender el fuego en el 59.6
- de Faugé . . 44.5
- de Fichet y Heurty 46.4
- de Fielding . 44.2
-, el - funciona á temperatura baja 59.1
-, funcionamiento del 56.8
-, funcionamiento inverso del 44.4
-, gas de 33.5
- de gas 33.6
- - - de agua . 35.6
- - - Mond . . 42.7
- - - pobre por aspiración 39.5
- - - - á presión de Lencauchez sin caldera de vapor 39.1
- - - - á presión 38.3
- para gas de turba 48.2
- Gueldner . . 41.4
-, horno del . . 49.3
- con horno doble 47.7
-, marcha del . 56.8
-, piezas del . . 49.2
-, proceso químico del gas en el 33.8
- con retorta en su interior 44.8
- separado, destilación del alquitrán en un 46.2
-, tipo del . . . 37.4
-, Whitfield . . 48.5
-, zócalo del . . 49.8
Generadora . . 332.3
Generaldirektor 381.4
-vertretung . . 380.5
General theory 109.1
Generale, rappresentanza 380.5
Générateur de gaz à l'eau 35.6
- - - Mond . . 42.7
- à gaz de tourbe 48.2
Generating station, local 331.6
Generation, continuous - of the motive fluid 365.8
-, intermittent - of motive fluid 366.1
Génération de gaz 31.1
Generator . . . 33.6
-, den - anblasen 59.6
-bauart 37.4
-, den - beschicken 56.9
-betrieb 56.8
- - mit doppelter Verbrennung 45.8
- -, einfacher - mit Zurückführung der teerhaltigen Gase in den Verbrennungsraum 43.4
- -, umgekehrter 44.4

Generator von Boutillier 45.1
- von Crossley 45.5
-, Doppel- . . . 47.4
-, - - mit mechanischem Auftrieb der Kohle 48.1
- mit Doppelschacht 47.7
- mit doppelter Brennzone 46.3
- mit eingesetzter Retorte 44.8
- von Faugé . 44.5
- von Fichet und Heurty 46.4
- von Fielding 44.2
-gas 33.5
- -prozeß . . . 33.8
-, der - geht kalt 59.1
- mit gekühlten Eisenkränzen 42.2
-, Gleichstrom- 332.4
-, Güldnerscher 41.4
- mit heb- und senkbarem Rost 42.4
-, Mondgas- . . 42.7
-, Ring- 46.1
-, rostfreier . . 53.4
-, rostloser . . . 53.4
- mit Rostwagen 42.3
-schacht 49.3
- für schlackende Kohle 41.8
-sockel 49.8
-teile 49.2
-temperatur niedrig halten 43.2
-, Torfgas- . . . 48.2
-, Treppenrost- 42.1
-, Verstopfung im 60.12
-, Wassergas- . 35.6
- ohne Wasserraum 40.5
-, Wechselstrom-333.1
-, Whitfieldscher 43.5
-, Zweifeuer- . 46.3
Generator . . . 332.3
-, alternate current 333.1
-, alternating current 333.1
-, continuous current 332.4
-, direct current 332.4
-, magneto-electric 284.8
-, series 332.5
-, shunt 332.6
-, three-phase . 333.2
Generatore anulare 46.1
- ad aspirazione, gas di 39.4
- Boutillier . . 45.1
-, camera del . 49.3
- senza camera d'acqua 40.5
-, capacità della camera del 49.4
- per carbone ricco di scorie 41.8
- con corona metallica raffreddata 42.2
- Crossley . . . 45.5
Generatore a doppia camera 47.7
- - - zona di combustione 46.3
- doppio con introduzione meccanica del carbone 48.1
- a due zone di combustione 47.4
- di Faugé . . 44.5
- Fichet ed Heurty 46.4
- Fielding . . . 44.2
-, il - funziona a temperatura bassa 59.1
- funzionante a doppia combustione 45.8
-, gas di 33.5
- di gas 33.6
- - - d'acqua . 35.6
- - - ad aspirazione 39.5
- - - Mond . . 42.7
- - - Riché . . 49.1
- - - sotto pressione 38.3
- senza graticola 53.4
- con graticola ascendente e discendente 42.4
- - - a carrello 42.3
- - - a gradini 42.1
- Güldner . . . 41.4
- magnetico della corrente 284.8
-, ostruzione nel 60.12
-, parti del . . . 49.2
-, pozzo del . . 49.3
-, sacca del . . 49.9
-, sezione della camera del 49.5
-, sistema di costruzione del 37.4
- con storta inserita 44.8
- Whitfield . . 43.5
-, zoccolo del . 49.8
Génératrice . . 332.3
- à courant alternatif 333.1
- à courant continu 332.4
- excitée en dérivation 332.6
- shunt 332.6
- triphasée . . 333.2
Generatrice . . 332.3
Genere di macchina 323.2
Genossenschaft, Berufs- 386.4
Genouillère, tuyau à 182.4
Genre de machine 323.2
Geometrico, forma -a della curva di rotolamento 220.2
Geométrico, forma -a de las curvas de rodadura 220.2
Geometrical shape of the contact curves 220.2
- - of the rolling curves 220.2
Geometrische Form der Wälzkurven 220.2
Gepaßte Dichtung, außen 165.7
- -, innen . . . 165.8
Geradführung 156.5
- -, flache . . . 156.8
- -, geschlossene 157.1
- -, Schreibstift-358.1
-linige Begrenzung des Wälzhebels 220.3
Gerade richten 145.3
Gérant 380.12
Gerauhte Waschfläche aus Drahtgeflecht 78.10
Geräusch, -loser Gang 345.6
-, Saug- 317.8
-voller Gang . 345.10
Gerente 380.12, 381.5
Gericht 377.7
-skosten 377.9
-, Schied- . . 377.10
Geringwertiges Gas 30.10
Gerippter Boden 169.2
Geruch, Gas- . 350.4
Gesamtanlagen 323
-volumen . . . 120.1
-widerstand an der Muffe 271.8
-wirkungsgrad 361.6
Gesättigter Dampf 11.6
Geschäftabschluß 370.11
-führer . . . 380.12
-gang 369.1
-zimmer . . . 381.10
Geschlitztes Hebelende 217.2
-es Rohrstück 318.3
Geschlossenes Auspuffrohr mit seitlichen Löchern 319.7
-e Geradführung 157.1
-er Kolben . . 170.3
Geschwindigkeit, Auspuff- 125.8
-, Ausströmungs- - des Brennstoffdampfes 263.3
-, Brenn- 263.4
-, Einströmungs- - der Ladung 119.11
-, Hebungs- - des Ventils 208.2
-, Kolben- . . . 194.3
-, Molekül- . . . 113.1
-sregler 268.1
-sreglung . . . 227.3
-sregulierung . 227.3
-, Verbrennungs- - der Ladung 124.1
Gesellschaft, Aktien- 380.2
-, Handels- . . 379.11
-, Kommandit- . 380.1
-, Versicherungs- 377.1
Gesetz, Bewegungs- - des Exzenters 224.5
-, Patent- . . . 378.8
-, Poissonsches 116.8
Gesiebte Kohle 24.7
Gestänge, Auslaß- 215.1
-, Einlaß- . . . 214.9
-, Stahlrohr- . . 215.2
-, Steuerungs- . 214.8
Gestell 151.2
-, A-förmiges - mit Geradführung 158.6
-balken 153.3
-, Bock- 151.4
- für Bockmotor 151.4
-, doppelbalkiges A- 153.2
-, einbalkiges . 153.4
-, Gabel- 151.5
-, Kasten- . . . 152.6
-, Kleinmotoren- 151.3
-, Magnet- . . . 333.3
-wand 152.7
Gesteuertes Einlaßventil 200.2
-es Glührohr . 281.6
-e Klappe . . . 337.6
-es Mischventil 238.10
Gestreutes Diagramm 355.1
Geteilter Kolben 170.6
-e Kolbenstange 178.4
-es Kurbellager, wagerecht . 187.3
-er Mantel, in der Mitte 162.1
-es Schachtfutter 50.7
Getragener Kolben, von der Zylinderwand 176.5
-er Zylinder . . 158.7
Getriebe, Kurbel- 192.1
-, Steuerungs- . 209.5
Getriebenes Rad 209.9
-e Scheibe . . . 327.5
Getrockneter Dampf 11.7
Getto 147.3
- d'acciaio al crogiolo 134.3
- di acqua, pompa a 89.4
- cavo, incastellatura di 153.8
- in conchiglia 132.5
-, contrazione e deformazione del 147.7
- in forme di argilla 132.1
- - - di sabbia 131.6
- - - scoperte . 131.4
- non sano . . 147.8
- soffiato . . . 147.9
- in staffe . . . 131.5
-, tensione interna del 147.11
- senza tensioni interne 148.1
-, tubo a 70.4
- di vapore, iniettore a 38.6

Gewachsener Boden 305.7
Gewerbeingenieur 382.8
-ordnung . . . 379.4
Gewicht, Atom- . 1.6
-, Brems- 357.6
-, Dienst- 339.3
-, Ladungs- . . 120.7
-, Molekular- . . . 1.7
-prozentskala . 105.6
-, Regler- . . . 268.6
-regler 268.3
-, Schwungkranz- 197.6
-, das spezifische - bestimmen 100.2
-, spezifisches - der Gase 96.7
-, Verbindungs- . 3.2
-verhältnis . . 88.6
-, Wärme- . . 114.10
Gewindemuffe . 311.7
-nocken 294.4
Gewinnanteil . 384.8
Gewölbter Boden 78.8, 169.1
Ghiaia 249.9
-, cassa a . . . 249.8
Ghisa 131.3
- dura, camicia interna in 160.4
- indurita . . . 132.4
- malleabile . . 132.6
-, tubo di . . . 309.7
Gialetto 27.11
Giavazzo . . . 27.11
Gicht 68.9
-gas 68.6
- -koksreiniger 73.10
- -maschine . . 323.6
-staub 76.6
Giclage, carburateur à 256.1
Gicleur 256.2
Gießen 147.2
Gießer 147.1
Gießerei . . . 146.10
Gilled cooler . 322.2
- pipes, cooling the water by 322.1
Ginocchiera, tubo mobile con articolazione a 182.4
Giornaliere . . 383.5
Giornata di lavoro 383.9
- - - di 24 ore 383.10
Giorno, luce del 304.1
Girar por inercia, trabajo producido por el motor al - antes de pararse 297.4
Giratorio, emparrillado 52.8
Girder iron . . 136.6
Girevole, graticola cilindrica 53.3
-, punta 213.3
Giro de la manivela 193.4
Gitter, Holz- . 73.2
Giudizio arbitrale 377.12
Giunto 191.7
- a bicchiere . 311.5
Giunto a flangia 312.1
- - -e bulloni . 312.8
- a manicotto . 311.5
- dei tubi . . . 311.2
- delle varie parti del cuscino 188.5
- a vite dei tubi 311.3
Giuoco nelle aste di distribuzione 215.4
- di dilatazione dell'anello elastico 173.6
- fra il fondo della scanalatura e l'anello 172.4
- del regolatore 273.5
- fra rullo e camma 223.5
Give, to - judgment 378.1
Glance coal . . 22.5
Glanzkohle . . 22.5
Glashahn . . . 92.5
-rohr, U förmiges 83.1
Glass cock . . 92.5
Glattwandiger Verbrennungsraum 159.4
Gleichdruckgasturbine 365.1
- -linie 115.6
- -prozeß . . . 117.6
- -verfahren . . 118.1
-gewicht, Temperatur- 17.4
- -verhältnis zwischen CO und CO_2 34.5
-läufige Kolben 326.5
-mäßige Kohle 24.4
-stromdynamo 332.4
- -erzeuger . . 332.4
- -generator . 332.4
Gleichung, Verbindungs- 2.9
-, Zustand- . . . 111.11
Gleislokomotive 339.5
Gleitbahndruck 194.10
-fläche, Kolben- 176.6
- -, Zylinder- . 159.7
-schuh 177.6
Gleiten des Riemens 328.2
- der Wälzflächen gegeneinander 220.7
Gleitendes Bogenstück 214.6
Glifo-manovella, comando per mezzo di 251.7
Glimmen . . . 58.3
Glimmerscheibe 287.6
Glissement, charge des surfaces de - du cylindre 159.8
- de la courroie 328.2
-, surface de - du cylindre 159.7
- des surfaces de roulement l'une sur l'autre 220.7
Glisser le segment par-dessus le corps du piston 174.2
Glissière 156.5
- à circulation d'eau 157.2
- de crosse . . 156.6
- fermée 157.1
- plate 156.8
-, pression normale sur la 194.10
- ronde 156.9
Globo de explosión 94.8
-, mercurio que contiene el 94.9
Glocke zur Destillierung des frischen Brennstoffs 43.1
-, Gas- 86.3
Glow, to 58.3
Glührohr, geheiztes 282.7
- -, gesteuertes 281.6
- -, offenes . . . 281.7
- - mit verschiebbarer Heizflamme 283.1
- -zündung . . 281.5
-zone . . . 58.6, 282.3
Glut, Hellrot- . 282.4
-, -weiß- - des Drahtes 266.2
-, Rot- - des Drahtes 266.1
-zone 58.6
Goccia visibile, oliatore a 276.3
Godet pour le combustible de réchauffage 264.1
-s, élévateur à 71.3
- graisseur . . 275.9
- à huile . . . 275.6
- de ressort . . 204.2
- - - monté à clavette 204.3
Golpe de ariete 182.2
- perceptible de la leva de escape 346.4
Golpeamiento del émbolo 180.6
Golpear, la roldana golpea sobre la leva 223.6
-, los segmentos golpean 181.3
Golpeo de las válvulas 207.2
Goma 138.4
-, pulmón de . . 84.6
Gomito 310.6
- della leva . . 216.6
-, tubo a 310.8
Gomma 138.4
-, anello di - e filo tenditore 162.5
-, aspiratore di 89.3
-, polmone di . 84.6
-, tubo di . . . 88.9
Gonfler le gazomètre (par pompage) 86.6
Goods, express 374.7
-, fast 374.6
-, forwarding of 374.10
-, slow 374.5
- truck 374.9
- van 374.9
Good working of the blast furnace 64.7
- - order, in . 342.3
Gorge annulaire du piston 172.2
-, poulie à . . . 329.7
Gorrón de émbolo, engrase del 278.6
Goudron . . . 12.1
- de bois . . . 12.7
-, gaz exempt de 74.10
- de houille . . 12.3
-, huile de - de lignite 107.1
- de lignite . . 12.4
- de schiste . . 12.6
-, séparateur de 75.2
-, teneur en - du gaz 75.1
- de tourbe . . 12.5
-, vapeur de . . 12.2
Goudronneux, gaz 74.9
-, hydrocarbures 12.11
Goupille, bloquer la - en la repliant 174.6
- à demi implantée dans la paroi du piston 175.1
- d'épanouissement de la flamme 264.3
- de segments de piston 174.5
- à tête carrée 174.8
Gouverner l'admission par des soupapes 242.1
Govern, to . . 267.2
Governing, bye-pass 245.8
-, - - - by the gas pump . 246.4
- by controlling a bye-pass valve between delivery and suction pipe 252.5
- - - the fuel pump 252.2
- by cutting out the ignition 227.6
-, distribution and - of two stroke cycle engines 240.2
- of four stroke cycle engines 227.2
-, hit-and-miss . 228.1
- by means of the ignition 227.5
- method, Letombe's . . 231.8
-, mode of . . . 267.4
-, quality . . . 234.5
-, quantity . . . 232.5
- by retarding the ignition 227.7
- the throttle valve by the gasholder 85.4
- by throttling 233.5
- - - the source of power 231.7
- by varying the amount of fuel admitted per cycle 231.7

Governo 348.8
Governor, adjusting gear of the 273.3
-, astatic 271.1
-, ball 268.3
- ball 268.5
- -s, weight of 268.6
-, Banki's . . . 231.4
- bell with water seal 86.2
- with bent pendulum arms 269.5
-, cam disc adjusted by the 253.1
-, characteristic curve of 270.6
-, centrifugal . 231.1 267.1
-, construction of 267.5
- controlled mixture valve 238.10
- - valve gear 246.1
-, drum 272.6
-, duplex gas . 85.7
- with fixed centre of oscillation and linked to an axial sleeve 269.7
- fly-ball 268.5
- friction . . . 271.7
-, hunting of the 273.5
-, inertia shaft . 273.2
-, to influence the inclination of the roller table by the 235.4
--lever 273.4
-, load on . . . 268.2
-, moment curve of drum 272.7
- with open link gear 269.1
-, pendulum . . 229.4
-, power 272.5
-, - of the . . . 272.4
-, pseudo-astatic 271.3
-, shaft . . 231.1, 273.1
- sleeve 268.9
- with sleeve . 268.8
-, speed 268.1
- spindle . . . 268.4
- spring 270.2
-, spring loaded 270.1
-, stable 270.7
-, static 270.9
-, Stott's gas . . 85.5
-, throw of . . . 267.3
-, unstable . . . 270.8
-, weight 268.3
Grada, depurador de -s 74.1
-, emparillo de -s 48.3
Gradierwerk . 322.4
Gradin, grille à -s 52.5
- pour la soupape à air et à gas 232.4
Gradino, camma a due -i 232.2
- della camma per la valvola d'aria 232.3
- - - per valvola d'aria e gas 232.4
-i, graticola a . 52.5
Grado alcoolico effettivo 105.2
- d'ammissione 120.5 232.8
- -, regolazione del 232.7
- di compressione 121.6
- di diluizione dell'alcool 104.10
- di dissociazione 7.7
- di durata della piena pressione 123.8
- elvato di calore proprio del gas d'aria 34.6
- d'esattezza . 351.11
- di fluidità . . 99.7
- d'insensibilità 272.2
- d'irregolarità 272.3
- massimo di ossidazione 5.1
-i di ossidazione del carbonio 4.12
-o di purezza . 66.9
- di stabilità . 272.3
Grado de admisión 232.8
- de compresión 121.6
- de depuración 66.9
- de dilución del alcohol 104.10
- de exactitud 351.11
- de expansión 124.6
- de fluidez . . 99.7
- de inestabilidad 272.3
- de insensibilidad 272.2
- de irregularidad 272.3
- máximo de oxidación del carbono 5.1
-s de oxidación del carbono 4.12
- de presión, turbina con un solo 365.6
- de proporción de la sustancia que contiene un líquido en el análisis volumétrico 94.3
Graduable, casquillo 188.9
-, cojinete . . . 188.9
-, válvula . . . 256.5
Graduación del alcómetro 105.4
- del lado descargado 185.4
- por pernos excéntricos 290.6
- proporzional en peso 105.6
- proporcional en volumen 105.5
- de Tralles . . 105.5
Graduado, frasco 91.2
-, tubo 91.7
Graduador, mecanismo - del regulador 273.3
Graduar la admisión por medio de válvulos 242.1
- el encendido 290.5
Graduar los engrasadores 344.1
- la inflamación 290.5
- la longitud del cordón 354.1
- la palanquita transmisora del fiador 290.8
Graduated measuring tube 91.7
Graduato, tubo 91.7
Graduiertes Meßrohr 91.7
Graffa per tubi 313.9
Grafico, rappresentazione -a 110.12
Gráfico, representación -a 110.12
Grafite 11.11
- di storta . . . 32.5
Grafito 11.11
-, pirómetro de 20.3
- de retortas . 32.5
Grains de sable encastrés 343.6
Graissage, appareil de 274.9
- antomatique . 277.5
- de l'axe du piston 278.6
- à bagues . . 276.5
-, bague de 275.4, 276.6
- par barbotage dans le carter du vilebrequin formant bain d'huile 278.3
- central . . . 277.7
- du cylindre . 278.4
- par graisseur centrifuge 276.9
- à l'huile . . . 275.1
-, huile de . . . 274.1
- individuel . . 277.6
- à la main . . 277.1
- du mécanisme de transmission 278.2
- à mèche . . . 276.1
-, mèche de . . 276.2
- du palier de manivelle 279.1
- du piston . . 278.4
- sous pression de la boite à bourrage 179.9
- séparé 277.6
Graisse, boite à 275.8
Graisseur à aiguille 276.4
-s, arrêter les . 347.2
- compte-gouttes 276.3
- du cylindre . 278.5
- à débit visible 276.3
-, graissage par - centrifuge 276.9
-, lubréfaction par - centrifuge 276.9
- à ressort . . 274.11
- Stauffer . . 274.10
Gram-calorie . 16.5
- -molecular volume 2.2
- - weight 2.1
- -molecule . . . 1.8
Grammkalorie . 16.5
- -molekül 1.8
- -gewicht . . . 2.1
- -volumen . . . 2.2
Gramme-degré 16.5
- molécule . . . 1.8
Grammo-molecole, peso in 2.1
- -a, volume di un 2.2
Gramo, molécula- 1.8
Grande caloria 16.4
- potenza, motore a gas di 323.4
- velocità . . . 374.6
Grandezza, variazione infinitesima di una 110.1
Granelli di sabbia incastrati nelle pareti 343.6
Granitquader . 306.8
Granit, noellon de 306.8
Granite block . 306.8
Granito, blocco di 306.8
Granito, macizo de 306.8
Grano avvitato per fissare l'anello 174.5
Granos de arena incrustados en 343.6
Graphical representation 110.12
Graphische Darstellung 110.12
Graphit 11.11
-pyrometer . . 20.3
Graphit, Retorten- 32.5
-thermometer . 20.3
Graphite 11.11
- pyrometer . 20.3
-, retorte 32.5
Graphite 11.11
- de cornue . . 32.5
Gras, charbon . 22.11
-, houille - se . 22.11
Grasa consistente 273.8
Grate . . . 39.2, 50.9
- bar 51.5
-, basket-shape . 52.4
- bearers . . . 51.8
- carriage, producer with 42.3
-, cleaning the - by sprinkling 61.1
-, falling of the fuel through the 61.7
-, horizontal . . 52.2
-, inclined . . . 52.3
-, (inverted V shape) 43.6
-, keeping cool the 57.9
-, oscillating . . 53.1
-, pipe carrying the coke gases below the 45.6
-, producer without 53.4
-, rate of combustion on the 51.1
-, revolving . . 52.8
-, shaking . . . 53.1
-, side 52.6
-, sprinkling the 39.3
-, step . . . 48.3, 52.5
-, stepped . 48.3, 52.5
-, type of . . . 52.1
-, vertical . . . 52.7

Graticcio di legno 69.4
- ricambiabile . 69.6
Graticola . . . 50.9
-, carico della . 51.1
- a carrello, generatore con 42.3
- cilindrica girevole 53.3
-, costruzione della 52.1
- in forma di tetto 43.6
- girevole . . . 52.8
- a gradini . . 52.5
- - -, generatore con 42.1
- inclinata . . 52.3
-, iniezione sulla 61.1
- orizzontale . 52.2
- a paniere . . 52.4
- piana 52.2
- a piani . . . 48.3
-, raffreddamento della 57.9
- a ripiani . . . 52.5
-, sbarra di . . 51.5
- a scosse . . . 53.1
-, sforzo che sollecita la 51.1
-, sostegno della 51.8
-, telajo della . 51.8
- verticale . . . 52.7
Grating, horizontal 306.2
- outlet, pipe with - for the partially burnt gas 48.4
-, pile 306.3
Grava 249.9
-, relleno de -s 249.10
Gravedad, salida por la acción de la 247.7
Gravel 249.9
Gravel, box filled with 249.8
Gravier 249.9
Gravité, écoulement par simple 247.7
Gravity, to deter mine the specific 100.2
- feed 247.7
- of gases, specific 96.7
Grease 273.8
- box 274.10
- cup 275.8
Greatly varying pressure 84.3
Green wood . . 29.11
Greggio, petrolio 102.6
Grélats grélassons 25.1
Gremio 386.4
Grès, noellon de 306.7
Grève 384.12
Grieta en el cilindro 163.3
Grid, wooden . 78.2
Grieskohle . . . 25.3
Griffe 292.3
Grifo = espita 314.9
- de agua de enfriamiento 320.7
- - - de refrigeración 320.7
Grifo de cristal 92.5
- de desagüe . 315.3 317.2
- de evacuación 315.3
- - - del aire 316.10
- de paso . . . 315.1
- de prueba . . 248.4
- de purga 315.3, 317.2
- recto 315.1
- de tres pasos 315.2
- de vidrio . . 92.5
Griglia 50.9
Grillage horizontal 306.2
- en pilotis . . 306.3
Grille 50.9
-, amenée des gaz du coke sous la 45.6
-, arrosage de la 61.1
-, barreau de . 51.5
-, cadre de . . . 51.8
-, charge de la 51.1
-, châssis de . . 51.8
-, construction de 52.1
- en corbeille . 52.4
- cylindrique rotative 53.3
- - tournante . 53.3
- en dos d'âne 43.6
- à étages . . . 48.3
- en forme de toit 43.6
-, gazogène sans 53.4
- à gradins . . 52.5
- horizontale . 52.2
- inclinée . . . 52.3
-, lumière de . 51.2
- en panier . . 52.4
-, partie latérale de la 52.6
-, rafraichissement de la 57.9
- rotative . . . 52.8
- à secousses . 53.1
- tournante . . 52.8
- verticale . . . 52.7
-, vide de . . . 51.2
Grind, to . . . 150.6
- in, to - a cock 314.11
- -, to - the piston packing ring 172.8
- -, to - the valve 201.3
-, to - with emery 150.8
-, - - the valve into its seat 201.3
Grinding, coal 25.5
- machine . . . 150.7
Grisou 12.12
Grisú, gas . . . 12.12
Grit embedded in the cylinder surface 343.6
- sand 343.4
Grobblech . . . 134.9
-maschiges Drahtgewebe 79.2
Groove, bottom of 172.3
-s cut in the cylinder 343.5
-s scored in the cylinder 343.5
-, dovetailed . . 189.5
- joint, tongue and 165.9
Groove, oil 275.3, 278.7
-, piston packing ring 172.2
-, play between piston packing ring and bottom of 172.4
Grooving of the valve seat 206.4
Gros moteur à gaz 323.4
-, prix de . . . 370.5
- en roche . . . 24.11
-, tôle 134.9
Großbetrieb . . 341.2
-gasmaschine . 323.4
-stückige Kohle 24.11
Große Kalorie 16.4
Gross calorific power 97.3
- weight 339.3
Grosseur . . . 24.10
- du fil 203.8
Grossezza del carbone 24.10
- di cigna . . . 328.5
- dello stelo . . 201.5
Ground, made 305.8
Group of atoms 1.3
Groupe d'atomes 1.3
- de machines . 330.1
Grout, to - the foundation plate 309.1
-, to - in the frame 308.4
Grouting . . . 308.2
-, wooden dam for 308.5
Gru 302.3
-, carrello della 302.5
- a mano . . . 302.6
Grúa 302.3
- de mano . . . 302.6
Grubengas . . 12.12
-nlokomotive . 339.8
-, schalldämpfende 319.6
-, Schwungrad- 305.3
Grudekoks . . 28.1
Grue 302.3
-, chariot de . 302.5
- à main 302.6
Grueso 184.3
- del casco . . 309.6
- de correa . . 328.5
- del muelle . 203.8
Grummet . . . 313.1
Grundbegriffe, chemische 1.1
-kapital 373.6
-kreis 222.2
-platte 152.2
-preis 370.6
-schieber . . . 246.7
-wasser 305.9
Gründung . . . 306.1
Grünes Holz . 29.11
Grupo de edificios, central para un 331.6
- de máquinas 330.1
Gruppo di atomi 1.3
- di case, centrale per un 331.6
- di macchine . 330.1
Gruskoks . . . 27.6
Guarantee . . . 376.9
Guard, crank . 155.2
Guarnición del émbolo 171.4
-, material para 138.3
- de prensa-estopas 179.2
- del vástago . 179.1
Guarnizione, anello di 313.1
- adattata dall'esterno 165.7
- adattata dall'interno 165.8
- ausiliare . . . 179.6
- in materiale dolce 179.7
- metallica . . 165.1
- - flessibile . . 179.5
- in metallo bianco 189.4
- principale . . 179.4
- della scatola a stoppa 179.2
- dello stantuffo 171.4
- - stelo dello stantuffo 179.1
-, striscia di . 312.11
Gueulard en fonte de fer 32.8
- de haut fourneau 63.9
Guía-bastidor, movimiento por 251.7
- -corredera . . 156.5
- - cerrada . . 157.1
- - circular . . 156.9
- - de cruceta 156.6
- - - - con circulación de agua 157.2
- - plana . . . 156.8
- del émbolo . 175.2
- - - por medio de resbaladeras 176.2
- de espiga . . 239.3
- del estilete . 353.1
- de la roldana 223.2
- soporte . . . 156.7
- del vástago con refrigeración de agua 202.6
- - - de la válvula 201.6
Guida 156.5
- a caviglia . . 239.3
- chiusa 157.1
- a circolazione d'acqua 157.2
-e, incastellatura a pilone con 153.6
-a della matita 353.1
- piatta 156.8
- della rotella . 223.2
--sopporto . . . 156.7
- a spina . . . 239.3
- dello stantuffo 175.2
- - - con pezzi di sostegno 176.2
- - stelo raffreddata 202.6
- - - della valvola 201.6
- della testa a croce 156.6
- tonda 156.9
Guidage, cheville de 239.4
-, frottement dû à la pression de - du mécanisme de transmission 176.1

Guidage, lame de - de la soupape 245.6
- du piston . . 175.2
- - - par flasques porteurs 176.2
Guide . . 156.5, 262.5, 366.2
- bush, valve stem 201.6
- cheek 176.3
- -s, supporting the piston by 176.2
-, closed 157.1
-, cooled intermediate piston rod 158.1
-, - valve stem . 202.6
-, crosshead . . 156.6
-, cylindrical . 156.9
-, flat 156.8
- lever, to adjust the - of the pawl 290.8
- pin 239.4
-, piston . . . 175.2
Guide, rectilinear pencil 353.1
- stem 239.4
-, stem 239.3
- strap, valve . 245.6
-, supporting . 156.7
-, tailrod 156.4
-, water-cooled crosshead 157.2
Guide à cheville 239.3
- du galet . . . 223.2
- du style . . . 353.1
- -support . . . 156.7
- -tige à circulation d'eau 202.6
- - refroidi . . 202.6
- - de soupape 201.6
Guided bell crank pendulum pecker 230.1
- valve 336.6
Guiding of the gas, spiral 69.3
Güldnerscher Generator 41.4
Güldner producer 41.4
Gummi 138.4
-ball 89.3
-beutel 84.6
-ring und Spanndraht 162.5
-sauger 89.3
-schlauch . . . 88.9
Gunmetal . . . 137.6
Günstigster Kreisprozeß bei gegebenem Druckgefälle 117.5
- - - - Temperaturgefälle 117.2
Guß 147.3
-, blasiger . . . 147.9
-eisen 131.3
-eisernes Mundstück 32.8
- -es Rohr . . . 309.7
-, Gelb- 137.4
-, Hart- 132.4
-, Herd- 131.4
Guß, Lehmform- 132.1
-, Kasten- . . . 131.5
-, Kokillen- . . 132.5
-modell 147.4
-, poröser . . . 147.8
-, Rot- 137.6
-, Sandform- . . 131.6
-, Schalen- . . . 132.5
-, schmiedbarer Eisen- 132.6
-spannung . . 147.11
-, spannungsfreier 148.1
-, Stahl- 132.2
-, Temper- . . . 132.6
-, undichter . . 147.8
Gut, Eil- 374.7
-, Fracht- . . . 374.5
-haben 371.4
Gütegrad der Maschine 361.4
Güterwagen . . 374.9
Gyration, moment of 197.7

H.

H-armature . 284.10
Haarseite des Riemens 328.7
Haber 371.4
Habitación de obreros 385.2
Habitation ouvrière 385.2
Haftpflicht . . 385.9
Hahn 314.9
-, Auslauf- . . . 315.3
-, doppelter Indikator- 353.4
-, Dreiweg- . . 315.2
-, - - mit doppelter Querbohrung 92.6
-, - - mit Längs- und Querbohrung 92.7
-, Durchgang- . 315.1
-, den - einschleifen 314.11
-, Entlüftungs- 316.10
-, Entwässerungs- 317.2
-, Glas- 92.5
-, Indikator- . . 353.3
-, - - mit Wasserkühlung 353.5
-kegel 314.10
-, Kühlwasser- . 320.7
-küken . . . 314.10
- -, als - ausgebildetes Ventilgehäuse 256.6
-, Probier- . . . 248.4
-, Quetsch- . . . 88.10
-schlüssel . . 314.12
Hair side of belt 328.7
Haken 230.3
-eingriff 230.4
-, Feuer- 61.5
-, Rohr- 313.8
-, Schür- 61.5
-, Sperr- 214.4
Halbwassergas 36.5
Halbe Belastung 345.2
-e Übersetzung 209.4
Half compression, automatically disengaging 294.3
- - cam 294.2
- - -, worm for putting the - out of gear 294.4
- load 345.2
-, putting the engine on 293.7
-, wheel- 191.6
Hall de montage 301.4
Halle, Montage- 301.4
Halle de montage 301.4
Haltseil 358.2
Halves, piston in 170.6
Hammer 144.5
-, Dampf- . . . 146.1
-, Gas- 331.3
Hammer 144.5
- driven by gas engine 331.3
- of the exhaust cam 346.4
-, gas 331.3
-, steam 146.1
-, water 182.2
Hammer, to . . 144.4
-, to - out . . . 145.8
Hammering, to close the pores by 343.3
- of the valves 207.2
Hämmern . . . 144.4
-, die Rolle hämmert auf der Antriebscheibe 223.6
Handanlaßkurbel 291.5
-gebläse 59.7
-hebel 297.3
-kette 302.4
-kloben 143.9
-kran 302.6
-kurbel 291.5
-lampe . . 264.6, 349.7
Handluftpumpe 248.1
-rad 315.5
- -ständer . . . 315.6
-schmierung . . 277.1
Hand air-pump 248.1
- blower 59.7
- chain 302.4
- crane 302.6
- driven compressor 296.4
-, factory . . . 383.3
- fan 59.7
- lamp . . 264.6, 349.7
-, lathe 149.2
- lever 297.3
- lubrication . 277.1
- -vice 143.9
- -wheel 315.5
- -, pillar for . 315.6
- -, standard for 315.6
Handelsgesellschaft 379.11
-srecht 377.8
Handle 291.5
-, automatic release of the 291.8
- of cock . . . 314.12
-, return shock on the 292.5
-, safety starting 292.8
-, starting by means of a 291.4
-, - - with toothed gearing 291.7
Handlichkeit der Betriebteile 342.1
Hanf 138.5
-seil 329.5
Hängegelenk . 217.1
Hängenbleiben, das Ventil bleibt hängen 206.6
Hängendes Stoßpendel 229.5
-es Winkelstoßpendel 229.8
Hang up, the valve hangs up 206.6
Hard coal . . . 22.9
- -steel 134.1
- wood 29.5
Harden, to - the working surfaces of the piston pin 169.9
Hardened casting, case 132.4
- soft steel, case 134.2
Hardness . . . 139.2
Harmonika . . 85.8
Haselwander's system of injecting oil 262.8
Hartgummiisolierung 287.4
-guß 132.4
-holz 29.5
Hartes Holz . . 29.5
-e Kohle 22.9
Härte 139.2
Härten, die Laufflächen des Kolbenbolzens 169.9
-, die Wälzflächen durch Einsetzen 221.1
Harzfreies Öl . 274.3
Haube, Feder- . 203.6
-, Ventil- 203.5
Hauptbureau 381.11
-dichtung . . . 179.4
-kegel 205.4
-satz, erster - der Thermodynamik 114.5
-schlußdynamo 332.5
- -erzeuger . . 332.5
-verdampfer . . 41.5
-zylinder . . . 243.1
Haus, Maschinen- 303.3
-, Ventilatoren- 81.7
-zentrale . . . 331.5
Häuserblockzentrale 331.6

Haut fourneau 63.7
- -, moteur à gaz de 323.6
- -, soufflerie de 336.2
Hauteur d'encombrement 302.9
- de jante 190.5
- du niveau 248.6
- du piston 168.3
- de remplissage 57.7
- totale 302.9
Haz de diagramas 354.9
Head 330.11
-, auxiliary 205.5
-, connecting rod 184.6
- with cooling tongue 164.1
-, curved 78.8, 169.1
-, cylinder 168.6
- of the fire bar 51.6
- of the frame, flanged 154.6
-, gas-inlet 78.3
-, gas-outlet 78.4
-, main 205.4
- office 331.11
- with opening for stuffing box 163.7
-, piston 168.10
-, rounded 78.8
-, solid 185.1
-stock 149.7
-, valve 200.7
-, - - of air pump 201.1
-, - - and stem in one piece 201.7
-, warping of the valve 206.5
-, water-cooled valve 202.1
Heart 29.8
- wood 29.8
Hearth steel, open 133.5
Heat 14.8
-, accumulation of 163.1
-, atomic 112.8
-, balance of 360.8
-, bright red - of the ignition tube 282.4
-, bright white - of wire 266.2
- capacity 16.2
- change due to reaction 8.9
-, coefficient of expansion due to 16.6
- of combination 4.1
- of combustion 6.8
- of compression 122.3
- conduction 15.11
- of conduction 15.6
- at constant pressure, specific 112.3
- - - volume, specific 112.4
-, consumption of 362.7
- consumption per hour 363.1
- contained in the mixture 361.1
-, convection of 15.12
Heat, cost per unit of 348.1
- cycle, irreversible 115.1
- of decomposition 4.3
- engine 114.2
- of evaporation 15.3
-, frame heated by waste 264.4
- of fusion 15.2
- given out by the condensed water 97.5
-, ignition 279.5
-, - by - of compression 259.7
-, increase of accumulated 36.4
- insulating wall 98.7
-, interchange of 15.8
-, latent 15.1
-, measurement of 16.1
-, mechanical-equivalent of 114.3
-, melting 15.2
-, molecular 112.9
-, passage of 15.9
- production 14.9
-, quantity of - supplied 114.6
-, - of - taken in during the cycle 360.9
-, - of - transformed into indicated work 361.3
-, - of - per unit of volume 348.2
-, radiant 15.5
- radiation 15.10
-s, ratio of specific 112.5
- of reaction 8.10
-, red - of wire 266.1
-, sensible 15.4
-, specific 16.2
- stresses due to irregular distribution of material 163.2
-, total - (of a body) 15.7
-, transfer of 15.9
- transfer 360.7
-, transformation of - into work 113.8
-, unit of 16.3
- units consumed 363.2
- -, to express the work in 114.1
- utilisation 14.10
-, utilisation of 361.7
-, welding 146.7
Heated ignition tube 282.7
Heating of air, regenerative - by the exhaust 257.3
-, bottom 258.3
- the carburettor walls 257.6
- due to stoppage of the cooling water 167.5
- flame, to extinguish the 346.9
Heating flame, ignition tube with adjustable 283.1
- flues 65.7
- of the fuel 257.2
- fuel, cup for the initial 264.1
- -, tray for the initial 264.1
- gas 30.8
- the ignition tube 282.6
-, irregular 162.6
-, jacket 258.1
- lamp 263.2
- -, oil 264.2
- -, petrol 263.5
-, one-sided 162.6
-, partial 162.6
-, preliminary - of the blast 64.9
-, to stop the 258.6
- tube, spirally wound 264.5
Heavy hydrocarbon 12.10
- oil 99.6, 103.7
Hebebock 302.1
-vorrichtung 301.7
Hebel 215.6
-, Abstütz- 226.9, 231.3
-, Antrieb- 217.4
-arm der Kurbel 186.6
-, Brems- 357.7
-, Doppel- 215.8
-, doppelarmiger 215.8
-, einarmiger 215.7
-ende, geschlitztes 217.2
-, exzentrisch gelagerter 218.6
-, gegabelter 216.9
-, gekröpfter 216.5
-, Hand- 297.3
-, Kontakt- 288.9
-, Regler- 273.4
-, Schlag- 290.4
-, Sperr- 226.9
-, Steuerungs- 217.3
-, Stütz- 218.7
-, Übertragungs- 217.5
-, Ventil- 217.7
-, Wälzungs- 217.8
-, Winkel- 216.4
-, - - mit Wälzflächen 219.1
Heben, die Niveauflasche 91.9
Hebungsgeschwindigkeit des Ventils 208.2
- des Ventils 207.7
Height of level of liquid 248.6
- over all 302.9
-, total 302.9
Heißdampf 11.9
Heizeffekt 97.2
-flamme, die - auslöschen 346.9
-gas 30.8
-lampe 263.2
- -, Benzin- 263.5
- -, Petroleum- 264.2
-tür 54.3
-wert, den - aus der Analyse berechnen 98.1
Heizwert, den - bestimmen 97.6
- -bestimmung 97.1
- - -, chemische 97.7
- -, den - kalorimetrisch ermitteln 98.2
- -, den - der Kohle bestimmen 99.3
- -, oberer 97.3
- -, unterer 97.4
-züge 65.7
Heizen des Glührohrs 282.6
Heizung, die - abstellen 258.6
-, Boden- 258.3
-, Mantel- 258.1
- der Vergaserwände 257.6
Heladas, en tiempo de 347.5
Helical gear wheel, machine cut 209.7
- vane 78.5
Helizoidal, aleta 78.5
-, rueda - fresada 209.7
Hellrotglut 282.4
-weißglut des Drahtes 266.2
Hemp 138.5
-rope 329.5
Hempel's explosion pipette 94.7
Herausragender Faden 19.7
Herdguß 131.4
Hermeticidad, falta de - de los segmentos 171.6
Herramienta del mecánico 143.6
-s de montador 301.5
-s de montaje 301.5
Herrería 145.6
Herrero 145.7
Herstellen 368.5
Herstellung 368.2
-skosten 372.4
-, Massen- 368.3
Heures supplémentaires 384.2
- de travail 384.1
Hidrato de amonio 13.13
Hidrocarburo 12.8
-s alquitranosos 12.11
-s aromáticos 13.7
- ligero 12.9
- pesado 12.10
Hidrógeno 10.6
- carburado, ligero 12.9
- - pesado 12.10
Hierro 131.2
- angular 136.5
- en barras 136.2
- básico 133.4
- Bessemer 133.3
- colado 131.3
- cuadrado 136.4
- doble T 136.8
- dulce 132.7, 132.8
- - de fusión 133.2
- en escuadra 136.5
- forjado 132.7
- fundido 131.3
- -, cuello de 32.8

Hierro fundido maleable 132.6
- -, tubo de . . 309.7
- homogéneo de fusión 133.2
- en I 136.8
- del inducido 285.1
- de llanta . . 136.1
- maleable . . 132.7
- pasamanos . 136.1
- perfilado . . 135.7
- plano . . . 135.10
- pudelado . . 133.1
- redondo . . . 136.3
- Siemens-Martin 133.5
- soldado . . . 132.8
- en T 136.7
- Thomas . . . 133.4
- en U 136.9
- para vigas . 136.6
-, virutas de . . 73.5
- en Z 136.10
- Zorés 135.9
High power, gas engine for 323.4
—speed intermediate shaft 210.6
—tension ignition 286.5
- total heat of air gas 34.6
Highest degree of oxidation of carbon 5.1
Highly compressed air 296.2
- - lighting gas, working with 340.2
- throttled . . 237.7
- volatile fuel, to start with 258.8
- - oil 102.8
Higrómetro . . 10.11
Hilfsfeder . . . 226.8
-kegel 205.5
-versuch 351.3
-welle 211.7
Hineinhalten, einen Draht 265.9
Hin- und Hergang des Kolbens 192.4
Hin- und hergehende Massen 196.2
Hingang, Kolben- 192.5
Hinged hopper 56.5
Hintereinandergeschaltete Ventilatoren 77.4
Hinterer Führungskasten 156.4
Hit-and-miss governing 228.1
Hitze, Schweiß- 146.7
Hobelmaschine 149.10
- -, Quer- . . . 150.1
-späne 73.3
Hobeln 149.9
Hochbehälter . 82.1
-gespannte Preßluft 296.2
-ofen 63.7
- -betrieb . . . 64.6
- -gas 63.6
- -gebläse . . . 336.2
-spannungszündung 286.5
-wertiges Gas . 30.9
Höchstverdichtung, wirtschaftliche 122.2
Höcker, Steuerungs- 221.15
Hogar, generador de dos -es 46.3
Hogar, porteruela del 54.3
Höhe, Bau- . . 302.9
Hohlgußrahmen 153.8
Hohler Tauchkolben mit Druckventil 183.1
-er Ventilschaft 202.2
-e -spindel . . 202.2
-es Zerstäuberventil 256.3
Hoja de lata . 134.8
Hold, to - the exhaust valve 226.1
-, to - up the valve 226.6
-, to - a wire in the flame 265.9
Holding cord . 358.2
- the exhaust valve 225.8
- - - - in its open position 229.1
- open the exhaust by means of a detent and abutment 226.3
- up lever . . . 226.9
- - by means of a toggle lever 227.1
Hole, centre . 358.10
-, charging . . 45.4
-, cleaning . . . 167.1
-, - of the washer 70.6
-, clinker . . . 60.6
-, core 147.6
-, drain 276.8
-, feed 45.4
- for the foundation bolts 308.10
-, oil 275.2
-, open oil . . . 275.7
-, slag 64.4
-s, sooting up of the burner 266.3
-, stirring . 60.6, 61.2
-, tap- 64.5
-, tapping . . . 64.5
- up centre of plunger 251.5
Hollín, capa de - sobre el tapón de inflamación 288.1
-, sublimación del carbono en 10.1
Hollow atomizing valve 256.3
- boss 191.2
- cast frame . . 153.8
- hub 191.2
- plunger with delivery valve . 183.1
- rod 183.9
- spraying valve 256.3
- valve stem . 202.2
- water-cooled exhaust valve 202.4
Holz 29.4
-abfälle 30.2
Holz, Brenn- . . 29.10
-einfassung . . 308.5
-, Föhren- . . . 307.1
-, frisch gefälltes 29.11
-, frisches . . . 29.11
-gebinde . . . 108.5
-geist 13.11
-gitter 73.2
-, grünes 29.11
-, Hart- 29.5
-, hartes 29.5
-horde 69.4
-, Kern- 29.8
-, Kiefern- . . . 307.1
-kohle 29.7
-latte 68.9
-, Laub- 30.3
-, Nadel- 30.4
-, Spar- 307.6
-, Splint- 29.9
-, Tannen- . . . 306.9
-teer 12.7
-vergaser von Riché 49.1
-vergasung . . 48.5
-, weiches . . . 29.6
-wolle 73.4
Homogéneo, hierro - de fusión . . 133.2
Honoraires . . 384.6
Honorario . . . 384.6
Hook 230.3
- engagement . 230.4
- -, bell crank pendulum pecker with 230.2
-, fire 61.5
Hoop iron . . . 136.1
Hopper . . 56.1, 56.7
- cover 56.3
- for distilling the fresh fuel 48.1
-, feed 57.6
-, hinged 56.5
-, open charging 44.3
-, revolving . . 56.6
- with rotary valve 56.4
Horas extraordinarias 384.2
- suplementarias 384.2
- de trabajo . 384.1
Horde, auswechselbare 69.6
-, Holz- 69.4
-nwascher . . . 69.5
Horizontalpendel, geführtes 230.6
Horizontale Retorte 32.2
Horizontal, angle of crank with 193.6
- cylinder . . . 158.3
- engine 325.7
- grate 52.2
- grating . . . 306.2
- retort 31.2
- shaft 212.1
- valve 199.7
Horizontal, retorta 32.2
Horizontally-divided main bearing 187.3
- guided bell crank pendulum pecker 230.5
Horizontally guided pendulum pecker 230.6
Hormigón . . . 307.2
Hornillo 263.2
- de mano . . . 264.6
- suspendido para la destilación del carbón recien cargado 46.5
Horno, alto . . 63.7
-, atalaje del . . 49.9
-, boca del . . . 63.9
- cilíndrico de destilación 107.4
- de cok 65.4
-s - -, batería de 65.5
-s - -, gas de los 64.11
-, cuba de combustión del 49.9
- doble, generador con 47.7
-, ensanche del 49.6
-, estrechamiento del 49.7
- para extraer productos secundarios 65.10
- del generador 49.3
- - -, cabida del 49.4
- - -, capacidad del 49.4
- de regeneración 65.11
- de retortas con calefacción por gas 32.6
- de reverbero 65.9
-, revestimiento interior del 49.10
-, revestimiento refractario del 50.4
-, sección del . 49.5
-, zona de combustión del 49.9
Horquilla de la biela 183.7
- para escojer el cok 27.4
-, en forma de 216.11
Horse-power, coefficient for converting mean effective pressure into indicated 359.8
- -, indicated . 359.9
- -, nominal . . 360.2
Hot-air tower . 64.10
- blast, complete combustion with 36.3
- blow 35.2
- tube ignition 281.5
Houille 22.4
- bitumineuse . 23.1
-, carborniser la 65.2
- collante . . . 23.1
- demi-grasse . 23.2
-, gaz de 31.8
-, goudron de . 12.3
- grasse 22.11
- des marais . 27.10
- molle 22.11
Hour, heat consumption per 363.1
-, kilowatt . . . 385.5
-s, working . . 384.1

House, basement of the 303.6
-, blower 81.7
-, engine 303.3
-, fan 81.7
-, still 104.8
Hub 192.3
-, Arbeits- . . . 126.5
-, Ausdehnungs- 122.6
-, Auspuff- . . . 124.8
-, Ausschub- . . 124.8
-, Ausströmungs- 124.8
-begrenzung . 238.9
-, Einströmungs- 119.6
-, Expansions- . 122.6
-, Gasverdichtungs- 243.7
-höhe, größte - des Ventils 208.3
-, Luftverdichtungs- 243.6
-, Muffen- . . 268.10
-, Saug- 119.6
-, Ventil- 208.6
-, Verdichtungs- 120.8
-verlust durch die Abwälzung 219.7
-verminderer . 354.3
-volumen . . . 120.2
-volumen, Kolben- 120.2
-wechsel 192.7
Hub, flywheel . 191.1
-, hollow 191.2
- in three parts 191.3
Hueco entre aro y fondo de ranura 172.4
-s, presentar . 220.1
-s que quedan entre las juntas 191.8
Hueco, vástago 202.2
Huelga . . . 384.12
Huilage 275.1
Huile animale 274.4
- d'anthracène 106.12
-, consommation d'- de graissage 348.7
- de créosote . 106.11
- pour cylindres 274.8
- d'éclairage . 103.3
- - américaine 103.5
- - russe . . . 103.6
- épaisse . . . 99.6
-s pour force motrice 99.4
- à gaz 107.8
-, gaz à l' . . . 33.1
-, gaz d' 33.1
- de goudron . 106.6
- - - de houille 106.7
- - - de lignite 107.1
- de graissage 274.1
- lourde 103.7
- lubrifiante . 274.1
- de machines . 274.7
- mince 99.5
- minérale . . . 274.6
- mixte 103.8
- de nettoyage 103.2
- neutre 274.2
- non résinifère 274.3
- de paraffine . 107.9
- peu fluide . 99.6
- de phénol . 106.10
- à point d'ébullition bas 100.5
- - - - élevé . 100.6 .
- privée de résine 274.3
- de schiste . 107.10
Huile solaire . 107.7
-, transport d' . 108.1
- très fluide . . 99.5
- très volatile . 102.8
- végétale . . . 274.5
Hulla 22.4
- aglutinante 23.1, 26.9
- bituminosa . 23.1
- blanda 23.1
- grasa 22.11
- semi-grasa . . 23.2
- viva 23.2
Hülse, Nadel- . 262.5
-, Regler- . . . 268.9
Humeante, ácido sulfúrico 90.5
Humedad del aire 10.10
Húmedo, aire . 10.9
Humid air . . . 10.9
Humide, vapeur 11.8
Humidité de l'air 10.10
Humidity of the air 10.10
Hunting of the governor 273.5
Hurdle, removable 69.6
-, replaceable . 69.6
- washer 69.5
-, wood 69.4
Hurgón 61.3, 61.5, 266.5
Hüttenbetriebe, Abgase der 63.2
Hydrate de méthyle 13.11
Hydraulic cement 307.7
- main 32.10
- seal of the gas main 55.9
Hydraulic test of cooling space 161.2
- water seal, exhaust tank with 319.5
Hydraulik . . . 32.10
Hydraulischer Abschluß der Gasleitung 55.9
- Kalk 307.7
Hydrocarbon . 12.8
-s, aromatic . . 13.7
-, heavy 12.10
-, light 12.9
-s, tarry 12.11
Hydrocarbure . 12.8
-s aromatiques 13.7
-s goudronneux 12.11
- léger 12.9
- lourd 12.10
Hydrochloric acid 14.7
- -, solution of cuprous chloride in 90.9
Hydrocyanic acid 14.3
Hydrogen . . . 10.6
-, sulphuretted 14.4
Hydrogène . . 10.6
-, carbure d' . . 12.8
-, cyanure d' . . 14.3
-, sulfure d' . . 14.4
- sulfuré 14.4
Hydrometer . . 100.3
Hydrosulphuric acid 14.4
Hygrometer . . 10.11
Hygromètre . . 10.11
Hygrometric condition 10.10

I.

I-Anker . . . 284.10
- -Eisen 136.8
- -iron 136.8
Ideal cycle, work of the 361.2
- gas turbine . 364.9
Ideale Gasturbine 364.9
Idle stroke . . 228.2
- -s, x -s to y working strokes 228.3
Idrato d'ammonio 13.13
Idraulica, calce 307.7
Idrocarburo . . 12.8
-i aromatici . . 13.7
- contenenti catrame 12.11
-o leggiero . . 12.9
- pesante . . . 12.10
Idrogeno . . . 10.6
- solforato . . 14.4
Ignición = encendido
Ignición por acumuladores 285.8
- por boquilla incandescente 281.2
- eléctrica . . . 283.2
- por incandescencia 281.2
Ignición por mechero 280.4
-, punto muerto de la 193.1
-, regulación de la 227.5
-, temperatura de 101.5
Ignitability . . 101.9
Igniter, vaporizer 281.3
Igniting flame 280.5
- valve 281.1
Ignition 279.4
- accumulator . 284.2
-, advanced . . 279.9
- apparatus . . 283.3
-, battery . . . 285.8
- by breaking contact 288.4
- chamber . . . 281.4
- current . . . 283.8
- -, source of . 283.9
- dead center (centre) 193.1
- device 283.3
-, distribution of - for two cylinders 289.6
-, to drive the piston forwards by 299.1
Ignition, early 279.9
-, electric . . . 283.2
- by flame . . . 280.4
- flame, chimney for the 280.7
- - passage . . 280.6
-, governing by cutting out the 227.6
-, - by means of the 227.5
-, - by retarding the 227.7
- heat 279.5
- by heat of compression 259.7
-, high-tension . 286.5
-, hot tube . . . 281.5
-, incandescence method of 281.2
-, late 280.2
-, low-tension . 288.5
-, magneto electric 286.1
- in the middle of stroke 363.7
- point . 101.5, 279.8
- power 279.6
-, premature . . 280.1
-, to put the - out of action 347.1
-, to retard the 344.3
Ignition, retarded 280.2
- spark 283.7
- by sparking plug 286.4
-, spontaneous . 259.6
-, - - of coal . . 26.1
- storage battery 284.2
- temperature . 6.4 101.5, 279.5
-, temperature of 6.4
-, time of . . . 279.7
-, to time the . 290.5
- tube with adjustable heating flame 283.1
- -, bright red heat of the 282.4
- -, heated . . . 282.7
- -, heating the 282.6
- -, open 281.7
- -, timed . . . 281.6
Igrometro . . . 10.11
Illness, insurance against 385.4
Illuminante, gas 30.5
Illuminating gas and oil-gas 30.5
- - works 31.9
- oil 103.3

Illuminating town gas 31.8
Illuminazione 303.10
-, olio per . . . 103.3
Ilôt de maisons, centrale d' 331.6
Imán de campo 333.4
- permanente . 284.9
Imballaggio . . 376.4
- a correntini . 376.6
- in gabbia . . 376.6
-, materiale d' . 376.5
Imballare . . . 376.3
Imbiettamento dello stantuffo dell'indicatore 356.8
Imbiettatura dello stantuffo logorato 180.7
Imbottito fondo 169.1
Imbuto caricatore 57.6
- collettore . . 320.8
- di riempimento 249.3
Immersion, depth of - of the thermometer 19.6
- tube 254.8
Immersion, profondeur d'- du thermomètre 19.6
Immersione, tubo di 254.8
Immissione della miscella nel tubo 282.5
Impegno ad uncini 230.4
- - -o, pendolo d'urto angolare con 230.3
Impelente, ventilador 82.3
Impeller 80.6
-, diameter of . 80.7
-s rolling upon each other 80.3
Imperfect combustion 5.8
Impianto con aria compressa 296.1
-i completi . . . 323
-o di depurazione 66.10
- per la fabbricazione del gas 31.5
-i fissi 323.1
-o della fondazione 304.5
- per gas aspirato e soffiato 37.8
- - - ad aspirazione 37.6
- - - illuminante 31.9
- - - Mond con estrazione di ammoniaca e solfati 42.6
- - - d'olio . . 33.2
- - - sotto pressione 37.5
-i locomobili . 337.8
-o di motrici a gas per miniere e ferriere 335.10
- di pompe per canalizzazione con motore a gas 337.4
Impianto di prova 350.10
- di refrigerazione 72.3
- di separazione del solfo 75.7
-, spese d' . . . 372.2
- di ventilatori per gas metallurgico 81.1
Impiegato . . 380.10
Implanté, goupille demi -e dans la paroi du piston 175.1
Import 375.6
- duty 375.5
- taxes 375.5
Importación . . 375.6
Importation . . 375.6
-, droits d' . . . 375.5
Importazione . 375.6
-, dazio d' . . . 375.5
Imprenditore . 379.7
380.9
Impulsado, polea -a 327.5
Impulsión por correa 327.7
- por engranaje interior 210.2
- por estribo y leva 224.1
- por excéntrica 224.4
- por gas . . . 332.2
-, mecanismo de - de Langen 364.7
- por palancas combinadas articuladas en serie 223.9
- - - de rodadura accionadas por levas 224.1
- de la transmisión 327.3
Impulsora, aleta 78.7
Impur, gaz . . 66.7
Impure gas . . 66.7
Impurificación del gas por los vapores de azufre 75.8
Impurification du gaz par des vapeurs sulfureuses 75.8
Impuro, gas . . 66.7
Inactif, gaz . . . 6.3
Inactive gas . . . 6.3
Inactivo, gas . . 6.3
Inaffiatore . . . 70.1
Inaktives Gas . . 6.3
Inanspruchnahme 141.4
Inattivo, gas . . 6.3
In bulk 376.8
Incandescence method of ignition 281.2
-, zone of . 58.6, 282.3
Incandescence, allumage par 281.2
- du fil 266.2
-, porter les charbons à l'- par insufflation d'air 35.3
-, zone d' . 58.6, 282.3
Incandescencia, caldear el carbón hasta la 35.3
- al rojo vivo . 282.4
-, zona de . . . 282.3
Incandescent coal, to pass air over 34.3
- -, - - steam over 35.5
- heat, to bring the coal to high 35.3
- platinum wire, combustion by means of 95.6
Incandescente, accensione a tubo 281.5
Incandescenza, accensione ad 281.2
-, zona d' . . . 282.3
Incastellatura . 151.2
153.7
- a baionetta . 154.4
-, base dell' . . 155.3
-, colare del cemento sotto l' 308.4
- continua . . 156.1
- a due travi . 154.5
-, flessione dell' 155.9
- a forcella . . 151.4
- - - cilindrica 152.4
- - - prismatica 152.5
- di getto cavo 153.8
- inviluppante 152.6
- massiccia . . 154.2
-, montante dell' 153.3
- a un montante 153.4
-, parete dell' . 152.7
- per piccoli motori 151.3
- a pilone con due montanti 153.2
- - - con guide 153.6
-, rigidità dell' 155.6
- ad una sola trave 154.4
-, superficie d'appoggio della base dell' 155.4
-, trave laterale dell' 154.1
Incastramento dello stantuffo dovuto all'usura 181.1
Incastro, tenuta con scanalatura ed 165.9
Incavato, mozzo 191.2
Incendie, assurance contre l' 377.2
-, avertisseur d' 377.3
-, danger d' . . 350.2
Incendi, assicurazione contro gli 377.2
-, segnalatore d' 377.3
-o, pericolo di 350.2
Incendio, avisador de -s 377.3
-, peligro de . . 350.2
Inclinación de la biela 193.7
-, dar - á la campana 86.9
-, dar á los cortes de la junta una - de x grados 173.7
- variable . . . 58.7
Inclinado, emparrillado 52.3
- hacia dentro, cojinete del árbol cigüeñal 187.5
-, retorta -a . . 32.3
Inclinaison, angle d' 58.6
- de la cloche du gazomètre 86.9
-, influencer l'- de la table de roulement par le régulateur 235.4
- variable . . . 58.7
Inclination, angle of 58.6
-, variable . . . 58.7
Inclinato, storta -a 32.3
Inclinazione, angolo di 58.6
- variabile . . . 58.7
Inclined face of the tooth 292.4
- grate 52.3
- joint 173.3
- retort 32.3
- U-tube 83.5
Inclining of the gasholder 86.9
Incombustible, gas 6.2
Incombustible gas 6.2
Incombustible, gaz 6.2
Incomplete combustion 5.8
- - of carbon . 34.4
- -, gases due to 58.4
- -, loss of work due to 362.3
- -, period of . 58.5
- -, zone of . . 58.1
Incompleto, combustione -a 5.8
Incorporare la polvere all' acqua 76.10
Incorporer la poussière à de l'eau 76.10
Incorrect reading of the gas-meter 87.7
Increase of accumulated heat 36.4
-, to - the tension of the spring 204.7
Increasing load, calibrating with 356.4
Incrostamento dello stantuffo 180.9
Incrostata, polvere - per calore 314.5
Incrostazione di catrame 71.7
Incrustaciones, formación de - en el émbolo 180.9
Incrustado por el calor, polvo 314.5
Incrustation . . 314.5
- of carbonised oil 288.2
- of the piston 180.9
-, tar 71.7

Incrustation du piston 180.9
Incudine . . . 145.10
Incurvamento delle superfici interne 164.3
Incurvare lo stelo dello stantuffo verso l'alto 177.4
Incurvata in avanti, paletta 81.3
- all' indietro, paletta 81.4
Independently variable 109.4
Index of v . . . 116.2
Indicación errónea del contador 87.7
Indicado, potencia -a 359.9
-, presión media -a sobre el émbolo 359.7
Indicador . . . 352.1
-, caja del . . . 354.4
-, cordón para el 353.8
-, llave del . . . 353.3
-, papel del . . 353.2
- de tiro 82.8
- - - de Schubert 83.10
Indicar el trabajo en calorías 114.1
Indicare il lavoro in unità termiche 114.1
Indicato, potenza -a 359.9
Indicated horse-power 359.9
- - -, coefficient for converting mean effective pressure into 359.8
- pressure, mean 359.7
- work 359.9
- -, quantity of heat transformed into 361.3
Indicateur . . . 352.1
-, boîte d' . . . 354.4
-, calage du piston de l' 356.8
-, commande d'- par manivelle frontale 353.7
-, - d'- avec transmission à leviers 353.6
-, cordon d' . . 353.8
-, correction de l'inertie de l' 356.7
-, diagramme d' 354.5
-, ficelle d' . . . 353.8
-, oscillation d' 356.6
-, papier d' . . . 353.2
-, piston d' . . . 352.2
- ressort d' . . 352.3
-, - d'- à double enroulement 352.5
-, robinet d' . . 353.3
-, - d'- à circulation d'eau 353.5
-, - double d' . 353.4
-, tambour d' . 352.4
- de tirage . . 82.8
- - - de Schubert 83.10
Indication, mechanical - of temperature 112.7
Indication erronnée du compteur 87.7
Indicator . . . 352.1
- card 353.2
-, case for . . . 354.4
- cock 353.3
- -, double . . . 353.4
- -, water cooled 353.5
- cord 353.8
-, correction for the inertia of the 356.7
- diagram . . . 354.5
- -, to take an . 354.6
- drum 352.4
-, oscillation of 356.6
- paper 353.2
- piston 352.2
- -, jamming of the 356.8
- reducing gear with lever transmission 353.6
- - - with small crank on end of main shaft 353.7
- spring 352.3
- -, calibration of the 355.8
- -, double wound 352.5
Indicatore . . . 352.1
-, carta dell' . . 353.2
-, cassetta dell' 354.4
-, corda dell' . 353.8
-, diagramma dell' 354.5
-, molla dell' . . 352.3
-, oscillazione dell' 356.6
-, robinetto dell' 353.3
-, - doppio da . 353.4
-, stantuffo dell' 352.2
-, tamburo dell' 352.4
Indicazione erronea del contatore 87.7
- falsa del contatore 87.7
Indice, strumento ad 83.9
Indikator . . . 352.1
-antrieb mit Hebelübersetzung 353.6
- - durch Stirnkurbel 353.7
-diagramm . . 354.5
- -, ein - abnehmen 354.6
-feder 352.3
- -, doppelt gewundene 352.5
-hahn 353.3
- -, doppelter . 353.4
- - mit Wasserkühlung 353.5
-kasten 354.4
-kolben 352.2
-papier 353.2
-schnur 353.8
-schwingung . 356.6
-trommel . . . 352.4
Indipendente, variabile 109.4
Indiqué, puissance -e 359.9
Individual electric plant 331.5
Indizierter Kolbendruck, mittlerer 359.7
-e Leistung . . 359.9
Indotto 333.6
-, avvolgimento d' 333.7
- azionato con corrente di batteria 290.3
-, bobina dell' . 285.2
-, capsula dell' 290.2
- a doppio T 284.10
-, ferro dell' . . 285.1
- fisso 285.6
- oscillante . . 285.3
- ruotante . . . 285.5
Inducido . . . 333.6
- accionado por la corriente de una batería 290.3
- fijo 285.6
- giratorio . . 285.5
- oscilante . . . 285.3
- Siemens . . 284.10
Inducteur, enroulement d' 333.5
Induction coil 285.9
Induction, bobine d' 285.9
Inductor . . . 285.7
Induit 333.6
- actionné par courant de batterie 290.3
-, bobinage d' . 333.7
-, bobine d' . . 285.2
- en double T 284.10
-, enroulement d' 333.7
-, enveloppe d' 290.2
-, fer d' 285.1
- fixe 285.6
- en I 284.10
-, oscillant . . . 285.3
- tournant . . . 285.5
Induktionsapparat 285.9
Induktor, Magnet- 284.8
Indurita, ghisa 192.4
Industrial legislation 379.4
- waste gases . 63.1
Industriale, legge 379.4
-, mattonella . 28.12
Industriales, gases 63.1
Industriebrikett 28.12
Industrielle Abgase 63.1
Induttore magnetico 284.8
Induzione, apparato di 285.9
Inercia, fuerzas de 184.4
- del indicador, corrección de la 356.7
-, regulador axial influido por la 273.2
Inert gas 6.3
Inert, gaz 6.3
Inertia, bending strain due to 184.5
Inertia, correction for the - of the indicator 356.7
- diagram . . . 195.6
- forces acting in the plane of oscillation of the stem 184.4
-, to keep the - of the gear low 215.5
-, moment of . 142.1
- shaft governor 273.2
Inertie, effort de flexion dû à l'- des pièces 184.5
-, forces d'- agissant dans le plan d'oscillation de la bielle 184.4
-, maintenir faibles les forces d'- de la transmission de distribution 215.5
-, moment d' . . 142.1
-, - d'- du volant 197.7
Inerzia dell' indicatore, correzione dell' 356.7
-, lavoro d'- nel periodo d'arresto 297.4
-, momento d' . 142.1
-, sforzo di flessione prodotto dalla forza d' 184.5
Inestabilidad, coeficiente de 272.3
-, grado de . . 272.3
Inestable, regulador 270.8
Inétanchéité de la soupape 206.3
Inexplosibilité de la culasse 164.4
Inferiore, cuscinetto 188.7
Infiammabile, miscela 236.2
Infiammabilità 101.8
Infilare a forza la ruota 211.4
Infinitesimal change of a variable 110.1
-, variación - de una cantidad 110.1
Inflamabilidad 101.8 101.9
Inflamable, mezcla 236.2
Inflamación = encendido
Inflamación por acumuladores 285.8
- por boquilla incandescente 281.2
- por bujías . . 286.4
- por el calor de la compresión 259.7
- con cápsula doble, distribución para 289.6
- por corriente de alta tensión 286.5
- - - de baja tensión 288.5
- eléctrica . . . 288.2
- espontánea . 259.6
- - del carbón 26.1

Inflamación por gasificador 281.3
- por incandescencia 281.2
- magneto-eléctrica 286.1
- por mechero 280.4
–, peligro de . . 102.1
–, punto de . . . 101.6
- de reacción . 292.7
–, regulación de la 227.5
–, riesgo de . . 102.1
- por ruptura . 288.4
–, temperatura de 6.4 101.5
- por tubo incandescente 281.5
Inflamador . . 288.7
- abierto . . . 281.7
- calentado . . 282.7
- con grifo . . 281.6
- con mechero móvil para su calentamiento 283.1
- de platino . . 282.2
- de porcelana 282.1
Inflammabilité 101.8 101.9
Inflammability 101.8 102.1
Inflammable gas 5.10
- -es, analysis of the highly 95.1
- –, - of slightly 95.5
- mixture . . . 236.2
Inflammable, mélange 236.2
Inflammation, danger d' 102.1
–, essayeur du point d' 101.7
–, point d' . . . 101.6
- spontanée du charbon 26.1
–, température d' 6.4 101.5
Inflection of the characteristic curve, point of 271.4
–, tangent through the point of 271.5
Inflessione dello stelo 177.9
–, tangente al punto d' 271.5
Inflexión, línea de 187.8
–, tangente de . 271.5
Influence, to - the inclination of the roller table by the governor 235.4
Influencer l'inclinaison de la table de roulement par le régulateur 235.4
Influencia de las condiciones climatológicas sobre la saturación 253.3
Influx of water 181.8
Infortunio . . 385.7
Infringement of a patent 378.9
Ingegnere . . . 382.6
- amministrativo 383.1
Ingegnere capo 382.7
- consulente . 382.10
- dell'esercizio 382.5
- ispettore industriale 382.8
- libero esercente 382.9
- meccanico . . 142.9
Ingeniero . . . 382.6
- de administración 383.1
- consultor . 382.10
- industrial . . 382.8
- jefe 382.7
- mecánico . . 142.9
- particular . . 382.9
- del servicio técnico 382.5
Ingenieur . . . 382.6
–, beratender 382.10
–, Betrieb- . . . 382.5
–, Gewerbe- . . 382.8
–, konsultierender 382.10
–, Maschinen- . 142.9
–, Ober- 382.7
–, Verwaltungs- 383.1
–, Zivil- 382.9
Ingénieur . . . 382.6
- d'administration 383.1
- des arts et métiers 382.8
- en chef . . . 382.7
- civil 382.9
- conseil . . . 382.10
- d'exploitation 382.5
- mécanicien . 142.9
- du service technique 382.5
Ingot-steel . . . 134.1
Ingranaggio interno, comando con 210.2
–, variazione di pressione nell' 210.5
Ingrassatore con capsula a molla 274.11
- Stauffer . . 274.10
Inhaber . . . 379.10
–, Lizenz- . . . 379.3
Iniettare acqua nello scarico 320.3
Iniettore . . . 256.2
- a getto di vapore 38.6
Iniezione . . . 262.1
- d'acqua sulla piastra di vaporizzazione 39.3
- –, ventilatore con 77.3
–, carburazione ad 255.3
- di combustibile prima della compressione 259.5
- sulla graticola 61.1
- di petrolio . 262.8
Initial ordinate 111.7
Iniziale, ordinata 111.7
Inject, to - water into the exhaust 320.3
Injecter de l'eau dans l'échappement 320.3
Injecteur, bec d' 93.4
Injecting fuel after compression 259.5
- - before compression 259.4
- oil, Haselwander's system of 262.8
Injection . . . 262.1
–, gas turbine with water 365.5
- of water, to produce a high compression by 122.5
Injection . . . 262.1
–, carburation par 255.3
- du combustible après la compression 259.5
- - - avant la compression 259.4
–, conduite d'- d'air 261.8
- d'eau sur la plaque de vaporisation 39.3
- de pétrole . . 262.8
–, réservoir d'- d'air 261.6
–, - d' - d'air additionnel 261.7
–, turbine à gaz avec - d'eau 365.5
–, ventilateur à - d'eau 77.3
Injector 38.6
- nozzle 93.4
–, water-jet . . 89.4
Injektorspitze 93.4
Inlet 249.2
–, air 35.9
- bend 317.5
- chamber . . . 244.5
–, cooling water 166.7
–, nozzle 366.5
- pipe 320.5
–, steam 36.1
- suction . . . 37.10
- temperature . 348.5
- tube, petrol . 254.9
- velocity of the charge 119.11
–, water 87.3
Inmersión, profundidad de - del termómetro 19.6
–, tubo de . . . 254.8
Inmovilización de la válvula de escape 225.8
Inmovilizar la válvula de escape 226.1
Innenverzahnung, Antrieb durch 210.2
Inner dead center (centre) 192.9
- diameter of seat 208.7
- surfaces, curvature of the 164.3
- wall, difference of temperature between outer and - of the cylinder 162.7
Innere Arbeit . 114.7
-e Energie . . 114.7
-e Reinigung . 349.4
-er Schubstangenkopf 185.2
-er Sitzdurchmesser 208.7
-er Totpunkt . 192.9
Innesto ad uncini 230.4
Inquinamento del gas con vapori di solfo 75.8
Inscription, appareil d' 352.8
Insensibilidad, grado de 272.2
Insensibilitá, grado d' 272.2
Insensibilité à l'action du feu 51.4
–, coefficient d' 272.2
–, degré d' . . . 272.2
- au feu 51.4
Insensitiveness, coefficient of 272.2
–, degree of . . 272.2
Inserire una leva a gomito 221.2
–, spina inserita a metà nella parete dello stantuffo 175.1
Insert, to - a bent lever 221.2
–, to - the liner 160.5
–, to - the piston 168.5
Inserted capillary tube 93.1
- retort, producer with 44.8
Inside diameter of pipe 309.4
Inspect, to - the engine 349.6
–, to - the engine construction 342.9
Instabilité, degré d' 272.3
- du régulateur 273.5
Instal, to - the engine 300.3
Instalación, capital de 373.5
- de la cimentación 304.5
-es completas . 323.1
- para la compresión de aire 296.1
- depuradora . 66.10
- de ensayo . 350.10
- para la fabricación de gas 31.5
- fija 323.1
- gasógena . . 31.5
- - por aspiración 37.6
- - - - con ventilador de régimen 37.8
- - Mond con extracción de amoníaco y sulfato 42.6
- - á presión . 37.5
- motriz de gas para minas y metalurgía 335.10

Instalación, -es portátiles 337.8
- refrigeradora 72.3
- para la separación del azufre 75.7
- de ventiladores para gases de altos hornos 81.6
Installationskosten 372.6
Installations, complete 323
-, cost of 372.2
-, testing . . . 350.10
Installation à air comprimé 296.1
-, assurance de l' 376.11
-s complètes . . 323.1
- pour l'élimination du soufre 75.7
- d'épuration . 66.10
- d'essai . . . 350.10
-s fixes 323.1
- de fondation 304.5
-, frais d' 372.2, 372.6
- de gazogène 31.5
- à gazogène par aspiration 37.6
- - - aspiré . . 37.6
- - - - et soufflé 37.8
- gazogène Mond avec extraction d'ammoniaque et de sulfate 42.6
- à gazogène soufflé 37.5
- génératrice de gaz 31.5
- motrice à gaz pour mines et métallurgie 335.10
- productrice de gaz 31.5
-s transportables 337.8
- de ventilateurs pour gaz d'usine métallurgique 81.6
Instalments, payment in 372.1
Instandhaltung 349.2
Instantanée, combustion 123.1
Instantaneous combustion 123.1
Instituciones benéficas para los obreros 385.1
Institutions, beneficient - for workmen 385.1
Institutions pour le bien-être des ouvriers 385.1
Instrucciones para impedir los accidentes 385.8
- - el manejo . 349.1
- - el montaje 301.1
Instructions for erecting 301.1
-, working . . . 349.1
Instructions pour le montage 301.1
-s préventives contre les accidents 385.8
- de service . . 349.1
Instrument à aiguille 83.9
Instrumento de aguja 83.9
Insudiciamento della seda della valvola 206.8
Insulating tube, deposition of moisture on the 287.8
- -, sweating of the 287.8
Insulation, ebonite 287.4
-, fault in the . 287.7
-, porcelain . . 287.5
- of the sparking plug 287.3
Insurance accident 385.6
- against disablement 385.10
- against illness 385.4
- company . . 377.1
-, fire 377.2
-, old age . . . 386.2
- of the plant 376.11
-, workmen's . . 385.3
Insure, to . . 376.12
Intaccatura fatta colla lima 174.7
Intaglio, praticare un - nell' inviluppo presso la flangia di estremità 162.4
Integración . . 110.7
- parcial . . . 110.11
Integral 110.9
-rechnung . . . 110.6
-zeichen . . . 110.10
Integral 110.9
- calculus . . . 110.6
Integral, cálculo 110.6
Integrale . . . 110.9
-, calcolo . . . 110.6
Intégrale . . . 110.9
Integrar 110.8
- el diagrama . 359.3
Integrare . . . 110.8
Integrate, to . . 110.8
Integration . . 110.7
-, partielle . . 110.11
Integration . . 110.7
-, partial . . . 110.11
- by parts . . 110.11
-, sign of . . 110.10
Intégration . . 110.7
- partielle . . 110.11
Integrazione . 110.7
- parziale . . 110.11
Intégrer 110.8
Integrieren . . 110.8
Intelaiatura . . 153.7
-, cilindro inserito nell' 158.5
- dei magneti . 333.3
Intensidad de corriente 335.1
- del tiro en mm de columna de agua 82.7
Intensità di corrente 335.1
Intensität, Strom- 335.1
Intensité du courant 335.1
Intensity of stress 141.5
Interasse 338.6
Intercalar una palanca acodada 221.2
Intercaler un levier à genou dans la commande de la soupape 221.2
Intercambiable, parrilla 69.6
Interceptar . . 237.6
Interception de l'arrivée de gaz et d'air 228.6
Interchange of energy between crank gear and flywheel 197.8
- of heat 15.8
Interchanging of engine parts 349.12
Intercomunale, centrale 332.1
Interés 373.8
Interesse 373.8
-, messa all' . . 373.7
Interest 373.8
-s, paying . . . 373.7
Intérêt 373.8
-s, production d' 373.7
Interior, cleaning of the 349.4
Interlinked voltage 334.8
Intermediate flame 280.8
- member, elastic 226.7
- shaft 211.7
- -, high-speed . 210.6
- tank 242.8
Intermedio, recipiente 242.8
Intermittent generation of motive fluid 366.1
- working . . . 341.5
Intermittente, esercizio 341.5
-, movimento - dello stantuffo 252.1
Intermittierender Betrieb 341.5
Internal combustion engine, direct coupling an - to the working machine 329.9
- - -s, equipment of 267
- - -s, non-compression 363.3
- - -s, theory of 109
- resistance . . 360.5
- stresses, casting without - due to cooling 148.1
- work 114.7
Internally toothed gearing, driving by 210.2
Interpretación mecánica de la temperatura 112.7
Interprétation mécanique de la température 112.7
Interpretazione meccanica della temperatura 112.7
Interrompere il riscaldamento 258.6
- la scintilla . . 289.1
Interrotto, esercizio 341.5
Interrumpir . . 237.6
- la calefacción 258.6
- la inflamación 347.1
Interrupción de la entrada del combustible 228.4
- - - - de gas y de aire 228.6
- en el servicio 349.10 349.11
-, válvula de - de doble asiento 85.6
Interrupteur . . 286.2 335.6
- horaire . . . 335.8
- à maxima . . 335.7
- à temps . . . 335.8
Interruption of the continuity of the outer jacket 161.7
- of the working 349.11
Interruption de l'arrivée de gaz et d'air 228.6
- de service . 349.11
Interruptor . . 286.2 335.6
- horario . . . 335.8
- de máxima . 335.7
Interruttore . . 286.2 335.6
- a massimo . . 335.7
- orario 335.8
Interruzione della combustione 58.8
-, dispositivo d' 289.3
- dell'inviluppo esterno 161.7
- del lavoro . 349.11
Interurbana, central 332.1
Interurbaine, centrale 332.1
Interval 346.7
- between charging 57.3
-, long - between cutting off the fuel supply and stopping 345.7
Intervalle entre barreaux de grille 51.2
- de chargement 57.3
Intervallo tra le cariche 57.3
- tra feritoie . 241.2
- ove scocca la scintilla 283.6
Intérvalo entre dos cargas 57.3
Intesa 370.11
Intoxicación, peligro de 350.1
Intoxication, danger d'- dans les installations gazogènes 350.1

Introducción del agua en el vástago de la válvula 202.5
- de aire 46.7
- de la mezcla de aire y vapor 47.1
- preliminar de aire puro 127.7
- simultánea de agua y de vapor 37.1
Introducing the air from above 44.6
Introducir el aire por arriba 44.6
- un alambre . 265.9
- el émbolo . . 168.5
Introduction of fresh air before the combustible mixture 127.7
Introduction d'air 46.7
-, couronne d' . 240.5
- d'eau dans la tige de soupape 202.5
- du mélange d'air et de vapeur 47.1
-, ouverture d' . 45.4
- préalable d'air pur 127.7
- simultanée d'eau et de vapeur 37.1
-, tube d' - d'essence 254.9
Introduire l'air par le haut 44.6
- le piston . . . 168.5
Introdurre l'aria dall'alto 44.6
- la camicia interna 160.5
- lo stantuffo . 168.5
Introduzione anticipata 127.7
- contemporanea di acqua e di gas 37.1
-, feritoia di . . 240.8
- del gas, bocca di 78.3
- meccanica del carbone, generatore doppio con 48.1
- della miscela di aria e di vapore 47.1
- - -, velocità di 119.11
-, temperatura di 348.5
-, tubo di . . . 320.5
Invalidez, seguro contra la 385.10
Invalidità, assicurazione contro 385.10
-, pensione d' . 386.1
Invaliditätsrente 386.1
-sversicherung 385.10
Invalidité, assurance contre l' 385.10
-, pension d' . . 386.1
Inversión del émbolo 192.7
Inversione di moto 192.7
(Inverted V shape) grate 43.6
- suspension . 269.4
- working of producer 44.4
Invertibile, ciclo di trasformazione 115.2
-, trasformazione termica non 115.1
Invertita, sospensione 269.4
Invested, capital 373.5
Inviluppante, incastellatura 152.6
Inviluppo diviso nel mezzo 162.1
- esterno del cilindro 161.4
- -, interruzione dell' 161.7
-, lamiere per - di protezione 135.2
Invio 374.10
Invoice 371.1
Involucro isolante, traspirazione dell' 287.7
Inyección . . . 262.1
- de agua sobre la placa de fuego 39.3
- - -, turbina de gas con 365.5
- - -, ventilador con 77.3
- de aire comprimido 36.2
-, carburador de 256.1
- de combustible antes de efectuarse la compresión 259.4
- - - después de la compresión 259.5
- de petróleo . 262.8
-, tubería de . . 261.8
Inyectar agua en el tubo de escape 320.3
Inyector, punta del 93.4
- de vapor . . 38.6
Iron 131.2
-, angle 136.5
-, armature . . 285.1
- bar 136.2
-, bar 136.2
- body, producer with water-cooled 42.2
- cask 108.4
-, cast 131.3
-, channel . . . 136.9
- constantan couple 20.9
- - element . . 20.3
- drum 108.4
-, fire 61.5
-, flat bar . . 135.10
-, forge 132.7
- founder . . . 147.1
-, galvanised . 134.8
-, girder 136.6
-, hoop 136.1
-, I- 136.5
-, malleable . . 132.7
- plate 134.5
- -, black . . . 134.7
-, puddled . . . 133.1
-, structural . . 135.7
-, round 136.3
-, section . . . 135.7
-, shaped . . . 135.7
- sheet 135.1
-, sheet 134.5
-, square . . . 136.4
-, trough . . . 135.9
- turnings . . . 73.5
-, U- 136.9
- wire 137.11
-, wrought- . . 132.8
-, Z- 136.10
Irradiazione di calore 15.10
Irregular flow of gas 84.4
- heating . . . 162.6
- running . . . 345.9
- stratification 128.5
- working of the blast-furnace 64.8
Irregularidad, coeficiente de 272.3
-, grado de . . 272.3
Irregolarità, grado d' 272.3
Irrégularité, coefficient d' . 272.3
-, degré d' . . . 272.3
Irregularity, degree of 272.3
Irregularly flowing gas 84.4
Irreversible heat cycle 115.1
Isentrope . . . 116.6
Isentropische Linie 116.6
Isobar 115.6
Isobara 115.6
Isobare 115.6
Isolamento, difetto nell' 287.7
- con ebonite . 287.4
- con porcellana 287.5
- del tappo di accensione 287.3
Isolated electric plant 331.5
Isolationsstörung 287.7
- der Zündbüchse 287.3
Isolement, défaut d' 287.7
- d'ébonite . . 287.4
- de porcelaine 287.5
- du tampon d'allumage 287.3
Isoliertes Fundament 304.9
Isolierung, Hartgummi- 287.4
-, Porzellan- . . 287.5
Isoplera 115.5
Isoplere 115.5
Isoplère 115.5
Isotera 115.5
Isoterma 116.4
Isotermico . . . 116.5
-, compressione -a 121.8
Isotérmico . . . 116.5
Isothermal . . . 116.4
Isothermal (adj) 116.5
- compression . 121.8
Isotherme . . . 116.4
Isothermique . 116.5
-, compression . 121.8
Isothermisch . 116.5
-e Linie 116.4
-e Verdichtung 121.8
Ispettore industriale, ingegnere 382.8
Istantanea, combustione 123.1
Istituzioni per il benessere degli operai 385.1
Istruzione di servizio 349.1

J.

Jack, belt . . . 328.8
-, lifting 302.1
Jacket, cooling 166.6
-, cylinder . . . 161.4
- divided in the middle 162.1
-, to drill through the - near the end-flange 162.4
Jacket, to enclose the - in a sheet-cover 162.2
- heating . . . 258.1
- relief 161.6
-, water 166.6
Jacketed walls 258.2
Jambe du bâti 153.3
Jam, the valve jams 206.7
Jamming of the indicator piston 356.8
- of the wheel 211.4
- of a worn-out piston 180.7
Jante, hauteur de 190.5
-, largeur de . . 190.4
-, poids de la - du volant 197.5
Jante de la roue 367.1
-, section transversale de la 190.3
-, vitesse périphérique de la 197.6
-, - tangentielle de la 197.6
- de volant . . 190.2
Jauge, robinet de 248.4

Jefe 380.11
- de taller . . . 143.2
Jeringa para engrase 277.4
Jet nozzle . . . 70.4
- pipe 70.4
- purifier . . . 68.5
Jet, tube de . . 70.4
Jeter une fondation en béton damé 307.4
Jeu dans les articulations 356.5
-, clavette de rattrapage de 189.1
-, coussinet à rattrapage de 188.9
- de dilatation du segment 173.6
-, forces en - dans le mécanisme de transmission 194.7
- entre le galet et le came 223.5
- entre le segment du piston et le fond de la rainure 172.4
- de la tige de distribution 215.4
Joint 173.2
-, abutting . . . 191.7
- of the brasses 188.5
-, butt 173.4
- consisting of several joint rings 166.3
-, to cut out the 172.7
-, face of 165.3, 312.11
- fitting on the inside 165.8
- - on the outside 165.7
-, flanged . . . 312.1
-, gap showing between faces of the 165.6
-s, gaping of the 191.8
-, inclined . . . 173.3
-, knuckle . . . 216.7
-, lap 173.5
-s, lost motion in 356.5
Joint by means of a loose joint ring 166.1
- pin 216.8
-, pipe 311.2
-s, play in the 356.6
-, pressure on the 165.4
-, re-facing the 165.5
- ring 313.1
- -s, joint consisting of several 166.3
- -, - by means of a loose 166.1
- - placed edgewise 166.2
-, screwed pipe 311.3
-, sleeve 311.5
- stock company 380.1
-, tongue and groove 165.9
-, welded 146.9
Joint 191.7
-, bague de . . 313.1
- à bague de garniture libre 166.1
-, baillement du 165.6
-s, - des - d'assemblage 191.8
- à brides . . . 312.1
- - - et à boulons 312.8
- - - boulonnées de tuyaux 311.3
- des coussinets 188.5
-, découper le - à recouvrement 172.7
- à double emboîtement 165.9
- à encastrement 165.9
-, évidement du 154.8
-, fil de 138.3
-s, formation d'un - étanche au moyen de portées rodées 165.2
- à manchon . 311.5
- métallique . . 165.1
- - flexible . . 179.5
- oblique . . . 173.3
- à plusieurs bagues de garniture 166.3
Joint, portée du 165.3, 312.11
- à portée extérieure 165.7
- - - intérieure 165.8
-, pression du . 165.4
- principal . . 179.4
- à rainure et languette 165.9
- à recouvrement 173.5
-, refraîchir au tour la portée du 165.5
-, rondelle de . 313.1
- de segment . 173.2
- souple 179.7
-s, tierçage des - sous x degrés 173.7
- de la tige de piston 179.1
- vertical . . . 173.4
Jonction de tuyaux 311.2
Jornada 383.9
- de 24 horas 383.10
Jornal . . 384.3, 384.5
-, trabajo á . . 383.6
Jornalero . . . 383.5
Jour d'aplomb 304.2
-, clarté du . . 304.1
- de côté . . . 304.3
- d'en haut . . 304.2
- latéral 304.3
-, lumière du . 304.1
- supérieur . . 304.2
Journal, relative motion between pin and 197.4
Journalier . . . 383.5
Journée de travail 383.9
- de 24 h . . 383.10
Judgment, arbitration 377.12
-, to give 378.1
Juego de dilatación del segmento 173.6
- de engranajes para el arranque 291.7
- entre aro y fondo de ranura 172.4
- entre roldana y la leva 223.5
Juego muerto de las varillas de distribución 215.4
- de ruedas cilíndricas 210.1
- - - helizoidales 209.6
- - - rectas . . 210.1
Jumelé, moteur 326.4
Jump up, to . . 146.4
Jumping of the cam bowl off the cam 223.8
- of the contact lever from the contact 289.2
- figures, counter with 358.11
Junction, thermoelectric current due to heating the 20.8
Junkers calorimeter for gaseous and liquid fuels 98.6
Junta 191.7
- adicional . . 179.6
- de bridas . . 312.1
- - - por medio de pernos 312.8
- colocada exteriormente 165.7
- de los dos casquillos 188.5
- colocada interiormente 165.8
- por empaquetadura 166.1
- per enchufe . 311.5
- machihembrada 165.9
- por manguito 311.5
- metálica . . . 165.1
- oblicua . . . 173.3
-, presión en la 165.4
- principal . . 179.4
- retajada . . . 173.5
- retangular . . 113.4
- con recubrimiento 173.5
- del segmento 173.2
- por varias empaquetaduras anulares 166.3

K.

Kalibriertes Gefäß 91.2
Kalilauge . . . 90.6
Kalk, hydraulischer 307.7
-mörtel 307.9
Kalorie, Gramm- 16.5
-, große 16.4
-, Kilogramm- . 16.4
-, kleine 16.5
-, technische . . 16.4
Kalorimeter . . 98.3
- von Junkers für gasförmige und flüssige Brennstoffe 98.6
-wasser 99.2
-, Wasser- . . . 98.5
Kalorimetrie . 16.1
Kalorisches Arbeitsäquivalent 114.4
-er Effekt . . . 97.2
Kaltbrüchig . . 139.8
Kalter Probedruck 161.3
Kammtrommel 77.8
Kammer, Kurbel- 153.1
-, Öl- 276.7
-ring 180.5
-, Turbinen- . . 366.7
-, Ventil- 202.7
-, Verbrennungs- 365.3
Kanal, Entlastungs- 205.2
- des Fundamentankers 308.10
Kanal, Gas- . . 237.1
-, gemauerter . 308.8
-kranz 240.4
-, Luft- 236.10
-, Misch- 237.2
-system der Rekuperativfeuerung 32.11
-verlängerung 287.10
-, Vorauspuff- . 205.9
-, voröffnender 280.9
Kanalisationspumpwerk mit Gasantrieb 337.4
-spumpe . . . 337.5
- -, doppeltwirkende Zweitaktmaschine mit 330.4
Kanne, Öl- . . 277.2
Kanne, Schmier- 277.2
Kannelkohle . 23.9
Kantig gelegter Liderungsring 166.2
Kapazität des Akkumulators 284.3
Kapillarrohr . 91.4
-röhren, eingesetzte 93.1
Kapillare, Drehschmidtsche Platin- 95.7
-, Gaszuführungs- 93.2
-, Thermometer- 19.3
-, Verbrennungs- 95.3
Kapital 373.4
-, Anlage- . . . 373.5
-, Grund- . . . 373.6

Kappe, Sieb- . 249.6
-, Verschluß- 56.3, 313.3
Kapselgebläse . 80.2
-maschine, vertikale 325.6
Karbolöl . . . 106.10
Karburation, Einspritz- 255.3
-, Verdunstungs- 254.5
Karburator . . 253.2
-, Verdunstungs- 354.6
Karburieren, den Spiritus mit Benzol 106.4
Karburiertes Wassergas 34.8
Kasse 381.8
-, Kranken- . . 385.5
-, Pensions- . . 386.3
Kassierer . . . 381.7
Kasten, Batterie- 284.5
-gestell 152.6
-guß 131.5
-, Indikator- . . 354.4
-, Kurbel- . . . 153.1
-reiniger . . . 72.8
Katalog . . . 369.10
Katze, Kran- . 302.5
-, Lauf- 302.5
Kaufsumme . . 370.9
-vertrag . . . 370.10
Keep, to - the inertia of the gear low 215.5
Keeper, book- . 381.9
Keeping the admission valve closed 228.7
- cool the grate 57.9
- the exhaust valve open 228.8
- the fuel valve closed 228.5
- the producer temperature low by introducing large quantities of steam 43.2
Kegel, Brenn- . 21.7
-fläche, durch - nachspannbare Ringe 180.1
-förmige Absorptionsflasche 94.4
- -er Schleier des austretenden Benzins 256.4
-, Hahn- . . . 314.10
-, Haupt- 205.4
-, Hilfs- 205.5
-pendelregler . 268.8
- und Schaft aus einem Stück 201.7
-, Schmelz- . . . 21.7
-, Seger- 21.7
-, Stangen- . . . 178.8
-ventil 200.6
-, Ventil- 200.7
Keil, Anzug- . 189.1
Kelle, Schür- . 61.6
Keller 303.7
Kernholz . . . 29.8
-loch 147.6
-marke 147.5
Kerosene . . . 103.4
Kérosène . . . 103.4
Kerosin 103.4
Kerosina . . . 103.4
Kerze, Zünd- . 286.6
-nzündung . . 286.4
Kessel, Abhitz- 63.5
-, Ausgleich- . . 84.9
-, Auspuff- . . . 319.3
-, Dampf- . . . 38.4
-, Destillier- . 103.11
-gas 63.4
-, Popelka- . . 103.12
Kette, Hand- . 302.4
-nschlüssiger Antrieb 223.9
-nübersetzung 210.3 291.6
-nzug mit Rollenführung 59.4
Key 313.10
- of cock . . 314.12
Kiefernholz . . 307.1
Kies 249.9
-topf 249.8
Kieselsteinfüllung 249.10
Kilogram calorie 16.4
Kilogrammkalorie 16.4
Kilogramme-degré 16.4
Kilovatio . . . 335.4
- -hora 335.5
Kilowatt 335.4
-stunde 335.5
Kilowatt 335.4
- -hour 335.5
Kilowatt 335.4
- -heure 335.5
Kinematics of the crank gear 191.10
Kinematik des Kurbelgetriebes 191.10
Kinetic energy of the exhaust gases 125.9
- -, mean - of a system of points 113.5
- - of the molecules 113.4
- theory of gases 112.6
Kinetische Energie, mittlere - eines Punktsystems 113.5
- - der Moleküle 113.4
-e Gastheorie . 112.6
Kitt 138.10
Klaffen 220.1
- der Dichtungsflächen 165.6
- der Teilfugen 191.8
Klappe, Drossel- 237.3
-, Gas- 237.5
-, gesteuerte . . 337.6
-, Luft- 237.4
- Rückschlag- . 250.3 316.2
-, selbsttätige . 244.9
-, Sicherheits- . 250.4
Klärbecken . . 72.1
Klären, das Waschwasser . . . 71.9
Klatschen, die Kolbenringe 181.3
Kleinbahnlokomotive 339.6
Kleinbetrieb . 341.3
-gasmaschine . 323.5
-motor mit Frischwasserpumpe 330.5
- -engestell . . 151.3
Kleine Kalorie 16.5
Klemme, Stromzuführungs- 286.9
Klemmen, das Ventil klemmt sich 206.7
Klemmung des Indikatorkolbens 356.8
Klinke mit Abstreichdaumen 235.6
-, auf- und abbewegte 290.7
-, Mitnehmer- . 289.8
Klinker 306.6
Kloben, Feil- . 143.9
-, Hand- 143.9
Klopfen des Kolbens 180.6
Klotz, Fundament- 304.8
Knagge, Steuerungs- 221.5
Knaller, Auspuff- 346.3
- im Einlaß . . 346.1
Knickfestigkeit 142.5
Knickung, die Kolbenstange auf - berechnen 178.1
Kniehebel, einen - einschalten 221.2
- -sperrung . . 227.1
-rohr 310.8
-stück 310.8
Knock, the piston rings 181.3
Knocking between the cam and the cam bowl 223.6
- of the piston 180.6
Knuckle joint . 216.7
Koffer, Werkzeug- 301.6
Kohle 22.3
-, Back- 23.1
-, Backen der . 26.8
-, backende . . 23.1
-, bituminöse . 23.1
-, Braun- 27.9
-nbrecher . . . 24.5
-ndioxyd . . . 11.13
-neinsatz . . . 66.2
-, Erbs- 25.3
-, Fein- 25.4
-, feinkörnige . 25.4
-, Fett- 22.11
-, Förder- . . . 23.5
-, fossile 22.4
-, Gas- 22.7
-, gasarme . . . 22.8
-, -reiche . . . 22.7
-, gesiebte . . . 24.7
-, Glanz- 22.5
-, gleichmäßige 24.4
-, die - auf hohe Glut blasen 35.3
-, Gries- 25.3
-, großstückige 24.11
-ngrus 25.3
-, harte 22.9
-, Holz- 29.7
-nkammer . . . 65.6
-, Kannel- . . . 23.3
Kohlenklein . . 25.4
-, kuchenbildende 26.9
-, kurzflammige 25.10
-, langflammige 25.9
-, leichtaschige 26.5
-, Mager- 22.9
-, magere . . . 22.9
-, Matt- 22.6
-, Nuß- 25.2
-noxyd 11.12
-, Pech- 27.11
-, Perl- 25.3
-, Preß- 28.8
-, Roh- 23.6
-nsack 64.1
-, Sand- 22.9
-nsäure 11.13
-, schlackenreine 26.7
-nschlamm . . 24.2
-, Schlamm- . . 24.2
-, schottische Boghead- 23.4
-, Schwarz- . . 22.4
- von Schwefelkies befreien 23.9
-, Selbstentzündung der 26.1
-nsieb 24.8
-, Sinter- 23.2
-, Sintern der . 26.10
-, stark schlackende 26.6
-nstaub 25.7
-, Staub- 25.6
-, Stein- 22.4
-nstoff 11.10
-, Stück- 24.11
-, unsortierte . 24.3
-, die - waschen 24.1
-nwasserstoff . 12.8
- -, aromatischer 13.7
- -, leichter . . 12.9
- -, schwerer . 12.10
- -, teerartiger . 12.11
-, weiche 23.1
-, Würfel- . . . 25.1
-nzerkleinerung 24.5
Kokerei 65.1
Kokillenguß . . 132.5
Kok[s] 27.1
-abfall 27.8
-ausbeute . . . 66.3
-, Braunkohlen- 28.1
-, Fein- 27.7
-füllung 68.7
-gabel 27.4
-, Gabel- 27.3
-, Gas- 27.2
-, Grude- 28.1
-grus 27.6
-, Grus- 27.6
-, Nuß- 27.5
-ofen 65.4
- -batterie . . . 65.5
- -gas 64.11
- - -maschine . 324.1
-staub 25.8
Kolben 168.2
-, absatzweise bewegter 252.1
-ansatz 263.1
-beschleunigung 194.5
-, den - bei Betriebtemperatur einpassen 175.7
-boden 168.10

Kolben, - bolzen 169.8
-, den - auf Dichtigkeit prüfen 343.1
-dichtung 171.4
-, Differential- 261.3
-, doppelwandiger 170.3
-, doppeltwirkender 170.2
-druck, mittlerer indizierter 359.7
-, den - einbringen 168.5
-, flacher 170.4
-flüge, die Anzahl der - regeln 364.6
- -, die Zeitdauer der - regeln 364.5
-, frei schwebender 177.2
-führung 175.2
-, gegenläufige 326.6
-, geschlossener 170.3
-geschwindigkeit 194.3
- -skurve 194.4
-, geteilter 170.6
-, gleichläufige 326.5
-gleitfläche 176.6
-, den - herausziehen 168.6
-hingang 192.5
-höhe 168.3
-, hoher Tauch- - mit Druckventil 183.1
-hubvolumen 120.2
-, Indikator- 352.2
-körper, den - mit Weißmetall auskleiden 177.1
-kraft 194.8
-kühlung 181.7
-länge 168.4
-, langer 170.5
-liderung 171.4
-mantel 168.9
-mitte, Abstand von - zu Kreuzkopfmitte 178.2
-motor 175.3
-nabe 171.1
-, offener 168.7
-, Pumpen- 244.7
-pumpe mit Stirnradantrieb 330.6
-reibung 175.8
-ringe, die - klatschen 181.3
-ring, den - über den Kolbenkörper streifen 174.2
- -, den - gegen Verdrehen sichern 174.4
- -nute 172.2
- -schloß 173.8
- -stift 174.5
-rückgang 192.6
- -lauf 192.6
-, Scheiben- 170.4
-schieber 238.1
-schloß 173.8
-schmierung 278.4
-, selbsttragender 176.5
-, Siede- 101.2
-spiel 192.4
-stange 177.8
- -nbund 178.7
Kolbenstangenbruch 181.5
- -, die - nach oben durchbiegen 177.4
- -, durchgehende 178.3
- -, durchlaufende 178.3
- -, freitragende 177.3
- -, geteilte 178.4
- -, die - auf Knikkung berechnen 178.1
- -nkupplung 178.5
- -nmutter 178.9
- -, die - ist riefig 181.6
-stirnwand 170.7
-, Tauch- 168.8
-umkehr 192.7
-vorlauf 192.5
-weg 194.1
- -diagramm 354.7
-zapfenschmierung 278.6
-, durch Zündung den - vortreiben 299.1
-, zweiteiliger 170.6
-, von der Zylinderwand getragener 176.5
Kollektor 334.1
Kombiniertes Ventil 200.4
Kommanditgesellschaft 380.1
Kommutator 334.1
Komponente einer Verbindung 2.8
Kompression 121.1
-, geringe - bei niedriger Belastung 232.6
-sgrad 121.6
-, konstante 234.7
-slinie 121.7
-sraum 121.4
-sverminderung, selbsttätig bewirkte 294.3
-swärme 122.3
Kompressor, Anlaß- 296.3
-, dreistufiger 261.4
-, elektrisch angetriebener 296.5
- mit Handantrieb 296.4
-, Turbinen- 365.4
-, zweistufiger 261.2
Komprimieren 120.9
Komprimierte Luft 259.8
Kondensation 9.9
-swärme des Verbrennungswassers 97.5
Kondensator, zur Funkenstrecke paralleler 286.3
Kondensieren 9.10
- des Dampfes 9.11
König, zwangläufige Steuerung 246.1
Konische Absorptionsflasche 94.4
-er Schleier des austretenden Benzins 256.4
Konstantanelement, Eisen- 20.9
Konstante 109.6
-, Gas- 111.12
Konstanter Ausklinkpunkt 235.5
-e Kompression 234.7
Konstitution, chemische 2.5
Konstrukteur 381.13
Konstruktionsbureau 382.1
- der Verbrennungsmaschinen 151
Konsultierender Ingenieur 382.10
Kontaktgeber 285.10
-hebel 288.9
- -s, Abschlagen des - vom Stift 289.2
- -welle 288.10
Kontinuierlicher Treibmittelstrom 365.7
Kontor 381.10
Kontraktion, Volumen- 7.3
Kontrolle, Betrieb- 347.8
Konus, Stangen- 178.8
Konvektion der Wärme 15.12
Konzentrische Kreise 222.4
Koordinatensystem 111.1
Kopf, Ansauge- 317.10
-, äußerer Schubstangen- 185.3
-, Bügel- 185.1
-, innerer Schubstangen- 185.2
- mit Kühlzunge 164.1
-, Marine- 184.8
-, offener Schubstangen- 184.8
-, Schiff- 184.8
-, Schubstangen- 184.6
- mit Stopfbüchsendurchbrechung 163.7
-stück für den Gasausgang 78.4
- - für den Gaseingang 78.3
-, Ventil- - seitlich am Zylinder 164.2
-, Zylinder- 163.6
Korbrost 52.4
-, Ventil- 203.4
Korngröße 24.10
Körner 145.1
Körnung 24.10
Korrektion der Massenwirkung des Indikators 356.7
Körting, Doppelzweitakt 241.7
-sche Streudüse 70.3
Körting, peat-gas producer 48.2
-s spray nozzle 70.3
-'s tappet gear for a four stroke cycle engine 213.10
Kosten 370.1
-, Anlage- 372.2
Kosten, Anschaffungs- 372.3
-, Arbeits- 373.1
-, Aufstellungs- 372.6
-, Ausbesserungs- 372.8
-, Bau- 372.5
-, Betrieb- 372.7
-, Gericht- 377.9
-, Herstellungs- 372.4
-, Installations- 372.6
-, Lieferung und 368.1
-, Montage- 372.6
-preis 370.1
-, Produktions- 372.4
-, Reinigungs- - für ein m^3 Gas 79.5
-, Reparatur- 372.8
-, Transport- 373.2
-, Unterhaltungs- 372.7
-, Versand- 373.2
-, Werkstatt- 372.9
-, Zoll- 375.4
Kraft 141.6
-bremse 357.1
-, Dreh- 195.1
-, Flieh- 270.5
-gas 33.7
- -maschine 324.2
-, Kolben- 194.8
-, Massen- 195.5
Kräfte, Molekular- 112.10
Kraft, Schubstangen- 194.9
-spiritus 104.7
-, Tangential- 195.1
- und Wasserverbrauch der Reinigung 79.4
-, Zentrifugal- 270.5
-, Zünd- 279.6
- der Zündung 279.6
Krammeisen 61.6
Kran 302.3
-, Hand- 302.6
-katze 302.5
Krankenkasse 385.5
-versicherung 385.4
Kranz, Ausströmungs- 240.6
-breite 190.4
-, Einströmungs- 240.5
-höhe 190.5
-, Kanal- 240.4
-querschnitt 190.3
-, Rad- 367.1
-, Schlitz- 240.4
-, Schwungrad- 190.2
-, Sperr- 293.3
Kreisbogenförmige Begrenzung des Wälzhebels 220.4
-, Grund- 222.2
-prozeß, Carnotscher 117.3
- -, in den - eingeführte Wärmemenge 360.9
- - der Gasmaschine 118.3
- -, günstigster - bei gegebenem Druckgefälle 117.5
-, - - - bei gegebenem Temperaturgefälle 117.2

Kreisprozeß, theoretisch vollkommener 117.1
- -, umkehrbarer 115.2
Krempblech . . 135.5
Kreosotöl . . 106.11
Kreuz, Achsen- 111.1
-, drehbares . . 213.4
-kopf 177.5
- -führung . . 156.6
- - -, gekühlte . 157.2
- -mitte, Abstand von Kolbenmitte zu 178.2
- -motor . . . 176.4
- -schuh 177.6
-, Malteser- . . 213.7
-schleife, Regler mit 269.7
-stück 311.1
-weis durchbohrte Trommel 214.2
Kreuzend, sich -e Rillen 214.5
Krone 154.9
Kröpfung des Hebels 216.6
Krummwerden der Kolbenstange 181.4
Krümmer . . . 310.6
-, Eintritt- . . . 317.5
Kruste, Teer- . 71.7
Kuchenbildende Kohle 26.9
Kugelarm . . . 268.7
-lagerung der Stützplatte 54.1
-, Regler- . . . 268.5
-ring, federnder 180.2
-, Schwung- . . 268.5
-, Ventil- . . . 251.8
-wascher, umlaufender 77.9
-, Zünd- 281.4
Kugelige Auflagerfläche im Lagerkörper 188.2
Kugelige Lagerung der Weichpackung 179.8
Kühlfläche . . 166.5
-haltung des Rostes 57.9
-mantel 166.6
-raum, den - vom Schlamm reinigen 167.8
-schlange . . . 9.4
-turm 72.4
-wasser, das - ablassen 168.1
- -ableitung . . 166.8
- -, das - abschließen 347.4
- -gefäß 321.8
- -hahn 320.7
- -leitung . . . 320.4
- -, schlammhaltiges 167.6
- -umlauf durch Stange und Kolben 182.1
- -verbrauch . 348.4
- -zuleitung . . 166.7
-werk 72.3
-zylinder . . . 101.3
Kühlen des Gases 67.4
-, das Reinigerwasser 72.2
Kühler, Gas- . 67.5
-, Gegenstrom- - der Mondgasanlage 67.6
-, Rippen- . . . 322.2
-, Ventilator- . 322.6
Kühlung, Auslaß- 202.4
-, Einspritz- - der Abgase 320.2
-, Frischwasser- 321.1
-, Kolben- . . . 181.7
- durch selbsttätigen Umlauf 321.7
-, Umlauf- . . . 321.6
-, Ventil- 201.9
-, Verdampfungs- 322.8
Kühlung, Wasserrück- - durch Gradierwerk 322.3
- des Zylinders 166.4
Küken, Hahn- 314.10
Kümpelblech . 135.5
Künstlich erzeugter Luftzug 322.7
Kupferblech . 136.11
-chlorür 90.7
- -lösung, ammoniakalische 90.8
- - -, salzsaure 90.9
-draht 138.1
-rohr 309.10
-, Stangen- . . . 137.1
Kupplung, direkte - von Verbrennungs- und Arbeitsmaschine 329.9
-, Kolbenstangen- 178.5
-, unmittelbare - von Verbrennungs- und Arbeitsmaschine 329.9
Kurbel 186.3
-, Anlaß- 291.5
-, die - in die Anlaßstellung einstellen 298.5
-arm 186.4
-bilge 155.1
-drehmoment . 195.2
- -winkel . . . 193.6
-drehung . . . 193.4
-getriebe . . . 192.1
-, Hand- 291.5
-kammer . . . 153.1
-kasten 153.1
-körper 186.4
-kreis 193.3
-lager 187.1
- -deckel . . . 187.4
- -fuß 152.8
- -schale 188.3
- -schmierung 279.1
- -, wagrecht geteiltes 187.3
-, Maschinen- . 186.3
-mechanismus 192.1
Kurbel, Pumpen- 244.2
-radius 186.6
-schleife, Antrieb durch 251.7
-schutzhaube . 155.2
-, Sicherheits- . 292.8
-stange . 183.5, 289.7
-stellung . . . 193.5
-, Stirn- 186.8
-trieb 192.1
-trog 155.1
-, überhängende 186.8
-n, um 120° versetzte 186.2
-welle 185.6
- -, von der - angetriebener Schlitten 212.7
- -, doppeltgekröpfte 185.8
- -, dreifach gekröpfte 186.1
- -, einfach gekröpfte 185.7
- -, oben gelagerte 151.6
- -, Steuerwelle gleichlaufend mit 212.4
-zapfen 186.7
- -bahn 193.3
- -druck, tangentialer 195.1
Kurve 111.6
-, Ablauf- . . . 222.7
-, Anlauf- . . . 222.6
-, C- 270.6
-, End- 219.9
-, M- - für Flachregler 272.7
-, Momenten- . 272.7
-nscheibe, schwingende 225.7
-, Schluß- . . . 219.9
-, Ventilhub- . . 207.9
-, Wälzungs- . . 219.8
-nzug 111.8
Kurzflammige Kohle 25.10
-schluß 288.3

L.

Labiler Regler 270.8
Labile, regolatore 270.8
Laboratoire d'essais de machines 350.8
Laboratorio per macchine 350.8
- para máquinas 350.8
Laboratorium, Maschinen- 350.8
Labourer . . . 383.4
-, day 383.5
Laccio del diagramma 355.4
Ladeperiode, Spül- und 126.6
-pumpe 242.7
- -n, die - seitlich vom Zylinder anordnen 243.9
- -n, die unter dem Flur anordnen 243.8
Ladearse . . . 145.5
Laden 126.7
-, die Batterie . 284.7
Lading, bill of 374.8
Lado mayor . . 184.2
- menor 184.3
Ladrillo 306.5
- holandés . . 306.6
- refractario . 50.3
Ladung, die Abgase durch Spülluft oder - austreiben 127.3
-sgewicht . . . 120.7
-smenge, Reglung der 232.5
-, verdichtete . 121.2
-sverlust durch undichten Kolben 120.3
-svolumen, wirklich angesaugtes 120.6
Lagerarm . . . 132.1
-, Außen- . . . 188.1
Lager, nach außen geneigtes 187.6
-, das - einschaben 189.7
-, nach innen geneigtes 187.5
-, Kurbel- . . . 187.1
-schale, Kurbel- 188.3
- -, nachstellbare 188.9
- -, die - nachstellen 185.5
-, Wider- 226.5
Lagerung, kugelige - der Weichpackung 179.8
-, Wellen- . . . 186.9
Lagging, pipe . 314.2
-, sheet 135.2
Laine de bois . 73.4
-, filtre à - de laitier 73.6
Laine de laitier 73.7
- de scorie . . 73.7
Laisser échapper l'eau de refroidissement 168.1
Laitier, laine de 73.7
Laiton 137.4
Lama di guida della valvola 245.6
Lambicco 9.3
Lame 229.6
- de guidage de la soupape 245.6
- guide-soupape 245.6
Lamiera bianca 134.8
-, camicia di . . 162.3
-e, cesoia per . 134.6
-a di ferro . . 134.5
- fina 135.1
- flangiata . . . 135.5
- forata 75.5
- grossa 134.9

Lamiere per inviluppo di protezione 135.2
-a nera 134.7
- ondulata . . . 135.4
- di rame . . . 136.11
- per serbatoi . 135.6
- stampata . . 135.3
- zincata . . . 134.8
Lámina del péndulo 229.6
Laminación, tren de 337.2
Laminador, instalación de 337.1
Laminar, máquina de tren de 337.3
Laminatoi, treno di 337.2
Laminatoio . . 337.1
Laminoir . . . 337.1
-, macchine de 337.3
-s, train de . . 337.2
Lamp, hand 264.6, 349.7
-, heating . . . 263.2
-, to light the . 264.8
- oil 103.3
- -, American . 103.5
- -, Russian . . 103.6
-, oil heating . 264.2
-, petrol heating 263.5
- valve, to turn on the 264.7
Lampada, accendere la 264.8
- a mano 264.6, 349.7
- di riscaldamento 263.2
- - - a benzina 263.5
- - - a petrolio 264.2
Lámpara de mano 349.7
Lamparilla . . 264.6
Lampe, die - anzünden 264.8
-, Hand- . 264.6, 349.7
-nhahn, den - aufdrehen 264.7
-, Heiz- 263.2
-nrohr 263.6
Lampe, allumer la 264.8
- à main 264.6, 349.7
-, ouvrier le robinet de la 264.7
Lana di legno . 73.4
-, di scorie . . . 73.7
- - -, filtro di . 73.6
Lance, ringard à 61.4
Lancement, manivelle de 291.5
- par manivelle 291.4
-, mécanisme de - actionné électriquement 293.6
-, mise en marche par mécanisme de 293.5
- du moteur . . 293.4
Lancer le moteur 291.3
Lancetta, strumento a 83.9
Lanciamento, apparecchio di 293.5
Langflammige Kohle 25.9
Langlochförmige Aussparung 213.8
Langer Auslauf der Maschine 345.7
-er Kolben . . 170.5
Länge, -nausdehnungszahl 16.7
-, Bau- 303.1
- der entspannten Feder 204.1
Langen's control mechanism 364.7
Längsbohrung des Kolbens 251.5
-feder 270.3
Langue, foret à - d'aspic 148.7
-, mèche à - d'aspic 148.7
Languette d'arrêt 229.2
- de blocage . 229.2
-, joint à rainure et 165.9
Lanterna . . . 156.3
Lanterne . . . 156.3
- de soupape . 203.4
Lanzadera, boquilla 70.4
Lanzamiento = arranque.
Lanzamiento por aire comprimido 294.5
- eléctrico . . . 298.1
- por manivela de mano 291.4
-, válvula para el 295.4
Lanzar el émbolo por la explosión de la mezcla 299.1
Lap joint . . . 178.5
Lapiz 352.9
Large calorie . 16.4
- coal 24.11
- gas engine . 323.4
- plants, working of 341.2
Largeur de courroie 328.4
- d'encombrement 303.2
- de flasque . . 186.5
- de jante . . 190.4
- de maille . . 24.9
- de palette . . 80.8
- du passage . 218.9
- totale 303.2
Larghezza del braccio 186.5
- di cigna . . . 328.4
- della corona 190.4
- della paletta 80.8
- totale 303.2
- dei vani tra le sbarre 51.3
Larmier annulaire 275.5
Lasciare dei vani nella fondazione 307.5
Lässigkeitsverlust 171.5
Last, Bruch- . . 140.6
Last point of contact 222.10
Lata, hoja de . 134.8
Late closing . . 208.1
- ignition . . . 280.2
Latente Wärme 15.1
Latent heat . . 15.1
Latente, chaleur 15.1
Latente, calore 15.1
Latente, calor . 15.1
Lateral gas outlet 47.5
Lateral, emparrillado 52.6
-, salida - del gas 47.5
Laterne 156.3
-, Ventil- 203.4
Lathe 149.3
-, capstan . . . 149.8
- chuck 149.6
- crate 376.6
- hand 149.2
-, turner's . . . 149.3
-, turret 149.8
Laths, wood . . 68.9
Lato maggiore della sezione 184.2
- minore della sezione 184.3
Latón 137.4
Latta 134.8
Latte 376.7
-, Holz- 68.9
-nverschlag . . 376.6
Latte 376.7
- en bois . . . 68.9
Lattice tray washer 69.5
-, wooden . . . 73.2
- work washer 69.5
Laubholz . . . 30.3
Laudo 377.12
Laufbüchse aus hartem Guß 160.4
- -, Zylinder- . 160.3
-flächen, die - des Kolbenbolzens härten 169.9
-katze 302.5
-, Leer- 345.1
-rolle 223.1
-, unregelmäßiger 345.9
Läufer 333.6
Lauge, Kali- . . 90.6
Lavado = expulsión de los gases quemados 127.6
- del gas . . . 67.8
Lavador 67.9
-, agente 128.1
- con agitador 68.1
- Bian 79.1
- centrifugo de gas 77.1
- - Theisen . . 78.1
- de parrillas . 69.5
- rotativo de bolas 77.9
- de tambor . . 77.6
Lavage, eau de 68.3
- du gaz 67.8
Lavaggio Atkinson 126.2
- del gas . . . 67.6
Lavar = expulsar los gases quemados 127.8
- el carbón . . 24.1
Lavare 127.8
-, aria per . . . 128.2
- il carbone . . 24.1
Lavare con miscela pronta 128.3
Lavatore con agitatori 68.1
- Bian 79.1
- centrifugo . . 77.1
- a coke 68.4
- a graticci . . 69.5
- con passaggio centrale del gas 69.1
- con riempimento di legno 68.8
- rotativo a pallini 77.9
- a tamburo . . 77.6
- con tubo centrale di presa del gas 69.2
Lavatura . . . 127.6
- del cilindro di combustione 127.5
-, durata della . 128.7
-, mezzo di . . 128.1
-, pompa di . . 243.4
-, pressione durante la 128.8
-, - media del gas impiegato per la 128.9
Laver le charbon 24.1
Laveur 67.9
- à agitateur . 68.1
- de Bian . . . 79.1
- centrifuge à gaz 77.1
- à claies . . . 69.5
- rotatif à boulets 77.9
- à tambour . . 77.6
Lavorante a cottimo 383.7
Lavorare su una resistenza ad acqua 358.5
Lavorazione . . 148.3
- addizionale . 148.4
-, materiali e loro 131
-, officina di . . 148.2
Lavoro di aspirazione 119.10
- d'attrito . . . 360.3
- del ciclo ideale 361.2
- di compressione 121.3
-, corsa di . . . 126.5
- a cottimo . . 383.8
-, eccesso di . . 198.1
- endotermico 114.6
-, equivalente termico del 114.4
- esterno . . . 114.8
- indicato, quantità di calore trasformata in 361.3
- d'inerzia nel periodo d'arresto 297.4
- interno del calore 114.6
- mercenario . 383.6
- del motore senza perdite 361.2
- passivo . . . 360.3
-, pausa nel . . 346.7
-, periodi di . . 118.7
-, pertubazione nel 349.10
- salariato . . . 383.6
- di scarico . . 125.9

Lavoro, sicurezza del 342.2
-, sospensione del 384.10
Law, Boyle's . 111.11
- of Charles . 111.11
-, commercial . 377.8
- court 377.7
- of expansion 116.8
-, first - of thermodynamics 114.5
-, Maxwell's - of distribution of molecular velocities 113.2
- of motion of the eccentric 224.5
-, patent 378.8
-suit 377.6
Lay shaft, side . 212.1
Layers, displacement by . . 128.4
Layer of wire gauze 250.2
Laying pipes . 313.7
Lazo del diagrama 355.4
Lead, red . . 138.11
- pipe 309.12
Lead, to - the exhaust pipe into the open air 318.9
-, - - - gas and air one above the other 236.7
-, - - - - and air side by side 236.6
Leading surface, contour of the 222.6
Leaf wood . . . 30.3
Leakage, to examine the piston for 343.1
-, loss due to piston 171.5
-, valve 206.3
Leaky valve . . 206.2
Lean gas . . . 30.10
Leather 138.9
Leave, to - the recesses in the foundation free 307.5
Le Chatelier's electrical pyrometer 21.1
Lectura 351.6
-, error de . . . 351.9
Lecture 351.6
-, erreur de . . 351.9
Leder 138.9
Leergang . . . 345.1
-gänge, x - auf y Vollgänge 228.3
-lauf 345.1
Lega di alluminio 137.2
- di nichel . . . 137.8
Legal contest . 377.5
- expenses . . . 377.9
Léger, hydrocarbure 12.9
Legge dei brevetti 378.8
- industriale . . 379.4
- di Maxwell per la distribuzione della velocità molecolare 113.2
- di movimento dell'eccentrico 224.5
Legge de Poisson 116.8
- delle privative 378.8
Legia cáustica 90.6
- potásica . . . 90.6
Legislation, industrial 379.4
Legna 29.4
- da ardere . . 29.10
- verde 29.11
Legname . . . 29.4
Legno 29.4
- d'alberi a foglia caduca 30.3
-, carbone di . 29.7
-, catrame di . 12.7
- di conifere . 30.4
-, correntino di 68.9
-, distillazione del 48.5
- dolce 29.6
- duro 29.5
-, graticcio di . 69.4
-, lana di . . . 73.4
-, lavatore con riempimento di 68.8
- di pino . . . 307.1
- di quercia . . 306.9
-, strato di . . . 73.2
- tolto dal cuore del tronco 29.8
Lehmeinfassung 308.6
-formguß . . . 132.1
Leichtaschige Kohle 26.5
-flüssiges Öl . . 99.5
102.8
-siedendes Öl . 100.5
Leichter Gang des Motors 345.5
-er Kohlenwasserstoff 12.9
Leihgebinde . . 198.6
Leiste, Dichtungs- 312.11
Leistungsberechnung 359.1
-, effektive . . 359.10
-sgrenze 345.4
-, indizierte . . 359.9
-skonstante . . 359.8
-, Nenn- 360.2
-, Nutz- . . . 359.10
-, nutzbare . . 359.10
-sregler 272.5
-reglung 227.4
-, für die Reibung verbrauchte 360.3
Leitvorrichtung 366.2
Leiter, Betrieb- 382.3
Leitung, Abzug- 55.1
-, Auspuff- . . . 318.7
-, Betrieb- . . . 382.4
-sdruck 321.3
-, Druckluft- . . 297.9
-, Einblase- . . 261.8
-, Gas- 317.6
-, Gasabzug- . . 55.2
-, Kühlwasser- . 320.4
-, - -ab- 166.8
-, - -zu- 166.7
-, Luft- 317.7
-, Rauch- . . . 55.1
-, Ring- 316.7
Leitung, Rohr- 316.3
-en, Rohr- . . . 309.2
-, Rück- - durch die Metallteile der Maschine 287.1
-, Sammel- . . . 316.6
-, Saug- 317.3
-, städtische Wasser- 321.2
-, Überström- . 260.6
-, Umgehungs- 316.8
-, Verbindungs- - zwischen Saug- und Druckraum 252.6
-sverlust, mechanischer 360.3
-swärme 15.6
-, Wärme- . . . 15.11
-, Zündflammen- 280.6
Lencauchez gas producer 39.1
Length of brake arm 357.8
- - - lever . . . 357.8
- of connecting rod 183.6
- of the free spring 204.1
- over all . . . 303.1
- of piston . . 168.4
-, total 303.1
- of the unloaded spring 204.1
Lengthen, to . 146.3
Lengüeta refrigeradora, culata con 164.1
- de retención 229.2
- de separación 51.7
Lenkerventil . 336.6
Lenoir, Gasmaschine von 363.4
Lenoir gas engine 363.4
Lenta, combustione 123.2
Lente, combustion 123.2
Leña 29.4
- blanda . . . 29.6
-, carbón de . . 29.7
- de coníferas . 30.4
- dura 29.5
- para quemar 29.10
- recia 30.3
- recien cortada 29.11
- verde 29.11
Lessive de potasse caustique 90.6
- potassique . . 90.6
Letombe, Reglung von 231.8
Letombe's governing method 231.8
Letters patent . 378.5
Lettera di porto 374.8
Lettre de voiture 374.8
Lettura 351.6
-, errore di . . 351.9
Leuchtgas . . . 31.8
- -anstalt . . . 31.9
- -, Betrieb mit stark verdichtetem 340.2
- - und Fettgas 30.5
- -maschine . . 324.4
-öl 103.3
Leuchtöl, amerikanisches 103.5
- -, russisches . 103.6
Leuchtende Flamme, rot 265.4
Leva 215.6
-, alesatura della 216.2
- d'ammissione montata eccentricamente 229.3
- angolare . . . 216.4
- - con andata dallo stantuffo 252.7
- - con superficie di rotalamento 219.1
- di arresto 226.9, 231.3
- - - a molla . 293.1
-, biforcazione della 216.10
- a due bracci 215.8
- di comando . 217.4
- di contatto : 288.9
- - -, asta della 288.10
- di distribuzione 217.3
- doppia 215.8
- a fenditura, estremità di 217.2
- a forchetta . 216.9
- del freno . . 357.7
- - -, lunghezza della 357.8
-, gomito della 216.6
- a gomito . . 216.5
- - -, arresto con 227.1
- - -, inserire una 221.2
- a mano . . . 297.3
- della manovella 289.7
- montata eccentricamente 218.6
- motrice di rotolamento 218.2
-, occhio della . 216.3
- oscillante . . 217.6
-e, rapporto delle 192.2
-a del regolatore 273.4
- di rotolamento 217.8
- - - comandata 218.3
-e - -, profilo ad arco di circolo delle 220.4
-a - -, profilo rettilineo della 220.3
- - - a punto di rotazione fisso 218.1
- di sostegno . 218.7
- di trasmissione 217.5
- ad un braccio 215.7
- della valvola 217.7
- - -, fissare la . 226.6
- volvente . . . 217.8
Leva 221.4
- accionada por el regulador 253.1
- de admisión . 221.6
-, circunferencia de la 222.5
- común para la admisión y el escape 221.8

Leva de decompresión 294.2
- de distribución 221.5
- de dos pasos 232.2
- de empuje . . 214.7
- de encendido 285.10
- de escape . . 221.7
-, forma de la . 222.1
- mandada, distribución por - y por excéntrica 225.6
- oblicua . . . 235.2
- oscilante . . 225.7
- roscada . . . 294.4
-, saliente de la 222.3
Levage, appareil de 301.7
-, engin de . . . 301.7
Levantamiento de la válvula 207.7 220.5
Levantar el frasco de nivel 91.9
Levare le scorie 60.5
- lo stantuffo . 168.6
Levée anticipée de la soupape 207.10
-, avance à la 207.10
-, diagramme de la 207.9
- maximum de la soupape 208.3
- de la soupape 207.3 220.5
-, vitesse de - de la soupape 208.2
Level of liquid 88.2
- - -, height of 248.6
-, regulation of the liquid - by means of a load 248.7
Levelling bottle 91.8
- -, to lower the 92.1
- -, to raise the 91.9
Lever 215.6
-, bell-crank . . 216.4
-, - - - with rolling contact 219.1
-, - - - worked by piston 252.7
-, bend of the . 216.6
-, bent 216.5
-, bore of the . 216.2
-, boss of the . 216.3
-, brake 357.7
-, contact . . . 288.9
-, curved 216.5
-, driven 218.3
-, driving . 217.4, 218.2
- with eccentric fulcrum 218.6
- end, split . . 217.2
-, excentrically mounted admission valve 229.3
-, eye of the . . 216.3
- of the first order 215.8
-, forked 216.9
-, forking of the 216.10
-, fulcrum of the 215.9
-, governor- . . 273.4
-, hand 297.3
-, holding up . 226.9
-, - - by means of a toggle 227.1
Lever, to insert a bent 221.2
-, length of brake 357.8
- with rolling contact 217.8
- - - - and fixed fulcrum 218.1
-, single-armed 215.7
-, striking . . . 290.4
-, strut 218.7
-, to take into account the weight of the 357.9
- transmission, indicator reducing gear with 353.6
- of the third order 215.7
-, two-armed . . 215.8
-, valve 217.7
Leverage, varying 219.5
-, zero 219.6
Levier 215.6
- d'admission monté excentriquement 229.3
-, alésage du . . 216.2
- d'angle . . . 216.4
- - entraîné par le piston 252.7
- - à surfaces de roulement 219.1
- d'arrêt à ressort 293.1
- de blocage 226.9 231.3
- à chape . . . 216.9
-, chape du . 216.10
- de commande 217.4
-, commande par - de roulement et came 224.1
-s conjugués, commande à 223.9
- de contact . . 288.9
-, coude du . . 216.6
- coudé 216.5
-, débrayeur du - d'arrêt 293.2
-, déplacer le - guide-cliquet 290.8
- de distribution 217.3
-, distribution par excentrique et - roulant 225.5
-, extrémité fendue du 217.2
-, forage du . . 216.2
-, fourche du 216.10
- à fourche . . 216.9
- fourchu . . . 216.9
- du frein . . . 357.9
- à genou, blocage par 227.1
- - -, intercaler un - dans la commande de la soupape 221.2
-, limitation arquée du - de roulement 220.4
-, - rectiligne du levier de roulement 220.3
- de manœuvre 297.3
- monté excentrique 218.6
Levier, œil du . 216.3
- de percussion 290.4
- du premier genre 215.8
- du régulateur 273.4
- roulant . . . 217.8
- - de commande 218.2
- - commandé . 218.3
- - à point d'appui fixe 218.1
- de roulement 217.8
- de soupape . 217.7
- - -, soulever le 226.6
- de soutien . . 218.7
- transmetteur 217.5
- de transmission 217.5
- du troisième genre 215.7
Levigate, chiusura con superfici 165.2
Ley de Maxwell sobre la distribución de las velocidades moleculares 113.2
- del movimiento de la excéntrica 224.5
- de patentes . 378.8
- de Poisson . 116.8
Liability 385.9
- to catch fire . 102.1
- company, limited 380.2
Liable to brake down 342.4
Liant pour la fabrication d'agglomérés 29.3
- - - - de briquettes 29.3
Licence 379.2
Licencia 379.2
License 379.2
Licensee 379.3
Licenza 379.2
Licht, Ober- . . 304.2
-, Seiten- 304.3
Lichte Weite des Rohres 309.4
Liderungsdruck 165.4
-sfläche 165.3
-, Kolben- . . . 171.4
-sring, Dichtung durch losen 166.1
- -e, Dichtung durch mehrere 166.3
- -, den - einschleifen 172.8
- -, kantig gelegter 166.2
- -, den - nachschaben 172.1
- -, selbstspannender 171.7
Lieferzeit . . . 369.6
Lieferant . . . 369.4
Lieferer 369.4
Liefern 369.3
Lieferung . . . 369.2
-sbedingungen 369.5
-sgrad 120.5
- und Kosten . 368.1
Liegender Motor 325.7
-er Rost 306.2
-es Ventil . . . 199.7
-e Welle 212.1
-er Zylinder . . 158.3
Lift 208.6
- cam, double . 232.2
-, cam of variable 235.2
-, chain - with roller guide 59.4
-, maximum - of the valve 208.3
-, reduction of . 219.7
- of sleeve . . 268.10
- - -, reduced 268.11
- stop 238.9
-, valve 208.6
- of the valve . 207.7
Lifting jack . . 302.1
- pressure . . . 223.4
-, speed of valve 208.2
- surface, contour of the 222.6
- tackle 301.7
Liga para briquetas 29.3
Light ashes . . 61.8
Light hydrocarbon 12.9
- load, low compression at 232.6
- oil 99.5
-, running . . . 345.1
- spring diagram 355.3
-, top 304.2
Light, to - the lamp 264.8
Lighting . . . 303.10
- gas, working with highly compressed 340.2
Ligne de flexion élastique . 187.8
Lignite 27.9
- briquette . . 28.10
- coke 28.1
- coking-plant 107.2
- distillation gas 107.3
-, fibrous 27.12
- shale 27.13
-, tar from . . . 12.4
- tar-benzine . 107.6
- tar-oil 107.1
Lignite 27.9
-, coke de . . . 28.1
- fibreux 27.12
-, goudron de . 12.4
- des marais . . 27.10
Lignite 27.9
-, catrame di . 12.4
-, coke di . . . 28.1
- fangosa . . . 27.10
-, officina per distillazione della 107.2
- tigliosa . . . 27.12
Ligniteux, schiste 27.13
Lignito 27.9
-, cok de 28.1
- esquistoso . . 27.13
- fibroso 27.12
- trapezoidal . 27.10
Lignitoso, schisto 27.13
Ligroin 103.1
Ligroina 103.1
Ligroïne 103.1
Lima 144.1
-, intaccatura fatta colla 174.7
Limadora . . . 150.1

Limar 143.10
Limare . . . 143.10
–, macchina per 150.1
Limatrice . . . 150.1
Limbe de volant 190.2
Lime mortar . 307.9
Lime 144.1
–, coche faite à la 174.7
–, saignée faite à la 174.7
Limer 143.10
Limit of capacity 345.4
- of compression 122.1
–, dissociation . . 8.1
- of error . . 351.12
Limitación de la carrera 238.9
- circular de la palanca rodadora 220.4
- rectilinea de la palanca rodadora 220.3
Limitation arquée du levier de roulement 220.4
- de la course . 238.9
- rectiligne du levier de roulement 220.3
Limitazione della corsa 238.9
Limite, charge 345.4
- de charge . . 345.4
- de compression 122.1
- de dissociation 8.1
- d'erreur . . 351.12
Limite di carico 345.4
- di compressione 122.1
- di dissociazione 8.1
- d'errore . . 551.12
Limite de carga 345.4
- de la compresión 122.1
- de disociación 8.1
- del error . 351.12
Limited liability company 380.2
Limiteur de course 238.9
Limoneux, charbon 24.2
Limonita, depurador de 73.8
- en polvo . . . 73.9
Limonite pulverulente 73.9
Limonite in polvere 73.9
Limpiar el orificio del mechero 266.4
- el vástago de la válvula 207.1
Limpieza exterior 349.5
- interior . . . 349.4
- de la máquina 349.3
–, registro de - del lavador 70.6
Lindemann's plate valve 336.8
Line combustion 123.6
Line, constant pressure 115.6
–, - volume . . 115.5
- of deflection 187.8
–, elastic 187.8
–, expansion . . 124.5
–, polytropic . . 115.7
–, to plot the polytropic 116.3
Line, to - the brasses with white-metal 189.2
–, to - the piston body with white-metal 177.1
Linea di bollitura 146.9
- di combustione 123.6
- elastica . . . 187.8
- di flessione . 187.8
- politropica . 115.7
Línea elástica . 187.8
- de igual temperatura 116.4
- de inflexión . 187.8
- politrópica . 115.7
- de presión constante 115.6
- de volumen constante 115.5
Linéaire, coefficient de dilatation 16.7
Linear expansion, coefficient of 16.7
Liner, cylinder 160.3
- of hard cast iron 160.4
–, to insert the . 160.5
Linguella . . . 258.5
Linie, adiabatische 116.6
–, Ausdehnungs- 124.5
–, Drehkraft- . . 195.3
–, Durchbiegungs- 187.8
–, elastische . . 187.8
–, Expansions- . 124.5
- gleichbleibender Entropie 116.6
–, Gleichdruck- 115.6
- gleichen Druckes 115.6
- -en Rauminhalts 115.5
- -er Temperatur 116.4
–, isentropische 116.6
–, isothermische 116.4
–, Kompressions- 121.7
–, polytropische 115.7
–, Verbrennungs- 123.6
–, Verdichtungs- 121.7
Lining of body 50.4
- - –, firebrick 49.10
–, scaling of the white-metal 189.6
–, white-metal . 189.4
Link 217.5
–, connecting - of centrifugal weights 231.5
–, drag 217.1
- drive, closed 223.9
- gear, governor with open 269.1
Link gearing, articulated 223.9
- for guiding the cam bowl 223.2
- - - - - roller 223.2
–, supporting . 218.7
- work 217.3
Linterna 156.3
- con circulación de agua 158.1
Liquid, absorbing 90.4
- clinker . . . 60.9
- fuel, air for spraying 255.8
- -s, Junkers calorimeter for gaseous and 98.6
–, height of level of 248.6
–, level of . . . 83.2
- level, regulation of the - by means of a float 248.7
- petrol, to wipe off the - from the drip plate 255.2
–, sealing 92.3
Liquide absorbant 90.4
- d'arrêt 92.3
–, niveau de . . 83.2
Liquido d'assaggio 94.1
- assorbente . . 90.4
- di chiusura . 92.3
–, livello del . . 83.2
- titolato . . . 94.1
-i -i, analisi volumetrica degli elementi del gas con 93.5
Líquido absorbente 90.4
- para el análisis volumétrico 94.1
–, escoria -a . . 60.9
–, nivel del . . 83.2
- separador . . 92.3
Liquor, ammoniacal 14.2
–, gas 14.2
Lisciva di potassa 90.6
List, price . . 369.11
Lista dei prezzi 369.11
Lista de precios 369.11
Liste, Preis- . 369.11
Listón 376.7
- de madera . 68.9
Litantrace . . . 22.4
–, catrame di . 12.3
Lite 377.5
Litige 377.5
Litigio 377.5
Livello, altezza del 248.6
–, bottiglia di . 91.8
- del liquido . 83.2
Livraison . . . 369.2
–, camion de . . 374.9
–, conditions de 369.5
–, délai de . . . 369.6
–, voiture de . . 374.9
Livre, teneur de -s 381.9
Livrer 369.3
Lizenz 379.2
-inhaber 379.3
Llama de color azul 265.5
- - - rojo . . . 265.4
- corta, carbón de 25.10
- no fuliginosa 265.6
- sin humo . . 265.6
- de inflamación 280.5
- intermedia . 280.8
- larga, carbón de 25.9
- del mechero, apagar la 346.9
- de prueba . . 60.3
–, retorno de . 249.5
Llanta, anchura de la 190.4
- de hierro . . 136.1
- de la rueda . 367.1
- del volante . 190.2
- - –, peso de la 197.5
Llave de cristal 92.5
- doble del indicador 353.4
- del grifo . 314.12
- del indicador 353.3
- - - de circulación de agua 353.5
- de la lámpara, abrir la 264.7
- de paso, tolva de carga con 56.4
- de pinzas . . 88.10
- reguladora de la admisión de aceite 33.4
- de tres pasos con doble perforación transversal en el macho 92.6
- - - - con perforación longitudinal y transversal en el macho 92.7
- de tubos . . 313.10
Llenar el depósito 249.1
–, espita para . 87.3
- el gasómetro 86.6
Lleno de nitrógeno, termómetro de mercurio 18.4
Lluvia de agua pulverizada 68.6
Load, brake . . 357.2
- on brake . . 357.6
–, breaking . . 140.6
–, calibrating with decreasing 356.3
–, - - increasing 356.4
–, diagram taken during variation of 355.1
–, full 345.3
- on governor 268.2
–, half 345.2
- of the valve spring 204.5
- variation . 344.10
- on the working surface of the cylinder 159.8
–, to 374.3
–, to - the engine 344.8
Loading the engine 344.9

Loam casting . 132.1
- moulded casting 132.1
Local generating station 331.6
Locale dei ventilatori 81.7
Loch, Anker- 308.10
-, Kern- 147.6
-kreis 312.9
-, Putz- 147.6
-, Schür- 61.2
-sitz 239.9
-stanze 145.2
-, Stoch- 61.2
Locher 145.2
Lock-out 384.11
Lock, piston ring 173.8
Locking bar . 170.1
Locomobile . . 337.9
- à alcool . . . 338.2
- automobile . 338.3
-, étayer la . . 338.7
- à huile . . . 338.1
-, voie de la . . 338.5
Locomobile ad alcool 338.2
- automobile . 338.3
-, fissare la . . 338.7
- a gas 337.9
-i, impianti . . 337.8
-e a petrolio . 338.1
Locomotiva . . 339.1
- da campagna 339.7
- per ferrovia a scartamento ridotto 339.6
- a gas 340.1
- da miniera . 339.8
- su rotaie . . 339.5
- stradale . . . 339.4
Locomotive . . 339.1
-, gas engine . 340.1
- for military railway 339.7
-, mine 339.8
-, narrow gauge 339.6
-, railroad . . . 339.5
-, railway with gas driven 339.9
-, tractive force of 339.2
-, tramway . . . 339.5
Locomotive . . 339.1
- de campagne 339.7
- à gaz 340.1
- de mine . . . 339.8
- sur rails . . . 339.5
- routière . . . 339.4
- à voie étroite 339.6
Locomotora . . 339.1
- para arar . 338.10
- para carreteras 339.4
- de gas 340.1
-s de gas, ferrocarril con 339.9
- para minas . 339.8
- minera . . . 339.8
- para via estrecha 339.6
- para vias férreas 339.5
- para vía portátil 339.7
Locomóvil . . . 337.9
- para alcohol 338.2
- automóvil . . 338.3
Locomóvil para combustibles líquidos 338.1
Lodo 70.8
Logement des arbres dans leurs paliers 186.9
- sphérique du bourrage souple 179.8
Lohn 384.3
-arbeit 383.6
-arbeiter . . . 383.4
-einheit 384.4
-, Tage- 384.5
-, Wochen- . . . 384.7
Löhnung . . . 384.3
Lokomobile . . 337.9
-, die - abstützen 338.7
-, Öl- 337.1
-, selbstfahrende 338.3
-, Spiritus- . . . 338.2
Lokomotive . . 339.1
-, Feldbahn- . . 339.7
-, Gas- 340.1
-, Gleis- 339.5
-, Gruben- . . . 339.8
-, Kleinbahn- . 339.6
-, Pflug- 338.10
-, Straßen- . . . 339.4
Loi sur les brevets d'invention 378.8
- de Maxwell sur la distribution des vitesses moléculaires 113.2
- du mouvement de l'excentrique 224.5
- de Poisson . 116.8
Long-distance central station 332.1
- flaming coal . 25.9
- interval between cutting off the fuel supply and stopping 345.7
- piston 170.5
Longeron, bâti à un seul 154.4
Longitud de apoyo del embolo 175.4
- del émbolo . 168.4
- del muelle en reposo 204.1
- de la palanca del freno 357.8
- total 303.1
Longitudinale, molla 270.3
Longueur de bielle 183.6
- du bras de levier du frein 357.8
- d'encombrement 303.1
- du piston . . 168.4
- de portage du piston 175.4
- du ressort détendu 204.1
- totale 303.1
Loop of diagram 355.4
Loose flange . 312.6
- joint ring, joint by means of a 166.1
- packing ring 180.5
- sticks 30.1
Loppa 60.7
Losange, suspension en 269.3
Loser Flansch . 312.6
Loss on blowing-up the producer 62.6
- of charge due to leaky piston 120.3
- due to piston leakage 171.5
-es, stand-bye . . 62.7
- on starting the producer 62.6
- of work due to conduction through the walls of the cylinder 362.5
- - - - to early exhaust 362.1
- - - - to incomplete combustion 362.3
- - - - to retarded combustion 362.2
Lost motion between cam and cam bowl 223.5
- - - - and cam roller 223.5
- - in the joints 356.5
Loup, dent de . 292.3
Lourd, hydrocarbure 12.10
Low compression at light load 232.6
- -tension ignition 288.5
Lower air gas outlet 47.3
- brass 188.7
-, to - the levelling bottle 92.1
Lubréfaction . 278.6
- automatique 277.5
- de l'axe du piston 278.6
- par barbotage dans le carter du vilebrequin formant bain d'huile 278.3
- centrale . . . 277.7
- du cylindre . 278.4
- par graisseur centrifuge 276.9
- à huile . . . 275.1
- individuelle . 277.6
- à la main . . 277.1
- du mécanisme de transmission 278.2
- du palier de manivelle 279.1
- du piston . . 278.4
- séparée . . . 277.6
Lubricant . . 273.7
-, solid 273.8
Lubricating gear 274.9
- -, to adjust the 344.1
- oil 274.1
- -, consumption of 348.7
- ring 276.6
Lubrication . . 278.6
-, automatic . . 277.5
-, central system of 277.7
-, centrifugal . 276.9
- of crank shaft bearing 279.1
-, cylinder . . . 278.4
Lubrication of the driving gear 278.2
-, forced - of the stuffing box 179.9
-, hand 277.1
-, mechanical- of the stuffing box 179.9
-, oil 275.1
-, piston 278.4
- of piston pin 278.6
-, ring 276.5
-, separate . . . 277.6
-, splash - from the closed crank chamber 278.3
Lubricator . . 275.9
-, needle 276.4
-, sight feed . . 276.3
-, spring . . . 274.11
-, Stauffer . . 274.10
- wick 276.2
Lubrifiant . . . 273.7
- solide 273.8
Lubrificación = engrase 278.6
-, agujero para la 275.2
- por barboteo del aceite contenido en el cárter 278.3
- á mano . . . 277.1
- á presión del prensaestopas 179.9
Lubrificador . . 274.9
Lubrificante . . 273.7
- consistente . 273.8
-, olio 274.1
- solido 273.8
Lubrification centrale 277.7
- à huile . . . 275.1
- individuelle . 277.6
- séparée . . . 277.6
Lubrificatore ad ago 276.4
- a goccia . . . 276.3
- Stauffer . . . 274.9
Lubrificazione 278.6
- ad anello . . 276.5
-, anello di . . 276.6
- automatica . 277.5
-, buretta di . . 277.2
- centrale . . . 277.7
- centrifuga . 276.9
- del cilindro . 278.4
-, dispositivo per la 274.9
-, foro per la 275.2
275.7
- a forza centrifuga 276.9
- individuale pei singoli organi 277.6
- a mano . . . 277.1
- meccanica . . 278.2
-, mezzo di . . 273.7
- nella capsula chiusa di una manovella 278.3
-, olio di 274.1
- ad olio . . . 275.1
- del perno dello stantuffo 278.6
-, pipetta di . . 277.2
- a sbattimento 278.3
-, scanalatura di 275.3
- della scatola sotto pressione 179.9
- separata . . 277.6

Lubrificazione del sopporto dell'albero motore 279.1
- del sopporto della manovella 279.1
- speciale pei singoli organi 277.6
- dello stantuffo 278.4
- a stoppino . . 276.1
- della trasmissione 278.2
Luce 240.7
- dall'alto . . . 304.2
- di fianco . . 304.3
- del giorno . . 304.1
- laterale . . . 304.3
Lucente, carbone 22.5
Lucignolo . . . 263.7
-, carburatore a 254.7
Luft 9.7
-aufnehmer . . 129.7
-bedarf, praktischer 7.1
- -, theoretischer 6.10
- -, wirklicher . . 7.1
-behälterdruck 297.8
-, mit Benzin geschwängerte 253.7
-dampfgemisch 37.3
-, Druck- 259.8
-druck 10.12
- -, unter äußerem - stehender Raum 85.1
-eintritt 35.9
- -schlitz . . . 242.5
-, feuchte . . . 10.9
-feuchtigkeit . 10.10
- die - dem Freien entnehmen 260.7
-, Frisch- 40.2
-gas 34.1
- -abzug . . . 35.7
- -, von oben abziehendes 47.2
- -prozeß . . . 34.2
Luft, Gas und - nebeneinander führen 236.6
-, - und - übereinander führen 236.7
-, die - aus der Gasleitung ausblasen 344.2
- über glühende Kohlen leiten 34.3
-kanal 236.10
-klappe 237.4
-, komprimierte 259.8
-leitung 317.7
-, die - von oben einführen 44.6
-, Preß- 259.8
-puffer 233.4
-pumpe 243.3
- -, einfach wirkende 260.8
- -, Hand- . . . 248.1
-sack 167.4
-schieber . . . 238.3
-, Spül- 128.2
-, trockene 9.8
-überschuß . . . 7.2
-ventil 238.5
-verdichtungshub 243.6
-, vereinigte - und Gaspumpe 243.5
-, vorgewärmte 41.3
-, vorkomprimierte 260.1
-vorwärmung durch die Abgase 257.3
-weg 236.8
-, Zerstäubungs- 255.8
-zufuhr, Aussetzen der Gas- und 228.6
-zuführung . . 46.7
-zug, künstlich erzeugter 322.7
- -, natürlicher 322.5
-, Zusatz- . . . 255.9
Luft, die - dem Zylinder entnehmen 260.4
Lug, spacing . 51.6
Lugar de emplazamiento, montaje en el 300.2
Luke, Putz- . . 70.6
-, Reinigungs- - des Waschers 70.6
Lumbrera . . . 240.7
- de admisión . 240.8
-, arista de la . 241.3
-, corona de . . 240.4
-s para los corrientes de retroceso de la bomba de gas 246.5
-, para la entrada del aire 242.5
- - - - del gas 242.6
- de escape . . 241.1
-s - - comunes á los dos lados de los cilindros 241.8
-s, espacios llenos entre las 241.2
Lumière 240.7
- d'admission . 240.8
- - d'air 242.5
- - de gaz . . 242.6
-s, barrette entre 241.2
-s, cloison entre 241.2
-s, couronne de 240.4
-s, couvrir la couronne de 241.6
-s, découvrir la couronne de 241.5
-s, démasquer la couronne de 241.5
-s, distribution par 240.3
-s, - à - de chaque côté du piston 242.3
- d'échappement 241.1
Lumières d'échappement communes aux deux côtés du cylindre 241.8
- de graissage 275.2
- de grille . . . 51.2
- du jour . . . 304.1
- de lubréfaction 275.2
-s, masquer la couronne de 241.6
-s, passage du piston sur les 241.4
-s de retour de la pompe à gaz 246.5
Lumineux, flamme non - se 265.5
Luminous flame 265.4
Lumps 25.1
Lump, clinker 60.11
- coal 25.1
Lunghezza di appoggio dello stantuffo 175.4
- della biella . 183.6
- del filo teso . 204.1
- della leva del freno 357.8
- di sostegno dello stantuffo 175.4
- dello stantuffo 168.4
- totale 303.1
Lungo, stantuffo 170.5
Lunker . . . 147.10
Luogo di montaggio della macchina 302.7
Lut 138.10
Lux gas-balance 96.9
Luz cenital . . 304.2
- del emparrillado 51.2
- lateral 304.3
- de las mallas . 24.9
- natural . . . 304.1
- del tubo . . . 309.4

M.

M-Kurve für Flachregler 272.7
Macchina per arrotare 150.7
-, caricare la . . 344.8
-, carico della . 344.9
-e, edifizio delle 303.3
-a per fare scanalature 150.2
- per fresare . 150.4
- a gas di Lenoir 363.4
-e, gruppo di . 330.1
-a, montare la . 300.3
-e, olio per . . 274.7
-a, la - parte difficilmente 344.5
- per piallara 149.10
- per provare i corpi 140.3
- - - i materiali 139.12
-, pulitura della 349.3
-, servizio a . . 342.7
-, smontare la . 300.4
- soffiante . . . 336.1
Macchina per treni di laminatoi 337.3
-, zoccolo di . . 155.5
Macchinista . . 348.9
Mâchefer . . . 60.7
- liquide 60.9
Machihembrado, junta -a 165.9
-, segmentos anulares con uniones -as 50.8
Machine, boring- 148.6
- cut helical gear wheel 209.7
- - peat 28.4
-, drilling- . . . 148.6
-, grinding . . . 150.7
-, milling . . . 150.4
- oil 274.7
-, planing . . 149.10
-, shaping . . . 150.1
- shop 148.2
- shops 142.7
-, slotting . . . 150.2
-, testing . . 139.12
Machine for testing tensile strength 140.3
Machine, arrêter la 346.6
- aspirante . . 126.9
-s, bâtiment des 303.3
-, charge de la 344.9
-, charger la . . 344.8
-, la - démarre difficilement 344.5
-, démontage d'une 300.5
-, démonter une 300.4
-, emplacement de la 302.7
- d'essai pour les matériaux 139.12
- - des matériaux à la traction 140.3
- à essayer les matériaux 139.12
- à forer 148.6
- à fraiser . . . 150.4
-, genre de . . . 323.2
-s, groupe de . 330.1
-s, huile de . . 274.7
Machine de laminoir 337.3
-s, marche de . 342.7
- à meuler . . . 150.7
-, mise en parallèle de la 344.7
-, monter une . 300.3
-, nettoyage de la 349.3
- à percer . . . 148.6
- à raboter . 149.10
-s, salle des . . 303.3
- à shéper . . . 150.1
-, socle de . . . 155.5
- soufflante . . 336.1
- - à gaz . . . 330.3
-, type de . . . 323.2
-, visiter la . . . 349.6
Machining . . . 148.3
-, allowance for 148.4
Machiniste . . 348.9
Macho de grifo 314.10
- - -, caja de válvula en forma de 256.6
-, marca del . . 147.5

Macho, perforación longitudinal y transversal en el 92.7
Macizo de asperón 306.7
- de la cimentación 304.8
- de granito . . 306.8
Maçonnerie de la cuve 49.10
Made ground . 305.8
Madera 29.4
- de abeto . . . 306.9
- de coníferas . 30.4
-, desperdicios de 30.2
-, destilación de la 48.5
-, emparrillado de 69.4
-, fibra de . . . 73.4
-, listón de . . . 68.9
- de pino . . . 307.1
- para vacíos . 307.6
Madrevite tenditrice 358.3
Maestro . . . 143 1/2
Magerkohle . . 22.9
Magere Kohle . 22.9
Maglia larga, tela metallica a 79.2
Maglio a gas . 331.3
- a vapore . . . 146.1
Magnet, Dauer- 284.9
-elektrischer Stromerzeuger 284.8
- -e Zündung . 286.1
-, Feld- 333.4
-gestell 333.3
-induktor . . . 284.8
-, permanenter 284.9
-wicklung . . . 333.5
-zündung . . . 286.1
Magnet, field . 333.4
- frame 333.3
-, permanent . . 284.9
Magnete, accensione a 286.1
-, avvolgimento del 333.5
- di campo . . 333.4
- permanente . 284.9
Magnetico, campo 333.4
Magnético, armazón 333.3
Magneto 284.8
- -electric generator 284.8
- - ignition . . 286.1
Magneto, encendido por 286.1
- -eléctrico, inflamación -a 286.1
Magnetoelettrica, accensione 286.1
Magnéto 284.8
-, allumage par 286.1
Maigre, charbon 22.9
Maille, largeur de 24.9
-s, toile métallique à grandes 79.2
Main bearing . 187.1
- - cap 127.4
- -, horizontally divided 187.3
- box 188.3
- brasses . . . 188.3
-, collecting . . 316.6
Main cylinder . 243.1
-s, discharging air from gas 316.9
- exhaust valve, relieving pressure in cylinder before opening 205.7
- head 205.4
-, hydraulic . . 32.10
- packing . . . 179.4
-s, pressure in . 321.3
-, ring 316.7
- shaft, indicator reducing gear with small crank on end of 353.7
- slide 246.7
- steps 188.3
-s, town 321.2
- valve 205.4
- vaporiser . . 41.5
Main-d'oeuvre, frais de 373.1
-, volant à . . . 315.5
Maintenance . 349.8
Maintenir basse la température du gazogène en y introduisant de grandes quantités de vapeur 43.2
- faibles les forces d'inertie de la transmission de distribution 215.5
- fermée la soupape d'admission 228.7
- - - - d'admission du combustible 228.5
- ouverte la soupape d'échappement 228.8
- dans sa position la soupape d'échappement 229.1
Maison 379.8
- d'expédition 374.10
Maître 143.1
Majoration de prix 370.7
Make and brake sparking plug 288.6
- -up piece . . 310.5
-, to - the cleaning hole watertight 170.8
Maker, contact 285.10
Maladie, assurance contre la 385.4
Malleabile, ghisa 132.6
Maleable, hierro 132.7
-, fundición . . 132.6
Malla ancha, tejido de alambre de 79.2
-, dimensiones de las -s 24.9
-, luz de las -s 24.9
Malleable cast-iron 132.6
- iron 132.7
Malléer 144.4
Malta di calce . 307.9
- di cemento . 307.8
Maltese cross . 213.7
Malteserkreuz . 213.7
Manage, to . . 381.6
Management of service 347.6
Manager 381.5
-'s office 381.2
-, works 382.3
Managing director 381.4
- engineer . . . 382.5
Manantial de la corriente de encendido 283.9
Manchon, assemblage à 311.5
-, course du . 268.10
-, course réduite du 268.11
- fileté 311.7
-, joint à 311.5
-, pression du . 272.1
- de réduction 311.8
- du régulateur 268.9
-, régulateur à . 268.8
-, - à - coulissant 269.1
-, résistance totale appliquée au 271.8
-, tuyau à . . . 311.6
- à vis 311.7
Mandado, polea -a 327.5
-, válvula de admisión -a 200.2
Mandar el árbol de distribución 209.3
- el escape . . . 205.8
Mandataire . . 381.5
Mandatario . . 381.5
Mando de las bombas 244.1
- de la distribución 209.2
- del indicador por manivela frontal 353.7
- - - por transmisión de palancas 353.6
-, palanca de . 217.4
-, polea de . . . 327.4
- de la transmisión 327.3
- de la válvula de gas con apertura variable y cierre constante 235.3
- - - - - - por medio de una leva oblicua 235.1
- - - - - - por la válvula de aire 232.1
- - - - de interrupción por medio de la campana del gasómetro 85.4
Mandril del forno 149.6
Mandrin de tour 149.6
Mandrino da tornio 149.6
Maneggiabilità degli organi 342.1
Manejo, instrucciones para el 349.1
Maneton 186.7
Manette 297.3
Manguito interior 313.5
- - de doble rosca 313.6
-, junta por . . 311.5
Manguito de reducción 311.8
- del regulador 268.9
- roscado . . . 311.7
Maniabilité des organes 342.1
Manicotto, corsa ridotta del 268.11
-, giunto a . . . 311.5
-, pressione sul 272.1
- del regolatore 268.9
- di riduzione . 311.8
-, tubo a 311.6
- a vite 311.7
Manipulation, materials and their 131
Manivela . . . 186.3
-s acuñadas á 120 grados 186.2
-, ángulo de rotación de la 193.6
-, árbol 185.6
- de la bomba 244.2
- - - - montada con avance 244.3
-, brazo de la . 186.4
-, círculo de la . 193.3
- del eje cigüeñal, chapa protectora sobre la 155.2
- frontal 186.8
- de lanzamiento de mano 291.5
-, mecanismo de 192.1
-, muñequilla de la 186.7
-, radio de la . 186.6
- de seguridad 292.8
Manivelle . . . 186.3
-, angle de soulèvement de la 193.6
-, arbre à . . . 185.6
-, boîte de la . 153.1
- en bout . . . 186.8
-, bouton de . . 186.7
-, bras de . . . 186.4
-, capot de la . 155.2
-, carter de la . 153.1
-, cercle décrit par le bouton de 193.3
-, coussinet de . 188.3
-s calées à 120° 186.2
-, débrayage automatique de la 291.8
-, déclanchement automatique de la 291.8
- de démarrage 291.5
-, démarrage par 291.4
-, flasque de . . 186.4
- de lancement 291.5
-, lancement par 291.4
- de mise en marche 291.5
-, mise en marche par 291.4
-, palier de . . 187.1
-, - de - incliné vers l'extérieur 187.6
-, - de - incliné vers l'intérieur 187.5
- de pompe . . 244.2
- - - calée en avance 244.3
-, position de . 193.5
-, rayon de . . . 186.6
-, retour de la . 292.5

Manivelle, rotation de 193.4
- de sûreté . . 292.8
-, tringle de . . 289.7
Mano d'opera, spese di 373.1
Manœuvre . . . 383.4
-, chaine de . . 302.4
-, levier de . . . 297.3
-, volant de . . 315.5
Man on piece work 383.7
Manovella 186.3, 291.5
-, albero di . . 185.6
- d'avviamento 291.5
-, bottone della 186.7
-, braccio della 186.4
-, camera della 153.1
-, cappello di protezione della 155.2
-, cassa della . 153.1
-, circolo della 193.3
-, contraccolpo sulla 292.5
-, corpo della . 186.6
- di estremità . 186.8
-, leva della . . 289.7
-, piede del sopporto di 152.8
- della pompa 244.2
- - - calettata in avanti 244.3
-, posizione della 193.5
- posta di sbalzo 186.8
-, raggio della . 186.6
-, rotazione della 193.4
- di sicurezza . 292.8
-, sopporto della 187.1
-e spostate di 120° 186.2
-a, vasea della 155.1
Manovra, catena di 302.4
-, volantino di . 315.5
Manque d'étancheité des segments 171.6
Mantel, Blech- . 162.3
-, den durchbrochenen - durch einen umgreifenden Blechmantel schließen 162.2
-entlastung . . 161.6
-heizung . . . 258.1
-, Kolben- . . . 168.9
-, Kühl- 166.6
-, in der Mitte geteilter 162.1
-, den - in der Nähe des Endflansches durchstechen 162.4
-schutzblech . 135.2
-, Wasser- . . . 166.6
-, Zylinder- . . 161.4
Mantener abierta la válvula de escape 228.8
- cerrada la válvula de admisión 228.7
- - - - de admisión de combustible 228.5
- en su posición la válvula de escape 229.1
Mantice 85.8
- da fucina . . 145.9
Manuabilidad de las piezas de servicio 342.1
Manufactura . 368.6
Manufacture 142.6, 368.2, 368.4
-, cost to 370.2
-, wholesale . . 368.3
Manufacture, to 368.5
Manufacturer . 379.8
- and retailer . 380.8
Manufacturing works 368.6
Manutenzione 349.2 349.8
Máquina de afilar 150.7
- aspirante . . 126.9
- de barrenar . 148.6
- de cepillar 149.10
- para ensayar materiales 139.12
- de escoplear ranuras 190.2
- de fresar . . 150.4
- operadora . . 329.9
- para probar los cuerpos á la tracción 140.3
- soplante . . . 336.1
- -, cilindro de la 336.5
- de taladrar . 148.6
- térmica . . . 114.2
- de tren de laminar 337.3
Maquinista . . 348.9
Marbre à dresser 145.4
Marca di fabbrica 378.4
Marca central del árbol 358.10
- de fábrica . . 378.4
- del macho . . 147.5
- de reglaje . . 211.2
Marcar 211.3
- con el punzón 144.8
Marcare 211.3
Marcha del alto horno 64.6
- sin carga . . 345.1
- de la combustión 5.6
- dulce de las articulaciones 343.7
- del generador 56.8
- irregular . . 345.9
- - del alto horno 64.8
- del negocio . 369.1
-, poner el motor en 291.3
- de la regulación 267.4
- regular del alto horno 64.7
- silenciosa . . 345.6
- - de la roldana 223.7
- suave de las articulaciones 343.7
- - del motor . 345.5
- en vacío . . . 345.1
Marchandises en grande vitesse 374.7
- en petite vitesse 374.5
Marche 341.1
- des affaires . 369.1
-, ajuster le piston à la temperature de 175.7
- bruyante . 345.10
- de la combustion 5.6
- continue . . . 341.4
- douce des articulations 343.7
- facile du moteur 345.5
- du gazogène 56.8
- du haut fourneau 64.6
- intermittente 341.5
- irrégulière . . 345.9
-, longue - par inertie de la machine 345.7
- de machines . 342.7
-, mettre en - les graisseurs 344.1
-, mettre la machine en 343.8
-, mettre le moteur en 291.3
-, ordre de . . . 341.6
-, position en . 55.7
- du réglage . 267.4
- régulière . . 64.7
- sans chocs du galet 223.7
- silencieuse . . 345.6
- - des articulations 343.7
- - des roues d'engrenage 210.4
- à vide 345.1
Marché, conclusion d'un 370.11
Marchio di fabbrica 378.4
Marcia del generatore 56.8
-, mettere in - il motore 291.3
- a vuoto . . . 345.1
Marco calentado por el calor irradiado 264.4
- del emparrillado 51.8
Marinekopf . . 184.8
Marine end . . 184.8
Marino, motor vertical sistema 325.5
Mariposa, válvula de estrangulación en forma de 237.3
Mark, core . . 147.5
- for correct engagement of wheels 211.2
-, trade- 378.4
Mark, to 211.3
-, to - with the centrepunch 144.8
Marke, Kern- . 147.5
Marmita di scarico murata 319.4
Mármol para enderezar 145.4
Marque de fabrique 378.4
- du noyau . . 147.5
Marquer 211.3
- au pointeau . 144.8
Marsh gas . . . 12.12
Marteau 144.5
- -pilon 246.1
- - à gaz . . . 331.3
-, travailler au . 144.4
Marteler 144.4
Martelletto . . 290.4
Martello 144.5
-, battere al . . 144.4
-, foggiare a . . 145.8
Martillar 144.4
Martillo . 144.5, 290.4
- de gas 331.3
- pilón 146.1
- de vapor . . . 146.1
Martinete de vapor 146.1
Martinetto idraulico 302.1
Masa, compensación de las -s 196.5
-, comunicación con 287.1
-, diagrama de las -s 195.6
-, equilibrio de las -s 196.5
-, fuerza ejercida por las -s 195.5
-s oscilantes . . 196.2
-, retorno por . 287.1
-s rotatorias, equilibrar las 196.7
Maschenweite . 24.9
Maschine, die - abbauen 300.4
-, Absaug- . . . 126.9
-naggregat . . 330.1
-, die - andrehen 291.3
-nanordnung . 325.2
-nart 323.2
-, atmosphärische Flugkolben- 363.8
-, die - aufstellen 300.3
-, die - auseinandernehmen 300.4
-, Ausspül- . . . 127.2
-, Balance- . . . 325.8
-, Banki- 324.7
-nbauanstalt . 142.7
-nbauer 143.3
-, die - belasten 344.8
-nbetrieb . . . 342.7
-, die - in Betrieb nehmen 342.8
-, die - in Betrieb setzen 343.8
-nbett 153.7
-, Bohr- 148.6
-, die - demontieren 300.4
-, Doppelreihen- 327.1
-, doppeltwirkende Viertakt- 324.9
-, - - Zweitakt- 325.1
-, - - - - mit Kanalisationspumpe 330.4
-, Drilling- . . . 327.2
-, einfachwirkende Viertakt- 324.8
-, - - Zweitakt- 324.10
-, Einzylinder- . 326.1
-nfabrik 142.7
-, Feil- 150.1

Maschine, Fräs- 150.4
-ngas 63.3
-, Gas- 323.3
-, Gebläse- . . . 336.1
-, Gichtgas- . . 323.6
-, Großgas- . . . 323.4
-nhaus 303.3
-, Hobel- . . . 149.10
-ningenieur . . 142.9
-, Kleingas- . . 323.5
-, Koksofengas 324.1
-, Kraftgas- . . 324.2
-nkurbel . . . 186.3
-nlaboratorium 350.8
-, Leuchtgas- . 324.4
-, Mehrzylinder-326.2
-, die - montieren 300.3
-, die - nachsehen 349.6
-, Nutstoß- . . . 150.2
-nöl 274.7
-, Öl- 324.5
-, Probier- . . 139.12
-, Prüfungs- . 139.12
-, Querhobel- . 150.1
-, Reihen- . . . 326.9
-, Schleif- . . . 150.7
-nschlosser . . 143.3
-, Shaping- . . 150.1
-nsockel 155.5
-, die - springt schwer an 344.5
-, die - stillsetzen 346.6
-, Tandem- . . . 326.9
-ntorf 28.4
-, Verbrennungs- - ohne Gemengeverdichtung 363.3
-, vertikale Kapsel- 325.6
-, Walzenzug- . 337.3
-, Wärmekraft- 114.2
-nwärter . . . 348.9
-, Wassergas . 324.3
-nwiderstand . 360.4
-, Zerreiß- . . . 140.3
-, Zugfestigkeitsprüf- 140.3
-, Zwilling- . . 326.4
-, reihen- . . . 327.1
Maschio del robinetto 314.10
Masquer la couronne de lumières 241.6
Maß, Aufstellungs- 301.2
Maß, Montage- 301.2
-stab, Feder- . 355.5
Massa di depurazione 72.9
- - -, rigenerazione della 72.10
-e, diagramma delle 195.6
- dotate di moto alternativo 196.2
-, equilibrio delle 196.5
-a, nasello alla 231.6
-e, pressioni prodotto dalle 195.5
Massenausgleich 196.5
-ausgleichung . 196.5
-druck 195.5
- -diagramm . 195.6
Massenfabrikation 368.3
-herstellung . . 368.3
-, hin- und hergehende 196.2
-kraft 195.5
-kräfte, in der Schwingungsebene des Schaftes auftretende 84.4
-, die umlaufenden - durch kreisende Gegengewichte ausgleichen 196.7
Masses, to balance the rotating - by counter - weights 196.7
-, balancing of the 196.5
-, cushioned movement of the reciprocating 196.3
-, pressure exerted by 195.5
-, reciprocating 196.2
-, uncushioned movement of the reciprocating 196.4
Masse, diagramme des -s 195.6
-s douées d'un mouvement alternatif 196.2
- - - - de va-et-vient 196.2
- épuratrice . . 72.9
-s, équilibrage des 196.5
-s, équilibrer les - en rotation par des contrepoids rotatifs 196.7
-, fabrication en 168.3
-s, force des . . 195.5
-, régénération de la - épuratrice 72.10
-, retour par la 287.1
- de scories . . 60.11
Massiccia, incastellatura 154.2
Massimo, interruttore a 335.7
Mastic 138.10
Mastice . . . 138.10
Masut 102.7
Mat, charbon . 22.6
Materia depuradora 72.9
- para desnaturalizar 106.2
Material 131.1
-eigenschaft . 138.13
-fehler 139.11
-prüfung . . . 139.9
-ien und ihre Verarbeitung 131.3
-, Verpackungs-376.5
Materials . . . 131.1
-s, acceptance of 139.10
-, defect in . 139.11
-, heat stresses due to irregular distribution of 163.2
-s and their manipulation 131
-, packing 138.3, 376.5
Materials, properties of 138.13
-, purifying . . 72.9
-, temperature stresses due to irregular distribution of 163.2
-s, testing of . 139.9
Material 131.1
-, distribución desigual del 163.2
- de embalaje . 376.5
- para empaquetadura 138.3
- para guarnición 138.3
Materiali . . . 131.1
-, difetto dei . 139.11
-e dolce, guarnizione in 179.7
-i di guarnizione 138.3
-e d'imballaggio 376.5
-i, macchina per provare i 139.12
-, proprietà dei 138.13
-, prova dei . . 139.9
-, ricezione dei 139.10
- di tenuta . . 138.3
Matériaux . . . 131.1
- d'emballage . 376.5
-, machine d'essai pour les 139.12
-, - à essayer les 139.12
-, propriété des 138.13
- et travail des matériaux 131
Matière, défaut dans la 139.11
-, vice de . . 139.11
Matita 352.9
-, guida della . 353.1
Mattkohle . . . 22.6
Mattone d'argilla refrattaria 50.2
- da costruzione 306.5
- duro ben cotto 306.6
-i, fondazione in muratura di 306.4
-e olandese . . 306.6
- refrattario . . 50.3
Mattonella di carbone 28.8
- - - fossile . . 28.9
- in forma di cubo 28.12
- industriale . 28.12
- di lignite . . 28.10
-e, pressa per . 29.1
-a di torba . . 28.11
-e, torchio per 29.1
Matras 101.2
Matraz 101.2
Mauerwerk, Schacht- 49.10
Maximalausschalter 335.7
Maximum cut-out 335.7
- economical compression 122.2
- lift of the valve 208.3
Maxwells Verteilungsgesetz der Molekülgeschwindigkeiten 113.2
Maxwell's law of distribution of molecular velocities 113.2
Mazout 102.7
-, brûleur de . 104.1
Mazut 102.7
Mean effective pressure 359.7
- indicated pressure 359.7
- kinetic energy of a system of points 113.5
Measure, to - the draught in mm of water 82.7
-, to - the quantity of the gas during the falling gasometer 86.8
-, to - the suction in mm of water 82.7
-, to - the temperature of a body by its radiation 21.8
-, to - the voltage of the battery 284.6
Measurement, gas 86.7
- of heat . . . 16.1
- of speed . . . 358.6
- of weak draughts 83.4
Measuring a diagram 359.2
- tube, graduated 91.7
- vessel, calibrated 91.2
Mécanicien . . 143.3 143.5
-, outil de . . . 143.6
Mecánico . . . 143.5
-, equivalente - del calor 114.3
-, rendimiento . 360.1
Mécanique, rendement 360.1
Mécanisme de blocage de l'échappement à organe d'arrêt et butée 226.3
-, boîte du . . . 152.9
-, carter du . . 152.9
-, cinématique du - à manivelle 191.10
- de commande de Langen 364.7
- compteur à chiffres sautants 358.11
- de déclanchement 233.3
- de distribution 209.5
- de lancement actionné électriquement 293.6
-, théorie du - de transmission 191.9
- de transmission à manivelle 192.1
- - - de mouvement 183.2

Mecanismo para accionar las válvulas de arranque 295.5
- de admisión, varillas del 214.9
- del contador 87.6
- disparador 233.3
- de distribución 209.5
- de escape, varillas del 215.1
- graduador del regulador 273.3
- de impulsión de Langen 364.7
- de lanzamiento, puesta en marcha por medio de 293.5
- de manivela 192.1
- del percutor 290.1
- de reglaje del regulador 273.3
- de transmisión 183.2
- - -, fuerzas que actuan en el 194.7
- - -, teoría del 191.9
- - -, utilización del 183.4
Meccanica del calore 113.6
-, lubrificazione 278.2
-o 143.3
-, ingegnere 142.9
-, rendimento 360.1
Meccanismo articolato, regolatore con 269.1
- automatico di decompressione 294.3
- di comando di Langen 364.7
- - - per la valvola d'avviamento 295.5
- contatore a cifre scattanti 358.11
- a manovella 192.1
- - -, campo di moto del 193.8
- - - cinematica del 191.10
- motore, attrito derivante dagli sforzi trasmessi dal 176.1
- di regolazione del regolatore 273.3
-, scatola del 152.9
- a scatto 233.3
- di trasmissione, parti d'un 183.3
- - -, sforzi del 194.7
- - -, utilizzazione del 183.4
Mecha 263.7
- capilar 276.2
-, carburador de -s 254.7
Mechanical efficiency 360.1
- engineer 142.9
- equivalent of heat 114.3
- equivalent of temperature 112.7
- indication of temperature 112.7
- lubrication of the stuffing box 179.9
Mechanically operated admission valve 200.2
Mechanik, Wärme- 113.6
Mechanische Deutung der Temperatur 112.7
-er Leistungsverlust 360.3
-es Wärmeäquivalent 114.3
-er Wirkungsgrad 360.1
Mechanism, change-over 259.2
- for driving the cam shaft 209.5
-, Langen's control 364.7
-, recording 352.8
Mechanismus, Ausklink- 233.3
-, Kurbel- 192.1
Mèche 263.7
- américaine 148.6
-, carburateur à 254.7
- de graissage 276.2
- hélicoïdale 148.8
- à langue d'aspic 148.7
Mechero 263.2
- de bencina 263.5
- Bunsen 98.8, 282.8
- -, regulador del 99.1
- Forsunka para quemar residuos 104.1
- de gas 65.8
- móvil, inflamador con - para su calentamiento 283.1
- para petróleo 264.2
-, pico del 263.10
Medición de calor 16.1
- de corrientes débiles 83.4
- del gas 86.7
Medida de montaje 301.2
- del número de vueltas 358.6
Medio de reducción 5.4
Medir la cantidad de gas cuando baja la campana del gasómetro 86.8
- la intensidad del tiro en mm de columna de agua 82.7
- la temperatura de un cuerpo por medio de su radiación 21.8
- la tensión de la batería 284.6
Médula 29.8
Mehrzylinderanordnung 326.3
- -maschine 326.2
Meißel 144.7
Meißeln 144.6
Meister 143.1
-, Richt- 300.6
Mélange air-vapeur 37.5
- d'air et de vapeur 37.3
- allumable 236.2
- aspiré 120.7
-, canal de 237.2
-, capacité thermique du 361.1
-, chambre de 236.5
-, contenance thermique du 361.1
- de démarrage 298.8
-, disposer les pompes à - latéralement au cylindre 243.9
-, - - - à - sous le sol 243.8
-, entrée du - dans le tube 282.5
-, étranglement du 233.6
- explosible 236.2
-, formation du 235.7
- inflammable 236.2
-, mauvais 236.4
- de mise en marche 298.8
-, mise en marche par - tonnant 298.4
- pauvre 236.1
-, pompe à 242.7
-, - à - tonnant 243.5 298.7
-, pureté du 236.3
-, réglage qualitatif du 234.5
- riche 235.8
-, soupape de 238.7
-, - automatique de 238.8
-, tiroir à 238.4
-, tube de 263.8
Mélangeuse, tuyère 38.8
Melder, Feuer- 377.3
Melting cones 21.7
- heat 15.2
Member, elastic intermediate 226.7
Membrana 84.1
Ménager des évidements dans la fondation 307.5
Menante, poulie 327.4
Menée, poulie 327.5
Mennige, Blei- 138.11
Menu 25.3
Mercancías de gran velocidad 374.7
- de pequeña velocidad 374.5
Mercantil, derecho 377.8
Merce a grande velocità 374.7
- a piccola velocità 374.5
Mercenario 383.4
-, trabajador 383.4
-, trabajo 383.6
Merci, carro 374.9
Mercurio, colonna di 19.5
-, riempimento di 94.9
-, termometro a 18.2
Mercurio, columna de 19.5
- que contiene el globo 94.9
-, termómetro de 18.2
Mercury column 19.5
- -, projecting part of the 19.7
- seal 94.9
- thermometer 18.2
- - filled with carbon dioxide 18.3
- - - - nitrogen 18.4
Merma 147.10
Mescolato, spirito 106.5
Mesh, size of 24.9
Meßgefäß 91.2
-rohr, graduiertes 91.7
Messa all' interesse 373.7
- in moto, apparecchio di 291.1
- - - ad aria compressa 294.5, 294.7
- - -, compressore di 296.3
- - -, corrente per la 298.3
- - - elettrica 298.1
- - - per gas di scappamento 299.2
- - - col girare il volano 298.4
- - - a mano 297.2
- - -, miscela di 298.8
- - - colla miscela di gas 298.4
- - -, recipiente per 297.6
- - -, resistenza alla 291.2
- in parallelo della macchina 344.7
Messen, die Gasmenge bei niedergehendem Gassammler 86.8
-, die Zugstärke in mm Wassersäule 82.7
Messer, Alkohol- 105.3
-, Spannungs- 334.5
-, Strom- 334.9
-, Volt- 334.5
-, Wasser- 321.4
Messing 137.4
-draht 138.2
-rohr 309.11
Messung schwacher Zugstärken 83.4
-, Touren- 358.6
- der Umdrehungszahl 358.6
Mesurage de faibles tirages 83.4
- du gaz 86.7
- du nombre de tours 358.6
Mesure de faibles tirages 83.4
- du gaz 86.7
Mesurer le gaz pendant la descente du gazomètre 86.8
- la température d'un corps d'après son rayonnement 21.8

Mesurer la tension de la batterie 284.6
- le tirage en mm d'eau 82.7
Mesureur . . . 91.7
Metà carico . . 345.2
- di volano . . 191.6
Metal, Babbit- . 187.3
-, delta 187.9
- to metal joint 165.2
- parts, returning current through the - of the engine 287.1
- pyrometer . . 20.4
-, white- 187.3
Metal blanco . 187.3
- -, forrar los casquillos de . 189.2
- -, revestir el cuerpo del émbolo de 177.1
- delta 187.9
-, salida del . . 64.5
Métal antifrication 187.3
- blanc 187.3
- delta 187.9
Metálico, pirómetro 20.4
Metall, Delta- . 187.9
-dichtung, nachgiebige 179.5
-pyrometer . . 20.4
-thermometer . 20.4
-stich 64.5
-, Weiß- 187.3
Metallic packing 165.1
- -, flexible . . 179.5
Metallico, filo 187.10
-a, guarnizione 165.1
-, rete 249.11
-, tubo di rete . 250.6
Metallische Dichtung 165.1
Metallo bianco 187.3
- -, colare del - nel cuscinetto 189.2
- -, rivestire il corpo dello stantuffo con 177.1
- -, sfogliarsi del rivestimento di 189.6
- delta 187.9
Metallurgical waste gases 63.2
- works, gas engine plant for mines and 335.10
Metalúrgico, gases -s, 63.2
Metano 12.12
Meter, water . 321.4
Methan 12.12
Methane 12.12
Méthane 12.12
Méthanol . . . 13.11
Method, absorption 90.3
- of calibration 355.9
-, combustion . 94.5
-, explosion . . 118.4
-, four stroke cycle 118.9
-, incandescence - of ignition 281.2
-, Letombe's governing 231.8
-, oscillation . 356.1
Method, two stroke cycle 126.4
- of working . 118.1
Méthode absorptiométrique 90.3
- de combustion 94.5
Methylalkohol 13.11
-, Di- 13.1
-wasserstoff . . 12.12
Methyl-alcohol 13.11
Methylated spirit 106.1
Méthyle, hydrate de 13.11
Méthylique, alcool 13.11
Metilico, alcohol 13.11
Metodo di combustione 94.5
- di misura ad assorbimento 90.3
Método absorciométrico 90.3
- de combustión 94.5
Mettere a frutto 378.7
- in funzione il generatore col ventilatore 59.6
- fuori di servizio un lato del cilindro 344.6
- la macchina in moto 343.8
- - - in servizio 342.8
- la manovella al punto di partenza 298.5
- in marcia il motore 291.3
- in moto per mezzo d'apparecchio di lanciamento 293.5
- - - per mezzo di arpionismo 293.5
- - - il motore 291.3
- in posizione di partenza 295.6
- a posto i lubrificatori 344.1
- in servizio . 342.6
Mettre un fil métallique dans la flamme 265.9
- hors de service un côté du cylindre 344.6
- la machine en activité 342.8
- - - - marche 343.8
- - - - service . 342.8
- - - - train . 342.8
- en marche les graisseurs 344.1
- le moteur en marche 291.3
- en place le piston 168.5
- en train l'exploitation 342.6
Meuler 150.6
- à l'émeri . . 150.8
-, machine à . . 150.7
Meuleuse . . . 150.7
Mezcla activa, producción continua de la - bajo presión 365.8
- admitida, regulación de la . 232.5
Mezcla de aire y de vapor 87.3
- para el arranque 298.8
- aspirada, peso de la 120.7
-, cámara de . . 236.5
- comprimida . 121.2
- detonante, cargar el cilindro con 298.6
- inflamable . . 236.2
-, penetración de la - en el inflamador 282.5
- pobre 236.1
-, regulación de la 234.5
- rica 235.8
Mezzo, inviluppo diviso nel 162.1
- di lavatura . 128.1
- di lubrificazione 273.7
- di riduzione . . 5.4
Mica washer . 287.6
-, disco di . . . 287.6
-, arandela de . 287.6
Middle, jacket divided in the . 162.1
- -man 380.7
- of stroke, ignition in the 363.7
Mild steel . . . 133.2
- -, Bessemer . 133.3
- -, Siemens-Martin 133.5
- -, Thomas . . 133.4
Military railway, locomotive for 339.7
Mill, to 150.3
-, rolling 337.1
-, - - engine . . 337.3
Milling cutter . 150.5
- machine . . . 150.4
Mina, carbón que contiene la 23.5
Mindestspannung des Spülmittels 128.9
Mine, gas engine plant for -s and metallurgical works 335.10
- locomotive . 339.8
Mineralöl . . . 274.6
Mineral oil 102.2, 274.6
- -s, evaporation curves of 102.5
- wool 73.7
- - filter 73.6
Mineral, aceite 274.6
Minerale, olio . 102.2 274.6
Miniera, locomotiva da 339.8
Minimum pressure of the scavenging agent 128.9
Minio 138.11
Minium de plomb 138.11
Minuto, carbone 25.3
Miscela, ammettere la 126.7
- d'aria e di vapore 87.3
- attiva, corrente continua di 365.7
Miscela attiva, produzione continua di 365.8
-, camera di . . 236.5
-, canale di . . 237.2
-, capacità termica della 361.1
-, capsula di . . 236.5
-, cassetto per la 238.4
-, combustione successiva della 124.2
- compressa . . 121.2
- difettosa . . . 236.4
-, formazione della 235.7
- di gas, messa in moto colla 298.4
- infiammabile 236.2
- di messa in moto 298.8
-, perdita di - per fuga allo stantuffo 120.3
-, peso della . . 120.7
- pompa di 242.7, 243.5
- povera 236.1
- pronta, lavare con 128.3
-, purezza della 236.3
-, regolazione della 234.5
-, resistenza nella pompa di lavatura e di 130.2
-, strozzamento della 233.6
-, ugello di . . 88.8
-, valvola di . . 238.7
-, velocità di combustione della 124.1
-, - di introduzione della 119.11
-, volume di - effettivamente aspirato 120.6
Mischdüse . . . 78.8
-gas 36.5
- -, von unten abziehendes 47.3
- -prozeß . . . 36.6
-gehäuse . . . 236.5
-kanal 237.2
-öl 103.8
-rohr 263.8
-schieber . . . 238.4
- -, Droßlung durch 234.3
-spiritus 106.5
-ventil 238.7
- -, gesteuertes 238.10
- -, selbsttätiges 238.8
Mischung, Reglung der 234.5
Mise en marche à air comprimé 294.5
- - - à air comprimé dans le cycle à deux temps 294.7
- - - à air comprimé dans le cycle à quatre temps 295.1
- - -, amener la manivelle dans la position de 298.5
- - -, appareil de 291.1
- - -, - de - à air comprimé 294.6

Mise en marche, compresseur de 296.3
- - - électrique 298.1
- - - à la main 297.2
- - -, manivelle de 291.5
- - - par manivelle 291.4
- - - par mécanisme de lancement 293.5
- - -, mélange de 298.8
- - - par mélange tonnant 298.4
- - - du moteur en tournant au volant 293.4
- - -, placer la manivelle dans la position de 298.5
- - -, - le robinet au point de 344.4
- - -, soupape de 295.4
- en œuvre . . 148.3
- en parallèle de la machine 344.7
Misfire 280.3
Misto, gas . . . 36.5
-, olio 103.8
Misura del calore 16.1
- del diagramma col planimetro 359.3
- del gas . . . 86.7
- di montaggio 301.2
- del numero di giri 358.6
-e relative al montaggio 301.2
-a delle tirate deboli 83.4
Misurare la quantità di gas 86.8
- la temperatura per mezzo della radiazione 21.8
- la tensione della batteria 284.6
- la tirata in mm di colonna di acqua 82.7
Misuratore del gas a liquido 87.1
- della tirata . 82.8
- - - di Schubert 83.10
Mitad de la carrera, encendido á 363.7
- del volante . 191.6
Mitnahme des Gasventils durch das Luftventil 232.1
Mitnehmerklinke 289.8
Mittelstück . . 156.3
Mittlerer indizierter Kolbendruck 359.7
-e kinetische Energie eines Punktsystems 113.5
Mixed oil . . . 103.8
- spirit 106.5
Mixing 235.7
- chamber . . . 236.5
- nozzle 38.3
- slide valve, throttling by means of the 234.3
Mixing valve, trip gear for 233.2
-, throttle valve between the - and admission valves 233.7
- tube 263.8
Mixte, gaz . . . 36.5
Mixture of air and steam 37.3
- channel . . . 237.2
-, explosive . . 236.2
- of faulty composition 236.4
-, to fill the cylinder with explosive 298.6
-, flow of the - into the tube 282.5
-, formation of the 235.7
-, heat contained in the 361.1
-, inflammable 236.2
-, poor 236.1
- pump 243.5
-, purity of the 236.3
-, rich 235.8
- slide valve . 238.4
-, starting . . . 298.8
-, - with the explosive 298.4
-, throttling the 233.6
- valve 238.7
- -, automatic . 238.8
- -, governor controlled 238.10
Mode of governing 267.4
Mode de construction du gazogène 37.4
Modèle de fonderie 147.4
Modelo 147.4
Modell, Guß- . 147.4
Modello 147.4
Moderatore ad aria 233.4
- pneumatico . 233.4
Modificar la carrera del émbolo 252.3
- por medio del regulador la inclinación de la placa de rodadura 235.4
Modificare col regolatore l'inclinazione del piano di rotolamento 235.4
Modifier la course du piston 252.4
Moist air 10.9
Moisture, deposition of - on the insulating tube 287.8
-, percentage of 26.2
Moitié de volant 191.6
Molder 147.1
Moldes abiertos, fundición en 131.4
- de barro, fundición en 132.1
-, fundición en 132.5
Molecola 1.3
- biatomica . . 1.4
- -grammo . . . 1.8
- triatomica . . 1.5
Molecolare, calore 112.9
-i, forze . . . 112.10
-e, peso 1.7
-, velocità . . . 113.1
Molécula . . . 1.3
- biatómica . . 1.4
- -gramo . . . 1.8
- -s, peso en . 2.1
- -, volumen de una 2.2
- triatómica . . 1.5
Moléculaire, poids 1.7
Molecular forces 112.10
- heat 112.9
-, Maxwell's law of distribution of - velocities 113.2
- velocity . . . 113.1
- weight . . . 1.7
Molecular, calor 112.9
-, peso 1.7
Molecule 1.3
-, diatomic . . . 1.4
-, gram- 1.8
-s, kinetic energy of the 113.4
-s, potential energy of the 113.3
-, triatomic . . 1.5
Molécule . . . 1.3
- biatomique . 1.4
-s, énergie potentielle des 113.3
- triatomique . 1.5
Molekül 1.3
- dreiatomiges 1.5
-geschwindigkeit 113.1
-gewicht, Gramm- 2.1
-, Gramm- . . . 1.8
-volumen, Gramm- 2.2
-, zweiatomiges . 1.4
Molekulargewicht 1.7
-kräfte 112.10
-wärme 112.9
Molla ausiliare 226.8
-, bilancia a . 357.11
-, disco di appoggio della 204.2
-, - della - fissato con chiavetta 204.3
- dell' indicatore 352.3
- - - a doppio avvolgimento 352.5
- - -, verifica della 355.8
- longitudinale 270.3
- piatta di richiamo 289.4
- del regolatore 270.2
-, scala della . . 355.5
-, sospensione della 204.4
-, tendere la . . 204.6
- trasversale . . 270.4
- della valvola 203.7
- fra la valvola di ammissione e quella del gas 239.7
Moment, Biege- 141.8
-, biegendes . . 141.8
-, Dreh- 142.3
-, Kurbeldreh- . 195.2
-enkurve . . . 272.7
Moment der Pendelfliehkraft 272.8
-, Schwung- . . 197.7
-, Torsions- . . 142.3
-, Trägheits- . . 142.1
-, Widerstands- 141.9
Moment, bending 141.8
- of centrifugal force 272.8
-, crank turning 195.2
- curve of drum governor 272.7
- of flexure . . 141.8
-, flywheel . . . 197.7
- of gyration . 197.7
- of inertia . . 142.1
- of resistance . 141.9
-, rotative . . . 197.7
- of torsion . . 142.3
-, turning . . . 142.3
-, twisting . . . 142.3
Moment d'allumage 279.7
-s, courbe des . 272.7
- fléchissant . . 141.8
- de flexion . . 141.8
- de la force centrifuge du pendule 272.8
- d'inertie . . . 142.1
- - du volant . 197.7
- de résistance 141.9
- résistant . . . 141.9
- de rotation de la manivelle 195.2
- de torsion . . 142.3
Momento di accensione 279.7
- flettente . . . 141.8
- della forza centrifuga del pendolo 272.8
- d'inerzia . . . 142.1
- resistente . . 141.9
- di resistenza 141.9
- di rotazione . 197.7
- - - della manovella 195.2
- di torsione . 142.3
Momento de encendido 279.7
- de flexión . . 141.8
- de la fuerza centrífuga del péndulo 272.8
- de inercia . . 142.1
- de inflamación 279.7
- resistente . . 141.9
- de rotación de la manivela 195.2
- de torsión . . 142.3
- del volante . 197.7
Momentum, running of the engine under its own 296.7
Mondgas . . . 42.5
- -anlage mit Ammoniak- u. Sulfatgewinnung 42.6
- -generator . . 42.7
Mond gas . . . 42.5
- - plant with sulphate of ammonia recovery apparatus 42.6
- - producer . 42.7
Monocilindrico, motore 326.1

Monocylindrique, moteur 326.1
Monoxide, carbon 11.12
Montado con avance, manivela de la bomba -a 244.3
- con chavetas, platillo del muelle 204.3
- en falso, cilindro 158.4
Montador 143.3, 300.6
Montage 300
-halle 301.4
-kosten 372.6
-maß 301.2
-, Rohr- 313.7
-vorschrift . . . 301.1
-werkzeug . . . 301.5
Montage 300
-, atelier de . . 301.3
- à l'atelier . . 300.1
-, dimension de 301.2
-, frais de . . . 372.6
-, hall de . . . 301.4
-, halle de . . . 301.4
-, instructions pour le 301.1
-, outil de . . . 301.5
- sur place . . 300.2
- de la sole à billes 54.1
-, tension de . . 327.9
- de la tuyauterie 313.7
- à l'usine . . . 300.1
Montaggio . . . 300
-, officina di . . 301.3
- nella officina 300.1
- sul posto . . 300.2
-, prescrizioni pel 301.1
-, sala di 301.4
-, spese di . . . 372.6
- tel tubo . . . 313.7
-, utensili di . . 301.5
Montaje 300
-, gastos de . . 372.6
-, instrucciones para el 301.1
- en el lugar de emplazamiento 300.2
- en el taller . 300.1
- de la tuberia 313.7
Montant du bâti 153.3
-s, bâti pilon à deux 153.2
-, bâti à un seul 153.4
Montante, colonna 32.9
- dell'incastellatura 153.3
-, incastellatura a un 153.4
Montar una máquina 300.3
Montare la camicia interna 160.5
- la macchina . 300.3
Montatore . . . 300.6
Montatura, officina di 301.3
Montée du piston 364.2
-, temps de . . 364.3
Monter le corps intérieur dans l'enveloppe du cylindre 160.5
- une machine 300.3
Monteur 300.6
-, outil de . . . 301.5
Montierwerkstatt 301.3
Montieren, die Maschine 300.3
Montre à déclic 358.7
Moorbraunkohle 27.10
-torf 28.6
Mordazas, apretar las - del freno 357.5
Morsa 143.7
Morsetto 143.9
- di presa della corrente 286.9
Mortaiseuse à faire les rainures 150.2
- raineuse . . . 150.2
Mortar, cement 307.8
-, lime 307.9
Mörtel, Kalk- . 307.9
-, Zement- . . . 307.8
Mortero de cal 307.9
- de cemento . 307.8
Mortier à la chaux 307.9
Mortier di ciment 307.8
Morto, punto . 192.8
Most efficient cycle for a given fall of pressure 117.5
- favourable cycle for a given fall of temperature 117.2
Moteur atmosphérique 363.8
- à balayage . 127.2
- Banki 324.7
-, bâti de petit 151.3
-, - de - vertical à arbre supérieur 151.4
-, coupler la dynamo comme - de démarrage 298.2
- à crosse . . . 176.4
- à cylindres opposés 326.7
-, démarrer le . 291.3
- à deux temps à double effet 325.1
- - - - à double effet avec pompe de circulation 330.4
- - - - à simple effet 324.10
-, diagramme du - atmosphérique 364.1
- Diesel 324.6
- double jumelé 326.8
- - tandem . . 327.1
- d'épreuve . 350.11
-, équilibrage du - de la locomobile 338.4
Moteur équilibré 325.8
- d'essai . . . 350.11
- à fourreau . . 175.3
-s, frein pour . 357.1
Moteur à gaz . 323.3
- - - d'eau . . 324.3
- - - d'éclairage 324.4
- - - de faible puissance 323.5
- - - de four à coke 324.1
- - - de grande puissance 323.4
- - - de haut fourneau 323.6
- - - de Lenoir 363.4
- - - pauvre . 324.2
-s, gaz pour 33.7, 63.3
- à gaz sans compression 363.3
- horizontal . . 325.7
- à huile . . . 324.5
- jumelé 326.4
-, lancement du 293.4
-, lancer le . . 291.3
-, mettre le - en marche 291.3
- monocylindrique 326.1
- pilon 325.5
- - renversé . . 325.4
- à plusieurs cylindres 326.2
- polycylindrique 326.2
- à quatre temps à double effet 324.9
- - - - à simple effet 324.8
-s, réglage des - à quatre temps 227.2
-, résistance du 360.4
- à un seul cylindre 326.1
- tandem . . . 326.9
- thermique . . 114.2
- triple 327.2
- vertical . . . 325.3
- - à arbre supérieur 325.4
- - à carter . . 325.6
Motion, area of - of the crank gear 193.8
-, law of - of the eccentric 224.5
-, lost - between cam and cam bowl 223.5
-, - - - - and cam roller 223.5
-, - - in the joints 356.5
-, relative - between pin and journal 197.4
Motive fluid, continuous flow of 365.7
- -, - generation of the 365.8
- -, intermittent generation of 366.1
Moto alternativo, masse dotate di 196.2
- elastico delle masse 196.4
-, inversione di 192.6
- libero delle masse alternative in fine di corsa 196.4
-, mettre in - il motore 291.3
Motor, Banki- . 324.7
-, Bock- 325.4
-, Diesel- 324.5
-, Drilling- . . . 327.2
-, Gas- 323.3
-, Klein- - mit Frischwasserpumpe 330.5
-, Kolben- . . . 175.3
-, Kreuzkopf- . 176.4
-, liegender . . 325.7
-pflug 338.10
-, Stand- 325.5
-, stehender . . 325.3
-, Versuch- . . 350.11
Motor, to connect up the dynamo as starting 298.2
-, Diesel- 324.7
- oils 99.4
- plough . . 338.10
- spirit 104.7
Motor de aceite 324.5
-, árbol 185.6
- para el arranque, utilizar la dinamo como 298.2
- de balancines 325.3
- Banki 324.7
- de bencina, bomba de incendios con 338.9
- de un cilindro 326.1
-, clase de . . . 323.2
- de combustión sin taco 175.3
- de cuatro tiempos y de doble efecto 324.9
- - - - y de simple efecto 324.8
- Diesel 324.6
-, disposición del 325.2
- en doble tandem 327.1
- de dos tiempos y de doble efecto 325.1
- - - - de doble efecto con bomba de circulación 330.4
- - - - y de simple efecto 324.10
- de expulsión 127.2
- de gas 323.3
- - - de agua . 324.3
- - - de altos hornos 323.6
- - - de alumbrado 324.4
- - - atmosférico 363.8
- - - sin compresión 363.3
- - - de gran potencia 323.4

Motor de gas de horno de cok 324.1
- - - de Lenoir 363.4
- - - de pequeña potencia 323.5
- - - pobre . . 324.2
- gemelo con cilindros opuestos 326.7
- - doble . . . 326.8
- horizontal . . 325.7
- jemelo 326.4
- locomóvil, equilibrado del 338.4
- de manivela colocada en alto 152.4
-, pequeño - con bomba de circulación 330.5
- sin pérdidas, trabajo del 361.2
- policilíndrico 326.2
- de prueba . 350.11
- con taco . . . 176.4
- tandem . . . 326.9
-, tipo de . . . 323.2
- triple 327.2
- de varios cilindros 326.2
- vertical . . . 325.3
- - acorazado . 325.6
- - con cilindro inferior 325.4
- - de pilón . . 325.5
- - protegido . 325.6
- - sistema marino 325.5
Motore, albero 211.6
- d'avviamento, accoppiare la dinamo come 298.1
- Banki 324.7
- a benzina, pompa da incendio con 338.9
- a bilanciere . 325.8
- con cilindri accodati 326.9
- a due tempi a doppio effetto 325.1
- - - - a semplice effetto 324.10
- a più cilindri 326.2
- ad un cilindro 326.1
-i a combustione, teoria dei 109
-e Diesel . . . 324.6
- ad essenza . . 324.5
-i - - parti speziali dei 247.2
-e ad evacuazione 127.2
-, fondazione del 304.4
-i, freno per . . 357.1
-e a gas 324.3
- - - d'acqua . 323.3
- - - degli alti forni 323.6
- - - „atmosferico" 363.8
- - -, ciclo del . 118.3
- - - direttamento accoppiato con dinamo 330.2
- - - direttamento accoppiato con ventilatore 330.3
Motore a gas economico 324.2
- - - di forno da coke 324.1
- - - di grande potenza 323.4
- - - illuminante 324.4
- - - di piccola potenza 323.5
- - - povero . . 324.2
- - - senza compressione di miscela 363.3
- gemello . . . 326.4
- - a cilindri accodati 327.1
- - a cilindri contrapposti 326.7
- - a doppio . 326.8
-i, incastellatura per piccoli 151.3
-e monocilindrico 326.1
- orizzontale . 325.7
- di prova . . 350.11
- a quattro tempi a doppio effetto 324.9
- - - - a effetto semplice 324.8
-, resistenza del 360.4
- a scarico aspirato 126.9
- a scoppio . . 323.3
- a stantuffo guida 175.3
- tandem . . . 326.9
- - doppio . . . 327.1
- con testa a croce 176.4
- a tre cilindri 327.2
- triplice . . . 327.2
- verticale . . . 325.3
- verticale a capsula chiusa 325.6
- - a cilindro in alto 325.5
- - a manovella in alto 325.4
Motrice, poulie 327.4
Motrice, puleggia 327.4
- termica . . . 114.2
Motriz, polea . 327.4
Mou, charbon . 22.11
-, houille molle 22.11
Moulder 147.1
Mounting tension 327.9
Mouthpiece, cast-iron 32.8
Mouture du charbon 25.5
Mouvement alternatif du piston 192.4
- de la chaleur 360.7
-, champ de - du mécanisme à manivelle 193.8
- des gaz . . . 79.6
-, masses douées d'un - alternatif 196.2
-, - - d'un - de va-et-vient 196.2
- oscillatoire du volant lors de l'arrêt 345.8
Mouvement, pendulaire du volant lors de l'arrêt 345.8
- perdu dans les articulations 356.5
-, piston à - intermittent 252.1
- de sonnette . 216.4
-, variabilité du - du piston 194.2
Movable electrode 288.8
- fulcrum arm 234.2
- pipe with elbow joint 182.4
Movement, cushioned - of the reciprocating masses 196.3
-, oscillating - of the flywheel when stopping 345.8
- of the piston, variability of the 194.2
-, uncushioned - of the reciprocating masses 196.4
Movible en sentido vertical, tornillo sin fin 45.7
Movimento di andata dello stantuffo 192.5
- di calore . . . 360.7
-i contrari degli stantuffi 242.4
-o dei gas . . . 79.6
- a gas 332.2
- intermittente dello stantuffo 252.1
- libero, cilindro a 158.6
- d'orologeria del contatore 87.6
- perduto nelle articolazioni 356.5
- rapido, albero intermedio a 210.6
- di ritorno dello stantuffo 192.6
- della rotella senza urto 223.7
- silenzioso delle ruote dentate 210.4
Movimiento amortiguado de las masas oscilantes 196.3
- no amortiguado de las masas oscilantes 196.4
- del calor . . . 360.7
- por corredera 251.7
- del émbolo, variabilidad del 194.2
- de los gases . 79.6
- por guía-bastidor 251.7
- perdido en las articulaciones 356.5
-s rotativos, asegurar el segmento contra 174.4
-s sucesivos de las válvulas 199.1
- vertical, trinquete de 290.7
Moving of the gases 79.6
- parts 183.2
Moyeu ajouré . 191.2
- évidé 191.2
- d'extrémité court 171.3
- de piston . . 171.1
- traversant . . 171.2
- en trois pièces 191.3
- de volant . . 191.1
Mozzo corto d'estremità 171.3
- incavato . . . 191.2
- passante, continuo 171.2
- del perno, nervatura di rinforzo al 169.7
- dello stantuffo 171.1
- in tre pezzi . 191.3
- del volano . . 191.1
Mud 70.8
-, to clear the cooling space of 167.8
-, coal 24.2
- collector . . . 71.2
- pan 70.7
- -, clogged up 70.10
Muddy cooling water 167.6
Muelle, apretar el 204.6
- auxiliar . . . 226.8
- del indicador 352.3
- - - de doble arrollamiento 352.5
- entre las válvulas de admisión y de gas 239.7
-guía de la válvula 245.6
-, platillo para el 204.2
- del regulador 270.2
- en reposo, longitud del 204.1
-, tender el . . 204.6
- de la válvula 203.7
Muerto, juego - de las varillas de distribución 215.4
Muestra 140.1
Muffe, Absatz- . 311.8
-ndruck 272.1
-, Gewinde- . . 311.7
-nhub 268.10
- -, reduzierter 268.11
-, Reduktions- . 311.8
-, Regler- . . . 268.9
-nregler 268.8
-nrohr 311.6
-nverbindung . 311.5
-, verjüngte . . 311.8
Mulde, mit Wasser gefüllte 79.3
Multi-cylinder arrangement 326.3
- - engine . . . 326.2
Multiplicación nula 219.6
- de 1 : 2 . . . . 209.4
Multiplication par chaine 201.6
- nulle 219.6
- dans le rapport de 1 : 2 209.4

Multiplication variable 219.5
Multitubolare, vaporizzatore - per petrolio 258.6
Multitubular carburettor for petroleum 258.7
- vaporizer for petroleum 258.7
Mundstück, Brenner- 263.10
- -, gußeisernes 32.8
Muñequilla de la manivela 186.7
Municipal central station 331.7
- gas works . . 31.7
-, fábrica - de gas 31.7
Muratura della camera 49.10
-, canale in . . 303.8
Muriatic acid . 14.7
Muriatico, acido 14.7
Muriático, ácido 14.7
-, disolución -a de cloruro de cobre 90.9
Muro del edificio, soporte exterior montado en el 305.2
Mushroom . . . 200.7
- - valve . . . 200.6
Mutter, Kolbenstangen- 178.9
-, Spann- 358.3
-, Überwurf- . . 311.4

N.

Nabe, ausgesparte 191.2
-, dreiteilige . . 191.3
-, durchgehende 171.2
-, Kolben- . . . 171.1
-, kurze End- . 171.3
-, Schwungrad- 191.1
Nachbohren der unrundgelaufenen Bohrung 160.2
Nachbrennen der Ladung 124.2
Nachdichtung . 179.6
Nachdrehen der Dichtungsfläche 165.5
Nachgiebige Metalldichtung 179.5
Nachreinigung 67.1
Nachschaben, den Liderungsring 178.1
Nachschließung 208.1
Nachschluß . . 208.1
-winkel 208.5
Nachsehen, die Maschine 349.6
Nachspannen, die Feder 204.7
Nachstellbare Lagerschale 188.9
Nachstellen, die Lagerschale 185.5
Nachstellung auf der entlasteten Seite 185.4
Nachzündung . 280.2
Nadelholz . . . 30.4
-hülse 262.5
-schmiergefäß . 276.4
-schmierer . . . 276.4
-ventil 262.3
-, Ventil- 262.4
Nafta 102.2
- greggia . . . 102.6
-, residuo di . . 102.7
- bruta 102.6
Naftalina . . . 13.10
Naht, Schweiß- 146.9
Naphtaline . . 13.10
Naphte 102.2
Naphtha 102.2
-rückstand . . 102.7
Naphtha, crude 102.6
-, distillation product of 102.4
Naphthalene . 13.10
Naphthalin . . 13.10
Nappe conique de l'essence qui sort 256.4
Narrow gauge locomotive 339.6
- side 184.3
Narrowing of body 49.7
Nase am Schwungstück 231.6
Nasello alla massa 231.6
Naßdampf . . . 11.8
-reiniger 67.9
-reinigung . . 67.7
Nasser Dampf . 11.8
-er Exhaustor . 77.5
-er Gasmesser . 87.1
- -sauger . . . 77.5
-e Gasuhr . . . 87.1
-e Schleudertrommel 77.7
Nastro, ferro a 186.1
-, freno a . . . 358.1
Naturgas . . . 30.7
Natural air draught 322.5
- gas 30.7
- soil 305.7
Naturale, terreno 305.7
Nature du gaz 60.4
Natürliches Gefäll, Abfließen durch 247.7
-er Luftzug . . 322.5
N_e 359.10
Nebbia di petrolio 253.10
Nebel, Petroleum- 253.10
Nebeneinander, Gas und Luft-führen 236.6
-gewinnungsofen 65.10
-schlußdynamo 332.6
- -erzeuger . . 332.6
Needle lubricator 276.4
- valve 262.3
Negocio, marcha del 369.1
-, terminar un 370.11
Neigung, veränderliche 53.7
-, die - der Wälzbank durch den Regler beeinflussen 235.4
-swinkel 53.6
Nennleistung . 360.2
Nervature, disposizione delle 169.4
-a, fondo a . . 169.2
- di fondo . . . 169.5
- radiale 169.6
- di rinforzo al mozzo del perno 169.7
- dello stantuffo 169.2
Nervio de consolidación para el asiento del perno 169.7
-s del émbolo, disposición de los 169.4
-s - -, sistema de 169.3
- de fondo . . 169.5
- radial 169.6
Nervurage du piston 169.3
Nervure de consolidation du siège de l'axe 169.7
-s, disposition des 169.4
- du fond . . . 169.5
-s, fond à . . . 169.2
- radiale . . . 169.6
Net calorific power 97.4
- cost 370.6
Netting, wire 249.11
Nettoyage extérieur 349.5
-, huile de . . . 103.2
- intérieur . . . 349.4
- de la machine 349.3
-, orifice de . . 167.1
-, ouverture de 167.1
-, porte de - du laveur 70.6
Nettoyer l'ouverture du brûleur 266.4
- la tige de soupape 207.1
Netz, Draht- . 249.11
-, Rohr- 316.4
Neutralise, to - the waste water 71.8
Neutraliser l'eau vanne 71.8
Neutralisieren, das Abwasser 71.8
Neutralizar las aguas sucias 71.8
Neutralizzare le acque di refiuto 71.8
N_i 359.9
Nichel, acciaio al 134.4
-, lega di . . . 137.8
Nichtrußende Flamme 265.6
Nick, filing a . 174.7
Nickellegierung 137.8
-stahl 134.4
Nickel alloy . . 137.8
- steel 134.4
Niebla de petróleo 253.10
Niedergang des Ventils 207.8
-schlag, erdiger - des Kühlwassers 167.7
-schlagen des Dampfes 9.11
-spannungszündung 288.5
Nippel 313.5
-, Doppel- . . . 313.6
Nipple 313.5
-, double 313.6
Níquel, acero . 134.4
Nitrogen . . . 10.5
Nitrogeno . . . 10.5
Nitrógeno . . . 10.5
Niveauflasche . 91.8
- -, die - heben 91.9
- -, dic - senken 92.1
Niveau constant 248.5
-, flacon de . . 91.8
-, hauteur du . 248.6
- de liquide . . 83.2
-, pot de - constant 248.5
-, récipient de - constant 248.5
Nivel, altura de 248.7
- constante, cámara de 248.5
- del liquido . 83.2
Nociones fundamentales de química 1.1
Nocken, Auslaß- 221.7
-bügelantrieb . 224.2
-, Einlaß- . . . 221.6
-, gemeinschaftlicher - für Ein- und Auslaß 221.8
-, Gewinde- . . 294.4
- zur Kompressionsverminderung 294.2
-, schräger . . . 235.2
-, Steuerungs- . 221.5
-, den - umfassender Bügel 224.3
-wälzhebelantrieb 224.1
-, zweistufiger . 232.2
Noellon de granit 306.8
- de grès . . . 306.7
Noix de robinet 314.10
Noise, suction . 317.8
-less running . 345.6
- - working of the toothed gearing 210.4
Noisy running 345.10
Nolo 374.4

Nombre atomique 3.1
- de palettes . 80.9
Nominal horse-power 360.2
Nominal, puissance -e 360.2
Nominal, potencia 360.2
Nominale, potenza 360.2
Non-clinkering coal 26.7
- -compression internal combustion engines 363.3
- -conducting wall 98.7
- -gassing coal 22.8
- -luminous blue flame 265.5
- -return clack valve 250.3
- -, combined - and starting valve 297.1
- - flap valve . 250.3, 316.2
- - valve . . . 316.1
- - - for the air compressed while stopping 296.8
Non assuré . . 377.4
- emballé . . . 376.8
- -étanchéité de la soupape 206.3
Non assicurato 377.4
- imballato . . 376.8
Noria 71.3
Noria, enlèvement des boues par 71.1
Normaldruck . 112.1
- - auf die Geradführung 194.10
-lösung 94.2
-profil 135.8
-temperatur . 111.14
- - der Gewichtprozent-Skala 105.7
-thermometer . 17.10
-zustand eines Gases 111.13
Normal solution 94.2
- state of a gas 111.13
- temperature for the weight percentage scale 105.7
Normal, termómetro 17.10
Normale, pressione 112.1
-, profilo 135.8
-, stato - di un gas 111.13
Norme preventive contro le disgrazie accidentali 385.8
Not in good working order 342.4
Nota 371.1
Notación química 2.10
Notch, adjustment 211.2
Note 371.1
Notions, fundamental chemical . 1.1
Notions fondamentales de chimie 1.1
Nourrice 84.5
Noyau, marque du 147.5
Noyer les boulons de fondation dans du ciment 309.1
Nozzle 366.3
-, discharge . . 38.9
- friction . . . 366.4
-, injector . . . 98.4
- inlet 366.5
-, jet 70.4
-, Körting's spray 70.3
-, mixing . . . 38.8
- outlet 366.6
- plate 262.7
-, spraying . . . 256.2
-, steam 38.7
-, vapour . . . 263.10
Nullpunkt, absoluter 17.7
- - des Thermometers 19.1
-, Übersetzung 219.6
Number, atomic 3.1
- of molecules, volume contraction due to decrease of 7.4
-, test 351.5
- of upstrokes, to regulate the 364.6
- of vanes . . . 80.9
Numéraire, paiement en 371.7
Numéro d'essai 351.5
Numero delle palette 80.9
- della prova . 351.5
Número atómico 3.1
- del ensayo . 351.5
- de paletas . . 80.9
- de la prueba 351.5
Nummer, Versuch- 351.5
Nußkohle . . . 25.2
-koks 27.5
Nut = Nute . .
Nute, Dichtung durch Feder und 165.9
-, Fang- 278.7
-ngrund 172.3
- des Kolbenkörpers 172.2
-, Kolbenring- . 172.2
-, Öl- 275.3
-, Schmier- . . . 275.3
-, Schwalbenschwanz- 189.5
-nstoßmaschine 150.2
Nut 25.2
-, adjusting . . 358.3
- coal 25.2
- coke 27.5
-, piston rod . . 178.2
-, tightening . . 358.3
Nutzbare Leistung 359.10
-effekt der Gaserzeugung 62.5
-leistung . . . 359.10
Nützliche Verstellkraft des Reglers 271.6

O.

Oberingenieur 382.7
-licht 304.2
-schale 188.6
Oberer Heizwert 97.3
Obliquage de la cloche du gazomètre 86.9
Oblong recess . 213.8
Oblungo, cavità a foro 213.8
Obrero 383.2
- á destajo . . 383.7
- de fábrica . . 383.3
-s, instituciones benéficas para los 385.1
- á tanto alzado 383.7
Observación, error de 351.8
Observation, error of 351.8
Observation, erreur d' 351.8
Obstrucción en el generador 60.12
Obstruction du gazogène 60.12
- du tuyau . . 314.4
Obstrué, siphon 70.10
Obstruido, sifón 70.10
Obtener un diagrama 354.6
Obturación del tubo 314.4
Obturador . . . 200.5
-, cilindro . . . 246.3
Obturador de la válvula 200.7
Obturateur conique de soupape 200.7
- de soupape . 200.5
- de tuyau . . 313.2
Obturation, surface d' 201.2
Occhio della leva 216.3
Öchelhäuser, Zweitakt von 242.2
Odeur de gaz . 350.4
Odor á gas . . 350.4
Odore di gas . 350.4
Oeil du levier 216.3
Ofen, Flamm- . 65.9
-, Hoch- 63.7
-, Koks- 65.4
-, Nebengewinnungs- 65.10
-, Regenerativ- . 65.11
-, Schacht- . . . 33.6
Oferta 369.7
„Off" position . 55.8
Öffenhalten des Auslaßventils 228.8
Offene Flammen, Schutz vor - n - 249.4
-er Füllschacht 44.3
-es Glührohr . 281.7
-er Kolben . . 168.7
-es Schmierloch 275.7
-e Schmierstelle 275.7
Offener Schubstangenkopf 184.8
-er, nach beiden Seiten - Zylinder 157.8
Offerta 369.7
Offerte 369.7
Office 381.10
-, cashier's . . . 381.8
-, director's . . 381.2
-, drawing . . . 382.2
-, head 381.11
-, manager's . . 381.2
-, patent 378.11
-, technical . . 381.12
Officina . 142.8, 368.6
- comunale del gas 31.7
- per costruzioni meccaniche 142.7
- per distillazione della lignite 107.2
- da fabbro . . 143.4
- del gas . . . 31.6
- di lovorazione 148.2
- di montaggio 301.3
-, montaggio nella 300.1
- di montatura 301.3
-, spese d' . . . 372.9
Officine di gas, coke delle 27.2
Öffnen, das Ventil 207.5
Öffnungsfunke 283.5
-, Ventiler- . . . 207.3
-, Vor- 207.10
Offre 369.7
Oficial de fragua 145.7
Oficina 381.10
- central 381.11
- de construcción 382.1
- de patentes 378.10
- técnica . . . 381.12
Oil, American lamp 103.5
-, animal 274.4
-, anthracene 106.12
-, atomizer for - or petroleum 255.7
- -can 277.2
- - valve . . . 277.3
-, carbolic . . . 106.10
- catcher 275.6, 279.3
- chamber . . . 276.7
-, to change from petrol to 259.1
-, coal-tar . . . 106.7
- collector . . . 279.3
-, consumption of lubricating 348.7
-, creosote . . 106.11
- cup 275.8
-, cylinder . . . 274.8
- drain 276.8
-, earth 102.2
-, engine 274.7

Oil engine . . . 324.5
- -, centrifugal pump driven by 331.1
- -, portable . . 338.1
- -, well pump driven by 331.2
- feed, to stop the 347.2
- filter 278.1
- free from acid 274.2
- - - rosin . . . 274.3
-, gas- 107.8
-s, gases and . . 1
- -gas 33.1
- -, illuminating gas and 30.5
- - plant . . . 33.2
- - retort . . . 33.3
- groove . 275.3, 278.7
-, Haselwander's system of injecting 262.8
- heating lamp 264.2
-, heavy . . 99.6, 103.7
- of high boiling point 100.6
- hole 275.2
- -, open 275.7
-, illuminating . 103.3
-, incrustation of carbonised 288.2
-, light 99.5
- of low boiling point 100.5
-, lubricating . 274.1
- lubrication . 275.1
-, machine . . . 274.7
-, mineral 102.2, 275.6
-, mixed 103.8
-, motor 99.4
- pan 275.6
-, paraffin . . . 107.9
- pump . 250.9, 277.8
- purifier . . . 278.1
- residues, burner for 104.1
- ring 275.4
-, rock 102.2
-, Russian lamp 103.6
-, shale 107.10
-, to soak up the - by sawdust 347.3
-, solar 107.7
-, sprayer for - or petroleum 255.7
- syringe . . . 277.4
-, tar 106.6
-, throwing off the 279.2
- -transport . . 108.1
-, vegetable . . 274.5
- of vitriol . . 14.6
Oiler 275.9
-, cylinder . . . 278.5
Oiling ring 275.4, 276.6
-, wick 276.1
Ojo de la palanca 216.3
Öl 102.2
-ablaß 276.8
-, Anthrazen- 106.12
-antrieb, Brunnenpumpe mit 331.2
- -, Zentrifugalpumpe mit 331.1
-, Braunkohlenteer- 107.1
-, dickflüssiges . 99.6
Ölfang 275.6
-fänger 279.3
-gas 33.1
-, Gas- 107.8
-gasretorte . . 33.3
-, harzfreies . . 274.3
- mit hohem Siedepunkt 100.6
-kammer . . . 276.7
-kanne 277.2
- -, Ventil- . . . 277.3
-, Karbol- . . 106.10
-kohlenüberzug 288.2
-, Kreosot- . . 106.11
-, leichtflüssiges 99.5, 102.8
-, -siedendes . . 100.5
-, Leucht- . . . 103.3
-lokomobile . . 337.1
-maschine . . . 324.5
-, Maschinen- . 274.7
-, Mineral- . . . 274.6
-, Misch- 103.8
- mit niedrigem Siedepunkt 100.5
-nute 275.3
-, Paraffin- . . . 107.9
-, Pflanzen- . . 274.5
-pumpe . 250.9, 277.8
-, Putz- 103.2
-reiniger 278.1
-rille 275.3
-, Roh- 102.6
-, das - durch Sägespäne aufsaugen 347.3
-, säurefreies . . 274.2
-, Schiefer- . . 107.10
-, Schmier- . . . 274.1
-schmierung . . 275.1
-, Schwer- . . . 103.7
-, schwerflüssiges 99.6
-, -siedendes . . 100.6
-, Solar- 107.7
-spritze 277.4
-, Teer- 106.6
-, Tier- 274.4
-transport . . . 108.1
-e, Treib- . . . 99.4
-versand . . . 108.1
-, Zylinder- . . 274.8
Old age insurance 386.2
Olefiant-gas . . 13.3
Oléifiant, gaz . 13.3
Öler 275.9
-docht 276.2
-, Tropf- 276.3
-, Zylinder- . . 278.5
Oliatore 275.9
- per cilindro . 278.5
- contagoccia . 276.3
- a goccia visibile 276.3
- a pipetta con valvola 277.3
- a valvola . . 277.3
Olio animale . 274.4
- di antracene 106.12
-, camera d' . . 276.7
- carbonizzato, strato di 288.2
- di catrame . 106.6
- - - del carbon fossile 106.7
- - - di lignite 107.1
Olio, centrifugazione dell' 279.2
- per cilindri . 274.8
- di creosoto 106.11
- denso 99.6
- esente da acidi 274.2
- - da resina . 274.3
- fluidissimo . 99.5
- per forza motrice 99.4
-, gas d' 33.1
- da gas 107.8
- illuminante americano 103.5
- - russo . . . 103.6
- per illuminazione 103.3
- lubrificante . 274.1
- di lubrificazione 274.1
- per macchine 274.4
- minerale 102.2, 274.6
- misto 103.8
- molto volatile 102.8
- di parafina . 107.9
- pesante . . . 103.7
-, pompa da . . 250.9
-, - per 277.8
- privo d'acidi 274.2
- - di resina . 274.3
- per pulitura . 103.2
- a punto d'ebollizione alto 100.6
- - - - basso . 100.5
-, raccoglitore d' 275.6
-, scarico dell' . 276.8
- di schisto . 107.10
- vegetale . . . 274.5
Omogeneo, ferro 133.2
„On" position . 55.7
Ondulata, lamiera 135.4
One-sided heating 162.6
-throw crank shaft 185.7
Onorario . . . 384.6
Opaco, carbone 22.6
Open air, to lead the exhaust pipe into the 318.9
- burning coal . 23.2
- charging hopper 44.3
- flames, protection against 249.4
- hearth steel . 133.5
- ignition tube 281.7
- link gear, governor with 269.1
- oil hole . . . 275.7
- position, holding the exhaust valve in its 229.1
- sand-castings 131.4
-, to - the valve 207.5
Opening, advanced 207.10
-, - - of the port 280.9
-, clear valve . 208.8
-s in the cylinder 160.7
- downwards, valve 199.6
-, early 207.10
- upwards, valve 199.5
Opening of the valve 207.3, 220.5
-, working the gas valve with a variable point of - and a constant point of closing 235.3
Operai, assicurazione degli 385.3
-, istituzioni per il benessere degli 385.1
Operaia, abitazione 385.2
-, casa 385.2
Operaio 383.2
- di fabbrica . 383.3
- montatore . . 300.6
Operation, producer 56.8
-s, sequence of - of the valves 199.1
Opificio 368.6
Opposed cylinders, double twin-cylinder engine with 326.8
Opposite directions, pistons working in 242.4
Optical pyrometer 21.6
Óptico, pirómetro 21.6
Optisches Pyrometer 21.6
Oquedad en el acero 147.10
Orario, interruttore 335.8
- di lavoro . . 383.14
Orden, en - de servicio 342.5
Ordenada . . . 111.5
- final 111.8
- en el origen . 111.7
-, última 111.8
Order, in good working 342.3
-, lever of the first 215.8
-, lever of the third 215.7
-, not in good working 342.4
-, weight in working 339.3
-, in working . 342.5
Ordinàry two-way cock 315.1
Ordinata . . . 111.5
-e, asse delle . 111.3
-a finale 111.8
- iniziale . . . 111.7
Ordinate . . . 111.5
-nachse 111.3
-, Anfang- . . . 111.7
-, End- 111.8
Ordinate . . . 111.5
-s, axis of . . . 111.3
-, final 111.8
-, first 111.7
-, initial 111.7
Ordine, in - di servizio 342.5
Ordnung, Gewerbe- 379.4

Ordonnance, industrielle 379.4
Ordonnée 111.5
-s, axe des . . 111.3
- finale 111.8
- d'origine . . 111.7
Ordre de marche 341.6
- - -, en 342.5
- - -, poids en . 339.3
- - service, en . 342.5
- - -, poids en . 339.3
Ore di lavoro . 384.1
- straordinarie 384.2
Organe d'arrêt 226.4 314.8
- de blocage . 226.4
-s de commande 183.3
- élastique intermédiaire 226.7
-s, maniabilité des 342.1
-, remplacement d'- de machine 349.12
-s de transmission 183.3
Organique, rendement 360.1
Organo di arresto 314.8
- di collegamento delle masse 231.5
- di disimpegno della leva d'arresto 293.2
- intermedio elastico 226.7
-i, maneggiabilità degli 342.1
Órgano de cierre 314.8
- de desembrague del fiador 293.2
-s de transmisión 183.3
Orifice de décrassage 60.6
-, d'évacuation d'huile 276.8
- de graissage 275.2
- de lubréfaction 275.2
- ménagé dans le cylindre 160.7
- de nettoyage 167.1
- pratiqué dans le cylindre 160.7
- de remplissage 87.3
- de vidange . 87.4
- - - d'huile . . 276.8
Orificio de carga 45.4
- - -, tapón del 248.2
- de descarga . 87.4
- de engrase abierto 275.7
- del mechero, limpiar el . 266.4
- de paso . . . 208.9
- para el perno de cimentación 308.10
- para picar el fuego 61.2
- de purga 167.1, 276.8
- para sacar las escorias 60.6
- de salida de los gases de destilación 46.6
Orifizi al cilindro 160.7
-io, pulire l' - del becco 266.4
Origen de error 351.10
Orizzontale, albero 212.1
-, cilindro . . . 158.3
Orlo del cuscinetto 188.8
Orologio a scatto 358.7
Orsatscher Apparat 92.2
- -, erweiterter 96.3
Orsat apparatus 92.2
- -, enlarged . . 96.3
Ortsfeste Anlagen 323.1
Oscilación de la columna de los gases de escape 126.1
-es - - - gaseosa 319.1
- del indicador 356.6
- de la llama . 265.2
- del regulador 273.5
- del volante al parar el motor 345.8
Oscillante, camma 225.7
-, indotto . . . 285.3
-, leva 217.6
Oscillating armature 285.3
- cam 225.7
- grate 53.1
- movement of the flywheel when stopping 345.8
- plunger pump 182.6
- pump body . 182.7
Oscillation of the exhaust gas column 126.1
-, governor with fixed centre of - and linked to an axial sleeve 269.7
- of indicator . 356.6
- method . . . 356.1
Oscillation d'indicateur 356.6
-, procédé par . 356.1
Oscillazione della cigna 328.1
-i nella colonna di gas allo scarico 126.1
-e dell' indicatore 356.6
- del regolatore 273.5
-i del volano nel fermarsi 345.8
Osservazione, errore d' 351.8
Ossidare 4.9
Ossidazione . . 4.10
-, gradi di - del carbonio 4.12
- delle punte di platino 286.8
Ossido 4.11
- di carbonio 11.12
Ossigeno . . . 10.2
- atmosferico . 10.3
- combinato chimicamente 10.4
Ostruzione nel generatore 60.12
Ostruzione del tubo 314.4
Oszillierender Anker 285.3
Ottenere una compressione elevata con iniezione di acqua 122.5
Ottico, pirometro 21.6
Ottone 137.4
-, filo di 138.2
-, tubo di . . 309.11
Ouate 90.1
-, filtre à 89.10
Out, lock . . 384.11
Outer bearing . 188.1
- - let into the wall 305.2
- dead center (centre) 192.10
-, difference of temperature between - and inner wall of the cylinder 162.7
- jacket, interruption of the continuity of the 161.7
Outil, caisse à -s 301.6
- de mécanicien 143.6
- de montage . 301.5
- de monteur . 301.5
Outlet, air-gas . 35.7
-, central gas - through a water-cooled casting 47.6
-, cooling water 166.8
- damper, gas . 55.3
-, gas 39.7
-, lateral gas . . 47.5
-, lower air gas 47.3
-, nozzle 366.6
- pipe 320.6
- -, gas 55.2
- temperature . 348.6
-, upper air gas 47.2
- velocity of the fuel vapour 263.3
-, water 87.4
-, - -gas 35.8
Output, calculation of 359.1
Outside guide, engine with 176.4
Ouverture d'introduction 45.4
- de nettoyage 167.1
- de passage . 208.9
- - - des gaz de distillation 46.6
- de remplissage 87.3
- de la soupape 207.3
- de vidange . 87.4
Ouvrier 383.2
-s, assurance des 385.3
- de fabrique . 383.3
- à la pièce . . 383.7
- aux pièces . . 383.7
- salarié 383.4
- à la tâche . . 383.7
Ouvrir le robinet de la lampe 264.7
- les segments . 173.9
- la soupape . 207.5
Ovalisation du cylindre 160.1
Ovalización del calibre 160.1
Ovalizado, cilindro 160.2
Ovalizzato, ripassatura al tornio di un cilindro 160.2
Ovalizzazione del cilindro 160.1
Ovatta 90.1
-, filtro di . . . 89.10
Oven, coke . . 65.4
-, - - gase ngine 324.1
Over all, height 302.9
- -, length . . . 303.1
- -, width . . . 303.2
Overflow pipe . 248.9 260.6, 320.6
- pressure . . . 129.4
- valve 260.5
Overgrown soil 305.7
Overhaul, to - the engine 349.6
Overhung crank 186.8
- cylinder . . . 158.4
- flywheel . . . 190.1
Overload circuit-breaker 335.7
- cut-out . . . 335.7
Overloading the sliding surfaces 176.7
Overrunning of the ports by the piston 241.4
Overtime . . . 384.2
Oxidación . . . 4.10
-, grados de - del carbono 4.12
- de las puntas de platino 286.8
Oxidar 4.9
Oxidation . . . 4.10
- of carbon, highest degree of 5.1
-, degrees of - (of carbon) 4.12
- of the platinum points 286.8
Oxide 4.11
-, carbonic . . . 11.12
Oxidize, to . . 4.9
Óxido 4.11
- de carbono . 11.12
Oxígeno 10.2
- atmosférico . 10.3
- químicamente fijo 10.4
Oxyd 4.11
Oxydation . . . 4.10
-sstufe, höchste - des Kohlenstoffs 5.1
- -n des Kohlenstoffes 4.12
Oxydation . . . 4.10
-, degrés d'- (du carbone) 4.12
-, - d'- maximum du carbone 5.1
- des pointes de platine 286.8
Oxyde 4.11
Oxyder 4.9
Oxydieren . . . 4.9
- der Platinspitzen 286.8
Oxydierung . . 4.10
Oxygen 10.2
-, atmospheric . 10.3
Oxygène 10.2
- atmosphérique 10.3
- chimiquement combiné 10.4

P.

p_v curve . . . 115.7
- - -, to plot the 116.3
- --diagramm . 114.9
Paar, thermoelektrisches 20.7
Pack, to 376.3
Packing . 138.3, 376.4
-, auxiliary . . 179.6
-, flexible metallic 179.5
-, main 179.4
- material 138.3, 376.5
-, metallic . . . 165.1
-, piston 171.4
-, - rod 179.1
- rings, blowing past the piston 171.6
- -, circular section elastic 180.2
- -, clearance for expansion of the piston 173.6
- -, expanding force of the piston 171.8
- -, to grind in the piston 172.8
- -, loose . . . 180.5
- - pin, piston . 174.5
- -, piston - groove 172.2
- -, play for expansion of the piston 173.6
- -, play between piston - and bottom of groove 172.4
- -, to scrape up the piston 173.1
- -, working surface of the piston 172.1
-, soft metallic 179.7
-, spherical bearing of soft metallic 179.8
-, stuffing box . 179.2
Packung, Weichmetall- 179.7
Padrone 380.9
Paga . . . 384.3, 384.6
- d'una giornata 384.5
- d'una settimana 384.7
- settimanale . 384.7
Paga de interés 378.7
- á plazos . . . 372.1
- semanal . . . 384.7
Pagamento . . 371.5
-, condizioni di 371.6
- in contanti . 371.7
-, data di . . . 371.11
- dei diritti di dogana 375.1
- per pronta cassa 371.7
- a rate 372.1
- rateale 372.1
-, termine di . 371.11
Pagar los derechos de aduana 375.2
Pagare la dogana 375.2
Pago 371.5
- al contado . . 371.7
- á cuenta . . 371.10
- de los derechos de aduana 375.1
-, fecha del . 371.11
- parcial . . . 371.8
Paiement . . . 371.5
- à compte . 371.10
-, conditions de 371.6
- des droits de douane 375.1
- en espèces . . 371.7
- en numéraire 371.7
- à termes . . . 372.1
-, terme de . 371.11
- par versements partiels 372.1
Pailleux 139.7
Painting, pipe . 314.3
Pair of bellows 145.9
Paire de roues dentées cylindriques 210.1
- - - - droites . 210.1
- - - hélicoïdales 209.6
Pala, turba extraida con la 28.3
Paladio, amianto al 95.4
-, combustión sobre - ligeramente calentado 95.2
Palafitte - . . . 306.3
Palan 302.2
Palanca 215.6
- acodada . . . 216.5
- -, bloqueo por 227.1
- -, cierre por . 227.1
- acuñada excéntrica 218.6
- de admisión montada excéntricamente 229.3
- ahorquillada 216.9
- angular . . . 216.4
- - con superficies de envolvimiento 219.1
-s combinadas articuladas, impulsión por - en serie 223.9
- de contacto . 288.9
- - -, arrancamiento de la 289.1
- de distribución 217.3
- de dos brazos 215.8
- de envolvimiento 217.8
- - - de impulsión 218.2
- - - mandada 218.3
- - -, placa de apoyo de la 218.4
- - - con punto fijo de giro 218.1
- en escuadra accionada por émbolo 252.7
- del freno . . 357.7
Palanca inmovilizadora de apoyo 226.9
- de mando . . 217.4
- de la manivela 289.7
- oscilante . . . 217.6
- del regulador 273.4
- de retención 231.3
- rodadora, limitación circular de la 220.4
- -, limitación rectilínea de la 222.3
- de rodadura . 217.8
- - - accionada 218.3
- - - de impulsión 218.2
-s - -, impulsión por - accionadas por levas 224.1
- - - mandada 218.3
- - -, placa de apoyo de la 218.4
- - - con punto fijo de giro 218.1
- de transmisión 217.5
- de un brazo . 215.7
- de la válvula 217.7
-s, varillas y -s 214.8
Palanquita de mano 297.3
Palastro de hierro 134.5
- negro 134.7
Paleta, ancho de 80.8
- combada hacia atrás 81.4
- - hacia delante 81.3
- de extremos radiales 81.2
-, forma de las -s 80.10
- di inflamación 288.8
-s, número de -s 80.9
- radial 81.1
- recta inclinada hacia atrás 81.5
-, rueda de -s . 80.6
Paletta diritta all'indietro 81.5
-, forma della . 80.10
- incurvata in avanti 81.3
- - all'indietro 81.4
-, larghezza della 80.8
-e, numero delle 80.9
-a radiale . . . 81.1
- - alla estremità 81.2
-e, ruota a . . . 80.6
-a della ruota . 367.2
Palette courbée en arrière 81.4
- - en avant . . 81.3
-s, diamètre de la roue à 80.7
- droite dirigée en arrière 81.5
-, forme de . . 80.10
- en hélice . . 78.5
- hélicoïdale . . 78.5
-, largeur de . . 80.8
-, nombre de . . 80.9
- radiale 81.1
Palettes, roue à 80.6
- se terminant radialement 81.2
Palier 222.3
-, bâti à deux -s 154.5
-, bras de . . . 152.1
- extérieur . . 188.1
- - monté dans le mur du bâtiment 305.2
-, graissage du - de manivelle 279.1
-, lubréfaction du - de manivelle 279.1
- de manivelle 187.1
- - - divisé horizontalement 187.3
- - - incliné vers l'extérieur 187.6
- - - - vers l'intérieur 187.5
Palificazione . 306.3
Palla di gomma per l'aspirazione 89.3
- della valvola 251.8
Palladié, amiante 95.4
Palladio, amianto al 95.4
Palladiumasbest 95.4
Palladium-asbestos 95.4
-, combustion by means of gently heated 95.2
Palmola d'urto 214.7
Pan, drip . . . 275.6
-, mud 70.7
-, oil 275.6
Panier, grille en 52.4
Paniere, graticola a 52.4
Paning, to close the pores by 343.3
Papel del indicador 353.2
Paper, indicator 353.2
Papier, Indikator- 353.2
Papier d'indicateur 353.2
- à air 237.4
-, distribution à déclanchement du 233.2
- d'étranglement 237.3
Papillon à gaz 237.5
Par de platino y platino-rodio 21.2
- termo-eléctrico 20.7
Parabelförmige Fußkurve 152.3
Parabolic curve of base 152.3
Parabolico, curva di raccordo -a 152.3
Parabólico, curva de unión -a 152.3
Parada, válvula de carga para la compresión utilizando la 296.8
- de servicio, pérdida por la combustión durante las 62.7

Parafina 13.2
-, aceite de . . 107.9
-, olio di 107.9
Paraffin 13.2
-öl 107.9
Paraffin 13.2
- -oil 107.9
-tank 247.4
Paraffina . . . 13.2
Paraffine . . . 13.2
-, huile de . . . 107.9
Paralelo, condensador - á la distancia explosiva 286.3
Parallelschaltung der Maschine 344.7
Parallel cam and crank shaft 212.4
Paralleling the engine 344.7
Paranco 302.2
Parar la máquina 346.6
- el motor, oscilación del volante al 345.8
-se, vueltas del motor antes de 296.7
Pared adiatérmica 98.7
- del bastidor . 152.7
- del cilindro . 159.6
- - -, émbolo apoyado por la 176.5
- doble 258.2
- del tubo . . . 309.5
Parete adiatermica 98.7
-i, capacità termica delle 362.6
-e doppia . . . 258.2
- frontale dello stantuffo 170.7
- parete dell'incastellatura 152.7, 154.3
- del separatore di catrame 75.4
-, spessore della 309.6
- dello stantuffo 188.9
- del tubo . . . 309.5
Paroi adiathermane 98.7
- antérieure . . 170.7
- d'avant . . . 170.7
- du bâti . 152.7, 154.3
- du cylindre . 159.6
-, double 258.2
-, épaisseur de - du tuyau 309.6
- frontale . . . 170.7
- du tuyau . . 309.5
Parquet 303.5
Parrilla 50.9
- intercambiable 69.6
-s, lavador de -s 69.5
Part de bénéfices 384.8
Parte 377.11
- concentrica superiore 222.3
- conciata di cinghia 328.7
-i costitutive del gas 88.4
-e equilibrata, registrazione dalla 185.4
-i del generatore 49.2
Parte laterale della graticola 52.6
-i d'un meccanismo di trasmissione 183.3
- metalliche, ritorno per le - della macchina 287.1
-e naturale di cigna 328.6
-i speciali dei motori ad essenza 247.2
Partei 377.11
Partenza, mettere in posizione di 295.6
Partial differentiation 110.5
- heating . . . 162.6
- integration . 110.11
Partie 377.11
-s de gazogène 49.2
- latérale de la grille 52.6
-s, volant en deux 191.5
Partielle Differentiation 110.5
-e Integration 110.11
Partly purified gas 66.8
Parts, accessibility of the 342.1
- of driving gear 183.3
-, integration by 110.11
-, interchanging of engine 349.12
-, moving . . . 183.2
-, producer . . 49.2
-, replacement of engine 349.12
Party 377.11
Parziale, differenziazione 110.5
- integrazione 110.11
Pasador, asegurar el - doblandolo 174.6
- con cabeza cuadrada 174.8
- del segmento 174.5
Pasar de la bencina al petróleo . 259.1
- de la fase de arranque á la de carga 295.7
-, hacer - aire atmosférico sobre carbones candentes 34.3
Paso de calor de . . . á . . . 15.9
- del émbolo sobre las lumbreras 241.4
-s, leva de dos -s 232.2
-, orificio de . . 208.9
-, presión de . . 129.4
- recto, válvula de 315.8
Paßrohr 310.5
Pass, to - air over incandescent coal 34.3
-, to - steam over incandescent coal 35.5
Passage, air . . 236.8
-, area of . . . 209.1
- for the distilled gases 46.6
-, extension of the 282.10
-, gas 236.9
- of heat . . . 15.9
-, ignition flame 280.6
-, pressure equalizing 205.2
-, width of . . . 208.9
Passage de chaleur 15.9
-, conduite de . 260.6
-, largeur du . 208.9
-, ouverture de 208.9
- du piston sur les lumières 241.4
-, pression de . 129.4
-, section de . . 209.1
-, soupape de . 260.5
-, tiroir de - entre les chambres de compression et d'aspiration 247.1
- à vide 228.2
-, voie de . . . 129.5
Passaggio, apertura di 208.9
-, area di . . . 209.1
- di calore . . 15.9
- centrale, lavatore con - del gas 69.1
-, condotta di . 260.6
- pei gas di distillazione 46.6
- fra le sbarre della graticola 51.2
-, sezione di . . 209.1
-, valvola di . . 260.5
Passare l'anello sul corpo dello stantuffo 174.2
- dalla benzina al petrolio 259.1
-, far - l'aria sopra del carbone incandescente 34.3
-, far - il vapore d'acqua sul carbone incandescente 35.5
- dalla posizione d'avviamento a quella di marcia 295.7
Passation d'un contrat d'affaires 370.11
Passer de l'essence au pétrole 259.1
- de la position de démarrage à celle de marche 295.7
- le segment pardessus le corps du piston 174.2
Passing the incompletely burnt gases through the furnace 44.1
Paste, cement . 308.3
Pata de araña . 275.3
Pâte de maisons, centrale de 331.6
Patent 378.5
-anwalt . . . 379.1
-bureau . . . 378.10
-gesetz 378.8
Patent, ein - nehmen 378.7
-verletzung . . 378.9
Patent 378.5
- agent 379.1
-, infringement of a 378.9
- law 378.8
-, letters 378.5
- office . . . 378.10
-, to take out a 378.7
Patent, to . . . 378.6
Patente 378.5
-, conceder una 378.6
-, recibir una . 378.7
Patentieren . . 378.6
-, sich etwas - lassen 378.7
Path, crank pin 193.3
- of pencil . . 355.7
-, piston 194.1
Patin 177.6
- de crosse . . 177.6
Patinage, assurer les segments de piston contre le 174.4
- de la courroie 328.2
Patrickscher Schalldämpfer 320.1
Patrick's silencer 320.1
Patron 380.9
Patrón, escala de elasticidad . 355.6
-, termómetro . 17.10
Patronal, asociación 386.4
Patrono . 379.7, 380.9
Patte d'araignée 275.3
Pattern 147.4
Pattino della testa a croce 177.6
Pausa nel lavoro 346.7
Pause, Betriebs- 346.7
Pauvre, gaz . . 30.10
-, mélange . . . 236.1
Pavese 61.8
Pavimento, della sala 303.5
-, scossa del . . 346.5
-, vibrazione del 346.5
Pawl . . . 214.4, 289.8
-, to adjust the guide lever of the 290.8
- in gear . . . 292.1
- out of gear . 292.2
-, spring 293.1
-, trip 290.7
Pay 371.5
Pay, to - duty 375.2
Payer la douane pour une marchandise 375.2
Paying interests 373.7
Payment . . . 371.5
- on account . 371.10
- in advance . 371.9
- in cash . . . 371.7
-, conditions of 371.6
- down 371.9
- of duty . . . 375.1
-, first 371.9
- in instalments 372.1
-, stipulations of 371.6
-, time of . . 371.11

Pea coal 25.4
-cock coal . . . 22.5
Peas 25.4
Peak of diagram 355.2
Peat 28.2
-, bituminous . 28.7
-, bog 28.6
-, briquette . . 28.11
-, fibrous 28.5
- -gas producer (Körting) 48.2
-, machine cut . 28.4
-, spade-cut . . 28.3
Pebbles, filling of small 249.10
Pechkohle . . . 27.11
-torf 28.7
Pecker 229.6
-, adjustable weight on 230.8
-, bell crank pendulum 229.8
-, - - - - with hook engagement 230.1
- block 229.7
-, guided bell crank pendulum 230.1
-, horizontally guided bell crank pendulum 230.5
-, - - pendulum 230.6
-, two-armed horizontal pendulum 230.7
-, vertical pendulum 229.5
Pedestal engine 325.5
-, engine 155.5
Pedestal = armazón = bastidor 151.2
- del bastidor . 155.3
- para motores pequeños 151.3
Peening, to close the pores by 343.3
Peignes, tambour à 77.8
Peinture du tuyau 314.8
Peitschen der Gassäule 319.1
Peligro . . . 376.10
- de explosión 350.3
- de incendio . 350.2
- de inflamación 102.1
- de intoxicación en instalaciones de gas pobre 350.1
Pencil 352.9
- guide, rectilinear 353.1
-, path of . . . 355.7
Pendelarm, geknickter 269.6
-bremse 357.4
-, doppelarmig wagrechtes Stoß- 230.7
-fliehkraft, Moment der 272.8
-, geführtes Horizontal- 230.6
-, - wagrechtes 230.6
-, - Winkel- . . 230.1
-, - Winkel- - mit wagrechtem Stecher 230.5
-gewicht 229.9
Pendelgewicht, verstellbares 230.8
-, hängendes Stoß- 229.5
-, - Winkelstoß- 229.8
-regler 229.4
-, Winkelstoß- - mit Hakeneingriff 230.2
Pendeln des Schwungrades beim Stillsetzen 345.8
Pendenza . . . 58.6
- variabile . . . 58.7
Pendolo angolare guidato 230.1
- - - con coltello orizzontale 230.5
- conico, regolatore a 268.8
-, freno a . . . 357.4
- orizzontale guidato 230.6
-, peso del . . . 229.9
-, regolatore a . 229.4
- d'urto angolare con impegno ad uncino 230.2
- - - sospeso . 229.8
- - orizzontale a due bracci 230.7
- - sospenso . . 229.5
Pendule de choc suspendu 229.5
-, contrepoids du 229.9
- d'équerre avec accrochage 230.2
- - guidé . . . 230.1
- - - à lame horizontale 230.5
- - suspendu . 229.9
-, frein à 357.4
- horizontal à deux bras 230.7
- - guidé . . . 230.6
-, regulateur à . 229.4
- de rencontre suspendu 229.5
Péndulo acodado con enganche 230.2
- - guiado . . . 230.1
- en escuadra suspendido 229.8
- guiado acodado con botador horizontal 230.5
- - horizontal . 230.6
- horizontal de dos brazos 230.7
- suspendido de botador 229.5
Pendulum arm, bent 269.6
- -s, governor with bent 269.5
- brake 357.4
- governor . . 229.4
- pecker, bell crank 229.8
- -, - - - with hook engagement 230.2
- -, guided bell crank 230.1
- -, horizontally guided 230.6
- -, - - bell crank 230.5
Pendulum pecker, two-armed horizontal 230.7
- -, vertical . . 229.5
- weight 229.9
Penetración de la mezcla en el inflamador 282.5
Pensionskasse . 386.3
Pension fund . 386.3
Pension d'invalidité 386.1
Pensioni, cassa 386.3
-e d'invalidità . 386.1
Pensiones, caja de 386.3
Pentaóxido de fósforo 89.9
Pentossido di fosforo 89.9
Pentoxide of phosphorus 89.9
Pentoxyde de phosphore 89.9
Peón 383.3
Per cent 373.9
Pera de caucho 89.3
Pérat 24.11
Percentage of alcohol 105.2
- - -, apparent 105.1
- of ash 26.4
- of moisture . 26.2
- of tar in the gas 75.1
- of water in alcohol 104.9
Percento . . . 373.9
Percer 144.9
- le corps du cylindre dans le voisinage des brides extrêmes 162.4
- au foret . . . 148.5
-, machine à . . 148.6
Perceuse . . . 148.6
Percorso della corrente d'efflusso 129.5
Percusión, condensador de 75.3
-, tabique de . 75.4
Percussion, levier de 290.4
Percussione, apparato di 290.1
Percuteur . . . 290.1
Percutor, mecanismo del 290.1
Pérdida de carga por émbolo defectuoso 120.3
- de carrera á causa del envolvimiento 219.7
- por la combustión durante las paradas de servicio 62.7
- por el encendido 62.6
- por fugos en el émbolo 171.5
- de trabajo por absorción de calor por la pared 362.5
Pérdida de trabajo por avance al escape 362.1
- - - por combustión incompleta 362.3
- - - por combustión retardada 362.2
Perdita per l'avviamento 62.6
- per combustione in riposo 62.7
- di corsa . . . 219.7
- di lavoro per combustione incompleta 362.3
- - - per combustione ritardata 362.2
- - - per scarico anticipato 362.1
- - - per trasmissione di calore alla parete 362.5
- meccanica d'energia 360.3
- di miscela per fuga allo stantuffo 120.3
- per la soffiatura 62.6
- per tenuta imperfetta dello stantuffo 171.5
Perfect combustion 5.7
Perfetto, ciclo teoricamente 117.1
Pérfil calibre . 135.8
- normal . . . 135.8
Perfilado, hierro 135.7
Perforación del cilindro 160.7
- longitudinal del émbolo 251.5
- transversal del émbolo 251.6
- - en el macho 92.6
Perforado en cruz tambor 214.2
Perforadora . . 148.6
Perforar 144.9
la camisa exterior cerca de la brida extrema 162.4
Perforare . . . 144.9
Perforated plate 75.5
- seat 239.9
- -, admission valve with 239.8
Perforations, closed exhaust pipe with 319.7
Perforation du cylindre 160.7
Perforée, tôle . 75.5
Perforer . 144.9, 148.5
- le corps du cylindre dans le voisinage des brides extrêmes 162.4
Pericolo . . . 376.10
- di avvelenamento negli impianti a gas 350.1
- di esplosione 350.3
- di incendio . 102.1 350.2
Pericoloso, di funzionamento 342.4

Periférico, velocidad -a de la llanta 197.6
Period, blasting-up 35.2
-, charging . . . 57.2
-, compression . 126.8
- of incomplete combustion 58.5
-, scavenging . 128.7
-, - and charging 126.6
Periode, Arbeits- 118.7
- des Warmblasens 35.2
Période de balayage 128.7
- - - et d'admission 126.6
- de chargement 57.2
- de combustion incomplète 58.5
- de compression 126.8
- de formation du gaz 35.4
- du soufflage du combustible 35.2
- de travail . . 118.7
Periode d'arresto, compressione durante il 296.6
- - lungo della macchina 345.7
- -, rotazione durante il 296.7
- di caricamento 57.2
- di combustione incompleta 58.5
- di compressione 126.8
- di formazione del gas 35.4
-i di lavoro . . 118.7
- di riscaldamento 35.2
Período de carga 57.2
- de la combustión incompleta 58.5
- de compresión 126.8
- de entrega . 369.6
- de expulsión 128.7
- - - y carga . 126.6
- de trabajo . . 118.7
Peripheral bearing surface 175.6
- speed of the rim 197.6
Périphérie de la came 222.5
- de la roue . . 366.9
Perlkohle . . . 25.3
Permanentes Gas 111.10
-er Magnet . . 284.9
Permanent gas 111.10
- magnet . . . 284.9
-, aimant 284.9
Permanente, esercizio 341.4
-, gas 111.10
Perno d'articolazione 216.8
-, fissazione del 169.10
- dello stantuffo 169.8
Perno 216.8
- de la biela . 184.7
- de brida . . 312.10
Perno para cimentaciones 308.8
-, circulo de los -s 312.9
- del émbolo . 169.8
-, sujeción del 169.10
Perpendicolare, albero di distribuzione - all'albero motore 212.5
Perpendicular al árbol cigüeñal 212.5
Perte par amorçage au ventilateur 62.6
- de charge due aux fuites du piston 120.3
- par combustion au repos 62.7
- de course . . 219.7
- par fuites au piston 171.5
- mécanique de puissance 360.3
- de travail par avance à l'échappement 362.1
- - - par cession de chaleur à la paroi 362.5
- - - par combustion incomplète 362.3
- - - - - retardée 362.2
Perturbación en la combustión 58.8
Perturbation dans la combustion 58.8
- dans le service 349.10
Perturbazione nel lavoro 349.10
Pesante, idrocarburo 12.10
-, olio 103.7
Pesar, disposición para 96.8
Pesare, dispositivo per 96.8
Peso atomico . . 1.6
- di combinazione 3.2
- della corona del volano 197.5
- del freno . . 357.6
- di gas per 1 kg di combustibile 62.3
- in grammo-molecole 2.1
- della miscela 120.7
- mobile fungente da camma 231.2
- molecolare . . 1.7
- in ordine di servizio 339.3
- del pendolo . 229.9
- proprio della leva, tener conto del 357.9
-, regolatore a 268.3
- del regolatore 268.6
-i, scala centesimale dei 105.6
- specifico, determinare il . . 100.2
- - dei gas . . 96.7
- spostabile del pendolo 230.8
- termico . . 114.40
Peso atómico . . 1.6
- de combinación 3.2
- específico de los gases 96.7
Peso del freno 357.6
- de gas por 1 kg de combustible 62.3
- de la llanta del volante 197.5
- de la mezcla aspirada 120.7
- en molécula-gramos 2.1
- molecular . . . 1.7
- en orden de servicio 339.3
- propio, tener en cuenta el - de la palanca 357.9
- térmico . . 114.10
Peson 357.11
Pesón 357.11
Petite chaudière à vapeur du gazogène soufflé 38.4
Petit moteur à gaz 323.5
- - avec pompe de circulation 330.5
Petroläther . . 102.9
-benzin . . . 102.11
Petrol 102.11
-, atomizer for 255.5
- carburettor 253.5 253.8
-, to change from - to oil 259.1
- engine driving fire engine 338.9
- heating lamp 263.5
- inlet tube . . 254.9
- pump 251.1
-, sprayer for . 255.5
- tank 247.5
- vapour . . . 253.6
- -, air saturated with 253.7
-, to wipe off the liquid - from the drip plate 255.2
Pétrole 102.3
- brut 102.6
-, essayeur de - d'Abel 101.4
- éther de . . . 102.9
Petróleo 102.3
-, cambiar de la bencina al 259.1
-, eter de . . . 102.9
-, pasar de la bencina al 259.1
- pulverizado . 254.1
Petroleum . . . 102.3
-behälter . . . 247.4
-dampf 253.9
-destillierapparat 101.1
-einspritzung . 262.8
-filter 250.5
-heizlampe . . 264.2
-nebel 253.10
-prüfer 101.4
-pumpe . . . 250.10
-raffinerie . . . 103.9
-, das - raffinieren 103.10
-staub 254.1
-, von Benzin umschalten auf 259.1
-verdampfer . . 253.8
-vergaser . . . 253.8
-zerstäuber . . 255.7
Petroleum . . . 102.3
-, atomizer for oil or 255.7
- distilling apparatus 101.1
- ether 102.2
- filter 250.5
-, multitubular carburettor for 258.7
-, - vaporizer for 258.7
- pump . . . 250.10
- refinery . . . 103.9
- refining plant 103.9
- spray . 253.10, 254.1
-, sprayer for oil or 255.7
- tank 247.4
- tester, Abel's . 101.4
- vapour . . . 253.9
Petrolio 102.3
-, apparecchio per distillare il 101.1
-, carburatore a 253.8
-, etere di . . . 102.9
-, filtro per . . 250.5
-, gas di 33.1
- greggio . . . 102.6
-, iniezione di . 262.8
-, locomobile a 338.1
-, nebbia di . 253.10
-, polverizzatore di 255.7
-, pompa da . 250.10
-, pulviscolo di 254.1
-, raffinare il 103.10
-, raffineria di . 103.9
-, serbatoio di . 247.4
-, vapore di . . 253.9
Pettini, tamburo a 77.8
Pezzo arcuato scorrevole 214.6
- di chiusura del cilindro 163.4
- a croce . . . 311.1
- intermedio a circolazione d'acqua 158.1
- interposto . . 156.3
- sagomato . . 310.5
-i di sostegno . 176.2
-o - - dello stantuffo 176.3
- a T 310.9
- di tubo a scanalature 318.3
-, in un sol . . 201.8
- di urto . . . 229.7
Pfahlrost . . . 306.3
Pfannenschraube 352.7
Pflanzenöl . . . 274.5
Pflicht, Haft- . 385.9
Pfluglokomotive 338.10
-, Motor- . . . 338.10
Pfropfen, Verschluß- 313.4
Phasenspannung 334.7
Phase voltage . 334.7
Phases successives du fonctionnement des soupapes 199.1
-, tension de . . 334.7
-s, tension entre - reliées 334.8
-, voltage de . . 334.7

Phenol 13.12
-, dunkel gefärbtes 83.7
-lösung 83.8
Phenol 13.12
Phénol 13.12
- foncé 83.7
-, huile de . . 106.10
-, solution de . 83.8
Phosphorbronze 187.7
-pentoxyd . . . 89.9
Phosphor bronze 187.7
Phosphore, pentoxyde de 89.9
Phosphorus, pentoxide of 89.9
Piallare 149.9
Piallatrice . . 149.10
Piana, superficie 145.4
-o, regolatore . 272.6
- della sala . . 303.5
-, stantuffo . . 170.4
- della tuberia 316.5
Piastra d'appoggio girevole 53.8
- - della leva . 218.4
- - da potersi girare ed abbassare 54.2
- - registrabile 53.5
- - con sopporto a sfere 54.1
- -, sostenere la 218.5
- di chiusura . 313.3
- di coperatura 303.9
- di fondazione 152.2
- a fori 262.7
- a molla . . . 84.1
- ondulata . . . 84.1
- di polverizzazione 262.6
- di sgocciolamento 70.5
- di vaporizzazione 39.2
Piatta, guida . 156.8
Piattaforma di caricamento 57.5
Piattello per riscaldamento del combustibile 264.1
Pic 61.4
Pica-fuegos . . 61.4
Picar el fuego, orificio para 61.2
Picea 28.7
Piccola caloria 16.5
- compressione a carico ridotto 232.6
-o motore accoppiato con pompa 330.5
- potenza, motore a gas di 323.5
- velocità, merce a 374.5
Picnomètre . . 100.4
Picnometro . . 100.4
Picnómetro . . 100.4
Pico del mechero 263.10
Pie del armazon 153.3
- de biela eje del - perno del émbolo 169.8
- del bastidor . 155.3
Pie del soporte para el cojinete del eje cigüeñal 152.8
Piece, cross . . 311.1
-, curved - of pipe 310.7
-, distance . . . 156.3
-, four way . . 311.1
-, make-up . . . 310.5
-, in one 201.8
-, striking . . . 229.7
- work 383.8
- -, man on . . 383.7
Pièce arquée coulissante 214.6
-s détachées des moteurs à pétrole 247.2
- de fermeture du cylindre 163.4
- intercalaire à fenêtres 156.3
- intermédiaire à circulation d'eau 158.1
-s, moyeu en trois 191.3
-, ouvrier à la . 383.7
-s, ouvrier aux 383.7
-, d'une seule . 201.8
-, travail à la . 383.8
-s, travail aux 383.8
Pied de bâti . 155.3
- de la bielle . 185.2
- de cylindre . 158.8
-, cylindre avec 158.7
-s, cylindre sans 158.6
- de palier d'arbre coudé 152.8
-, surface d'appui du - du bâti 155.4
Piede del cilindro 158.8
- del sopporto di manovella 152.8
Piedra refractaria 50.2
Piena pressione, grado di durata della 193.5
-o carico . . . 345.3
Pierce, to . . . 144.9
Piercer 145.2
Pieza de cierre del cilindro 163.4
- curvada deslizable 214.6
- de ensayo . . 140.1
-s espeziales para los motores de petróleo 247.2
-s del generador 49.2
- intermedia . 156.3
- - con circulación de agua 158.1
- - elástica . . 226.7
-s de la máquina, sustitución de 349.12
- polar oscilante 285.7
-s de servicio, manuabilidad de las 342.1
- suplementaria del émbolo 263.1
-, de una . . . 201.8
-s, vástago de émbolo de varias 178.4
Pila a ferro e constantana 20.9
- a platino e platino-rodio 21.2
- a secco . . . 284.1
- termo-elettrica 20.6
Pila de hierro y constantana 20.9
- del motor debajo del eje cigüeñal 155.1
- de platino y platino-rodio 21.2
- seca 284.1
- termo-eléctrica 20.6
Pile grating . . 306.3
Pile sèche . . . 284.1
Piling 306.3
Pillar for handwheel 315.6
Pilon, marteau- 146.1
Pilón, motor vertical de 325.5
Pilone, incastellatura a - con guide 153.6
Pilote, emparrillado de -s 306.3
Pilotis, grillage en 306.3
Pin bolt, wrist 184.7
- boss, supporting rib of the piston 169.7
-, crank 186.7
- fixed partly into the piston wall 175.1
-, guide 239.4
-, joint 216.8
-, lubrication of piston 278.6
-, piston 169.8
-, piston packing ring 174.5
-, relative motion between - and journal 197.4
-, to secure the - by bending it over 174.6
- with square head 174.8
-, timing by means of an eccentric 290.6
Pince . . 88.10, 143.8
- à tubes . . 313.11
Pinch cock . . 88.10
Pine wood . . 30.4
Pino, legno di . 307.1
-, madera de . 307.1
Pintura del tubo 314.3
Pinus silvestris 307.1
Pinzetta, robinetto a 88.10
Pinzas, llave de 88.10
Pioggia d'acqua polverizzata 68.6
Piombo, tubo di 309.12
Pipe (shrinking hole) 147.10
- (tube) 309.3
-, air . . . 261.8, 317.7
-, angle 310.7
Pipe, ascension 32.9
-s, to blow the air out of the gas 344.2
-, bore of . . . 309.4
-, branch . . . 310.2
-, branching of the 310.1
-, brass . . . 309.11
-, bye-pass . . . 316.8
- carrying the coke gases below the grate 45.6
-, cast-iron . . . 309.7
- choking . . . 314.4
- clamp 313.8
- cleading . . . 314.2
- clip 313.9
-, closed exhaust - with perforations 319.7
-, connecting - between suction and delivery space 252.6
-, cooled exhaust 318.8
-s, cooling-water 320.4
-, - the water by gilled 322.1
-, - - - by ribbed 322.1
-, copper . . . 309.10
-, cramp 313.8
-, curved piece of 310.7
- -cutter 314.1
-, drain - from scrubber 70.9
-s, exhaust . . 318.7
-, feed 320.5
- fitting 310.5
-s, fitting . . . 313.7
-, the flame strikes back into the suction 346.2
-, flanged . . . 311.9
-s, flue 55.1
- fracture . . . 314.7
-, gas . . . 309.9, 317.6
- with grating outlet for the partially burnt gas 48.4
-, inlet 320.5
-, inside diameter of 309.4
-, jet 70.4
- joint 311.2
- -, screwed . . 311.3
- lagging . . . 314.2
-s, laying . . . 313.7
-, lead 309.12
-, to lead the exhaust - into the open air 318.9
-, movable - with elbow joint 182.4
-, outlet 320.6
-, overflow 248.9, 260.6 320.6
- -painting . . 314.3
-s, plan of . . . 316.5
- seal 313.2
-, socket 311.6
-, spray- 70.2
-, suction . . . 317.4
-s, system of . 316.4
-, telescopic . . 182.5

Pipe, trombone 182.5
-, wall of . . . 309.5
- wall, thickness of 309.6
- -wrench . . 313.10
-, wrought-iron 309.8
Pipeta 91.3
- de absorción 92.8
- colectora . . 89.5
- de combustión 96.1
- de explosión de Hempel 94.7
- de transporte 89.6
Pipetta 91.3
- di assorbimento 92.8
- di combustione 96.1
- di esplosione Hempel 94.7
- di lubrificazione 277.2
Pipette 91.3
-, Absorptions- . 92.8
-, Explosions- - von Hempel 94.7
-, Verbrennungs- 96.1
Pipette 91.3
-, absorption . . 92.8
-, combustion . 96.1
-, Hempel's explosion 94.7
Pipette 91.3
- d'absorption . 92.8
- de combustion 96.1
- d'explosion de Hempel 94.7
Piping (shrinking hole) 147.10
- (tubing) 309.2, 316.3
- for compressed air 297.9
-, suction . . . 317.3
Pique-feu . . . 61.4
Piridina 106.3
Piridio 106.3
Pirita, separar el carbón de las -s 23.9
Piriti, levare le - al carbone 23.9
-, togliere le - al carbone 23.9
Piroacético, espíritu 13.11
Pirogálico, ácido - alcalino 91.1
Pirogallico, acido 91.1
Pirogalol, disolución alcalina de 91.1
Pirometro . . . 20.2
- elettrico di Lechatelier 21.1
- Fery 21.9
- a grafite . . . 20.3
- metallico . . 20.4
- ottico 21.6
- Wanner . . . 22.1
Pirómetro . . . 20.2
- eléctrico de Lechatelier 21.1
- de Fery . . . 21.9
- de grafito . . 20.3
- metálico . . . 20.4
- óptico 21.6
de Wanner . 22.1
Piso, depurador de -s 74.1
- de la sala . . 303.5
Piston 168.2
- acceleration . 194.5
-, additional compression by lengthening the 262.9
-, attaching the rod to the 178.6
-, bearing length of the 175.4
-, bell-crank lever worked by 252.7
- body 168.9
- -, to line the - with white-metal 177.1
- boss 171.1
-, closed 170.3
- cooling . . . 181.7
-, depth of . . . 168.3
-, differential . 261.3
-, disc 170.4
-, distribution by ports on both sides of the 242.3
-, divided . . . 170.6
-, double-acting 170.2
-, - walled . . . 170.3
-, to drive the - forwards by ignition 299.1
- engine 175.3
- -, atmospheric 363.8
-, to examine the - for leakage 343.1
-, extension of . 263.1
-, flat 170.4
-, freely supported 177.2
- friction . . . 175.8
- front face . . 170.7
- guide 175.2
- in halves . . 170.6
- head 168.10
-, incrustation of the 180.9
-, indicator . . 352.2
-, to insert the . 168.5
-, jamming of the indicator 356.8
-, jamming of a worn-out 180.7
-, knocking of the 180.6
- leakage, loss due to 171.5
-, length of . . 168.4
-, long 170.5
- lubrication . 278.4
-, overrunning of the ports by the 241.4
- packing . . . 171.4
- - rings, blowing past the 171.6
- - -s, to grind in the 172.8
- - - groove . . 172.2
- - - pin 174.5
- - -, to remove the - from the piston 174.3
- path 194.1
- pin 169.8
- - boss, supporting rib of the 169.7
- -, fastening the 169.10
Piston pin, to harden the working surfaces of the 169.9
- -, lubrication of 278.6
-, plunger . . . 168.8
- pressure . . . 194.8
-, pump 244.7
- pump with spur gearing 330.6
-, to put in the 168.5
-, reciprocating moment of 192.4
-, to remove the 168.6
-, - - the piston packing rings from the 174.3
-, ribbing of the 169.3
- rings, expanding the 173.9
- -s, the - knock 181.3
- - lock 173.8
- -s, pulling out the 173.9
- -, to secure the - against turning 174.4
- -, self-expanding 171.7
- -, to slip the - over the piston 174.2
- rod 177.8
- -, to bend the - upwards 177.4
- -, bending of the 177.9, 181.4
- -, break-down of the 181.5
- -, to calculate the - with regard to buckling stresses 178.1
- -, to camber the 177.4
- - collar . . . 178.7
- - coupling . . 178.5
- -, the - is cut 181.6
- -, divided . . 178.4
- - guide, cooled intermediate 158.1
- - nut 178.2
- - packing . . 179.1
- -, reversal of pressure in the - and connecting rod 197.2
- -, the - is scored 181.6
- -, taper on . . 178.3
- - with tail rod 178.3
- -, unsupported 177.3
-, running hot of the 180.8
-, seizing of the 181.1
-, - of the - by fusion 181.2
-, sliding surface of 176.6
-, to slip the piston ring over the 174.2
- speed 194.3
- - curve . . . 194.4
- stroke 194.1
-, stroke of . . 192.4
-, supporting the - by guide cheeks 176.2
-, suspended . . 177.2
Piston, tapered end of the - for expansion 175.5
-, truck 168.7
- in two pieces 170.6
-, unsupported . 176.5
-, upstroke of the 364.2
- valve 238.1
- - gearing, double ended 246.6
-, variability of the movement of the 194.2
-, volume of cylinder swept by 120.2
- wall, pin fixed partly into the 175.1
-s working in opposite directions 242.4, 326.6
- - in the same direction 326.5
Piston 168.2
-, accélération du 194.5
-, ajuster le - à la température de marche 175.7
-, aller du . . . 192.5
-, antifrictionner le 177.1
-, axe de 169.8
-, chemin parcouru par le 194.1
-, chemiser le corps du - de métal blanc 177.1
-, cognement du 180.6
-, coincement du - par pression 181.1
-, - du - usé . . 180.7
-, corps du . . . 168.9
-s, déplacement contraire des 242.4
- en deux pièces 170.6
- différentiel . 261.3
- à double effet 170.2
- - - paroi . . 170.3
-, échauffement excessif du 180.8
-, effort sur le . 194.8
-, encroûtement du 180.9
- fermé 170.3
-, fond du . . . 168.10
-, forage longitudinal du 251.5
-, forage transversal du 251.6
-, frottement du 175.8
-, garniture de 171.4
-, guidage du . 175.2
-, hauteur du . 168.3
-, incrustation du 180.9
- d'indicateur . 352.2
-, introduire le 168.5
- librement soutenu 177.2
- long 170.5
-, longueur du 168.4
-s de même sens 326.5
-, mettre en place le 168.5
-, montée du . 364.2

Piston, mouvement alternatif du 192.4
- à mouvement intermittent 252.1
-, moyeu de . . 171.1
-, nervurage du 169.3
- ouvert 168.7
- plat 170.4
- plongeur . . 168.8
- - creux à soupape de refoulement 183.1
- de pompe . . 244.7
-, pompe a - plongeur 251.2
- à portage . . 176.5
-, pression moyenne indiquée sur le 359.7
-, rallonge du . 263.1
-, refroidissement du 181.7
-, retirer le . . 168.6
-, retour du . . 192.6
-s de sens contraire 326.6
-, surface frottante du 176.6
-, - de glissement du 176.6
-, tige de 177.8
-, - de - non soutenue 177.3
-, tourillon de . 169.8
-, va-et-vient du 192.4
-, vitesse du . . 194.3
Pit, ash- 54.4
-, brickwork exhaust 319.4
- coal . . . 22.4, 23.5
-, crank 155.1
-, flywheel . . . 305.3
-, silencing . . . 319.6
Pitch-circle . . 164.6
Pivote para reverberar y alargar la llama 264.3
Pivoted finger 213.3
Placa de apoyo de la palanca de envolvimiento 218.4
- de cimentación 152.2
- de cubierta . 303.9
- de envolvimiento, apoyar la 218.5
- de fuego . . . 39.2
- giratoria de soporte 53.8
- movible de soporte 53.5
- de pulverización 262.6
- de rodadura, apoyar la 218.5
- - -, modificar la inclinación de la 235.4
- de soporte, cojinete de bolas de la 54.1
- - - giratoria y movible en sentido vertical 54.2
- de sujeción . 303.9
- de la tobera . 262.7
- de vaporización 39.2
Place of erection of the engine 302.7
Place, montage sur 300.2
Placer la manivelle dans la position de mise en marche 298.5
- dans la position de démarrage 295.6
- le robinet de gaz au point de mise en marche 344.4
Plan, Rohr- . . 316.5
-rost 52.2
-scheibe 149.5
Plan of pipes . 316.5
Plan incliné de la dent de loup 292.4
- de la tuyauterie 316.5
Plancha para enderezar 145.4
- de hierro . . 134.5
Plancher . . . 303.5
Plane, to 149.9
Planer 149.10
Planimeter . . 359.4
Planimetering a diagram 359.3
Planimétrage du diagramme 359.3
Planimetrar el diagrama 359.3
Planimètre . . 359.4
Planimetrierung des Diagramms 359.3
Planimetro . . 359.4
Planímetro . . 359.4
Planing machine 149.10
Plano de oscilación de la biela 184.4
- de la tubería 316.5
Plant, complete . 323
-, compressed air 296.1
-s, danger of poisoning in power gas 350.1
-, erection at the 300.2
-, gas 31.5
-, - engine - for mines and metallurgical works 335.10
- for gas manufacture 31.5
-, individual electric 331.5
-, insurance of the 376.11
-, isolated electric 331.5
-, oil-gas 33.2
-s, portable engine 337.8
-, purifying . . 66.10
-s, risk of poisoning in power gas 350.1
-s, stationary . 323.1
-, suction - with exhaust fan 37.8
-s, working of large 341.2
-s, - of small . 341.3
Plaque de couverture 303.9
- d'égouttement 70.5
- de fondation 152.2
-, injection d'eau sur la - de vaporisation 39.3
- de pulvérisation 262.6
- de tuyère . . 262.7
- de vaporisation 39.2
Plataforma de carga 57.5
Plate, baffle . . 258.5
-, base 152.2
-, cover 303.9
-, drip . . 70.5, 255.1
-, face 149.5
-, flanged . . . 135.5
-, floor 303.9
-, foundation . 303.9
-, to grout the foundation 309.1
-, iron 134.5
- iron, cylinder shell from 162.3
-, nozzle 262.7
-, perforated . . 75.5
-, shaped 135.3
- shearing-machine 134.6
-, stamped . . . 135.3
-, surface . . . 145.4
-, tank 135.6
-, thick 134.9
-, tin- 134.8
-, thin 135.1
- valve, Lindemann's 336.8
-, to wipe off the liquid petrol from the drip 255.2
Plateau de cylindre 163.5
- excentrique . 224.9
- de tour . . . 149.5
Platform, charging 57.5
Plateforme de chargement 57.5
Platillo del cilindro 163.5
- cónico de pulverización 256.7
- de la excéntrica 224.9
- para el muelle 204.2
- del muelle acuñado con chavetas 204.3
Platindraht . . 21.3
-kapillare, Drehschmidtsche 95.7
- - Platinrhodiumelement 21.2
-rhodiumdraht 21.4
- -element, Platin- 21.2
-röhrchen . . . 282.2
-spirale 96.2
Platino, combustione al filo di - rovente 95.6
-, filo di 21.3
- -rodio, filo di 21.4
-, spirale di . . 96.2
-, tubetto di . . 282.2
Platino, alambre de 21.3
-, espiral de . . 96.2
Platino-rodio, alambre de 21.4
- -, pila de platino y 21.2
Platinum capillary tube, Drehschmidt's 95.7
- platinum-rhodium couple 21.2
- - - element . 21.2
- points, oxidation of the 286.8
- -rhodium wire 21.4
- spiral 96.2
- tube 282.2
- wire 21.3
- -, combustion by means of incandescent 95.6
Plato del torno 149.5
Platte, Abdeck- 303.9
-, Anker- 308.9
-, federnde . . . 84.1
-nfederzugmesser 83.10
-, Grund- . . . 152.2
-, Richt- 145.4
-nventil von Lindemann 336.8
-, Wellen- . . . 84.1
Play for expansion of the piston packing ring 173.6
- between cam and cam bowl 223.5
- - - and cam roller 223.5
- in the joints . 356.5
- between piston packing ring and bottom of groove 172.4
Plazo de entrega 369.6
-, paga á -s . . 372.1
Plein, degré de - du diagramme 361.5
Pleito 377.6
Plénitude, degré de - du diagramme 361.5
Pletina 312.2
- suelta 312.6
Pleuelstange . 183.5
Pliers 143.8
Plombagine . . 11.11
Plongeur . . . 168.8
-, tube 254.8
Plot, to - the p v curve 116.3
-, to - the polytropic line 116.3
Plough, motor 338.10
Plug of cock . 314.10
-, cooled sparking 287.2
-, deposit of arbon on the sparking 288.1
-, ignition by sparking 286.4
-, insulation of the sparking 287.3
-, make and brake sparking 288.6
-, screw 313.4

Plug, sparking 286.6
–, valve-casing forming – of cock 256.6
Pluie d'eau pulvérisée 68.6
Pluma 352.9
Plumbago . . . 11.11
Plume 352.9
Plunger, cross-hole in 251.6
– having a variable stroke 252.1
–, hole up centre of 251.5
–, hollow – with delivery valve 183.1
–, oscillating – pump 182.6
– piston 168.8
– pump 251.2
–, to vary the stroke of the pump 252.4
Pneumatico, moderatore 233.4
Poche d'aire . 167.4
– d'allumage . 281.4
– en caoutchouc 84.6
– d'eau stagnante 167.3
– élastique . . . 85.2
– à gaz 84.5
– à poussière . 76.5
–, pulsations de la – à gaz 84.7
Pocket, air . . 167.4
–, dead water . 167.3
–, dust 76.5
Pocketed valve 239.2
Pobre en gases, carbón 22.8
Poder calorífico máximo 97.3
– – mínimo . . 97.4
Poggiarsi della valvola 220.6
Poids atomique 1.6
– centrifuge formant came 231.2
– de combinaison 3.2
–, déterminer le – spécifique 100.2
– du frein . . . 357.6
– de gaz per kg de combustible 62.3
– en grammes molécules 2.1
– de la jante du volant 197.5
– moléculaire . 1.7
– en ordre de marche 339.3
– – – de service 339.3
–, rapport en – des constituants du gaz 88.6
– spécifique des gaz 96.7
Poinçon 145.2
Poinçonner . . 144.9
Point, astatic . 271.4
–, boiling . . . 19.2
– of cut-off . . 233.1
–, first – of contact 222.9
–, flash 101.6
–, flashing . . . 101.6
– of highest temperature in the flame 265.7
Point, ignition 101.5, 279.8
– of inflection of the characteristic curve 271.4
– – –, tangent through the 271.5
–, last – of contact 222.10
–s, mean kinetic energy of a system of 113.5
–s, oxydation of the platinum 286.8
– of release, constant 235.5
–, sharp 358.9
–s, sparking . . 286.7
Point d'allumage 279.8
– d'appui fixe . 216.1
– – du levier . 215.9
– astatique . . 271.4
– d'ébullition . 19.2
– de déclanchement constant 235.5
– d'entrée . . . 222.9
– fixe du thermomètre 18.9
–, huile à – d'ébullition bas 100.5
–, – à – d'ébullition élevé 100.6
– d'inflammation 101.6
– d'inflexion de la courbe C 271.4
– mort d'allumage 193.1
– – entre les courses d'admission et d'échappement 193.2
– – extérieur 192.10
– – intérieur . . 192.9
– –, position du 192.8
– de sortie . . 222.10
Pointe fixe . . 286.7
– tranchante . 358.9
Pointeau . . . 145.1
–, amorcer un trou au 144.8
–, douille du . 262.5
–, marquer au . 144.8
– de soupape . 262.4
–, soupape à . . 262.3
Pointer 144.8
Poire d'aspiration en caoutchouc 89.3
Poisoning, danger of – in power gas plants 350.1
Poisseux, charbon 27.11
–, tourbe –se . . 28.7
Poissonsches Gesetz 116.8
Polschuhrohr, schwingendes 285.7
Poker 61.3
Polea 329.1
– para cable . . 329.7
– diferencial . 302.2
– dirigida . . . 327.5
– de garganta . 329.7
– impulsada . . 327.5
– mandada . . 327.5
– de mando . . 327.4
– motriz 327.4
Polea volante sobre el árbol de distribución 210.7
Policilindrico, disposizione – a 326.3
Policilíndrico, motor 326.2
Polieren 150.9
Polir 156.9
Polire 150.9
Polish, to . . . 150.9
Politropa . . . 115.7
Politropica, linea 115.7
–o 116.1
Politrópica, construir la 116.3
Politrópico . . 116.1
Polmone elastico 85.2
– a gas 84.5
– – –, pulsazione del 84.7
– di gomma . . 84.6
Poltiglia di cemento 308.3
Polvere 76.2
– di carbone . 25.7
– di coke . . . 25.8
–, contenuto di – in gr per mc 76.8
–, eliminazione della – dal gas 75.9
– fina 76.7
– grossa 76.6
–, incorporare la – all' acqua 76.10
– incrostata per calore 314.5
–, precipitare la 76.9
–, sacca a . . . 76.5
–, separatore della 76.4
–, togliere la – al gas 76.1
Polverizzatore 255.4
– d'acqua . . . 69.7
– di alcool . . . 255.6
– di benzina . 255.5
–, diaframma del 256.7
– di petrolio . 255.7
–, superficie del 256.8
–, valvola cava del 256.3
Polverizzazione, aria per la 255.8
– con aria compressa 259.3
– del carbone . 25.5
–, depuratore a 68.5
–, piastra di . . 262.6
Polvo 76.2
– de carbón . . 25.7
– de cok 25.8
– fino 76.7
– del gas de altos hornos 76.6
– incrustado por el calor 314.5
–, separación del – del gas 75.9
– separador del 76.4
–, separar el – del gas 76.1
Polycylindrique, disposition 326.3
–, moteur . . . 326.2
Polytrope . . . 115.7
Polytrope, die – konstruieren 116.3
Polytrope . . . 115.7
–, construire la 116.3
Polytropic . . . 116.1
– exponent . . 116.2
– line 115.7
Polytropique . 116.1
Polytropisch . 116.1
–er Exponent . 116.2
–e Linie 115.7
Pomme d'arrosoir 70.1
Pompa da alcool 250.11
– ad alette . . 108.8
– d'aria 243.3
– – a mano . . 248.1
– – a semplice effetto 260.8
– –, testa della valvola della 261.1
– ausiliare, aspirare i gas combusti con una 127.1
– da benzina . 251.1
– di bonifica . 337.5
–, camera della 251.3
– di carica . . 242.7
– centrifuga comandata da motore ad essenza 331.1
–, cilindro della 244.4
–, comando della 244.1
– combinata di gas e aria 243.5
– del combustibile 250.8
–, la – del combustibile lavora a vuoto 252.3
– a gas 243.2
– a getto di acqua 80.4
– da incendio con motore a benzina 338.9
– di lavatura . 243.4
– – –, resistenza nella – e di miscela 130.2
–, manovella della 244.2
– di miscela . . 242.7 243.5
– – –, resistenza d'efflusso nella 130.1
– da olio 250.9, 277.8
– oscillante, corpo di 182.7
– da petrolio 250.10
– da pozzo comandata a motore ad essenza 331.2
– di prosciugamento 337.5
–, resistenza della 360.6
– di riempimento 242.7, 298.7
–, stantuffo della 244.7
– a stantuffo con trasmissione a ruote dentate 330.6
– – – tuffante . 251.2
– – – – oscillante 182.6

Pompe, actionnement des -s 244.1
- à ailettes . . 108.8
- à air 243.3
- - - à main . 248.1
- - - à simple effet 260.8
- - alcool . . 250.11
-, aspirer les gaz brûlés par une - auxiliaire 127.1
- de balayage . 243.4
- de canalisation 337.5
- - - avec commande à gaz 337.4
- centrifuge avec moteur à huile 331.1
- de circulation 321.9
- combinée à gaz et à air 243.5
- à combustible 250.8
- - -, la - fonctionne à vide 252.3
-s, commande des 244.1
-, corps de . . . 244.4
-, - de - à mouvement continu 251.9
-, cylindre de . 244.4
-, - de - à mouvement continu 251.9
-, distribution de la - de balayage et de la - à mélange 244.8
- à essence . . 251.1
- à gaz 243.2
- à huile 250.9, 277.8
- à incendie avec moteur à essence 338.9
-, manivelle de 244.2
-, - de - calée en avance 244.3
- à mélange . . 242.7
- - - tonnant . 243.5 298.7
-, moteur à deux temps à double effet avec - de circulation 330.4
- oscillante à piston plongeur 182.6
-, petit moteur avec - de circulation 330.5
- à pétrole . . 250.10
-, piston de . . 244.7
- à piston à commande par engrenage droit 330.6
- - - plongeur 251.2
- de puits avec moteur à huile 331.2
-, réglage par la - à combustible 252.2
- de remplissage 242.7, 298.7
-, résistance de la 360.6
-s, - des - de balayages et de remplissage 130.2
Pompe, soupape automatique de la - à mélange 245.1
Poner la distribución de escape para el ciclo de dos tiempos 294.1
- en marcha con combustible de baja temperatura de ebullición 258.8
- - - el generador 37.7
- - - la máquina 342.8, 343.8
- - - el motor . 291.3
Poor gas . . . 30.10
- mixture . . . 236.1
Pop, centre . 358.10
Popelkakessel 103.12
Popelka still 103.12
Poppet valve . 239.2
Porcelain insulation 287.5
- tube 282.1
Porcelana, aislamiento de 287.5
Porcellana, isolamento con 287.5
-, tubo di . . . 282.1
Poren, die - durch Dichthämmern schließen 343.3
Pores, to close the - by hammering 343.3
-, fermer les - par martelage . 343.3
Poreuse, fonte . 147.8
Poro, cerrar los -s 343.3
Poröser Guß . 147.8
Porosidad de la pared del cilindro 343.2
Porosità della parete del cilindro 343.2
Porosität der Zylinderwandung 343.2
Porosité de la paroi du cylindre 343.2
Porosity of the cylinder wall 343.2
Poroso, getto . 147.8
-, fundición -a . 147.8
Porous casting 147.8
Port 240.7
-, admission . . 240.8
-s, - valve with slide for closing gas 240.1
-, advanced opening of the 280.9
-, air admission 242.5
-s, bridge between the 241.2
-s, to cover the 241.6
-s, discharge velocity of the scavenging air through the 129.2
Ports, distribution by - on both sides of the piston 242.3
-s, - by means of 240.3
-, exhaust . . . 241.1
-s, to exhaust both through - controlled by the piston and through a valve 205.8
-s, exhaust - common to both ends of cylinder 241.8
-, gas admission 242.6
-s, overrunning of the - by the piston 241.4
-s, return - of gas pump 246.5
-s, ring of . . . 240.4
-s, - - admission 240.5
-s, - - exhaust 240.6
-s, to uncover the 241.5
Port 373.2
Porta del ceneraio 54.5
-, chiusura di . 54.6
- del focolare . 54.3
Portable alcohol engine 338.2
- engine, automobile 338.3
- -, balancing of the 338.4
- - plants . . . 337.8
- -, to stay the . 338.7
- gas engine . 337.9
- oil engine . . 338.1
Portage, longueur de - du piston 175.4
-, piston à . . . 176.5
-, surface périphérique de 175.6
Portare il carbone all'incandescenza col soffiare 35.3
- il robinetto di gas al punto di messa in moto 344.4
Portata dell'anima 147.5
Porte du cendrier 54.5
- - à-faux, cylindre monté en 158.4
- - -, volant monté en 190.1
-, fermeture de . 54.6
- du foyer . . . 54.3
- de nettoyage du laveur 70.6
Portée 154.8
-s, bagues à - coniques pour le rattrapage de jeu 180.1
-s, - à - coniques pour le resserrage 180.1
-s, baillement des - du joint 165.6
-s, étanchage au moyen de - rodées 165.2
Portées, formation d'un joint étanche au moyen de - rodées 165.2
- du joint 165.3, 312.11
- - -, refraichir au tour la 165.5
-, joint à - extérieure 165.7
-, - à - intérieure 165.8
- périphérique 175.6
-s, réalisation de l'étanchéité au moyen de - rodées 165.2
- sphérique dans le corps du palier 188.2
-, surface de - du coussinet 188.4
-, - de - du segment 172.1
Porter les charbons à l'incandescence par insufflation d'air 35.3
Porteruela del hogar 54.3
Porto 374.4
-, lettera di . . 374.8
Porzellanisolierung 287.5
-rohr 282.1
Posaunenrohr . 182.5 254.10
Posición de arranque, colocar la manivela en la 298.5
- de desembrague del trinquete 292.2
- de embrague del trinquete 292.1
- inclinada, tubo en U en 83.5
- de la manivela 193.5
- del punto muerto 192.8
- de reposo . . 55.8
- de reposo del inducido 285.4
- de servicio . 55.7
Position, to change over from the starting to the working 295.7
- of crank . . . 193.5
- at the dead center (centre) 192.8
-, „off“ 55.8
-, „on“ 55.7
- of rest of the armature 285.4
-, to set to the starting 295.6
-, to turn the crank to the starting 298.5
Position de déclanchement du cliquet 292.2
- d'enclanchement du cliquet 292.1
- de manivelle 193.5
- en marche . . 55.7

Position, passer de la - de démarrage à celle de marche 295.7
-, placer dans la - de démarrage 295.6
- du point mort 192.8
- au repos . . . 55.8
- de repos de l'induit 285.4
Positive blower 80.2
Posizione di disinnesto dell'arpione 292.2
- durante il funzionamento 55.7
- d'innesto dell'arpione 292.1
- della manovella 193.5
- obliqua della campana del gasometro 86.9
- di partenza, mettere in 295.6
- di riposo . . 55.8
Posto, montaggio sul 300.2
- di prova . . . 350.9
Pot d'aspiration 317.9
- -, bourdonnement du 318.5
- - en tôle . . . 318.4
- -, vibration sonore du 318.5
- d'échappement 319.3
- - à fermeture hydraulique 319.5
- - maçonné . 319.4
- à gravier . . 249.8
- de niveau constant 248.5
Potásico, legía -a 90.6
Potencia, cálculo de la 359.1
- calorífica, determinar la 97.6
- - máxima . . 97.3
- - mínima . . 97.4
-, constante de 359.8
- de difusión . . 3.6
- efectiva . . 359.10
- indicada . . . 359.9
- nominal . . . 360.2
-, regulación de la 227.4
Potencial, energía - de las moléculas 113.3
Potential energy of the molecules 113.3
Potentielle Energie der Moleküle 113.3
Potenza, costante di 359.8
- effettiva . . 359.10
- indicata . . . 359.9
- nominale . . 360.2
- del regolatore 272.4
-, regolatore di 272.5
-, regolazione della 227.4
Potenziale, energia 113.3
Potere calorifico, determinare il 97.6
Potere calorifico, determinazione del 97.1
- - massimo . . 97.3
- - minimo . . 97.4
- - superiore . 97.3
Poulie 329.1
- de commande 327.4
- commandée . 327.5
- à gorge . . . 329.7
- menante . . . 327.4
- menée 327.5
- motrice . . . 327.4
- -volant 210.7
Poupée de tour 149.7
Pourcent . . . 373.9
Poussée, came de 214.7
Poussier de charbon 25.6
- de coke . . . 25.8
-, réduction du charbon en 25.5
Poussière . . . 76.2
- de charbon . 25.7
- de coke . . . 25.8
-, dépôt de 76.5, 314.6
- fine 76.7
-, incorporer la - à de l'eau 76.10
- incrustée . . 314.5
- de pétrole . . 254.1
-, poche à . . . 76.6
-, précipiter la . 76.9
-, séparateur de 76.4
-, teneur en - en mg par cm³ 76.3
Povero, gas . . 36.5
- di gas, carbone 22.8
-, miscela -a . . 236.1
Power brake . 357.1
-, determination of calorific 97.1
-, driving by gas 332.2
- gas 33.7
- - plants, danger of poisoning in 350.1
- - -, risk of poisoning in 350.1
-, gas engine for high 323.4
- governor . . 272.5
- of the governor 272.4
-, ignition . . . 279.6
-, regulating . . 271.6
- regulation for small pump 227.4
-, testing the brake 356.9
- and water consumption for cleaning 79.4
Pozo de aspiración 318.1
- de clarificación 72.1
-s de filtración 321.5
- silenciador . 319.6
Pozzo di aspirazione 318.1
-i filtranti, scarico dell' acqua di raffreddamento in 321.5
-o del generatore 49.3
Practical experience 347.7
Praktischer Luftbedarf 7.1
-e Verbrennungstemperatur 6.7
Prallstift zur Ausdehnung der Flamme 264.3
-stück 229.7
-wand des Teerabscheiders 75.4
Praticare un intaglio nell'inviluppo presso la flangia di estremità 162.4
Préalable, épurateur 67.2
-, épuration . . 66.11
-, essai 351.2
Precessione, angolo di 208.4
Precio 370.1
-, aumento de . 370.7
- de compra 370.3, 370.9
-, diferencia de 348.3
- de fábrica . . 370.4
- por mayor . . 370.5
- original . . . 370.6
Precipitación . . 4.4
Precipitar 4.5
- el polvo . . . 76.9
Precipitare . . . 4.5
- la polvere . . 76.9
Precipitate, to . . 4.5
-, to - the dust 76.9
Precipitation . . 4.4
Précipitation . . 4.4
Precipitazione . . 4.4
Précipiter 4.5
- la poussière . 76.9
Pre-heated air . 41.3
Preis 370.1
-abzug 370.8
-aufschlag . . . 370.7
-, Einkauf- . . . 370.3
-, Engros- . . . 370.5
-, Fabrik- . . . 370.4
-, Grund- . . . 370.6
-liste 369.11
-, Selbstkosten- 370.2
-, Über- 370.7
-unterschied . . 348.3
-verzeichnis . . 369.11
-zuschlag . . . 370.7
Preliminar, depuración 66.11
-, escape 205.7
Preliminare, prova 351.2
Preliminary cleaning 66.11
- heating of the blast 64.9
- purification 66.11
- purifier . . . 67.2
- test 351.2
- trial 351.2
Premature ignition 280.1
Prématuré, allumage 280.1
Prematuro, accensione -a 292.7
Premente, alette -i 78.7
-, valvola . . . 245.3
-, ventilatore . 82.3
Prendere l'aria dal cilindro 260.4
Prendere l'aria dall'esterno 260.7
- un brevetto . 378.7
- il campione . 88.7
- un diagramma 354.6
- il gas dal basso 44.7
- il provino del gas 88.7
Prendre l'air au dehors 260.7
- en brevet . . 378.7
- un diagramme 354.6
- l'échantillon de gaz 88.7
Prensa para briquetas 29.1
-, embutir con la - la rueda 211.4
Prensa-estopas, caja del 180.4
- -, empaquetadura de 179.2
- - para gas . . 179.3
- -, guarnición de 179.2
- - Schwabe . . 180.3
Prensa de forja 146.2
Preparación de la cimentación 306.1
- mecánica del carbón 23.7
Preparar los engrasadores 344.1
Préparation mécanique du charbon 23.7
Preparatorio, depurador 67.2
-, vaporizador . 41.6
Preparazione della fondazione 306.1
- meccanica del carbone 23.7
Prepared mixture, to scavenge with the 128.8
Presa, arpione di 289.8
- di aspirazione 317.10
- della corrente, morsetto di 286.9
- del gas . . . 63.8
- - - centrale . 47.6
- - - laterale . 47.5
- - -, tubo di - in forma di graticola 48.4
Prescrizioni pel motaggio 301.1
Presellatura, chiudere i pori con 343.3
Presión de acceso 223.4
- de aceleración 195.7
- de admisión . 295.3
- del aire . . . 10.12
- de aspiración 119.8
- atmosférica . 10.12
- axial, compensación de la 156.2
- de combustión 123.7
-, compensación de 84.2

Presión constante, turbina de gas á 365.1
- de elevación en m de agua 337.7
- de escape . . 125.4
-, exceso de . . 82.6
- de la explosión, recibir la 187.2
- de expulsión 125.5 128.8
- final de la compresión 121.10
- del gas, regulador de la 85.3
- - -, regulador de la - de Stott 85.5
-, instalación gasógena á 87.5
- en la junta . 165.4
- del manguito 272.1
- máxima, duración de la 123.8
- media indicada sobre el émbolo 359.7
- mínima del agente expulsor 128.9
- muy variable 84.3
- normal . . . 112.1
- - sobre la resbaladera 194.10
- de paso . . . 129.4
- de prueba en frío 161.3
- en el recipiente de aire comprimido 297.8
- de retardo . . 196.1
- de la roldana 223.3
- á que está sometida la superficie interior del cilindro 159.8
- tangencial del botón de la manivela 195.1
- -, diagrama de la 195.3
- en la tubería 321.3
- del ventilador 82.4
- del viento de la máquina soplante 336.4
Preßkohle . . . 28.8
-luft 259.8
- -, hochgespannte 296.2
- -, Wassergasprozeß mit Einführung von 86.2
- -, Zerstäubung durch 259.3
Press, briquette 29.1
-, drill- 148.6
-, forging . . . 146.2
Pressa per mattonelle 29.1
Presse, Schmiede- 146.2
Presse à briquettes 29.1
- à forger . . . 146.2
Pressed coal . 28.8
Pression 82.6
- d'accélération 195.7
- - négative . . 196.1
- d'admission . 295.3
- de l'air . . . 10.12
Pression à l'aspiration 119.8
- atmosphérique 10.12
- de balayage . 128.8
-, brûler le gaz sous - constante 365.2
- de la canalisation 321.2
- de combustion 123.7
-, compensation de 84.2
-, chute de - entre le réservoir et le cylindre 129.1
- d'échappement 125.4
-, écoulement sous - d'air 247.8
-, égalisation de - entre le cylindre et l'atmosphère 125.3
- d'entrée . . . 223.4
- d'épreuve à froid 161.3
-, étrier de . . . 55.5
- d'explosion . 123.7
- d'expulsion . 125.5
- finale de compression 121.10
-, frottement dû à la - de guidage du mécanisme de transmission 176.1
- du galet . . . 223.3
- du joint . . . 165.4
- du manchon 272.1
- minimum de l'agent de balayage 128.9
- moyenne indiquée sur le piston 359.7
- normale . . . 112.1
- - sur la glissière 194.10
- de passage . 129.4
- présentant de fortes fluctuations 84.3
-, réception axiale de la 156.2
-, recevoir la - de l'explosion 187.2
- dans le récipient d'air comprimé 297.8
- de refoulement en m d'eau 337.7
-, régulateur de - du gaz 85.3
-, - de - de gaz de Stott 85.5
-, turbine à gaz à - constante 365.1
-, - à un seul étage de 365.6
-, variation de - dans l'engrenage 210.5
- du vent de la soufflerie 336.4
- de ventilateur 82.4
Pressione d'accelerazione 195.7
- di ammissione 295.3
- dell'aria . . . 10.12
- di aspirazione 119.8
Pressione assiale, ricevere una 156.2
- atmosferica . 10.12
- -, spazio a . . 85.1
- di combustione 123.7
- nella condotta 321.3
- costante, calore specifico a 112.3
- -, turbina a gas a 365.1
- durante la lavatura 128.8
-, eccesso di . . 82.6
- d'efflusso . . 129.4
- all' entrata . 223.4
-, equilibro di . 84.2
- di esplosione 123.7
- d'espulsione . 125.5
- finale di compressione 121.10
- sul manicotto 272.1
- media del gas impiegato per la lavatura 128.9
- - indicata sullo stantuffo 359.7
- molto variabile 84.3
- normale . . . 112.1
- - sulle guide 194.10
- di prevalenza in m di colonna d'acqua 337.7
-i prodotte dalle masse 195.5
-e di prova a freddo 161.3
-, ricevere la - dello scoppio 187.2
- ritardatrice . 196.1
- a ritorno, valvola di 336.7
- della rotella . 223.3
- di scarico . . 125.4
- nel serbatoio d'aria 297.8
- sulle superfici di tenuta 165.4
-, ugello di . . 38.9
- del ventilatore 82.4
- del vento della soffiante 336.4
Pressoio da fucina 146.2
Pressung, Ventilator- 82.4
Pressure 82.6
-, acceleration . 195.7
-, admission . . 295.3
- in air receiver 297.8
-, atmospheric . 10.12
-, back 125.7
-, blast . . 82.4, 336.4
-, blower 82.4
- of the cam bowl 223.3
- - - - roller . 223.3
-, change of - on the teeth 210.5
-, coefficient for converting mean effective - into indicated horsepower 359.8
-, cold test . . . 161.3
-, combustion . 123.7
-, - at constant 118.2
-, connecting rod 194.9
Pressure, curve of constant 115.6
- cycle 117.6
-, cycle in which heat is supplied at constant 118.1
-, deceleration . 196.1
-, discharge - in m. of water 337.7
- at the end of compression 121.10
-, equalization of 84.2
-, - of the - in the cylinder 125.3
- equalizing passage 205.2
- exerted by the masses 195.5
- during exhaust stroke 125.4
- at expulsion 125.5
- fan 82.3
-, fan 82.4
- gas 38.2
- - plant . . . 87.5
- - producer . 38.3
-, greatly varying 84.3
- on the joint . 165.4
-, lifting 223.4
- line, constant 115.6
- in mains . . 321.3
-, mean effective 359.7
-, - indicated . 359.7
-, most efficient cycle for a given fall of 117.5
-, overflow . . . 129.4
-, piston 194.8
-, relieving - in cylinder before opening main exhaust valve 205.7
-, retardation . 196.1
-, reversal of - in the piston rod and connecting rod 197.2
- at right angles to the guide 194.10
-, scavenging . 128.8
-, specific heat at constant 112.3
- stage, turbine with single 365.6
-, standard . . . 112.1
- stirrup 55.5
-, to take up the explosion 187.2
- valve, return 336.7
- vane 78.7
- -volume diagram 114.9
- on the working surface of the cylinder 159.8
Presupuesto . 369.9
Prevalenza, pressione di - in m di colonna d'acqua 337.7
Preventing suction 226.2
Prevention, rules for the - of accidents 385.8
Preventivare . 369.8
Preventivo di costo 369.8
-, riscaldamento - del combustibile 257.2

Previo, depuración -a 66.11
Prezzo 370.1
- di acquisto . 370.3
- -corrente . . 369.11
- di costo . . . 370.2
-i, distinta dei 369.11
-o di fabbrica . 370.4
- fondamentale 370.6
-i, lista dei . 369.11
-o, ribasso del . 370.8
- unitario . . . 370.6
- della vendita all'ingrosso 370.5
Price 370.1
-, base 370.6
-, difference in - between two fuels 348.3
-, factory . . . 370.4
- list 369.11
-, purchase 370.3, 370.9
- reduction . . 370.8
-, wholesale . . 370.5
- at works . . . 370.4
Prick punch . 145.1
Pricker 266.5
Prima legge della termodinamica 114.5
Primary air . . 255.8
- exhaust port 205.9
Prime cost 370.6, 372.3
Primitivo, circolo 222.2
Principal 380.11, 381.1
-, cono 205.4
-, vaporizador . 41.5
Principale . . 380.11
Principe, premier - de la thermodynamique 114.5
-s terreux et bitumogènes du charbon 26.3
Principi fondamentali di chimica 1.1
- terrosi del carbone 26.3
Principio, primer - de la termo-dinámica 114.5
-s terrosos del carbón 26.3
Primer oficial . 148.2
Print, core . . 147.5
Prise de courant, borne de 286.9
- de la fondation 308.7
Prisionero . . 175.1
Prismatic engine bed 152.5
Prismatico, incastellatura a forcella -a 152.5
Prismático, bastidor vertical 152.5
Prismatisches Bockgestell 152.5
Privativa . . . 378.5
-, domandare la 378.6
-e, legge delle 378.8
Privée, centrale 381.5
Privilegio . . . 378.5
Prix 370.1
- d'achat 370.3, 370.9 372.3
- de base . . . 370.6
-courant . . 369.11
Prix coûtant . 370.2
- de fabrique . 370.4
- fondamental . 370.6
- de gros . . . 370.5
-, majoration de 370.7
- de premier établissement 372.3
- de revient . . 370.2
- spécifique de la chaleur 348.1
-, supplément de 370.7
Probar, máquina para - los cuerpos à la tracción 140.3
Probe 140.1
-druck, kalter . 161.3
-flamme 60.3
-,Wasserdruck- - des Kühlraums einstückiger Zylinder 161.2
Probeta calibrada 91.2
- de gas de Bunte 91.6
- graduada . . 91.7
Probierhahn . 248.4
-maschine . . 139.12
Probieren, das Gas 60.2
Procédé du cycle à deux temps 126.4
- - - à quatre temps 118.9
- d'étalonnage 355.9
- par explosion 118.4
- par oscillation 356.1
- à pression constante 118.1
- de tarage . . 355.9
Procedimento per oscillazioni 356.1
- a pressione costante 118.1
- di verifica . . 355.9
Procedimiento del contraste 355.9
- del cracking 104.2
- por oscilaciones 356.1
Procédure, frais de 377.9
Procès 377.6
Proceso 377.6
- del ciclo de cuatro tiempos 118.9
- - - de dos tiempos 126.4
- de la combustión 5.6
- de explosión 118.4
- de formación del gas de agua por inyección de aire comprimido 36.2
- - - del gas de aire 34.2
- - - del gas pobre 36.6
- de presión constante 118.1
- químico para la formación del gas de agua 34.9
- químico del gas en el generador 33.8
- térmico irreversible 115.1
Proceso termo-dinámico 116.9
Process of combustion 5.6
-, cracking . . . 104.2
-, Dowson-gas . 36.6
- of formation of air gas 34.2
- - - of producer gas 33.8
- - - of water gas 34.9
-, thermodynamic 116.9
-, water-gas - by introduction of compressed air 36.2
Processo 377.6
- di combustione 5.6
- cracken . . . 104.2
- a due tempi . 126.4
- ad esplosione 118.4
- di formazione del gas d'aqua 34.9
- - - - - d'acqua con iniezione d'aria compressa 36.2
- - - - - d'aria 34.2
- - - - - di generatore 33.8
- - - - - misto 36.6
- a quattro tempi 118.9
- di regolazione 264.4
- termodinamico 116.9
Processus de combustion 5.6
- de formation du gaz à l'air 34.2
- - - du gaz à l'eau 34.9
- - - du gaz à l'eau avec introduction d'air comprimé 36.2
- - - du gaz de gazogène 33.8
- - - du gas mixte 36.6
- du réglage . 267.4
Prodotto 368.4
- di combustione 5.9
- di decomposizione 4.6
- di distillazione 8.6
- - - del petrolio 102.4
Producción . . 368.2
- del calor . . . 14.9
- de cok 66.3
- continua de la mezcla activa bajo presión 365.8
- de gas 31.1
- de humo al encender 60.1
- intermitente de la mezcla activa bajo presión 366.1
-, coste de . . . 372.4
- de interés . . 373.7
Produce, to - a high compression by injection of water 122.5
Producer, annular 46.1
- base 49.8
- -, boshes of the 49.9
-, to blow up the 59.6
- body 49.3
- -, capacity of the 49.4
- -, cross sectional area of the 49.5
-, Boutillier . . 45.1
-, to charge the 56.9
-, choking of the 60.12
- for clinkering coal 41.8
-, the - becomes cold 59.1
-, Crossley . . . 45.5
-, double 47.4
- with double body 47.7
- with double charging 47.7
-, to draw up the 59.6
-, Faugé 44.5
-, Fichet and Heurty 46.4
-, Fielding . . . 44.2
-, formation of smoke whilst starting the 60.1
-, gas- 33.6
- -gas 33.5
- - engine . . 324.2
- -, process of formation of 33.8
- without grate 58.4
- with grate carriage 42.3
-, Güldner . . . 41.4
- with inserted retort 44.8
-, inverted working of 44.4
-, Lencauchez gas 39.1
-, loss on blowing-up the 62.6
-, - - starting the 62.6
-, Mond gas . . 42.7
- operation . . 56.8
- parts 49.2
-, peat-gas - (Körting) 48.2
-, pressure gas . 38.3
-, ring 46.1
- with rising and falling grate 42.4
- shaft 49.3
- sole 49.8
-, solid bottom . 58.4
-, to start the . 59.6
-, steam boiler of the pressure gas 38.4
-, step grate . . 42.1
-, suction gas . 39.5
-, tar separation in a separate 46.2
- temperature, keeping the - low by introducing large quantities of steam 43.2
-, two fire . . . 47.4
- with two zones of combustion 46.3
-, type of . . . 37.4
-, underfeed twin 48.1

Producer with water-cooled iron body 42.2
–, water-gas . . 35.6
–, Whitfield . . 43.5
- working with combustion in two stages 45.8
Producir la chispa 289.1
Product of combustion 5.9
-s – –, engine in which the – are withdrawn from the cylinder 126.9
– – –, expansion of the 124.3
- of distillation . 8.6
- of disunion . . 4.6
- of separation . 4.6
Producteur-vendeur 380.8
Production . . 368.2
–, costs of . . . 372.4
–, gas 31.1
–, heat 14.9
Production de chaleur 14.9
- continue de l'agent moteur sous pression 365.8
–, frais de . . . 372.4
- de gaz 31.1
- d'intérêts . . 373.7
- intermittente de l'agent moteur sous pression 366.1
Productiveness 373.3
Productivité financière 373.3
Producto . . . 368.4
- de combustión 5.9
- de desdoblamiento 4.6
- de destilación . 8.6
- – – de nafta . 102.4
- financiero . . 373.3
-s secundarios, horno para extraer 65.10
Productor . . . 380.8
Produit 368.4
- de la combustion 5.9
- de dédoublement 4.6
- de distillation . 8.6
- de la distillation du pétrole 102.4
Produktionskosten 372.4
Produttività finanziaria 373.3
Produttore del contatto 285.10
Produzione di calore 14.9
- di coke . . . 66.3
- continua di miscela attiva 365.8
- del gas . . . 31.1
- di gas, effetto utile della 62.5
- intermittente di miscela attiva sotto pressione 366.1
Professionale, associazione 346.4
Profilarm . . . 190.7
-eisen 135.7
–, Normal- . . . 135.8
Profil normal . 135.8
Profilato, ferro 135.7
Profile arm . . 190.7
Profilé, bras . . 190.7
- de fer 135.7
Profilo ad arco di circolo delle leve di rotolamento 220.4
- normale . . . 135.8
- della razza . 190.7
- rettilineo della leva di rotolamento 220.3
Profondeur d'immersion du thermomètre 19.6
Profondità d'immersione del termometro 19.6
Profundidad de inmersión del termómetro 19.6
Projecting part of the mercury column 19.7
Projection du galet 223.8
- de l'huile (par action centrifuge) 279.2
Prolongación de la canal 282.10
Prolonged expansion 124.7
Prolongement du canal 282.10
Prolungamento del canale 282.10
Prononcer la sentence 378.1
Pronunciar la sentencia 378.1
Pronunciare la sentenza 378.1
Prony brake . 357.3
Pronyscher Zaum 357.3
Prop 229.2
Propagation, velocity of flame 263.4
Propagation. vitesse de – de la flamme 263.4
Properties of materials 138.13
Propietà dei materiali 138.13
Propilene . . . 13.4
Propileno . . . 13.4
Proporción de agua en el alcohol 104.9
– – – del calorimetro 98.4
- aparente de alcohol 105.1
- entre las bielas 192.2
–, defectuosa - de la mezcla 236.4
- efectiva de alcohol reducido á 15 grados 105.2
–, de equilibrio entre CO y CO_2 34.5
Proporción de expansión 124.6
- entre los pesos de los elementos del gas 88.6
- variable de gas en la mezcla 234.6
- - de transmisión 219.5
- entre los volumenes de los elementos constitutivos del gas 88.5
Proporcionar . 369.3
Proportion of compression space 123.8
–, variable - of gas in the charge 234.6
Proposición . . 369.7
Propre, résistance 360.5
Propriedades de los materiales 138.13
Propriétaire . 379.10
Proprietario . 379.10
Propriété des matériaux 138.13
Proprietor . . 379.10
Propylen . . . 13.4
Propylene . . . 13.4
Propylène . . . 13.4
Prosciugamento, pompa di 337.5
Protección contra llamas abiertas 249.4
Protection against open flames 249.4
Protection contre les flammes non abritées 249.4
Protegido, motor vertical 325.6
Protezione contro le fiamme aperte 249.4
–, lamiere per inviluppo di 135.2
Protoxyde de carbone 11.12
Prova . . 350.6, 350.7
- ausiliare . . . 351.3
- di collaudo 350.12
- a freddo, pressione di 161.3
- al freno . . . 356.9
- idraulica della camera di raffredamento per cilindri in un pezzo 161.2
- inappuntabile 351.1
- dei materiali 139.9
- preliminare . 351.2
–, relazione sulla 140.2
–, robinetto di . 248.4
- della temperatura della fiamma 265.8
- di verifica . . 356.2
Provare il gas . 60.2
- la tenuta dello stantuffo 343.1
Proveedor . . . 369.4
Provetta 140.1
Provino 140.1
- di petrolio Abel 101.4
- del punto d'accensione 101.7
Provision . . . 384.9
Provvigione . . 384.9
Proyección del aceite por acción centrífuga 279.2
Prozent 373.9
Prozeß 377.6
–, Diesel- 117.6
–, Gleichdruck- 117.6
–, thermodynamischer 116.9
Prueba = ensayo = experimento 350.7
- auxiliar . . . 351.3
- de contraste . 356.2
- hidráulica de la cámara refrigeradora 161.2
- de los materiales 139.9
- preliminar . . 351.2
- para la recepción 350.12
Prüfen, die Ausführung der Maschine 342.9
–, die Batterie auf Spannung 284.6
–, den Kolben auf Dichtigkeit 343.1
Prüfer, Flammpunkt- 101.7
Prüfung der Flammentemperatur 265.8
-smaschine . 139.12
–, Material- . . 139.9
-szeugnis . . . 140.2
Prussic acid . . 14.3
Prussico, acido 14.3
Prussique acide 14.3
Pseudo-astatic governor 271.3
Pseudo-astatico, regolatore 271.3
Pseudoastatischer Regler 271.3
Puddeleisen . . 133.1
Puddled iron . 133.1
Pudelado, hierro 133.1
Pudellato, ferro 133.1
Puerta de cenicero 54.5
Puesta en marcha = arranque
– – – por mecanismo de lanzamiento 293.5
– – – por medio de aparato de arranque 293.5
– – – por el volante 293.4
Puffer, Luft- . . 233.4
Puissance, calcul de la 359.1
- calorifique brute 97.3
- –, calculer la – d'après l'analyse 98.1
- –, détermination de la 97.1
- –, – chimique de la 97.7
- –, déterminer la 97.6

Puissance calorifique, déterminer la - du charbon 99.3
- -, - - - par voie calorimétrique 98.2
- - nette 97.4
-, constante de 359.8
- effective . . 359.10
- indiquée . . . 359.9
-, moteur à gaz de faible 323.5
-, - - - de grande 323.4
- nominale . . 360.2
- du régulateur 272.4
Puiser l'air dans le cylindre 260.4
Puits d'aspiration 318.1
Puleggia per cigna 329.1
- comandata . 327.5
- condotta . . . 327.5
- per fune . . . 329.7
- motrice . . . 327.4
Pulir 150.9
Pulire l'orifizio del becco 266.4
-, punta per . . 266.5
- lo stelo . . . 207.1
Pulitura esterna 349.5
- interna . . . 349.4
- della macchina 349.3
-, apertura per la 167.1
Pulley, belt . . 329.1
- block 302.2
-, driven 327.5
-, driving . . . 327.4
-, following . . 327.5
-, rope 329.7
Pulling out the piston rings 173.9
Pulmón 84.5
- de goma . . . 84.6
-, pulsación del 84.7
Pulsschlag des Gasbeutels 84.7
Pulsación, diagrama de los -es 84.7
- del pulmón . 84.7
Pulsation, diagram of the 84.8
- of the gas bag 84.7
- - - - column 319.1
-, gas rarefied by 319.2
Pulsations, diagramme des 84.8
- de la poche à gaz 84.7
Pulsazione del polmone di gas 84.7
Pulvérisateur . 255.4
- d'alcool . . . 255.6
- d'eau 69.7
- d'essence . . 255.5
- de pétrole . . 255.7
-, soupape creuse de 256.3
Pulvérisation, air de 255.8
- à l'air comprimé 259.3
-, carburateur à 256.1
-, carburation par 255.3
Pulvérisation, champignon de 256.7
- du charbon . 25.5
-, épurateur à . 68.5
-, plaque de . . 262.6
-, surface de . . 256.8
-, tuyère de - de Körting 70.3
Pulverised bog-ore 73.9
Pulverización por aire comprimido 259.3
- del carbón . 25.5
-, carburador de 256.1
-, depurador de 68.5
-, platillo cónico de 256.7
-, superficie de 256.8
-, válvula hueca de 256.3
Pulverizador . 255.4
- de agua . . . 69.7
- de alcohol . . 255.6
- de bencina . 255.5
- de petróleo . 255.7
Pulvérulente, limonite 73.9
Pulviscolo di petrolio 254.1
Pumpwerk, Kanalisations- - mit Gasantrieb 337.4
Pump, air . . . 248.3
-, alcohol . . . 250.11
-s, to arrange the - alongside the cylinder 248.9
-s, - - the - under the floor 248.8
-, automatic valve of the charging 245.1
- barrel 244.4
- -, enlargement of the bore of the 251.4
- body, oscillating 182.7
-, bye-pass governing by the gas 246.4
-, centrifugal- - driven by oil engine 331.1
-, charging 242.7, 298.7
-, circulating . 321.9
-, combined air and gas 243.5
- crank 244.2
- - in advance 244.3
- cylinder . . . 244.4
-, driving of . . 244.1
-, to exhaust by means of an auxiliary 127.1
-, fuel 250.8
-, the fuel - is running idle 252.3
-, gas 243.2
-, governing by controlling the fuel 252.2
-, hand air . . . 248.1
-, mixture . . . 243.5
-, oil . . . 250.9, 277.8
-, oscillating plunger 182.6
-, petrol 251.1
-, petroleum . 250.10
Pump piston . 244.7
-, piston - with spur gearing 330.6
-, plunger . . . 251.2
- plunger, to vary the stroke of the 252.4
-, semi-rotary . 108.8
-, sewage . . . 337.5
-, single acting air 260.8
-, small gas engine driving freshwater 330.5
- resistance . . 360.6
-, return ports of gas 246.5
-, scavenging . 243.4
-, valve head of air 261.1
-, well - priven by oil engine 331.2
-, wing 108.8
Pump, to - up the gasometer 86.6
Pumpe, Abwässer- 337.5
-nantrieb . . . 244.1
-, Benzin- . . . 251.1
-, Brennstoff- . 250.8
-, Brunnen- - mit Ölantrieb 331.2
-, Flügel- . . . 108.8
-, Füll- . . 242.7, 298.7
-, Gas- 243.2
-, Gemenge- . . 243.5
-, Gemisch- . . 298.7
-, Handluft- . . 248.1
-nkammer . . . 251.3
-, Kanalisations- 337.5
-nkolben . . . 244.7
- -hub, den - ändern 252.4
-, Kolben- - mit Stirnradantrieb 330.6
-körper, drehbar gelagerter 182.7
-kurbel 244.2
- -, voreilende . 244.3
-, Lade- 242.7
-, Luft- 243.3
-, Öl- . . . 250.9, 277.8
-, Petroleum- 250.10
-, schwingende Tauchkolben- 182.6
-, Spiritus- . . 250.11
-, Spül- 243.4
-nstiefel, ständig bewegter 251.9
-, Tauchkolben- 251.2
-, Umlauf- . . . 321.9
-, Wasserstrahl- 89.4
-nwiderstand . 360.6
-, Würgel- . . . 108.8
-, Zentrifugal- - mit Ölantrieb 331.1
-, Zirkulations- 321.9
-nzylinder . . . 244.4
Punch 145.2
-, center (centre) 145.1
-, prick 145.1
Punch, to . . . 144.9
Punkt, Ablauf- 222.10
-, astatischer . . 271.4
-, Auflauf- . . . 222.9
-, Wende- - der C-Kurve 271.4
-, Zünd- 279.8
Punta . . 145.1, 352.9
- americana . . 148.8
- comune da trapano 148.7
-e fisse 286.7
-a girevole . . 213.3
- per pulire . . 266.5
- a spirale . . . 148.8
- spostabile . . 234.2
- tagliente . . . 358.9
Punta cortente 358.9
-s fijas 286.7
- del inyector . 93.4
-s de platino, oxidación de las 286.8
Punteruolo . . 145.1
-, segnare col . 144.8
Punto d'accensione 101.6, 193.1, 279.7, 279.8
- -, provino del 101.7
- di apertura . 222.9
- di appoggio della leva 215.9
- astatico . . . 271.4
- di bollitura . 146.8
- di chiusura 222.10
- d'ebollizione 19.2
- -, olio a - basso 100.5
- fisso del termometro 18.9
- d'inflessione . 271.4
- di messa in moto, portare il robinetto di gas al 344.4
- morto 192.8
- - esterno . 192.10
- - fra la corsa di introduzione e di scarico 193.2
- - interno . . 192.9
- - nella circolazione d'acqua 167.3
- di partenza, mettere la manovella al 298.5
- di riposo del l'indotto 285.4
- di rotazione fisso 216.1
- di scatto costante 235.3
- di temperatura massima della fiamma 265.7
- zero del termometro 19.1
Punto de apoyo de la palanca 215.9
- astático . . . 271.4
- constante de desconexión 235.5
- - de disparo . 235.5
- de ebullición 19.2
- - - alto, aceite de un 100.6
- - - bajo, aceite de un 100.5
- de encendido 279.8
- de entrada . . 222.9
- fijo de giro, palanca de envolvimiento con 218.1
- - del termómetro 18.9
- de ignición . 101.5

Punto de inflamación 101.5, 101.6, 279.8
- - -, aparato para determinar el 101.7
- de inflexión de la curva característica 271.4
- muerto entre las carreras de admisión y de escape 193.2
- - exterior . 192.10
- - de la ignición 193.1
- - interior . . 192.9
- - -, posición del 192.8
- de salida . 222.10
Punzón . 145.1, 145.2
-, trazar con el 144.8
Punzone 145.2
Purchase price 370.3
370.9
Purchaser . . . 379.6
Pureté, degré de 66.9
- du mélange . 236.3
Pureza de la mezcla 236.3
Purezza, grado di 66.9
- della miscela 236.3
Purga del cilindro de combustión 127.5
-, orificio de . . 167.1
Purgar del fango la cámara de agua refrigeradora 167.8
Purge du cylindre 127.5
-, robinet de . . 317.2
-, soupape de . 317.1
Purification, dry 72.6
-, final 67.1
- of gas 66.5
-, preliminary . 66.11
-, wet 67.7
Purifier arranged in stages 74.1
-, baffle 75.3
-, bog-ore . . . 73.8
-, box 72.8
-, dry 72.7
- fan, gas . . . 77.2
-, final 67.3
-, gas 66.6
-, jet 68.5
-, oil 278.1
-, preliminary . 67.2
-, sawdust . . . 73.1
-, Theisen . . . 78.1
-, wet 67.9
Purify, to - the washing water 71.9
Purifying material 72.9
- -, regeneration of the 72.10
Purifying plant 66.10
Purity, degree of 66.9
- of the mixture 236.3
Push rod . . . 229.6
Put, to - one end of the cylinder out of action 344.6
-, to - the ignition out of action 347.1
-, to - in the piston 168.5
Putting the engine on half 293.7
Putty 138.10
Putzloch 147.6
- -, das - wasserdicht schließen 170.8
-luke 70.6
-öl 103.2
Pycnometer . . 100.4
Pyknometer . . 100.4
Pyridin 106.3
Pyridine 106.3
Pyrite, débarrasser le charbon de la 23.9
Pyrites, to free coal from iron 23.9
Pyrogallic acid, alkaline solution of 91.1
Pyrogallollösung 91.1
Pyrogallol, solution alcaline de 91.1
Pyrogallussäure 91.1
Pyrometer . . . 20.2
-, elektrisches - von Le Chatelier 21.1
-, Férysches . . 21.9
-, Graphit- . . . 20.3
-, Metall- 20.4
-, optisches . . 21.6
-, Wannersches 22.1
Pyrometer . . . 20.2
-, electrical resistance 20.5
-, Féry's 21.9
-, graphite . . . 20.3
-, Le Chatelier's electrical 21.1
-, metal 20.4
-, optical 21.6
-, radiation . . 21.6
-, Wanner's . . 22.1
Pyromètre . . . 20.2
- électrique de Le Chatelier 21.1
- de Féry . . . 21.9
- à graphite . . 20.3
- métallique . . 20.4
- optique . . . 21.6
- de Wanner . 22.1
Pyrometric cones 21.7

Q.

Quader, Granit- 306.8
-, Sandstein- . . 306.7
Quadrateisen . 136.4
Quadro di distribuzione 334.4
-, ferro 136.4
Qualità del gas 60.4
Qualitätsregulierung 234.5
Qualitatif, coefficient - du moteur 361.4
Qualitativa, analisi 88.1
-, regolazione . 234.5
Qualitative Analyse 88.1
Qualitative analysis 88.1
Qualitative, analyse 88.1
Qualité, coefficient de - du moteur 361.4
Quality of the gas 60.4
- governing . . 234.5
Quantità d'aria effettivamente necessaria 7.1
- d'aria teoricamente necessaria 6.10
- di calore fornita 114.6
- - - introdotta nel ciclo 360.9
- - - trasformata in lavoro indicato 361.3
- - - per unità di volume 348.2
Quantità di gas per 1 kg di combustibile 62.2
- - - in m³ per kg di combustibile 62.2
- - - all'ora . . 62.4
- oraria di gas 62.4
Quantitativa, analisi 87.10
Quantitative Analyse 87.10
Quantitative analysis 87.10
Quantitative, analyse 87.10
Quantitätsregulierung 232.5
Quantité d'air pratiquement nécessaire 7.1
- - réellement nécessaire 7.1
- - théoriquement nécessaire 6.10
- de chaleur fournie au gaz 114.6
- - - introduite dans le cycle 360.9
- - - transformée en travail indiqué 361.3
- par unité de volume 348.2
- de gaz par heure 62.4
- - - en m³ par kg de combustible 62.2
Quantity of air required, actual 7.1
- - - -, theoretical 6.10
- of dust in mg. per cubic meter 76.8
Quantity of gas produced in cubic meters per kg. of fuel 62.2
- - - - per hour 62.4
- governing . . 232.5
- of heat supplied 114.6
- - - taken in during the cycle 360.9
- - - transformed into indicated work 361.3
- - - per unit of volume 348.2
-, to measure the - of the gas during the falling gasometer 86.8
Quarter bend . 310.6
Quartz sand free from clay 308.1
Quarzsand, tonfreier 308.1
Quattro tempi, ammettere l'aria compressa in 295.2
- -, regolazione dei motori a 227.2
Quebradizo . . 139.6
Quebrantadora de carbón 24.6
Quecksilberfaden 19.5
-füllung 94.9
-thermometer . 18.2
- - mit Kohlensäurefüllung 18.3
- - mit Stickstofffüllung 18.4
Quemador de bencina 268.5
Quemar 122.8
- el gas en una cámara bajo presión constante 365.2
-se lentamente debajo de las cenizas 58.3
-, leña para . . 29.10
Querbohrung des Kolbens 251.6
-feder 270.4
-haupt 177.7
-hobelmaschine 150.1
Quercia, legno di 306.9
Quetschhahn . 88.10
Quench, to - the ashes 61.9
Queue d'aronde, rainure en 189.5
- de soupape . 201.4
Química, nociones fundamentales de 1.1
Químico, compuesto 2.7
-, fórmula -a . . 2.9
-, reacciones -as . 3.7
-, símbolo . . . 2.10
Quitanza . . . 371.2
Quittance . . . 371.2
-, donner . . . 371.3
Quittieren . . . 371.3
Quittung . . . 371.2
Quotient différentiel du n^{me} degré 110.4

R.

Rabais 370.8
Rabattement, vaisseau de remplissage à 56.5
Râble 61.6
Raboter 149.9
–, machine à . 149.10
– à nouveau le segment 173.1
Raboteuse . . 149.10
Raccoglitore dei depositi 71.2
– d'olio . 275.6, 279.3
Raccolta dell'acqua, recipiente di 316.12
Raccord double 313.6
–, écrou à . . . 311.4
– fileté 313.5
Raccordement tangentiel des courbes 222.8
– de tuyaux . . 311.2
Raccordo . . . 222.11
–, curva di – parabolica 152.3
– filettato . . . 313.5
– tangenziale delle curve 222.8
Race, crank . . 155.1
–, flywheel . . . 305.3
Radbremse . . 338.8
–, Flügel- . . . 80.6
–, getriebenes . 209.9
–, Hand- 315.5
-kranz 367.1
-reibung 367.3
-schaufel . . . 367.2
-stand 338.6
–, treibendes . . 209.8
–, Turbinen- . . 366.8
– umfang . . . 366.9
Radiación de calor 15.10
–, medir la temperatura de un cuerpo por medio de su 21.8
Radiador de aletas 322.2
Radial endigende Schaufel 81.2
-rippe 169.6
Radiale Schaufel 81.1
Radial end, vane with 81.2
– rib 169.6
– vane 81.1
Radial, paleta . 81.1
Radiale, nervatura 169.6
–, paletta 81.1
Radiant heat . 15.5
Radiante, calor 15.5
Radiateur à ailettes 322.2
–, refroidissement d'eau par – à ailettes 322.1
Radiation, heat 15.10
–, to measure the temperature of a body by its 21.8
– pyrometer . . 21.6
Radiation de chaleur 15.10
Radio, estrella de –s 190.8
– de la manivela 186.6
– perfilado . . 190.7
– del volante . 190.6
Radiator . . . 322.2
Radiatore ad alette 322.2
– – –, raffreddamento dell'acqua con 322.1
Radius, Kurbel- 186.6
Radius, crank . 186.6
Raffinare il petrolio 103.10
Raffiner le pétrole 103.10
Raffineria di petrolio 103.9
Raffinerie, Petroleum- 103.9
– de pétrole . . 103.9
Raffinieren, Petroleum 103.10
Raffreddamento d'acqua con apparato a gradini 322.3
– con acqua fresca 321.1
– dell'acqua con radiatore ad alette 322.1
–, cilindro di . 101.3
– del cilindro . 166.4
– con circolazione a termosifone 321.7
– del gas . . . 67.4
– della graticola 57.9
– ad iniezione dei gas di scarico 320.2
– dello stantuffo 181.7
–, superficie di . 166.5
– tubolare, ricettore con 261.5
– della valvola 201.9
– – – di scarico 202.4
– a vaporizzazione 322.8
Raffreddare l'acqua del depuratore 72.2
Raffreddatore a correnti contrarie 67.6
– del gas . . . 67.5
Rafraîchissement de la grille 57.9
Raggiante, calore 15.5
Raggio della manovella 186.6
Ragione sociale 379.9
Ragioniere . . 381.9
Rahmen 153.7
–, durch die Abhitze erwärmter 264.4
–, Bajonett- . . 154.4
–, Doppelbalken- 154.5
–, durchlaufender 156.1
–, einbalkiger . 154.4
-flansch 154.7
-fuß 155.3
–, Hohlguß- . . 153.8
–, Ständer und 151.1
-untersatz . . . 155.5
Rahmen, Voll- . 154.2
-wand 154.3
–, den – mit Zement untergießen 308.4
Raideur du câble 329.8
Railroad locomotive 339.5
Railway with gas driven locomotives 339.9
–, locomotive for military 339.7
Rainure annullaire du piston 172.2
– collectrice . . 278.7
–s en croix . . 214.5
–, fond de la . . 172.3
–, joint à – et languette 165.9
–s, mortaiseuse à faire les 150.2
– en queue d'aronde 189.5
– réceptrice . . 278.7
Raise, to – the levelling bottle 91.9
Raison sociale 379.9
Rajas en el cilindro 343.5
Rake 61.6
Ramaje seco . 30.1
Rame in barre 137.1
–, filo di 138.1
–, soluzione ammoniacale di cloruro di 90.8
–, tubo di . . 309.10
Rami secchi . . 30.1
Ramilles 30.1
Rampe, came à deux 232.2
– pour la soupape à air 232.3
Range of coke ovens 65.5
Ranura de cola de milano 189.5
– colectora . . 278.7
– del émbolo . 172.2
– de engrase . 275.3
– longitudinal . 213.8
Rappel, ressort lame de 289.4
– des bielles . . 192.2
– des chaleurs spécifique 112.5
– de détente . . 124.6
– d'équilibre entre le CO et le CO_2 34.5
– financier . . . 378.3
– en poids des constituants du gaz 88.6
– de transmission variable 219.5
– en volume des constituants du gaz 88.5
Rapporto tra i calori specifici 112.5
– di compressione 121.6
– di equilibrio fra CO e CO_2 34.5
Rapporto di espansione 124.6
– delle leve . . 192.2
– in peso delle parti costitutive 88.6
– di trasmissione variabile 219.5
– – – 1:2 . . . . 209.4
– in volume delle parti costitutive del gas 88.5
– zero 219.6
Rapprochement de l'astaticité 271.2
Rappresentante 380.3
Rappresentanza 380.4
– generale . . . 380.5
Rappresentazione grafica 110.12
Rarefied, gas – by pulsation 319.2
Rarificado, gas-por las oscilaciones 319.2
Raschiare gli anelli 173.1
– il sopporto . 189.7
Rasenerzreiniger 73.8
– –, staubförmiges 73.9
Rasqueta, repasar el segmento con la 173.1
Rast 64.2, 222.3
– des Generatorschachtes 49.9
Rastremata, estremità dello stantuffo – per la dilatazione 175.5
Ratchet tooth . 292.3
– wheel 293.3
– – with eight teeth 214.3
Ratenzahlung . 372.1
Rate of combustion of the charge 124.1
– – – on the grate 51.1
Raté d'allumage 280.3
–, retour de flamme en cas de – d'allumage 249.5
Ratio, compression 121.6
– of connecting rod to crank 192.2
–, equilibrium – between CO and CO_2 34.5
– of expansion 124.6
– of specific heats 112.5
– of transmission 1:2 209.4
– of volume actually taken in to stroke volume 120.5
Rattrapage, bagues à portées coniques pour le – de jeu 180.1
–, clavette de – de jeu 189.1
–, coussinet à – de jeu 188.9
–, – à – d'usure 188.9

Rattraper l'usure du coussinet 185.5
Rauchentwicklung beim Anblasen 60.1
-leitung 55.1
-rohr 54.8
-verbrennungs-apparat 318.10
Rauchende Schwefelsäure 90.5
Raumausdehnungs-zahl 16.8
-inhalts, Linie gleichen 115.5
-verminderung 7.3
Raw coal . . . 23.6
Rayado, el vástago está 181.6
Rayon de manivelle 186.8
Rayonnante, chaleur 15.5
Rayonnement de chaleur 15.10
-, mesurer la température d'un corps d'après son 21.8
Rayures dans le cylindre 348.5
Razón social . 379.9
Razza, assottigliamento della 190.9
-, profilo della . 190.7
-e, stella delle . 190.8
-a del volano . 190.6
Reacción, calor de 3.10
-es de la combustión 5.6
- endotérmica . 4.2
- exotérmica . 3.12
-es químicas . . 3.7
-, temperatura de 3.11
Reaccionar . . 3.8
React, to 3.8
Reaction, chemical 3.7
-, endothermic . 4.2
-, exothermal . 3.12
-, heat of . . . 3.10
-, - change due to 3.9
-, temperature of 3.11
Réaction, chaleur de 3.10
- chimique . . 3.7
-s de combustion 5.6
-, effet calorifique de la 3.9
-, - thermique de la 3.9
- endothermique 4.2
- exothermique 3.12
-, température de 3.11
Reading 351.6
-, error of . . . 351.9
-, incorrect - of the gas-meter 87.7
Re-adjust, to - the brasses 185.5
Re-adjustment of the relieved side 185.4
Réagir 3.8
Reagieren . . . 3.8
Reagire 3.8
Reaktion, chemische 3.7
-stemperatur . 3.11
Reaktionswärme 3.10
-, wärmegebende 3.12
-, -verzehrende 4.2
Réalésage du cylindre ovalisé 160.2
Réaliser une forte compression par injection d'eau 122.5
Réalisation de l'étanchéité au moyen de portées rodées 165.2
Ream, to 144.2
Reamer 144.3
-, to enlarge with the 144.2
Rear cylinder end 159.3
- surface, contour of the 222.7
Réaumurskala . 18.7
Reaumur scale 18.7
Reazione, calore di 3.10
- chimica . . . 3.7
- endotermica . 4.2
- esotermica . . 3.12
-, temperatura della 3.11
Rebaja 370.8
Rebander le ressort 204.7
Rebase, tubo de 248.9
Rebate 370.8
- of duty . . 375.10
Reborde de la junta 312.11
Rebordeada, chapa 135.5
Reboring of the worn cylinder 160.2
Recalcar 146.4
Recalentado, aire 41.3
-, vapor 11.9
Recalentador . 41.1
Receipt 371.2
Receipt, to . . . 371.3
Receiver 129.6, 242.8
-, air 129.7
-, compressed air 297.7
- with cooling coil 261.5
- diagram . . . 129.9
-, fall of pressure between - and cylinder 129.1
-, gas 129.8
-, pressure in air 297.8
-, starting . . . 297.6
Recepción de los materiales 139.10
-, prueba para la 350.12
Receptacle, water 316.12
Réception axiale de la pression 156.2
- des matériaux 139.10
-, épreuve de . 350.12
-, essai de . . 350.12
Recess, oblong 213.8
-es, to leave the - in the foundation free 307.5
Recette des matériaux 139.10
Recevoir la pression de l'explosion 187.2
Réchauffage de l'air pas les gaz de l'échappement 257.3
-, brûleur de - à essence 263.5
- du combustible 257.2
- du corps du cylindre 258.1
-, éteindre la flamme de 346.9
- du fond . . . 258.3
- des parois du carburateur 257.6
-, tube hélicoïdal de 264.5
Réchauffé, air . 41.3
Réchauffement du vent de soufflerie 64.9
Réchauffeur . . 41.1
- de vent . . . 64.10
Rechnung . . . 371.1
-, Differential- . 109.7
-, Integral- . . . 110.6
Recht, Handels- 377.8
-streitigkeit . . 377.5
-winklige Abzweigung 310.3
Recibir una patente 378.7
- la presión de la explosión 187.2
Recibo 371.2
-, dar 371.3
Récipient à air comprimé 297.7
- à chlorure de calcium 89.8
- de démarrage 297.6
- de dessication 89.7
- à eau 316.12
- de niveau constant 248.5
- à refroidissement tubulaire 261.5
Recipiente di acqua fredda 321.8
- d'aria ausiliare 261.7
- - compressa . 297.7
- di caricamento 56.7
- a cloruro di calcio 89.8
- di compensazione 84.9
- conico di assorbimento 94.4
- di ebollizione 101.2
- d'essicazione 89.7
- a galleggiante 248.5
- di iniezione d'aria 261.6
- intermedio . 242.8
- per messa in moto 297.6
- di raccalta dell'acqua 316.12
Recipiente de aire comprimido 297.7
.. - - - para el arranque 297.6
- para carburo de calcio 89.8
Recipiente de compensación 84.9
- intermedio . 242.8
- para la inyección de aire 261.6
- - - - de aire adicional 261.7
- con refrigerador tubular 261.5
Reciprocating masses 196.2
- -, cushioned movement of the 196.3
- -, uncushioned movement of the 196.4
- moment of piston 192.4
Recisione, carico di 142.4
Recocido, fundición de acero 132.3
Recojer el polvo, depósito para 76.5
Recording barometer 11.3
- mechanism . 352.8
- tachometer . 198.6
- thermometer 17.11
Recorrido del émbolo 194.1
- del regulador 267.3
Recouvrement, écrou de 311.4
-, joint à 173.5
Recovery apparatus, Mond gas-plant with sulphate of ammonia 42.6
Recto, paleta -a inclinada hacia atrás 81.5
Rectangular, bifurcación 310.3
Rectilinear contact surface 220.3
- pencil guide 353.1
Rectilíneo, limitación -a de la palanca rodadora 220.3
Reçu 371.3
Recuperador . 64.10
- del calor . . 32.11
Récupération, chaudière de - thermique 63.5
-, système de canaux du foyer de 32.11
Recuperator . . 41.1 64.10
Red bronze . . 137.6
- flame 265.4
-, heat, bright - of the ignition tube 282.4
- - of wire . . 266.1
- lead 138.11
Red de tela metálica 249.11
- de tubo . . 316.4
Redresser . . . 145.3
Reducción 5.2
-, agente de . . . 5.4
- de los derechos de aduana 376.2
-, medio de . . . 5.4
Reduce, to . . . 5.3
Reduced lift of sleeve 268.11

Reducido, proporción efectiva de alcohol - á 15 grados 105.2
Reducing agent . 5.4
- gear 354.3
- -, indicator - with lever transmission 353.6
- -, - - with small crank on end of main shaft . 353.7
- socket 311.8
Reducir 5.3
Réducteur 5.4
-, agent 5.4
Réducteur de course 354.3
Reduction 5.2
- of duty . . . 376.2
- of lift 219.7
-, price 370.8
Réduction 5.2
-, agent de . . . 5.4
- du charbon en poussier 25.5
- des droits de douane 376.2
-, manchon de . 311.8
Reductivo, agente 5.4
Reductor de carrera 354.3
Réduire 5.3
Reduktion 5.2
-smittel 5.4
-smuffe 311.8
Reduzieren . . . 5.3
Reduzierter Muffenhub 268.11
Reembolso de los derechos de aduana 375.10
Re-facing the joint 165.5
Refinar el petróleo 103.10
Refinería de petróleo 103.9
Refinery, petroleum 103.9
Refining plant, petroleum 103.9
Reforzado con nervios, fondo 169.2
Refoulement, ailette de 78.7
-, chambre de . 244.6
-, pression de - en m d'eau 337.7
-, soupape de . 245.3
-, - de - à retour 336.7
-, tuyère de . . 38.9
Refouler 146.4
Réfractaire, argile 50.1
-, brique . . 50.2, 50.3
-, caractère . . 51.4
Refractario, ladrillo 50.3
Refractory . . 51.4
- brick 50.3
- clay 50.1
Refraichir au tour la portée du joint 165.5
Refrattario, argilla -a 50.1
Refrattario, mattone 50.3
Refrigeración = enfriamiento
- por agua corriente 321.1
- de agua, guia del vástago con 202.6
- - - por radiadores de aletas 322.1
- - - por torre refrigeradora 322.3
- del cilindro . 166.4
- por circulación 321.6
- del émbolo . 181.7
- del emparrillado 57.9
- del escape de Pawlikowski 202.4
- del gas . . . 67.4
-, serpentin de . 9.4
- de la válvula 201.9
- por vaporización 322.8
Refrigerado, tubo de escape 318.8
Refrigerador . 72.4
- de aletas . . 322.2
- de contra-corriente del gasógeno sistema Mond 67.6
- de gas 67.5
- tubular, recipiente con 261.5
- con ventilador 322.6
Refrigeradora, instalación 72.3
-, torre 72.4
Réfrigérant 72.3, 101.3
- à cheminée . 72.4
- à contrecourant 67.6
- à fascines . . 322.4
- - -, refroidissement de l'eau par 322.3
- à ventilateur 322.6
Refrigerante . 72.4
-, agua del . . 72.5
Refrigeratore a ventilatore 322.6
Refrigerazione, torre di 322.4
Refroidir l'eau de l'épurateur 72.2
Refroidissement, cantonnement de l'eau de 167.2
- par circulation 321.6
-, circulation de l'eau de - par le piston et sa tige 182.1
-, conduite d'eau de 320.4
-, consommation d'eau de 348.4
-, couper l'eau de 347.4
-, culasse à langue de 164.1
- du cylindre . 166.4
-, dépôt terreux de l'eau de 167.7
-, eau de - brueuse 167.6
-, - de - bourbeuse 167.6
Refroidissement par eau fraiche 321.1
- d'eau par radiateur à ailettes 322.1
- - par réfrigérant à fascines 322.3
- de l'échappement par injection d'eau 320.2
- - - de Pawlikowski 202.4
-, échauffement par interruption du 167.5
-, écoulement de l'eau de - dans des puits de filtration 321.5
-, entrée de l'eau de 166.7
-, évacuation de l'eau de 166.8
- par évaporation 322.8
- du gaz 67.4
-, laisser échapper l'eau de 168.1
- du piston . . 181.7
-, récipient à - tubulaire 261.5
-, retenue de l'eau de 167.2
-, robinet d'eau de 320.7
-, sortie de l'eau de 166.8
- de la soupape 201.9
-, surface de . . 166.5
- par thermosiphon 321.7
-, vider la double enveloppe de l'eau de 168.1
Refroidisseur à contrecourant 67.6
- de gaz 67.5
-, serpentin . . 9.4
Refuerzo del bastidor por medio de tirantes 155.7
Regadera . . . 70.1
Regeln 267.2
Regeneración, horno de 65.11
- de la materia depuradora 72.10
Regeneradora, cámara 66.1
Régénérateur, four 65.11
Regeneration of the purifying material 72.10
Régénération, chambre de 66.1
- de la masse épuratrice 72.10
Regenerativkammer 66.1
-ofen 65.11
Regenerative chamber 66.1
- furnace . . . 65.11
- heating of air by the exhaust 257.3
Regenerator flues 32.11
Regenerieren der Reinigermasse 72.10
Reggia 136.1
Región de combustión intensa 58.6
- incandescente 58.6
Regione, centrale di una 332.1
Register 87.6
Registrabile, asta di trasmissione 234.4
-, cuscinetto . . 188.9
-, piastra di appoggio 53.5
Registrador, barómetro 11.3
-, termómetro . 17.11
Registrare . . . 267.2
- l'accensione . 290.5
-i cuscinetti . . 185.5
Registrazione, chiavetta per la 189.1
- della distribuzione 211.1
- dalla parte equilibrata 185.4
-, segno di . . . 211.2
-, vite di 289.9
Registre d'écoulement de gaz 55.3
-, étranglement par le - de mélange 234.3
- tubulaire . . 237.9
Registrierendes Barometer 11.3
-es Tachometer 198.6
Registro per aria 237.4
- al condotto del gas 55.3
- per gas . . . 237.5
Registro 167.1
- de aire . . . 237.4
- automático . 244.9
- de gas 237.6
- de limpieza del lavador 70.6
- de salida del gas 55.3
- tubular . . . 237.9
Réglage de l'allumage 227.5
- automatique de la production de gaz par l'aspiration du moteur 59.5
- du côté déchargé 185.4
-, cran de . . . 211.2
- de la cylindrée 232.5
- du débit . . . 227.4
- du degré d'admission 232.7
- par le déplacement de la cloche de gazomètre 59.2
- de la distribution 211.1
-, encoche de . 211.2
- par étranglement 233.5
- de la hauteur du liquide par flotteur 248.7
- de Letombe . 231.8
-, marche du . 267.4
- des moteurs à quatre temps 227.2

Réglage au moyen de boulons excentrés 290.6
- par la pompe à combustible 252.2
-, processus du 267.4
- qualitatif du mélange 234.5
- quantitatif . 232.5
- de la quantité de vapeur 263.9
- par retard à l'allumage 227.7
- à retour . . . 245.8
- - - par la pompe à gaz 246.4
- par soupape de retour 252.5
- par suppression de l'allumage 227.6
- par tout ou rien 228.1
- par variation de la quantité de combustible admise par cycle 231.7
- de la vitesse 227.3
Reglaje de la distribución 211.1
-, marca de . . 211.2
-, mecanismo de - del regulador 273.3
Reglamento industrial 379.4
Reglar la longitud del cordón 354.1
Regler, Achsen- 231.1 273.1
-, - - mit Beharrungswirkung 273.2
-arm 273.4
-, astatischer . 271.1
-ausschlag . . . 267.3
- von Banki . . 231.4
-belastung . . 268.2
-feder 270.2
-, Feder- 270.1
-, Flach- 272.6
-, Fliehkraft- . 267.1
- mit geknickten Pendelarmen 269.5
-, Geschwindigkeits- 268.1
-gewicht . . . 268.6
-, Gewichts- . . 268.3
-glocke mit Wasserabschluß 86.2
-hebel 273.4
-hülse 268.9
-, Kegelpendel- 268.8
-konstruktion . 267.5
- mit Kreuzschleife 269.7
-kugel 268.5
-, labiler 270.8
-, Leistungs- . . 272.5
-muffe 268.9
-, Muffen- . . . 268.8
-, Pendel- . . . 229.4
-, pseudoastatischer 271.3
- mit Schubkurbelgetriebe 269.1
-, Schwunggewicht- 231.1
-, Speise- 40.6
Reglerspindel . 268.4
-, stabiler . . . 270.7
-, statischer . . 270.9
-, Zentrifugal- . 267.1
Régler 267.2
- l'allumage . . 290.5
- le coussinet . 185.5
- la durée des coups de piston 364.5
- la longeur de la ficelle 354.1
- le nombre de coups de piston 364.6
Reglung durch Abstellung der Zündung 227.6
- durch Änderung der Brennstoffmenge pro Arbeitsspiel 231.7
-, Aussetzer- . . 228.1
- durch die Brennstoffpumpe 252.2
- der Dampfmenge 263.9
-, Drossel- . . . 233.5
-, Füllungs- . . 232.7
- durch die Gasglockenbewegung 59.2
-, Geschwindigkeits- 227.3
- der Ladungsmenge 232.5
-, Leistungs- . . 227.4
- von Letombe 231.8
- der Mischung 234.5
-, Rücklauf- . . 245.8
-, - - durch die Gaspumpe 246.4
- durch Rückströmventil 252.5
-, Schwimmer- - der Flüssigkeitshöhe 248.7
-, Selbst- - der Vergasung durch die Saugwirkung des Motors 59.5
-, Steuerung und - der Zweitaktmaschinen 240.2
- durch Verspätung der Zündung 227.7
- der Viertaktmaschinen 227.2
-, Zündungs- . . 227.5
Regolare . . . 267.2
- l'ammissione per mezzo di valvole 242.1
- la durate della salita dello stantuffo 364.5
- la lunghezza della corda 354.1
- il numero delle salite 364.6
Regolatore, albero del 268.4
- d'alimentazione 40.6
- dell'altezza del liquido con gallegiante 248.7
-, asse del . . . 268.4
Regolatore assiale 231.1, 272.6, 273.1
- - ad energia . 273.2
- astatico . . . 271.1
-, attrito proprio del 271.7
- Banki 231.4
- a bracci inflessi 269.5
-, carico del . . 268.2
- centrifugo . . 267.1
-, corsa del manicotto del 268.10
-, costruzione del 267.5
-, curva caratteristica del 270.6
-, energia del . 272.1
- a forza centrifuga 231.1
-, giuoco del . . 273.5
- labile 270.8
-, leva del . . . 273.4
-, manicotto del 268.9
- con meccanismo articolato 269.1
- - - a corsoio 269.7
-, meccanismo di regolazione del 273.3
- a molla . . . 270.1
-, molla del . . 270.2
-, oscillazione del 273.5
- a pendolo . . 229.4
- - - conico . . 268.8
- a peso 268.3
-, peso del . . . 268.6
- piano 272.6
- -, curva dei momenti del 272.7
- di potenza . . 272.5
-, potenza del . 272.4
- di pressione del gas 85.3
- - - - - Duplex 85.7
- - - - - secondo Stott 85.5
- pseudo-astatica 271.3
-, spostamento del 267.3
- stabile 270.7
- statico 270.9
- di velocità . 268.1
Regolazione dell'accensione 227.5
- automatica della produzione di gas coll' aspirazione del motore 59.5
- per esclusione 228.1
- del grado d'ammissione 232.7
- Letombe . . . 231.8
- della miscela 234.5
- dei motori a quattro tempi 227.2
- col movimento della campana del gasometro 59.2
- colla pompa del combustibile 252.2
- della potenza 227.4
-, processo di . 267.4
- qualitativa . 234.5
- della quantità di carica 232.5
- - - di vapore 263.9
- quantitativa . 232.5
Regolazione per mezzo di ritardo dell' accensione 227.7
- con ritorno . 245.8
- - - per mezzo della pompa a gas 246.4
- per soppressione 228.1
- - - dell' accensione 227.6
- per strozzamento 233.5
- - - nella condotta di vapore 59.3
- col mezzo della valvola di ritorno 252.5
- mediante variazione della quantità 231.7
- della velocità 227.3
Regulación automática de la gasificación por el efecto aspirante del motor 59.5
- por la bomba de combustible 252.2
- de la cantidad de vapor 263.9
- con corriente de retroceso 245.8
- cualitativa . . 234.5
- del encendido 227.5
- por estrangulación 233.5
- del grado de admisión 232.7
- de la ignición 227.5
- de la inflamación 227.5
- de Letombe . 231.8
-, marcha de la 267.4
- de la mezcla 234.5
- - - - admitida 232.5
- de los motores de cuatro tiempos 227.2
- por medio de los movimientos de la campana del gasómetro 59.2
- del nivel del líquido por medio de un flotador 248.7
- de la potencia 227.4
- por retardo á la inflamación 227.7
- con retroceso por medio de la bomba de gas 246.4
- por supresión de la inflamación 227.6
- por todo ó nada 228.1
- por la válvula de retroceso 252.5
- por variación de la cantidad de combustible admitido por ciclo 231.7
- de la velocidad 227.3
Regulador de la alimentación del agua 40.6

Regulador, árbol del 268.4
- astático . . . 271.1
- axial . . 231.1, 273.1
- - influido por la inercia 273.2
- de Banki . . 231.4
-, bola del . . . 268.5
- de brazos acodados del péndulo 269.5
- de capacidad 272.5
-, carga del . . 268.2
- centrífugo . . 267.1
-, contrapeso del 268.6
- de contrapeso centrífugo 231.1
- estable 270.7
- estático . . . 270.9
- horizontal . . 272.6
- inestable . . . 270.8
- de manguito cónico 268.8
- con mecanismo de transmisión por palanca 269.1
- - - - - con varillas en cruz 269.7
- del mechero Bunsen 99.1
- de muelle . . 270.1
- de péndulo . 229.4
- - - cónico . . 268.8
- de pesos . . . 268.3
- plano 272.6
- de presión del gas 85.3
- - - de gas Duplex 85.7
- - - del gas de Stott 85.5
-, recorrido del 267.3
- de rendimiento 272.5
- de resorte . . 270.1
- seudo-astático 271.3
- de velocidad 268.1
Regular 267.2
- la duración de las emboladas 364.5
- el escape . . 205.8
- el número de las emboladas 364.6
Regulate, to - the duration of upstrokes 364.5
-, to - the number of upstrokes 364.6
Régulateur d'alimentation 40.6
-, arbre du . . . 268.4
- sur l'arbre . . 273.1
- astatique . . 271.1
- sur l'axe . . . 273.1
- axial . . 231.1, 273.1
- - à inertie . . 273.2
- de Banki . . 231.4
-, boule du . . . 218.5
-, bras du . . . 273.4
- à bras croisés et à boules coulissantes 269.7
- - - de pendule coudés 269.5
- centrifuge . . 267.1
-, charge du . . 268.2
-, cloche de - à fermeture hydraulique 86.2
Régulateur, construction de 267.5
-, contrepoids de 268.6
-, danse du . . 273.5
- de débit . . . 272.5
-, déviation du 267.3
-, écart du . . . 267.3
-, énergie du . . 271.6
-, force de déplacement du 271.6
-, frottement propre du 271.7
-, instabilité du 273.5
- instable . . . 270.8
- isochrone . . 271.1
-, levier du . . 273.4
-, manchon du . 268.9
- à manchon . 268.8
- - - coulissant 269.1
- à pendule . . 229.4
- - - conique . 268.8
- plan 272.6
- à poids . . . 268.3
- de pression du gaz 85.3
- - - de gaz Duplex 85.7
- - - - - de Stott 85.5
- pseudoastatique 271.3
-, puissance du 272.4
- à ressort . . . 270.1
-, ressort du . . 270.2
- stable 270.7
- statique . . . 270.9
- de vitesse . . 268.1
Regulating power 271.6
- slot of the Bunsen burner 99.1
Regulation, automatic - of the gas production by the suction of the engine 59.5
- of degree of admission 232.7
- of the liquid level by means of a float 248.7
- by the movement of the gas-holder 59.2
-, power - for small pump 227.4
-, speed 297.3
-, vapour . . . 263.9
Régulation par variation de la quantité de combustible admise par cycle 231.7
Regulator, burner 282.9
-, Duplex gas-pressure 85.7
-, feed-water . . 40.6
-, gas pressure . 85.3
-, Stott's gas-pressure 85.5
Regulierschlitz des Bunsenbrenners 99.1
Regulieren . . 267.2
Regulierung, Drossel- 233.5
-, Geschwindigkeits- 227.3
Regulierung, Qualitäts- 234.5
-, Quantitäts- . 232.5
-svorgang . . . 267.4
Rehacer el análisis volumétrico 93.8
Reibahle . . . 144.3
Reibungsarbeit 360.3
Reibung, Düsen- 366.4
-, Eigen- - des Reglers 271.7
-, Exzenter- . . 225.3
- durch den Führungsdruck des Triebwerkes 176.1
- durch Gewichtbelastung 175.9
-, Kolben- . . . 175.8
-, Rad- 367.3
-, für die - verbrauchte Leistung 360.3
Reiches Gas . . 30.9
-es Gemenge . 235.8
-es Gemisch . . 235.8
Reihenmaschine 326.9
- -, Doppel- . . 327.1
- -, Zwilling- . 327.1
Reinheit des Gemisches 236.3
-sgrad 66.9
Reinigen, die Brenneröffnung 266.4
-, den Kühlraum von Schlamm 167.8
-, die Ventilspindel 207.1
Reiniger, Etagen- 74.1
-, Gichtgaskok- 73.10
-, Kasten- . . . 72.8
-masse 72.9
- -, Regenerieren der 72.10
-, Naß- 67.9
-, Öl- 278.1
-, Rasenerz- . . 73.8
-, Sägemehl- . . 73.1
-, Sägespäne- . 73.1
-, Schluß- 67.3
-, Staffel- 74.1
-, Stoß- 75.3
-, Theisenscher 78.1
-, Trocken- . . . 72.7
-, Vor- 67.2
-wasser, das - kühlen 72.2
-, Zerstäubungs- 68.5
Reinigungsanlage 66.10
-, äußere 349.5
-, innere 349.4
-skosten für ein m³ Gas 79.5
-sluke des Waschers 70.6
- der Maschine 349.3
-, Nach- 67.1
-, Naß- 67.7
-söffnung . . . 167.1
-, Schwefel- . . 75.6
-, Trocken- . . . 72.6
-, Vor- 66.11
Reisig 30.1
Reitstock . . . 149.7
Relación entre los calores específicos 112.5
- variable de transmisión 219.5
- entre el volumen efectivamente aspirado y el volumen de la cilindrada 120.5
Relating to gas engineering 31.4
Relativverschiebung von Zapfen und Lager 197.4
Relative efficiency of the diagram 361.5
- - of the engine 301.4
- motion between pin and journal 197.4
Relazione sulla prova 140.2
Release, automatic - of the handle 291.8
-, constant point of 235.5
Relever un diagramme 354.6
Reliability . . . 342.2
Reliable 342.3
Relief cam . . 294.2
-, jacket 161.6
- valve 260.5
- -, air 316.10
Relieve, to - the valve 204.9
Relieved side, readjustment of the 185.4
Relieving, cam for - compression 294.2
- the compression 293.7
- pressure in cylinder before opening main exhaust valve 205.7
Rellenar el asiento del bastidor con cemento líquido 308.4
Relleno de gravas 249.10
Reloj de trinquete 358.7
Remblayé, terrain 305.8
Remboursement des droits d'entrée à la sortie 375.10
Removable hurdle 69.6
Removal of mud by means of a bucket chain 71.1
- of tarry vapours from the sludge pan by the passing of heated air caused by suction 41.7
Remove, to - the piston 168.6
-, to - the piston packing rings from the piston 174.3

Remplacement d'organes de machine 349.12
Remplir le cylindre 126.7
- - - de mélange tonnant 298.6
- le réservoir . 249.1
Remplissage, bouchon de 248.2
- de coke . . . 68.7
-, cuve de - ouverte 44.3
-, entonnoir de 249.3
- de galets . 249.10
-, hauteur de . . 57.7
- de mercure . 94.9
-, orifice de . . 87.3
-, ouverture de 87.3
-, pompe de 242.7, 298.7
-, trémie de . . 56.4
-, vaisseau de . 56.7
-, - de - à rabattement 56.5
Remplisseur rotatif 56.6
- tournant . . . 56.6
Rendement de coke 66.3
- économique . 361.6
- du gazogène 62.5
- mécanique . 360.1
- organique . . 360.1
- volumétrique 120.4
Rendimento del combustibile 62.1
- economico . . 361.6
- meccanico . . 360.1
Rendimiento de cok 66.3
- económico . . 361.6
- del gasógeno 62.5
- mecánico . . 360.1
- volumétrico . 120.4
Renforcement du bâti par des tirants 155.7
Renta 378.8
- de invalidez . 386.1
Rentabilität . . 379.5
Rente, Invaliditäts- 386.1
Renvoi, arbre de 211.7, 327.6
Repair 349.9
-s, cost of . . . 372.8
Reparación . . 349.9
-, gastos de . . 372.8
Réparation . . 349.9
-, frais de . . . 372.8
Reparatur . . . 349.9
-kosten 372.8
Repasar el segmento con la rasqueta 173.1
- en el torno el cilindro ovalizado 160.2
- - - - la superficie de unión 165.5
Repérer 211.3
Replaceable hurdle 69.6
Replacement of engine parts 349.12
Repos 222.3
Repos, perte par combustion au 62.7
-, position au . 55.8
-, - de - de l'induit 285.4
- de service . . 346.7
Reposo, posición de 55.8
Representación 380.4
- general . . . 380.5
- gráfica . . . 110.12
Représentant . 380.3
Representante . 380.3
Representation 380.4
-, graphical . 110.12
Représentation 380.4
- générale . . . 380.5
- graphique . 110.12
Representative 380.3
Resalto para la válvula de aire 232.3
- - las válvulas de aire y de gas 232.4
Resbaladera . . 176.3
-, presión normal sobre la 194.10
Resbalamiento de la correa 328.2
Réseau de tuyaux 316.4
Reserva de calor, aumento de la 36.4
Reserveeinblasegefäß 261.7
Réservoir . . . 129.6
- à air 129.7
- à alcool . . . 247.6
- à combustible 247.3
- d'eau froide . 321.8
- à essence . . 247.5
- à gaz 129.8
- d'injection d'air 261.6
- - - additionnel 261.7
- intermédiaire 242.8
- à pètrole . . 247.4
-, remplir le . . 249.1
- surélevé . . . 82.1
- de thermomètre 19.4
Résidu sirupeux de goudron 71.5
Residue, viscous tarry 71.5
Residuo di nafta 102.7
-i di sabbia . . 348.4
-o siropposo di catrame 71.5
Residuo, -s alquitranados 71.5
-s carbonizados, capa de - del lubrificante 288.2
-s, mechero Forsunka para quemar 104.1
- de la nafta . 102.7
Resina, aceite sin 274.3
-, olio privo di 274.3
Résine, huile privée de 274.3
Resistance to axial compression 142.5
- to buckling . 142.5
Resistance to compressive stress 140.5
- diagram . . . 195.4
- of engine . . 360.4
- of the exhaust 125.7
- to flow of the gas in the charging pump 130.1
-, internal . . . 360.5
-, moment of . 141.9
-, pump 360.6
- pyrometer . . 20.5
- of the scavenging and charging pumps 130.2
- at the sleeve, total 271.8
-, starting . . . 291.2
- to suction . . 119.9
- to tensile stress 140.4
-, valve 204.8
-, to work on water 358.5
Résistance . . . 140.9
- d'aspiration . 119.9
-, calcul de . . 141.1
- à la compression 140.5
- de démarrage 291.2
-, diagramme de 195.4
- à l'échappement 125.7
- d'écoulement (dans la pompe de remplissage) 130.1
- au feu 51.4
- au flambage . 142.5
-, moment de . 141.9
- du moteur . 360.4
- de la pompe 360.6
- des pompes de balayages et de remplissage 130.2
- propre 360.5
- de la soupape 204.8
- totale appliquée au manchon 271.8
- à la traction 140.4
-, travailler sur une - hydraulique 358.5
Résistant, moment 141.9
Resistencia . . 140.9
- al arranque . 291.2
- á la aspiración 119.9
- de la bomba 360.6
- en las bombas de expulsión y de carga 130.2
-, cálculo de . . 141.1
- á la compresión 140.5
- de la corriente en la bomba de carga 130.1
- eléctrica, termómetro con 20.5
- al escape . . 125.7
- á la flexion, calcular la - del vástago del émbolo 178.1
- al fuego . . . 51.4
- del motor . . 360.4
Resistencia propia 360.5
- del regulador 271.7
- á la rotura por compresión axial 142.5
- - - - de la culata del cilindro 164.4
- - - - por flexión 142.5
- total en el manguito 271.8
- á la tracción 140.4
- de la válvula 204.8
Resistente, momento 141.9
Resistenza . . . 140.8
- ad acqua, lavorare su una 358.5
- all' aspirazione 119.9
-, calcolo della 141.1
- alla compressione 140.5
- dei corpi caricati in punta 142.5
-e, diagramma delle 195.4
-a d'efflusso nella pompa di miscela 130.1
- elettrica, termometro a 20.5
- al fuoco . . . 51.4
- alla messa in moto 291.2
-, momento di . 141.9
- del motore . 360.4
- della pompa . 360.6
- - - di lavatura e di miscela 130.2
- propria . . . 360.5
- allo scarico . 125.7
- totale applicata al manicotto 271.8
- alla trazione 140.4
- della valvola 204.8
Resorte del indicador 352.3
- del regulador 270.2
- de retenida . 289.4
- transversal . 270.4
- de la válvula 203.7
- vertical . . . 270.3
Responsabilidad 385.9
Responsabilità 385.9
Responsabilité 385.9
Resserrage, bagues à portées coniques pour le 180.1
-, clavette de . 189.1
Resserrer le ressort 204.7
Ressort auxiliaire 226.8
-, bander le . . 204.6
-, chapeau à . . 203.6
-, charge du - de soupape 204.5
-, étalonnage du - d'indicateur 355.8
-, godet de . . 204.2
-, - de - monté à clavette 204.3
- d'indicateur . 352.3
- - à double enroulement 352.5

Ressort-lame de rappel 289.4
- longitudinal . 270.3
-, longueur du - détendu 204.1
-, rebander le . 204.7
- du régulateur 270.2
-, resserrer le . 204.7
-, retendre le . 204.7
- de secours . . 226.8
-, serrer le . . . 204.6
- de soupape . 203.7
- entre les soupapes d'admission et de gaz 239.7
-, suspension de 204.4
-, tarage du - d'indicateur 355.8
-, tendre le . . 204.6
- transversal . 270.4
Rest 222.3
-, position of - of the armature 285.4
Restes de sable de moulage dans la chapelle des soupapes 343.4
Restitution des droits d'entrée à la sortie 375.10
Restos de arenilla del molde 343.4
Restringimento della camera 49.7
Result, test . . 351.4
- of trial . . . 351.4
Resultado del ensayo 351.4
- de la prueba 351.4
Résultat d'essai 351.4
Retailer 380.7
-, manufacturer and 380.8
Retard, to - the ignition 344.3
Retard à l'allumage 280.2
-, angle de - à la fermeture de la soupape 208.5
- à la fermeture de la soupape 208.1
-, réglage par - à l'allumage 227.7
Retardation pressure 196.1
Retarded closing 208.1
- -, angle of . . 208.5
- combustion . 123.4
- -, loss of work due to 362.2
- ignition . . . 280.2
Retardée, combustion 123.4
Retarder l'allumage 344.3
Retarding, governing by - the ignition 227.7
Retardo al cierre 208.1
- - -, ángulo de 208.5
- al encendido 280.2
- á la inflamación, regulación por 227.7
-, presión de . . 196.1
Retassure . . 147.10
Rete metallica 249.11
- di tubi 316.4
Retención, lengüeta de 229.2
-, palanca de . . 231.8
-, válvula de . . 250.3
Retendre le ressort 204.7
Retenue 370.8
- d'air 167.4
-, câble de . . . 358.2
- de chaleur . . 163.1
-, clapet de 250.3, 316.2
- d'eau 167.3
- de l'eau de refroidissement 167.2
-, soupape de . 316.1
Retirer le piston 168.6
- les segments du piston 174.3
Retirure . . . 147.10
Retitrer 93.8
Retombée de la soupape 220.6
Retorno de llama 249.5
- por masa . . 287.1
Retort 32.1
-, coking 45.2
-s, distillation in 31.10
-, fire-clay . . . 32.7
- - furnace, gas fired 32.6
- graphite . . . 32.5
-, horizontal . . 32.2
-, inclined . . . 32.3
-, oil-gas 33.3
-, producer with inserted 44.8
-, vertical . . . 32.4
Retorta 32.1
- de coquización 45.2
- de destilación 9.3
- de gas de aceite 33.3
-, gasificación en -s 31.10
-, generador con - en su interior 44.8
-, grafito de -s . 32.5
- horizontal . . 32.2
- inclinada . . 32.3
- de tierra refractaria 32.7
- vertical . . . 32.4
Retorte 32.1
-, geneigte . . . 32.3
-ngraphit . . . 32.5
-, horizontale . 32.2
-nofen mit Gasfeuerung 32.6
-, Ölgas- 33.3
-, Schamotte- . 32.7
-, stehende . . . 32.4
-nvergasung . 31.10
-, Verkokungs- 45.2
Retour d'allumage 292.7
-, choc en - sur la manivelle 292.5
- de flamme en cas de raté d'allumage 249.5
- - - dans le tuyau d'aspiration 346.2
- des gaz de combustion incomplète 44.1
Retour, lumières de - de la pompe à gaz 246.5
- de la manivelle 292.5
- par la masse . 287.1
- du piston . . 192.6
-, réglage à . . 245.8
-, - à - par la pompe à gaz 246.4
-, soupape de - du gaz 245.9
-, - de - pour le gaz et l'air 246.2
Retrait de la pièce de fonte 147.7
Retraite, caisse de 386.3
Rétrécissement de la cuve 49.7
Retroceso del émbolo 192.6
- del gas, válvula de 245.9
- de los gases de alquitrán á la cámara de combustión . . 42.4
- - - - de la combustión incompleta 44.1
-, regulación con corriente de 245.8
-, - - - por medio de la bomda de gaz 246.4
- sobre la manivela, aparato de seguridad contra el 292.6
- - - - de mano 292.5
Rettificare . . . 150.8
- gli anelli di guarnizione 172.8
Return ports of gas pump 246.5
- pressure valve 336.7
- shock on the handle 292.5
- -, safety device against 292.6
- stroke 192.6
- water from scrubber 71.4
Returning current through the frame of the engine 287.1
- - through the metal parts of the engine 287.1
Reugeld 371.9
Revendedor . . 380.7
Revendeur . . 380.7
Reverberar, pivote para - y alargar la llama 264.3
Reverberatory furnace 65.9
Réverbère, four à 65.9
Reverbero, horno de 65.9
Reversal of direction of the pressure on crank pin 197.3
- of pressure in the piston rod and connecting rod 197.2
- of stroke . . 192.7
Reversible cycle 115.2
- feed screw . 45.7
Réversible, cycle 115.2
Reversing valve, double seated 55.6
Revestimiento de antifricción 189.4
- de arcilla . . 308.6
- interior, el - se agrieta 50.5
- - del horno . 49.10
- de madera . 308.5
- de metal blanco 189.4
- refractario del horno 50.4
- seccionado . 50.7
- del tubo . . . 314.2
- de una sola pieza 50.6
Revestir los casquillos de metal blanco 189.2
- el cuerpo del émbolo de metal blanco 177.1
Revêtement, fermer l'enveloppe au moyen d'un - en tôle qui l'entoure 162.2
- intérieur de la cuve 50.4
- de gazogène en plusieurs pièces 50.7
- - - en une seule pièce 50.6
-, le - intérieur de la cuve se déchire 50.5
- du tuyau . . 314.2
Revient, prix de 370.2
Revolución, contador de -es 358.8
Revolution counter 358.8
Revolverdrehbank 149.8
Revolver, tour à 149.8
-, tornio a . . . 149.8
Revolving armature 285.5
- ball washer . 77.9
- cross 213.4
- cylindrical grate (system Bénier) 53.3
- furnace . . . 53.8
- grate 52.8
- hopper . . . 56.6
- sole plate . . 53.8
Rhodiumdraht, Platin- 21.4
Rhombic suspension 269.3
Rhombische Aufhängung 269.3
Riavolo 61.6
Ribasso del prezzo 370.8
Rib, arrangement of -s 169.4
-, bottom . . . 169.5
-, radial 169.6
-, supporting - of the piston pin boss 169.7
Ribbed bottom 169.2
- cooler 322.2
- pipes, cooling the water by 322.1

Ribbing of the piston 169.3
Ricalcare . . . 146.4
Ricambio di parti della macchina 349.12
Ricco di gas, carbone 22.7
–, miscela -a . . 235.8
Ricettore . . . 242.8
– con raffreddamento tubolare 261.5
Ricevere una pressione assiale 156.2
Ricevitore . . . 129.6
–, caduta di pressione fra – e cilindro 129.1
–, salto di pressione fra – e cilindro 129.1
Ricevuta . . . 371.2
Ricezione dei materiali 189.10
Rich coal . . . 22.11
– gas 30.9
– mixture . . . 235.8
Riche, gaz . . . 30.9
–, mélange . . . 235.8
Riché's wood-distilling apparatus 49.1
Richtmeister . 300.6
-platte 145.4
Richten, gerade 145.3
Richtungswechsel, durch – des Gasstromes den Staub ausscheiden 76.3
– – der Zapfendrücke 197.3
Rico en gases, carbón 22.7
Ricoprimento delle feritoie collo stantuffo 241.4
–, ritagliare il giunto a 172.7
Ricotto, acciaio fuso 189.3
Ricupero, camera di 66.1
Ridurre 5.3
– in coke . . . 65.2
Riduttivo, agente 5.4
Riduttore di corsa 354.3
Riduzione 5.2
– in coke . . . 65.3
– di dazio . . . 376.1
–, manicotto di 311.8
–, mezzo di . . . 5.4
Riefen, eingeschliffene – im Zylinder 343.5
Riefig, die Kolbenstange ist 181.6
Riegel 170.1
Riego del emparrillado 61.1
Riemen 328.3
-antrieb 327.7
-breite 328.4
-dicke 328.5
-scheibe 329.1
-schraube . . . 328.8
-spannung . . . 327.8
-stärke 328.5
Riempimento, altezza di 57.7
–, apertura di . 87.3
–, bocchettone di 248.2
– con ciottoli 249.10
– di coke . . . 68.7
–, imbuto di . . 249.3
– di mercurio . 94.9
–, pompa di . . 242.7 298.7
Riempire il cilindro con miscela 298.6
– il serbatoio . 249.1
Rien, réglage par tout ou 228.1
Rieselwasser des Kühlturms 72.5
Rieseler mit Holzfüllung 68.8
– mit Koksfüllung 68.4
Riesgo 376.10
– de inflamación 102.1
Rigato, lo stelo è 181.6
Rigature nel cilindro 343.5
Rigenerazione della massa di depurazione 72.10
Right angle, branching at 310.3
Rigidez del bastidor 155.6
– del cable . . 329.8
Rigidezza della fune 329.8
Rigidità dell' incastellatura 155.6
Rigidité du bâti 155.6
– du câble . . 329.8
Rigidity of the frame 155.6
Rille, sich kreuzende -n 214.5
–, Öl- 275.3
-nweiche . . . 214.5
Rim, depth of . 190.5
– of flywheel . 190.2
–, peripheral speed of 197.6
–, section of . . 190.3
–, weight of flywheel 197.5
– of wheel . . . 367.1
–, width of . . . 190.4
Rimer 144.3
Rinforzo dell' incastellatura con tiranti 155.7
–, nervatura di – al mozzo del perno 169.7
Ring, den – abstechen 172.6
–, Dichtungs- . 313.1
–, Exzenter- . . 225.1
–, federnder Kugel- 180.2
-generator . . . 46.1
–, Kammer- . . 180.5
-e, durch Kegelfläche nachspannbare 180.1
-e, die – vom Kolben abstreifen 174.3
-leitung 316.7
Ringschieber . 246.3
–, Schmier- . . 276.6
-schmierung . 276.5
–, Schrumpf- . . 191.3
–, Schwung- . . 190.2
-segmente, durch Bund und Nut ineinandergreifende 50.8
-sitz 201.1
-spannung . . 171.8
–, Spreiz- . . . 174.1
–, Spritz- 275.4
-stoß 173.2
-topf, den – vordrehen 172.5
–, Tropf- 275.5
-ventil 245.4
–, Ventil- 245.5
Ring adjustable by cone surface 180.1
– of admission ports 240.5
–, to cut off the 172.6
– -cylinder, to roughturn the 172.5
–, drip 275.5
– of exhaust ports 240.6
–, expanding . 174.1
-s, – the piston 173.9
– lock, piston . 173.8
–, lubricating . 276.6
– lubrication . 276.5
– main 316.7
–, oil 275.4
–, oiling . 275.4, 276.6
– of ports . . . 240.4
– – –, to cover the 241.6
– – –, to uncover the 241.5
– producer . . 46.1
-s, pulling out the piston 173.9
–, shrunk . . . 191.4
Ringard 61.3
– à crochet . . 61.5
– à lance . . . 61.4
Ringardage, trou de 61.2
Rintronare della cassa 318.5
Riostra 164.8
Riparazione . . 349.9
–, spese di . . . 372.8
Ripassare al tornio la superficie di tenuta 165.5
Ripassatura al tornio di un cilindro ovalizzato 160.2
Ripiani, graticola a 52.5
Ripiegare, assicurare la spina col 174.6
Riporto, terreno di 305.8
Riposo nel esercizio 346.7
– dell'indotto, punto di 285.4
Rippe, -nanordnung 169.4
–, Boden- . . . 169.5
-nkühler 322.2
–, Radial- . . 169.6
Rippe, Stütz- – des Bolzensitzes 169.7
Ripulire la camera di circolazione dal fango 167.8
Risalto di separazione delle sbarre 51.7
Riscaldamento dell'aria di soffieria 64.9
– per arresto della circolazione 167.5
– della camicia 258.1
–, condotti di . 65.7
– eccessivo dello stantuffo 180.8
– esterno, camera, di compressione con 257.5
– del fondo . . 258.3
–, lampada di . 263.2
– della parete del gaseificatore 257.6
–, periodo di . . 35.2
– a petrolio, lampada di 264.2
– preventivo dell'aria mediante i gas di scarico 257.3
– – del combustibile 257.2
– da un solo lato 162.6
– del tubo di accensione 282.6
– unilaterale . 162.6
Riscaldatore . 41.1
– dell'aria di soffieria 64.10
Rischio . . . 376.10
Risiko 376.10
Rising and falling grate, producer with 42.4
– of the valve . 220.5
Risk 376.10
– of explosion 350.3
– of fire 350.2
– of poisoning in power gas plants 350.1
Risque 376.10
Riß 163.3
–, Einstellungs- 211.2
Risultato della prova 351.4
Ritagliare il giunto a ricoprimento 172.7
Ritardare l'accensione 344.3
Ritardata, combustione 123.4
Ritardo alla chiusura 208.1
Ritegno, corda di 358.2
– dell'olio, anello di 275.4
–, valvola di . . 316.1
Ritenuta dell'acqua di raffreddamento 167.2
Ritiro 147.10
Ritorno, andata e – dello stantuffo 192.4
– di fiamma nel tubo d'aspirazione 346.2

Ritorno per gas ed aria, valvola di 246.2
- dei gas di combustione incompleta 44.1
- del gas, valvola di 245.9
- per le parti metalliche della macchina 287.1
-, regolazione con 245.8
Rivenditore 380.7
Riverbero, forno a 65.9
Rivestimento di generatore in più pezzi 50.7
- - - in un sol pezzo 50.6
- interno della camera 50.4
-, il - interno si rompe 50.5
- in metallo bianco 189.4
-, sfogliarsi del - di metallo bianco 189.6
- d'un tubo 314.2
- per tubi 314.2
Rivestire il corpo dello stantuffo con metallo bianco 177.1
Roaring of the flame 265.3
Robinet 314.9
-, clé de 314.12
- de désaération 316.10
- droit 315.1
- double d'indicateur 353.4
- d'eau de refroidissement 320.7
- d'écoulement 315.3
- d'égouttement 33.4
- d'évacuation d'air 316.10
-, fermer le - de gaz 346.8
- d'indicateur 353.3
- - à circulation d'eau 353.5
- de jauge 248.4
-, noix de 314.10
- pince 88.10
- de purge 317.2
-, roder le 314.11
- à trois voies 315.2
- - - - et à canaux longitudinal et transversal 92.7
- - - - et à double canal transversal 92.6
- en verre 92.5
- de vidange 315.3
Robinetto 314.9
- dell'acqua di raffreddamendo 320.7
- - refrigerante 320.7
-, cassetto a 237.10
-, chiave per 314.12
Robinetto, doppio da indicatore 353.4
- dell'indicatore 353.3
- - - a circolazione d'acqua 353.5
- della lampada 264.7
-, maschio del 314.10
- a passaggio trasversale 315.1
- a pinzetta 88.10
- di prova 248.4
- per scaricare aria 316.10
- di scarico 315.3
- - - d'acqua 317.2
- semplice trasversale 315.1
- sgocciolatore 33.4
-, smerigliare il 314.11
- di spurgo 315.3
- a tre vie 92.6, 92.7 315.2
- di vetro 92.5
Rociador, tubo 70.2
Rock oil 102.2
Rocking arm 217.6
Rod, adjustable valve 234.4
-, angle of connecting 193.7
-, body of the connecting 188.3
- bolt, connecting 184.7
-, connecting 183.5
-, - - head 184.6
-, contact 289.5
-, crank 289.7
-, eccentric 225.2
-, end of the connecting 184.6
-, flat 184.1
-, fork of the connecting 183.7
-, hollow 183.9
-, length of connecting 183.6
-, piston 177.8
-, push 229.6
-, shank of the connecting 183.8
-s, steel-tube 215.2
-, stem of the connecting 183.8
-, striking 289.5
-, tappet worked directly from the crank shaft 212.7
-, tie- 155.8, 164.8
-, valve - in tension 215.3
- working valve 214.1
Rodadura = envolvimiento 219.4
-, curva de 219.8
-, palanca de 217.8
-, superficie de 219.2
Roldana 223.1
-, la - golpea sobre la leva 223.6
Roder 150.6
- à l'émeri 150.8
- à la meule 150.6
- le robinet 314.11
- le segment 172.8
Roder la soupape sur son siège 201.3
Rohbenzol 106.8
-gang des Hochofens 64.8
-kohle 23.6
-naphtha 102.6
-öl 102.6
-spiritus 104.6
Rohr = Röhre
Rohr 309.3
-, Abfluß- 320.6
-abschneider 314.1
-, Abzweig- 310.2
-anstrich 314.3
-bekleidung 314.2
-, Benzineinguß- 254.9
-, bewegliches - mit Kniegelenk 182.4
-, Blei- 309.12
-, Bogen- 310.7
-, Brenner- 263.6
-bruch 314.7
- aus Drahtgaze 250.6
-flansch 312.2
-, Flanschen- 311.9
-, Gas- 309.9
-, gekühltes Auspuff- 318.8
-, gußeisernes 309.7
-haken 313.8
-, Kapillar- 91.4
-, Knie- 310.8
-, Kupfer- 309.10
-, Lampen- 263.6
-leitung 309.2, 316.3
-, Messing- 309.11
-, Misch- 263.8
-montage 313.7
-, Muffen- 311.6
-netz 316.4
-, Paß- 310.5
-plan 316.5
-, Porzellan- 282.1
-, Posaunen- 182.5 254.10
-, Saug- 317.4
-, am Schaft befestigtes 202.3
-schelle 313.9
-schieber 237.9
-schlange 38.5
-, Schlangen- 93.3
-, schmiedeeisernes 309.8
-, Schrauben- 93.3
-schraubenschlüssel 313.10
- Sieb- 70.2
-, Spiral- 93.3
-, Strahl- 70.4
-, Steig- 32.9
-stück, geschlitztes 318.3
-, Tauch- 254.8
-, teleskopisches 254.10
-, Überfall- 248.9
-umhüllung 314.2
-ventil 239.2
-verbindung 311.2
-verlegung 313.7
-verschluß 313.2
-verschraubung 311.3
-verstopfung 314.4
-verzweigung 310.1
-wand 309.5
Rohrweite 309.4
-zange 313.11
-, Zufluß- 320.5
-, Zuleitungs- 320.5
-, Zweig- 310.2
Röhre = Rohr
-nkühlung, Aufnehmer mit 261.5
-, Verteilungs- 92.4
-nverdampfer 40.1
- - für Petroleum 258.7
Rolls, train of 337.2
Rolle 223.1
-ndruck 223.3
-, die - hämmert auf der Antriebscheibe 223.6
-, Lauf- 223.1
-, Seil- 329.7
Rolled sections 135.7
Roller, cam 223.1
- face 218.4
- guide, chain lift with 59.4
-, link for guiding the cam 223.2
-, pressure of the cam 223.3
- saddle 218.4
- table 218.4
- -, to influence the inclination of the - by the governor 235.4
- -, to support the 218.5
Rolling contact, bell crank lever with 219.1
- -, lever with 217.8
- -, - with - and fixed fulcrum 218.1
- curve 219.8
- -s, geometrical shape of the 220.2
- mill 337.1
- - engine 337.3
- surface 219.2
- -s, to case-harden the 221.1
- -s, sliding of the 220.7
- -s, wear of the 220.8
Romana 357.11
Rombica, sospensione 269.3
Rompere, facile a 139.7
Rompersi 50.5
Rondelle de joint 313.1
Roof 303.4
Room, engine 303.3
-, - testing 350.8
Root's blower 80.2
Rope 329.4
-, anchor 358.2
- brake 357.10
- drive 329.2
- gearing 329.2
-, hemp 329.5
- pulley 329.7
-, steel-wire 329.6
-, stiffness of 329.8

Rope tension . 329.3
Rosca, manguito interior de doble 313.6
Roscado de tubos 311.3
Rosin, oil free from 274.3
Rosso, bronzo . 187.6
Rost 50.9
-anstrengung . 51.1
-artiges Abzugrohr der Schwelgase 48.4
-bauart 52.1
-beanspruchung 51.1
-belastung . . 51.1
-, dachförmiger 48.6
-, drehbarer . . 52.8
-, - Zylinder- . 53.3
-, Etagen- . . . 48.3
-freier Generator 53.4
-fuge 51.2
-konstruktion . 52.1
-, Korb- 52.4
-, liegender . . 306.2
-loser Generator 53.4
-, Pfahl- 306.3
-, Plan- 52.2
-rahmen 51.8
-, Schräg- . . . 52.3
-, Schüttel- . . . 53.1
-, Seiten- 52.6
-, seitlicher . . 52.6
-spalt 51.2
-stab 51.5
- -kopf 51.6
- -, trogartiger - mit Aschefüllung 53.2
-, Staffel- 48.3
-, Stufen- . . . 52.5
-träger 51.8
-, Treppen- . . . 52.5
-, vertikaler . . 52.7
Rotglut des Drahtes 266.1
-guß 187.6
- leuchtende Flamme 265.4
Rotación, eje fijo de 216.1
-, fuerza de . . 195.1
- de la manivela 193.4
-, momento de - de la manivela 195.2
Rotante, sfera . 268.5
Rotary blower 79.7
- slide valve . 237.10
- valve, hopper with 56.4
Rotatif, soufflerie -ve 79.7
Rotating masses, to balance the - by counterweights 196.7
Rotation of crank 193.4
Rotation par l'énergie cinétique 296.7
- par la force vive 296.7
- de manivelle 193.4
-, moment de - de la manivelle 195.2
- par la vitesse acquise 296.7
Rotative moment 197.7
Rotativo, cassetto 237.10
-, ventilatore . 79.7
-, ventilador . . 79.7
Rotazione . . . 219.4
-, assicurare l'anello contro una 174.4
- durante il periodo d'arresto 296.7
- della manovella 193.4
-, momento di . 197.7
-, - - - della manovella 195.2
- dello stesso senso, albero motore e di distribuzione con 212.4
Rotella 223.1
-, la - batte sulla camma 223.6
-, distacco della 223.3
-, guida della . 223.2
-, pressione della 223.3
Rotierender Anker 285.5
-es Gebläse . . 79.7
Rotismo della distribuzione 209.5
Rotolamento . 219.4
-, curva di . . . 219.8
-, distribuzione con eccentrico e leve di 225.5
-, leva di . . . 217.8
-, - - - comandata 218.3
-, - motrice di . 218.2
-, superficie di . 219.2
Rotor 333.6
Rotore 333.6
Rottura, accensione per 288.4
-, carico di . . 140.6
-, sforzo di . . 140.6
-, sicurezza contro la 164.4
- dello stelo dello stantuffo 181.5
- del tubo . . . 314.7
Rotura, carga de 140.6
- por flexión, resistencia á la 142.5
- del tubo . . . 314.7
- del vástago . 181.5
Rouage 87.6
Roue, aube de la 367.2
-, circonférence de la 366.9
- de commande 209.8
- commandée . 209.9
-, frein sur . . . 338.8
-, frottement de la 367.3
- hélicoïdale fraisée 209.7
-, jante de la . 367.1
- à palettes . . 80.6
-, périphérie de la 366.9
- à rochet à huit dents 214.3
- de turbine . . 366.8
Rouge vif . . . 282.4
Rough coal . . 23.5
- side of belt . 328.6
- -turn, to - the ring-cylinder 172.5
Roughened washing surface of wire-gauze 78.10
Roulement, cémenter la surface de 221.1
-, courbe de . . 219.8
-, glissement des surfaces de - l'une sur l'autre 220.7
-, levier de . . 217.8
-, surface de . . 219.2
-, table de . . . 218.4
-, usure des surfaces de 220.8
Round bar . . 136.3
- - -iron 136.3
- elbow 310.8
- iron 136.3
Rounded head 78.8
Rounding off 222.11
Rouverin . . . 139.7
Rovente, combustione al filo di platino 95.6
Rozamiento debido al peso 175.9
- del émbolo . 175.8
- - - por la presión que ejerce la conducción del mecanismo de transmisión 176.1
- de la excéntrica 225.8
- propio del regulador 271.7
Rozamiento de la rueda 367.3
- de la tobera . 366.4
-, trabajo de . . 360.3
Ruban, frein à 358.1
Rubber 138.4
- bag 84.6
- ring and binding wire 162.5
- suction ball . 89.3
- tube 88.9
Rückführung der Schwelgase 44.1
Rückgang, Kolben- 192.6
Rückkühlung, Wasser- - durch Rippenkörper 322.1
Rücklauf, Kolben- 192.6
-reglung . . . 245.8
- - durch die Gaspumpe 246.4
-ventil für Gas und Luft 246.2
Rückläufiges Druckventil 336.7
Rückleitung durch die Metallteile der Maschine 287.1
Rückschlagklappe 250.3, 316.2
-ventil 316.1
Rückstandbrenner 104.1
Rückstoß auf die Handkurbel 292.5
-sicherung . . 292.9
Rückströmschlitze der Gaspumpe 246.5
-ventil für Auslaufverdichtung 296.8
- -, Gas- 245.9
- -, Reglung durch 252.5
- -, vereinigtes - und Anlaßventil 297.1
Rücktitrieren . 93.8
Rückwärts gekrümmte Schaufel 81.4
- gerichtete gerade Schaufel 81.5
Rückzoll . . 375.10
Rückzündung . 292.7
Rueda, juego de -s cilíndricas 210.1
- helizoidal fresada 209.7
-s -es, juego de 209.6
- mandada . . 209.9
- de mando . . 209.8
- motriz 209.8
- de paletas . . 80.6
- - -, diámetro de la 80.7
-s rectas, juego de 210.1
- de trinquete con ocho dientes 214.3
- de turbina . 366.8
Ruhelage des Ankers 285.4
Ruhende Spitzen 286.7
Ruhiges Arbeiten der Zahnräder 210.4
Ruido de la aspiración 317.8
Ruidoso, trabajo 345.10
Ruissellement, eau de - du réfrigérant à cheminée 72.5
Rules for the prevention of accidents 385.8
Rullo di scorrimento 223.1
Rumore della fiamma 265.3
- prodotto dall'aspirazione 317.8
Rumpf, eingehängter - zur Destillation der frischen Kohle 46.5
Run, gas . . . 35.4
Rundeisen . . . 136.3
-führung . . . 156.9
-schieber für Ein- und Austritt 245.7
Runner 80.6
Running 341.1
- of cooling water into settling pits 321.5
-, easy - of the engine 345.8
- of the engine under its own momentum 296.7
- gear, casing of the 152.9
- hot of the piston 180.8
-, irregular . . 345.9

Running light . 345.1
-, noiseless . . . 345.6
-, noisy 345.10
-, smooth - of the engine 345.5
Ruota d'arresto con otto denti 214.3
-, attrito nella . 367.3
-, cerchione della 367.1
-, circonferenza della 366.9
- condotta . . 209.9
- conduttrice . 209.8
Ruote dentate, argano di messa in moto con trasmissione a 291.7
- -, movimento silenzioso delle 210.4
- -, pompa a stantuffo con trasmissione a 330.6
-a elicoidale fresata 209.7
-, freno sulla . 338.8
- a palette . . . 80.6
- - -, diametro della 80.7
Ruota, paletta della 367.2
- da turbina . 366.8
Ruotante, indotto 285.5
Rupteur 289.3
Ruptura, chispa de 283.5
-, encendido por 288.4
-, inflamación por 288.4
Ruptor 289.3
Rupture, elongation at 140.7
Rupture, allongement de 140.7
-, charge de . . 140.6
-, étincelle de . 283.5
- de tige de piston 181.5
- de tuyau . . 314.7
Rußanflug auf der Zündbüchse 288.1
Russian lamp oil 103.6
Russisches Leuchtöl 103.6
Rutschen des Riemens 328.2
Rymer 144.3

S.

Saal, Zeichen- . 382.2
Sabbia, getto in forme di 131.6
- quarzosa senza argilla 308.1
Sable quartzeux non argilifère 308.1
Sacar el émbolo 168.6
- las escorias, orificio para 60.6
- los segmentos del émbolo 174.3
Sacca 64.2
- d'aria 167.4
- del generatore 49.9
- a polvere . . 76.5
Sack, Luft- . . 167.4
-, Staub- 76.5
Saco de aguas muertas 167.3
- de aire . . . 167.4
Saddle, roller . 218.4
Safety clack valve 250.4
- device against return shock 292.6
- flap valve . . 250.4
- against fracture of cylinder head 164.4
- starting handle 292.8
Sägemehlreiniger 73.1
-späne, das Öl durch - aufsaugen 347.3
- - reiniger . . 73.1
Saggio di prova 140.1
Sagomato, ferro 135.7
Saignée faite à la lime 174.7
Saillie 229.7
Sala da disegno 382.2
- delle macchine, sotterraneo della 303.6
- - -, sottosuolo della 303.6
- di montaggio 301.4
-, piano della . 303.5
Sala de dibujo 382.2
- de montaje . 301.4
Salaire 384.3
- d'une journée 384.5
- d'une semaine 384.7
-, unité de . . . 384.4
Salariato . . . 383.4
Salario . . 384.3, 384.5
Salary 384.6
Saldare . 146.5, 371.3
Saldato, acciaio 133.7
-, ferro 132.8
Saldatura . . . 146.6
-, linea di . . . 146.9
Salida 80.5
- por la acción de la gravedad 247.7
- del agua . . . 181.9
- - - de refrigeración á pozos de filtración 321.5
- central del gas 47.6
- - para el gas . 69.2
-, coeficiente de 129.3
-, curva de . . . 222.7
- del émbolo . 192.5
- de las escorias 64.4
- del gas . . 39.7, 78.4
- - - de agua . 35.8
- - - de aire . . 35.7
- - -, registro de 55.3
- de humos . . 54.8
- - -, tubería de 55.1
- irregular, gas de 84.4
- lateral del gas 47.5
- del metal . . 64.5
- de la mezcla por capas 128.4
-, punto de . . 222.10
- de la tobera . 366.6
Saliente, columna de mercurio 19.7
- de la leva . . 222.3
Salita, durata della 364.3
- dello stantuffo 364.2
-, tempo della . 364.3
- della valvola 207.2
Salle de dessin 382.2
- des machines 303.3
Salt, spirit of . 14.7
Salter la chispa hacer 289.1
Salto di pressione, ciclo più conveniente per un dato 117.5
- - - fra ricevitore e cilindro 129.1
- di temperatura, ciclo più conveniente per un dato 117.2
Salto de la válvula 208.6
-s de la correa 328.1
Salzsäure . . . 14.7
-saure Kupferchlorürlösung 90.9
Sammelgefäß . 89.5
-leitung 316.6
-raum des Kokses 45.3
Sammler, Gas- . 86.4
-, Strom- 334.1
Sample 140.1
- of gas, to take a 88.7
Sample, to - the gas 88.7
Sampling tube, gas 89.5
- -, gas - for samples taken away from the laboratory 89.6
Sandformguß . 131.6
-kohle 22.9
-körner, festgeschlagene 343.6
-steinquader . 306.7
-, tonfreier Quarz- 308.1
Sand-casting . 131.6
- -s, open . . . 131.4
-, casting in . . 131.6
-, grit 343.4
-, moulding . . 343.4
-, quartz - free from clay 308.1
-stone block . . 306.7
Sap 29.9
- -wood 29.9
Sattdampf . . . 11.6
Sattel 218.4
Sättigung der Luft mit Dampf 37.2
-svermögen der Luft 253.4
Saturabilidad del aire 253.4
Saturabilità dell'aria 253.4
Saturabilité de l'air 253.4
Saturación . . 253.3
- del aire con vapor 37.2
Saturado de bencina, aire 253.7
Saturated steam 11.6
Saturation of air with steam 37.2
Saturation, dependence of - on the state of the atmosphere 253.3
Saturation, action de l'état atmosphérique sur la 253.3
- de l'air par la vapeur 37.2
Saturazione dell'aria con vapore 37.2
Saturée, vapeur 11.6
Satz, Zoll- . . . 376.1
Sauerstoff . . . 10.2
-, atmosphärischer 10.3
-, chemisch gebundener 10.4
Saugflasche . . 88.8
-flügel 78.6
-gas 39.4
- -anlage . . . 37.6
- -erzeuger . . 39.5
- -generator . . 39.5
-geräusch . . . 317.8
-hub 119.6
-kammer, unterirdische 318.6
-leitung 317.3
-raum 244.5
-rohr 317.4
- -, die Verbrennung schlägt in das - zurück 346.2
-schacht 318.1
-topf 317.9
- -, Blech- . . . 318.4
-trompete . . . 318.2
-ventil 245.2
-widerstand . . 119.9
Saugender Ventilator 82.2
Sauger, Gummi- 89.3
Säule, Stütz- . 153.5
-, Trag- 153.5
Säure-, Essig- . 104.5
-freies Öl . . . 274.2
-, Pyrogallus- . 91.1
-, Salz- 14.7
-, Schwefel- . . 14.6
-, schweflige . . 14.5
-turm 43.3
Sawdust purifier 73.1
- - scrubber . . 68.8
- -, to soak up the oil by 347.3

Sbarra di graticola 51.5
-e, larghezza dei vani tra le 51.3
Sbattimento, lubrificazione a 278.3
Sbattere della cinghia 328.1
Scaccia-olio, anello 275.4
Scacciare i gas residui 127.3
Scala dell'alcoolometro 105.4
- di Celsius . . 18.6
- centesimale dei pesi 105.6
- - dei volumi 105.5
- centigrada . 18.6
- di Fahrenheit 18.8
- della molla . 355.6
- di Réaumur . 18.7
- della temperatura assoluta 17.8
- termometrica 18.5
- verificata della molla 355.6
Scale 314.5
-, alcoholometric 105.4
-, calibrated - of spring 355.6
-, centigrade . . 18.6
-, Fahrenheit . 18.8
-, Réaumur . . 18.7
- of spring . . 355.5
- of temperature, absolute 17.8
-, thermometer 18.5
-, Tralles 105.5
-, volume percentage 105.5
-, weight percentage 105.6
Scaling of the white-metal lining 189.8
Scalino, taglio a 173.5
Scalpellare . . 144.6
Scalpello . . . 144.7
Scambio di calore 15.8
- di energia tra il meccanismo a manovella ed il volano 197.8
Scanalatura anulare dello stantuffo 172.2
- a coda di rondine 189.5
- collettrice . . 278.7
-, fondo della . 172.3
-, giuoco fra il fondo della - e l'anello 172.4
-e che si incrociano 214.5
-a di lubrificacione 275.3
-e, macchina per fare 150.2
-a per la raccolta dell'olio 278.7
-, tenuta con - ed incastro 165.9
Scappamento . 125.1
-, valvola di . . 200.3
Scaricare . . . 125.2
- l'acqua durante il gelo 347.5
Scaricare l'acqua di raffreddamento 168.1
- l'invilluppo da sforzi 161.6
Scarico . 119.5, 125.1
- dell'acqua . . 181.9 316.11
- - - di raffreddamento 166.8
- - - - - in pozzi filtrani 321.5
- anticipato . . 205.7
- -, canale di . 205.9
- -, perdita di lavoro per 362.1
- d'aria 316.9
-, aste per lo . 215.1
-, camera di . . 319.3
-, capsula della valvola di 203.2
- del cilindro di combustione 127.5
-, comandare lo 205.8
-, distribuzione per lo 199.3
-, feritoia di . . 241.1
-, iniettare dell'acqua nello 320.3
-, lavoro di . . 125.9
- dell'olio . . . 276.8
-, pressione di . 125.4
-, raffreddamento della valvola di 202.4
-, resistenza allo 125.7
-, scoppio allo . 346.3
-, sporto per lo 221.7
-, tappo a vite per lo 248.3
-, temperatura di 125.6
-, tubo di . . . 320.6
-, velocità dello 125.8
Scartamento . . 338.5
- ridotto, locomotiva per ferrovia a 339.6
Scatola-guida posteriore 156.4
- di lubrificazione 275.8
- del meccanismo 152.9
- a stoppa . . . 179.3
- - -, coperchio con passaggio per la 163.7
- - -, guarnizione della 179.2
- di tenuta . . 177.3
- - - Schwabe 180.3
Scatto, asta di 289.5
-, meccanismo a 233.3
Scavata, torba 28.3
Scavenge, to . 127.8
-, to - with the prepared mixture 128.3
Scavenging . . 127.6
- agent 128.1
- -, minimum pressure of the 128.9
- air 128.2
- -, discharge velocity of the - through the ports 129.2
Scavenging, Atkinson method of 126.2
- and charging period 126.6
- - - pump, resistance of the 130.2
- engine 127.2
- period 128.7
- pressure . . . 128.8
- pump 243.4
-, valve gear of - and charging pumps 244.8
- the working cylinder 127.5
Schachteinschnürung 49.7
-erweiterung . . 49.6
-futter 50.4
- -, einstückiges 50.6
- -, geteiltes . . 50.7
- -, das - reißt 50.5
-, Generator- . . 49.3
-mauerwerk . 49.10
-ofen 33.6
-querschnitt . . 49.5
-, Saug- 318.1
Schaft, ausgebohrter 183.9
-, am - befestigtes Rohr 202.3
-, flacher 184.1
-führung . . . 201.6
- -, gekühlte . . 202.6
-, Kegel und - aus einem Stück 201.7
-, Schubstangen- 183.8
-stärke 201.5
-, Ventil- 201.4
Schale für den Anwärmebrennstoff 264.1
-nfläche, tragende 188.4
-nguß 132.5
-nkörper, den - verzinnen 189.3
-, Kurbellager- 188.3
-, Über- 188.6
-nrand 188.8
-, Tropf- 275.6
-, Unter- 188.7
-n, die - mit Weißmetall ausgießen 189.2
Schalldämpfende Grube 319.6
-dämpfer, Patrickscher 320.1
Schaltbrett . . 334.4
-tafel 334.4
-werk 364.7
- -, elektrisch betriebenes 293.6
-zahn 292.3
Schalten, die Dynamomaschine als Andrehmotor 298.2
Schalter 335.6
Schaltung, Parallel- - der Maschine 344.7
-, Viertakt- - von Capitaine 213.2
-, - - Duplex . 213.6
Schaltung, Viertakt- - von Körting 213.10
-, - - von Wenzel 212.6
Schamotte . . . 50.1
-retorte 32.7
-stein 50.1
Scharfkantige Spitze 358.9
Schaufelbreite 80.8
-, radiale . . . 81.1
-, radial endigende 81.2
-form 80.10
-, Rad- 367.2
-, rückwärts gerichtete gerade 81.5
-, - gekrümmte 81.4
-, vorwärts gekrümmte 81.3
-zahl 80.9
Scheibe-, Antrieb- 327.4
-, Daumen- . . 221.4
-, Exzenter- . . 224.9
-, Gegen- . . . 327.5
-, getriebene . . 327.5
-nkolben . . . 170.4
-, Plan- 149.5
-, Riemen- . . . 329.1
-, Seil- 329.7
-, Treib- 327.4
-numfang . . . 222.5
-, unrunde . . . 221.4
Scheinbarer Alkoholgehalt 105.1
Schelle, Rohr- . 313.9
Scherbeanspruchung 142.4
-maschine, Blech- 134.6
Schichtenweise Verdrängung 128.4
Schichtung, ungleiche 128.5
Schieber, Dreh- 237.10
-, Flach- 363.6
-, Gas- 238.2
-, Gasabzug- . . 55.3
-, Grund- . . . 246.7
-, Luft- 238.2
-, Kolben- 238.1
-, Misch- 238.4
-, Ring- 246.3
-, Rohr- 237.9
-, Rund- - für Ein- und Austritt 245.7
-steuerung . . 363.5
- -, Doppel- . . 246.6
-, Überström- - zwischen Druck- und Saugraum 247.1
Schiedgericht 377.10
-spruch . . . 377.12
Schiefstellen der Gassammlerglocke 86.9
Schiefer, Braunkohlen- 27.13
-, den - von der Kohle trennen 23.8
-öl 107.10
-teer 12.6
Schiffkopf . . . 184.8
Schirm, Fang- 255.1
-, Zerstäuber- . 256.7
Schist tar . . . 12.6
Schistes, débarrasser le charbon des 23.8

Schiste, goudron de 12.6
-, huile de 107.10
- ligniteux 27.13
Schisto, catrame di 12.6
- lignitoso 27.13
-, olio di 117.10
-i, separare gli - dal carbone 23.8
Schlacke 60.7
-nbildung 60.10
-, fließende 60.9
-, flüssige 60.9
-nkuchen 60.11
-nreine Kohle 26.7
-nstich 64.4
-nwolle 73.7
-nwollfilter 73.6
-, zähe 60.8
Schlagbolzen 288.9
-hebel 290.4
-vorrichtung 290.1
-, Wasser- 182.2
Schlagen des Riemens 328.1
- der Ventile 207.2
Schlägerwelle 68.2
Schlamm 70.8
-entfernung durch Becherwerk 71.1
-haltiges Kühlwasser 167.6
-kohle 24.2
-, Kohlen- 24.2
-sammler 71.2
-topf 70.7
- -, verstopfter 70.10
Schlange, Rohr- 88.5
-nrohr 93.3
-, Überhitzer- 88.5
Schlauch, Gummi- 88.9
Schleichende Verbrennung 123.2
Schleier, kegelförmiger - des austretenden Benzins 256.4
-, konischer - des austretenden Benzins 256.4
Schleifmaschine 150.7
Schleife des Diagramms 355.4
Schleifen 150.6
Schleudergebläse 80.4
-schmierung 276.9
-trommel, nasse 77.7
Schleuse 56.1
Schlichten, den Streit 378.3
Schließen, den Gashahn 346.8
-, die Poren durch Dichthämmern 343.3
-, das Ventil 207.6
Schließung, Nach- 208.1
Schlitten, von der Kurbelwelle angetriebener 212.7
-, Werkzeug- 149.4
Schlitz 173.2, 240.7
-, Auspuff- 241.1
-, Einströmungs- 240.8
-, Gaseintritt- 242.6
-kranz 240.4
Schlitzkranz, den - abdecken 241.6
- -, den - aufdecken 241.5
-, Lufteintritt- 242.5
-, Regulier- - des Bunsenbrenners 99.1
-e, Rückström- - der Gaspumpe 246.5
-, schräger 173.3
-steg 241.2
-steuerung 240.3
- -, zweiseitige 242.3
-weite 51.3
-, winkelrechter 173.4
Schloß, Kolbenring- 173.8
Schlosser 143.5
-, Maschinen- 143.3
-werkstatt 143.4
- -zeug 143.6
Schlosserei 143.4
Schlußkurve 219.9
-, Nach- 208.1
-reiniger 67.3
-, Ventil- 207.4
Schlüssel, Hahn- 314.12
-, Rohrschrauben- 313.10
Schmalseite 184.3
Schmelzkegel 21.7
-wärme 15.2
Schmied 145.7
Schmiedbares Eisen 132.7
-er Eisenguß 132.6
Schmiede 145.6
-eisen 132.7
-eisernes Rohr 309.8
-presse 146.2
Schmieden 145.8
Schmierapparate, die - abstellen 347.2
- -, die - einstellen 344.1
-büchse 275.8
- -, Feder- 274.11
-gefäß 275.9
- -, Nadel- 276.4
- -, Tropf- 276.3
-kanne 277.2
-loch 275.2
- -, offenes 275.7
-mittel 273.7
-nute 275.3
-öl 274.1
- - verbrauch 348.7
-ring 276.6
-stelle, offene 275.7
-topf 275.8
-vorrichtung 274.9
Schmiere 273.7
-, Starr- 273.8
Schmierer, Nadel- 276.4
Schmierung 273.6
-, Docht- 276.1
-, Druck- - der Stopfbüchse 179.9
-, Einzel- 277.6
- aus dem geschlossenen Kurbelgehäuse 278.3
-, Hand- 277.1
-, Kolben- 278.4
-, -zapfen- 278.6
Schmierung, Kurbellager- 279.1
-, Öl- 275.1
-, Ring- 276.5
-, Schleuder- 276.9
-, selbsttätige 277.5
-, Triebwerk- 278.2
-, Zentral- 277.7
-, Zentrifugal- 276.9
-, Zylinder- 278.4
Schnecke, auf- und abbewegliche 45.7
Schnellaufende Zwischenwelle 210.6
Schnittfuge 173.2
- -, die - ausschneiden 172.7
Schnur, Indikator- 353.8
-länge, die - einstellen 354.1
-spanner 354.2
Schornstein der Zündflamme 280.7
Schottische Bogheadkohle 23.4
Schrägbrennen des Generators 58.7
-rost 52.3
Schräge Fläche des Schaltzahns 292.4
-er Nocken 235.2
-er Schlitz 173.3
-e Teilfuge 173.3
-es U-Rohr 83.5
Schraubstock 143.7
Schraube, Ablaß- 248.3
-, Flanschen- 312.10
-nförmig gewundenes Anwärmerohr 264.5
-, Füll- 248.2
-, Fundament- 308.8
-nlochkreis 164.6
-, Pfannen- 352.7
-nrad, gefrästes 209.7
-nräderpaar 209.6
-, Riemen- 328.8
-nrohr 93.3
-, Verschluß- 318.4
Schreibstift 352.9
- -geradführung 353.1
- -weg 355.7
-zeug 352.8
Schrumpfring 191.4
Schubbeanspruchung 142.4
-kurbelgetriebe, Regler mit 269.1
-stange 183.5
- -nausschlag 193.7
- -nbolzen 184.7
- -ngabel 183.7
- -nkopf 184.6
- - -, äußerer 185.3
- - -, innerer 185.2
- - -, offener 184.8
- -nkraft 194.9
- -nlänge 183.6
- -nschaft 183.8
- -nwinkel 193.7
Schubert, draught-gauge by 83.10
Schuh, Gleit- 177.6
-, Kreuzkopf- 177.6
Schüreisen 61.3
Schürhaken 61.5
-kelle 61.6
-loch 61.2
-spitze 61.4
Schüttelrost 58.1
Schutzhaube, Kurbel- 155.2
- vor offenen Flammen 249.4
Schwabesche Stopfbüchse 180.3
Schwabe stuffing box 180.3
Schwach gedrosselt 237.8
-federdiagramm 355.3
Schwaches Gemenge 236.1
Schwalbenschwanznute 189.5
Schwankung, Belastungs- 344.10
- der Kurbelgeschwindigkeit 198.4
Schwarzblech 134.7
-kohle 22.4
Schwefelreinigung 75.6
- -sanlage 75.7
-säure 14.6
- -, rauchende 90.5
-wasserstoff 14.4
Schweflige Säure 14.5
Schweißeisen 132.8
-hitze 146.7
-naht 146.9
-stahl 133.7
-stelle 146.8
-temperatur 146.7
Schweißen 146.5
Schweißung 146.6
Schwelgas 58.4
- -, Braunkohlen- 107.3
-periode 58.5
-raum 107.5
-zone 58.1
-zylinder 107.4
Schwelen 58.2
Schwelerei, Braunkohlen- 107.2
Schwerflüssiges Öl 99.6
-öl 103.7
- siedendes Öl 100.6
Schwerer Kohlenwasserstoff 12.10
Schwimmer 248.8
-gefäß 248.5
-regelung der Flüssigkeitshöhe 248.7
Schwinden des Gußstückes 147.7
Schwinge 217.6
Schwingen der Abgassäule 126.1
- der Gassäule 319.1
Schwingender Anker 285.3
-e Kurvenscheibe 225.7
-es Polschuhrohr 285.7
-e Tauchkolbenpumpe 182.6

Schwingung, durch -en dünngezogenes Gas 319.2
-sebene, in der - des Schaftes auftretende Massenkräfte 184.4
-, Indikator- . . 356.6
-sverfahren . . 366.1
Schwitzen der Isolierhülse 287.8
Schwunggewicht, streifendes 231.2
- -regler 231.1
-kranzgewicht 197.5
-kugel 268.5
-moment . . . 197.7
-rad 189.8
- -arm 190.6
- -, fliegendes . 190.1
- -grube 305.3
- -hälfte 191.6
- -kranz 190.2
- -nabe 191.1
- -, zweiteiliges 191.5
-ring 190.2
-scheibe auf der Steuerwelle 210.7
Scintilla di accensione 283.7
- elettrica . . . 288.4
-, interrompere la 289.1
- di rottura . . 283.5
Sciolta, flangia 312.6
Sciopero . . . 384.12
Sciure, épurateur à 73.1
Scoccare, intervallo ove scocca la scintilla 283.6
Sconto 370.8
Scoppio 122.9
- all' ammissione 346.1
-, motore a . . 323.3
-, ricevere la pressione dello 187.2
- allo scarico . 346.3
Scoprire la corona delle feritoie 241.5
Scored, grooves - in the cylinder 343.5
Scoria 60.7
-e, blocco di . 60.11
-a, carbone che dà molta 26.6
- dura 60.8
-e, formazione di 60.10
-e, lana di . . . 73.7
-, levare le . . . 60.5
-a liquida . . . 60.9
- tenace 60.8
Scorie 60.7
-, formation de 60.10
-, laine de . . . 73.7
- liquide . . . 60.9
-s, masse de . . 60.10
- tenace 60.8
-s, tourteau de 60.10
Scorifère, charbon non 26.7
-, - très 26.6
Scorification . 60.10
Scorrimento, carico di 142.4
- della cigna . 328.2
-, rullo di . . . 223.1
Scorrimento, superficie di - del cilindro 159.7
-, - - - dello stantuffo 176.6
- delle superfici di rotolamento l'una sull' altro 220.7
-, temperare la superficie di - del perno 169.9
Scosse, graticola a 58.1
-a del pavimento 346.5
Scotch Boghead coal 23.4
- fir 307.1
Scrape, to - the bearing 189.7
- up, to - the piston packing ring 173.1
Screen 24.8
Screened coal . 24.7
Screpolatura nel cilindro 163.3
Screw, adjusting 289.9, 352.7
-, belt 328.8
- -cap . . 311.4, 313.3
- -flange coupling 312.8
- gearing . . . 209.6
- plug 313.4
- -stopper (for filling) 248.2
- - (for drawing off the liquid) 248.3
-, valve adjustable by - and spring 256.5
- vice 143.7
Screwed pipe joint 311.3
Scrittoio . . . 381.10
Scrivente, apparecchio 352.8
Scrubber with centralgas inlet 69.1
- - - - outlet . 69.2
-, coke 68.4
-, drain pipe from 70.9
-, return water from 71.4
-, sawdust . . . 68.8
Scrubber . . . 66.6
- avec admission centrale du gaz 69.1
- rempli de coke 68.4
- à remplissage de bois 68.8
- avec tuyau de départ du gaz au centre 69.2
Scrubber . . . 66.6
- a coke 68.4
Sdoganamento 375.1
Sdoganare una merce 375.2
Seal box 70.7
-, exhaust tank with hydraulic water 319.5
-, grooving of the valve 206.4
-, hydraulic - of the gas main 55.9
-, mercury . . . 94.9
Seal pipe 313.2
Sealing liquid . 92.3
Seat, admission valve with perforated 239.8
-, annular 201.1
-, clogging of the valve 206.8
-, corrosion of the valve 206.4
-, to grind the valve into its 201.3
-, inner diameter of 208.7
-, perforated . . 239.4
-, spherical - of the bearing 188.2
-, valve . . 200.8, 245.5
Sebo 188.12
Sec 139.6
-, charbon . . . 22.9
-, vapeur sèche 11.7
Secado 74.2
Secador del gas 74.4
Secar el gas . . 74.3
Sección del horno 49.5
- transversal libre de la válvula 208.8
- - de la llanta 190.3
- - del paso . . 209.1
Seccionado horizontalmente 187.3
-, revestimiento 50.7
Secco, depurazione a 72.6
-, distillazione -a 8.5
Séchage 74.2
Sécher le gaz . 74.3
Sécheur de gaz 74.4
Seco, aire . . . 10.8
Secours, ressort de 226.8
Secretary . . 380.12
Section iron . . 135.7
- of rim 190.3
-, standard . . . 135.8
Section libre de la soupape 208.8
- de passage . 209.1
- transversale de la cuve 49.5
- - de la jante 190.3
Secure, to - the covers by tie-rods passing through the jacket 164.7
-, to - the pin by bending it over 174.6
-, to - the piston ring against turning 174.4
Securing of the cylinder cover by means of bolts 164.5
Securité de service 342.2
Sede anulare . 201.1
-, diametro interno della 208.7
- a fori 239.9
-, superficie della 201.2
- della valvola 200.8
-, valvola a doppia 239.1
Sedimento terroso del acqua refrigerante 167.7
Segatura di legno, assorbire l'olio con 347.3
- - -, depuratore a 73.1
Segerkegel . . 21.7
Seger cones . . 21.7
Segments, tongued and grooved interlocked 50.8
Segment, about de 173.2
-s annulaires réunis par rainure et languette 50.8
-s, assurer les - de piston contre le patinage 174.4
-s, débarrasser le piston de ses 174.3
-s, décintrer les 173.9
-, découper le . 172.6
-s, écarter les abouts des 173.9
- élastique . . . 171.7
-s, enlever les - du piston 174.3
-, force de serrage du 171.8
-, glisser le - pardessus le corps du piston 174.2
-s, goupille de - de piston 174.5
-, jeu de dilatation du 173.6
-, - entre le - du piston et le fond de la rainure 172.4
-, joint de . . . 173.2
-s, manque d'étanchéité des 171.6
-s, ouvrir les . 173.9
-, passer le - pardessus le corps du piston 174.2
-, raboter à nouveau le 173.1
- -ressort 171.7
-s, retirer les - du piston 174.3
-, roder le . . . 172.8
-, serrure de . . 173.8
-, surface de portée du 172.1
Segmenti inseriti uno nell' altro con incastro e scanalatura 50.8
Segmento, anillo para abrir los -s 174.1
-s anulares con uniones machihembradas 50.8
- autotensor . . 171.7
-, correr el - en el émbolo 174.2
-, cortar el . . . 172.6
- del émbolo, cierre para el 173.8
-, los -s golpean 181.3
-, pasador del . 174.5
-, sacar los -s del émbolo 174.3

Segmento, tornear el cilindro del que se van á sacar los -s 172.5
Segnalatore d'incendi 377.3
Segnare 211.3
- col punteruolo 144.8
Segno di integrazione 110.10
- di registrazione 211.2
Sego 138.12
Seguridad de funcionamiento 342.2
Seguro contra los accidentes 385.6
- contra los enfermedades 385.4
- contra incendios 377.2
- de la instalación 376.11
- contra la invalidez 385.10
- de los obreros 385.3
- para la vejez 386.2
Seifenschaumartige Ausscheidung 71.6
Seil 329.4
-bremse . . . 357.10
-, Halt- 358.2
-, Hanf- 329.5
-rolle 329.7
-scheibe 329.7
-spannung . . 329.3
-, Stahldraht- . 329.6
-steifigkeit . . 329.8
-trieb 329.2
Seitenbalken . 154.1
-licht 304.3
-rost 52.6
Seitlicher Gasabzug 47.5
-er Rost 52.6
- vom Zylinder, die Ladepumpen - anordnen 243.9
Seize, the valve -s 206.7
Seizing of the piston 181.1
- - - - by fusion 181.2
Sel, esprit de . 14.7
Selbstentzündung der Kohle 26.1
Selbstfahrende Lokomobile 338.3
Selbstkostenpreis 370.2
Selbstreglung der Vergasung durch die Saugwirkung des Motors 59.5
Selbstspanner . 171.7
Selbstspannender Dichtungsring 171.7
-er Liderungsring 171.7
Selbsttätiges Ausschalten der Handkurbel 291.8
- bewirkte Kompressionsverminderung 294.3
Selbsttätiges Einlaßventil 200.1
-e Klappe . . . 244.9
-es Mischventil 238.8
-e Schmierung 277.5
-en Umlauf, Kühlung durch 321.7
-es Ventil der Ladepumpe 245.1
Selbsttragender Kolben 176.5
Selbstverkäufer 380.8
Selbstzündung 259.6
Self-expanding piston ring 171.7
Semelle de fondation 305.4
Semi-rotary pump 108.8
- -water gas . . 36.5
Senkrechte Welle 201.8
Senken, die Niveauflasche 92.1
Senkung des Ventils 207.8
Sens, pistons de - contraire 326.6
-, pistons de même 326.5
Sensible heat . 15.4
Sensible, chaleur 15.4
Sentencia arbitral 377.12
-, pronunciar la 378.1
Sentence arbitrale 377.12
- des arbitres 377.12
-, prononcer la 378.1
Sentenza degli arbitri 377.12
-, pronunciare la 378.1
Señalar 211.3
Separación del azufre 75.6
- del azufre, instalación para la 75.7
- de brea . . . 74.7
- del polvo del gas 75.9
Separador de agua 74.5
- de alquitrán . 75.2
- del polvo . . 76.4
Separar la bencina líquida de los diafragmas colectores 255.2
- las breas del gas 74.8
- el carbón de las piritas 23.9
- los esquistos del carbón 23.8
- el polvo del gas 76.1
- - - del gas por un cambio de dirección de la corriente 76.3
Separare il catrame dal gas 74.8
- la polvere coll'invertire il senso di corrente del gas 76.3
Separate lubrication 277.6
- producer, tar separation in a 46.2
Separate, to - the dust by changing the direction of the gas-current 76.3
-, to - the shale from the coal 23.8
Séparateur, chicane du - de goudron 75.4
- d'eau . . . 74.5, 74.8
- de goudron . 75.2
- de poussière . 76.4
Separating vessel, water 74.6
Separation plant, sulphur 75.7
-, product of . . . 4.6
- of sulphur . . 75.6
-, tar- 74.7
Séparation, cloison de 51.7
- du soufre . . 75.6
-, vaisseau de - d'eau 74.6
Separator, baffle 75.3
-, - of the . . . 75.4
-, dust 76.4
-, tar 75.2
-, water 74.5
Separatore d'acqua 74.5
- del catrame . 75.2
- della polvere 76.4
Separazione dell'acqua, cassa di 74.6
- del catrame . 74.7
- in forma di schiuma grassa 71.6
- del solfo . . . 75.6
- - -, impianto di 75.7
Sequence of operations of the valves 199.1
Serbatoio . . . 129.6
- di alcool . . . 247.6
- d'aria 129.7
- -, pressione nel 297.8
- di benzina . . 247.5
- collocato in alto 82.1
- del combustibile 247.3
-, diagramma del 129.9
- di gas . . 86.4, 129.8
-, lamiera per . 135.6
- di petrolio . . 247.4
-, riempire il . . 249.1
- vagone- . . . 108.7
Seriendynamo . 332.5
Series of curves 111.9
- dynamo . . . 332.5
-, fans arranged in 77.4
- generator . . 332.5
- wound dynamo 332.5
Série, construction en 368.3
- de courbes . 111.9
Serie di curve 111.9
- di diagrammi 354.9
-, dinamo in . . 332.5
Serie, dinamo en 332.5
Seringue à huile 277.4
Serpentin hélicoïdal 93.3
- refroidisseur . 9.4
- de surchauffe 38.5
- surchauffeur . 38.5
Serpentín . . . 93.3
- de calefacción 264.5
- recalentador . 38.5
- de refrigeración 9.4
Serpentino . . 93.3
- di condensazione 9.4
- di raffreddamento 9.4
- surriscaldatore 38.5
Serrata . . . 384.11
Serrer les mâchoires du frein 357.5
- le ressort . . 204.6
Serrín, absorber el aceite con . 347.3
-, depurador de 73.1
Serrure du segment 178.8
Service, management of 347.6
Service (fonctionnement) 341.1
- (surveillance) 348.8
-, contrôle de . 347.8
- dangereux, d'un 342.4
-, dérangement dans le 349.10
-, expérience de 347.7
-, instruction de 349.1
-, interruption de 349.11
-, mettre hors de - un côté du cylindre 344.6
-, - la machine en 342.8
-, perturbation dans le 349.10
-, repos de . . . 346.7
-, securité de . 342.2
- sûr, d'un . . 342.3
-, temps de . . 66.4
Servicio 348.8
-s de agua, bomba para 337.5
- continuo del ventilador aspirador 38.1
-, disponibilidad de 341.6
- intermitente . 341.5
- permanente . 341.4
-, posición de . 55.7
- técnico, ingeniero del 382.5
Servizio a macchina 342.7
-, mettere in . . 342.6
Set 330.1
- bar 170.1
- of diagrams . 354.9
Set, to - to the starting position 295.6
Settement . . . 378.2
Setting the foundation 308.7
- the valve gear 211.1

Settle, to - the dispute 378.3
Settling pits, running of cooling water into 321.5
- tank 72.1
Seudo-astático, regulador 271.3
Sewage pump . 337.5
- -, double acting two stroke cycle engine driving 330.4
- -, gas engine driven 337.4
Sezione della camera del generatore 49.5
- della corona 190.3
-, lato maggiore della 184.2
-, - minore della 184.3
- libera della valvola 208.8
- di passaggio 209.1
Sfera di accensione 281.4
-, braccio della 268.7
- rotante . . . 268.5
- della valvola 251.8
Sforzo . . 141.4, 141.6
- sulla biela . . 194.9
- di flessione prodotto dalla forza d'inerzia 184.5
-i del meccanismo di trasmissione 194.7
- sul perno, cambiamento di direzione degli 197.3
-o di rottura . 140.6
- che sollecita la graticola . 51.1
- dello stantuffo 194.8
- tangenziale sul bottone della manovella 195.1
-i, -i, diagramma degli 195.2
-o di tensione degli anelli elastici 171.8
- utile necessario allo spostamento del regolatore 271.6
Sgocciolatore, anello 275.5
-, robinetto . . 33.4
Shaft, arrangement of cam 212.3
-, auxiliary . . 211.7
- bearings . . . 186.9
- -, lubrication of crank 279.1
-, beater 68.2
-, cam 211.5
-, - - and stirrup drive 224.2
-, - - at right angles to the crankshaft 212.5
- with cast iron boss 78.9
-, continuous cam 212.2
-, crank 185.6
-, to drive the cam 209.3
Shaft, driving . 211.6
- governor 231.1, 273.1
- -, inertia . . . 273.2
-, high-speed intermediate 210.6
-, horizontal . . 212.1
-, intermediate 211.7
-, mechanism for driving the cam 209.5
-, one-throw crank 185.7
-, parallel cam and crank 212.4
-, producer . . 49.3
-, side 212.1
-, - lay 212.1
-, stirrer 68.2
-, suction . . . 318.1
- with three bearings 187.7
-, three-throw crank 186.1
-, two-throw crank 185.8
-, vertical . . . 211.8
Shafting, driving of 327.3
Shaking grate 53.1
Shale, lignite . 27.13
- -oil 107.10
-, tar from . . . 12.5
-, to separate the - from the coal 23.8
Shank of the connecting rod 183.8
Shape of cam . 222.1
-, geometrical - of the contact curves 220.2
-, - - of the rolling curves 220.2
- of vanes . . . 80.10
Shaped iron . . 135.7
- plate 135.3
Shaper 150.1
Shapingmachine 150.1
Shaping machine 150.1
Sharp point . . 358.9
Shavings, wood 73.3
Shearing-machine, plate 134.6
- stress 142.4
Sheave, eccentric 224.9
Sheet, copper 136.11
- cover 162.3
- -, to enclose the jacket in a 162.2
-, iron 135.1
-iron 134.5
- -, black . . . 134.7
- -, corrugated 135.4
- - suction box 318.4
- - - chamber . 318.4
- -, tinned . . . 134.8
- lagging . . . 135.2
-, thick 134.9
Shell, cylinder - from plate iron 162.3
-, stuffing box . 180.4
Shéper, machine à 150.1
Shifting, brush 334.3
Shock, return - on the handle 292.5
-, safety device against return 292.6
Shock, working of the cam bowl (roller) without 223.7
Shop 142.8
-, erecting 301.3, 301.4
-, fitter's 143.4
-s, machine . . 142.7
143.2
-, smith's 145.6
Short-circuit . 288.3
-, cold 139.8
- end boss . . . 171.3
- flaming coal . 25.10
Shrinking of the casting 147.7
- hole 147.10
Shrunk ring . . 191.4
Shunt dynamo 332.6
- generator . . 332.6
- -wound dynamo 332.6
Shunt, dinamo 332.6
Shut-down . . 349.10
- -off valve . . 315.7
Shut off, to - the cooling water 347.4
Shutting-off gear 314.3
Shuttle 214.6
- armature . . 284.10
Sicher, betrieb- 342.3
Sicherheit, Betrieb- 342.2
-sklappe 250.4
-skurbel 292.8
Sichern, den Kolbenring gegen Verdrehen 174.4
-, den Stift durch Umbiegen 174.6
Sicherung . . . 335.9
-, Rückstoß- . . 292.6
Sick benefit club 385.5
Sickergruben, Abfluß des Kühlwassers in 321.5
Sicurezza . . . 335.9
-, animella di . 250.4
- contro la rottura 164.4
- del lavoro . . 342.2
-, manovella di 292.8
Side, accessibility from all -s 302.8
- beam of the frame 154.1
-, broad 184.2
- grate 52.6
- lay shaft . . . 212.1
-light 304.3
-, narrow . . . 184.3
- shaft 212.1
Sieb 249.7
-kappe 249.6
-, Kohlen- . . . 24.8
-rohr 70.2
Siedeanalyse . 100.8
-kolben 101.2
-punkt 19.2
-rohrverdampfer 40.4
Siège annulaire 201.1
-, corrosion du - de soupape 206.4
-, diamètre intérieur du 208.7
-, encrassement du - de soupape 206.8
- perforé . . . 239.9
- de la soupape 200.8
Siège, soupape d'admission à - perforé 239.8
-, soupape à double 205.1, 239.1
-, surface du . 201.2
Siemens armature 284.10
Siemens-Martin-Flußeisen 133.5
Siemens-Martin mild steel 133.5
Sifón 70.7
- obstruido . . 70.10
Sifone 70.7
Sight feed lubricator 276.3
Sign of integration 110.10
Signe de l'intégrale 110.10
Signo integral 110.10
Silenciador . . 319.3
- con cierre hidráulico 319.5
- de mampostería 319.4
- Patrick . . . 320.1
Silencer, Patrick's 320.1
Silencieux . . . 319.3
- à fermeture hydraulique 319.5
- maçonné . . 319.4
-, marche -se . 345.6
- Patrick . . . 320.1
- à puits 319.6
Silencing pit . 319.6
Silencioso . . . 319.3
-, marcha -a de la roldana 223.7
Silenzioso, andamento 345.6
-, - affato . . . 345.10
Simbolo chimico 2.10
Símbolo químico 2.10
Simple gas-producer working with return of tarry gases to the combustion space 48.4
Simultaneous introduction of water and steam 37.1
Single acting air pump 260.8
- - cylinder . . 157.6
- - four stroke cycle engine 324.8
- - two stroke cycle engine 324.10
- -armed lever 215.7
- column engine bed 153.4
- -cylinder engine 326.1
- pressure stage, turbine with 365.6
- stage compression 260.2
Sinterkohle . . 23.2
Sintering of the coal 26.10
Sintern der Kohle 26.10
Siphon 70.7
- engorgé . . . 70.10
- obstrué . . . 70.10

Siringa di lubrificazione 277.4
Siropposo, residuo - di catrame 71.5
Sirupeux, résidu - de goudron 71.5
Sistema di canali per forno a ricupero 32.11
- di coordinate 111.1
- di costruzione del generatore 37.4
- di punti, energia cinetica media di un 113.5
Sistema de canales del recuperador del calor 32.11
- de coordenadas 111.1
- de curvas . . 111.9
- de nervios del émbolo 169.3
Site, building . 305.5
Sitzdurchmesser, innerer 208.7
-fläche 201.2
-, Loch- 239.9
-, Ring- 201.1
-, Ventil- 200.8
Size of coal . . 24.10
-, coal of uniform 24.4
- of mesh . . . 24.9
Skala, Alkoholometer- 105.4
-, Celsius- . . . 18.6
-, Fahrenheit- . 18.8
-, Gewichtprozent- 105.6
-, Réaumur- . . 18.7
-, Thermometer- 18.5
-, Tralles- . . . 105.5
-, Volumprozent- 105.5
Skrubberabwasser 71.4
- mit Holzfüllung 68.8
- mit Koksfüllung 68.4
- mit zentralem Gasabzugrohr 69.2
- - - Gaszutritt 69.1
Skylight 304.2
Slack 25.3
- coal 25.3
Slag hole . . . 64.4
Sleeve force due to centrifugal action 272.1
-, governor . . 268.9
-, - with 268.8
-, - with fixed centre of oscillation and linked to an axial 269.7
- joint 311.5
-, lift of . . . 268.10
-, reduced lift of 268.11
-, total resistance at the 271.8
-, threaded . . 311.7
Slice 61.4
- bar 61.4
Slide, closed . 157.1
-, cylindrical . 156.9
-, flat 156.8
Slide, main . . 246.7
- rest 149.4
-, supporting . 156.7
- valve 363.6
- -, air 238.3
- -, annular . . 246.3
- -, cylindrical 237.9
- -, cylindrical - for admission and exhaust 245.7
- -, gas 238.2
- - gear 363.5
- -, mixture . . 238.4
- -, rotary . . 237.10
- -, throttling by means of the mixing 234.3
Sliding of the rolling surfaces 220.7
- surfaces, overloading the 176.7
- - of piston . 176.6
Slightly throttled 237.8
Slip-on flange . 312.6
Slip, to - the piston ring over the piston 174.2
Slipper, crosshead 177.6
Slipping of the belt 328.2
Slittamento della cigna 328.2
Slot and crank drive 251.7
-, regulating - of the Bunsen burner 99.1
Slotter 150.2
Slotting machine 150.2
Slow combustion 123.2
- goods 374.5
Slowing down, work done while 297.4
Sludge pan, removal of tarry vapours from the - by the passing of heated air caused by suction 41.7
Small calorie . 16.5
- coal 25.3
- end of the connecting rod 185.2
- gas engine . . 323.5
- - - driving fresh water pump 330.5
- plants, working of 341.3
Smell of gas . 350.4
Smerigliare . . 150.8
- il robinetto 314.11
- la valvola sulla sua sede 201.3
Smerigliate, chiusara con superfici 165.2
Smith 145.7
-'s shop 145.6
Smithy 145.6
Smoke consuming apparatus 318.10
Smontaggio . . 300.5
Smontare la macchina 300.4
Smooth running of the engine 345.5
- side of belt . 328.7
- working of the bearings 343.7
Smorzatore Patrick 320.1
- a pozzetto . . 319.6
Smoulder, to . 58.2
Smouldering zone 58.1
Snifting valve 316.10
Soak up, to - the oil by sawdust 347.3
Sobrante de trabajo 198.1
Sociedad anónima por acciones 380.2
- en comandita 380.1
- mercantil . . 379.11
Società in accomandita 380.1
- anonima . . . 380.2
- d'assicurazione 377.1
- per azioni . . 380.2
- commerciale 379.11
Société par actions 380.2
- anonyme . . 380.2
- en commandite 380.1
- commerciale 379.11
Sockel, Generator- 49.8
-, Maschinen- . 155.5
Socket pipe . . 311.6
-, reducing . . 311.8
Socle cylindrique 152.4
- de gazogène 49.8
- de machine . 155.5
- prismatique . 152.5
Soffiante per alto forno 336.2
- Bessemer . . 336.3
-, cilindro della 336.5
-, ventilatore . 82.3
Soffiare a caldo, combustione completa durante il 36.3
Soffiato, getto . 147.9
Soffiatura . . 147.10
-, perdita per la 62.6
Soffieria 336.1
Soft metallic packing 179.7
- steel, case hardened 134.2
- wood 29.6
Softness 139.1
Sohle, Fundament- 305.4
Soil, clay . . . 305.6
-, natural . . . 305.7
-, overgrown . 305.7
Sol 303.5
-, trépidation du 346.5
-, vibration du . 346.5
Solaröl 107.7
Solar-oil 107.7
Solarolo 107.7
Soldado, acero 133.7
-, hierro 132.8
Soldadura 146.6, 146.9
Soldadura, lugar de 146.8
Soldar 146.5
Sole plate, adjustable 53.5
- -, ball bearing of the 54.1
- -, revolving . 53.8
-, producer . . 49.8
Sole ajustable . 53.5
- déplaçable . 53.5
-, montage de la - à billes 54.1
- tournante . . 53.8
- - et descendante 54.2
Solfati, impianto per gas Mond con estrazione di ammoniaca e 42.6
Solfo, separazione del 75.6
Solforico, acido - fumante 90.5
Solid boss . . . 171.2
- bottom producer 53.4
- end 185.1
- frame 154.2
- head 185.1
- lubricant . . 273.8
Solido caricato in punta 178.1
Sollevamento, apparecchio di 301.7
Sollevare il gasometro col pompare 86.6
Solution, alkaline - of pyrogallic acid 91.1
-, ammonia . . 14.1
-, carbonic acid 83.8
-, of caustic potash 90.6
- of cuprous chloride in hydrochloric acid 90.9
-, normal . . . 94.2
-, standard strength of a 94.3
-, titration . . . 94.1
Solution alcaline de pyrogallol 91.1
- d'ammoniac . 14.1
- ammoniacale de chlorure cuivreux 90.8
- chlorhydrique de chlorure cuivreux 90.9
- de chlorure cuivreux dans l'acide chlorhydrique 90.9
- - - - dans l'ammoniaque 90.8
- de continuité de l'enveloppe 161.7
- normale . . . 94.2
- de phénol . . 83.8
- de potasse caustique 90.6
- titrée 94.1
Soluzione acida di cloruro di rame 90.9
- alcalina di acido pirogallico 91.1

Soluzione ammoniacale 14.1
- - di cloruro di rame 90.8
- di cloruro di rame nell'acido muriatico 90.9
- di fenolo . . 83.8
- normale . . . 94.2
- di potassa caustica 90.6
Solventar una diferencia 378.3
Sombrerete de cierre 56.3
- del cojinete del árbol cigueñal 187.4
- roscado . . . 313.3
- de tela metálica 249.6
- de la válvula 203.5
Somma d'acquisto 370.9
Sommet du diagramme 355.2
Sommità del diagramma 355.2
Sonderteile der Ölmotoren 247.2
Sonnette, mouvement de 216.4
Soot, deposition of carbon as 10.1
Sootless flame . 265.6
Sooting up of the burner holes 266.3
Soplador mecánico por gas 330.3
Soplante para alto horno 336.2
- Bessemer . . 336.3
-, máquina . . 336.1
-, ventilador . . 82.3
Soporte . 149.4, 151.2
-s del cilindro 156.8
- de eje 186.9
- exterior montado en el muro del edificio 305.2
- de la manivela, engrase del 279.1
- de la válvula 203.4
- del volante de mano 315.6
Sopporto . . . 149.4
- dell'albero . . 186.9
- - - a manovella inclinato verso l'interno 187.5
-, braccio del . 152.1
- esterno . . . 188.1
- - appoggiato sul fabbricato 305.2
-, guida 156.7
- della manovella 187.1
- - -, coperchio del 187.4
- - - diviso orizzontalmente 187.3
- - - inclinato verso l'esterno 187.6
-, raschiare il . 189.7
- del volantino 315.6
Soppressione della compressione 293.7
-, regolazione per 228.1
Soppressione, regolazione per mezzo di - dell' accensione 227.6
Sopprimere l'accensione 347.1
Sopraccarico delle superfici di scorrimento 176.7
Sopraprezzo . . 370.7
Sorgente della corrente di accensione 283.9
Sortie, courbe de 222.7
-, droits de . . 375.7
- de l'eau . . . 181.9
- - - de refroidissement 166.8
-, embouchure de - du gaz 78.4
- du gaz 39.7
- - - à l'air . . 35.7
- - - à l'eau . . 35.8
-, point de . . 222.10
-, température de 348.6
-, tuyau de . . 320.6
- de la tuyère . 366.6
Sospendere la lubrificazione 347.2
Sospensione della ammissione di aria e gaz 228.6
- - - di combustibile 228.4
- diretta 269.2
- invertita . . . 269.4
- del lavoro . 384.10
- della molla . 204.4
- rombica . . . 269.3
Sospeso, articolazione -a 217.1
-, pendolo d'urto angolare 229.8
Sostanze grasse, gas ottenuto da 83.1
Sostegno, colonna di 153.5
- della graticola 51.8
Sostenere la piastra di appoggio 218.5
Sostituzione, apparato di 259.2
Sótano 303.7
- del edificio de las máquinas 303.6
Sotterraneo . . 303.7
- della sala delle macchine 303.6
Sottosuolo . . . 303.7
-, acqua di . . . 305.9
- della sala delle macchine 303.6
Soudage au feu 146.6
- à la température soudante 146.6
Souder à la chaude soudante 146.5
- au feu 146.5
Soudure 146.8, 146.9
Soufflant, éjecteur 38.6
-, ventilateur . 82.3
Soufflante . . . 336.1
Souffle 85.8
Soufflé, gazogène 38.3
Soufflerie 82.3, 336.1
- actionnée électriquement 80.1
- Bessemer . . 336.3
- centrifuge . . 80.4
- commandée par transmission 79.8
-, cylindre de . 336.5
- à gaz 330.3
- de haut fourneau 336.2
- à main . . . 59.7
- Roots 80.2
- rotative . . . 79.7
Soufflet 145.9
Soufflures, fonte à 147.9
-, - présentant des 147.9
Soulagement par l'air comprimé 205.6
-, canal de . . . 205.2
- de l'enveloppe 161.6
- en ouvrant une soupape auxiliaire à cône 205.3
Soulager la soupape 204.9
Soulèvement, angle de - de la manivelle 193.6
- anticipé de la soupape 207.10
- de la soupape 220.5
Soulever le levier de soupape 226.6
Soupape . 199.4, 315.4
-s, accessibilité des 206.1
- d'admission . 199.8
- - automatique 200.1
- - commandée 200.2
- - et d'échappement 200.4
- - à siège perforé 239.8
- - avec tiroir d'arrêt du gaz 240.1
- à air 238.5
- d'alimentation 40.7
- d'allumage . 281.1
-, anneau de . . 245.5
- annulaire . . 245.4
-s, appareil de commande pour les - de démarrage 295.5
- d'arrêt . . . 315.7
-, arrêter la - d'échappement 226.1
- d'aspiration . 245.2
- automatique de mélange 238.8
- - de la pompe à mélange 245.1
-, bague de . . 245.5
-, blocage de la - d'échappement 225.8
-, la - se bloque 206.6
-, bloquer la - d'échappement 226.1
-, boite de 160.8, 202.7
-, boulet de la . 251.8
- à changement de direction 55.6
Soupape, chapeau de 203.5
-, chapelle de 160.8 202.7
-, - de - d'admission 203.1
-, - de - d'échappement 203.2
-, - de - formant boisseau de robinet 256.6
-s, clapet étrangleur entre les - de mélange et d'admission 233.7
-s, cognement des 207.2
-, la - (se) coince 206.7
- à combustible 262.2
- commandée . 336.6
-, commande de la - d'étranglement par la cloche du gazomètre 85.4
-, - de la - à gaz par cames 235.1
-, - de la - à gaz avec ouverture variable et fermeture constante 235.3
- à cône 200.6
-, cône de . . . 200.7
-, - de - à circulation d'eau 202.1
-, course de la 208.6
- creuse de pulvérisateur 256.3
-, décharger la 204.9
- de démarrage 295.4
-, descente de la 207.8 220.6
-, disposition de la 239.5
-s, distribution par 198.9
- à double siège 205.1 239.1
- droite 315.8
- d'échappement 200.3
- encrassée . . 206.9
-, entraînement de la - à gaz par la - à air 232.1
- d'équerre . . 315.9
-, équilibrer la 204.9
-, étranglement par la - d'admission 234.1
- d'étranglement à double siège 85.6
- à étrier de pression 55.4
-, fermer la . . 207.6
-, fermeture de la 207.4
- qui fuit . . . 206.2
- à gaz 238.6
-, gradin pour la - à air et à gaz 232.4
-, inétanchéité de la 206.3
-, lanterne de . 203.4
-, levée de la 207.7 220.5
-, levier de la . 217.7

Soupape, maintenir fermée la - d'admission 228.7
-, - - la - d'admission du combustible 228.5
-, - ouverte la - d'échappement 228.8
-, - dans sa position la - d'échappement 229.1
- de mélange . 238.7
- - - commandée 238.10
- - - desmodromique 238.10
- de mise en marche 295.4
- mixte 200.4
- - d'admission et de gaz 239.6
- - de retour et d'échappement 297.1
- non étanche . 206.2
-, non-étanchéité de la 206.3
-, obturateur de 200.5
-, ouverture de la 207.3
- s'ouvrant vers le bas 199.6
- - de bas en haut 199.5
- - vers le haut 199.5
- - de haut en bas 199.6
-, ouvrir la . . 207.5
- de passage . 260.5
-s, phases successives du fonctionnement des 199.1
- à plaques de Lindemann 336.8
- à pointeau . . 262.3
-, pointeau de . 262.4
- de purge . . 317.1
-, queue de . . 201.4
-, rampe pour la - à air 232.3
-, la - ne redescend pas 206.6
- de refoulement 245.3
- - - à retour . 336.7
-, refroidissement de la 201.9
-, réglage par - de retour 252.5
- réglable par vis et ressort 256.5
-, résistance de la 204.8
-, ressort de . . 203.7
- de retenue . 316.1
-, retombée de la 220.6
- de retour pour compression à l'arrêt 296.8
- - - du gaz . 245.9
- - - pour le gaz et l'air 246.2
-, roder la - sur son siège 201.3
-, section libre de la 208.8
Soupape, siège de la 200.8
-, soulager la . 204.9
-, soulèvement de la 220.5
-, tige de . . . 201.4
-, - creuse de . 202.2
- à tige horizontale 199.7
- tubulaire . . 239.2
Source of error 351.10
- of ignition current 283.9
Source de courant d'allumage 283.9
- d'erreur . . 351.10
Sous-produits, four pour l'extraction des 65.10
Sous-sol 303.7
- de la salle des machines 303.6
Soutènement, colonne de 153.5
Soutenir la table de roulement 218.5
Souterrain . . 303.7
- de la salle des machines 303.6
-e, eau 305.9
Soutirer le gaz par le bas 44.7
Space, clearance 251.3
-, coking 107.5
-, combustion . 123.5
- in communication with the atmosphere 85.1
-, compression . 121.4
-, delivery . . . 80.5
-, steam 40.2
-, vacuum . . . 40.8
-, water 40.3
Spacing lug . . 51.7
Spade-cut peat 28.3
Spalt, Rost- . . 51.2
-weite 51.3
Spaltungsprodukt 4.8
Spanndraht, Gummiring und 162.5
-kraft von selbstspannenden Kolbenringen 171.8
-mutter 358.3
-stange 155.8
Spanner, Schnur- 354.2
-, Selbst- 171.7
Spannung . . . 334.6
-sabfall zwischen Aufnehmer und Zylinder 129.1
-sanzeiger . . . 334.5
-, Auflege- . . . 327.9
-, Auspuff- . . . 125.4
-, Ausschub- . . 125.5
-, Auswasch- . . 128.8
-, die Batterie auf - prüfen 284.6
-sfreier Guß . . 148.1
-, Guß- 147.11
- in kg: cm² . 141.5
-smesser 334.5
-, Mindest- - des Spülmittels 128.9
-, Phasen- . . . 334.7
-, Riemen- . . . 327.8
-, Ring- 171.8
-, Seil- 329.3
Spannung, Spül- 128.8
-, Überström- . 129.4
-, Verbrennungs- 123.7
-, Verdichtungsend- 121.10
-, verkettete . . 334.8
-, Verpuffungs- 123.7
-, Wärme- - durch ungleichmäßige Materialverteilung 163.2
Sparholz 307.6
Spare tank for air supply 261.7
Spark at break 283.5
-, contact breaking 283.5
-, to draw the . 289.1
-, electric . . . 283.4
- -gap 283.6
- -, condenser parallel with the 286.3
- ignition . . . 283.7
Sparking plug . 286.6
- -, cooled . . . 287.2
- -, deposit of carbon on the 288.1
- -, ignition by 286.4
- -, insulation of the 287.3
- -, make and brake 288.6
- points 286.7
Spätzündung . 280.2
Spazio di combustione 123.5
- di compressione 121.4
- a pressione atmosferica 85.1
Spazzola . . . 334.2
-e, spostamento delle 334.3
Specialista gasista 31.4
Specific gravity, to determine the 100.2
- - of gases . . 96.7
- heat 16.2
- - at constant pressure 112.3
- - - - volume 112.4
- -s, ratio of . 112.5
- volume . . . 112.2
Specifications for delivery 369.5
Specifico, calore 16.2
-, - - a pressione costante 112.3
-, - - a volume costante 112.4
-, peso - dei gas 96.7
-, volume . . . 112.2
Spécifique, chaleur 16.2
Spedire . . . 373.12
Spediteur . . 374.11
Spedition . . 374.10
Speditore . . 374.11
Spedizione . 373.11 374.10
Spedizionere . 374.11
Speed curve, piston 194.4
- governor . . 268.1
-, measurement of 358.6
Speed, peripheral - of rim 197.6
-, piston 194.3
- regulation . . 297.3
- of valve lifting 208.2
Spegnere la cenere 61.9
- la fiamma di accensione 346.9
Speiseregler . . 40.6
Sperrflüssigkeit 92.3
-glied 226.4
-haken 214.4
-hebel 226.9
- -, den - ausrückendes Glied . . 293.2
- -, federnder . 293.1
-kranz 293.3
-rad mit acht Zähnen 214.3
Sperren, das Auslaßventil 220.1
Sperrung des Auslaßventils 225.8
-, Auslaß- - mit Sperrglied und Widerlager 226.3
-, Kniehebel- . . 227.1
Spese di costruzione 372.5
- di dogana . . 375.4
- doganali . . 375.4
- d'esercizio . . 372.7
- di fabbricazione 372.4
- d'impianto . . 372.2
- di mano d'opera 373.1
- di montaggio 372.6
- d'officina . . 372.9
- di primo impianto 372.3
- processuali . 377.9
- di produzione 372.4
- di riparazione 372.8
- di trasporto . 373.2
Spesen, Zoll- . 375.4
Spessore di cigna 328.5
- del filo 203.8
- della flangia . 312.5
- della parete . 309.6
Spezifisches Gewicht 96.7
- - bestimmen . 100.2
-es Volumen . . 112.2
-e Wärme . . . 16.2
- - bei konstantem Druck 112.3
- - - - Volumen 112.4
-er Wärmepreis 348.1
Spherical bearing of soft metallic packing 179.8
- seat of the bearing 188.2
Spianare 145.3
Spider 190.8
Spiegelhöhe . . 248.6
Spiel, Arbeits- . 118.7
-, Kolben- . . . 192.4
-raum zwischen Kolbenring und Nutengrund 172.4
- - zwischen Rolle und Daumen 223.5

Spiel, totes - des Steuerungsgestänges 215.1
Spigolo del pieno tra feritoie 241.3
Spina per allargare la fiamma 264.3
- avvitata per fissare l'anello 174.5
- di guida . . . 239.4
- inserita a metà nella parete dello stantuffo 175.1
- con testa quadra 174.8
Spindel, Regler- 268.4
-, Ventil- 201.4
Spindle, contact-lever 288.10
-, governor . . 268.4
-, valve 201.4
Spingere in avanti lo stantuffo coll'accensione 299.1
Spinotto dello stantuffo 169.8
Spiralbohrer . 148.8
-förmiger Flügel 78.5
- -e Gasführung 69.3
-rohr 93.3
Spiral guiding of the gas 69.3
-, platinum . . 96.2
- tube 93.3
- vane 78.5
Spirale, Platin- 96.2
Spirale en platine 96.2
Spirale, camma a 294.4
- di platino . . 96.2
Spirally wound heating tube 264.5
Spirit 104.3
-, crude 104.6
-, dry-cleaning . 103.2
-, methylated . 106.1
-, mixed 106.5
-, motor 104.7
- of salt 14.7
-, wood 13.11
Spirito 104.3
-, distilleria di . 104.8
- per forza motrice 104.7
- grezzo 104.6
- mescolato . . 106.5
Spiritus 104.3
-behälter . . . 247.6
-, den - mit Benzol karburieren 106.4
-brenner . . . 104.8
-dampf 254.3
- -, überhitzter 254.4
-, denaturierter 106.1
-, Kraft- 104.7
-lokomobile . . 338.2
-, Misch- 106.5
-pumpe . . . 250.11
-, Roh- 104.6
-verdampfer . . 254.2
-vergaser . . . 254.2
-zerstäuber . . 255.6
Spitzbohrer . . 148.7
-winklige Abzweigung 310.4
Spitze des Diagramms 355.2
-, scharfkantige 358.9
Spitze, Schür- . 61.4
Splash lubrication from the closed crank chamber 278.3
Splintholz . . . 29.9
Split flywheel . 191.5
- lever end . . 217.2
- tube 318.3
Spoke 190.6
-s, tapering of the 190.9
Spontanée, inflammation - du charbon 26.1
Spontaneous combustion of coal 26.1
- ignition . . . 259.6
- - of coal . . 26.1
Sporto per l'ammissione 221.6
-i sulle camme, forma degli 222.1
-o comune per l'ammissione e per lo scarico 221.8
- per la distribuzione 221.5
- per lo scarico 221.7
- di tenuta . . 312.11
Spostabile, peso - del pendolo 230.8
-, punta 234.2
Spostamento mediante bullone eccentrico 290.6
- periferico dei giunti di x gradi 173.7
- del regolatore 267.3
- - -, sforzo utile necessario allo 271.6
- relativo del perno e del sopporto 197.4
- delle spazzole 334.3
Spostare la leva di guida dell' arpione 290.8
Spranga a punta 61.4
Spray carburettor 256.1
-, cooling the exhaust gases by water 320.2
- nozzle, Körting's 70.3
-, petroleum . 253.10 254.1
- -pipe 70.2
-, water 68.6
-, to - water into the exhaust 320.3
Sprayer 255.4
- for alcohol . 255.6
- for oil or petroleum 255.7
- for petrol . . 255.5
-, water 69.7
Spraying, carburetting by 255.3
- by compressed air 259.3
- cleaner . . . 68.5
- cone 256.7
- disc 262.6
- liquid fuel, air for 255.8
- nozzle 256.2
- valve, hollow 256.3
Spreader, flame 264.3
Spreizring . . . 174.1
Spreizen der Kolbenringe 173.9
Spring between admission and gas valve 289.7
-, auxiliary . . 226.8
-, axial 270.3
- balance . . 357.11
-, calibrated scale of 355.6
-, calibration of the indicator 355.8
- cap 204.2
- - fastened by means of cotter 204.3
-, casing for closing 203.6
- collar 204.2
- - fastened by means of cotter 204.3
-, to compress the 204.6
- cover 203.6
- diagram, light 355.3
-, differential . 352.5
-, double wound indicator 352.5
-, fastening of the differential 352.5
-, - of the double 352.6
-, governor . . 270.2
-, to increase the tension of the 204.7
-, indicator . . 352.3
-, length of the free 204.1
-, - of the unloaded 204.1
-, load of the valve 204.5
- loaded governor 270.1
- lubricator . 274.11
- pawl 293.1
-, scale of . . . 355.5
-, to stretch the 204.6
-, suspension of the 204.4
-, transverse . . 270.4
-, valve 203.7
-, - adjustable by screw and 256.5
- washer . . . 204.2
Sprinkler . . . 70.1
Sprinkling, cleaning the grate by 61.1
- the grate . . 39.3
Spritzdüse . . . 256.2
-ring 275.4
-vergaser . . . 256.1
Spritze, Öl- . . 277.4
Spritzen, Wasser in den Auspuff 320.3
Spröde 130.6
Sprödigkeit . . 139.5
Spruch, Schied- 377.12
Spüldauer . . . 128.7
- und Ladeperiode 126.6
-luft 128.2
- -, die Abgase durch - oder Ladung austreiben 127.3
Spülmittel . . . 128.1
-pumpe 243.4
-spannung . . 128.8
-zeit 128.7
Spule, Anker- . 285.2
Spülen 127.8
-, mit fertigem Gemisch 128.3
Spülung 127.6
-, Atkinson- . . 126.2
Spurweite zwischen den Rädern 338.5
Spur gearing . 210.1
- -, piston pump with 330.6
Square bar . . 136.4
- elbow 310.8
- head, pin with 174.8
- iron 136.4
Stabeisen . . . 136.2
Stabiler Regler 270.7
Stabile, regolatore 270.7
Stabilimento . 142.8
Stable governor 270.7
Stabilità, grado di 272.3
Stabilitätsgrad 272.3
Staccio 249.7
-, tappo a . . . 249.6
Stadtzentrale . 331.7
Städtisches Gaswerk 31.7
-e Wasserleitung 321.2
Staffa abbracciante la camma 224.3
-e, getto in . . 181.5
-a di pressione 55.5
Staffelreiniger . 74.1
-rost 48.3
Stage compression, single 260.2
- -, two 260.3
- compressor, three 261.4
- -, two 261.2
-s, purifier arranged in 74.1
Stagnante, poche d'eau 167.3
Stagnare il corpo del cuscinetto 189.3
Stagnato, filo 137.12
Stahl 133.6
-, Compound- . 134.2
-draht 137.14
- -seil 329.6
-, Fluß- 134.1
-guß 132.2
- -, ausgeglühter 132.3
-, Nickel- . . . 134.4
-rohrgestänge . 215.2
-, Schweiß- . . 133.7
-, Tiegel- 134.3
-, -fluß- 134.3
-, Verbund- . . 134.2
-, weicher - mit harter Außenschicht 134.2
Stamp, to - the foundation from concrete 307.4
Stampata, lamiera 135.3
Stamped plate 135.3

Standmotor . . 325.5
-, Versuch- . . . 350.9
Stand-by losses 62.7
-, testing 350.9
Standard . . . 158.3
- engine . . . 350.11
- for hand-wheel 315.6
- pressure . . . 112.1
- section 135.8
- strength of a solution 94.2
- temperature 111.14
- thermometer 17.10
-, titration . . . 94.3
Ständer . 151.2, 158.3
-, Handrad- . . 315.6
- und Rahmen 151.1
Ständig bewegter Pumpenstiefel 251.9
Ständiger Exhaustorbetrieb 38.1
Stange, Abreiß- 289.5
-neisen 136.2
-, Exzenter- . . 225.2
-nkegel 178.8
-, Kolben- . . . 177.8
-nkonus 178.8
-nkupfer . . . 137.1
-, Kurbel- 183.5, 289.7
-, Pleuel- 183.5
-, Schub- 183.5
-, Spann- 155.8
-, Stoß- 289.5
-, Treib- 183.5
-nverhältnis . . 192.2
-, Zug- 164.8
Stantuffo . . . 168.2
-, accelerazione dello 194.5
-, altezza dello 168.3
-, andata e ritorno dello 192.4
-, gli anelli dello - battono 181.3
- aperto 168.7
-, appendice allo 263.1
-, attrito dello . 175.8
-, battere dello 180.6
-, bruciatura dello 181.2
-, cassetto a . . 238.1
- chiuso 170.3
- differenziale . 261.3
- a disco . . . 170.4
- a doppio effetto 170.2
- a doppia parete 170.3
- in due pezzi . 170.6
-, fondo dello 168.10
-, gambo dello 177.8
-, guarnizione dello 171.4
-, guida dello . 175.2
-, imbiettatura dello - logorato 180.7
-, incrostamento dello 180.9
- dell'indicatore 352.2
-, introdurre lo 168.5
-, lubrificazione del perno dello 278.6
-, lunghezza dello 168.4
- lungo 170.5
Stantuffi con manovelle a 180° 326.6
- - -, a 0° . . . 326.5
-, movimenti contrari degli 242.4
-o, mozzo dello 171.1
-, nervatura dello 109.3
- non sostenuto 176.5
-, parete dello . 168.9
-, parete frontale dello 170.7
-, perno dello . 169.8
-, pezzo di sostegno dello 176.3
- piano 170.4
- della pompa 244.7
-, riscaldamento eccessivo dello 180.8
-, scanalatura anulare dello 172.2
- sostenuto liberamente 177.2
-, spinotto dello 169.8
-, stelo dello . 177.8
-, strada percorsa dallo 194.1
-, togliere gli anelli dallo 174.3
- tuffante . . . 168.8
- - cavo con valvola premente 183.1
- -, pompa a . . 251.2
- -, - - - oscillante 182.6
-, variabilità nel moto dello 194.2
-, velocità dello 194.3
Stanze, Loch- . 145.2
Stare spalancato della giunzione 191.8
- - delle superfici di tenuta 165.6
Stark gedrosselt 237.7
- schlackende Kohle 26.6
- schwankender Druck 84.3
Stärke, Riemen- 328.5
-, Strom- 335.1
Starrschmiere . 273.8
Start, to - the engine 291.3, 342.8, 343.8
-, the engine -s with difficulty 344.5
-, to - the producer 59.6
-, to - with highly volatile fuel 258.8
-, to - work . . 342.6
Starting, to adjust the gas cock for 344.4
-, to change over from the - to the working position 295.7
- by means of compressed air . 294.5
-, compressor for 296.3
- current . . . 298.3
- device, compressed air 294.6
-, electric . . . 298.1
- by means of exhaust gases 299.2
Starting with the explosive mixture 298.4
- fan 87.7
- on a four-stroke cycle by means of compressed air 295.1
- gear 291.1
- by means of a handle 291.4
- handle, safety 292.8
- - with toothed gearing 291.7
-, loss on - the producer 62.6
- mixture . . . 298.8
- motor, to connect up the dynamo as 298.2
- position, to set to the 295.6
- -, to turn the crank to the 298.5
- receiver . . . 297.6
- resistance . . 291.2
- by turning the flywheel 293.4
- by means of a turning gear 293.5
- on a two-stroke cycle by means of compressed air 294.7
- valve 295.4
- -s, actuating gear for 295.5
- -, combined non-return and 297.1
-, working by hand during 297.2
State of the atmosphere, dependence of saturation on the 253.3
- of barometer 11.2
-, change of . . 115.4
- of a gas, normal 111.13
Static governor 270.9
Statico, regolatore 270.9
Station, electric central 331.4
-, local generating 331.6
-, long-distance central 332.1
-, municipal central 331.7
Stationary plants 323.1
Statischer Regler 270.9
Stato atmosferico, dipendenza della saturazione dallo 253.3
- barometrico . 11.2
-, equazione dello 111.11
- normale di un gas 111.13
-, variazione di 115.4
Staub 76.2
-ablagerung . . 314.6
-abscheider . . 76.4
-, den - ausfällen 76.9
-, feiner 76.7
Staub, festgebrannter 314.5
-förmiges Rasenerz 73.9
-gehalt in mg für ein cm³ 76.8
-, Gicht- 76.6
-kohle 25.6
-, Petroleum- . 254.1
-sack 76.5
-, den - an Wasser binden 76.10
Stauchen . . . 146.4
Staufferbüchse 274.10
Stauffer lubricator 274.10
Stauffer, lubrificatore 274.10
Stau, Wärme- . 163.1
Stauung des Kühlwassers 167.2
-, Wärme- . . . 163.1
Stay, to - the portable engine . 338.7
Stazione elettrica 331.4
Steadiness of the flame 265.1
Steam 11.5
-, admission of the - and air mixture 47.1
- boiler of the pressure gas producer 38.4
- coal 25.10
-, condensation of 9.11
- distillation . . 8.7
-, dry 11.7
- hammer . . . 146.1
- inlet 36.1
-main, throttling the 59.3
-, mixture of air and 37.3
- nozzle 38.7
-, to pass - over incandescent coal 35.5
-, saturated . . 11.6
-, saturation of air with 37.2
- space 40.2
-, superheated . 11.9
- throttle . . . 59.3
-, wet 11.8
Stecher 229.6
Steel 133.6
-, basic 133.4
-, Bessemer mild 133.3
-, cast 132.2
-, compound . . 134.2
-, crucible . . . 134.3
-, hard- 134.1
-, ingot- 134.1
-, mild 133.2
-, nickel 134.4
-, open hearth . 133.5
-, Siemens-Martin mild 133.5
-, Thomas mild 133.4
- -tube rods . . 215.2
-, welding . . . 133.7
- wire 137.14
- - rope 329.6
Stegkante . . . 241.3
-, Schlitz- . . . 241.2

Stehender Motor 325.3
-e Retorte . . . 32.4
-e Welle 211.8
-er Zylinder . . 158.2
Steifigkeit des Rahmens 155.6
–, Seil- 329.8
Steigrohr . . . 32.9
Steigerung der Wämeaufspeicherung 36.4
Stein, feuerfester 50.3
-kohle 22.4
- -brikett . . . 28.9
- –, fette 22.11
- -nteer 12.3
- - -öl 106.7
Stella delle razze 190.8
Stellzeug des Reglers 273.3
Stelle höchster Temperatur in der Flamme 265.7
Stellung im Betriebe 55.7
- in den Betriebspausen 55.8
Stelo, accoppiamento dello 178.5
–, collare dello . 178.7
–, cono dello . . 178.8
–, dado dello . . 178.9
- dell'eccentrico 225.2
–, fissazione dello - allo stantuffo 178.6
–, grossezza dello 201.5
–, guida dello - raffreddata 202.6
–, - - - della valvola 201.6
–, inflessione dello 177.9
–, pulire lo . . . 207.1
–, lo - è rigato 181.6
–, rottura dello - dello stantuffo 181.5
- dello stantuffo 177.8
- di stantuffo libero 177.3
- - - passante . 178.3
- - - in più pezzi 178.4
- della valvola 201.4
- - - cavo . . . 202.2
Stelze, verstellbare, 234.2
Stem, to clean the valve 207.1
- of the connecting rod 188.8
–, diameter of . 201.5
–, guide 239.4
- guide 239.3
- - bush, valve 201.6
- –, cooled valve 202.6
–, hollow valve 202.2
–, tube fastened in the 202.3
–, valve 201.4
–, - and - in one piece 201.7
–, water supply to the valve 202.5
Step for air and gas valve 232.4
- - - valve . . 232.3
- grate . . . 48.3, 52.5
- - producer . 42.1
-s, main 188.3
Stepped grate . 48.3 52.5
Stern, Arm- . . 190.8
Stetige Destillation 9.1
Stetigkeit der Flamme 265.1
Steuerwelle, -nanordnung 212.3
–, die - antreiben 209.3
–, durchlaufende 212.2
- gleichlaufend mit Kurbelwelle 212.4
- quer zur Kurbelwelle 212.5
Steuern, den Auspuff 205.8
–, den Einlaß durch Ventile 242.1
Steuerungsantrieb 209.2
Steuerung, Ausklink- - des Mischschiebers 233.2
–, Auslaß- . . . 199.3
–, die Auslaß- - auf Zweitakt stellen 294.1
-sdaumen . . . 221.5
-sdiagramm . 198.10
–, Doppelschieber- 246.6
- des Drosselventils durch die Gasglocke 85.4
–, Einlaß- . . . 199.2
–, Exzenter- . . 225.4
–, - - mit Wälzhebel 225.5
–, - - mit zwangläufiger Kurvenscheibe 225.6
-sgestänge . . . 214.8
-sgetriebe . . . 209.5
-shebel 217.3
-shöcker 221.5
-sknagge . . . 221.5
-snocken . . . 221.5
- und Reglung der Zweitaktmaschinen 240.2
–, Schieber- . . 363.5
–, Schlitz- 240.3
- der Spül- und Ladepumpen 244.8
- durch unrunde Scheiben 221.3
–, Ventil- 198.9
-swelle 211.5
–, Zünd- - für zwei Zünder 289.6
–, zwangläufige - (König) . . 246.1
–, zweiseitige Schlitz- 242.3
Stichtorf 28.3
Stickstoff . . . 10.5
Stick, the valve -s open 206.6
Sticks, loose . . 30.1
Stiffening of the frame by means of tie-rods 155.7
Stiffness of rope 329.8
Stiftführung . . 239.3
–, Führungs- . . 239.5
–, zur Hälfte in der Kolbenwand sitzender 175.1
–, Kolbenring- . 174.5
–, Schreib- . . . 352.9
–, den - durch Umbiegen sichern 174.6
- mit Vierkantkopf 174.8
–, Zünd- 288.7
Stillsetzen, die Maschine 346.6
Still . . . 9.3, 103.11
- house 104.8
–, Popelka . . 103.12
Stimare 369.8
Stimmgabeltachograph 198.7
Stipa 30.1
Stipendio . . . 384.6
Stipulations of payment 371.6
Stirnkurbel . . 186.8
-radantrieb, Kolbenpumpe mit 330.6
-räderpaar . . 210.1
Stirrer shaft . . 68.2
-s, washer with 68.1
Stirring hole 60.6, 61.2
Stirrup 225.1
- drive, cam-shaft and 224.2
- enclosing the cam 224.3
–, pressure . . . 55.5
–, valve with . . 55.4
Stochloch . . . 61.2
Stocher 266.5
Stock 373.6
- company, joint 380.1
Stoff, Verpackungs- 376.5
Stop . . . 218.5, 231.3
–, lift 238.9
- -valve 315.7
- -watch 358.7
Stop, to - the engine 346.6
–, to - the heating 258.6
–, to - the oil feed 347.2
Stopfbüchse, -ndichtung 179.2
–, Gas- 179.3
-ngehäuse . . . 180.4
–, Schwabesche 180.3
Stopfen 89.1
Stoppuhr . . . 358.7
Stoppage . . . 346.7
Stopper 89.1
–, screw- (for drawing off the liquid) 248.3
–, - - (for filling) 248.2
Stopping, compression while 296.6
–, long interval between cutting off the fuel supply and 345.7
Stopping, non-return valve for the air compressed while 296.8
–, oscillating movement of the flywheel when 345.8
Stoppino, lubrificazione a 276.1
- di oliatura . 276.2
Storage battery, ignition 284.2
Store, to - the compressed air 297.5
Storno 371.9
Störung, Betrieb- 349.10
Storta 32.1
- di carbonizzazione 45.2
–e, distillazione in 31.10
-a di distillazione 9.3
- per gas d'olio 33.3
–, grafite di . . 32.5
- inclinata . . 32.3
- orizzontale . 32.2
- di terra refrattaria 32.7
- verticale . . . 32.4
Stoßdaumen . . 214.7
-freies Arbeiten der Rolle 228.7
-fuge der Lagerschalen 188.5
-maschine, Nut- 150.2
-pendel, doppelarmiges wagrechtes 230.7
- –, hängendes . 229.5
- –, - Winkel- . 229.8
- –, Winkel- - mit Hakeneingriff 230.2
-reiniger . . . 75.3
–, Ring- 173.2
-stange 289.5
–, Treppen- . . . 173.5
-verband . . . 191.7
Stott's gas governor 85.5
- - -pressure regulator 85.5
Stozzatrice . . 150.2
Strada percorsa dallo stantuffo 194.1
Strahlrohr . . . 70.4
Strahlung, Wärme- 15.10
-swärme 15.5
Straight vane inclined backwards 81.5
- way valve . . 315.8
Straighten, to . 145.3
Strain, bending - due to inertia 184.5
- of ultimate tenacity 140.7
Strainer 249.7
Stramazzo . . 248.9
Strap, eccentric 285.1
- enclosing the cam 224.3
Straßenlokomotive 339.4
–, Walzen- . . . 337.2

Stratification, irregular 128.5
Stratification irrégulière 128.5
Stratificazione irregolare 128.5
Strato, evacuazione a -i 128.4
- di garza metallica 250.2
- di legno 78.2
- di olio carbonizzato 288.2
Strecken 146.3
Streifen, den Kolbenring über den Kolbenkörper 174.2
Streifendes Schwunggewicht 231.2
Streik 384.12
Streit, den - schlichten 378.3
Streitigkeit, Recht- 377.5
Strength 140.9
-, calculation of 141.1
-, compressive 140.5
- of current 335.1
- of a solution, standard 94.3
-, tensile 140.4
Stress 141.4
-, bending 141.7
-es, casting without internal - due to cooling 148.1
-es, heat - due to irregular distribution of material 163.2
-, intensity of 141.5
-, resistance to tensile 140.4
-es set up in cooling 147.11
-, shearing 142.5
-es, temperature - due to irregular distribution of material 163.2
-, torsional 142.2
-, transverse 141.7
Stretch, to - the spring 204.6
- out, to - 146.3
Streudüse, Körtingsche 70.3
Stries dans le cylindre 348.5
Strike 384.12
Strike, the flame -s back into the suction pipe 346.2
Striking blade 229.6
- device 290.1
- lever 290.4
- piece 229.7
- rod 289.5
Stringere i ceppi del freno 357.5
Strip, fitting 154.8
Striscia di guarnizione 312.11
Strisciante, arpione con camma 235.6
Stroke 192.3
-, air compression 243.6
Stroke, barrel having a constant 251.9
-, compression 120.3
- cycle, to adjust the exhaust valve gear to work on a two 294.1
- -, to admit compressed air in a four 295.2
-, dead center (centre) between admission and exhaust 193.2
-, exhaust 124.8
-, expansion 122.6
-, forward 192.5
-, gas compression 243.7
-, idle 228.2
-, ignition in the middle of 363.7
-, piston 194.1
- of piston 192.4
-, plunger having a variable 252.1
-, pressure during exhaust 125.4
-, return 192.6
-, reserval of 192.7
-, suction 119.6
-, to vary the - of the pump plunger 252.4
- volume, ratio of volume actually taken in to 120.5
-, working 126.5
Stromabnehmer 334.2
-, Anlaß- 298.3
-anzeiger 334.9
-erzeuger, magnetelektrischer 284.8
-intensität 335.1
-messer 334.9
-quelle, Zünd- 283.9
-sammler 334.1
-stärke 335.1
-wender 334.1
-zuführungsklemme 286.9
-, Zünd- 283.8
Strömungsenergie der Abgase 125.9
-swiderstand in der Ladepumpe 130.1
Strong sulphuric acid 90.5
Strozzamento con cassetto di miscela 234.3
- della miscela 233.6
-, regolazione per 233.5
-, valvola di 237.3
- per mezzo della valvola d'ammissione 234.1
Strozzare 237.6
- l'ammissione di gas 234.8
Strozzato debolmente 237.8
- fortemente 237.7
Structural iron 135.7
Strumento ad indice 83.9
- a lancetta 83.9
Strut lever 218.7
Stück, Knie- 310.8
-kohle 24.11
-, Kreuz- 311.1
-, T- 310.9
Stufe für Luftventil 232.3
- - - und Gasventil 232.4
-nrost 52.5
Stuffing box, forced lubrication of the 179.9
- -, gas engine 179.3
- -, head with opening for 163.7
- -, mechanical lubrication of the 179.9
- - packing 179.2
- -, Schwabe 180.3
- - shell 180.4
Stunden, Arbeits- 384.1
-, Über- 384.2
Stündliche Gasmenge 62.4
-erWärmeverbrauch 363.1
Sturzblech 135.1
Stützhebel 218.7
-platte, drehbare 53.8
- -, dreh- und senkbare 54.2
- -, verstellbare 53.5
-punkt des Hebels 215.9
-rippe des Bolzensitzes 169.7
-säule 153.5
Style 352.9
Style 352.9
-, guide du 353.1
-, trajet du 355.7
Suave, marcha - del motor 345.5
Suavidad 189.1
Subida del émbolo 364.2
Sublimación del carbono en hollín 10.1
Sublimation des Kohlenstoffs zu Ruß 10.1
Sublimation du carbone en suie 10.1
Sublimazione del carbonio in fuliggine 10.1
Substituer le pétrole à l'essence 259.1
Substitution, appareil de 259.2
Subsuelo del edificio de las máquinas 303.6
Subterráneo, cámara de aspiración -a 318.6
- del edificio de las máquinas 303.6
Sucio, válvula -a 206.9
Suction 119.1
- ball, rubber 89.3
- blower 82.2
- bottle 88.8
- box, air 317.9
- -, drumming of the 318.5
- -, sheet-iron 318.4
Suction box, vibration of the 318.5
- chamber, air 317.9
- -, drumming of the 318.5
- -, sheet-iron 318.4
- -, underground 318.6
- -, vibration of the 318.5
- cone 318.2
-, connecting pipe between - and delivery space 252.6
- engine 126.9
- fan, wet 77.5
- flue 318.1
- funnel 318.2
- gas 39.4
- - plant 37.6
- - producer 39.5
- gauge 82.8
-, governing by controlling a bye-pass valve between delivery and - pipe 252.5
- inlet 317.10
-, to measure the - in mm of water 82.7
- noise 317.8
- pipe 317.4
- -, the flame strikes back into the 346.2
- piping 317.3
- plant with exhaust fan 87.8
-, preventing 226.2
-, resistance to 119.9
- shaft 318.1
- stroke 119.6
- -, vacuum during 119.8
- valve 245.2
- vane 78.6
-, work absorbed by 119.10
Sueldo 384.6
Suelo de cimentación 305.4
- de la sala 303.5
Suelto, junta por empaquetadura anular -a 166.1
Suif 138.12
Sujeción del muelle de doble arrollamiento 352.6
- del perno 169.10
Sujetar la palanca de la válvula 226.6
Sulfhídrico, ácido 14.4
Sulfhydrique, acide 14.4
Sulfure d'hydrogène 14.4
Sulfuré, hydrogène 14.4
Sulfureux, acide 14.5
Sulfúrico, ácido 14.6
Sulfurique, acide 14.6
Sulfuroso, ácido 14.5
Sulphur, separation of 75.6
- separation plant 75.7
Sulphuretted hydrogen 14.4

Sulphuric acid 14.6
- -, fuming . . 90.5
- -, strong . . . 90.5
Sulphurous acid 14.5
- vapours, contamination of the gas by 75.8
Sumidero . . . 70.5
Suministrado, cantidad de calor -a al gas 114.6
Suministrar . . 369.3
Suministro . . 368.1
Summe, Kauf- . 370.9
Sumpfgas . . . 12.12
Suola di fondazione 305.4
Superficie d'appoggio degli anelli elastici 172.1
- - della base dell'incastellatura 155.4
- - della fondazione 304.7
- della cigna verso il corpo dell'animale 328.6
- - - dalla parte del pelo 328.7
- cilindrica portante 175.6
-i coniche, anelli registrabili con 180.1
-ie di contatto 201.2 219.3
- di lavaggio in tela metallica scabra 78.10
- negativa del diagramma 198.3
- obliqua del dente di arresto 292.4
- della parete del cilindro 159.6
- del polverizzatore 256.8
- portante del cuscino 100.4
- positiva del diagramma 198.2
- di raffreddamento 166.5
- di rotolamento 219.2
- - -, leva angolare con 219.1
- - -, usura delle 220.8
-i rotolanti, temperare le 221.1
-ie di scorrimento del cilindro 159.7
- - - dello stantuffo 176.6
- della sede . . 201.2
- sferica di appoggio nel sopporto 188.2
-i di tenuta . . 165.3
Superficie de apoyo de la cimentación 304.7
- - - del pie del bastidor 135.4
- - - esférica del soporte 188.2
- de asiento . . 201.2
- de carga del casquillo 188.4
Superficie de contacto 201.2, 219.3
- - - del aro . 172.1
- de deslizamiento del émbolo 176.6
- de enfriamiento 166.5
- de envolvimiento 219.2
- interior del cilindro 159.7
- lavadora de tela metálica 78.10
- oblicua del gatillo 292.4
- periférica de apoyo 175.6
- de pulverización 256.8
- de rodadura . 219.2
- - -, desgaste de la 220.8
- - -, deslizamiento de la 220.7
- de rozamiento, endurecer la - del perno 169.9
- - -, templar la - del perno 169.9
- de unión . . 165.3
Superheated alcohol vapour 254.4
- steam 11.9
Superheater . . 41.1
- coil 38.5
Supérieur . . . 381.1
Superintendent 143.2
Superior 381.1
Superiore . . . 381.1
-, cuscinetto . . 188.6
Supplément de prix 370.7
Supplemental cost 370.7
Supplementary air 255.9
- test 351.3
- trial 351.3
Supplemento di prezzo 370.7
Supply 369.2
- and cost . . . 368.1
-, conditions of 369.5
-, cutting off the fuel 228.4
-, - - the gas and air 228.6
-, efficiency of 120.5
-, spare tank for air 261.7
- tank for air . 261.6
-, to throttle the gas 234.8
- of water . . . 181.8
Supply, to . . . 369.3
Support 149.4
-, cylinder with 158.7
-, to - the roller table 218.5
Support 149.4
-, colonne . . . 153.5
- du volant de manoeuvre 315.6
Supporting column, turned 153.5
- guide 156.7
- link 218.7
- the piston by guide cheeks 176.2
Supporting rib of the piston pin boss 169.7
- slide 156.7
- surface of the brass 188.4
Suppression de l'aspiration 226.2
- de la compression 293.7
Supprimer l'allumage 347.1
Supresión de la aspiración 226.2
- de la compresión 293.7
- de la inflamación, regulación por 227.6
Suprimir el encendido 347.1
Surcharge des surfaces frottantes 176.7
Surchauffe, serpentin de 38.5
Surchauffée, vapeur 11.9
Surépaisseur pour l'usinage 148.4
Sûreté, clapet de 250.4
-, manivelle de . 292.8
Surface, atomizing 256.8
-, bearing . . . 154.8
-, - - of the foundation 304.7
- carburettor . 254.6
-s, to case - harden the rolling 221.1
-, contact . . . 219.3
-, - - terminating in an arc 220.4
-, contour of the leading 222.6
-, - of the lifting 222.6
-, - of the rear 222.7
-, cooling . . . 166.5
-s, curvature of the inner 164.3
-s, overloading the sliding 176.7
- plate 145.4
-, rectilinear contact 220.3
-, rolling 219.2
-s, sliding of the rolling 220.7
-, supporting - of the brass 188.4
-s, wear of the rolling 220.8
-, working - of the piston packing ring 172.1
Surface d'appui de la fondation 304.7
- - du pied du bâti 155.4
- de contact 201.2, 219.3
- - - courbe . . 219.2
- détergeante rugueuse en toile métallique 78.10
- frottante du piston 176.6
- de glissement du cylindre 159.7
- - - du piston 176.6
Surface négative 198.3
- d'obturation . 201.2
- périphérique de portage 175.6
- - portante . . 175.6
- de portée du coussinet 188.4
- - - du segment 172.1
- positive . . . 198.2
- de pulvérisation 256.8
- refroidissante 166.5
- de refroidissement 166.5
- de roulement 219.2
- du siège . . . 201.2
Surriscaldatore, serpentino 38.5
Surtidor 256.2
Surveillance . . 348.8
Suspended furnace for the distillation of fresh coal 46.5
- piston 177.2
Suspension, direct 269.2
-, inverted . . . 269.4
-, rhombic . . . 269.3
- of the spring 204.4
- of work . . 384.10
Suspension, articulation de 217.1
- directe 269.2
- en losange . . 269.3
- renversée . . 269.4
- de ressort . . 204.4
Suspensión de cuadrilátero articulado 269.3
- directa 269.2
- invertida . . 269.4
- libre 269.2
- del muelle . . 204.4
- del resorte . . 204.4
- romboidal . . 269.3
- del trabajo 384.10
Sustitución de piezas de la máquina 349.12
Sviluppo di fumo durante l'avviamento 60.1
Sweating of the insulating tube 287.8
Switch 335.6
- board 334.4
-, time 335.8
Symbol, chemisches 2.10
Symbol, chemical 2.10
Symbole chimique 2.10
Syphon 70.7
Syringe, oil . . 277.4
Syrupartiger Teerrückstand 71.5
System, circulating cooling 321.6
-, co-ordinate . 111.1
-, mean kinetic energy of a - of points 113.5
- of pipes . . . 316.4
Système de canaux du foyer de récupération 32.11
- de coordonnées 111.1

T.

T-Eisen 136.7
T-S-Diagramm 115.3
T-Stück 310.9
T-iron 136.7
- -, double . . . 136.8
T-piece 310.9
Tabique 258.5
- de percusión 75.4
Table, roller . . 218.4
-, to support the roller 218.5
Table de roulement 218.4
-, soutenir la - de roulement 218.5
Tableau de distribution 334.4
Tacca di urto . 229.7
Tâche, ouvrier à la 383.7
-, travail à la . 383.8
Tâcheron . . . 383.7
Tachigrafo . . 198.6
- a diapason . 198.7
Tachigramma . 198.8
Tachimetro registratore 198.6
Tachogram . . 198.8
Tachogramm . 198.8
Tachograph . . 198.6
-, Stimmgabel- . 198.7
Tachograph . . 198.6
-, tuning-fork . 198.7
Tachometer, registrierendes 198.6
Tachometer, recording 198.6
Tachometric test 198.5
Tachometrischer Versuch 198.5
Tachygramme . 198.8
Tachygraphe . 198.6
-, diagramme inscrit par le 198.8
- à diapason . 198.7
Tachymètre enregistreur 198.6
Tachymétrique, essai 198.5
Tacitamento . 371.10
Tackle, lifting . 301.7
Taco == cruceta 177.5
-, motor con . . 176.4
-, motor de combustión sin 175.3
Tacograma . . 198.8
Tacométrico, ensayo 198.5
Tacómetro registrador 198.6
Tafel, Schalt- . 334.4
Tag, Arbeits- . 383.9
-eshelligkeit . . 304.1
-lohn 384.5
-löhner 383.5
-, vierundzwanzig Stunden-Arbeits- 383.10
Taglia 302.2
- -tubi 314.1
Tagliare giù l'anello 172.6
Tagliatrice di tubi 314.1
Taglio dell'anello 173.2
- obliquo dell'anello 173.3
- a scalino dell'anello 173.5
- verticale dell'anello 173.4
Tail bearing . 188.1
-rod guide . . 156.4
- -, piston rod with 178.3
Take, to - into account the weight of the lever 357.9
-, to - the air from the atmosphere 260.7
-, - - - - from the cylinder 260.4
-, to - an indicator diagram 354.6
-, to - out a patent 378.7
-, to - a sample of gas 88.7
- up, to - the explosion pressure 187.2
Taking up the axial thrust 156.2
Takt, Arbeits- . 118.6
-, Vier- 118.8
-, Zwei- 126.3
Taladrado en el eje de rotación de la palanca 216.2
Taladrar 144.9, 148.5
Taladro 145.2
Talg 138.12
Taller 142.8
- de construcción de máquinas 142.7
-, gastos de . . 372.9
- mecánico 143.4, 148.2, 368.6
-es de montaje 301.3
Tallow 138.12
Talon de la masse 231.6
Talón 374.8
Tamaño del carbón 24.9
Tambor centrifugo de agua 77.7
- dentado . . . 77.8
- del indicador 352.4
-, lavador de . 77.6
- perforado en cruz 214.2
Tambour centrifuge par voie humide 77.7
- à fenêtre en croix 214.2
- d'indicateur . 352.4
- à peignes . . 77.8
Tamburo centrifugatore per via umida 77.7
- forato in croce 214.2
- dell' indicatore 352.4
Tamburo a pettini 77.8
Tamis 249.7
- à charbon . . 24.8
Tamisé, charbon 24.7
Tamiz 249.7
Tampon d'allumage 288.6
- - à refroidissement 287.2
- -, dépôt de suie sur le 288.1
- -, isolement du 287.3
Tandemmaschine 326.9
Tandem-cylinder engine 326.9
- engine, twin-cylinder 327.1
Tandem, moteur 326.9
-, - double . . . 327.1
Tandem, motore 326.9
Tangencial, enlace - de las ambas curvas 222.8
-, presión - del botón de la manivela 195.1
-, velocidad - de la llanta 197.6
Tangent through the point of inflection 271.5
Tangente, Wende- 271.8
Tangente menée au point d'inflexion 271.5
Tangente al punto d'inflessione 271.5
Tangente de inflexión 271.5
Tangentialdruck 195.1
- -diagramm . 195.3
-kraft 195.1
Tangential connection of the curves 222.8
- force on the crank pin 195.1
- pressure diagram 195.3
Tangentialer Anschluß der Kurven 222.8
-er Kurbelzapfendruck 195.1
Tank for air supply 261.6
-, alcohol . . . 247.6
- car 108.7
-, cooling water 321.8
-, distilling . 103.11
-, drain . . . 316.12
-, elevated . . . 82.1
-, exhaust . . . 319.3
-, - - with hydraulic water seal 319.5
-, to fill the . . 249.1
-, fuel 247.3
-, intermediate 242.8
-, paraffin . . . 247.4
-, petrol 247.5
Tank, petroleum 247.4
- plate 135.6
-, settling . . . 72.1
-, spare - for air supply 261.7
Tannenholz . . 306.9
Tanque de aspiración 317.9
- montado en alto 82.1
Tanto alzado, obrero á 383.7
- -, trabajó á . 383.8
Tanto por ciento 373.9
- - - dc agua . 26.2
- - - de agua en el alcohol 104.9
- - - de alquitrán en el gas 75.1
- - - de cenizas 26.4
- - - de polvo en mg por cm³ 76.8
Tanzen des Reglers 273.5
Tap-hole 64.5
Tapa del cilindro 163.5
- - -, atornillado de la 164.5
- del cojinete del árbol cigüeñal 187.4
-s del motor, unir entre sí las - mediante tirantes 164.7
Taper on piston rod 178.8
Tapered end of the piston for expansion 175.5
Tapering of the arms 190.9
- of the spokes 190.9
Tapón 89.1
- de encendido 288.6
- - - con enfriamiento 287.2
- de evacuación 248.3
- fusible 21.7
- de inflamación 288.6
- del orificio de carga 248.2
- roscado 311.4, 313.4
Tappet gear, Capitaine's - for a four stroke cycle engine 213.2
- -, duplex - for a four stroke cycle engine 213.6
- -, Körting's - for a four stroke cycle engine 213.10
- -, Wenzel's - for a four stroke cycle engine worked directly from the crank shaft 212.8
- rod worked directly from the crank shaft 212.7
Tapping hole . 64.5

Tappo 89.1
Tappo di accensione 288.6
- - con raffreddamento 287.2
- di chiusura . 313.4
- fusibile . . . 21.7
- a staccio . . 249.6
- a vite . 248.2, 311.4
- - - per lo scarico 248.3
Tapure 147.10
Taquet de butée 229.7
Taquigrafo . . 198.6
- de diapason . 198.7
Tar 12.1
-, coal- 12.3
-, to extract the - from the gas 74.8
-, gas free from 74.10
- incrustation . 71.7
- from lignite . 12.4
- oil 106.6
- -, lignite . . . 107.1
-, percentage of - in the gas 75.1
-, schist 12.6
- -separation . 74.7
- - in a separate producer 46.2
- separator . . 75.2
- from shale . . 12.5
- vapour . . . 12.2
-, wood- 12.7
Tarage sous charge croissante 356.4
- - - décroissante 356.3
-, essai de . . . 356.2
-, procédé de . 355.9
- du ressort d'indicateur 355.8
Tardanza prolongada en quedarse parada la máquina por inercia 345.7
Tarea de coquificación, duración de una 00.4
Tarif, Zoll- . . 376.1
Tarif de douane 376.1
Tariff of customs 376.1
Tariffa doganale 376.1
Tarry gas . . . 74.9
- hydrocarbons 12.11
- residue, viscous 71.5
- vapours, removal of - from the sludge pan by the passing of heated air caused by suction 41.7
Tasar 369.8
Tauchkolben . 168.8
- -, hohler - mit Druckventil 183.1
- -pumpe . . . 251.2
- - -, schwingende 182.6
-rohr 254.8
Tavola per drizzare 145.4
Taxes 375.4
-, import 375.5
Tazze, apparecchio a 71.3
Té 310.9
Technical analysis of gas 88.2
- department . 382.4
- office . . . 381.12
Technique du gaz 31.2, 31.4
Technisches Bureau 381.12
-e Gasanalyse . 88.2
-e Kalorie . . . 16.4
Techo 303.4
Tecnica della fabbricazione del gas 31.2
Técnica del gas 31.2
Tecnico, analisi -a del gas 88.2
- specialista per gas 31.3
-, ufficio . . . 381.12
Técnico, análisis - del gas 88.2
- gasista 31.3
Teer 12.1
-abscheider . . 75.2
-artige Kohlenwasserstoffe 12.11
-bildende Bestandteile der Kohle, erdige und 26.3
-, Braunkohlen- 12.4
-dampf 12.2
-freies Gas . . 74.10
-gehalt des Gases 75.1
-haltiges Gas . 74.9
-, Holz- 12.7
-kruste 71.7
-nebel 12.2
-öl 106.6
- -, Braunkohlen- 107.1
- -, Steinkohlen- 106.7
-rückstand, syrupartiger 71.5
-, Schiefer- . . . 12.6
-, Steinkohlen- 12.3
-, Torf- 12.5
-überzug . . . 71.7
Tooth, change of pressure on the 210.5
-, ratchet wheel with eight 214.3
Teilfuge 173.2
- -, schräge . . 173.3
- -, winkelrechte 173.4
Tejido de alambre de malla ancha 79.2
Tela metallica a maglia larga 79.2
- -, superficie di lavaggio in - scabra 78.10
Tela metálica . 249.7
- -, red de . . 249.11
Telaio riscaldato con calore perduto 264.4
- della graticola 51.8
Télescopant, tube 254.10
Telescopic pipe 182.5
- -tube 254.10
Telescopico, tubo 254.10
Telescopio, tubo a 182.5
-, tubo de . . . 182.5
Télescopique, tube 254.10
-, tuyau 182.5
Teleskopisches Rohr 254.10
Teletermometro 18.1
Teletermómetro 18.1
Tele-thermometer 18.1
Téléthermomètre 18.1
Teller, Feder- . 204.2
Témoin, flamme 60.3
Temperare le superfici rotolanti 221.1
Temperare la superficie di scorrimento del perno 169.9
Temperatur . . 17.2
-, Ablauf- . . . 348.6
-, absolute . . . 17.6
-ausgleich . . . 17.5
-, Auspuff- . . . 125.6
-, Dissoziations- . 7.8
-, End- - der Verdichtung 122.4
-, Entzündungs- . 6.4 101.5
-gefälle 17.3
-gleichgewicht 17.4
-, die - eines Körpers aus seiner Strahlung messen 21.8
-, Normal- . . 111.14
-, - - der Gewichtprozentskala 105.7
-, Reaktions- . . 8.11
-, Schweiß- . . 146.7
-skala, absolute 17.8
-, Stelle höchster - in der Flamme 265.7
-unterschied zwischen Außen- und Innenwand des Zylinders 162.7
-, Verbrennungs- 6.5 123.9
-, Zulauf- . . . 348.5
Temperatura . 17.2
- d'accensione . 6.4 101.5
- assoluta . . . 17.6
- -, scala della 17.8
-, caduta di . . 17.3
- di combustione 6.5 123.9
-, compensazione di 17.5
-, diagramma entropico della 115.3
- di dissociazione 7.8
- effettiva di combustione 6.7
-, equilibrio di 17.4
- della fiamma, prova della 268.8
- finale della compressione 122.4
- di funzionamento 175.7
Temperatura, interpretazione meccanica della 112.7
- di introduzione 348.5
- normale . . 111.14
- - per la scala dei pesi . . 105.7
- della reazione 8.11
- di scarico 125.6, 348.6
- teorica di combustione 6.6
Temperatura . 17.2
- absoluta . . . 17.6
- -, escala de . . 17.8
- atmosférica . 257.1
-, caída de . . . 17.3
- de combustión 6.5 123.9
- - - práctica . . 6.7
- - - teórica . . . 6.6
-, compensación de 17.5
- de ebullicion, combustible de baja 258.8
- de entrada . . 348.5
-, equilibrio de 17.4
- de escape . . 125.6
- final de la compresión 122.4
- del generador, mantener baja la 43.2
- de ignición . 101.5
- de inflamación 6.4 101.5
-, medir la - de un cuerpo 21.8
- normal . . 111.14
- - de la graduación proporcional de peso 105.7
- de reacción . 8.11
- de salida . . 348.6
- de trabajo, ajustar el émbolo á 175.7
Temperature . 17.2
-, absolute . . . 17.6
-, - scale of . . 17.8
- balance . . . 17.4
-, combustion . 123.9
- of combustion 6.5
- - -, actual . . . 6.7
- - -, theoretical 6.6
-, combustion at constant 117.4
-, dissociation . . 7.8
- at the end of compression 122.4
- entropy-diagram 115.3
-, equalisation of 17.5
- at exhaust . . 125.6
- of the exhaust gases 125.6
-, fall of 17.3
-, ignition . 6.4, 101.5 279.5
- of ignition . . 6.4
-, inlet 348.5
-, to measure the - of a body by its radiation 21.8
-, mechanical equivalent of 112.7
-, - indication of 112.7

Temperature, most favourable cycle for a given fall of 117.2
-, outlet 348.6
-, point of highest - in the flame 265.7
- of reaction . 3.11
-, standard . . 111.14
- stresses due to irregular distribution of material 163.2
-, testing the flame 265.8
Température . 17.2
- absolue . . . 17.6
- d'admission . 348.5
- d'allumage . . 6.4
-, chute du . . 17.3
- de combustion 6.5 123.9
-, compensation de 17.5
-, difference de - entre les parois extérieure et intérieure du cylindre 162.7
- de dissociation 7.8
- d'échappement 125.6, 348.6
-, échelle de - absolue 17.8
- d'entrée . . . 348.5
-, équilibre de . 17.4
-, essai de la - de la flamme 265.8
- finale de la compression 122.4
-, le gazogène fonctionne à basse 59.1
- d'inflammation 6.4 101.5
-, maintenir basse la - du gazogène en y introduisant de grandes quantités de vapeur 43.2
-, mesurer la - d'un corps d'après son rayonnement 21.8
- normale . . 111.14
- - de l'échelle en pourcents de poids 105.7
- de réaction . 3.11
- réelle de combustion 6.7
- de sortie . . . 348.6
- soudante . . 146.7
- théorique de combustion 6.6
Temperguß . . 132.6
Templar la superficie de rodadura 221.1
- la superficie de rozamiento del perno 169.9
Tempi, processo a quattro 118.9
Tempo della salita 364.3
Temps, cycle à deux - de Oechelhäuser 242.2
Temps, cycle à double effet et à deux 241.7
-, diagramme en fonction du 354.8
-, distribution et réglage des moteur à deux 240.2
- de montée . . 364.3
- du moteur . 118.6
- de service . . 66.4
- de travail . 383.11
Tenace 139.4
Tenaca, scorie . 60.8
Tenacidad . . . 139.3
Tenacious clinker 60.8
Tenacità 139.3
Tenacité 139.3
Ténacité 139.3
Tenacity, strain of ultimate 140.7
Tenaglia 143.8
- per tubi . . 313.11
Tenaz 139.4
-, escoria . . . 60.8
Tenazas 143.8
- para tubos 313.11
Tender 369.7
Tender, to . . . 369.8
Tender el muelle 204.6
Tendere la molla 204.6
- - - successivamente 204.7
Tendeur, écrou 358.3
- de ficelle . . 354.2
Tenditore della corda 354.2
Tendre 139.8
Tendre le ressort 204.6
Tenedor de libros 381.9
Tener en cuenta el peso propio de la palanca 357.9
Tenere aperta la valvola di scarico 228.8
- bassi gli sforzi di inerzia delle aste 215.5
- chiusa la valvola d'ammissione 228.7
- - - - - del combustibile 228.5
- conto del peso proprio della leva 357.9
- un filo metallico nella fiamma 265.9
- fissa la valvola di scarico 229.1
Teneur alcoolique apparente 105.1
- - réelle réduite à 15° C 105.2
- - vraie réduite à 15° C 105.2
- en cendres . 26.4
- en eau 26.2
- - - de l'alcool 104.9
- en gaz variable de la cylindrée 234.6
- en goudron du gaz 75.1
Teneur en humidité 26.2
- de livres . . 381.9
- en poussière en mg par cm³ 70.8
Teñido, agua -a 83.3
Tenir compte du poids propre du levier . 357.9
Tenore in acqua 26.2
- - - dell'alcool 104.9
- in catrame del gas 75.1
Tensile strength 140.4
- -, machine for testing 140.3
- stress, resistance to 140.4
Tension of belt 327.8
-, to increase the - of the spring 204.7
-, mounting . . 327.9
-, rope 329.3
-, valve rod in 215.3
Tension 334.6
-, allumage à basse 288.5
-, - à haute . . 286.5
- de câble . . . 329.3
- composée . . 334.8
- de courroie . 327.8
- due à la chaleur par suite de la distribution inégale de métal 163.2
- dans la fonte 147.11
-s, fonte sans - internes 148.1
- en kg : cm² . 141.5
-, mesurer la - de la batterie 284.6
- de montage . 327.9
- de phase . . 334.7
- entre phases reliées 334.8
- simple . . . 334.7
Tensión 334.6
- anular de los aros autotensores 171.8
- de la batería, medir la 284.6
- de cable . . . 329.3
- de combustión 123.7
- de la correa . 327.8
- de fase . . . 334.7
- entre fases unidas 334.8
- en la fundición 147.11
-es interiores, fundición sin . 148.1
- en kgs por cm² 141.5
- de montaje . 327.9
- térmica á causa de una distribución desigual del material 163.2
Tensione . . . 334.6
-, accensione ad alta 286.5
- automatica, anello da stantuffo a 171.7
- della cigna . 327.8
- dovuta al calore 163.2
- di fase 334.7
Tensione tra fasi concatenate 334.8
- di fune . . . 329.3
- interna del getto 147.11
- in kg : cm² . 141.5
- di montaggio 327.9
- di montatura 327.9
- a vuoto . . . 327.9
Tensor del cordón 354.2
Tenuta per mezzo di anelli di guarnizione sciolti 166.1
- con più anelli di guarnizione 166.3
-, ripassare al tornio la superficie di 165.5
- con scanalatura ed incastro 165.9
-, superficie di 165.3
Teoria cinetica dei gas 112.6
- generale . . . 109.1
- dei meccanismi di trasmissione 191.9
- dei motori a combustione 109
Teoria cinética de los gases 112.6
- general . . . 109.1
- del mecanismo de transmisión 191.9
- de los motores de combustión 109.1
Teorico, temperatura -a di combustione 6.6
Terme de paiement 371.11
-s, paiement à 372.1
Termico, bilancio 300.8
-, effetto 97.2
-, equivalente - del lavoro 114.4
-, peso 114.10
Térmico, capacidad -a 16.2
-a, coeficiente de dilatación 16.6
-, equivalente - del trabajo 114.4
Termin, Zahlungs- 371.11
Terminaison élastique du déplacement des masses à mouvement de va-et-vient 196.3
- libre du déplacement à va-et-vient 196.4
Terminal . . . 286.9
Terminal de entrada de la corriente 286.9
Terminar un negocio 370.11
- el trabajo, compresión cuando el motor marcha en vacio al 296.6
Termine di pagamento 371.11
Termodinamico 113.7
-, prima legge della -a 114.5
Termodinámica 113.6
Termodinámico 113.7

Termo-eléctrico, par 20.7
Termométrico, escala -a 18.5
Termometro . . 17.9
- campione . . 17.10
- a mercurio . 18.2
- - - riempito di acido carbonico 18.3
- - - - di azoto 18.4
- normale . . . 17.10
-, profondità d'immersione del 19.6
-, punto fisso del 18.9
-, pùnto zero del 19.1
- registratore . 17.11
- a resistenza elettrica 20.5
-, tubo capillare del 19.3
Termómetro . . 17.9
-, bola del . . . 19.4
- de mercurio . 18.2
- - - lleno de ácido carbónico 18.3
- - - lleno de nitrógeno 18.4
- normal . . . 17.10
- patrón 17.10
- registrador . 17.11
- con resistencia eléctrica 20.5
-, tubo capilar del 19.3
Termosifón, enfriamiento por 321.7
Terms 371.6
Terra refrattaria, storta di 32.7
Terrain argileux 305.6
- à bâtir 305.5
- remblayé . . 305.8
- végétal . . . 305.7
Terraplenado, terreno 305.8
Terreno, gas ottenuto dal 30.7
- molto argilloso 305.6
- naturale . . . 305.7
- di riporto . . 305.8
- sul quale si fa la costruzione 305.5
- vergine . . . 305.7
Terreno de acarreo 305.8
- para la construcción del edificio 305.5
- muy arcilloso 305.6
- terraplenado 305.8
- vegetal . . . 305.7
Terreux et bitumogènes, principes - du charbon 26.3
Terroso, principi -i del carbone 26.3
Terroso, principios -s del carbón 26.3
-, sedimento - del agua refrigerante 167.7
Test 350.7
-, acceptance . 350.12
-, calibration . 356.2
- certificate . . 140.2
- cock 248.4
-, error of . . . 351.7
- flame 60.3
Test, hydraulic - of cooling space 161.2
- number . . . 351.5
- -piece 140.1
-, preliminary . 351.2
- pressure, cold 161.3
- result 351.4
-, supplementary 351.3
-, tachometric . 198.5
-, unexceptionable 351.1
Test, to - the gas 60.2
Testa di aspirazione 371.10
- di biella . . . 184.6
- - -, bulloni della 184.6
- - - chiusa . . 185.1
- - - in due pezzi 184.8
- - - esterna . 185.3
- - - interna . 185.2
- del cilindro . 163.6
- a croce . . . 177.5
- - -, motore con 176.4
- - -, pattino della 177.6
- dell' incastellatura a flangia 154.6
- della sbarra di graticola 51.6
- della storta in ghisa 32.8
- della valvola della pompa d'aria 261.1
Tester, Abel's petroleum 101.4
-, flash point . . 101.7
Testing 350.6
- bed 350.9
- the brake power 356.9
- the flame temperature 265.8
- installation . 350.10
- machine . . 139.12
- of materials . 139.9
- room, engine 350.8
- stand 350.9
-, working and 341
Tête d'aspiration 317.10
- de barreau de grille 51.6
- de bielle 184.6, 185.3
- à cage 185.1
- en deux pièces 184.8
- type marine . 184.8
Tetto 303.4
Theisenscher Reiniger 78.1
Theisen purifier 78.1
Theoretical quantity of air required 6.10
- temperature of combustion 6.6
Theoretically perfect cycle 117.1
Theoretisch vollkommener Kreisprozeß 117.1
Theoretischer Luftbedarf 6.10
-e Verbrennungs-Temperatur 6.6
Theorie der Verbrennungsmaschinen 109.1
Théorie cinétique des gas 112.6
- générale . . . 109.1
- du mécanisme de transmission 191.9
- des moteurs à combustion 109
Theory of driving gear 191.9
- of gases, kinetic 112.6
-, general . . . 109.1
- of internal combustion engines 109
Thermal equivalent of work 114.4
- unit 16.3
- -, British . . . 17.1
Thermique, bilan 360.8
Thermischer Ausdehnungskoeffizient 16.6
-e Ausnützung 361.7
Thermodynamik 113.6
-dynamisch . . 113.7
- -er Prozeß . 116.9
-elektrisches Paar 20.7
-element 20.6
Thermometer . 17.9
-, aufzeichnendes 17.11
-, elektrisches Widerstand- 20.5
-, Fern- 18.1
-, Graphit- . . . 20.3
-kapillare . . . 19.3
-korrektion wegen Glasausdehnung 20.1
-kugel 19.4
-, Metall- 20.4
-, Normal- . . . 17.10
-, Quecksilber- . 18.2
-, - - mit Kohlensäurefüllung 18.3
-, - - mit Stickstofffüllung 18.4
-röhre 19.3
-skala 18.5
Thermometrograph 17.11
-strom, durch Erhitzung der Lötstelle entstehender 20.8
Thermodynamic (adj) 113.7
- - process . . 116.9
-dynamics . . . 113.6
- -, first law of 114.5
- -electric couple 20.7
- - current due to heating the junction 20.8
- - element . . 20.6
Thermometer . 17.9
- bulb 19.4
-, capillary tube of 19.3
-, depth of immersion of the 19.6
Thermometer, fixed point of the 18.9
-, freezing point of the 19.1
-, mercury . . . 18.2
-, - - filled with carbon dioxide 18.3
-, - - filled with nitrogen 18.4
-, recording . . 17.11
- scale 18.5
-, standard . . 17.10
-, tele- 18.1
- tube 19.3
-, zero of the . 19.1
Thermometric correction for expansion of glass 20.1
Thermodynamique 113.6
-dynamique (adj) 113.7
Thermomètre . 17.9
-, boule de . . . 19.4
- à distance . . 18.1
-, échelle de . . 18.5
- enregistreur 17.11
- étalon 17.10
- à mercure . . 18.2
- - - rempli d'acide carbonique 18.3
- - - rempli d'azote 18.4
-, point fixe du 18.9
-, réservoir de . 19.4
- à résistance électrique 20.5
-, tube capillaire de 19.3
-, zéro du . . . 19.1
Thermométrographe 17.11
Thermosiphon, refroidissement par 321.7
Thick plate . . 134.9
- sheet 134.9
Thickness of belt 328.5
- of flange . . . 312.5
- of pipe wall . 309.6
Thin plate . . . 135.1
Third order, lever of the 215.7
Thomasflußeisen 133.4
Thomas mild steel 133.4
Threaded sleeve 311.7
Three-cylinder engine 327.2
- -phase generator 333.2
- stage compressor 261.4
- -throw crank shaft 186.1
- -way cock . . 315.2
- - - with inclined double bore 92.6
- - - with longitudinal and transverse bore 92.7
Throat 63.9
Throttle, steam 59.3
- valve 237.3
- -, double-seated 85.6

Throttle valve, governing the - by the gasholder 85.4
- - between the mixing and admission valves 233.7
Throttle, to . . 237.6
-, to - the gas supply 234.8
Throttled, highly 237.7
-, slightly . . . 237.8
Throttling by means of the admission valve 234.1
-, governing by 233.5
-, - by - the source of power 231.7
- by means of the mixing slide valve 234.3
- the mixture . 233.6
- the steam-main 59.3
Throw, crank . 186.6
- of eccentric . 224.8
- of governor . 267.3
Throwing off the oil 279.2
Thrust, taking up the axial 156.2
Tiegelflußstahl 134.3
-stahl 134.3
Tiempo de ascensión 364.3
- de compresión 126.8
-s, ciclo de dos 126.3
-s del motor . . 118.6
- de trabajo . 383.11
Tierçage des joints sous x degrés 178.7
Tie-rod . 155.8, 164.8
- -s, stiffening of the frame by means of 155.7
Tieröl 274.4
Tierrarefractaria 50.1
- -, retorta de . 32.7
Tige de choc . 289.5
- de commande de la soupape 214.1
-, cône de la . 178.8
- creuse de soupape 202.2
- d'excentrique 225.2
-, jeu de la - de distribution 215.4
- et leviers d'admission 214.9
- - - de distribution 214.8
- - - d'échappement 215.1
- de piston . . 177.8
- - -, accouplement de 178.5
- - -, calculer la - au flambage 178.1
- - -, collet de . 178.7
- - -, courber la - vers le haut 177.4
- - -, écrou de 178.9
- - -, faussage de la 181.4
- - -, fixation de la - dans le piston 178.6
- - -, flexion de la 177.9
- - -, joint de la 179.1
Tige de piston en plusieurs pièces 178.4
- - -, la - est rayée 181.6
- - -, rupture de 181.5
- - - non soutenue 177.3
- - - traversante 178.3
- de soupape . 201.4
- - -, décrasser la 207.1
- - -, diamètre de la 201.5
- - -, guide de 201.6
- - -, introduction d'eau dans la 202.5
- - -, nettoyer la 207.1
- de traction de la soupape . 215.3
- en tube d'acier 215.2
-, tube fixé à la 202.3
Tigliosa, lignite 27.12
Tighten, to - the brake blocks 357.5
Tightening nut 358.3
Tijeras mecánicas para chapa 134.6
Time base, diagram to a 354.8
- of delivery . 369.6
- of ignition . 279.7
- of payment 371.11
- switch 335.8
-, working . . 383.11
Time, to - the ignition 290.5
Timed ignition tube 281.6
Timing by means of an eccentric pin 290.6
Tin-plate . . . 134.8
-, to - the brass 189.3
Tinned sheet-iron 134.8
- wire 137.12
Tip of brass . . 188.8
Tipo di macchina 323.2
Tipo del emparrillado 52.1
- del generador 37.4
- de motor . . 323.2
Tirafondo para cimentaciones 308.8
Tirage forcé . . 322.7
-, indicateur de 82.8
-, - de - de Schubert 83.10
-s, mesurage de faibles 83.4
-s, mesure de faibles 83.4
-, mesurer le - en mm d'eau 82.7
- naturel . . . 322.5
Tirant . . 155.8, 164.8
-s, renforcement du bâti par des 155.7
Tirante . 155.8, 164.8
-i passanti, collegare i coperchi con 164.7
-i, rinforzo dell'incastellature con 155.7
Tirante alla valvola 215.3
Tirante . 155.8, 164.8
-, varilla - de la válvula 215.3
Tirare 146.3
Tirata d'aria naturale 322.5
- - ottenuta artificialmente 322.7
-, misuratore della 82.8
Tiro, aparato para medir el 82.8
-, indicador de 82.8
Tiroir à air . . 233.3
- annulaire . . 246.3
- circulaire pour l'admission et l'échappement 245.7
-, distribution à 363.5
- à gaz 238.2
- à mélange . . 238.4
- de passage entre les chambres de compression et d'aspiration 247.1
- à piston . . . 238.1
- plan 363.6
- principal . . 246.7
- tournant . . 237.10
- tubulaire . . 237.9
Tisonnier . . . 61.5
Tissu métallique 249.11
Titerflüssigkeit 94.1
- einer Flüssigkeit 94.3
Titolare 93.6
Titolato, liquido 94.1
Titolo di un liquido 94.3
- della miscela 234.6
Titrage 93.7
Titrate, to . . . 93.6
Titration 93.7
-, back- 93.8
-, determination of gaseous constituents by 93.5
- solution . . . 94.1
- standard . . . 94.3
Titre d'un liquide 94.3
Titrer 93.6
- à nouveau . . 93.8
Titrieren 93.7
-, Rück- 93.8
Titrieren (v) . . 93.6
Titrimetrische Bestimmung von Gasbestandteilen 93.5
Tobera . . 64.3, 366.3
- de mezcla . . 33.8
- de presión . . 38.9
- pulverizadora de Koerting 70.3
- de vapor . . 38.7
Toggle gear, combined cam and 224.1
- lever, holding up by means of a 227.1
Togliere gli anelli della stantuffo 174.3
- la polvere al gas 76.1
Togliere via la benzina liquida dal diaframma 255.2
Toile, crépine en - métallique 250.6
- métallique . . 249.7
- - à grandes mailles 79.2
Toit 303.4
Tôle à bride . . 135.5
- à bord rabattu 135.5
- - - tombé . . 135.5
- à collet . . . 135.5
- de cuivre . 136.11
- pour enveloppes de chaudières 135.2
- de fer 134.5
- fine 135.1
- de forme spécial 13 .3
- forte 134.9
- mince 135.1
- noire 134.7
- ondulée . . . 135.4
- perforée . . . 75.5
- profilée . . . 135.3
- pour réservoirs 135.6
Toluene 13.9
Toluol 13.9
Toluolo 13.9
Tolva de carga 56.1 57.6
- - - abierta . 44.3
- - - con llave de paso 56.4
Tomar el aire de la atmósfera 260.7
- un diagrama 354.6
- una muestra del gas 88.7
Tonfreier Quarzsand 308.1
-haltiger Boden, stark 305.6
Tondo, ferro . . 136.3
-, guida - a . . 156.9
Tonel 108.3
Tongs 148.8
-, gas 313.11
Tongue 51.7
- and groove joint 165.9
-, head with cooling 164.1
Tongued and grooved interlocked segments 50.8
Tonneau 108.3
- en bois . . . 108.5
- en fer 108.4
- à retourner . 108.6
Tool box . . . 301.6
- chest 301.6
-s, erecting . . 301.5
-s, fitter's . . . 148.6
Tooling 148.3
Tooth, inclined face of the 292.4
-, ratchet . . . 292.3
Toothed drum . . 77.8
- gearing, driving by internally 210.2
- -, noiseless working of the 210.4
- -, starting handle with 291.7
Top of cam . . 222.3

Top light . . . 304.2
Tope 218.5, 226.5, 229.7
- del contrapeso 231.6
Topf, Entwässerungs- 74.6
-, Kies- 249.8
-, Saug- 317.9
-, Schlamm- . . 70.7
-, Schmier- . . . 275.8
-, Ventil- 160.8
-, Wasser- . . 316.12
-, -abscheidungs- 74.6
Torba 28.2
-, catrame di . . 12.5
- fangosa . . . 28.6
- fibrosa 28.5
- nera bituminosa 28.7
- scavata . . . 28.3
- - a macchina 28.4
Torcedura del vástago del émbolo 181.4
Torcerse 145.5
Torchio per mattonelle 29.1
Torcida 263.7
-, engrase por . 276.1
Torf 28.2
-brikett 28.11
-, Faser- 28.5
-gasgenerator . 48.2
-, Maschinen- . 28.4
-, Moor- 28.6
-, Pech- 28.7
-, Stich- 28.3
-teer 12.5
-, Wurzel- . . . 28.5
Tornear 149.1
- el cilindro del que se van á sacar los segmentos 172.5
Tornero 149.2
Tornillo de banco 143.7
- de copa . . . 352.7
- para correa . 328.8
- sin fin movible en sentido vertical 40.7
- de mano . . . 143.9
- de reglaje . . 289.9
Tornio 149.3
-, disco del . . 149.5
-, mandrino da 149.6
- a revolver . . 149.8
-, ripassare al - la superficie di tenuta 165.5
-, ripassatura al - di un cilindro ovalizzato 160.2
Tornire 149.1
- il tubo per anelli 172.5
Tornitore . . . 149.2
Tornitura, trucioli di - del ferro 73.5
Torno . . 149.3, 301.8
-, mandril del . 149.6
-, plato del . . 149.5
-, repasar en el - la superficie de unión 165.5
- revolver . . . 149.8
Torre del refrigerante 72.4
Torre di refrigerazione 322.4
Torre de ácidos 43.3
- refrigeradora 72.7 322.4
Torsionsbeanspruchung 142.2
-smoment . . . 142.3
Torsion, moment of 142.3
Torsion, effort de - (auquel une pièce est soumise) 142.2
-, moment de . 142.3
-, travail de - (auquel une pièce est soumise) 142.2
Torsional stress 142.2
Torsione, carico di 142.2
-, momento di . 142.3
Torta de escorias 60.11
Tot, die Brennstoffpumpe arbeitet 252.3
-lage 192.8
-punkt, äußerer 192.10
- - zwischen Ein- und Auslaßhub 193.2
- -, innerer . . 192.9
- -stellung . . 192.8
- -, Zünd- . . . 193.1
Toter Gang in den Gelenken 356.5
-es Spiel des Steuerungsgestänges 215.4
-e Wasserecke 167.3
-er Wassersack 167.3
-e Wassersäule 182.3
Total breadth . 303.2
- heat (of a body) 15.7
- -, high - of air gas 34.6
- height 302.9
- length 303.1
- resistance at the sleeve 271.8
- volume . . . 120.1
Totalizador, contador 358.11
Tough 139.4
Toughness . . . 139.3
Tour 149.3
-s, compteur de 358.8
-, façonner au . 149.1
-, mandrin de . 149.6
-s, mesurage du nombre de 358.6
-, plateau de . . 149.5
-, poupée de . . 149.7
- à revolver . . 149.8
Tourbe 28.2
- extraite à la bèche 28.3
- - à la machine 28.4
- fangeuse . . . 28.6
- fibreuse . . . 28.5
-, goudron de . 12.5
- piquée à la bèche 28.3
- poisseuse . . 28.7
Tourenmessung 358.6
-zähler 358.8
Tourie 108.2
Tourillon de piston 169.8
Tourner 149.1
- au préalable le tube à tronçonner en bagues 172.5
Tourneur . . . 149.2
Tournure de fer 73.5
Tourteau de scories 60.11
Tout, réglage par - ou rien 228.1
- venant 23.5
Tower, acid . . 43.3
-, cooling . 72.4, 322.4
-, cooling of water by means of a cooling 322.3
-, hot-air 64.10
Town-gas engine 324.4
- -, illuminating 31.8
- mains 321.2
Trabajador mercenario 383.4
Trabajar sobre una resistencia hidráulica 358.5
- en vacio, la bomba de combustible trabaja 252.3
Trabajo 148.3
- de aspiración 119.10
- sin carga . . 345.1
- del ciclo ideal 361.2
- de compresión 121.3
- de un cuerpo 141.4
- estrepitoso . 345.10
-, exceso de . . 198.1
- exterior . . . 114.8
-, indicar el - en calorías 114.1
- interior . . . 114.7
- irregular . . 345.9
- á jornal . . . 383.6
- de las máquinas 342.7
- mecánico . . 342.7
- mercenario . 383.6
- del motor sin pérdidas 361.2
- producido por el motor al girar por inercia antes de pararse 297.4
- de rozamiento 360.3
- ruidoso . . 345.10
-, sobrante de . 198.1
- suave del motor 345.5
- á tanto alzado 383.8
- en vacío . . . 345.1
Tracción, fuerza de - de la locomotora 339.2
-, resistencia á la 140.4
Track 338.5
Tracteur . . . 339.4
Traction engine 339.4
Traction, effort de - de la locomotive 339.2
-, force de - de la locomotive 339.2
-, machine d'essai des matériaux à la 140.3
-, résistance à la 140.4
-, tige de - de la soupape 215.9
Tractive force of locomotive 339.2
Tractor para carreteras 339.4
Trade-mark . . 378.4
- union 386.4
Trading company 379.11
Tragbacke . . . 176.3
-balken 153.3
-fläche des Fundaments 304.7
- - des Rahmenfußes 155.4
-führung . . . 156.7
-länge des Kolbens 175.4
-säule 153.5
Trägheitskräfte, die - des Gestänges klein halten 215.5
-moment . . . 142.1
Tragende Fläche des Fundaments 304.7
-er Kolben, selbst- 176.5
-e Schalenfläche 188.4
-e Umfläche . . 175.6
Trägereisen . . 136.6
Tragitto della matita 355.7
Train of rolls . 337.2
- of wheels . . 87.6
Train de laminoirs 337.2
-, mettre la machine en 342.8
Traitement . . 384.6
Trajet de l'air . 236.8
- du gaz . . . 236.9
- du style . . . 355.7
Tralles-Skala . 105.5
Tralles scale . 105.5
Tramezzo di separazione 51.7
Tramoggia di caricamento 56.1
- - - aperta . . 44.3
- - - con robinetto 56.4
- - - rovesciabile 56.5
Tramway locomotive 339.5
Tranchante, pointe 358.9
Tranche 144.7
-s, déplacement par 128.4
Transfer, heat . 360.7
- of heat . . . 15.9
Transformación del calor en trabajo mecánico 113.8
Transformada en trabajo indicado, cantidad de calor 361.3
Transformation of heat into work 113.8
Transformation de chaleur en travail 113.8
Transit duty . 375.9
-, droits de . . 375.9
Tránsito, derechos de 375.9
Transmisión, árbol de 327.6

Transmisión por cable 329.2
- por cadena . 210.3 291.6
- por cuerda . 329.2
- por engranajes, bomba de émbolo con 330.6
–, mecanismo de 183.2
–, órganos de . 183.3
–, palanca de . 217.5
- de palancas, mando del indicador por 353.6
–, proporción variable de 219.5
Transmission, durch - angetriebenes Gebläse 79.8
-santrieb . . . 327.3
Transmission, indicator reducing gear with lever 353.6
–, ratio of - 1 : 2 209.4
Transmission par câble 329.2
- par chaine . 210.3 291.6
–, commande de 327.3
–, graissage du mécanisme de 278.2
–, levier de . . 217.5
–, lubréfaction du mécanisme de 278.2
–, mécanisme de - à manivelle 192.1
–, - de - de mouvement 183.2
–, organes de . 183.3
–, rapport de - variable 219.5
–, utilisation du mécanisme de 183.4
Transpiration de la douille isolante 287.8
Transport . . . 374.1
-gefäß 89.6
-kosten 373.2
–, Öl- 108.1
Transport expenses 373.2
–, oil 108.1
Transport, frais de 373.2
- d'huile 108.1
Transporte de aceite 108.1
–, gastos de . . 373.2
- de gran velocidad 374.3
–, pipeta de . . 89.6
Transporteur, vaisseau 89.6
Transportieren 374.2
Transverse spring 270.4
- stress 141.7
Trapanare . . . 148.5
Trapanatrice . 146.6
Trapano 146.6
–, punta comune da 148.7
Trasbordare . . 374.3
Trasformare in gas 8.4
Trasformazione del calore in lavoro 113.8
Trasformazione termica non invertibile 115.1
Trasmissione di calore, perdita di lavoro per - alla parete 362.5
- a catena 210.3, 291.5
- a cigna . . . 327.7
–, comando di . 327.3
- a corda . . . 329.2
- a fune 329.2
–, leva di . . . 217.5
–, lubrificazione della 278.2
- del motore . 327.3
- a ruote dentate, argano di messa in moto con 291.7
- variabile, rapporto di 219.5
–, ventilatore mosso con 79.8
Traspirazione dell'involucro isolante 287.8
Trasportare . . 374.2
Trasporto . . . 374.1
- dell'olio . . . 108.1
–, spese di . . . 373.2
–, vaso per . . . 89.6
Trastorno en el servicio 349.10
Trasversale, molla 270.4
Trato, cerrar el 370.11
Travail 148.3
- (auquel les matériaux sont soumis) 141.4
- d'aspiration 119.10
- de cisaillement 142.4
- de compression 121.3
- de cycle idéal 361.2
–, excédant de . 198.1
–, excès de . . . 198.1
–, exprimer le - en unités thermiques 114.1
- extérieur . . 114.8
- externe . . . 114.8
- de flexion (auquel les matériaux sont soumis) 141.7
- de frottement 360.3
–, heures de . . 384.1
- intérieur . . . 114.7
- interne . . . 114.7
–, journée de . 383.9
- mercenaire . 383.6
- du moteur fonctionnant par la force vive 297.4
- - - sans pertes 361.2
–, période de . 118.7
–, perte de - par avance à l'échappement 362.1
- à la pièce . . 383.8
- aux pièces . . 383.8
–, quantité de chaleur transformée en - indiqué 361.3
- salarié 383.6
- à la tâche . . 383.8
–, temps de . 383.11
Travail de torsion (auquel une pièce est soumise) 142.2
–, transformation de chaleur en 113.8
Travailler au burin 144.6
- au ciseau . . 144.6
- au marteau . 144.4
- sur une résistance hydraulique 358.5
Trave, incastellatura ad una sola 154.4
- laterale dell'incastellatura 154.1
Travelling crane 302.3
Traversa 177.7
Traversant, moyeu 171.2
Traverse 177.7
Travi, ferro per 136.6
Traviesa 177.7
Tray for the initial heating fuel 264.1
Trayecto del estilete 355.7
Trazar con el punzón 144.8
Trazione, resistenza alla 140.4
Treibdüse . . . 88.7
-mittel, absatzweise Entwicklung des gespannten -s 366.1
- -strom, kontinuierlicher 365.7
- -strom, ununterbrochener 365.7
- -, ununterbrochene Entwicklung des gespannten -s 365.8
-öle 99.4
-scheibe 327.4
-stange 183.5
Treibendes Rad 209.8
Treillis de bois 73.2
Trémie d'alimentation 57.6
- de chargement 57.6
- de remplissage 56.4
Tremper les surfaces frottantes de l'axe du piston 169.9
Tren de laminación 337.2
Trennungswärme 4.3
-szunge 51.7
Treno di laminatoi 337.2
Trepidación del suelo 346.5
Trépidation du sol 346.5
Treppenrost . . 52.5
- -generator . 42.1
-stoß 173.5
Treuil 301.8
- demarreur avec renvoi à engrenage 291.7
Trial 350.7
–, preliminary . 351.2
–, result of . . . 351.4
–, supplementary 351.3
Triatomic molecule 1.5
Triatomica, molecola 1.5
Triatomique, molécule 1.5
Tribunal 377.7
- arbitral . . 377.10
Tribunal 377.7
- de arbitraje 377.10
Tribunale . . . 377.7
- arbitrale . . 377.10
Trichter, Beschikkungs- 57.6
–, Einfüll- . . . 57.6
–, Fang- 320.8
–, Füll- . . 56.1, 249.3
Trickling water 72.5
Trieb, Kurbel- . 192.1
–, Seil- 329.2
-werk 183.2
- -ausnützung . 183.4
- -kräfte 194.7
- -schmierung . 278.2
- -teile 183.3
- -theorie . . . 191.9
Trifásico, alternador 333.2
Tringle de manivelle 289.7
Trinquete con gatillo 235.6
- de movimiento vertical 290.7
–, rueda de - con ocho dientes 214.3
Trip gear . . . 233.3
- - with deflecting cam 235.6
- - for mixing valve 233.2
- pawl 290.7
Triphaser . . . 333.2
Trituración del carbón 24.5
Triturazione del carbone 24.5
Trocken destillieren 8.4
- destilliertes Gas aus Holzabfällen 48.6
-element 284.1
-reiniger . . . 72.7
-reinigung . . 72.6
Trockener Dampf 11.7
-e Destillation . . 8.5
-e Gasuhr . . . 87.5
-e Luft 9.8
Trocknen, das Gas 74.3
Trockner, Gas- 74.4
Trocknung . . 74.2
-svorlage . . . 89.7
Trog, -artiger Roststab mit Aschefüllung 58.2
–, Kurbel- . . . 155.1
Trolley, crane . 302.5
Tromba di aspirazione 318.2
Trombone pipe 182.5
Trommel, Indikator- 352.4
–, Kamm- . . . 77.8
–, kreuzweis durchbohrte 214.2
-wascher . . . 77.6
Trompa de aspiración 318.2

Trompe à eau . 89.4
Trompete, Saug- 318.2
Tronçonner, tourner au préalable le tube à - en bagues 172.5
Tropfhahn . . . 83.4
-öler 276.3
-platte 70.5
-ring 275.5
-schale 275.6
-schmiergefäß . 276.3
Trop-plein, tuyau de 248.9
- -, tuyau de - de l'épurateur 70.10
Trou central de l'arbre 358.10
- de coulée du métal 64.5
- - - des scories 64.4
- de dessablage 147.6
- d'évacuation d'huile 276.8
- de graissage 275.2
- graisseur . . 275.2
- - ouvert . . . 275.7
- de lubréfaction 275.2
- de ringardage 61.2
- de vidange d'huile 276.8
Trouble dans la combustion 58.8
Trough filled with water 79.3
- iron 135.9
- -shape fire bar filled with ashes 53.2
Trucioli 78.3
- di legno . . . 30.2
- - -, gas distillato da 48.6
- di tornitura del ferro 78.5
Truck, goods . 374.9
- piston 168.7
Tube 309.3
-, brass . . . 309.11
-, bright red heat of the ignition 282.4
-, burner 263.6
-, calcium-chloride 89.8
-, capillary . . 91.4
-, - combustion 95.3
-, copper . . . 309.10
-, dipping . . . 254.8
-, distributing . 92.4
-, drying 89.7
- fastened in the stem 202.3
-, flow of the mixture into the 282.5
-, gas inlet capillary 93.2
-, - sampling . 89.5
-, graduated measuring 91.7
-, heated ignition 282.7
-, heating the ignition 282.6
-, ignition - with adjustable heating flame 283.1
- ignition, hot . 281.5
-, immersion . . 254.8
Tube, inclined U- 83.5
-, inserted capillary 93.1
-, mixing . . . 263.8
-, open ignition 281.7
-, petrol inlet . 254.9
-, platinum . . 282.2
-, porcelain . . 282.1
-, rubber 88.9
-, spiral 93.3
-, spirally heating 264.5
-, split 318.3
-, telescopic . 254.10
-, thermometer 19.3
-, timed ignition 281.6
-, U- 83.1
- of wire gauze 250.6
Tube 309.3
- d'allumage chauffé 282.7
- - à flamme de chauffage déplaçable 283.1
- - - - de chauffage mobile 283.1
- d'ascension . 32.9
-s, bouillotte à - de fumée 40.4
- du brûleur . 263.6
- en caoutchouc 88.9
- capillaire . . 91.4
-s -s intercalés 93.1
- - en platine de Drehschmidt 95.7
- - de thermomètre 19.3
-s, coupe- . . . 314.1
- de distribution 92.4
- fixé à la tige 202.3
- gradué . . . 91.7
- hélicoïdal de réchauffage 264.5
- incandescent ouvert 281.7
- - à robinet . 281.6
- d'introduction d'essence 254.9
- de jet 70.4
- de mélange . 263.8
- mélangeur . . 263.8
-s, pince à . . 313.11
- en platine . . 282.2
- plongeur . . 254.8
- polaire oscillant 285.7
- en porcelaine 282.1
- télescopant 254.10
- télescopique 254.10
- en U à branches fortement écartées 83.6
- - - incliné . . 83.5
- de verre en U 83.1
Tuberia ~. 309.2, 316.3
- periferica . . 316.8
Tuberia = canalización 316.3
- de agua de enfriamiento 320.4
- - - de refrigeración 320.4
- de aire . . . 317.7
- - - comprimido 297.9
- anular 316.7
- de aspiración 317.3
- circular . . . 316.7
Tuberia colectora 316.6
- de derivación 316.8
- de entrada del agua refrigerante 166.7
- de escape . . 318.7
- de evacuación de gas 55.2
- de gas 317.6
- - -, cierre hidráulico de la 55.9
- de inyección 261.8
-, montaje de la 318.7
-, presión en la 321.3
- pública de agua 321.2
- de salida del agua refrigerante 166.8
- - - de humos 55.1
- de vapor, estrangulación de la 59.3
Tubetto di platino 282.2
Tubing 309.2
Tubito de platino 282.2
Tubo 309.3
- di accensione aperto 281.7
- - - con fiamma di riscaldamento spostabile 283.1
- - - riscaldato 282.7
- d'aggiustaggio 310.5
- ascendente . 32.9
- d'aspirazione 317.4
-, biforcazione del 310.1
-i bollitori, vaporizzatore a 40.4
-o bucherellato 70.2
-, calibro interno del 309.4
- capillare . . . 91.4
- - d'ammissione del gas 93.2
- - di combustione 95.3
-i -i intercalati 93.1
-o -e di platino di Drehschmidt 95.7
- - del termometro 19.3
-, chiusura del . 313.2
- di combustione 263.6
- curvo 310.7
- - di entrata 317.5
-, diametro interno del 309.4
- di diramazione 310.2
- di distribuzione 92.4
- in ferro . . . 309.8
- - - dolce . . 309.8
- fissato allo stelo 202.3
- a flangia . . . 311.9
- del fumo . . 54.8
-i, gancio per . 313.8
-o da gas . . . 309.9
- a getto . . . 70.4
- di ghisa . . . 309.7
-i, giunto dei . 311.2
-o a gomito . . 310.8
- di gomma . . 88.9
Tubo graduato . 91.7
- di immersione 254.8
- d'introduzione 320.5
- - della benzina 254.9
- a manicotto . 311.6
- di miscela . . 263.8
- mobile con articolazione a ginocchiera 182.4
-, ostruzione del 314.4
- di ottone . 309.11
-, parete del . . 309.5
- di piombo . 309.12
- polare oscillante 285.7
- di porcellana 282.1
- di presa dei gas in forma di graticola 48.4
- di rame . . 309.10
- di rete metallica 250.6
- di riscaldamento elicoidale 264.5
- di scarico . . 318.7 320.6
- - - chiuso con fori laterali 319.7
- - - del lavatore 70.10
- - - raffreddato 318.8
- sfiaratore . . 248.9
- - del lavatore 70.10
- a spirale . . . 93.3
-i, tagliatrice di 314.1
-o telescopico 254.10
- a telescopio . 182.5
- di troppo pieno 248.9
- ad U con estremità allargate 83.6
- - - inclinato . 83.5
-, vernice del . 314.3
- di vetro ad U 83.1
Tubo 309.3
- del aire . . . 298.10
- con articulación de rótula 182.4
- de ascensión . 32.9
- de aspiración 317.4
- - -, la combustión retrocede al 346.2
- de bifurcación 310.2
- con bridas . . 311.9
- capilar 91.4
- - de combustión 95.3
- - conductor de gas 93.2
-s -es intercalados 93.1
- - de platino de Drehschmidt 95.7
- - del termómetro 19.3
- de chimenea para los gases del hogar 54.8
-, cierre del . . 313.2
- de cobre . . 309.10
- de cristal en U 83.1
- en cruz . . . 311.1
- curvado . . . 310.7
- de distribución 92.4
- de enchufe . 311.6

Tubo de entrada 320.5
- - - para la bencina 254.9
- de escape cerrado con orificios laterales 319.7
- - - con enfriamiento 318.8
- - - refrigerado 318.8
- espiral 93.3
- fijo al vástago 202.3
- de gas 309.9
- de gasa metálica 250.6
- de goma . . . 88.9
- graduado . . 91.7
- de hierro fundido 309.7
-s hervidores, vaporizador de 40.4
- de incandescencia abierto 281.7
- de incandescencia con grifo 281.6
- de inmersión 254.8
- interior del cilindro de fundición endurecida 160.4
- - desmontable del cilindro 160.3
- de latón . . 309.11
- de manguito 311.6
- del mechero . 263.6
- para el mechero de inflamación 280.6
- de mezcla . . 263.8
-, pintura del . 314.3
- de plomo . 309.12
- de porcelana 282.1
- de rebase . . 248.9
- rejilla para la salida de los gases de la combustión incompleta 48.4
-, revestimiento del 314.2
-s, roscado de . 311.3
- rociador . . . 70.2
- de salida . . 320.6
- - del agua del depurador 70.9
- en T 310.9
- de telescopio 182.5 254.10
- en U en posición inclinada 88.5
- en U con vasos en los extremos de los brazos 88.6
Tubolare, cassetto 237.9
-, vaporizzatore 40.1
Tubular vaporiser 40.1
Tubular, vaporizador 40.1
Tuerca tapón . 311.4
- tensora . . . 358.3
- del vástago del émbolo 178.9
Türverschluß . 54.6
Turacciolo . . 89.1
Turning-fork tachograph 198.7
Turba 28.2
- bituminosa . 28.7
Turba compacta 28.7
- extraida á máquina 28.4
- - con la pala 28.11
- fangosa . . . 28.6
- fibrosa 28.5
Turbina, camera della 366.7
- a camera unica 365.6
- a gas 364.8
- - - con getto d'acqua 365.5
- - - a pressione costante 365.1
- ideale a gas . 364.9
-, ruota da . . . 366.8
- ad ugelli . . 365.6
Turbina de gas 364.8
- - - ideal . . . 364.9
- - - con inyección de agua 365.5
- - - á presión constante 365.1
-, rueda de . . 366.8
- con un solo grado de presión 365.6
Turbine mit einer Druckstufe 365.6
-, Düsen- 365.6
-, Gas- 364.8
-nkammer . . . 366.7
-nkompressor . 365.4
-nrad 366.8
Turbine chamber 366.7
-, constant-pressure gas 365.1
-, gas 364.8
-, - - with water injection 365.5
-, ideal gas . . 364.9
- with single pressure stage 365.6
- wheel 366.8
Turbine, chambre de la 366.7
-, compresseur de 365.4
-, entrée de la . 366.5
- à gaz 364.8
- - - idéale . . 364.9
- - - avec injection d'eau 365.5
- - - à pression constante 365.1
-, roue de . . . 366.8
- à un seul étage de pression 365.6
Turf 28.2
Turm, Kühl- . . 72.4
-, Säure- 43.3
Turn, to 149.1
-, to - the crank to the starting position 298.5
-, to - the engine 291.3
- on, to - the lamp-valve 264.7
Turned supporting column 153.5
Turner 149.2
-'s lathe 149.3
Turning back, flat spring for - the armature 289.4
- force 195.1
Turning force diagram 195.3
- gear, electric 293.6
- -, starting by means of a 293.5
-s, iron 73.5
- moment . . . 142.3
- -, crank . . . 195.2
-, starting by - the flywheel 293.4
Turret lathe . 149.8
Tuyau 309.3
- d'ajustage . . 310.5
- d'amenée . . 320.5
- d'arrivée . . . 320.5
- d'aspiration . 317.4
- de branchement 310.2
- à brides . . . 311.9
- bridé 311.9
-, calibre du . . 309.4
- de cheminée . 54.8
- cintré 310.7
-x, clé pour . 318.10
-x, collier pour 318.9
- à coulisse . . 182.5
-x, crampon pour 318.8
- en croix . . 311.1
- en cuivre . 309.10
- de départ en forme de grille pour les gaz de combustion incomplète 48.4
-, diamètre intérieur du 309.4
- d'échappement refroidi 318.8
- d'écoulement des gaz du foyer 54.8
- à emboitement 311.6
-, engorgement du 314.4
-, enveloppe du 314.2
- d'évacuation 320.6
-, faire déboucher le - d'échappement à l'air libre 318.9
- en fer forgé . 309.8
-, fermeture de 313.2
- en fonte de fer 309.7
- de gaz 309.9
- à genouillière 182.4
-x, joint de - à brides boulonnées 311.3
-x, jonction de 311.2
- en laiton . . 309.11
-, à manchon . 311.6
-, obstruction du 314.4
-, obturateur de 313.2
-, paroi du . . . 309.5
-, peinture du . 314.3
- en plomb . 309.12
-x, raccordement de 311.2
-x, réseau de . 316.4
-, revêtement du 314.2
-, rupture de . . 314.7
- de sortie . . . 320.6
- en T 310.9
- télescopant . 182.5
- télescopique . 182.5
- de trop-plein 248.9
- - - - de l'épurateur 70.9
Tuyauterie . . 309.2
-, montage de la 313.7
-, plan de la . . 316.5
Tuyere (twyere) 64.3
Tuyère . . 64.3, 366.3
- aspiratrice à vapeur 38.7
-, frottement dans la 366.4
- mélangeuse . 38.8
-, plaque de . . 262.7
- de pulvérisation de Körting 70.3
- de refoulement 38.9
-, sortie de la . 366.6
Twin-cylinder engine 326.4
- - -, double - with opposed cylinders 326.8
- - tandem engine 327.1
- producer, underfeed 48.1
Twist drill . . . 148.8
Twisting moment 142.3
Two-armed horizontal pendulum pecker 230.7
- - lever . . . 215.8
- - cylinder engine with opposed cylinders 326.7
- fire producer 47.4
- pieces, piston in 170.6
- stage compression 260.3
- - compressor 261.2
- -s, producer working with combustion in 45.8
- stroke cycle 126.3 242.2
- - -, to adjust the exhaust valve gear to work on a 294.1
- - -, double acting 241.7
- - - engines, distribution and governing of 240.2
- - - -, double-acting 325.1
- - - -, double acting - driving sewage pump 330.4
- - - -, single-acting 324.10
- - - method . 126.4
- - -, starting on a - by means of compressed air 294.7
- - throw crank shaft 185.8
- - way cock, ordinary 315.1
Type valve, Corliss 237.10
- of engine . . 323.2
- of grate . . . 52.1
- of producer . 37.4
Type de machine 323.2

U.

U-Eisen 136.9
-förmiges Glasrohr 83.1
- iron 136.9
- Rohr 83.5
- - mit oben stark erweiterten Schenkeln 83.6
- tube 83.1
- - with enlarged ends 83.6
Überdruck . . 82.6
Übereinander, Gas und Luft-führen 236.7
Überfallrohr . 248.9
Überhängende Kurbel 186.8
-er Zylinder . . 158.4
Überhitzerschlange 38.5
Überhitzter Dampf 11.9
-er Spiritusdampf 254.4
Überlandzentrale 332.1
Überlastung der Gleitflächen 176.7
Überlaufrohr des Reinigers 70.9
Überpreis . . . 370.7
Überschleifen der Schlitze durch den Kolben 241.4
Überschuß, Arbeits- 198.1
-fläche 198.2
Übersetzung 1 : 2 209.4
-, halbe 209.4
-, Ketten- 210.3, 291.6
- Null 219.6
-sverhältnis, veränderliches 219.5
Überströmleitung 260.6
-schieber zwischen Druck- und Saugraum 247.1
-spannung . . 129.4
-ventil 260.5
-weg 129.5
Überstunden . 384.2
Übertragungshebel 217.5
-sstange, verstellbare 234.4
Überwurfmutter 311.4
Überzug, Ölkohlen- 288.2
Ufficio 381.10
- di brevetti . 378.10
- centrale . . 381.11
- di costruzione 382.1
- principale . 381.11
- tecnico . . 381.12
Ugello 366.3
-i d'aria 64.3
-o aspiratore a vapore 38.7
- di miscela . . 38.8
- di pressione . 38.9
Uhr, Stopp- . . 358.7
Ultimate tenacity, strain of 140.7
Umdrehung, Auslauf- 296.7
-szähler 358.8
Umfanggeschwindigkeit des Kranzes 197.6
Umgebördeltes Blech 135.5
Umgehungsleitung 318.8
Umgekehrte Aufhängung 269.4
-er Generatorenbetrieb 44.4
Umhüllung, Rohr- 314.2
Umido, aria -a 10.9
-, depuratore per via -a 67.9
-, depurazione per via -a 67.6
Umidità dell'aria 10.10
Umkehrbarer Kreisprozeß 115.2
-er Wärmevorgang 115.1
Umlaufgebläse 79.7
-kühlung . . . 321.6
-, Kühlwasser- - durch Stange und Kolben 182.1
-pumpe 321.9
Umlaufender Kugelwascher 77.9
Umschaltventil, doppelsitziges 55.6
Umschalten von Anlaß- in Betriebstellung 295.7
-, von Benzin auf Petroleum 259.1
Umsetzung von Wärme in Arbeit 118.8
Umstellvorrichtung 259.2
Unabhängige Veränderliche 109.4
Uncino 230.3
Uncover, to - the ports 241.5
-, to - the ring of ports 241.5
Uncushioned movement of the reciprocating masses 196.4
Underfeed twin producer 48.1
Underground suction chamber 318.6
- water 305.9
Undichtheit des Ventils 206.3
Undichter Guß 147.8
-es Ventil . . . 206.2
Unempfindlichkeitsgrad 272.2
Unendlich kleine Änderung einer Größe 110.1
Uneven burning in the producer fire 58.7
- combustion in the producer fire 58.7
Unexceptionable test 351.1
Unfall 385.7
-verhütungsvorschriften 385.8
-versicherung . 385.6
Ungleichförmigkeitsgrad 272.3
Ungleiche Schichtung 128.5
Unglücksfall . 385.7
Unidad de calor 16.3
- - - inglés . . 17.1
- de jornal . . 384.4
- de volumen, densidad de calor por 348.2
Uniform size, coal of 24.4
Uniforme, carbón 24.4
Uninsured . . . 377.4
Union, trade . 386.4
Unión por bridas 312.1
- á tornillo de las bridas 312.8
- de tubos . . . 311.2
- del vástago al émbolo 178.6
Unione a flangia 312.1
Unir entre si las tapas del motor mediante tirantes 164.7
Unit, British thermal 17.1
of heat . . . 16.3
- - -, cost per . 348.1
-s, heat - consumed 363.2
-, thermal . . . 16.3
- of volume, quantity of heat per 348.2
- of wages . . . 384.4
Unità di calore 16.3
- inglese di calore 17.1
- di paga . . . 384.4
- termiche, indicare il lavore in 114.1
Unité de chaleur 16.3
- de salaire . . 384.4
- thermique . . 16.3
- - anglaise . . 17.1
Universalapparat von Thörner 96.4
Universal apparatus 96.4
Unload, to - the valve 204.9
Unloaded spring, length of the 204.1
Unmittelbare Aufhängung 269.2
-e Kupplung von Verbrennungs- und Arbeitsmaschinen 329.9
Unpacked . . . 376.8
Unregelmäßig strömendes Gas 84.4
Unregelmäßiger Gang 345.9
-er Lauf 345.9
Unreines Gas . 66.7
Unreliable . . . 342.4
Unrunde Scheibe 221.4
- -, vom Regler verdrehte 253.1
Unscreened coal 24.3
Unsortierte Kohle 24.3
Unstable governor 270.8
Unsupported piston 176.5
- - rod 177.3
Unterbrecher . 286.2
Unterbrechung des äußeren Mantels 161.7
-, Betrieb- . . 349.11
-sfunke 283.5
Unterbrochener Betrieb 341.5
Unterdruck . . 82.5
-, Ansauge- . . 119.8
-gaserzeuger . 39.5
-raum 40.8
Untergießen, den Rahmen mit Zement 308.4
Unterhaltung . 349.8
-skosten 372.7
Unterirdische Saugkammer 318.6
Unterkellerung des Maschinenhauses 303.6
Unternehmer . 379.7
Untersatz, Rahmen- 155.5
Unterschale . . 188.7
Unterschußfläche 198.3
Untersuchung . 350.6
-, Gas- 87.8
Unterer Heizwert 97.4
Ununterbrochene Entwicklung des gespannten Treibmittels 365.8
-er Treibmittelstrom 365.7
-e Vergasung . 36.7
Unverbrannt durch die Maschine gehendes Gas 362.4
Unverbrennbares Gas 6.2
Unverpackt . . 376.8
Unversichert . 377.4
Unvollkommene Verbrennung 5.8
- - des Kohlenstoffes 34.4

Unzusammenhängendes Fundament 305.1
Uña giratoria . 213.3
Upkeep 349.2
Upper air gas outlet 47.2
- brass 188.6
Upset, to 146.4
Upstroke, duration of 364.3
- of the piston 364.2
-s, to regulate the duration of 364.5
-, - - the number of 364.6
Urbaine, centrale 331.7
Urbano, central -a 331.7
Urbano, centrale -a 331.7
Urto, asta di . 289.5
-, depuratore ad 75.3
-, palmola d' . 214.7
Urto percettibile della camma di scarico 346.4
Uscente dall'alto, gas d'aria 47.2
Uscita dell'acqua 181.9
- del gas . . . 39.7
- - - d'acqua . 35.8
- - - d'aria . . 35.7
- dall'ugello . . 366.6
Useful brake horse-power 359.10
- work 359.10
User à l'émeri 150.8
- à la meule . 150.6
Usinage 148.3
-, atelier d' . . 148.2
-, surépaisseur pour l' 148.4
Usine 368.6
- de distillation de lignite 107.2
- à gaz 31.6
- - - communale 31.7
- - - d'éclairage 31.9
- - - d'huile . . 33.2
Usine à gaz municipale 31.7
Usine, gaz perdus des -s 63.2
-, grande . . . 341.2
-, montage à l' 300.1
-, petite 341.3
Usura dell'alesatura 160.1
- delle superfici di rotolamento 220.8
Usure de l'alésage 160.1
-, coussinet à rattrapage d' 188.9
-, rattraper l'- du coussinet 185.5
- des surfaces de roulement 220.8
Utensili, cassetta per 301.6
-e da fucina . 143.6
-i di montaggio 301.5
Utilisation of fuel 62.1
- of heat . 14.10, 361.7
Utilisation de la chaleur 14.10, 361.7
Utilisation du combustible 62.1
- du mécanisme de transmission 183.4
- thermique . . 361.7
Utilización del calor 14.10, 361.7
-, coeficiente de - del diagrama 361.5
- del combustible 62.1
- del mecanismo de transmisión 183.4
Utilizar la dinamo como motor para el arranque 298.2
Utilizzazione del calore 14.10, 361.7
-, coefficiente di - del diagramma 361.5
- del meccanismo di trasmissione 183.4

V.

v, index of . . 116.2
V shape grate, inverted 48.6
Vaciar el agua en tiempo de heladas 347.5
- la cámara refrigeradora 168.1
- el cilindro . . 127.4
Vacillare della fiamma 265.2
Vacillement de la flamme 265.2
Vacío en la alimentación 307.5
-, destilación por el 8.8
Vacuum 82.5
- distillation . 8.8
- space 40.8
- during suction stroke 119.6
Va-et-vient du piston 192.4
Vagone-serbatoio 108.7
Vaisseau collecteur 89.5
- de remplissage 56.7
- - - à rabattement 56.5
- remplisseur . 56.7
- de séparation d'eau 74.6
- transporteur . 89.6
Vaivén del émbolo 192.4
Vakuumdestillation 8.8
Valor del agua del calorímetro 98.4
Valore in acqua del calorimetro 98.4
Valuar 369.8
Valutazione della densità 96.5
Valve 199.4, 262.4, 315.4
Valves, accessibility of the 206.1
-s, actuating gear for starting 295.5
- adjustable by screw and spring 256.5
-, admission . . 199.8
-, - controlled by means of 242.1
-, - - with perforated seat 239.8
-, - - with slide for closing gas ports 240.1
-, air 238.5
-, air escape . 316.10
-, - relief . . 316.10
-, - slide 238.3
-, angle 315.9
-, annular . . . 245.4
-, - slide 246.3
-s, arrangement of 239.5
-, automatic admission 200.1
-, automatic - of the charging pump 245.1
-, - flap 244.9
-, - mixture . . 238.8
-, auxiliary . . 205.5
-, balancing the pressure by means of an auxiliary 205.3
-, ball 251.8
-, the - binds . 206.7
- body 200.5
- bonnet 203.5
- box, admission 203.1
- - common to admission and exhaust 203.3
- -, exhaust . . 203.2
Valve, butterfly - for air 237.4
-, - - for gas 237.5
-, bye-pass . . . 247.1
-, - - - for gas and air 246.2
- cage . . 200.5, 203.4
- cap 203.5
- -casing forming plug of cock 256.6
- chamber 160.8, 202.7
- - at the side of the cylinder 164.2
-, charging . . 56.1
-, check 316.1
-, to close the . 207.6
-, closing of the 207.4, 220.6
-, combined admission and exhaust 200.4
-, - - and gas . 239.6
-, - non-return and starting 297.1
-, conical . . . 200.6
- cooling . . . 201.9
-, Corliss type 237.10
- cover 203.5
-, cylindrical slide 237.9
-, - - - for admission and exhaust 245.7
-, delivery . . . 245.3
-, double-beat . 239.1
-, - -seatet . . . 205.1
-, - - reversing 55.6
-, drain 317.1
-, dropping of the 207.8
-, exhaust . . . 200.3
-, to exhaust both through ports controlled by the piston and throug a 205.8
- face 201.2
-, feed-water . . 40.7
Valve, flap . . 337.6
-, - - for air . . 237.4
-, - - for gas . . 237.5
-, foul 206.9
-, fuel 262.2
-, gas 238.6
-, - bye-pass . . 245.9
-, gas - driven by air valve 282.1
-, - slide 238.2
-, - valve driven by air 282.1
- gear 198.9, 209.2, 214.8
- -, to adjust the exhaust - to work on a two stroke cycle 294.1
- -, eccentric . 225.4
- -, governor controlled 246.1
- - of scavenging and charging pumps 244.8
- -, setting the . 211.1
- -, slide 363.5
- gearing, double ended piston 246.6
- - with eccentric and cam 225.5
- - by eccentric and positive controlled cam 225.6
-, governing by controlling a bye pass - between delivery and suction pipe 252.5
-, governor controlled mixture 238.10
-, to grind in the 201.3
-, - - the - into its seat 201.3
- guide-strap . 245.6
-, guided 336.6

Valves, hammering of the 207.2
–, the – hangs up 206.6
– head 200.7
– – of air pump 261.1
– – and stem in one piece 201.7
– –, warping of the 206.5
–, to hold the exhaust 226.1
–, – – up the . . 226.6
–, holding the exhaust 225.8
–, – the exhaust – in its open position 229.1
–, hollow atomizing 256.3
–, – plunger with delivery 183.1
–, – spraying . . 256.3
–, – water-cooled exhaust 202.4
–, horizontal . . 199.7
–, igniting . . . 281.1
–, the – jams . . 206.7
–, keeping the admission – closed 228.7
–, – the exhaust – open 228.8
–, – the fuel – closed 228.5
– leakage . . . 206.3
–, leaky 206.2
– lever 217.7
– –, excentrically mounted admission 229.3
–, lift of the . . 207.7
– lift 208.6
– – diagram . . 207.9
– lifting, speed of 208.2
–, Lindemann's plate 336.8
–, main 205.4
–, maximum lift of the 208.8
–, mechanically operated admission 200.2
–, mixture . . . 238.7
–, – slide 238.4
–, mushroom . . 200.6
–, needle 262.3
–, non-return . 316.1
–, – – – for the air compressed while stopping 296.8
–, non-return clack 250.3
–, – – flap 250.3, 316.2
– oil-can 277.3
–, – – with a . . 277.3
–, to open the . 207.5
–, opening of the 207.3, 220.5
– opening, clear 208.8
– – downwards 199.6
– – upwards . . 199.5
–, overflow . . . 260.5
–, piston 238.1
–, pocketed . . 239.2
–, poppet 239.2
–, relief 260.5
–, to relieve the 204.9

Valve, relieving pressure in cylinder before opening main exhaust 205.6
– resistance . . 204.8
–, return pressure 336.7
–, rising of the 220.5
– rod, adjustable 234.4
– – in tension . 215.3
–, rod working 214.1
–, rotary slide 237.10
–, safety clack . 250.4
–, – flap 250.4
– seat . . 200.8, 245.5
– –, clogging of the 206.8
– –, corrosion of the 206.4
– –, fouling of the 206.8
– –, grooving of the 206.4
–, the – seizes . 206.7
–s, sequence of operations of the 199.1
–, shut-off . . . 315.7
–, slide 363.6
–, snifting . . 316.10
– spindle . . . 201.4
– spring 203.7
– –, load of the 204.5
–, spring between admission and gas 239.7
–, starting . . . 295.4
– stem 201.4
– –, to clean the 207.1
– – guide bush 201.6
– – –, cooled . . 202.6
– –, hollow . . . 202.2
– –, water supply to the 202.5
– and stem in one piece 201.7
–, step for air . 232.3
–, – – – and gas 232.4
–, the – sticks open 206.6
– with stirrup . 55.4
–, stop- 315.7
–, straight-way . 315.8
–, suction . . . 245.2
–, throttle . . . 237.3
–, – – between the mixing and admission valves 233.7
–, throttling by means of the admission 234.1
–, – by means of the mixing slide 234.3
–, trip gear for mixing 233.2
–, to turn on the lamp 264.7
–, to unload the 204.9
–, water-cooled 202.1
–, working the gas – by a cam of variable lift 235.1
–, – the gas – with a variable point of opening and a constant point of closing 235.3

Valvola . 199.4, 315.4
– di accensione 281.1
–, accessibilità della 206.1
– ad ago . . . 262.3
– di alimentazione d'acqua 40.7
–, alzamento della 220.5
–, alzata della . 208.6
– di ammissione automatica 200.1
– – – con cassetto di chiusura del gas 240.1
– – – comandata 200.2
– – – e del gas riunite 239.6
– – – con sede a fori 239.8
– – –, tenere chiusa la – del combustibile 228.5
–, anello della . 245.5
– angolare . . 315.9
– ad angolo . . 315.9
– ad animella di ritegno 250.3
– anulare . . . 245.4
–, apertura della 207.3
– apribile verso l'alto 199.5
– – – il basso . 199.6
–, aprire la . . . 207.5
– d'aria 238.5
– –, comando della valvola del gas per mezzo della 232.1
– d'arresto . . 315.7
– aspirante . . 245.2
– automatica della pompa di miscela 245.1
– d'avviamento 295.4
–, battere della 207.2
–, camera della 160.8 202.7
–, cappello della 203.5
–, capsula della 202.7
– cava del polverizzatore 256.3
– a cerniera comandata 237.6
–, chiudere la . 207.6
–, chiusura della 207.4
– comandata . 336.6
– combinata di ammissione e di scarico 200.4
– – pel ritorno e pell'aviamento . 297.1
– del combustibile 262.2
–, compensare la 204.9
– conica 200.6
–, cono della . . 200.7
–, corpo della . 200.5
–, corsa della . 208.6
–, corsa massima della 208.3
–, cuffia della . 203.5
–, deformazione del cono della 206.5
–, diagramma dell'alzata della 207.9
–, diagramma di apertura della 207.9

Valvola, discesa della 207.8
–, distribuzione a 198.9
– a doppia sede 55.6 205.1, 239.1
– di emissione . 200.3
– a farfalla . . 237.3
–, fasi successive di funzionamento della 199.1
–, gabbia della 203.4
– a gambo orizzontale 199.7
– del gas . . . 238.6
–, la – si incastra 206.7
–, la – si ingrana 206.7
–, insudiciamento della sede della 206.8
– di inversione 55.6
–, lama di guida della 245.6
–, leva della . . 217.7
– di miscela . . 238.7
– – – automatica 238.4
– – – comandata 238.10
–, molla della . 203.7
– ordinaria trasversale 315.8
–, palla della . 251.8
– di passaggio 260.5
– a passaggio trasversale 315.8
– a piastra di Lindemann 336.8
–, poggiarsi della 220.6
– premente . . 245.3
– di pressione a ritorno 336.7
–, raffreddamento della 201.9
– raffreddata . 202.1
– registrabile con vite e molla 256.5
–, resistenza della 204.8
–, la – resta sospesa 206.6
– di ritegno . . 316.1
– – – ad animella 316.2
– di ritorno per la compressione durante l'arresto 296.8
– – – del gas . 245.9
– – – per gas ed aria 246.2
– – –, regolazione col mezzo della 252.5
– di scappamento 200.3
– di scarico . . 200.3
– – – d'acqua . 317.1
– – –, arrestare la 226.1
– – –, arresto della 225.8
–, sede della . . 200.8
–, sezione libera della 208.8
–, sfera della . . 251.8
– di sicurezza . 335.3

Valvola sporca 206.9
- con staffa di pressione 55.4
-,stelo della - cavo 202.2
- di strozzamento 233.7, 237.3
- - - a doppia sede 85.6
- che non tiene 206.2
-, tirante alla . 215.3
- tubolare . . . 239.2
-, velocità di alzata della 208.2
Válvula . 199.4, 315.4
- que abre hacia abajo 199.6
- - - hacia arriba 199.5
- accionada . . 336.6 337.6
- de admisión . 199.3
- - - accionada 200.2
- - - con asiento perforado 239.3
- - - automática 200.1
- - -, caja de la 203.1
- - - del combustible, mantener cerrada la 228.5
- - - con estrangulador del gas 240.1
- - - mandada 200.2
-, la - se agarra 206.6
- de aguja . . . 262.3
- de aire . 237.4, 238.5
- que ajusta mal 206.2
- de alimentación de agua 40.7
- anular 245.4
- para el arranque 295.4
-, asiento de la 200.3
- de aspiración 245.2
- aspiradora . . 245.2
-, la - se atasca 206.7
- automática . 245.1
- - de mezcla . 238.3
- auxiliar, apertura de una 205.3
-, caja de la . . 202.7
-, cámara de la 202.7
- de carga para la compresión utilizando la parada 296.3
-, casquete de la 208.5
- de cierre 56.1, 315.7
- cilíndrica . . 246.3
-s combinadas de admisión y de gas 239.6
- de combustible 262.2
- de compensación 260.5
- de compresión 245.3
- compresora . 245.3
- cónica 200.6
- de contrapresión 336.7
- corredera para el aire 238.3
- - para el gas 238.2
- - para la mezcla 238.4
Válvula corredera de mezcla, estrangulación por la 234.3
-, cuerpo de la 200.5
- de desagüe . 317.1
-, disposición de las -s 239.5
-, distribución por -s 198.9
- de distribución para el exceso de carga 247.1
- de doble asiento 239.1, 265.1
- de dos asientos 239.1
- de efecto alternativo 55.6
- de encendido 281.1
- de escape . . 200.3
- - -, caja de la 203.2
-, esfera de la . 251.8
- no estanca . 206.2
- de estrangulación en forma de mariposa 237.3
- - - entre las válvulas de mezcla y de admisión 233.7
- con estribo de presión 55.4
- de gas 237.5, 238.6
- giratoria . . 237.10
-, golpeo de las -s 207.2
- graduable . . 256.5
- horizontal . . 199.7
- hueca de pulverización 256.3
- de ignición . 281.1
- de impulsión, émbolo buzo hueco con 183.1
- de inflamación 281.1
- de interrupción de doble asiento 85.6
- - -, mandi de la 85.4
- para el lanzamiento 295.4
- de mezcla . . 238.7
- - - accionada mecánicamente 238.10
- - - mandada mecánicamente 238.10
- mixta de admisión y de escape 200.4
- - de escape y de arranque 297.1
- de paso angular 315.9
- de paso recto 315.3
- de placa de Lindemann 336.3
- de retención 250.3 316.1, 316.2
- de retenida . 316.2
- de retroceso de gas 245.9
- - - para gas y aire 246.2
- - -, regulación por la 252.5
- de seguridad 250.4
-, sombrerete de la 203.5
-, soporte de la 203.4
Válvula sucia . 206.9
- de tres pasos 55.6
- tubular . . . 239.2
Van, goods . . 374.9
Vane bent backwards 81.4
- - forwards . 81.3
-, helical 78.5
-s, number of . 80.9
-, pressure . . . 78.7
-, radial 81.1
- with radial end 81.2
-s, shape of . . 80.10
-, spiral 78.5
-, suction . . . 78.6
-s, width of the 80.8
Vano, anima di legno pei -i 307.6
- fra la sbarre della graticola 51.2
Vanne 315.4
-, eau - du scrubber 71.4
Vapeur d'alcool 254.3
- - surchauffée 254.4
- d'eau 11.5
- d'essence . . 253.6
- de goudron . 12.2
- humide . . . 11.8
- de pétrole . . 253.9
- saturée . . . 11.6
- sèche 11.7
- surchauffée . 11.9
Vapor de agua 11.5
- de alcohol . . 254.3
- de alquitrán . 12.2
-es - -, aspiración de los 41.7
-es - -, extracción de los 41.7
-es de azufre, impurificación del gas por los 75.8
- de bencina . 253.6
- del combustible, velocidad de salida del 263.3
-, condensación del 9.11
-es de escape, caldera calentada por los 63.5
- de gasolina . 253.6
- húmedo . . . 11.8
- de petróleo . 253.9
- recalentado . 11.9
- - de alcohol . 254.4
- saturado . . . 11.6
- seco 11.7
Vapore d'acqua 11.5
- -, far passare il - sul carbone incandescente 35.5
- acqueo 11.5
- -, distillazione con 8.7
- di alcool . . . 254.3
- - - surriscaldato 254.4
- di benzina . . 253.6
- di catrame . . 12.2
-, condensazione del 9.11
-, maglio a . . 146.1
-, miscela d'aria e di 87.3
- di petrolio . . 253.9
Vapore, saturazione dell'aria con 87.2
- saturo 11.6
- - secco . . . 11.6
- secco 11.7
-i di solfo, inquinamento del gas con 75.8
-e surriscaldato 11.9
- umido 11.8
Vaporisabilité . 100.7
Vaporisateur tubulaire de pétrole 258.7
Vaporisation 9.5, 257.1
-, chaleur de . . 15.3
-, courbes de - de pétroles 102.5
-, cuvette de . . 39.6
-, plaque de . . 39.2
Vaporiser . . . 39.6
-, auxiliary . . 41.6
- with circulating tubes 40.4
- igniter 281.3
- with large water space 39.8
-, main 41.5
-, multitubular - for petroleum 258.7
-, tubular . . . 40.1
Vaporiser 9.6
Vaporización . . 9.5
-, calor de . . . 15.3
Vaporizador de gran cabida 39.8
- preparatorio . 41.6
- principal . . 41.5
- de tubos hervidores 40.4
- tubular . . . 40.1
- - de petróleo 258.7
Vaporizar 9.6
Vaporizzare . . . 9.6
Vaporizzatore . 39.6 253.2
- a grande volume d'acqua 39.8
- multitubolare per petrolio 258.7
- preparatore . 41.6
- principale . . 41.5
- riscaldato col gas di scarico 257.4
- a tubi bollitori 40.4
- tubolare . . . 40.1
Vaporizzazione . 9.6 254.5
-, carburatore a 254.6
-, piastra di . . 39.2
-, raffreddamento a 322.3
Vapour, air saturated with petrol 258.7
-, alcohol . . . 254.3
- nozzle . . . 263.10
-, outlet velocity of the fuel 263.3
-, petrol 253.6
-, petroleum . . 253.9
- regulation . . 263.9
-, superheated alcohol 254.4
-, tar 12.2
Variabile . . . 109.3
- dipendente . 109.5
- indipendente 109.4

Variabilidad del movimiento del émbolo 194.2
Variabilità nel moto dello stantuffo 194.2
Variabilité du mouvement du piston 194.2
Variability of the movement of the piston 194.2
Variable 109.3
Variable 109.3
-, dependent . . 109.5
- inclination . 53.7
-, independent . 109.4
-, infinitesimal change of a 110.1
- lift, cam of . 235.2
- proportion of gas in the charge 234.6
- stroke, plunger having a 252.1
Variable . . . 109.3
- dépendante . 109.5
- indépendante 109.4
Variable 109.3
- dependiente . 109.5
- independiente 109.4
Variación en la carga 344.10
- de dirección de los esfuerzos de los botones 197.3
- elemental . . 110.1
- infinitesimal de una cantidad 110.1
- de presión en el encaje de los dientes 210.5
- de la velocidad de la manivela 198.4
Variare la corsa dello stantuffo 252.4
Variation of the crank velocity 198.4
-, load 344.10
- of load, diagram taken during 355.1
Variation de direction des efforts sur le tourillon 197.3
- des efforts dans la bielle et la tige de piston 197.2
- infinitésimale d'une grandeur 110.1
- de pression dans l'engrenage 210.5
- de la vitesse de la manivelle 198.4
Variazione di carico 344.10
- infinitesima di una grandezza 110.1
- di pressione nelle bielle 197.2
- - - nell' ingranaggio 210.5
- di stato . . . 115.4
- della velocità della manovella 198.4
Varier la course du piston 252.4
Varilla de inflamación 289.5
-s del mecanismo de admisión 214.9
-s - - de escape 215.1
-s y palancas . 214.8
- tensora . . . 155.8
- tirante de la válvula 215.3
- tubular de acero 215.2
- de la válvula 201.4
- - - - de distribución 214.1
Vary, to - the stroke of the pump plunger 252.4
Varying leverage 219.5
Vasca di chiarificazione 72.1
- della manovella 155.1
- piena d'acqua 79.3
Vaschetta di vaporizzazione 39.6
Vasija para el combustible de calefacción 264.1
Vaso lubrificatore 275.9
- raccoglitore . 89.5
- per trasporto 89.6
Vaso condensador 74.6
-s en los extremos de los brazos 83.6
Vástago que atraviesa el émbolo 178.3
-, cono del . . . 178.8
-, cono y - de una sola pieza 201.7
- del émbolo . 177.8
- - -, acoplamiento del 178.5
- - -, collar del 178.7
- - - libre . . . 177.3
- - - de varias piezas 178.4
-, el - está rayado 181.6
- de la excéntrica 225.2
- hueco de la válvula 202.2
- de la válvula 201.4
- - - -, diámetro del 201.5
- - - -, guia del 201.6
Vatímetro . . . 335.2
Vatio 335.3
Vecchiaia, assicurazione per la 386.2
Vegetable oil . 274.5
Végétal, terrain 305.7
Vegetal, aceite 274.5
-, carbón . . . 29.7
Vegetale, olio . 274.5
Veil, conical . 256.4
Vejez, seguros para la 386.2
Velo conico di benzina uscente 256.4
Velocidad de admisión de la carga 119.11
Velocidad de alzamiento de la válvula 208.2
- de combustión 263.4
- - - de la mezcla 124.1
- del émbolo . 194.3
- - -, curva de la 194.4
- de escape . . 125.8
- de la manivela, variación de la 198.4
- molecular . . 113.1
- periférica de la llanta 197.6
-, regulación de la 227.3
- de salida del aire de expulsión de las lumbreras 129.2
- - - del vapor del combustible 263.3
- tangencial de la llanta 197.6
Velocità di alzata della valvola 208.2
- di combustione 263.4
- - - della miscela 124.1
-, curva delle - dello stantuffo 194.4
- di efflusso dell'aria di lavatura dai condotti 129.2
- di introduzione della miscela 119.11
- della manovella, variazione della 198.4
- molecolare . 113.1
- periferica della corona 197.6
-, regolatore di 268.1
-, regolazione della 227.3
- dello scarico 125.8
- dello stantuffo 194.3
- di uscita del vapore del combustibile 263.3
Velocity of the charge, flame 124.1
- - - -, inlet . 119.11
- of exhaust . . 125.8
- of flame propagation 263.4
-ies, Maxwell's law of distribution of molecular 113.2
-y, molecular . 113.1
-, outlet - of the fuel vapour 263.3
-, variation of the crank 198.4
Vendedor . . . 380.8
Vendeur, producteur- 380.8
Vendita all' ingroso, prezzo della 370.5
Venditore produttore 380.8
- del proprio prodotto 380.8
Vent, pression du - de la soufflerie 336.4
Vent, réchauffement du - de soufflerie 64.9
-, réchauffeur de 64.10
Ventil . . 199.4, 315.4
-, Absperr- . . . 315.7
-, Anlaß- 295.4
-anordnung . . 239.4
-aufsatz 203.5
-, Auslaß- . . . 200.3
-, das - bleibt hängen 206.6
-, Brennstoff- . 262.2
-, Doppelsitz- 205.1, 239.1
-, doppelsitziges 205.1
-, - Umschalt- . 55.6
-, Druck- 245.3
- mit Druckbügel 55.4
-, Durchgang- . 315.8
-, Eck- 315.9
-, Einlaß- . . . 199.8
-, - - mit Gasabschlußschieber 240.1
-, - - mit Lochsitz 239.8
-einsatz 203.4
-, das - entlasten 204.9
-, Entwässerungs- 317.1
-erhebungsdiagramm 207.9
-eröffnung . . 207.3
-feder 203.7
-führungsband 245.6
-, Gas- 238.6
-, -rückström- . 245.9
-gehäuse . . . 202.7
- -, als Hahnküken ausgebildetes 256.6
-, gesteuertes Einlaß- 200.2
-, - Misch- . . 238.10
-haube 203.5
-hebel 207.7
- -, den - abstützen 226.6
-, hohles Zerstäuber- 256.3
-hub 208.6
- -kurve 207.9
-kammer . . . 202.7
-kasten, gemeinsamer - für Ein- und Auslaß 203.3
-, Kegel- 200.6
-kegel 200.7
- -, wassergekühlter 202.1
-, das - klemmt sich 206.7
-, kombiniertes 200.4
-kopf der Luftpumpe 261.1
- - seitlich am Zylinder 164.2
-korb 203.4
-körper 200.5
-kugel 251.8
-kühlung . . . 201.9
-laterne 203.4
-, Lenker- . . . 336.6
-, liegendes . . 199.7
-, Luft- 238.5

Ventil, Misch- . 238.7
-nadel 262.4
-, Nadel- 262.3
-, sich nach oben öffnendes 199.5
-, das - öffnen . 207.5
-ölkanne . . . 277.3
-, Platten- - von Lindemann 336.8
-querschnitt, freier 208.8
-ring 245.5
-, Ring- 245.4
- Rohr- 239.2
-, Rücklauf- - für Gas und Luft 246.2
-, rückläufiges Druck- 336.7
-, Rückschlag- . 316.1
-, Rückström- - für Auslaufverdichtung 296.8
-, Saug- 245.2
-schaft 201.4
- -, hohler . . . 202.2
-, das - schließen 207.6
-schluß 207.4
-, durch Schraube und Feder einstellbares 256.5
-, selbsttätiges Einlaß- 200.1
-, - - der Ladepumpe 245.1
-, - Misch- . . . 238.8
-sitz 200.8
- -, das Ventil auf den - aufschleifen 201.3
-spindel 201.4
- -, hohle . . . 202.2
- -, die - reinigen 207.1
-stangenführung 201.6
-steuerstange . 214.1
-steuerung . . 198.9
-topf 160.8
-, Überström- . 260.5
-, undichtes . . 206.2
-, sich nach unten öffnendes 199.6
-, vereinigtes Rückström- und Anlaß- 297.1
-, verschmutztes 206.9
-, Wasserspeise- 40.7
-, Wechsel- . . . 55.6
-widerstand . . 204.8
-zugstange . . 215.3
-, Zünd- 281.1
Ventilador accionado eléctricamente 80.1
- - por transmisión 79.8
-es acoplados en serie 77.4
- -aspirador de gas por agua 77.5
- -aspirador, servicio continuo del 38.1
- aspirante . . 82.2
- centrifugo . . 80.4
- -depurador de gas 77.2
Ventilador, edificio para los -es 81.7
- impelente . . 82.3
-, instalación de -es para gases de altos hornos 81.6
- con inyección de agua 77.3
- de mano . . . 59.7
- para poner en marcha el generador 37.7
-, presión del . 82.4
- de régimen, instalación gasógena por aspiración con 37.8
- Roots 80.2
- rotativo . . . 79.7
- soplante . . . 82.3
Ventilateurs accouplés en série 77.4
- aspirant . . . 82.2
-s, bâtiment des 81.7
- centrifuge . . 80.4
- épurateur de gaz 77.2
- à injection d'eau 77.3
-s, installation de - pour d'usine métallurgique 81.6
- de mise en marche 37.7
-, perte par amorçage au 62.6
-, pression de . 82.4
-, réfrigerant à 322.6
- Roots, ... 80.2
- soufflant . . . 82.3
- - à main . . . 59.7
Ventilator, Anheiz- 37.7
-enanlage für Hüttengase 81.6
-, blasender . . 82.3
-, drückender . 82.3
-, Gasreinigungs- 77.2
-enhaus 81.7
-en, hintereinandergeschaltete 77.4
-kühler 322.6
-pressung . . . 82.4
-, saugender . . 82.2
- mit Wassereinspritzung 77.3
-, Zentrifugal- . 80.4
Ventilatori accoppiati in serie 77.4
-e aspirante . . 82.2
- d'avviamento 37.7
- centrifugo . . 80.4
- per depurare il gas 77.2
- a gas 330.3
- con injezione di acqua 77.3
-i, locale dei . 81.7
-e mosso elettricamente 80.1
- - a mano . . 59.7
- - con trasmissione 79.8
- premente . . 82.3
-, pressione del 82.4
Ventilatore, refrigeratore a 322.6
- rotativo . 79.7, 80.2
- soffiante . . . 82.3
Vento della soffiante, pressione del 336.4
Ventre 64.1
Veränderliche . 109.3
-, abhängige . . 109.5
-, unabhängige 109.4
Veränderliche Böschung 58.7
-er Gasgehalt der Ladung 234.6
-e Neigung . . 58.7
-es Übersetzungsverhältnis 219.5
Veränderlichkeit der Kolbenbewegung 194.2
Veranschlagen 369.8
Verband, Stoß- 191.7
Verbindung, chemische 2.7
-, Flanschen- . 312.1
-sgewicht 3.2
-sgleichung . . . 2.9
-slasche der Schwungstücke 231.5
-, Muffen- . . . 311.5
-, Rohr- 311.2
-sstück 156.3
-svolumen 3.3
-swärme 4.1
Verbranntes Gas 6.1
-e Gase 124.9
Verbrauch, Brennstoff- 347.9
-, Kühlwasser- . 348.4
-, Schmieröl- . . 348.7
-, Wärme- . . . 362.7
Verbrauchte Wärmeeinheiten 363.2
Verbrennen . . 119.3
Verbrennen (v) 122.8
-, das Gas unter gleichbleibendem (konstantem) Druck 365.2
Verbrennung . . 5.5
122.7
-, augenblickliche 123.1
-, beschleunigte 123.3
-sdruck 123.7
- durch Explosion 94.6
-sgeschwindigkeit der Ladung 124.1
- bei gleichbleibendem Druck 118.2
- - -er Temperatur 117.4
- - -em Volumen 118.5
-sgleichung . . . 6.9
- an glühendem Platindraht 95.6
-kammer . . . 365.3
-skapillare . . . 95.3
- bei konstantem Druck 118.2
- - - Volumen 118.5
-slinie 123.6
-smaschine ohne Gemengeverdichtung 363.3
Verbrennungsmethode 94.5
-spipette 96.1
-sprodukt 5.9
-sprozeß 5.6
-sraum 123.5
- -, glattwandiger 159.4
-, die - schlägt in das Saugrohr zurück 346.2
-, schleichende 123.2
- an schwach erhitztem Palladium 95.2
-sspannung . . 123.7
-sstörung . . . 58.8
-stemperatur 6.5, 123.9
- -, praktische . . 6.7
- -, theoretische . 6.6
- -, wirkliche . . 6.7
-, unvollkommene 5.8
-, - - des Kohlenstoffes 34.4
-, verlangsamte 123.4
-, verzögerte . 123.4
-, vollkommene . 5.7
-, - - beim Warmblasen 36.3
-svorgang 5.6
-swärme 6.8
Verbindungsleitung zwischen Saug- und Druckraum 252.6
Verbunddynamo 332.7
-stahl* 184.2
Verdampfapparat 258.2
-barkeit 100.7
Verdampfen . . . 9.6
- bei Lufttemperatur 9.7
Verdampfer, Benzin- 258.5
-, Docht- 254.7
- mit großem Wasserraum 39.8
-, Haupt- 41.5
-, Petroleum- . 253.8
-, Röhren- . . . 40.1
-, - - für Petroleum 258.7
-schale 39.6
-, Siederohr- . . 40.4
- Spiritus- . . . 254.2
-, Vor- 41.6
Verdampfung . . 9.5
-sfähigkeit . . 100.7
-skühlung . . . 322.8
-skurven von Erdölen 102.5
-swärme 15.3
Verdichten . . 119.2
Verdichten (v) 120.9
Verdichter, Anlaß- 296.3
-, elektrisch angetriebener 296.5
- mit Handantrieb 296.4
-, zweistufiger . 261.2
Verdichtete Ladung 121.2
-es Leuchtgas, Betrieb mit stark -em - 340.2

Verdichtung . 121.1
-, adiabatische 121.9
-sarbeit 121.3
-, Auslauf- . . . 296.6
-sendspannung 121.10
-, einstufige . . 260.2
-sgrenze 122.1
-shub 120.8
-, isothermische 121.8
-slinie 121.7
-speriode . . . 126.8
-sraum 121.4
- - mit Außenheizung 257.5
- -inhalt 121.5
-sverhältnis . . 121.6
-swärme 122.3
-, durch Wassereinspritzung hohe - erzielen 122.5
-, wirtschaftliche Höchst- 122.2
-, zusätzliche - der Luft durch Kolbenansatz 262.9
-, zweistufige . 260.3
Verdrängung, schichtenweise 128.4
Verdünnungsgrad des Spiritus 104.10
Verdunsten . . . 9.7
- in Luftwärme 257.1
Verdunstungsapparat 253.2
-skarburation . 254.5
-skarburator . 254.6
Vereinigtes Einlaß- und Gasventil 239.6
-e Luft- und Gaspumpe 243.5
-es Rückström- und Anlaßventil 297.1
Verflüchtigen, sich 9.8
Verfrachten . 373.12
Verfrachter . 374.11
Verfrachterei 374.10
Vergasen 8.3
Vergaser, durch die Abgase geheizter 257.4
-, Holz- - von Riché 49.1
-, Petroleum- . 253.8
-, Spiritus- . . . 254.2
-, Spritz- 256.1
-zündung . . . 281.3
Vergasung . . . 8.2
-, Holz- 48.5
-, Retorten- . . 31.10
-, ununterbrochene 36.7
Verghe, ferro in 136.2
Vergießen, die Anker 309.1
Vergiftungsgefahr in Kraftgasanlagen 350.1
Vergine, terreno 305.7
Verhältnis, Gewicht- 88.6
- der spezifischen Wärmen 112.5
-, Volumen- . . 88.5
Verifica sotto carico crescente 356.4
Verifica sotto carico decrescente 356.3
- della molla dell'indicatore 355.8
-, procedimento di 355.9
Vérifier l'étanchéité du piston 343.1
- l'exécution de la machine 342.9
Vérin hydraulique 302.1
Verjüngtes Ausdehnungsende des Kolbens 175.5
-e Muffe 311.8
Verjüngung der Arme 190.9
Verkäufer, Selbst- 380.8
-, Wieder- . . . 380.7
Verkettete Spannung 334.8
Verkoken . . . 65.2
Verkokung . . 65.3
-sretorte 45.2
Verkrusten des Kolbens 180.9
Verladen . . . 374.3
Verlangsamte Verbrennung 123.4
Verlegung, Rohr- 313.7
Verletzung, Patent- 378.9
Verlust, Abbrand- 62.7
-, Anblase- . . . 62.6
-, Arbeits- - durch unvollständige Verbrennung 362.3
-, - - durch verspätete Verbrennung 362.2
-, - - durch Vorausströmung 362.1
-, - - durch die Wärmeabfuhr an die Wandung 362.5
-, Durchlässigkeits- 171.5
-, Hub- - durch die Abwälzung 219.7
- durch Kolbenundichtigkeit 171.5
-, Ladungs- - durch undichten Kolben 120.3
-, mechanischer Leistungs- 360.3
Vermeidung des Aufsaugens 226.2
Verminderer, Hub- 354.3
Vermittlungsflamme 280.8
-sgebühr . . . 384.9
Vernehmbarer Schlag des Auslaßdaumens 346.4
Vernice del tubo 314.3
Verpacken . . 376.3
Verpackung . . 376.4
-smaterial . . . 376.5
-sstoff 376.5
Verpuffung . 122.10
-sdruck, den - aufnehmen 187.2
Verpuffungsspannung 123.7
-sverfahren . . 118.4
Verricello . . . 301.8
Verrou 170.1
Verrußung der Brennerkanäle 266.3
Versand . . . 373.11
-kosten 373.2
-, Öl- 108.1
Verschlag, Latten- 376.6
Verschleiß der Bohrung 160.1
- der Wälzflächen 220.8
Verschluß, Doppel- 56.2
-kappe . . 56.3, 313.3
-pfropfen . . . 313.4
-, Rohr- 313.2
-schraube . . . 313.4
Verschmutztes Ventil 206.9
Verschraubung, Flanschen- 312.8
-, Rohr- 311.3
-, Zylinderdeckel- 164.5
Versements partiels, paiement par 372.1
Versenden . . 373.12
Versetzen der Schnittfugen um x Grad 173.7
Versetzte Kurbeln, um 120° 186.2
Versichern . 376.12
Versicherung, Alters- 386.2
- der Anlage 376.11
-, Arbeiter- . . 385.3
-, Feuer- 377.2
-sgesellschaft . 377.1
-, Kranken- . . 385.4
-, Invaliditäts- 385.10
-, Unfall- . . . 385.6
Verspätung der Zündung, Reglung durch 227.7
Versteifung des Rahmens durch Spannstangen 155.7
Verstellkraft, nützliche - des Reglers 271.6
Verstellbare Auflageschraube 289.9
-es Pendelgewicht 230.8
-e Stelze . . . 234.2
-e Stützplatte . 53.5
-e Übertragungsstange 234.4
Verstellen, den Führungshebel der Klinke 290.8
Verstellung der Bürsten 334.3
- durch exzentrisch gelagerten Bolzen 290.6
Verstopfter Schlammtopf 70.10
Verstopfung im Generator 60.12
-, Rohr- 314.4
Versuch 350.7
-, Abnahme- . 350.12
-, Eichungs- . . 356.2
-einrichtung 350.10
-, einwandfreier 351.1
-ergebnis . . . 351.4
-fehler 351.7
-, Hilfs- 351.3
-motor . . . 350.11
-nummer . . . 351.5
-stand 350.9
-stück 140.1
-, tachometrischer 198.5
-, Vor- 351.2
-, Zusatz- . . . 351.3
Verteilungsgesetz, Maxwells - der Molekülgeschwindigkeiten 113.2
-sröhre 92.4
Vertical cylinder 158.2
- engine 325.3
- -, bed for . . 151.4
- - with crank shaft above cylinder 325.4
- -, enclosed . . 325.6
- grate 52.7
- pendulum pecker 229.5
- retort 32.4
- shaft 211.8
Vertical, emparrillado 52.7
-, retorta 32.4
Verticale, albero 211.8
-, cilindro . . . 158.2
Vértice del diagrama 355.2
Vertikale Kapselmaschine 325.6
-er Rost 52.7
Vertrag, Kauf- 370.10
Vertreter . . . 380.3
Vertretung . . 380.4
-, General- . . . 380.5
Verunreinigung des Gases durch Schwefeldämpfe 75.8
- des Ventilsitzes 206.8
Verwaltungsingenieur 383.1
Verwandtschaft, chemische 2.6
Verzeichnis, Preis- 369.11
Verziehen, sich 145.5
Verzinkter Draht 177.12
Verzinnen, den Schalenkörper 189.3
Verzinnter Draht 137.12
Verzinsung . . 373.7
Verzögerte Verbrennung 123.4
Verzögerungsdruck 196.1
Verzollen . . . 375.2
Verzollung . . 375.1
Verzweigung, Rohr- 310.1

Vessel, calibrated measuring 91.2
-, water separating 74.6
Via umida, aspiratore di gas per 77.5
Vía estrecha, locomotora para 339.6
-s férreas, locomotora para 339.5
- portátil, locomotora para 339.7
Vibration of the floor 346.5
- of the gas column 319.1
- of the suction box 318.5
- - - - chamber 318.7
Vibration de la colonne de gaz d'échappement 126.1
- - - - gazeuse 319.1
-s, gaz raréfié par les 319.2
- du sol 346.5
- sonore du pot d'aspiration 318.5
Vibrazione della colonna di gas 319.1
- del pavimento 346.5
Vice 143.7
-, bench 143.7
-, hand- 143.9
-, screw 143.7
Vice de matière 139.11
Vidange, bouchon de - à vis 248.3
- du cylindre 127.4
-, orifice de 87.4
-, ouverture de 87.4
-, robinet de 315.3
Vide de grille 51.2
-, marche à 345.1
-, passage à 228.2
Vider la contestation 378.3
- le différend 378.3
- la double enveloppe de l'eau de refroidissement 168.1
Vidrio, grifo de 92.5
Vieillesse, assurance de 386.2
Viento, presión del - de la máquina soplante 336.4
Viente 64.1
Viertakt 118.8
- -, die Druckluft im-zulassen 295.2
- -maschine, doppeltwirkende 324.9
- - -, einfachwirkende 324.8
- -schaltung von Capitaine 213.2
- - - Duplex 213.6
- - -, von Körting 213.10
- - - von Wenzel 212.6
- -verfahren 118.9
Vierundzwanzig Stunden-Arbeitstag 383.10
Viga larguero del bastidor 154.1
- lateral del bastidor 154.1
Vigilancia 348.8
- del servicio 347.8
Vilebrequin 185.7
Ville, gaz de 31.8
Violación de una patente 378.9
Violation de brevet 378.9
Violazione di brevetto 378.9
Virial eines Punktsystems 113.5
Virutas 73.3
- de hierro 73.5
Vis d'Archimède montante et descendante 45.7
- à courroie 328.8
- de réglage 352.7
- régulatrice de butée 289.9
Viscosidad 99.8
-, determinar el grado de 100.1
Viscosimeter, Engler's 99.9
Viscosimètre deEngler 99.9
Viscosimetro Engler 99.9
Viscosimetro de Engler 99.9
Viscosità 99.8
Viscosité 99.8
-, déterminer la - d'après le temps d'écoulement 100.1
Viscosity 99.8
-, to determine the - from the rate of flow through an orifice 100.1
Viscous tarry residue 71.5
Visitar la máquina 349.6
Visitare la macchina 349.6
Visiter la machine 349.6
Viskosimeter, Englersches 99.9
Viskosität 99.8
-, die - aus der Durchflußzeit bestimmen 100.1
Vite di chiusura 313.4
- per collegare cigne 328.8
- di fondazione 308.8
-, manicotto a 311.7
- di registrazione 289.9
- a scodellina 352.7
Vitesse d'admission de la cylindrée 119.11
- de combustion 263.4
- - - de la cylindrée 124.1
-, courbe de - du piston 194.4
- d'échappement 125.8
Vitesse d'écoulement de l'air de balayage sortant des lumières 129.2
- - de la vapeur de combustible 263.3
-, grande 374.6
- de levée de la soupape 208.2
-s, loi de Maxwell sur la distribution des - moléculaires 113.2
-, marchandises en grande 374.7
-, - - petite 374.5
- moléculaire 113.1
- périphérique de la jante 197.6
- du piston 194.3
- de propagation de la flamme 263.4
-, réglage de la 227.3
-, régulateur de 268.1
- tangentielle de la jante 197.6
-, variation de la - de la manivelle 198.4
Vitriol, oil of 14.6
Voie de la locomobile 338.5
-, locomotive à - étroite 339.6
- de passage 129.5
-s, robinet à trois 315.2
Voiler, se 145.5
Voiture, lettre de 374.8
- de livraison 374.9
Voladizo, cilindro en 158.6
Volado, cilindro 158.4
Volange du piston 263.1
Volano 189.8
- sull' albero di distribuzione 210.7
-, corona del 190.2
- in due pezzi 191.5
-, fossa del 305.3
-, metà di 191.6
- montato di sbalzo 190.1
-, mozzo del 191.1
-, razza del 190.6
Volant 189.8
-, bras de 190.6
- en deux parties 191.5
-, fosse du 305.3
-, jante de 190.2
-, limbe de 190.2
- à main 315.5
- de monœuvre 315.5
-, moitié de 191.6
- monté en porte-à-faux 190.1
-, moyeu de 191.1
-, support du - de manœuvre 315.6
Volante 189.8
-, aro del 190.2
-, cubo del 191.1
- en dos mitades 191.5
- frontal 190.1
-, llanta del 190.2
- de maniobra 315.5
-, de mano 315.5
Volante de mano, soporte del 315.6
-, polea - sobre el árbol de distribución 210.7
-, radio del 190.6
Volantino di manovra 315.5
-, sopporto del 315.6
Volátil, aceite muy 102.8
Volatile oil, highly 102.8
Volatile, huile très 102.8
Volatile, olio molto 102.8
Volatilise, to 9.8
Volatiliser, se 9.8
Volatility 100.7
Volatilizarse 9.8
Volatilizzarsi 9.8
Volldruckverhältnis 123.8
-gänge, x Leergänge auf y 228.3
-kommene Expansion 124.7
- - Verbrennung 5.7
- - - beim Warmblasen 86.3
-rahmen 154.2
Volle Belastung 345.3
Völligkeitsgrad des Diagramms 361.5
Voltage 334.6
-, interlinked 334.8
-, to measure the - of the battery 284.6
-, phase 334.7
Voltage 334.6
- de phase 334.7
Voltaggio 334.6
Voltaje 334.6
Voltímetro 334.5
Voltmesser 334.5
Voltmeter 334.5
Voltmètre 334.5
Voltometro 334.5
Volume, actual - of charge 120.6
-, combining 3.3
-, combustion at constant 118.5
- of compression space 121.5
-, constant-line 115.5
-, contraction 7.3
- contraction due to condensation of steam 7.5
- - - - decrease of number of molecules 7.4
-, curve of constant 115.5
- of cylinder swept by piston 120.2
- efficiency 120.4
-, gasholder 86.5
-, gram-molecular 2.2
- -percentage scale 105.5
-, quantity of heat per unit of 348.2
- ratio of the constituents of the gas 88.5
-, specific 112.2

Volume, specific heat at constant 112.4
–, total 120.1
Volume de la chambre de compression 121.5
- de combinaison 3.3
–, contraction de 7.3
–, - de - par condensation de la vapeur d'eau 7.5
–, - de - par diminution du nombre de molécules 7.4
- de la cylindrée 120.2
–, diminution de . 7.3
- de gaz réellement aspiré 120.6
- d'un gramme-molécule 2.2
–, rapport en - des constituants du gaz 88.5
- spécifique . . 112.2
- total 120.1
Volume di combinazione 3.3
–, contrazione di 7.3
- costante, colore specifico a 112.4
–, diminuzione di 7.3
- generato dallo stantuffo 120.2
- di un grammo-molecola 2.2
- di miscela effettivamente aspirato 120.6
-i, scala centesimale dei 105.5
- specifico . . . 112.2
- totale 120.1
Volumen des Abgasrückstandes 121.5
–, Gesamt- . . . 120.1
–, [Kolben-] Hub- 120.2
-kontraktion . . 7.3
- - infolge Niederschlagens des Dampfes 7.5
- - - Verringerung der Molekülzahl 7.4
-prozentskala . 105.5
–, spezifisches . 112.2
–, Verbindungs- . 3.3
-verhältnis . . 88.5
-verminderung . 7.3
–, wirklich angesaugtes Ladungs- 120.6
Volume de la cámara de compresión 121.5
- de la cilindrada 120.2
- de combinación 3.3
- específico . . 112.2
- de la mezcla efectivamente aspirado 120.6
- de una molécula-gramo 2.2
- total 120.1
Volumetrico, effetto utile 120.4
Volumétrico, análisis - de los elementos constitutivos del gas 93.5
–, rendimiento . 120.4
Volumetrischer Wirkungsgrad 120.4
Volumique, coefficient de dilatation 16.8
Volute chamber 80.5
Volvente, leva 217.8
Voranschlag . . 369.9
Vorauspuff . . 205.7
-kanal 205.9
Vordrehen, den Ringtopf . . 172.5
Voreilende Pumpenkurbel 244.3
Voreilungswinkel 208.4
Voreinführung von reiner Luft 127.7
Vorgelegewelle 327.6
Vorgereinigtes Gas 66.8
Vorgesetzter . 381.1
Vorgewärmte Luft 41.3
Vorkomprimierte Luft 260.1
Vorlage 32.10
–, Chlorcalcium- 89.8
–, Trocknungs- . 89.7
Vorlauf, Kolben- 192.5
Voröffnender Kanal 280.9
Voröffnung . 207.10
Vorreiniger . . 67.2
Vorreinigung . 66.11
Vorschrift, Aufstellungs- 301.1
–, Bedienungs- . 349.1
–, Montage- . . 301.1
Vorschriften, Unfallverhütungs- 385.8
Vortreiben, durch Zündung den Kolben 299.1
Vorverdampfer 41.6
Vorversuch . . 351.2
Vorwärmer . . 41.1
Vorwärmung, Luft- - durch die Abgase 257.3
Vorwärts gekrümmte Schaufel 81.3
Vorzündung . 279.9
Vrac, en 376.8
Vuelta, contador de -s 358.8
- de la manivela 193.4
-s del motor antes de pararse 296.7
Vulcanasbeste . 138.7
Vulcanised asbestos 138.7
- fibre 138.8
Vulcanite . . . 138.7
Vulcanizado, asbesto 138.7
Vulcanizzato, fibra -a 138.8
- amianto . . . 138.7
Vulkanasbest . 138.7
-fiber 138.8
Vuotatura del cilindro 127.4
Vuoto, corsa a 228.2
–, distillazione nel 8.8
–, marcia a . . 345.1

W.

Wadding, cotton 90.1
- filter 89.10
Wagrecht geteiltes Kurbellager 187.3
-es Pendel, geführtes 280.8
-es Stoßpendel, doppelarmiges 280.7
-e Welle . . . 212.1
Wage, Feder- 357.11
–, Zug- 357.11
Wägevorrichtung 96.8
Wage work . . 383.6
Wages 384.3
–, daily 384.5
–, unit of 384.4
–, weekly . . . 384.7
Wagen, Bassin- 108.7
–, Güter- 374.9
–, Zisternen- . . 108.7
Wagon, algibe 108.7
Wagon-citerne 108.7
Wagon-cuba . . 108.7
Wahrer Alkoholgehalt 105.2
Walls, combustion chamber with smooth 159.4
–, conductive capacity of the cylinder 362.6
Walls, cylinder 159.6
–, difference of temperature between outer and inner - of the cylinder 102.7
-s, double . . . 258.2
- of engine bed 152.7
–, frame 154.3
–, heat-insulating 98.7
-s, heating the carburettor 257.6
-s, jacketted . 258.2
-s, loss of work due to conduction through the - of the cylinder 362.5
–, non-conducting 98.7
–, outer bearing let into the 305.2
–, porosity of the cylinder 343.2
- of pipe . . . 309.5
–, thickness of pipe 309.6
Walzwerk . . . 337.1
Wälzbank . . . 218.4
- –, die - abstützen 218.5
- –, die Neigung der - durch den Regler beeinflussen 235.4
Wälzflächen, die - durch Einsetzen härten 221.1
-hebel, angetriebener 218.3
- –, antreibender 218.2
- - mit festem Drehpunkt 218.1
Walzenstraße . 337.2
-zugmaschine . 337.3
Wälzungsfläche 219.2
-shebel 217.8
-skurve 219.8
Wand, Rahmen- 154.3
–, Rohr- 309.5
-stärke 309.6
Wandung, adiathermane 98.7
–, Arbeitsverlust durch die Wärmeabfuhr an die 362.5
–, Doppel- . . . 258.2
–, wärmedurchlässige 98.7
–, Zylinder- . . 159.6
Wannersches Pyrometer 22.1
Wanner's pyrometer 22.1
Warenzeichen . 378.4
Warmblasen, vollkommene Verbrennung beim 36.3
-laufen des Kolbens 100.6
-werden durch Versagen der Kühlung 167.5
Wärme 14.8
-abfuhr an die Wandung, Arbeitsverlust durch die 362.5
-äquivalent, mechanisches 114.3
–, Atom- 112.8
-ausdehnungszahl 16.6
-ausnützung . . 14.10
-austausch . . . 15.8
-bewegung . . 360.7
-bilanz 360.8
-bild 115.3
-diagramm . . 115.3
-dichte 348.2
-durchlässige Wandung 98.7
-dynamik . . . 113.6
–, Eigen- - eines Körpers 15.7
-einheit 16.3
- –, Britische . 17.1

Wärmeeinheiten, verbrauchte 363.2
-erzeugung . . 14.9
-fassungsvermögen der Wandung 362.6
-, fühlbare . . . 15.4
-gebende Reaktion 3.12
-, gebundene . 15.1
-gehalt des Gemisches 361.1
-gewicht . . . 114.10
-kapazität . . . 16.2
-, Kompressions- 122.3
-kraftmaschine 114.2
-, latente 15.1
-leitung 15.11
-, Leitungs- . . 15.6
-mechanik . . . 113.6
-mechanisch . . 113.7
-menge 114.6
- -, in indizierte Arbeit umgesetzte 361.3
-, in den Kreisprozeß eingeführte 360.9
- - für die Raumeinheit 348.2
-messung . . . 16.1
-, Molekular- . 112.9
-preis, spezifischer 348.1
-produktion . . 14.9
-, Reaktions- . . 3.10
-, Schmelz- . . . 15.2
-spannung durch ungleichmäßige Materialverteilung 163.2
-, spezifische . . 16.2
-, - - bei konstantem Druck 112.3
-, - - bei konstantem Volumen 112.4
-stau 163.1
-stauung . . . 163.1
-strahlung . . . 15.10
-, Strahlungs- . 15.5
-tönung der Reaktion 3.9
-, Trennungs- . 4.3
-übergang . . . 15.9
-, Verbindungs- 4.1
-verbrauch . . 362.7
- -, stündlicher 363.1
-, Verbrennungs- 6.8
-, Verdampfungs- 15.3
-, Verdichtungs- 122.3
-verzehrende Reaktion 4.2
-vorgang, umkehrbarer 115.1
-wert der mechanischen Arbeit 114.4
Warp, to . . . 145.5
Warping of the valve head 206.5
Wärter, Maschinen- 348.9
Wartung . . . 348.8
Waschfläche, gerauhte - aus Drahtgeflecht 78.10
-wasser 68.3
- -, das - klären 71.9
Waschen des Gases 67.8
-, die Kohle . . 24.1
Wascher, Bian- 79.1
-, Horden- . . . 69.5
- mit Schlägerwelle 68.1
-, Trommel- . . 77.6
-, umlaufender Kugel- 77.9
-, Zentrifugal- . 77.1
Wash, to - the coal 24.1
Washer, Bian . 79.1
-, centrifugal . 77.1
-, drum 77.6
-, hurdle 69.5
-, lattice tray . 69.5
-, - work 69.5
-, mica 287.6
-, revolving ball 77.9
-, spring 204.2
- with stirrers . 68.1
Washing the gas 67.8
- surface of wiregauze, roughened 78.10
- water 68.3
- -, to purify the 71.9
Wasser 11.4
-abfluß 181.9
-abscheider . . 74.5
-abscheidungstopf 74.6
- in den Auspuff spritzen 320.3
-dampf 11.5
- - über glühende Kohlen leiten 35.5
-dicht, das Putzloch - schließen 170.8
-druckprobe des Kühlraums einstückiger Zylinder 161.2
-ecke, tote . . . 167.3
-einspritzung auf die Feuerplatte 39.3
- -, Gasturbine mit 365.5
- -, durch - hohe Verdichtung erzielen 122.5
-, das - bei Frostwetter ablassen 347.5
-gas 34.7
- -abzug 35.8
- -betrieb . . . 35.1
- -generator . . 35.6
- -, karburiertes 34.8
- -maschine . . 324.3
- -prozeß . . . 34.9
- - - mit Einführung von Preßluft 36.2
-, gefärbtes . . 83.3
-, mit - gefüllte Mulde 79.3
-gehalt 26.2
- - des Spiritus 104.9
-gekühlter Gasmaschinenzylinder 157.5
- -er Ventilkegel 202.1
- -es Zwischenstück 158.1
-, Grund- . . . 305.9
-kalorimeter . . 98.5
Wasserleitung, städtische 321.2
-mantel 166.6
-messer 321.4
-raum 40.3
-räumen, Zylinder mit drei getrennten 161.5
-, Riesel- - des Kühlturms 72.5
-rückkühlung . 322.1
- - - durch Gradierwerk 322.3
-sack, toter . . 167.3
-säule, tote . . 182.3
-schlag 182.2
-speiseventil . . 40.7
-speiser 40.6
-sprühregen . . 68.6
-stoff 10.6
-strahlpumpe . 89.4
-topf 316.12
-verschlossener Aschenfall 54.7
-, Wasch- . . . 68.3
-wert des Kalorimeters 98.4
-widerstand, auf - arbeiten 358.5
-zerstäuber . . 69.7
-zufluß 181.8
-zuführung zur Ventilspindel 202.5
Waste, coke . . 27.8
- gas 63.6
- -, boiler for use with 63.5
- - engine . . . 323.6
- -es, industrial 63.1
- -es, metallurgical 63.2
- heat, frame heated by 264.4
- water, to neutralise the 71.8
- wood 30.2
Watch, stop- . 358.7
Water 11.4
-, ammonia . . 14.2
- calorimeter . 98.5
-, calorimeter . 99.2
-, coloured . . . 83.3
-, consumption of cooling 348.4
- -cooled crosshead guide 157.2
- - gas engine cylinder 157.5
- - indicator cock 353.5
- - valve . . . 202.1
- - - head . . . 202.1
-, cooling- - cock 320.7
-, - of - by means of a cooling tower 322.3
-, - with fresh . 321.1
-, - the - by gilled pipes 322.1
-, - the - by ribbed pipes 322.1
-, dead column of 182.3
- diffuser . . . 69.7
-, discharge of . 181.9
-, - pressure in m. of 337.7
-, to draw off the - during frost 347.5
Water equivalent of the calorimeter 98.4
- gas 43.7
- -, carburetted 34.8
- - engine . . . 324.3
- - outlet . . . 35.8
- -, process of formation of 34.9
- - process by introduction of compressed air 36.2
- - producer . 35.6
- -, working with 35.1
- and gas, counterstream of 78.2
- hammer . . . 182.2
-, influx of . . . 181.8
-, to inject - into the exhaust 320.3
- injection, gas turbine with 365.5
- inlet 87.3
- jacket 166.6
- -s, cylinder with three separate 161.5
-jet injector . . 89.4
- meter 321.4
- outlet 87.4
- pocket, dead 167.3
- receptacle . 316.12
- resistance, to work on 358.5
- seal, exhaust tank with hydraulic 319.5
- -, governor bell with 86.2
-sealed ash-pit 54.7
- separating vessel 74.6
- separator . . 74.5
-, to shut off the cooling 347.4
- space 40.3
- -, vaporiser with large 39.8
- spray 68.6
- -, cooling the exhaust gases by 320.2
- -, fan with . . 77.3
-, to spray - into the exhaust 320.3
- sprayer . . . 67.7
- and steam, simultaneous introduction of 87.1
-, supply of . . 181.8
- supply to the valve stem 202.5
- tank, cooling 321.8
- tight, to make the cleaning hole 170.8
-, trickling . . 72.5
- trough, gas producer without 40.5
-, underground 305.9
-, washing . . . 68.3
Watt 335.3
-, Kilo- 335.4
-meter 335.2
Watt 335.3
-meter 335.2
Watt 335.3
-mètre 335.2
Watt 335.3
-metro 335.2
Watte 90.1
-filter 89.10

Weak draughts, measurement of 83.4
Wear of the cylinder 160.1
- of the rolling surfaces 220.8
Web, crank . . 186.4
-, width of . . . 186.5
Wechselstromdynamo 333.1
- -erzeuger . . 333.1
- -generator . . 333.1
-ventil 55.6
Wedge, adjusting 189.1
Weekly wages 384.7
Weg, Kolben- . 194.1
Weichmetallpackung 179.7
Weiche, Rillen- 214.5
Weicher Gang der Gelenke 343.7
-es Holz 29.6
-e Kohle . . . 23.1
-er Stahl mit harter Außenschicht 134.2
Weichheit . . . 139.1
Weighing device 96.8
Weight, adjustable - on pecker 230.8
-, atomic 1.6
-, balance 86.1, 197.1
-, to balance the rotating masses by counter- 196.7
-, centrifugal - serving as cam 231.2
- of charge . . 120.7
-, combining . 3.2
-s, connecting link of centrifugal 231.5
-, counter- 86.1, 197.1
- of flywheel rim 197.5
-, friction due to 175.9
- of gas produced per kg. of fuel 62.3
- governor . . 268.3
- of governor balls 200.6
-, gram-molecular 2.1
-, gross 339.3
-, molecular . . 1.7
-, pendulum . . 229.9
- percentage scale, normal temperature for the 105.6 105.7
- ratio of the constituents of the gas 88.6
-, to take into account the - of the lever 357.9
-, wiper on centrifugal 231.6
- in working order 339.3
Weißblech . . 134.8
-glut, helle - des Drahtes 266.2
-metall 137.3
- -futter 189.4
- -, die Schalen mit - ausgießen 189.2
Weite, lichte - des Rohres 309.4
-, Rohr- 309.4
Weite der Rostspalten 51.3
Weld 146.8
Weld, to 146.5
Welded joint . 146.9
Welding 146.6
- heat 146.7
- -steel 133.7
Wellblech . . . 135.4
Well pump driven by oil engine 331.2
Welle, Antrieb- 211.6
-, dreifach gelagerte 187.7
- mit Gußnabe 78.9
-, Hilfs- 211.7
-, Kontakthebel- 288.10
-, Kurbel- . . . 185.6
-nlagerung . . 186.9
-, liegende . . . 212.1
-nplatte 84.1
-, senkrechte . 211.8
-, stehende . . . 211.8
-, Steuerungs- . 211.5
-, Vorgelege- . 327.6
-, wagrechte . 212.1
-, Zwischen- . . 211.7
Wendepunkt der C-Kurve 271.4
-tangente . . . 271.5
Wender, Strom- 334.1
Wenzel's tappet gear for a four stroke cycle engine worked directly from the crank shaft 212.6
Werfen des Ventilkegels 206.5
Werfen, sich . 145.5
Werk, Elektrizitäts- 331.4
-führer 143.2
-statt 142.8
- -, Bearbeitungs- 148.2
- -kosten . . . 372.9
- -, Montier- . . 301.3
- -, Schlosser . 143.4
-zeugkoffer . . 301.6
- -, Montage- . 301.5
- -schlitten . . 149.4
- -, Schlosser- . 143.6
-, Walz- 337.1
Wet centrifugal drum 77.7
- cleaner . . . 67.9
- cleaning . . . 67.7
- gas-meter . . 87.1
- purification . 67.7
- purifier . . . 67.9
- steam 11.8
- suction fan . 77.5
Wheel base . . 338.6
- blade 367.2
- brake 338.8
-, circumference of 366.9
-, driven 209.9
-, driving . . . 209.8
- friction . . . 367.3
- - half 191.6
-, hand- 315.5
-, jamming of the 211.4
-, machine cut helical gear 209.7
Wheels, mark for correct engagement of 211.2
-, ratchet - with eight teeth 214.3
-, rim of 367.1
-s, train of . . . 87.6
-, turbine . . . 366.8
White heat, bright - of wire 266.2
- - metal 137.3
- -, to line the brasses with 189.2
- -, - - the piston body with 177.1
- - lining . . . 189.4
- - -, scaling of the 189.6
Whitfieldscher Generator 43.5
Whitfield producer 43.5
Wholesale manufacture 368.3
- price 370.5
Whole stroke, expansion during the 364.4
Wick carburettor 254.7
-, lubricator . . 276.2
- oiling 276.1
Wicklung, Anker- 333.7
-, Magnet- . . . 333.5
Widening of body 49.6
Widerlager . . 226.5
Widerstand, Anlauf- 291.2
-, Auspuff- . . . 125.7
-diagramm . . 195.4
-, Eigen- 360.5
-, Gesamt- - an der Muffe 271.8
-, Maschinen- . 360.4
-moment . . . 141.9
-, Pumpen- . . . 360.6
-, Saug- 119.9
- der Spül- und Ladepumpen 130.2
-, Strömungs- - in der Ladepumpe 130.1
-thermometer, elektrisches 20.5
-, Ventil- 204.8
Width of air-space between the firebars 51.3
- of belt 328.4
- over all . . . 303.2
- of passage . . 208.9
- of rim 190.4
- of the vanes . 80.8
- of web 186.5
Wiederabsetzen des Ventils 220.6
Wiederverkäufer 380.7
Winch 301.8
Winderhitzer . 64.10
-form 64.3
Winde 301.8
-, Anlaß- - mit Zahnradvorgelege 291.7
Winding, armature 333.7
Wing pump . . 108.7
Winkeleisen . . 136.5
Winkelhebel . 216.4
- -, vom Kolben mitgenommener 252.7
- - mit Wälzflächen 219.1
-, Nachschluß- . 208.5
-pendel, geführtes 230.1
- -, - - mit wagrechtem Stecher 230.5
-rechter Schlitz 173.4
- -e Teilfuge . 173.4
-, Schubstangen- 193.7
-stoßpendel mit Hakeneingriff 230.2
- - -, hängendes 229.8
-, Voreilungs- . 208.4
Wipe off, to - the liquid petrol from the drip plate 255.2
Wiper on centrifugal weight 231.6
Wippen des Reglers 273.5
Wirbelstrombremse 358.4
Wire 137.10
-, brass 138.2
-, bright white heat of 266.2
-, copper 138.1
-, galvanised . 137.13
-, gauge of . . 203.8
- gauze 250.1
- - cap 249.6
- -, coarse meshed 79.2
- -, layer of . . 250.2
- -, roughened washing surface of 78.10
- -, tube of . . 250.6
-, to hold a - in the flame 265.9
-, iron 137.11
- netting . . 249.11
-, platinum . . 21.3
-, - rhodium . . 21.4
-, red heat of . 266.1
-, steel 137.14
-, tinned . . . 137.12
Wirklich angesaugtes Ladungsvolumen 120.6
Wirklicher Luftbedarf 7.1
-e Verbrennungstemperatur 6.7
Wirkungsgrad, Gesamt- 361.6
- -, mechanischer 360.1
- -, volumetrischer 120.4
- -, wirtschaftlicher 361.6
Wirtschaftliche Höchstverdichtung 122.2
-er Wirkungsgrad 361.6
Wirtschaftliches 368
Wochenlohn . . 384.7
Wohlfahrteinrichtungen, Arbeiter 385.1

Wohnung, Arbeiter- 385.2
Wölbung der inneren Flächen 164.3
Wolle, Baum- 90.2
–, Holz- 73.4
–, Schlacken- 73.7
Wood 29.4
–, chips of 30.2
–, dead 30.1
–, distillation of 48.5
– -distilling apparatus, Riché's 49.1
– fibre 73.4
–, green 29.11
–, hard 29.5
–, heart 29.8
– hurdle 69.4
– laths 68.9
–, leaf 30.3
–, pine 30.4
– refuse, gas obtained by dry distillation of 48.6
–, sap 29.9
– shavings 73.3
–, soft 29.6
– spirit 13.11
– -tar 12.7
– waste 30.2
Wooden boxes 307.6
– dam for grouting 308.5
– grid 73.2
– lattice 73.2
Wool, mineral 73.7
Work absorbed by friction 360.3
– – by suction 119.10
– of compression 121.3
–, day 383.6
– done while slowing down 297.4
–s, engineering 142.7
–, excess of 198.1
–, to express the – in heat units 114.1
Work, external 114.8
–s, gas- 81.6
– of the ideal cycle 361.2
–, internal 114.7
–, loss of – due to conduction through the walls of the cylinder 362.5
–, – of – due to early exhaust 362.1
–, – of – due to incomplete combustion 362.3
–, – of – due to retarded combustion 362.2
– lost in friction 360.3
–, man on piece 383.7
–s manager 382.3
–s, manufacturing 368.6
–, piece 383.8
–, indicated 359.9
–, useful 359.10
–s, price at 370.4
–, quantity of heat transformed into indicated 361.3
–room 142.8
–shop 142.8
– –, assembling in the 300.1
– – cost 372.9
–, to start 342.6
–, suspension of 384.10
–, thermal equivalent of 114.4
–, transformation of heat into 113.8
–, wage 383.6
–, to – on water resistance 358.5
Working 341.1
Working, being ready for 341.6
– of the cam bowl without chock 223.7
– – – – roller without chock 223.7
–, continuous 341.4
–, control of 347.8
– cost 378.1
– cycles 118.6
– cylinder 157.4, 243.1
– –, scavenging the 127.5
– day 383.9
– – of 24 hours 383.10
– of engines 342.7
– expenses 372.7
– the gas valve by a cam of variable lift 235.1
– – – – with a variable point of opening and a constant point of closing 235.3
– by hand during starting 297.2
– with highly compressed lighting gas 340.2
– hours 384.1
– instructions 349.1
–, intermittent 341.5
–, interruption of the 349.11
– of large plants 341.2
– machine, direct coupling an internal combustion engine to the 329.9
– order, in 342.5
– –, in good 342.3
– –, not in good 342.4
– –, weight in 339.3
– position, to change over from the starting to the 295.7
Working of small plants 341.3
–, smooth – of the bearing 343.7
– stroke 126.5
– –s, x idle strokes to y 223.3
– surface of cylinder 159.7
– –, load on the – of the cylinder 159.8
– – of the piston packing ring 172.1
– –, pressure on the – of the cylinder 159.8
– temperature, to fit in the piston at the 175.7
– and testing 341
– time 383.11
– with water gas 85.1
Workman 383.2
Workmen, beneficent institutions for 385.1
–'s dwelling 385.2
–'s insurance 385.3
Worm for putting the half compression cam out of gear 294.4
Worn cylinder, reboring of the 160.2
Woulfsche Flasche 89.2
Woulf's bottle 89.2
Wound dynamo, series 332.5
– –, shunt 332.6
Wrist pin bolt 184.7
Wrought-iron 182.7, 182.8
– – pipe 309.8
Würfelbrikett 28.12
-kohle 25.1
Würgelpumpe 108.8
Wurzeltorf 28.5

Y.

Yield of coke 66.3
Yunque 145.10

Z.

Z-Eisen 136.10
– iron 136.10
Zäh 139.4
Zähe Schlacke 60.8
Zähigkeit 139.3
– (Viskosität) 99.8
Zählwerk mit springenden Zahlen 358.11
Zähler, Touren- 358.8
–, Umdrehungs- 358.8
-werk 87.6
Zahlung 371.5
–, Abschlag- 371.10
–, An- 371.8
–, Bar- 371.7
-sbedingungen 371.6
–, Raten- 372.1
-stermin 371.11
Zahn zum Drehen des Kreuzes 213.9
Zahneingriff, Druckwechsel im 210.5
–, Schalt- 292.3
Zange 143.8
–, Rohr- 313.11
Zapatas, apretar las – del freno 357.5
Zapfen, Kurbel- 186.7
Zatterone di fondazione 306.2
Zaum, Pronyscher 357.3
Zeichen, chemisches 2.10
–, Fabrik- 378.4
-saal 382.2
–, Waren- 378.4
Zeigerinstrument 83.9
Zeit, Arbeit- 383.11
-ausschalter 335.8
Zeitdauer, die – der Kolbenflüge regeln 364.5
-diagramm 354.8
–, Liefer- 369.6
Zement 308.2
-brei 308.3
-mörtel 307.8
–, den Rahmen mit – untergießen 308.4
Zentralbureau 381.11
-schmierung 277.7
Zentrale, Block- 331.6
–, elektrische 331.4
–, Haus- 331.5
–, Stadt- 331.7
–, Überland- 332.1
Zentraler Gasabzug 47.6
Zentrifugalkraft 270.5
Zentrifugalpumpe mit Ölantrieb 331.1
– regler 267.1
-schmierung 276.9
-ventilator 80.4
-wascher 77.1
Zentrifuge, Gas- 77.1
Zerfall 7.6
-grenze 8.1
Zerflattern der Verbrennungsgase 128.6
Zermahlen der Kohle 25.5
Zerreißfestigkeit 140.4
-maschine 140.3
Zero, absolute 17.7
– leverage 219.6
– of the thermometer 19.1
Zéro absolu 17.7

Zéro du thermomètre 19.1
Zero assoluto . 17.7
–, rapporto . . . 219.6
Zerstäuber . . 255.4
- Benzin- . . . 255.5
-fläche 256.8
–, Petroleum- . 255.7
-platte 262.6
-schirm 256.7
–, Spiritus- . . . 255.6
-ventil, hohles 256.3
–, Wasser- . . . 69.7
Zerstäubungsluft 255.8
- durchPreßluft 259.3
-sreiniger . . . 68.5
Zeugnis, Prüfungs- 140.2
Ziegel, Bau- . . 306.5
-steinfundament306.4
Zieher, Funken-288.9
Zimmer, Geschäft- 381.10
Zincato, lamiera -a 134.8
–, filo 137.13
Zins 373.8
Zirkulationspumpe 321.9
Zisternenwagen 108.7
Zivilingenieur 382.9
Zócalo del generador 49.8
- de la máquina 155.5
Zoccolo del generatore 49.8
- di macchina . 155.5
Zoll 375.3
–, Ausfuhr- . . . 375.7
–, Ausgang- . . 375.7
–, Durchfuhr- . 375.9
–, Durchgang- . 375.9
–, Einfuhr- . . . 375.5
–, Eingang- . . 375.5
-ermäßigung . 376.2
-kosten 375.4
–, Rück- 375.10
-satz 376.1
-spesen 375.4
-tarif 376.1
Zona di combustione, generatore a doppia 46.3
- - - incompleta 58.1
- - - viva . . . 58.6
- d'incandescenza 282.3
Zona de combustión 64.2
-s - –, generador de dos 46.3, 47.4
- - - del horno 49.9
- - - incompleta 58.1
- - - intensa . 58.6
- de incandescencia 282.3
- incandescente 58.6
- de la temperatura más elevada de la llama 265.7
Zones of combustion, producer with two 46.3
- of incandescence 58.6, 282.3
- of incomplete combustion 58.1
–, smouldering . 58.1
Zone de combustion incomplète 58.1
- des étincelles 283.6
–, gazogène à double
- de combustion 46.3
- d'incandescence 58.6, 282.3
Zucken der Flamme 265.2
Zuflußrohr . . 320.5
–, Wasser- . . . 181.8
Zufuhr, Aussetzen der Gas- und Luft- 228.6
Zuführung des Luftdampfgemisches 47.1
Zugänglichkeit von allen Seiten 302.8
- der Ventile . 206.1
Zugfestigkeit . 140.4
- - sprüfmaschine 140.3
-kraft der Lokomotive 339.2
-messer 82.8
- –, Plattenfeder- 83.10
-stange 164.8
- –, Ventil- . . . 215.3
-stärke, die - in mm Wassersäule messen 82.7
-wage 357.11
Zuhalten des Brennstoffventils 228.5
- des Einlaßventils 228.7
Zulassen, die Druckluft im Viertakt 295.2
Zulauftemperatur 348.5
Zuleitungsrohr 320.5
Zumbido del cubo de aspiración de chapa 318.5
- de la llama . 265.3
Zündakkumulator 284.2
-apparat 283.3
-büchse 288.6
- –, gekühlte . . 287.2
-fähiges Gemisch 236.2
-flamme 280.5
- -nleitung . . 280.6
-funke 283.7
-kerze 286.6
-kraft 279.6
-kugel 281.4
-moment . . . 279.7
-punkt 279.8
-steuerung für zwei Zünder 289.6
-stift 288.7
-strom 283.8
- -quelle . . . 283.9
-totpunkt . . . 193.1
-ventil 281.1
-wärme 279.5
-zeitpunkt . . . 279.7
Zünder 283.3
Zündung . . . 279.4
–, Abreiß- . . . 288.4
–, die - ausrücken 347.1
–, Batterie- . . . 285.8
–, die - einstellen 290.5
Zündung, elektrische 283.2
–, Fehl- 280.3
–, Flammen - . . 280.4
–, Früh- 280.1
–, Glührohr- . . 281.5
–, Hochspannungs- 286.5
- in der Hubmitte 363.7
–, Kerzen- . . . 286.4
–, durch - den Kolben vortreiben 299.1
–, Magnet- . . . 286.1
–, -elektrische . 286.1
–, Nach- 280.2
–, Niederspannungs- 288.5
-sreglung . . . 227.5
–, Rück- 292.7
–, Selbst- 259.6
–, Spät- 280.2
–, Vergaser- . . 281.9
–, Vor- 279.3
–, die - zurückstellen 344.3
Zunge 258.5
Zurückschlagen, die Verbrennung schlägt in das Saugrohr zurück 346.2
Zurückschlagende Flamme 249.5
Zurückstellen, die Zündung 344.3
Zusammenbau in der Werkstatt 300.1
Zusammensetzung, chemische 2.4
Zusatzluft . . . 255.9
-versuch 351.3
Zusätzliche Verdichtung der Luft durch Kolbenansatz 262.9
Zuschlag, Preis- 370.7
Zustandänderung 115.4
-gleichung . . 111.11
Zwangläufige Steuerung 246.1
Zwängung des Rades 211.4
Zweiatomiges Molekül 1.4
-feuergenerator 46.3
-seitige Schlitzsteuerung 242.3
-stufiger Kompressor 261.2
- -er Nocken . 232.2
- -er Verdichter 261.2
- -e Verdichtung 260.3
-takt 126.3
- –, die Auslaßsteuerung auf - stellen 294.1
- –, Doppel- . . 241.7
- -maschine, doppeltwirkende 325.1
- - –, doppeltwirkende - mit Kanalisationspumpe 330.4
- - –, einfachwirkende 324.10
- - von Öchelhäuser 242.2
Zweitaktverfahren 126.4
-teiliger Kolben 170.6
- -er Kopf . . 184.8
- -es Schwungrad 191.5
Zweigrohr . . . 310.2
Zwilling 326.4
–, Doppel- . . . 326.8
–, Gegen- 326.7
-maschine . . . 326.4
-reihenmaschine 327.1
Zwischengefäß 242.8
-glied, elastisches 226.7
-stück 156.3
- –, wassergekühltes 158.1
-welle 211.7
- –, schnellaufende 210.6
Zylinder 157.3
–, Arbeits- 157.4, 243.1
–, nach beiden Seiten offener 157.8
-bohrung . . . 159.5
-deckel 163.5
- -verschraubung 164.5
–, doppeltwirkender 157.7
- mit drei getrennten Wasserräumen 161.5
–, einfachwirkender 157.6
–, eingebetteter 158.5
-einsatz 160.3
–, Einsatz- . . . 160.3
–, einstückiger . 160.6
-ende 159.1
- –, hinteres . . 159.3
- –, vorderes . . 159.2
–, freischwebender 158.6
-fuß 158.8
-futter 160.3
–, Gebläse- . . . 336.5
–, den - mit Gemisch füllen 298.6
–, getragener . 158.7
-gleitfläche . . 159.7
- -n, Belastung der 159.8
–, Haupt- 243.1
-kopf 163.6
–, Kühl- 101.3
-laufbüchse . . 160.3
–, liegender . . 158.3
-mantel 161.4
-öl 274.8
-öler 278.5
–, Pumpen- . . 244.4
-rost, drehbarer 53.3
-schmierung . 278.4
–, Schwel- . . . 107.4
-seite, eine - ausschalten 344.6
–, stehender . . 158.2
–, überhängender 158.4
-wandung . . . 159.6
–, wassergekühlter Gasmaschinen- 157.5
- mit weitem Kühlraum 161.1
Zylindrisches Bockgestell 152.4

А.

Абсолютная температура 17.8
- шкала температурная 17.8
- - температуръ 17..8
-ный нуль . . 17.7
Абсорпціометрическій методъ 90.3
Абсорпціонная жидкость 90.4
- пипетка . . 92.8
- стклянка коническая 94.4
-ный приборъ 91.5
Абсцисса . . 111.4
-ссъ ось . . . 111.2
Автоматическая заслонка 244.9
- смазка . . . 277.5
-ски вызываемое уменьшеніе сжатія 294.3
Автоматическій клапанъ впускной 200.1
- - смѣшивающій 238.8
-ское расцѣпленіе рукоятки 291.8
Аггрегатъ машинъ 330.1
Агентъ . . . 330.6
Адіабата . . . 116.6
Адіабатическая кривая 116.6
-скій 116.7
-ское сжатіе . 121.9
Администраторъ, инженеръ- 333.1
Азбестъ . . . 138.6
- вулканизированный 138.7
- палладіевый 95.4
Азотъ 10.5
Аккумулированія тепла возрастаніе 36.4
- - увеличеніе 36.4
Аккумулятора емкость 284.3
-ръ для запала 284.2
Акціонерное общество 330.2
Алкоголь 104.3, 104.6
Альдегидъ . 104.4
Альтернаторъ 333.1
- трехфазнаго тока 333.2
Алюминія сплавъ 137.2
Американскій керосинъ 103.5
Американское освѣтительное масло 103.5
- сверло . . . 148.8
Амметръ . . 334.9
Амміака растворъ 14.1
Амміакъ . . . 13.13
Амміачная вода 14.2
-ный растворъ 14.1
- - мѣди однохлористой 90.8
- - - полухлористой 90.8
Амортизація 378.10
Амперметръ . 334.9
Анализъ . . 87.9
- газа техническій 88.2
- качественный 88.1
- кипяченіемъ 100.8
- количественный 87.10
Ангидридъ фосфорной кислоты 89.9
- фосфорный 89.9
Анкерная плита 308.9
-ные болты залить 309.1
Антраценовое масло 106.12
Антрацитъ . 22.10
Аппаратъ воздуходувный пароструйный 38.6
- для сухой перегонки дерева 49.1
- перегонный 9.2
Ареометръ . 100.3
Ароматическіе углеводороды 13.7
Аспираторъ . 88.8
Астатическая точка 271.4
-скій регуляторъ 271.1
Атмосфернаго двигателя діаграмма 364.1
-ное давленіе 10.12
-ный двигатель съ свободнымъ поршнемъ 363.8
- кислородъ . 10.3
Атомная теплота 112.8
- цифра . . . 3.1
-ный вѣсъ . . 1.6
Атомовъ группа 1.3
Атомъ 1.2
Ацетиленъ . 13.6

Б.

Бабитовой заливки отсланваніе 189.6
Бабитомъ заливка 189.4
- залить вкладышъ 189.2
Бабитъ . . . 137.3
Бабка задняя 149.7
Баіонетная рама 154.4
Балансъ тепловой 360.8
Балка колосниковой рѣшетки 51.8
- рамы боковая 154.1
Баллонъ . . 108.2
Балочное желѣзо 136.6
Барабанный промыватель . 77.6
Барабанъ вращающійся для загрузки 56.6
- гребенчатый 77.8
- для колецъ предварительно обточить 172.5
- индикатора 352.4
- съ крестообразно просверленнымъ отверстіемъ 214.2
Барабанъ центробѣжный мокрый 77.7
Барометра показаніе 11.2
Барометръ . . 11.1
- регистрирующій 11.3
- самопишущій 11.3
Бассейнъ осадочный 72.1

Батареи напряженіе испытать 284.6
-рею зарядить 284.7
Батарея . . . 284.4
- коксовальныхъ печей 65.5
Башмаками опорными поддерживаніе поршня 176.2
Башмакъ крейцкопфа 177.6
- опорный . . 176.3
- ползуна . . 177.6
Башни охлаждающей орошающая вода 72.5
Башня кислотная 43.3
- охлаждающая 72.4
Безконечно малое измѣненіе величины 110.1
Безопасная рукоятка 292.8
Безопасность дѣйствія 342.2
- работы . . 342.2
Безпрерывный процессъ газообразованія 36.7
Безупречное испытаніе 351.1
Безшумный ходъ 345.6
Бензина выходящаго коническая вуаль 256.4
Бензиновая лампа калильная 263.5
- - нагрѣвательная 263.5
Бензиновые пары 253.6
-вый испаритель 253.5
- насосъ . . . 251.1
Бензиномъ насыщенный воздухъ 253.7
Бензинъ . . 102.11
- впускающая трубка 254.9
- жидкій снимать съ уловителей 255.2
- изъ смолы, добываемой изъ бураго угля 107.6
Бензоломъ спиртъ карбурировать 106.4
Бензолъ . . . 13.8
- сырой . . . 106.8
Бессемеровская воздуходувка 336.3
-ское желѣзо 133.3
Бетонный фундаментъ 307.3
- - утрамбовать 307.4
Бетонъ . . . 307.2
Било 68.2
Битуминозный уголь 23.1
Блестящій уголь 22.5
Блокстанція . 331.6
Блокъ дифференціальный 302.2
- сложный . 302.2
Богатая смѣсь 235.8
-тый газъ . . 30.9
Богхетскій уголь шотландскій 23.4
Богхетъ . . . 23.4
Боковая балка рамы 154.1
- колосниковая рѣшетка 52.6
-вой газоотводъ 47.5
- приливъ колосника 51.7
- свѣтъ . . . 304.3
Болотный газъ 12.12
- торфъ . . . 28.6
- уголь бурый 24.2
- - - обыкновенный 27.10
Болта поршневого поверхности рабочія закалить 169.9
- - - трущіяся закалить 169.9
- - смазка . . 278.6
- - укрѣпленіе 169.10
Болтами соединеніе фланцевъ 312.8
Болтовое скрѣпленіе цилиндровой крышки 164.5
Болтовъ центровъ окружность 164.6
Болтъ поршневой 169.8
- фланца . . 312.10
- фундаментный 308.8
- шарнирный 216.8
Болтъ шатуна 184.7
Болты анкерные залить 309.1
Больничная касса 385.5
Большая калорія 16.4
-шой мощности газовый двигатель 323.4
- скорости грузъ 374.6
- - товаръ . . 374.7
Бомба 94.8
Бородокъ . . 145.2
Бороздка запиленная 174.7
-ки въ цилиндрѣ 343.5
- продольныя имѣетъ поршневой штокъ 181.6
Бочка 108.3
- деревянная 108.5
- желѣзная . 108.4
- на прокатъ 108.6
Брать воздухъ изъ атмосферы 260.7
- - - цилиндра 260.4
Брикетный прессъ 29.1
Брикетовъ связываніе 29.2
Брикетъ . . . 28.8
- для промышленности 28.12
- каменноугольный 28.9
- кубикообразный 28.12
- лигнитовый 28.10
- торфяной . 28.11
Британская единица тепла 17.1
Бродокъ . . . 145.2
Бронза . . . 137.5
- фосфористая 137.7
Бронзовая отливка 137.6
Брусковое желѣзо 136.2
Брызгалка . 70.1
Брызги распыленной воды 68.6
Бугель эксцентрика 225.1
Букса запальная 288.6
- - охлаждаемая 287.3
Буксы запальной изоляція 287.3
Бумага для индикаторныхъ діаграммъ 353.2
- индикаторная 353.2
- хлопчатая . 90.2
Бунзеновская горѣлка . 98.8
282.8
-ское пламя несвѣтящееся 265.5
Бураго угля деготь 12.4
Буроугольная смола 107.1
-ный деготь . 107.1
Бурый желѣзнякъ луговой пульверизованный 73.9
- уголь . . . 27.9
- - болотный . 24.2
- - - обыкновенный 27.10
- - волокнистый 27.12
- - иловый . . 24.2
Бутиленъ . . 13.5
Буферъ воздушный 233.4
Бухгалтеръ . 381.9
Быстраго сгоранія способъ 118.4
Быстроходный промежуточный валъ 210.6
Бѣдная смѣсь 236.1
-ный газъ . . 30.10
Бѣлое свѣтлое каленіе проволоки 266.2
Бѣлый металлъ 137.3
- сплавъ . . 137.3
-ымъ металломъ заливка 189.4
- - залить вкладышъ 189.2
- - - тѣло поршня 177.1
Бюретка газовая Бунте 91.6
Бюро . . . 381.10
- конструкціонное 382.1
- по исходатайствованію привилегій 378.10
- техническое 381.12
- центральное 381.11

В.

Вагонъ товарный 374.9
- -цистерна . 108.6
Вала накерниваніе 358.10
- распредѣлительнаго расположеніе 212.3
Валки направляющіе 337.2
- подающіе . 337.2
Валовъ опоры 186.9
Валъ вертикальный 211.8
- вспомогательный 211.7
- горизонтальный 212.1
- двухколѣнный 185.8
- двухколѣнчатый 185.8
- колѣнный . 185.7
- колѣнчатый 185.7
- коренной . 185.6
- передаточный 327.6
- приводный 211.6
- промежуточный 211.7
- - быстроходный 210.6
- распредѣлительный 211.5
- - непрерывный 212.2
- - перпендикуляренъ къ коренному 212.5
- - приводить въ движеніе 209.3
- - сквозной . 212.2
- съ тремя подшипниками 187.7
- - чугунными втулками 78.9
- трехколѣнный 186.1
- трехколѣнчатый 186.1
- трехопорный 187.7
Вата 90.1
Ватный фильтръ 89.10
Ваттметръ . . 335.2
Ваттъ 335.3
Введеніе одновременное воды и пара 37.1
- предварительное чистаго воздуха 127.7
Вверхъ и внизъ движущаяся зацѣпка 290.7
Ввести воздухъ сверху 44.6
- проволоку въ пламя 265.9
Вводить воздухъ сверху 44.6
Ввозная пошлина 375.5
Ввозъ 375.6
Вдуваніе . . 262.1
Ведомое колесо 209.9
-мый маятникъ горизонтальный 230.6
- - угловой . 230.1
- - - съ горизонтальнымъ язычкомъ 230.5
- рычагъ катящійся 218.3
- - перекатывающійся 218.3
- шкивъ . . . 327.5
Ведущее колесо 209.8
-щій рычагъ катящійся 218.2
- - перекатывающійся 218.2
- шкивъ . . . 327.4
Величина зеренъ 24.10
- клѣтки грохота 24.9
- - рѣшета . . 24.9
-ны измѣненіе безконечно малое 110.1
Вентиль . . . 315.4
- водоспускной 317.1
Вентилятора давленіе 82.4
Вентиляторная установка для газовъ металлургическихъ заводовъ 81.6
-ное помѣщеніе 81.7
Вентиляторъ вращающійся 79.7
- всасывающій 82.2
- газоочистительный 77.2
- для раздувки 37.7
- - растопки . 37.7
- коловратный 80.2
- нагнетающій 82.3
Вентиляторъ, приводимый въ движеніе трансмиссіей 79.8
- приводный . 79.8
- ротаціонный 80.2
- Рута 80.2
- ручной . . 59.7
- съ впрыскиваніемъ воды 77.3
- - электродвигателемъ 80.1
- трансмиссіонный 79.8
- центробѣжный 80.4
-ры послѣдовательно присоединенные 77.4
Вентиляціонный кранъ 316.10
Веревочный тормазъ 357.10
Вертикальная колосниковая рѣшетка 52.7
- реторта . . 32.4
Вертикальный валъ 211.8
- двигатель . 325.3
- - закрытый 325.6
- - обращенный 325.4
- - прямой . . 325.5
- цилиндръ . 158.2
Верхній вкладышъ 188.6
- свѣтъ . . . 304.2
- слой торфяника 28.5
Верхъ колосника 51.6
Вершина діаграммы 355.2
Вести газъ и воздухъ другъ надъ другомъ 236.7
- - - - рядомъ 236.6
Вещества движущаго непрерывный потокъ 365.7
- - прерываемое образованіе подъ давленіемъ 366.1
Вещество связующее для брикетовъ 29.3
- смазочное . 273.7
Взлетаніе поршня 364.2
Взлетаній поршня регулировать продолжительность 364.5
- - - число . 364.6
Взлетанія поршня время 364.3
Взрыва опасность 350.3
-вомъ сжиганіе 94.6
Взрывъ . . . 122.9
- во впускномъ органѣ 346.1
- при выпускѣ 346.3
Взять патентъ 378.7
- привилегію 378.7
- пробу газа . 88.7
- - газовую . 88.7
Вилка рычага 216.10
- шатуна . . 183.7
Вилкообразный 216.11
- рычагъ . . 216.9
Вилы для сортировки кокса 27.4
Вильчатая станина 151.5
-тый рычагъ 216.9
Винокуренный заводъ 104.8
Винтовая сцѣпка для ремней 328.8
-вое колесо фрезированное 209.7
-выхъ колесъ пара 209.6
Винтъ для соединенія концовъ ремня 328.8
- съ шаровымъ гнѣздомъ 352.7
- - - углубленіемъ 352.7
- установительный для регулированія 289.9
- червячный опускающійся и поднимающійся 45.7
Висячій маятникъ подталкиваемый 229.5
- - - угловой 229.8
Витая двойная индикаторная пружина 352.5
- подогрѣвательная трубка 264.5
Вкладыша закраина 188.8
- поверхность нагруженная 188.4

Вкладыша поверхность рабочая 188.4
- тѣло вылудить 189.3
Вкладышей и цапфы относительное перемѣщеніе 197.4
- разъемъ . . 188.5
- стыкъ . . . 188.5
Вкладышъ баббитомъ залить 189.2
- верхній . . 188.6
- нижній . . 188.7
- переставлять 185.5
- подшипника коренного 188.3
- - переставной 188.9
- устанавливать 185.5
Включеніе параллельное машины 344.7
Включить динамомашину какъ пусковой электродвигатель 298.2
- колѣнчатый рычагъ 221.2
Вкрапины песку 348.6
Влаги содержаніе 26.2
Владѣлецъ 379.10
Влажность воздуха 10.10
Влажный воздухъ 10.9
Внутреннее напряженіе въ отливкѣ 147.11
-нихъ поверхностей выпуклость 164.3
-ній діаметръ сѣдла 208.7
- - трубы . . 309.4
Внутренняго сгоранія двигатель, работающій безъ сжатія смѣси 363.3
-няя головка шатуна 185.2
- мертвая точка 192.9
- работа . . . 114.7
- центрировка стыка 165.8
- чистка . . 349.4
Внѣшній подшипникъ 188.1
- -, помѣщенный въ стѣнѣ зданія 305.2
Внѣшняя головка шатуна 185.3
- мертвая точка 192.10
- работа . . 114.8
- чистка . . . 349.5
Вода 11.4
- амміачная . 14.2
- грунтовая . 305.9
- для промывки 68.3
- калориметра 99.2
- орошающая градирни 72.5
- - охлаждающей башни 72.5
- отработавшая скруббера 71.4
- охлаждающая грязная 167.6
- -, содержащая примѣси 167.6
- подземная . 305.9
- подкрашенная 83.3
- подпочвенная 305.9
- почвенная . 305.9
Водой охлаждаемый конусъ клапана 202.1
- пыль увлечь 76.10
- свѣжей охлажденіе 321.1
- холодной пробное давленіе 161.3
Водомѣръ . . 321.4
Водоотдѣлитель 74.5
-ьный горшокъ 74.6
Водопроводъ городской 321.2
Водораспылитель 69.7
Водородистый метилъ 12.12
Водородъ . . 10.6
- метиловый . 12.12
- синеродистый 14.3
- сѣрнистый 14.4
- хлористый . 14.7
- ціанистый . 14.3
Водоспускной вентиль 317.1
- клапанъ . . 317.1
- кранъ . . . 317.2
Водоструйный насосъ 89.4
Воду впрыскивать въ отходящіе газы 320.3
- грязную нейтрализовать 71.8
- для промывки освѣтлять 71.9
Воду охлаждающую закрыть 347.4
- - спустить . 168.1
- очистителя охладить 72.2
- превращать въ паръ 9.6
- спустить въ морозную погоду 347.5
- - - морозъ . 347.5
Воды впрыскиваніе на топочную плиту 89.3
- -ніемъ охлажденіе отходящихъ газовъ 320.2
- обратное охлажденіе посредствомъ градирни 322.3
- - - посредствомъ ребристыхъ холодильниковъ 322.2
- охлаждающей запереть притокъ 347.4
- - застаиваніе 167.2
- - землистый осадокъ 167.7
- - отводъ . . 166.8
- - подводъ . 166.7
- - расходъ . 348.4
- - стеканіе въ сточныя канавы 321.6
- - - въ сточныя ямы 321.5
- - трубопроводъ 320.4
- подачи регуляторъ 40.6
-подводъ къ шпинделю клапана (Този) 202.5
- притокъ . . 181.8
- распыленной брызги 68.6
- - дождь . . 68.6
- содержаніе 26.2
- - въ спиртѣ 104.9
- спускъ . . 181.9
- столбъ мертвый 182.3
- удаленіе . 316.11
- циркуляція черезъ поршень и по штоку 182.1
Водяная рубашка 166.6
-ное пространство 40.3
Водяного газа генераторъ 35.6
- - отводъ . . 35.8
- - процессъ образованія 34.9
- - - производства 34.9
Водяной газъ 34.7
- - карбурированный 34.8
- горшокъ . 316.12
- калориметръ 98.5
- мѣшокъ . . 167.3
- паръ . . . 11.5
- - пропускать черезъ раскаленный уголь 35.5
- ударъ . . . 182.2
- эквивалентъ калориметра 98.4
Водянымъ газомъ работа 35.1
-ныхъ мѣшковъ образованіе 167.2
Возбудитель тока электромагнитный 284.8
Возвратная заслонка 250.3, 316.2
- захлопка . . 250.3
-ные удары рукоятки недопускающее приспособленіе 292.6
-ный клапанъ 316.1
- - для газа и воздуха 246.2
- ударъ рукоятки 292.5
-нымъ потокомъ регулированіе при помощи газоваго насоса 246.4
-ныя окна газоваго насоса 246.5
Возвратъ пошлины 375.10
Возвышенный резервуаръ 82.1
Возгонка углерода въ сажу 10.1
Возгоранія точка 101.6
Воздуха влажность 10.10
- вступленіе . 35.9
- входъ . . . 35.9
- давленіе . . 10.12
- и пара смѣсь 37.3
- избытокъ . . 7.2
- истеченія изъ каналовъ скорость 129.2
- кислородъ . 10.3

Воздуха количество, необходимое въ дѣйствительности 7.1
- - - практически 7.1
- - - теоретически 6.10
- насыщеніе паромъ 37.2
- подводъ . . 46.7
- подогрѣваніе отходящими газами 257.3
- приводъ . . 46.7
- скопленіе . 167.4
- способность насыщаться 253.4
- - насыщенія 253.4
- удаленіе . . 316.9
- чистаго предварительное введеніе 127.7
Воздуходувка 336.1
- бессемеровская 336.3
- вращающаяся 79.7
- доменная . 336.2
Воздуходувки давленіе 336.4
- цилиндръ . 336.5
Воздуходувная машина 336.1
- - въ прямомъ соединеніи съ газовымъ двигателемъ 330.3
- - для печей бессемеровскихъ 336.3
- - - - доменныхъ 336.2
Воздуходувной машины давленіе 336.4
- - цилиндръ 336.5
-ный пароструйный аппаратъ 38.6
- - приборъ . 38.6
Воздухомъ сжатымъ распыленіе 259.3
- продувочнымъ вытѣснить отработавшіе газы 127.8
Воздухъ . . . 10.7
- брать изъ атмосферы 260.7
- - - цилиндра 260.4
- вводить сверху 44.6
- влажный . 10.9
Воздухъ для продувки 128.2
- - распыленія 255.8
- добавочный 255.9
- и газъ вести другъ надъ другомъ 236.7
- - - - рядомъ 236.6
- насыщенный бензиномъ 253.7
- подогрѣтый 41.3
- проводить надъ раскаленнымъ углемъ 34.3
- продувочный 128.2
- распыливающій 255.8
- свѣжій . . 41.2
- сжатый . . 259.8
- - впускать во время 4-аго такта 295.2
- - высокаго давленія 296.2
- - предварительно 260.1
- - скопить . 297.5
-, сжимающій ходъ 243.6
- сухой . . . 10.8
- удалить изъ газопровода 344.2
Воздушнаго газа отводъ 35.7
- - процессъ образованія 34.2
- - - производства 34.2
- - теплота собственная 34.6
- насоса клапанная головка 261.1
Воздушная заслонка 237.4
- подушка . . 233.4
Воздушный буферъ 233.4
- газъ 34.1
- - отходящій сверху 47.2
- золотникъ . 238.3
- каналъ . . 236.10
- клапанъ . . 238.5
- кранъ . . 316.10
- мѣшокъ . . 167.4
- насосъ . . . 243.3
- - и газовый комбинированный 243.5
- - простого дѣйствія 260.8
- - ручной . . 248.1
- пріемникъ . 129.7
- трубопроводъ 317.7
Возрастаніе аккумулированія тепла 36.4
Восстановитель 5.4
Восстановленіе 5.2
- очищающей массы 72.10
Восстановлять 5.3
Волнистая пластинка 84.1
-стое желѣзо 135.4
-стый бурый уголь 27.12
Волосистая сторона ремня 328.7
Волосная трубка термометра 19.3
Вольнопрактикующій инженеръ 382.9
Вольтметръ . 334.5
Воронка 320.8
- для наливанія 249.3
- загрузочная 56.1 57.6
- - открытая . 44.3
- - съ краномъ 56.4
- открытая для засыпки 44.3
Воспламененіе въ серединѣ хода 363.7
- калильной трубкой 281.5
- накалившимся испарителемъ 281.3
- накалившимся карбураторомъ 281.3
- теплотой сжатія 259.7
-нію соотвѣтствующая мертвая точка 193.1
-нія время . . 279.7
- опасность . 102.1
- сила 279.6
- температура 6.4 101.5
- теплота . . 279.5
- точка . . . 101.5
Воспламенимость 101.9
Воспламеняемость 101.8
Воспламеняться способная смѣсь 236.2
Воспринимать давленіе вспышки 187.2
Воспринятіе нагрузки центральное 156.2
Впередъ ходъ поршня 192.5
Впрыскиваніе воды на топочную плиту 39.3
- горючаго передъ сжатіемъ 259.4
- - послѣ сжатія 259.5
- керосина . . 262.3
- топлива передъ сжатіемъ 259.4
- - послѣ сжатія 259.5
Впрыскиваніемъ воды охлажденіе отходящихъ газовъ 320.2
- карбурація 255.3
Впрыскивать воду въ отходящіе газы 320.3
Впрыскивающее сопло 256.2
Впрыскивающій карбураторъ 256.1
Впуска распредѣленіе 199.2
Впускать сжатый воздухъ во время 4-аго такта 295.2
Впускающая бензинъ трубка 254.9
Впускная скорость заряда 119.11
-ного клапана выключеніе 228.7
- - коробка . 203.1
Впускное кольцо 240.5
- колѣно . . 317.5
- окно 240.8
- - для газа . 342.6
- - - воздуха 242.5
- отверстіе . . 87.3
- - сопла . . 366.5
Впускной вѣнецъ 240.5
- клапанъ . . 199.8
- - автоматическій 200.1
- - держать закрытымъ 228.7
- - и газовый комбинированн. 239.6
- - самодѣйствующій 200.1
- - съ запорнымъ газовымъ золотникомъ 240.1
- - - сверленіями въ сѣдлѣ 239.8
- - управляемый 200.2

Впускной кулакъ 221.6
- прорѣзъ . . 240.8
- рычагъ, посаженный эксцентрично 229.3
-ные -ги и штанги 214.5
Впускомъ управлять посредствомъ клапановъ 242.1
Вращаемая регуляторомъ шайба кулачная 253.1
- - - некруглая 253.1
Вращающаяся воздуходувка 79.7
- колосниковая рѣшетка 52.8
- - - цилиндрическая 53.3
- опорная плита 53.8
- - - и опускающаяся 54.2
Вращающееся приспособленіе для загрузки 56.6
Вращающій моментъ кривошипа 195.2
-ся барабанъ для загрузки 56.6
- вентиляторъ 79.7
- золотникъ 237.10
- промыватель съ шарами 77.9
- шаръ . . . 268.5
- якорь . . . 285.5
Вращающіяся массы уравновѣсить вращающимися противовѣсами 196.7
Вращеніе кривошипа 193.4
-нія - уголъ . 193.6
- точка неподвижная 216.1
Вредныя напряженія вслѣдствіе неравномѣрнаго распредѣленія матеріала 163.2
Времени промежутокъ между двумя послѣдующими загрузками 57.3
Время взлетанія поршня 364.3
- воспламененія 279.7
Время запала 279.7
- рабочее . 383.11
- спѣлости . 66.4
Всасываніе . 119.1
Всасываніемъ производимый шумъ 317.8
Всасыванія давленіе 119.8
- камера . . . 244.5
- пространство 244.5
- работа . . 119.10
- сопротивленіе 119.9
- устраненіе . 226.2
Всасывать . . 119.7
- масло древесными опилками 347.3
Всасывающая головка 317.10
- камера подземная 318.6
- труба . . . 317.4
- шахта . . . 318.1
Всасывающее крыло 78.6
-щій вентиляторъ 82.2
- генераторъ 89.5
- горшокъ . . 317.9
- - изъ листового желѣза 318.4
- клапанъ . . 245.2
- раструбъ . 318.2
- трубопроводъ 317.3
- ходъ 119.6
Вспомогательная пружина 226.8
-ное испытаніе 351.3
-ный валъ . 211.7
- конусъ . 205.5
Вспышка . 122.10
-, вызывающая обратное движеніе 292.7
Вспышки давленіе воспринимать 187.2
- температура 101.6
Вспышкой сжигаміе 94.6
Вставить поршень 168.5
- цилиндръ . 160.5
Вставка клапанная 203.4
Вставленныя капилярныя трубки 93.1
Вставлять см. вставить
Вставной цилиндръ 160.3
- - изъ твердаго чугуна 160.4
Встрѣчный токъ воды и газа 78.2
Вступленіе воздуха 35.9
- пара 36.1
Втулка иглы 262.5
- концевая короткая 171.3
- маховика . 191.1
- поршня . . 171.1
- сквозная . . 171.2
-, состоящая изъ трехъ частей 191.3
- съ выемкой 191.2
- трехразрѣзная 191.3
- цилиндра рабочая 160.3
Вуаль коническая выходящаго бензина 256.4
Вулканизированная фибра 138.8
-ный азбестъ 138.7
Вульфова стклянка 89.2
Входная скорость заряда 119.11
Входъ воздуха 35.9
- пара 36.1
Вывести въ атмосферу трубу выхлопную 318.9
- - - трубу газоотводящую 318.9
Вывозная пошлина 375.7
Вывозъ . . . 375.8
Выдавать см. выдать
Выдать патентъ 378.6
- привилегію 378.6
Выдвижная труба 182.5, 254.10
Выдѣленіе дегтя 74.7
- обмыливаніемъ 71.6
-нія летучихъ составныхъ частей поясъ 58.1
Выдѣлить газъ 8.4
- летучія составныя части 58.2
- пыль . . . 76.9
- - посредствомъ перемѣны направленія газоваго потока 76.3
Выдѣлять см. выдѣлить
Выемка для маховаго колеса 305.3
Выемка кольцевая въ насосномъ цилиндрѣ 251.4
- продолговатая 213.8
-ки устроить въ фундаментѣ 307.5
Вызванное вѣсомъ треніе 175.9
Вызвать искру отрывомъ 289.1
Вызываемое автоматически уменьшеніе сжатія 294.3
Вызывающая обратное движеніе вспышка 292.7
Выключатель 335.6
- максимальный 335.7
- съ часовымъ механизмомъ 335.8
Выключать см. выключить
Выключеніе клапана впускного 228.7
- - выпускного 225.8
Выключить запалъ 347.1
- нагрѣваніе 258.6
- одну сторону цилиндра 344.6
- подогрѣваніе 258.6
Выковать см. ковать
Выложенный кирпичами каналъ 303.8
Вылудить тѣло вкладыша 189.3
Вынуть поршень 168.6
Выполненіе машины изслѣдовать 342.9
- - испытать . 342.9
Выправить . 145.3
Выправлять . 145.3
Выпрямить . 145.3
Выпрямлять . 145.3
Выпуклое днище 169.1
- дно 78.8
Выпуклость внутреннихъ поверхностей 164.3
Выпуска газовъ ходъ 124.8

Выпуска давленіе 125.4
- запираніе посредствомъ прерывающаго органа и упора 226.3
- охлажденіе 202.4
- предвареніе 205.7
- распредѣленіе 199.3
- - установить на два такта 294.1
- сопротивленіе 125.7
- температура 125.6
Выпускать . 125.2
Выпускная труба см. выхлопная труба
-ного клапана выключеніе 225.8
- - запираніе 225.8
- - коробка . 203.2
- кулака слышный ударъ 346.4
Выпускное кольцо 240.6
- отверстіе сопла 366.6
Выпускной вѣнецъ 240.6
- горшокъ см. выхлопной горшокъ
- клапанъ . . 200.3
- - держать открытымъ 228.8
- - запереть . 226.1
- - подпереть 229.1
- кулакъ . . 221.7
-ные рычаги и штанги 215.1
-ныя окна общія для обѣихъ сторонъ цилиндра 241.3
Выпускъ 119.5, 125.1
- регулировать посредствомъ оконъ и клапана 205.8
Выравниваніе температуры 17.5
Выразить работу въ единицахъ тепла 114.1
Вырѣзъ сдѣлать для перекрышъ стыка 172.7
Высверленный стержень 183.9
Высокаго давленія сжатый воздухъ 296.2
- напряженія запалъ 286.5
Высота загрузки 57.7
- заполненія . 57.7
- обода . . . 190.5
- подъема клапана 208.6
- - - наибольшая 208.3
- полная . . 302.9
- поршня . . 168.3
- строительная 302.9
- уровня . . 248.6
Высоты подъема потеря вслѣдствіе перекатыванія 219.7
Выступающая наружу нить 19.7
-щій наружу столбикъ 19.7
Выступъ на грузѣ 231.6
- поршневой . 263.1
- поршня . . 263.1
- рабочій фланца 312.11
Высшая степень окисленія углерода 5.1
Высѣвки . . 25.4
- коксовыя . 27.6
Выталкиванія газовъ ходъ 124.8
- давленіе . . 125.5
Вытаскивать см. вытащить
Вытащить поршень 168.6
Вытеканіе . . 125.1
-нія скорость 125.8
- энергія . . 125.9
Вытекать . . 125.2
Вытѣсненіе слоями 128.4
Вытѣснить отработавшіе газы продувочнымъ воздухомъ 127.3
Вытягивать . 146.3
Вытяжн. труба 55.1
- - для отвода газовъ дымовыхъ 54.8
- - - - газовъ топочныхъ 54.8
Выхлопа давленіе 125.4
- сопротивленіе 125.7
Выхлопная скорость 125.8
- - воздуха изъ каналовъ 129.2
- температура 125.6
- труба . . . 318.7
- - замкнутая съ боковыми отверстіями 319.7
- - охлаждаемая 318.8
Выхлопной горшокъ 319.3
- - обмурованный 319.4
- - съ гидравлическимъ затворомъ 319.5
- прорѣзъ . . 241.1
-ную трубу вывести въ атмосферу 318.9
Выхлопъ 119.5, 125.1
Выходящаго бензина коническая вуаль 256.4
Выходъ кокса 66.3
Вычисленіе діаграммы 359.2
- по даннымъ анализа теплопроизводительность 98.1
- - - - теплотворную способность 98.1
Вычистить шпиндель клапана 207.1
Вѣнецъ . . . 154.9
- впускной . 240.5
- выпускной . 240.6
- съ окнами . 240.4
- - - открыть 241.5
- - прорѣзами 240.4
- - - открыть 241.5
- храповой . 293.3
Вѣсовая шкала 105.6
-вое соотношеніе составныхъ частей газа 88.6
-вой регуляторъ 263.3
Вѣсомъ вызванное треніе 175.9
Вѣсъ атомный 1.6
- газа на килогр. топлива 62.3
- граммъ-молекулы 2.1
- заряда рабочей смѣси 120.7
- маятника . 229.9
- молекулярный 1.7
- обода маховика 197.5
- рабочій . . 330.3
- собственный рычага принять во вниманіе 357.9
- соединенія . 3.2
- тепловой . 114.10
- удѣльный газовъ 96.7
- - опредѣлить 100.2
Вѣсы 96.8
- газовые Люкса 96.9
- пружинные 357.11
Вязкій 139.4
Вязкости степень 99.8
Вязкость 99.8, 139.3
- опредѣлить по времени протеканія 100.1

Г.

Газа анализъ техническій 88.2
- водяного генераторъ 35.6
- - отводъ . . 35.8
- - процессъ образованія 34.9
Газа водяного процессъ производства 34.9
- воздушнаго отводъ 35.7
- - процессъ образованія 34.2
Газа воздушнаго процессъ производства 34.2
- - собственная теплота 34.6
- въ зарядѣ перемѣнное содержаніе 234.6
Газа вѣсъ на килогр. топлива 62.3
- генераторнаго процессъ образованія 33.8
- - - производства 33.8

Газа давленія регуляторъ 85.3
- - - Дуплексъ 85.7
- - - Стотта . 85.5
- добываніе . 31.1
- измѣреніе . 86.7
- изслѣдованіе 87.8
- заводъ, масляного - 33.2
- -, свѣтильнаго - 31.9
- загрязненіе сѣрными парами 75.8
- запахъ . . . 350.4
- качество . . 60.4
- количество въ куб. метрахъ на килогр. топлива 62.2
- - въ часъ . 62.4
- - измѣрить при спаданіи газгольдера 86.8
- металлическаго слой 250.2
- освобожденіе отъ пыли 75.9
- отгонка . . 8.5
- охлажденіе 67.4
- очистка . . 66.5
- паровоздушнаго процессъ образованія 36.6
- - - производства 36.6
- плотности опредѣленіе 96.5
- плотность . 96.6
- притокъ уменьшать суженіемъ прохода 234.8
- пробу взять 88.7
- производитель 33.6
- производство 31.1
- промывка . 67.8
- скопленіе . 350.5
- составныхъ частей опредѣленіе титриметрическое 93.5
- - - соотношеніе вѣсовое 88.6
- - - - объемное 88.5
- составныя части 88.4
- составъ . . 88.3
- состояніе нормальное 111.13
Газами отходящими отапливаемый испаритель 257.4
Газами отходящими подогрѣваніе воздуха 257.3
Газгольдера емкость 86.5
- колокола косая установка 86.9
- колоколъ . 86.3
- объемъ . . 86.5
Газгольдеръ . 86.4
- накачать . 86.6
Газоваго двигателя круговой процессъ 118.3
- клапана захватъ воздушнымъ 232.1
- насоса возвратныя окна 246.5
- столба колебаніе 319.1
- счетчика показаніе невѣрное 87.7
- - - ошибочное 87.7
Газовая бюретка Бунте 91.6
- горѣлка . . 65.8
- желѣзная дорога 339.9
- заслонка . . 237.5
- техника . . 31.2
- труба . . . 309.9
- турбина . . 364.8
- - идеальная 364.9
- - постояннаго давленія 365.1
- - теоретическая 364.9
- - съ впрыскиваніемъ воды 365.5
- - - сгораніемъ при постоянномъ давленіи 365.1
- установка Монда для добыванія аммiака и сульфата 42.6
- центрофуга 77.1
Газовое масло 107.8
-вой машины цилиндръ, охлаждаемый водою 157.5
- смѣси движущей непрерывный потокъ 365.7
- - регулированіе мятіемъ 233.5
Газовому клапану передача движенія скошеннымъ кулакомъ 235.1
Газовому клапану передача движенія съ измѣненіемъ момента открытія при неизмѣняющейся посадкѣ 235.3
Газовсасывающая установка 37.6
- - генераторная съ вентиляторомъ 37.8
-щій генераторъ 39.5
Газовую пробу взять 88.7
Газовъ движеніе 79.6
- кинетическая теорія 112.6
- отработавшихъ колебаніе столба 126.1
- - удаленіе изъ цилиндра 127.4
- - энергія теченія 125.9
- отходящихъ охлажденіе впрыскиваніемъ воды 320.2
- удѣльный вѣсъ 96.7
- ходъ выпуска 124.8
- - выталкиванія 124.8
Газовыдѣленіе 8.5
Газовые вѣсы Люкса 96.9
- часы мокрые 87.1
- - сухіе . . . 87.5
Газовый двигатель 323.3
- - для газа водяного 324.3
- - - - коксовальныхъ печей 324.1
- - - - колошниковаго 323.6
- - - - свѣтильнаго 324.4
- - - - силового 324.2
- - Ленуара . 363.4
- - мощности большой 323.4
- - - малой . 323.5
- заводъ . . . 31.6
- - городской 31.7
- золотникъ . 238.2
- каналъ . . 237.1
- клапанъ . . 238.6
Газовый клапанъ и впускной комбинированный 239.6
- коксъ . . . 27.2
- кранъ закрыть 346.8
- - установить въ положеніе пуска въ ходъ 344.4
- локомотивъ 340.1
- молотъ . . 331.3
- мѣшокъ . . 84.5
- насосъ . . . 243.2
- - и воздушный комбинированный 243.5
- пріемникъ . 129.8
- счетчикъ для опытовъ 87.2
- - мокрый . 87.1
- уголь . . . 22.7
Газогенераторная установка 31.5
- - съ всасываніемъ 37.6
- - - нагнетаніемъ 37.5
Газодинамо . 330.2
Газоемъ . . . 86.4
Газоизмѣритель мокрый 87.1
- сухой . . . 87.5
Газолинъ . 102.10
Газометръ мокрый 87.1
Газомъ работа 332.2
- -, водянымъ 35.1
- - свѣтильнымъ, сильно сжатымъ 340.2
Газомѣритель мокрый 87.1
- сухой . . . 87.5
Газообразованіе 8.2
- въ ретортахъ 31.10
-нія безпрерывный процессъ 36.7
- періодъ . . 35.4
- полезный эффектъ 62.5
- саморегулированіе посредствомъ всасывающаго дѣйствія двигателя 59.5
Газоотводная головка 78.4
- труба . 39.7, 55.2
-ной трубы заслонка 55.3
Газоотводъ боковой 47.5
- сбоку . . . 47.5

Газоотводъ центральный посредствомъ чугунной части, охлаждаемой водой 47.6
-дящая труба 318.7
- - замкнутая съ боковыми отверстіями 319.7
- - охлаждаемая 318.8
Газоотводящую трубу вывести въ атмосферу 318.9
Газоохладитель 67.5
Газоочиститель 66.6
-тельный вентиляторъ 77.1
Газоподводная капилярная трубка 93.2
Газоприводная головка 78.3
Газопріемная головка 78.3
Газопровода затворъ гидравлическій 55.9
Газопроводъ 317.6
Газопроизводитель нагнетающій 38.3
- - безъ парового котла 39.1
- съ разрѣженіемъ 39.5
Газососатель мокрый 77.5
Газосушитель 74.4
Газотехническій 31.4
Газоуловитель 63.8
Газъ 30.6
- богатый . . 39.9
- болотный . 12.12
- бѣдный . . 30.10
- водяной . . 34.7
- - карбурированный 34.8
- воздушный 34.1
- - отходящій сверху 47.2
- выдѣлить . 8.4
- генераторный 33.5
- горючій 30.8, 5.10
- даусоновскій 36.5
- для котловъ 63.4
- - машинъ . 63.3
-, добываемый изъ маселъ 33.1
- Довсона . . 36.5
- доменныхъ печей 63.6
Газъ и воздухъ вести другъ надъ другомъ 236.7
- - - - рядомъ 236.6
- изъ всасывающаго генератора 39.4
- - - - съ нагнетаніемъ 38.2
- индифферентный 6.3
- коксовальной печи 64.11
- колошников. 63.6
- котельный . 63.4
- масляный . 33.1
- машинный . 63.3
- металлическій 250.1
- Монда . . . 42.5
- натуральный 30.7
- недѣятельный 6.3
- неочищенный 66.7
- несжигаемый 6.2
- образовать . 8.3
- освободить отъ дегтя 74.8
- - - пыли . . 76.1
- - - смолы . 74.8
- отсасывать снизу 44.7
- очистить отъ пыли 76.1
- очищенный предварительно 66.8
- паровоздушный 36.5
- -, уходящій снизу 47.3
- полуводяной 36.5
-, получаемый по способу Рише 48.6
-, - сухой перегонкой изъ древесныхъ отбросовъ 48.6
- постоянный 111.10
- природный . 30.7
- притекающій мять 234.8
- пробовать . 60.2
-, проходящій черезъ машину не сгорая 362.4
-, разрѣженный вслѣдствіе колебаній 319.2
- рудничный 12.12
- свободный отъ примѣси дегтя 74.10
- - - - смолы 74.10
- свѣтильный 31.8
Газъ сгорѣвшій 6.1
- сжигать при постоянномъ давленіи 365.2
- силовой . . 33.5
- слабый . . 30.10
- смолокуренныхъ печей (изъ бураго угля) 107.3
- смѣшанный 36.5
-, содержащій деготь 74.9
-, - пары дегтя 74.9
-, - - смолы . 74.9
-, - смолу . . 74.9
- сушить . . 74.3
-, текущій неравномѣрно 84.4
Газы масляный и свѣтильный 30.5
-, образующіеся при неполномъ горѣніи 58.4
- отработавшіе 124.9
- - вспомогательнымъ насосомъ отсасывать 127.1
- - вытѣснить продувочнымъ воздухомъ 127.3
- отходящіе металлургическихъ заводовъ 63.2
- - промышленныхъ производствъ 63.1
- сгорѣвшіе . 124.9
Гайка натяжная 358.3
- поршневого штока 178.9
- сгонная . . 311.4
Гальванометръ 21.5
Гарантія . . . 376.9
Гармоника . . 85.8
Геликоидальныхъ колесъ пара 209.6
Генеральное представительство 380.5
Генератора засореніе 60.12
- нагнетающаго паровой котелъ 38.4
- типъ 37.4
- ходъ 56.8
- цоколь 49.8
- шахта . . . 49.3
- -ты заплечикъ 49.9
Генераторнаго газа процессъ образованія 33.8
- - - производства 33.8
-ная газовсасывающая установка съ вентиляторомъ 37.8
-ной шахты рабочая емкость 49.4
-ный газъ . . 33.5
Генераторовъ обращен. ходъ 44.4
- части . . . 49.2
-ромъ работа, простымъ, съ обратнымъ введеніемъ паровъ дегтя въ поясъ горѣнія 43.4
- - съ двойнымъ сгораніемъ 45.8
Генераторъ . 33.6
- безъ водяного пространства 40.5
- - колосниковой рѣшетки 53.4
- Бутилье . . 45.1
- Витфильда . 43.5
- водяного газа 35.6
- всасывающій 39.5
- газовсасывающій 39.5
- Гюльднера . 41.4
- двойной . . 47.4
- - съ механической подачей угля 48.1
- для газа Монда 42.7
- - - торфяного 48.2
- - шлакующагося угля 41.8
- задуть . . . 59.6
- загружать . 56.9
- идетъ при низкой температурѣ 59.1
- - холодно . 59.1
- кольцевой . 46.1
- Кросслея . 45.5
- нагнетающій 38.3
- - безъ парового котла 39.1
- раздуть . . 59.6
- самовсасывающій 39.5
- съ вставной ретортой 44.8
- - двойной шахтой 47.7
- - -нымъ поясомъ горѣнія 46.3
- - колосниковой тележкой 42.3

Генераторъ съ охлаждаемыми желѣзными вѣнцами 42.2
- - - - кольцами 42.2
- - поднимающимися и опускающимися колосниками 42.4
- - ступенчатой рѣшеткой 42.1
- тока перемѣннаго 333.1
- - постояннаго 332.4
- - трехфазнаго 333.2
- Фильдинга . 44.2
- Фише и Эрти 46.4
- Фоже . . . 44.5
Геометрическая форма кривыхъ катанія 220.2
Герметически закрыть отверстіе для чистки 170.8
Герметичности достиженіе посредствомъ пришлифовки поверхностей стыка 165.2
Герметичность поршня 171.4
Гигрометръ . 10.11
Гидравликъ . 32.10
Гидравлическая известь 307.7
- проба полости рубашки, отлитой въ одномъ цѣломъ съ цилиндромъ 161.2
Гидравлическій домкратъ 302.1
- затворъ газопровода 55.9
- ударъ . . . 182.2
Гильза иглы 262.5
- цилиндра . 160.3
Главная контора 381.11
- набивка . . 179.4
-ное напряженіе 334.8
Главный директоръ 381.4
- золотникъ . 246.7
- инженеръ . 382.7
- испаритель 41.5
- конусъ . . 205.4
Главный трубопроводъ 316.6
- цилиндръ . 243.1
Гладкая сторона ремня 328.7
Глазокъ рычага 216.3
Глинистый сильно грунтъ 305.6
- сланецъ отдѣлять отъ угля 23.8
Глиняная закраина 308.6
Глубина погруженія термометра 19.6
Глушитель 317.9 319.3
- обмурованный 319.4
- Патрика . . 320.1
- съ гидравлическимъ затворомъ 319.5
Гниль 28.5
Головка всасывающая 317.10
- газоотводная 78.4
- газоприводная 78.3
- газопріемная 78.3
- клапанная воздушнаго насоса 261.1
- пароходнаго типа 184.8
- разрѣзная . 184.8
- рамы фланцевая 154.6
- съ скобой . 185.1
- - отверстіемъ сальника 163.7
- - охлаждающимъ язычкомъ 164.1
- цилиндра . 163.6
- цилиндровая 163.6
- шатуна . . 184.6
- - внутренняя 185.2
- - внѣшняя . 185.3
Горизонтальная колосниковая рѣшетка . 52.2
- реторта . . 32.2
Горизонтальный валъ 212.1
- двигатель . 325.7
- клапанъ . . 199.7
- маятникъ ведомый 230.6
- - направляемый 230.6
- -, подталкиваемый двуплечій 230.7
Горизонтальный цилиндръ 158.3
Горное масло 102.2
Горныхъ маселъ кривыя испаренія 102.5
Городская центральная станція 331.7
-ской водопроводъ 321.2
- газов. заводъ 31.7
Горошковый уголь 25.3
Горшка желѣзныхъ листовъ дрожаніе 318.5
Горшокъ водоотдѣлительный 74.6
- водяной . 316.12
- всасывающій 317.9
- - изъ листового желѣза 318.4
- выпускной см. горшокъ выхлопной
- выхлопной . 319.3
- - обмурованный 319.4
- - съ гидравлическимъ затворомъ 319.5
- загрузочный 56.1
- откидной для загрузки 56.5
- съ гравіемъ 249.8
- - хрящемъ . 249.8
- уравнительный 84.9
Горѣлка Бунзена 98.8
- бунзеновская 98.8, 282.8
- газовая . . 65.8
Горѣлки дискъ 282.9
- каналовъ покрываніе копотью 266.3
- отверстіе прочистить 266.4
- открыть кранъ 264.7
- трубка . . . 263.6
- шейка . . 263.10
Горѣлку погасить 346.9
Горѣніе . . . 5.5
- неполное . 5.8
- несовершенное углерода 34.4
- одностороннее въ генераторѣ 58.7
Горѣніе полное 5.7
- - при продувкѣ 36.3
- проникаетъ во всасывающую трубу 346.2
Горѣнія неполнаго періодъ 58.5
- - поясъ . . 58.1
- поясъ . . . 58.6
- продуктъ . 5.9
- процессъ . 5.6
- скорость . . 263.4
- температура 6.5
- - дѣйствительная 6.7
- - практическая 6.7
- - теоретическая 6.6
- теплота . . 6.8
- уравненіе . 6.9
Горѣть неполно съ сильнымъ выдѣленіемъ сажи 58.2
Горючаго впрыскиваніе передъ сжатіемъ 259.4
- - послѣ сжатія 259.5
- дутья періодъ 35.2
- подогрѣваніе 257.2
Горючій газъ 5.10 30.8
-чія масла . . 99.4
Готовность къ дѣйствію 341.6
- - работѣ . . 341.6
Готовой смѣсью продувать 128.3
Готовый къ дѣйствію 342.5
- - работѣ . . 342.5
Гравій 249.9
Градирни вода орошающая 72.5
Градирня 72.3, 322.4
Градуированная измѣрительная трубка 91.7
Гражданская отвѣтственность 385.9
Граммъ-калорія 16.5
- молекула . 1.8
- молекулы вѣсъ 2.1
- - объемъ . 2.2
Граненое остріе 358.9
Гранитная плита 306.8

Графитный пирометръ 20.3
Графитъ . . 11.11
- ретортный . 82.5
Графическое изображеніе 110.12
- представленіе 110.12
Гребенчатый барабанъ 77.3
Гребень кулака 222.3
Грохота клѣтки величина 24.9
Грохотъ для угля 24.8
Грузовой регуляторъ 268.3
Грузъ маятника 229.9
- - переставной 230.8
- отклоняющій 231.2
- регулятора 268.6
- скорости большой 374.6
- - малой . . 374.5
- тормазной . 357.6
Грузы соединяющая пластина 231.5
Грунтовая вода 305.9
Грунтъ глинистый сильно 305.6
- для постройки 305.5
- насыпной . 305.3
- нетронутый 305.7
- строительный 305.5
Группа атомовъ 1.3
Группа машинъ 330.1
Грязевикъ 70.7, 71.2
Грязи удаленіе посредствомъ норіи 71.1
Грязная охлаждающая вода 167.6
Грязную воду нейтрализовать 71.3
Грязь 70.3
Гудронъ . . . 106.6
Густая смазка 273.3
Густое масло 99.6

Д.

Давленіе атмосферное . 10.12
- вентилятора 82.4
- воздуха . . 10.12
- воздуходувки 336.4
- воздуходувной машины 336.4
- всасыванія 119.3
- въ воздушномъ резервуарѣ 297.3
- - трубопроводѣ 321.3
- выпуска . . 125.4
- выталкиванія 125.5
- выхлопа . . 125.4
- замедляющее 196.1
- избыточное 82.6
- индикаторное поршня среднее 359.7
- колеблющееся сильно 84.3
- муфты . . 272.1
- нажима отъ кольца самопружинящаго 171.3
- наименьшее продувочнаго средства 128.9
- нормальное 112.1
- - въ направляющихъ 194.10
- перетеканія 129.4
- по инерціи движущихся массъ 195.5
- при впускѣ 295.3
- - набѣганіи 223.4
- пробное холодной водой 161.3
- продувки . 128.8
- - избыточное 129.4
- ролика . . 223.3
- свободное . 82.6
- сгоранія . . 123.7
Давленіе тангенціальное на цапфу кривошипа 195.1
-, уплотняющее стыкъ 165.4
- ускоряющее 195.7
-ній діаграмма движущихся массъ 195.6
- и объемовъ діаграмма 114.9
Давленія высокаго сжатый воздухъ 296.2
- газа регуляторъ 85.3
- - - дуплексъ 85.7
- - - Стотта . 85.5
- линія, постояннаго - 115.6
- -, равнаго - . 115.6
- паденіе между пріемникомъ и цилиндромъ 129.1
- перемѣна въ зубчатомъ зацѣпленіи 210.5
- - направленія въ шатунѣ и штокѣ 197.2
- - направленія на цапфу 197.3
- полнаго сравнительная продолжительность 123.8
- постояннаго газовая турбина 365.1
- сжатіе конечное 121.10
- уравниваніе 84.2
- цилиндра и внѣшняго воздуха уравниваніе 125.3
Дать поршневому штоку прогибъ вверхъ 177.4
Даусоновскій газъ 36.5
Дверецъ запоръ 54.6
Дверцы зольниковыя 54.5
- топочныя . 54.3
Двигателей газовыхъ установка въ горной и горнозаводской промышленности 335.10
- двухтактныхъ распредѣленіе и регулированіе 240.2
- жидкаго топлива спеціальныя детали 247.2
Двигатель атмосферный съ свободнымъ поршнемъ 363.3
- Банки . . . 324.7
- безъ крейцкопфа 175.3
- вертикальный 325.3
- - обращенный 325.4
- - прямой . . 325.5
- внутренняго сгоранія, работающій безъ сжатія смѣси 363.3
- газовый . . 323.3
- - Ленуара . 363.4
- - мощности большой 323.4
- - - малой . 323.5
- горизонтальный 325.7
- двойной сдвоенный 326.3
Двигатель двухтактный двойной Кертинга 241.7
- - Эхельгейзера 242.2
- Дизеля . . 324.6
- для газа водяного 324.3
- - - коксовальныхъ печей 324.1
- - - колошниковаго 323.6
- - - свѣтильнаго 324.4
- - - силового 324.2
- - жидкаго топлива 324.5
- - производства испытаній 350.11
- дѣйствія двойного 2-хтактный 325.1
- - - - съ канализаціоннымъ насосомъ 330.4
- - - 4-хтактный 324.9
- - простого 2-хтактный 324.10
- - - 4-хтактный 324.8
- малой мощности съ насосомъ для подачи охлаждающей воды 330.5
- мелкій съ насосомъ для подачи охлаждающей воды 330.5
- многоцилиндровый 326.2
- одноцилиндровый 326.1
- поршневой . 175.3
- сдвоенный . 326.4

Двигатель сдвоенный съ противолежащими цилиндрами 326.7
- строенный . 327.2
- съ балансирами 325.8
- - кореннымъ валомъ надъ цилиндромъ 325.4
- - - - подъ цилиндромъ 325.5
- - коромыслами 325.8
- - крейцкопфомъ 176.4
- тепловой . . 114.2
- трехцилиндровый 327.2
- тэндемъ . . 326.9
- - двойной . 327.1
Двигателя атмосфернаго діаграмма 364.1
- газоваго круговой процессъ 118.3
- внутренняго сгоранія непосредственное соединеніе съ рабочей машиной 329.9
- легкій ходъ 345.5
- локомобильнаго уравновѣшеніе 338.4
- расположеніе 325.2
- устройство . 325.2
Движеніе газовъ 79.6
- обратное вызывающая вспышка 292.7
- подъемное въ метрахъ водяного столба 337.7
- продолжительное по инерціи до полной остановки двигателя 345.7
- тепла . . . 360.7
-нія передача газовому клапану кулакомъ скошеннымъ 235.1
- - - - съ измѣненіемъ момента открытія при неизмѣняющейся посадкѣ 235.3
- - посредствомъ кривошипа съ кулиссою 251.7
Движенія передача распредѣлительному механизму 209.2
- - эксцентрикомъ 224.4
- поле кривошипнаго механизма 193.8
- прямолинейнаго направляющія 156.5
- работа по инерціи въ періодъ остановки 297.4
- эксцентрика законъ 224.5
Движущаго вещества непрерывный потокъ 365.7
- - прерываемое образованіе подъ давленіемъ 366.1
Движущаяся вверхъ и внизъ зацѣпка 290.7
- съ перерывами скалка 252.1
Движущей смѣси газовой непрерывный потокъ 365.7
- - непрерывное образованіе подъ давленіемъ 365.8
- - сжатой періодическое образованіе 366.1
Движущихся массъ діаграмма давленій 195.6
- - индикатора колебаніе 356.6
Движущіеся согласно поршни 326.5
-щійся съ перерывами поршень 252.1
-щіяся взадъ и впередъ массы 196.2
Двинуть поршень впередъ посредствомъ вспышки 299.1
Двойная витая индикаторная пружина 352.5
- рама 154.5
- стѣнка . . . 258.2
Двойного дѣйствія двигатель 2-хтактный 325.1
- - - 4-хтактный 324.9
Двойного дѣйствія поршень 170.2
- - цилиндръ 157.7
Двойное днище 258.4
- сжатіе . . . 260.3
Двойной генераторъ 47.4
- - съ механической подачей угля 48.1
- двигатель 2-хтактный Кертинга 241.7
- - сдвоенный 326.8
- - тэндемъ . 327.1
- затворъ . . 56.2
- индикаторный кранъ 353.4
- ниппель . . 313.6
- пружины укрѣпленіе 352.6
Двукратное сжатіе 260.3
-ный компрессоръ 261.2
Двуногая А-образная станина 153.2
Двуокись углерода 11.13
Двуплечій горизонтальный подталкиваемый маятникъ 230.7
- рычагъ . . 215.8
Двустороння рама 154.5
Двуступенчатый компрессоръ 261.2
- кулакъ . . 232.2
Двутавровое желѣзо 136.8
вой формы лиерь 284.10
Двухатомная молекула 1.4
Двухколѣнный валъ 185.8
-колѣнчатый валъ 185.8
-опорный клапанъ 205.1, 239.1
-сѣдельный дроссельный клапанъ 85.6
-тактный двигатель двойной Кертинга 241.7
- - Эхельгейзера 242.2
- - дѣйствія двойного 325.1
- - - - съ канализаціоннымъ насосомъ 330.4
- - - простого 324.10
Двухтактный процессъ 126.4
-ныхъ двигателей распредѣленіе и регулированіе 240.2
Двухходная индикаторная пружина 352.5
Деготь . . 12.1, 106.6
- бураго угля 12.4
- буроугольный 107.1
- дающія минеральныя составныя части угля 26.3
- древесный . 12.7
- каменноугольный 12.3, 106.7
- сланцовый . 12.6
- содержащіе углеводороды 12.11
- торфяной . 12.5
Дегтевидные углеводороды 12.11
Дегтеотдѣлителя стѣнка отражательная 75.4
- - ударная . 75.4
Дегтеотдѣлитель 75.2
- механическій 75.3
Дегтя выдѣленіе 74.7
- корка . . . 71.7
- паръ 12.2
- слой 71.7
- содержаніе въ газѣ 75.1
- сожиганіе въ особомъ генераторѣ 46.2
- эмульсія въ водѣ 71.6
Дегтярные остатки сиропообразные 71.5
Дельта-металлъ 137.9
Денатуратъ . 106.1
Денатурированный спиртъ 106.1
День рабочій 383.9
Деньгами наличными уплата 371.7
Деньги процентныя 373.8
Дерева обрѣзки 30.2
- перегонка сухая 48.5
- сердцевина . 29.8
Дерево . . . 29.4
- мягкое . . . 29.6

Дерево смолистое ископаемое 27.12
- сосновое . . 307.1
- твердое . . 29.5
Деревянная бочка 108.5
- закраина . 308.5
- рейка . . . 68.9
- рѣшетка . . 73.2
-ныя кружала для отверстій въ фундаментѣ 307.6
Держать закрытымъ клапанъ впускной 228.7
- - - для подачи топлива 228.5
- открытымъ выпускной клапанъ 228.8
Дестиллятъ . 8.6
Дестилляціи частичный продуктъ 8.10
Дестилляціонный приборъ 9.2
Дестилляція непрерывная 9.1
- фракціонированная 8.9
Детали спеціальныя двигателей жидкаго топлива 247.2
Деталь расцѣпляющая рычагъ 298.2
Деформація . 141.3
Динамо . . . 332.3
- компаундъ . 332.7
Динамомашина 332.3
- съ возбужденіемъ отвѣтвленнымъ 332.6
- - - параллельнымъ 332.6
- - - послѣдовательнымъ 332.5
- тока перемѣннаго 333.1
- - постояннаго 332.4
- - трехфазнаго 333.2
- шунтовая . 332.6
-ну включить какъ пусковой электродвигатель 298.2
Динамометрическій тормазъ 357.1
Динамометръ пружинный 357.11
Директоръ . 381.3
- главный . . 381.4
Дирекція . . 381.2
Дисковый поршень . . . 170.4
Дискъ горѣлки 282.9
- миканитовый 287.6
- слюдяной . 287.6
- эксцентрика 224.9
- эксцентриковый 224.9
Диссоціаціи предѣлъ 8.1
- степень . . 7.7
- температура 7.8
Диссоціація . . 7.6
Дифференцированіе 110.2
- по частямъ 110.5
Дифференцировать 110.3
Дифференціалъ 109.8
-льное исчисленіе 109.7
-льный блокъ 302.2
- поршень . . 261.3
Диффузеръ . 80.5
Диффузіи коэффиціентъ 3.5
-зіонный коэффиціентъ 3.5
Диффузія . . 3.4
Диффундировать способность 3.6
Діаграмма атмосфернаго двигателя 364.1
- давленій движущихся массъ 195.8
- - и объемовъ 114.9
- индикаторная 354.5
- по времени 354.8
- подъема клапана 207.9
-, показывающая соотношеніе между температурой и энтропіей 115.3
- пріемника . 129.9
- пульсацій . 84.8
- распредѣленія 198.10
-, снятая при слабой пружинѣ 355.3
- сопротивленій . 195.4
Діаграмма температуръ тепловая 115.3
- - энтропическая 115.3
- усилій касательныхъ 195.3
- - тангенціальныхъ 195.3
- хода поршня 354.7
-му индукаторную снять 354.6
-мъ пучекъ . 354.9
- снятыхъ одновременно рядъ 354.9
-мы вершина 355.2
- вычисленіе 359.2
- ошибка . . 359.6
- петля . . . 355.4
- планиметрированіе . 359.3
- площадь . . 359.4
- погрѣшность 359.6
- полноты степень 361.5
- сильно расходящіяся 355.1
Діаметръ внутренній сѣдла 208.7
- - трубы . . 309.4
- въ свѣту . . 309.4
- - - цилиндра 159.5
- колеса крыльчатаго 80.7
- - лопастнаго 80.7
- фланца . . 312.4
Длина искры 283.6
- полная . . . 303.1
- поршня . . 168.4
- -, воспринимающая нормальное давленіе 175.4
- пружины ненатянутой 204.1
- - свободной 204.1
- строительная 303.1
- тормазного рычага 357.8
- шатуна . . 183.6
Длинноламенный уголь 25.9
Длинный поршень 170.5
Длину шнура установить 354.1
Длинъ кривошипа и шатуна отношеніе 192.2
Дневной свѣтъ 304.1
Днища нагрѣваніе 258.3
- подогрѣваніе 258.3
- ребро . . . 169.5
Днище выпуклое 169.1
- двойное . . 258.4
- поршневое 168.10
- поршня . . 168.10
- съ ребрами 169.2
Днищевое желѣзо 135.5
Дно выпуклое 78.8
- для кривошипа 155.1
- канавки . . 172.3
Добавочное испытаніе 351.3
- сжатіе воздуха посредствомъ поршневого выступа 262.9
Добавочный воздухъ 255.9
Добываемый изъ маселъ газъ 33.1
Добываніе газа 31.1
Договоръ о покупкѣ 370.10
Догораніе заряда 124.2
Дождь распыленной воды 68.6
Долбежный станокъ 150.2
Доменная воздуходувка 336.2
- печь 63.7
-ное производство 64.6
-ной печи ходъ 64.6
-ныхъ печей газъ 63.6
Домкратъ . . 302.1
- гидравлическій 302.1
Домна 63.7
Домны ходъ спѣлый 64.7
- - сырой . . 64.8
Домовая станція 331.5
Дополнительная набивка 179.6
-ное испытаніе 351.3
Дорога желѣзная газовая 339.9
Дорожка въ видѣ ласточкина хвоста 189.5
Доска коммутаціонная 334.4
- распредѣлительная 334.4
Доставить . . 369.3
Доставлять . 369.3
Достигать см. достигнуть

Достигнуть высокой степени сжатія помощью впрыскиванія воды 122.5
Достиженіе герметичности посредствомъ пришлифовки поверхностей стыка 165.2
Доступность клапановъ 206.1
- со всѣхъ сторонъ 302.8
Доходность . 373.3
Древесная шерсть 73.4
-ное топливо . 29.4
-ные отбросы 30.2
-ный деготь . 12.7
- спиртъ . . . 13.11
- уголь . . . 29.7
-ныя стружки 73.3
Дробленіе угля 24.5
Дрова 29.10
Дрожаніе желѣзныхъ листовъ горшка 318.5
Дроссель-клапаномъ сѣченія паропровода измѣненіе 59.3
- - управленіе посредствомъ колокола газгольдера 85.4
Дроссельная заслонка 237.3
- - между смѣшивающимъ и впускнымъ клапанами 233.7
Дроссельный клапанъ двухсѣдельный 85.6
Дуга скользящая 214.6
Дуговое колѣно 310.7
-образная часть скользящая 214.6
Дуплексъ механизмъ распредѣлительный 4-хтактный 213.6
Дутья горячаго періодъ 35.2
- нагрѣвъ . . 64.9
- подогрѣватель 64.10
Дыма образованіе при задувкѣ 60.1
- - - раздувкѣ 60.1
Дымовая труба 54.8, 55.1
-вой трубопроводъ 55.1
Дымящаяся сѣрная кислота 90.5
Дѣйствительная мощность 359.10
- работа . . 359.10
- температура горѣнія 6.7
-ное содержаніе спирта, приведенное къ 15° Цельсія 105.2
Дѣйствіе . . 341.1
- калорическое 97.2
- машинъ . . 342.7
- непрерывное 341.4
- продолжительное 341.4
- съ перерывами 341.5
- установокъ крупныхъ 341.2
- - небольшихъ 341.3
Дѣйствія безопасность 342.2
Дѣйствія двойного двигатель 2-хтактный 325.1
- - - 4-хтактный 324.9
- - поршень . 170.2
- - цилиндръ 157.7
- полезнаго коеффиціентъ механическій 360.1
- - - общій . 361.6
- - - объемный 120.4
- простого воздушный насосъ 260.8
- - двигатель 2-хтактный 324.10
- - - 4-хтактный 324.8
- - цилиндръ 157.6
Дѣствующія въ передаточномъ механизмѣ силы 194.7
-Дѣлать распредѣлительные рычаги съ небольшими массами 215.5
Дѣлъ ходъ . 369.1

Е.

Единица теплоты 16.3
- - британская 17.1
Единицы тепла израсходованныя 363.2
Емкость аккумулятора 284.3
- газгольдера 86.5
Емкость рабочая генер. шахты 49.4
Естеств. тяга 322.5

Ж.

Жалованіе . 384.6
Жаръ сварочный 146.7
Желобки перекрещивающіеся 214.5
Желтая мѣдь 137.4
Желѣзная бочка 108.4
- дорога газовая 339.9
- заварная труба 309.8
- проволока . 187.11
Желѣзный листъ продырявленный 75.5
- стержень якоря 285.1
Желѣзныхъ листовъ горшка дрожаніе 318.5
Желѣзныя стружки съ самоточки 73.5
Желѣзнякъ бурый луговой пульверизованный 73.9
Желѣзо 131.2, 132.7
- балочное . 136.6
- бессемеровское 133.3
- брусковое . 136.2
- волнистое . 135.4
- двутавровое 136.8
- для обшивки цилиндровъ 135.2
- днищевое . 135.5
- зетовое . 136.10
- Зоресъ . . . 135.9
- квадратное 136.4
- корытное . 136.9
Желѣзо корытообразное 136.9
- круглое . . 136.3
- листовое . . 134.5
- - круглое для днищъ 135.5
- - кубовое . 134.9
- - толстое . 134.9
- - тонкое . . 135.1
- - фасонное . 135.3
- - черное . . 134.7
- литое . . . 133.2
- обручное . 136.1
- плоское . 135.10
- полосовое 135.10
- прокатное профильное 135.7
- - сортовое . 135.7
- - фасонное . 135.7
- пудлинговое 133.1
Желѣзо резервуарное 135.6
- сварочное . 132.8
- сименсъ-мартеновское 133.5
- тавровое . . 136.7
- томасовское 133.4
- угловое . . 136.5
- швеллерное . 136.9
- шинное . . 136.1
- Z-образное 136.10
Жесткость каната 329.8
- рамы . . . 155.6
Жесть . . . 134.8
Живой силы использованіе запаса при остановкѣ двигателя на сжатіе воздуха для пуска 196.3

Животное масло 274.4
Жидкаго топлива двигателей специальныя детали 247.2
Жидкіе шлаки 60.9
Жидкій бензинъ снимать съ уловителей 255.2
Жидкое масло 99.5
- топливо . . 99.4
Жидкости титръ 94.3
Жидкости уровень 83.2
- -вня регулированіе поплавкомъ 248.7
Жидкость абсорпціонная 90.4
Жидкость для затвора 92.3
- поглощающая 90.4
Жирный уголь 23.1
- - каменный 22.11
Жужжаніе пламени 265.3

З.

Забастовка . 394.12
- справа . . 384.11
Заболонь . . 29.9
Заварная труба желѣзная 309.8
Зависимая перемѣнная 109.5
Зависимость насыщенія отъ погоды 253.3
Заводовъ металлургическихъ отходящіе газы 63.2
Заводской инженеръ 382.5
- слесарь . . 143.3
Заводчикъ . 379.8
Заводъ . . . 368.6
- винокуренн. 104.8
- газа масляпаго 33.2
- - свѣтильнаго 31.9
- газовый . . 31.6
- - городской 31.7
- для изготовленія спирта 104.8
- керосиновый 103.9
- коксовый . 65.1
- машиностроительный 142.7
- смолокуренный для бураго угля 107.2
Завѣдующій 380.12
- мастерскими 143.2
- технической частью 382.3
- ходомъ производства 382.3
Завѣдываніе технической частью 382.4
- ходомъ производства 382.4
Заглушающая яма 319.6
Заглушеніе трубы 313.2
Заглушка . . 313.3
Загнутая впередъ лопасть 81.3
- - лопатка . 81.3
Загнутая назадъ лопасть 81.4
- - лопатка 81.4
Загнутое впередъ крыло 81.3
- назадъ крыло 81.4
Заготовка угля 23.7
Загружать генераторъ 56.9
Загрузка . . 57.1
- угля 66.2
Загрузки высота 57.7
- періодъ . . 57.2
Загрузочная воронка 56.1, 57.6
- - съ краномъ 56.4
-ный горшокъ 56.1
- каналъ . . 57.6
- приборъ . . 57.4
- сосудъ . . . 56.7
Загрязненіе газа сѣрными парами 75.8
- поршня . . 180.9
- сѣдла клапана 206.8
Загрязненный клапанъ 206.9
Задатокъ . . 371.8
Задній конецъ цилиндра 159.3
Задняя бабка 149.7
- цилиндра сторона 159.3
- - часть . . 159.3
Задувать см. задуть
Задуть генераторъ 59.6
Зажечь лампу 264.8
Зажигать см. зажечь
Зажимная муфта [Лапгена] 364.7
Зажимъ . . . 88.10
-, подводящій токъ 286.9
Зазора ширина 51.3
Зазоръ для расширенія поршневого кольца 173.6
- между колосниками 51.2
Зазоръ между поршневымъ кольцомъ и дномъ канавки 172.4
- - роликомъ и кулакомъ 223.5
Заказчикъ . . 379.6
Закаленная отливка 132.4
Закаливать см. закалить
Закалить поверхности поршневого болта рабочія 169.9
- - - - трущіяся 169.9
- - - пальца рабочія 169.9
- - - - трущіяся 169.9
- поверхность катанія 221.1
Заключеніе сдѣлки 370.11
Заключительный очиститель 67.3
Законодательство промышленное 379.4
Законъ движенія эксцентрика 224.5
- Максвелля о распредѣленіи скоростей между молекулами 113.2
- о выдачѣ патентовъ 378.8
- - - привилегій 378.8
- Пуассона . 116.8
Закраина вкладыша 188.8
- глиняная . 308.6
- деревянная 308.5
- изъ глины . 308.6
- - дерева . . 308.5
Закрывать см. закрыть
Закрытіе клапана 207.4
Закрытія запаздываніе 208.1
Закрытый вертикальный двигатель 325.6
- поршень . . 170.3
Закрытымъ держать клапанъ впускной 228.7
- - - для подачи топлива 228.5
Закрытыя направляющія 157.1
- параллели . 157.1
Закрыть газовый кранъ 346.8
- герметически отверстіе для чистки 170.8
- клапанъ . . 207.6
- охлаждающую воду 347.4
Закрѣпить штифтъ посредствомъ отгибанія 174.6
Закрѣпленный фланецъ 312.7
Заливать см. залить
Заливка бабитомъ 189.4
- бѣлымъ металломъ 189.4
-ки бабитовой отслаиваніе 189.6
Залить анкерные болты 309.1
- вкладыши бабитомъ 189.2
- золу 61.9
- тѣло поршня бѣлымъ металломъ 177.1
Залъ сборочный 301.4
- чертежный 382.2
Замазка . . 133.10
Замедленное сгораніе 123.4
Замедлить запалъ 344.3
Замедляющее давленіе 196.1

Замкнутая труба съ боковыми отверстіями выхлопная 319.7
- - - - - газоотводящая 319.7
- кинематически цѣпь 223.9
-тый поршень 170.3
Замокъ поршневого кольца 173.8
Замыканіе короткое 288.3
Замыкатель 285.10
Замѣна машинныхъ частей 349.12
Заостренный ломъ 61.4
Запаздываніе закрытія 208.1
- запала . . . 280.2
Запаздываніемъ запала регулированіе 227.7
-нія уголъ при закрытіи 208.5
Запала время 279.7
- запаздываніе 280.2
- -ніемъ регулированіе 227.7
- моментъ . . 279.8
- предвареніе 279.9
- сила 279.6
Запаломъ регулированіе 227.5
Запалъ . . . 279.4
- выключить 347.1
- замедлить . 344.3
- искрой, даваемой прерывателемъ 288.4
- на свѣчи . . 286.4
- напряженія высокаго 286.5
- - низкаго . 288.5
- неисправный 280.3
- неудавшійся 280.3
- отъ батареи 285.8
- пламенный 280.4
- поздній . . 280.2
- посредствомъ накаленныхъ тѣлъ 281.2
- ранній . . . 280.1
- съ помощью свѣчъ 286.4
- устанавливать 290.5
- электрическій 283.2
- электромагнитный 286.1
Запальнаго пламени проводъ 280.6
Запальная букса 288.6
- - охлаждаемая 287.2
- искра . . . 283.7
- свѣча . . . 286.6
- трубка съ краномъ 281.6
- - - нагрѣваніемъ 282.7
-ное пламя . 280.5
-ной буксы изоляція 287.3
- трубки подогрѣваніе 282.6
Запальный клапанъ 281.1
- колпакъ . . 281.4
- приборъ . . 283.3
- токъ 283.8
- шаръ . . . 281.4
Запаса живой силы использованіе при остановкѣ двигателя на сжатіе воздуха для пуска 196.3
Запасн. сосудъ съ воздухомъ для вдуванія 261.7
Запахъ газа . 350.4
Запереть выпускной клапанъ 226.1
- притокъ охлаждающей воды 347.4
Запиленная бороздка 174.7
Запираніе выпуска посредствомъ прерывающаго органа и упора 226.3
- выпускного клапана 225.8
- колѣнчатымъ рычагомъ 227.1
Заплечико . . 64.2
- поршневого штока 178.7
Заплечикъ . 64.2
- шахты генератора 49.9
Заполненіе битымъ кремнякомъ 249.10
- коксомъ . . 68.7
-нія высота . 57.7
Запорный клапанъ 315.7
Запорн.органъ 314.8
Запоръ дверецъ 54.6
Заряда догораніе 124.2
- и продувки періодъ 126.6
- рабочей смѣси вѣсъ 120.7
- регулированіе 232.5
- - измѣненіемъ количества 232.5
- сгораніе послѣдующее 124.2
- скорость впускная 119.11
- - входная 119.11
- - сгоранія . 124.1
Зарядить батарею 284.7
- рабочей смѣсью 126.7
Заряжать см. зарядить
Заряжающаго насоса самодѣйствующій клапанъ 245.1
- и продувочнаго насосовъ распредѣленіе 244.8
-щихъ - -ныхъ насосовъ сопротивленіе 130.2
Заряжающіе насосы расположить подъ поломъ 243.8
- - - сбоку отъ цилиндра 243.9
-щій насосъ . 242.7
Засасыванія устраненіе 226.2
Заслонка автоматическая 244.9
- возвратная . 250.3 316.2
- воздушная . 237.4
- газовая . . 237.5
- газоотводной трубы 55.3
- дроссельная 237.3
- - между смѣшивающимъ и впускнымъ клапанами 233.7
- предохранительная 250.4
- самодѣйствующая 244.9
Засореніе генератора 60.12
- трубы . . . 314.4
Засоренный сифонъ 70.10
Застаиваніе охлаждающей воды 167.2
Застой тепла 163.1
Засыпка угля 66.2
Застревать; застреваетъ клапанъ 206.8
Затвердѣваніе фундамента 308.7
Затворъ газопровода гидравлическій 55.9
- двойной . . 56.2
Затраты на изготовленіе 372.4
- - монтажъ . 372.6
- - обзаведеніе 372.3
- - пріобрѣтеніе 372.3
- - сооруженіе 372.2
- - установку 372.6
- - устройство 372.2
- по ремонту 372.8
Затраченный капиталъ на устройство сооруженія 373.5
- - - - установки 373.5
Затрачиваемая на треніе работа 360.3
Захватка со спускной собачкой 235.6
Захватъ газоваго клапана воздушнымъ 232.1
Захватываемый поршнемъ угловой рычагъ 252.7
Захватывающая собачка 289.8
Захлопка возвратная 250.3
- предварительная 250.4
Зацѣпка движущаяся вверхъ и внизъ 290.7
-ки направляющій рычагъ переставить 290.8
Зацѣпленіе крючкомъ 230.4
Защемленіе колеса на распредѣлительномъ валу 211.4
- поршня изношеннаго 180.7
- - индикатора 356.8
Защемляться; защемляется клапанъ 206.7

Заѣданіе опорной поверхности клапана 206.4
- поршня . . 181.1
Зданіе для вентиляторовъ 81.7
- машинное . 303.3
Землистый осадокъ охлаждающей воды 167.7
Зеренъ величина 24.10
Зетовое желѣзо 136.10
Змѣевикъ . . 93.3
- перегрѣвательный 88.5
- холодильника 9.4
Знакъ для сердечника 147.5
- интеграла 110.10
- стержневой 147.5
- фабричный 378.4
- химическій . 2.10
Значительная собственная теплота воздушнаго газа 84.6
Золотника смѣшивающаго распредѣленіе отсѣчкою 233.2
- - - расцѣпленіемъ 233.2
Золотниковое распредѣленіе 363.5
Золотникомъ двойнымъ распредѣленіе 246.6
- смѣшивающимъ суженіе прохода 234.3
Золотникъ воздушный 238.3
- вращающійся 237.10
- газовый . . 238.2
- главный . . 246.7
Золотникъ кольцевой 246.3
- круглый для впуска и выпуска 245.7
- перепускной между нагнетательнымъ и всасывающимъ пространствами 247.1
- плоскій . . 363.6
- поршневой . 238.1
- смѣшивающій 238.4
- трубчатый . 237.9
Золу залить . 61.9
- легкую содержащій уголь 26.5
Золы содержаніе 26.4
Зольникъ . . 54.4
- съ водянымъ затворомъ 54.7
Зольниковыя дверцы 54.5
Зонтъ распыляющій 256.7
Зуба сцѣпляющаго косая поверхность 292.4
Зубецъ для поворачиванія крестовины 213.9
Зубило . . . 144.7
-ломъ рубить 144.6
Зубчатыхъ колесъ плавный ходъ 210.4
- - спокойная работа 210.4
- - цилиндрическихъ пара 210.1
Зубъ сцѣпляющій 292.3
Зѣвъ 220.1

И.

Игла для прочистки 266.5
- клапана . . 262.4
Иглы втулка 262.5
- гильза . . . 262.5
Игольчатый клапанъ 262.3
Идеальнаго кругового процесса работа 361.2
Идеальная газовая турбина 364.9
-ной машины работа 361.2
Избытокъ воздуха 7.2
- работы . . 198.1
Избыточная площадь 198.2
Избыточное давленіе 82.6
- - продувки 129.4
Известковый растворъ 307.9
Известь гидравлическая 307.7
Изгибающее усиліе 141.7
-щій моментъ 141.8
Изгибу подвергнуть 141.7
- продольному сопротивленіе 142.5
Изготовить . 368.5
Изготовленіе 142.6 368.2
Изготовлять см. изготовить
Издержки судебныя 377.9
Издѣліе . . . 368.4
Изентропа . . 116.6
Изентропическая кривая 116.6
Изломъ поршневого штока 181.5
Излученіе тепла 15.10
-нія тепломъ обогрѣтая рама 264.4
Измельченіе угля 24.5
Измѣненіе величины безконечно малое 110.1
- состоянія . 115.4
- сѣченія паропровода дроссель-клапаномъ 59.3
- формы . . . 141.3
-ніемъ количества заряда регулированіе 232.5
Измѣнить ходъ насоснаго поршня 252.4
Измѣнять регуляторомъ уклонъ поверхности катанія 235.4
Измѣреніе газа 86.7
- слабой тяги 83.4
- тепла . . . 16.1
- числа оборотовъ 358.6
Измѣритель тяги 82.8
Измѣрительная колба 91.2
- трубка градуированная 91.7
- - калиброванная 91.7
-ный сосудъ . 91.2
Измѣрить количество газа при спаданіи газгольдера 86.8
- силу тяги въ миллиметрахъ водяного столба 82.7
- температуру тѣла по его лучеиспусканію 21.8
Измѣрять см. измѣрить
Изнашиваніе см. износъ
Износъ поверхностей катанія 220.8
- рабочей поверхности цилиндра 160.1
Изношеннаго поршня защемленіе 180.7
Изобара . . . 115.6
Изображеніе графическое 110.12
Изобрѣтеніе эксплоатировать разрѣшеніе 379.2
- - -разрѣшенія обладатель 379.3
Изолированный фундаментъ 304.9
Изолирующей трубки потѣніе 287.8
Изоляція запальной буксы 287.3
- изъ резины роговой 287.4
- - - твердой . 287.4
- фарфоровая 287.5
- эбонитовая 287.4
Изоплера . . 115.5
Изотерма . . 116.4
Изотермическій 116.5
Изотермическое сжатіе 121.8
Израсходованныя единицы тепла 363.2
Изслѣдованіе 350.6
- газа 87.8
Изслѣдовать выполненіе машины 342.9
Иловый бурый уголь 24.2
Импортъ . . 375.6

Инвалидная рента 386.1
Индикатора барабанъ 352.4
- движущихся массъ колебаніе 356.6
- кранъ . . . 353.3
- поршень . . 352.2
- поршня защемленіе 356.8
- пружина . . 352.3
- шнуръ . . . 353.8
- ящикъ . . . 354.4
Индикаторная бумага 353.2
- діаграмма . 354.5
- мощность . 359.9
- пружина . . 352.3
- - двойная витая 352.5
- - двухходная 352.5
- работа . . . 359.9
-ное давленіе поршня среднее 359.7
-ной пружины калиб[ри]рованіе 355.8
-ную діаграмму снять 354.6
-ный кранъ . 353.3
- - двойной . 353.4
- - съ водянымъ охлажденіемъ 353.5
- остовъ . . . 333.3
- шнуръ . . . 353.8
Индикаторъ . 352.1
Индифферентный газъ 6.3
Индукторъ магнитный 284.9, 292.4
Индукціонная катушка 285.9
-ный приборъ 285.9
Инерціи моментъ 142.1
Инерціи сила 195.5
- силы, появляющіяся въ плоскости качанія стержня шатуна 184.4
Инерціонный осевой регуляторъ 278.2
Инжектора острый конецъ 93.4
Инженеръ . . 382.6
- администраторъ 383.1
- вольнопрактикующій 382.9
- главный . . 382.7
- заводской . 382.5
- консультантъ 382.10
- машиностроитель 142.9
- -механикъ . 142.9
- по заводу . 382.5
- служащій по фабричной инспекціи 382.8
- экспертъ . 382.10
Инструментъ сборочный 301.5
- слесарный . 143.6
Интеграла знакъ 110.10
Интегралъ . 110.9
Интегральное исчисленіе 110.6
Интегрированіе 110.7
- по частямъ 110.11
Интегрировать 110.8
Интенсивность тока 335.1
Ископаемое смолистое дерево 27.12
-мый уголь . 23.5
Искра въ моментъ перерыва тока 283.5
- запальная . 283.7
- электрическая 283.4
Искривленіе поршневого штока 181.4
Искровой промежутокъ 283.6
Искру вызвать отрывомъ 289.1
Искры длина 283.6
Искусственная тяга 322.7
Испареніе . . . 9.5
- отъ теплоты въ воздухѣ 257.1
Испареніемъ карбурація 254.5
- охлажденіе 322.8
Испаренія горныхъ маселъ кривыя 102.5
- теплота . . 15.3
Испарителемъ накалившимся воспламененіе 281.3
Испаритель . 253.2
- бензиновый 253.5
- главный . . 41.5
- керосиновый 253.8
- - трубчатый 253.7
- отходящими газами обогрѣваемый 257.4
- - - отапливаемый 257.4
- предварительный 41.6
- спиртовый . 254.2
- съ большимъ объемомъ воды 39.8
- - кипятильными трубками 40.4
- трубчатый . 40.1
- фитильный 254.7
Испарительная коробка 39.6
Испарителя стѣнокъ нагрѣваніе 257.6
- - подогрѣваніе 257.6
Испарить . . . 9.6
-ся 9.7
Испаряемость 100.7
Испарять см. испарить
Испаряться см. испариться
Испаряющій карбураторъ 254.6
Использованіе запаса живой силы при остановкѣ двигателя на сжатіе воздуха для пуска 196.3
- передаточнаго механизма 183.4
- тепла . 14.10, 361.7
- топлива . . 62.1
Испытаніе . . 350.7
Испытаніе безупречное 351.1
- вспомогательное 351.3
- добавочное 351.3
- дополнительное 351.3
- калибровки 356.2
- матеріаловъ 139.9
- предварительное 351.2
- пріемное . 350.12
- тахометрическое 198.5
- температуры пламени 265.8
- тормазное . 356.9
Испытаній результатъ 351.4
Испытанія померъ 351.5
Испытать выполненіе машины 342.9
- напряженіе батареи 284.6
- плотность поршня 343.1
Истеченіе подъ дѣйствіемъ напора жидкости 247.7
- - - сжатаго воздуха 247.8
- - естественнымъ напоромъ 247.7
Истеченія воздуха изъ каналовъ скорость 129.2
- коэффиціентъ 129.3
- паровъ топлива скорость 263.3
Источникъ ошибки 351.10
- погрѣшности 351.10
- тока для запала 283.9
- - электромагнитный 284.8
Исчисленіе дифференціальное 109.7
- интегральное 110.6

К.

Кажущееся содержаніе спирта 105.1
Каленіе проволоки красное 266.1
Каленіе проволоки свѣтлое бѣлое 266.2
- свѣтлокрасное 282.4
Кали ѣдкаго растворъ 90.6
Калиб[ри]рованіе индикаторной пружины 355.8
Калиб[ри]рованіе при нагрузкѣ возрастающей 356.4
- - - уменьшающейся 356.3

Калиб[ри]рованія способъ 355.9
Калиб[ри]рованная измѣрительная трубка 91.7
-ный масштабъ пружины 355.6
Калибровки испытаніе 356.2
Калильная лампа 263.2
- - бензиновая 263.5
- - керосиновая 264.2
- трубка открытая 281.7
- - съ передвижнымъ нагрѣвательнымъ пламенемъ 283.1
-ной -кой воспламененіе 281.5
Калійный щелокъ 90.6
Калориметра вода 99.2
- водяной эквивалентъ 98.4
Калориметрическая теплопроизводительность полная 97.3
Калориметрическимъ путемъ опредѣлить теплопроизводительность 98.2
- - - теплотворную способность 98.2
Калориметрическій эффектъ 97.2
Калориметрія 16.1
Калориметръ 98.3
- водяной . . 98.5
- Юнкерса для газообразнаго и жидкаго топлива 98.6
Калорическое дѣйствіе 97.2
Калорія большая 16.4
-, граммъ - . 16.5
-, килограммъ - 16.4
- малая . . . 16.5
- техническая 16.4
Каменноугольная смола 106.7
Каменноугольный брикетъ 28.9
Каменноугольный деготь 12.3, 106.7
Каменный уголь 22.4
- - жирный . 22.11
- - тощій неплавкій 22.9
- - - неспекающійся 22.9
Камера всасыванія 244.5
- всасывающая подземная 318.6
- для масла . 276.7
- насоса . . . 251.3
- перегонки . 107.5
- разрѣженія 40.8
- регенеративная 66.1
- сгоранія . . 365.3
- - съ гладкими стѣнками 159.4
- сжатія . . . 244.6
- - съ внѣшнимъ подогрѣваніемъ 257.5
- смѣсительная 236.5
- съ низкимъ давленіемъ 40.8
- турбинная . 366.7
- угольная . . 65.6
Камеру охлажденія очистить отъ грязи 167.8
Каминная труба для запальнаго пламени 280.7
Капавка въ видѣ ласточкина хвоста 189.5
- для масла . 275.3
- маслоуловительная 278.7
- поршня кольцевая 172.2
Канавки дно 172.3
Канала удлиненіе 282.10
Канализаціонная насосная станція, приводимая въ движеніе газомъ 337.4
-ный насосъ 337.5
Каналовъ горѣлки покрываніе копотью 266.3
- рекуператорной топки система 32.11
Каналъ воздушный 236.10
- выложенный кирпичами 303.8
Каналъ для воздуха 236.8
- - газа . . . 236.9
- газовый . . 237.1
- - предварительнаго выпуска 205.9
- - разгрузки 205.2
- - фундаментнаго болта 308.10
- загрузочный 57.6
-, открывающійся предварительно 280.9
- перепускной 260.6
- смѣшивающій 237.2
- соединительный между всасывающей и нагнетательной камерами 252.6
Каната жесткость 329.8
- натяженіе . 329.3
Канатная передача 329.2
Канатный тормазъ 357.10
- шкивъ . . . 329.7
Канатъ 329.4
- изъ стальной проволоки 329.6
- пеньковый . 329.5
- удерживающій 358.2
Каннэльскій уголь 23.3
Капельная масленка 276.3
- пластина . . 70.5
Капельникъ . 33.4
Капельный кранъ 33.4
- стокъ . . . 275.5
Капельчатая масленка 276.3
Капилярная трубка 91.4
- - газоподводная 93.2
- - для сжиганія 95.3
- - платиновая Дрешмита 95.7
- - термометра 19.3
Капилярныя трубки вставленныя 93.1
Капиталъ . . 373.4
- затраченный на устройство сооруженія . 373.5
- - - - установки 373.5
- основной . . 373.6
Карандаша путь 355.7
Карболовое масло 106.10
Карбураторомъ накалившимся воспламененіе 281.3
Карбураторъ 253.2
- впрыскивающій 256.1
- испаряющій 254.6
Карбурація впрыскиваніемъ 255.3
- испареніемъ 254.5
Карбурированный водяной газъ 34.8
Карбурировать спиртъ бензоломъ 106.4
Касательная въ точкѣ перегиба 271.5
-ное сопряженіе кривыхъ 222.8
-ныхъ усилій діаграмма 195.3
Касса 381.8
- больничная 385.5
- пенсіонная . 386.3
Кассиръ . . 381.7
Каталогъ . . 369.10
Катанія кривая 219.8
- кривыхъ геометрическая форма 220.2
- поверхностей износъ 220.8
- - скольженіе другъ по другу 220.7
- поверхности уклонъ измѣнять регуляторомъ 235.4
- поверхность 219.2
- - закаливать 221.1
Катушка индукціонная 285.9
- обмотки якоря 285.2
Катящагося рычага очертаніе по дугѣ круга 220.4
- - - прямолинейное 220.3
Катящійся рычагъ 217.8
- - ведомый . 218.3
- - ведущій . 218.2
- - съ постоянной точкой вращенія 218.1

Катящіяся другъ по другу лопасти 80.3
Каучуковая трубка 88.9
Каучукъ . . 138.4
Качаніе маховика при остановкѣ 345.8
-нія шатуна уголъ 193.7
Качающаяся колосниковая рѣшетка 53.1
- кулачная шайба 225.7
- полюсная трубка 285.7
-щійся регуляторъ 229.4
- скальчатый насосъ 182.6
- якорь . . . 285.3
Качественный анализъ 88.1
Качество газа 60.4
Кашица цементная 308.3
Квадратное желѣзо 136.4
Квартира для рабочихъ 385.2
Кварцевый песокъ, свободный отъ глины 308.1
Квитанція . . 371.2
Кернеромъ отмѣтить 144.8
Кернеръ . . 145.1
Керно 145.1
Керномъ отмѣтить 144.8
Керосина впрыскиваніе 262.8
Керосиновая лампа калильная 264.2
- - нагрѣвательная 264.2
- пыль . . . 254.1
Керосиновые пары 253.9
Керосиновый заводъ 103.9
- испаритель 253.8
- - трубчатый 258.7
- насосъ . . 250.10
- туманъ . . 253.10
Керосинъ 102.3, 103.4
- американскій 103.5
- очищать . 103.10
- распыленный 254.1
- русскій . . 103.6
Киловаттъ . 335.4
Киловаттъ часъ 335.5
Килограммъ-калорія 16.4
Кинематика кривошипнаго механизма 191.10
Кинетическая теорія газовъ 112.6
- энергія молекулъ 113.4
- - средняя системы точекъ 113.5
Кинематически замкнутая цѣпь 223.9
Кипѣнія температура 19.2
- точка . . . 19.2
Кипяченіемъ анализъ 100.8
Кирпичами выложенный каналъ 303.8
Кирпичъ . . 306.5
- огнеупорный 50.3
- угольный . 28.8
- шамотный . 50.2
Кислородъ . 10.2
- атмосферный 10.3
- воздуха . . 10.3
- химически связанный 10.4
Кислота синильная 14.3
- соляная . . 14.7
- сѣрная . . 14.6
- - дымящаяся 90.5
- сѣрнистая . 14.5
- уксусная . 104.5
- хлористоводородная 14.7
Кислотная башня 48.3
Кислоты пирогалловой щелочный растворъ 91.1
- фосфорной ангидридъ 89.9
Клапана выпускного выключеніе 225.8
- - запираніе 225.8
- газоваго захватъ воздушнымъ 232.1
- закрытіе . . 207.4
- заѣданіе опорной поверхности 206.4
- игла 262.4
- кольцо . . . 245.5
- конуса перекашиваніе 206.5
- конусъ . . 200.7
Клапана конусъ охлаждаемый водой 202.1
- коробка . . 160.8
- -, впускного - 203.1
- -, выпускного - 203.2
- лента направляющая 245.6
- неплотность 206.3
- опусканіе . 207.8
- открытіе . . 207.3
- охлажденіе 201.9
- подъема высота 208.6
- - - наибольш. 208.3
- - діаграмма 207.9
- - кривая . . 207.9
- - скорость . 208.2
- подъемъ . . 207.7
- полый стержень 202.2
- посадка на сѣдло 220.6
- приподыманіе 220.5
- пружина . . 203.7
- расположеніе 239.5
- рычагъ . . 217.7
- свободное сѣченіе 208.8
- сопротивленіе 204.8
- стержень . 201.4
- сѣдла загрязненіе 206.8
- сѣдло . . . 200.8
- тѣло 200.5
- шаръ . . . 251.8
- шпиндель . 201.4
- - вычистить 207.1
- - пустотѣлый 202.2
Клапанная вставка 203.4
- головка воздушнаго насоса 261.1
- коробка . . 202.7
- -, образующая пробку крана 256.6
- - общая для впуска и выпуска 203.3
- -, помѣщенная сбоку цилиндра 164.2
Клапанное распредѣленіе 198.9
-ной пружины нагрузка 204.5
- - натяженіе 204.5
Клапанный рычагъ подпирать 226.6
Клапанный фонарь 203.4
Клапановъ доступность 206.1
Клапаномъ дроссельнымъ управленіе посредствомъ колокола газгольдера 85.4
Клапану газовому передача движенія скошеннымъ кулакомъ 235.1
- - - - съ измѣненіемъ момента открытія при неизмѣняющейся посадкѣ 235.3
Клапанъ 199.4, 315.4
- водопускной 317.1
- возвратный 316.1
- - для газа и воздуха 246.2
- воздушный 238.5
- впускной . 199.8
- - автоматическій 200.1
- - держать закрытымъ 228.7
- - и газовый комбинированный 239.6
- -, открываемый механически 200.2
- - самодѣйствующій 200.1
- - съ запорнымъ газовымъ золотникомъ 240.1
- - - сверленіями въ сѣдлѣ 239.8
- - управляемый 200.2
- всасывающій 245.2
- выпускной . 200.3
- - держать открытымъ 228.8
- - запереть . 226.1
- - подпереть 229.1
- газовый . . 238.6
- горизонтальный 199.7
- двухопорный 205.1, 239.1
- для впуска горючаго 262.2
- - - топлива 262.2
- - обратнаго потока газа 245.9
- - подачи топлива держать закрытымъ 228.5

Клапанъ для спуска воды 317.1
- дроссельный двухсѣдельный 85.6
- загрязненный 206.9
- закрыть . . 207.6
- запальный . 281.1
- запорный . 315.7
- застреваетъ 206.6
- защемляется 206.7
- игольчатый 262.3
- кольцевой . 245.4
- комбинированный 200.4
- коническій . 200.6
- конусный . 200.6
- къ своему сѣдлу притереть 201.3
- - - - пришлифовать 201.3
- нагнетательный 245.3
- - съ обратнымъ ходомъ (Штумпфа) 336.7
- неплотный . 206.2
-, открывающійся кверху 199.5
-, - книзу . . 199.6
- открыть . . 207.5
- переключательный съ двойнымъ сѣдалищемъ 55.6
- перепускной 260.5
- - для сжатія при остановкѣ 296.8
- питательный для воды 40.7
- пластинчатый (Линдемана) 336.8
- проходной . 315.8
- пусковой . 295.4
- разгрузить . 204.9
- распылителя пустотѣлый 256.3
- самодѣйствующій заряжающаго насоса 245.1
- смѣшивающій 238.7
- - автоматическій 238.8
- - самодѣйствующій 238.8
- - управляемый 238.10
- соединенный 200.4
- стопорный . 315.7
- съ нажимной скобой 55.4
Клапанъ съ подвѣшенной на пружинахъ тарелкой (Лангъ-Гербигеръ) 336.6
- трубчатый . 239.2
- угловой . . 315.9
- управляемый 337.6
- устанавливаемый помощью винта и пружины 256.5
Клапаны стучатъ 207.2
Клеймо фабричное 378.4
Клемма, подводящая токъ 286.9
Клещи . . . 143.8
- для трубъ 313.11
Клинкеръ . . 306.6
Клинъ подтяжной 189.1
Клѣтки величина грохота 24.9
- - рѣшета . 24.9
Клюка . . . 61.5
Ключъ для трубъ 313.10
- - крана . 314.12
Ковать . . . 145.8
Ковкій чугунъ 132.6
Коеффиціентъ диффузіи 3.5
- диффузіонный 3.5
- истеченія . 129.3
- машины относительный 361.4
- механическій работы 360.1
- мощности постоянный 359.8
- подачи . . . 120.5
- полезнаго дѣйствія механическій 360.1
- - - объемный 120.4
- - - общій . 361.6
- - - экономическій 361.6
- расширенія кубическій 16.8
- - линейнаго тѣлъ 16.7
- - линейный 16.7
- - объемнаго 16.8
- - тепловой . 16.6
- - термическій 16.6
- растяженія 140.8
Кожа 138.9
Кожухъ якоря 290.3
Кокильная отливка 132.5
Кокса выходъ 66.3
Кокса добываемаго количество 66.3
- производство 65.1
Коксовальная печь 65.4
-ной печи газъ 64.11
-ныхъ печей батарея 65.5
Коксованіе . 65.3
Коксовать . . 65.2
Коксовая мелочь 27.7
- печь см. коксовальная печь
- пыль . . . 25.8
Коксовые отбросы 27.8
-вый заводъ . 65.1
- очиститель для колошниковаго газа 73.10
-вые высѣвки 27.6
Коксомъ заполненіе 68.7
- набивка . . 68.7
Коксъ 27.1
- газовый . . 27.2
- изъ бураго угля 28.1
- орѣшковый 27.5
- сортированный вилами 27.3
Колба измѣрительная 91.2
Колбочка перегонная 101.2
Колебаніе движущихся массъ индикатора 356.6
- нагрузки . 344.10
- столба газоваго 319.1
- - отработавшихъ газовъ 126.1
Колебаній способъ 356.1
Колебанія скорости кривошипа 198.4
Колеблющійся нажимъ 357.4
- тормазъ . . 357.4
Колеи ширина 338.5
Колеса діаметръ, крыльчатаго 80.7
- -, лопастнаго 80.7
- защемленіе на распредѣлительномъ валу 211.4
- локомобиля подпирать 338.7
- лопатка . . 367.2
- ободъ . . . 367.1
- окружность 366.9
Колесный тормазъ 338.8
Колесо ведомое 209.9
- ведущее . . 209.8
- винтовое фрезированное 209.7
- крыльчатое 80.6
- лопастное . 80.6
- маховое см. маховикъ
- рабочее . . 366.8
- турбинное . 366.8
- храповое съ 8 зубцами 214.3
Колесъ зубчатыхъ плавный ходъ 210.4
- - спокойная работа 210.4
- пара винтовыхъ 209.6
- - геликоидальныхъ 209.6
- - зубчатыхъ цилиндрическихъ 210.1
колецъ поршневыхъ разгибаніе 173.9
- - раздвиганіе 173.9
Количества заряда измѣненіемъ регулированіе 232.5
- пара регулированіе 263.9
Количественный анализъ 87.10
Количество воздуха, необходимое въ дѣйствительности 7.1
- - - практически 7.1
- - - теоретически 6.10
- газа въ куб. м. на клгр. топлива 62.2
- - въ часъ . 62.4
- - измѣрить при спаданіи газгольдера 86.8
- добываемаго кокса 66.3
- тепла, введенное въ круговой процессъ 360.9
- -, - въ циклъ 360.9
- - въ единицѣ объема 348.2
- -, обращенное въ индикаторную работу 361.3

Количество тепла, сообщенное газу 114.6
Коллекторъ . 334.1
- для кокса . 45.3
Коловратный вентиляторъ 80.2
Колодезный насосъ въ соединенiи съ двигателемъ жидкаго топлива 331.2
Колодку тормазную подтянуть 357.5
Колокола газгольдера косая установка 86.9
- газоваго подъемомъ и опусканiемъ регулированiе 59.2
Колоколъ газгольдера 86.3
- для дестилляцiи свѣжаго горючаго 48.1
- регулирующiй съ гидравлическимъ затворомъ 86.2
Колонка подпирающая 158.5
Колонка топлива 57.8
Колосника верхъ 51.6
- приливъ боковой 51.7
- - распорный 51.7
Колосниковая рѣшетка 50.9
- - боковая . 52.6
- - вертикальная 52.7
- - вращающаяся 52.8
- - - цилиндрическая 53.3
- - горизонтальная 52.2
- - качающаяся 53.1
- - корзинообразная 52.4
- - крышеобразная 43.6
- - наклонная 52.3
- - поворотная 52.8
- - сотрясающая 53.1
- - ступенчатая 52.5
- - этажная . 48.3
- - ярусная . 48.3
Колосниковой рѣшетки балка 51.8
- - конструкцiя 52.1
- - охлажденiе 57.9
- - рама . . . 51.8
- - впрыскиванiе 61.6
-вообразная отводная труба для газовъ, получающихся отгонкой 48.4
Колосникъ . 51.5
- заполненный золой корытообразный 53.2
- - - лотковый 53.2
Колошниковая пыль 76.6
-вый газъ . . 63.6
Колошникъ . 63.9
Колпакъ . . 313.3
- для пружины 203.6
- запальный . 281.4
- съ сѣткой . 249.6
Кольца, подтягиваемыя посредствомъ конической приточки 180.1
- поршневого замокъ 173.8
- - поворачиванiе предотвратить 174.4
- - прилегающая поверхность 172.1
- - штифтъ . 174.5
- - -выя стучать 181.3
- - хлопаютъ 181.3
- стыкъ . . . 173.2
Кольцевая выемка въ насосномъ цилиндрѣ 251.4
- канавка поршня 172.2
- смазка . . . 276.5
Кольцевое сѣдло 201.1
Кольцевой генераторъ 46.1
- золотникъ . 246.3
- клапанъ . . 245.4
- трубопроводъ 316.7
Кольцевые сегменты, захватывающiе другъ друга посредствомъ паза и гребня 50.8
Кольцеобразное сѣдло 201.1
Кольцо впускное 240.5
- выпускное . 240.6
- клапана . . 245.5
- коробчатое . 180.5
-, надѣваемое въ горячемъ состоянiи 191.4
- отрѣзать . . 172.6
- поршневое надѣть на поршень 174.2
- - - - тѣло поршня 174.2
- - подшабрить 173.1
- - пришлифовать 172.8
- - самопружинящее 171.7
- прокладное см. кольцо прокладочное
- прокладочное 313.1
- -, поставленное на ребро 166.2
- пружинящее сферическое 180.2
- - шаровое . 180.2
- съ окнами открыть 241.5
- - - перекрыть 241.6
- - прорѣзами 240.4
- - - открыть 241.5
- - - перекрыть 241.6
- разбрызгивающее для смазки 275.4
- разгибающее 174.1
- резиновое и натяжная проволока 162.5
- смазочное . 276.6
- снять съ поршня 174.3
Колѣна шейка 186.7
Колѣнный валъ 185.7
Колѣно 310.6, 310.8, 186.3
- впускное . 317.5
- дуговое . . 310.7
- рычага . . 216.6
Колѣнчатый валъ 185.7
- рычагъ . . 216.5
- - включить 221.2
-тымъ -гомъ запиранiе 227.1
Комбинированный воздушный и газовый насосъ 243.5
Комбинированный клапанъ 200.4
- - перепускной и пусковой 297.1
- - впускной и газовый 239.6
Коммиссiонная плата 384.9
Коммиссiонныя 384.9
Коммутацiонная доска 334.4
Компаундъ динамо 332.7
- сталь . . . 134.2
Комплектъ машинъ 330.1
Компрессоръ двукратный 261.2
- двуступенчатый 261.2
- пусковой . 296.3
- съ сжатiемъ двукратнымъ 261.2
- - - трехкратнымъ 261.4
- - рукояткой 296.4
- - электрическимъ приводомъ 296.5
- трехступенчатый 261.4
- турбинный . 365.4
Конвекцiя тепла 15.12
- тепловая . . 15.12
Конденсаторъ, включенный параллельно цѣпи тока высокаго напряженiя, дающаго искры 266.6
Конденсацiя . 9.9
Конденсированiе пара 9.11
Конденсировать 9.10
Конецъ инжектора острый 9.4
- поршня, суженный подверженный расширенiю 175.5
- рычага съ прорѣзомъ 217.2
- цилиндра . 159.1
- - заднiй . . 159.3
- - переднiй . 159.2
Конечная кривая 219.9
- ордината . 111.8
- температура сжатiя 122.4
-ное давленiе сжатiя 121.10

Коническая абсорпціонная стклянка 94.4
- вуаль выходящаго бензина 256.4
Коническій клапанъ 200.6
- регуляторъ 268.8
Конструкціонное бюро 382.1
Конструкція колосниковой рѣшетки 52.1
- регулятора 267.5
Консультантъ инженеръ 382.10
Контактнаго рычага ось 288.10
- - отрываніе отъ штифта 289.2
Контактный рычагъ 288.9
Контора . . 381.10
- главная . 381.11
- техническая 381.12
Контроль за работой машины 347.8
Контръ-фланецъ 312.8
Конуса клапана перекашиваніе 206.5
Конусный клапанъ 200.6
Конусъ вспомогательный 205.5
- главный . . 205.4
- Зегера . . . 21.7
- и стержень изъ одного куска 201.7
- клапана . . 200.7
- -, охлаждаемый водой 202.1
- крана . . 314.10
- плавкій . . 21.7
- штока . . . 178.8
Концевая втулка короткая 171.3
- часть цилиндра 163.4
Концевой кривошипъ 186.8
Концентрическіе круги 222.4
Координатъ оси 111.1
- система . . 111.1
Копежъ для пыли 76.5
Коренного подшипника вкладышъ 188.3
- - крышка . 187.4
- - ножка . . 152.8
- - подушка . 152.8
Коренного подшипника смазка 279.1
Коренной валъ 185.6
- - и распредѣлительный вращаются въ одномъ направленіи 212.4
- -, расположенный сверху 151.6
- подшипникъ 187.1
- -, наклонный во внутрь 187.5
- - - кнаружи 187.6
- - съ разрѣзомъ въ горизонтальной плоскости 187.3
Корзинообразная колосниковая рѣшетка 52.4
Корка дегтя . 71.7
Корневой торфъ 28.5
Коробка для задняго ползуна 156.4
- - масла . . 275.8
- испарительная 39.6
- клапана . . 160.8
- - впускного 203.1
- - выпускного 203.2
- клапанная . 202.7
- -, образующая пробку крана 256.6
- - общая для выпуска и впуска 203.3
- -, помѣщенная сбоку цилиндра 164.2
- кривошипа . 153.1
- очистительная 72.8
- сальника . 180.4
- смазочная . 275.8
Коробчатая станина для вертикальныхъ двигателей прямого типа 152.6
Коробчатое кольцо 180.5
Коромысло . 217.6
Короткая концевая втулка 171.3
-кое замыканіе 288.3
Короткопламенный уголь 25.10
Корпусъ насоса, посаженный на оси 182.7
Корытное желѣзо 136.9
Корыто, наполненное водой 79.3
Корытообразное желѣзо 136.9
-ный колосникъ, заполненный водою 53.2
Корытце для кривошипа 155.1
Косая поверхность сцѣпляющаго зуба 292.4
- установка колокола газгольдера 86.9
Косой разрѣзъ 173.3
- стыкъ . . . 173.3
Котелъ, отапливаемый отходящими газами 63.5
- паровой нагнетающаго генератора 38.4
- перегонный 103.11
Котельный газъ 63.4
Кочерга . . . 61.5
Кошка . . . 302.5
Край перегородки 241.2
Крана конусъ 314.10
- пробка . . 314.10
Кранъ . 302.3, 314.9
- вентиляціонный 316.10
- водоспускной 317.2
- воздушный 316.10
- газовый закрыть 346.8
- - установить въ положеніе пуска въ ходъ 344.4
- горѣлки открыть 264.7
- для охлаждающей воды 320.7
- индикатора 353.3
- индикаторный 353.3
- - двойной . 353.4
- - съ водянымъ охлажденіемъ 353.5
- капельный . 33.4
- притирать 314.11
- пробный . 248.4
- проходной . 315.1
- ручной . . 302.6
- спускной . 315.3
- стеклянный 92.5
- трехходовый 315.2
Кранъ трехходовый съ поперечнымъ каналомъ двойнымъ 92.6
- - - поперечнымъ и продольнымъ каналами 92.7
Красное каленіе проволоки 266.1
- пламя . . . 265.4
Кредитъ . . . 371.4
Крейцкопфа башмакъ 177.6
- направляющія 156.6
- параллели . 156.6
- подошва . . 177.6
Крейцкопфъ . 177.5
Креозотовое масло 106.11
Крестовина . 311.1
- въ видѣ мальтійскаго креста 213.7
- поворотная 213.4
- спицъ . . . 190.3
Кривая . . . 111.6
- адіабатическая 116.6
- для плоскихъ регуляторовъ 272.7
- изентропическая 116.6
- катанія . . 219.8
- конечная . 219.9
- набѣганія . 222.6
- подошвы параболическая 152.3
- подъема клапана 207.9
- политропическая 115.7
- политропная 115.7
- расширенія 124.5
- С 270.6
- сбѣганія . . 222.7
- сгоранія . . 123.6
- сжатія . . . 121.7
- скорости поршня 194.4
- ускоренія . 194.6
Кривой точка перегиба 271.4
Кривошипа вращающій моментъ 195.2
- вращеніе . 193.4
- коробка . . 153.1
- окружность пальца 193.3
- палецъ . . . 186.7
- плечо . . . 186.4
- положеніе . 193.5
- радіусъ . . 186.6

Кривошипа скорости колебанія 198.4
- уголъ вращенія 193.6
- цапфа . . . 186.7
- штанга . . 289.7
- щека . . . 186.4
Кривошипнаго механизма кинематика 191.10
- - поле движенія 193.8
-ный механизмъ 192.1
Кривошипомъ и шатуномъ передача 192.1
Кривошипъ . 186.3
- концевой . 186.8
- насоса . . . 244.2
- - опережающій 244.3
- поставить въ положеніе пуска въ ходъ 298.5
-пы, расположенные подъ угломъ въ 120 градусовъ 186.2
Кривыхъ катанія геометрическая форма 220.2
- сопряженіе касательное 222.8
- - тангенціальное 222.8
- цѣпь 111.9
Кривыя испаренія горныхъ маселъ 102.5
Круги концентрическіе 222.4
Круглое желѣзо 136.3
- - листовое для днищъ 135.5
Круглый золотникъ для впуска и выпуска 245.7
Кругового процесса идеальнаго работа 361.2
Круговой процессъ газоваго двигателя 118.3
- - Карно . . 117.3
- - наивыгоднѣйшій при данномъ паденіи давленія 117.5
- - - - данномъ паденіи температуръ 117.2
- - обратимый 115.2
- - теоретически совершенный 117.1
Кругъ основной 222.2
Кружала деревянныя для отверстій въ фундаментѣ 307.6
Крупный уголь 24.11
Крутящій моментъ 142.3
Крученію подвергнуть 142.2
Крученія моментъ 142.3
- напряженіе 142.2
Крыла форма 80.10
- ширина . . 80.8
Крыло всасывающее 78.6
- загнутое впередъ 81.3
- - назадъ . . 81.4
- нагнетающее 78.7
- радіальное . 81.1
- спиральное 78.5
- съ радіальнымъ концомъ 81.2
Крыльевъ число 80.9
Крыльчатаго колеса діаметръ 80.7
-тое колесо . 80.6
-тый насосъ . 106.8
Крыша . . . 303.4
Крышеобразная колосниковая рѣшетка 43.6
Крышка . . . 56.3
- коренного подшипника 187.4
- цилиндра . 163.5
- цилиндровая 163.5
Крышки соединить распорными тягами 164.7
- цилиндровой болтовое скрѣпленіе 164.5
Крѣпость . . 140.9
Крюкъ для натяженія шнура 354.2
- поддерживающій для трубопровода 313.8
Крючекъ . . 230.3
- для натяженія шнура 354.2
Крючкомъ зацѣпленіе 230.4
Кубикообразный брикетъ 28.12
Кубическій коэффиціентъ расширенія 16.8
Кубовое листовое желѣзо 134.9
-вый уголь . 25.1
Кубъ перегонный 9.3, 103.11
- Попелки . 103.12
Кузнецъ . . 145.7
Кузнечные мѣха 145.9
Кузнечный прессъ 146.2
- уголь . . . 22.11
Кузница . . 145.6
Кулака выпускного слышный ударъ 346.4
- гребень . . 222.3
- форма . . . 222.1
Кулакомъ скошеннымъ передача движенія газовому клапану 235.1
Кулакъ впускной 221.6
- выпускной . 221.7
- для впуска 221.6
- - выпуска . 221.7
- двуступенчатый 232.2
- некруглый . 221.4
- общій для впуска и выпуска 221.8
- распредѣлительный 221.5
- скошенный 235.2
Кулачекъ для уменьшенія сжатія 294.2
- подталкивающій 214.7
- съ нарѣзкой 294.6
Кулачная шайба 221.4
- -, вращаемая регуляторомъ 253.1
- - качающаяся 225.7
-ное и эксцентриковое распредѣленіе принужденное 225.6
-ными шайбами распредѣленіе 221.3
Куска, изъ одного - 201.8
Кусокъ пробный 140.1

Л.

Лабораторія механическая 350.8
Лампа калильная 263.2
- - бензиновая 263.5
- - керосиновая 264.2
- нагрѣвательная 263.2
- - бензиновая 263.5
- - керосиновая 264.2
Лампа ручная 264.6, 349.7
Лампу зажечь 264.8
Лампы мундштукъ 263.10
- трубка . . 263.6
Лапа цилиндра 158.8
Латунная проволока 138.2
- труба . . . 309.11
Латунь . . . 137.4
Лебедка . . . 301.8
Лебедка пусковая съ зубчатой передачей 291.7
Легкій углеводородъ 12.9
- ходъ въ шарнирахъ 343.7
- - двигателя 345.5
-кое, летучее масло 102.8
Лежни . . . 306.2
Лента клапана направляющая 245.6
Ленточный тормазъ 358.1
Летучее, легкое масло 102.8
-чихъ составныхъ частей поясъ выдѣленія 58.1
-чія составныя части выдѣлять 58.2
Лигнитовый брикетъ 28.10
- сланецъ . . 27.13

Лигнитъ . . 27.9
Лигроинъ . . 103.1
Лимонита порошокъ 73.9
Линейнаго расширенія коэффиціентъ тѣлъ 16.7
Линейный коэффиціентъ расширенія 16.7
Линія политропическая 115.7
- политропная 115.7
- постояннаго давленія 115.6
- - объема . . 115.5
- -ной температуры 116.4
- - энтропіи . 116.6
- прогиба . . 187.8
- равнаго давленія 115.6
- сгоранія . . 123.6
- упругая . . 187.8
Лиственный лѣсъ 30.3
Листовая мѣдь 136.11
Листовое желѣзо 134.5
- - круглое для днищъ 135.5
- - кубовое . 134.9
- - толстое . 134.9
- - тонкое . . 135.1
Листовое желѣзо фасонное 135.3
- - черное . . 134.7
Листовъ желѣзныхъ горшка дрожаніе 318.5
Листовыя ножницы 134.6
Листъ желѣзный продыравленный 75.5
- мѣдный . . 137.11
Литая сталь . 134.1
Литейная . . 146.10
Литейщикъ . 147.1
Литое желѣзо 133.2
Лить 147.2
Литье 147.3
- опочное . . 131.5
- стальное . . 132.2
- - отожженое 132.3
Лицевая сторона ремня 328.7
Лобовая стѣнка поршня 170.7
Локаутъ . . 384.11
Локомобиль . 337.9
- самопередвигающійся 338.3
- самоходъ . 338.3
- спиртовый . 338.2
- съ двигателемъ для жидкаго топлива 338.1
-ли колеса подпирать 338.7
Локомотива тяги сила 339.2
Локомотивъ . 339.1
- газовый . . 340.1
- для грунтовыхъ дорогъ 339.4
- - путей подъѣздныхъ 339.6
- - - полевыхъ 339.7
- шахтный . 339.8
Ломающая нагрузка 140.6
Ломкій . . . 139.7
Ломъ заостренный 61.4
Лопастей число 80.9
Лопасти, катящіяся другъ по другу 80.3
- форма . . . 80.10
- ширина . . 80.8
Лопастного колеса діаметръ 80.7
Лопастное колесо 80.6
Лопасть, загнутая впередъ 81.3
-, - назадъ . . 81.4
- прямая, направленная назадъ 81.5
- радіальная . 81.1
-, -но направленная въ концѣ 81.2
Лопатка, загнутая впередъ . 81.3
-, - назадъ . . 81.4
- колеса . . . 367.2
- прямая, направленная назадъ 81.5
- радіальная . 81.1
-, -но направленная въ концѣ 81.2
Лотковый колосникъ, заполненный золой 58.2
Лотокъ для кривошипа 155.1
-, наполненный водой 79.3
Луговой бурый желѣзнякъ пульверизованный 73.9
Луженая проволока 137.12
Лучистая теплота 15.5
Лѣсъ лиственный 30.3
- свѣжесрубленный 29.11
- свѣжій . . 29.11
- хвойный . . 30.4
Люкъ для прочистки 167.1
- - чистки . . 70.6

М.

Магистраль . 316.6
Магнитный индукторъ . 284.3 333.4
- остовъ . . . 333.3
Магнитъ постоянный 284.9
Мазутъ . . . 102.7
Мазь 273.8
Максимальный выключатель 335.7
Малая калорія 16.5
Малой мощности газовый двигатель 323.5
- скорости грузъ 374.5
Маселъ горныхъ кривыя испаренія 102.5
Масла горючія 99.4
- перевозка . 108.1
- сбрызгиваніе 279.2
- смазочнаго расходъ 348.7
Масла съ сажей налетъ 288.2
Масленка 275.8, 275.9
- для смазыванія по каплямъ 276.3
- - цилиндра 278.5
- капельная . 276.3
- капельчатая 276.3
- пружинная 274.11
- ручная . . 277.2
- - съ клапаномъ 277.3
- съ иглой . . 276.4
- - каплеуказателемъ 276.3
- Штауффера 274.10
Масло антраценовое 106.1.2
- всасывать древесными опилками 347.3
- газовое . . 107.8
- горное . . . 102.2
- густое . . . 99.6
- для чистки 103.2
Масло, добываемое изъ смолистыхъ сланцовъ 107.10
- животное . 274.4
- жидкое . . 99.5
- карболовое 106.10
- креозотовое 106.11
- легкое, летучее 102.8
- машинное . 274.7
- минеральное 274.6
- освѣтительное 103.3
- - американское 103.5
- парафиновое 107.9
- поглощать древесными опилками 347.8
- растительное 274.5
-, свободное отъ кислотъ 274.2
- - - смолы . 274.3
- смазочное . 274.1
Масло смѣшанное 103.8
- соляровое . 107.7
- съ температурой кипѣнія высокой 100.6
- - - - низкой 100.5
- тяжелое . . 103.7
- цилиндровое 274.8
Масломъ смазка 275.1
Маслоочиститель 278.1
Маслоуловитель 275.6, 279.3
-льная канавка 278.7
Масляного газа заводъ 33.2
Масляный газъ 33.1
- и свѣтильный газы 30.5
- насосъ 250.9, 277.8
Масса очищающая 72.9

Масса спекшаяся шлаковъ 60.11
- шамотная . 50.1
Массивная рама 154.2
Массивъ фундамента 304.8
Массовое производство 368.3
Массъ движущихся діаграмма давленій 195.6
- - индикатора колебаніе 356.6
- маховыхъ моментъ 197.7
- уравновѣшиваніе 196.5
-сы вращающіяся уравновѣшивать вращающимися противовѣсами 196.7
- движущіяся взадъ и впередъ 196.2
- очищающей возстановленіе 72.10
Мастерская . 142.8
- механическая 148.2
- сборочная . 301.3
- слесарная . 143.4
-скими завѣдующій 143.2
-ской стоимость содержанія 372.9
Мастеръ . . . 143.1
Мастика . . 138.10
Масштабъ пружины 355.5
- - калиб[ри]рованный 355.6
Материкъ . . 305.7
Матеріала напряженіе 141.4
- порокъ . . 139.11
Матеріаловъ испытаніе 139.9
- пріемка . 139.10
- свойство . 138.13
Матеріалъ прокладочный 138.3
- смазочный . 273.7
- упаковочный 376.5
Матеріалы . . 131.1
Матовый уголь 22.6
Маховика втулка 191.1
- вѣсъ обода 197.5
- качаніе при остановкѣ 345.8
- ободъ . . . 190.2
- половинка . 191.6
- спица . . . 190.6
Маховичекъ . 315.5
Маховикъ . . 189.8
- шкивъ на распредѣлительномъ валу 210.7
- половинчатый 191.5
-, помѣщенный на вѣсу 190.1
-, состоящій изъ двухъ частей 191.5
Маховое колесо см. Маховикъ
Маховыхъ массъ моментъ 197.7
Машина воздуходувная 336.1
- - въ прямомъ соединеніи съ газовымъ двигателемъ 330.3
- - для печей бессемеровскихъ 336.3
- - - - доменныхъ 336.2
- для испытанія матеріаловъ 139.12
- - - - на разрывъ 140.3
- приходитъ въ движеніе тяжело 344.5
- прокатная . 337.3
- съ отсасываніемъ 126.9
- - продувкой 127.2
- угледробильная 24.6
Машинистъ . 348.8
Машиннаго отдѣленія устройство подвальнаго помѣщенія 303.6
Машинное зданіе 303.3
- масло . . . 274.7
Машинный газъ 63.3
- торфъ . . . 28.4
Машинныхъ частей замѣна 349.12
Машиностроитель, инженеръ 142.9
Машиностроительный заводъ 142.7
Машину монтировать 300.3
- нагрузить . 344.8
- осмотрѣть . 349.6
- остановить . 346.6
Машину принять въ работу 342.8
- проворачивать для пуска 291.3
- пустить въ ходъ 343.8
- - работать . 342.6
- разобрать . 300.4
- собрать . . 300.3
- установить . 300.3
Машинъ аггрегатъ 330.1
- группа . . . 330.1
- дѣйствіе . . 342.7
- комплектъ . 330.1
- работа . . . 342.7
- четырехтактныхъ регулированіе 227.2
Машины воздуходувной давленіе 336.4
- - цилиндръ 336.5
- выполненіе изслѣдовать 342.9
- - испытать . 342.9
- газовой цилиндръ, охлаждаемый водою 157.5
- идеальной работа 361.2
- коеффиціентъ относительный 361.4
- мѣсто установки 302.7
- нагрузка . . 344.9
- обслуживаніе въ работѣ 347.6
- параллельное включеніе 344.7
- сопротивленіе 360.4
- типъ 323.2
- цоколь . . . 155.5
- чистка . . 349.3
Маятника вѣсъ 229.9
- грузъ . . . 229.9
- - переставной 230.8
Маятниковъ моментъ центробѣжной силы 272.8
Маятниковый регуляторъ 229.4
- стержень согнутый 269.6
Маятникъ ведомый горизонтальный 230.6
- - угловой . 230.1
Маятникъ ведомый угловой съ горизонтальн. язычкомъ 230.5
- направляемый горизонтальный 230.6
- - угловой . 230.1
- - - съ горизонтальнымъ язычкомъ 230.5
- подталкиваемый висячій 229.5
- - - угловой 229.8
- - горизонтальный двуплечій 230.7
- - угловой съ крючковымъ зацѣпленіемъ 230.2
Мгновенное сгораніе 123.1
Медленное сгораніе 123.2
Междугородняя центральная станція 332.1
Мелкая пыль 76.7
Мелкій двигатель съ насосомъ для подачи охлаждающей воды 330.5
- уголь . . . 25.4
Мелкозернистый уголь 25.3
Мелочь коксовая 27.7
- угольная . 25.4
Мертвая точка 192.8
- - внутренняя 192.9
- - внѣшняя 192.10
- - между ходомъ впуска и выпуска 193.2
- -, соотвѣтствующая воспламененію 193.1
Мертвое мѣсто 167.3
- положеніе . 192.8
Мертвый столбъ воды 182.3
- ходъ въ шарнирахъ 356.5
- - распредѣлительной рычажной системы 215.4
Металлическаго газа слой 250.2
Металлическая набивка 165.1
- - упругая . 179.5
- сѣтка . . 249.11

Металлическая ткань 250.1
-скій газъ . . 250.1
- пирометръ . 20.4
-ской ткани слой 250.2
Металломъ бѣлымъ заливка 189.4
- - залить вкладышъ 189.2
- - - тѣло поршня 177.1
Металлопріемникъ 64.5
Металлъ бѣлый 187.8
-, дельта- . . 187.9
Метанъ . . . 12.12
Метиловый водородъ 12.12
- спиртъ . . . 13.11
Метилъ водородистый 12.12
Методъ абсорпціометрическій 90.3
- поглощеній 90.3
- сжиганія . 94.5
Механизма кривошипнаго кинематика 191.10
- - поле движенія 193.8
- передаточнаго использованіе 183.4
- - органы . . 183.3
- - помѣщеніе въ закрытой камерѣ 152.9
- - смазка . . 278.2
- - теорія . . 191.9
-зму распредѣлительному передача движенія 209.2
-змъ для отсѣчки 283.3
- - приведенія въ движеніе пусковыхъ клапановъ 295.5
- - прямолинейнаго направленія карандаша 353.1
- - - - пишущаго пера 353.1
- - - - пишущаго штифта 353.1
- - расцѣпленія 283.3
- кривошипный 192.1
- передаточный 183.2
Механизмъ передаточный съ хомутомъ и кулакомъ 224.2
- - - - - рычагомъ катящимся 224.1
- - - - - - перекатывающимся 224.1
- - - принужденнымъ движеніемъ 223.9
- пишущій . . 352.8
- распредѣлительный къ запалу съ двумя запальниками 289.6
- - 4-хтактный Венцеля 212.6
- - - дуплексъ 213.6
- - - Капитэна 213.2
- - - Кертинга 213.10
- регулятора перестановочный 273.3
- часовой . . 87.6
Механикъ . . 143.3
-, инженеръ- . 142.9
Механическая лабораторія 350.8
- мастерская . 148.2
- потеря работы 360.3
- теорія тепла 113.6
-ски открываемый впускной клапанъ 200.2
-скій дегтеотдѣлитель 75.3
- коэффиціентъ полезнаго дѣйствія 360.1
- - работы . . 360.1
- эквивалентъ тепла 114.3
-ское объясненіе температуры 112.7
Миганіе пламени 265.2
Миканитовый дискъ 287.6
Минеральное масло 274.6
Минеральныя и дающія деготь составныя части угля 26.3
- - - смолу составныя части угля 26.3
Многоцилиндровый двигатель 326.2
Модель . . . 147.4
Мокрая очистка 67.7
Мокрые газовые часы 87.1
Мокрый газовый счетчикъ 87.1
- газометръ . 87.1
- газоизмѣритель 87.1
- газомѣритель 87.1
- газососатель 77.5
- центробѣжный барабанъ 77.7
- эксгаусторъ 77.5
Молекула . . 1.3
- двухатомная 1.4
- граммъ . . 1.8
- трехатомная 1.5
Молекулъ энергія кинетическая 113.4
- - потенціальная 113.3
Молекулы, граммъ- - вѣсъ 2.1
- - объемъ . . 2.2
- скорость . . 113.1
Молекулярная скорость 113.1
- теплота . . 112.9
-ный вѣсъ . . 1.7
-ныя силы 112.10
Молоткомъ работать 144.4
Молотокъ . . 144.5
Молотъ газовый 331.3
- паровой . . 146.1
Моль 1.8
Моментальное сгораніе 123.1
Моментъ запала 279.8
- изгибающій 141.8
- инерціи . . 142.1
- кривошипа вращающій 195.2
- крутящій . 142.3
- крученія . . 142.3
- маховыхъ массъ 197.7
- сопротивленія 141.9
- скручивающій 142.3
- центробѣжной силы маятниковъ 272.8
Монтеръ . . . 300.6
Монтировать машину 300.3
- поршень . . 168.5
Моторный плугъ 338.10
Мотыга . . . 61.6
Мощности большой газовый двигатель 323.4
- коэффиціентъ постоянный 359.8
- малой газовый двигатель 323.5
- подсчетъ . 359.1
- постоянная 359.8
- предѣлъ . . 345.4
- регулированіе 227.4
- регуляторъ 272.5
Мощность дѣйствительная 359.10
- индикаторная 359.9
- номинальная 360.2
- полезная . 359.10
Мундштукъ лампы 268.10
- чугунный . 32.3
Муфта зажимная (Лангена) 364.7
- переходная 311.3
- поршневого штока 178.5
- регулятора 268.9
- сгонная . . 311.4
- съ нарѣзкой 311.7
Муфты давленіе 272.1
- полное сопротивленіе 271.8
- ходъ . . . 268.10
- - приведенный 268.11
Мѣди однохлористой растворъ амміачный 90.8
- - - соляной 90.9
- полухлористой растворъ амміачный 90.8
- - - соляной 90.9
Мѣдная проволока 188.1
- труба . . 309.10
-ный листъ 187.11
Мѣдь въ штыкахъ 187.1
- желтая . . 187.4
- листовая . 136.11
- однохлористая 90.7
- полухлористая 90.7
- штыковая . 187.1
Мѣняющійся уклонъ 53.7
Мѣста пористыя подчеканить 343.3
Мѣстная смазка 277.6

Мѣсто для испытаній 350.9
- мертвое . . 167.3
- наивысшей температуры въ пламени 265.7
- сварки . . . 146.3
- смазки открытое 275.7
- установки машины 302.7
Мѣтка для установки 211.2
Мѣха кузнечные 145.9
Мѣшка резиноваго пульсація 84.7
Мѣшковъ водяныхъ образованіе 167.2
Мѣшокъ водяной 167.3
- воздушный 167.4
- газовый . . 84.5
- для газа . . 84.5
- - пыли . . 76.5
Мѣшокъ резиновый 84.6
- упругій . . 85.2
- эластичный 85.2
Мягкая набивка 179.7
Мягкое дерево 29.6
Мягкой набивки шаровая приточка къ крышкѣ сальника 179.8
Мягкость . . 139.1
Мясистая сторона ремня 328.6
Мятіе смѣси . 233.6
- - посредствомъ впускного клапана 234.1
Мятіемъ газовой смѣси регилированіе 233.5
Мятый сильно 237.7
- слабо . . . 237.8
Мять 237.6
- притекающій газъ 234.8

Н.

Набивка главная 179.4
- для отверстій въ фундаментѣ 307.6
- дополнительная 179.6
- коксомъ . . 68.7
- металлическая 165.1
- - упругая . 179.5
- мягкая . . 179.7
- сальника . 179.2
Наблюденія погрѣшность 351.8
Набѣганія кривая 222.6
- точка . . . 222.9
Нагнетательный клапанъ 245.3
- - съ обратнымъ ходомъ (Штумпфа) 336.7
Нагнетающаго генератора паровой котелъ 38.4
Нагнетающее крыло 78.7
- сопло . . . 38.9
Нагнетающій вентиляторъ 82.3
- газопроизводитель 38.3
- - безъ парового котла 39.1
- генераторъ 38.3
- - безъ парового котла 39.1
Нагружать см. нагрузить
Нагруженная поверхность вкладыша 188.4
Нагрузить . . 374.3
- машину . . 344.8
Нагрузка . . 86.1
- клапанной пружины 204.5
- ломающая . 140.6
Нагрузка машины 344.9
- полная . . 345.3
- половинная 345.2
- рабочей поверхности цилиндра 159.8
- разрушающая 140.6
- разрывающая 140.6
- регулятора 268.2
- рѣшетки . . 51.1
- тормаза . . 357.2
-ки восприятіе центральное 156.2
- колебаніе 344.10
Нагрѣваніе . 258.1
- вслѣдствіе неисправности охлажденія 167.5
- - порчи въ охлажденіи 167.5
- выключать 258.6
- днища . . . 255.5
- одностороннее 162.6
- поршня . . 180.8
- стѣнокъ испарителя 257.6
- съ одной стороны 162.6
Нагрѣвательная лампа 263.2
- - бензиновая 263.5
- - керосиновая 264.2
-ные ходы . . 65.7
Нагрѣвающее пламя погасить 346.9
Нагрѣвъ дутья 64.9
Надбавка на цѣну при отступленіи отъ нормальныхъ вѣса и размѣровъ 370.7
Надежный въ дѣйствіи 342.3
- - работѣ . . 342.3
Надѣвать см. надѣть
Надѣть поршневое кольцо на поршень 174.2
- - - - тѣло поршня 174.2
Наемный рабочій 383.4
Наждакомъ стачивать 150.8
- шлифовать . 150.8
Нажима давленіе отъ кольца (самопружинящаго) 171.8
Нажимная скоба 55.5
Нажимъ колеблющійся 357.4
- тормазный (Прони) 357.3
Назадъ отбрасываемое пламя 249.5
- отбрасывается пламя въ всасывающую трубу 346.2
- отдача рукоятки 292.5
- ходъ поршня 192.6
Наибольшая высота подъема клапана 208.3
-шее экономически допустимое сжатіе 122.2
Наивысшей температуры мѣсто въ пламени 265.7
Наименьшее давленіе продувочнаго средства 128.9
Накаливанія поясъ 58.6, 282.3
Накаливать сильно уголь токомъ воздуха 35.3
Накачать газгольдеръ 86.6
Накачивать см. накачать
Накерниваніе вала 358.10
Накернить . . 144.3
Накернять см. накернить
Накладная . 374.3
Наклона уголъ 53.6
Наклонная колосниковая рѣшетка 52.3
- реторта . . 32.3
- U-образная трубка 83.5
-ный коренной подшипникъ вовнутрь 187.5
- - - кнаружи 187.6
Наковальня 145.10
Налетъ масла съ сажей 288.2
- сажи на запальной буксѣ 288.1
Наличными деньгами уплата 371.7
Напилокъ . . 144.1
Напильникъ . 144.1
Наполненіе . 232.8
- ртутное . . 94.9
-ніемъ регулированіе 232.7
-нія прекращеніе 233.1
- степень . . 232.8
Наполнить рабочей смѣсью 126.7
- резервуаръ 249.1
- сосудъ . . . 249.1
- цилиндръ смѣсью 298.6

Наполнять см. наполнить
Направленіе поршня 175.2
- стержня клапана 201.8
- тока продувки 129.5
Направленія давленія перемѣна въ шатунѣ и штокѣ 197.2
- - - на цапфу 197.3
Направляемый маятникъ горизонтальный 230.6
- - угловой . 230.1
- - - съ горизонтальнымъ язычкомъ 230.5
Направляющая лента клапана 245.6
- подножка . 156.7
- ролика . . . 223.2
- стержня . . 239.3
-щее приспособленіе 366.2
-щіе валки . . 337.2
-щій рычагъ зацѣпки переставить 290.8
- стержень . 239.4
-щія закрытыя 157.1
- крейцкопфа 156.6
- охлаждаемыя 157.2
- - стержня . 202.6
- плоскія . . 156.8
- ползуна . . 156.6
- прямолинейнаго движенія 156.5
- цилиндрическія 156.9
Напряженіе . 334.6
- батареи испытать 284.6
- внутреннее въ отливкѣ 147.11
- въ килограммахъ на кв. сантиметръ 141.5
- главное . . 334.8
- крученія . . 142.2
- матеріала . 141.4
- на изгибъ силами инерціи 184.5
- - сдвигъ . . 142.4
- - срѣзываніе 142.4
- рѣшетки . . 51.1
- сдвига . . . 142.4
- сопряженное 334.8
- срѣзыванія 142.4
- фазное . . . 334.7
Напряженіе фазовое 334.7
-нія вредныя вслѣдствіе неравномѣрнаго распредѣленія матеріала 163.2
- запалъ высокаго 286.5
- - низкаго . 288.5
Наростъ шлаковъ 60.11
Наружная центровка стыка 165.7
Наружу выступающая нить 19.7
Нарушеніе патента 378.9
- патентнаго права 378.9
- привилегіи . 378.9
Насоса воздушнаго клапанная головка 261.1
- газоваго возвратныя окна 246.8
- заряжающаго самодѣйствующій клапанъ 245.1
- камера . . . 251.3
- корпусъ, посаженный на оси 182.7
- кривошипъ 244.2
- - опережающій 244.3
- поршень . . 244.7
- сопротивленіе 360.6
- цилиндръ . 244.4
- -, находящійся непрерывно въ движеніи 251.9
Насоснаго поршня измѣнить ходъ 252.4
-ная канализаціонная станція, приводимая въ движеніе газомъ 337.4
Насосовъ заряжающихъ и продувающихъ сопротивленіе 130.2
- продувочнаго и заряжающаго распредѣленіе 244.8
-сомъ вспомогательнымъ отсасывать отработавшіе газы 127.1
Насосъ бензиновый 251.1
- водоструйный 89.4
- воздушный 243.3
- - простого дѣйствія 260.8
- - ручной . . 248.1
- газовый . . 243.2
- - и воздушный комбинированный 243.5
- для бензина 251.1
- - заполненія 298.7
- - керосина 250.10
- - масла 250.9, 277.8
- - подачи смѣси 298.7
- - - топлива 250.8
- - - - прогоняетъ масло туда и обратно 252.3
- - смѣси . . 243.5
- - спирта . 250.11
- заряжающій 242.7
- канализаціонный 337.5
- керосиновый 250.10
- колодезный въ соединеніи съ двигателемъ жидкаго топлива 331.2
- крыльчатый 103.8
- масляный . 250.9 277.8
- пожарный съ бензиновымъ двигателемъ 338.9
- поршневой съ приводомъ цилиндрическими зубчатыми колесами 330.6
- - - цилиндрической зубчатой передачей 330.6
- продувочный 243.4
- скальчатый 251.2
- - качающійся 182.6
- спиртовый 250.11
- съ ныряломъ 251.2
- центробѣжный въ соединеніи съ двигателемъ жидкаго топлива 331.1
- циркуляціонный 321.9
Насосы заряжающіе расположить подъ поломъ 248.8
- - - сбоку отъ цилиндра 248.9
Настилъ . . 303.5
Насыпной грунтъ 305.8
Насыщаться способность воздуха 253.4
Насыщеніе воздуха паромъ 37.2
-нія воздуха способность 253.4
- зависимость отъ погоды 253.3
Насыщенный бензиномъ воздухъ 253.7
- паръ 11.6
Натуральный газъ 30.7
Натягивать пружину 204.6
Натяженіе каната 329.3
- клапанной пружины 204.5
- предварительное при накладываніи ремня 327.9
- ремня . . . 327.8
Натяжная гайка 358.3
- проволока и резиновое кольцо 162.5
Натянуть пружину 204.6
Нафталинъ . 13.10
Начало термодинамики первое 114.5
Начальная ордината 111.7
Начальникъ 380.2, 381.11
Начать эксплоатацію 342.6
Нашатырный спиртъ 14.2
Невѣрное показаніе газоваго счетчика 87.7
Недопускающее возвратные удары рукоятки приспособленіе 292.6
Недоразумѣніе уладить 378.3
Недостатокъ смѣси 236.4

Недостающая площадь 198.3
Недѣльная плата 384.7
Недѣятельный газъ 6.3
Независимая перемѣнная 109.4
Незастрахованный 377.4
Неисправность въ горѣніи 58.8
- - изоляціи . 287.7
- - работѣ . 349.10
Неисправный запалъ 280.3
Нейтрализовать грязную воду 71.8
Некоптящее пламя 265.6
Некруглая шайба 221.4
- -, вращаемая регуляторомъ 253.1
Некруглый кулакъ 221.4
Ненадежный въ дѣйствіи 342.4
- - работѣ . . 342.4
Ненатянутой пружины длина 204.1
Необратимый переходъ тепла 115.1
Необходимое количество воздуха въ дѣйствительности 7.1
- - - практически 7.1
- - - теоретически 6.10
Неочищенный газъ 66.7
- спиртъ . . 104.6
Неплавкій каменный уголь тощій 22.9
Неплотное соприкосновеніе съ зазоромъ 220.1
Неплотность клапана 206.3
Неплотный клапанъ 206.2
Неподвижная точка вращенія 216.1
Неподвижный электродъ 288.7
- якорь . . . 285.6
-ныя острія . 286.7
- установки . 323.1
Неподпертый цилиндръ 158.6
Неполнаго горѣнія періодъ 58.5
- - поясъ . . 58.1
Неполное горѣніе 5.8
Непосредственное подвѣшеніе 269.2
- подвѣшиваніе 269.2
- соединеніе двигателя внутренняго сгоранія съ рабочей машиной 329.9
Непрерывная дестилляція 9.1
- перегонка . 9.1
- работа . . . 341.4
Непрерывное дѣйствіе 341.4
- образованіе движущей смѣси подъ давленіемъ 365.8
-ный потокъ движущаго вещества 365.7
- - движущей газовой смѣси 365.7
- распредѣлительный валъ 212.2
Неравномѣрно текущій газъ 84.4
-ное распредѣленіе слоевъ 128.5
Неравномѣрности степень 272.3
-сть хода поршня 194.2
Неравномѣрный ходъ 345.9
Неразгруженный отъ нормальныхъ давленій поршень 176.5
Несвѣтящееся бунзеновское пламя 265.5
Несжигаемый газъ 6.2
Несовершенное горѣніе углерода 34.4
- сгораніе . . 5.8
Несортированный уголь 24.3
Неспекающійся каменный уголь тощій 22.9
Нестѣсненное сжатіемъ воздуха прекращеніе движенія по инерціи при остановкѣ 196.4
Несущій шаръ стержень 268.7
Несчастный случай 385.7
Нетронутый грунтъ 305.7
Неудавшійся запалъ 280.3
Неупакованный 376.8
Неустойка . . 371.9
Неустойчивый регуляторъ 270.8
Нефти перегонки продуктъ 102.4
Нефть 102.2
- сырая . . . 102.6
Нефтяной эфиръ тяжелый 102.9
-ные остатки 102.7
Нечувствительности степень 272.2
Нижній вкладышъ 188.7
Низкаго напряженія запалъ 288.5
Низкую температуру поддерживать въ генераторѣ введеніемъ большого количества пара 43.2
Никкелевая сталь 134.4
-вый сплавъ . 137.8
Никкеля сплавъ 137.8
Ниппель . . 313.5
- двойной . . 313.6
Нить, выступающая наружу 19.7
- ртутная . . 19.5
Нога станины 153.3
Ножка коренного подшипника 152.3
- переставная 234.2
- подшипника 152.1
- цилиндра . 158.8
Ножницы для рѣзки желѣзныхъ листовъ 134.6
- листовыя . 134.6
Номеръ испытанія 351.5
Номинальная мощность 360.2
- работа . . . 360.2
Норія 71.3
Нормальная температура 111.14
- - для шкалы въ % вѣса 105.7
- - - шкалы вѣсовой 105.7
Нормальное давленіе 112.1
- - въ направляющихъ 194.10
- состояніе газа 111.13
Нормальный профиль 135.8
- растворъ . . 94.2
- термометръ 17.10
-нымъ давленіемъ передаточнаго механизма вызванное треніе 176.1
Носокъ на грузѣ 231.6
Нуль абсолютный 17.7
- передаточное число 219.6
- термометра . 19.1
Ныряло, поршень 168.8

О.

Обводная труба 316.8
Обладатель разрѣшенія эксплоатировать изобрѣтеніе 379.3
Обложеніе пошлиной 375.2
Обложить пошлиной 375.2
Обмотка электромагнита 333.5
Обмотка якоря 333.7
-ки якоря катушка 285.2
Обмурованный выхлопной горшокъ 319.4
Обмурованный глушитель 319.4
Обмуровка шахты 49.10
Обмыливаніемъ выдѣленіе 71.6

Обмѣнъ тепла 15.8
- энергіи между кривошипнымъ механизмомъ и маховикомъ 197.9
Обогрѣваемый отходящими газами испаритель 257.4
Обогрѣтая тепломъ излученія рама 264.4
Обода высота 190.5
- маховика вѣсъ 197.5
- окружная скорость 197.6
- поперечное сѣченіе 190.3
- ширина . . 190.4
Ободокъ . . . 154.9
Ободъ колеса 367.1
- маховика . 190.2
Оболонь . . . 29.9
Оборотовъ числа измѣреніе 358.6
- - счетчикъ 358.8
Оборотъ подъ вліяніемъ инерціи при остановкѣ 296.7
Обработка . . 148.3
Образецъ . . 140.1
Образованіе водяныхъ мѣшковъ 167.2
- дыма при задувкѣ 60.1
- - - раздувкѣ 60.1
- прерываемое движущаго, вещества подъ давленіемъ 366.1
- смѣси . . . 235.7
- - движущей непрерывное подъ давленіемъ 365.8
- - - сжатой періодическое 366.1
- тепла . . . 14.9
- шлаковъ . . 60.1
Образованія процессъ газа водяного 34.9
- - - воздушнаго 34.2
- - - генераторнаго 33.8
- - - паровоздушнаго 36.6
Образовать газъ 8.3
Обратимый круговой процессъ 115.2
Обратное движеніе вызывающая вспышка 292.7
- охлажденіе воды посредствомъ градирни 322.3
- - - - ребристыхъ холодильниковъ 322.1
- титрованіе . 93.8
-ный отводъ газовъ, получающихся отгонкой 44.1
-нымъ потокомъ регулированіе 245.8
Обращенное подвѣшеніе 269.4
- подвѣшиваніе 269.4
-ный вертикальный двигатель 325.4
- ходъ генераторовъ 44.4
Обручное желѣзо 136.1
Обрѣзки дерева 30.2
Обслуживаніе машины въ работѣ 347.6
- отъ руки при пускѣ въ ходъ 297.2
Обтачивать см. Обточить 149.1
Обточить . . 149.1
- предварительно барабанъ для колецъ 172.5
Обточка послѣдующая поверхности стыка 165.5
Обхватываемый рамой цилиндръ 158.5
Обшивка трубы 314.2
Общая клапанная коробка для впуска и выпуска 203.3
- теорія . . . 109.1
Общество акціонерное 380.2
- страховое . 377.1
- торговое . 379.11
Общій коэффиціентъ полезнаго дѣйствія 361.6
- кулакъ для впуска и выпуска 221.8
Общія выпускныя окна для обѣихъ сторонъ цилиндра 241.8
Объема постояннаго линія 115.5
- сокращеніе 7.3
- - вслѣдствіе пара конденсаціи 7.5
- - - - осажденія 7.5
- - - уменьшенія числа молекулъ 7.4
Объемнаго расширенія коэффиціентъ 16.8
-ная шкала . 105.5
-ное соотношеніе составныхъ частей газа 88.5
-ный коэффиціентъ полезнаго дѣйствія 120.4
Объемовъ и давленій діаграмма 114.9
Объемъ газгольдера 86.5
- граммъ-молекулы 2.2
- дѣйствительно всосанной смѣси заряда 120.6
-, описанный поршнемъ 120.2
- полный . . 120.1
- пространства сжатія 121.5
- рабочій цилиндра 120.2
- соединенія . 8.3
- удѣльный . 112.2
Объясненіе температуры механическое 112.7
Обыкновенное сверло 148.7
-ный болотный бурый уголь 27.10
Огнеопасность 102.1
Огнестойкость 51.4
Огнеупорность 51.4
Огнеупорный кирпичъ 50.3
Одновременно снятыхъ діаграммъ рядъ 354.9
-ное введеніе воды и пара 37.1
Однократное сжатіе 260.2
Одноплечій рычагъ 215.7
Однородный уголь 24.4
Одностороннее горѣніе въ генераторѣ 58.7
- нагрѣваніе 162.6
-няя рама . . 154.4
Однохлористая мѣдь 90.7
-стой -ди растворъ аммiачный 90.8
- - - соляной 90.9
Одноцилиндровый двигатель 326.1
Окиселъ . . 4.11
Окисленіе . . 4.10
- платиновыхъ остріевъ 286.8
-нія степени . 4.12
- -нь высшая углерода 5.1
Окислять . . . 4.9
Окисляться . . 4.9
Окись углерода 11.12
Окна возвратныя газоваго насоса 246.5
- выпускныя общія для обѣихъ сторонъ цилиндра 241.8
Окнами распредѣленіе съ каждой стороны поршня 242.3
Окно 240.7
- впускное . 240.8
- - для воздуха 242.5
- - - газа . . 242.6
- для выпуска газовъ 241.1
- - клапана цилиндра 160.7
Окончательный очиститель 67.3
Оконъ перекрываніе поршнемъ 241.4
Окраска трубъ 314.3
Окружная скорость обода 197.6
-ное усиліе . 195.1
Окружность колеса 366.9
- пальца кривошипа 193.3
- центровъ болтовъ 164.6
- - отверстій . 312.9
Опасность взрыва 350.3

Опасность воспламененія 102.1
- въ пожарномъ отношеніи 350.2
- отравленія при установкахъ съ силовымъ газомъ 350.1
Опережающій кривошипъ насоса 244.3
Опереженія уголъ 208.4
Опилочный очиститель 73.1
Опорная плита вращающаяся 53.8
- - - и опускающаяся 54.2
- - переставная 53.5
- площадь подножки рамы 155.4
- -фундамента 304.7
- поверхность 201.2
- - въ тѣлѣ подшипника сферическая 188.2
- - - - - шаровая 188.2
- - рабочая . 175.6
- щека . . . 176.3
-ной поверхности клапана заѣданіе 206.4
-ный башмакъ 176.3
Опорными башмаками поддерживаніе поршня 176.2
Опоры валовъ 186.9
- рычага точка 215.9
Опочное литье 181.5
Опредѣленіе газовъ воспламеняющихся легко 95.1
- - - трудно . 95.5
- плотности газа 96.5
- теплопроизводительности химическимъ путемъ 97.7
- теплотворной способности 97.1
- - - химическимъ путемъ 97.7
- титриметрическое составныхъ частей газа 93.5
Опредѣлить вязкость по времени протеканія 100.1
Опредѣлить теплопроизводительность 97.6
- - калориметрическимъ путемъ 98.2
- - угля . . . 99.3
- теплотворную способность 97.6
- - - калориметрическимъ путемъ 98.2
- - - угля . . 99.3
- удѣльный вѣсъ 100.2
Опредѣлять см. опредѣлить
Оптическій пирометръ 21.6
Оптовая цѣна 370.5
Опускаемая въ жидкость трубка 254.8
Опусканіе клапана 207.3
Опускающаяся и вращающаяся опорная плита 54.2
-щійся и поднимающійся червякъ 45.7
- - - червячный винтъ 45.7
Опустить стклянку уровня 92.1
Опыта погрѣшность 351.7
Опытъ . . . 350.7
- служебный 347.7
Органъ запорный 314.8
- прерывающій 226.4
- расцѣпляющій рычагъ 293.2
Органы передаточнаго механизма 188.3
Ордината . . 111.5
- конечная . 111.8
- начальная . 111.7
Ординатъ ось 111.3
Орошающая вода градирни 72.5
- - охлаждающей башни 72.5
Орѣшковый коксъ 27.5
- уголь . . . 25.2
Орѣшникъ . 25.2
Осадить пыль 76.9
Осадокъ землистый охлаждающей воды 167.7
Осадочный бассейнъ 72.1
Осаждать . . 4.5
- пыль . . . 76.9
Осажденіе . . 4.4
- пара 9.11
Осаживать . 146.4
Освободить газъ отъ дегтя 74.3
- - - пыли . . 76.1
- - - смолы . 74.3
Освобожденіе газа отъ пыли 75.9
Освѣтительное масло 103.3
- - американское 103.5
Освѣтлять воду для промывки 71.9
Освѣщеніе . 303.10
Осевой регуляторъ 273.1
- - инерціонный 273.2
- - плоскій . 231.1
- - съ инерціоннымъ кольцомъ 273.2
Оси координатъ 111.1
Осмотрѣть машину 349.6
Основаніе . . 306.1
Основная плита 152.2
- цѣна . . . 370.6
Основной капиталъ 373.6
- кругъ . . . 222.2
-ныя понятія химіи 1.1
Оспариваніе правъ 377.5
Оставлять отверстія въ фундаментѣ 307.5
Остановить машину 346.6
- смазочные приборы 347.2
Остановка въ работѣ 349.11
- работы . . 346.7
Остатки нефтяные 102.7
- сиропообразные дегтярные 71.5
- - смолистые 71.5
- формовочнаго песка 343.4
Остовъ индикаторный 333.3
- магнитный . 333.3
Остріе граненое 358.9
Остріевъ платиновыхъ окисленіе 286.3
Острія неподвижныя 286.7
Острый конецъ инжектора 93.4
Ось абсциссъ 111.2
- контактнаго рычага 288.10
- ординатъ . 111.3
Отапливаемый отходящими газами испаритель 257.4
Отборный уголь 24.11
Отбрасываемое назадъ пламя 249.5
Отбросы древесные 30.2
- коксовые . 27.8
Отбѣленная отливка 182.4
Отверстіе впускное 87.3
- въ рычагѣ . 216.2
- - скалкѣ поперечное 251.6
- - - продольное 251.5
- горѣлки прочистить 266.4
- для загрузки 45.4
- - заполненія 87.3
- - засыпки . 45.4
- - клапана цилиндра 160.7
- - простановки стержня 147.6
- - прохода газовъ дестилляціонныхъ 46.6
- - - - очищенныхъ 46.6
- - прочистки 167.1
- - - стержня 147.6
- - спуска масла 276.8
- - удаленія формовой земли 147.6
- - - шишки . 147.6
- - - шлаковъ 60.6
- - фундаментнаго болта 308.10
- - чистки закрыть герметически 170.8
- пробить . . 144.9
- пропускное 208.9
- проходное . 208.9
- смазочное . 275.2
- сопла впускное 366.5
- - выпускное 366.6

Отверстіе спускное 87.4
- шуровочное 61.2
Отверстій центровъ окружность 312.9
-стія оставлять въ фундаментѣ 307.5
Отводная труба колосниковообразная для газовъ, получающихся отгонкой 48.4
Отводъ . 310.6, 310.8
- газа водяного 35.8
- - воздушнаго 35.7
- обратный газовъ, получающихся отгонкой 44.1
- охлаждающей воды 166.8
Отвѣтвленіе подъ острымъ угломъ 310.4
- прямоугольное 310.3
Отвѣтственность гражданская 385.9
Отгонка газа 8.5
-ки періодъ . 58.5
- поясъ . . . 58.1
Отдача назадъ рукоятки 292.5
Отдѣленія машиннаго устройство подвальнаго помѣщенія 303.6
Отдѣлитель отъ дегтя 75.2
- - смолы . . 75.2
Отдѣльно стоящій фундаментъ 304.9
Отдѣлять отъ угля глинистый сланецъ 23.8
- - - шиферъ 23.8
Откидной горшокъ для загрузки 56.5
Отклонитель 213.1
Отклоняющій грузъ 231.2
Открываемый механически впускной клапанъ 200.2
Открывать см. открыть
Открывающійся клапанъ, кверху - 199.5
Открывающійся клапанъ, книзу - 199.6
- предватительно каналъ 280.9
Открытая воронка для загрузки 44.3
- - - засыпки . 44.3
- калильная трубка 281.7
Открытіе клапана 207.3
-тія предвареніе 207.10
Открытое мѣсто смазки 275.7
-тый поршень 168.7
-тымъ держать выпускной клапанъ 228.8
Открыть вѣнецъ съ окнами 241.5
- - - прорѣзами 241.5
- клапанъ . . 207.5
- кольцо съ окнами 241.5
- - - прорѣзами 241.5
- кранъ горѣлки 264.7
Отливать . . 147.2
Отливка . . . 147.3
- бронзовая . 137.6
- въ глинѣ . 132.1
- - изложницахъ 132.5
- - кокиляхъ 132.5
- - металлическихъ формахъ 132.5
- - опокахъ . 131.5
- - открытой песочной формѣ 131.4
- - пескѣ . . 131.6
- закаленная 132.4
- кокильная . 132.5
- отбѣленная 132.4
- пористая . . 147.8
- свободная отъ внутреннихъ напряженій 148.1
- съ газовыми пузырьками 147.9
- - закаленной коркой 132.4
- твердая . . 132.4
Отливки усадка 147.7
Отлить . . . 147.2
Отложеніе пыли 314.6
Отмѣтить . . 211.3
- кернеромъ . 144.8
- керномъ . . 144.8
Отмѣчать см. отмѣтить
Относительная стоимость теплоты 348.1
- - топлива . 348.1
-ное перемѣщеніе цапфы и вкладышей 197.4
-ный коэффиціентъ машины 361.4
Относящійся къ газовой техникѣ 31.4
Отношеніе длинъ кривошипа и шатуна 192.2
- равновѣсія между CO и CO_2 34.5
- теплоемкостей 112.5
- удѣльныхъ теплотъ 112.5
Отожженное стальное литье 132.3
Отправить . 373.12
Отправка . 373.11
Отправлять см. отправить
Отработавшая вода скруббера 71.4
Отработавшіе газы вспомогательнымъ насосомъ отсасывать 127.1
-шихъ газовъ колебаніе столба 126.1
- - теченія энергія 125.9
- - удаленіе изъ цилиндра . 127.4
Отработавшіе газы 124.9
- - вытѣснить продувочнымъ воздухомъ 127.3
- - вытѣснить смѣсью при зарядѣ 127.3
Отравленія опасность при установкахъ съ силовымъ газомъ 350.1
Отражательная стѣнка дегтеотдѣлителя 75.4
Отражающій штифтъ для расширенія пламени 264.3
Отрываніе контактнаго рычага отъ штифта 289.2
Отрѣзать кольцо 172.6
Отсасываніе паровъ дегтя грязевика воздухомъ подогрѣвателя 41.7
- - смолы грязевика воздухомъ подогрѣвателя 41.7
Отсасывать газъ снизу 44.7
- отработавшіе газы вспомогательнымъ насосомъ 127.1
Отслаиваніе бабитовой заливки 189.6
Отставаніе стыковъ 191.3
- стыковыхъ поверхностей 165.6
Отстойникъ . 72.1
Отсчетъ . . . 351.6
Отсѣчки постоянная точка 235.5
Отходящими газами отапливаемый испаритель 257.4
-щихъ газовъ охлажденіе впрыскиваніемъ воды 320.2
Отходящіе газы металлургическихъ заводовъ 63.2
- - промышленныхъ производствъ 63.1
Отходящій сверху воздушный газъ 47.2
- снизу паровоздушн. газъ 47.3
Отчетъ объ испытаніи 140.2
Охватить разрѣзную рубашку кольцомъ изъ листового желѣза 162.2
Охладитель ребристый 322.2
- съ вентиляторомъ 322.6
- - противотокомъ 67.6
Охладить воду очистителя 72.2

Охлаждаемая запальная букса 287.2
- труба выхлопная 318.8
- - газоотводящая 318.8
Охлаждаемый водой конусъ клапана 202.1
-мыя направляющія 157.2
- - стержня . 202.6
- параллели . 157.2
Охлаждающая башня 72.4
- вода грязная 167.6
- -, содержащая примѣси 167.6
Охлаждающей башни орошающая вода 72.5
- воды застаиваніе 167.2
- - землистый осадокъ 167.7
- - отводъ . . 166.8
- - подводъ . 166.7
- - притокъ запереть 347.4
- - расходъ . 348.4
- - стеканіе въ сточныя канавы 321.5
- - - - - ямы . 321.5
- - трубопроводъ 320.4
Охлаждающій цилиндръ 101.3
Охлаждающую воду закрыть 347.4
- - спустить . 168.1
Охлажденіе выпуска Павликовскаго 202.4
- газа 67.4
- испареніемъ 322.8
- клапана . . 201.9
- колосниковой рѣшетки 57.9
- обратное воды посредствомъ градирни 322.3
- - - - ребристыхъ холодильниковъ 322.1
- отходящихъ газовъ впрыскиваніемъ воды 320.2
- поршня . . 181.7
- посредствомъ автоматической циркуляціи 321.7
- свѣжей водой 321.1
- цилиндра . 166.4
- циркуляціонное 321.6
-нія камеру очистить отъ грязи 167.8
- поверхность 166.5
- пространство очистить отъ грязи 167.8
Оцинкованная проволока 137.18
Очертаніе рычага, катящагося по дугѣ круга 220.4
- - - прямолинейное 220.3
- - перекатывающагося прямолинейное 220.3
Очиститель коксовый для колошниковаго газа 73.10
- заключительный 67.3
- окончательный 67.3
- опилочный 73.1
- предварительный 67.2
- съ луговымъ бурымъ желѣзнякомъ 73.8
- - - лимонитомъ 73.8
- - опилками 73.1
- - распыленіемъ 68.5
- сухой . . . 72.7
- Тейсена . . 73.1
- ударный . . 75.3
- этажный . 74.1
Очистительная коробка 72.8
-ный ящикъ . 72.8
Очистителя воду охладить 72.2
- спускная труба 70.9
Очистить газъ отъ пыли 76.1
-отъ грязи камеру охлажденія 167.8
- - - пространство охлажденія 167.8
- уголь отъ пустой породы и пирита 23.9
- - - - - и сѣрнаго колчедана 23.9
Очистка газа 66.5
- мокрая . . . 67.7
- отъ сѣры . 75.6
- - шлаковъ . 60.5
- послѣдующая 67.1
- предварительная 66.11
- сухая . . . 72.6
Очищать керосинъ 103.10
- товаръ пошлиной 375.2
Очищающая масса 72.9
-щей массы возстановленіе 72.10
Ошибка при испытаніи 351.7
- - наблюденія 351.8
- - отсчетѣ . 351.9
- діаграммы . 359.6
-ки источникъ 351.10
- предѣлъ . 351.12
Ошибочное показаніе газоваго счетчика 87.7
Ощущаемое тепло 15.4

П.

Паденіе давленія между пріемникомъ и цилиндромъ 129.1
- температуры 17.3
Палладіевый азбестъ 95.4
Палецъ кривошипа 186.7
- поворотный 218.3
- поршневой . 169.8
Пальца кривошипа окружность 193.3
- поршневого поверхности закалить рабочія 169.9
- - - - трущіяся 169.9
- - укрѣпленіе 169.10
Пара вступленіе 36.1
- входъ . . . 36.1
- и воздуха смѣсь 87.3
- количества регулированіе 263.9
- колесъ винтовыхъ 209.6
- - геликоидальныхъ 209.6
- - зубчатыхъ цилиндрическихъ 210.1
- конденсированіе 9.11
- осажденіе . 9.11
- сгущеніе . . 9.11
- термоэлектрическая 20.7
Параболическая кривая подошвы 152.3
Параллели . 156.5
- закрытыя . 157.1
- крейцкопфа 156.6
- охлаждаемыя 157.2
- плоскія . . 156.8
- ползуна . . 156.6
- цилиндрическія 156.9
Параллельное включеніе машины 344.7
Парами сѣрными загрязненіе газа 75.8
Парафиновое масло 107.9
Парафинъ . 13.2 107.9
Паровое пространство 40.2
- сопло . . . 38.7
Паровоздушнаго газа процессъ образованія 86.6
- - - производства 36.6
Паровоздушный газъ 36.5
- -, отходящій снизу 47.3
Паровой котелъ нагнетающаго генератора 38.4
- молотъ . . 146.1
Паровъ топлива скорость истеченія 263.3
Паромъ насыщеніе воздуха 87.2

Паропровода сѣченія измѣненіе дроссель-клапаномъ 59.3
Пароструйный воздуходувный аппаратъ 38.6
- - приборъ . 38.6
Пароходнаго типа головка 184.8
Паръ водяной 11.5
- - пропускать черезъ раскаленный уголь 85.5
- дегтя . . . 12.2
- насыщенный 11.6
- перегрѣтый 11.9
- смолы . . . 12.2
- сухой . . . 11.7
- сырой . . . 11.8
Пары бензиновые 253.6
- керосиновые 253.9
- спирта . . . 254.3
- - перегрѣтые 254.4
Патента нарушеніе 378.9
Патентнаго права нарушеніе 378.9
Патентовать . 378.6
Патентъ . . . 378.5
- взять . . . 378.7
- выдать . . 388.6
Патронъ токарнаго станка 149.6
Пенсіонная касса 386.3
Пенька . . . 138.5
Пеньковый канатъ 329.5
Пера пишущаго путь 355.7
Первое начало термодинамики 114.5
Перевести съ бензина на керосинъ 259.1
Перевозить . 374.2
Перевозка . . 374.1
- масла . . . 108.1
-зки стоимость 373.2
Перегиба кривой точка 271.4
Перегонка въ разрѣженномъ пространствѣ 8.8
- непрерывная 9.1
- сухая 8.5
- - дерева . . 48.5
- съ водянымъ паромъ 8.7
- фракціонированная 8.9
Перегонка частичная 8.9
-ки камера . . 107.5
- продуктъ . 8.6
- - нефти . . 102.4
- - сухой . . 8.6
-кѣ сухой подвергнуть 8.4
Перегонная колбочка 101.2
Перегонный аппаратъ 9.2
- котелъ . . 103.11
- кубъ . . 9.3, 103.11
Перегородка между окнами 241.2
- - прорѣзами 241.2
-ки край . . . 241.3
Перегрузка трущихся поверхностей 176.7
Перегрѣвательный змѣевикъ 38.5
Перегрѣтые пары спирта 254.4
-тый паръ . . 11.9
Передаточнаго механизма использованіе 183.4
- - органы . . 183.3
- - помѣщеніе въ закрытой камерѣ 152.9
- - смазка . . 278.2
- - теорія . . 191.9
Передаточная штанга переставная 234.4
-ное число нуль 219.6
- - перемѣнное 219.5
-ный валъ . . 327.6
- механизмъ . 183.2
- - съ хомутомъ и кулакомъ 224.2
- - - - и рычагомъ катящимся 224.1
- - - - - - перекатывающимся 224.1
- - - принужденнымъ движеніемъ 223.9
- рычагъ . . 217.5
Передача 1 : 2 209.4
- движенія газовому клапану скошеннымъ кулакомъ 235.1
- - - - съ измѣненіемъ момента открытія при неизмѣняющейся посадкѣ 235.3
Передача движенія посредствомъ кривошипа съ кулиссою 251.7
- - распредѣлительному механизму 209.2
- - эксцентрикомъ 224.4
- канатная . 329.2
- кривошипомъ и шатуномъ 192.1
- къ индикатору кривошипомъ концевымъ 353.7
- - - - лобовымъ 353.7
- половинная 209.4
- ременная . 327.7
- рычажная къ индикатору 353.6
- цѣпная 210.3, 291.6
Передающая цѣпь на направляющихъ роликахъ 59.4
Передвиженіе поршней по противоположнымъ направленіямъ 242.4
- съ положенія пуска въ ходъ въ положеніе полнаго хода 295.7
Передвижныя установки 337.8
Передвинуть въ положеніе для пуска въ ходъ 295.6
Передній конецъ цилиндра 159.2
-няя сторона цилиндра 159.2
- часть цилиндра 159.2
Перекатываніе 219.4
Перекатывающагося рычага прямолинейное очертаніе 220.3
-щійся рычагъ 217.3
- - ведомый . 218.3
- - ведущій . 218.2
- - съ постоянной точкой вращенія 218.1
Перекашиваніе конуса клапана 206.5
Перекашиваться 145.5
Переключательный клапанъ съ двойнымъ сѣдалищемъ 55.6
Переключить съ бензина на керосинъ 259.1
Перекоситься 145.5
Перекашивающіеся желобки 214.5
Перекрываніе поршнемъ оконъ 241.4
- - прорѣзовъ 241.4
Перекрыть вѣнецъ съ окнами 241.6
- - - прорѣзами 241.6
- кольцо съ окнами 241.6
- - - прорѣзами 241.6
Переливная труба 248.9
Перемѣна давленія въ зубчатомъ зацѣпленіи 210.5
- направленія давленія въ шатунѣ и штокѣ 197.2
- - - на цапфу 197.3
- хода поршня 192.7
Перемѣннаго тока генераторъ 333.1
- - динамомашина 333.1
Перемѣнная . 109.3
- зависимая . 109.5
- независимая 109.4
-ное передаточное число 219.5
- содержаніе газа въ зарядѣ 234.6
-ный уклонъ . 58.7
Перемѣщеніе относительное цапфы и вкладышей 197.4
Переносная трубка 89.6
Перепродавецъ 380.7
Перепускной золотникъ между нагнетательнымъ и всасывающимъ пространствами 247.1
- каналъ . . 260.6
- клапанъ . . 260.5

Перепускной клапанъ для сжатія при остановкѣ 296.8
- - и пусковой комбинированный 297.1
- - - - соединенный 297.1
- трубопроводъ 260.6
Перерывъ во впускѣ газа и воздуха 228.6
- - - топлива 228.4
- въ работѣ 349.11
Переставить вкладышъ 185.5
- направляющій рычагъ зацѣпки 290.8
Переставлять см. переставить
Переставляющая сила полезная 271.6
- - - регулятора 271.8
Переставная ножка 234.2
- опорная плита 53.5
- передаточная штанга 234.4
Переставной вкладышъ подшипника 188.9
- грузъ маятника 230.8
Перестановка посредствомъ эксцентрическаго болта [illegible]
- съ разгруженной стороны 185.4
- щетокъ . . . 334.3
Перестановочная сила полезная 271.6
- - полная регулятора 271.8
Перестановочный механизмъ регулятора 273.3
Перетеканія давленіе 129.4
- путь 129.5
Переходная муфта 311.8
Переходъ тепла 15.9
- - необратимый 115.1
Периферія шайбы 222.5
Періодическое образованіе сжатой движущей смѣси 366.1
Періодъ газообразованія 35.4
- горячаго дутья 35.2
- загрузки . . 57.2
- неполнаго горѣнія 58.5
- отгонки . 58.5
- продувки . 35.2
- - и заряда . 126.6
- рабочій . . 118.7
- сжатія . . . 126.8
Перка 148.7
Перовое сверло 148.7
Песка формовочнаго остатки 343.4
Песку вкрапины 343.6
Песокъ кварцевый, свободный отъ глины 308.1
Песочный уголь 22.9
Песчаниковая плита 306.7
Песчанистый уголь 22.9
Петля діаграммы 355.4
Петролейная эссенція 102.9
-ный тяжелый эфиръ 102.9
Печей, газъ доменныхъ - 63.6
-, - смолокуренныхъ - 107.3
- коксовальныхъ батарея 65.5
Печи доменной ходъ 64.6
- коксовальной газъ 64.11
- распаръ . . 64.1
Печь доменная 63.7
- для добыванія вторичныхъ продуктовъ 65.10
- коксовальная 65.4
- коксовая . . 65.4
- пламенная . 65.9
- регенеративная 65.11
- ретортная съ газовой топкой 32.6
- смолокуренная 107.2
- шахтная . . 63.7
Пика 61.4
Пикнометръ . 100.4
Пила слесарная 144.1
Пилить . . 143.10
Пипетка . . . 91.3
- абсорпціонная 92.8
- для взрывовъ Гемпеля 94.7
- поглощательная 92.8
- сжиганія . 96.1
Пиридинъ . . 106.3
Пирогалловой кислоты щелочной растворъ 91.1
Пирогаллола щелочной растворъ 91.1
Пирометръ . 20.2
- Ваннера . . 22.1
- графитный . 20.3
- металлическій 20.4
- оптическій . 21.6
- Ферри . . . 21.9
- электрическій Ле-Шателье 21.1
Питательный клапанъ для воды 40.7
- приборъ . . 40.6
Пихта 306.9
Пишущаго карандаша путь 355.7
- пера путь . 355.7
- штифта путь 355.7
Пишущій механизмъ 352.8
- штифтъ . . 352.9
Плавкій конусъ 21.7
Плавленія теплота 15.2
Плавный ходъ зубчатыхъ колесъ 210.4
- - ролика . . 223.7
Пламени жужжаніе 265.3
- запальнаго проводъ 280.6
- миганіе . . 265.2
- постоянство 265.1
- температуры испытаніе 265.8
- шумъ . . . 265.3
Пламенная печь 65.9
-ный запалъ . 280.4
Пламя бунзеновское несвѣтящееся 265.5
- запальное . 280.5
Пламя красное 265.4
- нагрѣвающее погасить 346.9
- некоптящее 265.6
- отбрасываемое назадъ 249.5
- -вается - въ всасывающую трубу 346.2
- посредствующее 280.8
- пробное . . 60.3
- промежуточное 280.8
- синее . . . 265.5
- съ краснымъ свѣтомъ 265.4
Планиметрированіе діаграммы 359.3
Планиметръ . 359.4
Планка . . . 376.7
Планшайба . 149.5
Планъ расположенія трубъ 316.5
Пластина капельная 70.5
- распыляющ. 262.6
-, соединяющая грузы 231.5
Пластинка волнистая 84.1
- пружинящая 84.1
- сопла . . . 262.7
Пластинчатая пружина для поворачиванія назадъ 289.4
Пластинчатый клапанъ [Линдемана] 336.8
Плата . . . . [illegible]
- въ разсрочку 372.1
- за перевозку грузовъ 374.4
- коммиссіонная 384.9
- недѣльная 384.7
- поденная . 384.5
Платежа срокъ 371.11
- условія . . 371.6
Платежъ . . 371.5
- частичный 371.10
Платиновая проволока 21.3
- спираль . . 96.2
- трубка . . . 282.2
- - капилярная Дрешмита 95.7
Плена въ цилиндрѣ 163.3
Плетень изъ теса 69.4
- смѣнный . . 69.6

Плеча ширина 186.5
Плечо кривошипа 186.4
Плита анкерная 308.9
- гранитная . 306.8
- для закрыванія 303.9
- опорная вращающаяся 53.8
- - - и опускающаяся 54.2
- - переставная 53.5
- основная . . 152.2
- песчаниковая 306.7
- правильная 145.4
- топочная . 89.2
- рихтовальная 145.4
Плоскій золотникъ 363.6
- поршень . . 170.4
- регуляторъ 272.6
- - осевой . . 231.1
- стержень . 184.1
Плоскія направляющія 156.8
- параллели . 156.8
Плоское желѣзо 185.10
Плотности газа опредѣленіе 96.5
Плотность газа 96.6
- поршня испытать 343.1
Плотность тепловая 348.2
Плохой составъ смѣси 236.4
Площадка для загрузки 57.5
Площадь діаграммы 359.5
- избыточная 198.2
- недостающая 198.3
- опорная подножки рамы 155.4
- - фундамента 304.7
- прохода . . 209.1
Плугъ моторный 338.10
- съ двигателемъ 338.10
Плунжеръ . 168.8
- полый съ нагнетательнымъ клапаномъ 183.1
Поверхностей внутреннихъ выпуклость 164.3
Поверхностей катанія износъ 220.8
- - скольженіе другъ по другу 220.7
- стыковыхъ отставаніе 165.6
- трущихся перегрузка 176.7
Поверхности катанія уклонъ измѣнять регуляторомъ 235.4
- опорной клапана заѣданіе 206.4
- рабочей цилиндра износъ 160.1
- - - нагрузка 159.8
- стыка послѣдующая обточка 165.5
Поверхность вкладыша нагруженная . . 188.4
- - рабочая . 188.4
- катанія . . 219.2
- - закаливать 211.1
- косая сцѣпляющаго зуба 292.4
- опорная . . 201.2
- - въ тѣлѣ подшипника сферическая 188.2
- - - - - шаровая 188.2
- - рабочая . 175.6
- охлажденія 166.5
- поршня трущаяся 176.6
-, прилегающая къ прокладкѣ 165.3
- - поршневого кольца 172.1
- промывная шероховатая изъ проволочной сѣтки 78.10
- распыляющая 256.8
- соприкасанія 219.3
- цилиндра рабочая 159.7
- - трущаяся 159.7
Поворачиваніе поршневого кольца предотвратить 174.4
Поворотная колосниковая рѣшетка 52.8
- крестовина . 213.4
Поворотный палецъ 213.3
Повышеніе цѣны при отступленіи отъ нормальныхъ вѣса и размѣровъ 370.7
Погасить горѣлку 346.9
- нагрѣвающее пламя 346.9
Погашеніе . 373.10
Поглощательная пипетка 92.8
-ный приборъ 91.5
Поглощать . . 4.8
- масло древесными опилками 347.3
Поглощающая жидкость 90.4
Поглощеніе . 4.7
-ній методъ . 90.3
Погруженія термометра глубина 19.6
Погрѣшности источникъ 351.10
- предѣлъ . 351.12
Погрѣшность діаграммы 359.6
- наблюденія 351.8
- опыта . . . 351.7
- при отсчетѣ 351.9
Подачи воды регуляторъ 40.6
- коеффиціентъ 120.5
Подающее сопло 38.7
-щіе валки . . 337.2
Подвалъ . . 303.7
Подвальнаго помѣщенія машиннаго отдѣленія устройство 303.6
Подвергать см. подвергнуть
Подвергнуть изгибу 141.7
- крученію . 142.2
- скручиванію 142.2
- сухой перегонкѣ 8.4
Подверженный расширенію, суженный конецъ поршня 175.5
Подвижная труба съ угловымъ шарниромъ 182.4
-ной электродъ 288.8
Подводъ воды къ шпинделю клапана (Този) 202.5
Подводъ охлаждающей воды 166.7
- воздуха . . 46.7
- смѣси пара съ воздухомъ 47.1
Подводящая токъ клемма 286.9
- труба . . . 320.5
-щій токъ зажимъ 286.9
Подвѣшеніе непосредственное 269.2
- обращенное 269.4
- прямое . . 269.2
- ромбическое 269.3
Подвѣшиваніе см. подвѣшеніе
Поддерживаніе поршня опорными башмаками 176.2
Поддерживать низкую температуру въ генераторѣ введеніемъ большого количества пара 43.2
Поддерживающій крюкъ для трубопровода 313.8
Поддержка для трубопровода 313.8
Поденная плата 384.5
- работа . . . 383.6
Поденщикъ . 383.5
Подергиваніе регулятора 273.5
Подземная вода 305.9
- всасывающая камера 318.6
Подкрашенная вода 83.3
Подлить раму цементомъ 308.4
Поднимающійся и опускающійся червякъ 45.7
- - - червячный винтъ 45.7
Подножка направляющая 156.7
- рамы . . . 155.3
-ки рамы опорная площадь 155.4
Поднять склянку уровня 91.9
Подогрѣваніе 258.1
- воздуха отходящими газами 257.3

Подогрѣваніе выключить 258.6
- горючаго . 257.2
- днища . . . 258.3
- запальной трубки 282.6
- стѣнокъ испарителя 257.6
- топлива . . 257.2
Подогрѣватель 41.1
- дутья . . . 64.10
Подогрѣвательная витая трубка 264.5
Подогрѣтый воздухъ 41.3
Подошва крейцкопфа 177.6
- ползуна . . 177.6
- фундамента 305.4
-вы параболическая кривая 152.3
Подпереть выпускной клапанъ 229.1
Подпилокъ . 144.1
Подпирать клапанный рычагъ 226.6
- колеса локомобиля 338.7
- подушку . . 218.5
- постель . . 218.5
Подпирающая колонка 153.5
- штанга . . 218.7
-щій рычагъ . 226.9
Подпочвенная вода 305.9
Подпятникъ на шарикахъ опорной плиты 54.1
Подставка подъ раму 155.5
Подсчетъ мощности 359.1
Подталкивающій кулачекъ 214.7
Подталкиваемый маятникъ висячій 229.5
- - - угловой 229.8
- - горизонтальн. двуплечій 230.7
- - угловой съ крючковымъ зацѣпленіемъ 230.2
Подтягивать см. подтянуть
Подтяжной клинъ 189.1
Подтянуть пружину 204.7
- тормазную колодку 357.5
Подушка воздушная 233.4
- для перекатыванія 218.4
- коренного подшипника 152.8
-ку подпирать 218.5
Подчеканить пористыя мѣста 343.3
Подшабрить поршневое кольцо 173.1
Подшипника вкладышъ переставной 188.9
- коренного вкладышъ 188.3
- - крышка . 187.4
- - ножка . . 152.8
- - подушка . 152.8
- - смазка . . 279.1
- ножка . . . 152.1
- стойка . . . 152.1
Подшипникъ внѣшній 188.1
- -, помѣщенный въ стѣнѣ зданія 305.2
- коренной . 187.1
- - наклонный во внутрь 187.5
- - - кнаружи 187.6
- - съ разрѣзомъ въ горизонтальной плоскости 187.3
- пришабрить 189.7
Подъема высоты потеря вслѣдствіе перекатыванія 219.7
- клапана высота 208.6
- - - наибольшая 208.3
- - діаграмма 207.9
- - кривая . . 207.9
- - скорость . 208.2
Подъемное движеніе въ метрахъ водяного столба 337.7
Подъемомъ и опусканіемъ газоваго колокола регулированіе 59.2
Подъемъ клапана 207.7
Пожарный насосъ съ бензиновымъ двигателемъ 338.9
- сигналъ . . 377.3
Поздній запалъ 280.2
Показаніе барометра 11.2
- газоваго счетчика невѣрное 87.7
- - - ошибочное 87.7
Показатель политропы 116.2
Покоробиться 145.5
Покоя положеніе якоря 285.4
Покрываніе копотью каналовъ горѣлки 266.3
Покрышка . 303.9
Покупная сумма 370.9
- цѣна . . . 370.3
Пола сотрясеніе 346.5
Поле движенія кривошипнаго механизма 193.8
Полезнаго дѣйствія коэффиціентъ механическій 360.1
- - - общій . 361.6
- - - объемный 120.4
- - - экономическій 361.6
Полезная мощность 359.10
- работа . . 359.10
- сила переставляющая 271.6
- - перестановочная 271.6
-ный эффектъ газообразованія 62.5
Ползуна башмакъ 177.6
- направляющія 156.6
- параллели . 156.6
- подошва . . 177.6
Ползунъ . . 177.5
Ползушка, приводимая въ движеніе кореннымъ валомъ 212.7
Полировать . 150.9
Политропа . 115.7
Политропическая кривая 115.7
- линія . . . 115.7
-скій 116.1
Политропная кривая 115.7
- линія . . . 115.7
Политропный 116.1
Политропу построить 116.3
Политропы показатель 116.2
Полнаго давленія продолжительность сравнительная 123.8
Полная высота 302.9
- длина . . . 303.1
- (калориметрическая) теплопроизводительность 97.3
- нагрузка . . 345.3
- сила регулятора переставляющая 271.8
- - - перестановочная 271.8
- ширина . . 303.2
Полное горѣніе 5.7
- - при продувкѣ 36.3
- сгораніе при продувкѣ 36.3
- сопротивленіе муфты 271.8
Полноты діаграммы степень 361.5
Полный объемъ 120.1
Половинка маховика 191.6
Половинная нагрузка 345.2
- передача . . 209.4
Половинчатый маховикъ 191.5
Положеніе во время перерывовъ работы 55.8
- - - работы . 55.7
- въ работѣ . 55.7
- кривошипа 193.5
- мертвое . . 192.8
- покоя якоря 285.4
- собачки рабочее 292.1
- - холостое . 292.2
Поломка поршневого штока 181.5
- трубы . . . 314.7
Полосовое желѣзо 135.10
Полуводяной газъ 36.5
Полужирный слабоспекающійся уголь 23.2
Полуотводъ . 310.7
Полуспекающійся уголь 23.2
Полухлористая мѣдь 90.7

Полухлористой мѣди растворъ аммiачный 90.3
- - - соляной 90.9
Полъ 303.5
Полый плунжеръ съ нагнетательнымъ клапаномъ 183.1
- стержень клапана 202.2
Пользованiе для обратнаго провода металлическими частями двигателя 287.1
-нiя удобство принадлежностями для работы 342.1
Полюсная трубка качающаяся 285.7
Помостъ для загрузки 57.5
Помѣщенiе вентиляторное 81.7
- передаточнаго механизма въ закрытой камерѣ 152.9
-нiя подвальнаго машиннаго отдѣленiя устройство 303.6
Пониженiе пошлины 376.2
Понятiя химiи основныя 1.1
Поперечина . 177.7
Поперечная пружина 270.4
-ное отверстiе въ скалкѣ 251.6
- сѣченiе обода 190.3
- - шахты . . 49.5
Поперечно-строгальный станокъ 150.1
Поплавокъ . 248.8
Поправка на влiянiе массъ индикатора 356.7
- - дѣйствiе массъ индикатора 356.7
- - нить . . . 19.8
- - столбикъ . 19.8
- термометра на расширенiе стекла . . 20.1
Пористая отливка 147.8
Пористость стѣнокъ цилиндра 343.2
Пористыя мѣста подчеканить 348.8
Порокъ матерiала 139.11
Порошокъ лимонита 73.9
Портативныя установки 337.8
Поршень вставить 168.5
- вынуть . . 168.6
- двинуть впередъ посредствомъ вспышки 299.1
-, движущiйся съ перерывами 252.1
- двойного дѣйствiя 170.2
- дисковый . 170.4
- дифференцiальный 261.3
- длинный . . 170.5
- закрытый . 170.3
- замкнутый . 170.3
- индикатора 352.2
- монтировать 168.5
- на вѣсу . . 177.2
- насоса . . . 244.7
-, неразгруженный отъ нормальныхъ давленiй 176.5
- ныряло . . 168.8
- открытый . 168.7
- плоскiй . . 170.4
- пригнать при рабочей температурѣ 175.7
- составной . 170.6
-, состоящiй изъ 2 частей 170.6
Поршневого болта закалить поверхности рабочiя 169.9
- - - - трущiяся 169.9
- - смазка . . 278.6
- - укрѣпленiе 169.10
- кольца замокъ 173.8
- - поворачиванiе предотвратить 174.4
- - прилегающая поверхность 172.1
- - штифтъ . 174.5
- пальца закалить поверхности рабочiя 169.9
- - - - трущiяся 169.9
Поршневого пальца укрѣпленiе 169.10
- штока гайка 178.9
- - заплечико 178.7
- - изломъ . . 181.5
- - искривленiе 181.4
- - муфта . . 178.5
- - поломка . 181.5
- - прогибъ . 177.9
- - сальникъ 179.1
Поршневое днище 168.10
- кольцо надѣть на поршень 174.2
- - - - тѣло поршня 174.2
- - подшабрить 173.1
- - пришлифовать 172.8
- - самопружинящее 171.7
Поршневой болтъ 169.8
- выступъ . . 263.1
- двигатель . 175.3
- золотникъ . 238.1
- насосъ съ приводомъ цилиндрическими зубчатыми колесами 330.6
- - - цилиндрической зубчатой передачей 330.6
- палецъ . . 169.8
- штокъ . . . 177.8
- - имѣетъ продольныя бороздки 181.6
- - - царапины 181.6
- - неразгруженный отъ поперечнаго изгиба 177.3
- - расчитать на продольный изгибъ 178.1
- - сквозной . 178.3
- - составной 178.4
-вому -ку дать прогибъ вверхъ 177.4
-выхъ колецъ разгибанiе 173.9
- - раздвиганiе 173.9
-выя кольца стучать 181.3
- - хлопаютъ 181.3
Поршней передвиженiе по противоположнымъ направленiямъ 242.4
Поршнемъ захватываемый угловой рычагъ 252.7
- перекрыванiе прорѣзовъ 241.4
- описанный объемъ 120.2
- перекрыванiе оконъ 241.4
Поршни . . . 168.2
- движущiеся согласно 326.5
-, идущiе въ одномъ направленiи 326.5
-, - - противоположныхъ направленiяхъ 326.6
Поршня залетанiе 364.2
- -нiй регулировать продолжительность 364.5
- - - число . 364.6
- -нiя время . 364.3
- втулка . . 171.1
- высота . . . 168.3
- выступъ . . 263.1
- герметичность 171.4
- длина . . . 168.4
- -, воспринимающая нормальное давленiе 175.4
- днище . . 168.10
- загрязненiе 180.9
- защемленiе, изношеннаго - 180.7
- - индикатора 356.8
- заѣданiе . . 181.1
- канавка кольцевая 172.2
- конецъ, суженный подверженный расширенiю 175.5
- нагрѣванiе 180.8
- направленiе 175.2
- насоснаго ходъ измѣнить 252.4
- неравномѣрность хода 194.2
- охлажденiе 181.7
- поверхность трущаяся 176.6
- поддерживанiе опорными башмаками 176.2
- плотность испытать 348.1
- пригоранiе . 181.2
- ребра . . . 169.3
- смазка . . . 278.4
- скорости кривая 194.4
- скорость . . 194.8

Поршня среднее индикаторное давленіе 359.7
- стукъ . . . 180.6
- стѣнка лобовая 170.7
- - цилиндрическая 168.9
- тѣло залить бѣлымъ металломъ 177.1
- усиліе . . . 194.8
- ускореніе . 194.5
- хода діаграмма 354.7
- - перемѣна 192.7
- ходъ впередъ 192.5
- - - и взадъ 192.4
- - назадъ . . 192.6
Посадка клапана на сѣдло 220.6
Посаженный на оси корпусъ насоса 182.7
- эксцентрично впускной рычагъ 229.3
Послѣдовательно присоединенные вентиляторы 77.4
Послѣдовательность приведенія въ дѣйствіе клапановъ 199.1
Послѣдующая обточка поверхности стыка 165.5
- очистка . . 67.1
-щее сгораніе заряда 124.2
Посредствующее пламя 280.3
Поставить . . 369.3
- кривошипъ въ положеніе пуска въ ходъ 298.5
Поставка . . 369.2
- и стоимость 368.1
Поставки срокъ 369.6
- условія . . 369.5
Поставлять см. поставить 369.3
Постановить рѣшеніе 378.1
Поставщикъ . 369.4
Постель для перекатыванія 218.4
- подпирать . 218.5
Постепеннаго сгоранія при постоянномъ давленіи процессъ 117.6
- - - - - способъ 118.1
Постояннаго давленія газовая турбина 365.1
- - линія . . 115.6
- объема линія 115.5
- тока генераторъ 332.4
- - машина . 332.4
Постоянная . 109.6
- для газа . 111.12
- мощности . 359.3
- точка отсѣчки 235.5
- - расцѣпленія 235.5
- - термометра 18.9
Постоянное сжатіе 234.7
-ной температуры линія 116.4
- энтропіи линія 116.6
-ный газъ . 111.10
- коеффиціентъ мощности 359.3
- магнитъ . . 384.9
-ныя установки 323.1
Постоянство пламени 265.1
- температуры 17.4
Построить политропу 116.3
Постройки стоимость 372.5
Потенціальная энергія молекулъ 113.3
Потеря высоты подъема вслѣдствіе перекатыванія 219.7
- на догораніе 62.7
- - задувку . 62.6
- - раздувку . 62.6
- отъ неплотности поршня 171.5
- работы вслѣдствіе опереженія выпуска 362.1
- - - отдачи тепла стѣнкамъ 362.5
- - - сгоранія запоздалаго 362.2
- - - - неполнаго 362.3
- - механическая 360.3
- рабочей смѣси 120.3
Потокомъ возвратнымъ регулированіе при помощи газоваго насоса 246.4
Потокомъ обратнымъ регулированіе 245.8
Потокъ непрерывный газовой движущей смѣси 365.7
- - движущаго вещества 365.7
Потѣніе изолирующей трубки 287.8
Почвенная вода 305.9
Починка . . 349.9
Пошлина . . 375.3
- ввозная . . 375.5
- вывозная . 375.7
- транзитная 375.9
Пошлиной обложеніе 375.1
Пошлиной обложить 375.2
- очищать товаръ 375.2
Пошлину уплатить 375.2
-ны возвратъ 375.10
- пониженіе . 376.2
- стоимость . 375.4
- уплата . . 375.1
Поясъ выдѣленія летучихъ составныхъ частей 58.1
- горѣнія . . 58.6
- - неполнаго 58.1
- накаливанія 58.6
282.3
- отгонки . . 58.1
Права патентнаго нарушеніе 378.9
Правила для сборки установки 301.1
- ухода . . . 349.1
Правильная плита 145.4
Правленіе . . 381.2
Право торговое 377.8
Правъ оспариваніе 377.5
Практическая температура горѣнія 6.7
-ски необходимое количество воздуха 7.1
Превращать воду въ паръ 9.6
Превращеніе тепла въ работу 113.8
- угля въ порошокъ 25.5
Предвареніе выпуска 205.7
- запала . . . 279.9
- открытія . 207.10
-нія уголъ . . 208.4
Предварительная очистка 66.10
- смѣта . . . 369.9
-но обточить барабанъ для колецъ 172.5
- сжатый воздухъ 260.1
-ное введеніе чистаго воздуха 127.7
- испытаніе . 351.2
- натяженіе при накладываніи ремня 327.9
-ный испаритель 41.6
- очиститель . 67.2
Предлагать см. предложить
Предложеніе 369.7
Предложить . 369.8
Предотвратить поворачиваніе поршневого кольца 174.4
Предохраненіе отъ открытаго пламени 249.4
Предохранитель 335.9
Предохранительная заслонка 250.4
- захлопка . . 250.4
- рукоятка . 292.8
-ный щитокъ для кривошипа 155.2
Предписанія для предотвращенія несчастныхъ случаевъ 385.8
Предприниматель 379.7
Представитель 380.3
Представительство 380.4
- генеральное 380.5
Представленіе графическое 110.12
Предѣлъ диссоціаціи 8.1
- мощности . 345.4
- ошибки . 351.12
- погрѣшности 351.12
- сжатія . . . 122.1
Прейскурантъ 369.11

Прекращеніе движенія по инерціи при остановкѣ, не стѣсненн. сжатіемъ воздуха 196.4
- - - - при остановкѣ свободное 196.4
- - - - - - упругое 196.3
- наполненія 283.1
- работы . 384.10
Прерываемое образованіе движущаго вещества подъ давленіемъ 366.1
Прерыватель 286.2
-ля тяга . . . 289.5
Прерывающій органъ 226.4
Прессованный уголь 28.8
Прессъ брикетный 29.1
- для выдѣлки брикетовъ 29.1
- кузнечный . 146.2
Прибавка на обработку 148.4
Приближеніе къ астатичности 271.2
Приборъ абсорпціонный 91.5
- воздуходувный пароструйный 38.6
- дестилляціонный 9.2
- для испытанія керосина (Абеля) 101.4
- - опредѣленія вязкости Энглера 99.9
- - - плотности 100.4
- - - температуры вспышки 101.7
- - перегонки керосина 101.1
- - - сухой дерева 49.1
- - сожиганія дыма 318.10
- загрузочный 57.4
- запальный . 283.3
- индукціонный 285.9
- Орса 92.2
- - большихъ размѣровъ 96.3
- питательный 40.6
Приборъ поглощательный 91.5
- сушильный 89.7
- указательный 83.9
- универсальный Тернера 96.4
Приборы смазочные остановить 347.2
- - установить 344.1
Прибыль на капиталъ въ процентахъ 373.7
Приведеніе во вращеніе за маховикъ 293.4
-нія въ дѣйствіе клапановъ послѣдовательность 199.1
Приведенный ходъ муфты 268.11
Привилегіи нарушеніе 378.9
-гію взять . . 378.7
- выдать . . 378.6
Привилегія . 378.5
Приводимая въ движеніе газомъ канализаціонная насосная станція 337.4
Приводить въ движеніе распредѣлительный валъ 209.3
Приводный валъ 211.6
- вентиляторъ 79.8
Приводъ . . 327.3
- воздуха . . 46.7
- для насоса . 244.1
- - распредѣлительнаго механизма 209.5
- смѣси пара съ воздухомъ 47.1
- съ внутреннимъ зацѣпленіемъ 210.2
Приводящій рычагъ 217.4
Пригнать поршень при рабочей температурѣ 175.7
Пригораніе поршня 181.2
Пригорѣвшая пыль 314.5
Призматическая станина для обратныхъ вертикальныхъ двигателей 152.5
Прикрѣпленная къ стержню труба 202.3
Прилегающая поверхность поршневого кольца 172.1
Приливъ колосника боковой 51.7
- - распорный 51.7
Примѣси содержащая охлаждающая вода 167.6
Принимать см. принять
Принужденное распредѣленіе (Кенига) 246.1
- - экцентриковое и кулачное 225.6
Принять во вниманіе собственный вѣсъ рычага 357.9
- машину въ работу 342.8
Приподыманіе клапана 220.5
Природн. газъ 30.7
Присасываніе 119.1
Присоединенные послѣдовательно вентиляторы 77.4
Присоединительный фланецъ рамы 154.7
Приспособленіе для взвѣшиванія 96.8
- - загрузки . 57.4
- - - вращающееся 56.6
- - испытаній 350.10
- - переключенія 259.2
- - поворачиванія маховика съ электрическимъ приводомъ 293.6
- - подъема . 301.7
- - прерыванія 289.3
- - пуска въ ходъ 291.1
- - - - - сжатымъ воздухомъ 294.6
- - смазки . . 274.9
- направляющее 366.2
- недопускающее возвратные удары рукоятки 292.6
Приспособленіе регулятора установочное 273.3
-, устраняющее возвратные удары рукоятки 292.6
Притекающій газъ мять 234.8
Притереть клапанъ къ своему сѣдлу 201.3
Притирать кранъ 314.11
Притока температура 348.5
Приточка шаровая мягкой набивки къ крышкѣ сальника 179.8
Притокъ . . 249.2
- воды . . . 181.8
- - охлаждающей запереть 347.4
- газа уменьшать суженіемъ прохода 234.8
Приходить; приходитъ въ движеніе машина тяжело 344.5
Пришабрить подшипникъ 189.7
Пришлифовать клапанъ къ своему сѣдлу 201.3
- поршневое кольцо 172.8
Пріемка матеріаловъ 139.10
Пріемника діаграмма 129.9
Пріемникъ . 129.6 242.8
- воздушный 129.7
- газовый . . 129.8
- для высушиванія 89.7
- съ хлористымъ кальціемъ 89.8
Пріемное испытаніе 350.12
Проба гидравлическая полости рубашки, отлитой въ одномъ цѣломъ съ цилиндромъ 161.2
Пробивать см. пробить
Пробить отверстіе 144.9

Пробка . 89.1, 313.4
- для наполненія 248.2
- - спуска . . 248.3
- крана . . 314.10
Пробное давленіе холодной водой 161.3
- пламя . . . 60.3
Пробный кранъ 248.4
- кусокъ . . 140.1
Пробовать газъ 60.2
Пробойникъ . 145.2
Пробу газа взять 88.7
- газовую взять 88.7
Проваливаніе топлива черезъ колосниковую рѣшетку 61.7
Проводить воздухъ надъ раскаленнымъ углемъ 34.3
Проводъ запальнаго пламени 280.6
Проволока . 137.10
- желѣзная 137.11
- изъ сплава платины и родія 21.4
- латунная . 138.2
- луженая . 137.12
- мѣдная . . 138.1
- натяжная и резиновое кольцо 162.5
- оцинкованная 137.13
- платиновая 21.3
- стальная . 137.14
-ки каленіе бѣлое свѣтлое 266.2
- - красное . 266.1
- толщина . . 203.8
-ку ввести въ пламя 265.9
Проволочная ткань съ крупной клѣткой 79.2
Проворачиваніе посредствомъ рукоятки 291.4
Проворачивать машину для пуска 291.3
Прогиба линія 187.8
-бъ вверхъ дать поршневому штоку 177.4
Прогибъ поршневого штока 177.9
- рамы . . . 155.9
Продавецъ изъ первыхъ рукъ 380.8
Продолговатая выемка 218.8
Продолженное расширеніе 124.7
Продолжительная работа 341.4
-ное движеніе по инерціи до полной остановки двигателя 345.7
- дѣйствіе . . 341.4
Продолжительность взлетаній поршня регулировать 364.5
- продувки . 128.7
- сравнительная полнаго давленія 123.8
Продольная пружина 270.3
-ное отверстіе въ скалкѣ 251.5
-ному изгибу сопротивленіе 142.5
-ныя бороздки имѣетъ поршневой штокъ 181.6
Продувать . . 127.8
- готовой смѣсью 128.3
Продувающихъ и заряжающихъ насосовъ сопротивленіе 130.2
Продувка . . 127.6
- по Аткинсону 126.2
- - способу Аткинсона 126.2
- рабочаго цилиндра 127.5
Продувки давленіе 128.8
- - избыточное 129.4
- и заряда періодъ 126.6
- періодъ . . 35.2
- продолжительность 128.7
- тока направленіе 129.5
- - путь . . . 129.5
Продувочнаго и заряжающаго насосовъ распредѣленіе 244.8
- средства наименьшее давленіе 128.9
Продувочное средство 128.1
-ный воздухъ 128.2
- насосъ . . . 243.4
-нымъ воздухомъ вытѣснить отработавшіе газы 127.3
Продуктовъ сгоранія растеканіе 128.6
- - расхожденіе 128.6
- - расширеніе 124.3
Продуктъ горѣнія 5.9
- дестилляціи частичный 8.10
- перегонки . . 8.6
- - нефти . . 102.4
- - сухой . . . 8.6
- расщепленія . 4.6
Продуть . . 127.8
Продырявленный желѣзный листъ 75.5
Прозора ширина 51.3
Прозоръ между колосниками 51.2
Производимый всасываніемъ шумъ 317.8
Производитель газа 80.5
Производная n-ой степени 110.4
Производства процессъ газа водяного 34.9
- - - воздушнаго 34.2
- - - генераторнаго 33.8
- - - паровоздушнаго 36.6
- стоимость 370.2, 372.4
Производство 368.2
- газа 31.1
- доменное . 64.6
- кокса . . . 65.1
- массовое . . 368.3
-ствъ промышленныхъ отходящіе газы 63.1
Прокатная машина 337.3
Прокатное желѣзо профильное 135.7
- - сортовое . 135.7
- - фасонное . 135.7
Прокатный станокъ 337.1
- станъ . . . 337.1
Прокладка трубъ 313.7
Прокладное кольцо см. Прокладочное кольцо
Прокладочное кольцо 313.1
- -, поставленное на ребро 166.2
-ный матеріалъ 138.3
Промежутокъ времени между двумя послѣдующими загрузками 57.3
- искровой . 283.6
Промежуточная часть 156.3
- -, охлаждаемая водою 158.1
- - упругая . 226.7
-ное пламя . . 280.8
-ный валъ . . 211.7
- - быстроходный 210.6
- резервуаръ 242.8
Промыватель 67.9
- барабанный 77.6
- Біана . . . 78.1
- вращающійся съ шарами 77.9
- съ биломъ . 68.1
- - плетнемъ изъ теса 69.5
- центробѣжный 77.1
- шариковый 77.9
Промывать см. промыть
Промывка газа 67.8
Промывная шероховатая поверхность изъ проволочной сѣтки 78.10
Промыть уголь 24.1
Промышленное законодательство 379.4
-ныхъ производствъ отходящіе газы 63.1
Проникновеніе смѣси въ трубку 282.5
Пропиленъ . 13.4

Пропусками регулированіе 228.1
Пропуски въ зажиганіи 280.3
Пропускать водяной паръ черезъ раскаленный уголь 85.5
Пропускное отверстіе 208.9
- сѣченіе . . 209.1
Пропускъ . . 228.2
Прорѣзать рубашку вблизи концевыхъ фланцевъ 162.4
Прорѣзовъ перекрываніе поршнемъ 241.4
Прорѣзъ . . 240.7
- впускной . 240.8
- выхлопной . 241.1
- для регулированія притока воздуха въ бунзеновской горѣлкѣ 99.1
Просачиваніе въ поршневыхъ кольцахъ 171.6
Просверливать см. сверлить
Просверлить см. сверлить
Просвѣта ширина 51.3
Просвѣтъ между колосниками 51.2
Простого дѣйствія воздушный насосъ 260.8
- - двигатель 2-хтактный 324.10
- - - 4-хтактный 324.8
- - цилиндръ 157.6
Простое сжатіе 260.2
Пространства сжатія объемъ 121.5
-ство водяное 40.3
- всасыванія . 244.5
-, находящееся подъ давленіемъ наружной атмосферы 85.1
- охлажденія очистить отъ грязи 167.3
- паровое . . 40.2
- сгоранія . . 123.5
- - съ гладкими стѣнами 159.4
- сжатія 121.4, 244.6
Просѣянный уголь 24.7
Противовѣсами вращающимися уравновѣсить вращающіяся массы 196.7
Противовѣсъ 197.1
Протыкалка . 266.5
Протычка . . 266.4
Профессіональный союзъ 386.4
Профиль нормальный 135.8
Профильное прокатное желѣзо 135.7
Прохода площадь 209.1
- суженіе посредствомъ впускного клапана 234.1
- - смѣшивающимъ золотникомъ 234.3
Проходимый поршнемъ путь 194.1
Проходное отверстіе 208.9
Проходной клапанъ 315.3
- кранъ . . . 315.1
Процентныя деньги 373.8
Процентъ . . 373.9
Процесса кругового идеальнаго работа 361.2
Процессъ . . 377.6
- газообразованія безпрерывный 36.7
- горѣнія . . . 5.6
- двухтактный 126.4
- Дизеля . . 117.6
- круговой газоваго двигателя 118.3
- - Карно . . 117.3
- - наивыгоднѣйшій при данномъ паденіи давленія 117.5
- - - при данномъ паденіи температуръ 117.2
- - обратимый 115.2
- -, теоретически совершенный 117.1
- образованія газа водяного 34.9
Процессъ образованія газа водяного съ введеніемъ сжатаго воздуха 36.2
- - - воздушнаго 34.2
- - - генераторнаго 33.8
- - - паровоздушнаго 36.6
- постепеннаго сгоранія при постоянномъ давленіи 117.6
- производства газа водяного 34.9
- - - - съ введеніемъ сжатаго воздуха 36.2
- - - воздушнаго 34.2
- - - генераторнаго 33.8
- - - паровоздушнаго 36.6
- расложенія тяжелыхъ углеводородовъ на болѣе легкіе при перегонкѣ керосина 104.2
- регулированія 267.4
- термодинамическій 116.9
- четырехтактный 118.9
Прочистить отверстіе горѣлки 266.4
Прочность . . 140.9
- на изломъ . 164.4
Пружина вспомогательная 226.8
- индикатора 352.3
- индикаторная 352.3
- - двойная витая 352.5
- - двухходная 352.5
- клапана . . 203.7
- между впускнымъ и газовымъ клапанами 239.7
- пластинчатая для поворачиванія назадъ 289.4
- поперечная 270.4
- продольная 270.3
- регулятора 270.2
Пружинная масленка 274.11
-ные вѣсы . 357.11
Пружинный динамометръ 357.11
- регуляторъ . 270.1
Пружину натягивать 204.6
- натянуть . . 204.6
- подтянуть . 204.7
-ны двойной укрѣпленіе 352.6
- длина, ненатянутой - 204.1
- -, свободной - 204.1
- индикаторной калиб]ри]рованіе 355.8
- клапанной нагрузка 204.5
- - натяженіе 204.5
- масштабъ . 355.5
- - калиб[ри]рованный 355.6
- тарелка, укрѣпленная посредствомъ чеки 204.3
Пружинящая пластинка 84.1
Пружинящее кольцо сферическое 180.2
- - шаровое . 180.2
-щій сцѣпной рычагъ 293.1
Прыганіе регулятора 273.5
Прямая, направленная назадъ, лопасть 81.5
- - - лопатка 81.5
Прямое подвѣшеніе 269.2
- подвѣшиваніе 269.2
Прямой вертикальный двигатель 325.5
- разрѣзъ . . 173.4
Прямолинейнаго движенія направляющія 156.5
-ное очертаніе рычага катящагося 220.3
- - - перекатывающагося 220.3
Прямоугольное отвѣтвленіе 310.3
-ный стыкъ . 173.4
Псевдоастатическій регуляторъ 271.3
Пуллинговое желѣзо 133.1
Пульверизованный луговой бурый желѣзнякъ 78.9

Пульсацій діаграмма 84.8
Пульсація резиноваго мѣшка 84.7
Пуска сопротивленіе 291.2
Пускать въ ходъ легко испаряемымъ топливомъ 258.8
Пусковая лебедка съ зубчатой передачей 291.7
Пусковой клапанъ 295.4
- компрессоръ 296.3
- резервуаръ 297.6
- токъ . . . 298.3
Пускъ въ ходъ отходящими газами 299.2
- - - поворачиваніемъ маховика 293.4
Пускъ въ ходъ помощью механизма для поворачиванія маховика 293.5
- - - при помощи рабочей силы 298.4
- - - сжатымъ воздухомъ 294.5
- - - - - въ 2 такта 294.7
- - - - - - 4 такта 295.1
- - - элекричествомъ 298.1
Пустить машину въ ходъ 343.8
- - работать . 342.6
Пустотѣлая рама 153.8
- скалка съ нагнетательнымъ клапаномъ 183.1
Пустотѣлый клапанъ распылителя 256.3
- шпиндель клапана 202.2
Путемъ химическимъ опредѣленіе теплопроизводительности 97.7
Путь карандаша 355.7
- на валкахъ 337.2
- перетеканія 129.5
- пишущаго пера 355.7
- - штифта . . 355.7
-, проходимый поршнемъ 194.1
- тока продувки 129.5
Пучекъ діаграммъ 354.9
Пылевидный уголь 25.6
Пылеотдѣлитель 76.4
Пыли отложеніе 314.6
- содержаніе въ миллиграммахъ на куб.м. 76.8
Пыль 76.2
- водою увлечь 76.10
- выдѣлить . 76.9
- - посредствомъ перемѣны направленія газоваго потока 76.3
- керосиновая 254.1
- коксовая . . 25.8
- колошниковая 76.6
- мелкая . . . 76.7
- осадить . . 76.9
- пригорѣвшая 314.5
- угольная . . 25.7
Пятиокись фосфора 89.9

Р.

Работа . . . 341.1
- внутренняя 114.7
- внѣшняя . 114.8
- всасыванія 119.10
- въ 2 такта . 126.3
- - 4 такта . . 118.8
- газомъ . . . 332.2
- - водянымъ 35.1
-,- свѣтильнымъ сильно сжатымъ 340.2
- генераторомъ простымъ съ обратнымъ введеніемъ паровъ дегтя въ поясъ горѣнія 43.4
- - съ двойнымъ сгораніемъ 45.8
- движенія по инерціи въ періодъ остановки 297.4
- дѣйствительная 359.10
-, затрачиваемая на треніе 360.3
- идеальнаго кругового процесса 361.2
- индикаторная 359.9
- машинъ . . 342.7
- машины безъ потерь 361.2
- - идеальной 361.2
Работа непрерывная 341.4
- номинальная 360.2
- поденная . 383.6
- полезная . 359.10
- продолжительная 341.4
- сдѣльная . 383.8
- сжатія . . . 121.3
- спокойная зубчатыхъ колесъ 210.4
- тренія . . . 360.3
- установокъ крупныхъ 341.2
- - небольш. . 341.3
Работать молоткомъ 144.4
- на водяное сопротивленіе 358.5
- пустить машину 342.6
Работодатели и работоприниматели 379.5
-тель 380.9
Работоприниматели и работодатели 379.5
-тель . . . 380.10
Работоспособность регулятора 272.4
Работу выразить въ единицахъ тепла 114.1
Работы безопасность 342.2
- избытокъ . 198.1
- механическій коеффиціентъ 360.1
- остановка . 346.7
- потеря вслѣдствіе опереженія выпуска 362.1
- - - отдачи тепла стѣнкамъ 362.5
- - - сгоранія запоздалаго 362.2
- - - - неполнаго 362.3
- - механическая 360.3
- прекращеніе 384.10
- стоимость . 373.1
- эквивалентъ термическій 114.4
Рабочаго цилиндра продувка 127.5
Рабочая втулка цилиндра 160.3
- емкость генераторной шахты 49.4
- поверхность вкладыша 188.4
- - опорная . 175.6
- - цилиндра 159.7
- теплопроизводительность 97.4
Рабочая часть фланца 154.8
Рабочее время 383.11
- колесо . . . 366.8
- положеніе собачки 292.1
Рабочей поверхности цилиндра износъ 160.1
- - - нагрузка 159.8
- смѣси вѣсъ заряда 120.7
- - потеря . . 130.3
- смѣсью наполнить 126.7
- - зарядить . 126.7
Рабочихъ страхованіе 385.3
Рабочіе такты 118.6
- часы 384.1
Рабочій . . . 383.2
- выступъ фланца 312.11
- вѣсъ 339.3
- день 383.9
- наемный . . 383.4
- объемъ цилиндра 120.2
- періодъ . . 118.7
-, получающій плату сдѣльно 383.7
- фабричный 383.3
- ходъ . 118.7, 122.6 126.5
- цилиндръ . 157.4 243.1

Рабочія поверхности поршневого болта закалить 169.9
- - - пальца закалить 169.9
Равнаго давленія линія 115.6
Равновѣсіе температуры 17.4
-сія отношеніе между CO и CO_2 34.5
Радіальная лопасть 81.1
- лопатка . . 81.1
Радіально направленная въ концѣ лопасть 81.2
- - - - лопатка 81.2
Радіальное крыло 81.1
- ребро . . . 169.6
Радіусъ кривошипа 186.6
Разбавленія спирта степень 104.10
Разборка . . 300.5
Разбрызгивающее кольцо для смазки 275.4
Развертка . . 144.3
Развертывать 144.2
Развилокъ рычага 216.10
Развѣтвленіе трубопровода 310.1
- трубы . . . 310.1
Разгибаніе поршневыхъ колецъ 173.9
Разгибающее кольцо 174.1
Разгружать см. разгрузить
Разгрузить клапанъ 204.9
Разгрузка помощью сжатаго воздуха 205.6
- посредствомъ открытія вспомогательнаго конуса 205.3
- рубашки . . 161.6
Раздвиганіе поршневыхъ колецъ 173.9
Раздувать генераторъ 59.6
Раздуть генераторъ 59.6
Раздѣленіе рубашки на части 161.7
Разложенія теплота 4.3
- тяжелыхъ углеводородовъ на болѣе легкіе процессъ при перегонкѣ керосина 104.2
Размахъ регулятора 267.3
Размельченіе угля 24.5
Размѣръ для сборки 301.2
Разность въ цѣнѣ 348.3
- температуръ между внѣшней и внутренней стѣнками цилиндра 162.7
Разобрать машину 300.4
Разрушающая нагрузка 140.6
Разрывающая нагрузка 140.6
Разрыву сопротивленіе 140.4
Разрывъ трубы 314.7
Разрѣженіе . 82.5
-нія камера . 40.8
Разрѣженный вслѣдствіе колебаній газъ 319.2
Разрѣзная головка 184.8
-ную рубашку охватить кольцомъ изъ листового желѣза 162.2
Разрѣзъ косой 173.3
- прямой . . 173.4
Разрѣшеніе эксплоатировать изобрѣтеніе 379.2
-нія - - обладатель 379.3
Разстояніе между осями колесъ 338.6
- отъ середины поршня до середины крейцкопфа 178.2
Разъединитель 298.2
Разъемъ вкладышей 188.5
Раковина усадочная 147.10
Рама баіонетная 154.4
Рама двойная 154.5
- двусторонняя 154.5
- колосниковой рѣшетки 51.8
- массивная . 154.2
- обогрѣтая тепломъ излученія 264.4
- односторонняя 154.4
- пустотѣлая 153.8
- соединительная 156.3
- сплошная . 154.2
- фундаментная 153.7
- цѣльная . . 156.1
Рамка для пружины 204.4
Рамой обхватываемый цилиндръ 158.5
Раму подлить цементомъ 308.4
Рамы балка боковая 154.1
- жесткость . 155.6
- и станины . 151.1
- подножка . 155.3
- -жки опорная площадь . 155.4
- прогибъ . . 155.9
- стѣнка . . . 154.3
- тяга 155.8
- укрѣпленіе посредствомъ тягъ 155.7
- - - штангъ . 155.7
- фланецъ присоединительный 154.7
- фланцевая головка 154.6
- штанга . . 155.8
- щека . . . 154.1
Ранній запалъ 280.1
Раскисленіе . 5.2
Раскислять . 5.3
Расковать . . 146.4
Расковывать 146.4
Распаденіе . 7.6
Распаръ печи 64.1
Расположеніе двигателя 325.2
- клапана . . 289.5
- распредѣлительнаго вала 212.3
- реберъ . . . 169.4
- цилиндровъ 326.3
-нія трубъ планъ 316.5
Расположенный сверху коренной валъ 151.6
Расположить заряжающіе насосы подъ поломъ 243.8
- - - сбоку отъ цилиндра 243.8
Распорный приливъ колосника 51.7
-ными тягами соединить крышки 164.7
Распорядитель 381.5
Распорядиться 381.6
Распоряжаться 381.6
Распредѣленіе впуска 199.2
- выпуска . . 199.3
- - установить на 2 такта 294.1
- двойнымъ золотникомъ 246.6
- золотниковое 363.5
- и регулированіе двухтактныхъ двигателей 240.2
- клапанное . 198.9
- кулачными шайбами 221.3
- окнами съ каждой стороны поршня 242.3
- отсѣчкою смѣшивающимъ золотникомъ 233.2
- помощью оконъ 240.3
- - прорѣзовъ 240.3
- принужденное (Кенига) 246.1
- - эксцентриковое и кулачное 225.6
- продувочнаго и и заряжающаго насосовъ 244.8
- расцѣпленіемъ смѣшивающаго золотника 233.2
- реберъ . . . 169.4
- слоевъ неравномѣрное 128.5
- эксцентриковое 225.4
- эксцентрикомъ и катящимся рычагомъ 225.5
-нія діаграмма 198.10
- установка . 211.1
Распредѣлительнаго вала расположеніе 212.3
-ная доска . . 334.4
- трубка . . . 92.4

Распредѣлительная штанга для клапана 214.1
-ной рычажной системы мертвый ходъ 215.4
-ному механизму передача движенія 209.2
-ные рычаги дѣлать съ небольшими массами 215.5
- - и штанги 214.8
Распредѣлительный валъ 211.5
- - непрерывный 212.2
- - перпендикуляренъ къ коренному 212.5
- - приводить въ движеніе 209.3
- - сквозной . 212.2
- и коренной валы вращаются въ одномъ направленіи 212.4
- кулакъ . . 221.5
- механизмъ къ запалу съ двумя запальниками 239.6
- - 4-хтактный Венцеля 212.6
- - - дуплексъ 213.6
- - - Капитэна 213.2
- - - Кертинга 213.10
- рычагъ . . 217.3
Распыленіе сжатымъ воздухомъ 259.3
Распыленной воды брызги 68.6
- - дождь . . 68.6
-ный керосинъ 254.1
Распыливающій воздухъ 255.8
Распылитель 255.4
- для бензина 255.5
- - керосина . 255.7
- - спирта . . 255.6
-ля клапанъ пустотѣлый 256.3
Распыляющая пластина 262.6
- поверхность 256.8
- чечевица . 256.7
Распыляющее сопло Кертинга 70.3
-щій зонтъ . 256.7
Растворъ аммiака 14.1
- аммiачный . 14.1
- известковый 307.9
Растворъ мѣди однохлористой аммiачный 90.8
- - - соляной 90.9
- мѣди полухлористой аммiачный 90.8
- - - соляной 90.9
- нормальный 94.2
- титровальный 94.1
- фенола . . . 83.8
- цементный . 307.8
- щелочный пирогаллола 91.1
- - пирогалловой кислоты 91.1
- ѣдкаго кали 90.6
Растеканіе продуктовъ сгоранія 128.6
Растительное масло 274.5
Расточка сработавшагося цилиндра 160.2
Раструбное соединеніе трубъ 311.5
Раструбъ всасывающій 318.2
Растяженія коеффиціентъ 140.8
Расходъ охлаждающей воды 348.4
- силы и воды на чистку 79.4
- смазочнаго масла 348.7
- тепла . . . 362.7
- - въ часъ . 363.1
- топлива 61.10, 347.9
Расходы на очистку куб. метра газа 79.5
- по изготовленію 372.4
- - мастерской 372.9
- - сооруженію 372.2
- таможенные 375.4
- эксплоатаціонные 372.7
Расходящіяся сильно діаграммы 355.1
Расхожденіе продуктовъ сгоранія 128.6
Расцѣнка . . 384.4
Расцѣпленіе автоматическое рукоятки 291.8
-ніемъ смѣшивающаго золотника распредѣленіе 233.2
Расцѣпленія постоянная точка 235.5
Расцѣпляющая рычагъ деталь 293.2
-щій рычагъ органъ 293.2
Расчетъ на прочность 141.1
Расчитать поршневой штокъ на продольный изгибъ 178.1
Расширеніе . 119.4
- во время полнаго подъема 364.4
- - - - хода . 364.4
- продолженное 124.7
- продуктовъ сгоранія 124.3
- шахты . . . 49.6
-нія коеффиціентъ кубическій 16.8
- линейнаго тѣлъ коеффиціентъ 16.7
- коеффиціентъ линейный 16.7
- - объемнаго 16.8
- - тепловой . 16.6
- - термическій 16.6
- кривая . . . 124.5
- степень . . 124.6
Расширяться 124.4
Расщепленія продуктъ 4.6
Реагировать . 3.8
Реакціи температура 3.11
- теплота . . 3.10
- химической тепловой эффектъ 3.9
Реакція съ выдѣленіемъ тепла 3.12
- - поглощеніемъ тепла 4.2
- химическая . 3.7
- экзотермическая 3.12
- эндотермическая 4.2
Реберъ расположеніе 169.4
- распредѣленіе 169.4
Ребра поршня 169.3
Ребристый охладитель 322.2
- холодильникъ 322.2
Ребро днища 169.5
Ребро радіальное 169.6
-, укрѣпляющее втулку поршневого болта 169.7
Револьверный токарный станокъ 149.3
Регенеративная камера 66.1
- печь 65.11
Регистрирующій барометръ 11.3
- термометръ 17.11
Регулированіе запаздываніемъ запала 227.7
- запаломъ . 227.5
- заряда . . . 232.5
- и распредѣленіе двухтактныхъ двигателей 240.2
- измѣненіемъ количества заряда 232.5
- количества пара 263.9
- Летомба . . 231.3
- мощности . 227.4
- мятіемъ газовой смѣси 233.6
- наполненіемъ 232.7
- подъемомъ и опусканіемъ газоваго колокола 59.2
- посредствомъ выключенія запала 227.6
- - измѣненія количества топлива на рабочій циклъ 231.7
- - насоса для подачи топлива 252.2
- потокомъ возвратнымъ при помощи газоваго насоса 246.4
- - перепускнаго клапана 252.5
- - обратнымъ 245.8
- пропусками 228.1
- скорости . . 227.3
- состава смѣси 234.5
- составомъ . 234.5
- суженіемъ площади прохода для смѣси 233.5
- уровня жидкости поплавкомъ 248.7

Регулированіе четырехтактныхъ машинъ 227.2
-нія процессъ 267.4
Регулировать 267.2
- взлетаній поршня продолжительность 364.5
- - - число . . 364.6
- выпускъ посредствомъ оконъ и клапана 205.8
Регулировка съ разгруженной стороны 185.4
Регулирующій колоколъ съ гидравлическимъ затворомъ 86.2
Регулятора грузъ 268.6
- конструкція 267.5
- муфта . . . 268.9
- нагрузка . . 268.2
- перестановочный механизмъ 273.3
- подергиваніе 273.5
- пружина . . 270.2
- прыганіе . . 273.5
- работоспособность 272.4
- размахъ . . 267.3
- рычагъ . . 273.4
- сила полная переставляющая 271.8
- - - перестановочная 271.8
- собственное треніе 271.7
- установочное приспособленіе 273.3
- характеристика 270.6
- шаръ . . . 268.5
- шпиндель . 268.4
- энергія . . 272.1
Регуляторомъ вращаемая шайба кулачная 253.1
- - - некруглая 253.1
- измѣнять уклонъ поверхности катанія 235.4
-ръ астатич. . 271.1
- Банки . . . 231.4
- вѣсовой . . 268.3
- грузовой . . 268.3
- давленія газа 85.3
- - - Дуплексъ 85.7
Регуляторъ давленія газа Стотта 85.5
- качающійся 229.4
- коническій 268.8
- маятниковый 229.4
- мощности . 272.5
- неустойчивый 270.8
- осевой . . . 273.1
- - инерціонный 273.2
- - плоскій . 231.1
- - съ инерціоннымъ кольцомъ 273.2
- плоскій . . 272.6
- подачи воды 40.6
- пружинный 270.1
- псевдоастатическій 271.3
- скорости . . 268.1
- статическій 270.8
- съ муфтой . 268.8
- - поперечной кулиссой 269.7
- - рычажнымъ передаточнымъ механизмомъ 269.1
- - согнутыми маятниковыми стержнями 269.5
- - - - тягами 269.5
- устойчивый 270.7
- центробѣжный 267.1
Резервуарное желѣзо 135.6
Резервуаръ возвышенный 82.1
- для керосина 247.4
- - бензина . 247.5
- - газа . . . 86.4
- - масла . . 276.7
- - спирта . . 247.6
- - топлива . 247.3
- наполнить . 249.1
- промежуточный 242.3
- пусковой . 297.6
- съ сжатымъ воздухомъ 297.7
Резина . . . 138.4
Резиноваго мѣшка пульсація 84.7
-вая трубка . 88.9
-вое кольцо и натяжная проволока 162.5
-вый мѣшокъ 84.6
- шаръ для засасыванія газовъ 89.3
Результатъ испытаній 351.4
Рейбалъ . . . 144.3
Рейка деревянная 68.9
Рекуперативной топки система каналовъ 32.11
Рекуператорной топки система каналовъ 32.11
Рельсовый локомотивъ 339.5
Ременная передача 327.7
-ный шкивъ . 329.1
Ремень 328.3
- бьетъ 328.1
- хлопаетъ . . 328.1
Ремня натяженіе 327.8
- скольженіе 328.2
- сторона волосистая 328.7
- - гладкая . 328.7
- - лицевая . 328.7
- - мясистая . 328.6
- - шероховатая 328.6
- толщина . . 328.5
- ширина . . 328.4
Ремонта стоимость 372.8
Ремонтъ . . . 349.9
Рента инвалидная 386.1
Ресиверъ съ трубчатымъ холодильникомъ 261.5
Реторта . . . 32.1
- вертикальная 32.4
- горизонтальная 32.2
- для коксованія 45.2
- - масляного газа 33.3
- наклонная . 32.3
- шамотная . 32.7
Ретортная печь съ газовой топкой 32.6
Ретортный графитъ 32.5
Рискъ . . . 376.10
Рихтовальная плита 145.4
Ролика давленіе 223.3
- направляющая 223.2
- плавный ходъ 223.7
- соскакиваніе 223.8
Роликъ . . . 223.1
- стучитъ по ведущему кулаку 223.6
Ромбическое подвѣшеніе 269.3
- подвѣшиваніе 269.3
Росписаться въ полученіи 371.3
Росписка . . 371.2
Росписываться см. росписаться
Ростверкъ . . 306.2
- на сваяхъ . 306.3
Ротаціонный вентиляторъ 80.2
Роторъ . . . 333.6
Ртутная нить 19.5
-ное наполненіе 94.9
-ный столбикъ 19.5
- термометръ 18.2
- -, наполненный азотомъ 18.4
- -, - углекислотой 18.3
Рубашка водяная 166.6
- изъ листового желѣза 162.3
-, раздѣленная по срединѣ 162.1
- цилиндра . 161.4
Рубашки разгрузка 161.6
- раздѣленіе на части 161.7
-ку прорѣзать вблизи концевыхъ фланцевъ 162.4
- разрѣзную охватить кольцомъ изъ листового желѣза 162.2
Рубить зубиломъ 144.6
Рудничный газъ 12.12
Рудниковый уголь 23.5
Рукоятка 291.5, 297.8
- безопасная . 292.8
- предохранительная 292.8
-ки автоматическое расцѣпленіе 291.8
- возвратный ударъ 292.5
- отдача назадъ 292.5
Русскій керосинъ 108.6

Ручная лампа 264.6 349.7
- масленка . 277.2
- - съ клапаномъ 277.3
- смазка . . . 277.1
- цѣпь . . . 302.4
Ручной вентиляторъ 59.7
- воздушный насосъ 248.1
- кранъ . . . 302.6
Ручные тиски 148.9
Рычага вилка 216.10
- глазокъ . . 216.3
- катящагося очертаніе по дугѣ круга 220.4
- конецъ съ прорѣзомъ 217.2
- контактнаго ось 288.10
- - отрываніе отъ штифта 289.2
- колѣно . . 216.6
- опоры точка 215.9
- развилокъ 216.10
- собственный вѣсъ принять во вниманіе 357.9
- тормазного длина 257.3
Рычаги и штанги впуски. 214.9
- - - выпускн. 215.1
- - - распредѣлительн. 214.8
Рычаги распредѣлительные дѣлать съ небольшими массами 215.5
Рычагомъ колѣнчатымъ запираніе 227.1
Рычагъ . . . 215.6
- вилкообразный 216.9
- вильчатый . 216.9
- впускной посаженный эксцентрично 229.3
- двуплечій . 215.8
- катящійся . 217.8
- - ведомый . 218.3
- - ведущій . 218.2
- - съ постоянной точкой вращенія 218.1
- клапана . . 217.7
- клапанный подпирать 226.6
- колѣнчатый 216.5
- - включить 221.2
- направляющій зацѣпки переставить 290.8
- одноплечій 215.7
- передаточный 217.5
- перекатывающійся 217.8
- - ведомый . 218.3
- - ведущій . 218.2
- - съ постоянной точкой вращенія 218.1
Рычагъ подпирающій 226.9
- приводящій 217.4
- пружинящій сцѣпной 293.1
- распредѣлительный 217.3
- расцѣпляющая деталь 293.2
- -щій органъ 293.2
- регулятора 273.4
- съ эксцентричной опорой 218.6
- тормазной . . 357.7
- угловой . . 216.4
- -, захватываемый поршнемъ 252.7
- - съ поверхностями катанія 219.1
- контактный 288.9
- ударный . . 290.4
- упорный . . 231.3
Рычажная передача къ индикатору 353.6
-ной системы распредѣлительной мертвый ходъ 215.4
Рѣзной торфъ 28.3
Рѣшеніе постановить 378.1
- третейскаго суда 377.12
Рѣшета клѣтки величина 24.9
Рѣшетка деревянная 73.2
Рѣшетка колосниковая 50.9
- - боковая . 52.6
- - вертикальная 52.7
- - вращающаяся 52.8
- - - цилиндрическая 53.3
- - горизонтальная 52.2
- - качающаяся 53.1
- - корзинообразная 52.4
- - крышеобразная 43.6
- - наклонная 52.3
- - поворотная 52.8
- - сотрясающая 53.1
- - ступенчатая 52.5
- - этажная . 48.3
- - ярусная . 48.3
-ки -вой балка 51.8
- - конструкція 52.1
- - охлажденіе 57.9
- - рама . . . 51.8
- - спрыскиваніе 61.1
- нагрузка . . 51.1
- напряженіе 51.1
Рѣшетникъ . 376.6
Рѣшето для угля 24.8
Рядомъ вести газъ и воздухъ 236.6
Рядъ діаграммъ, снятыхъ одновременно 354.9

С.

Сажа 61.8
Сажи налетъ на запальной трубкѣ 288.1
Сало 138.12
Сальника коробка 180.4
- набивка . . 179.2
- смазка съ подачей масла подъ давленіемъ 179.9
Сальникъ для газа 179.3
- - газовыхъ двигателей 179.3
- поршневого штока 179.1
- Швабе . . 189.3
Самовоспламененіе 259.6
- угля . . . 26.1
Самовсасывающій генераторъ 89.5
Самодѣйствующая заслонка 244.9
- смазка . . . 277.5
-щій клапанъ впускной 200.1
- - заряжающаго насоса 245.1
- - смѣшивающій 238.8
Самопередвигающійся локомобиль 338.3
Самопишущій барометръ 11.3
- термометръ 17.11
Самопружинящее поршневое кольцо 171.7
Саморегулированіе газообразованія посредствомъ всасывающаго дѣйствія двигателя 59.5
Самосуйка . . 156.1
Самоходъ, локомобиль- 338.3
Сбоку свѣтъ 304.3
Сборка въ мастерской 300.1
- трубъ . . . 313.7
Сборки стоимость 372.6
Сборникъ для кокса 45.3
Сборочная мастерская 301.3
Сборочный залъ 301.4
- инструментъ 301.5
Сбрызгиваніе масла 279.2
Сбѣганія кривая 222.7
- точка . . 222.10
Сваривать см. сварить
Сварить . . . 146.5
Сварка . . . 146.6
Сварки мѣсто 146.8
Сварочная сталь 133.7
- температура 146.7
-ное желѣзо . 132.8
-ный жаръ . 146.7
- шовъ . . . 146.9
Сверлильный станокъ 148.6
Сверлить . . 148.5
Сверло американское 148.8

Сверло обыкновенное 148.7
- перовое . . 148.7
- спиральное 148.8
Свертываемое соединеніе трубъ 311.3
Сверхурочные часы 384.2
Свидѣтельство объ испытаніи 140.2
Свинцовая труба 309.12
Свободная отъ внутреннихъ напряженій отливка 148.1
-ное давленіе 82.6
- масло отъ кислотъ 274.2
- - масло смолы 274.3
- прекращеніе движенія по инерціи при остановкѣ 196.4
- сѣченіе клапана 208.8
-ной пружины длина 204.1
-ный фланецъ 312.6
Свойство матеріаловъ 138.13
Свѣжей водой охлажденіе 321.1
Свѣжесрубленный лѣсъ 29.11
Свѣжій воздухъ 41.2
- лѣсъ . . . 29.11
Свѣтильнаго газа заводъ 31.9
Свѣтильный газъ 31.8
- и масляный газы 30.5
Свѣтлое бѣлое каленіе проволоки 266.2
Свѣтлокрасное каленіе 282.4
Свѣтъ боковой 304.3
- верхній . . 304.2
- дневной . . 304.1
- сбоку . . . 304.3
Свѣча запальная 286.6
Свѣшивающійся цилиндръ 158.4
Связанный со зданіемъ фундаментъ 304.10
- химически кислородъ 10.4
Связка деревянныхъ планокъ 69.4
Связующее вещество для брикетовъ 29.3
Связываніе брикетовъ 29.2
- фундамента 308.7
Сгонная гайка 311.4
- муфта . . . 311.4
Сгораніе 5.5, 119.3, 122.7
- замедленное 123.4
- заряда послѣдующее 124.2
- мгновенное 123.1
- медленное . 123.2
- моментальное 123.1
- несовершенное 5.8
- при постоянной температурѣ 117.4
- - постоянномъ давленіи 118.2
- - - объемѣ . 118.5
- - продувкѣ полное 36.3
- совершенное . 5.7
- ускоренное 123.3
Сгоранія быстраго способъ 118.4
- внутренняго двигатель, работающій безъ сжатія смѣси 363.3
- давленіе . . 123.7
- заряда скорость 124.1
- камера . . . 365.3
- - съ гладкими стѣнками 159.4
- кривая . . . 123.6
- линія . . . 123.6
- постепеннаго процессъ при постоянномъ давленіи 117.6
- - способъ при постоянномъ давленіи 118.1
- продуктовъ растеканіе 128.6
- - расхожденіе 128.6
- - расширеніе 124.3
- пространство 123.5
- - съ гладкими стѣнками 159.4
- скорость . . 268.4
- температура 123.9
Сгорать . . . 122.8
Сгорѣвшіе газы 6.1, 124.9
Сгорѣть . . . 122.8
Сгущать . . . 9.10
Сгущеніе пара 9.11
Сдавливать . 237.6
Сдвига напряженіе 142.4
Сдвигъ стыковъ относительно другъ друга на x градусовъ 173.7
- щетокъ . . 334.3
Сдвоенный двигатель 326.4
- - двойной . 326.8
- - съ противолежащими цилиндрами 326.7
- тэндемъ . . 327.1
Сдѣлать вырѣзы для перекрышъ стыка 172.7
Сдѣлки заключеніе 370.11
Сдѣльная работа 383.8
Себѣстоимость 370.2
Сегменты кольцевые, захватывающіе другъ друга посредствомъ паза и гребня . 50.8
Секундомѣръ 358.7
Сердцевина дерева 29.8
Серьга шарнирная 217.1
Сжатая смѣсь 121.2
Сжатіе . 119.2, 121.1
- адіабатическое 121.9
- воздуха добавочное посредствомъ поршневого выступа 262.9
- въ періодъ остановки 296.6
- двойное . . 260.3
- двукратное . 260.3
- изотермическое 121.8
- наибольшее экономически допустимое 122.2
- однократное 260.2
- постоянное 234.7
- простое . . 260.2
- слабое при малой нагрузкѣ 232.6
Сжатію сопротивленіе 140.5
Сжатія камера 244.6
- - съ внѣшнимъ подогрѣваніемъ 257.5
- конечное давленіе 121.10
- кривая . . 121.7
- періодъ . . 126.8
- предѣлъ . 122.1
- пространства объемъ 121.5
- пространство 121.4, 244.6
- работа . . . 121.3
- степень . . 121.6
- температура конечная 122.4
- теплота . . 122.3
- теплотой воспламененіе 259.7
- уменьшеніе, вызываемое автоматически 294.3
- устраненіе . 293.7
Сжатой движущей смѣси періодическое образованіе 366.1
Сжатый воздухъ 259.8
- - впускать во время 4-аго такта 295.2
- - высокаго давленія 296.2
- - скопить . 297.5
- воздухъ, предварительно - 260.1
-тымъ -хомъ распыленіе 259.3
Сжиганіе . . 122.7
- взрывомъ . . 94.6
- вспышкой . 94.6
- на накаленной платиновой проволокѣ . 95.6
- - слабо нагрѣтомъ палладіи 95.2
Сжиганія методъ 94.5
- пипетка . . 96.1
- способъ . . 94.5
Сжигать газъ при постоянномъ давленія 365.2
Сжимать . . 120.9
Сжимающій воздухъ ходъ 243.6
- газъ ходъ . 243.7
- ходъ . . . 120.8
Сигналъ пожарный 377.3
Сила 141.6

Сила воспламененія 279.6
- запала . . . 279.6
- инерціи . . 195.5
- по шатуну . 194.9
- полезная переставляющая 271.6
- - перестановочная 271.6
- регулятора полная переставляющая 271.8
- - - перестановочная 271.8
- тока 335.1
- тяги локомотива 339.2
- центробѣжная 270.5
Силовой газъ 33.5 33.7
Силу тяги измѣрить въ мм. водяного столба 82.7
Силы, дѣйствующія въ передаточномъ механизмѣ 194.7
- живой использованіе запаса при остановкѣ двигателя на сжатіе воздуха для пуска 196.3
- инерціи, появляющіяся въ плоскости качанія стержня шатуна 184.4
- молекулярныя 112.10
Символъ химическій 2.10
Сименсъ-мартеновское желѣзо 133.5
Синее пламя 265.5
Синеродистый водородъ 14.3
Синильная кислота 14.3
Сиропообразные остатки дегтярные 71.5
- - смолистые 71.5
Система каналовъ рекуператорной топки 32.11
Система координатъ 111.1
-мы рычажной распредѣлительной мертвый ходъ 215.4
Системы точекъ средняя кинетическая энергія 113.5
Сито 249.7
- трубчатое . 70.2
Сифонъ . . . 70.7
- засоренный 70.10
Скалка . . . 168.8
-, движущаяся съ перерывами 252.1
- пустотѣлая съ нагнетательнымъ клапаномъ 183.1
Скальчатый насосъ 251.2
- - качающійся 182.6
Скважность стѣнокъ цилиндра 348.2
Сквозная втулка 171.2
Сквозной поршневой штокъ 178.3
- распредѣлительный валъ 212.2
Скидка . . . 370.8
Скоба нажимная 55.5
Скольженіе поверхностей катанія другъ по другу 220.7
- ремня 328.2
Скользящая дуга 214.6
- дугообразная часть 214.6
Скопить сжатый воздухъ 297.5
Скопленіе воздуха 167.4
- газа 350.5
- тепла 163.1
Скоплять см. скопить
Скорости большой грузъ 374.6
- - товаръ . . 374.7
- кривошипа колебанія 198.4
- малой грузъ 374.5
- поршня кривая 194.4
- регулированіе 227.3
- регуляторъ 268.1
Скорость вытеканія 125.8
- выхлопная 125.8
- выходная воздуха изъ каналовъ 129.2
Скорость горѣнія 263.4
- заряда впускная 119.11
- - входная 119.11
- истеченія воздуха изъ каналовъ 129.2
- - паровъ топлива 263.3
- молекулы . 113.1
- молекулярная 113.1
- обода окружная 197.6
- подъема клапана 208.2
- поршня . . 194.3
- при выпускѣ 125.8
- сгоранія . . 263.4
- - заряда . . 124.1
Скошенный кулакъ 235.2
Скруббера отработавшая вода 71.4
Скрубберъ, наполненный деревянными стружками 68.8
- - - опилками 68.8
- - кусками кокса 68.4
- съ коксомъ 68.4
- - центральной газоотводной трубой . . 69.2
- - центральнымъ подводомъ газа 69.1
- - - притокомъ газа 69.1
Скребокъ . . 61.5
- для шуровки 61.3
Скругленіе 222.11
Скручиванію подвергнуть 142.2
Скручивающій моментъ 142.3
Скрытая теплота 15.1
- - водяного пара, полученнаго при сгораніи 97.5
Скрѣпленіе болтовое цилиндровой крышки 164.5
Слабое сжатіе при малой нагрузкѣ 232.6
Слабой тяги измѣреніе 33.4
Слабоспекающійся полужирный уголь 23.2
Слабый газъ 30.10
Слагающая соединенія 2.8
Сланецъ глинистый отдѣлять отъ угля 23.8
- лигнитовый 27.13
Сланцовый деготь 12.6
Слезникъ . . 275.5
Слесарная мастерская 143.4
- пила . . . 144.1
-ный инструментъ 143.6
Слесарня . . 143.4
Слесарь . . . 143.5
- заводской . 143.3
Сливная труба 248.9
Слитокъ шлаковый 60.11
Слоевъ распредѣленіе неравномѣрное 128.5
Сложный блокъ 302.2
Слой дегтя . 71.7
- металлическаго газа 250.2
- -ой ткани . . 250.2
- торфяника верхній 28.5
Слоями вытѣсненіе 128.4
Служащій по фабричн. инспекціи инженеръ 382.8
Служебный опытъ 347.7
Случай несчастный 385.7
Слышный ударъ выпускного кулака 346.4
Слюдяной дискъ 287.6
Смазка . 278.6, 278.7
- автоматическая 278.5
- густая . . . 278.8
- изъ замкнутой коробки кривошипа 278.3
- кольцевая . 276.5
- коренного подшипника 279.1
- масломъ . . 275.1
- мѣстная . . 277.6
- передаточнаго механизма 278.2
- поршневого болта 278.6

Смазка поршня 278.4
- ручная . . 277.1
- сальника съ подачей масла подъ давленіемъ 179.9
- самодѣйствующая 277.5
- съ помощью фитиля 276.1
- центральная 277.7
- центробѣжная 276.9
- цилиндра . 278.4
Смазки открытое мѣсто 275.7
Смазочнаго масла расходъ 348.7
-ная коробка 275.8
-ное вещество 273.7
- кольцо . . . 276.6
- масло . . . 274.1
- отверстіе . . 275.2
Смазочные приборы остановить 347.2
- - установить 344.1
Смазочный матеріалъ 273.7
Смола 12.1
- буроугольная 107.1
- каменноугольная 106.7
Смолистое дерево ископаемое 27.12
-стые остатки сиропообразные 71.5
-стый торфъ . 28.7
- уголь . . . 27.11
Смолокуренная печь 107.2
-ный заводъ для бураго угля 107.2
- цилиндръ . 107.4
-ныхъ печей газъ 107.3
Смолу дающія минеральныя составныя части угля 26.3
- содержащіе углеводороды 12.11
Смолы паръ . 12.2
- содержаніе въ газѣ 75.1
- эмульсія въ водѣ 71.6
Смѣнный плетень 69.6
Смѣси газовой движущей непрерывный потокъ 365.7
Смѣси газовой мятіемъ регулированіе 233.5
- движущей непрерывное образованіе подъ давленіемъ 365.8
- - сжатой періодическое образованіе 366.1
- мятіе . . . 233.6
- - посредствомъ впускного клапана 234.1
- недостатокъ 236.4
- образованіе 235.7
- пара съ воздухомъ подводъ 47.1
- - - - приводъ 47.1
- проникновеніе въ трубку 282.5
- рабочей вѣсъ заряда 120.7
- - потеря . . 120.3
- состава регулированіе 234.5
- составъ плохой 236.4
- чистота . . 236.3
Смѣсительная камера 236.5
-ное сопло . . 38.8
Смѣсь богатая 235.8
- бѣдная . . 236.1
- воздуха и пара 37.3
- для пуска въ ходъ 298.8
- сжатая . . 121.2
- способная воспламеняться 236.2
Смѣсью готовой продувать 128.3
- наполнить цилиндръ 298.6
- рабочей заполнить 126.7
- - зарядить . 126.7
Смѣта 369.9
- предварительная 369.9
Смѣту составить 369.8
Смѣшанное масло 103.8
-ный газъ . . 36.5
- съ бензоломъ спиртъ 106.5
Смѣшивающаго золотника расцѣпленіемъ распредѣленіе 233.2
-щая труба . . 263.8
-щее сопло . . 38.8
Смѣшивающимъ золотникомъ отсѣчкою распредѣленіе 233.2
- - суженіе прохода 234.3
Смѣшивающій золотникъ 233.4
- каналъ . . 237.2
- клапанъ . . 233.7
- - автоматическій 233.8
- - самодѣйствующій 233.8
- - управляемый 233.10
Снимать жидкій бензинъ съ уловителей 255.2
Снятая при слабой пружинѣ діаграмма 355.3
Снять индикаторную діаграмму 354.6
- кольцо съ поршня 174.3
Собачка . . . 214.4
- захватывающая 289.8
Собачки положеніе рабочее 292.1
- - холостое . 292.2
Собирательная трубка 89.5
Собрать машину 300.3
Собственная стоимость 370.2
- теплота воздушнаго газа 34.6
-ное сопротивленіе 360.5
- тепло тѣла . 15.7
- треніе регулятора 271.7
-ный вѣсъ рычага принять во вниманіе 357.9
Совершенное сгораніе 5.7
Соглашеніе . 378.2
Согнутый маятниковый стержень 269.8
Содержаніе . 349.8
- влаги . . . 26.2
- воды 26.2
- - въ спиртѣ 104.9
- въ исправности 349.2
- - надлежащемъ видѣ 349.2
- газа въ зарядѣ перемѣнное 234.6
- дегтя въ газѣ 75.1
Содержаніе золы 26.4
- пыли въ мм. на куб. метръ 76.8
- смолы въ газѣ 75.1
- спирта дѣйствительное, приведенное къ 15° Цельсія 105.2
- - кажущееся 105.1
- тепла въ смѣси 361.1
Содержанія стоимость 372.7
- - мастерской 372.9
Соединеніе непосредственное двигателя внутренняго сгоранія съ рабочей машиной 329.9
- трубъ . . . 311.2
- - раструбное 311.5
- - свертываемое 311.3
- - фланцевое 312.1
- фланцевъ болтами 312.8
- химическое . 2.7
-нія вѣсъ . . . 3.2
- объемъ . . . 3.3
- слагающая . 2.8
- составляющая 2.8
- теплота . . . 4.1
- уравненія . . 2.9
Соединенный клапанъ 200.4
- - перепускной и пусковой 297.1
Соединительная рама 156.3
-ный каналъ между всасывающей и нагнетательной камерами 252.6
Соединить крышки распорными тягами 164.7
Соединять см. соединить
Сожиганіе дегтя въ особомъ генераторѣ 46.2
Соколъ . . . 61.4
Сокращеніе объема 7.3
- - вслѣдствіе пара конденсаціи 7.5
- - - - осажденія 7.5
- - - уменшенія числа молекулъ 7.4

Соляная кислота 14.7
Соляной растворъ мѣди однохлористой 90.9
- - - полухлористой 90.9
Соляровое масло 107.7
Соотвѣтствующая воспламененiю мертвая точка 193.1
Соотношенiе составныхъ частей газа вѣсовое 88.6
- - - - объемное 88.5
Сопла отверстiе впускное 366.5
- - выпускное 366.6
- пластинка . 262.7
- устье со стороны впуска 366.5
- - - - выпуска 366.6
Сопло 366.3
- впрыскивающее 256.2
- нагнетающее 38.9
- паровое . . 38.7
- подающее . 38.7
- распыляющее Кертинга 70.3
- смѣсительное 38.8
- смѣшивающее 38.8
Соприкасанiя поверхность 219.3
Соприкосновенiе неплотное съ зазоромъ 220.1
Сопротивленiе всасыванiя 119.9
- въ насосахъ для продувки и зарядки 130.2
- выпуска . . 125.7
- выхлопа . . 125.7
- клапана . . 204.3
- машины . . 360.4
- муфты полное 271.3
- насоса . . . 360.6
- при пускѣ . 291.2
- продольному изгибу 142.5
- продувающихъ и заряжающихъ насосовъ 130.2
- пуска . . . 291.2
- разрыву . . 140.4
- сжатiю . . 140.5
- собственное 360.5
- теченiю . . 130.1
Сопротивленiй дiаграмма 195.4
-нiя моментъ 141.9
Сопряженiе кривыхъ касательное 222.8
- - тангенцiальное 222.8
Сопряженное напряженiе 334.8
Сортовое прокатное желѣзо 135.7
Соскакиванiе ролика 223.8
Сосна 307.1
Сосновое дерево 307.1
Состава смѣси регулированiе 234.5
Составить смѣту 369.8
Составляющая соединенiя 2.8
Составная футеровка шахты 50.7
-ной поршень 170.6
- поршневой штокъ 178.4
-ныхъ частей газа соотношенiе вѣсовое 88.6
- - - - объемное 88.5
- - - титриметрическое опредѣленiе 93.5
- - летучихъ поясъ выдѣленiя 58.1
Составныя части газа 88.4
- - летучiя выдѣлять 58.2
Составомъ регулированiе 234.5
Составъ газа 88.3
- смѣси плохой 236.4
- химическiй . 2.4
Состоянiе газа нормальное 111.13
-нiя измѣненiе 115.4
- уравненiе . 111.11
Сосудъ загрузочный 56.7
- запасной съ воздухомъ для вдуванiя 261.7
- измѣрительный 91.2
- наполнить . 249.1
- съ охлаждающей водой 321.3
- - поплавкомъ 248.5
- - сжатымъ воздухомъ для вдуванiя 261.6
Сотрясающая колосниковая рѣшетка 53.1
Сотрясенiе пола 346.5
Союзъ профессiональный 386.4
Спеканiе угля 26.8, 26.10
Спекающiйся уголь 23.1, 26.9
Спекшаяся масса шлаковъ 60.11
Спецiалистъ по газу 31.3
Спецiальныя детали двигателей жидкаго топлива 247.2
Спираль платиновая 96.2
Спирально изогнутая трубка 93.3
-ное крыло . 78.5
- сверло . . . 148.3
-ный ходъ для газа 69.3
Спирта пары 254.3
- - перегрѣтые 254.4
- разбавленiя степень 104.10
Спиртасодержанiе дѣйствительное, приведенное къ 15° Цельсiя 105.2
- - кажущееся 105.1
Спиртовый локомобиль 338.2
- испаритель 254.2
- насосъ . . 250.11
Спиртометръ 105.3
Спиртомѣра шкала 105.4
Спиртомѣръ . 105.3
Спиртъ . . . 104.3
- бензоломъ карбурировать 106.4
- денатурированный 106.1
- для двигателей 104.7
- древесный . 13.11
- метиловый . 13.11
- нашатырный 14.2
- неочищенный 104.6
- смѣшанный съ бензоломъ 106.5
Списокъ цѣнъ 369.11
Спица маховика 190.6
- съ фасоннымъ поперечнымъ сѣченiемъ 190.7
Спицъ крестовина 190.8
- утоненiе . . 190.9
- утоньшенiе 190.9
Сплавъ алюминiя 137.2
- бѣлый . . . 137.3
- никкелевый 137.8
- никкеля . . 137.8
Сплошная рама 154.2
Сплющивать 146.4
Спокойная работа зубчатыхъ колесъ 210.4
Споръ уладить 378.3
Способная воспламеняться смѣсь 236.2
Способности теплотворной опредѣленiе 97.1
- - - химическимъ путемъ 97.7
Способность воздуха насыщаться 253.4
- диффундировать 3.6
- къ диффузiи . 3.6
- насыщенiя воздуха 253.4
- теплотворную вычислить по даннымъ анализа 98.1
- - опредѣлить 97.6
- - - калориметрическимъ путемъ 98.2
- - угля опредѣлить 99.3
Способъ калиб[ри]рованiя 355.9
- колебанiй . 356.1
- сгоранiя быстраго 118.4
- - постепеннаго при постоянн. давленiи 118.1
- сжиганiя . . 94.5
Справа забастовка 384.11
Спринцовка для масла 277.4
Спрыскиванiе колосниковой рѣшетки 61.1
Спускать см. спустить
Спускная труба 320.6
- - очистителя 70.9
Спускное отверстiе 87.4

Спускной клапанъ открываемый механически 200.2
- кранъ 315.3
Спускъ воды 181.9
- для масла 276.8
Спустить воду въ морозную погоду 347.5
- - - морозъ 347.5
- - охлаждающую 168.1
Спѣлости время 66.4
Спѣлый ходъ домны 64.7
Сработавшагося цилиндра расточка 160.2
Сравнительная продолжительность полнаго давленія 123.8
Среднее индикаторное давленіе поршня 359.7
-няя кинетическая энергія системы точекъ 113.5
Средства продувочнаго наименьшее давленіе 128.9
Средство для возстановленія 5.4
- - денатурированія 106.2
- - продувки 128.1
- - раскисленія 5.4
- продувочное 128.1
Сродство химическое 2.6
Срокъ платежа 371.11
- поставки 369.6
Срѣзыванія напряженіе 142.4
Сталь 133.6
- компаундъ 134.2
- литая 134.1
- никкелевая 134.4
- сварочная 133.7
- съ мягкой сердцевиной и твердой коркой 134.2
- тигельная 134.3
Стальная проволока 137.14
Стальное литье 132.3
- - отожженное 132.3
Станина 151.2
Станина А-образная двуногая 153.2
- - съ направляющими 153.6
- вильчатая 151.5
- для двигателей вертикальныхъ обратныхъ 151.4
- - - - - призматическая 152.5
- - - - - цилиндрическая 152.4
- - - - - коробчатая 152.6
- - - малыхъ 151.3
- - - мелкихъ 151.3
- съ колонками 153.4
- - магнитами 333.3
Станины и рамы 151.1
- нога 153.3
- стѣнка 152.7
Станка токарнаго патронъ 149.6
Станокъ для рѣзки желѣзныхъ листовъ 134.6
- долбежный 150.2
- поперечно-строгальный 150.1
- прокатный 337.1
- сверлильный 148.6
- строгальный 149.10
- токарный 149.3
- - револьверный 149.8
- точильный 150.7
- фрезерный 150.4
- шарошечный 150.4
- шлифовальный 150.7
Станція домовая 331.5
- канализаціонная насосная, приводимая въ движеніе газомъ 337.4
- центральная городская 331.7
- - для передачи на далекое разстояніе 332.1
- - - цѣлаго ряда домовъ 331.6
- - междугородняя 332.1
- - электрическая 331.4
- частная 331.5
Станъ прокатный 337.1
Статическій регуляторъ 270.8
Стачивать наждакомъ 150.8
Стачка 384.12
Стеканіе охлаждающей воды въ сточныя канавы 321.5
- - - - - ямы 321.5
Стеклянная трубка U-образная 83.1
-ный кранъ 92.5
Степени окисленія 4.12
Степень вязкости 99.8
- диссоціаціи 7.7
- наполненія 232.8
- неравномѣрности 272.3
- нечувствительности 272.2
- окисленія высшая углерода 5.1
- полноты діаграммы 361.5
- разбавленія спирта 104.10
- расширенія 124.6
- сжатія 121.6
- текучести 99.7
- точности 351.11
- устойчивости 272.3
- чистоты 66.9
Стержень высверленный 183.9
- клапана 201.4
- - полый 202.2
- маятниковый согнутый 269.6
- направляющій 239.4
- несущій шаръ 268.7
- плоскій 184.1
- шатуна 183.8
- якоря желѣзный 285.1
Стержневой знакъ 147.5
Стержня клапана направленіе 201.6
- - толщина 201.5
- направляющія 239.3
- - охлаждаемыя 202.6
Стклянка абсорпціонная коническая 94.4
- Вульфа 89.2
Стклянка вульфова 89.2
- для поддержанія уровня 91.8
Стклянку уровня опустить 92.1
- - поднять 91.9
Стоимость 370.1
- и поставка 368.1
- относительная теплоты 348.1
- - топлива 348.1
- перевозки 373.2
- постройки 372.5
- пошлины 375.4
- производства 370.2, 372.4
- работы 373.1
- ремонта 372.8
- сборки 372.6
- собственная 370.2
- содержанія 372.7
- - мастерской 372.9
- установки 372.6
Стойка для клапана 203.5
- - маховичка 315.6
- подшипника 152.1
Стока температура 348.6
Стокъ капельный 275.5
Столба газоваго колебаніе 319.1
- отработавшихъ газовъ колебаніе 126.1
Столбикъ, выступающій наружу 19.7
- ртутный 19.5
Столбъ воды мертвый 132.3
- топлива 57.8
- фундамента 304.8
Стопорный клапанъ 315.7
Сторона 377.11
- ремня волосистая 328.7
- - гладкая 328.7
- - лицевая 328.7
- - мясистая 328.6
- - шероховатая 328.6
- узкая 184.3
- цилиндра 159.1
- - задняя 159.3
- - передняя 159.2
- широкая 184.2
-ну одну цилиндра выключить 344.6

Стоящій отдѣльно фундаментъ 304.9
Страхованіе на случай болѣзни 385.4
- - - инвалидности 385.10
- - - старости 386.2
- отъ несчастныхъ случаевъ 385.6
- - огня . . . 377.2
- рабочихъ . 385.3
- установки 376.11
Страховать 376.12
Страховое общество 377.1
Строгальный станокъ 149.10
Строгать . . . 149.9
Строеніе химическое 2.5
Строенный двигатель 327.2
Строитель . 381.13
Строительная высота 302.9
- длина . . . 303.1
- ширина . . 303.2
-ный грунтъ . 305.5
Стружки древесныя 73.3
- желѣзныя съ самоточки 73.5
Стукъ во впускѣ 346.1
- поршня . . 180.6
- при впускѣ въ атмосферу 346.3
Ступень для воздушнаго клапана 232.3
- - - - и газоваго 232.4
Ступенчатая колосниковая рѣшетка 52.5
-тый стыкъ . 173.5
Стучать; Стучатъ клапаны 207.2
-; - поршневыя кольца 281.3
-; роликъ стучитъ по ведущему кулаку 223.6
Стѣнка двойная 258.2
- дегтеотдѣлителя отражательная 75.4
Стѣнка дегтеотдѣлителя ударная 75.4
- поршня лобовая 170.7
- - цилиндрическая 168.9
- рамы . . . 154.3
- станины . . 152.7
- теплонепроницаемая 98.7
- трубы . . . 309.5
Стѣнки теплоемкость 362.6
- толщина . . 309.6
- цилиндра . 159.6
Стѣнокъ испарителя нагрѣваніе 257.6
- - подогрѣваніе 257.6
- цилиндра пористость 343.2
- скважность 343.2
Стыка поверхности послѣдующая обточка 165.5
- центрировка вутренняя 165.3
- - наружная 165.7
Стыковъ сдвигъ относительно другъ друга па x градусовъ 173.7
- отставаніе . 191.3
Стыковыхъ поверхностей отставаніе 165.6
Стыкъ . 154.3, 191.7
- вкладышей 188.5
- кольца . . . 173.2
- косой . . . 173.3
- прямоугольный 173.4
- ступенчатый 173.5
- уплотняющее давленіе 165.4
Сублимація углерода въ сажу 10.1
Суда третейскаго рѣшеніе 377.12
Судебныя издержки 377.9
Судъ 377.7
Судъ третейскій 377.10
Суженіе площади прохода для газовой смѣси 233.6
Суженіе прохода посредствомъ впускного клапана 234.1
- - смѣшивающимъ золотникомъ 234.3
- шахты . . . 49.7
Суженіемъ прохода площади для смѣси регулированіе 233.5
- - уменьшать притокъ газа 234.8
-ный, подверженный расширенію конецъ поршня 175.5
- сильно . . . 237.7
- слабо . . . 237.8
Сузить . . . 237.6
Сумма покупная 370.9
Суппортъ . . 149.4
Сурикъ . . 138.11
Сутки . . . 383.10
Сухая перегонка 8.5
- - дерева . . 48.5
- очистка . . 72.6
Сухіе газовые часы 87.5
Сухой воздухъ 10.8
- газо(из)мѣритель 87.5
- очиститель . 72.7
- паръ 11.7
- перегонки продуктъ 8.6
- -кѣ подвергнуть 8.4
- элементъ . 284.1
Сушильный приборъ 89.7
Сушить газъ 74.3
Сушка . . . 74.2
Сферическая опорная поверхность въ тѣлѣ подшипника 188.2
-ское кольцо пружинящее 180.2
Сцѣпка винтовая для ремней 328.8
Сцѣпляющагo зуба косая поверхность 292.4
Сцѣпляющій зубъ 292.3
Сцѣпной пружинящій рычагъ 293.1
Счетчика газоваго показаніе невѣрное 87.7
- - - ошибочное 87.7
-къ -вый для опытовъ 87.2
- - мокрый . . 87.1
- съ выскакивающими цифрами 358.11
- числа оборотовъ 358.8
Счетъ 371.1
Сырая нефть 102.6
Сырой бензолъ 106.8
- паръ 11.8
- уголь . . . 23.6
- ходъ домны 64.8
Сѣдла внутренній діаметръ 208.7
- клапана загрязненіе 206.8
Сѣдло клапана 200.8
- кольцевое . 201.1
- кольцеобразное 201.1
- со сверленіями 239.9
Сѣрная кислота 14.6
- - дымящаяся 90.5
Сѣрнистая кислота 14.5
-тый водородъ 14.4
Сѣрными парами загрязненіе газа 75.8
Сѣроводородъ 14.4
Сѣтка 249.7
- металлическая 249.11
Сѣть трубопроводная 316.4
Сѣченіе поперечное обода 190.3
- - шахты . . 49.5
- пропускное 209.1
- свободное клапана 208.3
-нія паропровода измѣненіе дроссель-клапаномъ 59.3

Т.

Тавровое желѣзо 136.7
Такты рабочіе 118.6
Таль 302.2
Таможенные расходы 375.4
-ный тарифъ . 376.1
Тангенціальное давленіе на цапфу кривошипа 195.1
- сопряженіе кривыхъ 222.8
-ныхъ усилій діаграмма 195.3
Тандэмъ см. тэндемъ
Тарелка для пружины 204.2
- пружины, укрѣпленная посредствомъ чеки 204.3
Тарифъ таможенный 376.1
Тахограмма . 198.8
Тахографъ . 198.6
- съ камертономъ 198.7
Тахометрическое испытаніе 198.5
Твердая отливка 182.4
-дое дерево . 29.5
Твердость . . 139.2
Текучести степень 99.7
-сть 99.7
Телескопическая труба 254.10
Телѣжка . . 302.5
Темно окрашенный фенолъ 33.7
Температура . 17.2
- абсолютная 17.6
- воспламененія 6.4, 101.5
- вспышки . 101.6
- выпуска . . 125.6
- выхлопная . 125.6
- горѣнія . . 6.5
- - дѣйствительная 6.7
- - практическая 6.7
- - теоретическая 6.6
- диссоціаціи . 7.3
- кипѣнія . . 19.2
- нормальная 111.14
- - для шкалы въ % вѣса 105.7
- - - - вѣсовой 105.7
Температура притока 348.5
- реакціи . . 3.11
- сварочная . 146.7
- сгоранія . . 123.9
- сжатія конечная 122.4
- стока . . . 348.6
Температурная шкала абсолютная 17.3
Температуру низкую въ генераторѣ поддерживать введеніемъ большого количества пара 43.2
- тѣла измѣрять по его лучеиспусканію 21.3
Температуръ абсолютная шкала 17.3
- діаграмма тепловая 115.3
- - энтропическая 115.3
- разность между внѣшней и внутренней стѣнками цилиндра 162.7
Температуры выравниваніе 17.5
- наивысшей мѣсто въ пламени 265.7
- объясненіе механическое 112.7
- паденіе . . 17.3
- пламени испытаніе 265.8
- постоянной линія 116.4
- постоянство 17.4
- равновѣсіе . 17.4
Теоретическая газовая турбина 364.9
- температура горѣнія 6.6
-ски необходимое количество воздуха 6.10
- совершенный круговой процессъ 117.1
Теорія газовъ кинетическая 112.6
- общая . . . 109.1
- передаточнаго механизма 191.9
Теорія тепла механическая 113.6
Тепла аккумулированія возрастаніе 36.4
- - увеличеніе 36.4
- движеніе . 360.7
- единица британская 17.1
- -цы израсходованныя 363.2
- застой . . . 163.1
- излученіе . 15.10
- измѣреніе . 16.1
- использованіе 14.10, 361.7
- количество, введенное въ круговой процессъ 360.9
- - - - циклъ 360.9
- - въ единицѣ объема 348.2
- -, обращенное въ индикаторную работу 361.3
- -, сообщенное газу 114.6
- конвекція . 15.12
- обмѣнъ . . 15.8
- образованіе 14.9
- переходъ . 15.9
- - необратимый 115.1
- превращеніе въ работу 113.8
- расходъ . . 362.7
- - въ часъ . 363.1
- скопленіе . 163.1
- содержаніе въ смѣси 361.1
- теорія механическая 113.6
- утилизація . 14.10
- эквивалентъ механическій 114.3
Тепло тѣла собственное 15.7
- ощущаемое 15.4
Тепловая діаграмма температуръ 115.3
- конвекція . 15.12
- плотность . 348.2
Тепловой балансъ 360.8
- вѣсъ . . . 114.10
- двигатель . 114.2
- коэффиціентъ расширенія 16.6
- эффектъ . . 97.2
Тепловой эффектъ химической реакціи 3.9
Теплоемкостей отношеніе 112.5
Теплоемкость 16.2
- при постоянномъ давленіи 112.3
- - - объемѣ . 112.4
- стѣнки . . 362.6
Теплонепроницаемая стѣнка 98.7
Теплопроводность 15.11
Теплопроизводительности опредѣленіе химическимъ путемъ 97.7
-ность вычислить по даннымъ анализа 98.1
- калориметрическая полная 97.3
- опредѣлить 97.6
- - калориметрическимъ путемъ 98.2
- - угля . . . 99.3
- рабочая . . 97.4
Теплота . . . 14.8
- атомная . . 112.8
- воздушнаго газа собственная 34.6
- воспламененія 279.5
- горѣнія . . 6.3
- испаренія . 15.3
- лучистая . 15.5
- молекулярная 112.9
-, передаваемая по проводнику 15.6
- плавленія . 15.2
- разложенія . 4.3
- реакціи . . 3.10
- сжатія . . . 122.3
- скрытая . . 15.1
- - водяного пара, полученнаго при сгораніи 97.5
- соединенія . 4.1
- удѣльная . 16.2
- - при постоянномъ давленіи 112.3
- - - - объемѣ 112.4

Теплотворной способности опредѣленіе 97.1
- - - химическимъ путемъ 97.7
Теплотворную способность вычислить по даннымъ анализа 98.1
- - опредѣлить 97.6
- - - калориметрическимъ путемъ 98.2
- - - угля . . 99.3
Теплотой сжатія воспламененіе 259.7
Теплотъ удѣльныхъ отношеніе 112.5
Теплоты единица 16.3
- относительная стоимость 348.1
Термическій коэффиціентъ расширенія 16.6
- эквивалентъ работы 114.4
Термодинамика 113.6
-ки начало первое 114.5
Термодинамическій 113.7
- процессъ . 116.9
Термометра нуль 19.1
- погруженія глубина 19.6
- поправка на расширеніе стекла 20.1
- постоянная точка 18.9
- трубка волосная 19.3
- - капилярная 19.3
- шарикъ . . 19.4
- шкала . . . 18.5
Термометренная трубка 19.3
Термометрическая шкала 18.5
Термометръ . 17.9
- на далекое разстояніе 18.1
- нормальный 17.10
- регистрирующій 17.11
- ртутный . . 18.2
- -, наполненный азотомъ 18.4
- -, -, углекислотой 18.3
Термометръ самопишущій 17.11
- электрическій съ сопротивленіемъ 20.5
Термоэлектрическая пара 20.7
-скій токъ, возникающій вслѣдствіе нагрѣванія мѣста спая 20.8
Термоэлементъ 20.6
Техника газовая 81.2
Техникъ по газу 81.3
Техническая калорія 16.4
- контора . . 381.12
-скій анализъ газа 88.2
-ское бюро . 381.12
-ской частью завѣдующій 382.3
- - завѣдываніе 382.4
Теченію сопротивленіе 180.1
-нія отработавшихъ газовъ энергія 125.9
Течь въ поршневыхъ кольцахъ 171.6
Тигельная сталь 134.3
Типа пароходнаго головка 184.8
Типъ генератора 87.4
- машины . . 323.2
Тиски 143.7
- ручные . . 143.9
Титриметрическое опредѣленіе составныхъ частей газа 93.5
Титровальный растворъ 94.1
Титрованіе . 93.7
- обратное . . 93.8
Титровать . . 93.6
Титръ жидкости 94.3
Ткани металлической слой 250.2
Ткань металлическая 250.1
- проволочная съ крупной клѣткой 79.2
Тлѣть 58.3
Товарищество на вѣрѣ 380.1
Товарный вагонъ 374.9
Товаръ большой скорости 374.7
- очищать пошлиной 375.2
Тока, для запала, источникъ 283.9
- интенсивность 335.1
- перемѣннаго генераторъ 333.1
- - динамомашина 333.1
- постояннаго генераторъ 332.4
- - машина . 332.4
- продувки направленіе 129.5
- - путь . . . 129.5
- сила 335.1
- трехфазнаго альтернаторъ 333.2
- - генераторъ 333.2
- - динамомашина 333.2
- электромагнитный возбудитель 284.8
- - источникъ 284.8
Токарнаго станка патронъ 149.6
Токарный станокъ 149.3
- - револьверный 149.8
Токарь . . . 149.2
Токомъ воздуха накаливать сильно уголь 85.3
Токъ встрѣчный воды и газа 78.2
- для запала 283.8
- запальный 283.8
- подводящая клемма 286.9
- -щій зажимъ 286.9
- пусковой . . 298.3
- термоэлектрическій, возникающій вслѣдствіе нагрѣванія мѣста спая 20.8
Толстое листовое желѣзо 134.9
Толуолъ . . 18.9
Толченіе угля 25.5
Толщина проволоки 203.3
- ремня . . . 328.5
- стержня клапана 201.5
- стѣнки . . 309.6
- фланца . . 312.5
Томасовское желѣзо 133.4
Тонкая трубка для впрыскиванія 70.4
-кое листовое желѣзо 135.1
Топлива впрыскиваніе передъ сжатіемъ 259.4
- - послѣ сжатія 259.5
- жидкаго двигателей спеціальныя детали 247.2
- использованіе 62.1
- колонна . . 57.8
- относительная стоимость 348.1
- подогрѣваніе 257.2
- проваливаніе черезъ колосниковую рѣшетку 61.7
- расходъ 61.10, 347.9
- скорость истеченія паровъ 263.3
- столбъ . . . 57.8
Топливо . . 22.2
- древесное . 29.4
- жидкое . . 99.4
Топки рекуператорной система каналовъ . 82.11
Топочная плита 89.2
-ные ходы . . 65.7
-ныя дверцы 54.3
Торговое общество 379.11
- право . . . 377.8
Тормаза нагрузка 357.2
Тормазного рычага длина 357.8
Тормазное испытаніе 356.9
Тормазной грузъ 357.6
- рычагъ . . 357.7
-ную колодку подтянуть 357.5
-ный нажимъ [Прони] 357.3
Тормазъ веревочный 357.10
- динамометрическій 357.1
-, дѣйствующій токами Фуко 358.4
- канатный 357.10
- колеблющійся 357.4

Тормазъ колесный 338.3
- ленточный . 358.1
- на колесѣ . 338.3
Торфъ 28.2
- болотный . 28.6
- корневой . . 28.5
- машинный . 28.4
- рѣзной . . . 28.3
- смолистый . 28.7
Торфяника верхній слой . 28.5
Торфяной брикетъ 28.11
- деготь . . . 12.5
Точекъ системы средняя кинетическая энергія 118.5
Точильный станокъ 150.7
Точить 149.1, 150.6
Точка астатическая 271.4
- возгоранія . 101.6
- воспламенія 101.5
- вращенія неподвижная 216.1
- кипѣнія . . 19.2
- мертвая . . 192.8
- - внутренняя 192.9
- - внѣшняя 192.10
- - между ходомъ впуска и выпуска 193.2
- - соотвѣтств. воспламененію 193.1
- набѣганія . 229.9
- опоры рычага 215.9
- отсѣчки постоянная 235.5
- перегиба кривой 271.4
- расцѣпленія постоянная 235.5
- сбѣганія . 222.10
- термометра постоянная 18.9
Точности степень 351.11
Тощій уголь 22.8, 22.9
- - каменный неплавкій 22.9
- - - неспекающійся 22.9
Траверса . . 177.7
Транзитная пошлина 375.9
Трансмиссіонный вентиляторъ 79.3
Трансмиссія . 327.3
Транспортировать 374.2
Транспортъ . 374.1
Треніе въ колесѣ 367.3
- - поршнѣ . 175.8
- - соплѣ . . 366.4
- вызванное вѣсомъ 175.9
- - нормальнымъ давленіемъ передаточнаго механизма 176.1
- собственное регулятора 271.7
- эксцентрика 225.3
Тренія работа 360.3
Третейскаго суда рѣшеніе 377.12
Третейскій судъ 377.10
Трехатомная молекула 1.5
Трехколѣнный валъ 186.1
Трехколѣнчатый валъ 186.1
Трехопорный валъ 187.7
Трехразрѣзная втулка 191.3
Трехступенчатый компрессоръ 261.4
Трехфазнаго тока альтернаторъ 338.2
- - генераторъ 338.2
- - динамомашина 338.2
Трехходовый кранъ 315.2
- - съ поперечнымъ двойнымъ каналомъ 92.6
- - - - и продольнымъ каналами 92.7
Трехцилиндровый двигатель 327.2
Трещина въ цилиндрѣ 168.3
Тройникъ . . 310.9
Тросъ 329.6
Труба 309.3
-, ведущая въ гидравликъ 32.9
- всасывающая 317.4
- выдвижная 182.5. 254.10
- выпускная см. труба выхлопная
Труба вытяжная 55.1
- - для отвода газовъ дымовыхъ 54.8
- - - - - топочныхъ 54.8
- выхлопная . 318.7
- - замкнутая съ боковыми отверстіями 319.7
- - охлаждаемая 318.8
- газовая . . 309.9
- газоотводная 39.7, 55.2
- газоотводящая 318.7
- - замкнутая съ боковыми отверстіями 319.7
- - охлаждаемая 318.8
- для отвода полученныхъ отгонкой газовъ подъ колосниковую рѣшетку 45.6
- - подвода вдувающаго воздуха 261.8
- дымовая 54.8, 55.1
- желѣзная заварная 309.3
- каминная для запальнаго пламени 280.7
- латунная . 309.11
- мѣдная . 309.10
- обводная . 316.8
- - колосниково-образная для дестилляціонныхъ газовъ получающихся отгонкой 48.4
- переливная 248.9
- подвижная съ угловымъ шарниромъ 182.4
- подводящая 320.5
-, прикрѣпленная къ стержню 202.3
- свинцовая 309.12
- сливная . 248.9
- смѣшивающая 263.3
- спускная . 320.6
- - очистителя 70.9
- - съ кулиссой 182.5
- - раструбомъ 311.6
- - фланцемъ 311.9
- - щелями . 318.3
Труба телескопическая 254.10
- фланцевая . 311.9
- чугунная . 309.7
Трубка, впускающая бензинъ 254.9
- горѣлки . . 263.6
- для вливанія бензина 254.9
- - впрыскиванія тонкая 70.4
- запальная съ краномъ 281.6
- - - нагрѣваніемъ 282.7
- измѣрительная градуированная 91.7
- - калиброванная 91.7
- изогнутая спирально 93.3
- изъ металлическаго газа 250.6
- - -ской ткани 250.6
- калильная открытая 281.7
- - съ передвижнымъ нагрѣвательнымъ пламенемъ 283.1
- капилярная 91.4
- - газоподводная 93.2
- - для сжиганія 95.3
- - платиновая Дершмита 95.7
- каучуковая 88.9
- лампы . . . 263.6
-, опускаемая въ жидкость 254.8
- переносная 89.6
- платиновая 282.2
- подогрѣвательная витая 264.5
- полюсная качающаяся 285.7
- распредѣлительная 92.4
- резиновая . 88.9
- собирательная 89.5
- термометра волосная 19.3
- - капилярная 19.3
- термометренная 19.3
- U-образная наклонная 83.5
- - стеклянная 83.1

Трубка U-образная съ сильно расширенными вверху колѣнами 33.6
- фарфоровая 282.1
Трубки запальной подогрѣваніе 282.6
- изолирующей потѣніе 287.8
- капилярныя вставленныя 93.1
-кой калильной воспламененіе 281.5
Трубоотводъ 310.2
Трубопровода развѣтвленіе 310.1
Трубопроводная сѣть 316.4
Трубопроводъ 309.2 316.3
- воздушный 317.7
- всасывающій 317.8
- главный . . 316.6
- для сжатаго воздуха 297.9
- дымовой . . 55.1
- кольцевой 316.7
- охлаждающей воды 320.4
- перепускной 260.6
Труборѣзъ 314.1
Трубу вывести въ атмосферу выхлопную 318.9
- - - - газоотводящую 318.9
Трубъ окраска 314.3
- прокладка 313.7
Трубъ расположенія планъ 316.5
- сборка . . 313.7
- соединеніе 311.2
- - раструбное 311.5
- - свертываемое 311.3
- - фланцевое 312.1
Трубы газоотводной заслонка 55.3
- діаметръ внутренній 309.4
- заглушеніе 313.2
- засореніе 314.4
- обшивка . 314.2
- поломка 314.7
- развѣтвленіе 310.1
- разрывъ . . 314.7
- стѣнка . 309.5
Трубчатое сито 70.2
Трубчатый волотникъ 237.9
- клапанъ . . 239.2
- испаритель 40.1
- - керосиновый 253.7
Труха 28.5
Трущаяся поверхность поршня 176.6
- - цилиндра 159.7
Трущихся поверхностей перегрузка 176.7
Трущіяся поверхности поршневого болта закалить 169.9
- - - пальца закалить 169.9
Туманъ керосиновый 253.10
Турбина газовая 364.8
- - идеальная 364.9
- - постояннаго давленія 365.1
- - съ впрыскиваніемъ воды 365.5
- - - сгораніемъ при постоянномъ давленіи 365.1
- съ соплами 365.6
- - 1 ступенью давленія 365.6
Турбинная камера 366.7
-ное колесо . 366.8
-ный компрессоръ 365.4
Тѣла собственное тепло 15.7
- энергія . . 114.7
Тѣло вкладыша вылудить 189.3
- клапана 200.5
- поршня залить бѣлымъ металломъ 177.1
- шатуна . 183.8
Тѣлъ коэффиціентъ линейнаго расширенія 16.7
Тэндемъ двигатель 326.9
- - двойной . 327.1
Тэндемъ сдвоенный 327.1
Тяга 164.8
- для клапана 215.3
- естественная 322.5
- искусственная 322.7
- прерывателя 289.5
- рамы . . . 155.8
- съ перегибомъ 269.6
- ударяющая 289.5
- эксцентриковая 225.2
Тягами распорными соединить крышки 164.7
Тяги измѣритель 82.8
- локомотива сила 339.2
- силу измѣрить въ мм. водяного столба 82.7
- слабой измѣреніе 83.4
Тягомѣръ . . 82.8
- Шуберта съ пластинчатой пружиной 83.10
Тягучесть . . 139.3
Тягучіе шлаки 60.3
Тягучій . . . 139.4
Тяжелое масло 103.7
Тяжелый углеводородъ 12.10
- эфиръ нефтяной 102.9
- - петролейный 102.9

У.

Уаттметръ . . 335.2
Уаттъ . . 335.3
Увеличеніе аккумулированія тепла 36.4
Увлекать см. увлечь
Увлечь пыль водою 76.10
Углеводородъ 12.8
- легкій . 12.9
- тяжелый 12.10
-ды ароматическіе 13.7
- дегтевидные 12.11
-, содержащіе деготь 12.11
-, - смолу . . 12.11
Угледробилка 24.6
Угледробильная машина 24.6
Углекислота . 11.18
Углерода въ сажу возгонка 10.1
- - - сублимація 10.1
- горѣніе несовершенное 34.4
- двуокись . 11.13
- окисленія степени 4.12
- - степень высшая 5.1
- окись . . 11.12
Углеродъ 11.10
Угловое желѣзо 136.5
-вой клапанъ 315.9
- маятникъ ведомый 230.1
- - - съ горизонтальнымъ язычкомъ 230.5
Угловой маятникъ направляемый 230.1
- - - съ горизонтальнымъ язычкомъ 230.5
- - подталкиваемый висячій 229.8
- - - съ крючковымъ зацѣпленіемъ 230.2
- рычагъ . 216.4
- -, захватываемый поршнемъ 252.7
- - съ поверхностями катанія 219.1
Угля бураго деготь 12.4
Угля дробленіе 24.5
- заготовка . 23.7
- загрузка 66.2
- засыпка 66.2
- измельченіе 24.5
- превращеніе въ порошокъ 25.5
- размельченіе 24.5
- самовоспламененіе 26.1
- спеканіе . 26.8,10
- теплопроизводительность опредѣлить 99.3
- теплотворную способность опредѣлить 99.3
- толченіе . . 25.5
Уголъ вращенія кривошипа 193.6

Уголъ запаздыванія при закрытіи 208.5
- качанія шатуна 193.7
- наклона . . 53.6
- опереженія 208.4
- предваренія 208.4
Уголь 22.8
- битуминозный 23.1
- блестящій . 22.5
- богатый газомъ 22.7
- богхетскій шотландскій 23.4
- бурый . . . 27.9
- - болотный 24.2
- - - обыкновенный 27.10
- - волокнистый 27.12
- - иловый . 24.2
- бѣдный газомъ 22.8
- въ видѣ кубиковъ 25.1
- - кускахъ величиною въ 5-6 сантиметровъ 25.1
- - - мелкихъ 25.4
- выдѣляющій мало газа 22.8
- газовый . . 22.7
- горошковый 25.3
- длиннопламенный 25.9
- древесный . 29.7
- жирный . . 23.1
- ископаемый 23.5
- каменный . 22.4
- - жирный . 22.11
- - тощій неплавкій 22.9
- - - неспекающійся 22.9
- каннэльскій 23.3
- короткопламенный 25.10
- крупный . 24.11
- кузнечный . 22.11
- матовый . . 22.6
- мелкій . . . 25.4
- мелкозернистый 25.3
- накаливать сильно токомъ воздуха 85.3
-, не содержащій шлаковъ 26.7
- несортированный 24.3
- однородный 24.4
- орѣшковый 25.3
- отборный . 24.11
Уголь очистить отъ пустой породы и пирита 23.9
- - - - - - сѣрнаго колчедана 23.9
- песочный . 22.9
- песчанистый 22.9
- полужирный слабоспекающійся 23.2
- полуспекающійся 23.2
- прессованный 28.8
- промыть . . 24.1
- просѣянный 24.7
- пылевидный 25.6
- рудниковый 23.5
- смолистый . 27.11
-, содержащій легкую воду 26.5
- спекающійся 23.1, 26.9
- съ пламенемъ длиннымъ 25.9
- - - короткимъ 25.10
- сырой . . . 23.6
- тощій . 22.8, 22.9
- шлакующійся сильно 26.6
Угольная камера 65.6
- мелочь . . 25.4
- пыль . . . 25.7
Угольникъ . 136.5
Угольный кирпичъ 28.8
Удаленіе воды 316.11
- воздуха . . 316.9
- газовъ отработавшихъ изъ цилиндра 127.4
- грязи посредствомъ коріи 71.1
- шлаковъ . . 60.5
Удалить воздухъ изъ газопровода 344.2
Ударная стѣнка дегтеотдѣлителя 75.4
Ударникъ . . 290.1
Ударный очиститель 75.3
- рычагъ . . 290.4
Ударъ водяной 182.2
- гидравлическій 182.2
- рукоятки возвратный 292.5
- слышный выпускного кулака 346.4
Удары въ клапанахъ 207.2
Ударяющая тяга 289.5
Удерживающій канатъ 358.2
Удлиненіе канала 282.10
- при разрывѣ 140.7
Удобство пользованія принадлежностями для работъ 342.1
Удостовѣреніе въ испытаніи 140.2
Удѣльная теплота 16.2
- - при постоянномъ давленіи 112.3
- - - - объемѣ 112.4
Удѣльный вѣсъ газовъ 96.7
- - опредѣлить 100.2
- объемъ . . 112.2
Удѣльныхъ теплотъ отношеніе 112.5
Узкая сторона 184.3
Указательный приборъ 83.9
Уклонъ мѣняющійся 53.7
- перемѣнный 53.7
- поверхности катанія измѣнять регуляторомъ 285.4
Укрѣпленіе двойной пружины 352.6
- поршневого болта 169.10
- - пальца . 160.10
- рамы посредствомъ тягъ 155.7
- - - штангъ . 155.7
- штока въ поршнѣ 178.6
Укрѣпленная посредствомъ чеки тарелка пружины 204.3
Уксусная кислота 104.5
Уладить недоразумѣніе 378.3
- споръ . . . 378.3
Улетучиваться 9.8
Улетучиться 9.8
Уловитель . . 255.1
Уменьшать притокъ газа суженіемъ прохода 234.8
Уменьшеніе сжатія, вызываемое автоматически 294.3
Уменьшитель хода 354.3
Универсальный приборъ Тернера 96.4
Упаковать . . 376.3
Упаковка . . 376.4
Упаковки, безъ - 376.8
Упаковочный матеріалъ 376.5
Упаковывать 376.3
Уплата . . . 371.5
- наличными деньгами 371.7
- по частямъ 371.10
- пошлины . 375.1
Уплатить пошлину 375.2
Уплотненіе посредствомъ заточки и выступа 165.9
- - нѣсколькихъ проклад[оч]ныхъ колецъ 166.3
- - свободнаго проклад[оч]наго кольца 166.1
Уплотняющее стыкъ давленіе 165.4
Упорка . 51.7, 289.2, 289.7
Упорный рычагъ 281.3
- язычекъ . . 229.2
Упоръ . 213.5, 296.5, 299.7
- для ограниченія подъема 288.9
Управленіе дроссельнымъ клапаномъ посредствомъ колокола газгольдера 85.4
Управляемый клапанъ 337.6
- - впускной . 200.2
- - смѣшивающій 283.10
Управлять впускомъ посредствомъ клапановъ 242.1
Управляющій 330.12
Упругая линія 187.3
- металлическая набивка 179.5

Упругая промежуточная часть 296.7
-гій мѣшокъ . 85.2
-гое прекращеніе движенія по инерціи при остановкѣ 196.3
Упругость . . 141.2
Уравненіе горѣнія 6.9
- давленія . . 84.2
- - цилиндра и внѣшняго воздуха 125.3
- соединенія . 2.9
- состоянія 111.11
Уравнительный горшокъ 84.9
Уравновѣсить 196.6
- вращающіяся массы вращающимися противовѣсами 196.7
Уравновѣшеніе автомобильнаго двигателя 333.4
- массъ . . . 196.5
Уравновѣшивать см. уравновѣсить
Уровень жидкости 88.2
Уровня высота 248.6
- жидкости регулированіе поплавкомъ 248.7
- стклянку опустить 92.1
- - поднять . 91.9
Усадка отливки 147.7
Усадочная раковина 147.10
Усиліе изгибающее 141.7
- окружное . 195.1
- поршня . . 194.8
Усилій, діаграмма касательныхъ - 195.3
-, - тангенціальныхъ - 195.3
Ускореніе поршня 194.5
Ускоренія кривая 194.6
Ускоренное сгораніе 123.3
Ускоряющее давленіе 195.7
Условія платежа 371.6
- поставки . . 369.5
Устанавливать вкладышъ 185.5
- запалъ . . 290.5
Установительный винтъ для регулированія 289.9
Установить газовый кранъ въ положеніе пуска въ ходъ 344.4
- длину шнура 354.1
- машину . . 300.3
- распредѣленіе выпуска на два такта 294.1
- смазочные приборы 344.1
Установка вентиляторная для газовъ металлургическихъ заводовъ 81.6
- газовая Монда для добыванія аммiака и сульфата 42.6
- газовсасывающая 87.6
- - генераторная съ вентиляторомъ 87.8
Установка газовыхъ двигателей въ горной и горнозаводской промышленности 335.10
- газогенераторная 81.5
- - съ всасываніемъ 87.6
- - - нагнетаніемъ 87.5
- для выдѣленія сѣры 75.7
- - газа добыванія 81.5
- - - очистки 66.10
- колокола газгольдера косая 86.9
- на мѣстѣ службы 300.2
- распредѣленія 211.1
Установки машины мѣсто 302.7
- неподвижныя 323.1
- передвижныя 337.8
- портативныя 337.8
- постоянныя 323.1
- стоимость . 372.6
- страхованіе 376.11
Установокъ крупныхъ дѣйствіе 341.2
- - работа . . 341.2
- небольшихъ дѣйствіе 341.3
- - работа . . 341.3
Установочное приспособленіе регулятора 273.3
Установщикъ 300.6
Устойчивости степень 272.3
Устойчивый регуляторъ 270.7
Устраненіе всасыванія 226.2
- засасыванія 226.2
- сжатія . . . 293.7
Устраняющее возвратные удары рукоятки приспособленіе 292.6
Устроить выемки въ фундаментѣ 307.5
Устройство двигателя 325.2
- для испытаній 350.10
- - сжатія воздуха 296.1
- подвальнаго помѣщенія машиннаго отдѣленія 306.6
- съ постоянно дѣйствующимъ эксгаусторомъ 88.1
- фундамента 304.5
Устье сопла со стороны впуска 366.5
- - - - выпуска 366.6
Утилизація тепла 14.10
Утоненіе спицъ 190.9
Утоньшеніе спицъ 190.9
Утрамбовать бетонный фундаментъ 307.4
Утяжина . . 147.10
Ухода правила 349.1
Уходъ . . . 348.5
Уходящій сверху воздушный газъ 47.2
- снизу паровоздушный газъ 47.3
Учрежденія по улучшенію быта рабочихъ 385.1

Ф.

Фабрикантъ . 379.3
Фабрикація . 368.2
Фабричная цѣна 370.4
-ное клеймо . 378.4
-ный знакъ . 378.4
- рабочій . . 333.3
Фазное напряженіе 334.7
Фазовое напряженіе 334.7
Фарфоровая изоляція 287.5
- трубка . . . 282.1
Фасонная часть 310.5
-ное желѣзо листовое 185.3
- - прокатное 185.7
Фенола растворъ 83.8
Фенолъ . . . 18.12
- темно окрашенный 83.7
Фибра вулканизированная 183.8
Фильтръ ватный 89.10
- для керосина 250.5
Фильтръ изъ войлочныхъ пластинъ 250.7
- - шлаковой шерсти 78.6
Фирма . . . 379.9
Фитиль . . . 263.7
- для смазки 276.2
Фитильный испаритель 254.7

Фланецъ . . 312.2
- закрѣпленный 312.7
- рамы присоединительный 154.7
- свободный . 312.6
Фланца болтъ 312.10
- діаметръ . . 312.4
- рабочая часть 154.8
- -чій выступъ 312.11
- толщина . . 312.5
Фланцевая головка рамы 154.6
- труба . . . 311.9
-вое соединеніе трубъ 312.1
Фланцевъ болтами соединеніе 312.3
Флянецъ см. Фланецъ
Фонарь . . . 156.3
- клапанный 203.4
Форма геометрическая кривыхъ катанія 220.2
- крыла . . . 80.10
- кулака . . . 222.1
- лопасти . . 80.10
Форментъ . . 12.12
Формовочнаго песка остатки 343.4
Формы двутавровой якорь 284.10
- измѣненіе . 141.3
Форсунка . . 255.4
- для нефтяныхъ остатковъ 104.1
Фосфора пятиокись 89.9
Фосфористая бронза 137.7
Фосфорной кислоты ангидридъ 89.9
Фосфорный ангидридъ 89.9
Фракціонированная дистилляція 8.9
- перегонка . 8.9
Фракція . . . 8.10
Фрахтъ . . . 374.4
Фрезерный станокъ 150.4
Фрезеровать . 150.3
Фрезеръ . . . 150.5
Фрезированное винтовое колесо 209.7
Фундамента затвердѣваніе 380.7
- массивъ . . 304.8
- опорная площадь 304.7
- подошва . . 305.4
- связываніе 308.7
- столбъ . . 304.3
- устройство . 304.5
Фундаментная рама 153.7
- шайба . . . 308.9
Фундаментный болтъ 308.8
Фундаментъ . 304.6
- бетонный . 307.3
- - утрамбовать 307.4
- для машинъ 304.4
- изолированный 304.9
- изъ кирпичной кладки 306.4
- отдѣльно стоящій 304.9
- связанный со зданіемъ 304.10
-, состоящій изъ 2 отдѣльныхъ частей 305.1
Функція . . . 109.2
Фурма . . . 64.3
Футеровка шахты 50.4
- - даетъ трещины 50.5
- - составная 50.7
- - цѣльная . 50.6

X.

Характеристика регулятора 270.6
Хвойный лѣсъ 30.4
Хворостъ . . 30.1
Химическая реакція 3.7
-ски связанный кислородъ 10.4
Химическимъ путемъ опредѣленіе теплопроизводительности 97.7
- - - теплотворной способности 97.7
Химическій знакъ 2.10
- символъ . . 2.10
- составъ . . 2.4
-ской реакціи тепловой эффектъ 3.9
-ское соединеніе 2.7
- сродство . 2.6
- строеніе . . 2.5
Химіи основныя понятія 1.1
Хладноломкій 139.8
Хлопать, поршневыя кольца хлопаютъ 181.3
Хлопчатая бумага 90.2
Хлористоводородная кислота 14.7
Хлористый водородъ 14.7
Хода поршня діаграмма 354.7
- - неравномѣрность 194.2
- - перемѣна 192.7
- уменьшитель 354.3
Ходатай по патентамъ 379.1
- - по привилегіямъ 379.1
Ходовъ холостыхъ x на y рабочихъ ходовъ 228.3
Ходомъ производства завѣдующій 382.3
- - завѣдываніе 382.4
Ходоуменьшитель 354.3
Ходъ 192.3
- безшумный 345.6
- всасывающій 119.6
- выпуска газовъ 124.3
- выталкиванія газовъ 124.3
- генератора . 56.3
- генераторовъ обращенный 44.4
- доменной печи 64.6
Ходъ домны спѣлый 64.7
- - сырой . . 64.8
- дѣлъ . . . 369.1
- легкій въ шарнирахъ 343.7
- - двигателя 345.5
- мертвый въ шарнирахъ 356.5
- - распредѣлительной рычажной системы 215.4
- муфты . . 268.10
- - приведенный 268.11
- насоснаго поршня измѣнить 252.4
- неравномѣрный 345.9
- плавный зубчатыхъ колесъ 210.4
- - впередъ . 192.5
- - - и взадъ 192.4
- - назадъ . . 192.6
- рабочій 118.7, 122.6 126.5
- ролика плавный 223.7
- сжимающій 120.3
-, - воздухъ . 243.6
-, - газъ . . . 243.7
- спиральный для газа 69.3
- холостой . . 345.1
Ходъ шумный 345.10
Ходы нагрѣвательные 65.7
- топочные . 65.7
Хозяинъ . . . 380.9
Холодильника змѣевикъ 9.4
Холодильникъ съ вентиляторомъ 322.6
- ребристый . 322.2
Холодной водой пробное давленіе 161.3
Холостое положеніе собачки 292.2
-стой ходъ . . 345.1
-стыхъ ходовъ x на y рабочихъ ходовъ 228.3
Хомутикъ . . 313.9
Хомутъ . . . 313.9
-, обхватывающій кулакъ 224.6
- эксцентрика 225.1
Храповое колесо съ 8 зубцами 214.3
-вой вѣнецъ . 293.3
Хронометръ съ зацѣпленіемъ 358.7
Хрупкій . . . 139.6
Хрупкость . . 139.5
Хрящъ . . . 249.9

Ц.

Цапфа кривошипа 186.7
Цапфы и вкладышей перемѣщеніе относительное 197.4
Царапины имѣетъ поршневой штокъ 181.6
Цементная кашица 308.3
-ный растворъ 307.8
Цементомъ подлить раму 308.4
Цементъ . . 308.2
Центральная смазка 277.7
- станція городская 331.7
- - для передачи на далекое разстояніе 332.1
- - - цѣлаго ряда домовъ 331.6
- - междугородняя 332.1
- - электрическая 331.4
Центральное бюро 331.11
- воспринятіе нагрузки 156.2
-ный газоотводъ посредствомъ чугунной части, охлаждаемой водой 47.6
Центрировка стыка внутренняя 165.8
- - наружная 165.7
Центробѣжная сила 270.5
- смазка . . 276.9
-ной силы моментъ маятниковъ 272.8
-ный барабанъ мокрый 77.7
- вентиляторъ 80.4
- насосъ въ соединеніи съ двигателемъ жидкаго топлива 331.1
- промыватель 77.1
- регуляторъ 267.1
Центровъ окружность болтовъ 164.6
- - отверстій . 312.9
Центрофуга газовая 77.1
Циклъ см. круговой процессъ
Цилиндра выключить одну сторону 344.6
- гильза . . 160.3
- головка . . 163.6
- давленія и внѣшняго воздуха уравниваніе 125.3
- конецъ . . 159.1
- - задній . . 159.3
- - передній . 159.2
- крышка . . 163.5
- лапа . . . 158.8
- ножка . . . 158.8
- объемъ рабочій 120.2
- охлажденіе 166.4
- поверхности рабочей износъ 160.1
- - - нагрузка 159.8
- -сть рабочая 159.7
- - трущаяся 159.7
- рабочаго продувка 127.5
- -чая втулка 160.3
- рубашка . . 161.4
- смазка . . 278.4
- сработавшагося расточка 160.2
- сторона . . 159.1
- - задняя . . 159.3
- - передняя . 159.2
- стѣнки . . 159.6
- стѣнокъ пористость 343.2
- - скважность 343.2
- часть задняя 159.3
- часть концевая 163.4
- - передняя . 159.2
Цилиндрическая колосниковая рѣшетка вращающаяся 53.3
- станина для обратныхъ вертикальныхъ двигателей 152.4
Цилиндрическая стѣнка поршня 168.9
-скихъ зубчатыхъ колесъ пара 210.1
-скія направляющія 156.9
- параллели . 156.9
Цилиндровая головка 163.6
- крышка . . 163.5
-вое масло . . 274.8
-вой крышки болтовое скрѣпленіе 164.5
Цилиндровъ расположеніе 326.3
Цилиндръ вертикальный 158.2
- воздуходувки 336.5
- воздуходувной машины 336.5
- вставить . . 160.5
- вставной . . 160.3
- - изъ твердаго чугуна 160.4
- газовой машины, охлаждаемый водою 157.5
- горизонтальный 158.3
- дѣйствія двойного 157.7
- - простого . 157.6
- на опорахъ 158.7
- наполнить смѣсью 298.6
- насоса . . . 244.4
- -, находящійся непрерывно въ движеніи 251.9
- неподпертый 158.6
-, обхватываемый рамой 158.5
-, открытый съ обѣихъ сторонъ 157.8
-, отлитый въ одномъ цѣломъ 160.6
- охлаждающій 101.3
-, подвѣшенный внутри для дестилляціи свѣжаго угля 46.5
Цилиндръ, подвѣшенный внутри для перегонки свѣжаго угля 46.5
- рабочій 157.4, 243.1
- свѣшивающійся 158.4
- смолокуренный 107.4
- съ широкой охлаждаемой полостью рубашки 161.1
- съ 3 отдѣльными камерами водяными 161.5
- - - - - охлажденія 161.5
Цилиндры . . 157.3
Циркуляціонное охлажденіе 321.6
-ный насосъ . 321.9
Циркуляція воды черезъ поршень и по штоку 182.1
Цистерна-вагонъ 108.7
Цыфра атомная 3.1
Ціанистый водородъ 14.3
Цоколь генератора 49.8
- машины . . 155.5
Цѣльная рама 156.1
- футеровка шахты 50.6
Цѣльный . . 201.8
Цѣна 370.1
- оптовая . . 370.5
- основная . 370.6
- покупная . 370.3
- фабричная . 370.4
Цѣнъ списокъ 369.11
Цѣны повышеніе при отступленіи отъ нормальныхъ вѣса и размѣровъ 370.7
Цѣпная передача 210.3, 291.6
Цѣпь кинематически замкнутая 223.9
- кривыхъ . . 111.9
- передающая на направляющихъ роликахъ 59.4
- ручная . . 302.4

Ч.

Часовой механизмъ 87.6
Частей газа составныхъ опредѣленіе титриметрическое 93.5
- - - соотношеніе вѣсовое 88.6
- - - - объемное 88.5
- летучихъ составныхъ поясъ выдѣленія 58.1
- машинныхъ замѣна 349.12
Части генераторовъ 49.2
- составныя газа 88.4
- - летучія выдѣлять 58.2
Частичная перегонка 8.9
-ный платежъ 371.10
- продуктъ дестилляціи 8.10
Частная станція 331.5
Часть дугообразная скользящая 214.6
- изъ прибыли 334.8
- промежуточная 156.8
- -, охлаждаемая водою 158.1
- - упругая . 296.7
- Т-образная . 310.9
- фасонная . 310.5
- фланца рабочая 154.8
- цилиндра задняя 159.3
- - концевая . 163.4
- - передняя . 159.2
Частью технической завѣдующій 332.3
- - завѣдываніе 332.4
Часъ, киловаттъ - 335.5
Часы газовые мокрые 87.1
- - сухіе . . . 87.5
- рабочіе . . 334.1
- сверхурочные 334.2
Чашечка для масла 275.6
Чашка для подогрѣвающаго горючаго 264.1
Червякъ поднимающійся и опускающійся 45.7
Червячный винтъ, поднимающійся и опускающійся 45.7
Черное листовое желѣзо 184.7
Чернорабочій 333.4
Чертежная . 332.2
Чертежный залъ 332.2
Четырехтактный двигатель дѣйствія двойного 324.9
- - - простого 324.8
- процессъ . 118.9
- распредѣлительный механизмъ Венцеля 212.6
- - - дуплексъ 218.6
- - - Капитэна 218.2
- - - Кертинга 218.10
Четырехтактныхъ машинъ регулированіе 227.2
Чечевица распыляющая 256.7
Числа оборотовъ измѣреніе 358.6
- - счетчикъ . 358.8
Число залетаній поршня регулировать 364.8
- крыльевъ . 80.9
- лопастей . . 80.9
- передаточное нуль 219.6
- - перемѣнное 219.5
Чистка внутренняя 349.4
- внѣшняя . 349.5
- машины . . 349.3
Чистота смѣси) 296.3
-ты степень . 66.9
Чугунная труба 309.7
-ный мундштукъ 32.8
Чугунъ . . . 181.8
- ковкій . . . 182.6

Ш.

Шайба вращаемая регуляторомъ кулачная 258.1
- - - некруглая 258.1
- кулачная . 221.4
- - качающаяся 225.7
- некруглая . 221.4
- фундаментная 306.9
Шайбами кулачными распредѣленіе 221.3
Шайбы периферія 222.5
Шамота . . . 50.1
Шамотная масса 50.1
- реторта . . 82.7
-ный кирпичъ 50.2
Шамотъ . . . 50.1
Шариковый промыватель 77.9
Шарикъ термометра 19.4
Шарнирная серьга 217.1
Шарнирный болтъ 216.8
Шарниръ . . 216.7
Шаровая опорная поверхность въ тѣлѣ подшипника 188.2
- приточка мягкой набивки на крышкѣ сальника 179.8
Шаровое кольцо пружинящее 180.2
Шарошевать 150.3
Шарошечный станокъ 150.4
Шарошка . . 150.5
Шаръ вращающійся 268.5
- запальный . 281.4
- клапана . . 251.8
- несущій стержень 268.7
- регулятора 268.5
- резиновый для засасыванія газовъ 89.3
Шатуна болтъ 184.7
- вилка . . . 188.7
- головка . . 184.6
- - внутренняя 185.2
- - внѣшняя . 185.3
- длина . . . 188.6
- стержень . 188.8
- тѣло 183.8
- уголъ качанія 193.7
-номъ и кривошипомъ передача 192.1
Шатунъ . . 188.5
Шахта всасывающая 318.1
- генератора . 49.3
Шахтная печь 68.7
-ный локомотивъ 339.8
Шахты генератора заплечикъ 49.9
- генераторной рабочая емкость 49.4
- обмуровка . 49.10
- расширеніе 49.6
Шахты суженіе 49.7
- сѣченіе поперечное 49.5
- футеровка . 50.4
- - составная 50.7
- - цѣльная . 50.6
Швелерное желѣзо 186.9
Шейка горѣлки 263.10
- колѣна . . 186.7
Шероховатая промывная поверхность изъ проволочной сѣтки 78.10
- сторона ремня 328.6
Шерсть древесная 78.4
- шлаковая . 78.7
Шефъ . . . 330.11
Шинное желѣзо 186.1
Ширина [зазора 51.3
- колен . . . 338.5

Ширина крыла 80.8
- лопасти . . 80.8
- обода . . . 190.4
- плеча . . . 186.5
- полная . . 303.2
- прозора . . 51.3
- просвѣта . . 51.3
- ремня . . . 328.4
- строительная 303.2
- щеки . . . 186.5
- щели . . . 51.3
Широкая сторона 184.2
Шиферъ отдѣлять отъ угля 23.8
Шкала абсолютная температурная 17.8
- - температуръ 17.8
- вѣсовая . . 105.6
- въ процентахъ вѣса 105.6
- - - объема Траллеса 105.5
- объемная . 105.5
- Реомюра . 18.7
- спиртомѣра 105.4
- термометра 18.5
- термометрическая 18.5
- Фаренгейта 18.8
- Цельзія . . 18.6
Шкивъ ведомый 327.5
- ведущій . . 327.4
- канатный . 329.7
- -маховикъ на распредѣлительномъ валу 310.7
Шкивъ ременный 329.1
Шлаки . . . 60.7
- жидкіе . . . 60.9
- тягучіе . . 60.8
Шлаковая шерсть 73.7
-вый слитокъ 60.11
Шлаковъ наростъ 60.11
- образованіе 60.10
- спекшаяся масса 60.11
- удаленіе . . 60.5
Шлакопріемникъ 64.4
Шлакующійся сильно уголь 26.6
Шлакъ . . . 60.7
Шлифовальный станокъ 150.7
Шлифовать . 150.6
- наждакомъ 150.8
Шлюзъ . . . 56.1
Шнура длину установить 354.1
Шнуръ индикатора 353.8
- индикаторный 353.8
Шовъ сварочный 146.9
Шотландскій богхетскій уголь 23.4
Шпиндель клапана 201.4
- - вычистить 207.1
- - пустотѣлый 202.2
- регулятора 268.4
Штанга для клапана 215.3
- - - распредѣлительная 214.1
- изъ стальной трубки 215.2
- кривошипа . 289.7
- передаточная переставная 234.4
- подпирающая 218.7
- рамы . . . 155.8
Штанги и рычаги впускн. 214.9
- - - выпускн. 215.1
- - - распредѣлительн. 214.8
Штифта пишущаго путь 355.7
Штифтъ закрѣпить посредствомъ отгибанія 174.6
- отражающій для расширенія пламени 264.3
- пишущій . . 352.9
- поршневого кольца 174.5
-, сидящій на половину въ стѣнкѣ поршня 175.1
- съ квадратной головкой 174.8
Штока конусъ 178.8
- поршневого гайка 178.9
- - заплечико 178.7
- - изломъ . . 181.5
- - искривленіе 181.4
Штока поршневого муфта 178.5
- - поломка . 181.5
- - прогибъ . 177.9
- - сальникъ 179.1
- укрѣпленіе въ поршнѣ 178.6
Штоку поршневому дать прогибъ вверхъ 177.4
Штокъ поршневой 177.8
- - имѣетъ продольныя бороздки 181.6
- - - царапины 181.6
- - неразгруженный отъ поперечнаго изгиба 177.3
- - расчитать на продольный изгибъ 178.1
- - сквозной . 178.3
- - составной 178.4
Штыковая мѣдь 137.1
Шумный ходъ 345.10
Шумъ пламени 265.3
-, производимый всасываніемъ 317.8
-, происходящій при всасываніи 317.8
Шунтовая динамомашина 332.6
Шуровочное отверстіе 61.2
Шэпингъ . . 150.1

Щ.

Щека кривошипа 186.4
- опорная . . 176.3
- рамы . . . 154.1
Щеки ширина 186.5
Щеколда . . 170.1
Щелокъ калійный 90.6
Щелочной растворъ пирогаллола 91.1
Щелочный растворъ пирогалловой кислоты 91.1
Щель между колосниками 51.2
Щетка . . . 334.2
Щетокъ перестановка 334.3
- сдвигъ . . . 334.3
Щитокъ предохранительный для кривошипа 155.2

Ѣ.

Ѣдкаго кали растворъ . . 90.6

Э.

Эбонитовая изоляція 287.4
Эквивалентъ калориметра водяной 98.4
Эквивалентъ работы термическій 114.4
- тепла механическій 114.3
Экзотермическая реакція 3.12
Экономически допустимое наибольшее сжатіе 122.2
Экономическій коефф. полезн. дѣйствія 361.6
Эксгаусторъ мокрый 77.5

Экспедиторъ 374.11
Экспедиція . 374.10
Экспертъ инженеръ 382.10
Эксплоатаціонные расходы 372.7
Эксплоатацію начать 342.6
Эксплоатировать изобрѣтеніе разрѣшеніе 379.2
- - -нія обладатель 379.3
Экспортъ . . 375.8
Эксцентрика бугель 225.1
- движенія законъ 224.5
- дискъ . . . 224.9
- треніе . . . 225.3
- хомутъ . . 225.1
Эксцентриковая тяга 225.2
-вое распредѣленіе 225.4
- - и кулачное принужденное 225.6
Эксцентриковый дискъ 224.9
Эксцентрикомъ и катящимся рычагомъ распредѣленіе 225.5
Эксцентрикомъ передача движенія 224.4
Эксцентрикъ 224.6
Эксцентриситетъ 224.8
Эксцентрическій 224.7
Эксцентрично посаженный впускной рычагъ 229.3
Эластичность 141.2
Эластичный мѣшокъ 85.2
Электрическая искра 283.4
- станція центральная 331.4
-скій запалъ . 283.2
- пирометеръ Ле-Шателье 21.1
- термометръ съ сопротивленіемъ 20.5
Электродъ неподвижный 288.7
- подвижной . 288.8
Электромагнита обмотка 333.5
-ный запалъ . 286.1
- тока возбудитель 284.8
Электромагнитный тока источникъ 284.8
Электромагнитъ 333.4
Элементъ . . . 2.3
- изъ желѣза и константана 20.9
- - платины и сплава платины и родія 21.2
- сухой . . . 284.1
Эмульсія въ водѣ дегтя 71.6
- - - смолы . 71.6
Эндотермическая реакція 4.2
Энергіи обмѣнъ между кривошипнымъ механизмомъ и маховикомъ 197.8
Энергія вытеканія 125.9
- кинетическая средняя системы точекъ 113.5
- молекулъ кинетическая 113.4
- - потенціальная 113.3
- регулятора 272.1
Энергія теченія отработавшихъ газовъ 125.9
- тѣла 114.7
Энтропическая діаграмма температуръ 115.3
Энтропіи постоянной линія 116.6
Энтропія . . 114.10
Эргинъ . . . 106.9
Эссенція петролейная 102.9
Этажная колосниковая рѣшетка 48.3
-ный очиститель 74.1
Этанъ 13.1
Этиленъ . . . 13.3
Эфиръ тяжелый нефтяной 102.9
- - петролейный 102.9
Эффектъ газообразованія полезный 62.5
- калориметрическій 97.2
- тепловой . . 97.2
- - химической реакціи 3.9

Я.

Язычекъ 229.6, 258.5
- упорный . . 229.2
Якорь 333.6
- вращающійся 285.5
- двутавровой формы 284.10
- качающійся 285.3
- неподвижный 285.6
Якорь приводимый въ дѣйствіе токомъ отъ батареи 290.3
- I-образный 284.10
Якоря желѣзный стержень 285.1
- кожухъ . . 290.2
Якоря обмотка 333.7
- -ки катушка 285.2
Якоря положеніе покоя 285.4
Яма для махового колеса 305.3
- заглушающая 319.6
Ярусная колосниковая рѣшетка 48.3
Ящикъ для батареи . . 284.5
- индикатора 354.4
- очистительный 72.8
- съ инструментами 301.6

Druck von R. OLDENBOURG, München.

Volúmenes de los „Diccionarios Técnicos ilustrados, en seis lenguas" aparecidos hasta el presenté:

Tomo I:

Elementos de máquinas para labrar maderas y metales.

Redactado por el ingeniero P. STÜLPNAGEL, con un prólogo de D. Federico de la FUENTE, profesor de la Escuela de Artes é Industrias de Madrid. — Un tomo de más de 407 páginas, ilustrado con 823 grabados y numerosas fórmulas. Encuadernado en tela, **7 pesetas.**

Tomo II:

Electrotecnia.

Redactado por C. KINZBRUNNER, ingeniero electricista. — Un tomo de 2112 páginas, ilustrado con cerca de 4000 figuras y numerosas fórmulas. Encuadernado en tela, **33,50 pesetas.**

Tomo III:

Calderas, máquinas y turbinas de vapor.

Redactado por Wilhelm WAGNER, ingeniero. — Un tomo de más de 1333 páginas, ilustrado con cerca de 3500 figuras y numerosas fórmulas. Encuadernado en tela, **18,50 pesetas.**

Tomo IV:

Motores de combustión.

Redactado por Karl SCHIKORE, Dipl.-Ing. — Un tomo de más de 628 páginas, ilustrado con 1000 figuras y numerosas fórmulas. Encuadernado en tela, **10,50 pesetas.**

Tomo V:

Ferrocarriles; construcción y explotación.

Redactado por Augusto BOSHART, ingeniero. — Un tomo de 883 páginas, ilustrado con 1900 figuras y numerosas fórmulas. Encuadernado en tela, **14,50 pesetas.**

Tomo VI:

Ferrocarriles; material móvil.

Redactado por Augusto BOSHART, ingeniero. — Un tomo de 809 páginas, ilustrado con más de 2100 figuras y numerosas fórmulas. Encuadernado en tela, **13 pesetas.**

Tomo VII:

Máquinas elevadoras y aparatos de transporte.

Redactado por Pablo STÜLPNAGEL, ingeniero. — Un tomo de 659 páginas, ilustrado con más de 1500 figuras y numerosas fórmulas. Encuadernado en tela, **12 pesetas.**

Tomo VIII:

El Cemento armado en la construcción.

Redactado por Enrique BECHER, Dipl.-Ing. — Un tomo de 422 páginas, ilustrado con más de 900 figuras y numerosas fórmulas. Encuadernado en tela, **8 pesetas.**

En preparación:

Tomo IX:

Máquinas-herramientas.

(Trabajo de metales y maderas.)

Un tomo de cerca 750 páginas, ilustrado con más de 2200 figuras y numerosas fórmulas. Encuadernado en tela, cerca de **13 pesetas.**

Tomo X:

Vehículos automotores.

(Carruajes y canoas automóviles, dirigibles y aeroplanos.)

Un tomo de cerca 1000 páginas, ilustrado con cerca de 1900 figuras y numerosas fórmulas. Encuadernado en tela, cerca **16 pesetas.**

Otros tomos están en preparación.